JN166418

J. CLAYDEN · N. GREEVES · S. WARREN

ウォーレン 有機化学（上）
第 2 版

野依良治・奥 山 格・柴﨑正勝・檜山爲次郎 監訳

石橋正己・岩澤伸治・大嶋孝志・金 井　求・木越英夫
忍久保 洋・白川英二・橋本俊一・吉田潤一　訳

東京化学同人

Organic Chemistry
Second Edition

Jonathan Clayden   Nick Greeves
University of Manchester   *University of Liverpool*

Stuart Warren
University of Cambridge

© Jonathan Clayden, Nick Greeves, and Stuart Warren 2012

Organic Chemistry, Second Edition was originally published in English in 2012. This translation is published by arrangement with Oxford University Press.
本書は2012年に出版された"Organic Chemistry, 第2版"英語版からの翻訳であり，Oxford University Pressとの契約に基づいて刊行された．

まえがき

　有機化学を専攻する学生が，大学初年度に一般的な有機化学の教科書探しに悩むことはほとんどない．大学書籍部の棚には，『有機化学』と名のつく 1000 ページを超える教科書が少なくとも 10 種類以上並んでいる．ところが，これらをよく見てみると，あまり大差ないことがすぐわかる．これら有機化学の教科書は例外なく，米国の大学 2 年生向け講義用カリキュラムに厳密に従って書かれている．したがって，これらの教科書の著者にとって，新しい発想で著述する余裕などないといってよい．

　本書を書くにあたって，官能基ごとに順番に事実を述べるよりも，考え方を発展させるような構成にしたいと考えた．すでに学んだ概念から新しいものに展開する．こうすれば，学生にとって，事実を"覚える"よりも"なぜそうなるか""理解"できるようになり，有益であると信じる．また，大学における最新の講義でもこの方式が採られていることからも意を強くしている．この方式とは，結局は，科学そのものが発展してきた過程でもある．こうすれば，実際に化学の重要な分野二つ，すなわち生命の化学と実験室の化学を最初から密接に関係づけながら記述できるだろうと考えた．

　本書では，現代の学生が理解し関心を示しやすい方法をとりたいと願ったが，これは結局，教科書の長い伝統的記述をたびたび根底から覆すことになった．うまく働いている現象を理解するには，これを一度各要素にばらして再構築する方法が最善である．そこで，まず有機化学の概念を表す道具に言及する．それは構造式であり，巻矢印である．有機化学の分野はあまりにも広いので，ほんの一部ですら機械的に覚えようとしても容易ではない．しかし，これらの道具を駆使すれば，未知の化学に出くわしても，自分が学んで理解している化学と関係づけることによって，その本質を理解することができる．巻矢印を駆使し，反応機構に応じて化学を整理しておけば，簡単な反応（たとえばカルボニル付加）を機構や軌道で考えることができるし，もっと複雑で奥の深い（S_N1 や S_N2）反応まで議論できるようになる．

　内容は章が進むにつれて複雑さを増すが，意味のない不確かな例や本質から外れる化学の詳論を意図的に避け，いくつかは各章末問題で扱うことにした．同様に，墓から掘り出したような古くさい原理や法則（たとえば Le Châtelier の原理や Markovnikov 則，Saytsev 則，最小移動則など）は避けた．いずれも熱力学の基本や反応機構の概念に基づくだけでよく理解できるからである．

　科学はすべて証拠に基づく．有機化学の記述ではスペクトルが目に見える証拠になる．したがって，まずスペクトルから何がわかるか概説し（3 章），スペクトルから明らかになった分子の構造について説明する（4 章）．ついで，これらを使って反応機構を推論する（5 章）．特に NMR の解説は四つの章にわたり主要な部分を占めるが，NMR から得られる証拠は本書を通して多くの議論の基になっている．同様に，5 章で概観する反応機構の原理は，4 章の分子軌道論に基づいており，それがそのあとにでてくる新しい反応の議論の基礎になっている．

　化学の本質は真実，すなわち証明できる真実性にあると述べたが，それは，すべての化学者が認めているわけでないような意見や示唆で粉飾されていることもある．われわれは独断を避け，証拠をよく比較考量し，ときには読者が自ら結論に到達できるようにした．科学を必要とするの

は科学者でなく,われわれの社会である.基本的には,"片足は境界線内側の既知世界におき,他方は未知の外側におく*"科学者として著述したので,読者にもこの姿勢を体得するようすすめたい.

本書の初版を刊行して以来10年間に,実に多くの読者から支持あるいは批判のコメントや修正すべき点の指摘を受けた.いずれも心温まる激励と同時に手厳しい叱責であった.これらすべてを注意深く心にとめ,決して無視することなく書き直した.多くの場合,これらは誤りを正し,記述を改善するのに役立った.支援と有益な教示を与えてくれたOxford University Pressの編集チーム諸氏に感謝している.特にMichael Rodgers氏には,このような有機化学の教科書がぜひとも必要だとの意見を最初に提示してくれたことに感謝したい.この版を準備する時間がとれたのは,ひとえに辛抱強い家族,友人,研究室の面々に恵まれたからであり,彼らの忍耐と理解に深謝している.

第2版での変更点

この10年間に,初版の記述を書き直す必要があることがいくつか明らかになった.この間の進歩を加えて最新の形に改善すべき部分とともに短縮したほうがよい章もでてきた.前のほうの数章は詳しすぎるとの批判を考慮して,4章と8章,12章は内容を大幅に変え,詳細は専門の教科書に委ねて説明に注力した.すべての章をより明確になるように新しい例や説明を加えて書き直した.分光法に関する章(3, 13, 18, 31章)は,その前後の内容とより強く関連づけるように改訂した.共役付加や位置選択性は初版では首尾一貫した説明がなかったが,ここでは22章と24章でそれぞれ独立して取扱った.初版では関連する内容をいくつかの章で取上げたものもあるが,第2版ではひとまとめにしたところがある.たとえば,初版では四つの章にまたがっていたエノラートの化学を25章と26章にまとめたし,三つの章にまたがっていた環状分子に関しては31章と32章にまとめた.また,二つの章で扱っていた転位と開裂反応は36章に統合した.生命に関する有機化学は初版では三つの章にまたがっていたが,これを42章に集約した.初版の後半部の三つの章は前に移し,25章,26章のエノラートの化学との関係を印象づけるように改めた.すなわち,27章は有機典型元素化学を活用した二重結合の立体化学の制御を扱う.また,29章と30章では芳香族ヘテロ環の化学を述べるが,これらの化合物特有の機構が直近の数章で扱ったカルボニル付加や縮合反応と関係深いことを強調する.ヘテロ環の化学では,環状分子と遷移状態との関係に関する説明から始め,この主題を29〜36章にわたって展開する.こうして学部の講義内容として典型的な順序にうまく並べることができた.

過去10年間に必然的に進歩した分野がいくつかある.それは有機金属化学(40章)と不斉合成(41章)で,いずれも最も大幅な改訂が必要だった.いまや不斉合成における有機金属触媒反応の決定的役割は明白である.本書を通じて,医薬品合成の最近の文献からの例をできるだけ使って,反応を説明した.

---

* C. McEvedy, "The Penguin Atlas of Ancient History", Penguin Books (1967).

訳 者 序

　わが国の大学の学部2, 3年生における有機化学の教育では，長い間さまざまな理由で，米国で出版された教科書が利用され，それぞれについて，訳本が出版されてきた．一方で，2001年に英国の有機化学者4名が新しい記述様式の教科書を企画し，Oxford University Press（オックスフォード大学出版局）から"Organic Chemistry"として刊行された．この機に，われわれはただちにその翻訳に着手し，2003年に訳本『ウォーレン有機化学 上・下』を上梓した．この斬新な様式と米国のカリキュラムを超える充実した内容は，多方面できわめて高く評価され，わが国における有機化学の学習に大いに役立った．

　本書は2012年，旧著者のうちの3人により改訂された第2版の翻訳である．著述方針と方法に変更はないが，この10年間の有機化学の進歩が加わり，内容のスリム化が図られ，一層魅力的な姿に変わった．いろいろな有機化合物の構造，反応，特徴的性質などの基本を理解し積み上げ展開して，理解を深め，広げてゆく方式がとられている．基本道具として，構造式とともに巻矢印を駆使して電子の動きを示して反応機構を説明し，読者の理解を助けている．これを修得すれば，未知の反応でも機構が書け，さらに新反応設計すらできるようになる．また，底流として，目的化合物をどうつくればよいか，各種分光法によって有機化合物の構造を決めて事実に対する証拠固めをするなど，ふだんの研究と同じ手順を学びながら現代のこの分野の真骨頂である有機合成化学が自然に学習できるようになっている．本書の第二の特徴は，米国の教科書に比べて対象範囲を相当広くとっていることである．生命にかかわる化学もそれまでに学んだ化学に基づいて説明されている．第三の特徴は，全体を通じて裏付けのある例，特に医薬品合成の具体例を随所に取上げながら，全体として一貫性ある斬新な考え方が明示されている点にある．第四に，近年の有機化学の進歩，たとえば典型元素化学，有機金属化学，不斉合成，遷移金属触媒反応などを加えている．これらは第2版最大の特徴であり，21世紀にふさわしい教科書に仕上がっている．

　第2版を翻訳するにあたって，初版と同じく，文部省学術用語集（化学編）や化学辞典（東京化学同人刊）を基本としながらも，読者が理解しやすいように工夫を加えたつもりである．原著には英文特有の表現もあり，説明の繰返しも多々みられるが，できるだけ簡略化して論点を直截的にし，平易な表現を優先した．必要に応じて訳注を加え，また，欧米の企業名や商品名など日本で馴染みが薄いものは省略した．化合物名はできる限り対応する和名をあてたが，定訳がないものは音読みに基づいて片仮名で表示した．本書はもちろん，原著についてもご意見やご批判を賜れば幸いである．さらに，各章の参考書を巻末にまとめ，わが国の学生の環境を考慮して一部削除し，和書も加えた．また，原著ではウェブサイトにある問題を各章末につけた．

　翻訳出版にあたっては，再び東京化学同人の小澤美奈子社長，編集部の橋本純子，篠田 薫両氏に格別ご尽力いただいた．ここに深謝の意を表したい．

2015年2月

訳者および監訳者を代表して

野 依 良 治

監　訳　者

野　依　良　治　　名古屋大学特別教授，科学技術館 館長，
　　　　　　　　　　科学技術振興機構 研究開発戦略センター長，工学博士
奥　山　　格　　兵庫県立大学名誉教授，工学博士
柴　﨑　正　勝　　公益財団法人微生物化学研究会 理事長，
　　　　　　　　　　東京大学名誉教授，北海道大学名誉教授，薬学博士
檜　山　爲次郎　　京都大学名誉教授，中央大学機構フェロー，工学博士

翻　訳　者

石　橋　正　己　　国際医療福祉大学福岡薬学部 教授，
　　　　　　　　　　千葉大学名誉教授，理学博士
岩　澤　伸　治　　東京工業大学特任教授，東京工業大学名誉教授，理学博士
大　嶋　孝　志　　九州大学大学院薬学研究院 教授，博士（薬学）
奥　山　　格　　兵庫県立大学名誉教授，工学博士
金　井　　求　　東京大学大学院薬学系研究科 教授，博士（理学）
木　越　英　夫　　筑波大学数理物質系 教授，理学博士
忍　久　保　洋　　名古屋大学大学院工学研究科 教授，博士（工学）
白　川　英　二　　関西学院大学生命環境学部 教授，博士（工学）
橋　本　俊　一　　北海道大学名誉教授，薬学博士
吉　田　潤　一　　元京都大学大学院工学研究科 教授，工学博士

（五十音順）

表紙・箱デザイン　小 林 一 成

有機化学と本書について

　書名から，本書が有機化学について説明しようとしているのはわかるだろう．しかし，それだけではない．われわれは"有機化学をどのように理解したらよいか"について述べる．事実を伝えるだけでなく，その事実がどのようにして見つかったかについても説明する．反応についても述べるが，どの反応がどこで役に立つか予測できるようにする．分子について話すときには，それを合成する方法をどう計画したらよいか説明する．

　われわれ著者の言葉を通して，われわれが有機化学をどう考えているかわかってもらいたいし，読者もその考え方を育ててほしいと願っている．本書は3人で書いているので，全員が同じように考え，同じように書いているとは限らないことに気づくかもしれない．考え方を統一してまとめるべきであったかもしれないが，有機化学はあまりにも大きく重要な科学分野なので，教条的な規則で制約することはできない．有機化学には，化学者によって考え方が異なるような側面が数多く残っているし，確信をもって誰が正しいといえないこともまだ多い．これからもその事情はあまり変わらないだろうが，それは大した問題ではない．

　時に応じて化学の歴史にふれることもあるが，ふつうは現在の有機化学について述べる．小さい分子を用いて簡単で基本的な概念を説明することから始めて，徐々にその概念を発展させ，複雑でむずかしい概念，大きい分子へと進めていく．ここで一つ約束をしておきたい．われわれは，ものごとを故意に単純化したり，答えにくい問題を避けたりして読者の目をあざむくようなことはしたくない．正直を旨とし，すっきりした完璧な説明を読者とともに楽しむと同時に，不十分な説明にともに当惑することもあるだろう．

章 の 構 成

　では話をどう進めていくのか．本書は，簡単な分子の構造と反応に関する一連の章から始める．構造を決める方法とその構造を説明する理論を紹介する．理論は実験事実を説明するために用いるが，それができてはじめて，未知のことを予測できると理解しておくことは特に重要である．代表的な反応機構（反応を説明するための動的な言葉にあたる）と反応についてももちろん述べる．

　本書は最初に入門的な4章がある．

1. 有機化学とは何か
2. 有機化合物の構造
3. 有機化合物の構造決定
4. 分子の構造

　1章は，有機化学の概略を示し，この学問への導入とする．有機化学が活躍するおもな分野について紹介し，いくつかの注目すべき事例を取上げ，スナップ写真を見るような要領でその場面を再現する．2章では，分子の形を紙面でどう表せばよいか説明する．有機化学は，視覚的で三次元的な学問であり，分子をどう書くかは，すなわち分子をどう考えるかを意味している．読者にも現在考えられる最善の方法で分子を書いてほしい．このように分子を書くのは容易であり，旧式で不正確な方法で書くほうが簡単なわけではない．

　次に3章では，分子構造の理論に先立って，分子構造を決定する実験技術について入

門的な解説をする．すなわち，X線からラジオ波にわたる全電磁波と分子との相互作用を研究する分光法について説明する．こうして4章で初めて，その背景にある理論，すなわち，原子がなぜ結びついていまある分子の世界をつくっているのかについて学ぶ．実験が理論より先である．3章の分光法は100年にわたって真実を教えてくれてきたが，4章の理論はさらに大きく進歩していくことだろう．

　これらの3章は次のような題目にしてもよかったかもしれない．

2. 有機分子はどんな形をしているのか
3. 分子がそんな形をしているのはどうしたらわかるか
4. なぜ分子はそんな形をしているのか

　有機反応を学び始める前に，これら三つの質問に対する答を把握しておく必要がある．このことは次に進むと必ず直面するものである．5章では有機反応機構について説明する．化学のどの分野も反応（reaction）と関係する．反応とは，ある分子が他の分子に変わることである．これが起こる動的過程を機構（mechanism）といい，これはまさしく有機化学の言葉ともいえる．この言葉を初めて習い，ただちに実際に使ってもらいたい．そのために6章では，重要な反応の一つにこれを応用する．すなわち，この部分は次の2章からなる．

5. 有機反応
6. カルボニル基への求核付加反応

　5章では，有機化学をどう区分したらよいか明らかにする．ここでは，構造による分類よりも反応機構によって分類し，各章ごとに1種類の化合物を説明するのではなく，1種類の反応を説明する．本書の残りの部分では，ほとんどの章で，機構に従って有機反応を記述する．たとえば次のような章がある．

9. 有機金属化合物を用いる炭素－炭素結合の生成
10. カルボニル基での求核置換反応
11. カルボニル酸素の消失を伴うカルボニル基での求核置換反応
15. 飽和炭素での求核置換反応
17. 脱離反応
19. アルケンへの求電子付加反応
20. エノールおよびエノラートの生成と反応
21. 芳香族求電子置換反応
22. 共役付加と芳香族求核置換反応

　これらの章の間に，分子構造と反応性に関する物理的側面，立体化学，分子構造決定法などが散在しているが，これらによって本書で述べていることにまちがいがないことをどのようにして確かめるか示し，反応をわかりやすく説明できる．

7. 非局在化と共役
8. 酸性度と塩基性度
12. 平衡，反応速度，および反応機構
13. プロトンNMR
14. 立体化学
16. 立体配座解析
18. 分光法のまとめ

22 章を終わるまでに，有機分子の重要な反応のほとんどを説明する．つづく 2 章を使って，それまでに学んだいくつかの反応の選択性について復習する．すなわち，競合して起こる反応を抑えて目的の反応をどのようにして効率よく進めるかを説明する．

23. 官能基選択性と保護基
24. 位置選択性

ここで習得した反応機構の知識をどのように使うかを説明するために必要な材料が揃った．次の 4 章を使って，カルボニル基の反応と硫黄，ケイ素，リンの化学を利用して C–C と C=C 結合をつくる方法についていくつか述べる．これらすべてを一つの章にまとめて，ある特定の分子の合成をどのように進めるか戦略を考えるためのツールを整理しておく．

25. エノラートのアルキル化
26. エノラートとカルボニル化合物との反応：アルドール反応と Claisen 縮合
27. 有機化学における硫黄，ケイ素，リン
28. 逆合成解析

大多数の有機化合物は環をもっている．そして多くの環構造には，芳香族性と立体配座の二つの特別な特徴のうちどちらかが付随してくる．次の五つの章では，環構造を含む化合物の化学を学び，それに基づいて非環状分子でさえ反応によって一定の三次元的な特徴をもつ生成物が生じる理由が理解できるようになるところまで話を進める．

29. 芳香族ヘテロ環化合物 I：反応
30. 芳香族ヘテロ環化合物 II：合成
31. 飽和ヘテロ環化合物と立体電子効果
32. 環状化合物の立体選択性
33. ジアステレオ選択性

22 章までに重要な有機反応をほとんど説明したと述べたが，それはほとんどであってすべてではない．本書の次の部分で，よく見かけるわけではないがきわめて重要な別の反応機構を概観しておく．そして最後に有機反応機構研究法について述べる．

34. ペリ環状反応 I：付加環化
35. ペリ環状反応 II：シグマトロピー転位と電子環状反応
36. 隣接基関与，転位反応，および開裂反応
37. ラジカル反応
38. カルベンの合成と反応
39. 反応機構の決定

最後の数章は，有機化学が最もむずかしい問題解決に果たした役割をいくつか取上げる．その多くは，この数年間に発見された最新の化学に関するものである．これらの章で学ぶのは，これまでにつくられた分子のなかでも最も複雑な分子の合成に用いられた反応であり，有機化学が生命現象そのものといかにかかわっているかを示すものである．

40. 有機金属化学
41. 不斉合成
42. 生命の有機化学
43. 有機化学のいま

"関連事項"の欄

1～43 章のタイトルを順に列挙したが，化学の流れは一方向に限らない．化学は互いに関連した概念が網状に絡み合った学問なので，単純に初歩から始めて最後まで一度に一つの新事項を導入する学習法は不可能である．しかし，残念なことに，本というものは，その性質上，初めから終わりに向かって進めざるをえない．それぞれの章は，できるだけ，やさしいものからむずかしいものへ順番に並べたが，復習したり関連事項を調べたりする際の手助けのために，各章の初めに**関連事項**の欄を設けた．この欄の 3 項目に次のことをまとめてある．

(a) その章を読む前にわかっているべきこと．すなわち，その章で扱う内容と直接関連するのは前のどの章かを示す（**必要な基礎知識**）
(b) その章で何を学ぶかの指針（**本章の課題**）
(c) その章で扱う内容が後のどの章で補充されて展開していくか（**今後の展開**）

ある章を初めて読むときには，(a)に書いてある章はどれもすでに読んでいることを確認すべきである．この本に慣れてくると，(a)と(c)で強調してあるつながりから，化学がいかに関連し合っているかよくわかるようになるだろう．

囲み記事と欄外の注

ほかに目を通してほしいのは，囲み記事（黄，青，緑）と欄外の注（矢印）である．

> 最も重要なのはこのような黄色の囲み記事である．いずれも非常に重要なものであり，重要な概念や要約である．この事項をノートにとって学習し，よく覚えておくとよい．

このような青の囲み記事には，追加の例やおもしろい背景記事，興味深いがあまり重要ではない類似事項などを載せてある．初めて読むときには，この種の記事は読み飛ばしてもよい．あとから読んでその章の主要テーマに肉づけすればよい．

時には本文をもっと明瞭にしたり拡張したりする必要が生じる．緑の欄外注は，追加事項を少し述べて，むずかしい点を理解するのを助ける．本書の別のところで述べたことを思い出させたり，いま述べていることを際立たせることもある．これらの注は，その章を初めて読むときに読むとよい．あとで内容に慣れたときには読み飛ばしてもよい．

➡ この種の欄外注は，主として本書の他の部分と相互に参照してほしいことを示しており，読み進むときに助けになろう．その一例が 8 ページにある．

章 末 問 題

有機化学を覚えることはできない．覚えるにはあまりにも多岐にわたっている．化合物の名称のような些細なことは覚えられるが，それは有機化学の基礎になる原理を理解する助けにはならない．有機化学に取組む唯一の方法は，筋道をたてて解き明かす方法を習うことにあるのだから，有機化学の原理を理解しなければならない．そのために章末問題がある．問題を解くことによって，その章に出てきたことを理解しているかどうか確かめることができる．

ある章である種の有機反応，たとえば脱離反応（17 章）を扱っているとすると，その章ではその反応がいろいろな経路（機構）で進むことを述べ，それぞれの機構の確実な例をあげている．17 章では 3 種類の機構があり，あわせて約 50 の例をあげている．これはかなり多いと思うかもしれないが，実際にはこの 3 種類の機構の例が無数に知られており，17 章はそのほんの表面をひっかいたにすぎない．問題を解くことによって自分の理解を確認でき，実際の生きた化学の厳しさのなかに分け入る準備になるだろう．

各章の終わりに問題を 10 題前後やさしいものからむずかしい順に並べてある．問題は 2 種類か 3 種類ある．1 種類は，一般に短くてやさしく，その章で学んだことを復習できる．その章に出てきた例を応用して，わかりやすい反応にその概念を適用できるかチェックするような問題もある．次の数問は，その章で説明したいくつかの特定の概念を発展させ，たとえば，ある化合物の反応と似たような化合物の反応がなぜ異なる結果になるのかを問う．最後にもっとむずかしい問題があり，ある考え方を拡張して見慣れない分

子に適用したり，特に本書の後半では，違う章で出てきたことを応用したりするような問題もある．

　章末問題では読者が一人旅をする機会になるが，これで理解の旅の最終目的地になるわけではない．読者はたぶん大学の授業の一端としてこの教科書を読んでいるのだろうが，どんな試験問題が出てどんな演習をすることになるかわかるはずだ．各学習段階でどんな問題が適当か先生が助言してくれるだろう．

参 考 書

　各章を読み終わると，読者は関連する事項についてもっと詳しく知りたいと思うこともあるだろう．そのような場合のために，参考書として他の書籍や化学文献にある総説を巻末にあげ，場合によっては原著論文についても記した．本書には何千もの反応例が出てくるので，ほとんどの場合，原著の文献を示すことはできないが，通常簡単にインターネットによるデータベースの検索が可能である．ここでは，特に興味深くて適当と思われる例を取上げた．もし読者が有機化学の百科全書を期待しているのなら，本書はその役には立たない．その場合は，M. B. Smith, "March's Advanced Organic Chemistry", 7th ed., Wiley (2013) のような本をすすめる．何千もの文献が載っている．

解 答 書

　問題は，自分の解答を自分でチェックできなければあまり意味がない．最大の効果を得るためには，各章が終わったら（全部でなくてもよいから）問題に取組む必要がある．それから，自分の解答を正解と比べてみる必要がある．解答書*を使うと，これができる．解答書では各問題を少し詳しく取上げている．すなわち，問題のねらいを最初に述べ，説明をつけている．簡単な問題には解答がついているだけだが，もっと複雑な問題にはいくつかの可能な解答の考察，それぞれの答の評価がある．問題のもとになった文献を示していることもあり，もっと詳しく勉強することもできる．

* 解答書 J. Clayden, S. Warren, "Solutions manual to accompany Organic Chemistry", 2nd ed., Oxford University Press (2013) は本書とは別に購入できる．

色 づ け

　本書が変わっていることにもう気づいているかもしれない．ほとんどすべての化学構造を赤で表しているからだ．これは全く意図的にしてある．赤で強調することによって，有機化学では言葉よりも構造のほうが重要であるというメッセージを伝えている．しかし，部分的に他の色で表すこともある．10ページからとった例を二つ示しておく．CとH以外の元素を含む有機化合物があることを述べたところである．

フィアルリジン
抗ウイルス薬

ハロモン
天然の抗腫瘍薬

　なぜ原子を黒で表すのか．それは単に分子の他の部分からこれらの原子を際立たせたいからである．一般に分子の重要な細部を強調するために本書では黒を用いる．たとえば，反応する官能基であったり，反応の結果変化したものである．例として9章と17章

の式を示しておく．

電子の動きを示す巻矢印に黒を用いて強調することも多い．巻矢印は電子の動きを示すものであり，その使い方は 5 章で説明する．11 章と 22 章からとった例を二つ示す．⊕ と ⊖ の電荷が黒で目立つようにしていることにも気づいてほしい．

ときには，緑，オレンジ，茶のような別の色を用いてその次に重要な点を際立たせることもある．例として 11 章で扱う反応の一部をあげておく．ここでは水分子 H_2O が生成することを示したいのである．緑の原子は水がどの部分に由来するか示している．黒の巻矢印と黒の新しい結合にも気づいてほしい．

問題がもっと込み入ってくる場合には，他の色も用いる．次に示す 21 章の例では，ある反応の二つの結果を示そうとしている．茶とオレンジの巻矢印はその二つの結果を示している．緑で強調した重水素は両方の反応で残っている．

さらに 14 章では，異なる基が四つある炭素と三つだけの炭素との違いを際立たせるために，色をそれぞれの数だけ用いている．要するに，赤以外の色を見たら，注意を払ってほしい．その色を使う理由があるからである．

要 約 目 次

上 巻

1. 有機化学とは何か
2. 有機化合物の構造
3. 有機化合物の構造決定
4. 分子の構造
5. 有機反応
6. カルボニル基への求核付加反応
7. 非局在化と共役
8. 酸性度と塩基性度
9. 有機金属化合物を用いる炭素−炭素結合の生成
10. カルボニル基での求核置換反応
11. カルボニル酸素の消失を伴うカルボニル基での求核置換反応
12. 平衡，反応速度，および反応機構
13. プロトンNMR
14. 立体化学
15. 飽和炭素での求核置換反応
16. 立体配座解析
17. 脱離反応
18. 分光法のまとめ
19. アルケンへの求電子付加反応
20. エノールおよびエノラートの生成と反応
21. 芳香族求電子置換反応
22. 共役付加と芳香族求核置換反応
23. 官能基選択性と保護基
24. 位置選択性
25. エノラートのアルキル化
26. エノラートとカルボニル化合物との反応：アルドール反応とClaisen縮合

下 巻

27. 有機化学における硫黄，ケイ素，リン
28. 逆合成解析
29. 芳香族ヘテロ環化合物Ⅰ：反応
30. 芳香族ヘテロ環化合物Ⅱ：合成
31. 飽和ヘテロ環化合物と立体電子効果
32. 環状化合物の立体選択的反応
33. ジアステレオ選択性
34. ペリ環状反応Ⅰ：付加環化
35. ペリ環状反応Ⅱ：シグマトロピー転位と電子環状反応
36. 隣接基関与，転位反応，および開裂反応
37. ラジカル反応
38. カルベンの合成と反応
39. 反応機構の決定
40. 有機金属化学
41. 不斉合成
42. 生命の有機化学
43. 有機化学のいま

目　次

1. 有機化学とは何か … 1
- 1・1　有機化学と人間 … 1
- 1・2　有機化合物 … 1
- 1・3　有機化学と工業 … 6
- 1・4　有機化学と周期表 … 9
- 1・5　有機化学と本書 … 11

2. 有機化合物の構造 … 13
- 2・1　炭化水素骨格と官能基 … 14
- 2・2　分子を書く … 15
- 2・3　炭化水素骨格 … 19
- 2・4　官能基 … 25
- 2・5　官能基に関係する炭素原子は酸化度で分類できる … 29
- 2・6　化合物の命名 … 31
- 2・7　化合物名を実際にはどう使えばよいか … 33
- 2・8　化合物をどう命名するか … 38

3. 有機化合物の構造決定 … 41
- 3・1　はじめに … 41
- 3・2　質量分析法 … 44
- 3・3　質量分析は同位体を識別する … 46
- 3・4　高分解能質量分析により原子組成が決定できる … 48
- 3・5　核磁気共鳴分光法 … 49
- 3・6　^{13}C NMR スペクトルの化学シフト領域 … 54
- 3・7　化学シフトのいろいろな表現法 … 54
- 3・8　簡単な分子の ^{13}C NMR スペクトルの例 … 55
- 3・9　^{1}H NMR スペクトル … 57
- 3・10　赤外分光法 … 61
- 3・11　MS, NMR, IR を組合わせると構造解析が迅速にできる … 70
- 3・12　不飽和度は構造解析に有用な情報である … 71
- 3・13　スペクトル解析の詳細を 13 章と 18 章で学ぶ … 75

4. 分子の構造 … 77
- 4・1　はじめに … 77
- 4・2　電子は原子軌道に入る … 80
- 4・3　分子軌道：二原子分子 … 84
- 4・4　異なる原子間の結合 … 92
- 4・5　原子軌道の混成 … 96
- 4・6　回転と剛直性 … 101
- 4・7　終わりに … 103

5. 有機反応 … 105
- 5・1　化学反応 … 105
- 5・2　求核剤と求電子剤 … 109
- 5・3　巻矢印を用いて反応機構を書く … 114
- 5・4　巻矢印を使って自分で機構を考える … 118

6. カルボニル基への求核付加反応 … 123
- 6・1　分子軌道によりカルボニル基の反応性を理解する … 123
- 6・2　アルデヒドやケトンへのシアン化物イオンの求核攻撃 … 125
- 6・3　アルデヒドやケトンへの求核攻撃の角度 … 127
- 6・4　アルデヒドやケトンへの"ヒドリド"の求核攻撃 … 127
- 6・5　アルデヒドやケトンへの有機金属化合物の付加反応 … 129
- 6・6　アルデヒドやケトンへの水の付加反応 … 131

6・7　ヘミアセタールの生成 ……………… 133
6・8　ヘミアセタールと水和物の
　　　生成反応における酸塩基触媒 …… 135
6・9　亜硫酸水素塩付加物 …………………… 136

7. 非局在化と共役 …………………………………………………………………………… 139
7・1　はじめに ……………………………… 139
7・2　エチレンの構造 ……………………… 139
7・3　炭素－炭素二重結合を二つ以上もつ分子 … 140
7・4　π結合二つの共役 …………………… 144
7・5　紫外および可視スペクトル ………… 146
7・6　アリル系 ……………………………… 148
7・7　3原子に非局在化した代表的な構造 … 151
7・8　芳香族性 ……………………………… 155

8. 酸性度と塩基性度 ………………………………………………………………………… 163
8・1　有機化合物はイオン化すると
　　　水に溶けやすくなる ……… 163
8・2　酸, 塩基, および pK_a ……………… 165
8・3　酸　性　度 …………………………… 165
8・4　pK_a の定義 …………………………… 168
8・5　pK_a の尺度をつくる ………………… 171
8・6　酸および塩基としての窒素化合物 … 173
8・7　置換基が pK_a に影響する …………… 175
8・8　炭　素　酸 …………………………… 176
8・9　pK_a の応用: 医薬シメチジンの開発 … 178
8・10　Lewis 酸塩基 ………………………… 180

9. 有機金属化合物を用いる炭素－炭素結合の生成 ……………………………………… 183
9・1　はじめに ……………………………… 183
9・2　有機金属化合物は炭素－金属結合をもつ … 183
9・3　有機金属化合物をつくる …………… 185
9・4　有機金属化合物を用いて有機分子をつくる … 190
9・5　アルコールの酸化 …………………… 194
9・6　今後の展開 …………………………… 196

10. カルボニル基での求核置換反応 ………………………………………………………… 199
10・1　カルボニル基への求核付加生成物は
　　　　必ずしも安定ではない …… 199
10・2　カルボン酸誘導体 …………………… 200
10・3　なぜ四面体中間体は不安定なのか … 202
10・4　カルボン酸誘導体の反応性の序列 … 208
10・5　酸触媒はカルボニル基の反応性を
　　　　増大させる …………… 210
10・6　酸塩化物はカルボン酸と塩化チオニルや
　　　　五塩化リンから合成できる …… 216
10・7　カルボン酸誘導体の置換反応により
　　　　他の化合物を合成する …… 218
10・8　エステルからケトンを合成する: その問題点 … 218
10・9　エステルからケトンを合成する: 解法 …… 220
10・10　終わりに …………………………… 222

11. カルボニル酸素の消失を伴うカルボニル基での求核置換反応 ……………………… 225
11・1　はじめに ……………………………… 225
11・2　アルデヒドはアルコールと反応して
　　　　ヘミアセタールを生成する …… 226
11・3　アセタールは酸触媒存在下でアルデヒド
　　　　あるいはケトンとアルコールから生成する 227
11・4　アミンはカルボニル化合物と反応する … 232
11・5　イミンはカルボニル化合物の
　　　　窒素類縁体である …… 233
11・6　終わりに ……………………………… 242

12. 平衡, 反応速度, および反応機構 ……………………………………………………… 245
12・1　反応はどのくらい速く, どこまで進むか … 245
12・2　平衡を目的物に偏らせるには
　　　　どうしたらよいか …… 249
12・3　エントロピーが平衡定数を決める
　　　　重要な要因になる …… 250
12・4　平衡定数は温度とともに変化する … 253

12・5	反応速度論入門：どうやって反応を速くきれいに進めるか ……254	12・7	カルボニル置換反応における触媒作用 ………266
12・6	反応速度式 ………261	12・8	速度支配と熱力学支配の生成物 ………268
		12・9	6〜12章の反応機構のまとめ ………270

13. プロトンNMR … 273

13・1	^{1}H NMR と ^{13}C NMR の違い ………273	13・6	アルデヒド領域：酸素と結合した不飽和炭素 ………286
13・2	シグナル強度の積分値から水素原子数がわかる ………274	13・7	ヘテロ原子と結合した水素の化学シフトは炭素原子と結合した水素より変わりやすい 287
13・3	^{1}H NMR スペクトルの領域 ………276	13・8	^{1}H NMR におけるスピン結合 ………289
13・4	飽和炭素原子に結合している水素 ………276	13・9	終わりに ………305
13・5	アルケン領域とベンゼン領域 ………282		

14. 立 体 化 学 … 307

14・1	エナンチオマーのある化合物 ………307	14・3	キラル中心のないキラルな化合物 ………324
14・2	ジアステレオマーはエナンチオマー以外の立体異性体のことである ….316	14・4	回転軸と対称心 ………324
		14・5	エナンチオマーの分離を光学分割とよぶ ………327

15. 飽和炭素での求核置換反応 … 333

15・1	求核置換反応の機構 ………333	15・6	S_N1 と S_N2 反応における脱離基 ………351
15・2	S_N1 か S_N2 か反応機構を決める因子 ………337	15・7	S_N1 反応における求核剤 ………357
15・3	S_N1 反応の詳細 ………337	15・8	S_N2 反応における求核剤 ………358
15・4	S_N2 反応の詳細 ………344	15・9	求核剤と脱離基の比較 ………362
15・5	S_N1 と S_N2 の比較 ………346	15・10	次の課題：脱離反応と転位反応 ………363

16. 立 体 配 座 解 析 … 367

16・1	結合回転により原子鎖の立体配座が無数にできる ……367	16・6	ブタンの立体配座 ………371
16・2	立体配座と立体配置 ………368	16・7	環のひずみ ………373
16・3	回転障壁 ………369	16・8	シクロヘキサンの詳細 ………376
16・4	エタンの立体配座 ………369	16・9	置換シクロヘキサン ………380
16・5	プロパンの立体配座 ………371	16・10	終わりに ………387

17. 脱 離 反 応 … 389

17・1	置換と脱離 ………389	17・7	E2 反応はアンチペリプラナー遷移状態を経る ……401
17・2	求核剤は脱離と置換にどうかかわるか ………391	17・8	E2 反応の位置選択性 ………405
17・3	E1 機構と E2 機構 ………392	17・9	アニオン安定化基は第三の機構を可能にする (E1cB 機構) ………406
17・4	E1 反応を起こしやすい基質 ………394	17・10	終わりに ………411
17・5	脱離基の役割 ………396		
17・6	E1 反応は立体選択的でありうる ………398		

18. 分光法のまとめ … 415

18・1	本章の三つの目標 ………415	18・3	酸誘導体の区別には赤外分光法が最も有効である ……418
18・2	分光法とカルボニル基の化学 ………415		

18・4	小さな環状化合物は環内にひずみを生じ,環外結合のs性を大きくする ···· 420	18・8	異核種とのスピン結合により大きな結合定数が観測されることがある ···· 423
18・5	赤外スペクトルにおけるC=O伸縮振動数の簡便な計算法 ········ 421	18・9	スペクトル解析による反応生成物の同定 ······· 427
18・6	小員環化合物やアルキンのNMRスペクトル 421	18・10	NMRデータ表 ················· 431
18・7	^{1}H NMRによりシクロヘキサンのアキシアル水素とエクアトリアル水素を区別できる ···· 423	18・11	^{1}H 化学シフトは ^{13}C 化学シフトより計算しやすく情報量も多い ········ 433

19. アルケンへの求電子付加反応 ················ 437

19・1	アルケンは臭素と反応する ········· 437	19・6	アルケンへの求電子付加の立体選択性 ······· 448
19・2	アルケンの酸化によるエポキシドの生成 ······ 439	19・7	ジヒドロキシル化: ヒドロキシ基を二つ付加する ········ 451
19・3	非対称アルケンへの求電子付加は位置選択的である ········ 442	19・8	二重結合の切断: 過ヨウ素酸開裂とオゾン分解 ······· 452
19・4	ジエンへの求電子付加 ············ 444	19・9	ヒドロキシ基の付加:二重結合への水の付加 453
19・5	非対称ブロモニウムイオンは位置選択的に開環する ········ 445	19・10	終わりに:求電子付加反応のまとめ ······· 456

20. エノールおよびエノラートの生成と反応 ················ 459

20・1	混合物であっても純粋な物質と認めてよいだろうか ········ 459	20・7	さまざまなエノールとエノラート: まとめ ···· 464
20・2	互変異性:プロトン移動によるエノールの生成 ········ 460	20・8	安定なエノール ················ 466
20・3	単純なアルデヒドやケトンはなぜエノール形で存在しないのか 460	20・9	エノール化によって起こる現象 ········ 469
20・4	ケト形とエノール形間の平衡の証拠 ······ 461	20・10	エノールやエノラートを中間体とする反応 ···· 471
20・5	エノール化には酸と塩基が触媒になる ········ 461	20・11	安定なエノラートの等価体 ········ 476
20・6	塩基触媒反応の中間体はエノラートイオンである ········ 462	20・12	エノールとエノラートの酸素での反応: エノールエーテルの合成 ···· 477
		20・13	エノールエーテルの反応 ········· 478
		20・14	終わりに ················ 481

21. 芳香族求電子置換反応 ················ 483

21・1	はじめに:エノールとフェノール ········ 483	21・6	電子求引基はメタ置換体を生成する ······· 498
21・2	ベンゼンの求電子置換反応 ········· 485	21・7	ハロゲンは電子を求引し供与する ········ 501
21・3	フェノールの求電子置換反応 ········ 490	21・8	二つ以上の置換基は協同的か競争的か ······ 502
21・4	窒素の非共有電子対は芳香環をもっと強く活性化する ········ 493	21・9	いくつかの問題とその解決法 ········ 504
21・5	アルキルベンゼンもオルト位とパラ位で反応する ········ 495	21・10	Friedel-Crafts 反応の問題点 ········ 504
		21・11	ニトロ基の化学 ················ 506
		21・12	まとめ ················ 507

22. 共役付加と芳香族求核置換反応 ················ 511

22・1	カルボニル基と共役したアルケン ········ 511	22・6	求核的エポキシ化 ················ 525
22・2	共役アルケンは求電子剤としても反応しうる 512	22・7	芳香族求核置換 ················ 526
22・3	まとめ:共役付加を制御する因子 ······· 522	22・8	付加-脱離機構 ················ 527
22・4	他の電子不足アルケンの反応への拡張 ······· 522	22・9	芳香族求核置換におけるS_N1機構: ジアゾニウム化合物 ········ 532
22・5	共役置換反応 ················ 524		

22・10 ベンザイン機構 ········· 535	22・11 終わりに ········· 538

23. 官能基選択性と保護基 ········· 541

23・1 選 択 性 ········· 541	23・7 酸化反応における選択性 ········· 558
23・2 還 元 剤 ········· 543	23・8 競合する反応の制御:
23・3 カルボニル基の還元 ········· 543	一方の官能基を選択的に反応させる ········· 560
23・4 還元剤としての水素：接触水素化 ········· 548	23・9 保 護 基 ········· 563
23・5 官能基の除去 ········· 553	23・10 ペプチド合成 ········· 567
23・6 溶解金属還元 ········· 555	

24. 位 置 選 択 性 ········· 577

24・1 はじめに ········· 577	24・5 アリル型化合物への求核攻撃 ········· 589
24・2 芳香族求電子置換反応の位置選択性 ········· 578	24・6 共役ジエンへの求電子攻撃 ········· 595
24・3 アルケンへの求電子攻撃 ········· 585	24・7 共役付加 ········· 597
24・4 ラジカル反応の位置選択性 ········· 586	24・8 実際の位置選択性 ········· 598

25. エノラートのアルキル化 ········· 601

25・1 カルボニル基は多様な反応性を示す ········· 601	25・8 1,3-ジカルボニル化合物のアルキル化 ········· 614
25・2 すべてのアルキル化にかかわる重要な問題点 ········· 601	25・9 ケトンのアルキル化には位置選択性の問題がある ········· 618
25・3 ニトリルとニトロアルカンのアルキル化 ········· 602	25・10 エノラートの位置選択性の問題はエノンで解決できる ········· 621
25・4 アルキル化における求電子剤の選択 ········· 605	25・11 Michael 反応受容体を求電子剤とする共役付加 ········· 625
25・5 カルボニル化合物のリチウムエノラート ········· 605	25・12 終わりに ········· 634
25・6 リチウムエノラートのアルキル化 ········· 606	
25・7 エノールやエノラートの等価体を利用するアルデヒドとケトンのアルキル化 609	

26. エノラートとカルボニル化合物との反応：アルドール反応と Claisen 縮合 ········· 637

26・1 はじめに ········· 637	26・8 分子内アルドール反応 ········· 661
26・2 アルドール反応 ········· 637	26・9 炭素アシル化 ········· 665
26・3 交差アルドール縮合反応 ········· 642	26・10 交差エステル縮合 ········· 669
26・4 エノール等価体を用いるアルドール反応の制御 ········· 648	26・11 Claisen 縮合によるケトエステル合成のまとめ ········· 672
26・5 エステルのアルドール反応を制御する方法 ········· 655	26・12 エノール等価体を用いるアシル化の制御 ········· 673
26・6 アルデヒドのアルドール反応を制御する方法 ········· 656	26・13 分子内交差 Claisen 縮合 ········· 678
26・7 ケトンのアルドール反応を制御する方法 ········· 658	26・14 カルボニル基の化学：今後の展開 ········· 680

略 号 表

参 考 書

掲 載 図 出 典

索　　引

有機化学とは何か

1・1 有機化学と人間

　読者は生まれながらにして熟練有機化学者といえる．この文章を読んでいるとき，目は有機化合物（レチナール）を用いて光を神経インパルスに変換し，この本を取上げるとき，筋肉は糖から化学反応により必要なエネルギーを得ている．神経細胞は単純な有機化合物（神経伝達物質のアミン）によって連絡されていて，神経インパルスが脳の中を駆けめぐり，理解に至る．しかも，これらすべてのことが無意識のうちに行われている．これらの化学反応が脳や体でうまく働いているとはいっても，それを理解して行っているわけではない．

　理解が足りない点では筆者とて例外ではないが，19世紀の初頭に科学が生まれて以来，有機化学の理解がいかに大きな進歩を遂げてきたか，本書で示そうと思う．有機化学は，生命の化学を理解しようとする試みから始まった．そして現在では国際的な巨大な化学企業が成長し，何億という人々の食料，衣類，医療に役立っているが，自分の生命における化学の役割に気づいている人は意外にも少ない．化学者は，物理学者や数学者と協力して分子のふるまいを明らかにし，生物学者と協力して生命過程における分子の役割を解明しようとしている．これらの科学は，20世紀の間に革命的な進展をみせたが，21世紀の現在でもまだ完全とはいえない．本書では，死んだ科学の骨格を解説するのではなく，成長を続けている科学の論点を読者が理解できるようにすることをねらっている．

　科学は全宇宙を理解しようとするものだが，なかでも化学は独特の位置を占めている．化学は分子の科学であり，有機化学は，その成長とともに文字どおり新しい化学を創造してきている．もちろん天然の分子も研究対象である．それ自体興味深いし，生命の重要な機能を果たしている．天然の分子からは得られない情報を得るために，新しい分子をつくって生命のしくみについて研究を行うことも多い．

　有機化学は，このように新しい分子をつくり出すことによって，プラスチック，染料，香料，医薬品などの物質を創製・供給し，生活を豊かにしてきた．これらは自然に反し，その製品は危険で健康に悪いと考える人もいる．しかし，これらの新しい分子は，われわれの頭脳から生まれた技術を用いて，地球上に存在する他の分子から構築したものであり自然の一部である．鳥は巣をつくり，人は家をつくる．どちらが自然に反するのだろうか．有機化学者にとって，こんな区別は意味がない．有毒な化合物もあれば栄養になるものもある．安定な化合物もあれば反応性の高いものもある．しかし，化学は一つである．人の知識と技術から生まれたものであり，ヒトの脳や体の中にも及ぶし，フラスコや反応器の中にも及ぶ．われわれは倫理の審査官になろうなどとは思っていない．できるだけ努力してまわりの世界を理解し，その理解を創造的に応用することが正しいと信じている．この考え方を読者にもわかってもらいたい．

11-*cis*-レチナール
光を吸収する視物質

セロトニン
ヒトの神経伝達物質

本章では代表的な有機化合物の構造を示すが，その意味がわからなくても気にすることはない．有機化学の学習を進めていけばわかるようになる．

1・2 有機化合物

　有機化学は生命の化学として誕生した．当時それは実験室の化学とは異なると考えられていた．ついで，炭素の化合物，特に石炭に含まれる化合物の化学になった．いまで

> 本書の終わりのほう (42 章) で, 生命の存在を可能にしている驚くべき化学について述べる. これは化学者と生物学者の共同作業によって初めて明らかにされた事実である.

は両方とも有機化学である. 有機化学は, 炭素とその他の元素からなる化合物の化学であり, そのような化合物は生命体や生命体の産物だけでなく, 炭素のあるところならどこにでもある.

今日最も豊富に得られる有機資源は, 現在の生命体に含まれるものと死んだものから数百万年にわたって生成してきたものである. 昔は天然に知られている有機化合物といえば, 植物から蒸留で得られる"精油"成分と植物を砕いて酸で抽出して得られるアルカロイドであった. たとえば, メントール (menthol) はハッカから, cis-ジャスモン (cis-jasmone) はジャスミンの花から得られる香気成分である. 天然物は古くから病気の治療に用いられてきた. キニーネ (quinine) は, すでに 16 世紀から南米産のキナの木の皮から抽出され, 熱病, 特にマラリアの治療に用いられていた. この治療を行ったイエズス会の修道士 (この療法は"イエズスの皮"として知られていた) はもちろんキニーネがどういう構造をしているか知らなかった. しかし, いまではその構造はわかっている. そのうえ, キニーネの分子構造から出発して新しい医薬品の分子設計を行い, キニーネよりもはるかに効果的なマラリア治療薬が開発されている.

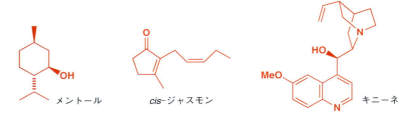

メントール　　cis-ジャスモン　　キニーネ

ベンゼン　ピリジン　フェノール

アニリン　チオフェン

> William Perkin はロンドンで著名なドイツ人化学者 A. W. Hofmann のもとで研究していた. Perkin がその構造もわからないのに, キニーネをつくろうとしたのは実験としては大きな冒険だったといえよう.

19 世紀の化学者にとって化学薬品のおもな資源は石炭であった. 石炭からは欄外に示すような芳香族化合物が得られた. フェノールは, J. Lister によって外科の消毒薬として用いられ, アニリンは染料工業の原料となった. 新しい有機化合物を天然から得るのではなく, 化学者の手でつくることを実際に探索し始めたのは染料化学だった. 1856 年, アニリンからキニーネをつくろうとしていた 18 歳の英国の化学者 William Perkin は, 偶然にモーブ (mauve) 染料 (モーバイン mauveine) を得た. この染料は衣類の染色技術を革新し, 染料化学工業の幕開けとなった. このようにしてつくられた染料のひとつが, いまでも使われているビスマルクブラウン (Bismarck Brown) である. 初期の染料化学研究の多くがドイツでなされた.

モーバインの一成分　　ビスマルクブラウン Y

> 燃料となるアルカンには, 天然ガス (メタン CH_4 を主成分とする) や液化石油ガス (LPG, プロパン $CH_3CH_2CH_3$ とブタン $CH_3CH_2CH_2CH_3$ を主成分とする) などがある.

20 世紀には, 有機化合物の主要原料として石油が石炭にとってかわったので, 単純な炭化水素 (アルカン) が燃料として使われるようになった. 同時に化学者は, 菌類やサンゴ, 細菌のような新しい資源から新しい分子を探索し始めた. そして, 2 種類の有機化学工業が並列して発展し, それぞれ重化学製品と精密化学製品を生産している. 塗料やプラスチックのような重化学製品は, 比較的単純な化合物から何千トンという量が製造され, 医薬品, 香料, 香味料などの精密化学製品は少量ながら付加価値の大きい製品

として生産されている．

　本書を書いている時点で，1600万種の有機化合物が知られている．これ以上どのくらいの化合物が可能なのだろうか．それほど大きくない分子として炭素数30（上に出てきたモーバイン程度の大きさ）以下の分子を数えただけでも，およそ 10^{63} 種類の安定な化合物が可能であるという．これらの分子を一つずつつくるにしても，すべてつくるためには，全宇宙に存在する炭素原子では足りない．

　これまでにつくられた1600万種の化合物には，驚くほど多様な性質をもつあらゆる種類の分子が含まれている．まず外見はどうだろう．結晶性固体かもしれないし，油，ワックス，プラスチック，ゴム状，流動性液体または揮発性液体，あるいは気体かもしれない．見慣れているものに，植物から抽出された白い結晶で安価な砂糖や無色の揮発性で引火しやすい炭化水素混合物のガソリンがある．イソオクタンはその典型例であり，ガソリンのオクタン価の名称はこれに由来する．

　化合物は無色であるとは限らない．黒と褐色はいうまでもなく，実際，全スペクトルにわたって有機化合物を虹色に並べることができる．次の表では染料を避けて，できるだけ構造に変化のある化合物を選んだ．

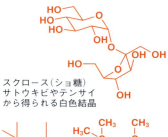

スクロース（ショ糖）
サトウキビやテンサイ
から得られる白色結晶

イソオクタン
（2,2,4-トリメチルペンタン）
ハイオクガソリンの主成分
揮発性引火性液体

色	性状	化合物	構造
赤	暗赤色六角形板状結晶	3-メトキシベンゾシクロヘプタトリエン-2-オン	
オレンジ	こはく色針状結晶	ジクロロジシアノキノン（DDQ）	
黄	有毒黄色爆発性気体	ジアゾメタン	
緑	はがね色金属光沢をもつ緑色プリズム状結晶	9-ニトロソジュロリジン	
青	こしょうのにおいのする濃青色固体	アズレン	
紫	濃青色気体で凝固すると紫色固体	ニトロソトリフルオロメタン	

　色だけが化合物の特性ではない．そのにおいから，それが近くにあることがわかることはよくある．悪臭が非常に強い有機化合物もある．スカンクの悪名高いにおいは2種のチオール（SH基を含む硫黄化合物）の混合物である．

　しかし，歴史上最悪の悪臭事件はたぶん1889年にドイツのフライブルク全市民を避難させたものであろう．トリチオアセトンの分解でチオアセトンをつくろうとしたところ，"不快なにおいが短時間に都市の全域に広がり，失神，吐き気，恐慌的な避難をひき起こし，その実験研究をあきらめさせる"ことになってしまった．

　1967年に英国 Esso の研究者がトリチオアセトンの分解実験を追試したことは，おそらく無謀きわまりないことだったといえよう．彼らの話を聞いてみよう．「においの問題

スカンクのガスに含まれるチオール

チオアセトン

プロパン
ジチオール

4-メチル-4-スルファニル
ペンタン-2-オン

世界一の悪臭化合物の二つの候補
（誰もどちらが勝者か決めようとは思わない）

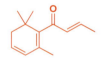

2-メチル-2-プロパンチオール
（t-ブチルメルカプタン）

"都市ガス"のにおいがするように天然ガスに添加する

黒トリュフのすばらしい香りはこの化合物に由来する

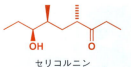

ダマセノン（バラの香り）

について最悪の予想よりもずっと悪い状態にあることが最近になってやっとわかった．初期の実験で，残渣の残っているフラスコの栓が飛んだときにすぐ栓をし直したにもかかわらず，200 m 離れた建物で働いている同僚から，吐き気がし気分が悪くなったと，すぐさま苦情がきた．ごく微量のトリチオアセトンの分解研究をしただけの化学者二人がレストランで皆からいやな目で見られ，ウエートレスからまわりに防臭剤のスプレーをかけられるという恥ずかしい思いをした．その実験室で働いていた者には耐えられないほどのにおいではなかったので，希釈されれば大丈夫と思っていたのに，そのにおいははるかに強かった．しかも，密閉系で実験していたので自分たちのせいではないと本気で否定していた．それを実証するために，その人たちと他の見物人に研究所のまわり 400 m ほど離れたところに集まってもらった．そして，排気装置付薬品棚の中の時計皿にプロパンジチオールかトリチオアセトンの再結晶母液1滴をたらしたところ，風下では数秒のうちにその悪臭が感じられた」この強烈なにおいのもとになっている化合物として可能性が二つある．プロパンジチオールと 4-メチル-4-スルファニルペンタン-2-オンである．この問題を解決するほど勇気のある人はもはや誰もいそうにない．

しかし，いやなにおいにも使い道はある．家庭に配管されている天然ガスには 2-メチル-2-プロパンチオール（$CH_3)_3CSH$ のような硫黄化合物がわざと少量添加されている．ここで少量というとき，極微量を意味している．ヒトは天然ガスの 500 億分の 1 でもそのにおいを感じることができる．

よいにおいのする化合物もある．硫黄化合物の名誉をばん回するために，トリュフのことを話そう．ブタは地中 1 m にあるトリュフのにおいを検知できる．その味と香りが非常にすばらしいのでトリュフの値段は同じ重さの金よりも高いという．バラの香りはダマセノン（damascenone）による．その1滴を嗅いでみると，テレビン油かショウノウのようなにおいがするのでがっかりするかもしれない．しかし翌朝には体や服は強いバラの香りに包まれている．希釈することによって初めて香りが出てくるものが多い．

ヒトだけが嗅覚をもつ動物ではない．われわれはあらゆる感覚を使って恋人を見つけるが，昆虫にはそれはできない．昆虫はこの雑然とした世界では小さいので，同じ種の異性をにおいによって見つける．ほとんどの昆虫は，信じられないほど希薄な濃度で相手を見つけられるように揮発性の化合物を産生している．タバコシバンムシ（cigarette beetle）の性フェロモンであるセリコルニン（serricornin）は，65,000 匹の雌からたった 1.5 mg しか採取できなかった．したがって，1匹の虫はごく微量しかもっていない．それでも，ほんの一吹きするだけで雄を集め熱狂的に交尾しようとさせる．マメコガネの雌が出す性フェロモン（ジャポニルア japonilure）を合成してみると，これは 5 μg（マイクログラム）の微量で雌 4 匹分よりも強力に雄をひきつける．

マイマイガの性フェロモンであるジスパルア（disparlure）は，ガから単離された数 μg で同定されたものである．実地試験によると，2×10^{-12} g の微量で雄をおびき寄せるだけの活性がある．上で述べた3種の性フェロモンは，これらの害虫を特異的に捕獲するために市販されている．

性フェロモンを産生するのが雌であるとは限らない．オリーブミバエは雄も雌も性

マイマイガ

セリコルニン
タバコシバンムシの
性フェロモン

ジャポニルア
マメコガネの性フェロモン

ジスパルア
マイマイガの性フェロモン

フェロモンを産生し異性をひきつける．注目すべきことには，同じ分子の一方の鏡像体が雄をひきつけ，他方が雌をひきつける．ゾウの雄はフロンタリン（frontalin）という分子の鏡像体を産生している．その異性体の比率で雌のゾウは雄の年齢を判断することができ，相手を選択している．

オレアン
オリーブミバエの
性フェロモン

この鏡像体はオリーブミバエの雄を誘引する／この鏡像体はオリーブミバエの雌を誘引する／雌ゾウにとっては若い雄ゾウのにおい／雌ゾウにとっては老いた雄ゾウのにおい

フロンタリン

味覚についてはどうだろうか．グレープフルーツを例にとろう．その香味成分は，これまた硫黄化合物に由来し，ヒトはこの化合物を 2×10^{-5} ppb（ppb = $1/10^9$）で感じることができる．これはほとんど想像できないほどの微量であり，1トン当たり 10^{-4} mg，あるいはかなり大きい湖に加えた水1滴に相当する．なぜヒトは進化によってグレープフルーツに異常に敏感になったのだろうか．それは想像に任せる．

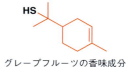
グレープフルーツの香味成分

いやな味については，トイレ洗浄剤のような危険な家庭用品に，子供が誤って口にしないよう添加する"苦味剤"について言及しておこう．この複雑な有機化合物は実際は塩である．窒素に正電荷をもつカチオンと酸素に負電荷をもつアニオンからなり，水に可溶である．

安息香酸デナトニウム（商品名ビトレックス Bitrex）
安息香酸ベンジルジエチル(2,6-キシリルカルバモイル)メチルアンモニウム

ヒトに対して奇妙な効果をもつ有機化合物はほかにもある．アルコールやコカインのような種々の"ドラッグ"（MDMAもそのひとつである）を飲んだり吸収したり，あるいは注射したりすると，一時的に幸せな気分になれるが，それらはそれなりに危険である．アルコールの飲み過ぎは多くの悲劇をもたらし，コカインは少し摂取しただけで生涯そのとりこになってしまう可能性がある．

ほかの動物のことをもう一度考えてみよう．ネコはいつでもどこでも眠れるようである．ネコの脳脊髄液から取出された驚くほど簡単な化合物（下左）が，睡眠を制御して

アルコール（エタノール）　コカイン（麻薬アルカロイド）　MDMA（エクスタシー）

cis-9-オクタデセン酸アミド（誘眠性の脂肪酸誘導体）

共役リノール酸（CLA）
cis-9-trans-11-オクタデカジエン酸

レスベラトロール
(ブドウの皮に含まれる)

ビタミンC(アスコルビン酸)

ビタミンCはヒト以外の霊長類やモルモットなどにとっても必須栄養素である．その他の哺乳類は体内でビタミンCを産生できる．

いるらしい．この化合物は，ネコだけでなくネズミやヒトでも速やかに眠りにおちいらせることができる．この化合物もジャポニルアとともに脂肪酸の誘導体である．食品中の脂肪酸は，現在人々の強い関心事でもある．食物に含まれる飽和，一不飽和，多不飽和脂肪酸の善し悪しが常に話題になっている．食物に含まれる分子で制がん作用が認められたものは数多いが，共役リノール酸（conjugated linoleic acid: CLA）もそのひとつである．これは乳製品に含まれている．もっと豊富に含まれているものがあれば読者も知りたいだろうが，それはカンガルーの肉である．

レスベラトロール（resveratrole）も，体によい分子で食物に含まれている．赤ワインに心臓病を防ぐ効用があるのは，この分子のおかげかもしれない．これはベンゼン環を二つもっていてCLAとは全く別種の化合物である．

三つ目の分子として，ビタミンCを取上げよう．これは必須栄養素の一つであり，そのためにビタミンとよばれている．ビタミンCをとらないと壊血病になる．かつて長期航海の船乗りがよくかかった．ビタミンCは万能抗酸化剤で，悪玉フリーラジカルを捕捉し，DNAが損傷しないように守ってくれる．大量に服用すると風邪の予防になると考えている人もいる．

1・3 有機化学と工業

ビタミンCは，いまでは工業的に大量に製造されている．いろいろな有機分子が世界中の化学会社で年間数キログラムから数千トンの規模でつくられ，生活を豊かにしている．このような有機化学の広がりは有機化学を学ぶ学生にとっては朗報である．有機分子にどんな性質があり，どう合成されているか理解していることが国際的人材に求められている能力である．

石油化学工業は，膨大な量の原油を消費している．インドにある世界最大の精油所では，毎日2億リットルの重油が処理されている．その大部分は，いまでも燃料としてただ燃やされるだけで，その一部だけが他の化学工業で使うために精製され，別の有機化合物の原料になっている．

簡単な化合物のなかには，石油からでも植物からでもつくることができるものがある．工業原料となるエタノールは，主として石油から得たエチレンを触媒で水和して製造されている．しかし，特にブラジルでは，サトウキビを発酵させて製造していて，燃料としても用いている．植物は，有機薬品の製造工場としてきわめて優秀であるといってもよい（なかでもサトウキビは最も効率のよいもののひとつである）．光合成は，空気中から直接二酸化炭素を取込んで太陽エネルギーを使って還元し，酸素含量の低い有機化合物をつくる．その生成物を燃やしてエネルギーを取出すことができる．バイオ燃料は，植物油の脂肪酸成分から同様にしてつくられている．

ステアリン酸エチル(オクタデカン酸エチル)
バイオ燃料の主成分

ポリマー製造用モノマー

スチレン　アクリル酸エチル

塩化ビニル

プラスチックとポリマーの原料となる，スチレン，アクリル酸エステル，塩化ビニルなどのモノマーは，石油化学工業の主要な製品である．この巨大産業の製品は，家庭用品や家具用の硬質プラスチック，衣料用の繊維（年間2500万トン以上），自動車タイヤ用のゴム，包装パッキング用の軽量発泡性ポリマーなどプラスチックのすべてに及ぶ．全世界のポリマー生産量は年間1億トンに達し，ポリ塩化ビニルだけでも年間2千万ト

ン以上の規模で，5万人以上の雇用を生んでいる．

接着剤はモノマーを溶液として用い，これを重合させて効力を発揮させる．瞬間接着剤はシアノアクリル酸エステルのポリマーであり，ほとんど何でもくっつけることができる．

シアノアクリル酸メチル
（瞬間接着剤）

洗面器や洗たく桶もプラスチック製だが，それに入れる洗剤は別の化学製品である．石けん，界面活性剤，漂白剤，化粧品やボディソープなど，家庭に必要なものなら何でもつくっている会社がある．これらの製品にはレモン，ラベンダーや白檀の香りがつけてあるものもあるが，これらの大部分も石油化学に由来する．

工業製品に色をつけることも大きな産業になっている．種々の鮮やかな色素が布の染色，プラスチックや紙の着色，壁の塗装などに必要である．最もよく使われている染料のひとつがインジゴ（indigo，藍）である．これは古代からの染料で，かつては植物から抽出されていたが，いまでは石油から合成されており，ブルージーンズの色である．もっと新しい染料として代表的なものにベンゾジフラノン類があり，ポリエステルのような合成繊維を赤く染めることができる．フタロシアニン-金属錯体（青から緑）や高性能赤色色素のDPP（1,4-ジケトピローロ[3,4-c]ピロール）の系統も開発されている．

インジゴ
ブルージーンズの色

ベンゾジフラノン
ポリエステル用赤色染料
ジスパーゾル（ICI 社）

プラスチック用の緑色色素
モナストラールグリーン GNA（ICI 社）

鮮やかな DPP 色素
色素 Red 254（Ciba Geigy 社）

化粧品に使う香料は植物抽出物の混合物に由来するものが多いが，香料会社は，天然物も合成物も扱っている．天然物は植物の種子や花から抽出された化合物の混合物であり，合成物は単一の化合物で，植物に含まれるものもあるが新しく設計されたものもある．これらをいくつか混ぜ合わせたり，天然物と混ぜ合わせてにおいをつくりあげる．典型的な香水は香料分子を5～10％含むエタノール-水（約90：10）混合溶液である．そこで，香料会社はエタノールを大量に使い，香料を少量使う．実際に，ジャスミンのような重要な香料でも年間1万トン以下の規模で製造されている．ジャスミンの主要成分である cis-ジャスモンのような純粋な香気成分化合物の値段は，1グラム当たり数万円はする．

化学者は，薫製のベーコンやチョコレートのようなものの風味まで，合成食品香料を生み出している．肉の風味は，アルキルピラジン（焼いた肉だけでなくコーヒーにも含まれる）やもともとパイナップルに含まれるフロノール（furonol）のような単純なヘテロ環化合物に由来する．シクロテン（cyclotene）やマルトール（maltol）のような化合物はカラメルや肉の風味を出す．これらと他の合成化合物との混合比を調節して，焼きたてのパンやコーヒー，バーベキューの肉など焼いた食物の香りを出すことができる．食品用の香料化合物には化粧品用になるものもあり，他の化合物をつくるための中間体

香水の世界

香水の研究者はその成果を表現するのに独特の言葉を使う．"Paco Rabanne pour homme はフランスプロバンスの丘で夏の空気を浴びて散歩する気分を思いおこすようにつくり出された．ローズマリーとタイムのハーブの香り，そして温かくて心地よいアルプスの空気の入り交じったさわやかな海のそよ風のきらめくような新鮮さ．これらの要求を満足するために調香師は，ハーブオイルと合成芳香薬で外気あるいは洗いたてのリネンに感じられる浸み込むような名状し難い新鮮さをもたらすジメチルヘプタノールをブレンドした．"

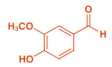

アルキルピラジン
コーヒーや焼肉に
含まれる

フロノール
焼肉に含まれる

シクロテン
カラメル
焼けこげの風味

マルトール
ケーキやビスケット用
E636

バニリン
(バニラ豆に含まれる)
大量に工業生産されている

になるものもある．バニリン（vanillin）はバニラ風味の主成分であり，大規模に製造されている．

食品化学には，香料よりもずっと大量に生産されているものがある．砂糖などの甘味料は，植物から大量に採取されている．スクロース（3ページ参照）だけでなく，サッカリン（saccharin, 1879 年発見）やアスパルテーム（aspartame, 1965 年発見）のような人工甘味料も，かなりの規模でつくられている．アスパルテームは天然のアミノ酸二つからなる化合物であり，年間 1 万トン以上の規模で生産されている．

現代生活における最大の革命のひとつとして，病気に応じた治療法が開発されたために，致命的な病気がほとんどなくなったことがある．先進国では，かつては致命的であった伝染病の治療が可能になり，感染がくいとめられるようになったので，人々の寿命が延びた．抗生物質は細菌の増殖を防ぎわれわれを防御してくれる．そのなかで最も有効なもののひとつがアモキシシリン（amoxycillin）である．この分子の中心にある 4 員環は β-ラクタムであり，これが病気を起こす細菌を狙い撃ちしている．ウイルスはヒトの細胞内で複製するので厄介だが，医薬化学者はその脅威からも守ってくれている．オセルタミビル（oseltamivir, タミフル®）は，かつてないインフルエンザの大流行の危機に対する防御線となった．リトナビル（ritonavir）は，HIV の複製を抑えるよう分子設計された最新の薬のひとつであり，エイズウイルスの複製を遅らせ，発症を食い止める．

アスパルテーム
(砂糖よりも 200 倍甘い)
は次の 2 種のアミノ酸からつくられる

アスパラギン酸

フェニルアラニン
のメチルエステル

➡ タミフルの物語とその恒常的供給を可能にした化学者の才能については 43 章参照．

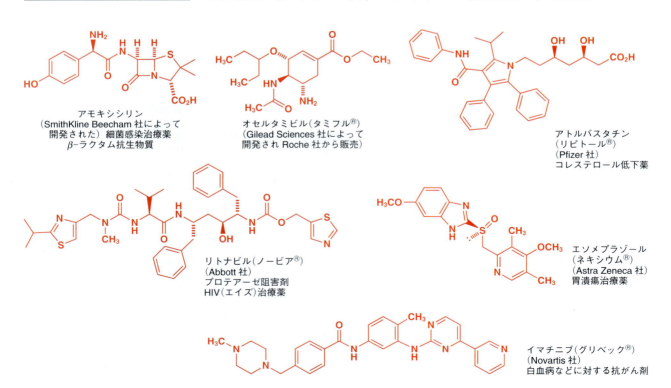

アモキシシリン
（SmithKline Beecham 社によって開発された）細菌感染治療薬
β-ラクタム抗生物質

オセルタミビル(タミフル®)
(Gilead Sciences 社によって開発され Roche 社から販売)

アトルバスタチン
(リピトール®)
(Pfizer 社)
コレステロール低下薬

リトナビル(ノービア®)
(Abbott 社)
プロテアーゼ阻害剤
HIV(エイズ)治療薬

エソメプラゾール
(ネキシウム®)
(Astra Zeneca 社)
胃潰瘍治療薬

イマチニブ(グリベック®)
(Novartis 社)
白血病などに対する抗がん剤

現在最もよく売れている医薬品は，おもにヒトの体の老化や欠陥を修復するように設計されたものである．リピトール®（Lipitor, アトルバスタチン atorvastatin）とネキシウム®（Nexium, エソメプラゾール esomeprazole）の売上高は，2009年にはいずれも50億ドル（約5000億円）を超えた．この数字は，安全で効果的な新療法を開発したときに得られる経済規模を示している．リピトールはスタチン（statin）類の一種で，コレステロール値を制御するために広く処方されている．ネキシウムはプロトンポンプ阻害薬で，消化性潰瘍を抑える．グリベック®（Glivec, イマチニブ imatinib）の売上高はずっと低いが，がんの一種である白血病の患者にとって救世主といえる．

　害虫や菌類による攻撃や雑草による害を除いて食物の供給を守らなければ，先進国の現在の高人口密度を保つことも，発展途上国の栄養不良に対処することもできない．農薬の世界市場は年間100億ポンド（約1兆5千億円）を超えており，除草剤，殺菌剤，および殺虫剤にほぼ三分できる．

　昔の農薬の多くは，長期間残留して環境汚染をもたらしたので，使用禁止になった．新しい農薬は，すべて厳しい環境安全検査に合格したものでなければならない．最も有名な現代の殺虫剤は，天然物のピレトリン（pyrethrin）をモデルにして化学修飾（デカメトリン decamethrin の茶と緑で示した部分）し，太陽光に対する安定性を増し，特定の作物に特異的な害虫を標的にしている．デカメトリンの哺乳類に対する安全性は，ダイコンサルハムシの仲間のマスタードビートルと比べて1/10,000以下であり，1ヘクタール当たりわずか10 g（およそサッカー競技場にスプーンすりきり1杯）使えばよく，環境に残留することはほとんどない．

除虫菊に含まれているピレトリン　　デカメトリン
　　　　　　　　　　　　　　高活性で太陽光に安定な合成ピレトリン

　化学を学ぶに従って，自然がこれら3員環化合物をつくり，それを化学者が大量製品に応用して畑作物の収穫に役立てることがいかにすばらしいかわかるだろう．もっとすばらしいのは，窒素を三つ含む5員環であるトリアゾール環を中心とする新世代の殺菌剤である．この化合物は，植物や動物にはなくて菌類だけがもっている酵素を阻害する．菌がひき起こす病気は作物にとって非常に大きな脅威であり，ジャガイモ疫病菌は19世紀にアイルランドの飢饉をひき起こした．種々の葉枯れ病，斑点病，腐敗病，さび病，黒穂病，うどんこ病は，いったん罹病するとあっという間に作物をだめにしてしまう．

プロピコナゾール
トリアゾール系殺菌剤

1・4　有機化学と周期表

　これまでに示してきた化合物はすべて，炭化水素（炭素と水素）の骨格の上に組立てられている．大部分のものは酸素や窒素も含むし，硫黄やリンを含むものもあった．そしてハロゲンを含むものもあるだろう．これらが有機化学の主要な元素である．

　しかし，有機化学は周期表の残りの部分も探索して（侵略といえるかもしれない），有益な結果を得ている．ケイ素，ホウ素，リチウム，スズ，銅，亜鉛，およびパラジウムの有機化学は特によく研究されており，これらの元素は実験室で使う有機反応剤や触媒としてよくみかける．これらの元素は本書全体を通じて出てくる．これら"少数"元素は多くの重要な反応剤にみられ，世界中の有機化学研究室で使われている．ブチルリチウム，ク

ロロトリメチルシラン,水素化トリブチルスズ,ジエチル亜鉛,ジメチル銅リチウムが,そのよい例である.

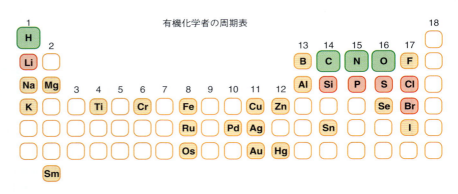

BuLi	Me₃SiCl	Bu₃SnH	Et₂Zn	Me₂CuLi
ブチルリチウム	クロロトリメチルシラン	水素化トリブチルスズ	ジエチル亜鉛	ジメチル銅リチウム

ハロゲンは,生命を救っている多くの医薬にもみられる.フィアルリジン(fialuridine, NとOのほかにFとIの両方を含む)のような抗ウイルス薬は,HIVそしてエイズと闘うために非常に重要である.これらは,核酸由来の天然物をモデルにしている.紅藻から抽出された天然物のハロモン(halomon)はBrとClを含み細胞毒性をもつので,抗腫瘍薬として期待されている.

有機化学者が使う元素の周期表は,これらの元素のほかにいくつか加わる.次に示す周期表では,有機反応によく使う元素を強調して示しているが,常に新しい元素が加わってくる.前世紀の終わりまでは,ルテニウム,金,サマリウムの有機化学はほとんどなかった.いまではこれらの金属を反応剤や触媒に使うことによって,幅広い重要な有機反応が行われている.

フィアルリジン(抗ウイルス薬)

ハロモン(天然の抗腫瘍薬)

> 周期表についてはすでに別の化学の講義で習っているだろう.完全な周期表は裏表紙の内側にあるが,族とは何か,どの元素が金属か,この表に示した元素が周期表のどのあたりにあるかということを知っていれば助けになる.

➡ S, P, Si の有機化学は 27 章で,遷移金属,特に Pd については 40 章で詳しく説明する.

では,無機化学と有機化学の境界はどこにあるのか.抗ウイルス薬ホスカルネット(foscarnet)は有機物といえるだろうか.炭素の化合物で CPO₅Na₃ の分子式をもつが,C-H 結合はない.重要な反応剤であるテトラキストリフェニルホスフィンパラジウムはどうだろう.これは炭化水素部分をたくさん含む.事実,ベンゼン環が 12 個あるがすべてリン原子と結合している.そのリンは中心のパラジウムのまわりに正方形に位置しているので,分子の主要骨格は,C-P と P-Pd 結合によって維持されている.分子式

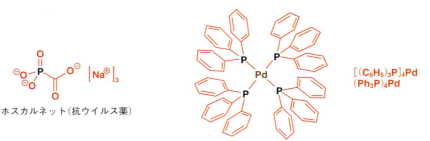

ホスカルネット(抗ウイルス薬)

[(C₆H₅)₃P]₄Pd
(Ph₃P)₄Pd

テトラキストリフェニルホスフィンパラジウム
(重要な触媒)

$C_{72}H_{60}P_4Pd$ はほとんど有機物のようにみえるが，多くの人は無機化合物だという．しかし，そうだろうか．

　答は，わからない．どっちでもよい．今日では伝統的な学問分野の境界線をはっきりと決めることは，意味がないし望ましくないと認識することこそ重要である．化学は，一方では有機化学と無機化学，有機化学と物理化学あるいは物質科学，有機化学と生化学の古い境界を越えて進歩を続けている．化学がそれだけ豊かになることを意味するのだから，境界があいまいになっていることを喜ぼう．この愛らしい分子 $(Ph_3P)_4Pd$ は化学に属するのだから．

1・5　有機化学と本書

　これまで，有機化学の歴史，有機化学が取扱う化合物の種類，有機化学がつくるもの，そして有機化学が用いる元素について述べてきた．今日の有機化学は，天然の化合物，石炭や石油のような化石資源に含まれている化合物，そしてそれらからつくられる化合物の構造と反応に関する学問である．これらの化合物はふつう炭化水素骨格からなるが，O, N, S, P, Si, B, ハロゲン，および金属などの原子が結合していることも多い．有機化学は，プラスチック，塗料，染料，衣類，食品，ヒトと動物の医薬品，農薬，そのほか多くのものをつくるために用いられている．ここでは別の視点から整理しておく．

有機化学のおもな内容
- **構造決定**：新しい化合物の構造を，極微量しか得られない場合でもどう決定したらよいか
- **理論有機化学**：その構造は原子とその結合に関係する電子の観点からどう理解したらよいか
- **反応機構**：これらの分子が互いにどう反応するか理解し，その反応をどう予想したらよいか
- **合成**：新しい分子をどう設計し，どうつくったらよいか
- **生物化学**：自然が行っている営みや，生物活性な分子の構造と機能の関係をどう理解したらよいか

　本書は，これらすべてを対象とする．有機分子の構造とその背景にある原理について説明する．それらの分子の形とその形がその機能とどう関係するか．特に生物学とどんな関係にあるか解説する．これらの構造と形がどのように明らかにされたか，その分子がどう反応するのか，もっと重要なことは，その分子がどのようにふるまい，なぜそうなのかを述べる．その結果として自然の営みがわかり，化学工業のしくみがわかるだろう．そして，分子をどうつくるか，また分子をつくるにはどう考えたらよいかもわかるはずである．

　以上が読者がこれから旅に出て出会う風景である．どんな旅でも初めてのところに行くのは刺激的であり，ときにはむずかしい問題に出会うだろう．そんな場合と同じように，まずはそこの言葉を知っているか確かめておこう．幸いにも，有機化学の言葉はこれ以上ないといえるくらい簡単だ．すべて絵文字のようなものだから．次章から，その言葉を使ってみよう．

有機化合物の構造 2

関連事項

必要な基礎知識
- 本章は1章とは関連していない

本章の課題
- 本書で使う構造式
- なぜ独特の構造式を使うか
- 有機化学者は分子を書いたり話すときにどう命名するか
- 有機分子の骨格とは何か
- 官能基とは何か
- 有機化学者が使う略号
- 有機分子の形をわかりやすく写実的に書く方法

今後の展開
- 分子構造を分光法で決める 3章
- 分子構造を決めるものは何か 4章

周期表には元素が100種以上ある．その組合わせで構成できる分子には100をはるかに超える数の原子を含むものも多く，たとえば，パリトキシン（抗がん活性の高い天然物）の分子式は $C_{129}H_{221}O_{54}N_3$ である．最も複雑な生命体でさえつくり上げる分子を，十分に供給していることを考えれば，化学構造がいかに多様になるか容易に理解できる．

しかし，どうすればこの複雑きわまりない分子の処方箋が理解できるだろうか．そして，分子という原子の集まりを目の前にして，それらをどう理解したらよいのだろうか．そこで本章では，有機分子の構造をどう理解すればよいか考えよう．また，余分な情報は切捨てながらも，必要な情報はすべて残さず伝えるように有機分子を書く方法も説明しよう．

> パリトキシン（palytoxin）は，かつてハワイで槍先の毒に使われていた *Limu make o Hane*（Hanaの死の海草）から1971年に単離された．それは現在知られているもののうちで最も毒性の強い化合物のひとつで，注入致死量は，kg当たりわずかに約0.15 µgしか要しない．その複雑な構造は数年後に決定された．[訳注：パリトキシンの構造決定は，1982年名古屋大学の平田義正，上村大輔らとハーバード大学の岸義人らのグループによってなされ，その全合成は1994年岸らによって達成された．]

パリトキシン

2・1　炭化水素骨格と官能基

1章で説明したように，有機化学は炭素を含む化合物に関する学問である．ほとんどすべての有機化合物は水素も含み，また多くは酸素や窒素あるいは他の元素も含んでいる．有機化学は，これらの原子が結合して安定な分子構造を形成するしくみや，これらの構造が化学反応によって変化する過程にかかわる学問分野である．

分子の構造をいくつか下に示す．これらの分子は，すべてタンパク質を構成しているアミノ酸である．それぞれの分子の炭素数と，それらが互いに結合している様式をみてみよう．これら小さな分子においてさえ，非常に多様性がある．たとえば，**グリシン**（glycin）や**アラニン**（alanine）は，炭素原子を二つあるいは三つもっているにすぎないが，**フェニルアラニン**（phenylalanine）には九つもある．**リシン**（lysine）には原子の鎖があり，**トリプトファン**（tryptophan）には環がある．**メチオニン**（methionine）では，原子が1本の鎖状に配列しているが，**ロイシン**（leucine）では鎖に枝分かれがあり，**プロリン**（proline）では鎖が折れ曲がってもとの炭素に戻って環を形成している．

グリシン　　アラニン　　フェニルアラニン　　リシン

トリプトファン　　メチオニン　　ロイシン　　プロリン

しかし，これらの分子はすべてよく似た性質をもっている．いずれも水に溶け，酸性であるとともに塩基性であり（両性），他のアミノ酸と結合してタンパク質を形成する．これは，有機分子の化学的性質が，炭素や水素原子の数やその並び方よりも，分子に含まれる他の原子（O, N, S, P, Si, …）に大きく依存しているためである．このような分子の働き方を決める原子集団を**官能基**（functional group）とよぶ．たとえば，すべてのアミノ酸には官能基が二つある．すなわち，アミノ基（NH_2 または NH）とカルボキシ基（CO_2H）である（他の官能基をあわせもつものもある）．

➡ 本章ではこれからも何回かアミノ酸を例に取上げるが，その化学の詳細な説明は 23 章と 42 章に譲る．そこでは，アミノ酸が重合して，ペプチドやタンパク質を形成する様子を述べる．

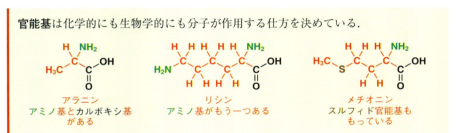

官能基は化学的にも生物学的にも分子が作用する仕方を決めている．

アラニン
アミノ基とカルボキシ基がある

リシン
アミノ基がもう一つある

メチオニン
スルフィド官能基ももっている

官能基が重要であるといったが，炭素原子が重要ではないということではない．炭素原子は，結合している酸素や窒素および他の原子とは全く異なる役割を果たしている．われわれの体の中で内臓が互いに連携を保って適切に働けるように骨格が支えているの

と全く同じように，有機分子では炭素原子の鎖や環を骨格とみなすことができ，それらは官能基を支えて，化学的な作用に関与できるようにしている．

炭化水素骨格（hydrocarbon framework）は，炭素の鎖や環からなり，官能基を保持する働きをしている．

鎖　　　環　　　分枝鎖

炭化水素骨格が官能基を保持するという有機構造の見方が，有機分子の反応を理解し，説明するのにいかに役立つか，章が進むにつれてわかってくるだろう．それは，分子を紙面上に書くのに，単純明快な方法を考案することにも役立っている．1 章ではこれら分子構造の図をみてきたが，次節では，分子の書き方（まちがった書き方も含めて），すなわち，化学の表記法を説明する．この節はきわめて重要である．なぜなら，ここで単純明快に化学を語る方法を学ぶわけで，これは化学者として生涯使うものだからである．

有機化合物の骨格
有機分子が，何百万年もの間，光や酸素が存在しない状態で，分解するままにまかせてでき上がった炭素骨格が，石油と石炭である．石油は炭素と水素だけからなる分子の混合物で，石炭には炭素以外はほとんど含まれていない．石炭と石油に含まれている分子は化学構造が大きく異なるが，一つだけ共通点がある．それは，官能基がないことである．多くは反応性が非常に乏しく，起こりうる唯一の反応は燃焼だけである．これは化学実験室で行っているほとんどの化学反応と比較して，きわめて激しい反応である．5 章以降で，官能基が分子の化学反応を支配する仕方を述べる．

2・2 分子を書く
本物らしく書く
次に別の有機分子の構造を示す．この分子もまたなじみのもので，ふつうリノール酸（linoleic acid）とよばれている脂肪酸の一種である．

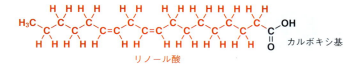

リノール酸　　カルボキシ基

リノール酸は次のように書くこともできる．

$$CH_3CH_2CH_2CH_2CH=CHCH_2CH=CHCH_2CH_2CH_2CH_2CH_2CH_2CH_2CO_2H$$

H-C-C-C-C-C-C=C-C-C=C-C-C-C-C-C-C-C-C-CO₂H

古い本には上の二つのような構造式が載っているかもしれない．それは，すべての原子が一列に並び，角度が 90°になっているため，コンピューター時代以前には印刷が容易であったからである．しかし，それらは本物らしくみえるだろうか．3 章で，分子の形や構造を決める方法について詳しく説明するが，次の図が X 線結晶構造解析で決定されたリノール酸の構造である．

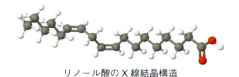

リノール酸の X 線結晶構造

脂肪酸 3 分子とグリセリン 1 分子が結合して脂肪ができる．これは，体の中でエネルギーをたくわえたり，細胞膜を形成したりするのに使われている．特に，脂肪酸のリノール酸はヒトの体内では合成されないため，健康的な食事には含まれていなければならない必須の成分であり，たとえばヒマワリ油に含まれている．脂肪酸には，炭素鎖の長さが異なるものがいろいろあるが，すべてカルボキシ基を含んでいるので，よく似た性質をもっている．脂肪酸については 42 章で述べる．

グリセリン

X 線結晶構造解析では，結晶性固体中の原子によって X 線が回折される様子を観測することによって，分子構造を明らかにする．それは，円で表す原子と，それを結びつける棒で表す結合を使って明瞭な構造式として表現する．

炭素原子の鎖が実際には直線状ではなく，ジグザグ状であることに気がつくだろう．われわれが書くのは三次元構造を二次元で表したものなので，それもやはりジグザグに書くほうが理にかなっている．

以上のことから，有機構造を書くための第一の指針ができあがる．

> **指針1** 原子の鎖はジグザグに書く

もちろん写実性には限界がある．X線結晶構造解析はリノール酸が実際には二重結合近傍でわずかにたわんでいることを示しているが，最初の図ではそれを"まっすぐなジグザグ"として勝手に書いている．この結晶構造をさらに詳細に見てみると，炭素原子が二重結合の一部ではないときはジグザグの角度は約109°であり，二重結合の一部のときは120°であることがわかる．109.5°は正四面体の角度であり，四面体の中心から見たときの2頂点間の角度である．炭素原子がなぜこんな特別な結合配列をとるのかについては4章で説明する．現実には，三次元構造を平らな紙面へ投影しているので，妥協しなければならない．

手間を省いて書く

有機構造を書くときは，余計なところを省いて，できるだけ現実に近いように書こう．次の3枚の絵を見てみよう．

⟨1⟩　　　　　　　⟨2⟩　　　　　　　⟨3⟩

⟨1⟩はただちにレオナルド・ダ・ビンチの『モナリザ』とわかる．⟨2⟩ではわからないだろう．実は，これも『モナリザ』であるが，これは上から見た図である．額の良さはわかっても，絵については上記の脂肪酸の直線と90°の角度の粗っぽい構造式と同じ程度にしかわからない．これらはいずれもまちがってはいないが，役には立たない．分子を書くときに必要なのは，⟨3⟩のやり方である．それはオリジナルの主題を理解させ，その絵が何であるかを識別させるに必要なものをすべて含みつつ，余分なものは省略している．そしてすぐに書ける．実際，この絵は10分もかけずに書いたものである．偉大な芸術作品を再現するのに時間はかからなかったのである．

官能基は分子の化学の鍵なので，明瞭な構造式は官能基を強調し，炭化水素骨格を目立たないようにする必要がある．次の二つの構造式を比べてみよう．

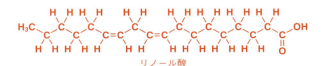

リノール酸

リノール酸

2・2 分子を書く

右の構造は大多数の有機化学者がリノール酸を書く方式である．左の構造に比べ重要なカルボキシ基が明瞭に強調されていて，もはやCやHにまどわされることがない．さらに鎖のジグザグ形はずっと明瞭である．そして，この構造は，先に示したどの構造よりもずっと手早く書くことができる．左の構造式から右の構造式に到達するために，以下の二つのことを行った．まず，炭素原子についている水素原子をすべて，水素と炭素間の結合とともに取除いた．構造式で炭素原子が四つの結合を形成していないように見えても，相当数の水素原子がついていることを前提としているので，水素原子を書かなくても，それがあることは容易にわかる．次に，ジグザグの線を残して，炭素原子を表すCをすべて取除いた．このとき，線の折返し点と線のすべての端に炭素原子があることを前提としている．

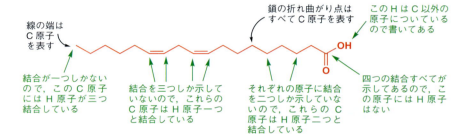

これら簡略化の要点をまとめると，次に示す有機構造を書く二つの指針になる．

> **指針2** 炭素原子についているHとC−H結合は（特別な理由がない限り）省く
> **指針3** 炭素原子を表しているCを（特別な理由がない限り）省く

指針2, 3の"特別な理由"とは何だろうか．その一つは，CやHが官能基の一部になっている場合である．さらに，CやHが，たとえば反応に関与するなどのために強調する必要がある場合である．これらの指針は規則ではないのだから，あまり厳密に従うことはない．例から学ぶとよい（本書にはたくさんある）．わかりやすければ従えばいいし，わかりにくく，混乱を招くようならやめてもよい．しかし，覚えておくべきことは，炭素原子としてCを書くなら，同時にHもすべて書き加えねばならないし，Hを全部書きたくないなら，Cも書いてはいけない．

明瞭に書く

以上の三つの指針に基づいて，前出のアミノ酸をいくつか書いてみよう．四面体炭素の結合角は約109°だが，平面に投影すると120°になるので，平面に書くときは120°にするときれいに見える．

まずロイシンから始めよう．以前は右の構造を書いた．さあ，紙を1枚用意して早速やってみよう．書いたら，自分が書いた図を答と比べてみよう．どんな向きに書いてもよいが，その図が次のいずれかと同じようになるのが望ましい．

指針はあくまで指針であって規則ではないので，どんな向きに分子を書いてもかまわない．要は，官能基を明瞭に，そして骨格を目立たせないようにすることである．したがって，右の二つの構造でもよい〔Cで示す炭素原子は官能基（カルボキシ基）の一部であり，官能基を強調できるからである〕．

14ページで取上げた残りの七つのアミノ酸のいくつかを，この指針に従って書き直してみよう．書き終わるまで次ページの構造を見ないようにし，書き終わってから見比べよう．これらの書き方は著者の提案にすぎないが，14ページの図より格段に紛らわしく

ないし，官能基がずっと明瞭になっている．さらに，たとえば下に示すリシンとトリプトファンのX線結晶構造と，上の化学構造式を比較してみればわかるように，これらは"実物"にかなりよく似ている．

構造の図は状況に応じて書き方を変えてよい

同じ分子でも，異なる点を強調したい場合には，別の書き方をしたほうがよいこともある．ロイシンを例にとろう．アミノ酸は酸としても塩基としても働くと述べた．酸として働く場合，塩基（たとえば，水酸化物イオン HO^-）は，次に書くようにカルボキシ基から H^+ を取除く．

この反応生成物は酸素原子に負電荷がある．それをはっきりさせるために円で囲んだが，電荷を書くときはこの方法をすすめたい．＋や－の記号だけだと位置を誤りやすいからである．この種の反応をどう書いたらよいか，すなわち"巻矢印（curly arrow）"が図中で何を意味するかは5章で説明するが，ここでは，塩基が攻撃したときに O–H 結合がどう切れるか示したいので，上式のように CO_2H を書いていることに注目してほしい．目的に応じて図の書き方を変えているのである．

ロイシンが塩基として働くときは，アミノ基 NH_2 がかかわってくる．窒素原子は，**非共有電子対**（unshared electron pair）を使ってプロトンと新しい結合をつくる．この反応は次のように表せる．

> すべての化学者が，正電荷や負電荷を円で囲んで書くわけではない．それは個人の好みである．

> 非共有電子対とは，孤立電子対〔lone pair (of electrons)〕ともよばれ，化学結合に関与していない1対の電子のことである．4章で非共有電子対について説明する．この図の巻矢印の意味については5章で詳しく説明するので，気にすることはない．

構造式を使って三次元情報を二次元の紙上に表記する

　これまで書いてきた構造は、すべて分子の実際の構造のある一面を表しているにすぎない．たとえば，これまでは全く無視してきた事実であるが，ロイシンの NH_2 と CO_2H との間の炭素原子は，四面体配置で原子と結合している．

　構造 1（右の欄外）のように，これまで省いてきた水素原子を書き入れると，この事実を強調できるだろう．次に，この炭素原子についている基の一つを紙面から手前に向け，別の基を紙面の後方に向くように示すこともできる．これにはいくつかのやり方がある．構造 2 における太線のくさび形の結合は，手前に向かっている結合の遠近図を意味し，太点線で示す結合は後方に遠ざかる結合を意味している．残りの二つの"ふつうの"結合は紙面上にあることを意味している．

　別のやり方として，構造 3 のように水素原子を省き，少し現実的でなくなるが，いくぶん簡明に書くこともできる．省いた水素原子は，当然炭素原子についている原子のうち四面体構造の"省いた"頂点にあるので，紙面の後方にあると考える．分子の三次元形を示すためにこのような図を書くときは，炭化水素骨格を紙面上に置き，官能基や他の分枝を紙面手前や後方に向けさせるようにするとよい．

　このような表記法で，どんな有機分子でも，三次元形（立体化学）を提示することができる．たとえば，本章の初めのパリトキシンの構造式ではすでにこの方法が使われていた．

➡ 分子の形と立体化学については 14 章で詳細に説明する．

> **復　習**
> 有機構造は，本物らしく，簡潔に，そして明瞭に書くべきであり，構造を書くに当たり，助けとなる指針が三つある．
> - **指針 1**　原子の鎖はジグザグに書く
> - **指針 2**　炭素原子についている H と C–H 結合は省く
> - **指針 3**　炭素原子を表している C を省く

　本節で示した指針や表記法は，数十年にわたって進歩してきたものである．これらは公的機関によって一方的に決められたものではなく，効果的であるからこそ有機化学者に使われているのである．本書では最後まで一貫してこの表記法を採用する．有機分子の構造を書くときはいつでも，この方法に従うようにしよう．化学構造に C や H を書込む前に，もう一度それが本当に必要か自問しよう．

　これまで構造の書き方をみてきたので，ここで有機分子にみられる構造の型をいくつかみていこう．最初に炭化水素骨格，次に官能基について説明する．

2・3　炭化水素骨格

　炭素はきわめて多様な構造を形成できる点で独特な元素である．他の元素とは異なり，炭素は自身を含め周期表の大部分の元素と強くて安定な結合をつくることができる．この炭素どうし結合をつくる能力のおかげで，多様な有機構造が可能になり，そしてまさに生命までもが存在することを可能にしている．炭素の存在比率は地殻の 0.2% でしかな

鎖

　炭化水素骨格のうち最も単純なものは，単なる炭素原子の鎖である．たとえば，前出の脂肪酸は，ジグザグ状の原子鎖からなる炭化水素骨格をもっている．ポリエチレンは，完全に炭素鎖だけからなる炭化水素骨格をもつ重合体である．

> この構造式で炭素鎖の両端にある波線は，この構造がポリエチレン分子の中間の一部分であり，実際には，波線の先にも無限に同じ構造が続くことを意味している．

ポリエチレンの部分構造

　逆に，複雑な構造の極にあるのが，1995年に菌類の一種から抽出された抗生物質である．それは長い直線状の鎖をもっているので，リニアマイシン（linearmycin）と命名された．この抗生物質の鎖はとても長いので，ここでは2箇所で折込んだ構造を書いてある．リニアマイシンの立体化学が（本書を書いている時点では）未知なので，CH_3基や OH 基が紙面の手前向きか後方向きかは示していない．

> メチル基四つを CH_3 と書いていることに注目しよう．このような大きい構造のなかで見落としのないようこうしてある．それらはこの長く巻いた幹のごく小さな枝のようなものだ．

リニアマイシン

炭素鎖の名称

　炭素原子の鎖に，その長さを示す名称をつけると便利なことが多い．最も単純な有機分子の一群，すなわちアルカンの名称には，たぶん以前耳にしたものもいくつかあるだろう．これらの名称には慣用的に使われている省略形もある．それらは次に簡単に述べるように，化学について語り，化学構造を書く際に，とても有用である．

> 短い鎖の名称（これはしっかり覚えよう）には，歴史的経緯がある．炭素原子が五つ以上の鎖は，ギリシャ語の数詞に由来している．

炭素鎖の名称と省略形

炭素原子数	基名	式	略号	アルカンの名称
1	メチル（methyl）	$-CH_3$	Me	メタン（methane）
2	エチル（ethyl）	$-CH_2CH_3$	Et	エタン（ethane）
3	プロピル（propyl）	$-CH_2CH_2CH_3$	Pr	プロパン（propane）
4	ブチル（butyl）	$-(CH_2)_3CH_3$	Bu	ブタン（butane）
5	ペンチル（pentyl）	$-(CH_2)_4CH_3$	——[†1]	ペンタン（pentane）
6	ヘキシル（hexyl）	$-(CH_2)_5CH_3$	——[†1]	ヘキサン（hexane）
7	ヘプチル（heptyl）	$-(CH_2)_6CH_3$	——[†1]	ヘプタン（heptane）
8	オクチル（octyl）	$-(CH_2)_7CH_3$	——[†1]	オクタン（octane）
9	ノニル（nonyl）	$-(CH_2)_8CH_3$	——[†1]	ノナン（nonane）
10	デシル（decyl）	$-(CH_2)_9CH_3$	——[†1]	デカン（decane）

†1　長鎖の基名には通常略号を用いない．

有機元素記号

炭素鎖の略号に，元素記号とよく似たものがあることに気づくだろう．これらはよく考えられたものばかりであり，"有機元素記号（organic element symbol）"とよんでもよい．つまり，元素記号と同じように，化学構造のなかでよく使うものである．"有機元素"記号を短い鎖に対して使うと，便利なことが多い．ここに例をいくつかあげる．右の構造1は，18 ページで書いたアミノ酸のメチオニンの構造を示しているが，硫黄原子についたメチル基を表す線はおさまりがよくない．そこで，メチオニンを CH_3（メチル）基を表す "Me" を使って構造2のように書くのがふつうである．テトラエチル鉛3は，かつて（健康被害が知られるまで），エンジンの"ノッキング"を防ぐためにガソリンに添加されていた．その構造は（その名称から容易にわかるように）$PbEt_4$ または Et_4Pb と書くほうがずっと簡単である．

これらの記号や名称は，原子鎖の末端でのみ使えることを覚えておこう．たとえば，次のリシンの構造を構造4のように省略してはいけない．そのわけは，Bu は 5 の構造を表すものであり，6 の構造には対応しないからである．

炭素鎖についての話を終える前に，もう一つの非常に有用な有機元素記号 R について述べておこう．R は，構造のなかでいかなる意味にも使える一種のジョーカー（万能札）である．たとえば構造7は，R = H ではグリシン，R = Me はアラニンなどのように，アミノ酸をまとめて示している．前述したように，また後述もするが，有機分子の反応は官能基に大きく依存しているので，分子の残りの部分はあまり重要でないことが多く，このような場合には，その残りの部分を R と表すことができる．ただし，R はアルキル基を表すことが多い．

炭 素 環

原子の環も有機構造によくある．ヘビが自分のしっぽをかんだ夢から最初にベンゼンの環構造を思いついたという August Kekulé の有名な話がある．先に示したフェニルアラニンやアスピリンにはベンゼン環があった．パラセタモールもベンゼン環に基づく構造をしている．

ベンゼン環の一つの炭素が別の分子の炭素とつながっているとき（アスピリンやパラセタモールではなく，フェニルアラニンのように），それをフェニル（phenyl）基とよび，有機元素記号として Ph で表す．

ベンゼン環や関連する環系（7章）を含む化合物を **芳香族**（aromatic）とよび，これを表す有用な有機元素記号として Ar（アリール aryl）を使う．Ph は常に C_6H_5 を意味す

ベンゼンの環構造

1865 年，August Kekulé は，パリの科学アカデミーに，夢からひらめいたベンゼンの環構造を示す論文を発表した．しかし，ベンゼンが環状であることを示したのは Kekulé が最初だったのか．オーストリアの学校教師だった Josef Loschmidt が最初に環状のベンゼン構造を示したという人もいる．Kekulé の夢の 4 年前，1861 年に Loschmidt はベンゼンを下のような 1 組の環として書いた本を出版した．最初の提案者は，Loschmidt か Kekulé か，はたまた，スコットランド人 Archibald Couper（Kekulé とほぼ同時に，炭素四原子価説を発表した）かは定かでない．

Loschmidt が提案したベンゼンの構造

Arは元素記号ではアルゴンを意味するが，アルゴンからなる有機化合物は存在しないので，混同されることはない．	るが，Arはあらゆる置換ベンゼン環や関連した芳香環を意味している．

たとえば，PhOH は常にフェノールを意味するが，ArOH はフェノール類を表し，フェノール，2,4,6-トリクロロフェノール（防腐剤 TCP），パラセタモール，アスピリンあるいは 1-ナフトールのいずれであってもよい．R がアルキル基の"万能札"であるように，Ar はアリール基（芳香族基）の"万能札"である．

ムスコン（muscone）として知られている化合物は，比較的最近になって実験室で合成された．それは，香料のジャコウの刺激的な芳香成分である．ムスコンの構造が決まり実験室で合成されるまでは，ジャコウの唯一の資源はジャコウジカであった．このシカは，まさにそのために乱獲されて現在では希少種になっている．ムスコンの骨格は，炭素原子からなる 15 員環である．

ステロイドホルモンは，環がいくつか（通常は四つ）縮合している．テストステロンとエストラジオールは，それぞれ男性と女性の性ホルモンである．さらにずっと複雑な環構造もある．毒性の強いストリキニーネ（strychnine）には，複雑に交錯した環がある．最も美しい環構造の一つはフラーレン（fullerene，バックミンスターフラーレンともいう）とよばれているもので，環は 60 もの炭素原子からなり，各環が内側にたわんでサッカーボール状のかごを形成している．フラーレン上のどの交点も結合数は 4 で水素を加える必要がないことがわかる．この化合物の組成式は C_{60} である．

バックミンスターフラーレン
この名称（Buckminsterfullerene）は，"ジオデシックドーム（geodesic dome，大球面ドームを意味する）"を考案した米国人発明家・建築家の Richard Buckminster Fuller にちなんでいる．

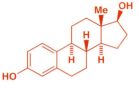

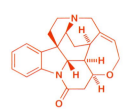

ムスコン　テストステロン　エストラジオール　ストリキニーネ　フラーレン
この構造式には球の裏側の原子は示していない

注意！くさび形の実線は，結合が紙面から手前に出ていることを示し，点線は結合が紙面から後方に向かっていることを示す．

炭素原子だけの環は，"シクロ"から始め，その後に同数の炭素鎖の名称を続けてシクロアルカンと命名する．次ページに示す構造 1 は，天然由来の殺虫剤ピレトリン（一例が 1 章に出ている）の一成分である菊酸を示す．シクロプロパン環をもっている点が特徴である．プロパンは炭素原子三つの炭化水素で，シクロプロパンは 3 員環の炭化水素

のことである。グランジソール（grandisol, 構造 2）は，メキシコワタノミゾウムシの雄が雌を誘引する昆虫フェロモンであり，シクロブタン環の構造をもっている．ブタンは炭素原子四つの炭化水素で，シクロブタンは 4 員環の炭化水素である．シクラミン酸ナトリウム（構造 3）はシクロヘキサン環をもっていて，かつてチクロの名称で人工甘味料として使われていた．ヘキサンは炭素原子六つの炭化水素であり，シクロヘキサンは 6 員環の炭化水素である．

分 枝

炭化水素骨格が単一の環や鎖だけであることはまれであり，しばしば枝分かれしている．環や鎖と分枝が組合わされて，本章の初めに述べた海産毒のパリトキシン，直線状炭素鎖に 6 員環がぶら下がった重合体であるポリスチレン，あるいはニンジンをオレンジ色にしている β-カロテンのような構造ができあがる．

短い直線状炭素鎖に有機元素記号をつけたのと全く同様に，短い分枝炭素鎖にも名称と記号をつける．最もよく知られているのは，イソプロピル基（i-Pr）である．リチウムジイソプロピルアミド（lithium diisopropylamide: LDA）は，有機合成でよく用いる強塩基である．

"イソプロピル"の"プロピル"の部分は，やはり炭素 3 原子を示すことに注目しよう．これら三つの原子は異なった様式で結合していて，直鎖のプロピル基とは異性体のような関係である．抗うつ薬であるイプロニアジド（iproniazid）は，その構造と名称に i-Pr を含んでいる．"イソプロピル（isopropyl）"は，i-Pr, iPr, ^{i}Pr, または Pr^i のように省略することがある．本書では最初のものを使うが，他のものが使われているのをどこかで見るかもしれない．

> 混乱を避けるため，直鎖のアルキル基は，対応する枝分かれのものと区別するために，"n-アルキル"（たとえば，n-Pr, n-Bu）のように表すこともある．ここで n は normal（標準的な）を意味する．

異性体（isomer）とは，種類も数も同じ原子が異なった結合様式でできている分子のことで，プロピルアルコール（n-PrOH）とイソプロピルアルコール（i-PrOH）は異性体の関係にあるアルコールである．異性体は，必ずしも同じ官能基をもっている必要はない．次の化合物はすべて C_4H_8O の異性体である．

イソブチル基（i-Bu）は，i-Pr 基に CH_2 が一つ加わったものであり，i-PrCH$_2$ である．還元剤である水素化ジイソブチルアルミニウム（diisobutylaluminium hydride: DIBAL）には，イソブチル基が二つある．鎮痛薬イブプロフェン（ibuprofen）はイソブチル基を一つもっている．

イブプロフェンの名が，ibu（イソブチルの i-Bu）＋ pro（茶で示した 3 炭素単位のプロピル）＋ fen（フェニル環）をあわせてつけられたことを知っておこう．本章の後半では，化合物の命名法についても述べる．

ブチル基には異性体がもう 2 種類ある．一つは s-ブチル基（s-Bu）で，同じ炭素にメチル基とエチル基がついている．たとえば，有機分子に Li 原子を導入する際に用いられる有機リチウム化合物である s-ブチルリチウムの有機基がそれである．もう一つは t-ブチル基（t-Bu）で，同じ炭素にメチル基が三つついている．加工食品に抗酸化剤として添加されている BHT（ブチル化されたヒドロキシトルエンの意）には，t-Bu 基が二つある．

第一級，第二級，そして第三級

接頭辞の s と t は，それぞれ第二級（secondary）と第三級（tertiary）の省略形であり，これらの基のうち分子構造本体とつながっている炭素原子の枝分かれを示す用語である（sec や tert の略号もよく使われる）．

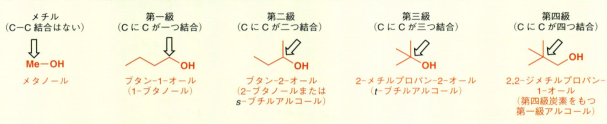

| メチル
（C–C 結合はない） | 第一級
（C に C が一つ結合） | 第二級
（C に C が二つ結合） | 第三級
（C に C が三つ結合） | 第四級
（C に C が四つ結合） |

メタノール / ブタン-1-オール（1-ブタノール）/ ブタン-2-オール（2-ブタノールまたは s-ブチルアルコール）/ 2-メチルプロパン-2-オール（t-ブチルアルコール）/ 2,2-ジメチルプロパン-1-オール（第四級炭素をもつ第一級アルコール）

第一級炭素原子には，他に炭素が一つだけ結合しており，第二級炭素には炭素が二つ，第三級炭素には炭素が三つ結合している．これらのいろいろな炭化水素骨格の名称は，分子の基本的な構造を表すので，反応を記述する際にはきわめて有益であり，本書でもよく用いる．

天然と人工の分子をいくつかみてきたが，これは本章や本書後半で目にする炭化水素

2・4 官能基

エタンガス（CH_3CH_3 あるいは EtH）は，酸，塩基，酸化剤，還元剤のような，実際思いつくほとんどすべての化学薬品に吹込んでも，変化しない．反応するのは唯一燃えるだけといってよい．しかし，エタノール（CH_3CH_2OH，より好ましくは EtOH あるいは欄外に示す構造）は燃えるだけでなく，酸や塩基，さらに酸化剤とも反応する．

エタノールとエタンの違いは，官能基（OH，ヒドロキシ基）の有無にある．このような（酸，塩基および酸化剤と反応できる）化学的性質は，OH 基の性質であって，OH を含む他の化合物（すなわちアルコール）も，それらの炭化水素骨格が何であろうと同様の性質をもっており，エタノールだけのものではない．

このように，官能基を理解することが，有機化学を理解する鍵である．そこで，最も重要な官能基のいくつかをこれからみていこう．それぞれの基の性質は 5 章以降に出てくるので詳しくは述べない．現段階では，分子構造のなかの官能基を見分けることを学べばよいので，その名称をまず覚えよう．特定の官能基をもつ化合物をその官能基の名称で分類する．たとえば，ヒドロキシ基をもつ化合物を**アルコール**（alcohol）とよぶ．個々の化合物の系統的な名称よりずっと重要なので，この名称も覚えよう．それぞれの基の特徴がわかるように，各官能基についてかいつまんで説明する．

エタノール

> **飽和と不飽和**
>
> アルカンでは，各炭素原子は他の原子（C か H）四つと結合している．それは，それ以上結合をつくる余地がないので**飽和**（saturated）である．アルケンでは，C＝C 結合をつくっている炭素原子はそれぞれ原子三つとしか結合していない．それらは，もう一つの原子と結合する余地があるので**不飽和**（unsaturated）とよぶ．一般に，他の原子四つと結合している炭素原子は飽和であり，三つ，二つ，または一つとしか結合していないものは不飽和である．
>
> R はどんなアルキル基でもよいことを思い出そう．

アルカンには官能基がない

アルカン（alkane）には特別な官能基がないので，最も単純な有機分子の一群である．一般にきわめて不活性なので，有機化学者にとってはあまりおもしろくない．しかし，その不活性さは長所でもある．ペンタンやヘキサンのようなアルカンは，しばしば溶媒として，特に有機化合物の精製に利用される．アルカンの反応は燃えることぐらいで，メタン，プロパン，ブタンはすべて家庭用燃料として使われているし，ガソリンは，イソオクタンをおもに含むアルカン混合物である．

アルケンは C＝C 二重結合を含む

結合の違いだけで官能基に分類するのは不思議に思うかもしれないが，後でわかるように，C＝C 結合があると，酸素や窒素原子からなる官能基と同じように，有機分子は反応性をもつようになる．植物によってつくられ香料として使われている化合物のいく

エタノール

酒が酢になったり，人が酔いから覚めるのは，エタノールが酸化剤と反応しているからである．いずれの場合にも，酸化剤は空気中の酸素であり，生体内の酵素が触媒している．エタノールは酒が空気にさらされると生育する微生物によって酸化されて酢酸となるし，肝臓では酸化を受けてアセトアルデヒドに変化する．

ヒトでの代謝と酸化

ヒトの体内ではアルコールを酸化して OH 基を含む毒物を無毒化している．たとえば，激しい運動により筋肉で産生される乳酸は，乳酸デヒドロゲナーゼという酵素で，ピルビン酸に酸化され代謝されている．

α-ピネン　リモネン

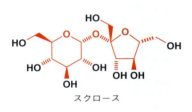

カリチェアミシン（R は糖）

つかは**アルケン**（alkene，オレフィンともいう）である（1章参照）．たとえば，ピネンにはマツの香りがあるし，リモネンには柑橘類の香りがある．

23 ページに出てきたオレンジ色の色素 β-カロテンの構造には二重結合が 11 もある．着色した有機化合物は，しばしばこのような二重結合を含む鎖や環をもっている．なぜそうなのかについては，7章で説明する．

アルキンは C≡C 三重結合を含む

C=C 結合と同様に，C≡C 結合は特有の反応性をもっているので，C≡C 結合も一つの官能基といってよい．**アルキン**（alkyne）は直線状なので，両隣の原子と炭素原子二つの計四つを直線で書く．アルキンはアルケンほど天然に広く存在していないが，1980 年代に発見された一群の抗腫瘍薬は，C≡C 結合を含む魅力的な構造をしている．カリチェアミシン（calicheamicin）はその一つである．C≡C 結合を含む複数の官能基が組合わさり高い反応性を得て，カリチェアミシンは DNA を攻撃できるようになり，がん細胞が増殖するのを防ぐ．初めて分子を三次元的に示したが，そのために二つの結合が互いに交差するように書いた．その形がわかるだろうか．

アルコール R−OH はヒドロキシ基 OH を含む

エタノールや他のアルコールに含まれているヒドロキシ基についてはすでに述べた．糖質にはヒドロキシ基が多く含まれている．たとえば，スクロース（ショ糖）には八つもある（スクロース分子の三次元的な図は 3 ページに出ている）．

スクロース

ヒドロキシ基があると，その分子は水に溶けやすくなるので，生物は水に不溶な有機化合物を細胞内で溶かしておくために，ヒドロキシ基を含む糖をつける．上述のカリチェアミシンは，まさにこのために糖鎖を含んでいる．肝臓は，望ましくない有機化合物を水溶性になるまで繰返しヒドロキシル化して解毒し，胆汁や尿に排泄する．

> "R" を 2 種類以上含む構造を書きたいときには，R に番号を与えて R^1，R^2，…とするとよい．R^1−O−R^2 は，任意の異なるアルキル基を二つもつエーテルを意味する（R_1，R_2，…とはしない．この書き方は，R が一つ，R が二つ，…を意味することにもなる）．

エーテル R^1−O−R^2 はアルコキシ基 OR を含む

エーテル（ether）という名称は，酸素を介してアルキル基が二つ連結している化合物に使う．また"エーテル"は，ジエチルエーテル Et_2O をさして日常的に使われている．この"エーテル"という言葉の使い方は，"アルコール"をエタノールの意味で日常的に使うのと同じである．ジエチルエーテルは，わずか 35 ℃で沸騰する非常に引火性の高い溶媒である．かつては麻酔薬として使われた．テトラヒドロフラン（tetrahydrofuran: THF）もよく使われている溶媒であり，環状エーテルである．次ページの囲み記事に示すブレベトキシン B は，魅力的な天然物であり，1995 年に実験室で合成された．6〜8 員環のエーテル官能基がたくさんつながった構造をしている．

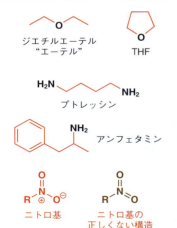

ジエチルエーテル "エーテル"　THF

プトレッシン

アンフェタミン

ニトロ基　ニトロ基の正しくない構造

窒素は結合を五つもつことはできない

アミン R−NH_2 はアミノ基 NH_2 を含む

アミノ酸を説明したときにアミノ基がでてきた．アミノ酸が塩基の性質を示すのはアミノ基に由来する．**アミン**（amine）はしばしば強烈な魚臭を放つ．特にプトレッシン（putrescene）のにおいはひどく，肉が腐るとできてくる．神経系に活性な化合物も多くはアミンである．アンフェタミン（amphetamine）には覚醒作用がある．

ニトロ化合物 R−NO_2 はニトロ基 NO_2 を含む

ニトロ（nitro）基を，窒素に結合が五つもある誤った構造で書く人がいるが，これは 7 章で述べるように不可能である．ニトロ基の構造を書くときは注意しよう．ただ NO_2 と書くだけでもよい．

分子内にニトロ基が数個あると，非常に不安定になり，爆発しやすくなる．最も有名な爆薬であるTNT（トリニトロトルエン trinitrotoluene）には，ニトロ基が三つある．しかし，官能基を固定観念にとらわれてみてはいけない．ニトラゼパム（nitrazepam）はニトロ基を含むが，催眠薬として市販されている．

TNT

ニトラゼパム

ハロゲン化アルキル（フッ化物 R–F, 塩化物 R–Cl, 臭化物 R–Br, ヨウ化物 R–I）はフルオロ基，クロロ基，ブロモ基，ヨード基を含む

これら四つの官能基は，性質がよく似ている．なかでもヨウ化アルキルは最も反応性が高く，フッ化アルキルは最も低い．ポリ塩化ビニル（PVC）は，最も広く使われているポリマーの一つであり，鎖状の炭化水素骨格の炭素原子一つおきにクロロ基がついている．一方，ヨウ化メチル MeI は，DNA と反応して遺伝情報に突然変異を起こすことがあるため，危険な発がん物質である．これらの化合物は，ハロアルカン（フルオロアルカン，クロロアルカン，ブロモアルカン，ヨードアルカン）ともいう．

> ハロゲン化アルキルは性質がよく似ているので，ここでも融通のきく"万能札"として有機元素記号 X を使い Cl, Br, I（ときには F も）をまとめて表す．つまり，R–X はどんなハロゲン化アルキルでもよい．

ポリ塩化ビニル（PVC）の部分構造

アルデヒド R–CHO とケトン R^1–CO–R^2 はカルボニル基 C=O を含む

アルデヒド（aldehyde）とケトン（ketone）は，アルコールを酸化すると生成する．事実，肝臓は血液中のエタノールを，まずアセトアルデヒド（エタナール，CH_3CHO, 25ページ参照）に酸化するが，これが二日酔いの原因となる．アルデヒドやケトンには快い香りをもつものもある．たとえば，2-メチルウンデカナールは，香水"シャネル5番"を特徴づける成分であり，"ラズベリーケトン"は，ラズベリーの香りの主成分である．

> –CHO は次のように表せる
>
>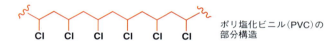
>
> アルデヒドを R–CHO と書くが，C も H も官能基の一部であるので省くことはできない．これは構造を書く際の指針3の例外となる重要な例である．もう一点，常に R–CHO と書く，決して R–COH とはしない．こう書くとアルコールと誤解されやすいからである．

2-メチルウンデカナール

"ラズベリーケトン"

ブレベトキシン B

ブレベトキシン B（brevetoxin B）は，渦鞭毛藻（*Gymnodinium breve*, これにちなんで名づけられた）から発見されたポリエーテル類の一種である．この渦鞭毛藻はときどき驚くほど速く増殖し，メキシコ湾岸のまわりの"赤潮"をつくり出す．魚の群れは死に，赤潮を食べた貝類を食べると人も死んでしまう．ブレベトキシン類は猛毒である．多くのエーテル酸素原子が，ナトリウムイオン Na^+ の代謝を阻害する．

ブレベトキシン B

カルボン酸 $R-CO_2H$ はカルボキシ基 CO_2H を含む

名称が示すように，カルボン酸（carboxylic acid）は塩基と反応してプロトンを失い，カルボン酸塩を形成する．食用のカルボン酸には特徴的な香りがあって，果物に含まれるものもある．たとえば，クエン酸，リンゴ酸，酒石酸は，それぞれレモン，リンゴ，ブドウに含まれている．

クエン酸　　　リンゴ酸　　　酒石酸

エステル $R^1-CO_2-R^2$ はカルボキシ基 CO_2H と結合したアルキル基 R を含む

脂肪はエステル基を三つもつ化合物である．それらは，ヒドロキシ基が三つあるグリセリンが脂肪酸 3 分子と体内で縮合してできる．揮発性の高いエステル（ester）は，快い果実様の香りをもっている．次の三つは，バナナ，ラム酒，そしてリンゴの香気成分である．

> "飽和脂肪"とか"不飽和脂肪"という言葉をよく使う．R 基が飽和である（C=C 結合がない）か，または不飽和である（C=C 結合がある）かを表している．R 基に二重結合が複数ある脂肪（たとえば，本章の初めにでてきたリノール酸からできるエステル）を"高度不飽和脂肪"という．

酢酸イソペンチル　　プロピオン酸イソブチル　　吉草酸イソペンチル
（バナナ）　　　　　（ラム酒）　　　　　　　（リンゴ）

アミド $R-CONH_2$, $R^1-CONHR^2$, $R^1-CONR^2R^3$

タンパク質はアミド（amide）である．すなわち，アミノ酸 1 分子のカルボキシ基が，もう 1 分子のアミノ基と縮合して，アミド結合（ペプチド結合ともいう）を形成してできる．タンパク質 1 分子が，アミド結合を数百も含むこともある．一方，人工甘味料であるアスパルテームは，アスパラギン酸とフェニルアラニンのアミノ酸 2 分子がアミド結合で結ばれてできている．パラセタモールもアミドである．

アスパルテーム　　　パラセタモール

ニトリル R-CN はシアノ基 C≡N を含む

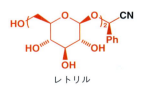

レトリル

ニトリル（nitrile）は，シアン化物ともいい，ハロゲン化アルキルにシアン化カリウムを反応させてつくることができる．有機化合物であるニトリルは，致死性無機シアン化物とは性質が非常に異なる．たとえば，レトリル（laetrile，アミグダリンともいう）は，アンズの種子から抽出されたもので，かつて抗がん剤として研究されていた．

酸塩化物 R-COCl

塩化アセチル

酸塩化物（acid chloride, acyl chloride, 塩化アシルともいう）は，エステルやアミドをつくる際に使う反応性の高い化合物である．カルボン酸の OH を Cl に置き換えた誘導体であり，反応性があまりに高いので天然には存在しない．

アセタール

アセタール (acetal) は，同じ炭素原子に酸素原子が二つ単結合で結合した化合物である．多くの糖類には，スクロースや前ページにもでてきたレトリルのようにアセタール結合がある．

2・5 官能基に関係する炭素原子は酸化度で分類できる

官能基はそれぞれ異なるものの，種類によっては，あまり違わないものもある．たとえば，カルボン酸，エステル，アミドの構造はすべてよく似ている．それぞれの官能基を担っている炭素原子は**ヘテロ原子** (heteroatom) 二つと結合しており，その結合の一つは二重結合である．構造が類似しているため，この3種類の化合物は反応性も似ているところがあるし，相互変換もできる．10章でこれらを説明する．カルボン酸，エステル，アミドは，水，アルコール，アミンのような簡単な反応剤に適当な触媒を加えて反応させることによって相互に変換できる．それらをアルデヒドやアルコールに変換するには，それぞれ違う種類の還元剤（水素を付加する反応剤）が必要になる．官能基の一部になっている炭素原子で，還元剤（あるいは酸化剤）を使うことなく相互変換できるものを，同じ**酸化度** (oxidation level) であるという．この場合は，"カルボン酸の酸化度"という．

> **ヘテロ原子はCでもHでもない原子である**
>
> 官能基とは，アルカンよりも水素原子の少ない分子（アルケン，アルキン）や，CとH以外の原子の集まりであって，実質的にはアルカン構造の変形であるといえる．C, H以外で金属以外の原子をまとめてヘテロ原子とよぶ．

> 酸化度 (oxidation level) と酸化状態 (oxidation state) を混同してはいけない．これらの化合物のいずれにおいても炭素は結合を四つもつので，炭素の酸化状態は +4 である．

事実，アミドを脱水（水の除去）すると簡単にニトリルになるので，ニトリルの炭素原子は，カルボン酸，エステル，アミドと同じ酸化度でなければならない．酸化度が同じこれら四つの官能基の構造が類似していることがわかるだろう．これら四つの炭素原子はいずれも，一つないし二つのヘテロ原子と結合を三つつくり，残り一つはCまたはHと結合する．ヘテロ原子がいくつあるかは関係なく，それとの結合がいくつあるかが問題である．ここでCFC-113（右）を考えよう．この化合物は，エーロゾル噴射剤や冷媒として使われていたが，地球のオゾン層を破壊する原因といわれているフロンの一種である．これの炭素原子は二つともカルボン酸と同じ酸化度である．

アルデヒドとケトンでは，炭素原子がヘテロ原子と二つの結合で結ばれていて，これ

を"アルデヒドの酸化度"とする．実験室において日常的によく使う溶媒であるジクロロメタン CH_2Cl_2 の炭素原子も，ヘテロ原子二つと結合している．これもアセタール同様，アルデヒドの酸化度の炭素原子をもっていることになる．

アルコール，エーテル，およびハロゲン化アルキルには，ヘテロ原子と単結合一つで結ばれている炭素原子がある．これらは"アルコールの酸化度"である．これらの官能基は，酸化や還元を経ずにアルコールから容易に誘導できる．

ヘテロ原子と結合していない単純なアルカンは，"アルカンの酸化度"となる．

ヘテロ原子四つと結合する炭素原子をもっている化合物の代表は CO_2 であり，これを"二酸化炭素の酸化度"とする．

アルケンやアルキンは，ヘテロ原子と結合していないので，これらの分類に簡単には入れられない．アルケンは，酸化や還元なしにアルコールからの脱水反応によって生成するので，アルコールの列に入れることは合理的である．同様に，アルキンとアルデヒドは，酸化や還元でなく水和や脱水によって相互変換できるので同じ酸化度である．

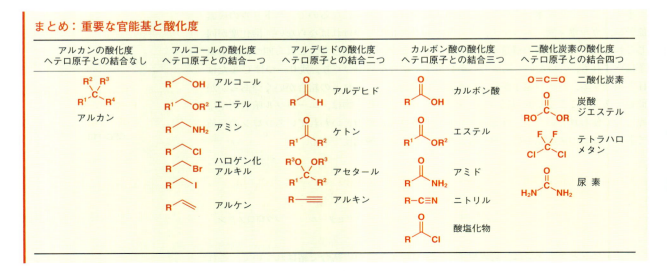

まとめ：重要な官能基と酸化度

2・6 化合物の命名

これまで，化合物をいろいろな名称でよんできた．その多くは，分子の実際の構造や機能を考慮することなく，複雑な分子に与えられた簡単な名称である．たとえば，先に示したパリトキシン，ムスコン，ブレベトキシンの名称は，すべて最初に抽出された生物の名前に由来していて，**慣用名**（trivial name）として通用している．このような名称は，化学者，生物学者，医師，看護師，調香師が広く使っていて，その名でよぶと簡単にわかりあえて好都合だからである．しかし，1600万種以上もの有機化合物が知られていて，すべてに簡単な名前をつけることはできないし，そうしたとしても，覚えることなどとうていできない．このため IUPAC（国際純正・応用化学連合 International Union of Pure and Applied Chemistry）は，化合物にその化学構造から直接導き出せる名称を一義的に与える規則として**系統的命名法**（systematic nomenclature）をつくり出した．逆に，この系統的な名称から化学構造を導くことができる．

この系統的名称（系統名）の問題は，それらが，最も単純な分子以外は発音しにくい異様なものになりがちな点である．それゆえ化学者は，日常の読み書きにはそれを無視し，系統名と慣用名を混ぜて使うことが多い．それでも，その規則がどのようなものか知っておくことは重要である．化学の実際の言語（反応）に進む前に，系統的命名法についてみていこう．

系統的命名法

ここで化合物の系統的命名法を解説するにあたって，すべての規則を説明する余地は

炭化水素骨格の名称

炭素数	名称	構造	名称	構造
1	メタン (methane)	CH_4		
2	エタン (ethane)	H_3C-CH_3		
3	プロパン (propane)	$H_3C\diagup CH_3$	シクロプロパン (cyclopropane)	△
4	ブタン (butane)		シクロブタン (cyclobutane)	□
5	ペンタン (pentane)		シクロペンタン (cyclopentane)	⬠
6	ヘキサン (hexane)		シクロヘキサン (cyclohexane)	⬡
7	ヘプタン (heptane)		シクロヘプタン (cycloheptane)	
8	オクタン (octane)		シクロオクタン (cyclooctane)	
9	ノナン (nonane)		シクロノナン (cyclononane)	
10	デカン (decane)		シクロデカン (cyclodecane)	

ない．それらは，とてつもなく退屈で分量も多いし，最近ではコンピューターが命名してくれるので，いずれにしても完璧に覚えておく意味はない．学ぶべきことは，系統的命名法の基礎になる原則である．少なくともこれらの原則は理解しておくべきである．なぜならば，これらは慣用名のない大多数の化合物に対して，実際に使われている名称の基礎になっているからである．

系統的な名称は，三つの部分からなる．第一は炭化水素骨格の記述，第二は官能基の記述，そして，第三は骨格についている官能基の位置の指示である．

炭化水素骨格のいくつかの簡単な断片の名称（メチル，エチル，プロピル）はすでに出てきた．このアルキル断片に水素をつけ，-yl を -ane に変えると，アルカンとそれらの名称になる．対応する構造を思い浮かべるのに苦労しないはずだ．

次に，官能基の名称を，炭化水素骨格の名称に接尾語か接頭語としてつける．例をいくつかあげる．重要なことは，たとえ官能基の一部になっていても，鎖中の炭素原子をすべて数えておくことである．たとえば，炭素数 5 のペンタンニトリルは実際は BuCN である．ベンゼン環に官能基のついた化合物も同様に命名する．

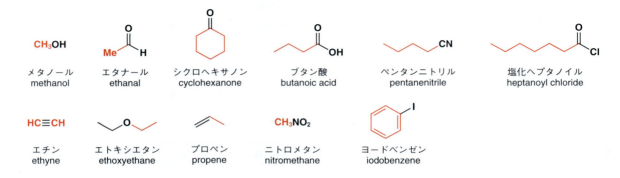

官能基の位置は数字で示す

官能基がついている炭素原子を示す必要のあるときは，名称に位置番号の数字をつける．上の例では数字は必要でなかった．なぜ，必要なかったのか考えてみよう．数字を使うときは，炭素原子を一方の端から数える．どちらの端から数えるかによって二通りの数え方があるが，官能基の位置が小さい数字になるほうを選ぶ．この点を理解するために，下にいくつか例を示そう．ここでもう一度，ある官能基は接頭語で，またあるものは接尾語で命名すること，そして数字はその官能基の直前につけることに注意しよう．

* 訳注：官能基をつけるときは，現在 IUPAC では官能基を示す語尾の直前に位置番号をつけることが推奨されている．語頭につける名称もよく使われているので，その名称を〈 〉内に示す．

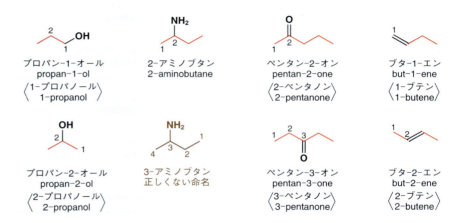

炭素原子は官能基を最高四つもつことができる．たとえばテトラブロモメタン CBr_4 などがそうである．次に官能基を二つ以上もつ化合物の例をいくつか示す．

2-アミノブタン酸
2-aminobutanoic acid

1,6-ジアミノヘキサン
1,6-diaminohexane

ヘキサン二酸
hexanedioic acid

1,1,1-トリクロロエタン
1,1,1-trichloroethane

ここでも，数字は，官能基が炭素鎖の端からどのくらい離れているかを示すが，いつも同じ側から数えて各官能基の位置を決めなければならない．まず，同じ官能基が二つ以上あるときは，di-(ジ)，tri-(トリ)，tetra-(テトラ) を使っていることに注目しよう．

環状化合物には鎖のような端がないが，数字を使って二つの官能基間の隔たりを示す．ある官能基が結合している炭素原子を 1 とし，環に沿って数える．これらの規則は，鎖状や環状の炭化水素骨格に対して有効であるが，枝分かれしている骨格も多い．その場合は，分枝を置換基として扱うことによって，命名できる．

2-アミノシクロ
ヘキサノール
2-aminocyclohexanol

2,4,6-トリニトロ安息香酸
2,4,6-trinitrobenzoic acid

2-メチルブタン
2-methylbutane

1,3,5-トリメチルベンゼン
1,3,5-trimethylbenzene

1-ブチルシクロプロパノール
1-butylcyclopropanol

オルト，メタ，およびパラ

ベンゼン環に置換基が二つある場合，位置を特定するために，数字のほかに，オルト，メタ，パラの用語を使うことがある．オルトは 1,2-二置換，メタは 1,3-二置換，そしてパラは 1,4-二置換のことである．次の例でよくわかるだろう．

1,2-ジクロロベンゼン
o-ジクロロベンゼン

3-クロロ安息香酸
m-クロロ安息香酸

4-アミノフェノール
p-アミノフェノール

オルト(*ortho*)，メタ(*meta*)，パラ(*para*)は，しばしば *o, m, p* と省略する．

注意：オルト，メタ，パラの名称は別の意味で用いることがある．たとえば，オルトリン酸，メタ(準)安定状態，パラホルムアルデヒドのような用語に出会うかもしれないが，これらはベンゼン環の置換様式とは全く関係ない．

オルト，メタ，パラの名称は数より覚えやすく，化学的意味もはっきりしているので，よく使う．"オルト"は，たとえその原子に 1, 2 以外の数字がついていたとしても二つの基が互いに隣接していることを示す．これは，系統的命名法が常に使われているとは限らず，もっと便利な用語が慣用的に使われていることの一例である．次節で慣用名について述べる．

2・7 化合物名を実際にはどう使えばよいか

化合物を命名することの要点は，他の化学者にまちがいなく伝えることができるか否

かにある．そのため，多くの化学者が最も好む方法は構造式を使って話すことである．実際，構造式はいかなる化学命名法よりもずっと重要である．だから，構造の書き方をこれまで詳しく説明し，化合物の命名法は概略しか説明しなかった．よい構造式を書くと，容易に理解でき，すぐに書けるうえ，誤解がない．

> エタノールのように非常に単純なものでない限り，名称とともに常に構造式を書くよう心がけよう．

しかし，書くだけでなく，話して伝えることができなければならない．原則的には，系統名を使えばこれができる．しかし実際には，非常に簡単な分子以外の完全な系統名は，ふだんの化学の会話に使うにはあまりに複雑でわかりにくい．代替手段がいくつかあるが，多くは，慣用名と系統名を併用するものである．

よく知られていて広く使われている単純な化合物の名称

単純な化合物のなかには，系統名が複雑だという理由ではなく，単に習慣によって慣用名でよばれているものがいくつかある．その名は誰でもよく知っていて，聞き馴れた名である．すでに左の化合物に出会っているはずだが，そのときにその系統名でエタン酸（ethanoic acid）とよんだかもしれない．しかし，多くの人はこれを慣用名で酢酸（acetic acid）とよんでいる．次のありふれた物質もすべて同様である．

> これまで，どんな分子の慣用名も覚えろとは言わなかった．しかし右の化合物10種はとても重要なので，思い出せないと困る．今ここで覚えてしまおう．

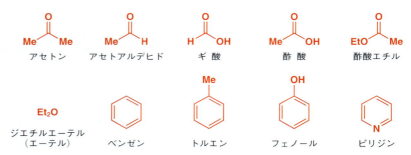

このような慣用名は，これまで長く使われていて，その意味も十分理解されてきた歴史があるので，系統名よりも混同することは少ない．たとえば，"エタナール"よりも"アセトアルデヒド"のほうが"エタノール"と区別しやすい．

慣用名は，官能基を含む部分構造にも拡張されている．アセトン，アセトアルデヒドや酢酸はすべて，Ac と略されるアセチル基（MeCO－，エタノイル基）を含んでおり，この"有機元素記号"を使って，酢酸を AcOH と書いたり，酢酸エチルを EtOAc と書いたりする．次の四つの部分構造は，反応機構や化学構造を考えるうえで非常に重要なので，特別にビニル，アリル，フェニル，ベンジルと名づけられている．ビニル基の名称を使えば，重合してポリ塩化ビニル（PVC）になる原料に，塩化ビニルという慣用名を

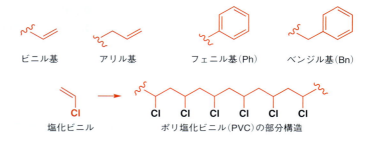

2・7 化合物名を実際にはどう使えばよいか

簡単につけることができる．ビニル基とアリル基との反応性の違い（15章で説明する）を考えれば，この名称の違いの重要性がわかるだろう．

ビニル基とアリル基を比べると，ビニル基はC＝C結合の炭素原子と直接結合するが，アリル基はC＝C結合の隣の炭素原子と結合する点が異なる．この違いは化学的には非常に重要である．アリル化合物はふつう反応性が非常に高いが，ビニル化合物の反応性はかなり低い．

ビニル基とアリル基には，わけあって有機元素記号がつけられていないが，ベンジル基にはBnを使う．ベンジル基とフェニル基を混同しないよう，重ねて注意しよう．フェニル基は，環の炭素原子で結合するが，ベンジル基は環に結合する炭素原子で結合する．フェニル化合物はふつう反応性が低いが，ベンジル化合物は反応性が高い．フェニルはビニルによく似ていて，ベンジルはアリルに似ている．本章で取上げた有機元素記号を，章末にまとめておく．

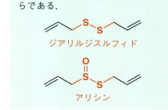

アリル(allyl)基の名称は，ニンニク(*Allium sp.*)に由来する．というのは，それが，ニンニクの味とにおいのもとである化合物の部分構造だからである．

ジアリルジスルフィド

アリシン

酢酸ベンジル　酢酸アリル　酢酸フェニル　酢酸ビニル

複雑だがよく知られている分子の名称

天然物から単離された複雑な分子には，実際には系統名を使うのは不可能なので，常に慣用名が用いられる．たとえば，ストリキニーネは，推理小説に出てくる有名な毒薬で，美しい構造をもった分子である．その系統名は実際に言葉にできるほど簡単でないので，単にストリキニーネとよばれている．参考のため，下にストリキニーネの系統名を二つ（専門機関であるIUPACと*Chemical Abstracts*のもの）示す．ペニシリンやDNA，葉酸なども同様に慣用名を用いる．しかし，最高に複雑なのは，非常に入り込んだ三次元構造をもつコバルト錯体ビタミンB_{12}である．この構造は，上級者向けの有機化学の教科書には出てくるが，系統名よりも，ビタミンB_{12}という慣用名が索引に載っているはずである．

ストリキニーネ
(1*R*,11*R*,18*S*,20*S*,21*S*,22*S*)-12-オキサ-8,17-ジアザヘプタシクロ[15.5.0^{1,8}.0^{2,7}.0^{15,20}]テトラコサ-2,4,6,14-テトラエン-9-オン (IUPAC)
4a*R*-[4aα,5aα,8a*R**,15aα,15bα,15cβ]-2,4a,5,5a,7,8,15,15a,15b,15c-デカヒドロ-4,6-メタノ-6*H*,14*H*-インドロ[3,2,1-*ij*]オキセピノ[2,3,4-*de*]ピロロ[2,3-*h*]キノロン
(*Chemical Abstracts*)

ビタミンB_{12}
別名……

かなり簡単だが重要な分子，たとえばアミノ酸のように比較的理解しやすい系統名をもった分子でさえも，通常は覚えやすく混乱のない慣用名でよばれている．それらについては，23章で詳しく述べる．

アラニン
2-アミノプロパン酸

ロイシン
2-アミノ-4-メチルペンタン酸

リシン
2,6-ジアミノヘキサン酸

化合物に新しく単純な名称を与える非常に柔軟な方法は，慣用名に系統名を少し組合わせるものである．アラニンはタンパク質に含まれている単純なアミノ酸である．そこにフェニル基を加えると，これもタンパク質中に含まれている少し複雑なフェニルアラニンとなる．メチルベンゼンの慣用名であるトルエンは，ニトロ基を三つつけると（化学反応の意味でも，命名の意味でも），有名な爆薬トリニトロトルエン（TNT）になる．

アラニン　　フェニルアラニン　　トルエン　　2,4,6-トリニトロトルエン

省略形で命名する化合物

いくつかの化合物は，系統名あるいは慣用名いずれかの省略形でよばれている．いまちょうど，トリニトロトルエン（trinitrotoluene）の省略形TNTをあげたが，省略形が広く使われるのは，よく使われる溶媒や反応剤である．本書の後半に，次のような溶媒が出てくる．

> このようなよく使う溶媒の名称と構造を覚えておく必要がある．

THF
テトラヒドロフラン
TetraHydroFuran

DMF
ジメチルホルムアミド
DiMethylFormamide

DMSO
ジメチルスルホキシド
DiMethyl SulfOxide

次の反応剤も通常省略形でよばれている．それらの働きは他章で述べる．あるものは慣用名から，別のものは系統名に由来することがわかるだろう．

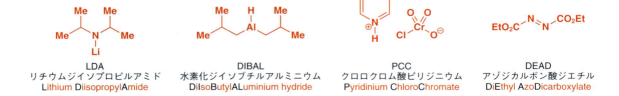

LDA
リチウムジイソプロピルアミド
Lithium DiisopropylAmide

DIBAL
水素化ジイソブチルアルミニウム
DiIsoButylALuminium hydride

PCC
クロロクロム酸ピリジニウム
Pyridinium ChloroChromate

DEAD
アゾジカルボン酸ジエチル
DiEthyl AzoDicarboxylate

系統名を使う化合物

いままで述べてきたことから考えると，系統名も頻繁に使うと聞くと驚くかもしれな

いが，事実そうである．ペンタンの接頭語の pent- は 5 を意味するが，ブタンの but- は 4 を意味するものではないので，実際には系統名はペンタン C_5H_{12} の誘導体から始まるといってよい．慣用名がない炭素数 5〜20 の鎖状および環状化合物の単純な誘導体は系統名でよぶ．いくつかの例を示す．

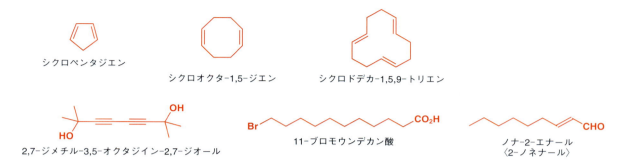

これらの系統名には，骨格の大きさを示す数詞が含まれている．ペンタは C_5，オクタは C_8，ノナは C_9，ウンデカは C_{11}，ドデカは C_{12} のように．これらの名称は構造から容易に導き出せるが，もっと重要なことは，名称から構造を明確に表せることである．なかには少し考えるものがあるかもしれないが，ほとんどは構造を見なくても，聞いただけでわかるだろう．

慣用名のない複雑な分子

　研究室で複雑な新しい化合物をつくって，化学雑誌にその合成法を発表するときには，いかに長く煩雑であっても実験の部で完全な系統名をつける．しかし，論文の本文で記述したり，その化合物について話をしたりする際には，単に"そのアミン"とか"このアルケン"のようによぶことが多い．そこでは化合物の化学構造を見ているので，そのアミンやアルケンが何であるか誰でもわかるからである．これは，ほとんどどんな分子について話す際にも最も便利な方法である．すなわち構造を示して，化合物に"そのアミン"とか"その酸"とかの"名札"をつけるのである．化学の文章では，すべての化学構造に"名札"としてよく番号をつける．この意義を具体的に示すために，最近の医薬品合成についてみてみよう．

糖尿病患者のインスリン抵抗性を克服できる可能性をもつ有望な抗肥満薬 **1** が，中間体 **4** からつくられた．その研究発表において，この薬は"選択的 DGAT-1 阻害剤"とよばれたが，論文では化合物番号 **1** を使っている．そのほうが，系統名である"*trans*-(1*R*,2*R*)-2-(4′-(3-フェニルウレイド)ビフェニルカルボニル)シクロペンタンカルボン酸"を使うより理にかなっている．中間体のほうは，その構造のどの部分を強調したいかによって，ケト酸 **4**，臭化アリール **4**，あるいは遊離酸 **4** などとよんでもよい．どの場

合にも，その構造式が化合物番号とともに明瞭に示されていることに注目しておこう．

2・8 化合物をどう命名するか

それでは，化合物をどう命名したらよいだろうか．それは実際には状況にもよるが，本書で示した例に従えば，大きく誤ることはない．そして，その分野の化学者が使う化合物名を使うようにするとよい．化合物に通常使われている名称を，ここですべて覚える必要はないが，それが出てきたとき，記憶にとどめておくのがよい．ある化合物名が，どの化学構造に対応するか，考えずにやり過ごすことのないようにしよう．

> **化合物名に関する助言：重要な順に6点をあげる**
> - まず構造を書き，それから名称を考える
> - 官能基（エステル，ニトリルなど）の名称を覚える
> - 頻繁に使われている簡単な化合物名を数種覚えて使う
> - 話す際には，"その酸"のように，構造を指しながら化合物をよぶ
> - 系統的命名法（IUPAC命名法）の原則を理解してほどほどの大きさの化合物に使ってみる
> - あとで必要になりそうな省略形，慣用名，構造などをノートに書きとめる

本章では実に多くの分子をみてきた．ほとんどは，説明だけのために図示したもので，それらの構造を覚える必要はない．その代わり，そこに含まれる官能基の名称がわかるようにしておこう．ただし，簡単な化合物の名称を10種くらい，よく使われる溶媒は3種くらい覚えておくことをすすめる．次の表の構造を手で隠しながら，これら14種の化合物の構造を書いてみよう．

覚えるべき重要な構造

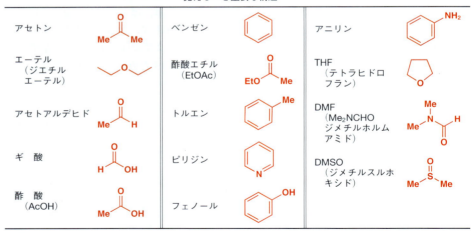

命名法に関して，ここで述べるべきことは以上である．これらの名称を使う練習をすれば，ほかの人が化合物名で話しているのを耳にしたとき，最も重要な化合物を聞きとることができるようになるだろう．そして，反復練習をする際には，その化合物が何をさしているかよくわからないままでやりすごさないように注意し，常に確認のために構造を書くようにしよう．

まとめ：基名と有機元素記号

記号	基名	構造	記号	基名	構造	記号	基名	構造
R	アルキル alkyl		i-Bu	イソブチル isobutyl		Ac	アセチル acetyl	
Me	メチル methyl		s-Bu	s-ブチル s-butyl			ビニル vinyl	
Et	エチル ethyl		t-Bu	t-ブチル t-butyl			アリル allyl	
Pr(n-Pr)	プロピル propyl		Ar	アリール aryl	あらゆる芳香環	X	ハロまたはハロゲン halo	F, Cl, Br, I
Bu(n-Bu)	ブチル butyl		Ph	フェニル phenyl				
i-Pr	イソプロピル isopropyl		Bn	ベンジル benzyl				

問題

1. 炭素原子数7で，(a) 直鎖状の骨格，(b) 分枝の骨格，および (c) 環状の骨格をもった飽和炭化水素の構造を示せ．また，それぞれの骨格にケトンとカルボン酸両方の官能基をもつ分子を示せ．

2. 1章で示したアモキシシリンとタミフルの構造を自分で書いてみよ．自分で書いた図のなかで官能基を示し，含まれる環の大きさを答えよ．炭素骨格を調べて，炭素鎖がいくつあるか，それらが直鎖状か，分枝をもつか，環を含むか答えよ．

アモキシシリン 細菌感染症治療薬の β-ラクタム抗生物質

タミフル（オセルタミビル）インフルエンザ治療薬

3. 次の二つの分子に含まれる官能基を答えよ．

心臓病薬 カンドキサトリル

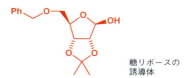

糖リボースの誘導体

4. 次の構造でおかしいところはどこか．これらの分子のよい表記法を提案せよ．

5. 次の系統的名称に相当する構造を書け．それぞれの化合物に対して，書くのではなく口頭で相手にはっきりと構造がわかるよう，別名を提案せよ．
    (a) 1,4-ビス(1,1-ジメチルエチル)ベンゼン
    (b) 3-(プロパ-2-エニルオキシ)プロパ-1-エン
    (c) シクロヘキサ-1,3,5-トリエン

6. 次のわかりにくい構造式を，もっと誤解のないものに書き換えよ．ほぼ正しい角度となるように試み，そしてどのようにするにしても，平面正方形の炭素原子や90°の結合角を含まないようにすること．
    (a) $C_6H_5CH(OH)(CH_2)_4COC_2H_5$ (b) $O(CH_2CH_2)_2O$
    (c) $(CH_3O)_2CHCH=CHCH(OCH_3)_2$

7. 問題6の化合物に含まれるすべての炭素の酸化度を答えよ．

8. 次の化合物の炭素骨格をはっきり表し，かつ官能基にあるすべての結合を示して完全な構造を書け．また官能基の名称を書け．
   (a) AcO(CH$_2$)$_3$NO$_2$
   (b) MeO$_2$CCH$_2$OCOEt
   (c) CH$_2$=CHCONH(CH$_2$)$_2$CN

9. 次の分子の構造を書け．また，それぞれに対して，少なくとも一つの有機元素記号を使って書き直せ．
   (a) 酢酸エチル
   (b) クロロメチルメチルエーテル
   (c) ペンタンニトリル
   (d) N-アセチル-p-アミノフェノール
   (e) 2,4,6-トリ(1,1-ジメチルエチル)フェニルアミン

10. 分子式 C$_4$H$_7$NO をもつ異なる分子構造を少なくとも六つ提案せよ．それぞれに対して明瞭な構造を書き，どのような官能基があるか述べよ．

有機化合物の構造決定

3

関連事項

必要な基礎知識
- 有機分子の構造の書き方 2章

本章の課題
- X線結晶構造解析
- 質量分析法による構造解析
- ^{13}C NMR 分光法による構造解析
- ^{1}H NMR 分光法の基礎
- 赤外分光法による構造解析

今後の展開
- ^{13}C NMR 分光法による電子分布の予測 7章
- 赤外分光法による反応性の予測 10章, 11章
- ^{1}H NMR 分光法による構造解析 13章
- 分光法による構造未知物質の解析 18章

3・1 はじめに

有機化合物の構造は分光法によって正確かつ迅速に決定することができる

前章で有機化合物の構造を実物に似せて書くことをすすめたが,ここでは,実際の構造は何かという問いに答えよう.構造を決定するにはどうしたらよいのか.われわれは分子がどういう形をしているか実際に知っているのだという重要な点を誤らないようにしよう.分子の形は見えないのだが,知ることはできる.現代有機化学における唯一最大の進歩は,構造決定の信頼性とスピードの向上にあるといっても過言ではない.この革命的進歩は,一言でいえば**分光法**(spectroscopy, スペクトル解析法ともいう)によってもたらされたものである.

分光法とは何か

分子と相互作用する電磁波	分 光 法	わかること
原子による X 線の散乱	散乱様式の測定	結合距離と結合角
ラジオ波による原子核の共鳴	共鳴振動数の記録	炭化水素骨格の対称性と原子の結合順
赤外線による結合振動	吸収の記録	分子中の官能基

本章の構成

まず現在の有機化合物の構造決定法について概略を述べたうえで,3種類の分光法を解説する.その三つとは,次のものである.

- **質量分析法**(mass spectrometry: **MS**) 分子量と分子式を決定する.
- **核磁気共鳴(NMR)分光法**(nuclear magnetic resonance spectroscopy, NMR spectroscopy) 分子の対称性,枝分かれ,原子の結合順を決定する.
- **赤外(IR)分光法**(infrared spectroscopy) 分子に含まれる官能基を決定する.

これらのなかで最も重要な方法は NMR で,13章でもう一度さらに詳しく説明する.つづいて,有機化合物のさまざまな性質について説明したあと,18章であらためて有機化合物の構造を実際どのように決定するのかを総合的に見直す.

構造決定あるいはスペクトル解析についてさらに詳しく学びたい人には,巻末にあげた専門書を参照してほしい.

X 線にまさる構造決定法はない

飽和炭素鎖は,結合間の角度が 90° や 180° の直線状ではなく,ジグザグに書くように

2章ですすめた．実際，鎖状分子はジグザグになっている．次に直鎖状ジカルボン酸であるヘキサン二酸のX線結晶構造を示す．この化合物は明らかにジグザグ状の構造をしていて，カルボキシ基は二つとも平面状で，さらに各炭素の水素原子がそれぞれ紙面手前と後方に向いていることもわかる．したがって，このような鎖状分子を2番目のようにジグザグに書くと実際に近いことがよくわかる．

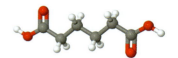

ヘキサン二酸　　　　ヘキサン二酸の形

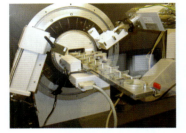

X線回折装置

補酵素(coenzyme)とは反応を円滑に進めるために酵素と手を携えて働く低分子化合物である．

X線結晶構造解析は，結晶性化合物がX線を回折させる現象に基づいて構造を決める．回折様式を解析して，分子内各原子の空間的配置を精密に決定する．ただし，水素原子は軽すぎて一般にはX線回折では直接観測できないため，水素原子の位置は，他の原子がつくる構造から推定するほかない．X線結晶構造解析法は，分子がどんな形をしているかの問いに，他のどんな方法よりもよい答を出してくれる．さらにX線結晶構造解析法は未知の新奇で重要な化合物の構造決定にも威力を発揮する．例をあげよう．土の中にすむある種の細菌はエネルギー源としてメタンを用いる．これはメタンを有用物に変換しているので，メタンをどう代謝しているのか関心が集まっていた．この細菌が補酵素を使ってメタンをメタノールに酸化していることが1979年に明らかになり，この補酵素に"メトキサチン(methoxatin)"という名前がつけられた．メトキサチンは構造不明の新化合物であり，得られた量もきわめて微量だったため，NMRによる構造決定は困難をきわめた．しかし，最終的にメトキサチンの構造はX線結晶構造解析によって多環性トリカルボン酸であることが明らかになった．

通称"メトキサチン"のIUPAC名は1,5-ジヒドロ-4,5-ジオキソ-1*H*-ピロロ[2,3-*f*]キノリン-2,7,9-トリカルボン酸となる．どちらを使ってもよいが，どちらが便利かはわかりきっている．

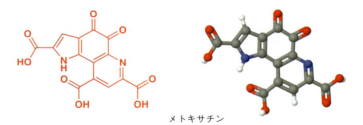

メトキサチン

X線結晶構造解析の限界

もしX線結晶構造解析が万能なら，わざわざ他の分光法を用いる必要はないだろう．しかし実際にはそうでないのは，次の二つの理由がある．

- X線結晶構造解析は電子からX線を散乱させて測定するもので，まず結晶が必要である．もし有機化合物が液体であったり，固体でもX線回折に適したよい結晶にならない場合には使えない．
- X線結晶構造解析学は一つの独立した学問であり，専門的な技術が必要で，構造決定に時間もかかる．現在では技術の進歩により結晶解析に要する時間は格段に短くなっており，数時間でかなり複雑な構造も解明できるようになってきた．それでもNMR分光法の進展のほうが目ざましく，いまでは自動測定により1晩で100件以上のスペクトル測定も可能になっている．そこで日頃はNMR分光法を使い，X線結晶構造解析法は構造決定がむずかしい化合物や，重要な分子の構造を詳細に決め

X 線結晶構造解析は絶対にまちがいがないとは言えない

X 線結晶構造解析では一般に水素原子は観測できない．したがって，X 線結晶構造解析は絶対に正しい構造を示すわけではない．有名な例としてジアゾナミド A という抗生物質がある．この化合物は 1991 年に海洋生物から単離され，X 線結晶構造解析に基づき右側の構造式が提出されていた．しかし後になってこの構造は誤りであり，正しい構造式は左側のものであることがわかった．両者は同じ分子量をもっており，X 線結晶構造解析では酸素原子と窒素原子を区別することができなかった．2001 年に右側の構造をもつ化合物が合成されるまでこの誤りに誰も気づかなかった．2002 年に，左側の構造をもつ化合物が全合成され，それが天然物と一致したことによってやっと正しい構造式が確定した．

ジアゾナミド A

最終的な構造　　　　X 線結晶構造解析により最初に提出された構造

る場合に利用するのが現状である．

分光法による構造決定の概略

次のような問題は，専門の化学者がよく直面するものであるが，このようなときにどう対処したらよいか考えよう．

- 化学反応によって予期しない化合物が生成した
- 植物の抽出物から構造不明な未知化合物を発見した
- 食品の微量混入物を検出したので，それが何か明らかにしなければならない
- 医薬品製造工程において純度を日常的に検定したい

上記のうち，おそらく第二の場合を除いて，迅速かつ確実な答が求められるだろう．いま，たとえば心臓病薬プロプラノロール（propranolol）の構造を決めるとしよう．まず最初に，分子量と元素組成を知る必要があるが，それには質量分析法が有効である．これによりプロプラノロールは分子量 259 で，$C_{16}H_{21}NO_2$ の分子式をもつことがわかる．次に，炭素骨格を明らかにしなければならない．これには NMR が有効であり，次に示す部分構造三つが可能性として浮かび上がってくる．

プロプラノロール $C_{16}H_{21}NO_2$

NMR スペクトルから予想した部分構造

これらの部分構造をつなぐには何通りもの方法がある．この時点では，酸素原子がヒドロキシ基なのかエーテルなのかはわからない．また，窒素原子もアミンか否かは不明である．また，Y と Z は同一原子なのか，同一ならばそれは窒素なのかなどもわかっていない．このような疑問に対して赤外分光法は特に官能基についての有効な情報を提供する．この化合物の赤外スペクトルから OH や NH のような官能基は存在するが，CN や NO_2 のような官能基はないことがわかる．考えられる構造としてはまだ多くの可能性

NMR は測定の際，分子を全く分解しないが，分子は炭化水素断片からできているという見方をする．

が残っているが，最終的に一つに絞る際に有効なのが ^{1}H NMR の詳細なデータである．本章では，^{1}H NMR についてはごく簡単にふれるだけである．^{1}H NMR は ^{13}C NMR よりも多少込み入ったところがあるので，13 章でもう一度詳しく説明する．

ここでは，これらの分光法について順を追って説明し，各分光法からどのようにしてプロプラノロールの構造に関する情報が得られるかを解説する．

各分光法から得られる情報

分光法と測定対象	得られる情報	得られる情報の例
MS：質量を測る	分子量（相対分子質量）および元素組成	259，$C_{16}H_{21}NO_2$
^{13}C NMR：炭素核の違いを明らかにする	炭素骨格	C=O 結合は存在しない，芳香環炭素が 10 個，酸素に結合した炭素が 2 個，それ以外に飽和炭素が 4 個
IR：化学結合の種類と特徴を明らかにする	官能基	C=O 結合は存在しない，OH 基が一つ，NH 基が一つ
^{1}H NMR：水素核の違いを明らかにする	水素原子の分布	メチル基が 2 個，芳香環水素が 7 個，酸素と結合した炭素に結合した水素が 3 個，窒素と結合した炭素に結合した水素が 3 個

3・2 質量分析法

質量分析は分子の質量を決める

電荷をもたない分子の質量を測定することはむずかしい．そこで質量分析計は荷電したイオンの質量を測定する．電荷をもつと分子は電場によって制御できるようになる．そのため，質量分析計は基本的に次の三つの装置で構成されている．

- 分子を気化させたのちイオン化させて生じる荷電粒子のビームをつくる装置
- 同じ質量/電荷比をもつ粒子だけを集めて他の粒子から分離する装置
- 集めた粒子を検出する装置

通常の質量分析計はすべて高度の真空を必要とし，何らかの方法で中性分子をイオン化する．最も一般的なイオン化法には，**電子衝撃法**，**化学イオン化法**，および**エレクトロスプレー法**がある．

電子衝撃法

電子衝撃（electron impact: EI）法では，高エネルギー電子を試料分子に衝突させ，試料分子のなかで弱く結合している電子を分子外にはじき出す．たとえていうと，れんが塀に向かってれんがを投げると想像してみよう．投げたれんがは塀にくっつくことはできず，しっかり固定されていないれんがが塀の上のほうからはがれ落ちるだろう．試料分子から 1 電子が失われると，不対電子と正電荷が生じる．試料分子からはじき出され

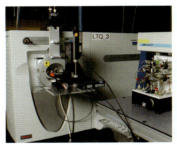

質量分析計

質量分析法（spectrometry）はエネルギーの吸収を観測するのではなく，質量を計測するところが他の分光法（spectroscopy）と異なる．

る電子は比較的高いエネルギーをもつ電子であり（れんがは塀の高い所から落ちやすいのに似ている），たとえば非共有電子対の電子のように化学結合に関与していない1電子がはじき出されることが多い．

つまり，アンモニアからは$NH_3^{+\cdot}$が，ケトンからは$R_2C=O^{+\cdot}$が生じる．これらの不安定な化学種は**ラジカルカチオン**（radical cation）とよばれている．ラジカルカチオンは電荷をもつので電場によって加速され，磁場で進路を曲げられて検出器に到達する．その曲げられ方によってイオンの質量がわかるので，これを記録する．ラジカルカチオンが検出器へ到達するまでの時間は約$20\,\mu s$にすぎないが，その間に開裂することが多く，フラグメントイオンが生じこれを検出する．このフラグメントイオンは親イオン（分子イオン）より質量が小さいので，一般に質量スペクトルにおいて一番注目されるのは最も質量が大きいイオンである．

典型的なEI質量スペクトルの例を次に示す．

> **ラジカルカチオン**
> 多くの分子で電子はすべて対になっている．ラジカル（radical）は不対電子をもつ．負電荷をもつ分子は**アニオン**（anion），正電荷をもつ分子は**カチオン**（cation）である．**ラジカルカチオン**（radical cation）と**ラジカルアニオン**（radical anion）は不対電子をもち，かつ電荷（正または負電荷）をもつものである．

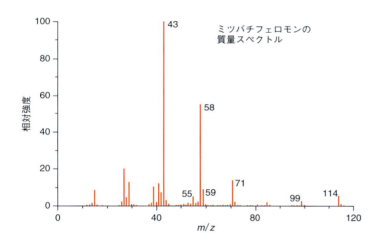

この化合物はミツバチ（働きバチ）が放出するフェロモンである．働きバチは花の蜜がなくなると，このフェロモンを目印として塗り付けておき，蜜がなくなったことを仲間に知らせる．これはきわめて微量にしか得られないが，質量スペクトルの測定には問題ない．質量スペクトルはμg程度の試料でも十分測定できる．このスペクトルで観測されている最も質量の大きいイオンは114であることから，この化合物の分子量は114であることがわかる．この化合物は実際に2-ヘプタノンという揮発性のケトンである．

化学イオン化法，エレクトロスプレー法，および他のイオン化法

EI質量スペクトルの問題点は，分解しやすい化合物の場合，電子衝撃のエネルギーが大きすぎて，分子が完全に開裂して分子イオンピークが観測されなくなるという点である．フラグメントイオンのパターンから化合物の構造に関して有用な情報も得られるが，通常もっと重要な目的は，分子イオンピークから化合物の分子量を知ることである．この目的のために，別のイオン化法がいくつか知られているが，そのなかでもよく用いら

> フラグメントパターンを使って構造決定を行う方法について興味があれば，巻末の専門書を参照することをすすめる．

れる方法が化学イオン化法とエレクトロスプレー法である．

化学イオン化（chemical ionization: CI）法では，装置の中でアンモニアのような気体と試料を混ぜて，電子衝撃によって NH_3 へのプロトン移動を経てアンモニウムイオン NH_4^+ を生成させる．この NH_4^+ と試料分子との反応により電荷をもった複合体が生成し，これを電場によって加速する．この方法による化学イオン化では，通常試料分子の質量 M に対して M＋1 または M＋18（NH_4^+ の質量）のイオンを観測する．一方，**エレクトロスプレー**（electrospray: ES）法では，試料分子を霧状に噴霧させた状態でイオン化する．ナトリウムイオンを共存させてイオン化すると，M＋1 または M＋23 イオンを観測することになる．また，この方法ではアニオン M－1 も生成する．

次に示すのは 2-ヘプタノンのエレクトロスプレー質量スペクトルである．このスペクトルでは 1 本のピークだけがきわめて明瞭に観測されていることに注目しよう．このピークの質量は 137 であり，試料分子の質量 114 より 23 大きい（すなわち，$M＋Na^+$ である）．

> ここではイオン化法の詳細についてはふれない．分子イオンピークを観測するためにいくつかのイオン化法があることさえ知っていれば十分である．

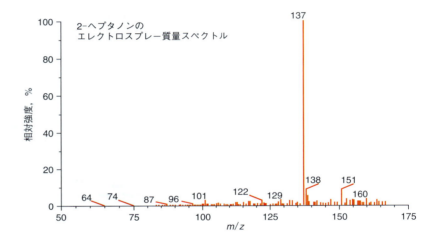

3・3　質量分析は同位体を識別する

ほとんどの元素は同位体混合物として存在するが，多くの場合，一つの同位体が天然存在比のほとんど（おそらく 99％以上）を占める．ところが元素によってはいくつかの同位体が相当の割合で存在する．たとえば，塩素は ^{35}Cl と ^{37}Cl の同位体が約 3：1 の比で混在している（この存在比から塩素の平均相対原子質量は 35.5 である）．また臭素は，^{79}Br と ^{81}Br の同位体がほぼ 1：1 の比で存在する（したがって，臭素の平均相対原子質量は 80 である）．質量分析では，試料分子の質量を個別に測定するので，平均値は観測されない．どんな同位体が含まれていても個々の試料分子の真の質量を計測する．

次ページ上の例は 4-ブロモアニソールの EI 質量スペクトルであるが，186 と 188 に強度のほぼ等しいピークが 2 本見られる．質量単位 2 の差で分子イオンピークをほぼ等しい強度で 2 本観測すると，分子に臭素が含まれると予想できる．

塩素を含む化合物の質量スペクトルも，質量単位が 2 異なる 2 本のピークが現れ，その強度比はほぼ 3：1 となる．これは ^{35}Cl と ^{37}Cl の同位体比が約 3：1 であることによる．

臭素または塩素原子が 2 個以上あるときはどうなるだろうか．例として鎮痛薬ジクロフェナク（diclofenac）を取上げよう．次ページのスペクトルは市販の錠剤を測定したも

> ジクロフェナクは可溶性アスピリンのような働きをする（163 ページ参照）．

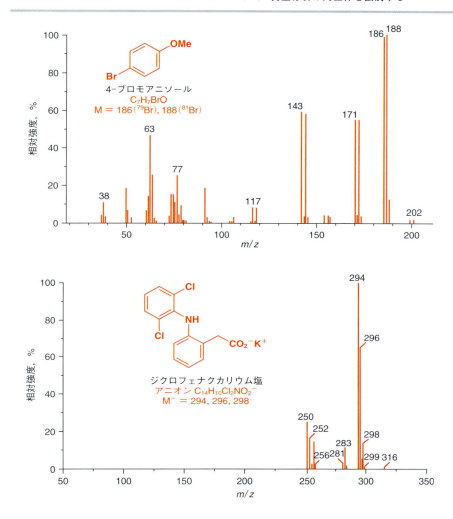

のである.活性成分はカリウム塩として含まれており,胃の酸性環境下ではこれがプロトン化される.

ESスペクトルでは,294,296,および298にカルボン酸イオンのピークがある.これらのピークの相対強度は次のように計算できる.すなわち ^{35}Cl の存在確率が75%, ^{37}Cl の存在確率が25%であるため,相対強度比は $3/4×3/4:2×3/4×1/4:1/4×1/4$,すなわち9:6:1となる.

炭素には存在比は小さくても重要な同位体 ^{13}C がある

多くの元素には存在比1%以下の同位体が存在するが,それらは通常あまり重要ではない.しかし,炭素の同位体 ^{13}C は存在比1.1%にすぎないが,無視するわけにはいかない.炭素の主要な同位体はもちろん ^{12}C である.またもう一つの ^{14}C も放射性同位体として年代測定などに用いられているが,その天然存在比はきわめて小さい. ^{13}C は放射性のない安定同位体で,NMRで観測できるので,このあとすぐに詳しく説明する.本章ですでに出てきた質量スペクトルをもう一度よくみると,どのスペクトルでも,各ピークには質量単位が1だけ大きい位置に小さなピークが付随していることがわかる.この小さなピークは ^{12}C の代わりに ^{13}C を含む分子に由来する.このピークの高さを正確に測ることにより分子に含まれている炭素数が推定できる.炭素原子1個に対して1.1%の

確率で ^{13}C が存在するため,炭素数が増えれば ^{13}C が含まれる確率は大きくなる.1分子中の炭素数が n であれば,M^+ と $(M+1)^+$ との強度比は $100 : 1.1 \times n$ である.

存在比 1% 以上の同位体をもつ主要な元素[†]

元素	同位体	およその存在比	正確な存在比
炭素	^{12}C, ^{13}C		98.9 : 1.1
塩素	^{35}Cl, ^{37}Cl	3 : 1	75.8 : 24.2
臭素	^{79}Br, ^{81}Br	1 : 1	50.5 : 49.5

[†] H, N, O, P, S, F, および I では ^{1}H, ^{14}N, ^{16}O, ^{31}P, ^{32}S, ^{19}F, および ^{127}I 以外の同位体の存在比はきわめて小さい.例外的な元素はスズであり,10種類の安定な同位体が存在する.主要な同位体は ^{116}Sn (15%), ^{117}Sn (8%), ^{118}Sn (24%), ^{119}Sn (9%), ^{120}Sn (33%), ^{122}Sn (5%), および ^{124}Sn (6%) である.実際にはどのような元素でも正確な同位体存在比は試料の産地によって異なる.そのため警察の科学捜査に利用されることもある.

次の質量スペクトルはガソリン添加物トパノール 354 (Topanol 354) のスペクトルであり,構造式と分子式もあわせて示している.この分子の炭素数は 15 なので,^{13}C が一つ含まれる確率は 16.5% である.実際,M+1 のピークが 237 に明確な強度で観測できる.^{13}C が二つ含まれる確率は非常に小さいので無視できる.

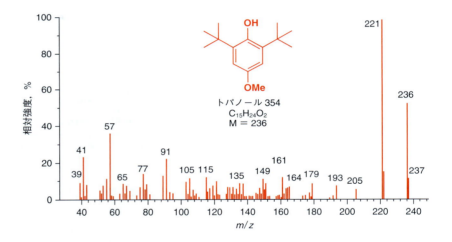

> 質量スペクトルを見るときはいつもまず質量が最大のピークを見よう.塩素または臭素が存在するかどうかを考え,次に M^+ と $(M+1)^+$ の強度比から含まれる炭素数の見当をつけよう.

3・4 高分解能質量分析により原子組成が決定できる

ふつうの質量スペクトルでは試料分子の分子量 (MW) がわかる.たとえば,45 ページのミツバチフェロモンの分子量が 114 であることは簡単にわかる.その分子式を $C_7H_{14}O$ と決定するにはさらに他の情報が必要である.なぜなら,分子量 114 に相当する分子式としては C_8H_{18}, $C_6H_{10}O_2$, $C_6H_{14}N_2$ などほかにもたくさん考えられるからである.しかし,同じ分子量でも原子組成が異なるものは精密分子量測定によって区別できる.それは各同位体の精密質量は基準となっている ^{12}C 以外は整数ではないからである.

表 3・1 に各同位体の質量を小数点以下 5 桁まで示す．組成式を決定するには小数点以下 5 桁までの精密質量を考慮すれば十分である．このような精密質量は**高分解能質量分析**（high-resolution mass spectrometry）によって測定できる．

　45 ページのミツバチフェロモンの場合，精密質量は 114.1039 であることがわかった．表 3・2 に分子量 114 に相当する分子式として考えられる原子組成をあげて比較すると，結論は明らかである．小数点以下 3 桁まで比較して実測値と計算値がよく一致するのは組成式 $C_7H_{14}O$ だけである．計算値と実測値をみただけではよく一致しているかどうか，わかりにくいかもしれないが，ppm で表した質量に対する誤差をみればその疑問は消えるだろう．組成式 $C_7H_{14}O$ の誤差は他の三つより極端に小さいことがわかる．この例では，小数点以下 2 桁まで比べるだけで，四つの組成式が十分区別できる．

表 3・1　代表的元素の精密質量

元素	同位体	質量数	精密質量
水素	^1H	1	1.00783
炭素	^{12}C	12	12.00000
	^{13}C	13	13.00335
窒素	^{14}N	14	14.00307
酸素	^{16}O	16	15.99492
フッ素	^{19}F	19	18.99840
リン	^{31}P	31	30.97376
硫黄	^{32}S	32	31.97207
塩素	^{35}Cl	35	34.96886
	^{37}Cl	37	36.96590
臭素	^{79}Br	79	78.91835
	^{81}Br	81	80.91635

精密な質量が整数でないのは，陽子（1.67262×10^{-27} kg）と中性子（1.67493×10^{-27} kg）の質量がわずかに異なるうえ，電子（9.10956×10^{-31} kg）も質量をもつためである．

表 3・2　ミツバチフェロモンの精密質量分析

組成式	計算値 M^+	実測値 M^+	誤差, ppm	組成式	計算値 M^+	実測値 M^+	誤差, ppm
$C_6H_{10}O_2$	114.068075	114.1039	358	$C_7H_{14}O$	**114.104457**	**114.1039**	5
$C_6H_{14}N_2$	114.115693	114.1039	118	C_8H_{18}	114.140844	114.1039	369

　本書でこれ以降，ある分子式をもつ有機化合物が出てきた場合，その分子式は高分解能質量分析によって決定されていると考えてよい．

　表 3・2 で，組成式四つのうち窒素原子が一つだけのものがないのはなぜだろう．窒素が二つのものはあるが，窒素が一つのものはない．これは"窒素原子を一つ含む，C, H, O, S からなる有機化合物の分子量は奇数になる"からである．なぜこうなるのか．C, O, S, N の原子量はすべて偶数であるのに対して H の原子量だけが奇数である．さらに C, O, S, N のうち N だけが結合数が奇数になる．そのため，窒素を一つ含む分子は水素原子を奇数含むことになり，分子量は奇数になる．

> **窒素原子数を素早く決める方法**（C, H, N, O, S のいずれかを含む分子の場合）
> 分子量が奇数の分子は窒素原子を奇数含む．分子量が偶数の分子は窒素原子を偶数含むか全く含まない．これを**窒素則**（nitrogen rule）という．

3・5　核磁気共鳴分光法

NMR は何をするのか

　核磁気共鳴分光法（NMR）は原子核を検出し，それが分子のなかでどんな環境にあるか教えてくれる．たとえば，1-プロパノールのヒドロキシ基の水素は炭素に結合した水素とは明らかに異なる．NMR（実際にはプロトン NMR，^1H NMR）では，このような 2 種の水素を，水素原子核のまわりの環境の違いに基づいて容易に区別できる．さらに炭素に結合した水素どうしでも環境が異なれば区別できる．同様に炭素（^{13}C）NMR は 1-プロパノールの炭素三つを容易に区別できる．NMR は驚くほど有用で，応用範囲が広い．生きているヒトの脳をそのまま測定することも可能である．この場合も原理は同じであり，異なった環境にある原子核（したがって原子）を識別することができる．

^1H NMR では色の違う水素は区別できる
^{13}C NMR では四角で囲んだ炭素は区別できる

NMR は強磁場で測定する

　いま，地球の磁場（地磁気）を"切る"ことができたと仮定しよう．地磁気のない世界では，磁石の針は気ままな方向を指し，羅針盤は役立たず，航海もままならない．この

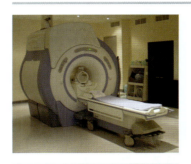

上の写真は MRI 装置である。NMR を医学的に用いる場合は、一般に MRI（磁気共鳴画像法 magnetic resonance imaging）とよばれている。核 (nuclear) という言葉が患者に与えるイメージに配慮したものだろう。

上の写真は典型的な NMR 装置である。太い筒状のものは超電導磁石であり、その上には自動的に試料交換を行う装置が取付けられている。手前の制御台で装置全体を制御したり測定するための指示を送る。

核スピンは、量子化されており、これを I と表記する。ある原子核がとりうるエネルギー準位の数は I の値で決まる。I は同位体によって、0, 1/2, 1, 3/2 のような種々の値をとる。エネルギー準位の数は $2I+1$ で表せる。
例：^1H　$I = 1/2$, $^2H(=D)$　$I = 1$
　　^{11}B　$I = 5/2$, ^{12}C　$I = 0$

とき地磁気が急に戻ったとすると、磁石の針はたちまち北を指し示すだろう。それがエネルギー最低の状態だからである。針が南を指すように指で回すにはちょっとしたエネルギーが必要であり、指を離せばもちろん針はすぐにエネルギーの低い北を指した状態に戻ってしまう。

原子核には微小磁石の針と同じような動きをするものがあり、磁場に置くとその向きによって異なるエネルギー準位をもつ（その向きとエネルギー準位の関係についてはこのあとすぐに説明する）。実際の磁石の針の場合は360°回転する間にいわば無数のエネルギー状態をとりうるが、どのエネルギー状態も北を向いた基底状態より高く不安定である。NMR で対象とする原子核の場合は、都合のよいことに比較的単純であり、エネルギー準位は無数ではなく、一定数に限られている。これを**量子化されている**という。これは次章で詳しく述べるように電子のエネルギー準位が量子化されているのと似ている。原子核は、核の種類によって一定の限られたエネルギー準位をいくつかとりうるだけである。これを磁石の針にたとえていうと、北と南の二方向しか指せない、あるいは北と南と東と西の四方向だけで他の方向は指せないようなものと考えればよい。磁石の針は地磁気の効果を感じ取ることができるように磁性材料を用いてつくられているが、それと同じように、磁性をもつ原子核は一定のものに限られている。多くの原子核は (^{12}C も含めて) 磁場においても全く影響を受けず、NMR では観測できない。しかし、本章で重要なことは、存在比の小さい炭素の同位体 ^{13}C や、存在比の大きい水素の主同位体 ^1H が磁性を示すことである。^{13}C や ^1H を磁場に置くと、エネルギー状態を二つとる。すなわち、磁場と同一の方向（地磁気でいえば、北）を向くものと、逆方向（南）を向くものとに分かれ、同一方向のエネルギーは低く、逆方向のエネルギーは高い。

磁場の影響を受ける核（^{13}C や ^1H など）は、全く影響を受けない核（^{12}C など）と異なり、**スピン**（spin）の性質をもつ。^{13}C や ^1H 核のスピンを理解すれば、なぜそのスピン軸が磁場と同一方向かまたはその逆方向を向くかがわかるだろう。

ここでもう一度方位磁針にたとえて考えよう。方位磁針を北向きから別の方角を向かせようとするとちょっとしたエネルギーが必要になる。方位磁針の近くに棒磁石を置くと、北を向いていた針は棒磁石のほうに強く引きつけられる。このとき針の向きを変えようとするとさらに大きな力が必要となる。つまり、外から加わる磁場が強くなればなるほど針を回すには大きな力が必要になる。また、一方、方位磁針の磁石自体が強くなると、やはり針を回すのに必要な力も大きくなるだろうし、針の磁石が弱くなれば針を回すことはそれほど大変ではない。方位磁針が磁石として働かなくなったら、針は自由に回転できるだろう。

これと同様のことが NMR で観測する原子核にもあてはまる。原子核を磁場に置いたとき、磁場と同じ向きと逆向きの核スピンのエネルギー差は

- 外部磁場の強さ
- 原子核の磁性の大きさ

によって決まる。

外部磁場が強ければ強いほど、二つの配列間のエネルギー差は大きくなる。ここでひとつ、NMR にとって不運なことがある。それは磁場における核スピン（磁場と同方向および逆方向）の間のエネルギー差がきわめて小さいため、その小さい差を観測するために非常に強い磁場が必要になる点である。

NMR はラジオ波も用いる

^1H や ^{13}C の核を強力な外部磁場に置くとエネルギー準位が二つに分かれる。核スピン

の向きを，より安定な状態から不安定な状態に変えるには，エネルギーが必要である．しかし，必要なエネルギーはとても小さいので，ラジオ波領域の周波数をもつ電磁波を照射することによって十分まかなえる．ラジオ波の照射によって核は向きを変え，低エネルギー準位から高エネルギー準位に移る．ラジオ波の照射を止めると核は低エネルギー準位に戻る．戻るときにはエネルギーをラジオ波の微弱なパルスとして放出するので，これをNMR装置で受信して検出する．

ここで，NMRについて概略をまとめよう．

1. 未知の有機化合物を適当な溶媒に溶かし，細い試料管に入れて，強力な磁場に置く．試料の不均一性をなくすために，空気を流して試料管を高速で回転させる．磁場の中で核スピンをもつ原子核は異なるエネルギー準位をもつようになる．このエネルギー準位の数は核スピンの値によって決まる．^{1}Hと^{13}Cではいずれもエネルギー準位が二つになる．
2. 試料にラジオ波を短時間照射すると，核のエネルギー準位間の平衡分布が崩れて，核の一部がエネルギーを吸収して高エネルギー準位に移る．
3. パルス照射を止めると，核はしだいにもとの低エネルギー準位に戻る．このときに放出されるラジオ波を高性能ラジオ波受信機で検知する．
4. こうやって受信した結果を，多くの計算処理を経て，横軸を周波数，縦軸をシグナル強度（対応する核の数）とするスペクトルとして表示する．次にスペクトルの一例を示すが，詳細は後述する．

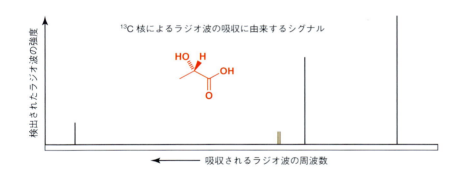

ラジオ波のエネルギーはきわめて小さい．周知のように，電磁波のエネルギーとその波長との関係は次式で表せる．
$$E = hc/\lambda$$
ここで，hはPlanckの定数，cは光速度である．ラジオ波の波長はメートル前後であり，そのエネルギーは可視光の百万分の一である．可視光の波長は380 nm（紫）〜750 nm（赤）である．

NMR装置は非常に強力な磁石を使う

地球の磁場（地磁気）の強さは30〜60マイクロテスラであるのに対して標準的なNMR装置の磁場は2〜10テスラであり，地磁気のほぼ10万倍強力な磁場を備えている．このようにNMRの磁場は強力であるため，注意しなければならないことがいくつかある．たとえば，金属製のものをNMR装置のある部屋に持ち込むことは避けるべきである．作業によく使う金属製道具箱が知らないうちにNMR磁石にぴったりくっついて取れなくなった話もある．このように強力な磁場の中に置かれても原子核がとりうるエネルギー準位差は微々たるものであり，上述した核スピンの配列二つのうち低エネルギー準位の配列をとる核スピンのほうがわずかに多いだけである．幸いNMR装置でこのわずかな差を検出することができる．

なぜ，核の化学的環境が異なるとその共鳴周波数は異なるのか

上に示したスペクトルにおいて，各シグナルは異なる環境にある炭素を表している．それぞれ炭素は異なる周波数のエネルギーを吸収している（エネルギーを吸収して高エネルギー準位に移ることを**共鳴する**ともいい，ここから"核磁気**共鳴**（resonance）"という言葉が生まれた）．同じ炭素なのに共鳴する周波数になぜ違いが出てくるのだろうか．エネルギー差（すなわち共鳴周波数）を決定する要因は磁場の強度と核の種類だと述べた．それなら，すべての^{13}C核は一定の周波数で共鳴するのではないのか．^{1}H核は，^{13}C核の周波数と異なってもすべて同じ周波数で共鳴しないのか．実際はそうではない．

炭素によって共鳴周波数が違うことは，炭素核が外部磁場と同じ向きから逆向きに変わるときに必要なエネルギーが各炭素によって異なることを意味している．この違いが生じるのは各炭素核が実際に受ける磁場強度が外部磁場の強度と異なるからである．どの核にもその周囲に電子があり，磁場に置くとこの電子の動きによって小さな電流が生じる．こうやって生じた電流は小さな磁場を誘起する（この現象はコイルを流れる電流によって電磁石ができるのと同じである）．ここで誘起された小さな磁場の向きは外部磁

"共鳴"については次のようなたとえがある．ピアノのキーを一つだけ叩いて，その後すぐにピアノの蓋をピシャッと閉じてみよう．すると全体の音はだんだんと小さくなっていくが，叩いたキーの音だけがしばらく鳴り続ける．この現象が共鳴である．蓋をピシャッと閉めたことで，ピアノにはある範囲の周波数をもつ幅広い音のエネルギーが加えられたのだが，そのなかで一つの周波数の音のエネルギーだけが吸収され，ピアノの弦が振動し，その音だけが増幅されたのである．7章で述べるように，化学では"共鳴"を非局在化の意味で用いるが，NMRの"共鳴"とは全く関係ない．

場の向きとは逆向きである．このような現象から，電子は核を外部磁場から**遮蔽する**（shield）という．電子の分布状態は ^{13}C 原子によって同じでないので，それぞれの核が実際に受ける磁場（局所磁場）の強さが異なってくる．したがって，共鳴周波数も異なってくる．

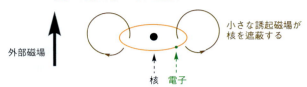

核のまわりの電子分布の違いによって生じる変化
- 核が実際に受ける磁場（**局所磁場**）の強度
- 核の共鳴周波数
- その原子における分子の化学的性質

核によって異なる共鳴周波数のことを**化学シフト**（chemical shift）とよび，δ で表す．

エタノール

通常は C や H をわざわざすべて書かないが，このエタノールでは説明のために C と H をすべて記している．

例として，欄外に示すエタノールを考えよう．OH 基に結合している赤い炭素の電子密度は，緑の炭素の電子密度より低い．酸素原子の電気陰性度が炭素原子より大きいため，電子が赤い炭素から酸素に引き寄せられているためである．したがって，赤い炭素原子核が実際に受ける磁場強度（局所磁場）は緑の炭素原子核より若干強い．電子密度が低い分だけ赤い炭素原子核のほうが外部磁場からの遮蔽効果が小さい．このことを，**非遮蔽化**（deshielding）されているという．酸素原子に結合した炭素原子核は，電子による遮蔽が少ない分だけ外部磁場により強くさらされている．したがって，この炭素は実際にはより強い磁場（局所磁場）に置かれるため，核のエネルギー準位の差が大きくなる．エネルギー準位の差が大きければ，共鳴周波数も大きくなる．したがって，エタノールにおいては OH 基が結合した赤い炭素のほうが緑の炭素よりも大きい周波数で共鳴する．実際のエタノールの ^{13}C NMR スペクトルは次に示すようになる．

77 ppm の茶色のシグナルは溶媒 CDCl$_3$ のシグナルであり，ここでは無視してかまわない．13 章で説明する．

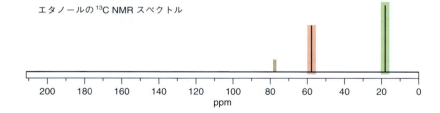

エタノールの ^{13}C NMR スペクトル

化学シフトの表し方

NMR スペクトルの横軸は，磁場強度（テスラ）や周波数（Hz）の単位でも，エネルギーの単位でもなく，"ppm（百万分の一）"という無次元の単位を用いて表す．これには次のような理由がある．原子核の共鳴周波数は外部磁場強度に依存するため，同じ試料を異なる磁場強度の NMR 装置で測定すると異なる周波数で共鳴することになる．それでは装置によってシグナル位置の表し方が異なってしまい大変不便である．そこで，どんな磁場強度の NMR 装置で測定してもシグナル位置が共通になるような表記法とし

て，試料の共鳴周波数と標準試料の共鳴周波数との差を標準試料の共鳴周波数で割算して得られる数値を用いる．すべての ^{1}H 核はある強度の外部磁場の下ではおおよそ一定の周波数で共鳴し，その共鳴周波数の正確な値はその核の化学的環境（電子密度）に依存する．ここでいうおおよそ一定の周波数とは NMR 装置の外部磁場強度に対する周波数であり，外部磁場が強いほど，対応する周波数も大きくなる．NMR 装置の磁場に対応する周波数の正確な値は標準試料の共鳴周波数で表す．通常，化学者は NMR 装置の磁場強度を表すのに，磁場強度そのもの（テスラ単位）よりも，対応する周波数（Hz 単位）を使う．たとえば，9.4 テスラ（T）の磁場を備えた NMR 装置を 400 MHz 分光計とよぶ．この磁場強度における ^{1}H 核の共鳴周波数がおよそ 400 MHz に相当するからである．同じ磁場強度でも ^{13}C のような別の核では，当然共鳴周波数は異なるが，一般に装置の磁場強度を表す表現として ^{1}H 核の共鳴周波数の値を用いる．

標準試料：テトラメチルシラン

標準試料として一般によく用いる化合物はテトラメチルシラン（TMS）$Si(CH_3)_4$ である．この化合物はシラン SiH_4 の水素原子が四つともメチル基に置き換わったものであり，このメチル基はすべて等価である．ケイ素の電気陰性度は炭素より小さいので，炭素原子の電子密度はきわめて高くなり，核を大きく遮蔽するため，TMS の共鳴周波数はほとんどの有機化合物の共鳴周波数より小さくなる．このことから TMS のシグナルは通常スペクトルの右端に現れるので，測定しようとする試料のシグナルの邪魔になることがなく好都合である．

テトラメチルシラン（TMS）

> ケイ素と酸素は隣接する炭素原子に対して及ぼす効果が逆である．すなわち，電気陰性度が小さいケイ素は遮蔽効果，電気陰性度が大きい酸素は非遮蔽効果を及ぼす．電気陰性度は Si 1.8，C 2.5，O 3.5 である．

化学シフト δ は ppm 単位で表し，その核の共鳴周波数を用いて次のように定義する．

$$\delta = \frac{試料の共鳴周波数（Hz）- TMS の共鳴周波数（Hz）}{TMS の共鳴周波数（MHz）}$$

NMR 装置の磁場強度（または対応する共鳴周波数）がどのような大きさであっても，ある核のシグナルは常に同じ化学シフトを示す．エタノールを例にとると，OH が結合した炭素（赤）は 57.8 ppm に，メチル炭素（緑）は 18.2 ppm にそれぞれ現れる．これらの化学シフトは標準試料 TMS の化学シフトを 0 ppm と定義して決める．ほとんどの有機化合物の炭素核は TMS より大きい化学シフトを示し，たいてい 0〜200 ppm の間に現れる．

もう一度 51 ページに登場したスペクトル（下図）をよく見て，これまで述べたことを確認しよう．このスペクトルは 100 MHz の ^{13}C NMR スペクトルである．横軸は実際は周波数であるが，磁場（100 MHz）に対する ppm 単位で表している．したがって，1 ppm は 100 Hz に相当する．シグナルが三つ 176.8，66.0，および 19.9 ppm に見られることか

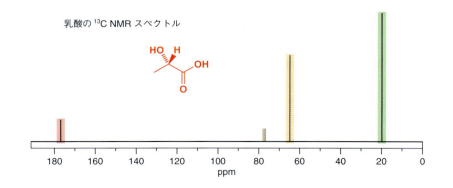

乳酸の ^{13}C NMR スペクトル

> ここでも溶媒のシグナル（茶，77 ppm）は無視しよう．このシグナルのもつ意味はいまのところ全く考えなくてよい．また溶媒以外の三つのシグナルの強度には比較的大きな差があるが，これについてもいまは気にしなくてよい．シグナル強度はスペクトル測定法の違いによっても変わるもので，^{13}C NMR のシグナル強度は通常あまり重要ではない．

ら、ただちにこの化合物には炭素原子が3種類含まれていることがわかる．

3・6 ^{13}C NMR スペクトルの化学シフト領域

乳酸（2-ヒドロキシプロパン酸）
19.9（酸素に結合していない飽和炭素）
66.0（酸素に結合した飽和炭素）
176.8（酸素に結合した不飽和炭素，C=O）

乳酸は無酸素運動を行ったときのグルコースの最終分解産物である．

しかし，このスペクトルからわかることはこれだけではない．この化合物に含まれている炭素原子がどんな化学的環境にあるのかある程度わかる．すべての ^{13}C NMR スペクトルはおおまかに四つの領域に分けることができる．すなわち，1) 飽和炭素原子（0〜50 ppm），2) 酸素原子が結合した飽和炭素原子（50〜100 ppm），3) 不飽和炭素原子（100〜150 ppm），4) 酸素原子が結合した不飽和炭素原子（たとえば C=O，150〜約 200 ppm）の4種類である．

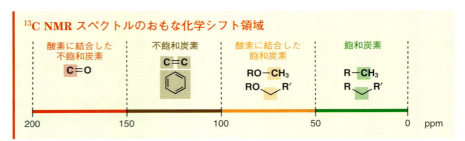

^{13}C NMR スペクトルのおもな化学シフト領域

前ページのスペクトルは乳酸（2-ヒドロキシプロパン酸）のものである．乳酸の各炭素原子はそれぞれ異なった化学シフト領域に現れる．

しかしここで"ちょっと待てよ"と読者は思うかもしれない．このスペクトルで観測しているのは ^{13}C 核であり ^{12}C 核ではない．しかし，通常の乳酸の試料に含まれる炭素原子はほとんどが ^{12}C 核でできているのではないかと，疑問をもつかもしれない．そしてその答はイエスであり，確かに，どんな試料でも炭素全体のたった 1.1%（^{13}C の天然存在比）しか ^{13}C NMR スペクトルでは観測することができない．それにもかかわらず，^{13}C 原子は試料化合物に事実上ランダムに分布しているため，スペクトルの表れ方には何の影響もない．ただし，この結果，^{13}C NMR は ^{1}H NMR ほど感度が高くない．^{1}H NMR では基本的に分子中のすべての水素が観測される．

実際に，^{13}C の天然存在比が低いことから，そうでない場合よりもスペクトルが単純化されるという利点がある．この点については 13 章で詳しく説明する．

3・7 化学シフトのいろいろな表現法

NMR スペクトルは，もともとラジオ波の周波数を固定して，外部磁場強度を変化させて記録していた．しかしいまではその逆に，ラジオ波の周波数を変化させて記録する．これをパルス NMR 法を用いて行う．"高磁場"，"低磁場"というよび方は磁場を増減させていた時代の名残りである．

化学シフトは右端を 0（TMS の共鳴位置）として左側に向かってだんだん大きくなる．これはふつうの座標とは逆向きである．化学シフトの値は 0 のある右側のほうが小さいにもかかわらず，右側を通常"高磁場側"とよぶため，初めは混乱しやすい．これは右側のほうが（共鳴周波数を一定にしたとき）高い外部磁場を与えないと共鳴しないことを意味している．そこで混乱を避けるために，化学シフト（δ）値については"大きい"，"小さい"という言葉を用い，磁場については"高磁場"（小さい δ 値），"低磁場"（大きい δ 値）と表現する．

π 結合には節面があることを 4 章で述べる．節面には電子密度が全くないので，π 結合電子は σ 結合電子より核を遮蔽する効果が弱くなり，不飽和炭素は飽和炭素よりも大きく非遮蔽化されている．

もう一度，遮蔽という言葉を用いて説明しよう．すべての炭素核は電子に囲まれており，その電子が外部磁場から炭素核を遮蔽する．単純な飽和炭素が最も強く遮蔽を受けており，その化学シフトは小さく（0〜50 ppm）高磁場にシグナルが現れる．酸素原子は電気陰性度が大きいため，炭素が酸素原子一つと結合すると低磁場側に移動し（非遮蔽化を受ける）化学シフトが大きくなる（50〜100 ppm）．不飽和炭素ではさらに遮蔽が小さくなる（100〜150 ppm）．これは核周囲の電子の分布状態の違いによる．不飽和炭素が酸素と結合すると，さらに大きく非遮蔽化を受け，化学シフトは 200 ppm 付近まで

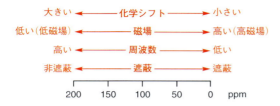

3・8 簡単な分子の ^{13}C NMR スペクトルの例

それでは実際に ^{13}C NMR スペクトルをいくつか見てみよう．最初はヘキサン二酸のスペクトルである．まず第一に気づくことは，ヘキサン二酸は炭素が六つであるのに，このスペクトルにはシグナルが三つしかないことである．これは分子の対称性による．カルボキシ基二つは等価であり，シグナルは 174.2 ppm に一つだけ現れる．同様に C2 と C5，C3 と C4 はそれぞれ等価で，飽和炭素領域 0〜50 ppm に現れる．これらのうち，電子求引性の CO_2H に隣接する炭素のほうが非遮蔽化を受けるため，33.2 ppm のシグナルを C2/C5 に，24.0 ppm のシグナルを C3/C4 に帰属することができる．

> ヘキサン二酸は，なぜ"ヘキサン-1,6-二酸"といわないのだろうか．鎖状分子ではカルボン酸は当然末端にしか存在しえないため，二酸として他の構造はとりえない．したがって，"-1,6-"は余分である．

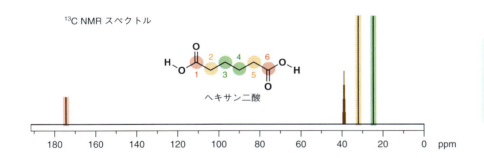

> このスペクトルはこれまでとは違う溶媒 DMSO（ジメチルスルホキシド）中で測定したものである．茶の溶媒のシグナルがこれまでとは違う領域に違う形で現れている．これについても，13 章でもう一度ふれる．

2-ヘプタノンは 45 ページですでに述べたようにミツバチのフェロモンである．この化合物には対称性がないため，炭素原子七つがすべて非等価になる．カルボニル基は容易に区別できる（208.8 ppm）が，他の炭素は帰属が容易でない．残りの炭素六つのうち，カルボニル基の隣の二つの炭素原子が最も低磁場側に現れる．一方，最も高磁場 (13.9 ppm) に観測されるのが C7 である．ここで重要なことは炭素シグナルが予想される数だけ予想される領域に正しく現れているか確認することであり，残りの炭素一つひとつの化学シフトを正確に帰属する必要はない．また，前に述べたようにシグナルの高さは気にしないでおこう．

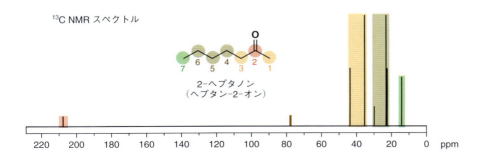

BHT は食品の保存などのために使われている抗酸化剤である．その分子式 $C_{15}H_{24}O$ には炭素が 15 含まれているにもかかわらず，NMR スペクトルでは七つのシグナルしか観測されていない．この分子は明らかに対称性が高い．まず下図に示すように分子に垂直な対称面がある．下図ではいくつかの炭素に色づけしてあるが，同じ色の炭素は互いに対称な位置にあるためそれぞれ一つのシグナルとして現れる．30.4 ppm の大きなシグナルは t-ブチル基のメチル基六つ（赤）のシグナルである．0〜50 ppm 領域にみられる残りの二つのシグナルは，C4 のメチル基と t-ブチル基の中心炭素（茶）のものである．芳香族炭素領域にはシグナルが四つしか観測されていないが，これも対称性のためである．ここではどの芳香族炭素がどのシグナルであるかいちいち帰属しなくてもよい．シグナルの数と化学シフトが予想どおりに正しく観測されていることだけを確認しておこう．

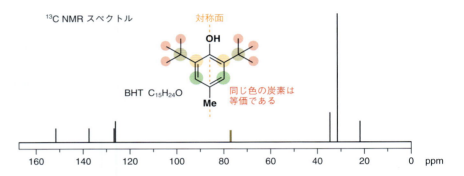

パラセタモール（paracetamol）はよく知られた鎮痛薬であるが，その構造は比較的単純である．この化合物もフェノールの一つであるが，同時にベンゼン環の置換基としてアミド基がある．NMR スペクトルをみると，24 ppm に飽和炭素原子（アセトアミドのメチル基），168 ppm にカルボニル基のシグナルがあり，このほかに，115, 122, 132, および 153 ppm にシグナルがある．これらはベンゼン環の炭素であるが，なぜ四つなのだろう．ベンゼン環の両側は等価であり，赤の炭素二つと緑の炭素二つはそれぞれ一つのシグナルとして観測されている．このことから，アセトアミド基 $NHCOCH_3$ は，構造式で書かれているように片側だけを向いているのではなく，非常に速く回転しているため，平均として BHT と同じようにベンゼン環の両側は区別できないことがわかる．ベンゼン環炭素の一つは 153 ppm という低磁場（C=O 領域に近い）に現れているが，これはなぜだろう．これは C4 であり，酸素に結合しているためである．酸素に結合した不飽和炭素はカルボニル基だけではない（54 ページの黄囲みを参照）．ただし，その非遮蔽効果はカルボニル基（168 ppm）ほど大きくない．

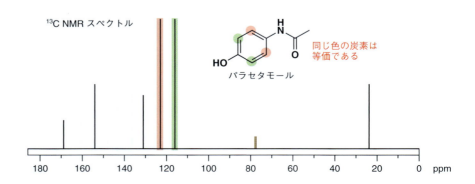

3・9 ¹H NMR スペクトル

¹H NMR（プロトン NMR）スペクトルも ¹³C NMR スペクトルと同じように測定される．¹H 核も ¹³C 核と同様にラジオ波によって核のエネルギー準位の差に相当する共鳴を起こす．¹H 核の核スピンも ¹³C 核と同じく 1/2 であるため，磁場に置かれると，¹H 核は磁場と同方向または逆方向を向いて，二つのエネルギー準位に分裂する．次に示すスペクトルは，酢酸（エタン酸）の ¹H NMR スペクトルである．下に ¹³C NMR スペクトルを示す．

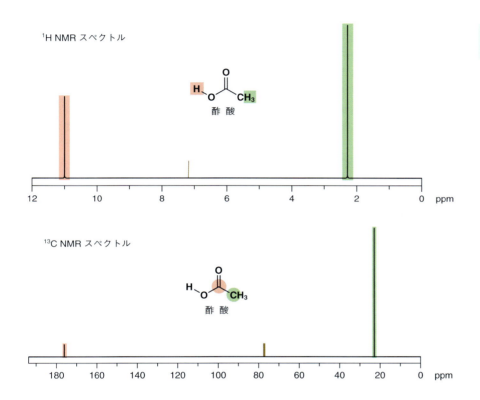

7.25 ppm の茶のシグナルは溶媒のシグナルであり，無視してよい．

¹H NMR は ¹³C NMR と類似する点が多い．横軸の目盛は標準試料を基準にして右から左へと数字が大きくなる．すなわち，テトラメチルシラン Me_4Si の ¹H 核の共鳴周波数を 0 の位置とする．また，上のスペクトルを見ればわかるように，¹H NMR では横軸の目盛幅が ¹³C NMR に比べるとかなり小さい．¹³C NMR では約 200 ppm の幅があるのに対して ¹H NMR では約 10 ppm しかない．これは化学シフトが核のまわりの電子雲による遮蔽効果の大きさの違いによって決まるためであり，有機化合物の水素原子核のまわりの価電子数が 2，炭素原子核のまわりの価電子数が 8 であることから，¹H NMR の化学シフトのほうが幅が狭くなるのは当然である．それでも，上の酢酸の ¹H NMR において，酸素原子に直接結合したカルボキシ基の水素原子は，予想どおり，メチル基の水素原子より大きく非遮蔽化されている．

¹H NMR の化学シフト領域も，¹³C NMR と同様に分類できる．飽和炭素に結合した水素原子はスペクトルの右側のより大きく遮蔽された領域（0〜5 ppm），不飽和炭素（アルケン，芳香族，カルボニル基）に結合した水素原子は左側の非遮蔽化された領域（5〜10 ppm）に現れる．¹³C NMR と同様に，酸素原子が近くにあると電子密度が下がり，シグナルはそれぞれの領域の左寄りにくる．

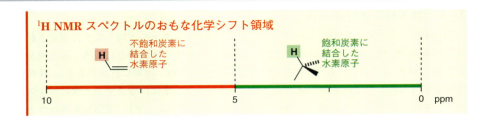

¹H NMR スペクトルの例

次のスペクトル例を見れば，¹H NMR シグナルの化学シフト領域が具体的によくわかるだろう．最初の二つの化合物の ¹H NMR スペクトルはどちらもシグナルが一つしかない．これはベンゼンやシクロヘキサンの水素がすべて等価であるからである．ベンゼンでは 7.5 ppm にシグナルがあり，不飽和炭素に結合した水素の領域である．一方，シクロヘキサンでは 1.35 ppm にシグナルがあるが，この水素が飽和炭素に結合しているからである．それでは比較のためにもう一度 ¹³C NMR をみてみよう．ベンゼンとシクロヘ

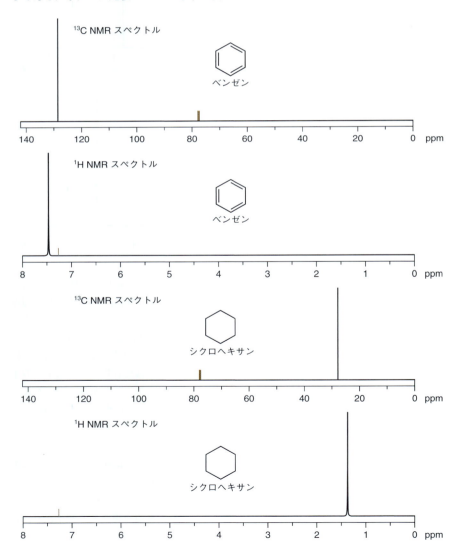

キサンの ^{13}C NMR スペクトルをそれぞれ ^{1}H NMR スペクトルの真上に示してある．ベンゼンでは 129 ppm にシグナルがあるが，これは不飽和炭素の領域である．一方，シクロヘキサンは 27 ppm にピークがあり，これは飽和炭素の領域である．

 t-ブチルメチルエーテル（TBME）は有機溶媒の一つであり，ガソリン添加物としても使われている． ^{1}H NMR スペクトルから近くにある酸素原子の効果がわかるだろう．1.1 ppm の大きなピークは t-ブチル基の等価なメチル基三つに含まれる水素（緑）9H 分のシグナルである．一方，エーテルメチル基の水素（茶）3H 分は 3.15 ppm に現れる．この水素原子三つは酸素と結合した炭素に直結している．酸素は電気陰性で電子をひきつけるため， ^{1}H 核は非遮蔽化されて，このメチル基の水素（茶）のシグナルは化学シフトが大きいほうへ移動している．

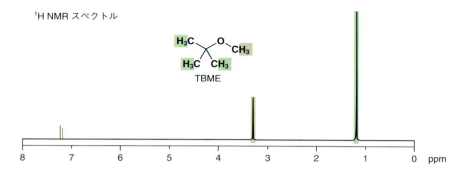

対称面については BHT の ^{13}C NMR スペクトルにおいてすでに述べた．トパノール 354 は BHT に類似した構造をもっているが，その ^{1}H NMR スペクトルは水素を 24 含む化合物としては比較的単純である．まず 0〜5 ppm の領域に大きいシグナルと小さいシグナルが一つずつある．これらは二つの t-ブチル基に含まれる合計 18 水素原子（茶）とメトキシ基の 3 水素原子（オレンジ）のシグナルである．5〜10 ppm の領域には芳香環に結合した水素（緑）2H 分とヒドロキシ基の水素（赤）1H 分に相当する二つのシグナルがある．

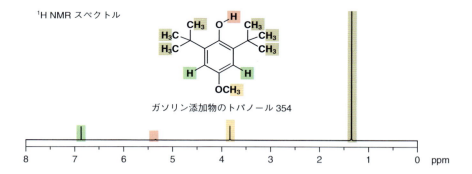

 ^{1}H NMR にはさらに多くの特徴があるが，それについてはここではひとまずふれないでおく．ここで強調しておくが，日常的に用いる構造決定法としては，他のどんな方法も，あるいは他のどんな方法をひとまとめにしたとしても， ^{1}H NMR スペクトル以上に重要なものはない． ^{1}H NMR については 13 章でさらに詳しく述べる．

NMR は構造解明の強力な武器である

NMR スペクトルが構造決定の強力な武器であることを示すために，分子式 $C_4H_{10}O$ を

もつアルコールを三つ考えよう．これらは全く異なる ^{13}C NMR スペクトルを示す．それぞれの ^{13}C NMR シグナルを次にまとめる．

→ *n*-, イソ-, *t*- の意味は 2 章で述べた．

ブチルアルコール　　　イソブチルアルコール　　　*t*-ブチルアルコール
（ブタン-1-オール）　　（2-メチルプロパン-1-オール）　（2-メチルプロパン-2-オール）

化学シフト（δ, ppm）

炭素原子	ブチルアルコール	イソブチルアルコール	*t*-ブチルアルコール
●	62.9	70.2	69.3
●	36.0	32.0	32.7
●	20.3	20.4	―
●	15.2	―	―

　これらのアルコールにはすべて酸素原子に結合した飽和炭素があり，いずれもその典型的な領域にある．次に，酸素から一つおいた位置にある炭素は 0～50 ppm 領域に戻るが，そのなかでも低磁場寄りの 30～35 ppm に現れている．これは近くの酸素原子による非遮蔽効果がまだ効いているためである．アルコール二つにはもう一つ離れた位置にも炭素原子があり，約 20 ppm という高磁場側（小さい化学シフト，遮蔽が大きい）に現れている．ブチルアルコールだけにはさらにもう一つ離れた位置に炭素原子があり，その炭素の化学シフトは 15.2 ppm である．このようにシグナルの**数**とその**化学シフト**から明確に 3 種類のアルコールを区別できる．

　化学者がよく直面する状況として，たとえば高分解能質量スペクトルから分子式に関する情報が得られ，NMR データと矛盾しない構造式を推測する場合がある．例として，分子式 C_3H_6O の化合物を考えよう．欄外に示した七つの構造式が候補として考えられる．次ページにこのうちの三つの化合物の ^{13}C NMR スペクトルを示す．この三つとはどれかを考えてみよう．いくつかのヒントは与えるが，次ページの説明を見る前に自分で答を導き出そう．

　まず分子の対称性から構造式 A, C, E は他と区別できる．これらには炭素が 2 種類しかない．二つのカルボニル化合物 D と E はどちらも 150～200 ppm 領域にシグナルを一つもつだろう．しかし，D は異なる飽和炭素を二つもつのに対して，E には飽和炭素が 1 種類しかない．アルケンは F と G の二つであり，どちらも不飽和炭素（100～200 ppm）を二つもつが，エーテル構造をもつ G は不飽和炭素二つのうち一つは酸素と結合している．そのため G は非遮蔽化された不飽和炭素が 150～200 ppm に現れると予想できる．

　三つの飽和化合物（A～C）にはもっとむずかしい問題がある．エポキシド B には酸素原子に隣接した異なる炭素（50～100 ppm）二つと通常の飽和炭素（0～50 ppm）が一つある．残りの二つ（A と C）はいずれも 0～50 ppm 領域に一つ，50～100 ppm 領域にシグナルを一つもつ．これらを明白に区別するには，さらに強力な方法として ^{1}H NMR を使わなければならないだろう．ただし，本章でこのあとすぐ説明する赤外分光法でもある程度の区別ができる．

　それではここで三つの NMR スペクトルをみてみよう．さらに先の説明を読む前に，これらのスペクトルが A～G のどの構造式のものか考えてみよう．またシグナルがどの炭素に帰属できるかも考えよう．

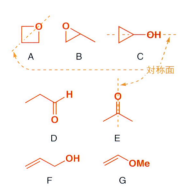

エポキシドとは，B のような 3 員環の環状エーテルである．

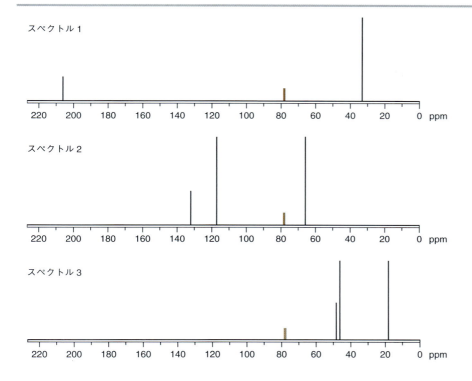

　問題なく答えられただろうか．まず七つの構造式のうち，等価な炭素を二つもつカルボニル化合物はアセトン（E）だけである．したがってスペクトル1はアセトンである．単純なケトンのC=Oシグナルが非常に低磁場（206.6 ppm）に現れている．スペクトル2は，不飽和炭素二つと酸素に隣接した飽和炭素のシグナルが一つあるので，FまたはGである．実際にはこのスペクトルはFのものである．なぜなら不飽和炭素二つの化学シフトは通常の範囲内（137と116 ppm）にあり，いずれも酸素と結合しているものではない（酸素に結合していれば＞150 ppm）からである．もう一つのスペクトル3では，50 ppmより低磁場側にシグナルがない．したがって，酸素に隣接する炭素は存在しないように思える．しかし，よく見ると48.0と48.2 ppmの二つのシグナルは50 ppmの境界領域の近くにある．したがって，この二つの炭素はどちらも酸素に隣接していると考えられ，このスペクトルは化合物Bのものである．

3・10　赤外分光法
官能基は赤外スペクトルによって同定できる

　^{13}Cおよび^{1}H NMRスペクトルは炭素や水素からなる分子骨格について多くの情報を教えてくれる．また質量スペクトルからは分子全体の質量がわかる．しかし，これらのスペクトルからは官能基に関する情報はあまり多く得られない．たとえば，C=OやC=Cなどのように炭素原子を含む官能基は^{13}C NMRスペクトルによって判別できる．しかし，エーテルやニトロ基のような多くの官能基はNMRスペクトルによって判別することはむずかしく，近くの水素や炭素原子の化学シフトへの影響がみられる場合にのみ，それらの官能基の存在を予想することができる．

　これに対して，赤外（IR）分光法はこれらの官能基の存在を直接判定するのに有効である．赤外分光法は原子そのものの性質ではなく，原子間結合の伸縮や変角振動を検出

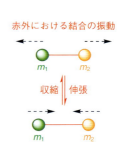

赤外における結合の振動

するものである．特に非対称な結合をもつもの，たとえば OH, C＝O, NH₂, NO₂ などの官能基を検出するのに有効である．このような理由から，赤外スペクトルは NMR スペクトルの相補的な手段として構造解析に役立つ．

　NMR では原子核の共鳴のためにラジオ波領域の電磁波が必要である．一方，原子間結合の伸縮や変角に必要なエネルギーは小さいとはいえ，NMR で扱うラジオ波のエネルギーよりも若干大きく，対応する電磁波の波長はずっと短くなり，ちょうど赤外線の領域に相当する．赤外線は可視光領域（400〜800 nm）より長波長側の電磁波である．分子の炭素骨格が振動するとき，周辺の結合も連動して伸縮するので，これらの伸縮は概して有効な情報になりにくい．しかし，分子の他の部分とは本質的に独立して伸縮する結合もあり，官能基の判別にはこのような独立した伸縮が利用されている．そのような独立した伸縮は次のいずれかの場合に起こる．

- まわりの他の結合より格段に強いか弱い結合
- まわりの原子より格段に重いか軽い原子が関与している結合

　結合の振動数，原子の質量，および結合力の間には，調和振動子に対する Hooke の法則とほぼ同じ関係が成り立っている．Hooke の法則によると，振動数（frequency, ν）は力の定数（force constant, f）の平方根に比例し，換算質量（reduced mass, μ）の平方根に反比例する．f は結合力を表し，μ は結合にあずかる二つの原子の質量の積をその和で割ったものである．

$$\mu = \frac{m_1 m_2}{m_1 + m_2}$$

> 結合が強いほど，あるいは原子が軽いほど，速く振動する．

　赤外スペクトルは単純な吸収スペクトルである．試料を溶媒に溶かし（または NaCl の板の表面に試料を塗布することもある）赤外線を当てる．赤外線の波長を少しずつ変えていきながら，試料を通過した赤外線のエネルギーを記録し，スペクトルを表示する．簡便性のために，赤外スペクトルの横軸は通常，波長の代わりに波数（wavenumber, cm⁻¹, $\tilde{\nu}$）を単位とする．この波数とは 1 cm 中にその波長がいくつ含まれるかを表しており，通常は 4000（短波長，高振動数，高波数）から 500（長波長，低振動数，低波数）の間の数値をとる．軽い原子の強い結合は速く振動するので，そのような結合はスペクトルの高波数側（左側）に現れる．

　説明をわかりやすくするために，赤外スペクトルの振動数（波数）に関する典型的な数値を欄外に二通りに分けて示す．上段には質量が増加する順（重水素 D は水素 H の 2 倍の質量をもち，塩素 Cl は酸素 O の約 2 倍の質量をもつ），下段には結合が強くなる順に並べてある．

　実際の赤外スペクトルを次ページに示す．横軸の波数は高いほうから低いほうへ，左から右に記録し，吸収極大は下向きに表示する（赤外スペクトルは透過率をプロットする）．上下左右が逆ではないかと感じるかもしれないが赤外スペクトルではこのように表示する．もう少し詳しく見ると，スペクトル中央で横軸の目盛り間隔が変わっていることに気づくだろう．中央から右半分では目盛の間隔が広くなっており，スペクトルをより詳細に表示している．

　これはシアノアセトアミドの赤外スペクトルであり，構造式は右側に示してある．スペクトル全体がこの化合物に特有のものである．有機化学者はこのスペクトルを解釈で

Hooke の法則はばねでつないだ二つの物体の運動を記述するものである．これについては物理学で学んでいるだろうが，ここではこの法則を導出しないで，結果だけを利用する．この法則では次の関係が成り立っている．

$$\nu = \frac{1}{2\pi}\sqrt{\frac{f}{\mu}}$$

ここで，ν は振動数，f は力の定数，μ は換算質量である．

換算質量と原子量

　換算質量に対する水素原子の影響については次のように考えるとよい．C−C 結合の換算質量は $(12 \times 12)/(12+12) = 6.0$ である．炭素一つを水素に置き換えると，換算質量は $(12 \times 1)/(12+1) = 0.92$ となる．一方，炭素一つをフッ素に置き換えると，換算質量は $(12 \times 19)/(12+19) = 7.35$ となる．炭素（12）をフッ素（19）に置き換えても換算質量はあまり変わらないが，炭素を水素（1）に置き換えると換算質量が非常に大きく変化する．

原子量と波数との関係 （原子が軽いほど高波数）	
C−H	3000 cm⁻¹
C−D	2200 cm⁻¹
C−O	1100 cm⁻¹
C−Cl	700 cm⁻¹

結合の強さと波数との関係 （結合が強いほど高波数）	
C≡O	2143 cm⁻¹
C=O	1715 cm⁻¹
C−O	1100 cm⁻¹

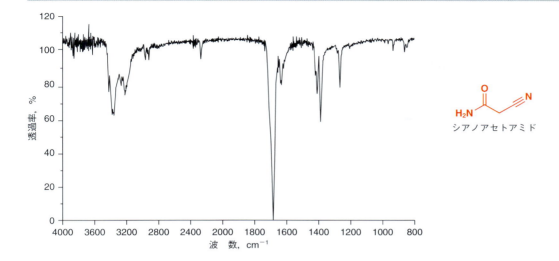

きなければならない．そのためには，NMRスペクトルと同様に，赤外スペクトルをいくつかの領域に分けて考えるとよい．

赤外スペクトルには重要な領域が四つある

第一の領域は $4000〜2500\,\mathrm{cm}^{-1}$ で，ここには C–H, N–H, O–H 伸縮振動に由来する吸収が現れる．有機化合物を構成するおもな原子（たとえば，C, N, O など）の原子量はほぼ同じ（12, 14, 16, …）である．一方，水素の原子量はこれらより 1 桁小さい．そのため換算質量に大きな違いが生じ，伸縮の振動数にも大きく影響する．水素原子との結合に関する吸収はすべて赤外スペクトルの左端寄りに現れる．

結合の強さが最大のもの，たとえば C≡C や C≡N のような三重結合でさえ水素原子との結合より低波数の領域に吸収を示す．これが $2500〜2000\,\mathrm{cm}^{-1}$ の第二の領域であり，三重結合の領域といえる．この領域とそれより低波数側の二つの領域は，どの結合も換算質量がほぼ等しいので，結合の強さの順に従って吸収が現れる．C=C や C=O のような二重結合はおよそ $2000〜1500\,\mathrm{cm}^{-1}$ に観測できる．そして単結合の吸収は $1500\,\mathrm{cm}^{-1}$ 以下のスペクトルの右端側に現れる．以上の波数領域をまとめると，次のように区分できるので覚えておこう．

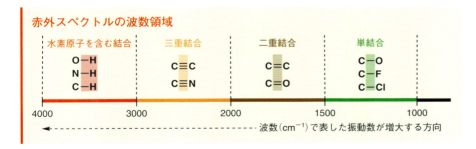

もう一度上のシアノアセトアミドの赤外スペクトルを見てみよう．約 $3300〜2950\,\mathrm{cm}^{-1}$ の X–H 領域に吸収があるが，これは NH_2 や CH_2 の N–H や C–H 伸縮振動に基づく吸収である．三重結合領域（$2270\,\mathrm{cm}^{-1}$）には C≡N の吸収が比較的弱く観測される．一方 $1670\,\mathrm{cm}^{-1}$ には C=O の吸収が強く現れている．赤外吸収の吸収強度に違いがあることは少し後で説明する．残りは単結合に基づく吸収の領域である．この領域の吸

赤外スペクトルでは吸収のことをピークとよぶこともある．ただしこれはスペクトル上ではもちろん"谷"である．

収はふつう詳しく解析しないが，人の指紋が一人一人違うのと同じように，この領域には化合物ごとに異なる特徴的なスペクトルが現れる．このような理由からこの領域は**指紋領域**（fingerprint region）とよばれている．このスペクトルから得られた有用な情報は，C≡N 結合と C=O 結合が存在すること，そして C=O 吸収の正確な波数である．

X-H 領域（4000～3000 cm^{-1}）では C-H, N-H, および O-H 結合の区別ができる

C-H, N-H, および O-H 結合ではいずれも換算質量がほぼ等しい．これら結合の赤外吸収位置の違いは結合の強さに由来する．たとえば，C-H 伸縮振動は 3000 cm^{-1} 付近で起こる（ただし C-H 結合をもたない有機化合物はほとんど存在しないので，この吸収は構造決定の決め手にはならない）．N-H 伸縮振動は 3300 cm^{-1} 付近に，O-H 伸縮振動はそれよりもさらに高波数側の 3500 cm^{-1} 付近で起こる．このことから，O-H 結合は N-H 結合より強い結合であり，また N-H 結合は C-H 結合より強い結合であることがわかる．赤外スペクトルはこのように結合の強さを調べるのに役立つ．

> O-H 結合が C-H 結合より強いことは驚きかもしれない．一般に O-H 結合は C-H 結合より反応性が高いと考えられており，もちろんそれは正しい．5 章で述べるように，反応性は結合の強さとは別の要因に支配される．39 章で説明するラジカル反応ではこの結合の強さがきわめて重要である．

C-H, N-H, および O-H 結合に関する赤外吸収

結 合	換算質量 μ	波数, cm^{-1}	典型的な結合の強さ, kJ mol^{-1}
C-H	12/13 = 0.92	2900～3200	CH$_4$ 440
N-H	14/15 = 0.93	3300～3400	NH$_3$ 450
O-H	16/17 = 0.94	3500～3600†	H$_2$O 500

† 水素結合をしていないとき（後述）．

次の四つの化合物では X-H 伸縮振動の吸収の形が大きく異なっている．次の各スペクトルの色の部分をよく見比べよう．

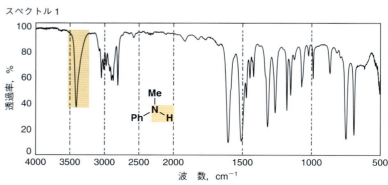

スペクトル 1

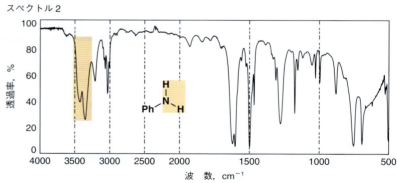

スペクトル 2

スペクトル 3

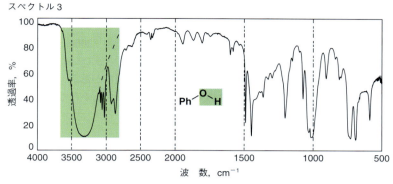

スペクトル 4

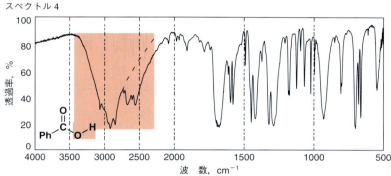

　NH（スペクトル 1）と NH_2（スペクトル 2）とでは赤外吸収は異なる．ある結合が他と無関係に振動するのは結合の強さと換算質量がともにその隣の結合のものと異なる場合のみである．孤立した N–H 結合の場合は確かにそうなっていて，その吸収はアミン R_2NH の場合でもアミド RCONHR の場合でも 3300 cm^{-1} 付近に鋭いピークとして一つ観測される．NH_2 の場合も分子の他の部分とは異なる独立した官能基であるが，NH_2 の二つの NH 結合は，強さも換算質量も同じであり，振動は 1 単位として起こる．NH_2 の赤外吸収としてほぼ同じ強度のピークが二つ現れるが，一方は N–H 結合二つの対称伸縮，他方は非対称伸縮に由来する．非対称伸縮のほうがより大きなエネルギーを必要とするため，その吸収は少し高波数側に現れる．

　O–H の吸収はもっと高波数側に現れる．3600 cm^{-1} 付近に鋭い吸収として現れることもあるが，多くの場合はスペクトル 3 や 4 のように，3500〜2900 cm^{-1} に幅広い吸収を示す．これは O–H が水素結合を形成し，その長さや強さが一定でないためである．3600 cm^{-1} 付近の鋭い吸収は水素結合していない O–H である．水素結合が強くなるほどその吸収は低波数側に現れる．

　アルコールは，一つの分子のヒドロキシ基の酸素原子と別の分子のヒドロキシ基の水素原子との間に水素結合を形成する．水素結合の長さはまちまちだが，通常の O–H 共有結合よりは長い．また結合の強さも一定しないが，O–H 共有結合より弱い．結合の長さや強度がまちまちであると，その伸縮振動数は平均値を中心に分布するため，O–H の吸収は，スペクトル 3 のようなフェノールの場合も含めて，約 3300 cm^{-1} を中心に幅広くなることが多い．この点は N–H 結合が，上記のスペクトル 1 のように，同じ吸収領域で鋭い形状の吸収を示すのとは対照的である．カルボン酸 RCO_2H は 1 分子のカルボニル酸素と別分子の酸性水素との間に強い水素結合を 2 箇所で形成して二量体として存在する．この水素結合も長さや強さがかなり大きく違うものが共存するため，スペクトル 4 の安息香酸のスペクトルのように，通常 V 字形の幅広い吸収を示す．

非対称 NH_2 伸縮振動
約 3400 cm^{-1}

対称 NH_2 伸縮振動
約 3300 cm^{-1}

水素結合(hydrogen bond) は O や N のような電子密度の高い原子が別の O や N に結合した水素原子との間に生じる弱い結合である．下図では水分子二つの間の水素結合を示す．実線は通常の結合であり，緑の破線で示したやや長い結合が水素結合である．水素原子は二つの酸素原子間の約 3 分の 1 の距離のところにある．

水素結合

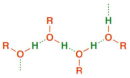

アルコールの水素結合

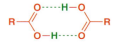

カルボン酸の水素結合
（二量体を形成する）

次に示すパラセタモールと BHT（56 ページに出てきた化合物）の赤外スペクトルは水素結合が吸収の形状に与える影響をよく表している．パラセタモールでは 3330 cm^{-1} に N–H 伸縮振動に基づく典型的な鋭い吸収がある．また 3300～3000 cm^{-1} のちょうど N–H の吸収と C–H の吸収との間に，水素結合を形成している O–H の幅広い吸収がある．一方，BHT では対照的に 3600 cm^{-1} に鋭い O–H の吸収がある．これは立体的に嵩高い t-ブチル基二つのために水素結合の形成が妨げられているからである．

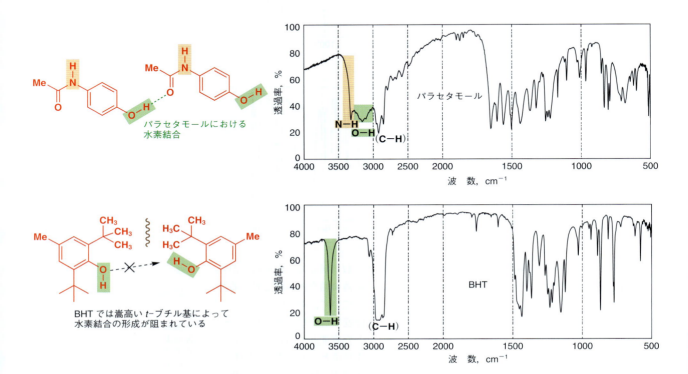

> 4 章で述べるように，飽和化合物の C–H 結合では炭素は sp^3 混成軌道を使い，末端アルキンの C–H 結合では sp 混成軌道を使う．sp 混成軌道では s 性が 1/2 だが，sp^3 混成軌道の s 性は 1/4 である．s 軌道の電子は p 軌道の電子より炭素原子核の近くに分布する．そのため，sp 軌道はより短く，より強い C–H 結合を形成する．

末端アルキン R–C≡C–H の赤外スペクトルでは 3300 cm^{-1} 付近にかなり強い鋭い吸収がある．これは N–H 伸縮振動の吸収と似ているので，最初はまちがえやすいかもしれない．このことは次のスペクトル例（3-ブチン-2-オン）を見ればわかるだろう．この末端アルキンの C–H 結合の吸収が通常の C–H 伸縮の位置（3000 cm^{-1} 付近）と違うのは，換算質量が変わったのではなく，結合強度が著しく大きいためである．アルキン C–H 結合は通常のアルカン C–H 結合より短く強い．

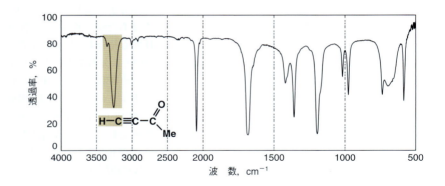

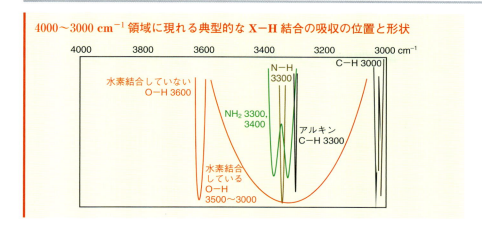

三重結合領域（3000〜2000 cm^{-1}）

この領域には何も吸収がないことが多い．したがって，もし 2500〜2000 cm^{-1} に吸収があれば，その化合物はアルキン（通常，2100 cm^{-1} 付近）またはニトリル（2250 cm^{-1} 付近）である可能性が非常に高い．例として前ページのアルキンや 63 ページのニトリルのスペクトルを参照しよう．

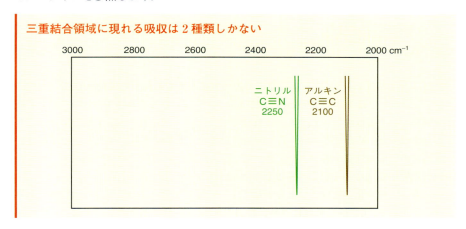

二重結合領域は赤外スペクトルにおいて最も重要である

二重結合領域で最も重要な吸収は，カルボニル基 C=O，アルケンまたはアレーン（芳香族炭素）C=C，およびニトロ基 NO$_2$ の吸収である．これらはいずれも鋭いピークを示すが，C=O は 1900〜1500 cm^{-1} に強い吸収を一つ，C=C は 1640 cm^{-1} 付近に弱い吸収を一つ，NO$_2$ は 1550〜1350 cm^{-1} に強い吸収を二つ示す．芳香族化合物は通常 1600〜1500 cm^{-1} に吸収を二つか三つ示す．次の例は 4-ニトロシンナムアルデヒドの赤外スペクトルであるが，このスペクトルには上述したいくつかの特徴的な吸収が含まれている．

ニトロ基がなぜ吸収を二つ示すのかについては容易に理解できる．すなわち，吸収の数は，OH や NH$_2$ と同様に，同じ官能基内にいくつ等価な結合があるかによって決まる．カルボニル基やアルケンでは二重結合は一つしかないが，ニトロ基では N$^+$−O$^-$ と N=O とが一見異なる結合のようにみえるが，非局在化によって両者は等価な結合であり，赤外スペクトルでは対称伸縮振動と非対称伸縮振動に基づく吸収が観測できる．

➡ 非局在化については 7 章で説明する．ここでは N−O 結合は両方とも同じであると考えよう．

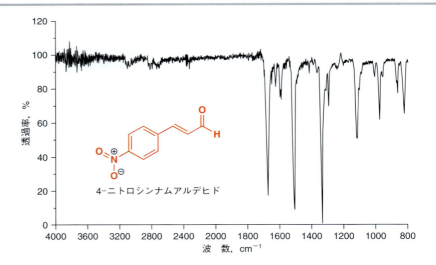

NH₂ と同様に，非対称振動のほうがより大きなエネルギーを必要とし，高波数側に現れる（>1500 cm⁻¹）．

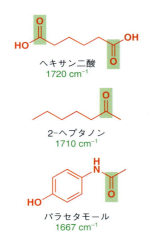

アレーンは環状であり，はるかに複雑で説明困難な多くの種類の振動をもつ．しかし，アレーンの C＝C 結合（<1600 cm⁻¹）がアルケンの C＝C 結合（>1600 cm⁻¹）より低波数側にくることは注目に値する．これはなぜか．ベンゼン環の各炭素間の結合はもちろん完全な C＝C 結合ではない．六つの結合はすべて等価であり，平均として単結合と二重結合の中間の性質をもつ．したがってこれらの結合の吸収が単結合領域と二重結合領域の境界に現れるのも驚くべきことではない．

左のカルボニル化合物は三つとも本章ですでに出てきている．これらの化合物の赤外スペクトルでは，C＝O の吸収は容易に判別できる．C＝O の吸収はいつも強く（その理由はこの後すぐ述べる），1700 cm⁻¹ 付近に現れる．カルボニル基の吸収の位置には多少の違いがあり，その違いからどのような情報が得られるかについては 18 章で述べる．

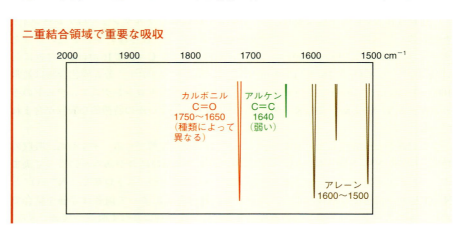

赤外スペクトルの吸収強度は双極子モーメントによって決まる

ここでもう一度 64～65 ページの四つのスペクトルの X–H 領域（4000～3000 cm^{-1}）を見てみよう．N–H や O–H の吸収強度は 3000 cm^{-1} 付近の C–H の吸収強度より大きいことに気づくだろう．これらの化合物では，C–H 結合のほうが O–H や N–H 結合より数が多いので，これは少し不思議に思えるかもしれない．その理由は次のとおりである．赤外吸収の強度は結合が伸縮するときの**双極子モーメント**（dipole moment）（青囲み参照）の変化の大きさによって決まる．全く対称な結合では双極子モーメントに変化はなく，したがって赤外吸収も現れない．たとえば C=C 結合は，C=O 結合や N=O 結合に比べると，明らかに極性が小さいので，赤外スペクトルの吸収強度は弱い．対称なアルケン分子の C=C 結合は赤外スペクトルでは全く観測できない．一方，カルボニル基は酸素原子が炭素原子から電子を求引するので極性が非常に大きい．そのため伸縮振動による双極子モーメントの変化も大きい．一般に C=O 伸縮の吸収は赤外スペクトルのなかで最も強い．同様に，O–H や N–H 結合が C–H 結合より吸収強度が大きいのは，C–H 結合がほんのわずかしか分極していないためである．

ここで赤外スペクトルについてこれまで学んだことを整理しておこう．

赤外スペクトルにおける吸収

吸収位置を決める要因	原子の換算質量	軽い原子は高波数側に吸収をもつ
	結合の強さ	強い結合は高波数側に吸収をもつ
吸収強度を決める要因	双極子モーメントの変化	大きな双極子モーメントは吸収を強める
吸収幅を決める要因	水素結合	強く水素結合すると吸収幅が広がる

単結合領域は分子の指紋領域である

1500 cm^{-1} より低波数の領域には単結合の振動が現れる．もし一つひとつの単結合が分子の他の結合と独立に振動し，その結合特有の振動数を示すならば単純でよいが，実際にはそうならない．C, N, O の原子量はほぼ同じであり，C–C, C–N, C–O の単結合の強さもほぼ同程度である．

さらに，ある C–C 結合とその隣の C–C 結合とは，結合の強さ，換算質量ともに基本的に同じであり，また双極子モーメントもほとんど 0 である．これらの単結合のなかで意味のある赤外吸収を示すのは C–O 結合だけである．C–O 結合は十分に極性をもつので，1100 cm^{-1} 付近に強い吸収を示す．このほかの単結合としては，C–Cl 結合が 700 cm^{-1} 付近に特徴的な吸収を示す（結合が弱く換算質量が大きいため，低波数側に現れる）．単結合領域にはそれ以外に 100 を超える多くの種類の吸収が折り重なって現れる．そのためこの領域については，個々の吸収ピークを解釈するよりも，分子個々の"指紋"のような特有の吸収パターンになることを利用して，分子の同定に用いられている．

指紋領域には別の種類の吸収もある．伸縮振動だけが赤外スペクトルで観測できる振動ではない．特に C–H や N–H 結合では結合が曲がる運動も強い赤外吸収を示す．これを**変角振動**（deformation frequency, bending frequency）という．結合を曲げる運動は伸縮よりも容易である（鉄棒を曲げるのと伸び縮みさせるのとではどちらが簡単かを考えればすぐわかるだろう）．変角振動に要するエネルギーは同じ結合の伸縮振動に要するエネルギーより小さい．したがって，変角振動は伸縮振動より低波数側に現れる．これらの吸収帯が分子の構造決定に直接役立つことは少ない．しかし，比較的大きな吸収であり（たとえば，通常の C=C 伸縮振動より強い），しばしば目につくことがあるだろう．この大きな吸収は何だろうと思ったら，この変角振動のことを思い出すとよい．

"強い"という表現は吸収の強さや，結合の強さを表す場合にも用いるが，両者の意味に違いが若干あるので注意しよう．強い吸収とは吸収強度が大きいことであり，赤外線の透過率が小さいこと，すなわちピークが大きいことを意味する．一方，強い結合とは，赤外スペクトルでは（他の条件が同じ場合）高振動数（高波数）に吸収を示すものである．

双極子モーメント

双極子モーメントは結合電子の分布と結合距離の変化に応じて変わる．そのため結合が伸縮すると双極子モーメントが変化する．異なる原子間の結合では電気陰性度の違いが大きいほど，双極子モーメントは大きく，伸縮すればその変化も大きい．同じ原子どうしの結合（たとえば，C=C 結合）では双極子モーメントは小さく，結合が伸縮してもあまり変化しない．対称な分子の伸縮振動はラマンスペクトルという別の分光法を用いて測定できる．これは赤外光の散乱を用いる測定法であり，結合の分極率に関係する．ラマンスペクトルは本書では取扱わない．

単結合

結合	換算質量	結合の強さ
C–C	6.0	350 kJ mol^{-1}
C–N	6.5	305 kJ mol^{-1}
C–O	6.9	360 kJ mol^{-1}

指紋の一致は容疑者と犯罪を結びつけることができるので捜査に有用である．しかし，指紋からは容疑者の身長，体重，瞳の色などはわからない．赤外スペクトルの指紋領域も同様に，この領域のスペクトルが一致すれば二つの化合物が同一であることがわかる．しかし，容疑者がいないとき，すなわち比べるものがないときには，スペクトルの 1500 cm^{-1} 以上の領域が，構造解析にきわめて有用である．

変角振動

基	波数, cm^{-1}
CH$_2$	1440～1470
CH$_3$	約 1380
NH$_2$	1550～1650

3・11 MS, NMR, IR を組合わせると構造解析が迅速にできる

これまで本章で述べてきた方法は，それぞれ有機化合物の構造解析において強力な武器になるが，これらを一緒に使えばどれほど有効になるだろう．本章のまとめとして，これら三つの方法を用いて比較的単純な未知化合物の構造をいくつか決定してみよう．最初の例は工業用乳化剤として使われている化合物である．この化合物は固体と液体を混ぜて滑らかな乳状にするために用いられる．そのエレクトロスプレー質量スペクトルにおいて M + H が m/z 90 に観測されており，分子量が奇数（89）であることから，窒素原子が一つ含まれていると予想できる．高分解能質量分析の結果，分子式は $C_4H_{11}NO$ であることがわかった．

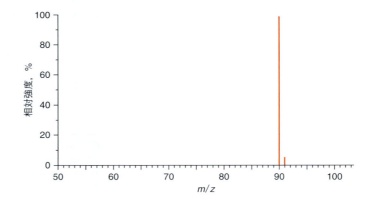

^{13}C NMR スペクトルではシグナルが三つしか観測されていない．したがって炭素二つは等価である．三つのうち一つは酸素が結合した飽和炭素であり，残りの二つも飽和炭素である．このうちの一つは比較的低磁場にある．赤外スペクトルでは OH の幅広い吸

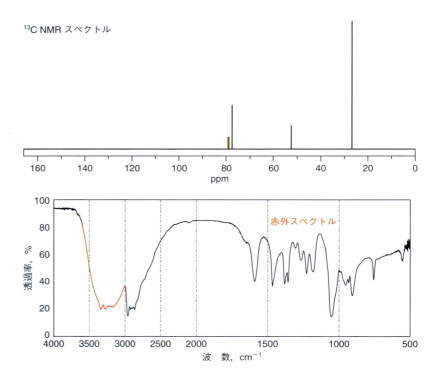

収とそこからほんの少し突き出た鋭い NH_2 の吸収が二つ観測されている．これらより C−OH および C−NH_2 が存在すると予想される．分子式から N および O は一つずつしか含まれないので，残りの炭素二つが等価である．

次の段階はしばしば見過ごされやすい．まだ情報が足りないと思うかもしれないが，すでに二つの部分構造と分子式がわかっているので，残された選択肢はそれほど多くない．炭素鎖が直鎖状か枝分かれをもつかによって，可能性のある構造式は欄外に示すようになる．

分子式から二重結合や環が含まれる可能性はない．N や O は炭素鎖の中に挟まれているのではなく，OH や NH_2 として存在していることが赤外スペクトルからわかっている．OH や NH_2 が結合できるのはおのおのの炭素原子一つだけである．そうすると欄外の七つの構造式のうち可能性があるのは A と B の二つだけである．この二つだけが等価な炭素原子を（どちらもメチル基二つとして）含んでいる．この二つ以外の化合物はいずれも NMR において炭素シグナルが四つ観測されるはずである．

それでは A と B をどうやって区別したらよいだろうか．答は次に示した ^{1}H NMR から得られる．このスペクトルではおもに 3.3 ppm と 1.1 ppm の二つのシグナルしかない．O や N に直接結合した水素のシグナルは見えないことが多い（その理由は 13 章で説明する）．したがって炭素に結合した水素は 2 種類しかないことがわかる．3 種類以上ある構造は除外できる．そうするとまた欄外の七つの構造のうち A と B の二つしか残らない．先の推定は正しかったことが ^{1}H NMR からも確認できたことになる．3.3 ppm のシグナルの化学シフトはさらに重要な情報になる．すなわち，この水素は非遮蔽化されているので酸素の隣にある炭素に結合していなければならない．以上から，この工業用乳化剤は A の 2-アミノ-2-メチル-1-プロパノールであると結論できる．

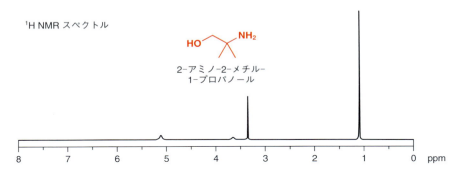

3・12 不飽和度は構造解析に有用な情報である

上の例は完全な飽和化合物であったが，通常，未知化合物の分子式が判明したらただちにその不飽和度を計算することが構造解析のうえで重要である．分子式 $C_4H_{11}NO$ の化合物は二重結合を含まない．したがって，分子式 C_4H_9NO の化合物（水素原子を二つ失ったもの）は二重結合を一つ，分子式 C_4H_7NO の化合物は二重結合を二つ含むことがすぐわかるだろう．しかし，実際にはそれほど単純ではない．これらの分子式に対して可能性のある構造式をいくつか欄外に示す．

これらのなかには，二重結合（C=C または C=O）だけをもつものもあるが，二重結合の代わりに三重結合をもつ化合物が一つ，環をもつ化合物が三つある．環や二重結合を一つ形成するたびに水素原子が二つ減ることになる．（あらゆる種類の）二重結合と環の数を合わせたものを**不飽和度**（double bond equivalent: DBE）とよぶ．

ある分子式の不飽和度を求めるには，その分子式に対する可能な構造式を一つ書いて

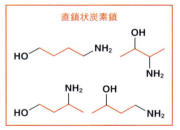

みるとよい（一つの分子式に対するすべての可能な構造式は同じ不飽和度をもつ）．一方，必要なら計算によって不飽和度を導くこともできる．炭素数が n の飽和炭化水素は水素原子数が $2n+2$ になる．酸素原子の数は不飽和度に影響しない．炭素数が同じ飽和エーテルや飽和アルコールは飽和炭化水素と同じ数の水素原子をもつ．

飽和炭化水素 C_7H_{16}　　飽和アルコール $C_7H_{16}O$　　飽和エーテル $C_7H_{16}O$

どれも $2n+2$ 個の水素原子をもつ

したがって，C, H, O だけの化合物の不飽和度は，$2n+2$ からその化合物がもつ水素原子数を引き，2 で割ればよい．この導き方が正しいかどうか，左の $C_7H_{12}O$ の分子式をもつ不飽和ケトンの例で確かめよう．

$C_7H_{12}O$ 不飽和度 2

1. 炭素原子数 7 に対する最大の水素原子数は　$2n+2 = 16$
2. 実際の水素原子数 12 を引くと　$16 - 12 = 4$
3. 2 で割って得られる数字が不飽和度である　$4/2 = 2$

さらに例を二つ考えよう．左の環状不飽和カルボン酸の不飽和度は $(16-10)\div 2 = 3$ より 3 である．実際アルケン一つ，C=O 一つ，環一つを含むので計算どおりである．右の芳香族エーテルについても，計算すると $(16-8)\div 2 = 4$ となり，不飽和度は 4 である．実際には二重結合三つと環一つがあるので，これも計算どおりである．ベンゼン環は，二重結合三つと環一つに対応して，常に不飽和度は 4 である．

$C_7H_{10}O_2$ 不飽和度 3　　C_7H_8O 不飽和度 4

一方，窒素原子を含む場合は計算法が多少複雑である．窒素原子は結合を三つ形成するため，窒素原子一つにつき水素原子と一つ余分に結合できる．そのため，次のように計算する．1) 上記の例と同様に $2n+2$ から実際の水素原子数を引く．2) その後で窒素原子 1 個につき 1 を加える．3) それを 2 で割った値が不飽和度である．次の例で考えよう．これらはいずれも炭素数が 7 で，窒素を一つか二つもっているが，不飽和結合や環の数が異なっている．

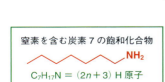

窒素を含む炭素 7 の飽和化合物
$C_7H_{17}N = (2n+3)$ H 原子

$C_7H_{15}NO_2$ 不飽和度 1　　$C_7H_{13}NO$ 不飽和度 2　　C_7H_9N 不飽和度 4　　$C_7H_{10}N_2$ 不飽和度 4

窒素を一つ含む飽和化合物は水素原子を $2n+2$ ではなく $2n+3$ もつ．2 番目の飽和ニトロ化合物では，$2n+2 = 16$ であり，これより実際の水素原子数 15 を引くと 1 が残る．これに窒素原子数 1 を加えると 2 となり，これを 2 で割ることにより，不飽和度 1 になる．この不飽和度はニトロ基中の N=O 結合に相当する．3 番目と 4 番目の化合物の不飽和度は自分で計算してみよう．最後の化合物（DMAP とよばれているもので，後にも出てくる）の不飽和度は次のように計算できる．

1. 炭素数 7 に対する最大水素原子数は　$2n+2 = 16$
2. 実際の水素原子数 10 を引くと　$16 - 10 = 6$
3. 窒素原子数 2 を加えると　$6 + 2 = 8$
4. 2 で割って不飽和度を求めると　$8/2 = 4$

この化合物には二重結合が三つと環が一つあり，全部で不飽和度は 4 になる．このような計算を難なくできるようになろう．

> この不飽和度の計算と，質量スペクトルにおける窒素則（窒素原子一つを含む化合物の分子量は奇数であること）を混同しないこと．両者はもちろん無関係ではないが，計算の目的が異なる．

3・12 不飽和度は構造解析に有用な情報である

他の元素が含まれている場合も，まず試しに構造式を一つ書いてみよう．そうすると不飽和度がわかりやすくなる．そうやってスペクトルデータを解析する前に構造式の候補をあらかじめ一つ書いておけば有利である．一つ助言しておくと，水素原子数が炭素原子数に比べて少ないとき（不飽和度が4以上のとき）は芳香環がある可能性が高い．

高分解能質量分析で得られた分子式から不飽和度を求めれば，候補となる構造を簡単に書き出すことができ，IR スペクトルと NMR スペクトルを見て候補を容易に絞ることができる．

未知化合物の不飽和度の計算法と活用

1. 飽和化合物における水素原子数を求める
   (a) C, H, O だけで炭素原子数が n の化合物では，$2n+2$
   (b) 炭素原子数が n で，窒素原子数が m の化合物では，$2n+2+m$
2. 実際の水素原子数を引き，2 で割ると不飽和度が求められる
3. 他の原子（Cl, B, P など）が存在するときは，試しに構造式を一つ書いてみるとよい
4. 不飽和度1は環または二重結合一つに相当する（三重結合は不飽和度2に相当する）
5. ベンゼン環は不飽和度4である（二重結合三つと環を一つもつ）
6. 水素の数が少ないとき，たとえば炭素の数より少ないときは，芳香環の存在が予想される
7. ニトロ基は不飽和度1である

化学反応で生成した未知化合物

本章最後の例題として，有機化学者ならいつも行っている反応生成物の構造決定を考えよう．1,2-エタンジオール（エチレングリコール）を溶媒として，プロペナール（アクロレイン）を臭化水素と室温で1時間反応させた．生成物を蒸留したところ無色の液体として化合物 X を得た．これは何か．

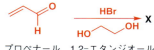
プロペナール　1,2-エタンジオール

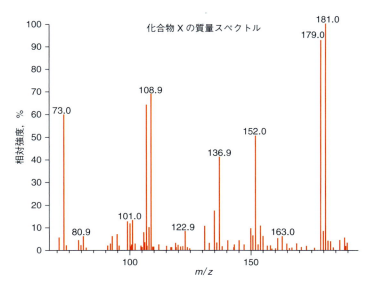

質量スペクトルから分子イオン m/z 181 と 179 にあることがわかる．これは出発物

> 未知化合物が得られたとき，その分子量から出発物の分子量を引くと，生成物に何が加わったか（または除去されたか）を予想するのに役立つ．

C_3H_4O の分子量 56 よりかなり大きい．二つの分子イオンピークが観測できるので，これは臭素原子を含む化合物に特有の出方である．したがって，臭化水素がアルデヒドへ何らかの形で付加したと考えられる．高分解能質量分析により分子式は $C_5H_9BrO_2$ であることがわかった．炭素原子数が 5 であることからジオールも分子内へ取込まれたと考えられる．以上を総合すると，未知化合物は，反応物が三つ結合し，水分子が一つ脱離して生成したと考えられる．

$$\underset{C_3H_4O}{CH_2{=}CHCHO} \;+\; \underset{C_2H_6O_2}{HOCH_2CH_2OH} \;+\; HBr \;\longrightarrow\; \underset{C_5H_9BrO_2\;+\;H_2O}{C_5H_9BrO_2}$$

> 分子式 $C_5H_9BrO_2$ に対する構造式の候補：不飽和度 1
>
> あくまで構造式の候補であり，本当の生成物の構造式ではない！

生成物の不飽和度を求めよう．分子式はわかっているので，最も確実な方法は正しい分子式をもつ構造を試しに一つ書いてみることだ．その構造は生成物の正しい構造である必要はない．欄外に示すように，分子式をみたすように原子を付け足していくと，どうしても二重結合が一つ必要なことがわかる．つまり $C_5H_9BrO_2$ の不飽和度は 1 である．

次にプロペナールの炭素原子や水素原子のうち，どれが生成物中に残っているか NMR を測定してみよう．$CH_2{=}CH{-}CHO$ の ^{13}C NMR スペクトルでは，カルボニル基のシグナルが一つ，二重結合炭素のシグナルが二つ明瞭にみられる．しかしこれらのシグナルは生成物においてはすべて消失している．生成物の炭素原子数は 5 だが，シグナルは飽和炭素が二つ，酸素原子の隣の炭素が一つ，そして 102.6 ppm のシグナルの合計四つしか観測されていない．102.6 ppm のシグナルはぎりぎりで二重結合領域の端に位置している．

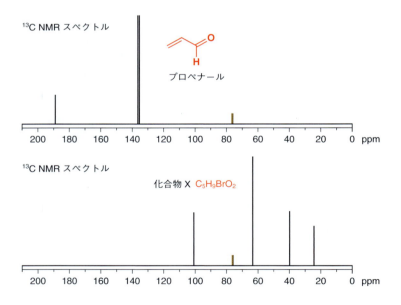

赤外スペクトルからは不思議なことに官能基がないようにみえる．少なくとも OH 基，カルボニル基，C=C 結合はない．ではどんな官能基があるのか．答はエーテルである．酸素原子数が 2 なので，おそらくエーテルが二つあるのだろう．C−O 単結合の伸縮に由来する吸収が 1128 cm^{-1} にある．

エーテル酸素の両側にはそれぞれ炭素原子が存在する．しかし ^{13}C NMR では酸素が結合した飽和炭素の領域（50〜100 ppm）には一つしかシグナルがない．もちろんすでに

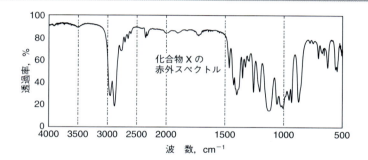

述べたように，この境界は任意であり，102 ppm のシグナルも実際は酸素の隣の飽和炭素である．アルケンには炭素が二つ必要なので，102 ppm のシグナルはアルケン炭素でありえない．このように非遮蔽化された飽和炭素は何だろう．答は酸素二つが結合した炭素である．対称な部分構造 C−O−C−O−C を考えると ^{13}C NMR の結果は説明できる．この部分構造には炭素五つのうち三つが含まれる．

それでは，不飽和度は何に由来するのだろうか．これまでに C=C や C=O のような二重結合は含まれていないことがわかっているので，環があるはずだ．環という構造には不慣れかもしれないが，5員環，6員環，7員環化合物は決してめずらしいものではなく，実際，環を含む有機化合物は多い．ここでも分子式に合致する環状構造をたくさん書くことができる．一例を欄外に示す．

しかし，この構造では炭素五つがすべて非等価であり，正解ではない．また，反応前の基本骨格が反応後も残るほうが反応生成物としての可能性が高い．そこで，2 炭素（エチレングリコール由来）と 3 炭素（プロペナール由来）の断片が酸素原子を介して結合した構造式を考えると，可能性として欄外に示す四つが浮かび上がってくる．これらはいずれも上述した C−O−C−O−C という部分構造（黒で表示）を含む．

それぞれは正しそうにみえるが，反応前の構造から考えると第三の構造が最も可能性が高い．実際，正解はこの第三の構造である．さらなる確証を得るためには，^{1}H NMR スペクトルを詳細に解析することが必要である．それについては 13 章で述べる．

化合物 X の正しい構造

3・13　スペクトル解析の詳細を 13 章と 18 章で学ぶ

いま，スペクトル解析による有機化合物の構造決定という未知の世界にほんの一歩踏み出したところである．重要なこととして，化合物の構造を，理論や反応機構などから導くのではなく，純粋にスペクトルデータに基づいて決定できることがわかっただろう．本章では強力な方法である質量分析法，^{13}C および ^{1}H NMR 分光法，および赤外分光法を説明した．13 章では分光法として最も重要な ^{1}H NMR についてさらに詳しく述べる．18 章では各分光法の詳細をもう少し説明したのち，未知化合物の複雑な構造を決定する方法を紹介する．§3・12 の最後の例題でも ^{1}H NMR を使わずに解決することは困難である．また，実際には最も強力な分光法である ^{1}H NMR を利用せずに構造決定する人は誰もいない．これ以降の各章において，化合物の構造を証明するためにスペクトルデータを使うことがある．また，特に毎回断らないが，新たに登場する化合物の構造はスペクトルデータによって決定されたものである．化学者が新しい化合物をつくったときは必ず一連のスペクトルデータを揃えて記録しておくのが通例である．新しい化合物をつくって論文に報告するときは，必ずその化合物のスペクトルデータを揃えて記述しない限り，その論文は受理されない．まさに分光法が有機化学の進展を支えているのである．

問題

1. 次の化合物の質量スペクトルにおいて，分子イオンピークの強度を100%とした場合，そのピークの周辺にはどのようなピークが現れるか．(a) と (c) に可能性のある構造式をそれぞれ一つ書け．(b) の化合物は何か．
   (a) C_2H_5BrO (b) C_{60} (c) C_6H_4BrCl

2. 安息香酸エチル $PhCO_2Et$ の ^{13}C NMR では，17.3, 61.1, 166.8 ppm に各一つと 100～150 ppm に四つのシグナルが観測される．どのシグナルがどの炭素のものか示せ．まず構造式を書いて考えてみよう．

3. メトキサチンに関して，42 ページには，NMR による構造決定はきわめて困難であると書かれている．なぜそんなに困難なのか．^{13}C NMR や ^1H NMR では何も情報は得られないのか．質量スペクトルや赤外スペクトルはどうか．

4. かつてインク修正液に用いられた液体は単一化合物であり，分子式 $C_2H_3Cl_3$ をもち，^{13}C NMR では 45.1 と 95.0 ppm にシグナルが二つ観測される．この化合物の構造を示せ．その構造を他のスペクトルで確認するにはどのような方法があるか．市販のペンキのシンナーは薄層クロマトグラフィーで二つのスポットを示し，^{13}C NMR では 7.0, 27.5, 35.2, 45.3, 95.6, 206.3 ppm にシグナルが現れる．このシンナーにはどのような化合物が含まれているか．

5. 赤外スペクトルでは，通常の O–H 伸縮振動の吸収（水素結合をしていないもの）は約 3600 cm^{-1} に現れる．O–H の換算質量 μ を求めよ．一方の原子の質量が 2 倍になったとき換算質量はどのように変わるか．すなわち，O–D および S–H の換算質量 μ はそれぞれいくつになるか．実際には，O–D と S–H の伸縮振動の吸収は両方とも 2500 cm^{-1} に観測されている．その理由を考えよ．

6. 分子式 C_3H_5NO をもつ化合物が三つある．それぞれの赤外スペクトルの特徴を次に示す．これらの化合物の構造を示せ．^{13}C NMR データがないので，どれがどの構造かを決める前に，分子式 C_3H_5NO をもつ化合物の構造を可能な限り書いてみよう．^{13}C NMR からはどのような情報が得られると期待できるか．
   (a) 3000 cm^{-1} 以上に鋭い吸収が一つ，約 1700 cm^{-1} に強い吸収が一つ．
   (b) 3000 cm^{-1} 以上に鋭い吸収が二つ，1600 と 1700 cm^{-1} の間に吸収が二つ．
   (c) 3000 cm^{-1} 以上に幅広く強い吸収が一つ，約 2200 cm^{-1} に吸収が一つ．

7. 分子式 $C_4H_6O_2$ をもつ化合物が四つある．これらの赤外および ^{13}C NMR スペクトルデータは以下のとおりである．$C_4H_6O_2$ の不飽和度（§3・12 参照）を計算せよ．これらの四つの化合物の構造を示せ．ここでもまず初めに分子式 $C_4H_6O_2$ をもつ化合物の構造式をいくつか書いてみるとよい．
   (a) IR: 1745 cm^{-1}, ^{13}C NMR: 214, 82, 58, 41 ppm
   (b) IR: 3300（幅広い吸収）cm^{-1}, ^{13}C NMR: 79, 62 ppm
   (c) IR: 1770 cm^{-1}, ^{13}C NMR: 178, 86, 40, 27 ppm
   (d) IR: 1720, 1650（強い吸収）cm^{-1}, ^{13}C NMR: 165, 133, 131, 54 ppm

8. t-BuOH(Me_3COH) を酸触媒存在下アセトニトリル中で1晩放置したところ，翌朝結晶が析出した．その結晶は次のようなスペクトルデータを示した．この結晶の構造を示せ．
   IR: 3435, 1686 cm^{-1}
   ^{13}C NMR: 169, 50, 29, 25 ppm
   ^1H NMR: 8.0, 1.8, 1.4 ppm
   MS(%): 115(7), 100(10), 64(5), 60(21), 59(17), 58(100), 56(7)（質量スペクトルのピークをすべて帰属する必要はない）

9. 次の化合物の ^{13}C NMR スペクトルで観測されるシグナルの数はいくつか．

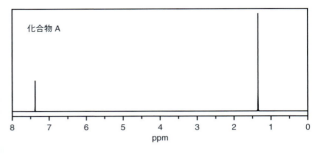

10. ベンゼンを塩化 t-ブチルと塩化アルミニウム $AlCl_3$ と反応させたところ，反応生成物 **A** が結晶として得られた．**A** は炭素原子と水素原子のみを含んでいる．質量分析から **A** の分子量は 190 であることがわかった．化合物 **A** の結晶をさらにもう一度塩化 t-ブチルと $AlCl_3$ と反応させたところ，新たに油状の化合物 **B** が得られた．この化合物 **B** の分子量は 246 だった．またその ^1H NMR は化合物 **A** の ^1H NMR と似ているが同じではなかった．これら二つの化合物の構造を示せ．これら二つの化合物の ^{13}C NMR では何本のシグナルが観測されるか．

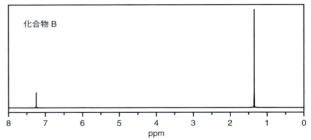

4 分子の構造

関連事項

必要な基礎知識
- 有機分子の構造を書く 2章
- 有機分子の構造を決める 3章

本章の課題
- 電子によってエネルギーが異なる事実
- 原子軌道に電子を収めるか
- 原子軌道から分子軌道をつくる
- 有機分子が直線, 平面, あるいは四面体構造をとるのはなぜか
- 形と電子構造との関係
- 単純な分子の分子軌道の形とエネルギーを書く
- 非共有電子対や空軌道の位置を予測する

今後の展開
- 反応は分子軌道間の相互作用による 5章, 6章
- 反応性は分子軌道エネルギーによる 5章, 10章, 12章
- 共役は軌道の重なりによる 7章
- NMRには分子軌道が関係する 13章

4・1 はじめに

上左の図を見たら, これが地球上のすべての生命体の遺伝情報を担う分子 DNA だとわかるだろう. この DNA のらせん構造は 1953 年に解明された. その DNA 分子の詳細な原子配列が, アリ (ant) やアンテロープ (antelope, 野生のウシの一種), キンギョソウ (antirrhinum), あるいは炭疽菌 (anthrax) のものかを決めている. 次に, 上右の図はどうだろう. この分子がサッカーボールの形をした炭素の同素体であるフラーレン (fullerene) であることもわかるだろう. フラーレンは 1985 年に存在が明らかにされ, その発見に対して 1996 年にノーベル化学賞が授与されている.

ここで問題にしたいことは, これら二つの化合物をどのように識別したかである. 化合物の形で識別したにちがいない. 分子は, 単に原子をごちゃ混ぜにしたものではなく, 原子が三次元的にある決まった配列で結びついているものである. 化合物の性質は, 含まれる原子の種類だけではなく, それらの原子の空間配置によっても決まる. たとえば, 同じ炭素の同素体であるグラファイトやダイヤモンドも炭素原子だけからなるが, 炭素原子の配列が大きく異なるので, それらの化学的および物理的性質は全く異なる. グラファイトは炭素原子が正六角形に配列していて, ダイヤモンドは正四面体に配列している.

> フラーレンは同様の構造をもった"ジオデシックドーム"の考案者である Richard Buckminster Fuller にちなんで, バックミンスターフラーレンともよばれている (22 ページ参照).

グラファイト

ダイヤモンド

ペンタセン

実際に分子がどのような形をしているのかは、見ることができる。文字どおり目で見ることはできないが、原子間力顕微鏡（atomic force microscope: AFM）などを使えば見ることができる。通常欄外に示す構造で書かれるペンタセンは、AFM によって写真に示す形をしていることが明らかとなった。これは原子そのものを実際に見るという点では、不完全ながらわれわれのできる最大限までせまった例である。

一方、分子の形を明らかにするために用いる分析法のほとんどは、あまり直接的ではない。X 線回折は空間的な原子の配列に関する情報を与えてくれるが、3 章で述べたそのほかの方法は、たとえば、質量分析は分子の詳細な組成を明らかにし、NMR（核磁気共鳴分光法）や IR（赤外分光法）は分子に含まれる原子の結合様式を明らかにするだけである。

しかし、これらの方法によって分子の形を知ることができる。2 章で分子の構造を本物らしく書くようにと強くすすめたのは、分子の形を知っているので、何が本物らしくて、何がそうでないかわかっているからである。では、なぜ分子はそのような、ある決まった構造をもつのか、という問いについて考えてみよう。はたして、分子を構成している原子の性質が、その形を決定づけているのだろうか。その答がわかれば、分子の構造だけでなく、5 章の主題である反応性まで説明したり予測できたりするようになる。

まず、なぜ原子が分子を形成するのか考える必要がある。ヘリウムなどのいくつかの原子は分子をつくろうとしないが、周期表の大部分の原子は、孤立した原子でいるよりも分子の中にいるほうがはるかに安定である。たとえば、メタンは、水素原子四つが炭素原子のまわりに正四面体の形に配置されている。

正電荷をもつ原子核は負電荷をもつ電子にひきつけられていて、あたかも電子が原子核を結びつける接着剤のように作用するので、分子の形は保持されている。メタンの炭素原子も水素原子も原子核はもちろん正電荷をもち、合計 10 電子（炭素から 6、水素から 4）が正電荷をまとめて分子を形づくっている。アンモニア NH_3 と水 H_2O にもそれぞれ合計 10 電子あり、まるでメタンから水素原子を一つあるいは二つ取除いたような形をしている。

四面体のメタン
結合 4 本
非共有電子対なし

四面体のアンモニア
結合 3 本
非共有電子対 1 組

四面体の水
結合 2 本
非共有電子対 2 組

この事実は重要なこと、すなわち**原子**（あるいは原子核）の数だけではなく**電子**の数が分子の構造を決めていることを示している。では電子がどのように配置されるのかを決めているのは何だろう。たとえば、なぜ 10 電子が四面体の形を生み出すのだろうか。

この質問に答えるには、その前に議論を少し簡略化して、分子ではなく個々の原子の電子について考える必要がある。そして、構成原子がどのように結びついているのか考えると、**分子**の電子構造を近似的に知ることができる。しかし、原子どうしを直接結合させて分子をつくることはきわめてまれであることを、本章全般にわたって忘れないでほしい。これから示そうとしていることは、分子構造の解析であって、分子を構築する方法の議論ではない（これらについては本書の後半で詳しく述べる）。ここで扱っていることの多くは、1900 年ごろの数十年の間に解明されたことで、すべて実験的観察から得られてきたものである。その詳細は量子論によって説明できるので、詳しくは物理化学の教科書を参照してほしい。ここでの目的は、有機分子の構造を予測し説明するために、原理を正しく使えるように、その理論を十分に理解することだ。

では最初に、いくつかの証拠を示す。

原子の発光スペクトル

多くの街や通りに、夜になると非常に強い黄橙色光のナトリウムランプがともる。この街灯の中には金属ナトリウムが入っていて、スイッチを入れると、金属ナトリウムはゆっくりと蒸発し、電流がそのナトリウム蒸気を通ってオレンジ色に光る。少量のナト

リウム化合物をスパチュラの上に置き，ブンゼンバーナーの炎の中に入れても，同じ色の光をつくり出すことができる．このように，電流やバーナーの炎から十分なエネルギーを受取ると，ナトリウムはいつもこの同じ波長で発光する．このような現象が起こるのは，ナトリウム原子の電子の配列が決まっているからである．供給されたエネルギーによって，電子は低いエネルギー状態から高いエネルギー状態（励起状態）へ移り，その電子がもとの状態に戻るとき，エネルギーが光となって放出される．この過程は，重量挙げの選手が重いバーベルを持ち上げるのと似たところがある．選手は両腕を伸ばしてバーベルを頭の上に持ち上げて支える（励起状態）が，遅かれ早かれそれを下ろし，バーベルはエネルギーを放出しながら大きな音を立てて床に落ちる．これが，ナトリウムだけでなく，すべての元素の原子スペクトルで輝線が観測できる理由である．炎や放電は，電子をより高いエネルギー準位に励起するためのエネルギーを供給し，その電子が基底状態に戻るとき，エネルギーが光となって放出される．

　プリズムを通してナトリウムのオレンジ光を屈折させると，一連の非常に鋭い線が見えるが，600 nm 付近にとりわけ明るい線が 2 本ある．最も単純な水素も含めて，他の元素も類似のスペクトルを示す．まず，水素の原子スペクトルをみていこう．

> 低エネルギー状態から高エネルギー状態への移動にはエネルギーが必要で，逆の場合は放出するという考えは，3 章の NMR の説明に利用した．ここでは，もっと大きなエネルギー差，すなわち，もっと短い波長の放射光を話題にしている．

> セシウムとルビジウムの二つの元素は，このような原子発光スペクトルの研究を行うなかで，それぞれ 1860 年と 1861 年に Robert Bunsen によって発見された．それらは，実際にスペクトル中に見られる 1 対の輝線の色から命名されている．セシウムは青みがかった灰色を意味するラテン語の caesius に，またルビジウムは赤を意味するラテン語の rubidus に基づいている．

電子には量子化されたエネルギー準位がある

　1885 年，スイスで中等学校の教師をしていた Johann Balmer は，水素のスペクトル線の波長が数式を使って予測できることに気がついた．ここではこの数式を詳しく知る必要はないが，電子をたった一つしかもたない水素原子が，厳密に波長の決まった不連続のスペクトル線をもっているという事実が，何を意味しているのかを考えてみよう．これは，電子は厳密に決まった値のエネルギー準位だけとる，つまり，陽子（水素の原子核）のまわりを回る電子のエネルギーが**量子化**（quantization）されていることを意味している．電子はある一定の値のエネルギーだけをもっているため，二つのエネルギー準位間の差（これがスペクトルを生じさせる）も同様に，一定の明確に定義された値をとる．階段を登ることを考えてみよう．階段を 1 段，2 段，5 段，そして全部の段を跳ね上がることも不可能ではないが，1/2 段や 2/3 段を登ることはできない．降りるときも同様に，ある一つの段から別の段に飛び降りることができ，さまざまな組合わせが可能になるが，階段の段数に応じてその組合わせの数は限定されている．

　上の段落で，水素の原子核の"まわりを回る"電子と意図的に述べたが，これは原子の姿の一つの考え方で，原子核を太陽に，電子を惑星にみたてた 10^{-23} スケールのミニチュア太陽系モデルである．後で簡単に述べるように詳細にみていくと，このモデルは破綻してしまうのだが，電子がなぜ量子化されたエネルギー準位で存在するかを考えるために，差し当たりこのモデルを使おう．

　この議論のためには，光や電子などの素粒子が**粒子**（particle）と**波動**（wave）の二重性をもっているという，実験的に観測可能な事実に基づいた 19 世紀の物理学の概念をここで導入する必要がある．なぜ粒子のエネルギーが量子化されなければならないのかは明らかではないが，電子を波動だととらえれば理解できるだろう．

　たとえばピアノ線やギターの弦など，両端を固定されピンと張った 1 本の弦を思い浮かべよう．そのような弦には固有の周波数があることを知っている人もいると思うが，弦を叩いたりかき鳴らしたりして振動させると，右図に示すように振動する．

　この図は弦の振動の瞬間を切取った像を示しているが，遅いシャッター速度で写真を撮ったように，弦の振動している部分がぼやけた画像を表示することもできる．ただし，これは弦が振動する唯一の状態でない．別の可能性は，次ページ欄外に示すように，弦の両端だけではなく，**節**（node）とよばれる真ん中の点も動かない状態である．この弦

> Balmer の式の詳細は，物理化学の教科書を参照．

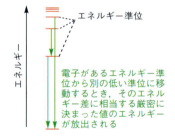

電子があるエネルギー準位から別の低い準位に移動するとき，そのエネルギー差に相当する厳密に決まった値のエネルギーが放出される

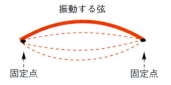

振動する弦

固定点　　　　　固定点

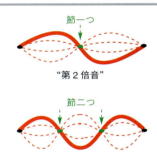

"第2倍音"

"第3倍音"

"第4倍音"

の振動の波長はもとの振動の1/2であり，そのため周波数は2倍になる．音楽的には，この振動は1オクターブ高い音となり，最初の振動（基本周波数）の第2倍音として知られている．許容される第3あるいは第4の振動も，基本周波数のさらなる倍音に対応している．

こうした発想は，これまで音楽あるいは物理学で気づかなかったとしても，振動している弦はこれらの量子化された周波数をとる以外に選択の余地がないことは理解できるだろう．弦の両端が固定されているということは，波長は弦の長さのちょうど約数になることを意味する．このため，周波数はある特定の値だけしかとれない．そして前に述べたように，周波数はエネルギーに直接結びついているので，弦の振動のエネルギー準位も量子化されることになる．

ここで，電子が波動であると考えるならば，電子がなぜある特定のエネルギー準位だけもつのか簡単に理解できる．すなわち，原子核を周回する電子を，1周してもとに戻る弦のように考えると，なぜ特定の波長のみが可能なのか左の図から思い描くことができよう．これらの波長は周波数に結びついていて，周波数はエネルギーに結びついている．これが，電子エネルギーの量子化の妥当な説明である．

4・2 電子は原子軌道に入る

電子が惑星のように恒星（原子核）のまわりを回っているという，ミニチュア太陽系モデルとしてみた原子の一般的なイメージは，場合によっては機能するが，ここでは忘れることにする．原子に関するこうした見方の問題点は，電子の位置は正確に決めることができないということで，それよりむしろ，存在可能な空間に電子が"塗り広げられた"ようなイメージを考える必要がある．その理由は，どの量子物理学の教科書にも載っている **Heisenberg の不確定性原理** から導き出されるものである．この不確定性原理は，どんな素粒子であっても，その位置と運動量の両方を同時に正確に知ることはできないことを教えてくれる．仮に電子のエネルギー（量子化されたエネルギー準位）を知っているとすると，それは電子の運動量を知っているということであり，その結果，電子の位置を正確に知ることはできない．

このような波の振動と軌道との類似性は，デンマークの物理学者 Niels Bohr によって初めて指摘されたもので，なぜ軌道がある特定のエネルギーだけをもつのかを理解する助けになるだろう．このような考え方から脱却する必要があるが，波動関数の節や位相といった他の軌道の性質を視覚化するために使うことができる．

そのため，原子（そして分子）内の電子をある位置と時間における **存在確率**（probability）をもつものとして考えなければならない．すなわち，それらの存在確率をすべて足し合わせたものが，振動している弦のぼやけた画像にちょっと似た感じの少しぼんやりとした電子の像である．ここで，電子は二次元ではなく三次元的に原子のまわりを動いているため，許容される振動も三次元であり，それらは軌道あるいは（いまは一つの原子に存在する電子のことだけを考えているので）**原子軌道**（atomic orbital: AO）という．これらの軌道の形は，**波動関数**（wavefunction）として知られている数学関数によって決まる．最も低いエネルギー状態に対応する単純な水素原子の原子軌道の像は，欄外に示す図の一番上のような少しぼやけた感じの像である．この図の陰影は，その場所における電子の存在確率を表しているが，軌道を表現するより簡便な方法は，95%の確率で存在する空間を包み込む線（実際には三次元の表面）を書くことであり，水素原子の原子軌道は一番下の図のように書ける．この可能な限り単純な軌道である水素原子の基本軌道は球形をしていて，**1s 軌道**（1s orbital）という．1 は主量子数を表す．もう少し後でみるように，より高いエネルギーの原子軌道は別の形をしている．

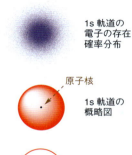

1s 軌道の電子の存在確率分布

原子核

1s 軌道の概略図

1s 軌道の一般的表現法

原子軌道を電子にとって可能な一連のエネルギー値とみなし，そして，そのエネルギー準位に電子が一つ（あるいは二つ）存在するときには，その軌道を"占有（occupied）"していると考え，電子が存在しないときには"非占有（unoccupied）"と考えると便利で

ある．最も安定な状態の水素原子には電子は一つだけ存在し，最もエネルギーの低い1s軌道に入っている．そのため，1s軌道の図は水素原子がどのようなものか的確に示している．また，1s軌道をエネルギー準位で，そして軌道に入っている電子を小さな矢印で表すこともできる．

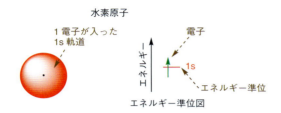

では，原子のまわりの軌道に複数の電子を入れようとするとどうなるだろうか．ここでは理由を述べないが，それぞれの軌道は電子を二つ収容できる．これは二つだけであって，それ以上には決してならない．もし水素原子に電子を一つ加えると，水素の原子核（陽子）のまわりに電子を二つもつヒドリドイオン H⁻ が得られる．両方の電子は同じ球形の1s軌道に入る．電子が入った軌道は，そのエネルギー準位（水平の線）に2本の矢印（2電子）を示すことによって表すことができる．では，なぜ電子を矢印で書くのだろうか．それは，電子にはスピンという特性があって，それぞれの軌道に2電子が収容されるには，それぞれスピンが逆向きでなければならないためである．逆向きの矢印はこれら逆のスピンの象徴である．

> **Pauli の排他原理**として知られている．

> NMR のところで核スピンについて説明した（3章）．電子スピンは，核スピンに似ているが別ものである．たとえば，NMR で電子を観測することはできないが，電子スピン共鳴（electron spin resonance: ESR）という方法で観測できる．

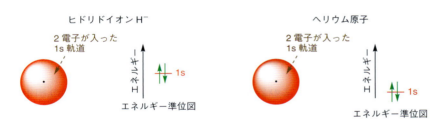

ヘリウム原子についても同じで，ヘリウムの2電子は同じ軌道に入っている．しかし，その軌道（そして他のすべての可能な軌道）のエネルギーは，水素の軌道のエネルギーとは異なる．それはヘリウムが水素の2倍の核電荷をもち，電子がより強く原子核に引き寄せられているからである．より強い引力があるので，ヘリウムの軌道は水素のエネルギー準位よりも低いエネルギー準位で表すことができる．

s 軌道と p 軌道の形は異なる

これまでのところは順調に理解できているだろう．次はリチウムについて考えよう．リチウムの原子核のまわりの最低エネルギーの1s軌道は電子を二つ収容できるが，二つだけなので，3番目の電子はより高いエネルギーの軌道（これは原子吸光分析法 atomic absorption spectroscopy によって存在が推測された）に入らなければならない．この軌道は，先に述べたギターの弦の第2倍音を三次元化したものと考えることができる．弦の振動のように，この軌道は節をもっている．節は弦の上で動きが全くみられない点であり，原子の中で電子が全く存在しない点，すなわち軌道を二つの領域に分ける空隙である．リチウムの3番目の電子が収容されている軌道の場合，この節は球形で，タマネギの層あるいは桃の種子がそうであるように，一つの領域が別の領域を包み込むように，

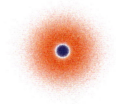

2s軌道の電子の存在確率分布

2s軌道の概略図
球形の節

2s軌道の一般的表現法（通常，節は示さない）

| 2s の "s" は 1s と同様に，この軌道が球形（spherical）であるという意味である．この "s" はもともとは spherical を表したものではなかったが（次ページ欄外青囲み参照），すべての s 軌道は球形であるため，"s" は spherical を表したものとして覚えて差し支えない． |

軌道を二つの領域に分けている．この軌道は 2s 軌道とよばれている．ここでの "2" は第 2 倍音のように節をもつ一つ上の軌道ということ（2 は主量子数に相当する）である．

リチウム原子に存在する原子核に近い 1s 軌道は，電子を二つもっているが，その外側の 2s 軌道は電子を一つもっている．ベリリウムの場合，2s 軌道に 4 番目の電子が入る．先に，原子核の電荷の増大に伴いそのエネルギー準位も変化することを述べたが，リチウムとベリリウムにおける軌道占有状態は下図のように表される．

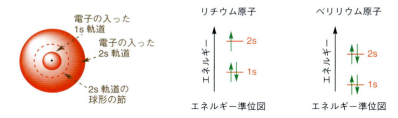

ホウ素の場合は，少し変わったことが起こる．たとえば，一つの節をもつ軌道の場合，その節は必ずしも 2s 軌道のように球形でなくてもよいことがわかる．節は球形でなく平面であってもよい．節面を一つだけもつこの軌道は新しい型の軌道であり，2p 軌道とよばれている．電子を陰影で表す形式で 2p 軌道を書くと欄外のようになる．この 2p 軌道は下左のようにしばしばプロペラ形で表され，慣例として下右のように書くことが多い．

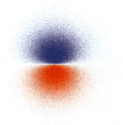

2p 軌道の電子の存在確率分布

| 一番右の p 軌道の図で，なぜ軌道の半分だけが塗りつぶされているのか，このあとすぐに説明する． |

1s 軌道や 2s 軌道と異なり，この 2p 軌道には方向性がある．この軌道は軸の方向を向いていて，三次元空間には三つの座標軸があるので，それぞれの軸に対して新しい 2p 軌道が生じる（必要ならば $2p_x$, $2p_y$, $2p_z$ 軌道とよぶ）．

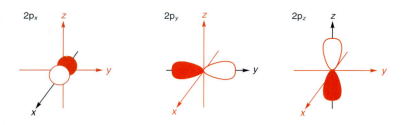

これらの三つの 2p 軌道の節面は，球形の節をもつ 2s 軌道よりも 2p 軌道のエネルギー準位を少し上昇させる．そのためホウ素原子は，2 電子を 1s 軌道に，もう 2 電子を 2s 軌道に収容し，残りの 1 電子を 2p 軌道に収容する．このホウ素の軌道占有状態を欄外のエネルギー準位図に示す．

電子がもう一つ多い（合計 6 電子）炭素の場合，二つの選択肢がある．一つは 5 番目の電子と同じ 2p 軌道に対になるように 6 番目の電子を収容するやり方で，もう一つは 5 番目の電子とは別の 2p 軌道に 6 番目の電子を収容し，電子を対にしないやり方である．実際には，電子は負電荷をもっていて互いに反発するので，後者のやり方を選択する．

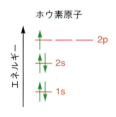

ホウ素原子

すなわち，同じエネルギーの軌道のどちらを選ぶかは，無理に電子対をつくるようにしない限り，電子は一つずつ別の軌道に入る．この反発力は，より高いエネルギーの軌道に電子が入るには不十分であり，軌道が全く同じエネルギーをもつときだけ，このようなことが起こる．

以上のことから，周期表の第2周期の残りの元素の軌道占有状態は下図のようになる．原子番号の順に原子核がより強く電子をひきつけるので，個々の原子の軌道一式全体のエネルギーはその順に下がっている．それ以外の点は，単に2p軌道それぞれに最初は1電子ずつみたしていき，その後にさらにもう1電子でみたしていくだけである．10電子をもつネオンの場合は，節を一つもつすべての軌道がみたされているので，ネオンは閉殻（closed shell）であるという．ここで**殻**（shell）とは，同じ数の節をもち類似のエネルギーをもつ軌道群（ここでは2sあるいは2pのように主量子数2のついた軌道）のことである．

> この電子の入り方は **Hund則**とよばれている．縮退した軌道に電子が入るときには，不対電子の数が最も多くなる電子配置が優先する．孤立した原子は通常あまりみられないが，このあとすぐに述べるように，分子の縮退軌道における電子にも，同じ規則が適用できる．

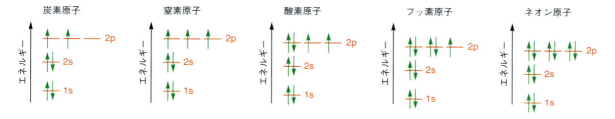

軌道の位相

下の図を見てほしい．これは79, 80ページの図と同じもので，3番目までの弦の振動周波数を示している．ここでは弦の運動そのものについて考えてみよう．第一の振動では，弦のすべてが上下に一緒に動く．弦のそれぞれの箇所において動く大きさは異なっているが，すべての箇所において動く方向は同じである．第二のエネルギー準位の弦の場合にはこれが当てはまらず，振動している間，たとえば左半分が上向きに動くとき右半分は下向きに動く．それぞれ逆位相であり，節のところで位相が変化する．同じことが第三のエネルギー準位の弦の場合にも当てはまり，ここでも節のところでそれぞれ位相が変化する．

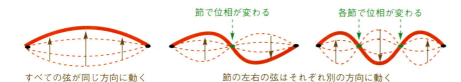

これらは軌道に関しても同じである．たとえば2p軌道の節面は，2p軌道を二つの位相の異なる部分に分割している．ここで，一つの位相の波動関数は正であり，もう片方の波動関数は負である．通常これらの位相は陰影の違いを使って表し，半分は陰影をつけて，もう半分は白抜きで示す．前ページに示した2p軌道はこの描写法を使って書いてあった．軌道の位相は恣意的なものなので，どちらの半分に陰影をつけてもよい．もう一つ重要なことは，位相は電荷とは無関係で，2p軌道のどちらの半分も電子密度があるので，どちらも負電荷をもっている．

では，なぜ位相が重要なのだろうか．それは，まさに原子から分子ができるように，原子軌道の波動関数から分子軌道ができるからである．そして，その分子軌道から，分子の中で電子がどこに存在して，どの程度のエネルギーをもつのかもわかる．

> **s, p, d, f**
> なぜ2s, 2p…という名称になっているのか．これらの文字は，初期の分光学にその起源があり，原子発光スペクトル線の外見に由来する．sは"sharp", pは"principal"である．後に，d軌道やf軌道（節の配列の仕方が異なる）も出てくる．dは"diffuse", fは"fundamental"からきている．これらのs, p, d, fという文字は重要なので覚えておくべきだが，由来までは覚えておく必要はない．

> 軌道における電子密度は，波動関数の二乗によって定義されている．そのため，波動関数の値が正でも負でも（これが位相を決めている），正の電子密度が得られる．

軌道に関して明確にしておくべき四つのこと

電子が分子の中でどのようにふるまうかを理解するために、軌道という概念を展開してきたが、ここから先に進む前に、軌道に関して、ときとして誤解をひき起こす可能性のあるいくつかの点を明確にしておかなければならない。

1. 軌道は必ずしも電子を収容している必要はない。すなわち空軌道であってもよい。ヘリウムの 2 電子は 1s 軌道だけをみたしているが、たとえば、太陽の巨大な熱のようなエネルギーが加わると、電子はそれまで空軌道だった 2s や 2p, 3s 軌道に跳ね上げられる。実際、この過程によって吸収されるエネルギーを地球から観測したことが、太陽の中のヘリウムの最初の発見につながった。
2. 軌道において電子は節以外のどこにでも存在可能である。p 軌道に 1 電子が入っていると、この電子は p 軌道のどちら側にも存在できるが、軌道の真ん中にくることは決してない。p 軌道に 2 電子があるときは、1 電子が片方に、もう 1 電子が反対側に存在するということでもなく、2 電子は節以外であればどこにあってもよい。
3. これらの軌道はすべて互いに重なり合ってもよい。1s 軌道は 2s 軌道の中心部分というわけではない。1s 軌道と 2s 軌道はそれぞれ別個の独立した軌道であり、それぞれ最大 2 電子を収容できるが、2s 軌道は 1s 軌道といくぶんか同じ領域を占める (2p 軌道もまたしかりである)。たとえば、ネオン Ne には合計 10 電子あるが、そのうち 2 電子は 1s 軌道に、2 電子は 2s 軌道に、また三つの 2p 軌道にそれぞれ 2 電子ずつ入っている。これらの軌道はすべて、空間的に互いに重なる部分がある。
4. ナトリウム Na から始まる周期表の次の列を見ていくと、1s, 2s, 2p 軌道はすでに電子でみたされているので、電子を順次 3s, 3p 軌道に、そして 4s, 3d, 4p 軌道に入れていかなくてはならない。d 軌道には (ランタノイド系列では f 軌道も) さらに新しい節の配列がある。ここではこれらの軌道に関して詳しくは説明しない。詳細は無機化学の教科書に出ているが、これらの軌道に関しても、原理はここで述べてきた単純な配列の仕方と同じである。

4・3 分子軌道：二原子分子

さてここからは、分子中の電子についてみていこう。原子における電子の挙動が、**原子軌道**（atomic orbital: AO）によって決定づけられるように、分子における電子の挙動は、**分子軌道**（molecular orbital: MO）によって決定づけられる。分子が原子からできていると考えるように、分子軌道は原子軌道からできると考えてよい。

> このような原子軌道を組合わせて分子軌道を構築する方法は、**原子軌道線形結合**(linear combination of atomic orbitals: **LCAO**)として知られている。

原子軌道は波動関数であり、波の組合わせと同様に異なる波動関数を組合わせることができる。波の組合わせは足し算（同位相 in-phase）または引き算（逆位相 out-of-phase）で行う。

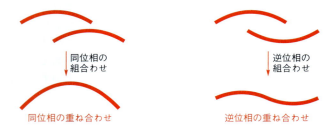

同じように、原子軌道も同位相や逆位相で組合わせることができる。原子核を点で表

し，円（球を表す）で二つの 1s 軌道を書き，位相を色の陰影で表す．それらを同位相（すなわち足し算）で組合わせると，二つの原子上に広がる軌道となり，逆位相（すなわち引き算）で組合わせると，節面と位相の異なる二つの領域をもった分子軌道となる．この節面は二つの核の中間で二つの原子軌道の波動関数が完全に打消し合うために生じる．

この組合わせによって生じた軌道は両方の原子に広がっている．これが**分子軌道**である．では，これらの分子軌道のうち，最初の軌道（結合性軌道）に電子を入れてみよう．軌道には，0個，1個，あるいは2個の電子を入れることができるが，それより多くの電子を入れることはできないことを思い出そう．この分子軌道の図が示すように，電子はほとんどの時間，二つの原子核の間に存在していて，電子は負電荷をもっているので，二つの原子核に対してそれぞれを結びつけるような力を及ぼす．これが化学結合であり，同位相の組合わせでできた分子軌道のことを**結合性(分子)軌道**〔bonding (molecular) orbital〕とよぶ．

逆位相の組合わせでできた軌道は，そのような引合う力が生じる可能性はなく，事実，電子をこの軌道に入れると結合にとって不利に働く．これは，この軌道の電子は，おもに両原子核間の節以外の場所に存在していて，両原子核はいずれも正電荷をもっているので反発し合うためである．この軌道のことを**反結合性(分子)軌道**〔antibonding (molecular) orbital〕という．

1s 原子軌道が二つ組合わさって新しい分子軌道が二つ生じる様子をエネルギー準位図で示すことができる．二つの原子軌道を左右に示し，同位相と逆位相の組合わせによって生じた二つの分子軌道を中央に示している．この図全体では，二つの軌道の相互作用前の状態を左右に，相互作用後の状態を中央に示しているようなものである．もとの 1s 軌道のエネルギーに比べて，結合性分子軌道のエネルギーは低く，反結合性分子軌道のエネルギーは高い．

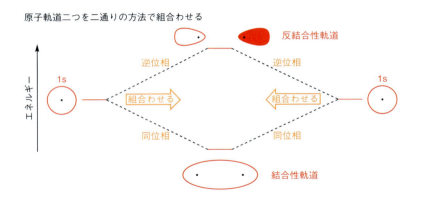

＊ 訳注：二つの 1s 軌道の組合わせでできた MO は水素分子の MO を表している．

　では，81 ページで原子軌道で行ったのと同じように，分子軌道に電子を入れていこう．水素原子二つはそれぞれ 1 電子をもっているので，中央に示す水素分子には 2 電子がある．軌道に電子をみたしていくときは，常に最低エネルギーの軌道から，それぞれの軌道ごとに最高 2 電子まで入れていくので，これらの 2 電子は結合性軌道に入る．反結合性軌道は空のままである．そのため，電子はほとんどの時間，二つの原子核の間に存在していて，これが水素分子に化学結合が存在することの妥当な説明である＊．

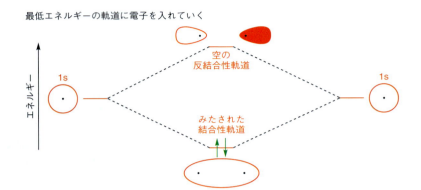

最低エネルギーの軌道に電子を入れていく

　これらの図が，分子の構造や反応性を説明するための**分子軌道法**（MO theory）の使い方の基本であり，このあとさらにいろいろな分子軌道の図について学ぶことになる．先に進む前に，ここで分子軌道法についていくつかの点を明確にしておこう．

- 原子軌道（AO）を二つ組合わせると，分子軌道（MO）が二つできる．常に組合わせた AO の数と同じ数の MO ができる
- AO 二つの波動関数を足す（同位相で組合わせる）と結合性軌道となり，差し引く（逆位相で組合わせる）と反結合性軌道になる
- 原子は二つとも同じなので（上の例では両方とも水素），各 AO は MO に等しく寄与する（いつもこうであるとは限らない）
- 結合性 MO のエネルギーはもとの AO のエネルギーより低い
- 反結合性 MO のエネルギーはもとの AO のエネルギーより高い
- 各水素原子には，もともと 1 電子ずつあったが，それらの電子スピンは重要ではない
- 2 電子はエネルギーの一番低い MO（結合性 MO）に入る
- AO と同様に，電子スピンが対になっている限り（逆向きの矢印で示す），各 MO は 2 電子を収容できる．現時点では，電子スピンに関する詳細を気にする必要はないが，各軌道には 2 電子よりも多く収容されることはない
- 両核間の結合性 MO にある 2 電子が分子の形を保持している．これが共有結合である
- その MO にある 2 電子のエネルギーは AO にあるときよりも低いので，原子が結合するときにエネルギーが放出され，分子はもとの構成原子よりも安定になる
- 結合を切ってもとの 2 原子に分離するにはエネルギーを加える必要がある

　これからは，分子軌道をいつもエネルギー順に表す．すなわち，最高エネルギーの MO（ふつう反結合性 MO である）を一番上に，そして，最低エネルギーの MO（ふつう結合性 MO であって，電子が最も安定に存在しうる軌道）を一番下におく．いつもこうすることをすすめる．

　ここで，水素の分子軌道図をどのようにして導き出したのか，その要点をまとめてお

こう．これらの過程を通して，分子軌道図を自分で書けることを確認しよう．

1. 電子をもった1s原子軌道とともに二つの水素原子を両側に書く．
2. これらの二つの1s軌道の波動関数を足し引きした結果の略図を書き，結合性と反結合性のMOを表示する．これらのMOは，二つのAOの間に，高エネルギーの反結合性軌道が上にくるように配置する．
3. もとの原子の電子数の合計を計算し，それと同じ数の電子を，分子軌道に下から上へと順に（それぞれの軌道に2電子まで）入れていく．

結合の開裂

前ページに示したエネルギー準位図は，水素分子の最安定（最も低いエネルギー準位の軌道に電子が入る）な基底状態を示している．しかしもし，この最低エネルギー準位の結合性MOから，一つ上のエネルギー準位の反結合性MOに電子が励起されると何が起こるだろうか．ここでもエネルギー準位図が役に立つ．

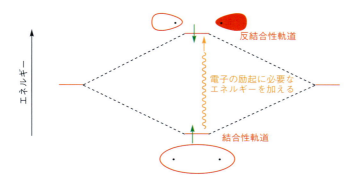

励起によって反結合性軌道に移った電子は，結合性軌道の電子による結合を"打消す"．原子二つを結びつける結合性がなくなるので，それらは，電子を1s原子軌道にもつもとの原子二つに解離することになる．いいかえると，結合性MOから反結合性MOへの電子励起は，共有結合を開裂する．このような開裂は水素分子では起こりにくいが，たとえば臭素分子では容易に起こる．Br_2を光照射すると，臭素原子への開裂が起こる．

なぜ水素は二原子分子でヘリウムはそうではないのか

水素原子と同様にヘリウム原子も1s軌道に電子をもつので，同様にしてHe_2のエネルギー準位図をつくることができる．しかし，ヘリウム原子には2電子があるので，結

合性MOも反結合性MOも両方みたされることになる．これが大きな違いである．結合性軌道にある電子によってもたらされる結合性は，いずれも反結合性軌道の電子によって打消されてしまうので，He₂分子は開裂する．だから，He₂分子は存在しない．

結合次数

結合性MOの電子が反結合性MOの電子より多い場合にだけ，2原子間に結合ができる．実際，2原子間の結合の数を**結合次数**（bond order）として次のように定義する（2電子が一つの共有結合を形成するので，2で割っている）．

$$結合次数 = \frac{結合性MOの電子数 - 反結合性MOの電子数}{2}$$

したがって，H₂とHe₂の結合次数は次のようになる．

$$結合次数（H_2）= \frac{2-0}{2} = 1 \quad すなわち，単結合$$

$$結合次数（He_2）= \frac{2-2}{2} = 0 \quad すなわち，結合なし$$

2sあるいは2p原子軌道がつくる結合：σ軌道とπ軌道

周期表で第2周期のLiからFまでの原子では，2sと2p軌道に電子がある．有機化学者が興味をもつすべての分子に，これらの原子が少なくとも一つは含まれているので，2sと2p軌道がどのように相互作用するのか考える必要がある．そこで，分子軌道の**対称性**（symmetry）を説明するために用いる有用な用語を導入しよう．

また，もう一つのおなじみの二原子分子気体である窒素N₂の結合を考えれば，2sと2p軌道の相互作用を理解することができる．窒素原子では1s, 2s, そして2p軌道に電子が入っているので，これらの軌道それぞれの組合わせに関して，その相互作用を順に考えてみよう．

1s軌道についてすでに述べたように，2s軌道の組合わせも基本的には全く同じである．二つの2s軌道は1s軌道の場合と全く同様に結合性と反結合性の軌道を形成し，その形も似ているが，2s軌道のエネルギーが1s軌道よりも高いので，新たにできる分子軌道のエネルギーも高い．また，2s軌道は1s軌道よりも大きく，節をもっているので，その組合わせによって生じるMOの正確な姿は1s軌道の組合わせによって生じるMOよりも複雑だが，1s軌道のときと全く同様の概略図で表すことができる．

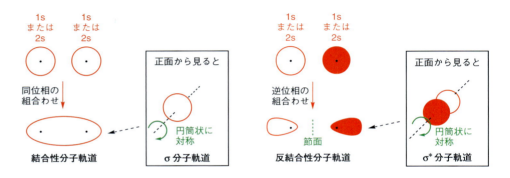

1s-1sおよび2s-2sの相互作用できる結合性軌道には，もう一つ共通点がある．これらはすべて**円筒状に対称**である．つまり，分子軌道を正面（軸方向）から見ると，原子

間の結合軸のまわりをどれだけ回転させても，全く同じに見える．葉巻も，ニンジンも，野球のバットも同じ対称性をもっている．このような円筒対称性をもつ結合性軌道は**σ（シグマ）軌道**（σ orbital）とよび，この軌道に2電子が入って生じた結合を**σ結合**（σ bond）という．だから，水素分子の単結合はσ結合である．これらのAOの組合わせによって生じる反結合性軌道もまた円筒状に対称であり，**σ*軌道**（σ* orbital）とよぶ．この * は反結合性を意味する．

次に，2p軌道について考えよう．82ページで述べたように，各原子は互いに直交した2p原子軌道が三つある．N_2のような二原子分子では，これらの2p軌道は二つの異なる様式で結合する．各原子のp軌道の一つ（右の図では赤で示している）は末端どうしで正面から重なることができるが，他の二つのp軌道（黒で示している）は側面で結合せざるをえない．

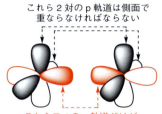

それぞれの原子は互いに直交した2p軌道を三つもつ

これら2対のp軌道は側面で重ならなければならない

これら二つのp軌道だけが正面から重なる

まず，正面からの軌道の重なりについてみていこう．もし二つの2p軌道を逆位相で組合わせると，2s軌道のときと同様に原子間に節が生じ，この分子軌道において電子は原子核間にほとんど存在せず，予想どおりこの軌道は反結合性である．

もし2p軌道を同位相で組合わせると，下の図のようになる．

二つの原子核の間に電子密度がとても高い領域があり，その外側の電子密度は少し低いので，電子でみたされたこの軌道全体では二つの原子をひきつける力となり，その結果，結合性となる．これらのMOはどちらも円筒対称性をもっているので，σおよびσ*軌道といい，2p軌道の正面からの相互作用でできたMOに電子をみたすことによって形成された結合をσ結合とよぶ．

> sあるいはp原子軌道が円筒状に対称な分子軌道をつくれば，そのMOを使ってσ結合ができる．

それぞれの原子はほかに二つの2p軌道をもっており，側面での重なりに使うことができる．二つのp軌道が逆位相の組合わせでその側面どうしが重なってできた反結合性のMOは下図のようになる．

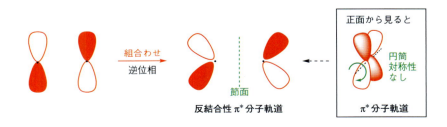

p軌道の足し算や引き算の結果を正確に描写することはむずかしいので，図の一番左に示したように，組合わせ前のp軌道でπやπ*軌道を表しているのを，しばしば目にするだろう．たとえば102ページの図もそうである．

同位相の組合わせによる結合性MOは次ページ上のようになる．

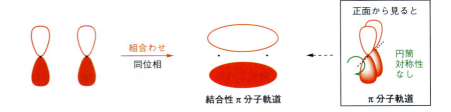

これらの MO は円筒対称性をもっていない。実際，原子間の結合軸のまわりを回転させて，位相は逆だがもとと同じように見えるように戻すためには 180°回転させなくてはならない。そのため，これらの軌道の対称性には π という記号がつけられていて，結合性軌道は **π 軌道**（π orbital），反結合性軌道は **π* 軌道**（π* orbital）である。π 軌道に 2 電子をみたして生じた結合を **π 結合**（π bond）とよぶ。π 対称性のため，これらの結合の電子密度は二つの原子核間上にはなく，それらを結ぶ線の両側にあることに気づくだろう。

原子には互いに直交した三つの 2p 原子軌道があるので，そのうち二つは同様にして側面で相互作用し，1 対の**縮退**（degeneracy，縮重ともいう）した（エネルギーの等しい）互いに直交する π 軌道と，さらにもう 1 対の縮退した互いに直交する π* 軌道が存在することになる（もちろん，第三の p 軌道は正面から重なり合って，σ 軌道と σ* 軌道を形成する）。側面で AO が重なるよりも正面から AO が重なるほうが，重なりがより大きくなるので，p 軌道の組合わせによって生じるこれら 2 種類の MO は縮退していない。そのため，2p-2p σ 軌道は 2p-2p π 軌道よりもエネルギー的に低くなる。

以上をふまえると，1s, 2s, そして 2p 原子軌道の組合わせで MO をつくる様子を，エネルギー準位図で示すことができる（それぞれのエネルギー準位に応じて σ, σ*, π, あるいは π* と表示している）。

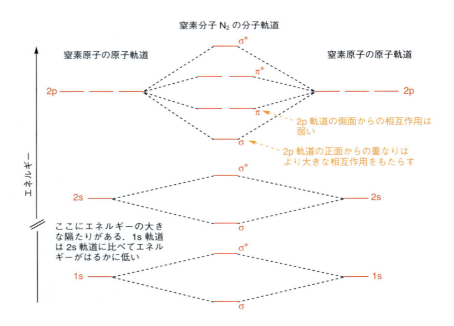

では電子について考えよう。窒素原子は 7 電子を分子形成に使えるので，合計 14 電子をエネルギーの低い軌道から順番にみたしていく。その結果を次ページ上に示す。

1s 軌道二つと 2s 軌道二つどうしの相互作用によってつくられる σ および σ* MO はす

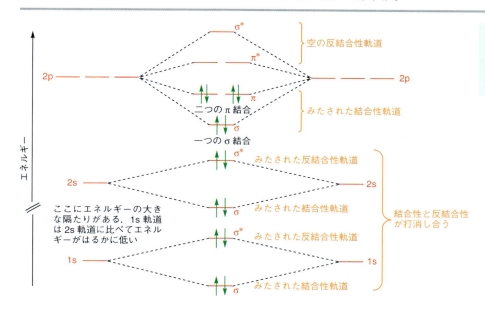

べて電子でみたされている．電子でみたされた結合性と反結合性軌道は互いに結合性を打消すため，全体でみれば結合はできていない．すべての結合性は残った6電子によって生じる．1対のp軌道から一つのσ結合ができ，残りの2対のp軌道からπ結合が二つできる．σ結合の電子は二つの原子核の間に分布するのに対し，二つのπ結合の電子は，中心のσ結合の側面に広がった二つの直交した電子雲として存在する．

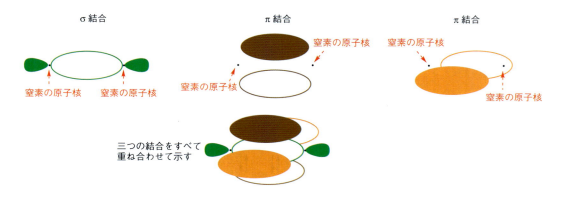

窒素分子 N_2 の結合次数の計算は簡単である．結合性の10電子と反結合性の4電子から，結合に関与するものは6電子となるので，結合次数は3となる．すなわち，N_2 は三重結合の構造を有している．

しかし，結合に関与しない残り8電子を全く無視することはできない．これらの結合に関与しない電子は，それぞれの窒素原子に局在していると考えてよい．1s軌道の4電子はエネルギーの低い内殻にあるので，窒素の化学的性質には影響を与えないが，2s軌道の4電子は結合に関与しない**非共有電子対**（unshared electron pair，孤立電子対 lone pair ともいう）としてそれぞれの窒素原子に残る．欄外の図の構造では非共有電子対を書き入れてある．非共有電子対をもっているすべての分子で，非共有電子対を書く必要はないが，たとえば非共有電子対が反応に関与する場合など，非共有電子対を強調するとよくわかることがある．

4・4 異なる原子間の結合

原子二つの軌道が同じエネルギーをもつほうが議論を簡単にできるので，これまでは，同じ元素の原子二つの組合わせだけを考えてきた．しかし，二つの原子が異なると，二つの点で違いが生じる．まず，当然のことながら，それぞれの原子に由来する電子の数が異なる．エネルギー準位図の分子軌道に電子をみたしていくとき，この変化は合計の電子数だけに影響するので，簡単に対応できる．たとえば，窒素 N_2 ではなく一酸化窒素ガス（NO, ヒトのシグナル伝達に重要な物質）の分子軌道図をつくるとすると，N の 7 電子のところが O の 8 電子に変わるので，合計 14 電子だったところに単純に 15 電子を入れていけばよい．

異なる原子二つを互いに結合させたときに生じるもう一つの違いは，組合わせる原子軌道の相対的なエネルギーが異なることである．どの原子のものであろうと，2p 軌道は同じエネルギーをもつと仮定することは，ごく自然のことと思われるかもしれないが，いうまでもなく 2p（あるいはそれ以外の）軌道の電子は，核電荷に依存して原子核への引力が異なる．原子核の中の陽子の数が増えれば増えるほど，引力が強くなり，電子はより強固に保持され，より安定になり，そしてよりエネルギーが低くなる．

これが**電気陰性度**（electronegativity）をもたらす原因である．原子の電気陰性度が大きくなるほど，原子はより強く電子をひきつけ，そして原子軌道のエネルギーが低くなるので，すべての電子がより強く保持される．そのため，周期表のそれぞれの列を左から右に移動すると，各軌道のエネルギーの低下に伴って電気陰性度は増加する．Li（電気陰性度 0.98）から C（2.55），N（3.04），O（3.44），そして F（3.98）と右にいくにつれて，原子はしだいに電気的に陰性となり，原子軌道のエネルギーは低くなる．

実際の一酸化窒素 NO の軌道図は次のようになる．1s 軌道のエネルギーははるかに低いので，窒素 N_2 の軌道図でみたように結合性と反結合性の相互作用が互いに打消されるため，ここでは 2s 軌道と 2p 軌道だけを示している．

一酸化窒素（NO）の分子軌道図（1s 軌道は示していない）

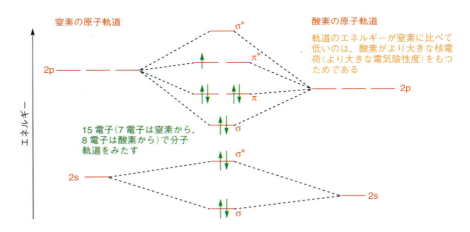

酸素の軌道のエネルギーは窒素の軌道のエネルギーより低いが，これらの軌道はまだ十分相互作用できる．しかし，ここで一つ非常に興味深い結果が生じる．それぞれの結合性軌道をみると，それらのエネルギーは，もととなる窒素の軌道のエネルギーよりも酸素の軌道のエネルギーに近い．同じように，それぞれの反結合性軌道のエネルギーは，もととなる酸素のエネルギーよりも窒素のエネルギーに近い．その結果，分子軌道は非

一酸化窒素：NO

石油や他の化石燃料の燃焼によって生じる一酸化窒素は，長い間，都市部の大気汚染の元凶の一つとして知られていただけであったが，この 20 年の間に，それをはるかに超える予想外の役割をもっていることが明らかになってきた．それは，血管平滑筋の収縮を制御し血流を調節する伝達物質としての役割であり，この発見に対して 1998 年にノーベル医学生理学賞が授与された．

周期表において，同周期では右にいくほど核電荷が大きくなるため電気陰性度も大きくなる．一方，同族で見ると，下にいくほど核電荷が大きくなるにもかかわらず電気陰性度は小さくなる．これは，新しい殻に電子をみたしていくとき，電子でみたされた内側の殻によって原子核が遮蔽されるからである．より詳しい説明は無機化学か物理化学の教科書を参照のこと．

ここから，分極した結合の構造と反応性について説明を始めよう．6 章でもう一度説明するが，カルボニルの C=O 結合は O 側に分極しているばかりでなく，反結合性 π* 軌道の非対称性から，求核剤は C=O 結合の C を攻撃することになる．

対称となり，すべての結合性軌道は酸素の原子軌道からの寄与が大きく，すべての反結合性軌道は窒素の原子軌道からの寄与が大きくなる．全体として，軌道図が示すように8電子が結合性軌道に，3電子が反結合性軌道に存在し，全体の電子分布は，窒素と酸素の電気陰性度の比較から予測できるように，酸素のほうに分極している．

結合性軌道にある8電子と，反結合性軌道にある3電子の存在は，一酸化窒素が2.5の結合次数をもつことを意味し，また，不対電子（ラジカル）も一つ存在する．半結合を原子価結合法では容易に表現できないので，通常は，一酸化窒素を結合性4電子を表す二重結合を使って書く．残りの7電子は，非共有電子対三つと不対電子一つとして書く．では，それらをどこに配置すればよいのだろうか．分子軌道図を見れば，不対電子は窒素のエネルギーに近い軌道を占めるので，窒素の上に置けばよいことがわかる．

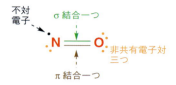

窒素と酸素の電気陰性度はわずかに異なっているだけなので（窒素と酸素の電気陰性度は，それぞれ 3.04 と 3.44），軌道のエネルギーは近く，安定な共有結合を生成する．しかし，電気陰性度の大きく異なる二つの原子から結合をつくるときに何が起こるか考える必要がある．ナトリウム（電気陰性度 0.93）と塩素（電気陰性度 3.16）を例に考えてみよう．これらの二つの元素を反応させて得られる生成物は（これを家で試したりしないように），イオン性固体の Na^+Cl^- であることは，観察結果によって明らかになっているが，分子軌道のエネルギー準位がこの理由を説明してくれる．

ここで考えなければならない原子軌道は，ナトリウムの3sと3p軌道（より低エネルギーのすべての軌道 1s, 2s, 2p はみたされているので，N_2 や NO のときと同様に，それらの軌道は無視できる）と，塩素の3sと3p軌道（ここでも 1s, 2s, 2p 軌道はすべてみたされている）である．図に示すように，ナトリウムの軌道のエネルギーは塩素のものよりもはるかに高い．

> 周期表の第3周期の元素はまだ出てきていないが，Na から Cl までの元素の電子構造が，3s軌道と3p軌道に電子をみたしていることは，当然のことと受け止められるだろう．これらの軌道がどのような形をしているのか興味があれば，無機化学の教科書を読んでみよう．

塩化ナトリウム NaCl の分子軌道図をつくる試み

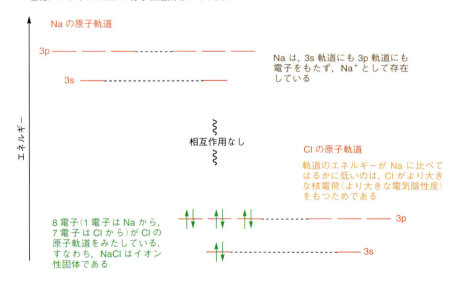

これらの原子軌道は，組合わせて新しい分子軌道をつくるにはあまりにエネルギーがかけ離れているので，共有結合は生成しない．電子でみたされた軌道は塩素原子の3sと3p軌道だけである．これらの軌道をみたすことに利用できる電子は，塩素由来の7電子とナトリウム由来の1電子であり，結局 Na^+ と Cl^- になる．NaCl のイオン結合は，単純にカチオンとアニオンの間の引力によるものであり，軌道の重なりはない．

以上みてきたように，相互作用する二つの軌道のエネルギー差が，1) きわめて大きい場合，2) 小さい場合，3) 全く差がない場合の三つの異なる状況についてまとめると，次のようになる．

A, B 両方の AO のエネルギーが等しい場合	A の AO より B の AO のエネルギーが少し低い場合	A の AO より B の AO のエネルギーがはるかに低い場合
AO 間の相互作用が大	AO 間の相互作用はより小さい	AO がエネルギー的に離れすぎているので相互作用しない
結合性 MO のエネルギーは AO よりずっと低い	結合性 MO のエネルギーは B の AO より少しだけ低い	アニオンのみたされた軌道は B の AO と同じエネルギーをもつ
反結合性 MO のエネルギーは AO よりずっと高い	反結合性 MO のエネルギーは A の AO より少しだけ高い	カチオンの空の軌道は A の AO と同じエネルギーをもつ
両 AO は MO に等しく寄与する	B の AO は結合性 MO により大きく寄与し，A の AO は反結合性 MO により大きく寄与する	AO 一つだけがそれぞれの "MO" に寄与する
結合性 MO の電子は 2 原子が等しく共有する	結合性 MO の電子は 2 原子が共有するが，A より B に偏る	みたされた軌道の電子は B 原子に局在している
A と B の結合は古典的には純粋な共有結合で表せる	A と B の結合はいくらか静電的（イオン的）引力を伴う共有結合である	A と B の結合は古典的には純粋なイオン結合で表される
ラジカル二つに開裂しやすい（ホモリシス）	ラジカル二つになる可能性もあるが，A^+ と B^- への開裂が最も起こりやすい	化合物はすでに A^+ と B^- のイオン対として存在している
ヘテロリシスも可能であり，A^+ と B^- か A^- と B^+ を生じる（この点に関しては，24 章と 37 章でさらに詳しく説明する）		

軌道相互作用に影響する他の因子

同じ大きさの軌道重なりは効果的（例，2p-2p）

異なる大きさの軌道重なりは不十分（例，3p-2p）

　同等のエネルギーをもつことだけが，二つの AO 間のよい相互作用の基準ではない．軌道がどのように重なり合うかも関係している．p 軌道が正面から重なる（σ 結合を形成する）ほうが，側面（π 結合を形成する）よりも重なりが大きいことをみてきた．もう一つの因子は，AO の大きさである．最も重なりが大きくなるのは，軌道が同じ大きさのときである．2p 軌道は，相手の 3p や 4p 軌道よりも，2p 軌道とのほうがはるかに大きく重なり合える．

　第三の因子は，軌道の対称性である．二つの軌道が重なりをもつためには，適切な対称性をもっている必要がある．たとえば，$2p_x$ 軌道は互いに直角になっている〔直交 (orthogonal) しているという〕$2p_y$ や $2p_z$ 軌道とは相互作用できない．配向によっては，二つの p 軌道に全く重なりがないこともあるし，有利な重なりが不利な重なりによって完全に打消されることもある．同様に，s 軌道は p 軌道と正面からではないと重なり合えない．側面での重なりは，結合性と反結合性相互作用が等しいので，全体として安定化エネルギーは得られない．

互いに直交しているために二つの p 軌道が相互作用できない場合

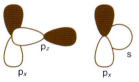
逆位相の重なりと同位相の重なりが等しくて打消される場合

s と p 軌道は正面から重なることができる

3 原子以上からなる分子の分子軌道

　今度は，3 原子以上が同時に結合する様子をみてみよう．H_2S や PH_3 のような分子で

は，すべての結合角は 90°であり，結合は簡単である．中心原子の 3p 軌道（それらは 90°になっている）が，単に水素原子の 1s 軌道と重なり合っているだけである．

窒素は周期表でリンの上にあるので，アンモニア NH_3 も同じように結合をつくると想像するかもしれないが，困ったことに，アンモニアや水やメタンの結合角は 90°ではなく，それぞれ，104°，107°，109.5°であることが実験的にわかっている．Li から Ne の列の元素がつくる共有結合化合物すべてについて，この問題が生じる．どうやって 90°に配向する原子軌道から，109.5°というかけ離れた結合角が生じるのだろうか．

それを理解するために，立方体に囲まれたメタン分子について考えるところから始めよう．炭素原子を立方体の中心におき，水素原子を四つの頂点にもってくる．立方体の相対する四つの頂点は完璧な正四面体をなしているので，これが可能である．

次に，炭素の 2s と 2p の AO をそれぞれ順番に考えてみよう．炭素の 2s 軌道は水素四つの 1s 軌道すべてと同時に同位相で重なることができる．2p 軌道はそれぞれ，立方体の向かい合った面に向いている．四つの水素すべての 1s 軌道は，立方体の向かい合った面にある水素の AO の位相が逆であれば，この形で各 p 軌道それぞれと重なることができる．

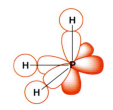

立方体中のメタン分子

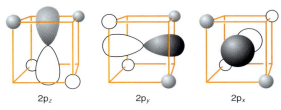

水素の 1s 軌道が 2p 軌道三つと重なり合う

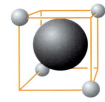

炭素の 2s 軌道が四つの水素 1s 軌道と同時に重なり合う

このようにしてできる三つの MO は縮退しているが，あわせて結合性軌道が四つ生じる．これらに付随する反結合性軌道四つを合わせて，全部で MO が八つできる．AO（炭素の 2s 軌道と三つの 2p 軌道，そして四つの水素の 1s 軌道）八つからできるので，これはまちがっていない．

この手法を使うと，メタンの完全な MO の描像をつくることができるし，もっと複雑な分子についても同じように考えることができる．実際，このような MO の見方が正しいという実験的証拠もある．しかし問題は，メタンの四つのみたされた結合性軌道が同じでない（一つは炭素の 2s 軌道から，残り三つは炭素の 2p 軌道からきている）にもかかわらず，実験によるとメタンの四つの C−H 結合がすべて同じであることである．

何かがおかしいようだが，実際はここに矛盾はない．上の MO の手法では，1 種類の MO 一つと別の種類の MO が三つあることになるが，電子は 5 原子すべてに分布している．特定の水素原子に電子がより多く，あるいはより少なく分布することはなく，水素はすべて等価である．ただし，メタンの構造を決定する実験技術も，結合がどこにあるのかを教えてくれるわけではなく，わかるのは原子が空間のどこに位置するかだけである．これらの原子を結んで，結合を書き入れているだけのことである．原子が正四面体を形成していることはまちがいないが，電子が正確にどこにあるのかということは，全く別問題である．したがって，メタンが，それぞれ 2 電子によってつくられる炭素と水素を結ぶ四つの結合をもつという考えは，放棄すべきであろうか．もし，この考えを放棄したとすると，反応が起こるたびに，簡単な分子でさえも，コンピューターで MO 一式とその相互作用をすべて計算する必要が生じるだろう．

これでは物理を使って化学をすることになる．そうなれば，正確かもしれないが，創

造性や発明を消し去ってしまう．そこで，その代わりとして，これまで試行と経験からつくり上げてきた現実的な分子の描像を使おう．それぞれ1対の電子からなる別べつの結合によって分子をつくりながら，分子軌道法とも矛盾のない分子像である．そのためには，**混成**という新しい概念が必要になる．

4・5 原子軌道の混成

四つの等価な電子対をもつメタンの描像を得るためには，四つの等価な炭素の原子軌道を考えることから始める必要がある．このような軌道はこれまで出てこなかったが，炭素の2s軌道と2p軌道を組合わせて，それぞれ1/4の2s軌道と3/4の2p軌道からなる四つの新しい軌道を最初につくればよい．新しい軌道をsp^3混成軌道（sp^3 hybrid orbital）とよぶ．その名はそれぞれのAOの割合を示している．この混合の過程を**混成**（hybridization）とよぶ．この混成軌道は純粋な2sおよび2p軌道と数学的には等価であり，MOをつくるときに使えば，それが結合電子対に対応するのでわかりやすい．

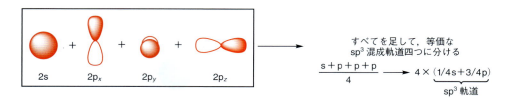

この四つの混成軌道はどのような姿をしているのだろうか．それぞれのsp^3軌道は，3/4がp軌道，1/4がs軌道の特徴をもっている．sp^3軌道は，p軌道のように原子核を通る節面をもっているが，ローブの一方は他方より大きい．それは，2s軌道が対称であるために，2p軌道に加えると，一方のローブの波動関数の大きさが増大し，他方のローブの波動関数の大きさが減少するからである．

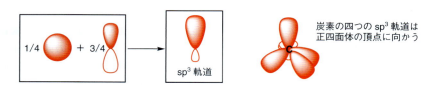

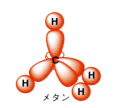

四つのsp^3軌道は正四面体の頂点に向いている．欄外に示すように，各sp^3軌道の大きいほうのローブが水素原子の1s軌道と重なり合って，メタン分子をつくり上げる．そ

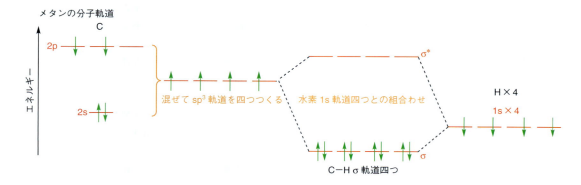

れぞれの重なりで MO($2sp^3+1s$) ができ，それぞれに 2 電子ずつ収容すると C−H σ 結合ができる．もちろん，反結合性 MO である σ*($2sp^3$-1s) もあるが，それらの軌道は空である．全体として，電子は先のモデルと全く同様に空間的に分布しているが，ここでは四つの結合に存在していると考えることができる．

この考え方の大きな利点は，分子を個々の孤立した原子からつくり上げることを考慮する必要がなく，ずっと大きな分子でも簡単に組立てることができることである．**エタン**を例にしてみよう．それぞれの炭素は，C−C 結合のためにそれぞれの炭素に sp^3 軌道を一つ残して，3 水素原子の方を向いた三つの sp^3 AO を使って C−H 結合をつくっている．

MO エネルギー準位図では，炭素の sp^3 軌道と水素の 1s 軌道との組合わせによってできる C−H 結合の結合性 σ 軌道と反結合性 σ* 軌道，そして，炭素二つの sp^3 軌道からできる C−C 結合の結合性 σ 軌道と反結合性 σ* 軌道が存在する．下図は C−C 結合だけを示している．

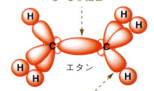

各炭素の sp^3 軌道が重なってできる C−C σ 結合

エタン

炭素の sp^3 軌道と水素の 1s 軌道が重なってできる C−H σ 結合

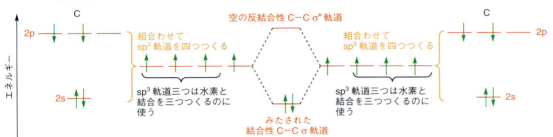

エタンの分子軌道（C−C 結合のみ示す）

最も単純なアルケンである**エテン**（エチレン）の構造を説明するためには，新たな混成軌道が必要になる．エテンは結合角が 120° に近い平面状分子である．課題は，C−H 骨格に必要なすべての軌道を混成し，何が残るか調べることである．この場合には，それぞれの炭素原子から等価な軌道が三つ必要となる（そのうちの一つは C−C 結合をつくり，残り二つは C−H 結合をつくる）．したがって，各炭素原子の 2s 軌道と二つの p 軌道を組合わせて，新しい軌道が三つできる必要がある．2s 軌道，$2p_y$ 軌道および $2p_z$ 軌道（すなわち平面にあるすべての AO）を混成させて，等価な sp^2 混成軌道を三つつくると，$2p_x$ 軌道はそのまま残る．これらの sp^2 混成軌道では，s 性が 1/3，p 性が 2/3 になる．

エテン（エチレン）

C−H 結合 108 pm
C−C 結合 133 pm
117.8°

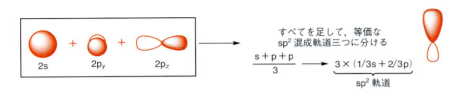

さらに $2p_x$ 軌道が残る

各炭素原子の三つの sp^2 混成軌道は，他の三つの軌道，すなわち水素の 1s AO 二つと別の炭素の sp^2 AO 一つと重なり合って，σ MO を三つ形成する．この結果，$2p_x$ 軌道が各炭素に一つずつ残るが，これらは重なり合って π MO を形成する．この分子骨格は平面内に σ 結合が五つ（C−C 一つと C−H 四つ）あり，中央の π 結合は平面の上下にローブをもつ $2p_x$ 軌道二つからできている．

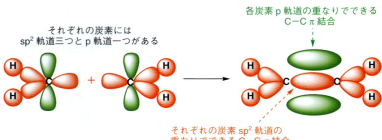

π結合生成における p 軌道の側面からの重なりが，σ結合生成における正面からの重なりほど効果的でないという事実は，C-C π結合の切断が C-C σ結合の切断よりも低エネルギーで起こることを意味する（σ結合の約 350 kJ mol^{-1} に対し約 260 kJ mol^{-1}）．

軌道の重なりは π 結合よりも σ 結合のほうが効果的

　C=C 結合を構築した MO 図が初めて出てきたので，ここで結合に関与する軌道のエネルギーについて考えてみよう．それぞれの炭素の sp^2 軌道を二つ使う C-H 結合は，ここでも無視する．2p 軌道三つのうちの二つを 2s 軌道と混成させて，各炭素に sp^2 軌道を三つつくったので，混成していない 2p 軌道が一つ残っていることを思い出そう．

　まず，各原子の一つの sp^2 軌道どうしの相互作用によって σ と σ* 軌道をつくることが必要である．そして次に，各炭素原子に残っている一つの p 軌道による側面での相互作用について考える必要がある．混成していない p 軌道のエネルギーは他の sp^2 軌道より少し高いが，89 ページで述べたように，その相互作用はあまり大きくないので，生成する π および π* 軌道のエネルギーは σ と σ* 軌道の間に位置する．各炭素原子は π 軌道に 1 電子ずつを供与しており（残りの 2 電子は二つの C-H 結合に使っている），そのため全体では次のようなエネルギー図となる．二つの AO が二つの MO をつくる．

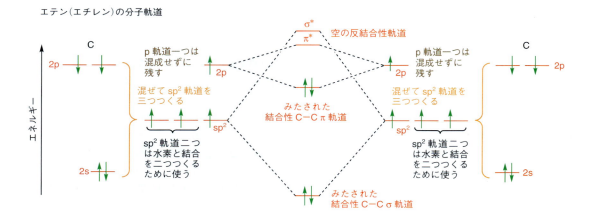

エチン（アセチレン）

H━━━H

　エチン（アセチレン）には C≡C 結合がある．各炭素原子は炭素と水素とだけ結合して，直線状の炭素骨格をつくる．他の 2 原子と同時に結合するためには，炭素の 2s と 2p$_z$ だけが対称性が合い，それらを混成させてそれぞれの炭素原子に sp 混成軌道をつくる．残った 2p$_x$ および 2p$_y$ 軌道は，もう一方の炭素原子の二つの 2p 軌道と重なって π MO を二つつくる．この sp 混成軌道の s 性と p 性はそれぞれ 50%で，直線状の炭素骨

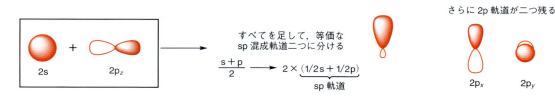

格を形成する．

そこで，次に示すような MO をつくることができる．それぞれの sp 混成軌道は，水素 1s AO 一つまたは別の炭素の sp 軌道と重なり合う．2 組の p 軌道は，互いに直交する π MO を二つつくる．

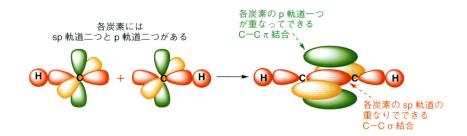

炭化水素骨格は，四面体（sp^3），平面三方形（sp^2），または直線形（sp）に混成した炭素原子からできている．炭素原子がどのような混成をもっていて，したがって，どのような軌道を使って結合をつくっているのかは簡単に決めることができる．各炭素に結合している原子の数を数えさえすればよい．もしこれが二つなら，炭素原子は直線形（sp 混成）であるし，三つなら平面三方形（sp^2 混成），四つなら四面体（sp^3 混成）になる．また，残った混成していない p 軌道は二重結合あるいは三重結合の π 軌道の形成に使うので，各炭素の π 軌道の数を単に数えるだけで，その混成状態がわかる．π 軌道をもたない炭素原子は四面体（sp^3 混成）であり，π 軌道を一つもつ炭素原子は平面三方形（sp^2 混成）であり，π 軌道を二つもつ炭素原子は直線形（sp 混成）である．

欄外の化合物が代表的な例である．この炭化水素（ヘキサ-1-エン-4-イン）には，sp 炭素原子（C4 および C5）が二つ，sp^2 炭素原子（C1 および C2）が二つ，鎖の中央に sp^3 メチレン基（C3）が一つ，鎖の端に sp^3 メチル基（C6）が一つある．このさい，この構造をつくる AO について考える必要はなく，結合の数を数えるだけでよい．

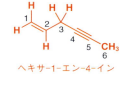

ヘキサ-1-エン-4-イン

どんな原子でも混成できる

どのような原子でも同様に考えるとよい．欄外に示す三つの分子は，すべて四面体構造をしており，中心の sp^3 原子（ここでは B, C, そして N）から等価な σ 結合が四つ出ていて，結合電子数が同数であるので，それらは，**等電子的**（isoelectronic）であるという．原子によってもともともっている電子の数が異なるので，結合に用いる 8 電子を得るために，BH_4 には 1 電子を加え，NH_4 からは 1 電子を取去らなければならない．したがって，電荷は BH_4^- と NH_4^+ となる．いずれの場合も中心原子は sp^3 混成と考えることができ，sp^3 軌道を使ってそれぞれ水素四つと結合して σ 結合をつくる．これらの σ 結合には 2 電子ずつ入っている．

これら 3 種の元素で結合が三つしかない化合物についてはもっとよく考える必要がある．ボラン BH_3 には結合電子が 3 対しかない（3 電子は B から，3 電子は H 三つから）．中心のホウ素原子は，他の 3 原子としか結合していないので，sp^2 混成として表せる．それぞれの B-H 結合は，sp^2 軌道と水素 1s 軌道との重なりでできている．残った p 軌道は結合には関与せず，空のままで残る．空の sp^3 軌道をもつ四面体のホウ素の構造とまちがえないようにしよう．全体を最安定にするためには，最も低いエネルギーの軌道に電子を配置するのがよい．この場合，s 性のより大きい sp^2 軌道のほうが，sp^3 軌道よりエネルギー的に低くなっている．別の見方をすると，もし電子が不足して空軌道が生じる場合には，この空軌道には電子がなく分子の安定性に関与しないため，できるだけ高

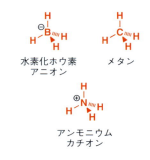

水素化ホウ素アニオン　メタン

アンモニウムカチオン

平面三方形のボラン B は sp^2　　四面体のボラン

平面三方形の
メチルカチオン

p軌道の
非共有電子対
平面三方形の
アンモニア

sp³軌道の
非共有電子対
三角錐の
アンモニア
Nはsp³

エネルギーにしておいたほうがよいということになる．ボランは，メチルカチオン（CH_3^+ あるいは Me^+）と等電子的である．ボランでの説明は，Me^+ にもあてはまるので，これも sp^2 混成をして空の p 軌道をもつ．このことは，15 章と 36 章でカルボカチオンの反応を説明するときに，非常に重要になる．

それでは，アンモニア NH_3 はどうだろうか．アンモニアは，BH_3 や Me^+ と等電子的ではない．アンモニアは合計 8 電子（5 電子は N から，3 電子は H 三つから）をもっている．三つの N–H 結合にはそれぞれ 2 電子あり，さらに中心の窒素原子には非共有電子対がある．ここで選択肢が二つある．窒素原子を sp^2 混成とし，p 軌道に非共有電子対をおくか，それとも，窒素原子を sp^3 混成とし，sp^3 軌道に非共有電子対をおくかのどちらかである．この状況は BH_3 や Me^+ とは逆である．余分の電子は，アンモニアのエネルギーに関与するので，純粋な p 軌道よりもエネルギーの低い sp^3 に入れるべきである．実験的に H–N–H 結合角はすべて $107.3°$ である．明らかに，これは $120°$ の sp^2 角よりも $109.5°$ の sp^3 角に近い．しかし，結合角は正確に $109.5°$ ではないので，アンモニアは純粋に sp^3 混成であるとはいえない．これに対する一つの見方は，非共有電子対と結合との反発は結合どうしよりも大きいため，非共有電子対は結合を遠ざけようとするということである．別の見方は，非共有電子対を含む軌道は s 性が少し大きいはずで，それに応じて N–H 結合軌道は少し p 性が大きくなる必要があるということである．

カルボニル基

C=O 結合は有機化学で最も重要な官能基である．この結合は，アルデヒド，ケトン，カルボン酸，エステル，アミドなどにある．いくつかの章にわたってその化学について述べるので，その前にその電子構造を理解しておくことは重要である．最も単純なカルボニル化合物としてメタナール（ホルムアルデヒド）を例にとろう．アルケンと同様に，炭素原子は三つの原子（水素原子二つと酸素原子一つ）と σ 結合をつくるために，sp^2 軌道が三つ必要である．では酸素はどうだろうか．酸素は炭素と σ 結合を一つつくるだけでよいが，非共有電子対のためにさらに混成軌道を二つ必要とする．したがって，カルボニル基の酸素原子も sp^2 混成である．炭素の p 軌道一つと酸素の p 軌道一つから 2 電子を含む π 結合ができる．下図は C=O の結合がどう見えるか示したものである．

酸素の非共有電子対が sp^2 軌道にあることは，どうしてわかるのだろうか．たとえば水素結合のように，カルボニル化合物がこれらの非共有電子対を使って結合をつくるときには，非共有電子対が存在すると考えられるところに向かって結合ができるので，その位置が特定できる．[訳注：この説明は厳密には正しくない．実際には sp 混成か sp^2 混成かはわからない．結合をつくるときには混成の変化が起こると考えてもよい．]

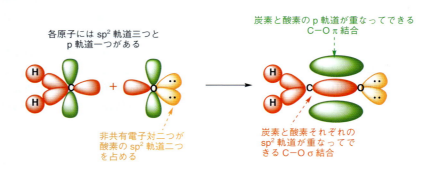

MO エネルギー図を書くにあたり，ここでも C と O との結合だけを考えることにする．まず，二つの原子それぞれが，軌道の混成によって必要な sp^2 軌道三つと p 軌道一つを用意する．ここで，酸素の AO のエネルギーが炭素の AO よりも低いことに注目しよう．これは酸素の電気陰性度がより大きいからである．酸素の非共有電子対と二つの C–H 結合に合計四つの sp^2 軌道を使ったあと，残った sp^2 軌道二つを相互作用させると C–O 結合の σ および σ* 軌道ができ，二つの p 軌道から π および π* 軌道ができる．

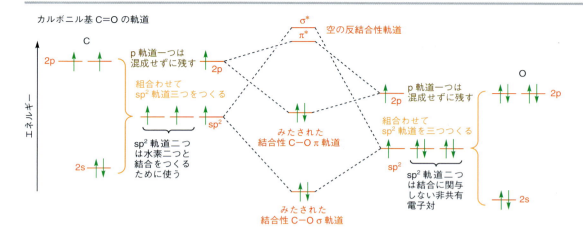

酸素が炭素よりも電気的に陰性だという事実は，このエネルギー図に二つの結果をもたらす．一つは，C＝O 結合のエネルギーを，対応する C＝C 結合のエネルギーよりも低くすることである．そのため，次章で述べるように，アルケンとカルボニル化合物の反応性に違いが出てくる．

もう一つは分極である．先に NO について考えたときのように，MO エネルギー準位図において電子でみたされた π 軌道をみてみよう．この軌道のエネルギーは炭素の p 軌道よりも酸素の p 軌道により近い．これは，この π 軌道は炭素の p 軌道よりも酸素の p 軌道からより大きな寄与を受けていると説明できる．その結果，軌道はひずみ，C 側よりも O 側のほうが大きくなり，電子の存在確率は O 側で大きくなる．これは σ 結合についても同じである．この C＝O 結合の分極は，二つある双極子の記号のどちらかを用いて表すことができる．正電荷側に ＋（プラス）をつけた矢印を用いるか，δ＋ と δ− の記号を対にして用いるかである．

> アルケンの π 結合は**求核的**だが，カルボニル化合物の π 結合は**求電子的**である．これらの意味がよくわからなくても，5 章で説明する．

➡ 6 章でこれらの考え方を発展させる．

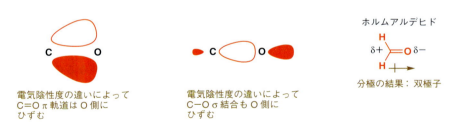

逆に，反結合性 π* 軌道をみると，エネルギーが酸素の p 軌道よりも炭素の p 軌道により近く，そのため，この π* 軌道は酸素の p 軌道よりも炭素の p 軌道の寄与が大きい．そしてこの軌道は C 側のほうにひずんでいる．もちろん，π* 軌道は空なので C＝O 結合の構造には何も影響はないが，C＝O 結合の反応性には影響してくる．すなわち，π* 軌道は O ではなく C 側で電子を受け入れやすい．

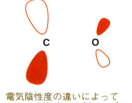

電気陰性度の違いによって C＝O π* 軌道は C 側にひずむ

4・6 回転と剛直性

本章の最後に，MO によって解決できるもう一つの疑問について考えてみよう．分子はどれだけ柔軟なのか．その答はもちろん分子によるが，より重要なことは，結合の種類によることである．多くのアルケンはシス体とトランス体，すなわち Z 体と E 体（14 章参照）の二つの形がある．これらの二つの形は通常相互変換することはむずかしい，

すなわち，C=C 結合は非常に剛直で回転できない．

2-ブテンの結合をみてみれば，その理由は簡単にわかる．π 結合は平行な p 軌道二つからできている．この π 結合まわりで回転させるには，これらの軌道の相互作用を一度なくして，それらが直角になる状態を通ってから，最終的に再度平行になる必要がある．このような直交した過渡的な状態は，π 結合によるエネルギーの安定化をすべて失うので，非常に不安定である．したがってアルケンは剛直であり回転しない．

> 実際にはアルケンのシスとトランスの相互変換は可能であるが，かなりのエネルギー（約 260 kJ mol^{-1}）が必要である．π 結合を切断するには π 軌道の電子を π* 軌道に励起させるのが一つの方法である．電子を励起させると，1 電子が結合性 π 軌道に残り，励起した 1 電子が反結合性の π* 軌道に移る．よって，全体としては結合がなくなる．この励起に必要なエネルギーは，スペクトルの紫外（ultraviolet: UV）領域の光に相当する．UV 光をアルケンに照射して π 軌道を切断し（ただし σ 結合は切断されない），結合の回転を起こさせることができる．

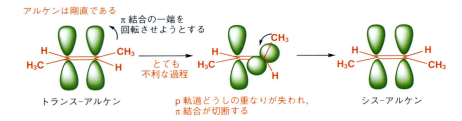

ブタンの場合と比べてみよう．ブタンの真ん中の結合まわりで回転させても，σ 結合はその定義のとおり円筒状に対称なので，結合の切断は一切起こらない．したがって，σ 結合だけでつながっている原子は自由に回転でき，ブタンの両端は互いに回転している．

> 実際には，σ 結合まわりの回転におけるすべての配向が同等の安定性をもつわけではない．**立体配座**という分子構造の性質に関しては，16 章で詳しく述べる．

エテン（エチレン）とエタンも同じだ．エテンでは，p 軌道が二つ重なる必要があるので，すべての原子が同一平面に固定された状態になる．一方エタンでは，分子の両端は自由に回転できる．剛直性におけるこの違いは，化学全般を通して重要な意味をもっているので，16 章でより詳細に説明する．

アルケンの異性体

マレイン酸とフマル酸は，化学組成も官能基も同じであるにもかかわらず，別の化合物であることが，19 世紀にはわかっていた．しかし，それがなぜなのかは，1874 年に van't Hoff が二重結合の自由回転は制限されていると提唱するまで，謎であった．これは，二重結合の炭素原子それぞれが異なる二つの置換基をもっている場合，異性体を生じる可能性があることを意味し，二つの異性体に対してシス（cis, ラテン語で"同じ側"という意味）とトランス（trans, ラテン語で"反対側"の意味）という用語を提案した．問題は，どちらの化合物がどちらの異性体なのかということであるが，マレイン酸は加熱すると容易に水を失って無水マレイン酸になるので，こちらの異性体が二重結合の同じ側にカルボン酸部位をもっている，すなわちシス体であることがわかる．

4・7 終わりに

多種類の分子にふれたわけではないが，本章で述べた構造に関する簡単な考え方は，非常に複雑な分子にも適用できる．AO から組立てられた MO によって小さな分子の構造が理解できれば，もっと大きな分子でもその小さな部分構造から同じように理解できるだろう．そして，さらに 7 章の共役の概念を取入れれば，どのような有機化合物の構造でも理解できるようになるだろう．これ以降は，詳しく説明することなく，AO や MO，2p 軌道，sp^2 混成，σ 結合，エネルギー準位，結合性軌道などの用語を使う．もし，それらについての理解が不十分と思ったら，本章に戻って説明を読み直すとよい．

本章は，MO をつくりあげる AO の説明から始めた．しかし，二つの分子の軌道が相互作用するときには何が起こるのだろうか．これは化学反応で起こっていることであり，その理解は次の章でめざすところである．

問題

1. 塩化ナトリウムの構造に関して，"ナトリウム原子の原子価殻から 1 電子を塩素原子の原子価殻に移す"という記述が教科書に出てくることがあるが，この記述が塩化ナトリウムの作り方としてふさわしくない理由を説明せよ．
2. メタンの H-C-H 結合角は 109.5° である．水の H-O-H 結合角はこの値に近いが，硫化水素 H_2S の H-S-H 結合角は 90° に近い値である．この事実は水と硫化水素の結合に関して何を意味しているのか説明せよ．硫化水素の分子軌道図を書け．
3. ヘリウム分子 He_2 は存在しないが (その理由は 88 ページで述べた)，そのカチオン He_2^+ は存在する．その理由を説明せよ．
4. LiH の MO 図をつくり，どんな形式の結合があるかを示せ．
5. 次の化合物における，各炭素原子の形と混成を考えよ．

6. 次の分子の構造を詳細に示し，形を予想せよ．ここには，この問いに対する答がわからないように，わざと分子を示性式で書いてある．このような書き方で答えないこと．

CO_2, $CH_2=NCH_3$, CHF_3, $CH_2=C=CH_2$, $(CH_2)_2O$

7. 結合角を予想して次の分子の形を書け．
   (a) 過酸化水素 H_2O_2
   (b) メチルイソシアナート CH_3NCO
   (c) ヒドラジン NH_2NH_2
   (d) ジイミド N_2H_2
   (e) アジドアニオン N_3^-
8. 次の分子の非共有電子対がどこにあるか示せ．
   (a) 水
   (b) アセトン $Me_2C=O$
   (c) 窒素 N_2

有 機 反 応

5

関 連 事 項

必要な基礎知識
- 分子の現実的な書き方 2章
- 分光法により分子構造を確かめる 3章
- 分子の形と構造を決めるもの 4章

本章の課題
- 分子はなぜ簡単には反応しないのか
- 分子はどんなときに反応するのか
- 分子の形と構造が反応性をどう決めるのか
- 化学反応では電子はみたされた軌道から空の軌道に動く
- 求核剤と求電子剤を見つける
- 反応における電子の動きを巻矢印で表す

今後の展開
- カルボニル基の反応 6章
- 本書の残りの章

5・1 化学反応

　ほとんどの分子は，そのままでは何も変化しない．瓶に入れた硫酸，水酸化ナトリウム，水やアセトン（プロパノン）は，分子の化学組成が変化することなく実験室の薬品棚で何年でも安全に保存できる．しかしこれらの化合物を混ぜると化学反応が起こる．ときには非常に激しい反応になる．本章では有機分子の反応性の基礎について説明する．ある組合わせでは反応するのに，別の組合わせではなぜ反応しないのか，反応性を電荷や軌道，電子の動きでどう理解したらよいか，**巻矢印**という特別な矢印を用いて電子の動き（反応機構）をどう表せばよいか，などを説明する．

　有機化学を理解するためには，二つの言葉に慣れる必要がある．その一つは**構造**（structure），すなわち原子，結合，軌道に関するものである．これについては，2～4章で説明した．2章では構造の書き方，3章ではこれらの構造の決定法，そして4章では軌道の電子によって構造をどう説明するか述べた．

　ここではもう一つの言葉を取上げる．それは**反応性**（reactivity）に関するものである．化学は何をおいても第一に分子の動的な性質に関する学問である．たとえば，ある分子から新しい分子がどのようにつくり出されるのかを問題にする．このような問題を理解するためには，**反応**（reaction）について話し，説明し，予想するための特有の用語と道具立てが必要になる．

　分子が反応できるのは，分子が運動しているからだといえる．原子は分子のなかでも一定の範囲で動いている．結合の伸縮と変角振動が赤外スペクトルで検知できることを3章で述べた．4章では（アルケンのπ結合は回転しないが）アルカンのσ結合が自由に回転していることを説明した．それに加えて，気体と液体ではすべての分子が空間で絶えず運動しており，互いにぶつかり合うとともに，容器の壁や，溶液の場合には溶媒分子ともぶつかり合っている．反応が起こるのは，これらすべての絶え間ない運動の結果である．分子が衝突すると何が起こるか，まず最初に考えてみよう．

> Marcellin Berthelot（1827～1907）は，1860年に"化学の創造性は芸術に似ており，他の自然科学や歴史学とは異なる"と述べている．

分子が衝突しても化学変化が起こるとは限らない

　分子は多数の電子で覆われており，その電子は結合性あるいは非結合性軌道に入っている．そのために分子表面には負電荷があるので，すべての分子は互いに反発し合っている．分子がその反発を乗り越えて互いに近づくのに十分なエネルギーをもっている場合にのみ，反応が可能になる．エネルギーが足りないと，2分子は単に衝突するだけで，

> ➡ 反応がどのように起こるかについては12章でさらに詳しく述べる．

ビリヤードのボールのように跳ね返るだけだ．そのときエネルギーを交換し，速度は変化するが，化学的には変化しないままである．反応するのに必要な最低のエネルギー，すなわち反応するために分子が乗り越えなければならない障壁のエネルギーを**活性化エネルギー**（activation energy）という．どんな化合物でも，分子はエネルギーを一定量もっており，反応が起こるには，少なくともいくつかの分子は活性化エネルギー以上のエネルギーをもっている必要がある．

静電引力が分子を近づける

塩化ナトリウムの溶液を硝酸銀の溶液と混ぜ合わせると，Ag^+ と Cl^- の間に静電引力が働いて一緒になり，安定な塩化銀の結晶格子を形成して溶液から沈殿が析出する．どちらのイオンももちろん電子に囲まれているが，Ag^+ は負電荷が不足してカチオンになっている（Agの全47電子よりも1電子少ない）ので，残りの電子による反発よりも引力が強くなっている．

> 安定な有機アニオンではふつう炭素以外の原子に負電荷がある．たとえば酢酸イオン $CH_3CO_2^-$ の負電荷は酸素にある．

安定な有機アニオンはあまり例がない．有機カチオンはさらに少ないので，有機反応でカチオンとアニオンが直接反応することはほとんどない．有機反応が起こるのは，一般的には，電荷をもつ反応剤（カチオンまたはアニオン）と**双極子**（dipole）をもつ有機分子の間の引力がきっかけになる．本章で詳しくみていく反応例は，ホルムアルデヒド（メタナール）のようなカルボニル化合物とシアン化物イオン CN^-（これは数少ない安定な有機アニオンのひとつ）の反応である．酸素の電気陰性度が炭素よりも大きい（§4・5参照）ので，カルボニル基は分極している．負電荷をもつシアン化物イオンはカルボニル基の双極子の正電荷部にひきつけられる．実際には，反応するものが電荷をもっていなくてもよい．水もホルムアルデヒドと反応する．この場合，カルボニル基の双極子の正電荷部にひきつけられるのは，電荷をもたない水分子の酸素原子にある非結合電子対（non-bonding pair of electrons）すなわち**非共有電子対**（unshared electron pair，孤立電子対 lone pair of electrons ともいう）である．

軌道の重なりが分子を結合させる

電荷と双極子は，分子が電子反発を乗り越えて互いに近づくのを助け，活性化エネルギーを下げて反応を促進する．しかし，電荷も双極子も全くない分子どうしでも，分子軌道間の相互作用が可能なら反応は起こる．不飽和度を調べる古典的な試験法に，化合物と臭素水を反応させる方法があった．もし褐色が消えると，その分子は不飽和である（二重結合がある）．分光法があるのでいまはやこの試験法は使わないが，この反応はいまでも重要である．アルケンと臭素は両方とも，電荷も双極子もないが，それでも反応する．これらの分子の間での引力は静電的なものではない．両者の電子反発が克服されるのは，臭素分子に空軌道（Br—Br結合の σ^* 軌道）があって，アルケンから電子を受け入れて反応に関与できるからだ．被占軌道どうしの反発相互作用と違って，被占軌道と空軌道の相互作用は引力的であり反応につながる．

軌道相互作用は，上の二つのホルムアルデヒドの反応にも実際含まれている．ただ，これらの反応では軌道相互作用が静電引力によってさらに増強されているだけだ．

化学反応が起こるための要点
- 一般に，分子は互いに反発し合っていて，反応するには最小限の**活性化エネルギー**でこの障壁を乗り越える必要がある
- ほとんどの有機反応には被占軌道と空軌道の相互作用が関係している
- すべての反応とはいえないが，多くは電荷どうしの静電引力が電子反発を乗り越えるのを助けている
- イオン反応のなかには静電引力だけで進むものもある

分子どうしの反応では，**静電相互作用**（electrostatic interaction）と**軌道相互作用**（orbital interaction）が関係する．どちらがより重要であるか調べなくてもよいが，程度に差があってもいずれも関係するとだけ認識しておこう．

分子間の電子の流れによって反応が起こる

上で述べたような相互作用によって分子が二つ接近し，一方の分子から他方に電子が流れると反応が起こる．これを**反応機構**（mechanism of the reaction または reaction mechanism）といい，電子がどのように変化するか詳しく記述する．ほとんどの反応では電子はある分子から別の分子に向かって動く．電子対を受け入れるものを**求電子剤**（electrophile，電子を求めるもの）といい，電子対を供与するものを**求核剤**（nucleophile）という*．

* 訳注：分子レベルで考えるときには，求電子種あるいは求核種ということもある．

求核剤から求電子剤に電子対が動くと結合ができる

求核剤は電子対を供与し，求電子剤は電子対を受容する．

ここに，求核剤をアニオン Cl^- とし求電子剤をカチオン H^+ とする簡単な例がある．これら両者が静電引力で互いに近づき，求核剤から供与された電子対で新しい結合をつくる．電子が動いて結合ができることを表すには，電子の動きを矢印で示すとわかりやすい．電子の動きを示す矢印は常に曲げて書くので，**巻矢印**（curly arrow）とよぶ．反応を示す矢印はまっすぐな直線である．

次の例では，求核剤（アンモニア NH_3）も求電子剤（ボラン BH_3）も電荷をもっていないが，N の非共有電子対と B の空の p 軌道との相互作用によって引き合い，電子対が求核剤 NH_3 から求電子剤 BH_3 に動いて，新しい結合をつくる．

➡ BH_3 と NH_3 の結合については 99〜100 ページで説明した．

配位結合(dative bond または coordinate bond)はふつうの σ 結合と何ら変わらない．2電子がたまたま同じ原子からくるだけである．ほとんどの結合は一方の原子から他方に電子を供与することによって生成するのであり，電子の履歴を明記する必要があるような分類は意味がない．共有結合で区別が必要なのは，σ 結合と π 結合だけである．

生成物の B と N の電荷は，単に電子の数合わせのために必要であるにすぎない．共有結合の電子対は結合している原子二つが1電子ずつ提供すると考える．しかしこの場合，2電子とも窒素に由来する（かつてはこのような結合を"配位結合"とよんでいた）ので，結果としてホウ素は1電子余分になり，窒素は1電子少なくなるので，それぞれ−＋電荷を表記するが，生じた結合はふつうの σ 結合と何ら変わらない．

軌道の重なりが反応を進めるための鍵になる

アンモニアとボランの反応では，両分子が反応するのに十分なエネルギーをもって衝突するだけでなく，軌道が相互作用できるように適切な方向で衝突する必要がある．4章で述べたように，N の非共有電子対は非結合性の sp^3 軌道に入っている．結合をつくるためには，この軌道が B の空の p 軌道と重なる必要がある．したがって，下左のように衝突すれば，結合ができる．しかし，右の3種類のような衝突では結合はできないだろう．

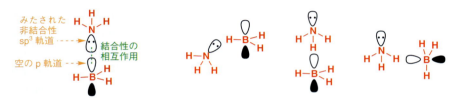

もちろん，N と B の軌道が正面から相互作用する場合の分子軌道のエネルギー準位図を書くこともできる．この方法については4章を復習して思い出そう．ここでは，N の被占 sp^3 軌道が B の空 p 軌道と相互作用して，結合性 σ 軌道と反結合性 σ* 軌道をつくると考えるとよい．そして，N の非共有電子対に由来する2電子を詰めると，B−N 結合の全貌がみえてくる．

反応に関係ないので N−H と B−H 結合は無視している．N の sp^3 軌道のエネルギーが B の p 軌道より低いのは二つの理由による．一つは s 性が大きいからであり，また N のほうが B よりも電気陰性度が大きいからである．

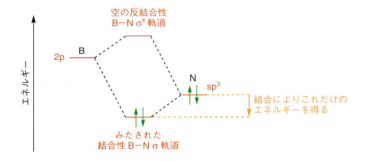

エネルギー準位図から，結合をつくるとなぜ有利なのかわかる．2電子が非結合性の sp^3 軌道からエネルギーの低い結合性 σ 軌道に移るので，エネルギーが下がる．電子が入っていない軌道は分子全体のエネルギーに関係ないので，そのエネルギーがどうなるか考える必要はない．

この考え方を一般化して，優れた求核剤と優れた求電子剤がどうなるか説明しよう．求核剤として Nu の記号を用い，適当な被占軌道（どんな軌道でもよい）に入っている電子対が求電子剤 E の空軌道へ供与できるとすると，分子軌道のエネルギー準位図が3種類考えられる（次ページ上）．

左側の図では，Nu の被占軌道と E の空軌道のエネルギー準位がほぼ等しい．これらの間で新しい結合ができると，かなり大きなエネルギーの低下になる（安定化が大きい）．右側の図では，Nu の被占軌道と E の空軌道の間にエネルギーに大きな差があり，結合

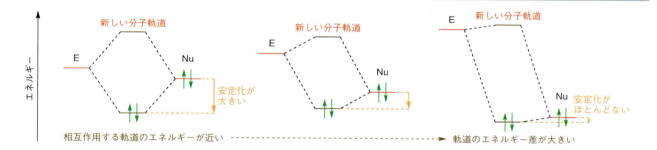

によるエネルギーの低下は非常に小さい（安定化が小さい）．この結果から，"反応が最も起こりやすいのは，相互作用する軌道のエネルギー準位がほぼ等しいときである" といえる．

> **反応が起こるための条件**
> - 静電引力や軌道の重なりが分子間の電子反発を克服できるほど大きい
> - 相互作用できる適当なエネルギーの軌道（求核剤の被占軌道と求電子剤の空軌道）がある
> - これらの軌道の重なりで，結合性の相互作用が起こるような方向から近づく

5・2 求核剤と求電子剤

§5・1で述べたことは，求核剤と求電子剤について何を意味するのか．一般に，被占軌道のエネルギーは低い（エネルギーが低いから電子が詰まっている）．逆に，空軌道のエネルギーは高い．したがって，最もよい（新しくできる分子が最も安定になる）相互作用は，被占軌道のなかで最もエネルギーの高い軌道と空軌道のなかで最もエネルギーの低い軌道との間の相互作用になるだろう．すなわち，**最高被占（分子）軌道**（highest occupied molecular orbital: **HOMO**）と**最低空（分子）軌道**（lowest unoccupied molecular orbital: **LUMO**）の相互作用が最も重要である．次に示すエネルギー準位図がこの関係を表している．これは上の図の左側の最もよい相互作用を書き直したもので，他の軌道も書き込んである．

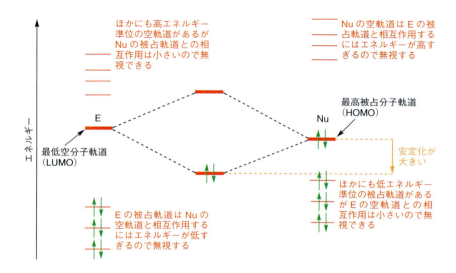

被占軌道どうしの相互作用は，結合性と反結合性で打消し合う（91 ページ参照）のですべて無視できる．空軌道どうしの相互作用も電子が入っていないので分子の安定性には関係ない．残りの相互作用のうち，分子のエネルギーの低下（安定化）が最も大きいのは，求電子剤の LUMO と求核剤の HOMO の間の相互作用である．この二つの軌道のエネルギー差をできるだけ小さくするためには，求核剤が高エネルギーの HOMO をもち，求電子剤が低エネルギーの LUMO をもっていることが望ましい．

- よい求核剤には高エネルギーの被占軌道（HOMO）がある
- よい求電子剤には低エネルギーの空軌道（LUMO）がある

どの反応でもこれを理解するには，まず最初に反応する分子のどちらが求核剤でどちらが求電子剤かを決めることがいかに重要であるか，いくら強調してもしすぎることはない．したがって求核剤と求電子剤それぞれを並べて比べよう．最初によい求核剤とよい求電子剤の代表を紹介し，どこが優れているのか説明し，実際にどう反応するのか調べてみよう．

求核剤を見分ける

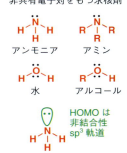
非共有電子対をもつ求核剤

求核剤は，負電荷のあるものまたは電荷のない分子でも高エネルギー準位の軌道（HOMO）に電子対がある．最も一般的な求核剤は，結合に関与していない**非共有電子対**をもつものである．結合に関与しない電子は，原子核間に共有されて安定化された結合性の電子よりも，一般に高エネルギー準位にある．非共有電子対をもつ代表的な電気的に中性な求核剤として，アンモニア，アミン，水，アルコールなどがある．これらはいずれも sp³ 軌道を占める非共有電子対（N は 1 組，O は等エネルギーの電子対 2 組）をもっている．

ホスフィン，チオール，スルフィドのように高周期の原子で非共有電子対をもつものがあるとよい求核剤になる．それは非共有電子対がより高エネルギーの 3s と 3p 原子軌道がつくる分子軌道に入っているためである．

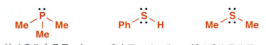

非共有電子対をもつ**アニオン**も多くの場合よい求核剤である．その一因は，正電荷をもつ求電子剤との静電引力にある．アニオンとなる原子は，ふつう O，S やハロゲンであり，それぞれには等価の非共有電子対が複数ある．たとえば，水酸化物イオンは非共有電子対が 3 組ある（負電荷はそれらの電子対のどれかと特定することはできない）．アニオンを表すときに，負電荷だけを書いて，非共有電子対を省略することも多く，これが便利である．この負電荷は（余分の電子とそれと対になっている電子からなる）電子対を表していて，通常は巻矢印をこの負電荷から出して反応機構を書く．

非共有電子対をもつ炭素の求核剤として最も重要なのはシアン化物イオンである．シアン化物イオンは N₂ と等電子構造であり，N と C に非共有電子対を 1 組ずつもつが，求核性を示す原子は電荷をもたない N でなく，負電荷をもつ C である．それは，C の sp 軌道のほうが電気的に陰性な N の sp 軌道よりもエネルギー準位が高いので，これが HOMO になるからである．

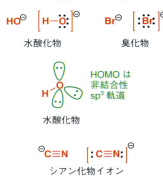
負電荷をもつ求核剤

分子によっては非共有電子対がなくても求核剤になる．非結合性軌道の次にエネ

ギーの高い軌道は**結合性 π 軌道** (bonding π orbital),特に C=C 二重結合である.σ 軌道はそれより低エネルギーである (§4・3 参照).単純なアルケンは求核性が低く,臭素のような強い求電子剤と反応する.しかし,π 結合は (特に電気的に陰性な原子と結合すると) 求電子剤になるので注意を要する.このような π 求核剤はアルケンやアルキンと芳香環が一般的である.

最後に,求核剤の σ 結合も電子対を供与することができる.電気的に陽性な原子 (B, Si, 金属など) と C あるいは H との σ 結合がその例である.§4・4 でこれらの電気的に陽性な原子ではいかに電子が離れやすいか,すなわち原子軌道 (そしてこの原子軌道からできる分子軌道) が高エネルギーであるか述べた.4 章 99 ページで水素化ホウ素アニオン BH_4^- を解説したが,BH_4^- はよい求核剤であり,次章で述べるように,求電子性のカルボニル化合物と反応する.BH_4^- は HOMO である B–H σ 軌道から電子対を出す.この場合には負電荷は電子対を表していないので,負電荷から巻矢印を出せないことに注意しよう.

後の章で有機金属について説明するが,たとえばメチルリチウムのような炭素-金属結合をもつ化合物は求核剤になる.これは電気陰性度の大きい C と Li との結合の σ 軌道が高エネルギーだからである.

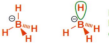

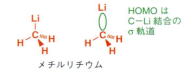

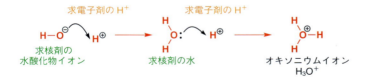

上の黄囲み中の巻矢印は,求核剤から電子が出ていくことを示している.その電子はどこにいくのだろうか.それは**求電子剤**に与えられることになる.

求電子剤を見分ける

求電子剤は空の原子軌道 (たとえばボランの空 p 軌道) あるいは低エネルギーの反結合性軌道をもち,電子対を容易に受け入れることができる化学種であり,電荷をもたないものも正電荷をもつものもある.最も単純な求電子剤は水素カチオン H^+ で,プロトンとよばれる.H^+ には電子が全くなく,非常にエネルギーの低い空の 1s 軌道があるだけである.あまりにも反応性が高いので,この形のままで存在することはほとんどなく,どんな求核剤ともすぐ反応してしまう.たとえば,H^+ を含む水溶液は酸性を示し,求核剤の水酸化物イオンで中和されてしまう.それだけでなく,強酸は水をプロトン化する.このとき,水は求核剤,プロトンは求電子剤として反応する.生成物はオキソニウムイオン*(oxonium ion) H_3O^+ であり,これが強酸水溶液における酸性を示す真の化学種である.求核剤から求電子剤への電子の動きを巻矢印で示して,水酸化物イオンと H^+ の反応を表すと次のように書ける.巻矢印は,水酸化物イオンの負電荷から出ている.負電荷は酸素の電子対のうちの 1 組を示している.

* 訳注:H_3O^+ は以前はヒドロニウムイオン (hydronium ion) ともよばれていた.オキソニウムイオンは R_3O^+ の総称名としても使われる.

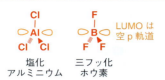

塩化アルミニウム　三フッ化ホウ素　LUMOは空p軌道

空の原子軌道をもつ求電子剤には，99ページで述べたボランや関連する三フッ化ホウ素，そして塩化アルミニウムなどがある．BF₃ は，次に示すように，エーテルと反応して安定な錯体を生成する．この場合，巻矢印は非共有電子対から出る．

求核剤のジエチルエーテル　求電子剤のBF₃　→　三フッ化ホウ素-エーテル錯体 Et₂O·BF₃　新しいσ結合

空の原子軌道をもっている有機化合物はほとんどなく，代わりに大多数の有機化合物では LUMO が低エネルギーの反結合性軌道であり，電気的に陰性な原子が関係している．これらの反結合性軌道は π* 軌道でも σ* 軌道でもよい．いいかえると，よい求電子剤になる分子は O, N, Cl, Br のような電気的に陰性な原子と二重結合か単結合をつくる．軌道のエネルギーを下げ電子を受け入れやすくするためには電気的に陰性な原子が存在すること（92ページ参照）が重要である．

電気的に陰性な原子と炭素の二重結合をもつ化合物のうち最も重要なものはカルボニル化合物である．実際，カルボニル基は有機化学で最も重要な官能基である．その分子軌道はすでに 100 ページで説明し，その反応性は 6 章で詳しく述べる．低エネルギーの π* 軌道に電子を受け入れることができ，C=O 結合の結合モーメントのために炭素に部分正電荷（酸素に部分負電荷）があるのでさらに求電子性が強くなっている．カルボニル化合物の例としてアセトンを取上げ，水素化ホウ素アニオンのようなアニオン性求核剤との反応を示す．この求核剤の負電荷は電子対を表していないので，巻矢印は負電荷

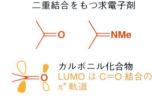

電気的に陰性な原子との二重結合をもつ求電子剤　カルボニル化合物 LUMO は C=O 結合の π* 軌道

求核剤の水素化ホウ素アニオン　求電子剤のカルボニル化合物　この巻矢印は2電子が反結合性 π* 軌道に入ってくるとともに π 結合が切れることを示す　→　新しいσ結合　π結合は切れるがσ結合は切れない

電気陰性度の尺度における炭素の位置

有機反応によく出てくる原子の電気陰性度を右の図にまとめる．

この図から炭素原子が特別な存在であることがよくわかる．炭素は，炭素自体を含めてほとんどの原子と強い結合をつくることができる．図の両端の原子は類似の原子と弱い結合しかつくることができない（金属－金属結合，ハロゲン－ハロゲン結合，O－O 結合は弱い）が，中間にある原子は他のどの原子とも強い結合をつくることができる．中間に位置するので C は多彩な反応性を示す．電気的に陰性な原子と結合していれば求電子性を示すが，電気的に陽性な原子と結合していれば求核性を示す．

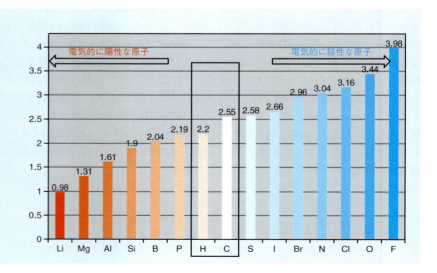

からでなく，どこから出ているか注意しよう．

電子の動きを示す巻矢印は，この例では少しややこしいが説明は簡単だ．一つ目の矢印は電子対が求核剤の HOMO（B–H σ 軌道）から求電子剤の LUMO（C=O π* 軌道）へ移動することを示している．この機構の新しい点は，2番目の巻矢印が二重結合から酸素原子への電子対の移動を示していることである．これは容易に説明できる．この反応では 2 電子が反結合性 π* 軌道に入るので，結合は切断せざるをえない．切れる結合は C=O の π 結合であり，σ 結合は関係ない．結合に関与していた電子対は電気陰性な酸素にいかざるをえず，結果的に，酸素の余分の電子対になる（負電荷で表している）．生成物には C=O π 結合に代わって新しい C–H σ 結合ができる．

> この重要な反応については，6 章でも述べる．

> カルボニル基では，σ* 軌道よりも π* 軌道のエネルギーが低いので，σ 結合でなく C=O π 結合が切れる．

電気的に陰性な原子との単結合をもつ分子も優れた求電子剤になる．HCl や CH$_3$Br のような化合物では，Cl や Br が電気陰性なために σ* 軌道のエネルギーが低く（§4·4 参照），双極子のために求核剤の電子対が H や C 原子にひきつけられる．

次の例は，塩化水素を求電子剤としアンモニアを求核剤とする反応である．上の C=O 結合の反応と同じように，反結合性軌道へ電子が入るので結合が切れる．この場合には，反結合性軌道は H–Cl 結合の σ* 軌道であり，切れる結合は H–Cl σ 結合である．

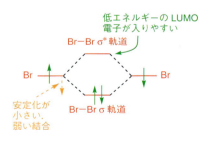

σ 結合のなかには，双極子を全くもたないのに求電子性をもつものもある．ハロゲンの I$_2$，Br$_2$，Cl$_2$ がその例である．たとえば，臭素は Br–Br 結合が弱く，σ* 軌道のエネルギーが低いので，求電子性が非常に強い．なぜ σ* 軌道のエネルギーが低いのだろうか．それは，臭素がわずかに電気陰性で，しかも大きいからだ．結合をつくるのに 4s と 4p 原子軌道を用いなければならないが，これらの軌道は大きく広がっていて重なりが弱いので σ* 分子軌道のエネルギー準位は低い．したがって，電子を受け入れやすい．C–C 結合とどれほど違うかは，C–C 単結合がほとんど求電子性を示さないことを考えればわかる．

> この反応と 111 ページの反応は塩基と酸の反応であると理解しているかもしれない．すべての酸塩基反応は求核剤（塩基）と求電子剤（酸）の反応である．X–H 結合（X はどんな原子でもよい）をもっていて，反応で H$^+$ を出すような求電子剤を酸とよび，非共有電子対を使って X–H 結合に電子を供与するような求核剤を塩基とよぶ．
> 酸についてはもう少し別の定義がある．それについては 8 章で説明し，Lewis 酸という用語を導入する．

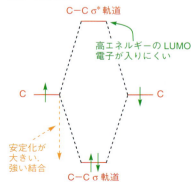

> C–C 結合の反応性が低いので，構造を炭化水素骨格と官能基に分けて考える．炭化水素骨格は強い C–C 結合からなり，反応性の低い低エネルギーの被占軌道と高エネルギーの空軌道をもっている．一方，官能基は電気的に陰性な原子や電気的に陽性な原子のために反応しやすい低エネルギーの LUMO や高エネルギーの HOMO をもっている．

臭素はいろいろな求核剤と反応する．たとえば，次に示すスルフィドと臭素の反応がある．硫黄の非共有電子対が Br–Br σ* 軌道に供与され，S と Br の新しい結合ができ

Br−Br 結合が切れる.

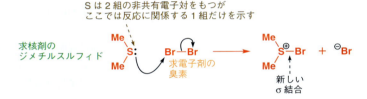

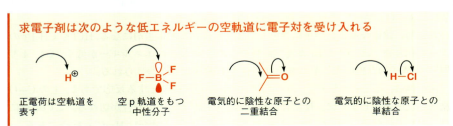

求電子剤は次のような低エネルギーの空軌道に電子対を受け入れる

正電荷は空軌道を表す　　空p軌道をもつ中性分子　　電気的に陰性な原子との二重結合　　電気的に陰性な原子との単結合

5・3　巻矢印を用いて反応機構を書く

　これまで反応における電子の動きを巻矢印で表すことをいくつかの例で紹介してきたが，ここでもっと詳しく説明しよう．巻矢印を用いるこの簡単な方法は，反応がどう進むか，すなわち反応機構を簡単に正確に説明する最も有力な手法であるといっても誇張ではない．反応における巻矢印は，分子における構造式のようなものだ．2章で構造式を書くための手順を説明した．分子の構造には非常に複雑なものもあるが，正しい分子構造式は余計なことをいわなくてもその重要な特徴をすべて表している．巻矢印も同様である．すでに述べたように，反応は分子軌道が重なり，結合をつくって新しい分子軌道をつくり，その軌道に電子が収まる．巻矢印を用いることによって，不必要な細部に関係なく，軌道の相互作用と電子の動きの重要な特徴を非常に簡単に表すことができる．ここでは，巻矢印を用いて反応機構を書くための手順を概説しよう．

巻矢印は電子対の動きを示す

　巻矢印は，被占軌道から空軌道への"電子対の動き"を表す．巻矢印は，登山家が今いるところから次に行きたいところへ引っかけかぎを投げるように，2電子を投げる動作を表していると思えばよい．最も簡単な場合には，この電子対が動いて求核剤と求電子剤の間に結合ができる．ここに前出の2例を示す．非共有電子対が空の原子軌道に移動していることがわかる．

> 矢印の先は原子二つの真ん中がいいという人もいるが，矢印の先は新しい結合をつくる原子に近いほうがわかりやすくてはっきりする．ここに出てきた例では，違いが小さく，どちらでもあいまいなところはないが，後出するようにもっと複雑な場合にはこのほうがわかりやすい．本書では全章を通してこのやり方を採用する．すなわち，矢印の先は求電子剤の近くにもってくる．

　巻矢印（の出発点）は常に被占軌道にある電子対の記号から始まる．上の例では非共有電子対を表す二つの点あるいは負電荷（これも非共有電子対を表している）から出る．矢印の先は電子対の行先（上の例では，新しく生じるO−HやO−B結合）を示す．新しい結合生成を表すには，巻矢印の先を結合をつくる2原子を結ぶ線上のどこかに向け

て書けばよい．

巻矢印はなぜ2電子の動きを表すのか．4章で述べたように，結合をつくるには2電子が必要であり，上の2例ではこれらの電子が非共有電子対に由来する．1電子の動きを示す場合には，24章と37章で説明するように，別の種類の矢印（片羽矢印）を使う．

前節で出てきた弱いBr-Br結合との反応のように，求核剤が反結合性軌道を攻撃する場合には巻矢印が二つ必要になる．一つは新しい結合の生成を示し，もう一つは古い結合の切断を示す．

結合生成を示す巻矢印は前と同じだ．矢印は求核剤の非共有電子対から出て求電子剤の近くに向かう．しかし，結合切断を示す矢印は少し違う．この矢印は，結合の2電子が一方の末端（Br）のほうへ動き，その原子がアニオンになることを示している．この矢印も他の例と同じように，被占軌道の電子対（Br-Br σ結合）を表す記号から出る．すなわち，結合の真ん中から出て，矢印の先は電子対の行先の原子（この場合Br）をさす．

さらに，強酸のHBrに塩基が攻撃する反応を考えよう．

矢印をどのくらい湾曲させるかは問題ではない．直線の反応矢印と区別できるくらい湾曲していれば好きなように書けばよい．巻矢印が正しい位置から出て正しい位置に終わっていれば，右向きでも左向きでもよく，上向きでも下向きでもよい．次のように書いても一向に差し支えない．

> **巻矢印は常に電子対を表す記号**
> ・負電荷　・非共有電子対　・結合
> から出し，電子対の行先に向ける．

> 二つ目の矢印は電気的に陰性な原子に電子対を供給して電子求引の性質を満足させている．これが，電気的に陰性な原子との二重結合や単結合が高い求電子性をもつ原因のひとつである．

電荷は反応の各段階で保存される

電荷が新しく発生したり消失したりすることはない．全体として出発物に電荷がなければ，生成物にも電荷はない．すぐ上の例で臭素が負電荷をもつようになる理由は明らかだ．臭素原子は形式的に結合電子対のうち1電子だけ提供していたのに，結合に関与している2電子とも受け入れてアニオンになる．アンモニウムイオンが正電荷をもつ理由は少しわかりにくいかもしれないが，ここに正電荷がなければ生成物全体としての電荷が合わない．見方を変えると，新しいN-H結合の2電子ともNに由来するので，Nでは差し引き1電子少ないことを表している．

出発物全体に電荷があれば，生成物全体に電荷が同じだけなければならない．次の反応は，アンモニアのH_3O^+によるプロトン化である．この反応では出発物も生成物も全体として電荷が+1になる．

> H₃O⁺ はもちろんここでも求電子剤であり，H–O 結合の σ* 軌道に電子対を受け入れる．では，なぜ次の反応は起こらないのか．
>
> 答は，すでにこの酸素原子に 8 電子あることだ．H との三つの結合に 6 電子，非共有電子対に 2 電子ある．結合が一つ切れなければ新しい結合を受け入れることはできない．正電荷は，H⁺ の場合と違って，空軌道を表してはいない．H₃O⁺ の求電子中心は H であり，O ではない．

出発物は全体として正電荷を一つもつ

生成物も全体として正電荷を一つもっていなければならない

二重結合の π 結合だけが切れる場合には σ 結合はそのまま残る．これは，求核剤が求電子的なカルボニル基を攻撃するときにいつも起こる．σ 結合の切断とまさに同じように，巻矢印は π 結合の中央から出て，電気陰性度の大きいほうの原子，ここでは酸素原子に矢先を向けて終わる．

π 結合は切れる　　　　C–O σ 結合は残る

この反応では，出発物は全体として電荷が −1 であるが，アニオンが生成するのでこの電荷は保存されている．水酸化物イオンから電荷が失われ，もとのカルボニル酸素に電荷が出現している．OH がカルボニル炭素と電子対を共有し，カルボニル酸素が π 結合の電子対から 1 電子余分に受取ったからである．

求核剤としての π 結合

すでに述べたように，アルケンは求核剤になる．簡単な例はアルケンと HBr の反応である．C–C π 結合が求核剤の HOMO になる．したがって，最初の巻矢印は π 結合の真ん中から出て，炭素原子の一方と HBr の水素原子の間に向かう．2 番目の矢印は，H–Br σ 結合の電子対が臭素原子に移動して臭化物イオンをつくる．正電荷は，カルボカチオンとして残るので，全電荷は保存される．カルボカチオンは正電荷と空の p 軌道をもつ（電子数が合うか確かめよう）．

> ➜ 最も単純なカルボカチオン CH₃⁺ については 100 ページで説明した．

新しい σ 結合

カルボカチオン

> 何が起こったか明確にするために新しくできた C–H 結合を生成物に書き込んだ．この炭素にはもう二つ C–H 結合があるが，これらは書かないことにする．

この反応ではアルケンのどちらの炭素と HBr のどちらの原子が反応するか，巻矢印で正しく示す必要がある．したがって，反応する分子二つを正しく配列して書くことが重要である．逆の配列で書いたら反応機構に混乱が生じてしまう．次のように書くと H がアルケンの正しい炭素と結合することが表現できないので，よくない．

もし書き方があいまいだと思ったら，書き直してもっと明快な方法がないか試してみよう．求核中心が非共有電子対や負電荷ではなく π（または σ）結合であるときには，結合のどちらの原子が反応するかが常に問題になる．この点を明快に示す一つの方法は，"原子指定"の巻矢印（atom-specific curly arrow）を使って反応する原子を突き抜けるようにはっきり書けばよい．その書き方の一例を次に示す．

> 図に示したようにアルケンの一方の決まった末端で新しい C–H 結合をつくる理由については 19 章で説明する．

巻矢印は新しい結合をつくる原子を突き抜けている

この反応は，実際にはここでは止まらないで，生成した二つのイオンが互いに反応して最終生成物を生じる．アニオンが求核剤であり，空のp軌道をもつカルボカチオンが求電子剤となる．

前項のH$_3$O$^+$の反応との違いに注意しよう．H$_3$O$^+$のO原子と違って，カルボカチオンのC原子は6電子しかないので，もう2電子受け入れることができる．

求核剤としてのσ結合

σ結合が求核性を示して反応するときにも，求電子剤と新しい結合をつくるとともに電子対はσ結合の一方の原子に移動する必要がある．前出のカルボニル化合物と水素化ホウ素ナトリウムNaBH$_4$の反応に戻り，その機構をよく調べよう．この例では，BH$_4^-$から水素原子が一つ外れてカルボニル化合物と結合する．求電子剤のLUMOは，もちろんC=O結合のπ*軌道である．

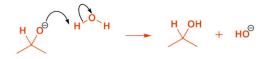

BH$_4^-$の負電荷は非共有電子対を表していないので，そこから巻矢印を出すことはできないことを思い出そう（112ページ）．B原子のまわりの8電子はすべて四つのB-H結合として示してある．考え方としては，この負電荷はH$_3$O$^+$の正電荷（空軌道を表していない）と類似点がある．これらをHO$^-$の負電荷（sp^{3}非共有電子対を表す）およびH$^+$の正電荷（空の1s軌道を表す）と比べてみるとよい．

求核剤からの矢印は，切れる結合の中央から出てどちらの原子が求電子剤と結合するかを示す．σ結合の電子対がホウ素ではなく水素原子のほうから求核剤として働くことをはっきりさせるためには，ここでも原子指定の巻矢印を使うとよい．

生成したアニオンは最終生成物ではなく中間体である．この反応は水中で行うことが多いので，このアニオンは求核剤として反応して水からプロトンをとる．ここでは水が求電子剤であり，そのLUMOはO-H結合のσ*軌道である．

ほかにも例はあるが，水は求核剤にも求電子剤にもなりうる．このような場合には反応相手をよく見て，これが求核剤か求電子剤か決めればよい．この例ではアニオンが求核剤である．負電荷をもつ分子が求電子剤になることはありえない．

まとめ：巻矢印の要点
- 巻矢印は電子対の動きを示す
- 巻矢印の出発点は電子対の供給源を示す．それは被占軌道（HOMO）であり，次のいずれかである
  - 非共有電子対 ・負電荷 ・π結合 ・σ結合
- 巻矢印の先は電子対の行先を示し，次のいずれかである
  - 新しい結合を生成できる空の原子軌道
  - 反結合性π*またはσ*軌道（新しい結合の生成と古い結合の切断を伴う）
  - 負電荷を受け入れることのできる電気的に陰性な原子
- 全電荷は反応の前後で保存される

5・4 巻矢印を使って自分で機構を考える

新しい反応に出会って最初にやるべきことは，次の二つである．

1. 生成した結合と切断した結合を確かめる
2. どれが求核剤でどれが求電子剤か決める

これができれば，巻矢印を使って反応機構を書く準備は完了だ．ここでは，例としてトリフェニルホスフィンとヨウ化メチルの反応を取上げよう．

$$Ph_3P + MeI \longrightarrow Ph_3\overset{\oplus}{P}-Me + I^{\ominus}$$

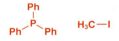

最初に何が起こっているか観察する．リン原子とメチル基の間に新しい結合ができ，炭素-ヨウ素結合が切れている．そこで，この結合生成を表す巻矢印を書きやすいように，反応するものを二つ書く必要がある．また，反応に直接関係している結合をすべてはっきりと書くことにも注意する必要がある（ここでは，省略しすぎるよりは詳しすぎるほうがよい）．

ここで最も重要なことは，"どちらが求核剤でどちらが求電子剤か"である．求核剤には，非共有電子対のような高エネルギーの電子対がある（この例ではリンの電子対が該当する）．同様に，Cと電気陰性な原子Iの結合をもつヨウ化メチルが求電子剤の要件を備えている．あとは巻矢印を書くだけである．最初の矢印は電子の供給源であるリンの非共有電子対から出し，新しいP-C結合の生成を示すようにCの近傍に向ける．第二の矢印はC-I結合を切断し，電子対がIに移動するように書く．これはどうみても簡単すぎる機構だが，それでも初めて自分でうまく書けたら自信になるだろう．

5価の炭素を書かないように注意する

今まで暗黙の了解事項としていたが，ここで一つ明記すべきことがある．安定な有機分子に含まれるほとんどの原子は原子価殻が（水素では2電子，炭素や窒素，酸素では8電子で）みたされている．したがって，これらの原子が新しい結合をつくるためには，すでにある結合を一つ切断せざるをえない．上の例で，C-I結合を切らないでPh_3PがMeIに結合するだけだとどうなるだろうか．

炭素が結合を五つもつことは不可能だから，この構造はまちがっている．もし結合が五つできたとすると，この炭素は2s軌道と2p軌道三つに10電子収容することになる．ところが，第2周期の元素は四つの軌道には8電子しか収容できない．

> B, C, N, Oは結合を四つまでしかつくれない．電荷のないH, C, N, あるいはOと新しい結合をつくるときには，同時にすでにある結合を一つ切らなければならない．

多段階反応機構

本章の最初に，カルボニル化合物とシアン化物イオンの反応を取上げた．その反応機構をここで考えよう．

> 左の反応はこれからよく出てくる書き方で表している．出発物をまず書き，反応剤と溶媒を反応矢印の上下に書く．これを反応式とよび，量論式と区別する．両辺の量論関係が必ずしも合っていないので，等号ではなく反応の矢印 ⟶ を使う．

まず，何が起こったか考えよう．NaCN はイオン性固体だから，真の反応種はシアン化物イオンであるにちがいない．その構造は 110 ページで説明した．アニオンだから求核剤になるはずであり，カルボニル基が求電子剤として働く．巻矢印を求核剤の負電荷から出して C=O 結合に向ける．そして 2 番目の矢印を使って C=O 結合を切断すると次のようになる．

この機構はこれでよいのだが，これでは生成物にならない．アニオンになった酸素がどこかからプロトンを拾う 2 段階目があるはずだ．プロトン源としては溶媒の水しかないので，機構は段階的に次のように書ける．

もっと複雑な例を考えよう．第一級アルコールは酸性溶液中で対称なエーテルに変換できる．一つの官能基から新しい官能基ができるこの酸触媒反応の機構を考えよう．酸が何かしているにちがいないので，エタノールと H^+ の反応から考える必要がある．H^+ は求電子剤だから，求核剤はエタノールのはずだ．エタノールの HOMO は O の非共有電子対であり，電子対の供給源になる．最初に得られる中間体もオキソニウムイオンとよばれている．

エタノール　　ジエチルエーテル

オキソニウムイオン

正電荷をもつオキソニウムイオンは第二段階の求電子剤であり，ここで求核剤になりうるのは別のエタノール分子しかない．ではこれがどう反応するのか．エタノールの非共有電子対が正電荷をもつ酸素原子を攻撃すると考えがちだが，そうすると 10 電子をもつ酸素原子が生じることになる．H_3O^+ の場合と同じように，オキソニウムイオンの酸素には正電荷があっても空軌道はない．H–O 結合への攻撃は別の可能性だが，これでは出発物に戻るだけだ．

この機構は出発物に戻るだけである

この機構は不可能である．正電荷は空軌道を表していない

オキソニウムイオン

必要なのは新しい C–O 結合生成だから，非共有電子対が炭素を攻撃して 2 電子を C–O 結合の σ* 軌道に入れ，水分子を追い出せば，新しい機構が書ける．最後の段階で，

プロトンが外れ，エーテルが生成する．

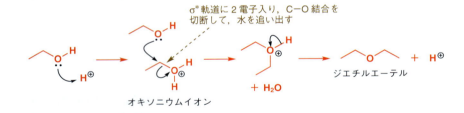

ここで全く別の反応を考えよう．次の反応の機構はどうだろうか．

チオールや環状エーテルのような官能基の化学は，どちらもまだ習っていないと異議を唱えるかもしれない．それでも，この反応の機構は書けるはずだ．まず第一に考えるべきは，どの結合が切れてどの結合ができるか，である．明らかに，S−H結合が切れて新しいS−C結合ができているし，3員環はC−O結合が一つ切れてなくなっている．炭素原子の主鎖は変化していない．これらをすべて欄外の図にまとめてある．ここで，この続きを隠し，次を読む前に自分で反応機構を考えてみることをすすめる．

水酸化物イオンが何かしているにちがいない．これは負電荷をもつので，これを求核剤としてS−H結合を切断することから始めるのがよさそうだ．水酸化物イオンは結局は塩基であり，プロトンをとるだろう．そうすると最初の反応は次のようになる．

ここで負電荷をもつ硫黄原子が生じるので，これが求核中心になるはずだ．炭素との結合をつくりたいので，3員環のC−O結合が求電子中心になればよい．そこで，何が起こるか巻矢印を書いてみる．すると次のようになる．

これはまだ生成物ではない．このアニオンがどこかからプロトンを拾うと考えなければならない．プロトンはどこからくるのか．これはもともと水酸化物イオンが引抜いたものにちがいない．つまり酸素アニオンは水を攻撃して水酸化物イオンを再生する．

自分で考えた機構はここに印刷したものほどきれいではないかもしれないが，おおよそ正しく書けていれば，自信をもってよい．これは，まだ習っていない反応も含む3段階機構だが，それでも書けたのだから．

巻矢印は有機化学の学習に不可欠である

　巻矢印は，どんなに複雑な有機反応でも，反応物と生成物との構造の関係や反応性の説明に使うことができる．正しく使えば，未知の反応の結果を予想したり，新しい合成反応を設計したりすることすら可能である．したがって，巻矢印は有機化学を理解し発展させるための強力な道具になる．この矢印を自在に使えるようになることが肝要だ．巻矢印は有機反応機構の動的な言葉であり，本書では今後各章に現れる．

　いろいろな種類の反応を系統的に学ぶ前に巻矢印をいま習得しておく理由として，同じく重要なのは，見かけ上"異なる反応"がいくらあっても結局はあまり違いがないことを理解することである．ほとんどの有機反応は，求核剤から求電子剤への電子対の動きで起こる．しかも，有機反応に含まれる求核剤と求電子剤は比較的限られた種類のものしかないので，反応機構を理解して書くことができるようになれば，一見関係なさそうな反応でも類似性がすぐにわかる．反応機構の書き方を学べば，反応を個々に学ぶ必要がなくなり，関係のある反応をまとめて理解できるようになる．

　巻矢印で機構を書くことは，自転車に乗るのとちょっと似ている．乗り方を体得するまでは転んでばかりいるが，いったんできるようになるとあまりにも簡単なので，これまでどうしてなしですませてきたのかと不思議に思うほどだ．交通量の多い通りや込み入った交差点に来ても，注意すれば安全に乗り切ることができる．

> 本書では通常赤の反応式に黒の巻矢印を使って反応機構を示す．これは巻矢印を目立たせたいためにそうしている．読者が機構を書くときにも巻矢印に構造式と対照的な色を使うことをすすめる．

> ➡ 求核剤と求電子剤を含まない例外的な種類の反応については，34，35，37，38 章で説明する．

> ➡ 10 章でこのような反応の重要な例について説明する．カルボン酸，アミド，エステル，酸無水物など多くの官能基がすべて同じ機構で反応する．

巻矢印で機構を書くための手順

　まだ十分理解していないので助けが必要だと感じているなら，次に示す段階ごとの手順が助けになるだろう．終始この手順に細かく従う必要もすぐになくなるだろう．

1. 反応する分子の構造を 2 章の指針に従ってはっきりと書く．反応する分子と溶媒が反応条件でどうなっているか理解していることを確認する．たとえば，反応を塩基中で行えば，化合物の一つがアニオンになっているかもしれない．
2. 出発物と生成物を点検し，反応によって何が起こったか調べる．どんな結合が新しく生成し，どの結合が切れたか．加わったり取除かれたりしたものはないか．分子内で動いた結合はないか．
3. 反応したすべての分子中の求核中心を確認し，最も求核性が高いのはどれか判定する．そして，求電子中心を確認し，最も求電子性が高いのはどれか判定する．
4. これら二つの反応中心が結合して生成物ができるとわかれば，求核中心と求電子中心が結合距離内にあり，求核剤の攻撃角度が関係する軌道と矛盾しないように反応物を書き，電荷も書く．
5. 巻矢印を求核剤から求電子剤に向けて書く．矢印は電子対を表す記号（被占軌道や負電荷に相当する）から出て（これをはっきり示すために結合や負電荷にちょうどふれるように書く），電子対の行先で終わるようにする（矢印の先でこれをはっきりと示す）．
6. 変化を起こした原子で結合が多すぎるものがないか考える．もしそんな原子があれば，結合を一つ切って変な構造にならないようにする．切るべき結合を選択し，選んだ結合の中央，すなわち被占軌道から適当な位置（たとえば電気的に陰性な原子）に向かって巻矢印を書く．
7. 巻矢印で特定した生成物の構造を書き出す．矢印の出発点になっている結合を切断し，矢印を向けたところに結合をつくる．原子ごとの電荷を考え全電荷が変化していないことを確かめる．巻矢印を書いてしまえば，生成物の構造は決まってしまい，別の可能性の余地はなくなる．巻矢印の示すままに書くだけだ．もし構造がまちがって

いるなら，巻矢印がまちがっているので，最初から書き直す必要がある．
8. 安定な生成物が得られるまで 5〜7 の段階を繰返す．

これで，反応機構の言葉を学び終わったので，官能基の反応について詳しく学ぶ準備ができた．最も重要な官能基であるカルボニル基から始めよう．

問題

1. 次の分子は求電子剤になる．どの原子が求電子中心になるか考え，求核剤 Nu^- との反応の機構を一般式で示し，生成物の構造を書け．

2. 次の分子は求核剤になる．どの原子が求核中心になるか考え，求電子剤 E^+ との反応の機構を一般式で示し，生成物の構造を書け．

3. 生成物の構造を書いて，次の反応機構を完成せよ．

4. 出発物に巻矢印を書き加えて，反応生成物がどのようにできるか示せ．（反応する分子は巻矢印を書きやすいように配置してある．）

5. 次の一連の反応の機構を示せ．

6. 次の求電子剤は，2 箇所以上で求核剤 Nu^- と反応できる．どの原子で反応できるか考え，それぞれの機構を書いて反応生成物を示せ．

7. 次の反応の生成物は正しいが，巻矢印の書き方はまちがっている．まちがいを指摘し，正しい反応機構を示せ．

8. 問題 7 の正しい機構において，それぞれの求核剤の HOMO と求電子剤の LUMO がどの軌道に相当するか．

9. 次の反応の機構を示せ．［ヒント］この問題は少しむずかしいが，出発物の構造式を書いて，一つが酸として働きもう一方が塩基として働くことを考えれば，反応がどう始まるかわかるだろう．

$PhCHBrCHBrCO_2H + NaHCO_3 \longrightarrow PhCH=CHBr$

カルボニル基への求核付加反応

関連事項

必要な基礎知識
- カルボニル基などの官能基 2章
- 分光法による官能基の同定 3章
- 分子軌道法に基づいて分子の形や官能基を説明する方法 4章
- どのように，そしてなぜ，分子は反応するのか．巻矢印による反応の表し方 5章

本章の課題
- どのように，そしてなぜカルボニル基は求核剤と反応するのか
- 分子軌道と巻矢印を使ってカルボニル基の反応性を説明する
- カルボニル基の反応でどのような化合物がつくれるか
- 酸や塩基触媒がカルボニル基の反応性をどう向上させるか

今後の展開
- 有機金属反応剤の付加反応 9章
- カルボン酸誘導体のカルボニル基は置換反応をどう促進するか 10章
- カルボニル基の酸素原子の置換反応 11章
- 隣接二重結合をもつカルボニル基 22章

6・1 分子軌道によりカルボニル基の反応性を理解する

　前章でたくさんの反応例を示したが，これらの反応については後の章でもう一度詳しく取上げる．本章では，そのうち，おそらく最も単純な反応，カルボニル（C=O）基への求核剤の付加反応を取上げる．アルデヒドやケトンをはじめ多くの化合物に含まれるカルボニル基は，まちがいなく有機化学において最も重要な官能基である．これが，それぞれの反応をより詳しく勉強するにあたり，最初のトピックとしてカルボニル基への付加反応を取上げるもう一つの理由である．

　カルボニル基への求核付加については，112ページと119ページですでにその反応例を示した．119ページではシアン化物イオンがどのようにアルデヒドと反応して付加体のアルコールを生じるか説明した．確認のため，反応（今回の基質はケトン）をその反応機構とともにここに再掲する．

［反応式：ケトン + NaCN, H₂SO₄, H₂O → NC-C-OH アルコール 収率 78%；反応機構：CN⁻ のカルボニル基への求核付加 → アニオン中間体 → H⁺ によるプロトン化］

ここに示したように，反応式の下にその機構を示す方式をこれからしばしば用いる．反応式の矢印の上下に示した反応剤と反応条件によって，実際にどのようにして反応を行うかがわかる．またその下の矢印をたどれば，反応がどのような機構で進行するかがわかる．

　この反応は2段階の反応である．すなわち，シアン化物イオンが求核付加する段階と，付加により生成したアニオンがプロトン化される段階である．実際，これはカルボニル基への求核付加に一般的にみられる特徴である．

> **カルボニル基への付加は一般に二段階反応である**
> - カルボニル基への求核付加
> - 付加により生成するアニオンのプロトン化

　このうち付加の段階のほうが重要である．C=O π結合が失われ，代わりに新しいC–C σ結合が生成する．プロトン化の段階を経て，HCN の C=O π結合への付加反応が成立する．

他の多くの求核剤も同様だが，シアン化物イオンはなぜカルボニル基を攻撃するのだろうか．そしてなぜカルボニル基の酸素原子でなく，炭素原子を攻撃するのだろうか．これらの疑問に答えるには，カルボニル化合物の構造と特にC=O結合の軌道を詳しく調べる必要がある．カルボニル二重結合は，アルケンと同様（アルケンの二重結合については4章で述べた）σ結合とπ結合の2種類の結合からできている．すなわち炭素と酸素の間のσ結合はそれぞれのsp^2混成軌道によって生成する．炭素の残りのsp^2軌道二つは置換基と二つのσ結合を生成し，酸素の残りの二つのsp^2軌道は2組の非共有電子対が占めている．sp^2混成であることは，カルボニル基が平面構造をとり，炭素原子の置換基二つの間の角度は120°に近いことを意味している．以上のことを最も単純なカルボニル化合物であるホルムアルデヒド（メタナール）CH_2Oを例にとって示す．カルボニル二重結合のもう一つの結合であるπ結合は残ったp軌道の重なりによって生成する．これもホルムアルデヒドの例を示す．

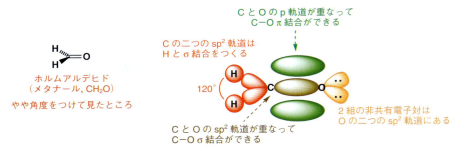

→ 軌道の分極については4章で説明し，カルボニル基の分極については101ページで述べた．

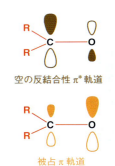

4章でカルボニル基の結合について説明した際，酸素のほうが炭素よりも電気陰性度が大きいため，電子密度が酸素原子で大きくなるようにπ結合が分極していることを述べた．すなわち，結合性π軌道が酸素のほうに偏っている．逆に，空の反結合性π*軌道は炭素の係数のほうが大きく，炭素のほうに偏っている．このことを上図のように一つの単位としてπ結合で表そうとすると非常にむずかしいが，代わりにπおよびπ*軌道を炭素および酸素の個々のp軌道を用いて表すとより容易に視覚化できる．欄外の図はこのようにして示したπおよびπ*軌道である．

炭素と酸素の間にσ結合とπ結合の2種類の結合が存在するため，C=O二重結合は典型的なC−O単結合より短く，またその結合は2倍以上強い．ではなぜカルボニル基はこれほど反応性が高いのだろうか．その鍵は分極である．分極したC=O二重結合は炭素原子がやや正に荷電しており，この電荷が負に荷電した求核剤（たとえば，シアン化物イオン）を引きつけ，反応を促進する．反結合性π*軌道が炭素のほうに偏っていることも重要である．なぜならカルボニル基が求核剤と反応するとき，電子は求核剤のHOMO（シアン化物イオンの場合sp軌道）から求電子的なカルボニル基のLUMO（すなわちC=O結合のπ*軌道）に移動するからである．π*軌道の係数が炭素のほうが大きいため，炭素側でより大きいHOMO−LUMO相互作用が起こる．したがって求核剤は炭素を攻撃する．

ここで"Nu^-"と表している求核剤が炭素原子に近づくと，そのHOMO（電子対）は

電気陰性度，結合長，結合の強さ					
代表的な結合エネルギー，kJ mol^{-1}		代表的な結合長，pm		電気陰性度	
C−O 351	C=O 720	C−O 143	C=O 121	C 2.5	O 3.5

C=O 結合の LUMO（反結合性 π* 軌道）と相互作用するようになり，新しい σ 結合を生成する．電子が反結合性軌道に入ると結合が切れる．すなわち，カルボニル基の反結合性 π* 軌道に電子が入ると π 結合が切れ，C−O σ 結合だけがそのまま残る．π 結合電子対は電気陰性度の大きい酸素に移動し，もともと求核剤にあった負電荷は最終的に酸素原子に落ち着く．これらをまとめて図に示す．

> 求核剤の HOMO はその種類によって異なる．HOMO として，非共有電子対が sp や sp^3 軌道にある場合や，B−H σ 軌道や金属−炭素 σ 軌道の場合の例についてこれから説明する．次にシアン化物イオンが求核剤になる反応について述べる．シアン化物イオンの HOMO は炭素の sp 軌道である．

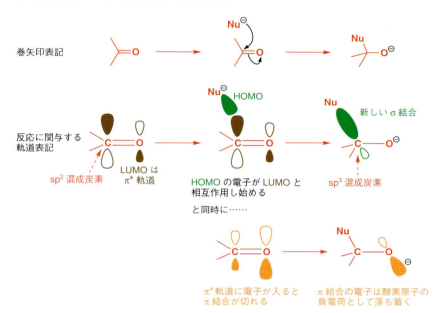

平面三方形構造をもつ sp^2 混成のカルボニル炭素が，生成物では四面体形の sp^3 混成炭素に変化する様子に注目してほしい．いろいろな求核剤との反応を順次紹介するが，いずれの場合も付加反応では HOMO−LUMO 相互作用が重要である．これらの相互作用から，出発物の軌道が結合生成とともに生成物の軌道へどう変化するかがわかる．ここで最も重要なことは，求核剤の非共有電子対が，カルボニル基の π* 軌道と結びついて生成物の新しい σ 結合を生成することである．

6・2　アルデヒドやケトンへのシアン化物イオンの求核攻撃

以上，求核剤がカルボニル基をどのように攻撃するか，その理論的な面をみてきたので，本章の初めに述べた実際の反応，すなわち，カルボニル化合物とシアン化ナトリウ

合成中間体としてのシアノヒドリン

シアノヒドリン（cyanohydrin）は重要な合成中間体である．たとえば，次の環状アミノケトンから得られるシアノヒドリンは，化学療法を受けている患者の吐き気軽減のために用いる $5HT_3$ 作用薬という医薬品合成の最初の合成中間体である．シアノヒドリンは，殺虫剤シペルメトリン（cypermethrin）など多くの工業製品や天然物の成分でもある．

シアン化物イオンの軌道

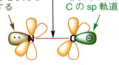

ムからシアノヒドリンを生成する反応に戻ろう．シアン化物イオンは sp 混成の炭素と窒素からなり，その HOMO は炭素の sp 軌道である．この反応は典型的なカルボニル基への求核付加反応であり，シアン化物イオンの HOMO（炭素の sp 軌道）にある電子対が C=O π* 軌道に移る．つづいて C=O π 軌道の電子対が酸素に移る．通常この反応は酸共存下で行うので，シアン化物イオンの付加により生成するアルコキシドは酸によってプロトン化を受け，シアノヒドリンとよばれている二官能性化合物のヒドロキシ基になる．この反応は，アルデヒドでもケトンでも進行する．次に一般的なアルデヒドについて反応機構を示す．この反応については 5 章ですでに述べた．

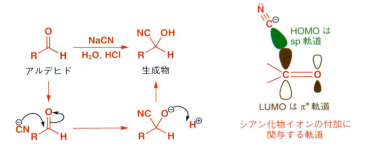

シアノヒドリン生成反応は可逆である．シアノヒドリンは，水に溶かすだけで出発物のアルデヒドやケトンに戻ってしまうこともあり，塩基性水溶液中ではふつう完全に分解してしまう．これはシアン化物イオンが優れた**脱離基**（leaving group）であるためである．この型の反応については 10 章でより詳しく説明する．

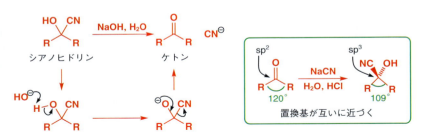

したがって，シアノヒドリン生成反応では出発物と生成物との間に平衡があり，平衡が偏っている場合にのみ，生成物が収率よく得られる．その平衡は一般に，ケトンより

シアノヒドリンとキャッサバ

シアノヒドリン生成反応の可逆性は，反応論的に興味深いだけではない．アフリカの一部では，キャッサバが主食である．キャッサバにはかなりの量のアセトンシアノヒドリンのグルコシド（グルコシドとはグルコースから生成するアセタールのことをいう）が含まれている．グルコースの構造については本章でのちほど述べるが，ここではシアノヒドリンを安定化すると考えるだけでよい．

そのグルコシド自身には毒性がないが，ヒトの腸内の酵素により分解されてシアン化水素 HCN を放出する．キャッサバ 100 g から HCN 50 mg が放出されるので，未発酵キャッサバの 1 食分が十分ヒト一人

の致死量になる．キャッサバを水につけて放置して発酵させるとキャッサバにある酵素が同じ働きをするので，料理して食べる前に HCN を洗い出すことができる．

こうしてキャッサバは食べても安全になるが，それでもまだこのグルコシドをいくらか含んでいる．東ナイジェリアでみられるいくつかの病気は，長期にわたる HCN の摂取が原因であることが多い．同種のグルコシドはリンゴの種子やモモあるいはアプリコットなどの果物の種子にも含まれている．これを食べるのが好きな人もいるが，一度にあまりたくさん食べるのは賢明でない．

アルデヒドのシアノヒドリンのほうが生成物に有利である．それはカルボニル炭素に結合する置換基が小さいからである．カルボニル炭素が sp^2 から sp^3 に変化すると，その結合角が約 120° から約 109° に変化し，その結果，置換基どうしが近づくようになる．結合角が減少しても，アルデヒドでは置換基の一つが（とても小さい）水素原子であるため問題ではないが，ケトンの場合，特に大きなアルキル基をもつ場合には，この効果により付加体生成が不利になる．置換基の大きさと置換基間の反発に由来する効果を**立体効果**（steric effect）といい，大きな置換基による反発力を**立体障害**（steric hindrance）という．立体障害は，アルキル置換基のすべての被占軌道に存在する電子との反発の結果生じるものである．

立体障害

置換基のかさ高さは非常に多くの有機反応に影響を与える．たとえばアルデヒドは水素原子がカルボニル基と隣接していて，ケトンよりも反応性が高い．立体障害は一般に反応速度に影響を与えるが，15 章で説明する置換反応のように，立体障害により全く異なる反応機構で反応することもある．大きな置換基が存在する場合，その置換基の C–H や C–C 結合の電子すべてをひとまとまりとしてとらえ，反応の進行に影響する要因となるかどうか考える習慣を身につける必要がある．

➡ カルボニル基への求核攻撃については 4 章 101 ページで指摘した．

6・3 アルデヒドやケトンへの求核攻撃の角度

前節でカルボニル基への求核攻撃を説明した．すなわち HOMO と LUMO の相互作用，新しい σ 結合の生成，そして π 結合の切断の過程である．ここでは求核剤がカルボニル基に接近する方向について少し詳しく述べる．求核剤は単にカルボニル炭素を攻撃するだけでなく，必ず特定の角度から接近する．すなわち，求核剤はカルボニル基のなす平面の真上から垂直に攻撃するのではなく，C=O 結合に対しおよそ 107° の角度から攻撃する．これは新しくできる結合の角度に近い．この接近方向は，この事実を見つけた緻密な結晶学的手法の開発者の名前をとり，**Bürgi-Dunitz の攻撃角度**（Bürgi-Dunitz angle，Bürgi-Dunitz 軌跡 Bürgi-Dunitz trajectory ともいう）として知られている．この攻撃角度は HOMO と π* 軌道の重なりを最大にするように働く力と HOMO と C=O π 結合の電子密度との反発を最小にするように働く力とが均衡する角度である．もっともよい説明は，π* 軌道は結合の中央に節面があるので（4 章），原子軌道は平行ではなく，初めからある角度をもっているというものである．求核剤は LUMO のより大きなローブの軸に沿って攻撃する．

求核剤がカルボニル基を攻撃する角度をすでに正確に知ったわけだが，これを巻矢印で表すのは必ずしも容易ではない．Bürgi-Dunitz の攻撃角度を正しく理解している限り，他の書き方も含め，ここに示すどの書き方をしてもかまわない．

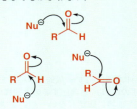

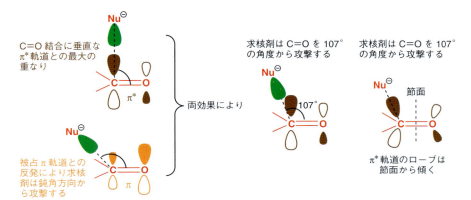

Bürgi と Dunitz は，求核的な窒素原子と求電子的なカルボニル基を含む化合物の結晶構造を調べることにより，この角度を推測した．この官能基二つが相互作用できるほどに接近しているが，反応できないように構造的に束縛されている場合，常に窒素原子はカルボニル基に対しここに述べた 107° 前後の角度に位置する．のちに行われた理論計算でも同じ 107° という値が求核攻撃に最も適した角度であることが明らかになった．

分子の他の部分が Bürgi-Dunitz の攻撃方向をさえぎる（つまり立体障害を生じる）と，付加速度が大きく低下する．これもアルデヒドのほうがケトンよりも反応性が高い理由である．Bürgi-Dunitz の攻撃角度の重要性は 33 章でより明確にする．

6・4 アルデヒドやケトンへの "ヒドリド" の求核攻撃

ヒドリドイオン（水素化物イオン）H^- による求核攻撃の例はほとんど知られていない．このイオンは水素化ナトリウム NaH のような塩として存在するが，電荷密度が非

H⁻ による求核攻撃はほとんど
起こらないといってよい

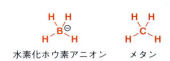

H⁻ は常に塩基として働く

常に高いので塩基としてのみ働く．これは，H⁻ の被占 1s 軌道の大きさが H–X 結合（X はどんな原子でもよい）の σ* 軌道とその水素側で相互作用するのに適しているのに対し，C=O 基の LUMO（π*）の炭素側に大きく広がった 2p 軌道と相互作用するには小さすぎるためである．

それにもかかわらず，H⁻ がカルボニル炭素に付加すると，アルコールが生成するので，この型の反応は非常に有用である．この反応はアルデヒドあるいはケトンの酸化度をアルコールの酸化度に変えるので（2 章），還元反応である．NaH を用いても還元反応は起こらないが，求核的な水素原子（ヒドリド）を含む他の反応剤を使うと還元できるようになる．

ケトンのアルコールへの還元

これらの反応剤のうち，最も重要なものは水素化ホウ素ナトリウム $NaBH_4$ である．これは四面体構造の BH_4^- を含む水溶性の塩である．BH_4^- はメタンと等電子構造をもつが，ホウ素の陽子数が炭素より一つ少ないために負電荷をもつ．4 章で BH_3 と CH_3^+ とが等電子構造をもつことを述べた．ここでは両者に H⁻ を付加させただけである．

水素化ホウ素アニオン　メタン

注意してほしい．ホウ素に負電荷があってもホウ素に非共有電子対があることを意味しない．この電荷から巻矢印を書いて別の結合をつくることはできない．もしそうすると 5 価のホウ素化合物 B(V) ができてしまい，最外殻に 10 電子をもつことになる．第 2 周期の元素では軌道が四つ（2s×1 と 2p×3）しかないため，これは不可能である．実際には，すべての電子は（負電荷によって示すものを含めて）B–H 結合の σ 軌道に存在するので，BH_4^- を求核剤として用いる反応を表すときは，B–H 結合から矢印を書かなければならない．この σ 結合の電子対を移動させることにより，ホウ素原子の電荷がなくなり，こうして 3 価で 6 電子をもつホウ素が生成する．

特に限定しない一般的な求核剤を示すのに Nu⁻ と表記するのと同様に，E⁺ は特に限定しない一般的な求電子剤を表す．

B には非共有電子対は存在しないので
負電荷から矢印を書き始めることはできない

B–H 結合に
8 電子

ありえない構造
B のまわりに 10 電子

電子は結合から移動するように
始めなければならない

B–H 結合に
8 電子

B–H 結合に 6 電子と
空の p 軌道が一つ

この反応でカルボニル化合物を求電子剤として用いるとどうなるだろうか．水素原子が B–H 結合から電子対を伴ってカルボニル基の炭素に移動する．実際にはヒドリドイオン H⁻ そのものは反応に関与しないが，電子対を伴って水素原子が移動するので，"ヒドリド移動（hydride transfer）" とみなすことができる．"ヒドリド移動" と述べられている本をしばしば目にするが，BH_4^- とヒドリドイオンそのものとを混同しないでほしい．炭素と新しい結合をつくるのは水素原子であることを明確に表すために，この反応は次式に示すように反応する水素原子を突き抜けるような巻矢印（原子指定の巻矢印）で表すとよいかもしれない．

この反応は 5 章ですでに述べたが，さらに付け加えることがある．第一段階で生成す

る酸素アニオンは, 電子不足な BH₃ 分子の空の p 軌道に付加することによってこれを安定化できる. こうして, 4 配位ホウ素アニオンが再生し, 第二の水素原子を電子対とともに別のアルデヒド分子に移動させることができるようになる.

この反応では, 原理的には水素原子四つすべてをアルデヒド 4 分子に移動させることが可能であるが, 実際はそれほど効率よくはない. 通常, 水あるいはアルコール溶媒中でアルデヒドやケトンに水素化ホウ素ナトリウムを作用させて, 対応するアルコールを収率よく得ることができる. 水やアルコール溶媒は, 還元により生成するアルコキシドをプロトン化してアルコールを生成する.

水素化ホウ素ナトリウムを用いる還元の例

水素化ホウ素ナトリウムはヒドリド供与体のなかでは比較的反応性の低いもののひとつである. これは水中で使用できることからも明らかである. 水素化アルミニウムリチウム LiAlH₄ のような強力なヒドリド供与体は水と激しく反応する. 水素化ホウ素ナトリウムはアルデヒドやケトンと反応するが, ケトンとの反応のほうが遅い. たとえばイソプロピルアルコール中, ベンズアルデヒドはアセトフェノンより約 400 倍速く還元を受ける. これは立体障害のためである.

水素化ホウ素ナトリウムは, エステルやアミドのような反応性の低いカルボニル化合物とは反応しない. アルデヒドとエステルの両官能基をもつ化合物を還元すると, アルデヒドの還元だけが起こる.

> アルミニウムはホウ素と比べ電気的により陽性, すなわち金属的性質をもつ. したがって水素原子やこれに伴う負電荷をカルボニル基や水により容易に与える. 水素化アルミニウムリチウムは水と発熱的に激しく反応し, 引火性の高い水素を発生する.

次の反応例は, 反応性の高い官能基を含むアルデヒドとケトンの還元反応である. 左の例ではニトロ基は還元されず, また右の例ではハロゲン化アルキル部位は反応しない.

6・5 アルデヒドやケトンへの有機金属化合物の付加反応

有機金属化合物は炭素ー金属結合をもつ. リチウムやマグネシウムは電気的に非常に陽性な金属であり, 有機リチウム化合物や有機マグネシウム化合物の Li−C 結合や Mg−C 結合は炭素側に大きく分極している. したがってこれらの化合物は非常に強力な

求核剤であり，カルボニル基を攻撃して C–C 結合生成を伴ってアルコールを生成する．まず初めに最も簡単な有機リチウム化合物のひとつであり，エーテル溶液として市販されているメチルリチウム MeLi とアルデヒドとの反応を示す．付加の段階の軌道図をみると，C–Li 結合の分極により求核的な炭素が求電子的な炭素を攻撃する様子がわかる．こうして新しい C–C 結合ができる．111 ページで炭素とより電気的に陽性な（電気陰性度の小さい）原子との間の結合の分極について述べた．関連する原子の電気陰性度は C 2.5, Li 1.0, Mg 1.2 であり，いずれの金属も炭素と比べるとずっと電気的に陽性である．MeLi の軌道については 4 章で述べた．

本章前半で取上げた例とこの例を比べると，反応の進み方は基本的に同じだが，異なる点がいくつかある．"1. MeLi, THF, 2. H_2O" という部分に注意してほしい．これはまず THF 溶媒中のアルデヒドに MeLi を加えることを意味している．これにより MeLi がアルデヒドに付加しアルコキシドを生成する．それから（あくまでもその後である）水を加えてアルコキシドをプロトン化する．"2. H_2O" というのは，すべての MeLi が反応してから，次の操作として水を加えることを意味している．シアン化物イオンの付加反応や水素化ホウ素ナトリウムの反応例のように，反応の初めから水が共存しているのではない．実際，MeLi（あるいはどのような有機金属化合物であっても）がカルボニル基へ付加する際に水が共存してはならない．水は有機金属化合物と非常に速く反応してこれをプロトン化し，アルカンを生じてしまうからである．（有機リチウムや有機マグネシウム化合物は，強力な求核剤であると同時に強い塩基でもある．）反応の最後に水や時には希酸や塩化アンモニウム水溶液を加えることを **後処理**（work-up）とよぶ．

有機リチウム化合物は非常に反応性が高いので，通常低温，しばしば −78 ℃（ドライアイスの昇華温度）でエーテルや THF などの非プロトン性溶媒中で反応を行う．水やアルコールなどのプロトン性溶媒は酸性水素をもつが，エーテルなどの非プロトン性溶媒にはこれがない．有機リチウム化合物は酸素とも反応するので，窒素やアルゴンなど乾燥した不活性雰囲気下で扱わなければならない．反応剤としてよく使う市販有機リチウム化合物として，ほかにブチルリチウムとフェニルリチウムがある．これらもアルデヒドやケトンと容易に反応する．アルデヒドへ付加すると第二級アルコールを生じ，またケトンへ付加すると第三級アルコールを生成する．

Grignard 反応剤 RMgX として知られている有機マグネシウム化合物も同様に反応する．塩化メチルマグネシウム MeMgCl や臭化フェニルマグネシウム PhMgBr のような単純な Grignard 反応剤は市販されている．PhMgBr とアルデヒドの反応例を次式に示

有機金属化合物は水で分解する

Li–Me H–OH
速い
発熱的
Me–H LiOH
メタン

低温バス

通常反応混合物を 0 ℃ 程度に冷却する場合には氷水を，−78 ℃ に冷却する場合にはアセトンやエタノールなどの有機溶媒中にドライアイス（固体 CO_2）を加えたものを用いる．細かく砕いたドライアイスを激しい泡立ちがやむまで溶媒に少しずつ加える．その温度は −50〜−80 ℃ 程度になるが，浴温を実際に測る化学者は少ない．論文でよく見る −78 ℃ という温度は最も低いときの値である．より低温にするには液体窒素を使う必要がある．詳細は実験法のハンドブックを参照してほしい．

す．これら2種類の有機金属化合物，すなわち有機リチウム化合物とGrignard反応剤のカルボニル化合物との反応は，炭素－炭素結合をつくる最も重要な方法のひとつである．これについては9章でさらに詳しく説明する．

> Grignard反応剤は，フランスリヨン大学の Victor Grignard (1871～1935)によって発見され，Grignardはこの業績により1912年ノーベル賞を受賞した．ハロゲン化アルキルあるいはハロゲン化アリールを削状マグネシウムと反応させてつくる．

6・6 アルデヒドやケトンへの水の付加反応

アルデヒドやケトンと反応するためには，求核剤は必ずしも高度に分極していたり，負に荷電している必要はない．電荷をもたない求核剤も付加を起こすことができる．次の ^{13}C NMR スペクトルはホルムアルデヒド $H_2C=O$ の水溶液を測定したものである．3章で述べたように，カルボニル炭素の ^{13}C NMR スペクトルの吸収は通常150～200 ppmに現れる．しかし，ホルムアルデヒドのカルボニル炭素のシグナルは83 ppmに観測される．これは酸素原子に結合した四面体炭素のシグナルが現れる領域である．これは，水がカルボニル基に付加して水和物すなわち1,1-ジオールを生成したためである．

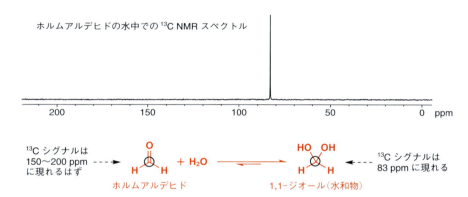

この反応は，本章の初めに述べたシアン化物イオンの付加反応と同じく平衡反応であり，アルデヒドやケトンで一般にみられる反応である．そしてその平衡の位置はカルボニル化合物の構造によって変化する．一般にはシアノヒドリン生成と同様，単純なアルデヒドはある程度水和されるが，立体的な要因（126ページ）によってケトンは通常水和されない．しかし特別な因子があれば，特に反応性が高いものや不安定なものでは，ケトンでも平衡を水和物のほうへ偏らせることができる．

ホルムアルデヒドは，攻撃を妨げる置換基がないので反応性の非常に高いアルデヒドである．実際反応性が高いので重合しやすい．結合角が120°から109°へ変化しても二つの水素原子間の立体障害はほとんど増加しないので，sp^{2}混成からsp^{3}混成へ容易に変化する．そのためホルムアルデヒドの水溶液では $H_2C=O$ は完全に水和されており，ホルムアルデヒドそのものはほとんど存在しない．水和反応の機構は次のとおりである．プロトンが水分子を介して一方の酸素原子から他方の酸素原子にどのように移動するかに注意してほしい．

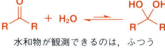

水和物が観測できるのは，ふつうアルデヒドの場合だけである

HOMO は非共有電子対を収容する酸素の sp^3 軌道

LUMO は π* 軌道

水の付加に関する軌道

ホルムアルデヒドの単量体

ホルムアルデヒドは水和物をつくりやすいので，先に述べた有機金属化合物の付加反応のような無水条件が必要な反応では問題となる．幸いなことに重合体である"パラホルムアルデヒド"を熱分解することにより，無水溶液中でホルムアルデヒドの単量体を得ることができる．

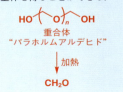

ホルムアルデヒドは置換基が非常に小さいので水と速やかに反応する．これは立体効果である．電子効果もまた求核剤との反応を有利にすることがある．ハロゲン原子のような電気的に陰性な原子がカルボニル基の隣の炭素にあると，ハロゲン置換基の数とその電子求引力の大きさに従った誘起効果によって水和の程度が増大する．ハロゲン原子はすでに正に分極しているカルボニル基をさらに分極させ，水分子の攻撃をいっそう受けやすくする．トリクロロアセトアルデヒド（クロラール）Cl_3CCHO は水中では完全に水和されており，生成物である"抱水クロラール"は結晶として単離することができる（これは麻酔薬として用いられている）．このことは次の二つの赤外スペクトルから明白である．左側のものは試薬瓶から出した抱水クロラールである．カルボニル基の吸収が現れるはずの1700 と 1800 cm^{-1} の間には強い吸収が存在しない．その代わりに幅の広いO–H の吸収が 3400 cm^{-1} に明白に見える．これを加熱すると水が除かれてその結果得られる無水クロラールのスペクトルが右側のスペクトルである．$C=O$ の吸収が 1770 cm^{-1} に現れ，O–H の吸収は消失している．

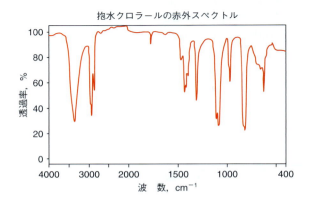

抱水クロラールの赤外スペクトル

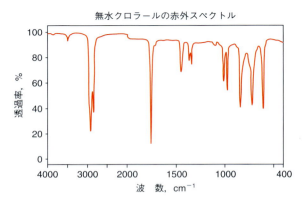

無水クロラールの赤外スペクトル

抱水クロラールはアガサ・クリスティの小説に登場する"麻酔薬"であり，飲み物に混ぜた．禁酒法時代のギャングは "Mickey Finn"（催眠薬を入れた酒）に入れた．

> ### 立体効果と電子効果
> - **立体効果**（steric effect）は分子に含まれる基の大きさと形に関係する
> - **電子効果**（electronic effect）は原子間の電気陰性度の差が分子内の電子分布に与える影響に由来する．これらは電気陰性度の違いにより，σ結合が分極する結果生じる**誘起効果**（inductive effect）と，π結合の電子の分布に影響を与える**共役効果**（conjugative effect, 共鳴効果ともいう）とに分けることができる．後者については次章で述べる
>
> 立体効果と電子効果は求核剤と求電子剤の反応性を支配するおもな要因である．

次表に代表的なカルボニル化合物の（水中における）水和の程度を示す．ヘキサフル

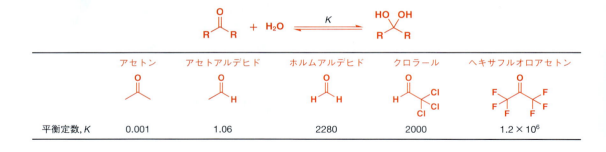

	アセトン	アセトアルデヒド	ホルムアルデヒド	クロラール	ヘキサフルオロアセトン
平衡定数, K	0.001	1.06	2280	2000	1.2×10^6

6・7 ヘミアセタールの生成   133

オロアセトンはおそらく最も水和物をつくりやすいカルボニル化合物である．平衡定数が大きいほど平衡は右に偏る．

　3員環ケトンであるシクロプロパノンもその理由は異なるが，平衡は大きく水和物のほうに偏っている．カルボニル炭素が sp^2 から sp^3 混成に変化すると結合角が 120°から 109°に変化するため，鎖状のケトンでは立体障害が増大することをすでに述べた．シクロプロパノンなど小員環ケトンでは，置換基が環によってすでに固定されているため，小さい結合角のほうが安定になる．これは次のように考えるとよい．3員環ではその結合角は 60°にならざるをえず，ひずみが非常にかかっている．sp^2 混成であるケトンの場合には，"ひずみのない"120°から 60°ひずんでいることになる．これに対して sp^3 混成である水和物の場合には，結合は 49°(= 109°− 60°)しかひずまない．したがって C=O への付加により小員環に内在するひずみが少しは解消されることになる．このため水和物の生成が有利になる．事実シクロプロパノンとシクロブタノンは非常に反応性の高い求電子剤である．

シクロプロパノン
sp^2 炭素は 120°ならひずみがないが，ここは 60°である
↓ H_2O
sp^3 炭素は 109°ならひずみがないが，ここは 60°である
シクロプロパノン水和物

> カルボニル化合物において水和物の生成しやすさを左右する構造的特徴は，反応が可逆であれ不可逆であれ，他の求核剤に対するカルボニル基の反応性も同じように左右する．すなわち，立体障害が増大するにつれ，またアルキル置換基の数が増えるにつれ，カルボニル化合物の求核剤に対する反応性は低下する．電子求引基や小員環はカルボニル化合物の反応性を増大する．

6・7 ヘミアセタールの生成

　カルボニル化合物に水が付加するのと同様に，アルコールがカルボニル化合物に付加しても何ら不思議ではない．その付加生成物は，アセタール（2章で述べ 11 章で詳しく扱う）が生成する際の中間体であり，**ヘミアセタール** (hemiacetal) として知られている．反応機構は水和物生成反応と同じであり，HOH の代わりに ROH を用いればよい．

ヘミアセタール　アセタール

ケトン由来のヘミアセタール（ヘミケタールともいう）

環状ヘミアセタール（ラクトールともいう）

アルデヒド　→ EtOH →　ヘミアセタール

　上の反応機構では，前節で述べた水和物生成の機構と同様に，反応中にプロトンが一方の酸素原子から他方の酸素原子へ移動しなければならない．ここではエタノール（または水）分子がこの働きをしている．しかしプロトンは酸素原子間を移動するので，あるプロトンが実際にとる経路を正確に定めることは不可能である．それは同一のプロトンでないかもしれない．下の左側に可能なもう一つの反応機構として，エタノールがプ

* 訳注：一般的には，この式に示すような中性のカルボニル化合物に中性のアルコールの酸素の非共有電子対が付加する反応は起こらない．実際には，後述するように酸触媒あるいは塩基触媒を加えることが多い．

酸素原子間でのプロトン移動の機構についてさらに二通りの（同等に正しい）表現

ロトンを供与すると同時に別のプロトンをとる経路を示す．最も単純な場合には，右側に示すようにプロトンは一方の酸素から他方へ直接移動することも可能である．この機構も他と同じように正しく，こう書いても何ら問題ない．

確かなのは，酸素原子間のプロトン移動は非常に速く可逆であり，そのためその詳細を気にする必要はないということである．常に次の段階の反応に必要な位置にプロトンをもつ化学種が存在しているはずである．これらカルボニル化合物の反応全般で真に重要なのは，付加の段階であり，プロトンがどのように移動するかはあまり重要な問題ではない．

ヘミアセタール生成は可逆反応であり，水和物の場合と同じ構造的要因により，ヘミアセタールも安定化を受ける．さらにカルボニル基とこれを攻撃するヒドロキシ基が同じ分子にあれば，ヘミアセタールは環状構造をとって安定になる．この場合，分子内（intramolecular，同一分子内の）付加反応であって，これまで扱ってきた分子間（intermolecular，2分子間の）反応とは異なる．

> **分子間反応**(intermolecular reaction)は2分子の間で起こる．**分子内反応**(intramolecular reaction)は単一分子中で起こる．分子内反応がなぜ有利か，そして環状ヘミアセタールやアセタールがなぜ非環状体より安定かは11章，12章で説明する．

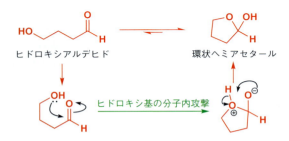

環状ヘミアセタール（ラクトール lactolともいう）は，鎖状ヘミアセタールより安定だが，それでも開環したヒドロキシアルデヒド形と平衡にある．その安定性と生成しやすさは，環の大きさによって変わる．一般に5員環と6員環にはひずみがないので（環炭素は結合角を109°でも120°でもとれる．前ページの3員環と比べよ），5員環と6員環のヘミアセタールの例は多い．最たるものは，多くの糖質化合物である．たとえば，グルコースはおもに6員環ヘミアセタール（グルコースの99%以上は溶液中で環化している）として存在するヒドロキシアルデヒドである．一方，リボースは5員環ヘミアセタールとして存在する．

> 2章で既出だが，このような分子の表し方には慣れていないだろう．ここでは**立体化学**(stereochemistry，結合が紙面から手前に出ているか後方に出ているかを示し，波線は両者の混合物であることを示す)と，環状グルコースに関しては**立体配座**(conformation，分子のとる実際の形)を示してある．これらは糖質化学ではとても重要である．立体化学については14章で，立体配座については16章で詳しく述べる．

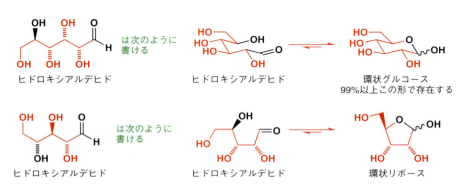

ヒドロキシケトンも環状ヘミアセタールを生成する．しかし予想されるとおり，ヒドロキシアルデヒドと比べると，ヘミアセタールを生成しにくい．しかし，次のヒドロキシケトンは赤外スペクトルでC＝Oの伸縮振動がみられないので，環状ヘミアセタールとして存在していることがわかる．なぜだろうか．出発物のヒドロキシケトンはすでに

環状化合物であり，ヒドロキシ基がケトンを攻撃するのに適した位置にあり，環化が非常に有利になっているためである．

ヒドロキシケトン ⇌ ヘミアセタール

6・8 ヘミアセタールと水和物の生成反応における酸塩基触媒

8章で酸と塩基について詳しく述べるが，ここではその重要な役割の一つを説明しておこう．すなわち，酸あるいは塩基は多くのカルボニル基への付加反応，たとえばヘミアセタールや水和物の生成反応の触媒として働く．このことを理解するには，前節で述べたヘミアセタール生成反応と§6・6で述べた水和物生成反応の機構をもう一度よく復習する必要がある．両者ともプロトン移動の段階を含んでおり，次のように書くことができる．

エタノールは，最初のプロトン移動の段階では**塩基**（base）として働いてプロトンを奪い，第二段階では**酸**（acid）として働いてプロトンを与える．5章では，水が酸，あるいは塩基としてどのように働くか述べた．強酸や強塩基（たとえばHClやNaOH）を用いると，これらのプロトン移動がカルボニル基への付加の前に起こるため，ヘミアセタールや水和物の生成速度が増大する．

酸性条件（たとえば希塩酸）では反応機構は細かい点で異なる．まず初めにカルボニル基の非共有電子対がプロトン化を受ける．これによりカルボニル基は正に荷電し，その求電子性が高まるため，エタノールの付加が速くなる．初めに付加したH$^+$が最後の段階で再生することに注目してほしい．文字どおり酸が触媒として働いている．

酸性条件でのヘミアセタール生成反応

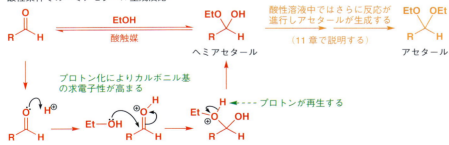

酸性条件ではヘミアセタールがさらにアルコールと反応してアセタールを生成することも可能であるが，これについては11章で詳しく述べる．

塩基性溶液での反応機構もやや異なる．ここでは最初の段階は水酸化物イオンによるエタノールの脱プロトンである．これによりエタノールの求核性が増大し，付加反応が速くなる．ここでも塩基（水酸化物イオン）が最終段階で再生されるので，反応全体は塩基による触媒反応となる．

塩基性条件でのヘミアセタール生成反応

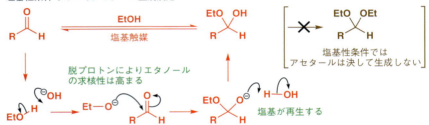

最後の段階は，水からの脱プロトンでなくエタノールの脱プロトンによりアルコキシドが生成してもよく，アルコキシドも同様に触媒として働く．実際塩基は何でもよいので，ただ B^- と書くこともある．

11章で述べるが，塩基性条件では，必ずヘミアセタールの段階で止まり，アセタールは決して生成しない．

> **カルボニル基への求核付加反応**
> - 酸触媒はカルボニル基の求電子性を高める
> - 塩基触媒は求核剤の求核性を高める
> - 酸触媒も塩基触媒も反応の最後に再生する

6・9 亜硫酸水素塩付加物

本章では最後に求核剤として亜硫酸水素ナトリウム $NaHSO_3$ を取上げる．これはアルデヒドや反応性の高いケトンに付加して，**亜硫酸水素塩付加(化合)物** (bisulfite addition compound) とよばれる化合物を生じる．反応は，シアン化物イオンの付加反応と同様に，硫黄の非共有電子対がカルボニル基へ求核攻撃して起こる．こうして正に荷電した硫黄原子が生じるが，単純なプロトン移動により生成物になる．

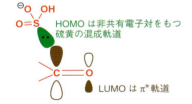

亜硫酸水素塩の付加に関与する軌道

亜硫酸水素ナトリウム $NaHSO_3$ の構造は奇妙である．これは硫黄(IV)化合物の酸素アニオンであり，HOMOである非共有電子対を硫黄原子にもつが，形式電荷はより電気陰性度の大きい酸素原子に存在する．硫黄は第3周期(すなわち周期表の3列目)の元素なので最外殻に8電子以上もつことができる．したがってBやOとは異なり，SやPは結合を四つから六つもつことができる．第3周期の元素はsとpに加えd軌道をもつので，より多くの電子を収容できる．

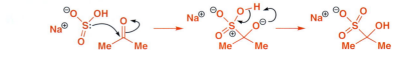

生成物は二つの理由で有用である．通常これらは結晶であり，液体のアルデヒドを再結晶により精製する際に用いる．この反応は，本章ですでに述べたものと同様，可逆反応なので有用である．亜硫酸水素塩付加物は，アルデヒドやケトンと亜硫酸水素ナトリウムの飽和水溶液を氷浴中でかき混ぜて結晶化させると得られる．精製後亜硫酸水素塩付加物は希酸や塩基水溶液で加水分解してもとのアルデヒドに戻すことができる．

この反応が可逆反応であることを利用すると，亜硫酸水素塩付加物をアルデヒドやケトンから他の付加生成物を合成する際の中間体として用いることができる．たとえば，シアノヒドリンの実用的合成法の一つに亜硫酸水素塩付加物を利用する方法がある．すなわち，アセトンをまず亜硫酸水素ナトリウムと反応させた後シアン化ナトリウムと反

収率 70%

6・9 亜硫酸水素塩付加物

シアノヒドリンの変換反応

シアノヒドリンはヒドロキシカルボン酸やアミノアルコールに容易に変換できる．ここにそれぞれ一例ずつ示すが，反応の詳細や反応機構については 10 章で述べる．左のシアノヒドリンは最も簡単な合成法であるシアン化ナトリウムと酸を用いているが，ここで述べた亜硫酸水素塩付加物を利用している．

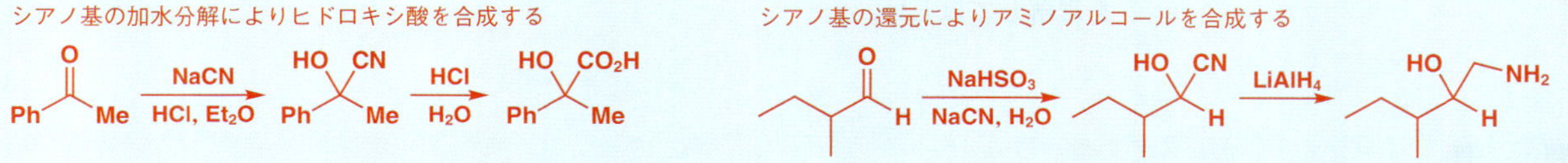

シアノ基の加水分解によりヒドロキシ酸を合成する

シアノ基の還元によりアミノアルコールを合成する

応させると，シアノヒドリンが収率よく（70%）得られる．

ここでは何が起こっているのだろうか．まず亜硫酸水素塩付加物が生成するが，これはシアノヒドリン合成の中間体にすぎない．シアン化物イオンを加えた際に亜硫酸水素塩付加物生成の逆反応が起こると，反応系中でアセトンと亜硫酸水素ナトリウムが再生し，これにシアン化物イオンが付加する．亜硫酸水素塩は最後にアルコキシドをプロトン化し亜硫酸塩となる．危険なシアン化水素が放出されないのが利点である．シアン化物と酸が共存すると常にその危険性がある．

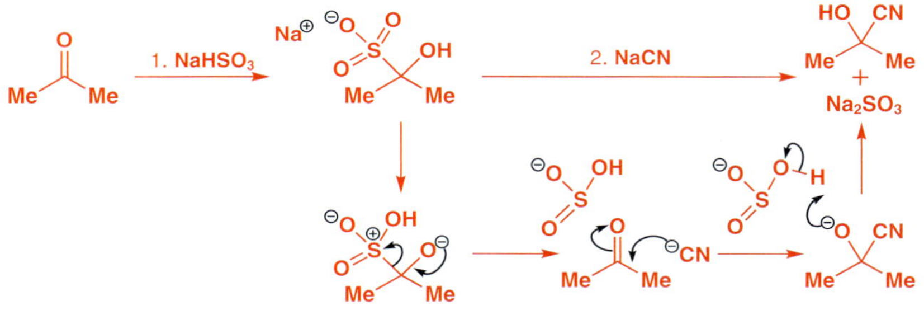

亜硫酸水素塩付加物が有用であるもう一つの理由はその高い水溶性にある．アルデヒドやケトンのうち小さい（低分子量の）ものは，アセトンのように水溶性である．しかし，炭素数 4 以上の分子量の大きいアルデヒドやケトンは水にほとんど溶けない．ふつうは水よりも有機溶媒中で反応を行うことが多いので，ほとんどの場合これは問題ではない．しかし医薬化学者が生体系に用いる化合物を合成しようとする場合は，これは大きな問題となる．次の例では，亜硫酸水素塩付加物が水に溶けることが文字どおり決定的に重要である．

ダプソン（dapsone）は抗ハンセン病薬である．これは病院もない熱帯地方でも，他の 2 種類の薬と一緒に"カクテル"にしてその水溶液を飲むだけで，非常に高い効果がある．しかし問題は，ダプソンが水に溶けないことである．この問題は，その亜硫酸水素塩付加物をつくることによって解決できる．ダプソンにはアミノ基二つとスルホニル基が一つあるだけでカルボニル基がないのに，なぜそんなことができるのだろうか．それはホルムアルデヒドの亜硫酸水素塩付加物のヒドロキシ基をダプソンの一方のアミノ基

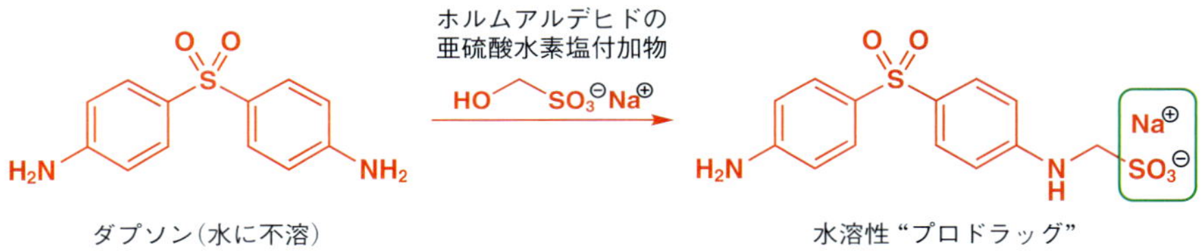

ダプソン（水に不溶）　　　　　ホルムアルデヒドの亜硫酸水素塩付加物　　　　　水溶性"プロドラッグ"

* 訳注：このように，それ自体は作用がないか，あってもきわめて弱いが，体内で化学反応により活性化合物に変換する化合物をプロドラッグ（prodrug）という．

と交換できるからである．

こうしてこの化合物は水に溶けるようになり，患者の体内でダプソンを放出する*．この種の化学についてはイミン中間体について紹介する 11 章で詳しく説明する．現時点では本章で述べたような比較的簡単な反応でさえ，いろいろなところで役立っていることを理解してほしい．

問題

1. 次の反応の機構を示せ．

2. シクロプロパノンは水中では水和物として存在するが，2-ヒドロキシエタナールはヘミアセタールとしては存在しない．なぜか．

3. シアノヒドリン合成法の一つを示す．この反応の詳細な機構を示せ．

4. 次の化合物を水素化ホウ素ナトリウムで還元すると生成物が 3 種類できる．その構造を示せ．純粋な化合物が単離できたとして，それらを分光学的に区別できるか．

5. 次のトリケトンの水和物はニンヒドリン (ninhydrin) といい，アミノ酸の検出に用いる．カルボニル基三つのうちのどれが水和されているか．理由とともに答えよ．

6. 次のヒドロキシケトンは赤外スペクトルで 1600～1800 cm^{-1} に吸収をもたないが，3000～3400 cm^{-1} に幅広い吸収をもつ．^{13}C NMR スペクトルでは 150 ppm 以上にシグナルはなく，110 ppm にシグナルが一つある．この事実を説明せよ．

7. 次の化合物はいずれもヘミアセタールであり，アルコールとカルボニル化合物から生成する．それぞれ出発物の構造を示せ．

8. トリクロロエタノールは，抱水クロラールを水中で水素化ホウ素ナトリウムを用いて直接還元して得られる．この反応の機構を示せ．［注意：水素化ホウ素ナトリウムは炭素原子に結合したヒドロキシ基を直接置換しない．］

9. 単純なアルデヒドと HCl の付加物を得ることはできない．もし得られたとするとその構造はどのようなものになるか．またその生成機構を示せ．これらの化合物を実際につくることができないのはなぜか．

10. 次の反応の生成物を示せ．それぞれ生成機構を示し説明せよ．

非局在化と共役 7

関連事項

必要な基礎知識
- 軌道と結合 4章
- 巻矢印で反応機構を表す 5章
- 分子構造をスペクトルにより確認する 3章

本章の課題
- 多くの結合間の軌道相互作用
- 電子の非局在化による安定化
- 化合物の色は何に由来するか
- 分子の形と構造により反応性が決まる
- 巻矢印で構造の特徴を表す
- 芳香族化合物の構造

今後の展開
- 酸性と塩基性 8章
- 共役が反応性に及ぼす効果 10章, 11章, 15章
- 共役付加と置換反応 22章
- 芳香族化合物の化学 21章, 22章
- エノールとエノラート 20章, 24〜26章
- ヘテロ環化合物の化学 29章, 30章
- ジエンとポリエンの化学 34章, 35章
- 生命の化学 42章

7・1 はじめに

身のまわりを見まわすと，屋外の緑や茶，また，身につけている衣類の明るい青や赤まで，さまざまな色が目に入る．これらの色はすべて光とこれらに含まれている色素との相互作用の結果生じている．ある波長の光は吸収され，別の波長の光は散乱される．これらの異なる波長の光が目の中で化学反応により感知され，それが神経の電気信号に変換されて脳へ送られる．これらの色素すべてに共通しているのは，分子に二重結合が多く含まれていることである．たとえばトマトの赤い色のもととなる色素のリコペン (lycopene) は，長鎖のポリアルケンである．

リコペン．トマトやバラの実のほか，ベリー類の赤色色素

リコペンには炭素と水素しか含まれていないが，多くの色素にはほかにもいろいろな元素が含まれている．そしてそのほとんどすべてに二重結合がたくさん含まれている．本章では，二重結合を複数もつ分子の性質，たとえば色を取上げる．これらの性質はおもにその二重結合のつながり，すなわち**共役**（conjugation）と，それにより生じる電子の**非局在化**（delocalization）に由来する．

これまでの章ではσ結合からなる炭素基本骨格について述べてきた．本章では，多原子にまたがる大きなπ電子系を基本骨格にもつ化合物について，そしてこのπ電子系がこれらの化合物の性質をどのように支配するかについて述べる．また，このπ電子系のためにベンゼンなどの芳香族化合物が予想以上に安定であること，またブタジエンなど他のπ共役系の反応性にも大きな影響を与えること，さらにこのπ電子系がこの世界を彩る多くの色の基盤となっていることにも言及する．これらの分子を正しく理解するために，あらゆる不飽和化合物のなかで最も単純なエチレンから説明を始めよう．

ベンゼン　　ブタジエン

7・2 エチレンの構造

エチレン（ethylene，エテン ethene ともいう）$CH_2=CH_2$ の構造はよく知られている．

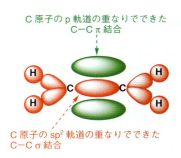

電子回折により，欄外に示す結合距離と結合角をもつ**平面構造**（planar structure，すべての原子が同一平面上にある）をとることが明らかにされている．炭素原子はほぼ平面三方形構造をとり，その C=C 結合距離は C-C 単結合より短い．4章で述べたように，エチレンの電子構造は二つの sp^2 混成の炭素原子が σ 結合で結合し，二つの炭素原子はそれぞれ二つの水素原子と計四つの σ 結合を形成している．π 結合はそれぞれの炭素原子の p 軌道の重なりによりできる．

エチレンは π 結合をもつためエタンよりも興味深い化学的性質を示す．5章で述べたように，アルケンは π 結合の電子を求電子剤に供与することができるので，求核剤として働くことができる．原子軌道を二つ組合わせると分子軌道が二つできることを思い出してほしい．π 軌道の場合には，p 軌道二つを同位相で組合わせた場合と，逆位相で組合わせた場合に応じて分子軌道が二つできる．同位相で組合わせると結合性分子軌道（π 軌道）が生成し，逆位相で組合わせると反結合性分子軌道（π* 軌道）が生成する．4章で紹介した軌道の形を次に示す．しかし本章では p 軌道をそのまま用いて枠で囲んだような形でも表す．

➡ エチレンの構造については4章で述べた．

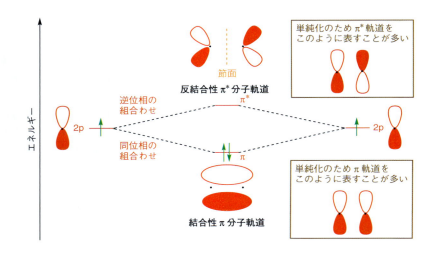

7・3 炭素-炭素二重結合を二つ以上もつ分子

ベンゼンには強く相互作用する二重結合が三つある

ここからは C=C 二重結合を二つ以上もつ化合物を取上げ，その二重結合が相互作用すると π 軌道にどのような変化が生じるかについて説明する．初めに，少し先まわりになるがベンゼンの構造について述べよう．ベンゼンは1825年に発見されて以来，さまざまな議論の的になってきた．分子式が C_6H_6 であることはその後すぐに明らかになったが，その原子の配列は August Kekulé が1865年に正しい構造を提唱するまで不明のまま残され，奇妙な構造がいくつか提案された．

ベンゼンの構造として初期に提唱された二つの構造は誤りであった．しかしこれらはベンゼンの安定な異性体で（いずれも C_6H_6 である），現在までに合成されている．Kekulé 構造については§2・3参照．

プリズマン（1973年に合成）

Dewar ベンゼン（1963年に合成）

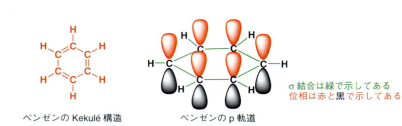

ベンゼンの Kekulé 構造　　ベンゼンの p 軌道

σ 結合は緑で示してある
位相は赤と黒で示してある

前ページ下の右に示したのはベンゼンのp軌道である．単純なアルケンと同様，炭素原子はすべてsp^2混成であり，p軌道が一つずつそのまま残っている．

ベンゼン環のσ結合の基本骨格はアルケンと似ている．そして見やすくするためσ結合を緑の線で表している．問題はπ軌道である．どのp軌道二つからπ軌道をつくればよいだろうか．これには次に示すように二つの可能性があるようにみえる．

異なるp軌道の対を組合わせると二重結合の位置が変わる

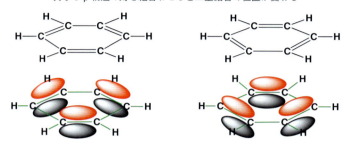

ベンゼンそのものではこの二つは同一であるが，1,2- あるいは 1,3-二置換ベンゼンではこの二つは異なる．欄外囲みに示す二つの化合物を別べつに合成しようと多くの研究者が試みたが，両者は同一化合物であることがわかった．そして Kekulé が提案した構造ではこれらの事実はうまく説明できなかった．彼はこれを説明するために，ベンゼンはその二つの構造の間に速い平衡があり，あるいは"共鳴"しており，両者の平均化した構造をとっていると提唱した．これは現在では誤りであることが明らかになっている．

この問題を分子軌道法に基づいて解釈すると，ベンゼンでは六つのp軌道すべてが結合して新しい分子軌道を六つ形成する．そしてこれらの軌道の電子は，ベンゼン環の上下に分布し，環状の電子密度をもつ．ベンゼンは二つの Kekulé 構造の間を行き来しているのではなく，そのπ電子はすべての炭素原子に等しく広がった分子軌道に存在する．しかし，この分子軌道の広がりを表すのに共鳴（resonance）という表現はいまでもよく（本書では使わないが）使われている．本書では，ベンゼンのπ電子が**非局在化***（delocalization）していると表現する．すなわち，π電子は特定の炭素原子間の二重結合に局在化しているのではなく，環の六つの原子すべてに広がっている，すなわち非局在化しているのである．

ベンゼンを表すもう一つの方法として，欄外図のようにπ電子系を円で表し二重結合を記さない方法もある．このほうがより正確な表し方と思うかもしれないが，反応機構を書こうとすると問題になる．5 章で述べたように，巻矢印は 2 電子の動きを表す．円は 6 電子を表したものなので，反応機構を表すにはベンゼンを二重結合が局在化しているかのように表すことが必要である．しかしそのような場合でも，電子は非局在化しており，二つの二重結合の表し方いずれを用いてもかまわないことをしっかりと認識しておかなければならない．

これらの"局在化した"構造（極限構造）を用いて非局在化を表したい場合には巻矢印を用いるとよい．たとえば次に 2-ブロモ安息香酸の二つの"局在化した"構造を示す．実際には二重結合は局在化しておらず，二つの構造の関係は一方の結合の組合わせが他方

たとえば，二重結合が局在化しているとすると，この二つの化合物は異なる化合物である（この違いを強調するため二重結合を単結合より短く書いてある）．

実際には同一化合物

2-ブロモ安息香酸　　6-ブロモ安息香酸

* 訳注：ここでは非局在化という言葉を多用するが，原子の位置は変わらず電子のみ移動した形の構造どうしは**共鳴**ともいう．各構造の式を共鳴構造式または極限構造式とよぶ．一般に，電荷が分離した構造の寄与は小さい．

円はπ電子が非局在化していることを表している

にどう変換されるかを示す巻矢印を用いて表すことができる．

これらの巻矢印は5章で述べたものと類似しているが，重要な違いがひとつある．ここでは反応は起こっていない．実際の反応では電子が移動するが，ここでは移動しない．"動く"のは構造中の二重結合の位置だけである．巻矢印は同一分子の異なった表記を結びつけるためだけのものである．これを"環内の電子の動き"を示していると考えてはいけない．この違いを強調するために，これら二つの構造を結びつける別の矢印を用いることもある．両端に矢をもつ1本の直線で示す非局在化の矢印である．この非局在化の矢印は固定化された結合で表す単純な構造式が実態を表してはおらず，真の構造は両者の混成体であることを強調するものである．

π電子は，単結合と交互に存在する二重結合に局在化しているのではなく，実際には環状の分子全体に広がって存在している（残りの分子軌道の形については後で示す）ことは理論計算によっても支持されており，実験事実からも確認されている．電子回折による研究でも，ベンゼンが平面正六角形であって，炭素−炭素結合距離がすべて同一（139.5 pm）であることがわかっている．この結合距離は通常の炭素−炭素単結合距離（154.1 pm）と炭素−炭素二重結合距離（133.7 pm）の中間の値である．電子が実際に環状に広がっている証拠は ^{1}H NMR によっても得られており，13章で述べる．

> **非局在化の矢印は同一構造の二つの表記を結びつけるのに用いる．相互変換する二つの構造を示すのに用いる平衡の矢印とまちがえないようにしてほしい．平衡反応では少なくともσ結合一つが位置を変えなければならない．**
>
>
> 非局在化の矢印　⟷
> 平衡の矢印　⇌

> **非局在化をどう表すか**
>
> 非局在化を説明するのにどのような用語を用いるかはむずかしい問題である．共鳴(resonance)，メソメリー(mesomerism)，共役(conjugation)，非局在化(delocalization)をはじめとし，本書でも多くの用語を用いている．共鳴という用語を用いないようにしていることに気づいているかもしれない．これは構造が局在化した構造間を行き来しているような誤った印象を与えるからである．本書では共役と非局在化という用語を用いる．共役は二重結合がつながって一つのπ電子系を生成するときに用い，非局在化は電子そのものについての用語である．隣接する二重結合は共役しており，電子は非局在化している．

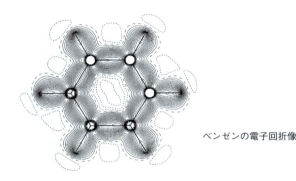

ベンゼンの電子回折像

環内にない二つ以上の二重結合

環がない場合にも電子は非局在化するのだろうか．これについて考えるため，ベンゼンと同様に二重結合三つと炭素六つをもつが環構造はとらないヘキサトリエンを考えてみよう．ヘキサトリエンは中央の二重結合がシスあるいはトランスの立体配置をとることができるので，化学的・物理的性質の異なる二つの異性体が存在する．cis- および trans-ヘキサトリエンの構造は電子回折によって決定されており，次の二つの重要な特徴が明らかになっている．

- 両者ともほぼ平面構造をとる
- ベンゼンとは異なり，二重結合と単結合の長さは異なるが，いずれの場合も中央の二重結合が両端の二重結合よりやや長く，単結合は"通常の"単結合よりやや短い

次に trans-ヘキサトリエンの最も安定な構造と，比較のためベンゼンの構造を示す．

> cis-ヘキサトリエン
>
> trans-ヘキサトリエン
>
> 末端の二重結合には置換基が一つしかないのでシスとトランスの二つの形は存在しない．

典型的な値からの結合距離のずれ，および平面構造をとる理由は，ここでも p 軌道六つが結合して生じる分子軌道を考えると理解できる．ベンゼンの場合と同様に，これらの軌道すべてが結合して分子全体に広がる大きな分子軌道を一つ形成する．p 軌道は分子が平面状であるときにのみ重なり合うことができる．

すべての p 軌道が重なることができる

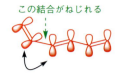
これらの軌道は重なり合うことができない．より不安定な構造

別の平面構造：すべての p 軌道が重なることができる

単結合の一つで分子がねじれると，軌道の重なりが一部失われるので，単純なアルケン中の単結合よりもこの構造中の単結合のほうがねじれにくくなる．しかし他の平面構造は安定なので，*trans*-ヘキサトリエンは次に示す平面構造のいずれもとることができる．

➡ 立体配座については 16 章で述べる．

trans-ヘキサトリエンの立体配座

共　役

ベンゼンやヘキサトリエンでは炭素原子はすべて sp² 混成をとり，残りの p 軌道は隣接する炭素原子の p 軌道と重なり合うことができる．p 軌道が連続して重なり合えるのは，二重結合と単結合が交互に存在するからである．二重結合二つが単結合一つで結ばれているとき，この二つの二重結合は**共役**（conjugation）しているという．共役二重結合は孤立した二重結合とは物理的にも（すでに述べたように結合が長くなる）化学的にも性質が異なる（22 章参照）．

すでに共役系をもつ化合物をいくつか紹介した．本章の初めのリコペンや 3 章に出てきた β-カロテンを覚えているだろう．β-カロテン（β-carotene）の 11 個の二重結合はいずれも単結合一つによって隔てられており，p 軌道がすべて重なり合って長鎖の分子軌道を形成している．

共　役

辞書によると，"conjugated" の定義のなかには，"一緒に結びつく，特に対をなして" と "一体としてふるまう，あるいは作用する" という意味がある．共役系の性質は二重結合が個々にもつ性質とは異なるので，この定義は共役二重結合の性質を非常によく表している．

β-カロテン．二重結合が 11 個も共役している

プロペナール（アクロレイン）
C=C 結合はカルボニル基 C=O と共役している

共役系をつくるためには常に C=C 結合が二つ必要とは限らない．プロペナール（アクロレイン）の C=C 結合と C=O 結合も共役している．ここで大切なことは，共役するためには二重結合が単結合一つで隔てられていることであり，単結合が二つ以上あると共役できないということである．次に示すのはこれとは逆の例である．アラキドン酸は "多不飽和" 脂肪酸のひとつである．ここにある四つの二重結合は，どの二重結合の間にも sp³ 炭素があり，いずれも共役していない．すなわち二重結合の p 軌道と重なり合

このような共役したカルボニル化合物の反応性は，それぞれが単独に存在する場合の反応性とは大きく異なる．たとえばプロペナールのアルケン部位は求電子性を示し，求核的ではない．これについては 22 章で説明する．

える p 軌道が隣に存在していない．飽和炭素原子が二重結合を互いに孤立させ共役を妨げているのである．

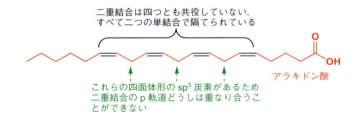

一つの原子に二重結合が二つ直接結びついている場合，すなわち二重結合二つを隔てる単結合がない場合にも共役は成立しない．このような構造をもつ最も簡単な化合物はアレン（allene）である．アレンの p 軌道の配列をみると，なぜ非局在化できないか容易にわかるだろう．π 結合二つは互いに直交している．

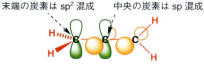

> **共役の必要条件**
> - 共役するためには二重結合が単結合一つで隔てられていることが必要である
> - 単結合二つで隔てられていたり，直接結びついている場合には共役できない

7・4 π 結合二つの共役

分子に対する共役の効果を理解するために，その分子軌道を注意してみる必要がある．ここでは π 軌道の電子にのみ注目する．C−C および C−H σ 結合は 4 章で述べた他の分子のものと本質的に同じである．まず，二つの共役した π 結合をもつ最も単純な化合物から始めよう．予想どおり，ブタジエンは p 軌道の重なりを最大にするため，平面構造をとる．しかし，実際どのようにその重なりは起こり，どのように結合生成に至るのだろうか．

ブタジエンの分子軌道

ブタジエンは π 結合を二つもち，それぞれ二つの p 軌道，全部で原子軌道四つからなる．したがって 4 電子を収容するために分子軌道が四つ必要である．すでに述べたヘキサトリエンと同様，これらの軌道は分子全体に広がるが，アルケン部位二つの軌道に注目し，並べて相互作用させるだけで，これらの分子軌道がどのようなものか容易にわかる．π 軌道二つと π* 軌道二つがあるので，それぞれ同位相か逆位相かで相互作用させることができる．まず最初に示すのは π 軌道二つを相互作用させてできる二つの分子軌道である．

ブタジエンの異性体

ブタジエンといえばたいてい 1,3-ブタジエンのことをいう．1,2-ブタジエンも存在するが，これはアレンの一つである．

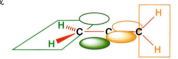

次に π* 軌道二つから生じる分子軌道が二つある．

四つすべての分子軌道を分子軌道エネルギー準位図にエネルギーの順に並べて次のように表すことができる．軌道が四つあるので，反結合性軌道を単に * をつけるだけで表すことはできない．そのため慣習として $\psi_1 \sim \psi_4$ と番号づけをする（ψ はギリシャ文字のプサイ）．

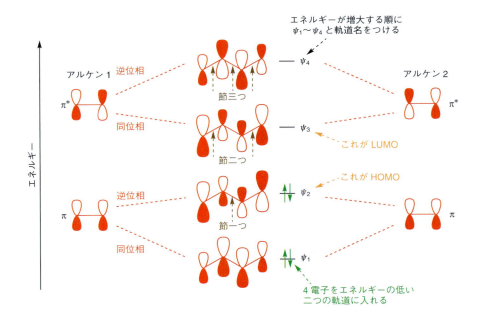

次に進む前に四つの分子軌道を表す方法について二，三付け加えておこう．まず第一に，節（位相が変わる境界面）の数は ψ_1 の 0 から ψ_4 の 3 まで増加する*．第二に，π電子系を形成する p 軌道は同じ大きさに書いていないことに注意してほしい．その **係数** (coefficient) は軌道によって異なる．これは軌道を計算する際の数学的な結果であり，細かいことを気にする必要はない．一般に ψ_1 と ψ_4 が中央に最大の係数をもち，ψ_2 と ψ_3 は両端に最大の係数をもつ．

次に電子についてである．それぞれの軌道は電子を二つ収容することができるので π電子系の 4 電子は ψ_1 と ψ_2 軌道に入る．

➡ エネルギーの高い軌道ほど節の数が多いことについては 4 章で述べた．

* 訳注：このほかに分子面も節になっている．

係数 (coefficient) という用語は，個々の原子軌道が分子軌道に寄与する程度を表す．これは各原子のローブの大きさによって表す．

これらの電子の入った被占分子軌道を詳しくみてみよう。最もエネルギーの低い結合性軌道 ψ_1 では，電子は四つの炭素すべてに（平面の上下に）広がって，一つの連続した軌道を形成している．四つすべての炭素原子の間に結合がある．すなわち結合性相互作用が三つ存在する．ψ_2 軌道には C1 と C2 の間，および C3 と C4 の間には結合性相互作用があるが，C2 と C3 の間には反結合性相互作用がある．いいかえると，$2-1=1$ の実質的な結合性相互作用がある．空軌道については，ψ_3 には正味 -1 の反結合性相互作用が，また ψ_4 には正味 -3 の反結合性相互作用が存在する．

全体としては，電子が入っている二つの π 軌道 ψ_1, ψ_2 ともに，C1 と C2，C3 と C4 の間には電子が存在するが，C2 と C3 の間では ψ_2 の反結合性相互作用が ψ_1 の結合性相互作用を部分的に打消している．ψ_2 の反結合性の組合わせの係数は ψ_1 の結合性の組合わせの係数よりも小さいので，"部分的に" である．そのためブタジエンのすべての結合は等価ではなく，中央の結合は単結合性ではあるが，わずかに二重結合性を有している．その二重結合性により，平面構造をとりやすくなり，典型的な単結合よりもこの C2–C3 間の結合の回転障壁は大きく，また典型的な C–C 単結合距離（およそ 154 pm）よりもわずかに短く（145 pm）なる．

> 本章の初めにヘキサトリエンについてふれたが，そこでも同様の効果がみられた．平面構造をとろうとし，やや短くなった単結合に関し回転障壁がある．

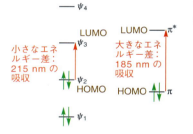

分子軌道図もブタジエンの反応性を理解する助けとなる．わかりやすくするため HOMO(ψ_2) と LUMO(ψ_3) に印をつけてある．両側にそれぞれエチレンの HOMO(π 軌道) と LUMO(π* 軌道) を示す．注目すべき特徴として，次の 3 点がある．

- ブタジエンの二つの結合性分子軌道の全エネルギーは，エチレンの二つの分子軌道のエネルギーの和よりも低い．すなわち，共役したブタジエンは孤立した二重結合二つより熱力学的に安定である
- エチレンの HOMO(π) と比べるとブタジエンの HOMO(ψ_2) のほうが高エネルギーである．これはブタジエンがエチレンよりも求電子剤に対する反応性が高いことと一致する
- ブタジエンの LUMO(ψ_3) はエチレンの LUMO(π*) より低エネルギーである．これはブタジエンがエチレンよりも求核剤に対する反応性が高いことと一致する

したがって共役によりブタジエンはより安定となるが，同時に求核剤に対しても求電子剤に対しても反応性が高くなる．この一見驚くべき結果については 19 章で再度詳しく述べる．

7・5 紫外および可視スペクトル

外部からエネルギーを適当量与えると，電子はエネルギー準位の低い原子軌道から高い原子軌道に励起されて，原子吸光スペクトルが観測できることを 3 章で説明した．全く同じことが分子軌道でも起こる．適切な波長を選ぶとそのエネルギーにより，電子を被占軌道（たとえば HOMO）から空軌道（たとえば LUMO）へ昇位することができ，波長に対しエネルギー吸収をプロットすることにより，紫外–可視スペクトルとよばれ

> 本節をよく理解するためには，エネルギーと波長との関係式 $E = hc/\lambda$ およびエネルギーと振動数の関係式 $E = h\nu$ を覚えておく必要がある．詳しくは 3 章参照．

ている新しいタイプのスペクトルが得られる.

上述したように,ブタジエンの HOMO と LUMO のエネルギー差はエチレンの場合より小さい.したがってブタジエンはエチレンよりも長波長の光を吸収すると予想できる(波長が長いほどそのエネルギーは小さい).実際,ブタジエンは 215 nm の光を吸収し,エチレンは 185 nm の光を吸収する.ブタジエンは共役しているため,エチレンよりも長波長の光を吸収する.共役による影響のひとつとして,被占軌道と空軌道間のエネルギー差が小さくなることがあげられる.そのためより長波長の光を吸収するようになる.

> 共役が長いほど HOMO と LUMO のエネルギー差は小さくなり,より長波長の光を吸収するようになる.したがって紫外–可視吸収スペクトルから,分子の共役についての知見が得られる.

エチレンとブタジエンはともに電磁波スペクトルの紫外領域に吸収がある.しかし,さらに共役を長くしていくと HOMO と LUMO のエネルギー差はさらに小さくなり,ついには可視光を吸収できるようになって,着色する.その好例が本章冒頭に紹介したトマトの色素リコペンである.共役二重結合が 11 もあり(さらに非共役二重結合が二つある),およそ 470 nm の青緑色の光を吸収する.そのためトマトは赤い.欄外に示したクロロフィルは環状の共役化合物である.これは長波長の光を吸収し緑色となる.

クロロフィル

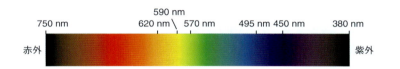

色素の色は共役系に依存する

ここに示した例や他の多くの高度に共役した化合物が着色しているのは偶然ではない.有機化合物に由来する染料や色素はすべて高度に共役している.

下の表は二重結合を n 個もつ共役ポリエンが吸収するおおよその光の波長を示したものである.吸収される色は透過する光と相補的であることに注意してほしい.赤色に見える化合物は青色と緑色の光を吸収する.

共役二重結合の数が 8 未満では吸収が紫外部にある.共役二重結合がそれ以上になると,吸収波長は可視領域に及び,共役二重結合が 11 になるとその化合物は赤色になる.青や緑色のポリエンはまれであり,これらの色をもつ染料はより精密に設計された共役系に由来する.

> 色の化学では,染料は可溶な着色剤であり,色素は着色した不溶性の粒子からなる.生物学では色素という用語は着色した化合物すべてに用い,染料色素は無機化合物であることが多い.共役とは異なる理由で着色しているが,この場合も軌道間のエネルギー差と関係している.

各種の色に適した波長

吸収波長 (nm)	吸収される色	透過する色	R(CH=CH)$_n$R n の数	吸収波長 (nm)	吸収される色	透過する色	R(CH=CH)$_n$R n の数
200〜400	紫外	——	<8	530	黄緑	青紫	
400	青紫	黄緑	8	550	黄	藍	
425	藍	黄	9	590	オレンジ	青	
450	青	オレンジ	10	640	赤	青緑	
490	青緑	赤	11	730	赤紫	緑	
510	緑	赤紫	——				

ブルージーンズ

結合性π軌道から反結合性π*軌道への遷移はπ→π*遷移とよばれている．電子が非結合性の非共有電子対（n軌道）からπ*軌道へ励起される場合（n→π*遷移），そのエネルギー差はより小さくなることがある．染料の多くは全可視領域の色を発色するためにn→π*遷移を利用している．たとえば，ブルージーンズの色はインジゴという色素の色である．この化合物の二つの窒素原子の非共有電子対が，この分子の他の部分からなるπ*軌道に励起される．このπ*軌道はカルボニル基二つのためにエネルギー準位が低くなっている．この色素により黄色の光が吸収され，インジゴブルー（藍）の光が透過することになる．

ジーンズはインジゴ還元体に浸すことによって染色される．この還元体は共役が中央の単結合により切断されているため初めは無色である．布をつるして乾燥させると空気中の酸素が色素をインジゴに酸化するので，ジーンズは青くなる．

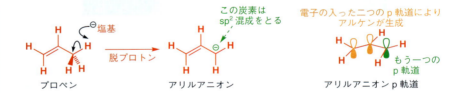

無色のインジゴ前駆体　　　　　インジゴ．ブルージーンズの色素

---

* 訳注：本節で述べるアリルアニオン，アリルカチオン，アリルラジカルのようにsp²炭素三つからなる系をアリル系という．

7・6　アリル系*

アリルアニオン

ブタジエンは，p原子軌道が四つ相互作用して分子軌道を四つ生じる．ヘキサトリエンでは（ベンゼンについてもすぐに説明するが）原子軌道が六つ相互作用して分子軌道を六つ生じる．ここではよくみられる炭素原子のp軌道三つが相互作用する共役系について考えよう．まず初めにプロペンに非常に強い塩基（そのメチル基からプロトンを一つ取去ることができるほど強い塩基）を作用させることにより生成する構造から考える．H^+を取去ると，負電荷をもつアリルアニオン（allyl anion）が生成する．この負電荷は形式的にはメチル基であった炭素に存在する．その炭素原子はsp^3混成（すなわち四つの置換基をもつ四面体構造）であったが，脱プロトンされると三つの置換基と負電荷を収容するp軌道とからなる三方形（sp^2）にならなければならない．

➡ このような強塩基については次章で述べる．

もちろんアニオンはこのように孤立して存在するわけではない．金属カチオンが存在し，何らかの形でアニオンはこれに配位している．これから述べるアニオンの構造についての議論は，金属がそれに付随していてもいなくても適用できる．

アリルアニオンの分子軌道は，このp軌道とすでに存在するπ軌道を組合わせることによりつくり出せるが，ここでは別べつのp原子軌道三つから始めて，これらを組合わせて分子軌道を三つつくってみよう．初めは電子がどこに存在するか気にする必要はない．まずは分子軌道をつくりあげよう．

最もエネルギーの低い軌道（ψ_1）はすべてのp軌道が同位相となる．これはすべての相互作用が結合性なので結合性軌道である．次の軌道（ψ_2）は節を一つもち，かつ系の対称性を維持するためには，節が中央の原子にくる必要がある．すなわち，この軌道に電子が存在する場合は，この中央炭素原子には電子密度は存在しないことになる．隣接する原子軌道との間には結合性，反結合性いずれの相互作用もないので，これは非結合

アリル系の結合性分子軌道 ψ_1
（全体として結合性相互作用 +2）

非結合性分子軌道 ψ_2
（全体として結合性相互作用 0）

反結合性分子軌道 ψ_3
（全体として結合性相互作用 −2）

性軌道である．最後の分子軌道（ψ_3）は，節面を二つもたなければならない．原子軌道間の相互作用はすべて位相が合わないので，この分子軌道は反結合性軌道である．

これらの情報をまとめて分子軌道エネルギー準位図にまとめることができ，同時に電子を軌道に割当てることができる．アルケンのπ結合から2電子，アニオンからさらに2電子（これはC–H結合を形成していた2電子であり，プロトンH$^+$を取除いただけなので，そのまま残っている），計4電子がある．4電子はエネルギーの低い二つの軌道 ψ_1 と ψ_2 に入り，ψ_3 は空軌道として残る．4電子のうちの2電子は共役していないp軌道に残っていた場合よりも，エネルギーが低下（安定化）していることにも注意しよう．共役により被占軌道のエネルギーが下がり，化合物は安定になる．

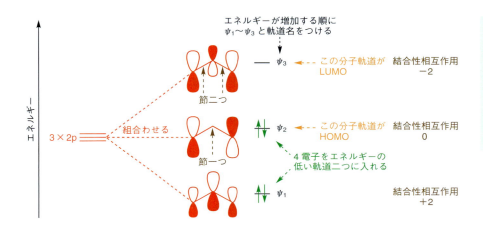

> この図ではアリル系のπ軌道のみを示している．炭素骨格のσ結合を形成する分子軌道もすべて存在するが，これらを考慮する必要はない．電子の詰まっているσ結合の分子軌道はπ結合の分子軌道よりもエネルギー準位がかなり低く，またσ結合の空の反結合性σ*分子軌道はπ結合の反結合性分子軌道よりもずっとエネルギーが高い．

アリルアニオンのπ電子系では電子密度はどのように分布しているのだろうか．アリルアニオンでは二つのπ分子軌道に2電子ずつ入っており，電子密度はこの二つの軌道の和になる．すなわち，電子密度は三つの炭素原子すべてに分布する．しかし，いずれの軌道においても末端炭素の係数は大きいが，ψ_2 では中央炭素が節になり，電子密度を全くもたない．したがってこれらをあわせて考えると，負電荷は分子全体に広がっているとはいえ，中央の炭素よりも末端の炭素のほうが電子密度が高い．これを次の二つの方法で表すことができる．下に示す左側の構造は，電荷が分子全体に非局在化している様子を強調しているが，負電荷がおもに両端に存在するという重要な特徴を表すことができない．一方，右側に示すように，巻矢印はこれをよりよく表すことができる．すなわち負電荷が局在化しておらず，おもに両端の炭素に等しく分布していることを示すことができる．

これらの構造は結合の等価性と電荷の非局在化を強調している

巻矢印は負電荷が両端の炭素原子に集中していることを示している

> 注意：これは平衡ではない．巻矢印は電荷の動きを表しているのではない．二つの構造は"平均化された"構造を表すためのもので不完全な表し方である．そしてこの二つの構造は非局在化を表す双頭の矢印で結びつけられる．

巻矢印を用いたこの表し方の問題点は負電荷（そして二重結合の位置）が分子の一方の端から他方の端へと移動しているように見えることである．すでに述べたようにこれは事実とは異なる．点線を用いて書かれた構造は六角形の真ん中に円を書くベンゼンの書き方と同様，反応機構を書くには適していない．それぞれの表記法には長所と短所がある．本書では必要に応じ，両者を使い分ける．

NMRを用いて非局在化を調べる

アリルアニオンが非局在化し、負電荷がおもに両端の炭素原子に局在化していることは、その^{13}C NMRスペクトルからも明らかである。3章で^{13}C NMRは炭素原子まわりの電子密度、すなわち炭素原子が非遮蔽化され外部磁場にさらされる度合のよい指標になることを述べた。NMRの用語や理論、その実際について復習が必要な場合は、3章を見直そう。

対イオンとしてリチウムをもつアリルアニオンの^{13}C NMRスペクトルを測定することができる。スペクトルにはシグナルが二つだけ現れ、中央の炭素は147 ppmに、そして末端の炭素二つはともに51 ppmに観測できる。このことは次の二つのことを表している。1) 両端の炭素は等価で電子は非局在化している。2) 負電荷の多くは両端の炭素にある。ここは電子密度がより高いのでより遮蔽されている（化学シフトがより小さい）。実際、中央炭素の147 ppmという値は典型的な二重結合の化学シフトである（プロペンのシグナルと比べてみよう）。末端炭素のシフト値は二重結合の値と直接金属に結合した（たとえばメチルリチウムの負の化学シフトは非常に分極したLi–C結合のためである）飽和炭素の値との中間である。

アリルカチオン

臭化アリル

プロペンからプロトンを取去るだけでなく同時に電子を二つ取去ったらどうなるだろうか。実際このような構造をもつ化合物は臭化アリル（3-ブロモプロペン）からきわめて容易に得ることができる。この化合物のC3には炭素、水素二つ、そして臭素と原子が四つ結合しており、この炭素は四面体（すなわちsp^{3}混成）である。

臭素は炭素より電気陰性度が大きいので、C–Br結合は臭素に向かって分極している。この結合を完全に切断するのはきわめて簡単である。臭素はC–Br結合から2電子とって臭化物イオンBr$^-$となり、**アリルカチオン**（allyl cation）が生成する。正電荷をもった炭素には結合が三つしかないので、平面三方形（sp^{2}混成）になる。したがって空のp軌道が生じている。

アリルアニオンと同様にアリルカチオンの軌道もそれぞれの炭素から一つずつ、計三つのp原子軌道の組合わせによって生成する。したがってアリルアニオンの場合と同じ

非局在化したカチオンのNMRスペクトル

下に示した反応では、アリルカチオンと似た構造のカチオンが生成する。**超強酸**(superacid)とよばれる非常に強い酸(15章参照)が2-シクロヘキセン-1-オールのヒドロキシ基をプロトン化し、水を脱離させる。生成するカチオンは予想されるとおり不安定であり、ふつうは求核剤とすばやく反応する。しかし低温で求核剤が存在しない場合には、カチオンは比較的安定に存在し、−80 ℃で^{13}C NMRを測定することもできる。

この^{13}C NMRスペクトルから、このアリル型カチオンには対称面が存在することがわかる。これにより正電荷が炭素原子二つに均等に広がっていることが確認できる。シグナルが224 ppmと大きく低磁場シフトしていることから、この炭素が非常に強く非遮蔽化されている（すなわち電子不足となっている）ことがわかるが、その度合は局在化したカチオン（およそ330 ppmに吸収をもつ）と比べると小さい。しかも中央の炭素原子の化学シフトは142 ppmと、通常の二重結合に典型的な数値であって、特に電子豊富でも電子不足でもないことがわかる。事実、このカチオンの中央の炭素と上述したアリルアニオンの中央の炭素の化学シフトはほとんど同じである。これは電荷がおもにアリル系の両端に存在していることを示している。

^{13}C NMRの化学シフト(ppm)
対称面が中央にあることに注目

分子軌道エネルギー準位図を用いることができる．軌道に入れる電子数を合わせるだけでよい．ここではC-Br結合の電子対が臭化物イオンにとられたのでアルケン部位に由来する2電子しか存在しない．

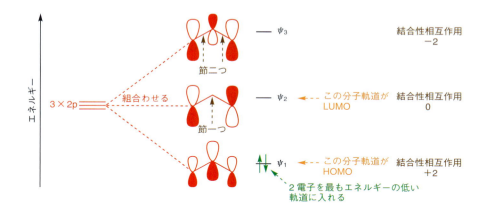

被占軌道の2電子は，共役していないp軌道よりも低いエネルギーの軌道に入るので，アニオンと同様，共役により安定化される．

2電子が三つの炭素原子に広がっており，全体としてアリルカチオンは正電荷をもつ．しかし正電荷はどこに存在しているのだろうか．どこに電荷の欠損があるかを調べる必要がある．電子の入っている唯一の軌道は結合性分子軌道 ψ_1 であり，この軌道の各炭素原子の係数の相対的な大きさから，中央の炭素原子が末端の炭素原子より電子密度が高いことがわかる．したがって末端炭素は中央の炭素より電子密度が低い．

両端の炭素は等価であると考えられ，実際 ^{13}C NMRスペクトルは両端が等価であることを示している（下参照）．ここでもこの非局在化を示す方法として単一の構造式で表すか，非局在化の矢印で結びつけた1対の局在化した構造式で表すか，いずれかの方法が必要である．

これらの構造は結合の等価性と
電荷の非局在化を強調している

巻矢印により，正電荷が両端の炭素に
分布することがわかる

ここで巻矢印の表し方に注意してほしい．正電荷が移動している様子を表したいので，巻矢印を正電荷から書き始めたいと思うかもしれない．しかし巻矢印は必ず電子対を表すものから出発しなければならない．したがって正電荷は二重結合の電子の移動の結果として移動させなければならない．一方の端から電子を押し出すことによって，正電荷が後に残る．

➡ 巻矢印の書き方については§5・3参照．

7・7 3原子に非局在化した代表的な構造
カルボン酸イオン
カルボン酸を塩基で脱プロトンして生じるカルボン酸イオンは，すでに述べたようにアリルアニオンときわめてよく似たアニオンである．この構造でも負電荷をもった原子が二重結合から単結合一つで隔てられて結合しており，アリルアニオンと類似している．

ここではアリルアニオンの両端の炭素原子二つが酸素原子に置き換わっている.

X線結晶構造解析によると,このアニオンの二つのC–O結合距離は等しく(136 pm),通常のC=O結合(123 pm)とC–O結合(143 pm)の中間の値になっている.負電荷は二つの酸素原子に等しく分布している.そしてこれは二つの方法で表すことができる.アリル系の場合と同様,左側に示したものは二つのC–O結合が等価であることを示している.しかし反応機構を書くために右側のものを使う必要がある.非局在化の矢印は,二つの局在化した形がともに真の構造に寄与していることを示している.

ニトロ基

ニトロ基は,窒素原子に酸素原子二つと炭素原子一つ(たとえばアルキル基)が結合しており,その構造の表し方には二通りある.一つは形式電荷を用いる方法,もう一つは(あまり好ましくないが)配位結合を用いる方法である.どちらも酸素原子の一つは二重結合で,もう一つは単結合で窒素と結合するように書く.酸素原子を二つとも二重結合で書くのは誤りである.こう書くと窒素原子は結合を五つもつことになり,窒素原子に10電子が存在することになる.これらをすべて収容できるだけのs軌道およびp軌道は存在しない.

➡ 配位結合については5章参照.

➡ この重要な原理については2章で説明した.

> ニトロ基とカルボキシ基のような構造を **等電子的**(isoelectronic)とよぶ.原子の種類は異なっていてもよいが,電子の数と配置は同じである.

この書き方の問題点は,二つのN–O結合が等価であることが明らかでない点にある.ニトロ基は(窒素原子がもともと炭素原子よりも電子を一つ多くもつので中性であるが)カルボン酸イオンと全く同じ数の電子をもつ.そして非局在化した構造を巻矢印で同じように表すことができる.

カルボン酸イオン,そしてニトロ基の分子軌道エネルギー準位図についてはアリルアニオンのものと類似しているので示していない.それぞれ電気陰性度の異なる別の原子が含まれているので,分子軌道エネルギーの絶対値が変わるだけである.

アミド基

生体系の構造的な特徴の大部分をなすタンパク質は多数のアミノ酸がアミド結合により結合したものであることから,生命はアミドによって成り立っているといっても過言ではない.ナイロンは合成ポリアミドであり,多くのタンパク質と同等の耐久性を有している.この一見単純な官能基の構造は,これらの化合物の安定性に大いに寄与している.

7・7 3原子に非局在化した代表的な構造

アリルアニオン，カルボン酸イオン，そしてニトロ基は三つの原子に広がったπ電子系に4電子が関与している．アミド基の窒素原子にも電子が1対存在し，これはカルボニル基のπ結合と共役することができる．ここでもπ結合と効果的に重なるためには，非共有電子対はp軌道に入っている必要がある．そのためには窒素原子はsp²混成をとる必要がある．

> これをsp³軌道に存在するアミンの非共有電子対(100ページ)と比べてほしい．アミンのNはピラミッド形(sp³)でアミドのNは平面三方形(sp²)である．

|アミド|窒素原子は平面三方形(sp²)
非共有電子対がp軌道に存在する|アミドの最低エネルギーπ軌道|

カルボン酸イオンの負電荷は酸素原子二つの間で等分されていたが，アミドにはそのような電荷は存在しない．窒素の非共有電子対は窒素と酸素の間で共有されている．非局在化は欄外に示すように巻矢印を用いて示すことができる．

アミド基における電子の非局在化

この表記もやはり問題である．巻矢印は通常は電子の動きを表すが，ここでは巻矢印は一つの局在化した構造から他方の局在化した構造を得る方法を示しているだけである．アミドの分子軌道図によれば電子はπ電子系の三つの原子に不均等に分布していて，酸素原子の電子密度が高くなっている．これについては欄外の非局在化した構造に見てとることができる．ここでは負電荷が酸素原子に，正電荷が窒素原子に存在する．（これは最もエネルギーの低いπ軌道の図にも示した．ここでは最も大きな係数，したがって最も高い電子密度は酸素原子に存在する．）この一組の構造が示すアミド基の構造のもう一つの特徴は，炭素原子と窒素原子の結合が部分的な二重結合性をもつことである．これについてはすぐにまた述べる．

アミド基の真の構造は，非局在化の矢印で結びつけられた二つの局在化した構造の中間にある．欄外に示す非局在化構造が真の構造をよりよく表したものであろう．（ ）内の電荷は完全に+1，-1ではなく，実際にはおよそ+0.5と-0.5程度である．ただし，この構造では反応機構をうまく表すことはできない．

アミド基の構造の特徴について次のようにまとめることができる．のちほどそれぞれについてもう少し詳しく述べる．

- アミド基は平面構造をとる．これにはカルボニル基と窒素原子それぞれに結合しているR基の最初の炭素原子を含む
- 窒素原子の非共有電子対はカルボニル基に非局在化している
- この相互作用によりC−N結合は強くなり，二重結合に近い性質をもつ．そのためこのC−N結合は，自由回転が束縛されている
- 酸素は窒素よりも電子豊富になっている．したがって，求電子剤は窒素ではなく酸素を攻撃すると予想できる
- アミド基は非局在化により安定化されている

アミド基が平面構造をとっていることはどのように確認できるだろうか．X線結晶構造解析が最も直接的な方法である．電子回折などの方法によっても単純な（非結晶性の）アミドが平面構造をとることがわかる．N,N-ジメチルホルムアミド（DMF）はその一例である．

結合距離 135 pm

ジメチルホルムアミド DMF

DMFのカルボニル炭素と窒素のC−N結合距離（135 pm）は，通常のC−N結合距離（149 pm）よりC=N結合距離（127 pm）に近い．非局在化した構造から予想できる

タンパク質中のアミド

タンパク質はアミド結合によってアミノ酸が多数結合したものである．あるアミノ酸のアミノ基が他のアミノ酸のカルボキシ基と結合してペプチド(peptide)とよばれるアミドを生成する．二つのアミノ酸が結合してジペプチドになり，多数結合するとポリペプチドになる．このときアミド結合はペプチド結合ともよばれる．

ペプチドは C–N 結合の回転が束縛されているため堅固な平面構造をとる．この堅固さがタンパク質構造の組織的な安定性に寄与している．

ペプチド結合で結ばれた二つのアミノ酸はジペプチドを形成する

ように，この部分的二重結合性のため C–N 結合は自由回転できない．DMF の C–N 結合を回転させるためには 88 kJ mol^{-1} のエネルギーが必要である（C–C 結合の回転には約 3 kJ mol^{-1} しか必要でないのに対し，C=C 結合の回転には 260 kJ mol^{-1} 必要である）．室温で得られるエネルギーはこの結合がゆっくりと回転できる程度のものであり，このことは DMF の ^{13}C NMR スペクトルを見ると明らかである．全部で炭素原子が三つあり，対応するシグナルが 3 本観測できる．窒素の二つのメチル基は別べつのピークとして現れている．もし C–N 結合が自由回転できるならば，メチル基は二つとも等価になるのでシグナルは 2 本しか現れないはずである．

実際，もっと高い温度でスペクトルを測定するとシグナルは 2 本になる．高温では C–N 結合の回転障壁を越えるだけのエネルギーが与えられ，メチル基二つが相互変換できるようになるためである．

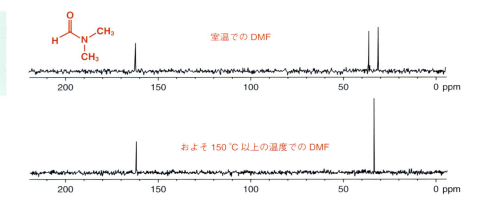

共役と反応性：10 章に先駆けて

非局在化によりアリルカチオンやアニオンが安定化されるように（少なくとも共役系の一部の電子が共役のない場合と比べてよりエネルギーの低い軌道に存在する），アミド基も窒素原子の非共有電子対がカルボニル基と共役することによって安定化される．そのためアミドの C=O は，カルボニル基のなかで最も反応性の低いもののひとつとなっている（これについては 10 章で説明する）．さらに，アミド基の窒素原子は一般的なアミンの窒素原子と比べて大きく異なる．多くのアミンは容易にプロトン化される．しかしアミド窒素の非共有電子対はカルボニル基の π 電子系と共役しているので，これはプロトン化されにくく，実際どのような求電子剤との反応も起こしにくい．そのためアミドがプロトン化される場合には（そして次章で述べるように容易にプロトン化されないが），窒素原子ではなく酸素原子でプロトン化される．共役が反応性に及ぼす効果はさらに広範であり，本書の多くの章を通じて重要なテーマとなる．

7・8 芳香族性

ここでもう一度ベンゼンの構造に戻ろう．ベンゼンはアルケンとしては異常に安定であり，実際にはアルケンとして扱わない．たとえばふつうのアルケンは（共役の有無にかかわらず）臭素と速やかに反応して付加生成物のジブロモアルカンを生じるが，ベンゼンは臭素となかなか反応せず，触媒（鉄など）存在下でようやく反応し，しかも付加生成物ではなく置換生成物のブロモベンゼンになる．

臭素はベンゼンと置換反応を起こし（臭素原子が水素原子に置き換わる），ベンゼン環は保持されている．あらゆる種類の反応においてベンゼンが共役環構造を保つこの性質は，ベンゼンとアルケンの重要な違いのひとつである．

ベンゼンはなぜ特徴的な性質を示すのか

ベンゼンの特徴的な性質はその環構造によるものと考えるかもしれない．これが正しいかどうかを知るため，別の環状ポリエンであり環内に四つの二重結合があるシクロオクタテトラエンをみてみよう．π電子系がp軌道間の重なりによりどのように安定化されるかについて説明したことから考えると，予想外なことであるが，シクロオクタテトラエンはベンゼンとは違って平面構造をとらない．またどの二重結合間にも共役は存在しない．共役するためには二重結合のp軌道が重なり合えることが必要であるが，シクロオクタテトラエンの場合，二重結合と単結合が交互にあるにもかかわらず，p軌道は重なり合うことができない．共役が存在しないという事実は，シクロオクタテトラエンには 146.2 と 133.4 pm の2種類のC−C結合距離が存在し，それぞれ典型的な単結合と二重結合の長さであることによって示されている．できればシクロオクタテトラエンの分子模型を自分でつくってみてほしい．自然に欄外に示す形をとることがわかるだろう．この形はしばしば"桶形"とよばれる．

シクロオクタテトラエンはベンゼンよりもアルケンのように反応する．たとえば，臭素との反応では付加生成物を生じ，置換生成物は得られない．したがってベンゼンは環状だからというだけで特徴的な性質を示すのではない．シクロオクタテトラエンも環状だが，ベンゼンとその反応性は異なる．

ベンゼンとシクロオクタテトラエンの水素化熱

C=C 結合は水素ガスと金属触媒（通常ニッケルかパラジウム）を用いて飽和アルカンに還元できる．この反応は**水素化**（hydrogenation）とよばれているもので，熱力学的により安定なアルカンが生成するので発熱的（すなわちエネルギーが放出される）である．

cis-シクロオクテンをシクロオクタンに水素化すると 96 kJ mol^{-1} のエネルギー（水素化熱 ΔH_h）が放出され，シクロオクタテトラエンを水素化すると 410 kJ mol^{-1} が放出される．この値は予想されるように二重結合一つ当たりの値のおよそ4倍となっている．一方，シクロヘキセンの水素化熱は 120 kJ mol^{-1} であるのに対し，ベンゼンを水素化し

シクロオクタテトラエン

二重結合 133.4 pm　単結合 146.2 pm

シクロオクタテトラエンの桶形配座

→ 23 章でより詳しく述べる．

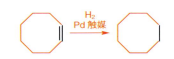

ても 208 kJ mol^{-1} しか発熱しない．この値は予想されるシクロヘキセンに対する値を3倍して得られる 360 kJ mol^{-1} よりずっと小さい．ベンゼンはシクロオクタテトラエンにはない特別な安定化要因を何かもっている．

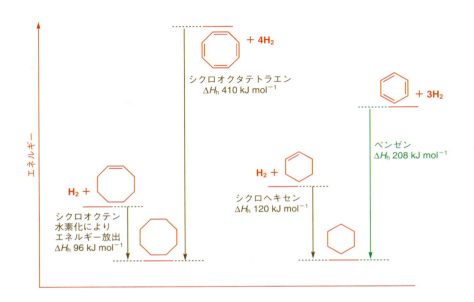

電子の数を変える

シクロオクタテトラエンを強力な酸化剤，あるいは還元剤と反応させた場合に起こる反応をみてみると，その謎はさらに深まる．1,3,5,7-テトラメチルシクロオクタテトラエンを低温（$-78\,^\circ\mathrm{C}$）で $SbF_5\text{-}SO_2ClF$（強力な酸化剤）と反応させるとジカチオンが生じる．このカチオンは，出発物とは異なり平面構造をとっていて，すべてのC–C結合距離は等しくなっている．

> このジカチオンは中性の分子のものと原子数は同じだが，電子数が少なくなっている．電子はπ電子系に由来するが2電子少なくなっている．正電荷が二つ局在化した構造を書くこともできるが，実際には電荷は環全体に広がっている．

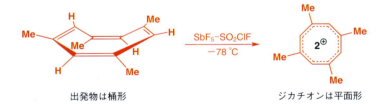

出発物は桶形　　　　　　ジカチオンは平面形

シクロオクタテトラエンにアルカリ金属を反応させると，電子を受取り，ジアニオンを生成する．X線結晶構造解析によると，このジアニオンは平面構造をとっていて，C–C結合距離はすべて等しい（140.7 pm）．シクロオクタテトラエンのアニオンあるいはカチオンと，シクロオクタテトラエンそのものとの大きな違いは，π電子系の電子数である．電気的に中性の非平面的なシクロオクタテトラエンはπ電子を八つもち，平面的なジカチオンは（ベンゼンと同様に）π電子を六つもつ．平面的なジアニオンは10電子をもつ．

これまでの事実には一定の規則性があることがわかる．重要なのは共役している原子数ではなく，**π電子系の電子数**である．

> π電子数が4あるいは8の場合には,6員環あるいは8員環化合物は平面構造をとらないが,π電子数が6あるいは10の場合には平面構造をとる.

シクロオクタテトラエンの分子模型をつくってみてほしい.無理に平面構造をとらせようとしてもひずみがかかり,すぐに桶形に戻ってしまうだろう.平面構造のシクロオクタテトラエンのひずみは,分子が桶形の立体配座をとることにより解消できる.ひずみは環内の原子と二重結合の数によるものであり,電子数とは何ら関係ない.平面構造をとるシクロオクタテトラエンのジカチオンとジアニオンのいずれにもこのひずみがある.それにもかかわらずこれらのイオンが平面構造をとっているという事実は,平面構造のひずみに打ち勝つだけの何らかの安定化が生じていることを意味する.この余分の安定化効果を**芳香族性**(aromaticity)とよぶ.

ベンゼンには分子軌道が六つある

ベンゼンの水素化の際に予想される発熱量($360\,\mathrm{kJ\,mol^{-1}}$)とその実測値($208\,\mathrm{kJ\,mol^{-1}}$)との差はおよそ$150\,\mathrm{kJ\,mol^{-1}}$であり,これはベンゼンが局在化した二重結合三つからなると考えた場合と比べ,どれだけ余分に安定化されているかのおおよその目安の値となる.この安定化の理由を理解するためには分子軌道を考える必要がある.ベンゼンのπ分子軌道は環内のp軌道六つの組合わせによってできていると考えてよい.ブタジエンと同様,エネルギー準位が高くなるにつれ順次節が一つずつ増える.これがベンゼンに対して得られる結果である.

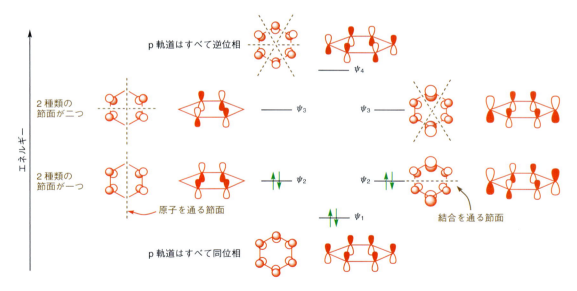

最もエネルギーの低い分子軌道ψ_1には節がなく*,すべてのp軌道が同位相の組合わせになっている.次にエネルギーの低い分子軌道ψ_2には節面が一つある.節面が結合を通るか原子を通るかにより図に示した2種類が可能である.これら二つの異なる分子軌道は全く同じエネルギーをもつ.すなわち**縮退**(degeneracy,縮重ともいう)していることがわかる.両者ともψ_2軌道とよぶ.その次の分子軌道ψ_3には節面が二つあり,やはり節面の配置が二通り可能であり,図に示したように縮退した分子軌道が二つある.最後の分子軌道ψ_4には節面が三つあり,p軌道はすべて逆位相の組合わせになっている.6電子は低いエネルギーの結合性軌道三つにぴったりと収まる.

* 訳注:分子面がπ軌道に特徴的な節面になっている.そのほかに節面がないということであり,ほかのMOについても,この節面は数えない.

そのほかの共役環状炭化水素のπ分子軌道

ベンゼンのエネルギー準位の配置が正六角形の頂点を下方に向けて書いたときの各頂点の位置にあることに注目しよう．p軌道が規則的に環状に並んで結合している分子軌道のエネルギー準位図は，すべて一頂点を下に向けた正多角形から推測できる．水平方向の直径（赤で示した）は炭素のp軌道のエネルギー準位を示すので，この線上にあるエネルギー準位は非結合性分子軌道のものである．それより下の分子軌道は結合性であり，上のものは反結合性になる．

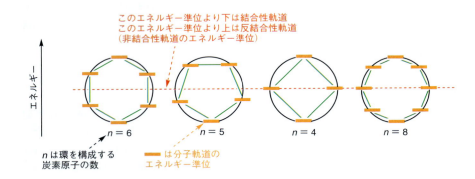

これらのエネルギー準位図についていくつか説明する必要がある．

- この方法により，平面構造をとり環状で1種類の原子（ふつうはすべて炭素）だけで構成されている系の分子軌道のエネルギー準位を予測できる
- いずれの場合も最もエネルギーの低い分子軌道が一つ存在する．すべてのp軌道が同位相になる分子軌道は常に一つだけである
- 原子数が偶数の場合には，エネルギーの最も高い分子軌道がただ一つ存在する．奇数の場合にはエネルギーの最も高い縮退した分子軌道が二つ存在する
- エネルギーが最も低い分子軌道と，原子数が偶数の系でエネルギーが最も高い分子軌道以外はすべて縮退している

分子軌道と芳香族性

それではこれまでに断片的に説明したことをまとめてみよう．ベンゼンと平面構造のシクロオクタテトラエンのエネルギー準位図に電子が収まる様子を比べてみよう．各分子軌道の実際の形はここでは問題にせずに，エネルギー準位だけを考える．

> ここで原子の場合の"閉殻"電子配置の安定性との類似性をみてとることができる．

ベンゼンにはπ電子が六つあり，結合性分子軌道三つをすべて完全にみたす閉殻構造とよばれる構造をとっている．一方，シクロオクタテトラエンにはπ電子が八つあるが，これらは分子軌道にうまく収まらない．このうち6電子は結合性分子軌道に入っているが，もう2電子が残っている．これらは二つの縮退した非結合性分子軌道に入らざるをえない．Hund則（4章）に従って，電子は各軌道に一つずつ入る．その結果，平面構造のシクロオクタテトラエンは，ベンゼンのような閉殻構造にはならない．すべての電子が結合性軌道に入って安定な閉殻構造をとるには，2電子を失うか獲得しなければならない．これはまさに実験事実が示すとおりである．シクロオクタテトラエンのジカチオン，ジアニオンはいずれも平面構造をとり，電子は環全体に非局在化している．一方，電荷のないシクロオクタテトラエンは電子が局在化して非平面の桶形構造をとることによって次に示す不利な電子配置を避けている．

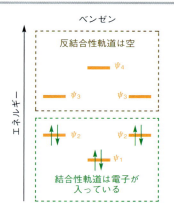
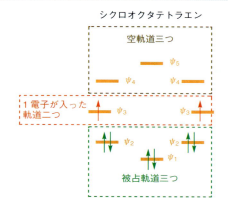

Hückel 則は芳香族性を予言する

前ページで述べたように，すべての環状の共役した炭化水素は最もエネルギーの低い分子軌道を一つもち，ついで一連のエネルギーの高い縮退した軌道をもつ．単一の最低エネルギー軌道は最大 2 電子を，つづく縮退軌道対は合わせて 4 電子を収容できるので，あるエネルギー準位よりも安定なすべての軌道が電子でみたされた"閉殻構造"は，常に $(4n+2)$ 電子（n は $0, 1, 2$ などの整数，縮退した軌道対の数に対応する）をもつ．これが Hückel 則の基本である．

> **Hückel 則**
> すべて共役できるような平面構造の単環系が $(4n+2)\pi$ 電子をもつと，すべての電子が結合性軌道に入って閉殻構造をとり，きわめて安定になる．このような系を**芳香族**（aromatic）とよぶ．同様の系で π 電子数が $4n$ のものは**反芳香族**（anti-aromatic）とよばれている．

これは芳香族性の厳密な定義ではない．実際に簡潔な定義を決めることは非常にむずかしいが，すべての芳香族化合物は Hückel の $4n+2$ 則をみたしている．

6 の次の $(4n+2)$ は 10 になるので，次の環状アルケン（[10]アンヌレン）は芳香族性をもつと予想される．しかし，このシス二重結合を五つもつ化合物が平面構造をとると，それぞれの内角は 144° になる．通常の二重結合の結合角は 120° なので，これは大きなひずみをもつ．実際，この化合物は合成されたが，平面構造をとらず，10π 電子にもかかわらず芳香族性を示さない．

一方 [18]アンヌレンは同じ $(4n+2)\pi$ 電子系（$n=4$）であり，平面構造をとり，芳香族性をもつ．トランス，トランス，シスの二重結合の配列に注目しよう．こうすると，

アンヌレン（annulene）は二重結合と単結合が交互に存在する環状化合物である．[ ] 内の数字は環内に存在する炭素数を表す．ベンゼンを [6]アンヌレン，シクロオクタテトラエンを [8]アンヌレンとよぶこともできるが，通常はそうはよばない．

全 cis-[10]アンヌレン
($4n+2$) 則に従うが，平面をとろうとするとひずみが大きく，芳香族性をもたない

トランス，トランス，シス二重結合
すべての結合角は 120° をとることができる

[18]アンヌレン
($4n+2$) 則に従い，平面で芳香族性

[20]アンヌレン
$4n$ 電子：平面ではなく，芳香族性をもたない

結合角はすべて120°をとることができる．[20]アンヌレンも大きなひずみを伴わずに平面構造をとりうるが，これは $(4n+2)$ ではなく $4n\pi$ 電子系になるので芳香族性はなく，実際は単結合と二重結合が局在化して，平面構造にはならない．

共役系が単環性でない場合，状況はやや不明確になる．たとえばナフタレンは10電子をもつが，二つのベンゼン環が縮環したものとみることもできる．反応性からみると，ナフタレンは芳香族性をもつ（置換反応を起こす）が，ベンゼンよりも芳香族性は小さいことは明らかである．たとえば，ナフタレンは容易に還元されてベンゼン環一つが残ったテトラリン（1,2,3,4-テトラヒドロナフタレン）を生じる．またベンゼンとは異なり，ナフタレンの結合距離すべてが等しいわけではない．1,6-メタノ[10]アンヌレンはナフタレンに似ているが，中央の結合がメチレン架橋に置き換えられている．この化合物はほぼ平面構造をとり，芳香族性を示す．

Hückel則はさまざまな化合物の芳香族性を予測し理解する助けとなる．たとえば，シクロペンタジエンは二つの共役二重結合をもつが，環内に sp^3 炭素があるので環状の共役系ではない．しかし，この化合物は比較的容易に脱プロトンされ，すべての結合距離が等しい非常に安定なアニオンを生成する．

各二重結合に2電子ずつあり，負電荷がさらに2電子（これは共役するためにp軌道に入る必要がある）分になるので，全体で6電子になる．エネルギー準位図によると 6π 電子はすべて結合性分子軌道に入るので安定な芳香族性をもつ構造となる．

芳香族ヘテロ環化合物

ここまで述べてきた芳香族化合物はすべて炭化水素であった．しかし，芳香族化合物の多くはヘテロ環化合物である．すなわち，炭素と水素以外の原子を含んでいる（事実すべての有機化合物の過半数は芳香族ヘテロ環化合物である）．簡単な例がピリジンである．この化合物ではベンゼンのCHの一つが窒素原子に置き換わっている．環には二重結合が三つあって，π電子が六つある．

欄外に示したピロールの構造についても考えてみよう．これも芳香族化合物であるが，この場合二重結合の電子を用いるだけでは不十分である．ピロールでは窒素の非共有電子対が芳香族性に必要な 6π 電子に寄与している．

芳香族の化学はこのあとさらに数章で取上げる．21章でベンゼンの化学を，29章と30章で芳香族ヘテロ環化合物についてより詳細に述べる．

> ほとんどの芳香族化合物がヘテロ環を含んでいるだけでなく，すべての有機化合物のうちの50%以上が芳香族ヘテロ環を含んでいる．

問題

1. 次の化合物は共役しているか．理由をつけて答えよ．

2. 次の分子の共役系を示せ．

3. 次の分子に存在する共役系を次の2種の方法で示せ．(a) 少なくとも二通りの方法で構造式を書き，非局在化を示す巻矢印で結びつける方法．(b) 点線と部分電荷（存在する場合）で部分的な二重結合と電荷分布を示す方法．

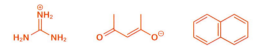

4. 次の分子を複数の方法で構造式を書き，巻矢印で結びつけ，非局在化を示せ．
   (a) ジアゾメタン CH_2N_2 (b) 亜酸化窒素 N_2O
   (c) 四酸化二窒素 N_2O_4

5. 次の化合物のなかから芳香族性を示すものを選べ．電子数を数え，答の正しいことを示せ．それぞれの環を別べつに数えてもよいし，二つ以上を一緒に数えてもよい．これらのうちの二つの化合物は問題2にでてきたものである．

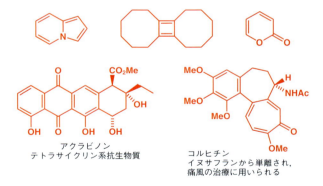

アクラビノン
テトラサイクリン系抗生物質

コルヒチン
イヌサフランから単離され，
痛風の治療に用いられる

6. 次の化合物は芳香族性をもつと考えられる．非局在化した電子の数を明らかにし，これを説明せよ．

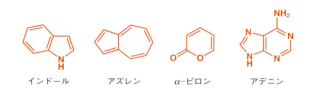

インドール　　アズレン　　α-ピロン　　アデニン

7. シクロオクタテトラエン（155ページ参照）はカリウム金属と速やかに反応し，塩 K_2[シクロオクタテトラエン] をつくる．この化合物の環はどのような形をとるか．同様の反応をヘキサ(トリメチルシリル)ベンゼンとリチウムを用いて行っても塩ができる．この環はどのような形をとるか．

8. 次の炭化水素は臭素とどのように反応するか．

9. 水溶液中ではアセトアルデヒド（エタナール）はおよそ50%水和されている．アセトアルデヒドの水和物の構造を書け．同様の条件下，N,N-ジメチルホルムアミドの水和物はほとんど生じない．この違いを説明せよ．

アセトアルデヒド　　N,N-ジメチルホルムアミド

酸性度と塩基性度

8

関連事項

必要な基礎知識
- 共役と分子の安定性 7章
- 巻矢印で非局在化と反応機構を表す 5章
- 軌道の重なりで共役系をつくる 4章

本章の課題
- なぜ酸性の分子と塩基性の分子があるのか
- なぜ強い酸と弱い酸があるのか
- なぜ強い塩基と弱い塩基があるのか
- pH と pK_a を用いて酸性度と塩基性度を表す
- プロトン移動反応における構造と平衡
- 複雑な分子の中でどの水素の酸性度が高いか
- 複雑な分子の中でどの非共有電子対の塩基性度が高いか
- 反応と溶解性に影響する酸塩基の定量的考え方
- 医薬品設計に対する酸塩基の定量的考え方

今後の展開
- カルボニル基の反応における酸塩基触媒作用 10章, 11章
- 有機反応機構における触媒の役割 12章
- 酸と塩基を用いて選択的に反応させる 23章
- 酸塩基触媒反応の詳細 39章

8・1 有機化合物はイオン化すると水に溶けやすくなる

ほとんどの有機化合物は水に溶けない．しかし，有機化合物を水に溶かす必要が生じることもあり，おそらくアニオンやカチオンに変換して溶かす．水はカチオンもアニオンも溶解することができる．この点では後に出てくる溶媒とは異なる．有機酸を溶かすよい方法は塩基性溶液を使うことである．塩基が酸からプロトンを引抜いてアニオンにする．一例はアスピリンの場合である．これは水にはあまり溶けないが，ナトリウム塩になるとずっと溶けやすい．このナトリウム塩は弱塩基の炭酸水素ナトリウムを加えると生成する．

水はいろいろな意味で特別であり，プロトン性極性溶媒という範ちゅうの溶媒である．この種類の他の溶媒や非プロトン性極性溶媒（アセトン，DMF など）と非極性溶媒（トルエン，ヘキサンなど）については12章で説明する．

可溶性アスピリン

アスピリンのナトリウムあるいはカルシウム塩が"可溶性アスピリン"として市販されている．しかし，ナトリウム塩の溶液の pH を下げると，アスピリンの酸形が生成し，溶解性が悪くなる．したがって酸性の胃（pH 1〜2）では，可溶性アスピリンは酸の形に戻り，水溶液から析出する．

同じように，アミンのような有機塩基は pH を下げると溶けるようになる．コデイン（7,8-ジデヒドロ-4,5-エポキシ-3-メトキシ-17-メチルモルフィナン-6-オール）は広く使われている鎮痛薬である．コデイン自体はあまり水に溶けないが，塩基性窒素原子がプロトン化されると溶解性の高い塩になる．構造は複雑だが，それは関係ない．

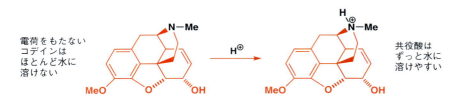

電荷をもつ化合物は酸塩基抽出で分離できる

水溶液の pH を調節することによって，化合物を簡単に分離できることがよくある．安息香酸 $PhCO_2H$ とトルエン PhMe の混合物の分離は簡単だ．混合物を CH_2Cl_2 に溶かし，NaOH 水溶液を加えて振れば 2 層に分かれる．CH_2Cl_2 層にはトルエンがすべて移り，水層には安息香酸のナトリウム塩が溶ける．水層を分けて，これに HCl を加えれば不溶性の安息香酸が析出してくる．

もっと実際的な例が Cannizzaro 反応の後処理法である．この反応は 26 章と 39 章で述べるが，ここで必要なことはほぼ等量生成する化合物が二つあるということだけだ．これらを出発物と溶媒から分離し，さらに両者を分離できれば，この反応は有用なことがわかる．

塩基性反応条件での生成物は，酸の塩（水溶性）とアルコール（水に不溶）である．ジクロロメタンで抽出すると，まずアルコールが分離でき，水層には生成物の塩が溶媒メタノールと残った KOH とともに溶けている．ロータリーエバポレーターで CH_2Cl_2 層を蒸発させると結晶性のアルコールが得られ，水層を酸性にすると中性の酸が析出する．

有機溶媒に溶けた塩基性化合物はどんなものでも，同じように，希薄な酸性水溶液で抽出し，pH を上げれば，難溶性の電荷をもたない化合物として析出する．アミンを合成する一般的な方法に"還元的アミノ化"がある．この反応は 11 章に出てくるのでここでは詳細を無視して，アミンを出発物，副生物や溶媒からどのように分離するか考えよう．

反応混合物は弱酸性だから，アミンはプロトン化されて水に溶けているだろう．出発物と中間体（これはいずれにしてもほとんど存在しない）は有機溶媒に溶ける．水で抽

出し，水層を分離したのち NaOH で中和するとアミンが得られる．

実験を行うとき抽出や洗浄を行うが，ちょっと立ち止まって"何が起こっているか"考えてみるとよい．必要な化合物はどっちの層にあるか，それはなぜなのか．こうすれば，必要な層（と大事な化合物）をまちがって捨てるようなことはなくなるだろう．

8・2 酸，塩基，および pK_a

上で述べたように，化合物の酸塩基の性質を利用する際には，それらの酸あるいは塩基の強さを測る方法が必要になる．pH を上げるとアスピリンから脱プロトンが起こり，pH を下げるとコデインのプロトン化が起こる．しかし，どの程度 pH を上げたり下げたりすればよいだろうか．酸性度と塩基性度の尺度を **pK_a** という．pK_a の値は化合物に含まれる特定の水素原子がどれくらい酸性であるかを表す．たとえば，pK_a がわかれば前ページ下の反応で生成したアミンが弱酸性の pH 5 でプロトン化されることがわかる．また，アスピリンのようなカルボン酸を脱プロトンするには弱塩基（炭酸水素ナトリウム）で十分であることもわかる．多くの反応が反応物の一つをプロトン化あるいは脱プロトンすることによって進む（6章で例がいくつか出てきた）ので，pK_a を知っていると役に立つ．どのくらい強い酸や塩基が必要か知っていると明らかに便利だ．ある化合物を脱プロトンしようとしても塩基が弱すぎれば意味はない．逆に，弱い塩基でよいところに強塩基を使うことも同じく危険である．クルミを割るのに大ハンマーを使うようなものだ．

本章のねらいは，ある化合物が特定の pK_a をもっているのはなぜか理解できるようにする点にある．一度その傾向が理解できれば，よく出てくる化合物の pK_a がわかるうえ，初めての化合物でも値を予想できるようになる．

> **安息香酸を清涼飲料水の防腐剤に使う**
>
> 安息香酸は食品と清涼飲料水の防腐剤として使われている．酢酸と同じように，殺菌剤として有効なのは酸形だけである．したがって，安息香酸は pH の比較的低い，理想的にはその pK_a の 4.2 よりも低い食品にだけ防腐剤として使える．これはあまり問題にならない．たとえば，清涼飲料水の pH はふつう 2〜3 である．安息香酸はナトリウム塩として添加することが多いが，これはおそらく濃い水溶液として扱えるからだろう．最終製品の低 pH では，塩の大部分はプロトン化されて安息香酸になるが，低濃度なので溶液に溶けているはずである．

8・3 酸 性 度

簡単でよく知っている二つの定義から始めよう．

- 酸は，プロトンを供与する傾向をもつ分子種である
- 塩基は，プロトンを受け入れる傾向をもつ分子種である

プロトンは非常に高い反応性をもつ：水中における H_3O^+ の生成

気体の HCl は酸とはいえない．H−Cl 結合が強いので H^+ と Cl^- に解離する傾向は全くみられない．しかし，塩酸，すなわち HCl の水溶液は強酸である．この違いは，孤立したプロトン H^+ はあまりにも不安定で，通常の条件では存在しえないが，水中では HCl の水素は，遊離したまま放出されるのではなく，水分子に渡されて結合する点にある．

> プロトンは裸の原子核であり，独特の求電子剤である．その結果，液相では単独で存在することはなく，常に別の原子の電子対を使って結合した状態になっている．[Ross Stewart, "The Proton: Applications to Organic Chemistry", p.1, Academic Press, Orlando（1985）から引用．]

塩化物イオンは，どちらの場合も不変である．違うのは，気相では非常に不安定な裸のプロトンが同時に生成するのに対して，水中ではずっと安定なオキソニウムイオン（oxonium ion）H_3O^+ が生成する点である．実際にはもっとよいことに，H_3O^+ のまわりをさらに他の水分子がクラスターになって取囲み（"溶媒和"して），水素結合の網目構造をつくっている．

水中における溶媒和されたオキソニウムイオンの構造（破線は水素結合を表す）

これが，水中でHClが酸になる理由である．ところで，これはどのくらい強い酸だろうか．ここで塩化物イオンが役割を果たしている．Cl⁻ が安定なアニオンだから，塩酸は強酸である．海にはCl⁻ がいっぱいある．HClの酸性の特性を出すためには水を必要とし，酸性度を決める標準的溶媒は水である．水中で酸性度を測るとき，実際に測定しているのは酸が水分子にどれだけプロトンを渡しているかである．

HClはそのプロトンをほとんど完全に水に渡すので，強酸である．しかし，カルボン酸から水へのプロトン移動はほんのわずかである．だから，カルボン酸は弱酸である．HClと水の反応とは違って，次の反応は平衡になっている．

pH と pK_a

どんな水溶液でも，H_3O^+ の量はpHを使って表す．pHは対数スケールを用いて H_3O^+ 濃度を表しているにすぎない．pHは個々の水溶液の特性を表しており，溶けている酸の種類（塩酸，酢酸など）によらないばかりか，その濃度にもよらない．

> **pH は H_3O^+ 濃度の負の対数である**
> $$pH = -\log[H_3O^+]$$

すでによく知っていると思うが，中性の水溶液はpH 7に相当し，pHが7より低くなると酸性が強くなり，高くなると塩基性が強くなる．高pHでは溶液中の H_3O^+ 濃度は低く水酸化物イオンの濃度が高い．一方，低pHでは H_3O^+ 濃度が高くHO⁻ 濃度は低い．

高pHが H_3O^+ の低濃度を意味する理由は，pHの定義が H_3O^+ 濃度の負（底が10の）の対数であるからにすぎない．以上をまとめると次のようになる．

このスケールがpH 0～14の範囲を越えない理由はあとで説明する．これらの数値は概数なので覚えやすい．

pHを水溶液の酸性度の尺度として用いるが，水分子に H^+ を供与して酸性水溶液をつくる酸性化合物の酸としての強さはどう評価したらよいか．酸性度を測るには，この化合物のプロトン化された酸形と脱プロトンされた塩基形の量が等しくなるときの溶液のpHを測定すればよい．上の例では，カルボン酸の量とカルボン酸イオンの量が等しくなるpH，すなわち約pH 5がその数値に当たる．たとえば，酢酸のpK_a は4.76である．

正式なpK_a の定義は後で述べるが，その前に，プロトン化した酸形とその相手の脱プロトンした塩基形について詳しく考える必要がある．

酸と共役塩基

酢酸が水に溶けたときに成立する平衡反応について復習し，逆反応の機構を書くと，

酢酸イオンが塩基として働き H_3O^+ が酸になっていることがわかる．プロトン移動だけを含む平衡反応ではどんな場合でも，片方で塩基であったものは他方では酸として働く．H_3O^+ は水の**共役酸**（conjugate acid）であり，水は H_3O^+ の**共役塩基**（conjugate base）であると表現する．同じように，酢酸は酢酸イオンの共役酸であり，酢酸イオンは酢酸の共役塩基である．

> **防腐剤として使われる酸**
>
> 酢酸は細菌や真菌の成長を妨げるので，漬物，マヨネーズ，パン，海産物など多くの食品の防腐剤として使われている．しかし，この殺菌作用は食物のpHを下げることによっているのではない．実際には，非解離の酸が 0.1〜0.3% の低濃度で抗細菌および抗真菌作用をもっている．いずれにしても，このような低濃度では食物のpHにはほとんど影響しない．
>
> 酢酸を直接食物に添加することもできる（この場合 E260 と記号で示されている）が，ふつうは 10〜15% の酢酸を含む食酢（ビネガー）を使う．このほうが，いやな "E番号" を使わなくてもすむので，製品が "ナチュラル" な感じになる．食酢の代わりに，プロピオン酸（プロパン酸，E280）のような酸とその塩類（E281, E282, E283）も防腐剤として使われている．

どのような酸と塩基についても次式が成立する

$$B: + HA \rightleftarrows BH^\oplus + A^\ominus$$

HAは酸であり，A^- はその共役塩基である．Bは塩基であり，BH^+ はその共役酸である．すなわち，すべての酸にはそれに対応する共役塩基があり，すべての塩基にはそれに対応する共役酸がある．

必ずしも水が反応にかかわる必要はない．水をアンモニアに代えると，アンモニアが NH_4^+（アンモニウムイオン）の共役塩基になり，アンモニウムイオンがアンモニアの共役酸になる．水の場合と異なるのは平衡の位置である．アンモニアは水より塩基性が強いので，平衡はずっと右に偏る．次節で述べるように，このような平衡の位置は pK_a から推定できる．

2章で述べたアミノ酸は，同じ分子内にカルボン酸とアミンの官能基をもっている．水に溶かすと，プロトンが CO_2H 基から NH_2 基に移動し，**双性イオン**（zwitterion）になる．この用語は，同じ分子内に正電荷と負電荷をもつ二重イオンを表す．

水は酸にも塩基にもなる

これまで，水が（非常に弱いながら）塩基として反応し H_3O^+ を生成する例を述べた．水素化ナトリウムのような強塩基を水に加えると，塩基は水から脱プロトンして水酸化物イオン HO^- を生成する．ここでは，水は酸として働いている．水素ガスが水酸化物イオンの共役酸であることはおもしろいかもしれないが，もっと重要なことは，水酸化物イオンが水の共役塩基であることだ．

水は弱い酸であるとともに弱い塩基でもある．したがって，H_3O^+ をたくさん出すためには HCl のような強酸が必要であり，HO^- をたくさん出すためには水素化物イオン

水のイオン化

水中の H_3O^+ の濃度は非常に低く，実際 10^{-7} mol dm^{-3} である．したがって，25 °C における純粋な水の pH は 7.00 である．純粋な水中のオキソニウムイオン H_3O^+ は，水どうしのプロトン化（と脱プロトン）によって生成するほかない．水 1 分子が塩基として働き，酸として働く別の水分子からプロトンをとる．H_3O^+ が 1 個生成するごとに水酸化物イオンも 1 個も生成するはずであり，pH 7 の純粋な水中では H_3O^+ と HO^- の濃度は等しい．すなわち，$[H_3O^+] = [HO^-] = 10^{-7}$ mol dm^{-3} である．

$$H_2O: \quad H\text{-}O\text{-}H \rightleftharpoons H_3O^{\oplus} + {}^{\ominus}OH$$

> オキソニウムイオンと水酸化物イオンを含んでいるといってもその濃度は非常に小さい（10^{-7} mol dm^{-3} は約 2 ppb に相当する）ので，水は飲んでも安全である．このきわめて低い濃度は，飲んでも害になったり，化学反応を触媒するに十分な量の遊離オキソニウム（あるいは水酸化物）イオンが存在していないことを意味する．

これらの濃度の積を，水の**イオン化定数**（ionization constant，あるいは**イオン積** ionic product）K_W といい，$K_W = 10^{-14}$ mol^2 dm^{-6}（25 °C）である．K_W は水溶液においては定数である．すなわち，濃度の積が常に 10^{-14} であることから，H_3O^+ 濃度がわかれば，HO^- 濃度もわかる．

この関係から，pH がどれくらいになればほとんどの水が H_3O^+ になり，そしてどれくらいでほとんど HO^- になるといえるだろうか．166 ページで示した図に，この 2 点を追加してもう一度ここに示す．pH 7 では，ほとんど完全に水は H_2O の形である．おおよそ pH 0 で H_3O^+ の濃度は 1 mol dm^{-3} になり，おおよそ pH 14 で HO^- の濃度は 1 mol dm^{-3} になる．

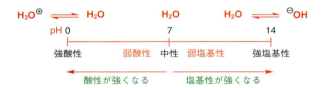

> 0 と 14 という数値はおおまかなものにすぎない．その理由はすぐに説明する．しかし，pH のスケールがこの範囲になる理由はわかったと思う．pH < 0 あるいは pH > 14 では H_3O^+ の濃度を変化させる余地がほとんどない．

8・4 pK_a の定義

前節で pK_a について述べたとき，pK_a は酸と共役塩基の濃度が等しくなる pH であるといった．ここでもっと正確に pK_a の定義を考えよう．pK_a は酸解離の平衡定数の負の対数である．酸 HA について定義すると次のようになる．

$$HA + H_2O \xrightleftharpoons{K_a} H_3O^{\oplus} + A^{\ominus} \qquad pK_a = -\log K_a \qquad K_a = \frac{[H_3O^+][A^-]}{[HA]}$$

水の濃度は温度さえ決まれば一定なので，この定義では無視できる*．

> *訳注：K_a の定義に水の濃度が入ってこないのは，水の濃度が一定であるという理由からではない．溶媒（水）の活量が熱力学的に 1.0 とみなせるからである．K_W が水のイオン積であると同時にイオン化定数（平衡定数）であるのも同じ理由による．

pK_a の定義にマイナス符号がついている（pH の定義と同じように）ので，pK_a が小さいほど平衡定数は大きく，酸は強い．上で述べたように pK_a を導入したので，その考え方がよく理解できたと思う．どんな酸でも，溶液の pH が酸の pK_a に一致するところで，半分解離した状態になる．pK_a より pH が高いと酸（HA）は主として共役塩基 A^- として存在し，pK_a よりも pH が低いと主として HA として存在する．

前に出てきた塩酸と酢酸の相対的な強さも，pK_a を用いれば定量的に数値で表せる．HCl は酢酸よりもはるかに強い．酢酸の pK_a が 4.76 であるのに対して HCl の pK_a は約 -7 である．したがって，HCl の K_a は 10^7 mol dm^{-3} という巨大な数値になる．1 mol

> 水の濃度はいくらか．純水の密度はほぼ 1.00 であり，1 mol は質量 18 g なので，水 1 dm^3 は 1000/18 = 55.5 mol に相当する．すなわち，水は 55.5 mol dm^{-3} の水溶液といえる．

dm^{-3} の HCl 水溶液中では 10,000,000 分子のうち 1 分子だけが解離しないで残っているという勘定になり，ほぼ完全に解離している．しかし，酢酸の K_a はわずかに $10^{-4.76} = 1.74 \times 10^{-5}$ mol dm^{-3} であり，ほとんど解離していない．1 mol dm^{-3} の酢酸水溶液では 1000 分子中の数分子が酢酸イオンとして存在するにすぎない．

HCl + H$_2$O ⇌ H$_3$O$^\oplus$ + Cl$^\ominus$　　$K_a = 10^7$

H$_2$O + CH$_3$COOH ⇌ H$_3$O$^\oplus$ + CH$_3$COO$^\ominus$　　$K_a = 1.74 \times 10^{-5}$

水の pK_a はどうだろうか．その数値はすでに出てきた．水の K_a は [H$_3$O$^+$] × [HO$^-$]/[H$_2$O] = 10^{-14}/55.5 であるから，p$K_a = -\log(10^{-14}/55.5) = 15.7$ となる．これで pH 14 では水が半分解離した状態にならない理由がわかる．式に水の濃度を入れると，前ページのスケールの両端は 0 と 14 ではなく -1.7 と 15.7 になる．

酸と塩基の pK_a のグラフ表現

どちらの場合にも，pH を調節すると酸と共役塩基の比率が変わる．下のグラフは，pH を変えながら，全濃度に対する百分率として遊離の酸 HA（緑の曲線）とイオン化した共役塩基 A$^-$（赤の曲線）をプロットしたものである．低 pH ではすべて HA として存在し，高 pH ではすべて A$^-$ になる．pH が pK_a に等しいとき，HA と A$^-$ の濃度は等しくなる．pK_a に近い pH では，この両者の形が混じって存在する．

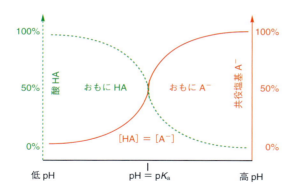

酸と塩基について理解する必要があるのはなぜか十分説明したので，ある酸が別の酸よりも強く，ある塩基が別の塩基よりも強い理由について考えよう．そのためには，一般的な有機化合物の pK_a を推定できる必要がある．pK_a の正確な数値を覚える必要はないが，おおよそどのくらいか感覚として身につけておくことは必要だ．どの数値を覚えておけばよいか，必要に応じて調べればよいものはどれか，その指針を説明しよう．

酸の pK_a は共役塩基の安定性に依存する

酸は強いほどイオン化しやすい．これは共役塩基が安定であることを意味する．逆に，弱い酸は共役塩基が不安定なのでイオン化しにくい．いいかえれば，不安定なアニオン A$^-$ は強塩基になり，その共役酸 HA は弱酸になる．

> **酸と共役塩基の強さ**
> - 酸 HA が強いほど，共役塩基 A$^-$ は弱い
> - 塩基 A$^-$ が強いほど，共役酸 HA は弱い

HA 形化合物のおよその pK_a		
酸	pK_a	共役塩基
H_2SO_4	-3	HSO_4^-
HCl	-7	Cl^-
HI	-10	I^-
H_3O^+	-1.7	H_2O
H_2O	15.7	HO^-
H_2S	7.0	HS^-
NH_4^+	9.2	NH_3
NH_3	33	NH_2^-

たとえば，ヨウ化水素の pK_a は約 -10 であり，非常に小さい．これはほとんど何でもプロトン化できるほど強い酸であることを意味する．したがって，その共役塩基のヨウ化物イオンは全く塩基性をもたない．逆に，非常に強力な塩基の一つはメチルリチウム MeLi である．C-Li 結合は実際には共有結合である（9章参照）が，ここでは $CH_3^-Li^+$ と考えてよい．CH_3^- はプロトンを受け入れて中性のメタン CH_4 になる．したがって，メタンはここでは共役酸である．明らかにメタンは全く酸性を示さない．その pK_a は 48 と推定されている．欄外の表に元素 A の H-A 化合物についておおよその pK_a をまとめる．

周期表の下にいくほど，その元素 A の酸 HA は強い酸性を示す．また，酸素酸（O-H）は窒素酸（N-H）よりも強い．H_3O^+ と H_2O の pK_a として，正確な数値を示したが，それぞれ 0 と 14 の概数値を覚えておけばよい．次に酸の強さが構造によって異なる理由を説明するが，その前に，強さの違う酸と塩基を混ぜたときにどうなるか考えておこう．pK_a の範囲は，HI の約 -10 からメタンの約 50 まで非常に広範であることに注意しよう．これは平衡定数が 10^{60} も違うことに相当する．

溶媒によって使える pK_a の範囲に制約がある

水中で pK_a を測定できる酸や塩基は，水を完全にプロトン化して H_3O^+ にしたり，完全に脱プロトンして HO^- にすることができないものに限られている．すなわち，範囲はおよそ pH -1.7〜15.7 に限られ，それを超えると水の 50％以上がプロトン化されるか，脱プロトンされてしまう．このように，どのような溶媒中でも，使える酸と塩基の強さの範囲は溶媒自体の酸性度と塩基性度によって制約を受ける．次のように考えてもよい．たとえば 25〜30 もの大きい pK_a をもつ化合物からプロトンを引抜きたいと思ったとしても，水中では最強の塩基として水酸化物イオンしか使えないので，不可能である．たとえ水酸化物イオンよりも強い塩基を加えても，目的の化合物を脱プロトンしないで，単に水を脱プロトンして結局水酸化物イオンを生成するだけだ．同様に H_3O^+ よりも強い酸は水中では存在できない．水を完全にプロトン化して H_3O^+ を生じるだけだ．もし HO^- よりも強い塩基が必要ならば，別の溶媒を使わなければならない（H_3O^+ よりも強い酸が必要なときも同じだが，その必要性は少ない）．

たとえば，アセチレン（エチン）について考えてみよう．アセチレンの pK_a は 25 で，炭化水素としては非常に酸性が強い．それでも，水酸化物（水溶液中の最強の塩基で pK_a は 15.7）は平衡においてアセチレン分子のうちのわずか $1/10^{9.3}$（$10^{15.7}/10^{25}$）およそ 2 兆分の 1 を脱プロトンできるにすぎない．どんな強塩基を水に溶かしたとしても，せいぜい水酸化物イオンしか得られないので，水中ではこれ以上のことはできない．したがって，アセチレンを十分に脱プロトンするには，pK_a 25 以上の別の溶媒を使う必要がある．この反応によく用いるのは，ナトリウムアミド $NaNH_2$ の液体アンモニア溶液である．NH_3（pK_a 約 33）とアセチレン（pK_a 25）の pK_a からこの反応の平衡定数は 10^8（$10^{-25}/10^{-33}$）と予想できるので，平衡は十分右に偏ることになる．アミドイオンはアルキンの脱プロトンに使うことができる．

> 強酸と強塩基の pK_a は決めるのがとてもむずかしいので，教科書によって違う値が出ていることが多いのに気づくだろう．ものによっては推定値の域を出ないものもある．しかし，絶対値は違っていてもふつう相対値は矛盾しないようになっている（おおよその値から大小関係がわかることが重要である）．

アニオンは生成しない ←OH⊖ H—≡—H $\xrightarrow[NH_3(液体)]{NH_2^-}$ H—≡—⊖
アセチレン（エチン）

水中で使える酸と塩基の強さに上限と下限があるので，問題が生じる．HCl と H_2SO_4 のどちらも水を完全にプロトン化するとしたら，pK_a は HCl のほうが H_2SO_4 よりも負の大きい値になることはどうしてわかるのだろうか．どちらの共役塩基も水を完全に脱プ

ロトンするのに，メタンの pK_a がアセチレンの pK_a よりも大きいことがどうしてわかるのか．答は，この反応の平衡は水の中で測定できないだけのことである．水中では水の二つの pK_a の範囲にある pK_a だけが測定できる．この範囲を超える値は別の溶媒中で決め，その結果を外挿して水中の pK_a を推定する．

8・5　pK_a の尺度をつくる

いろいろな化合物の pK_a を合理的に推定する方法を考えよう．すべての pK_a の値を暗記する必要はない．異なる種類の化合物で pK_a をいくつかつかんでおけばよい．そして pK_a に影響する因子を知っていると，pK_a をおおよそ予想できるようになる．少なくとも，ある化合物の pK_a がなぜそうなるのかわかるようになる．

次の反応について下に示すように多くの因子が酸 HA の強さに影響する．

$$HA(溶媒) \rightleftarrows A^-(溶媒) + H^+(溶媒)$$

1. 共役塩基のアニオン A^- に固有の安定性．A^- は，負電荷が電気陰性原子にあること，あるいは電荷がいくつかの原子に広がる（非局在化する）ことによって安定になる．いずれにしても，共役塩基 A^- が安定であるほど，酸 HA は強くなる．
2. H–A 結合の強さ．はっきりしているのは，この結合が切れやすいほど，酸は強くなることである．
3. 溶媒．生成したイオンをよく溶媒和できるほど，そのイオン化は起こりやすい．

> **酸の強さ**
> - 酸の強さにおいて最も重要な因子は共役塩基の安定性である．共役塩基が安定であるほど，酸は強い
> - 共役塩基の安定性を決める重要な因子は，負電荷をもつ原子の種類である．その元素の電気陰性度が大きいほど，共役塩基は安定である

電気陰性原子の負電荷は共役塩基を安定化する

第 2 周期元素の水素化物 CH_4, NH_3, H_2O, HF の pK_a は，それぞれ約 48, 33, 16, 3 である．この傾向は周期表で右にいくほど電気陰性度が大きくなるためである．フッ素のほうが炭素よりもずっと電気陰性であるので，F^- は CH_3^- よりもずっと安定である．

H–A 結合が弱いと酸は強くなる

しかし，17 族の上から下へ順に HF, HCl, HBr, HI と下がると，pK_a は，3, −7, −9, −10 と小さくなる．同じ族の下の元素は電気陰性度が小さいので，pK_a は大きくなると予想してもよかった．pK_a が小さくなるのは，族の下にいくにつれて結合が弱くなるためであり，大きくなっていくアニオンに電荷が広がるためでもある．

負電荷の非局在化は共役塩基を安定化する

酸 HClO, $HClO_2$, $HClO_3$, $HClO_4$ の pK_a は，それぞれ 7.5, 2, −1, そして約 −10 である．酸性を示す水素はいずれも塩素と結合した酸素にある．すなわち，いずれも同じ環境にあるプロトンが引抜かれることになる．では，なぜ過塩素酸 $HClO_4$ は次亜塩素酸 HClO よりもおよそ 17 桁も強い酸になるのだろうか．プロトンを引抜くと，酸素に負電

酸	共役塩基	pK_a
メタン CH_4	メタニドイオン CH_3^-	約 48
アンモニア NH_3	アミドイオン NH_2^-	約 33
水 H_2O	水酸化物イオン HO^-	約 16
フッ化水素 HF	フッ化物イオン F^-	3

酸	共役塩基	pK_a
HF	フッ化物イオン F^-	3
HCl	塩化物イオン Cl^-	−7
HBr	臭化物イオン Br^-	−9
HI	ヨウ化物イオン I^-	−10

酸	共役塩基	pK_a
次亜塩素酸 HO–Cl	ClO⁻	7.5
亜塩素酸 HO–ClO	ClO$_2^-$	2
塩素酸 HO–ClO$_2$	ClO$_3^-$	−1
過塩素酸 HO–ClO$_3$	ClO$_4^-$	−10

電荷がすべての酸素原子に等しく広がっていることは，電子回折の研究によって明らかにされている．過塩素酸は Cl–O 結合を 2 種類もっている．1 本は結合距離が 163.5 pm で，他の 3 本は 140.8 pm である．それに対して，過塩素酸アニオンではすべての Cl–O 結合距離が等しく 144 pm であり，すべての O–Cl–O 結合角は 109.5° である．復習のために述べると，非局在化を示す矢印は，7 章で述べたように，電荷が実際に原子から原子へ動くことを示すのではない．これらの構造では電荷が分子軌道全体に広がっているが，おもに酸素原子にあることを示すだけである．

* 訳注：カルボニル基の誘起的な電子求引効果も作用している．

平衡の矢印 ⇌
非局在化（共鳴）の矢印 ↔
注意：平衡の矢印は互いに変換する二つの化合物を意味する．双頭の矢印は共役した構造の二つの表し方を意味する．

荷が残る．次亜塩素酸では，これが酸素一つに局在している．酸素が一つずつ増えると，電荷がそれだけ非局在化でき，結果的にアニオンはより安定になる．たとえば，過塩素酸の場合には，負電荷は酸素原子四つすべてに非局在化できる．

過塩素酸イオンの負電荷は酸素四つすべてに非局在化している

有機酸をいくつかみてみよう．アルコールの pK_a は水とあまり違わないと予想できる．事実，エタノールについては正しい（pK_a 15.9）．ところが酢酸のように，共役塩基の電荷が二つの酸素原子に非局在化できると，ずっと強い酸になる*（pK_a 4.8）．この差は巨大である．共役の結果，酢酸は 10^{11} 倍強くなっている．

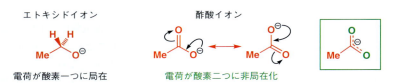

エトキシドイオン　　　酢酸イオン

電荷が酸素一つに局在　　電荷が酸素二つに非局在化

有機酸において，スルホン酸のアニオンのように 3 原子に負電荷が非局在化することも可能である．メタンスルホン酸の pK_a は −1.9 である．

メタンスルホン酸イオン

電荷は酸素三つに非局在化

分子の炭化水素部分に非局在化しても，酸は強くなる．フェノール PhOH では，OH が直接ベンゼン環に結合している．脱プロトンによって，負電荷が生じるこの場合も非局在化できる．別の酸素原子でなく芳香環に非局在化できる．この効果は，非局在化できないシクロヘキサノールの共役塩基と比べ，フェノキシドイオンを安定化する．実際 pK_a に反映されていて，フェノールの pK_a は 10 になるが，シクロヘキサノールでは 16 である．

シクロヘキサノール　局在化
pK_a 16　　　　　　アニオン

フェノール　フェノキシド　　p 軌道の非共有電子対は　　非局在化による負電荷の
pK_a 10　　イオン　　　　　環の π 電子系と共役している　　安定化

これらの非共有電子対は sp^2 軌道にあり，環の π 電子系とは共役しない

これらの概数値は覚えておく価値がある．

ここで，重要な酸素酸であるアルコール，フェノール，カルボン酸類を含めて，酸塩基の強さの図を拡張して，pK_a は，アルコールのプロトン化は約 0，カルボン酸の脱プロトンは約 5，フェノールの脱プロトンは約 10，アルコールの脱プロトンは約 15 と覚えておくと便利だ．各 pK_a は，その上に示した平衡で左右の化学種がその pH で等量に

なることを示している．この図から，カルボン酸は弱酸で，アルコキシドイオン RO⁻ は強塩基であること，そしてアルコールをプロトン化するには強酸が必要であることがわかる．

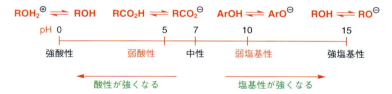

フェノールをアニオンにするには，NaOH のような塩基で十分だが，アルコールからアニオンをつくるにはもっと強い塩基が必要である．実際，フェノールからエーテルをつくるには炭酸カリウム K_2CO_3 で十分である．炭酸イオンの塩基性度はフェノキシドイオン PhO⁻ とほぼ同じなので，両者の間には平衡が存在するが，この反応を進めるには十分なフェノキシドイオンが生成することになる．

一方，OH 基をよい脱離基に変換しようとすると，OH をプロトン化する必要があり，これには強酸が必要になる．OH のプロトン化によって H_2O が外れ，カチオンが生成する．このカチオンが別のアルコールと反応してエーテルが生じる．よく似た反応の例が 5 章で出てきた．

10 章と 15 章で述べるように，脱離基は結合電子対をもって分子から離脱していく官能基にすぎない．脱離基は Br⁻ のようなアニオンであってもよいし，プロトン化されたアルコールのようにプロトン化で活性化された基であってもよい．この場合中性の水が外れる．

8・6　酸および塩基としての窒素化合物

最も重要な有機窒素化合物はアミンとアミドである．アミンの窒素は通常アルキル基かアリール基（この場合アニリンという）と結合している．アミンもアミドも窒素に非共有電子対があり，N−H 結合をもつ場合もある．窒素の電気陰性度は酸素よりも小さいので，アミンはアルコールよりも酸性が弱く，塩基性が強いと予想できる．事実そうだ．プロトン化したアミンの pK_a は約 10（対応する水とアルコールの値は約 0）であり，アミンの酸としての pK_a は非常に高く，おおよそ 35（対応するアルコールの値は約 15）である．したがって，アンモニウム塩の酸性度はフェノールとほぼ等しく，アミンは水中 pH 7 ではプロトン化されている．これで，なぜアミノ酸が水中で双性イオンになっている（167 ページ）かがわかる．

アミンからプロトンを除くのが非常にむずかしいのは，そのアニオン（紛らわしいことに"アミド"アニオンという）が非常に不安定で，塩基性がきわめて強いからである．アミドアニオンを生成するには，さらに強い塩基，通常アルキルリチウムを使う方法しかない．そうすると，この"アニオン"は N–Li 結合をもち，有機溶媒に溶ける．欄外に示す例は LDA として知られており，有機化学でよく使われている強塩基である．

中性分子としてのアミンの塩基性は，共役酸の pK_a を測ればわかる．たとえば，よく用いる第三級アミンのひとつトリエチルアミンの共役酸の pK_a は 11.0 である．

塩基の "pK_a"

化学者はよく"トリエチルアミンの pK_a は約 10 である"というような言い方をする（実際は 11 だが 10 のほうが典型的なアミンの値として覚えやすい）．トリエチルアミンには酸性水素がないので，おかしいのではないかと思うかもしれない．このような言い方をするときに意味するのは，もちろん"トリエチルアミンの共役酸の pK_a は約 10 である"ということである．いいかえると，"トリエチルアミンの pK_{aH} は約 10 である"と書くことができる．添字の aH は共役酸を意味する．

$$Et_3NH^+ + H_2O \underset{pK_a\ 11}{\rightleftharpoons} Et_3N + H_3O^+$$

トリエチルアンモニウムイオン（トリエチルアミンの共役酸）　　トリエチルアミン

"トリエチルアミンの pK_a は約 10 である"といってもかまわないが，本当は"トリエチルアンモニウムイオンの pK_a が約 10 である"の意味だと理解しよう．これはまた"トリエチルアミンの pK_{aH} は約 10 である"と表現してもよい．

アニリンのように，ある分子が酸性と塩基性の両方を示すとき，"アニリンの共役酸の pK_a は 4.6 である"という意味で，化学者があいまいに"アニリンの pK_a は 4.6 である"というかもしれないが，こういうときにはどちらの pK_a を意味するのかよく考えることが大切だ．アニリンは，その窒素の非共有電子対がベンゼン環のほうに共役して流れていてプロトンを受け入れにくいので，アンモニアやトリエチルアミンよりも塩基性がずっと低い．

しかし，同じ理由でアニリンの酸性度はアンモニア（pK_a 33）よりも高く，窒素からプロトンを一つ失うときの本当の pK_a（約 28）をもつ．したがって，正確に"アニリンの pK_a は約 28 である"といえる．このような化合物では，どの pK_a を意味するのか注意深く確認しよう．アニリンの酸解離の全体像は次のようになる．

典型的な第二級アミンのひとつであるピペリジンのプロトン化に関係する pK_a (pK_{aH}) は約 13 であるが，類似のヘテロ環構造をもつピリジンの対応する pK_{aH} はわずかに 5.5 である．ピリジンはピペリジンよりも弱塩基である（その共役酸の酸性度は高い）．ピペリジンの非共有電子対が sp^3 軌道にあるのに対し，ピリジンの非共有電子対は sp^2 軌道に入っている．ニトリルの非共有電子対は sp 軌道に入っており，塩基性を示さない．p 性の大きい非共有電子対のエネルギーは高く，原子核から離れた位置に存在する確率が高いので，塩基性を高める（sp^3 軌道の p 性は 75% で，sp 軌道の p 性は 50% である）．

アミドでは，非共有電子対がカルボニル基にも非局在化しているので，アミンとは違い，酸性がより強く，塩基性は弱い．しかも，プロトン化は窒素でなく酸素で起こる．アミドが酸として働くとき，N–H の pK_a は約 15 であり，アミンより 10^{20} 倍ほど酸性が強い．プロトン化を受けたアミドの pK_a は約 0 になり，塩基としては 10^{10} 倍ほど弱い．

➡ アミドにおける非局在化については 153 ページで説明した．

アミドのカルボニル酸素を窒素に置き換えた化合物はアミジンである．アミジンは，アミドと同じく，共役しているがアミドとは逆にアミンよりも pK_a で約 2〜3 だけ強塩基になる．これは，二つの窒素がともに電子を供与しているからである．二環性のアミジンである DBU は，有機強塩基として使うことが多い（17 章参照）．

しかし，一番強い塩基はグアニジンである．窒素原子が三つも同時に炭素と結合していて非共有電子対を供与する．グアニジン基（緑で示してある）のためにアルギニンは塩基性の最も強いアミノ酸である．

8・7 置換基が pK_a に影響する

酸塩基中心と共役できる置換基は，pK_a を大きく左右する．さらに，電気陰性で共役できない置換基でも pK_a に影響する．フェノールの pK_a は 10 であるが，フェノキシドイオンがさらに共役安定化を受けると pK_a は大幅に小さくなる．ニトロ基が一つつくと pK_a は 7.14 まで下がる．すなわち，p-ニトロフェノールでは 1000 倍近く酸性が強くなる．これは，酸素の負電荷が電子求引性の非常に強いニトロ基まで非局在化するからである．これと比べて，p-クロロフェノールの pK_a は 9.38 であり，C–Cl 結合の誘起的な電子求引効果だけではほとんど pK_a は影響を受けていない．

ピクリン酸は非常に酸性の強いフェノールである

2,4,6-トリニトロフェノールの慣用名であるピクリン酸は，この化合物の高い酸性度を反映している（pK_a はフェノールの 10 に対し 0.7 である）．ピクリン酸はかつては染料工業に使われていたが，その強力な爆発性のためにいまではほとんど使われない（その構造は TNT に似ている）．

ピクリン酸

2,4,6-トリニトロトルエン（TNT）

カルボン酸イオンの構造を書いてみれば，二つの酸素間の共役以上に負電荷を安定化できないことがわかる．

BuLi + R≡─H →（THF） BuH + R≡─:⁻ Li⁺
pK_a 25
pK_a 約 50   sp 軌道

この違いの理由がわからなければ，s 軌道と p 軌道の形を考えてみればよい．原子核は，p 軌道の節に位置するが，s 軌道では電子密度の高い領域にある．負電荷は s 性が大きいほど，その電子密度が核の近くにあり，安定である．

p-ニトロフェノール　⇌　　←→　p-ニトロフェノキシドイオン

電気陰性な原子が近くにあると，誘起効果によってカルボン酸の pK_a は大きく影響を受ける．酢酸にフッ素が置換すると，pK_a は約 5 から少しずつ下がる．トリフルオロ酢酸（trifluoroacetic acid: TFA）は事実非常に強い酸であり，便利な強酸として有機反応によく使う．誘起効果は，σ結合の分極による極性として現れる．フッ素は炭素よりもずっと電気陰性度が大きい（F は全元素のなかで最も電気陰性度が大きい）ので，σ結合三つがそれぞれ強く分極する結果，炭素原子が電気陽性になり，カルボン酸イオンを安定化する．

酢酸　pK_a 4.76　　フルオロ酢酸　pK_a 2.59　　ジフルオロ酢酸　pK_a 1.34　　トリフルオロ酢酸　pK_a 約 −1

8·8　炭　素　酸

炭化水素は酸性を示さない．メタンの pK_a は約 48 であることはすでに述べた（170 ページ）が，これを脱プロトンすることは現実的に不可能だ．アルキルリチウムは，この理由から，最も強い塩基のひとつである．しかし，炭化水素のなかには脱プロトンできるものもある．最も重要な例はアルキンである．170 ページで，アセチレンの pK_a が 25 であり，NH$_2^-$（あるいは BuLi のような他の強塩基）によって脱プロトンできることを述べた．違いは軌道の混成にある．混成の影響については窒素塩基のところで説明した．負電荷が sp 軌道にあるので，アセチリドイオン（アルキニドイオン）はメチルアニオン（メタニドイオン，sp^3 軌道に負電荷をもつ）よりもずっと生成しやすい．これは，s 軌道の電子が sp^3 軌道の電子よりも炭素原子核の近くに保持されているからである．

生成するアニオンが**共役**（conjugation）によって安定化される場合には，C−H 結合はアルキンよりも強い酸性を示すようになる．カルボニル基との共役は驚くべき効果をもたらす．カルボニル基一つがメタンに置換したアセトアルデヒドでは pK_a が 16.7 まで下がるので，水酸化物イオンでもアニオンを生成させることができる．このアニオンはカルボアニオンとして表現できるが，電荷はおもに酸素にあるので "エノラートイオン" とよぶ（20 章参照）．

アセトアルデヒドのエノラートイオン

次に述べるように，同じような構造をもつ炭素酸，窒素酸，および酸素酸の強さを比較すると興味深い．もちろんケトン（アセトン）の酸性が一番弱く，ついでアミド，そしてカルボン酸が最も強い．共役塩基の酸素アニオンはいずれも非局在化しているが，非常に電気陰性な二つ目の酸素原子がカルボニル基に結合すると窒素の場合よりもその効果がずっと大きく（pK_a で約 10 の差），窒素への非局在化は炭素と比べれば効果は pK_a

で4の差にすぎない．それにもかかわらず，炭素酸に対する共役の効果はメタンと比較すれば巨大であり（pK_aでは約30の差），炭素からのプロトン引抜きが入手しやすい塩基で十分できるほどである．

ニトロ基はさらに効果的である．ニトロメタンのpK_aは10であり，これはNaOH水溶液に溶ける．炭素からプロトンが引抜かれると，共役塩基の負電荷は酸素にくる．大きな特徴は，正電荷が常に窒素原子にあることである．このアニオンが水中で酸HAによってプロトン化されると，まずニトロメタンの"エノール形"が生成し，徐々にニトロメタンに変換されていく．電気陰性な原子（O, Nなど）間のプロトン移動は速いが，炭素から（または炭素へ）のプロトン移動は遅いことが多い．

炭素酸は炭素－炭素結合をつくるために使えるので有機化学では非常に重要である．本書の後の章で多くの例が出てくる．

酸素酸と窒素酸の強さを比べる必要があるのはなぜか

6章で述べたように，カルボニル基への求核付加の速度は，求核剤の塩基性に依存する．窒素塩基は酸素塩基よりもずっと強い（アンモニウムイオンはH_3O^+よりもずっと弱い酸である）ので，アミンは水やアルコールよりもずっと優れた求核剤になる．この特徴は，アニリンと無水酢酸から水溶液中でアミドを合成する反応に非常によく現れている．

アニリンは水にはあまりよく溶けないが，HClを加えると窒素がプロトン化されて水溶性のアンモニウムイオンになる．次に，この溶液を温めて無水酢酸と酢酸ナトリウム水溶液を当量加える．酢酸のpK_aが約5で，$PhNH_3^+$のpK_aとほぼ等しいので，平衡が成り立つと溶液には欄外に示すような化学種が生じる．

唯一の求電子剤は無水酢酸であり，求核剤は水，アニリン，酢酸イオンがある．水は大過剰にあり無水酢酸と反応できるが，塩基性の強い（約10^5倍）他の二つには勝てない．酢酸イオンが無水物を攻撃しても，単に酢酸イオンが再生されるだけであるが，アニリンが攻撃すれば酢酸イオンが外れてアミドが生成する．

生成物の単離は簡単で，このアミドは水に溶けないので沪過すればよい．環境問題を考えれば，有機溶媒をあまり使わないで，できるだけ水を使うのが望ましい．pK_aの知識があれば，計画している反応を水が妨害するかどうか，溶媒として適当かどうか決めることができる．アミンのアシル化をもっと反応性の高い酸塩化物を使って水溶液中で行うことすらできる．このようなアシル化反応については10章で詳しく述べる．

8・9　pK_aの応用：医薬シメチジンの開発

消化性潰瘍薬シメチジン（cimetidine）の開発をみると，pK_aが化学においていかに重要な役割を果たしているか，よくわかって興味深い．胃潰瘍は胃酸の過剰分泌による胃の粘膜の局部的なただれである．胃酸の分泌を制御している化合物の一つはヒスタミン（histamine）である．ヒスタミンは胃壁の受容体に結合して酸の分泌を活性化する働きをする．Smith, Kline and French 社の開発担当者たちが求めたものは，この受容体に結合してヒスタミンの結合を妨げるが，胃酸の分泌そのものは促進しない薬だった．花粉症に効能のある抗ヒスタミン薬は残念ながら効果がなかった．異なるヒスタミン受容体が関係しているからだ．

> ヒスタミンは，胃酸産生に対するアゴニスト（agonist）である．胃細胞の特異的な部位（受容体）に結合し，胃酸（主成分は HCl）の産生を起こさせる．アンタゴニスト（antagonist）は，同じ受容体に結合するが酸の分泌を刺激することはないように作用する．その結果，アゴニストが結合し，酸の産生を活性化するのを阻害する．ヒスタミンは，花粉症やアレルギーにも関係している．

> この薬が発明されたときは Smith, Kline and French (SKF) 社だったが，Beechams 社と合併して SmithKline Beecham (SB) になった．さらに後に SB 社と GlaxoWelcome 社が合併して GlaxoSmithKline (GSK) になっている．本書を読者が手に取るときには，さらに変わっているかもしれない．

シメチジン　　　　　　　ヒスタミン

シメチジンとヒスタミンは両方とも，同じ含窒素ヘテロ環（黒で示す）をもった構造をしている．このヘテロ環はイミダゾール（imidazole）とよばれ，これ自体かなり強い塩基であり，そのプロトン化形は下に示すように非局在化している．これは偶然ではない．シメチジンの分子設計はヒスタミンの構造を中心にして行われたからである．

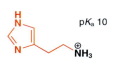

pK_a 10
生理的pH(7.4)における
ヒスタミンのおもな形

pK_a 14.5
グアニジン類縁体
側鎖の余分の炭素が薬効を
増すことがわかった

イミダゾール　　イミダゾリウムイオン　　　　　　　　　pK_a 6.8
　　　　　　　における非局在化

体内では，ほとんどのヒスタミンは第一級アミンがプロトン化されたアンモニウム塩として存在するので，初期はこれがモデルになった．グアニジン類縁体を合成し，アンタゴニストとしての効果があるか（すなわちヒスタミン受容体に結合してヒスタミンの結合を阻害できるか）調べてみるとこれらは確かに結合したが，残念ながらアンタゴニストとしてではなくアゴニストとして作用し，胃酸の分泌を阻害せず促進した．グアニジン類縁体はヒスタミンよりも pK_{aH} が大きい（それぞれ約10と約14.5）ので，生理的pHでは完全にプロトン化されている．

> アミジンとグアニジン（175ページ）は塩基であるが，アミドはそうではない．チオ尿素と尿素はアミドのほうに近い．これらのことをしっかり記憶しておこう．

医薬としては，当然アゴニストとしての性質を抑制しなければならない．研究者は，正電荷がアゴニストの性質をもたらすのではないかと考え，極性はあっても塩基性のずっと小さい化合物を探索した．そして最終的にブリマミド（burimamide）にいきついた．最も大きな変更は，グアニジン化合物の C=NH を C=S に置き換えたことで，グアニジンよりもずっと塩基性の低いチオ尿素を得た．さらに側鎖を長くして二つ目の硫黄原子をつけ，チオ尿素とイミダゾール環にメチル基をつけ加えてメチアミド（metiamide）に

すると，薬効はいっそう大きくなった．

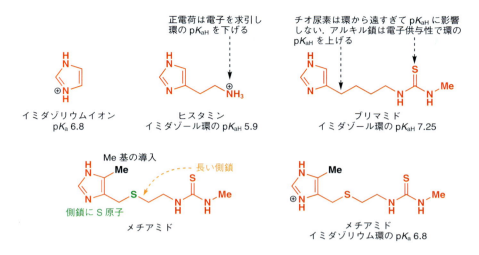

新しい薬メチアミドは，臨床試験では，ブリマミドよりも薬効が約10倍あったが，副作用を示した．患者によっては，この薬によって白血球数の減少をきたし，免疫力が低下した．その結果，最終的にチオ尿素基を再検討することになった．硫黄を酸素に戻してふつうの尿素としてみた．さらに，硫黄を窒素に置き換えてグアニジンにしてみたらどうなるかも調べた．

どちらもメチアミドほど薬効はなかったが，この新しいグアニジンはもはや前のグアニジンのようなアゴニスト効果を示さなくなった．これは重要な発見であった．いうまでもなく，このグアニジンもプロトン化されるはずであり，以前と同じ問題が生じるはずで，グアニジンの pK_{aH} をどうやって下げるかが問題になった．§8・7で pK_a に対する置換基の効果について述べた際，電子求引基が pK_{aH} を下げ，塩基性を下げることを示した．ここでもこの戦略がとられた．pK_{aH} を下げるために，グアニジンに電子求引基を導入した．欄外の表に置換グアニジンの pK_{aH}，すなわち置換グアニジウムイオンの pK_a を示す．

置換グアニジニウムイオンの pK_a

R	pK_a	R	pK_a
H	14.5	MeO	7.5
Ph	10.8	CN	−0.4
CH₃CO	8.33	NO₂	−0.9
NH₂CO	7.9		

シアノおよびニトロ置換グアニジンが，全くプロトン化を受けないことは明らかである．これらを合成してみると，悪い副作用もなくメチアミドとほぼ同じ薬効をもつことがわかった．これら二つのうち，シアノグアニジン化合物のほうがわずかながら薬効が高かったので，これが採用されシメチジンと命名された．

Smith, Kline and French 社によるシメチジンの開発は，プロジェクトを始めてから市

場に送り出すまで13年を要した．この大変な努力は十分に報われた．タガメット®（Tagamet，シメチジンの商品名）は世界で最もよく売れた医薬となり，初めて年間10億ドル（約1000億円）以上の総利益を記録した．世界中の多数の胃潰瘍患者が，痛みからも，手術からも，死からさえも免れることになった．シメチジンの開発は，生理学と化学の原理に基づく合理的戦略に従って行われたものであり，その理由でこの開発に加わった科学者の一人 James Black が1988年のノーベル医学生理学賞の受賞者の一人となった．この開発は pK_a の理解なしには成し遂げられなかっただろう．

8・10 Lewis 酸塩基

> デンマークの物理化学者 Johannes Nicolaus Brønsted（1879～1947）は酸塩基のプロトン理論を1923年に提案した．英国の Thomas Lowry も独立に同じ考えを発表した．

これまで説明してきた酸と塩基はすべてプロトン酸すなわち Brønsted（ブレンステッド）酸と塩基であった．実際，165ページに出てきた酸塩基の定義は Brønsted 酸と Brønsted 塩基の定義であった．カルボン酸がアミンにプロトンを供与するとき，カルボン酸は Brønsted 酸として，アミンは Brønsted 塩基として働いている．生成したアンモニウムイオンは Brønsted 酸であり，カルボン酸イオンは Brønsted 塩基である．

- Brønsted 酸はプロトンを供与する
- Brønsted 塩基はプロトンを受け入れる

> 米国の化学者 Gilbert Lewis（1875～1946）は1923年に酸塩基の電子理論を提案した．

しかし，別の種類の重要な酸，**Lewis 酸**（ルイス）がある．Lewis 酸はプロトンを出すのではない．事実，供与できるプロトンをもっていない．代わりに，Lewis 酸は電子対を受け入れる．Lewis の定義はより一般的な酸塩基の定義であり，酸は電子対を受け入れ，塩基は電子対を供与するという．Lewis 酸は，通常高酸化状態の金属のハロゲン化物であり，BF_3，$AlCl_3$，$ZnCl_2$，SbF_5，$TiCl_4$ などがある．Lewis 酸は有機化合物から電子対を奪って重要な有機反応の触媒として作用する．例としては，ベンゼンの Friedel-Crafts アルキル化とアシル化（21章），S_N1 置換反応（15章），Diels-Alder 反応（34章）などがある．

- Lewis 酸は電子対を受け入れる
- Lewis 塩基は電子対を供与する

単純な Lewis 酸は BF_3 である．5章で述べたように，単量体のホウ素化合物にはホウ素の最外殻に6電子しかなく，他の原子との結合三つと空の p 軌道を一つもつ．したがって不安定であり，BF_3 はふつう Et_2O との錯体，すなわち"エーテル錯体"として用いる．エーテルは BF_3 の空の p 軌道に電子対を供与しており，この錯体ではホウ素は8電子をもち四面体になっている．この錯体形成反応において，エーテルは電子対を供与し（Lewis 塩基となり），BF_3 は電子対を受け入れて Lewis 酸として働く．プロトン移動は含まれない．この錯体は安定な液体であり，市販されている．

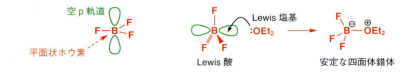

8. 酸性度と塩基性度

Lewis 酸は，ハロゲンや酸素のような電気陰性な原子と強い相互作用をもつことが多い．たとえば，21 章に出てくる Friedel–Crafts アシル化では，AlCl₃ が塩化アシルから塩化物イオンを奪ってアシリウムイオンを生成する．この高反応性のカチオンがベンゼンと結合する．

Lewis 酸-塩基相互作用は化学において非常によくみられる現象ではあるが，あまり目立たないことが多い．次の章で出てくる例に，有機金属とカルボニル化合物の反応によって C-C 結合をつくる重要な方法があるが，これらの反応でも多くは Lewis 酸の金属イオンと Lewis 塩基のカルボニル基との相互作用がみられる．

問　題

1. 次の3種類の化合物の混合物を分離する方法を示せ．

ナフタレン　　　ピリジン　　　p-トルイル酸

2. 本章で安息香酸をトルエンから分離するときには KOH 水溶液を用いるとよいと述べた．pH が安息香酸の pK_a (4.2) よりも確実に高くなるようにするには，KOH の濃度をどの程度にしたらよいか．また，必要な溶液の量はどのように計算したらよいか．

3. 次のヒドロキシ酸を，(a) pH 7 の水，(b) pH 12 のアルカリ性水溶液，(c) 強酸の濃い溶液，に溶かした溶液には，どのような化学種が存在するか．

4. 次の化合物を適当な酸または塩基で処理すると，(a) どの位置がプロトン化されるか，あるいは (b) どの H が引抜かれるか．また，この目的に使うのに適切な酸または塩基を示せ．

5. 次の各組合わせによって生成する化学種は何か．それぞれの pK_a を参考にして答えるとよい．"変化しない"という答もあるかもしれない．

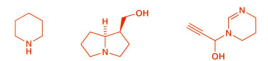

6. 次の二つの分子の関係を何というか．またそれぞれの分子からプロトンが外れたときに生じるアニオンの構造について説明せよ．

7. 次の化合物の ¹³C NMR スペクトルを D₂O 中で測定するには，下記条件が必要である．なぜこのような条件が必要であるか理由を述べ，得られるスペクトルを予想せよ．

DCl/D₂O 中で測定　　NaOD/D₂O 中で測定

8. 次に示すフェノール類のおおよその pK_a の値は，4, 7, 9, 10, 11 である．どの pK_a 値がどのフェノールに対応するか，説明せよ．

9. 次の二つのアミノ酸の pK_a は次のとおりである．
   (a) システイン：1.8, 8.3, 10.8
   (b) アルギニン：2.2, 9.0, 13.2

これらのpK_a値がそれぞれどの官能基に対応するか述べ，pH 1, 7, 10, 14 の水溶液中におけるこれらの分子の主要な構造を示せ．

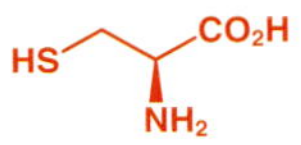

システイン 　　アルギニン

10. 次の方法ではいずれもペンタン-1,4-ジオールをうまくつくることができない．その理由を説明し，実際はどう反応して何ができるのか示せ．

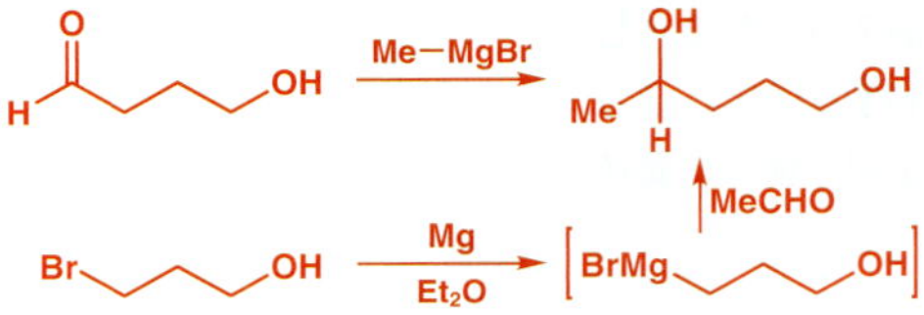

11. 次の各分子の脱プロトン体（共役塩基）を得るためには次の塩基のうち，どれを用いたらよいか．強塩基は取扱いがむずかしいので，不必要に強い塩基を用いるのは避けたほうがよい．ちょうど脱プロトンが達成できる程度の塩基を選べ．

　塩基：KOH, NaH, BuLi, NaHCO$_3$

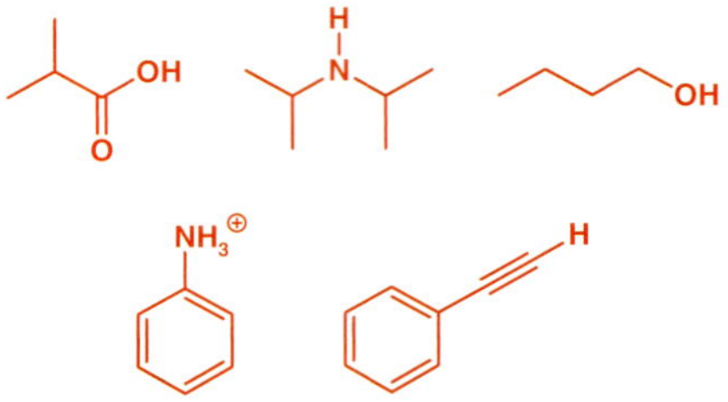

9
有機金属化合物を用いる炭素-炭素結合の生成

関連事項

必要な基礎知識
- 電気陰性度と結合の分極 4章
- Grignard 反応剤や有機リチウム化合物のカルボニル基への攻撃 6章
- 強塩基による C–H 結合からの脱プロトン 8章

本章の課題
- 有機金属化合物は求核性を示すと同時に強塩基性を示す
- ハロゲン化物から有機金属化合物をつくる
- 脱プロトンによって有機金属化合物をつくる
- 有機金属化合物を使って C=O 基から C–C 結合をつくる

今後の展開
- 有機金属化学の詳細 24章, 40章
- C=O 基から C–C 結合をつくる方法の詳細 25～27章
- 複雑な分子の合成 28章

9·1 はじめに

2章から8章では"構造"(2～4章, 7章)と"反応性"(5章, 6章, 8章)という化学の基本的な概念について説明した.これらの概念はすべての有機化学の骨格であり,これからこの骨格に肉づけをしていくことになる.9～22章では,有機反応の最も重要ないくつかの形式について詳しく説明する.

有機化学者は,さまざまな目的のために分子をつくるが,分子をつくることはすなわち C–C 結合をつくることである.本章では,C–C 結合生成のなかでも最も重要な方法のひとつを取上げる.すなわち,有機リチウム化合物や Grignard 反応剤などの有機金属化合物とカルボニル化合物を用いる方法である.たとえば次のような反応である.

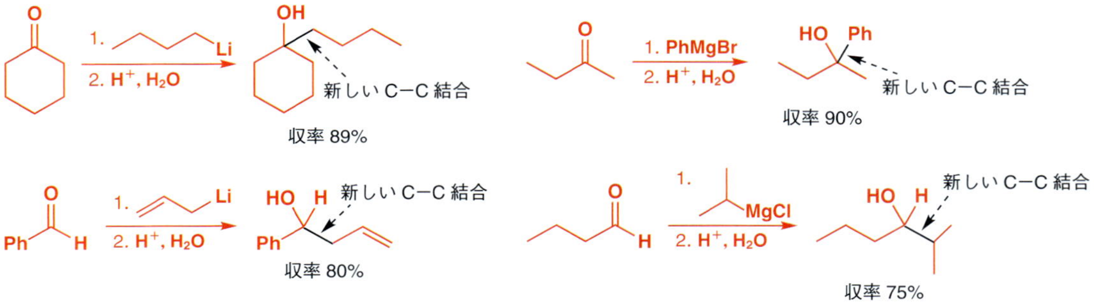

このような形式の反応についてはすでに6章で取上げた.本章では,有機金属化合物の性質やこのような反応を用いるとどんな分子ができるのかさらに詳しく述べる.有機金属化合物は,求電子的なカルボニル基に求核剤として働く.まず,なぜ有機金属化合物が求核的であるのか,また有機金属化合物はどのようにしてつくるのか,さらに有機金属化合物と反応する求電子剤にはどんなものがあるのか,そして最後に有機金属化合物によってどのような分子が合成できるかを説明する.

9·2 有機金属化合物は炭素-金属結合をもつ

二つの異なる元素間の共有結合は分極していて,分極の大きさは各元素の電気陰性度によって決まる.電気的に陰性な元素ほどその結合の電子をより強くひきつける.つま

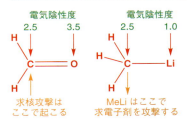

電気陰性度 2.5 3.5
C=O π結合は酸素が部分負電荷をもつように分極している
求核攻撃はここで起こる

電気陰性度 2.5 1.0
C–Li σ結合は炭素が部分負電荷をもつように分極している
MeLi はここで求電子剤を攻撃する

有機マグネシウム化合物は Victor Grignard にちなんで Grignard 試剤とよばれている.

り，2元素間の電気陰性度の差が大きければ大きいほど，結合電子をひきつける力に差が生じ，その結果，結合はより大きく分極する．分極が極端に大きい場合には，もはや共有結合ではなくなり，正負の電荷をもったイオン間の静電引力によるイオン結合となる．このような結合については，4章（93ページ）で典型的なイオン結合をもつ NaCl を例として述べた．

カルボニル基が求電子性を示すことを6章で述べたが，それは炭素-酸素結合の分極のために，部分正電荷をもつ炭素が求核攻撃を受けやすくなっているからである．6章では，最も重要な有機金属化合物，すなわち有機リチウム化合物と有機マグネシウム化合物の二つについても紹介した．これらの有機金属化合物では，炭素-金属結合は炭素-酸素結合とは逆に分極している．つまり，炭素は部分負電荷をもつため，炭素が求核中心になる．下に示す周期表からわかるように，Li, Mg, Na, Al などの金属の電気陰性度は炭素に比べて小さいことから，ほとんどの有機金属化合物について同じことがいえる．

Pauling の電気陰性度（抜粋）

Li 1.0		B 2.0	C 2.5	N 3.0	O 3.5	F 4.0
Na 0.9	Mg 1.3	Al 1.6	Si 1.9	P 2.2	S 2.6	Cl 3.2

分子軌道エネルギー準位図（このようなエネルギー図は4章に出てきた）から，メチルリチウムの C–Li 結合は炭素とリチウムの原子軌道の和で表せることがわかる．原子の電気陰性度が高いほど，その原子軌道のエネルギーは低くなる（92ページ）．C–Li σ結合の被占軌道はエネルギー的にリチウムの 2s 軌道よりも炭素の sp^3 軌道に近い．その

有機リチウム化合物や Grignard 反応剤の本当の構造はもっと複雑である．有機リチウム化合物や Grignard 反応剤は，水や酸素と激しく反応するため窒素やアルゴンの雰囲気下で取扱わなければならないが，いくつかの化合物については X 線結晶構造解析（固体状態）や NMR（溶液状態）を使って構造解析が行われている．一般に，有機リチウム化合物や Grignard 反応剤は 2, 4, 6 ないしそれ以上の分子からなる集合体として存在している．また，溶媒分子がこの集合体に含まれていることも多い．これが BuLi のような明らかに極性の大きい化合物が炭化水素に溶解する理由の一つである．本書では，会合状態に関して詳しくは述べず，有機金属化合物を簡単な単量体として表記することにする．

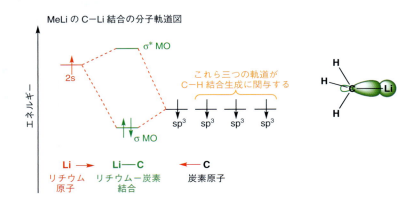

MeLi の C–Li 結合の分子軌道図

C–C 結合をつくる上での有機金属化合物の重要性

右に示す"幼若ホルモン"として知られる分子を例として考えてみよう．この化合物は何種類かの昆虫の成長を妨げるので，害虫の駆除に用いられる．この分子は昆虫からはほんの少量しか単離できないが，実験室では簡単な出発物から大量に合成できる．ある合成法では，この分子に含まれる 16 の C–C 結合のうち，七つが有機金属化合物の反応によってつくられており，その多くは本章で述べるものである．これだけが特別な例ではない．さらに，7章に出てきたアラキドン酸によく似ている重要な酵素阻害剤を例として考えてみよう．この分子は，有機金属化合物を使った連続的な C–C 結合生成反応によって合成されている．すなわちこの分子に含まれる 19 の C–C 結合のうち八つが有機金属反応によってつくられている．

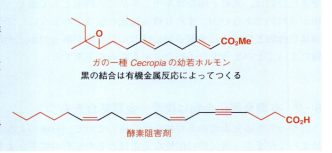

ガの一種 *Cecropia* の幼若ホルモン
黒の結合は有機金属反応によってつくる

酵素阻害剤

ため，C–Li σ 結合では炭素の sp³ 軌道の寄与が大きく，軌道の係数も炭素のほうが大きい（この理由は 101 ページで述べた）．したがって，C–Li σ 結合の被占軌道が関与する反応はリチウムではなく炭素で起こる．全く同じことが有機マグネシウム化合物（Grignard 反応剤）の C–Mg 結合にも当てはまる．

炭素の sp³ 軌道の寄与がより大きいため，C–Li σ 結合の軌道は sp³ 炭素被占軌道と似ている，つまり C–Li σ 結合は炭素の非共有電子対のようなものであるということもできる．この考え方は有用ではあるが行き過ぎてはいけない．反応機構を考える際，MeLi や MeMgCl を単に Me⁻ で表しているのを見ることがあるかもしれないが，MeLi は，Me⁻Li⁺ のようなイオン性の化合物ではない．

> 負の電荷をもつ炭素原子のことを**カルボアニオン**（carbanion）という．すでにシアン化物イオンが炭素に非共有電子対をもつ炭素求核剤であることを述べた（119 ページ参照）．シアン化物イオンの非共有電子対は，sp³ 軌道よりもエネルギーの低い sp 軌道と，炭素と三重結合で結ばれた電気陰性度の大きい窒素原子によって安定化されている．

9・3 有機金属化合物をつくる
Grignard 反応剤 のつくり方

Grignard 反応剤（ハロゲン化アルキルマグネシウムの溶液）は，エーテル系の溶媒中で削状の金属マグネシウムをハロゲン化アルキルと反応させてつくる．ハロゲン化アルキルだけでなくハロゲン化アリールを用いてもよい．またハロゲン化物としては，ヨウ化物，臭化物，塩化物が使える．ハロゲン化メチル，第一級，第二級，第三級アルキル，ハロゲン化アリールおよびハロゲン化アリルを用いた例を次に示す．もちろん生成した Grignard 反応剤が反応する官能基を有するハロゲン化アルキルは使えない．最後の例は，Grignard 反応剤と反応しない官能基の例としてアセタールをもつものを示す（詳しくは 23 章参照）．これらの例で用いた溶媒はすべてエーテル系のジエチルエーテル Et₂O あるいはテトラヒドロフラン（THF）である．ジオキサンやジメトキシエタン（DME）などのジエーテルを溶媒として用いることもある．

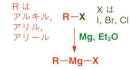

よく使われるエーテル系溶媒

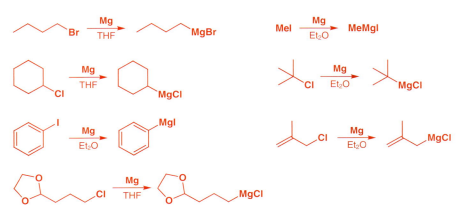

反応式を書くのは簡単であるが，問題は，どのような機構で進行するかである．全体としては炭素–ハロゲン結合にマグネシウムが挿入したことになっている．またマグネシウムの酸化状態も Mg(0) から Mg(II) に変化している．したがってこの反応は，**酸化的挿入**（oxidative insertion）あるいは**酸化的付加**（oxidative addition）といわれており，Mg, Li, Cu, Zn など多くの金属にみられる一般的な反応である．Mg(II) は Mg(0) よりもずっと安定であり，これが反応の推進力になっている．

この反応の機構は完全には解明されていないが，おそらくラジカル中間体を経由するものである．しかし，反応が終わるまでにはマグネシウムはその非共有電子対を与えて σ 結合を二つつくることは確かである．Mg(II) は四面体構造になったほうが安定なの

で，Grignard 反応剤は実際には，おそらくエーテル溶媒 2 分子と錯体をつくっている．

有機リチウム化合物のつくり方

有機リチウム化合物も同じく酸化的挿入反応によって，金属リチウムとハロゲン化アルキルからつくることができる．反応にはハロゲン化アルキルに対してリチウムが 2 当量必要であり，有機リチウム化合物の生成と同時にハロゲン化リチウムが 1 当量副生する．Grignard 反応剤と同様に，この方法によってさまざまな有機リチウム化合物をつくることができる．

R は
アルキル, **R–X**　X は
アリール　　　Br, Cl
↓ Li, THF
R–Li　LiX
アルキルリチウムと
ハロゲン化リチウム

Grignard 反応剤の調製についての補足

この反応は，溶液中ではなく金属の表面で起こり，したがって Grignard 反応剤のつくりやすさは金属表面の状態に依存する．たとえば，金属をどれだけ細かく粉砕するかなどが重要な因子である．通常，マグネシウムは酸化マグネシウムの薄い被膜によって覆われており，Grignard 反応剤ができるためにはハロゲン化アルキルと金属とが直接接触するのを容易にするための"開始"が必要である．開始は通常少量のヨウ素や 1,2-ジヨードエタンを加えたり，超音波を使って酸化被膜を除去することによって起こる．一度 Grignard 反応剤ができると，それが次のような機構で Mg(0) の反応の触媒として働く．

上に，第二級アルキルリチウム二つ，アリールリチウム，およびビニルリチウム二つの例をあげた．Grignard 反応剤と同じように，他の官能基としてはアルケンとエーテルのみである．しかし，両者には違いもある．反応によってリチウムは Li(0) から Li(I) になるので Li に結合したハロゲン原子はない．その代わり二つ目の Li 原子をハロゲン化リチウムをつくるために使う．Li(I) は Li(0) よりもかなり安定なのでこの反応は不可逆である．エーテル系の溶媒をよく用いるが，溶媒がことさら配位する必要がないので，ペンタンやヘキサンなどの炭化水素系の溶媒でもよい．

有機金属化合物は塩基として働く

有機金属化合物は空気中の湿気でさえ分解してしまうので，完全に湿気のない状態で保存する必要がある．水とは非常に速く，しかも発熱的に反応してアルカンを生じる．水でなくても有機金属化合物をプロトン化できるものなら同じ反応をひき起こす．有機金属化合物は強塩基であり，プロトン化されてメタンやベンゼンなどの共役酸になる．メタンの pK_a は約 50 である（8 章）．これはもはや酸ではなく，ほとんどどんなものもメタンからプロトンを引抜くことはできない．

これらの平衡は大きく右に偏っている．メタンと Li^+ は MeLi よりもはるかに安定であり，ベンゼンと Mg^{2+} は PhMgBr よりもはるかに安定である．したがって，有機リチウム化合物，特にブチルリチウムなどの最も重要な利用法は塩基としての用途である．アルキルリチウムは塩基性が非常に強いので，ほとんどの化合物からプロトンを引抜く．また，この反応を利用して他の有機リチウム化合物をつくることができるので，アルキ

Me–H + H_2O ⇌ $Me^{\ominus}$ + $H_3O^{\oplus}$
　　　　　　　pK_a 50

Ph–H + H_2O ⇌ $Ph^{\ominus}$ + $H_3O^{\oplus}$
　　　　　　　pK_a 43

市販されている有機金属化合物

　市販されている Grignard 反応剤や有機リチウム化合物がいくつかある．大きなスケールで反応を行っている場合を除いて，多くの化学者は簡単な有機リチウム化合物や Grignard 反応剤を自分でつくらないで，上記の方法でつくっている試薬会社から買う．表に，代表的な市販の有機リチウム化合物と Grignard 反応剤を示す．

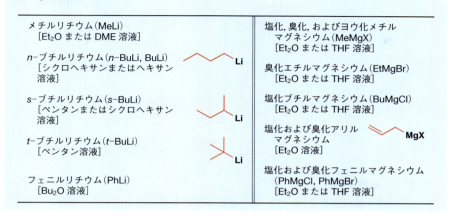

ルリチウムは非常に有用な反応剤である．

アルキンの脱プロトンにより有機金属化合物をつくる

　混成が酸性度に及ぼす影響について 175 ページで述べた．アルキンは sp 混成軌道からなる C−H 結合をもっているため，炭化水素としては最も強い酸性を示す．その pK_a は約 25 である．アルキンはブチルリチウムや臭化エチルマグネシウムなど塩基性のより強い有機金属化合物によって脱プロトンを受ける．アミド塩基も脱プロトンに使える．たとえば，170 ページで示したように，ナトリウムを液体アンモニアと反応させて得られるナトリウムアミド $NaNH_2$ はアルキンの脱プロトンにしばしば用いる．それぞれの例を次に示す．プロピンとアセチレンは気体なので，塩基の溶液に吹込むだけで反応する．

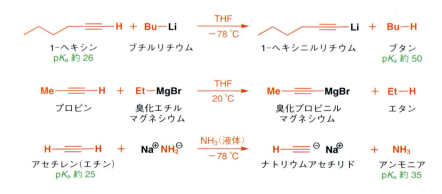

ここではアルキニルリチウムとハロゲン化アルキニルマグネシウムを有機金属化合物として，アルキニルナトリウムをイオン性の塩として表記する．どちらもある程度共有結合性があるが，リチウムのほうがナトリウムよりも電気陰性度が大きいので，アルキニルリチウムのほうが共有結合性がより大きく非極性溶媒中で使えるのに対して，ナトリウム誘導体のほうはイオン性がより大きく，通常は極性溶媒中で使う．

　次の例のように，アルキニル金属化合物は求電子性のカルボニル化合物に付加する．最初の例は抗生物質であるエリスロノリド A (erythronolide A) 合成の最初の段階である．その機構を思い出してほしい．2番目の例は広く天然に存在する化合物であるファルネソール (farnesol) の合成最終段階の一つ手前の工程である．

エチニルエストラジオール

エチニルエストラジオール(ethynylestradiol)は，ほとんどの経口避妊薬に含まれる排卵抑制物質である．この化合物は，女性ホルモンエストロン(estrone)へのアルキニルリチウムの付加反応によってつくられている．これに類似した多くのエチニル基を導入したホルモン誘導体は，避妊薬やホルモン障害の薬として使われている．

ハロゲン–金属交換

単純な有機金属反応剤を用いて，より有用な他の有機金属反応剤を生成する方法は，脱プロトンに限らない．有機リチウム化合物はハロゲン化アルキルやハロゲン化アリールからハロゲン原子をとってリチウムに交換することもでき，この反応は**ハロゲン–金属交換**(halogen–metal exchange)として知られている．

臭素とリチウムが単純に位置を入れ替える反応であることが容易にわかる．多くの有機金属反応と同様，詳細な機構は明らかではないが，ブチルリチウムの臭素への求核攻撃として書くことができる．なぜこのような反応がうまく進行するのだろう．この機構での生成物は PhLi ではなく，フェニルアニオンとリチウムカチオンである．これらは結合すると PhLi になる．これは合理的な解釈である．なぜ反応はこのように進行し，逆には進行しないのだろうか．鍵はここでも pK_a にある．有機リチウム化合物を Li^+ とカルボアニオンの錯体とみなすことができる．

リチウムカチオンはいつも同じであり，変わるのはカルボアニオンだけである．したがって，この錯体の安定性はカルボアニオンに依存する．ベンゼン(pK_a は約 43)はブ

三重結合の安定性と酸性度

ここで三重結合をもつもので，より重要な化合物について述べる．それらはエネルギーの低い sp 混成軌道に電子をもっていて(式では緑で示している)，このため安定で反応性が低い．sp 軌道は 50% の s 性をもっていて，そのためこの軌道にある電子は，sp^2 軌道や sp^3 軌道にある電子に比べて平均的に原子核により近く，より安定である．

窒素 N_2 は両端に sp 軌道をもっていて，ほとんど不活性である．塩基性でもなく求核性でもない．それにもかかわらず，生命が達成した重要な機能のひとつはエンドウやダイズのようなマメ科の根に存在する細菌による窒素の固定(還元的化学反応による捕捉)である．HCN は sp 軌道を窒素にもち C–H σ 結合をもう一方の端にもつ．窒素の sp 非共有電子対は塩基性ではないが，HCN は酸性で pK_a は約 10 である．

それは共役塩基 CN^- の負電荷が sp 軌道にあるからである．ニトリルも同じような結合をもっていて，求核性や塩基性をもたない．上で出てきたアルキンは炭化水素のなかで最も酸性度が高いが，それは負電荷が sp 軌道にもつためアニオンが安定だからである．

タン（pK_a は約 50）に比べてより酸性であり，フェニル錯体はブチル錯体よりも安定であり，この反応によって市販の BuLi から PhLi をつくることができる．リチウムが C=C 結合に直接結合しているビニルリチウムも同様の方法でつくることができる．R_2N 置換基はあってもよい．臭化物やヨウ化物は塩化物よりも速く反応する．

> ベンゼンがブタンよりも酸性である理由もアニオンが sp^3 軌道ではなく sp^2 軌道にあるためである（8 章 175 ページ参照）．

ハロゲン–金属交換反応が起こるということは，次のような魅力的な炭素–炭素結合生成法がうまくいかないことを示している．Grignard 反応剤や有機リチウム化合物をハロゲン化アルキルと反応させたら新たに炭素–炭素 σ 結合ができるとすでに考えていたかもしれない．

しかし，この反応はハロゲン–金属交換反応のためにうまく進まない．二つの臭化アルキルとそれぞれの Grignard 反応剤は平衡にあるので，もしカップリングが起こったとしても，カップリング生成物が 3 種類得られることになる．

このようなカップリング反応には，遷移金属が必要なことを後の章で述べる．ただし，アルキニル金属とハロゲン化アルキルのカップリングだけはうまく進む．アルキニル金属はアルキル金属に比べてはるかに安定なので金属交換しない．よい例として，アセチレン（エチン）から出発するアルキンの合成がある．最初のアルキル化には $NaNH_2$ を塩基として用いてナトリウムアセチリドを生成させて用い，2 回目のアルキル化には

金属交換反応

有機リチウム化合物を，電気陰性度のより高い金属塩で処理すると別の有機金属化合物に変換できる．この反応を**金属交換反応**（trans-metalation, transmetallation）とよぶ．この反応によって電気的により陽性な Mg や Li はイオンとして溶液中に溶解し，Zn のような電気陰性度の高い金属はアルキル基と結合する．

このように面倒なことをしてまでも，なぜ有機リチウム化合物を他の有機金属化合物に変換しなければならないのだろう．それは，Grignard 反応剤や有機リチウム化合物の反応性（特に塩基性）が高いので，ときとして望まない副反応をひき起こすからである．酸塩化物のような強い求電子剤と作用させると制御できない激しい反応が起こる．代わりに反応性の低い有機亜鉛化合物を用いると，反応は制御しやすくなる．このような有機亜鉛化合物は Grignard 反応剤や有機リチウム化合物からつくることができる．有機亜鉛化学のパイオニアの一人である根岸英一は R. F. Heck と鈴木章とともに 2010 年有機金属化合物に関する業績でノーベル化学賞を受賞している．

BuLi を用いてアルキニルリチウムを生成させて使う．

9・4 有機金属化合物を用いて有機分子をつくる

次にまとめるように，これまで有機金属化合物の代表的なつくり方を紹介してきたが，これからは種々の有機分子をつくるためにそれをどう使えばよいかを解説する．どのような求電子剤と反応し，どのような生成物ができるのか．ほかの有機金属化合物についても述べてきたが，これ以降は有機リチウム化合物と Grignard 反応剤に絞って話を進めるが，ほとんどの場合どちらを用いてもかまわない．

有機金属化合物のつくり方
- ハロゲン化アルキルへの Mg の酸化的挿入 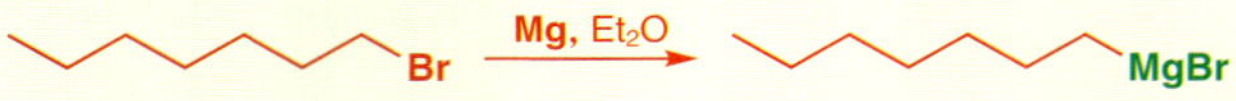
- ハロゲン化アルキルへの Li の酸化的挿入 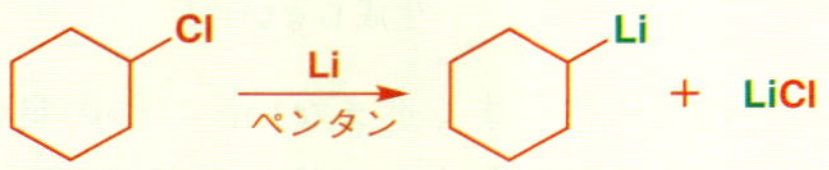
- アルキンの脱プロトン 
- ハロゲン–金属交換 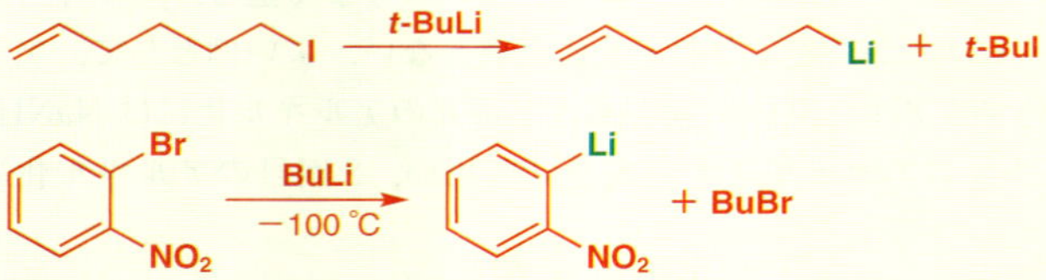
- 金属交換

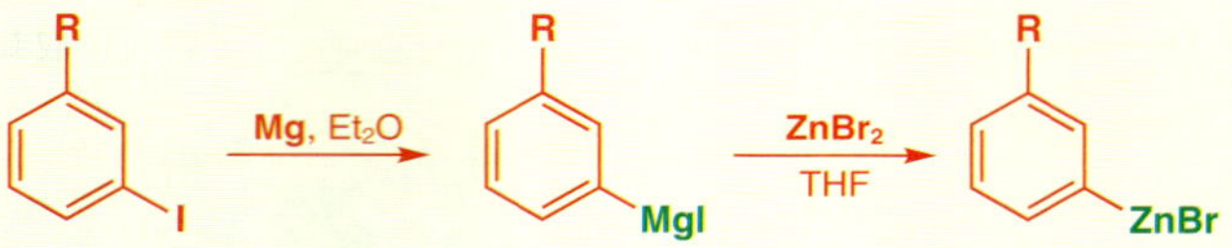

有機金属化合物と二酸化炭素からカルボン酸をつくる

二酸化炭素は有機リチウム化合物や Grignard 反応剤と反応し，カルボン酸塩を生じる．酸でプロトン化すると，出発物の有機金属化合物より炭素数が一つ多いカルボン酸が得られる．通常，この反応には有機金属化合物の THF あるいはエーテル溶液に固体の CO_2 を加えるが，乾燥した CO_2 ガスを吹込んでもよい．

この反応が完結するまでの 3 段階を次ページの例に示す．すなわち，1) 有機金属化合物の生成，2) 求電子剤 (CO_2) との反応，3) 生成物をプロトン化し未反応の有機金属化合物も分解させるための酸性水溶液による後処理あるいは反応停止，である．各段階で前の反応が終了しているかどうか注意深く観察し，次の段階へ移行しなければならない．

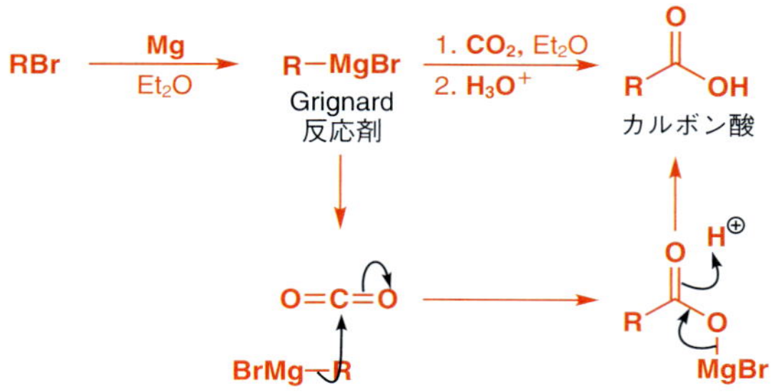

9・4 有機金属化合物を用いて有機分子をつくる

特に,最初の二つの段階では完全に水のない状態を保つことが重要で,反応が終了してから,つまり有機金属化合物が求電子剤との反応で完全に消費された後に水を加えなければならない.ときには反応式で反応停止段階を省いてあることもあるが,書いていなくてもこの操作は必要である.

有機金属化合物からカルボン酸をつくる

次の例は立体障害の非常に大きな塩化アルキルでも利用できることを示している.このことの重要性は15章で明らかになるだろう.

有機金属化合物とホルムアルデヒドから第一級アルコールをつくる

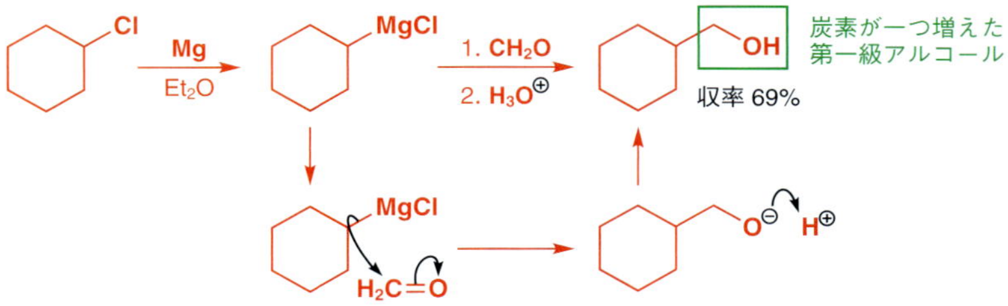

6章で,最も単純なアルデヒドであるホルムアルデヒドを取上げたが,有機金属反応に必要な無水条件でこの化合物を用いるには難点がいくつかある.通常,ホルムアルデヒドは水和されているか重合体(パラホルムアルデヒド)$(CH_2O)_n$ として存在しており,純粋な無水ホルムアルデヒドを得るには重合体を加熱して分解(熱分解)しなければならない.しかし,ホルムアルデヒドは第一級アルコール,すなわち,ヒドロキシ基をもつ炭素原子に炭素の置換基を一つだけもつアルコールを合成するには非常に有用な反応剤である.二酸化炭素を用いて有機金属化合物に炭素が一つ増えたカルボン酸をつくったように,ホルムアルデヒドを用いると炭素が一つ増えたアルコールをつくることができる.

フェナリモール

フェナリモール(fenarimol)は菌類の重要なステロイド分子の生合成を阻害することによって作用する殺菌剤である.この化合物はハロゲン-金属交換によって調製した有機リチウムとジアリールケトンとの反応によって合成されている.

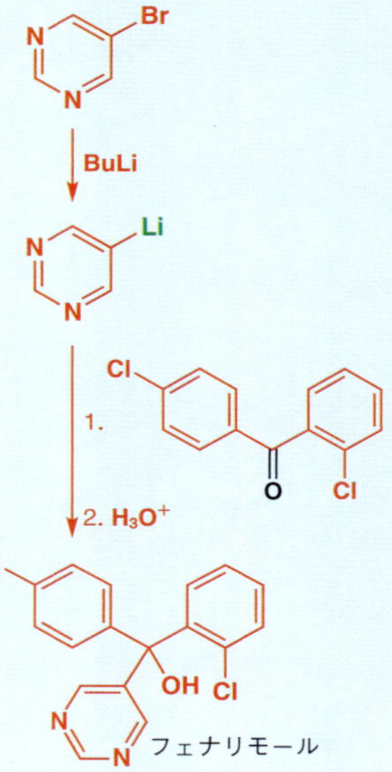

アルキンの脱プロトンによって生成した有機金属化合物とホルムアルデヒドとから第一級アルコールをつくる例を二つ示す．2番目の例では，表記を簡単にするために，有機リチウム化合物の生成，反応，反応停止の3段階を，反応剤を三つ列挙するだけで表している．この反応は，本章の初めに構造を取上げたガ *Cecropia* の幼若ホルモン合成の最終段階で使われているものである．

$$Ph-\equiv-H \xrightarrow{BuLi} Ph-\equiv-Li \xrightarrow[2.\ H_3O^+]{1.\ (CH_2O)_n} Ph-\equiv-\diagup OH \quad 収率 91\%$$

反応例（2番目）：試薬 1. BuLi, 2. $(CH_2O)_n$, 3. H_3O^+

すべての有機金属化合物のカルボニル化合物への付加に関して心にとめておくべきことは付加は**酸化度**（oxidation level）を一つ下げるということである（酸化度については§2·5ですでに説明した）．いいかえると，たとえば，アルデヒドからはアルコールが生成するが，より詳しく書くと次のようになる．

- CO_2 への付加によってカルボン酸が生成する
- ホルムアルデヒド CH_2O への付加によって第一級アルコールが生成する
- 他のアルデヒド RCHO への付加によって第二級アルコールが生成する
- ケトンへの付加によって第三級アルコールが生成する

第二級アルコールと第三級アルコールをつくるにはどんな有機金属化合物にどんなアルデヒドやケトンを使えばよいか

アルデヒドとケトンは Grignard 反応剤や有機リチウム化合物と反応し，それぞれ第二級アルコールと第三級アルコールを生じる．Grignard 反応剤を用いた一般的な反応式と二，三の具体例を次に示す．

アルデヒドから第二級アルコールをつくる

$$R^1CHO \xrightarrow[2.\ H_3O^+]{1.\ R^2MgBr} R^1CH(OH)R^2$$

ケトンから第三級アルコールをつくる

$$R^1COR^2 \xrightarrow[2.\ H_3O^+]{1.\ R^3MgBr} R^1R^2C(OH)R^3$$

反応例：
- アセトアルデヒド + 1. *i*-PrMgBr, 2. H_3O^+ → 54%
- クロトンアルデヒド (CH=CHCHO) + 1. MeMgCl, 2. H_3O^+ → 86%
- シクロプロピルメチルケトン + 1. プレニル MgBr, 2. H_3O^+ → 81%
- シクロヘキサノン + 1. BuLi, 2. H_3O^+ → 89%

しかし，第二級アルコールを合成するときには二つの可能な経路がある．つまりヒドロキシ基のついた炭素に結合しているアルキル基二つのうち，どちらを有機金属化合物に求め，どちらをアルデヒドに求めるかを選択することができる．たとえば次の例では，ハロゲン化イソプロピルマグネシウムとアセトアルデヒドとの反応によって第二級アルコールを合成している．しかし，同じものはイソブチルアルデヒドとメチルリチウムあるいはハロゲン化メチルマグネシウムとの反応によっても合成できる．

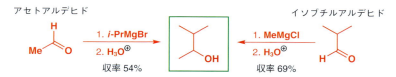

実際，この第二級アルコールの合成が1912年に初めて報告されたときはアセトアルデヒドを用いる経路が選ばれたが，1983年にはイソブチルアルデヒドからつくられている．ではどちらの経路がよいのだろうか．おそらく1983年には，収率がよいという理由でイソブチルアルデヒドからの経路が選択されたのであろう．ある第二級アルコールを初めて合成する際には，両方法を実験室で試してみて，どちらの収率がよいか調べる必要がある．

また，どちらの方法が安上がりか，出発物が入手しやすいか検討することも必要だ．次の例では塩化メチルマグネシウムと不飽和アルデヒドの組合わせが選ばれたが，これにはこの観点からの判断があったようだ．この経路ではいずれの出発物も市販されているが，別の経路では，市販されていないハロゲン化ビニルからビニルリチウムまたは臭化ビニルマグネシウムをつくらなければならないし，乾燥困難なアセトアルデヒドも出発物として必要である．

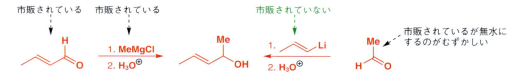

第二級アルコールの場合には別の可能性もある．ケトンの還元である．ケトンは水素化ホウ素ナトリウムと反応して第二級アルコールになる．これがよい合成経路であることが明らかなのは環状のアルコールの合成である．次の二環性ケトンは良好な収率で第二級アルコールに還元される．右の例ではジケトンの二つのカルボニル基が両方とも還

アルコール合成法の選択肢

第二級アルコール合成にはいくつかの選択肢がある．その反応例を右に示す．ボンクレキン酸(bongkrekic acid)は非常に毒性の高い化合物で，細胞膜の透過を阻害する働きがある．この合成には，図に示した二つの構造的に非常に似た第二級アルコールを必要とする．これらを化学合成した米国ハーバード大学の化学者たちは，それぞれのアルコールを全く違う出発物から合成している．最初のアルコールは不飽和アルデヒドとC≡C結合を含む有機リチウム化合物から合成し，2番目のアルコールはC≡C結合を含むアルデヒドと臭化ビニルマグネシウムから合成している．

元される．

　第三級アルコールになるとさらに選択肢は増える．次の例は天然物ネロリドール（nerolidol）合成の中間段階である．この第三級アルコールを合成した化学者は原理的には次の経路三つのどれを選んでもよかったはずである．次の反応経路では煩雑にならないように水による反応停止を省略していることに注意しておこう．

第三級アルコール合成の三つの経路

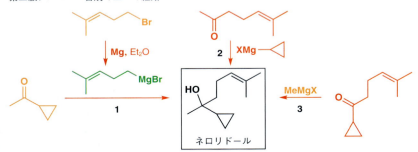

　これらの経路で使う化合物のうちオレンジで示したもののみが市販されているが，緑で示した Grignard 反応剤の出発物となる臭化アルキルも市販されているので，1 の経路が最も合理的である．

　ここで自信喪失してはいけない．薬品のカタログを丸暗記してどの化合物が市販されているか，いないか知っておく必要はない．重要なことは，第二級アルコールや第三級アルコールをつくる場合に，アルデヒドやケトンと Grignard 反応剤や有機リチウム反応剤との組合わせについて，いくつかの可能性を示すことができることである．異なる経路を比較してどれが最善かを判断することが必要になるのは，ずっと後で逆合成解析（28 章）を学ぶときである．

9・5　アルコールの酸化

　いままで用いてきた金属は，Li(I), Mg(II), Zn(II) などのように，0 価以外には酸化状態が一つであった．もし金属を使って有機化合物を酸化しようとすると，金属は少なくとも高い酸化状態を二つもっている必要がある．それは遷移金属である．そのなかでもとりわけ重要なものはクロムであり，Cr(III) と Cr(VI) の有用な酸化状態をもっている．オレンジ色の Cr(VI) 化合物はよい酸化剤である．有機化合物から水素をとり，自分自身は還元されて緑色の Cr(III) になる．有機化学では多種の Cr(VI) 酸化剤が使われている．特に重要なものは高分子状の酸化物である CrO_3 である．これはクロム酸の無水物であり，水によって高分子鎖が切れ，クロム酸の溶液になる．ピリジンも高分子鎖を切断し錯体を生じる．この錯体（Collins 反応剤）は有機化合物の酸化に用いられていたがやや不安定であるので，いまでは二クロム酸ピリジニウム（pyridinium dichromate: PDC）やクロロクロム酸ピリジニウム（pyridinium chlorochromate: PCC）のほうが，CH_2Cl_2 のような有機溶媒に溶けることもあり，広く使われている．

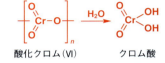

酸化クロム(VI)　　クロム酸

9・5 アルコールの酸化

本章で合成してきた多くの第一級および第二級アルコールは，これらの反応剤によってさらに高い酸化度にすることができる．第一級アルコールの酸化によってアルデヒドが生成するが，それはさらにカルボン酸に酸化される．第二級アルコールはケトンに酸化される．しかし，第三級アルコールは C–C 結合の切断なしには酸化できない．

[O] の記号は酸化剤を特定しないことを意味する．

酸化は水素を二つ取去るか，酸素を一つ付加させるかのどちらか，または両方である．6章では還元は水素の付加（それは酸素の除去も意味する）であることを述べた．これらの裏にある基本的な考えは，還元は電子を与えることであり酸化は電子を取去ることであるということである．塩基性の反応剤を用いると第一級アルコールの O–H からプロトンがとれるが，アルデヒドを得るためには C–H のプロトンを電子対とともにとらなければならない．つまり，ヒドリドイオン H^- を追い出さなければならないが，これは起こらない．そこで H^+ と電子対をとる反応剤が必要になる．したがって，その反応剤つまり酸化剤は次の反応式では，?で示す役割をするものである．

次式では，Cr(VI) エステルが環状機構によって，Cr(VI) は 2 電子をとって Cr(IV) になっている*．エステルをつくるときに OH 基の水素原子一つが外れ，二つ目の水素原子が環状機構によって炭素からとられている．巻矢印が Cr 原子に向けて止まり，また Cr=O 結合から始まって C=O 結合をつくり，2 電子がクロムに戻っていることに注意しよう．これによって実際には Cr(IV) が生成するが，これは不安定な酸化状態であり，さらに反応して緑色の Cr(III) になる．

* 訳注：クロム酸酸化の機構は 1950 年代から議論されてきたが，左の反応式に示されているようにアルコールからプロトン移動が起こるような電子の動きではなく，現在ではヒドリド移動で，次に示すような電子の流れで反応が進むと考えられている．

PCC を用いた酸化の例を二つ示す．ジクロロメタン溶液中でヘキサノールはヘキサナールに酸化され，市販のカルベオール（carveol，不純物を含む天然物）はヘキサン溶液中アルミナに担持した PCC によって純粋なカルボン（carvone）に酸化される．どちらの場合も純粋なアルデヒドやケトンは蒸留によって単離されている．

収率 78%

カルベオール　カルボン 収率 93%

しかし，注意すべきことがある．次亜塩素酸カルシウムや次亜塩素酸ナトリウム（漂白剤）のような強い酸化剤は，特に水中では，第一級アルコールをカルボン酸にまで酸化してしまう．p-クロロベンジルアルコールの場合がそうである．8 章で述べた酸/塩基抽出によって固体のカルボン酸を簡単に単離することができる．

酸化剤については，後の章でさらに説明する．ここでは，有機金属化合物の付加によってできた第一級および第二級アルコールが酸化によってアルデヒドやケトンになり，また有機金属化合物による付加反応を繰返すことができるということを示したいので紹介した．第二級アルコールは，二つの方法でつくることができるが，ピリジン–CrO_3 錯体によってケトンに酸化して，さらに Grignard 反応剤または有機リチウム反応剤と反応させることによってさまざまな第三級アルコールにすることができる．

9・6 今後の展開

本章では，有機金属化合物を用いて C–C 結合生成によるケトンやアルデヒド，アルコール間の相互変換について説明した．酸化と還元がこれらの方法に対して相補的に働くことも述べた．どんな第一級，第二級，および第三級アルコールでも簡単な前駆体から合成する方法を少なくとも一つは提案できるようになったことだろう．次の二つの章では，アルデヒドやケトンからさらに広げて，カルボン酸やその誘導体であるエステルやアミドなど他のカルボニル化合物の求核剤に対する反応性について説明する．有機反応を学ぶのはそれ自身が目的であるだけでなく，それを有用な化合物の合成に使うためでもあることを心にとめておいてほしい．どのように合成法をデザインするのかについて 28 章で再び説明する．多くの例で，本章で述べた有機金属化合物が用いられている．さらに 40 章ではもっと幅広く有機金属化合物を用いる複雑な方法について紹介する．

問題

1. 本章の初めに出てきた次の四つの反応の機構を示せ．

2. 次の反応で得られる生成物 **A**〜**C** は何か．

3. フェナリモールの合成経路として，本章の 191 ページとは異なる経路を考えよ．問題 2 の答を参考にすること．

4. ハチのフェロモンである 2-ヘプタノンの合成経路を二つ示せ．

5. パーキンソン病治療薬ビペリデン (biperiden) は次に示す Grignard 反応によって合成されている。ビペリデンの構造を予想せよ。化合物は一見すると複雑な構造をしているが，反応は本章で述べたもののひとつである。また，別の治療薬プロシクリジン (procyclidine) はどう合成すればよいか。

6. リオプロスチル (rioprostil, 胃液の分泌を抑える薬) の合成には次のアルコールが必要である。

(a) ケトンと有機金属化合物を用いてこのアルコールを合成する経路を提案せよ。

(b) (a)で用いるケトンの合成法をアルデヒドと有機金属化合物を出発物にして考えてみよ (CrO_3 酸化を用いる)。

7. 有機リチウム化合物 **A** が Br/Li 交換反応によって合成できるのに，有機リチウム化合物 **B** が同じ方法で合成できない理由を述べよ。

8. 次に示す市販の出発物を用いて，(a)〜(c)の化合物を合成するにはどうしたらよいか。反応式で示せ。

出発物: PhCHO, EtI, CO_2, シクロペンチル-Br

カルボニル基での求核置換反応 10

関連事項

必要な基礎知識
- 反応機構の書き方 5章
- カルボニル基への求核攻撃 6章, 9章
- 酸性度と pK_a 8章
- Grignard 反応剤と有機リチウム化合物のカルボニル基への付加反応 9章

本章の課題
- 求核攻撃と脱離基の離脱
- よい求核剤とは何か
- よい脱離基とは何か
- 常に四面体中間体が介在する
- カルボン酸誘導体の合成法
- カルボン酸誘導体の反応性
- カルボン酸からケトンの合成
- カルボン酸のアルコールへの還元

今後の展開
- カルボニル酸素の脱離 11章
- 反応速度論と反応機構 12章
- エノールの反応 20章, 25章, 26章
- 官能基選択性 23章

すでにカルボニル（C=O）基をもつ化合物の反応についていくつか述べてきた．たとえば，アルデヒドやケトンは求核剤とカルボニル炭素で反応し，ヒドロキシ基をもつ化合物を生じる．カルボニル化合物は非常によい求電子剤であり，いろいろな種類の求核剤と反応する．アルデヒドやケトンと反応するものとして，すでに6章ではシアン化物イオン，水，アルコールについて，9章では有機金属化合物（有機リチウム化合物やGrignard 反応剤）について述べた．

本章と11章ではカルボニル基の反応についてさらに紹介する．また6章で簡単にふれた反応についてもいくつかのものを再度取上げる．本書で4章にもわたってカルボニル基の反応を取上げるのは，有機化学においてカルボニル基の果たす役割が非常に大きいからである．6章と9章で紹介した反応と同様に，本章と11章で述べる反応はいずれもカルボニル基への求核剤の攻撃を含んでいる．異なるのは付加のあとに続く反応であり，これから述べる反応は反応全体としては単なる付加反応ではなく置換反応である．

10・1 カルボニル基への求核付加生成物は必ずしも安定ではない

Grignard 反応剤がアルデヒドやケトンへ付加すると安定なアルコキシドが生成し，これは酸によりプロトン化を受けてアルコールになる（9章参照）．塩基存在下でのアルコールのカルボニル基への付加反応はこれとは異なる．この変換反応は平衡反応であり，生成物であるヘミアセタールは環状の場合にのみ，かなりの割合で生成することを6章で述べた．

ヘミアセタールが不安定なのは RO⁻ が分子から容易に脱離するためである．このように分子から外れる基のことを**脱離基**（leaving group）とよぶ．脱離基はふつう負電荷を伴って脱離する．本章後半と15章で脱離基についてさらに詳しく述べる．

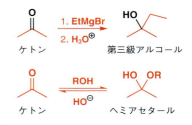

> **脱離基**
> 脱離基は負電荷とともに分子から離脱できる Cl^-, RO^-, RCO_2^- のようなアニオンである.

したがって，もし求核剤が脱離基としての性質をあわせもつならば，付加したあと再び脱離してカルボニル基を再生する，すなわち反応が可逆的になる．C=O 結合（結合の強さ 720 kJ mol^{-1}）が生成する際に放出されるエネルギーは，二つの C−O 結合のエネルギー（一つにつきおよそ 350 kJ mol^{-1}）を合わせたものよりも大きい．これはヘミアセタールが不安定な理由の一つである．

出発物のカルボニル化合物に脱離可能な基がついている場合にも同様のことが起こる．Grignard 反応剤がエステルに付加すると，次の枠で囲んだ負電荷をもつ不安定な中間体が生成する．

ここでもこの不安定中間体は RO^- を脱離基として失い分解する．しかしこの場合は出発物には戻らず，その代わり**置換反応**（substitution reaction）により出発物のアルコキシ基が生成物のメチル基に置き換わり，新しい化合物（ケトン）が生成する．実際には，生成物のケトンは Grignard 反応剤ともう一度反応し，第三級アルコールを生成する．のちほど本章で，なぜ反応がケトンの段階で止まらないかについて述べる．

10・2 カルボン酸誘導体

これらの置換反応の出発物と生成物の多くはカルボン酸誘導体であり，一般式 RCOX で表す．これらのうちの最も重要な化合物についてはすでに 2 章で述べているが，確認のために再度以下に示す．

> "酸塩化物(acid chloride)" と "塩化アシル(acyl chloride)" は同じ意味に使っている．

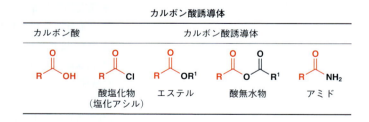

カルボン酸誘導体				
カルボン酸	カルボン酸誘導体			
R−COOH	R−COCl	R−COOR¹	R¹−CO−O−CO−R	R−CONH₂
	酸塩化物（塩化アシル）	エステル	酸無水物	アミド

酸塩化物と酸無水物はアルコールと反応してエステルを生成する

> アルコールと酸塩化物あるいは酸無水物との反応はエステルを合成する最も重要な方法であるが，唯一の方法ではない．あとでカルボン酸とアルコールから直接エステルを合成する方法について述べる．

塩化アセチルは塩基存在下アルコールと反応して酢酸エステルを生成する．無水酢酸を用いても同じ生成物が得られる．どの場合も置換反応が起こっている（次式で化合物の黒い部分，Cl^- あるいは AcO^- がシクロヘキサノールと置き換わっている）．では反応はどのように起こっているのだろうか．酸塩化物や酸無水物がアルコールと反応する事実にとどまらず，その反応機構をしっかりと身につけることが大切である．本章ではた

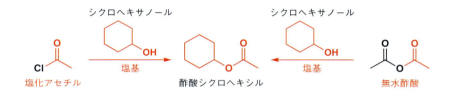

くさんの反応が出てくるが，反応機構の種類はあまりない．反応を一つ正しく理解しさえすれば，残りの反応は論理的に理解できるだろう．

反応の第一段階は，予想されるとおり求核的なアルコールが求電子的なカルボニル基へ付加する反応である．まず塩化アセチルを例にして酸塩化物の反応を考えよう．塩基は，アルコールがカルボニル基を攻撃したあと酸素原子からプロトンをとるので重要である．この反応でよく用いる塩基はピリジンである．求電子剤がアルデヒドやケトンの場合には不安定なヘミアセタールが生成するが，これはアルコールを脱離して出発物に戻る．酸塩化物の場合にも生成するアルコキシド中間体は不安定で脱離反応によって分解するが，ここでは塩化物イオンを失ってエステルが生成する．この反応では塩化物イオンが脱離基であり，負電荷を伴って脱離する．

この反応を理解すれば，無水酢酸とアルコールからエステルを生成する反応の機構が書けるはずである．上の塩化アセチルを用いた反応の機構を見ないで，もちろん次ページの答も見ないでその反応機構を書いてみよう．次にピリジンを塩基として用いる場合の反応機構を示す．ここでも求核剤の付加により不安定な中間体が生じ，これから脱離

> "アセチル"を表す略号 Ac を覚えておこう．Ac ＝ CH$_3$CO である．アルコール ROH の酢酸エステルは ROAc と書いてもよいが，RAc と書くとケトンを表し，エステルでない．

エステル生成反応の詳細

ピリジン存在下酸塩化物を用いるアシル化は実際にはもっと複雑である．本章を初めて読む人はこの部分は本質的でないので，とばしてもよい．この反応ではさらに以下の3点に注目すべきである．

1. ピリジンは反応の際にプロトン化されて消費されていく．したがってピリジンが1当量必要であり，実際にはピリジン溶媒中で反応させることが多い．
2. この反応の塩基触媒（塩基性の弱いピリジン）は，199ページのヘミアセタール生成反応における塩基触媒（塩基性の強い水酸化物イオン）とは働きが少し異なる．ピリジンは求核剤が付加した後にプロトンを引抜くが，水酸化物イオンは求核剤が付加する前にプロトンを引抜く．この違いには意味があり，11章と39章で再度取上げる．ピリジン（共役酸の pK_a 5.5）と水酸化物イオン（水の pK_a 15.7）の塩基性については8章で述べた．
3. ピリジンは実際にはアルコールより求核性が高く，酸塩化物を速やかに攻撃して，（正電荷が生じるために）求電子性の非常に高い中間体を生成する．実際にアルコールと反応してエステルを生じるのはこの中間体である．ピリジンは求核剤として働き，反応を促進しており，しかも反応前後では変化しないので，**求核触媒**（nucleophilic catalyst）とよばれている．

反応が起こりエステルを生じる．ここではカルボン酸イオンが脱離する．

これらの反応で生成する不安定中間体では，カルボニル基の炭素が平面三方形（sp^2）から四面体（sp^3）に変化しているので，この不安定中間体を**四面体中間体**（tetrahedral intermediate）とよぶ．

> **四面体中間体**
> 平面三方形カルボニル基の置換反応では，四面体中間体を経由して平面三方形生成物になる．

10・3 なぜ四面体中間体は不安定なのか

Grignard 反応剤がアルデヒドやケトンに付加して生じるアルコキシドは安定である．反応停止の際に酸によりプロトン化されるまでこのままで存在し，生成物としてアルコールを生じる．

同様の四面体中間体が，たとえば塩基存在下エタノールなどの求核剤が塩化アセチルのカルボニル基へ付加することにより生成するが，これらの四面体中間体は不安定である．なぜこれらは不安定なのだろうか．その答は脱離基の**脱離能**（leaving group ability）と関係がある．いったん求核剤がカルボニル化合物に付加すると，生成物（あるいは四面体中間体）の安定性は，生成した四面体炭素原子に結合している基が負電荷をもってどれほど脱離しやすいかによる．四面体中間体が分解する（すなわち単なる中間体であり，最終生成物でない）ためには，求核剤の付加により生成したアルコキシドイオンから置換基の一つが負電荷をもって脱離する必要がある．

10・3 なぜ四面体中間体は不安定なのか

最も安定なアニオンが最もよい脱離基である．脱離基として Cl^-, EtO^-, そして Me^- の三つの選択肢がある．MeLi は合成できるが Me^- は非常に不安定でその脱離能は非常に低い．EtO^- はそれほど悪い脱離基ではない．アルコキシド塩は安定であるが，十分強い塩基で反応性が高い．これに対し Cl^- は最もよい脱離基である．Cl^- は非常に安定で反応性に乏しく，かつ酸素原子の負電荷を容易に受け入れる．われわれはおそらく毎日数グラムの Cl^- を摂取しているが，EtO^- や MeLi を摂取するのは賢明ではない．結論として，次の反応はいずれも起こらない．

四面体中間体の存在を知る方法

これらの反応で四面体中間体が生成することはどのようにしてわかったのだろうか．カルボン酸誘導体の置換反応で四面体中間体が存在する最初の証拠が1951年 M. L. Bender によって得られた．彼は酸素の同位体 ^{18}O で標識したカルボン酸誘導体 RCOX を合成した．これは質量分析計により検知可能な非放射性の同位体である．標識したカルボン酸を得ようとして，これらの誘導体と水とを反応させた．妥当ないずれの反応機構によっても，生成物は同位体標識された出発物由来の ^{18}O を一つもつ．カルボン酸の水素は一方の酸素から他方へ速やかに移動するので，二つの酸素が同等に同位体標識される．

Bender の行った研究では，X はアルコキシ基（すなわち RCOX はエステル）であった．

次に彼はこれらの誘導体を完全に消費するのに十分な量の水を加えないで反応させた．反応後，彼は残った出発物の標識された分子の割合がかなり減少していることを見いだした．すなわち，残った出発物はもはやすべて ^{18}O で標識されているわけでなく，^{16}O を一部含んでいた．四面体中間体の生成は先と同様であるが，この中間体においてプロトン移動が速やかに起こるため，二つの酸素原子が同等となる．ここで問題の次の段階をみてみよう．

この結果は，X が水によって直接置換されると考えるだけでは説明できず，^{16}O と ^{18}O が"位置を変える"ことができる中間体の存在が示唆される．これがこの反応の四面体中間体である．どちらの異性体からも X を放出することができ，いずれの場合も同位体標識されたカルボン酸が得られる．

しかし，いずれの四面体中間体もXの代わりに水を放出することができる．一方の場合（下記の上の式），もとの出発物は完全に同位体標識されたまま再生される．しかしもう一方の場合，同位体標識された水が放出され，同位体標識されていない出発物が生成する．この結果は四面体中間体がプロトン交換を起こすに十分な寿命をもたないと説明できない．この"付加–脱離"機構は現在では広く受け入れられている．

pK_a は脱離能のよいめやすになる

脱離能を定量的に比較することができれば有用である．これを正確に行うことは不可能だが，そのよいめやすが共役酸の pK_a である（8章）．X^- が脱離基である場合，HX の pK_a が小さいほど X^- はよい脱離基となる．酸塩化物とアルコールからエステルを合成する例を再度みてみると，脱離基として Me^- と EtO^- と Cl^- の選択肢がある．HCl は EtOH より強い酸であり，EtOH はメタンよりもずっと強い酸である．したがって Cl^- が最も優れた脱離基で，ついで EtO^- となる．このような傾向はカルボニル基での反応にのみ適用できる．

> **脱 離 能**
> HX の pK_a が低いほど，X^- はカルボニル置換反応においてよい脱離基となる．

カルボニル基の反応で最も重要な置換基は，アルキルあるいはアリール基 R，アミドのアミノ基 NH_2，エステルのアルコキシ基 RO，酸無水物のカルボキシ基 RCO_2，そして酸塩化物中の塩素 Cl である．脱離能は次のような順になる．

カルボン酸誘導体	脱離基 X^-	共役酸 HX	HX の pK_a	脱離能
酸塩化物	Cl^-	HCl	<0	非常に高い
酸無水物	$RCOO^-$	RCO_2H	約5	高い
エステル	RO^-	ROH	約15	低い
アミド	NH_2^-	NH_3	約33	非常に低い
アルキルまたはアリール誘導体	R^-	RH	>40	脱離基でない

酸塩化物とカルボン酸塩を反応させると何が起こるか，pK_aを用いて予想することができる．カルボン酸塩（ここではギ酸ナトリウム，すなわちメタン酸ナトリウム HCO_2Na）が求核剤として働き四面体中間体を生成する．これは三通りの方法で分解可能である．まず Me^- が脱離する可能性は即座に除外することができる．ついで HCl のほうがカルボン酸よりもずっと酸性が強いので Cl^- のほうが HCO_2^- よりもよい脱離基であると予想できる．事実そのとおりである．ギ酸ナトリウムは塩化アセチルと反応して酢酸とギ酸の混合酸無水物になる．

アミンは酸塩化物と反応してアミドになる

上述の原則に基づいて，適当な求核剤との置換反応をどのように行えばこれらのカルボン酸誘導体が相互変換できるか予想できるようになる．すでに述べたように，酸塩化物はカルボン酸と反応して酸無水物を生じるし，アルコールと反応してエステルを生じる．また，アミン（アンモニアでも同じ）とも反応してアミドを生成する．

反応機構はエステル生成反応と非常によく似ている．2分子目のアンモニアが反応に関与することに注目しよう．これは四面体中間体のアンモニウム塩部分から水素をプロトンとしてとる働きをしている．つづいてよい脱離基である塩化物イオンが脱離してアミドを生成する．塩化アンモニウムが反応の副生物として生じる．

もう一例，第二級アミンであるジメチルアミンを用いる反応を示す．上の機構を見ずにこの反応機構を書いてみよう．ここでもジメチルアミンが2当量必要であるが，実際にこの反応を報告した化学者は多めに3当量使っている．

塩基の強さを用いてカルボン酸誘導体の置換反応の結果を予想する

酸無水物はアルコールと反応してエステルを生成することを述べた．同様に，アミンと反応してアミドを生成する．ではエステルはアミンと反応してアミドになるだろうか．

アミドの Schotten-Baumann 合成

　反応機構からわかるように，酸塩化物とアミンからアミドを生成する反応は HCl 1 当量を副生するので，これをもう 1 当量のアミンで中和する必要がある．アミドを合成する際に生じる HCl を中和するには，別法としてたとえば NaOH のようなアミン以外の塩基共存下で反応を行う方法がある．この方法の問題として HO⁻ が酸塩化物を攻撃してカルボン酸を生じる可能性がある．C. Schotten と E. Baumann は 19 世紀終わりに，これらの反応を水とジクロロメタンの二相系で行うことによりこの問題を回避する方法を発表した．有機アミン（アンモニアである必要はない）と酸塩化物はジクロロメタン層（下層）に残り，塩基（NaOH）は水層（上層）に残る．ジクロロメタンとクロロホルムは水より重い（密度の高い）代表的な有機溶媒である．有機層中で酸塩化物はアミンとだけ反応し，生成する HCl は NaOH 水溶液層にて中和される．

　あるいは，アミドはアルコールと反応してエステルになるだろうか．両方とも可能性があるようにみえる．

　実際には前者の反応だけが進行する．アミドはエステルから合成できるが，エステルはアミドからは合成できない．鍵となる点は，共通の四面体中間体からどちらの基が脱離するかである．答は，NH₂⁻ ではなく MeO⁻ である．アニオンの安定性からこれを導き出すことができる．アルコキシドは相当に強い塩基（ROH の pK_a は約 15）なので，よい脱離基ではないが，NH₂⁻ は非常に不安定なアニオン（NH₃ の pK_a は約 33）なので，脱離能はもっと低い．

したがって MeO⁻ が脱離してアミドが生成する．初めに生成する中間体を脱プロトンする塩基は反応で生成する MeO⁻ であっても，もう 1 分子の NH₃ であってもよい．

> ここに示すような，特に明記していない塩基が中間体からプロトンを引抜く反応機構はこれからも出てくる．このような働きをする塩基が共存すると考えられるなら，以下に示すような簡略化した書き方をしてもかまわない．

次に示すのは分子内にケトンも存在する点でやや特殊な例である．本書の後半で他の官能基が目的の反応を阻害するかについて考える．

脱離能以外の要因も重要である

　実際，アミドとアルコールからは四面体中間体は絶対に生成しない．アミドは非常に反応性の低い求電子剤であり，アルコールはあまり反応性の高くない求核剤である．脱離能についてはすでに述べたので，次に求核剤 Y の求核性の強さと求電子剤 RCOX の求

電子性の強さを考えよう.

反応条件

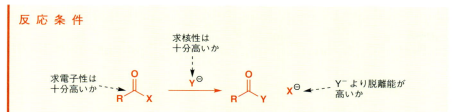

この反応が進行するためには次の条件が必要である．
- X^- は Y^- よりよい脱離基でなければならない（さもないと逆反応が起こる）
- Y^- は RCOX を攻撃できるだけの十分な求核性をもたなければならない
- RCOX は Y^- と反応できるだけの十分な求電子性をもたなければならない

求核性の強さと脱離能は関係があり，pK_a が両者のめやすとなる

pK_a の値が脱離能のめやすになることを上で述べた．同様に pK_a は求核性のよいめやすにもなる．これらの二つの性質は互いに逆のものである．すなわち，求核性の高いものは脱離能が低い．安定なアニオンはよい脱離基であるが，求核性は低い．弱酸（大きい pK_a をもつ HA）のアニオンは脱離能は低いがカルボニル基に対する求核性は高い．

> この考え方は 15 章でも出てくる．15 章では飽和炭素における置換反応を説明するが，この反応では pK_a は求核性や脱離能のめやすにはならない．

求核性のめやす

一般に AH の pK_a が高いほど A^- はよい求核剤である．

しかしちょっと待ってほしい．重要な点を見落としている．ときにはアニオンを求核剤として用いることがある（たとえば，酸塩化物とカルボン酸塩から酸無水物を合成した際にはアニオン性の求核剤である RCO_2^- を用いた）．またあるときには電気的に中性の求核剤を用いることがある（たとえば，酸塩化物とアミンからアミドを合成したときは NH_2^- ではなく中性の求核剤である NH_3 を用いた）．アニオンは電荷をもたない化合物と比べてカルボニル基に対する求核性が高いので，それを考えて求核剤を選択することができる．

適切な比較を行うためには，電気的に中性のアンモニアを用いる場合は NH_4^+ の pK_a（約 10）を，カルボン酸イオンを用いる場合は RCOOH の pK_a（約 5）を用いるべきである．アンモニアはよい求核剤なので通常そのアニオンを用いることはないが，カルボン酸は非常に弱い求核剤なので，しばしばそのアニオンを用いる．本章でのちほど，酸触媒を用いれば反応性が変わることを説明するが，次の反応はいずれの方向にもうまく進行しない．エステルをこのようにして合成したり加水分解したりすることはない．

アミンは無水酢酸と室温で非常に速く反応する（反応は数時間で完結する）が，アルコールは塩基がないときわめてゆっくりとしか反応しない．一方，アルコキシドイオンは無水酢酸ときわめて速く反応する．反応は 0 ℃ でも秒単位で完結することが多い．ア

ルコールの反応性をあげるために完全に脱プロトンする必要はない．弱い塩基を触媒量使っても同じ働きをする．必要な pK_a の値は 8 章に示した．

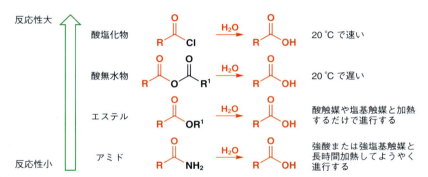

10・4　カルボン酸誘導体の反応性の序列

よく用いるカルボン酸誘導体を反応性の高いものから順に序列に従って上から下へ並べることができる．生成物のカルボン酸と，求核剤の水はいずれの場合も同じである．しかし求電子剤は非常に反応性の高いものから低いものまで多様である．反応が進行するのに必要な条件をみると，反応性の違いがいかに大きいかわかる．酸塩化物は水と激しく反応する．アミドは 10% NaOH 水溶液中で加熱還流，あるいは濃塩酸と封管内で 100 ℃ で終夜加熱する必要がある．この序列は，脱離基の脱離能（最上段のものが最も脱離能が高い）に従っている．しかし，この序列はカルボン酸誘導体の反応性（求電子性）にも依存する．なぜこのような大きな違いがあるのだろうか．

結合の強さと反応性

C=O 結合が弱いほうが反応性は高いと考えるかもしれないが，カルボニル炭素の正電荷密度が非局在化により減少するとともに分子も全体として安定化されるので，これはこの場合正しくない．結合の強さは必ずしも反応性のよいめやすではない．

たとえば，酢酸の各結合の強さには驚くべきものがある．最も強い結合は O–H 結合であり，最も弱い結合は C–C 結合である．しかし，酢酸の反応で C–C 結合の切断が起こることはほとんどなく，その特徴である酸としての反応では，最も強い O–H 結合の切断を伴う．

その理由は，結合の分極とイオンの溶媒和により分子の反応性が大きく左右されるからである．37 章でラジカルは比較的溶媒和に影響されにくく，その反応は結合の強さに密接に関係していることを述べる．

結合エネルギー，kJ mol^{-1}

469　456　H **418**
351(σ)
+369(π)
339

カルボニル化合物の非局在化と求電子性

アミドは非局在化の度合が最も大きいので，求核剤に対する反応性が最も低い．このことは 7 章ですでに述べており，これからさらに何度も出てくる．アミドは，窒素原子の非共有電子対がカルボニル基の π* 軌道と重なることによって安定化されている．この重なりは非共有電子対が p 軌道を占めると最大になる（アミンでは sp^3 軌道を占めている）．

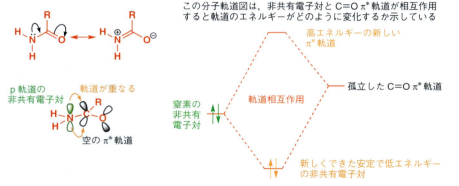

この分子軌道図は，非共有電子対と C=O π* 軌道が相互作用すると軌道のエネルギーがどのように変化するか示している

分子軌道図を見ると，この相互作用により結合性軌道（非局在化した窒素の非共有電子対）のエネルギー準位が低下し，その塩基性と求核性がともに低下すると同時にπ*軌道のエネルギー準位が上昇して求核剤に対する反応性が低下することがわかる．エステルについても同様のことがいえるが，酸素の非共有電子対はエネルギー準位が低いので，カルボニル基のπ*軌道との軌道相互作用は小さく，その効果は窒素の場合ほど顕著ではない．非局在化の程度は置換基の電子供与能に依存し，次に示す一連の化合物については，左端のほとんど非局在化していない塩化物から，右端のカルボン酸イオンのように負電荷が二つの酸素原子間に等しく共有され完全に非局在化しているものまである．

非局在化の程度が大きいほど，C=O 結合は弱くなる．このことはカルボン酸誘導体の赤外スペクトルの C=O 伸縮振動に明白に現れる．伸縮振動数は結合の力の定数に依存しており，それ自身，結合の強さのめやすとなる．カルボン酸イオンも負電荷は酸素原子二つに完全に非局在化しており，この一連の化合物の極限を代表するものなのでここに含めている．酸無水物とカルボン酸イオンには，同じ二つの結合の対称および非対称の伸縮振動による吸収が二つ存在する．

→ 赤外スペクトルは 3 章で説明した．

	ほとんど非局在化しない	少し非局在化	ある程度非局在化	大きく非局在化	完全に非局在化
C=O 基の赤外伸縮振動数 ν, cm^{-1}	1790〜1815	1800〜1850 1740〜1790	1735〜1750	1690	1610〜1650 1300〜1420
C=O 結合の強さ	最も強い ─────────────────────────────────→ 最も弱い				

アミドが求電子剤として働くのは HO$^-$ などのような強力な求核剤に対してのみである．一方，酸塩化物は非常に弱い求核剤，たとえば電荷をもたない ROH とも反応する．酸塩化物は塩素原子の電子求引効果によりカルボニル炭素原子の求電子性が増大しているので，反応性がより高くなっている．

カルボン酸は塩基性条件では置換反応を起こさない

RCO$_2$ の置換反応では HO$^-$ が脱離基になる．H$_2$O の pK_a は約 15 なので，カルボン酸はエステルと同程度に求電子的であるはずである．エステルはアンモニアと反応してアミドになる．しかしアミンとカルボン酸を反応させてアミドを得ようとしても置換反応は起こらない．アミンはそれ自身が塩基であり，酸から酸性水素を取ってアンモニウム塩を生成するだけである．

実際には，アミドはカルボン酸とアミンから合成できるが，生じたアンモニウム塩を強く加熱して脱水した場合に限る．これはアミドを合成するあまりよい方法ではない．

収率 87〜90%

カルボン酸がいったん脱プロトンされてカルボン酸イオンになると，負電荷のために（ほとんどの）求核剤は攻撃できなくなり，したがって置換反応は起こらない．中性条件ではアルコールはカルボン酸に付加するだけの反応性をもたないが，酸触媒存在下ではカルボン酸とアルコールからエステルを合成できる．

10・5　酸触媒はカルボニル基の反応性を増大させる

　6章でカルボニル基の非共有電子対は酸でプロトン化されると述べた．事実，強酸のみがカルボニル基をプロトン化できる．プロトン化されたアセトンのpK_aは-7になるので，たとえば1M塩酸（pH 0）を用いてもアセトン10^7分子のうち1分子しかプロトン化されない．しかし，この程度の低い割合でもカルボニル基における置換反応の速度を大幅に増大させるに十分である．カルボニル基がプロトン化されると非常に強力な求電子剤になるからである．

プロトン化されるとカルボニル基は強力な求電子剤になる

　アルコールが酸触媒存在下カルボン酸と反応できるのはこのためである．酸（通常HClかH_2SO_4）は平衡的にカルボン酸分子のごく一部をプロトン化し，プロトン化されたカルボン酸はアルコールのような弱い求核剤の攻撃でも容易に受けるようになる．これが反応の前半である．

酸触媒を用いるエステル生成反応：四面体中間体の生成

酸触媒は脱離能の低い基をよい脱離基に変換できる

　この四面体中間体はC＝O結合を再生することにより得られるエネルギーがC－O単結合二つを切断するのに必要なエネルギーより大きいので，不安定である．しかし，このままではどの脱離基（R^-, HO^-, あるいはRO^-）もあまり脱離能が高くない．この場合も酸触媒が助けとなる．酸触媒はどの酸素原子にも可逆的にプロトン化できる．プロトン化を受ける分子の割合はこの場合も非常に小さいが，いったんOH基のうちの一つがプロトン化されれば，それは格段によい脱離基（HO^-に代わりH_2O）になる．四面体中間体からROHが脱離することも可能であり，この場合は出発物に戻るだけである．そのため上の反応式では平衡の矢印を用いる．H_2Oが脱離する場合には，反応が進行してエステルが生じる．

結合の平均的強さ	
C＝O	720 kJ mol^{-1}
C－O	350 kJ mol^{-1}

酸触媒を用いるエステル生成反応：四面体中間体の分解

> **酸触媒はカルボン酸の置換反応を促進する**
> - 酸触媒はカルボニル酸素をプロトン化することにより，カルボニル基の求電子性を増大させる
> - 同様に脱離基をプロトン化することにより，よい脱離基にする

エステル生成反応は可逆的である：平衡をどう制御するか

　四面体中間体から水が脱離する反応も可逆的である．ROH がプロトン化されたカルボン酸を攻撃するのと同様に，H_2O はプロトン化されたエステルを攻撃する．事実カルボン酸からエステルへの変換反応の各段階はすべて平衡反応であり，全体の平衡定数はおよそ 1 である．この反応が有用であるためには，アルコールかカルボン酸を過剰に用いて平衡をエステル生成側に傾ける必要がある（反応にはアルコールまたはカルボン酸を溶媒として用いるのがふつうである）．たとえばこの反応では，水は加えずに過剰のアルコールが用いられる．エタノールが 3 当量以下ではエステルの収率が低下する．

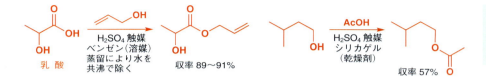

　別の方法として，反応を脱水剤（たとえば濃硫酸やシリカゲル）存在下で行ったり，生成する水を反応混合物から留去しながら行うことも有効である．

乳酸は非水溶液中で扱わなければならない．エステル生成反応の可逆性について述べたことを考えればその理由がわかるだろう．

アルコールからエステルを合成する

アルコールからエステルを合成するには次の三つの方法が使える．
- 酸塩化物を用いる
- 酸無水物を用いる
- カルボン酸を用いる

場合に応じて最適の方法が異なることを理解してほしい．複雑な構造のエステルを数 mg 合成したい場合には，出発物を分解する可能性のある強酸を含む反応混合物から少量の水を留去しようとするよりは，反応性の高い酸塩化物や酸無水物を用いて弱塩基触媒としてピリジンを用いて反応させるほうがよい．一方，香料会社がトン単位のスケールで単純なエステルを合成する場合は，値段の安いアルコールを溶媒とし，カルボン酸と H_2SO_4 のような強酸を用いるのがよい．

酸触媒によるエステル加水分解およびエステル交換反応

　エステルと過剰の水に酸触媒を加えることにより，逆反応を起こすことができる．この場合，水を消費してカルボン酸とアルコールが生成する．水はエステルをカルボン酸とアルコールに切断するのに用いられるので，このような反応を**加水分解**（hydrolysis, lysis = 切断）とよぶ．

ポリエステル繊維の製造

エステル交換反応は織物の製造に使うポリエステル繊維の合成に利用されている。その代表的なものは2価カルボン酸であるテレフタル酸とジオールであるエチレングリコールとのポリエステルである。工業的には酸触媒存在下テレフタル酸ジメチルをエチレングリコールとともに加熱し、生成するメタノールを留去して製造される。

酸触媒によるエステル生成と加水分解はそれぞれの逆反応である。反応剤の濃度を変えて反応を目的の方向へ偏らせるのがこの種の反応を制御する唯一の方法である。同じことが、あるアルコールのエステルを別のアルコールのエステルに変換する**エステル交換反応**(transesterification)の際にも成り立つ。たとえば次式の例のように、反応混合物からメタノール(他の反応成分よりも沸点が低い)を留去することにより、平衡を右にずらすことができる。

このエステル交換反応の機構は、新しいアルコール(ここではブタノール)を付加させ、もとのアルコール(ここではメタノール)を脱離させるだけであり、両過程ともに酸が触媒する。反応全体をみると、H^+ が触媒になっていることが容易にわかる。

塩基触媒によるエステル加水分解は不可逆的である

塩基性条件ではカルボン酸は脱プロトンされるので、カルボン酸とアルコールからエステルをつくることはできない(210ページ参照)。しかしこの反応の逆反応、すなわち、エステルをカルボン酸(より正確にはカルボン酸塩)とアルコールに加水分解する反応は塩基性条件で行うことができる。

収率 90〜96%

これが正しい機構だとなぜわかるか

エステルの加水分解は大変重要な反応なので,多くの時間と努力を費やしてその反応機構が研究されてきた.反応機構についての情報の多くは,^{18}O 標識による実験から得られた.出発物は重酸素 ^{18}O に富むエステルである.重酸素原子が出発物のどこに存在して,最終的に生成物のどこに存在するかを追跡する(質量スペクトルを使う,3 章参照)ことにより,反応機構を確立することができる.

1. 出発物であるエステルの"エーテル"酸素を ^{18}O 標識しておくと,これは生成物のアルコールに含まれることがわかった.

2. $H_2{}^{18}O$ を用いて加水分解すると,^{18}O 標識されたカルボン酸が得られるが,アルコールは ^{18}O 標識されない.

これらの実験は置換反応がカルボニル炭素で起こっていて,もう一つの可能性である飽和炭素での置換反応は起こっていないことを示している.さらに,別の標識実験により四面体中間体が生成していることがわかる.^{18}O でカルボニル酸素を標識したエステルを加水分解すると,その ^{18}O の一部が水になる.これについては 203 ページで説明した.エステルの加水分解の反応機構については 12 章でさらに説明する.

塩基性条件では酸触媒加水分解のようにエステルがプロトン化されることはなく,水に代わって HO^- が求核剤になるのでプロトン化されていないエステルでも十分に求電子剤として反応する.四面体中間体は分解してエステルに戻ることもカルボン酸とアルコールになることも可能である.

平衡は不可逆的脱プロトンにより加水分解生成物のほうに偏る

塩基性条件でカルボン酸はすぐさま脱プロトンされてカルボン酸塩になるので,逆反応は起こらない(ここで塩基が消費されるのでこの反応では少なくとも塩基が 1 当量必要になる).通常,カルボン酸塩はアルコールよりもずっと強い求核剤とさえも反応しない.

飽和脂肪酸であるテトラデカン酸(ミリスチン酸ともいう)は,工業的にはヤシ油の塩基性加水分解により製造されている.ヤシ油にはバターやラード,牛脂などよりも飽和脂肪が多く含まれている.その多くはグリセリンのトリミリスチン酸エステルである.これを水酸化ナトリウム水溶液で加水分解し,生じるカルボン酸ナトリウムを酸でプロトン化するとミリスチン酸が得られる(次ページ上).上のメチルエステルの加水分解に比べてこの分子量の大きいエステルの加水分解にはずっと長い反応時間が必要であるこ

けん化

エステルをアルカリで加水分解してカルボン酸を得る反応は,石けんの製造に用いるプロセスなのでけん(鹸)化(saponification)とよばれている.古くは牛脂(グリセリンのトリステアリン酸エステルである.ステアリン酸とはオクタデカン酸 $C_{17}H_{35}CO_2H$ のこと)を水酸化ナトリウムで加水分解して,石けんの主成分であるステアリン酸ナトリウム $C_{17}H_{35}CO_2Na$ を得ていた.質のよい石けんはヤシ油からつくられていて,パルミチン酸ナトリウム $C_{15}H_{31}CO_2Na$ の成分比が高い.KOH で加水分解するとカルボン酸のカリウム塩が得られ,これは液体石けんに使われている.これらの石けんの洗剤としての性質は極性基(カルボキシ基)と非極性基(長鎖アルキル基)両者の協同作用によっている.

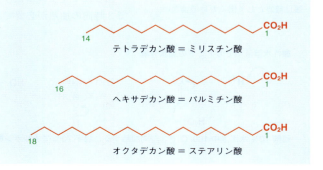

テトラデカン酸 = ミリスチン酸

ヘキサデカン酸 = パルミチン酸

オクタデカン酸 = ステアリン酸

とに注目しよう.

[反応式: ヤシ油の主成分 → NaOH, H₂O, 100℃, 数時間 → カルボン酸ナトリウム + グリセリン → HCl → 脂肪酸 テトラデカン酸（ミリスチン酸） 収率 89〜95%, R = C₁₃H₂₇]

アミドも酸性と塩基性条件で加水分解できる

一連のカルボン酸誘導体のなかで最も反応性の低いアミドを加水分解する方法には二通りがある．一つはアミン脱離基をプロトン化することによって脱離させる方法，もう一つは濃水酸化物溶液を用いてアミンを追い出す方法である．

アミドは求電子剤としては反応性が非常に低いが，ほとんどのカルボン酸誘導体よりも塩基性が高い．プロトン化されたアミドの典型的な pK_a は -1 であるが，他の多くのカルボニル化合物の塩基性はずっと低い．アミンの窒素原子は容易にプロトン化を受けるが，アミドのプロトン化も窒素原子で起こるのだろうか．実際，アミドの塩基性が高いのは窒素原子の非共有電子対が非局在化してカルボニル基を非常に電子豊富にしているためである．したがってアミドでは常にカルボニル基の酸素原子がプロトン化され，決して窒素原子はプロトン化されない．窒素原子がプロトン化されるとアミドの安定化に大きく寄与している非共有電子対の非局在化が不可能になるからである．酸素原子上でプロトン化すると非局在化したカチオンが生成する（8章）．

[機構図: 酸素でプロトン化 — 電荷は窒素と酸素に非局在化; 窒素でプロトン化（起こらない）— 非局在化は不可能]

酸によってカルボニル基がプロトン化されるとカルボニル基の求電子性が増大し，電荷のない水でも求核攻撃できるようになり，四面体中間体が生成する．四面体中間体のアミン窒素原子は酸素原子よりずっと塩基性が高いので，こちらがプロトン化を受ける．これにより RNH_2 がよい脱離基になる．いったん脱離した RNH_2 は，すぐにまたプロトン化されて完全に求核性を失ってしまう．反応条件は非常に厳しく，70%硫酸中 100℃で3時間の加熱が必要である．

> この反応では下に示すように酸が1当量消費されることに注目しよう．酸は触媒として働くだけではない．

酸性水溶液中でのアミドの加水分解

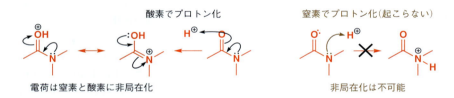

硫酸 70% 水溶液中 100℃ で3時間加熱すると収率 70% でカルボン酸が得られる

アミンのプロトン化により逆反応が抑えられる

塩基性条件でアミドを加水分解するにも同様に厳しい反応条件が必要である．水酸化物イオンの熱溶液は求核性が高くアミドカルボニル基を攻撃することができるが，四面体中間体が生じても脱離基として HO^-（水の pK_a 15）が競争相手になるので，NH_2^-（アンモニアの pK_a 33）が脱離する機会はほとんどない．それにもかかわらず生成物の一つがカルボン酸塩でこれは求核剤とは反応しないので，アミドは高温で塩基の濃厚溶液によってゆっくりと加水分解を受ける．非可逆的な段階の"塩基"は水酸化物イオンでも NH_2^- でもよい．

塩基性水溶液中でのアミドの加水分解

10% NaOH 水溶液
100 °C, 1〜3 h

（第一級または第二級アミンのアミドを加水分解するにはさらに長時間の加熱が必要）

ほとんどは水酸化物イオンが脱離し，出発物に戻る

カルボン酸イオンが不可逆的に生成するため反応が進む

第二級および第三級のアミドはこの条件での加水分解はずっと遅い．これらのアミドでは，水酸化物イオンの濃度が十分高い場合，もう一つの反応機構が関与してくる．過剰に存在する水酸化物イオンが四面体中間体のアニオンをさらに脱プロトンしてジアニオンを生じ，これは他の選択肢として O^{2-} しかないので，やむを得ず NH_2^- を脱離する．この脱離基は水を脱プロトンするので，2 分子目の水酸化物イオンは単なる触媒として働く．

ここで初めて O^{2-} が脱離基として働く選択肢を示したわけだが，O^- が脱離すると O^{2-} が生成する．O^{2-} が脱離するのは HO^- が酸として働くようなものである．

ほとんどは水酸化物イオンが脱離し，出発物に戻る

脱離してカルボン酸イオンが生じる

同様の反応がごく少量の水と多量の強塩基を用いてうまく進行する．これにより第三級アミドでも室温で加水分解することができる．カリウム t-ブトキシドは四面体中間体を脱プロトンできる強塩基（t-BuOH の pK_a はおよそ 18）である．

t-BuOK を用いるアミド加水分解

H_2O（2 当量）
t-BuOK（6 当量）
DMSO, 20 °C
後処理で HCl
（カルボン酸塩のプロトン化）

収率 90%　　収率 85%

ニトリルの加水分解：マンデル酸の合成法

アミドによく似た化合物にニトリルがある．ニトリルは第一級アミドが水 1 分子を失ったものとみなせ，実際，第一級アミドを脱水して合成できる．

$-H_2O$　　　　$R-C\equiv N$

P_2O_5

収率 73%

この加水分解もアミドと同じように行うことができる．プロトン化されたニトリルに水が付加すると第一級アミドが生成し，このアミドを加水分解するとカルボン酸とアンモニアになる．

(反応式：ベンジル(Bn) Ph-CH2-CN → H2O, H2SO4, 100℃, 3h → [Ph-CH2-CONH2 第一級アミド] → Ph-CH2-CO2H 収率80%)

> 反応機構の段階が多いことにうんざりしないでほしい．注意深く見ると，多くは単純なプロトン移動であり，それ以外は水の付加だけである．

(反応機構の図)

HCN（あるいは NaCN と HCl）とアルデヒドからニトリルを合成する方法を 6 章で述べた．生成物のヒドロキシニトリルは**シアノヒドリン**（cyanohydrin）とよばれている．この反応を利用すると，アーモンドに含まれている**マンデル酸**（mandelic acid）をベンズアルデヒドから合成できる．

(反応式：RCHO → NaCN, H⊕ → R-CH(OH)-CN シアノヒドリン；PhCHO ベンズアルデヒド → ? → Ph-CH(OH)-CO2H マンデル酸)

その合成法は次のとおりである．

マンデル酸のベンズアルデヒドからの合成

(反応式：PhCHO → NaCN, H⊕ → Ph-CH(OH)-CN → H2O, HCl → Ph-CH(OH)-CO2H マンデル酸 収率 50〜52%)

> こうして天然物全合成を初めて計画したことになる．本書の 28 章で逆合成について述べる．

10・6 酸塩化物はカルボン酸と塩化チオニルや五塩化リンから合成できる

ここまで一連のカルボン酸誘導体間の相互変換について述べてきた．本節で，理解しておくべきことをまとめる．カルボン酸誘導体を §10・4 に示した序列の上から下へ変換することは容易であると述べた．実際ここまで取上げてきた反応はすべてこの序列の上から下への変換であった．しかしこの序列の下から上への変換を可能にするカルボン酸の反応もいくつかある．必要なのは脱離能の低い HO^- を脱離能の高いものに変換する反応剤である．強酸は HO^- をプロトン化し，H_2O として脱離しやすくする．本節ではさらに二つの反応剤，塩化チオニル $SOCl_2$ と五塩化リン PCl_5 について述べる．これらの反応剤はカルボン酸の OH 基と反応して，これをよい脱離基である塩化物に変換する．

酸塩化物のカルボン酸と塩化チオニルからの合成

(反応式：RCOOH → SOCl2, 80℃, 6h → RCOCl 収率 85%)

塩化チオニルは，息の詰まるような刺激臭のある揮発性の液体で，塩素原子二つと酸素原子一つが結合しているので，硫黄原子が求電子性を示し，カルボン酸の攻撃を受け

10·6 酸塩化物はカルボン酸と塩化チオニルや五塩化リンから合成できる

て不安定で求電子性の高い中間体を生成する.

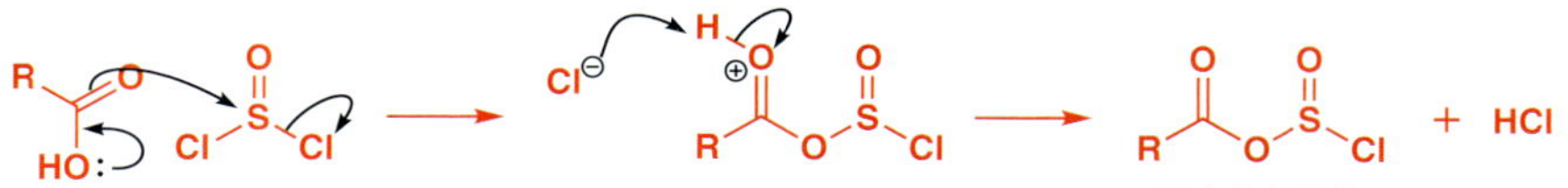

副生したHClがこの不安定中間体を再度プロトン化すると（上記の最終段階の逆反応），非常に強力な求電子剤となり，これは弱い求核剤であるCl⁻（HClは強酸であり，したがってCl⁻は求核性が低い）とも反応できるようになる. こうして生成する四面体中間体は分解し，酸塩化物と二酸化硫黄，塩化水素が生成する. この段階はSO₂とHClが気体で反応混合物から除かれるので不可逆反応となる.

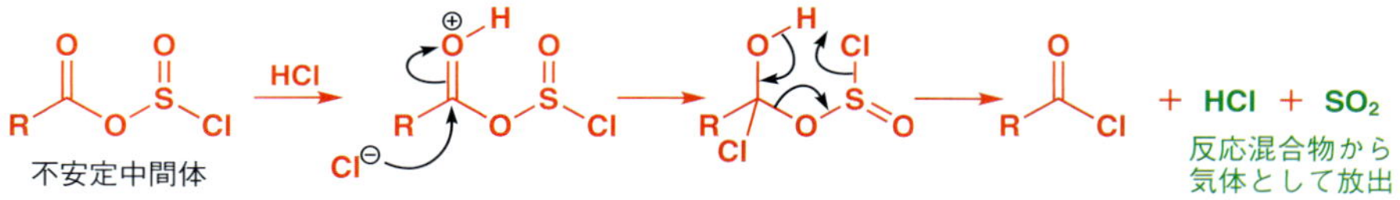

この反応ではHClが副生するが，これだけでは酸塩化物は生成しない. 酸素原子を取除くために硫黄かリン化合物が必要である.

RCOOHをRCOClに変換できるもう一つの反応剤は五塩化リンPCl₅である. 反応機構は塩化チオニルの場合と同様である. 下の反応式を見る前に自分で書いてみよう.

酸塩化物のカルボン酸と五塩化リンからの合成

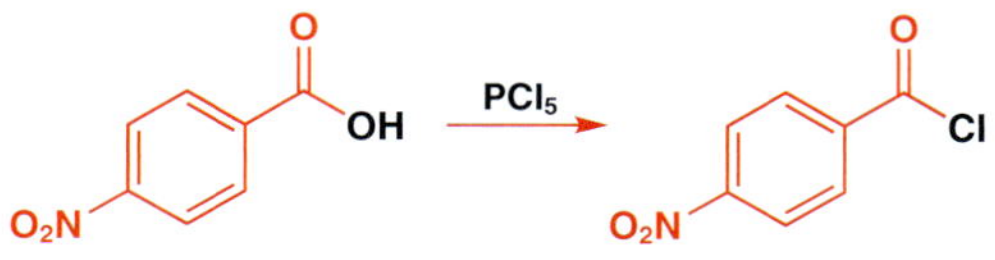

収率 90〜96%

この反応機構は，気体の化合物二つを放出するわけでなく，非常に安定なP=O結合の生成が重要な要因であることを除き，塩化チオニルを用いる反応の機構と非常によく似ている.

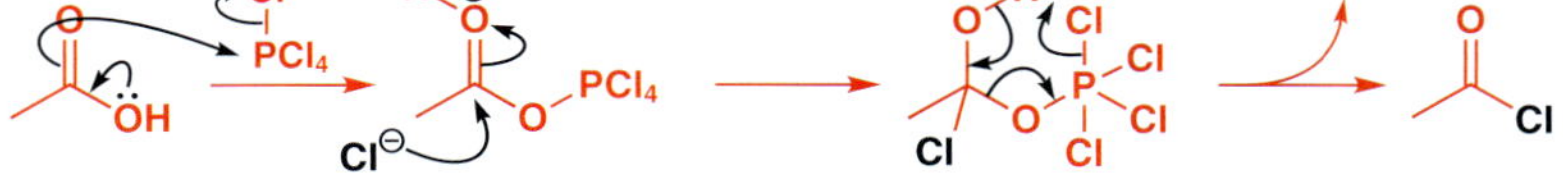

カルボン酸を酸塩化物に変換するこれらの方法を利用すれば，カルボン酸から各種カルボン酸誘導体を合成できる. 酸触媒を用いてカルボン酸を直接エステルに変換できるが，これに加え，カルボン酸をまず最も反応性の高いカルボン酸誘導体である酸塩化物に変換し，それから各種の誘導体に変換できる. 次ページの囲み中の図は前出の反応性序列の表に反応条件，関連するpK_a，および赤外伸縮振動数を加えたものである.

実際に硫黄Sを攻撃するのはより求核性の高いカルボニル酸素であることに注意してほしい. 酸素原子二つの行方を反応機構に従って追跡すると，Cl⁻によって置換されるのはC=O基の酸素原子であることがわかる. S=O基で"四面体中間体"を生成せずに置換反応を起こしたのをみてめんくらったかもしれない. この3価の硫黄原子はすでに四面体構造をとっており（非共有電子対が1組ある），硫黄原子で直接置換反応が起こる.

赤外伸縮振動と反応性の関係は18章で述べる.

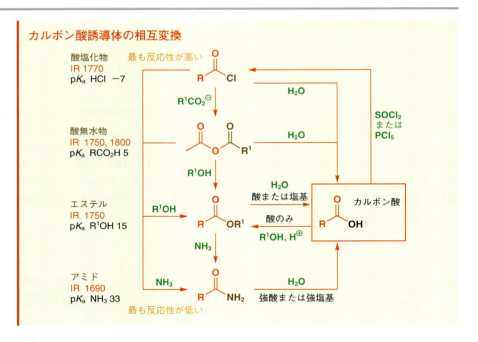

　これらカルボン酸誘導体は，反応性の高いものは水を加えるだけで，反応性の低いものはさまざまな強さの酸や塩基触媒を併用することによって，カルボン酸に加水分解することができる．したがってこの反応性の序列を上にのぼっていく最も簡単な方法は，いったん加水分解してカルボン酸とし，それを酸塩化物に変換する方法である．これにより反応性序列の最上位にのぼり，ここからどのような誘導体にも変換できる．

10・7　カルボン酸誘導体の置換反応により他の化合物を合成する

　ここまでカルボン酸誘導体の相互変換について詳しく説明してきた．そして必要に応じて酸あるいは塩基の存在下，ROH, H_2O, NH_3 のような求核剤が酸塩化物，酸無水物，エステル，カルボン酸，およびアミドを攻撃する際の反応機構について説明した．さてここでこの一連の化合物群を離れて，ケトンやアルコールなど他の酸化度の官能基をもつ化合物を合成できるようなカルボン酸誘導体の置換反応について話を進めよう．

> 五つの"酸化度"，すなわち1) 炭化水素, 2) アルコール, 3) アルデヒドとケトン, 4) カルボン酸，そして5) 二酸化炭素，については2章で定義した．

10・8　エステルからケトンを合成する：その問題点

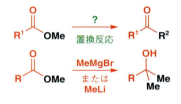

　エステルの RO 基を R 基に置換するとケトンが得られる．したがってエステルと有機リチウム化合物や Grignard 反応剤との反応は，ケトンを合成するよい方法のように考えるかもしれない．しかし本章初めに述べたようにこの反応を実際に試みても，ケトンは得られない．Grignard 反応剤が2分子反応してアルコールになってしまう．反応機構を考えると，なぜそうなるか理解できる．まず初めに求核的な Grignard 反応剤がカルボニル基を攻撃し，四面体中間体を生成する．脱離可能な基は RO^- だけなのでこれが脱離し，当初の目的物であるケトンが生成する．

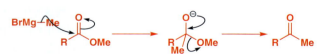

ここで次の Grignard 反応剤には反応相手が二つになる．すなわち出発物のエステルと，新たに生成したケトンである．ケトンはエステルよりも求電子性が高いので，Grignard 反応剤は 9 章で述べたように優先的にケトンと反応する．こうして安定なアルコキシドイオンが生成し，酸で処理すると第三級アルコールが得られる．

ケトンの代わりにアルコールを合成する

ここでの問題は，生成物であるケトンが出発物のエステルより反応性が高いことである．この問題については後ほど（たとえば 23 章で）さらに例を示すが，次節でこれを克服する方法を説明しよう．その前にこのアルコール生成が有用な反応として利用できることを示そう．たとえば欄外に示す化合物は爆薬の研究で必要とされたものである．

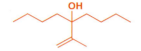

これは第三級アルコールでヒドロキシ基のついた炭素原子に同じ R（ブチル）基が二つ結合している．この化合物は，エステルが有機リチウム化合物 2 分子と反応することがわかっていたので，次に示す不飽和エステル（メタクリル酸メチル）にブチルリチウムを反応させて実際に合成された．

第三級アルコール合成

同じ R^2 基を二つもつ第三級アルコールはエステル R^1CO_2R と 2 当量の有機リチウム化合物 R^2Li あるいは Grignard 反応剤 R^2MgBr から合成できる．

水素化アルミニウムリチウム $LiAlH_4$ を用いれば，この形式の反応が $R^2 = H$ のときにも同様に進行する．$LiAlH_4$ は強力な還元剤であり，エステルのカルボニル基も容易に攻撃する．ここでは四面体中間体の分解によりアルデヒドが生成するが，これは出発物のエステルよりも反応性が高いので $LiAlH_4$ とさらに反応し，エステルはアルコールに変換（還元）される．ケトンの還元によく用いられる水素化ホウ素ナトリウムは，通常エステルを還元しない．

$LiAlH_4$ によるエステルの還元

この反応は非常に重要な反応であり，エステルからアルコールを合成する最もよい方法の一つである．逆にアルデヒドの段階で反応を止めるのはずっとむずかしい．これについては 23 章で述べる．

簡便な記述法

先に進む前に，反応機構を簡単に書く簡略法を少し紹介しよう．すでによく理解して

いることと思うが，カルボニル基の置換反応はすべて四面体中間体を経由して進行する．

各段階をそれぞれ書かずに1段階分省く簡略法として，四面体中間体の生成と分解を次式に示すような双頭の矢印を使って同一構造中に書込む方法がある．これは便利な方法だが，真の反応機構を理解する助けにはならない．もちろん決してこの反応をカルボニル基を含まない1段階の反応として書いてはいけない．

ちょうどいま取上げたLiAlH$_4$還元の反応機構をこの簡略法で書くと次のようになる．

10・9　エステルからケトンを合成する：解法

エステルからケトンを得ようとする反応の問題点は，エステルとケトンの反応性の問題，すなわち生成物のケトンのほうが出発物エステルより反応性が高いことであった．この問題を回避するために次の二つのうちのどちらかを行う必要がある．

1. 出発物の反応性を高くする，あるいは　2. 生成物の反応性を低くする．

出発物の反応性を高くする

ケトンより反応性の高い出発物は酸塩化物である．たとえば酸塩化物をGrignard反応剤と反応させるとどうなるだろうか．この方法はうまくいく場合がある．たとえば次の反応は収率よく進行する．

しばしばGrignard反応剤や有機リチウム化合物に銅塩を加えて金属交換反応（9章参照）させることにより，よい結果が得られる．有機銅化合物は反応性が低く生成物のケトンには付加しないが，酸塩化物とはよく反応する．たとえば次の反応をみてほしい．この生成物は抗生物質のセプタマイシン（septamycin）合成に必要な化合物である．

> この反応例は酸塩化物とエステルの反応性の違いを明解に示している．

生成物の反応性を低くする

　生成物の反応性を出発物より低くしたほうがよい結果になる場合が多い．適切な出発物を用いると，四面体中間体が反応中に分解してケトンにならないよう安定化させることができる．こうして付加中間体は求核剤とさらに反応することなく反応溶液中にとどまる．最後に酸で反応を停止して初めてケトンが生成するが，求核剤も酸により分解されるのでもはやケトンへの付加反応は起こらない．

　この考え方を，求電子性の非常に低いカルボン酸のリチウム塩の反応を例として示すことができる．本章の初めに，カルボン酸の求電子性は低いが，カルボン酸塩はさらに低いことを述べた．これは事実であるが，十分に強力な求核剤，たとえば有機リチウム反応剤を用いるとカルボン酸塩のカルボニル基へ付加させることができるようになる．

　リチウムは酸素と親和力が強いため Li–O 結合がかなり共有結合性をもち，CO_2Li のアニオン性を減少させている．そして MeLi が付加して生じる中間体も，共有結合化合物として表すのが最も適切であると考えられる．この反応の付加中間体は，塩基触媒を用いるアミドの加水分解反応機構の一つで示したものと同じ種類のジアニオンである．しかし，この場合脱離可能な基が存在しないのでジアニオンは反応混合物中にそのまま残っている．反応終了後水を加えるとはじめて，酸素原子がプロトン化されてケトンの水和物になるが，これはすぐに分解し（6章参照），目的とするケトンになる．同時に残っている有機リチウム化合物も分解されるので，ケトンが生じるがもはや求核攻撃を受けない．

　この種の反応は，マクロライド（macrolide）として知られている大環状天然物を合成するための重要な出発物ケトンを合成するのに利用されている．

　分解しにくい四面体中間体を生成するよい化合物としてほかに，開発者の名前 S. M. Weinreb にちなんで **Weinreb** アミドとよばれている化合物がある．有機リチウム化合

> この反応には有機リチウム化合物が3当量必要であることに注意せよ．1当量目はカルボン酸の脱プロトン，2当量目はヒドロキシ基の脱プロトンに使われ，3当量目がカルボン酸のリチウム塩と反応する．この反応ではよい収率を得るためさらに0.5当量多く加えている．

キレート化(chelation)とは分子中の電子供与能をもつ二つ以上の原子が一つの金属原子へ配位することを意味する。"chele"すなわちギリシャ語の"カニのはさみ"に由来する言葉である．

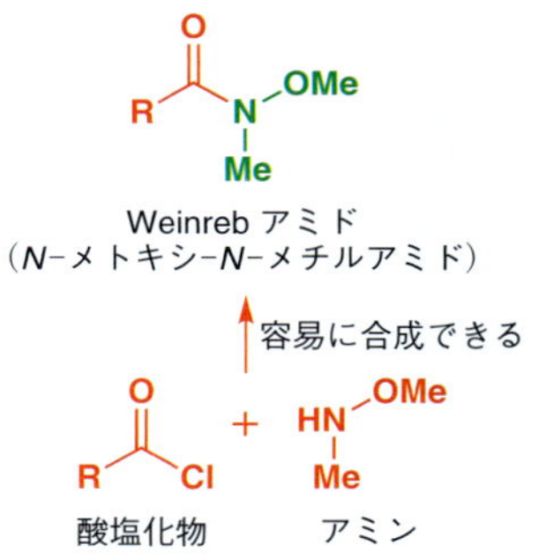

物や有機マグネシウム化合物がN-メトキシ-N-メチルアミドに付加すると，金属原子が二つの酸素原子とキレート（chelate）を形成することによって安定化された四面体中間体が生成する．この中間体は反応停止の際に酸を加えて初めて分解しケトンになる．反応機構は複雑にみえるが，この反応を行うのは容易である．

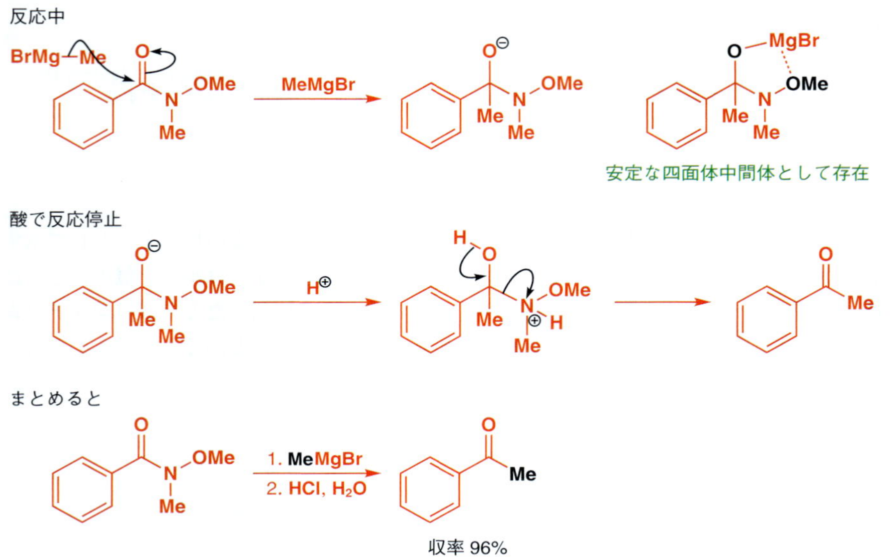

Weinreb アミド
（N-メトキシ-N-メチルアミド）

↑容易に合成できる

酸塩化物 + アミン

安定な四面体中間体として存在

反応中 / 酸で反応停止 / まとめると

収率 96%

また出発物としてジメチルホルムアミド（DMF）Me_2NCHO を用いると，アルデヒドの合成に利用できる．この方法は有機金属求核剤に CHO 基を求電子的に導入する非常に有用な方法である．ここでも四面体中間体は反応停止時に酸を加えるまで安定であり，プロトン化された四面体中間体が分解して生成物になる．

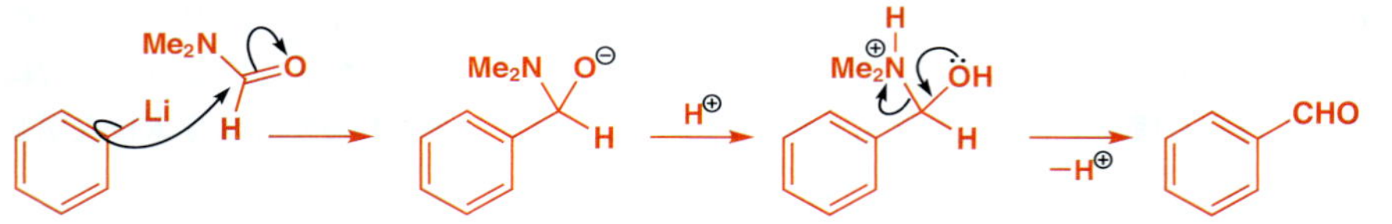

最後の方法はアミドに代えてニトリルを用いる方法である．中間体はイミン（イミンについては 11 章参照）のアニオンであり，これには求電子性は全くない．実際これは高い求核性を示す．しかし，反応できる求電子剤が反応混合物中にはないので，反応混合物を酸処理するとプロトン化されて加水分解（これについても次章で述べる）を受け，ケトンになる．

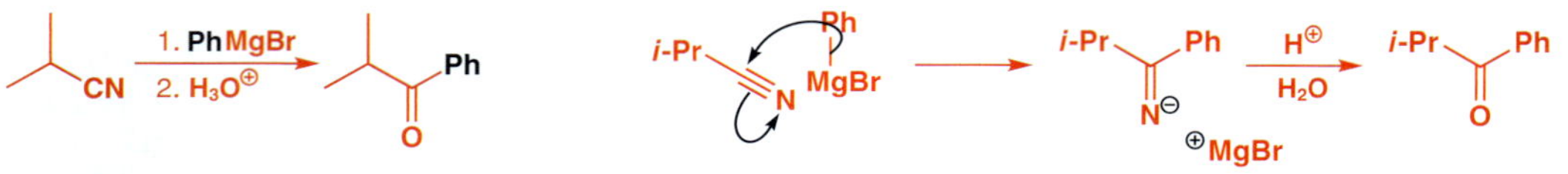

10·10 終わりに

最後に，カルボニル基での求核置換反応について考えるときに考慮すべき点を以下にまとめる．

10. カルボニル基での求核置換反応

このカルボニル基の求電子性は十分に高いか？
Y は十分によい求核剤か？
四面体中間体
X と Y とどちらがよい脱離基か？
この生成物は出発物よりも反応性が高いか低いか？

本章で重要な反応をいくつか説明してきた．これらを一連の事実が羅列されただけと思うかもしれないが，いくつかの単純な反応機構に基づいて論理的に理解するのが望ましい．6章と9章でカルボニル基について初めて学んだことと，本章で学んだことを関連づけておこう．本章で学んだことは，最も単純な有機反応であるカルボニル基への付加反応に，それに続いて起こる変換反応を付け加えたにすぎない．カルボン酸誘導体すべての反応は互いに関連しており，酸や塩基の存在を考慮して反応機構を適切に書けば非常に簡単に説明できる．次に続く2章において，カルボニル化合物の酸および塩基触媒反応についてさらに詳しく述べる．それらは本章の反応と密接に関連し，機構的には同じ原理が適用できる．

問 題

1. 医薬品であるフェナグリコドール（phenaglycodol）を次に示す経路で合成する際に必要な反応剤を示せ．

2. カルボン酸 R^1COOH とアルコール R^2OH からエステルを直接生成する反応は，酸性溶液では進行するが塩基性溶液では進行しない．なぜ塩基性溶液では進行しないか．一方，アルコール R^2OH とカルボン酸無水物 $(R^1CO)_2O$ や酸塩化物 R^1COCl とのエステル生成反応はふつうピリジンなどの塩基共存下で行う．こうすると，なぜ円滑に進行するのか．

3. 次の反応においてカルボニル基で求核置換反応が起こるかどうか予想せよ．解答にはおおよその pK_a の値を用い，反応機構をあわせて示せ．

4. 次の反応の機構を示せ．

5. 天然のアミノ酸（一般式を示す）のエステルを合成する場合，反応中塩酸塩の状態に保つことが重要である．もし，これらの化合物を中和するとどうなるだろうか．

6. 次に示すように環状酸無水物からブタン二酸（コハク酸）のジエステルもモノエステルも合成できる．なぜ一方ではジエステルが得られ，他方ではモノエステルが得られるのか，説明せよ．

7. 次の反応の機構を示し，なぜこの生成物が得られるのか説明せよ．

8. 次の反応の機構を示し，それぞれ選択性が生じる（あるいは選択性のない）理由を説明せよ．

9. 次の反応は酸性溶液中では一方向に進み，塩基性溶液中ではその逆方向に進む．反応機構を示し，なぜ反応条件により生成物が変わるか説明せよ．

10. アメルフォリド（amelfolide）は不整脈の治療に用いられる医薬である．4-ニトロ安息香酸と2,6-ジメチルアニリンからこれを合成する方法を示せ．

11. トリブロモメタン（$CHBr_3$，ブロモホルムともいう）のpK_aを13.7として，次のケトンを水酸化ナトリウムと反応させた場合に何が起こるか示せ．

12. 次の反応は抗ぜん息薬モンテルカスト（montelukast）の前駆体の合成に用いられている．化合物 **A** と **B** の構造を示せ．

カルボニル酸素の消失を伴うカルボニル基での求核置換反応 11

関連事項

必要な基礎知識
- カルボニル基への求核攻撃 6章
- 酸性度と pK_a 8章
- カルボニル基での求核置換反応 10章

本章の課題
- カルボニル酸素の置換
- アセタール生成反応
- イミン生成反応
- 安定なイミンと不安定なイミン
- Strecker 合成と Wittig 反応

今後の展開
- 反応速度と pH 12章
- 保護基 23章
- エノラートのアシル化 26章
- アルケンの合成 27章

11・1 はじめに

求核剤がカルボニル基に付加すると，平面三方形のカルボニル炭素原子が四面体炭素に変化した化合物が生成する．

カルボニル基への求核付加

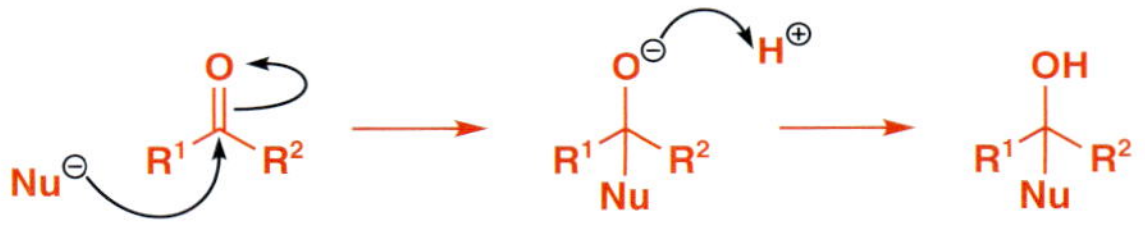

これらの付加生成物が必ずしも安定ではないことを10章で述べた．出発物のカルボニル基に脱離基が結合している場合，付加生成物は**四面体中間体**（tetrahedral intermediate）であり，ここから脱離基が外れてカルボニル基が再生する．結果としてカルボニル基に結合していた脱離基が求核剤に置き換わった生成物が生じる．

カルボニル基での求核置換

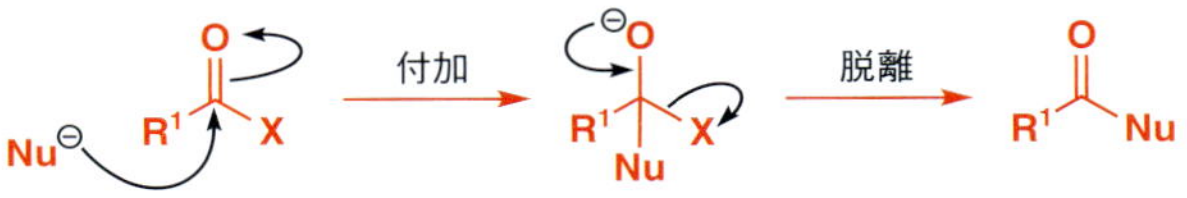

本章では上述のものとは異なる形式の置換反応について述べる．この反応では脱離基の代わりにカルボニル基の酸素原子が消失する．以下に重要な例を二つ示す．カルボニル酸素を窒素原子に置換するイミン生成反応と酸素原子二つに置換するアセタール生成反応である．酸触媒にも注目してほしい．なぜこれが必要かについては，このあとすぐに説明する．これらはカルボニル基由来の酸素原子の消失を伴うカルボニル基での求核置換反応の例である．

アセタールについては2章と6章で簡単に述べたが，本章で中心的課題として扱う．アセタールは飽和炭素原子一つに酸素原子が二つ結合した化合物である．ここに示した例は環状のアセタールだが，$CH_2(OMe)_2$ のように鎖状のものもある．

イミン生成

アセタール生成

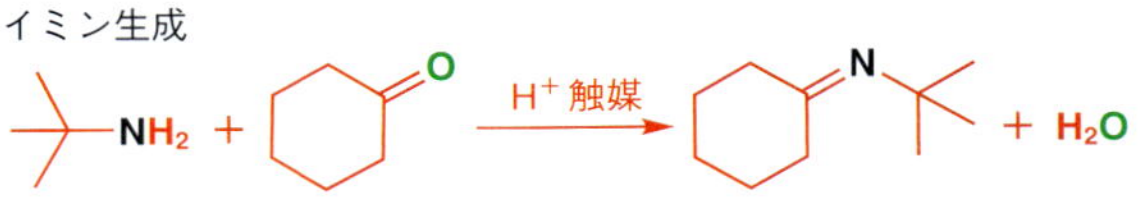

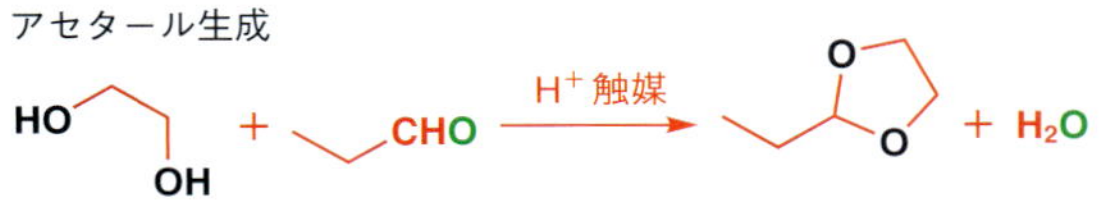

おそらくそれとは気がつかなかったと思うが，カルボニル基の酸素原子が失われる反応はすでにいくつか紹介している．アルデヒドやケトンとその水和物との間の平衡反応（§6・6）はまさにそのような例の一つである．

水和物が出発物のカルボニル化合物に戻る際には，水分子由来の酸素原子かカルボニ

ル基由来の酸素原子のどちらかが脱離しなければならない．したがって確率50％でカルボニル基由来の酸素原子が失われる．通常はこの事実はあまり重要ではないが，ときには有用になることもある．たとえば1968年に質量分析計内で起こる反応を研究していた化学者たちが，ケトンのカルボニル基を ^{18}O 同位体で標識する必要に迫られた．同位体標識した水 $H_2^{18}O$ 大過剰量と触媒量の酸共存下に "通常の" ^{16}O 化合物を数時間撹拌することにより，必要とする同位体標識した化合物を合成することができた．酸触媒がないとこの交換反応は非常に遅い．酸触媒はカルボニル基の求電子性を高めることにより反応を加速するので，より速く平衡に到達する．

11・2　アルデヒドはアルコールと反応してヘミアセタールを生成する

アセトアルデヒドをメタノールに溶かすだけで，反応が起こる．実際この混合物の赤外スペクトルを測定すると，新しい化合物が生成していることを確認できる．最も顕著なのは，C=O の吸収が消失することである．しかし，この生成物を単離しようとするとアセトアルデヒドとメタノールに戻ってしまい，単離することはできない．

ここで生成している化合物が**ヘミアセタール**（hemiacetal）である．水和物と同様にほとんどのヘミアセタールは，その出発物であるアルデヒドやアルコールに比べて不安定である．たとえばアセトアルデヒドと単純なアルコールの反応の平衡定数はおよそ 0.5 である．

➡ この可逆的な反応の機構については6章で述べた．

> ヘミアセタールが安定な例として，6章で述べた環状ヘミアセタールがある．ここでは同じ分子に求核的なOH基と求電子的なカルボニル基があり，エントロピー的に有利である．このことを12章で説明する．

したがって MeOH を大過剰（たとえば溶媒として）用いることにより，ほとんどのアルデヒドをヘミアセタールに変換できる．しかし，メタノールを留去してヘミアセタールを精製しようとすると，平衡がずれてヘミアセタールは分解してしまう．そのためヘミアセタールを純粋な形で単離することはできない．

酸触媒も塩基触媒もアルデヒドとアルコールからのヘミアセタールの生成と逆反応を加速する

アルデヒドあるいはケトンとアルコールから鎖状ヘミアセタールが生成する反応は比較的遅いが，酸か塩基を加えるとその生成速度は大きく増大する．6章と10章を理解していれば，酸触媒がカルボニル基の求電子性を高める働きをすることがわかるだろう．一方，塩基触媒はアルコールがカルボニル基を攻撃する前にヒドロキシ基のプロトンをとり，アルコールの求核性を増大させる．いずれの場合も出発物のエネルギーが増大す

る．酸触媒を用いる反応ではアルデヒドはプロトン化されてより不安定になり，塩基触媒を用いる反応ではアルコールが脱プロトンされてより不安定になる．

酸触媒によるヘミアセタール生成

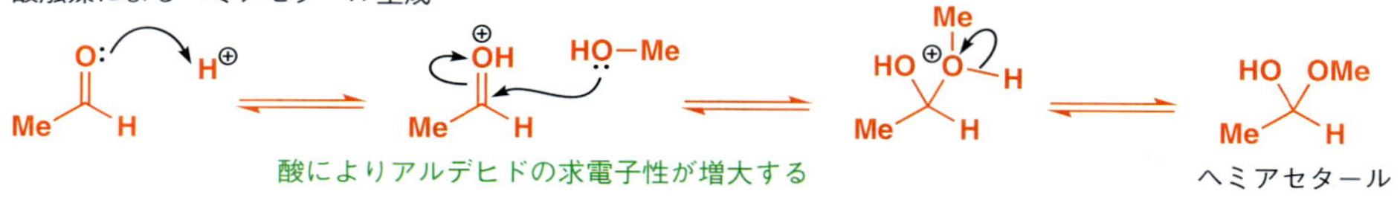

酸によりアルデヒドの求電子性が増大する　　ヘミアセタール

塩基触媒によるヘミアセタール生成

塩基によりアルコールの求核性が高まる　　ヘミアセタール

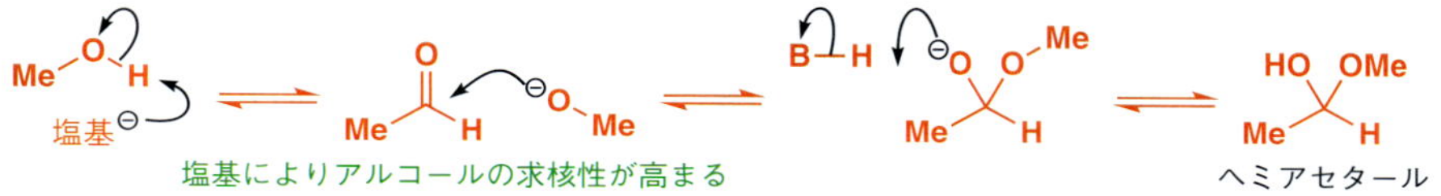

なぜヘミアセタールが不安定かは容易に理解できる．ヘミアセタールは脱離基をもつ四面体中間体であり，酸や塩基はヘミアセタール生成反応の触媒になったのと同様に，ヘミアセタールがもとのアルデヒドあるいはケトンとアルコールに分解する逆反応の触媒にもなる．本項の見出しが"酸触媒も塩基触媒もアルデヒドとアルコールからのヘミアセタールの生成と逆反応を加速する"とあるのはそのためである．触媒は平衡の位置を変えることはない．

酸触媒によるヘミアセタールの分解

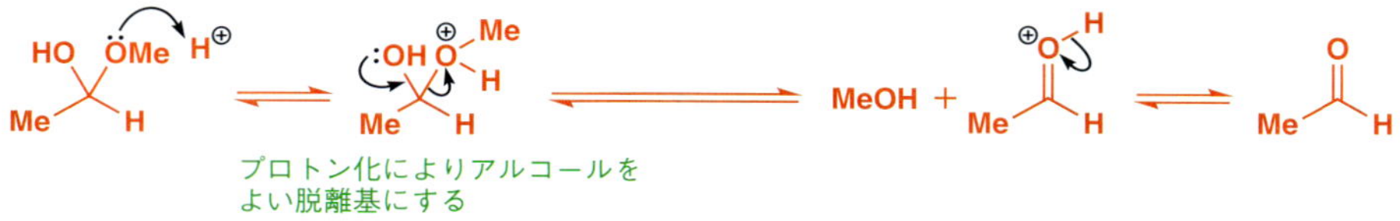

プロトン化によりアルコールをよい脱離基にする

塩基触媒によるヘミアセタールの分解

脱プロトンによりアルコキシドの脱離を促進する

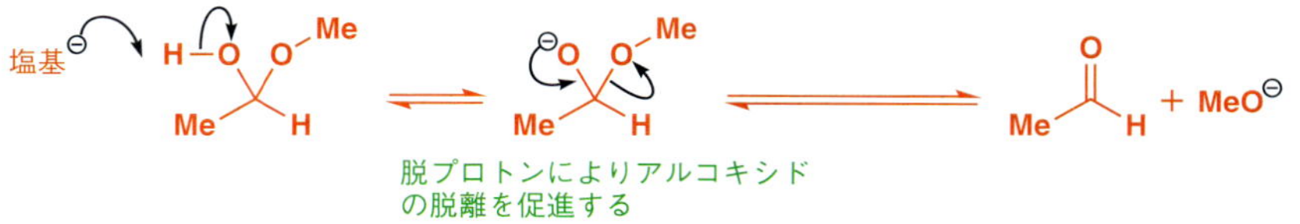

> **まとめると**
> ヘミアセタールの生成と分解には，酸や塩基が触媒になる．
>
> R^1-CO-R^2 ⇌ (酸触媒または塩基触媒, R^3OH) HO-C(R^1)(R^2)-OR^3　ヘミアセタール

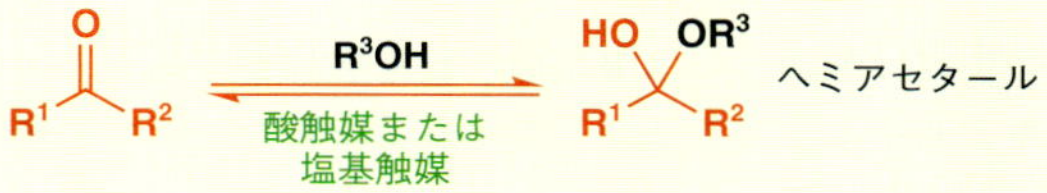

11・3　アセタールは酸触媒存在下でアルデヒドあるいはケトンとアルコールから生成する

すでに述べたように，アセトアルデヒドのメタノール溶液では新しい化合物であるヘミアセタールが生じている．また，ヘミアセタールの生成速度は酸（あるいは塩基）触

媒をアルコールとアルデヒドの混合物に加えると増大することも述べた．しかし，実際に触媒量の酸をアセトアルデヒドとメタノール混合物に加えると，アセトアルデヒドとメタノールの反応速度が増大するだけでなく，別の化合物も生成する．その生成物が**アセタール**（acetal）である．ヘミアセタールはアセタール生成の中間体である．

酸触媒（塩基ではだめである）が存在するとヘミアセタールから脱離反応（アルデヒドとアルコールに戻る反応とは異なる）が起こり，もとのアルデヒドのカルボニル基由来の酸素原子を失う．各段階は次のとおりである．

酸触媒によるヘミアセタールからのアセタール生成

1. ヘミアセタールのヒドロキシ基のプロトン化
2. 水分子の脱離．この脱離反応により不安定で反応性の高いオキソニウムイオンが生じる
3. オキソニウムイオンへのメタノールの付加（もちろんπ結合が切断され，σ結合は切れない）
4. 脱プロトンによってアセタールが生成する

カルボニル基がプロトン化されると，カルボニル基そのものより求電子性がはるかに高くなるのと同様に，これらのオキソニウムイオンも強力な求電子剤である．π結合をもつオキソニウムイオンはもう1分子のアルコールと速やかに反応し，アセタールとよばれている新しい安定な化合物を生じる．オキソニウムイオンは酸性溶液でヘミアセタールが生成する際の中間体でもあった．先に進む前にアルデヒドあるいはケトンとアルコールからヘミアセタールを経由してアセタールに至る反応全体の機構を，上述の反応機構や次ページに示す答を見ずに自分自身で書いてみよう．

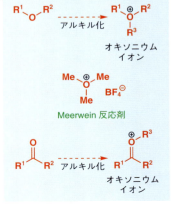

オキソニウムイオン

オキソニウムイオンには正に荷電した酸素原子に結合が三つある．H_3O^+ や Meerwein 反応剤，すなわちテトラフルオロホウ酸トリメチルオキソニウム（これは安定だが反応性の高いアルキル化剤である）のように，三つの結合がすべてσ結合の場合と，アセタール生成反応の中間体のように結合の一つがπ結合の場合がある．いずれの場合も"オキソニウムイオン（oxonium ion）"とよぶ．それぞれエーテルやカルボニル基の酸素がアルキル化されたものと考えることができる．

アセタールとヘミアセタールの生成

ヘミアセタールの生成は酸あるいは塩基いずれも触媒となるが，アセタール生成反応には，ヒドロキシ基をよい脱離基にしなければならないので，酸触媒だけが有効である．

この反応機構はこれまで述べてきたなかで最も複雑であり，それぞれ非常によく似た二つの部分に分けて考えると理解しやすい．反応はまずカルボニル酸素のプロトン化と

C=O π結合へのアルコールの付加とともに始まる．ヘミアセタール中間体が生成したのち，再度同じ酸素をプロトン化し，C=O σ結合であった結合を切断しOH基をH₂Oとして外してオキソニウムイオンを生成する．それぞれの反応がオキソニウムイオンを経由して進行し，これにアルコールが付加する．アセタール生成およびヘミアセタール生成とも，最終段階において直前に付加したアルコールからプロトンが失われる．この反応機構全体をみると，アセタール生成反応では酸は触媒量で十分であることもわかる．

オキソニウムイオンをよく覚えておこう

アセタール生成反応の機構を書く際にオキソニウムイオン中間体を書き忘れなかっただろうか．オキソニウムイオンを省いてアルコールが水を直接置換する反応機構を書いてしまいやすいが，これは明らかに誤りである．その理由を知りたければ，有機反応機構の専門書を見てもらいたい．本書15章を読めば，この置換反応がS_N1機構でありS_N2機構ではないことを見抜くことができる．

アセタールを合成する

10章で述べたエステル生成反応や加水分解反応の場合と同様に，アセタール生成反応のすべての段階は可逆である．したがってアセタールを合成するためには，アルコールを過剰に用いるか，反応混合物から生成する水をたとえば蒸留によって除去しなければならない．

実際,アセタール合成はエステル合成よりもさらにむずかしい.カルボン酸とアルコールから酸触媒を用いてエステルを合成する反応の平衡定数はふつう約1であるが,たとえば上のアルデヒドとエタノールからアセタールを生成する反応の平衡定数 K は 0.0125 である.ケトンではこの値はさらに小さく,実際ケトンのアセタール(ケタールともいう)を得ることは,環状のアセタール以外は非常にむずかしいことが多い(環状アセタールについては本章で後ほど述べる).しかし,アセタール生成反応により副生する水が生成物を加水分解するのを防ぐ方法はいくつかある.

p-トルエンスルホン酸

p-トルエンスルホン酸(*p*-toluenesulfonic acid),略称 TsOH はこの種の反応の酸触媒としてよく用いる.これは安定な固体で,硫酸と同程度の強さの酸であり,サッカリン(詳しくは 21 章参照)合成の副生物なので容易に入手でき,値段も安い.

反応性のより高いアルデヒドの場合には反応剤の一方,たとえばメタノールを過剰に用いるだけで反応を完結することができる.乾燥した塩化水素も有効である.反応性の低いケトンの場合には,モレキュラーシーブ(ゼオライト)が反応の進行とともに生成する水を反応系から除く目的に使われている.

モレキュラーシーブは非常に小さな空孔をもつ無機物であり,この空孔より小さい分子だけを吸着することができる.アセタール生成に用いるものは選択的に水を吸着する.白っぽい小さな円筒状の物質として入手できる.

アセタールの加水分解は酸性条件でのみ進行する

アセタール生成に酸触媒が必要であるのと全く同じように,アセタールの加水分解も酸触媒を用いてのみ行うことができる.酸水溶液を用いると,鎖状アセタールの加水分解はきわめて容易に進行する.次に前出のアセタールの加水分解の例を示す.

> **アセタールの加水分解**
> アセタールは酸により加水分解を受けるが,塩基に対しては安定である.

アセタールの加水分解の反応機構についてはアセタール生成の逆反応としてすでに説明したので,もう説明の必要はないだろう.しかし,アセタールが塩基に対して安定であるという事実は非常に重要であり,この性質はこの先に示す反応例で利用するし,さらに 23 章でも利用する.

環状アセタールは鎖状アセタールよりも安定である

まず実例を一つみてみよう.この例では,出発物はアセタール部位を三つもつ.メタノールから生成するふつうのアセタール(次ページ上の図中,黒で示す),5 員環の環状アセタール,そしてジチオアセタールである.この穏やかな条件では,黒で示したアセタールのみ加水分解される.

11・3 アセタールは酸触媒存在下でアルデヒドあるいはケトンとアルコールから生成する

これまでに例示したアセタールは，アルコール 2 分子とカルボニル化合物 1 分子とから生成した．ヒドロキシ基を二つもつジオール 1 分子から生成する環状アセタールも重要である．ジオールがここに示した例のようにエチレングリコールの場合，5 員環状アセタールは**ジオキソラン**（dioxolane）とよばれている．

次に示す答を見る前に，この反応の機構を自分で書いてみよう．必要ならば鎖状アセタール生成反応の機構を参照してもかまわない．

酸触媒によるジオキソラン生成

環状アセタールの場合でも水が生成するので，これを反応系から除去しなければならない．上の例では反応系から水を留去して除いている．これはジオールの沸点が水の沸点よりも高いため可能になっている（エチレングリコールの沸点は 197 ℃ である）．メ

> オキソニウムイオンの段階を忘れずに書けただろうか．

> 左のような環状アセタールは鎖状アセタールと比べて加水分解されにくく，また合成も容易である．実際環状アセタールはケトンからも容易に生成する．この説明のひとつとして，この反応機構での第二のオキソニウムイオンが生成すると，ヒドロキシ基が必ず近傍に存在するので，速やかにこれを捕捉しジオキソランを再生することがあげられる．水分子がこれを攻撃してアセタールを加水分解する可能性は小さい．環状アセタールやヘミアセタールがなぜより安定かについてエントロピーの考えに基づいて 12 章で解説する．

自然界のアセタール

安定な環状のヘミアセタールの一例として 134 ページにグルコースを示した．グルコースは別のグルコース分子と反応してアセタールであるマルトースを生成する．マルトースは二糖（二つの単糖からなる化合物）であり，グルコースが重合したポリアセタールであるデンプンやセルロースを酵素で加水分解して得られる．

Dean-Stark の装置

トルエンと水の混合物が沸騰すると，その蒸気はトルエン蒸気と水蒸気が一定の割合で混じった**共沸混合物**(azeotrope)となる．この混合物を冷却すると液化し，水を下層として2層に分離する．Dean-Stark の装置を使うとトルエン層は反応混合物に戻り，水層だけ取除くことができる．したがって蒸留により水を除く必要のある反応は，Dean-Stark の装置を用いてトルエンかベンゼンで加熱還流する方法がしばしば用いられる．

タノールやエタノールを用いる反応の場合は，これらのアルコールも蒸留されてしまうため水を留去することはできない．水よりも沸点の高い反応剤を使う場合には反応混合物から水を除去する有用な反応装置があり，**Dean-Stark の装置**とよばれている．

アセタールを利用して反応性を変える

アセタールはなぜそれほど重要なのだろうか．その理由のひとつは，自然界においても化学者にとっても重要である糖の多くが，アセタールあるいはヘミアセタールであるためである．化学者にとってもう一つの重要な点は，**保護基**（protecting group）としての利用である．

ステロイド化合物（後述）の合成法の一つに，次に示す構造の Grignard 反応剤を必要とするものがある．しかし，この Grignard 反応剤そのものが自身のケトン部位を攻撃するので存在しえない．その代わりに同じブロモケトンからアセタール生成を経て合成された次に示す保護された Grignard 反応剤が使われている．

アセタールはこれまで強調してきたように，塩基や，Grignard 反応剤のような塩基性の高い求核剤に対して安定である．したがってもはや反応性の問題はない．Grignard 反応剤が求電子剤と反応したのち，アセタール部位を希酸で加水分解すればケトンが得られる．ここでアセタールはケトンの保護基として働き，ケトンが Grignard 反応剤の求核攻撃を受けるのを防いでいる．保護基は有機合成において非常に重要であり，23章で再び取上げる．

11・4　アミンはカルボニル化合物と反応する

ピルビン酸（2-オキソプロパン酸）のケトンのカルボニル基は典型的なケトンの伸縮振動である $1710\,\text{cm}^{-1}$ に赤外吸収をもつ．ピルビン酸の溶液にヒドロキシルアミンを加えると，この伸縮振動による吸収はゆっくりと消失する．そしてしばらくすると新しい赤外吸収が $1400\,\text{cm}^{-1}$ に現れる．ここでは何が起こっているのだろうか．

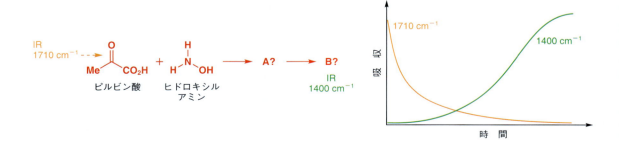

カルボニル化合物の求核剤に対する反応性に関して6章と10章ですでに述べたことを応用すれば，このカルボニル化合物とアミンとの反応で起こっていることは推察できるだろう．ヒドロキシルアミンはまず初めにケトンに付加し，ヘミアセタールに似た不安定な中間体を生成する．

中間体の生成

カルボニル基に付加するのはヒドロキシルアミンの酸素原子ではなく，より求核性の大きい窒素原子であることに注目しよう．ヘミアセタールと同様にこれらの中間体は不安定であり，水を失って分解する．その生成物は**オキシム**（oxime）として知られている化合物であり，その C=N 結合は $1400\ \mathrm{cm}^{-1}$ に赤外吸収をもつ．

中間体の脱水によるオキシム生成

$1710\ \mathrm{cm}^{-1}$ の吸収がほとんど完全に消失するまで $1400\ \mathrm{cm}^{-1}$ の吸収が現れ始めないことから，オキシムがある中間体を経て生成していることがわかる．前章で述べたのと同じように，中間体の生成と消失を示すもう一つの曲線が実際には存在するはずである．唯一の違いは，この中間体には二重結合がないので，この領域には赤外吸収がないことである．本章の後半でもう一度オキシムについて説明する．

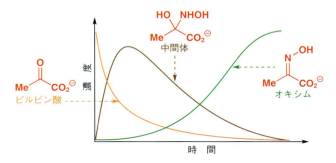

11・5 イミンはカルボニル化合物の窒素類縁体である

ケトンとヒドロキシルアミンから生成するオキシムは，**イミン**（imine）の特殊な例にすぎない．イミンはすべて C=N 二重結合をもっており，第一級アミンとアルデヒドや

ケトン，たとえばアニリンとベンズアルデヒドを適当な条件下で反応させると生成する．

この反応の機構についてはもう説明する必要はないだろう．オキシム生成反応のところで示した機構をみなくても，十分理解できると思う．しかし，この反応は化学においても生物学においても非常に重要なので，少し詳しく述べよう．まずはじめにアミンがアルデヒドを攻撃し**ヘミアミナール中間体**（hemiaminal intermediate）が生成する．アミンはカルボニル基に対するよい求核剤であり，アルデヒドやケトンは求電子的である．この段階には触媒は不要である．実際，酸を添加すると求核剤のアミンが塩として除去されるので反応は遅くなる．

イミン生成の第一段階：
アミンがカルボニル基を攻撃してヘミアミナール中間体を生成

ヘミアミナール

> 酸はアミンをプロトン化して平衡反応の系外へと取除き，これによりこの段階を遅くする．酸は最初の段階には必要ない．
>
> R—NH₂ ─H⊕→ R—NH₃⊕
>
> アンモニウム塩の生成によりアミンの求核性がなくなる

ヘミアミナールの脱水によりイミンが得られる．ここで触媒が必要となる．OH 基をよい脱離基に変換するため酸を加える必要がある．この段階はヘミアセタールからアセタールへの変換と似ている．しかしイミニウムイオンはプロトンを失って中性のイミンになることができる点が異なる．

イミン生成の第二段階：
ヘミアミナール中間体の酸触媒による脱水

ヘミアミナール　　　　　　　　　　イミニウムイオン　　　イミン

> **イミン生成反応には酸触媒が必要である．**

➡ 反応速度の pH 依存性については 12 章でさらに説明する．

したがって第二段階には酸が必要であるが，酸は第一段階を遅くする．明らかにこの釣合をとる必要がある．酸触媒がなくても反応が進行する場合もあるが，一般には酸触媒がないと反応は非常に遅い．実際，イミン生成反応はおよそ pH 4〜6 で最も速く進行する．pH がこれよりも低いとほとんどのアミンがプロトン化され，第一段階の反応速度が遅くなる．逆に pH がこれより高いとプロトン濃度が低くなり，脱水段階で脱離基となる OH 基をプロトン化できなくなる．イミン生成は生体反応と似ており，中性に近い条件で最も速く進行する．

pH 4 以下では，この段階が遅い　　　　　　　酸触媒が必要
　　　　　　　　　　　　　　　　　　　　pH 6 以上ではこの段階が遅い

　　　　　　　　　　　　　ヘミアミナール　　　　　　　　　　　　　　　　イミン

11・5 イミンはカルボニル化合物の窒素類縁体である

イミンは通常不安定で加水分解されやすい

アセタールと同様，イミンは出発物のカルボニル化合物とアミンに比べると不安定であり，反応混合物から水を除いて合成する必要がある．

$$\text{Ph-CO-Me} + \text{H}_2\text{N-CHMe-Ph} \xrightarrow[\text{Dean-Stark 装置}]{\text{H}^+ \text{触媒}, \text{ベンゼン還流}} \text{Ph-C(Me)=N-CHMe-Ph} \quad \text{イミン 収率 72\%}$$

> このイミンは非対称ケトンから合成するので，アルケンと同様に E 体と Z 体の混合物として存在する．この方法で合成した場合，E : Z 生成比は 8 : 1 になる．しかし，アルケンのシス-トランス異性体とは異なりイミンのシス-トランス異性体は室温で非常に速く相互変換する．一方，オキシムのシス-トランス異性体は比較的安定で，両異性体を分離することも可能である．

イミンはほとんどの第一級アミンとアルデヒドやケトンから生成する．しかし，一般にイミン二重結合の炭素か窒素に芳香族置換基がある場合にのみ安定に単離できる．アンモニアから生成するイミンは不安定だが溶液中では検出できる．たとえば $CH_2=NH$ は $-80\,°C$ 以上で分解するが，$PhCH=NH$ はメタノール溶液中でベンズアルデヒドとアンモニアの混合物の紫外吸収スペクトルにより検知できる．

$$\text{PhCHO} + \text{NH}_3 \rightleftharpoons \text{PhCH=NH} + \text{H}_2\text{O}$$

イミンは酸性水溶液により容易にカルボニル化合物とアミンに加水分解されてしまう．実際にはのちに述べる特に安定で特殊な場合を除いて，ほとんどの場合酸触媒や塩基触媒がなくても水を加えるだけで加水分解される．イミンの加水分解反応の例はすでに出てきた．10 章の終わりで Grignard 反応剤のニトリルへの付加反応について述べた．生成物はイミンであり，酸性水溶液中で加水分解されてケトンとアンモニアになる．

$$\text{i-Pr-CN} \xrightarrow{\text{PhMgBr}} \text{i-Pr-C(Ph)=N-MgBr} \xrightarrow{\text{H}^\oplus} \text{i-Pr-C(Ph)=NH} \xrightarrow[-\text{NH}_3]{\text{H}_2\text{O}} \text{i-Pr-CO-Ph}$$

ニトリル　　　　　　　　　　　　　　　　　不安定なイミン　　　ケトン

加水分解の機構はイミン生成反応の逆であり，同じヘミアミナール中間体，同じイミニウムおよびオキソニウム中間体を経由して進行する．これらの段階はすべて可逆であ

歴史的な観点からの注釈

カルボニル化合物のヒドラゾンやセミカルバゾン誘導体はふつう安定で結晶性固体であるため，かつてアルデヒドやケトンの同定に用いられていた．たとえば次の 5 炭素からなるケトンの三つの異性体の沸点はほとんど同じであり，NMR が使われるようになる以前はこれらを区別することは困難であった．

bp 102 °C　　bp 102 °C　　bp 106 °C

それに対して，これらのケトンのセミカルバゾンや 2,4-ジニトロフェニルヒドラゾンはみな融点が異なるので，これらの誘導体にすることによりケトンの同定は比較的容易に行うことができた．もちろん現在ではすべて NMR にとって代わられている．しかしこれらの結晶性誘導体は，揮発性の高いアルデヒドやケトンの精製や X 線結晶構造解析により構造決定する際に現在でも利用されている．

mp 112 °C　　mp 139 °C　　mp 157 °C

mp 143 °C　　mp 156 °C　　mp 125 °C

り，アセタール生成とその加水分解の場合と同様，イミン生成とその加水分解反応においても出発物と生成物の相対的な安定性が重要である．

イミンにも安定なものがある

窒素原子に電気陰性度の大きい置換基をもつイミンはふつう安定に存在する．**オキシム**（oxime），**ヒドラゾン**（hydrazone），**セミカルバゾン**（semicarbazone）がその例である．

これらの化合物では，窒素原子にある置換基の非共有電子対が C=N 結合の π 軌道に流れ込むため，単純なイミンより安定になる．非局在化により C=N 結合の炭素原子の δ+ 電荷が減少するとともに，LUMO のエネルギー準位が上昇し，求核攻撃を受けにくくしている．オキシム，ヒドラゾン，セミカルバゾンは加水分解に酸あるいは塩基触媒が必要である．

イミニウムイオンとオキソニウムイオン

もう一度イミン生成反応の機構に戻って，アセタール生成反応と比べてみよう．第一段階での唯一の違いは，アミンの付加には酸触媒は不要だが，ずっと弱い求核剤である

アルコールの付加にはこれが必要である点である.

ここまで二つの反応機構は非常によく似た経路をとっており，ヘミアミナール中間体とヘミアセタール中間体，イミニウムイオンとオキソニウムイオンとの間には明確な類似性がある．しかしここから両者は異なる経路をとる．これはイミニウムイオンがオキソニウムイオンとは異なり窒素原子でプロトン化されているためである．したがってイミニウムイオンは酸として働き，プロトンを失ってイミンとなる．一方，オキソニウムイオンは求電子剤として働き，アルコールがもう1分子付加してアセタールとなる．

しかし，イミニウムイオンもオキソニウムイオンと同様，適当な求核剤が共存すれば求電子剤として働く．そこで次にいくつかイミニウムイオンが求電子剤として働く反応を示そう．まず初めにイミニウムイオンが失うべきプロトンがN上にない場合の反応を取上げてみよう．

第二級アミンはカルボニル化合物と反応しエナミンを生成する

第二級アミンであるピロリジンはイミンを合成するのと同様の反応条件でイソブチルアルデヒドと反応して**エナミン**（enamine）を生成する．エナミンという化合物名は"エン（ene）"（C=C 二重結合）と"アミン（amine）"を結びつけたものである．

反応機構は，イミニウムイオンが生成するまでは第一級アミンからイミンが生成するのと同じである．ここで生成するイミニウムイオンには窒素上に失うべきHがないため，C=N 結合に隣接する炭素にあるHを一つ失い，エナミンを生成する．エナミンはイミンと同様，酸水溶液中で不安定である．

第一級アミンやアンモニアでも対応するエナミンができるが，これらの場合イミン異性体との平衡混合物として存在する．イミンとエナミンの相互変換はエノール化（enolization）における酸素原子が窒素原子に置き換わった反応である．エノール化については20章で詳しく述べる．

> **イミンとエナミン**
> - イミンはアルデヒドあるいはケトンと第一級アミンから生成する
> - エナミンはアルデヒドあるいはケトンと第二級アミンから生成する
>
> 両者とも酸触媒が必要で,生成する水を除去する必要がある.

イミニウムイオンは求電子性中間体として反応する

イミニウムイオンとオキソニウムイオンの反応性の違いは,イミニウムイオンは H^+ を失ってイミンあるいはエナミンを生成することができるが,オキソニウムイオンは求電子剤として反応する点にあることをすでに述べた*.しかし,イミニウムイオンも適当な求核剤が共存すれば求電子剤として反応することができる.実際イミニウムイオンは非常によい求電子剤であり,カルボニル化合物よりもずっと反応性が高い.たとえばイミニウムイオンは弱い還元剤である水素化シアノホウ素ナトリウム $NaBH_3(CN)$ により速やかに還元されるが,カルボニル化合物は還元されない.

* 訳注:アルコールが少ない状態でオキソニウムイオンが生じ,プロトンとして外れる水素が隣にあればエノールエーテルが生成する.

水素化シアノホウ素ナトリウムは水素化シアノホウ素アニオンを含む.ホウ素は四面体構造をとっている.

これは水素化ホウ素ナトリウムの反応性を低くしたものであり,電子求引基であるシアノ基がヒドリドの求核性を減少させている.

$NaBH_3(CN)$ に代わるものとして水素化トリアセトキシホウ素ナトリウム $NaBH(OAc)_3$ がある.強酸を $NaBH_3(CN)$ に作用させると HCN を発生することがあるので,$NaBH(OAc)_3$ は安全性のより高い還元剤である.

イミンからアミンを合成する:還元的アミノ化

アミンを合成する有用な方法の一つに,イミン(あるいはイミニウムイオン)を還元する方法がある.このカルボニル化合物からアミンを合成する全体の工程は**還元的アミノ化**(reductive amination)とよばれている.事実この方法は第二級アミンを合成する数少ない有用な方法の一つであり,おそらく最もよい方法である.この方法はアミンを合成する際,まず第一に検討すべき反応である.

この反応は中間体のイミンが安定な場合には二段階反応として行うこともできるが,多くの場合イミンは不安定で単離が困難であるため,イミンの生成と還元を一挙に行うのが最も便利である.$NaBH_3(CN)$ は,カルボニル化合物を還元せずイミニウムイオンを選択的に還元できるため,これが可能となる.$NaBH_3(CN)$ をイミン生成反応に加えると,出発物であるカルボニル化合物やイミンとは反応せず,イミニウムイオンだけが還元される.次に還元的アミノ化によるアミン合成の一例を示す.

11・5 イミンはカルボニル化合物の窒素類縁体である

生物はイミンを利用してアミノ酸をつくる

アミノ酸であるアラニンは,実験室ではピルビン酸の還元的アミノ化により収率 50% 程度で合成できる.

ピルビン酸 → アラニン 収率 50%

このケト酸からアミノ酸を合成する反応と非常によく似た変換を,生物はずっと効率よく行っている.鍵となる段階は,ピルビン酸とビタミン B_6 由来のアミンであるピリドキサミンとのイミン生成反応である.

このイミン(生化学者は **Schiff** 塩基とよぶ)は二重結合の移動した異性体のイミンと平衡にあり,これが加水分解されるとピリドキサールとアラニンになる.もちろんこれらの反応はすべて酵素が制御しており,不要なアミノ酸の分解と組合わせて,ピリドキサールを再びピリドキサミンに戻す.自然は $NaBH_3(CN)$ が開発されるよりずっと昔から還元的アミノ化を行っているのである.これについては 42 章で再度取上げる.

アラニンの生合成

ピリドキサミン + ピルビン酸 → (両方のイミンは平衡) → ピリドキサール + アラニン

最初の段階では,ケトンとアンモニアはイミンと平衡にあり,pH 6 では一部プロトン化されイミニウムイオンとなっている.イミニウムイオンは $NaBH_3(CN)$ により速やかに還元されてアミンになる.この反応例のようにアンモニアを用いる還元的アミノ化反応では,しばしば塩化アンモニウムや酢酸アンモニウムを簡便なアンモニア源として用いる.いずれにしても NH_4^+ の pK_a はおよそ 10 なので,pH 6 ではアンモニアはほとんどプロトン化されている.

▶ ホルムアルデヒドとアミンとの反応により生成する非常に求電子性の高いイミニウムイオンについては,Mannich 反応としての利用を 26 章で説明する.

2 段階目ではアミンとホルムアルデヒドからイミンが生成し,これがプロトン化されイミニウムイオンになり,さらに還元されている.ホルムアルデヒドは非常に反応性が高いので,生成する第二級アミンとも反応してイミニウムイオンを生じ,これも還元され,第三級アミンを生成する.

第一級アミン → 第二級アミン → 第三級アミン

カルボニル化合物存在下にイミンを還元する還元的アミノ化のもう一つの方法として,水素化(金属触媒を用いて水素ガスで還元する)がある.これらの還元反応のほとんどは,このような高温や高圧を必要としない.

水素化はいろいろな官能基を還元するよい方法であるが,ふつうカルボニル基は還元しない.**官能基選択性**(chemoselectivity)を示す還元剤および他の種類の反応剤については 23 章で詳しく説明する.

Ph-CHO + NH_3, 70 °C, H_2, Ni (金属触媒), 90 atm (高圧が必要) → Ph-CH₂CH₂-NH_2 収率 89%

水素化アルミニウムリチウムはアミドをアミンに還元する

ここまではカルボニル化合物とアミンから生成するイミニウムイオンの還元反応について述べてきた．イミニウムイオンはアミドを水素化アルミニウムリチウム $LiAlH_4$ で還元する際にも生成する．まずヒドリドがカルボニル基に付加することにより四面体中間体が生成し，これがイミニウムイオンに分解する．

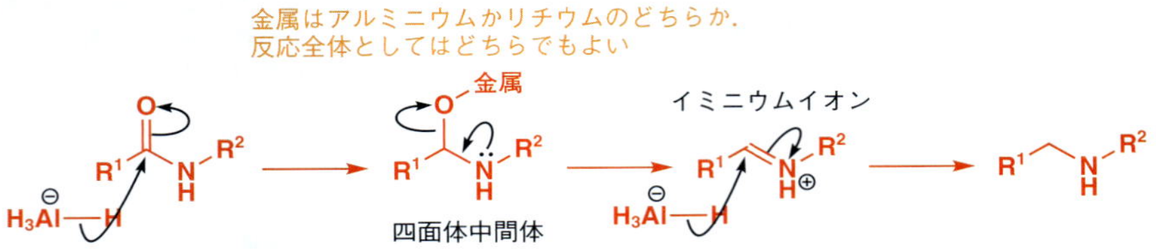

金属はアルミニウムかリチウムのどちらか．
反応全体としてはどちらでもよい
金属
イミニウムイオン
四面体中間体

もちろんイミニウムイオンは出発物のアミドよりも求電子性が高い（アミドのカルボニル基は最も求電子性が低い）ので，第二級アミンに還元されてしまう．この反応は第一級アミンと酸塩化物から第二級アミンを合成するのに利用できる．$LiAlH_4$ を用いた同様の還元によりニトリルから第一級アミンが得られる．

H2N－R2
LiAlH4
LiAlH4

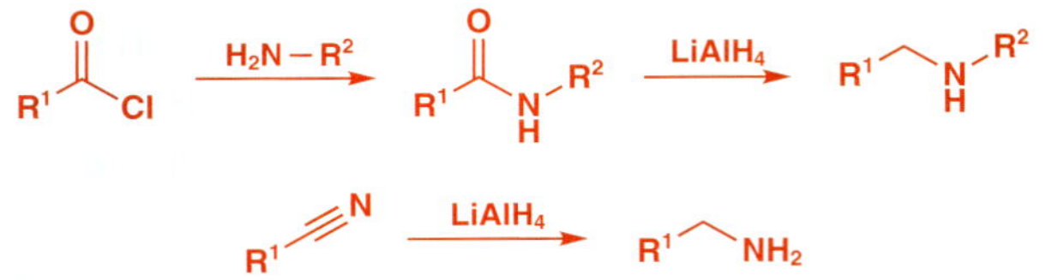

クモ毒の合成：還元的アミノ化

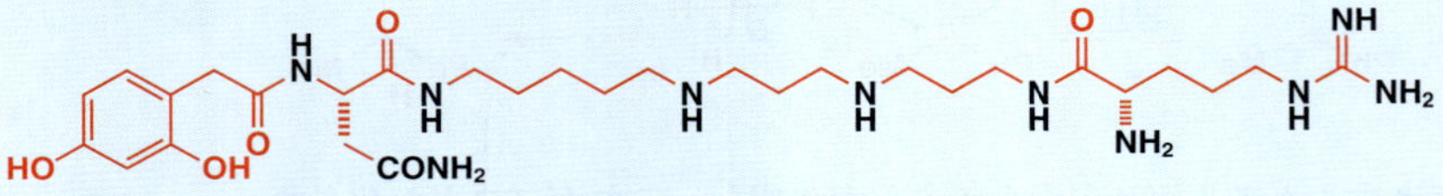

上の化合物はクモの一種 orb weaver spider が獲物を麻痺させるのに用いている毒である．右端にグアニジン部位をもつことに注意してほしい．これは安定なイミンであり，その強い塩基性については 8 章で述べた．

クモはこの毒を極微量しか産生しないので，英国の化学者たちはその生物活性を研究するため実験室で合成しようとした．この化合物にはいくつかのアミドとアミン官能基があり，合成するには第二級アミン部位の 1 箇所で還元的アミノ化を利用して 2 分子を結合するのが最良と考えた．

下に示した反応で合成された化合物は，ほぼ目的とするクモ毒の構造を有している．茶で示した余分な官能基は保護基であり，これらのアミン部位とフェノール部位で副反応が起こるのを防いでいる．23 章で保護基について詳しく述べる．

フラグメント 2
フラグメント 1
NaBH3(CN)
20 °C, 2h
収率 48%

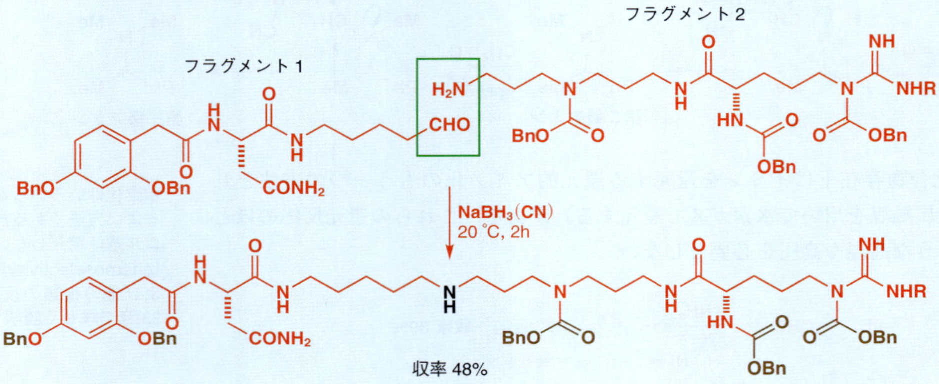

シアン化物はイミニウムイオンを攻撃する：アミノ酸の Strecker 合成

シアン化物はイミニウムイオンと反応して α-アミノニトリルを生じる．この化合物自身はあまり重要ではないが，加水分解すると α-アミノ酸になる．このアミノ酸合成法は **Strecker 合成** として知られている．もちろん天然から得られるアミノ酸を合成することは通常必要ではない．タンパク質を加水分解して抽出できるからである．

ここに示す Strecker 合成はフェニルグリシンの例であり，これは天然のタンパク質中には存在しないアミノ酸である．シアン化物イオンは出発物のベンズアルデヒドよりも，最初に生成したイミニウムイオンのほうに速く付加する．

> ニトリルをカルボン酸へ加水分解する反応機構が書けるか確かめておこう（10章参照）．

C=O 結合を C=C 結合に置き換える：Wittig 反応の概略

カルボニル基での置換反応を終える前に，もう一つ紹介しておきたい反応がある．それは **Wittig 反応** という重要な反応であり，27 章で再度詳しく述べる．反応機構はこれまでのものと異なるが，C=O 結合を C=C 結合に変換する反応なので，ここで簡単にふれる．

Wittig 反応とは，カルボニル化合物（アルデヒドとケトン）と **ホスホニウムイリド**（phosphonium ylide）として知られている反応剤との反応である．**イリド**（ylide）とは隣り合った原子がそれぞれ正と負の電荷をもつ反応剤のことである．ホスホニウムイリドは **ホスホニウム塩**（phosphonium salt）を強塩基によって脱プロトンすることによりつくられる．ホスホニウム塩については，5 章でホスフィン（トリフェニルホスフィン）とハロゲン化アルキル（ヨウ化メチル）との反応によって四面体構造のホスホニウム塩を生成することを述べた．

> Wittig 反応の名は，その発見者で 1979 年にノーベル賞を受賞した Georg Wittig（1897〜1987）にちなんでいる．

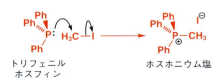

次に典型的な Wittig 反応の例を示す．ホスホニウム塩から出発し，ブチルリチウムや水素化ナトリウムなどの強塩基により脱プロトンした後，カルボニル化合物と反応させると，アルケンが収率 85% で得られる．

> 正電荷をもつリン原子は炭素の負電荷を安定化する．そのためホスホニウム塩は強塩基によって脱プロトンできる新しい種類の"炭素酸"（8 章で述べたものに加えて）とみなすことができる．ヒドリドイオン H⁻ は H₂（pK_a 約 35）の共役塩基である．

それでは反応機構はどうなっているのだろうか．この反応はこれまで本章で取上げてきたどの反応とも異なるが，求核剤のカルボニル基への攻撃によって反応が開始する点は同じである．求核剤となるのはホスホニウムイリドのカルボアニオン部位である．こ

の付加反応により負に荷電した酸素原子が生成し，これが正に荷電したリン原子を攻撃して一般に**オキサホスフェタン**（oxaphosphetane）とよぶ4員環化合物が生成する．

この4員環化合物は他の多くの4員環化合物と同様不安定であり，二重結合が二つ生じるように分解する．反応は巻矢印で示すように環状反応であり，**ホスフィンオキシド**（phosphine oxide）とともに生成物であるアルケンが生成する．

元素の化学は，特定の性質によって特徴づけられることが多い．リン元素の化学の中心を貫くものは，酸素に対する例外的に強い親和性である．P=O 結合は 575 kJ mol^{-1} の結合エネルギーをもち，最も強い二重結合の一つである．そのため Wittig 反応は不可逆的であり，P=O 結合の生成を推進力として反応が進行する．ここではアセタールやイミンを合成するときのように平衡反応を注意深く制御する必要はない．

11・6 終わりに

本章では 10 章と同様，多種多様な反応を述べたが，反応機構にはすべて関連性があることを理解してほしい．もちろん本章で述べたことは網羅的ではない．カルボニル基のありとあらゆる反応を網羅することは不可能である．だが6章，9章，10章を学んだ後では，カルボニル基への求核付加を含む反応ならばどんな反応であれ，妥当な反応機構を自信をもって書けるはずである．たとえば欄外の反応の機構を考えてみてほしい．

次章では，"妥当な反応機構"についてもう少し詳しく述べる．反応機構が妥当であるかどうかはどのようにしてわかるのだろうか．そしてそれを理解するために何ができるのだろうか．平衡や反応速度など本章で取上げた話題のいくつかについてもより詳しく取扱う．カルボニル基については 20 章で再度取上げ，そこではこれまで明らかにされてきていない求核的な性質について述べる．

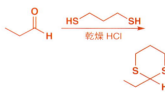

ヒント．周期表における硫黄の位置を参考にせよ．

問　題

1. 次の反応の機構を示せ．いずれもカルボニル酸素が消失している．

2. 次の化合物はいずれもアセタールである．これはアルデヒド

あるいはケトンと二つのアルコール部位から生成する．これらのアセタールがどのような化合物から合成されたか示せ．

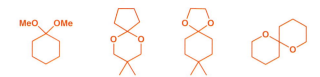

3. 最も小さいアルデヒドであるホルムアルデヒド（メタナール，$CH_2=O$）を用いる次の二つの反応の機構を示せ．

4. 230 ページでアセタールの選択的な加水分解について述べた．なぜこの反応では残りの二つのアセタール（一つはチオアセタール）は加水分解されないか．またこれらを加水分解するにはどのようにすればよいか．クロロホルム $CHCl_3$ は溶媒である．

5. 232 ページで次の Grignard 反応剤は"不安定な構造で合成できない"と述べた．なぜ不安定か．これを合成しようとすると何が起こるか．

6. 次の反応の機構を示せ．

7. 242 ページで述べた課題を思い出そう．次のジチオアセタール生成反応の機構を示せ．

8. 6章で抗ハンセン病薬であるダプソンを亜硫酸水素塩化合物とすることにより溶解度を向上させることができることを述べた．本章で述べた反応を理解していれば，この反応の機構を説明することができるはずである．この付加物は"プロドラッグ"とよばれているが，これはヒトの体内でダプソンを生成することができるという意味である．どのようにしてダプソンが生成するのだろうか．

9. ベンズアルデヒドとアンモニアとの反応により次に示す安定な化合物を単離することができる．この化合物の生成機構を示せ．

10. 次の反応式について，次の問いに答えよ．
   (a) それぞれの分子の官能基を示せ．
   (b) それぞれの変換反応を行うのに必要な反応剤を示せ．

11. シクロヘキサン-1,4-ジオンから3段階で抗偏頭痛薬であるフロバトリプタン（frovatriptan）の合成中間体が調製できる．その方法を示せ．

平衡，反応速度，および反応機構 12

関連事項

必要な基礎知識
- 分子の構造 4章
- 反応機構の書き方 5章
- カルボニル基への求核攻撃 6章，9章
- 酸性度と pK_a 8章
- カルボニル基での置換反応 10章，11章

本章の課題
- 平衡を決めるもの
- 自由エネルギー，エンタルピー，エントロピー
- 反応速度を決めるもの
- 中間体と遷移状態
- 触媒はどう働くか
- 反応に対する温度効果
- なぜ溶媒が問題なのか
- 速度式と機構の関係

今後の展開
- 飽和炭素での置換反応 15章
- 立体配座平衡 16章
- 脱離反応 17章
- 反応機構の解明 39章

 有機化学の研究室をのぞいてみると，ある反応は溶媒が沸騰するまで（たぶん 80〜120 ℃）加熱し，別の反応は −80 ℃ あるいはそれ以下の温度で行っている．ある反応は数分で終わってしまうのに，何時間もかけて反応する場合もある．反応によっては使う反応剤の量が決定的であるが，別の反応では大過剰に使うこともある．水を溶媒に使う反応もあるが，湿気を厳密に除いてトルエン，エーテル，エタノール，あるいは DMF などの無水溶媒を使って初めてうまく進む反応もある．なぜこのように広範囲の反応条件が必要なのか．希望する反応の最適条件をどう決めたらよいのか．これらすべてを説明するためには，熱力学の基本について学ぶ必要がある．本書では，詳しい数学には立ち入らないで，実際的な立場から図を用いて説明しようと思うが，物理化学の教科書を開いてみることもお勧めする．巻末には参考書を示しておく．実際には，数式を二つだけ用いる．両方とも非常に重要な式なので覚えてほしい．特に二つ目は，反応がどう進むか考えるときにきわめて有用である．

> ものを混ぜるだけの時代は終わった．物理化学の原理が，有機化学も含めて化学の全分野の基盤となっている．
> Christopher Ingold（1893〜1970）
>
> Ingold は反応機構の多くを明らかにした．これらは有機化学の基礎になっている．

12・1 反応はどのくらい速く，どこまで進むか

 これまでの章で，反応の**可逆性**（reversibility）について述べたことがある．たとえば，次のように記述した．

> シアノヒドリンの生成は可逆である．シアノヒドリンは水に溶かすだけで出発物のアルデヒドまたはケトンに戻る（6章）．HCl はほとんど完全にプロトンを水に渡すので強酸である．しかし，カルボン酸から水へのプロトン移動はあまり進まない（8章）．SO_2 と HCl は気体として反応混合物から失われるので，この反応は不可逆である（10章）．四面体中間体は分解して，エステルに戻るか生成物の酸とアルコールになるかどちらへも進み得る（10章）．

 種々の化合物の**相対的安定性**（relative stability）については，次のように記述した．

> 酸の強さを決める最も重要な因子は共役塩基の安定性である（8章）．フッ素の電気陰性度は炭素よりもずっと大きいので F^- は CH_3^- よりもずっと安定である（8章）．オキシムは，電気的に陰性な置換基がイミン二重結合と共役できるので，単純なイミン

よりも安定である（11章）．

反応速度（rate of reaction）に関しては次のような記述があった．

ベンズアルデヒドは2-プロパノール中でアセトフェノンよりも約400倍速く反応する（6章）．無水酢酸はアミンと室温でもきわめて速く反応する（反応は数時間で完結する）が，アルコールとの反応は塩基がないと非常に遅い（10章）．第二級アミドと第三級アミドは加水分解しにくいが，水が少量と強塩基が大量にあれば同じような機構で反応する（10章）．アルデヒドあるいはケトンとアルコールから非環状のヘミアセタールを生成する反応はかなり遅いが，酸あるいは塩基が大きく加速する（11章）．

ここで，反応がどちらの方向（正方向か逆方向）へ進むのか，反応によって不可逆であったり，平衡になったりするのはなぜか，また，反応によって速かったり，遅かったりするのはなぜか，そして，これらのすべての現象が安定性とどう関係しているか詳しく考えていこう．これらの要因が理解できれば，希望する反応をより速く進め，避けたい反応を遅くして抑え，生成物を収率よく得ることが可能になる．反応機構を各段階に分割し，どの段階が最も重要であるか考えればよいが，その前に考えなければならないのは，分子の"安定性"とはいったい何を意味するのか，そしてある物質が別のものと平衡になっているときに，得られる量を決めているのは何か，である．

安定性とエネルギー

これまでのところ，"この化合物は他の化合物よりも安定である"というように，**安定性**（stability）という言葉をあいまいに使ってきた．その正しい意味は，ある化合物がもっているエネルギーが別のものと比べて多いか少ないかということである．たとえば，アルケンにはシスとトランスの異性体がある（4章，7章）が，一般にシス形のアルケンよりトランス形のアルケンのほうが安定である．これはどうしてわかるのだろうか．*cis*-2-ブテンと *trans*-2-ブテンはいずれも水素化によって同じアルカン（ブタン）になる．この反応ではエネルギーが放出されるので，そのエネルギー量を測定すると，*cis*-2-ブテンの水素化による放出エネルギーのほうが *trans*-2-ブテンよりも 2 kJ mol^{-1} だけ多いことがわかる．*cis*-2-ブテンのほうがそれだけ高エネルギーであり，不安定である．これを下のエネルギー図のように表すことができる．2本の赤い線は分子のエネルギーを表し，黒い矢印は水素が付加したときに放出されるエネルギー量を表す．

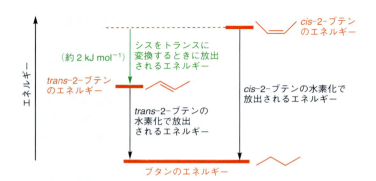

このエネルギーの比較は二つの化合物が相互変換できるときに，特に意味がある．たとえば，アミドのC-N結合まわりの回転はその二重結合性のために遅くなっている（7章）．

▶ 他の反応を抑えてエステルからケトンをつくる反応速度を上げるにはどうしたらよいかについて220ページで考察した．

▶ ベンゼンとシクロオクタテトラエンの安定性を比べるために(155ページで)同様の説明をした．

C−N 結合は回転できるが，遅いので NMR スペクトルで測定できる．RNH−COR 型のアミドには，二つの R 基が互いにシスとトランスになる形があるはずである．R の大きさによって，一方が他方よりも安定になると予想でき，**エネルギー断面図**（energy profile diagram）によって二つの分子のエネルギー関係を表すことができる．

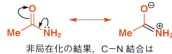

非局在化の結果，C−N 結合はやや二重結合性をもつ

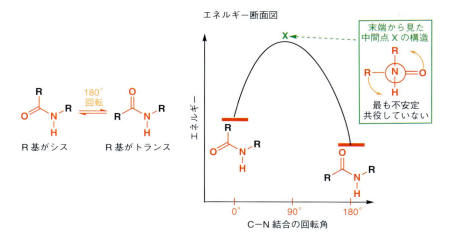

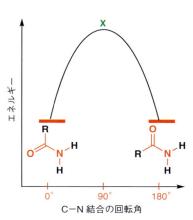

この図には横軸があり，C−N 結合まわりの回転角を示している．2 本の赤い線は分子のエネルギーを，黒い曲線は二つの形が相互変換するときに起こるエネルギー変化を示している．C−N 結合が回転するに従ってエネルギーが上昇し，90°回転して共役がなくなった（窒素の非共有電子対は C=O π* 軌道と直交すると C=O 結合に非局在化できなくなる）とき X 点で極大値に達し，さらに回転して共役を回復するとエネルギーはまた下がる．

二つの状態の相対的エネルギーは R の性質によって変わる．上の左に示す例では，シス形の構造がトランス形よりもずっと不安定であり，R が大きい場合に相当する．この変換の平衡定数 K は次のように定義できる．R が大きければ，K は非常に大きくなる．

$$K = \frac{[\text{R 基がトランスのアミド}]}{[\text{R 基がシスのアミド}]}$$

別の極端な例は，窒素の R が H の場合である（上右）．このときは二つの構造のエネルギーは等しくなる．回転の過程は同じであるが，二つの構造には違いがなくなり，平衡定数は正確に $K = 1$ になる．

もっと一般的に考えると，アミドの回転は単なる平衡反応の例にすぎない．"C−N 結合の回転角"を**反応座標**（reaction coordinate）といいかえれば，出発物と生成物が平衡状態にある反応の代表例になる．

シス体とトランス体のアルケンは，触媒がなければふつうは相互変換しない．このことについては 102 ページでより詳しく述べた．

反応座標は，出発物分子が生成物分子になる反応の進行度を表す任意の尺度にすぎない．

平衡定数は出発物と生成物のエネルギー差によってどう変わるか

アミドの二つの形のエネルギーが等しいとき，その変換の平衡定数は $K = 1$ になることを確かめた．一方が他方より高エネルギーであれば K は"大きくなる"とだけ述べた．どんな平衡反応においても，**平衡定数**（equilibrium constant）K は出発物と生成物のエネルギー差 ΔG と次式の関係にある．

$$\Delta G = -RT\ln K$$

ここで，ΔG（反応の **Gibbs** エネルギー，自由エネルギー free energy ともいう）は両状

この関係式は米国の物理化学者 J. W. Gibbs によって 1870 年代に導かれた．

態間のエネルギー差（kJ mol^{-1}），T は温度（℃でなく Kelvin 単位，K），R は**気体定数**（gas constant）で $R = 8.314$ J K^{-1} mol^{-1} である．

生成物と出発物のエネルギー差がわかれば，この式から**平衡組成**（equilibrium composition），すなわち平衡において各成分がどのくらい存在するか計算できる．

反応例：アルデヒドの水和反応

水はアルデヒドのカルボニル基に可逆的に付加することを述べた（6章）．すなわち，アルデヒドとその水和物は平衡になっている．ここでは，イソブチルアルデヒド（2-メチルプロパナール）について考える．水の濃度は左右で同じとみなすと，平衡定数は水和物とアルデヒドの平衡濃度の比になる．

> 反応には水が含まれているが，§8・4で述べたように，水溶媒の濃度は実質的に一定で 55.5 mol dm^{-3} なので，通常平衡定数には含めない．[訳注：平衡定数 K に水の濃度を含めない理由は，熱力学的に溶媒の活量が1であることからきている．]

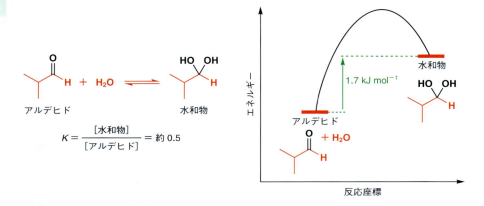

$$K = \frac{[水和物]}{[アルデヒド]} = 約\ 0.5$$

平衡における水溶液中の水和物とアルデヒドの濃度は，UV 吸収の測定によって定量できる．既知濃度のアルデヒド水溶液の UV 吸収を測定し，これをシクロヘキサンのような水和物を生成しない溶媒中での吸収と比較すればよい．このような実験によって，水中，25 ℃におけるこの反応の平衡定数は約 0.5 であることがわかり，平衡混合物にはアルデヒドが水和物の約 2 倍含まれていることがわかる．これは前ページの式を用いると，$\Delta G = -8.314 \times 298 \times \ln(0.5) = +1.7$ kJ mol^{-1} に相当する．いいかえれば，水溶液中において水和物はアルデヒドよりも 1.7 kJ mol^{-1} だけエネルギーが高いことになる．この関係はすべてエネルギー図に表すことができる．

ΔG の符号によって平衡が出発物と生成物のどちらに偏るかわかる

上に示した平衡では，水和物のエネルギーがアルデヒドよりも高いので，平衡では水和物よりもアルデヒドのほうが多く存在し，平衡定数は 1 よりも小さい．このような関係になる（すなわち，平衡が生成物よりも出発物のほうに偏っている）ときには常に K は 1 より小さい．このことは K の対数値が負であり，（$\Delta G = -RT\ln K$ の関係から）ΔG が正になることを意味する．逆に，生成物が出発物よりも安定であるような反応では，K は 1 より大きく，ΔG は負になる．$K = 1$ であれば，ΔG は 0 になる．

> 反応の ΔG の符号から，平衡が出発物と生成物のどちらに偏るかわかる．しかし，平衡に達するまでにどのくらい時間がかかるかは ΔG からはわからない．反応に何百年もかかるということもありうる．この問題については後述する．

> **ΔG から平衡の位置がわかる**
> - $\Delta G < 0$ ならば，平衡は生成物に偏る
> - $\Delta G > 0$ ならば，平衡は出発物に偏る
> - $\Delta G = 0$ ならば，反応の平衡定数は 1 になる

ΔG の小さな変化が平衡定数の大きな違いになる

アルデヒドと水和物のエネルギーの微小な違い（$1.7\,\text{kJ mol}^{-1}$ は，C–C 結合の強さが約 $350\,\text{kJ mol}^{-1}$ であるのと比べると小さい）でも，平衡組成はかなり大きく違った．これは，式 $\Delta G = -RT\ln K$ における対数項のためである．比較的小さいエネルギー差が K に対して非常に大きな効果をもつ．表 12・1 に，平衡定数 K とそれに対応するエネルギー差 ΔG を 0 から $50\,\text{kJ mol}^{-1}$ にわたってまとめてある．これらのエネルギー差は比較的小さいが，平衡定数は非常に大きく変化する．

典型的な化学反応で"平衡を生成物に偏らせる"とき，たとえば生成物を 98% 得て出発物が 2% だけ残っていてもよいとしよう．このためには，表 12・1 から平衡定数が 50 より少し大きければよく，エネルギー差はわずか $10\,\text{kJ mol}^{-1}$ あればよいことがわかる．この小さなエネルギー差で十分であり，収率 98% といえば満足のいく結果になる．

表 12・1 $\Delta G°$ と K の関係

$\Delta G°$†	K	平衡における安定形の %
0	1.0	50
1	1.5	60
2	2.2	69
3	3.5	77
4	5.0	83
5	7.5	88
10	57	98
15	430	99.8
20	3,200	99.97
50	580,000,000	99.9999998

† kJ mol^{-1}．

エネルギーを kcal mol^{-1} 単位で表している本もある．
$$1\,\text{kcal} = 4.184\,\text{kJ}$$
栄養学で"カロリー"というときには，実際にはキロカロリーを意味している．大人 1 人が 1 日に出すエネルギーは約 $10{,}000\,\text{kJ}$ である．

12・2 平衡を目的物に偏らせるにはどうしたらよいか

エステルの直接生成

エステルの生成と加水分解について 10 章で述べた際，酸とエステルは平衡にあって平衡定数がほぼ 1 になることを説明した．平衡の位置は出発物にも生成物にも偏らないので，実際に 100% エステルに変換したいと思ったら，反応条件をどう調節したらよいだろうか．

$$\text{RCO}_2\text{H} + \text{MeOH} \underset{}{\overset{\text{H}^+ \text{触媒}}{\rightleftharpoons}} \text{RCO}_2\text{Me} + \text{H}_2\text{O} \qquad K = \frac{[\text{RCO}_2\text{Me}][\text{H}_2\text{O}]}{[\text{RCO}_2\text{H}][\text{MeOH}]} = \text{約 } 1$$

重要な点は，温度が一定である限りどんな温度でも，平衡定数は文字どおり"一定値"になることである．この事実から，濃度比が一定でなければならないので，生成物（場合によっては出発物）に平衡を偏らせる工夫ができる．たとえば，上の反応でメタノールをもっと加えるとどうなるか考えてみるとよい．[MeOH] は増大するが，K はそのまま変わらないので，酸がもっとエステルに変換されることになる．一方，平衡系から水を取除くことを考えてみよう．[H_2O] が下がるので，K を 1 の一定値に保つために，酸とメタノールの濃度が下がってエステルと水になる．

メタノールを余分に加えると
この二つが大きくなる
$$K = \frac{[\text{RCO}_2\text{Me}][\text{H}_2\text{O}]}{[\text{RCO}_2\text{H}][\text{MeOH}]} = \text{約 } 1$$
これが小さくなる　これが大きくなる（余分のメタノール）

水を取除くと
これが大きくなる　これが小さくなる（水を取除く）
$$K = \frac{[\text{RCO}_2\text{Me}][\text{H}_2\text{O}]}{[\text{RCO}_2\text{H}][\text{MeOH}]} = \text{約 } 1$$
この二つが小さくなる

これが，実際に実験室で行われている方法にほかならない．実験室でエステルをつくるには，アルコールを大過剰に用い，水ができると連続的に反応系から，たとえば留去によって取除く．このことは，平衡混合物に微量の水，大量のエステルとアルコール，それにカルボン酸がごく少量存在することを意味する．いいかえれば，カルボン酸をエステルに変換したことになる．それでも酸触媒を使う必要があるが，水が加わることは望ましくないので，その酸は無水でなければならない．よく用いる酸は，トルエンスルホン酸（TsOH と略す），濃硫酸 H_2SO_4 や HCl ガスである．酸触媒は平衡位置を変えないで，単に反応を加速し，短時間に平衡に到達させる．これが重要な点であり，次項で説明する．

➡ TsOH については 230 ページ参照．

代表的なエステル合成法

カルボン酸と過剰のアルコール（あるいはアルコールと過剰のカルボン酸）を触媒となる強酸（ふつう HCl か H_2SO_4）約 3～5%とともに加熱還流し，反応で生成した水を留去すればよい．たとえば，ブタノールを酢酸4当量と触媒量の濃 H_2SO_4 とともに加熱還流すると，収率70%で酢酸ブチルが得られる．

反応中に生じた水を留去することも助けになる．アジピン酸ジエチル（ヘキサン二酸のジエチルエステル）は，トルエン溶液中でエタノール6当量と触媒量の濃 H_2SO_4 を用いて還流し，Dean-Stark 装置を使って水を留去しながらつくることができる．収率をみれば平衡が望む方向になっていることがわかる．

これらの場合には，出発物を過剰に用いたり，生成物の一つを取除いたりすることによって，平衡をさらに大きく偏らせているが，平衡定数は当然ながら一定である．

エステル加水分解の代表的な方法

エステルを加水分解して酸とアルコールに戻す方法はほとんどすべて，水を過剰に使うだけである．$[H_2O]$ を大きくすれば，平衡を保つためにより多くの酸とアルコールが生成する．条件を選べば，酸とアルコールが高収率で得られる．

12・3 エントロピーが平衡定数を決める重要な要因になる

247ページで説明した式によると，平衡は出発物と生成物のうちエネルギーの低いほうに偏る．しかし，低エネルギーの成分が有利になるのはなぜかと疑問に思うのも無理はない．高エネルギーの成分が多少とも得られるのはなぜか．たとえば，248ページの水和反応においては，水和物は出発物のアルデヒドより $1.7\,kJ\,mol^{-1}$ だけエネルギーが高い．それなのになぜアルデヒドは反応するのだろうか．確かに平衡は低エネルギー状態に偏るが，その状態ではアルデヒドが水和物より単に多いというだけではなくて，水和物も存在するのはなぜか．

答はエントロピー（entropy，乱雑さの尺度）にある．出発物と生成物にエネルギー差がある場合でも，不安定な成分がいくらか得られる．簡単にいえば，混合物のほうが純粋な化合物よりもエントロピーが高いので，混合物のほうが有利であり，平衡は全体としてエントロピーを最大にするように偏る傾向がある．これは全く新しい概念かもしれないので，この考え方をここで順を追って説明していこう．

エネルギー，エンタルピー，およびエントロピー：ΔG, ΔH, ΔS の関係

すぐ上の欄外に示した式は，エネルギー ΔG の符号と大きさだけによって平衡がどちらに偏るか決まることを表している．ΔG が負であれば平衡は生成物に偏り，ΔG が大きく負であれば反応は完結するまで進む．表12・1によれば，反応が完結するには，ΔG が

たった $-10\,\text{kJ mol}^{-1}$ 程度で十分である．しかし，ΔG が物理的には何を意味するのかについては，まだ考えていなかった．

これを考えるためには，二つ目の式を導入する必要がある．反応の Gibbs エネルギー ΔG は，もう二つの量，すなわち，反応の**エンタルピー**（enthalpy of reaction）ΔH と反応の**エントロピー**（entropy of reaction）ΔS と次式の関係がある．

$$\Delta G = \Delta H - T\Delta S$$

前の式と同じく，T は Kelvin 単位で表した反応温度である．エンタルピー H は熱の尺度であり，化学反応におけるエンタルピー変化 ΔH は，その反応で**放出**または**吸収される熱**である．熱を放出する反応を**発熱反応**（exothermic reaction）といい，ΔH は負になる．熱を吸収する反応を**吸熱反応**（endothermic reaction）といい，ΔH は正になる．結合を切るにはエネルギーが必要であり，結合をつくるとエネルギーが放出されるので，エンタルピー変化は生成物が出発物よりも安定な結合をもっているかどうかを示す．

エントロピー S は系の**乱雑さ**（disorder）の尺度である．したがって，ΔS は出発物と生成物のエントロピーの差（乱雑さの違い）を表す．生成物がもっと乱雑になれば ΔS は正になり，乱雑でなくなれば ΔS は負になる．

したがって，ΔG は熱 ΔH と乱雑さ ΔS の組合わせで表せる．しかし，この関係は反応を望むように制御したいと思っている有機化学者にとってどんな意味があるのだろうか．望ましい反応（平衡が生成物に偏っている反応）は，ΔG が負になることはわかっている．実際，大きく負になると，平衡定数が大きくなるので望む方向である．関係式 $\Delta G = \Delta H - T\Delta S$ によれば，大きな負の ΔG は次のような場合に得やすい．

1. ΔH が負である，すなわち発熱反応である
2. ΔS が正（したがって $-T\Delta S$ が負）である，すなわち反応により系の秩序が乱れる

もちろん，吸熱反応（すなわち $\Delta H > 0$）からでも，反応生成物が出発物よりも大きく乱雑になっていればの話だが，負の ΔG は可能である．同じく，反応が進むにつれて秩序立ってくるような場合にも，エントロピーの損失を埋め合わせる以上に発熱的であれば，反応を進めることができる．

エントロピー項には温度因子 T が掛け算で入っているので，ΔH と ΔS の相対的な重要度および平衡定数 K（ΔG によって決まる）は，いずれも温度とともに変化する（エントロピー変化 ΔS は高温で重要度を増す）．この関係が実際にどのように影響するか，いくつかの例で調べてみよう．

エンタルピー対エントロピー：その例

エントロピーが，分子間反応と分子内反応の平衡定数の違いを決定づけている．6 章において，ヘミアセタールの生成は平衡になることが多く，出発物と生成物のどちらかに大きく偏ることもないことを説明した．たとえば，エタノールのアセトアルデヒドへの付加反応（次ページ上の左側の式）の平衡定数は，1 から大きくずれていない．したがって，ΔG はほぼ 0 のはずである（事実，ほんのわずかに正である）．反応のエンタルピー変化は結合エネルギーの変化の結果である．この反応では，C=O 二重結合が二つの C−O 単結合になる．そしてこの二つの単結合は C=O 二重結合よりもかろうじて安定なので，ΔH はわずかに負である．しかし，これに反するように作用するのは，生成するヘミアセタール 1 分子当たり出発物が 2 分子消費される事実である．分子数の減少（そしてアルデヒドとアルコールの混合物から純粋なヘミアセタールへの移行）は，反応混合物の秩序の増大，いいかえればエントロピーの減少をもたらす．ΔS は負になるの

で，$-T\Delta S$ は正で，ちょうど小さい負の値である ΔH を相殺する程度になり，結果的に ΔG はわずかに正になる．

分子間ヘミアセタールの生成

C=O 結合は C-O 結合二つよりもやや不安定であるために ΔH は小さい負の値になる
生成物は 1 分子なので出発物が 2 分子よりも本質的に乱雑さが少なくなり，ΔS は負になる
$\Delta G = \Delta H - T\Delta S$ から ΔG は正であり，平衡は左に偏る

分子内ヘミアセタールの生成

この反応でも，C=O 結合は C-O 結合二つよりもやや不安定なので，ΔH は小さい負の値になる
反応中に分子数が減ることはないので，ΔS は負にならない
$\Delta G = \Delta H - T\Delta S$ から ΔG は負であり，平衡は右に偏る

右側の反応は分子内反応なので事情が異なる．ヒドロキシ基とカルボニル基が同じ分子にある．ΔH は，左側の分子間反応とほぼ等しいと考えられるが，分子内反応では反応が進んでも 1 分子は 1 分子のままである．したがって，エントロピーの減少はほとんどない．この反応の $T\Delta S$ は負の ΔH を逆転することはないので，ΔG は全体として負であり，平衡は右に偏る．

➡ これについては 230 ページ参照．

11 章で，アセタールを塩基性条件に安定な保護基としてカルボニル基の保護に用いると，求核剤の攻撃を防ぐと述べた．アセタールとしてよいのは環状のジオキソランである．環状アセタールは非環状のものより加水分解されにくく，つくるのも簡単である．ジオキソランはケトンからでも非常に容易に生成する．その安定性は，ここでもエントロピー効果によるものである．非環状アセタールの生成（下左）では 3 分子から 2 分子が生成するのに対して，環状アセタールの場合には 2 分子（ケトン＋ジオール）から 2 分子（アセタール＋水）が生成するので，通常は不利な ΔS 項が障害にならない．

非環状アセタールの生成

2 ROH + R-CO-R ⇌ R-C(OR)(OR)-R + H$_2$O

3 分子から　　　　　2 分子ができる

環状アセタールの生成

HO-OH + R-CO-R ⇌ [環状アセタール] + H$_2$O

2 分子から　　　　　2 分子ができる

エントロピー対策：オルトエステル

非環状アセタールが生成するときのエントロピー問題を避けるスマートな方法がある．アルコールの供給源としてオルトエステル (orthoester) を使うものである．オルトエステルは"エステルのアセタール"とみなすことができ，酸触媒で加水分解されてエステル 1 分子とアルコール 2 分子になる．加水分解機構は右のとおりである（このような反応機構にはもう十分慣れているだろう）．

ケトンやアルデヒドはオルトエステルとアセタール交換を起こす．その反応機構は，オルトエステルが加水分解されたようにみえるが，生成したアルコールはすべてケトンに付加してアセタールを生じる．生成した水はオルトエステルの加水分解に使われるので，平衡から取除かれる．結果的に 2 分子から 2 分子が得られるので，もはやエントロピーは敵ではない．

オルトエステル

オルト酢酸トリエチル　オルトギ酸トリメチル

オルトエステル ─[H$_2$O, H$^+$触媒]→ エステル ＋ 2 MeOH

オルトギ酸トリメチル →[H$^+$]→ オキソニウムイオン 水の攻撃 →[±H$^+$]→ →[$-$H$^+$]→ ギ酸メチル

＋ ケトン ─[MeOH, H$^+$触媒 20 °C 15 min]→ ギ酸メチル ＋ ケトンのアセタール

12・4 平衡定数は温度とともに変化する

平衡定数は温度が変化しない限り一定であると述べた（§12・2参照）．平衡定数が温度とともにどう変化するか示す関係式は，次のように導くことができる．重要な関係式 $\Delta G = -RT \ln K$ と $\Delta G = \Delta H - T \Delta S$ の二つをあわせると，

$$-RT \ln K = \Delta H - T \Delta S$$

となる．左右を $-RT$ で割ると次式が得られる．

$$\ln K = -\frac{\Delta H}{RT} + \frac{\Delta S}{R}$$

この式によって平衡定数 K はエンタルピーとエントロピーの項に分けられるが，K が温度とともにどう変化するか決めるのはエンタルピー項である．$\ln K$ を $1/T$ に対してプロットすると，傾きが $-\Delta H/R$ で切片が $\Delta S/R$ の直線が得られる．T（Kelvin 単位の温度）は常に正なので，傾きが正であるか負であるかは ΔH の符号による．すなわち，ΔH が負であれば，温度が高くなるにつれて $\ln K$（したがって K）が減少する．いいかえれば，発熱反応（すなわち熱を出す反応）では，高温で平衡定数が小さくなる．吸熱反応では，温度が高くなるにつれて平衡定数は大きくなる．

反応によっては加熱すると逆反応が起こる：熱分解

上の式が意味するところは，温度の上昇とともに平衡定数に対するエンタルピーの寄与は小さくなり，したがって，高温ではエントロピー項が重要になるということである．いいかえれば，反応によっては平衡が低温で生成系に有利になるが，別の反応では逆に高温で有利になるということである．反応例として，シクロペンタジエンの二量化がある．この反応の機構は 34 章で出てくるが，ここでは単に C＝C π 結合が二つ C−C σ 結合二つに置き換わる単純な二量化反応と考えればよい．σ 結合は π 結合よりも強いので，この反応はエンタルピー的に非常に有利な反応である．単量体 2 分子のほうが二量体 1 分子よりもエントロピーが大きい（$\Delta S < 0$）にもかかわらず，低温においておくとシクロペンタジエンは二量体になってしまう．

しかし，加熱すると二量体は単量体のシクロペンタジエンに分解する．高温では平衡が出発物に有利になっている．この反応は発熱反応なので，予想どおり，加熱すると平衡は不利になるのである．式 $\Delta G = \Delta H - T \Delta S$ に従って考えることもできる．すなわち，低温では大きい負の ΔH が支配的になり，ΔG も大きい負の値になる．しかし，T が大きくなると正の $-T \Delta S$ がより重要になり，最終的には $T \Delta S$ が ΔH を超えて ΔG も正になる．そうなると平衡は出発物のほうに偏る．

シクロペンタジエンを使いたければ，二量体を加熱して分解しなければならない．もし無精して単量体を一夜放置して翌日反応に使おうと思っていると，実験しようとして二量体に戻っているのを見つけるのがおちである．

この考え方は，重合反応をみるともっと明白である．ポリ塩化ビニルは身近にあるプラスチック（塩ビ）であり，単量体の塩化ビニル分子を多数反応させてつくる．もちろん，この反応ではエントロピーの巨大な減少が伴うので，重合反応はどんなものでもある温度以上では起こらない．ポリマーによっては高温で解重合するので，これに基づい

Le Châtelier の原理

平衡にある系が，外部条件が変化するとどう変化するかを予測する規則，**Le Châtelier の原理**，についてよく知っているだろう．この原理によれば，平衡系に撹乱が加わると系はその影響を最小にするように変化する．たとえば，平衡にある反応混合物に出発物をさらに添加すると何が起こるだろうか．この余分の物質を消費するように生成物ができる．これは平衡定数が一定であるということに基づくものであって，誰それの原理などももち出すまでもない．

別の撹乱要因として加熱がある．加熱した場合に平衡反応系がどう変化するかは，その反応が発熱であるか吸熱であるかによる．発熱反応（熱を出す）の場合には，逆反応で熱を消費するので Le Châtelier の原理によれば，出発物が生成してくることになる．ここでも "原理" を必要としない．発熱反応では高温で平衡定数が小さくなるので，この変化が起こるのである．原理や規則をその科学的根拠を理解することなく使うことはやめよう．そうでなければ火遊びをする子どものようなものだ（火遊びは偶然とはいえ Le Châtelier の原理には従わない）．

温度が十分に高ければ、なにもかも分解して最終的には原子になる。これは、たくさんの粒子が混ざり合った状態のほうが少数の大きい粒子の場合よりもエントロピーが大きいからである。

> **熱力学の要点**
> - 反応の自由エネルギー ΔG は $\ln K$ に比例する（すなわち $\Delta G = -RT\ln K$）
> - ΔG と K はエンタルピー項とエントロピー項からなる（すなわち $\Delta G = \Delta H - T\Delta S$）
> - エンタルピー変化 ΔH は出発物と生成物の安定性（結合の強さ）の差である
> - エントロピー変化 ΔS は出発物と生成物の乱雑さの違いである
> - K が温度とともにどう変わるかはエンタルピー項だけで決まる
> - 温度が高くなるにつれて、エントロピー変化が平衡を支配的に決めている

12・5 反応速度論入門：どうやって反応を速くきれいに進めるか

化学の実験室では、加熱する反応が多い。加熱によって平衡位置が変わることはほとんどない。それはほとんどの反応が可逆的に起こるわけではなく、生成物と出発物の比は平衡比ではないからである。化学者が加熱して反応させるおもな理由は、単に反応を加速するためである。反応速度に関する研究分野を**速度論**（kinetics）という。

> 熱力学は平衡に関係し、速度論は反応速度に関係する。

反応の速度：活性化エネルギー

イソオクタンとよばれているガソリン主成分の炭化水素の燃焼反応のエネルギーは、298 K で $\Delta G = -1000$ kJ mol^{-1} である。

"イソオクタン"（液体）＋ O_2（気体） ⇌ 8 CO_2（気体）＋ 9 H_2O（液体）
$\Delta G = -1000$ kJ mol^{-1}

"イソオクタン"は 2,2,4-トリメチルペンタンの俗称である。

表 12・1 によると、$\Delta G = -50$ kJ mol^{-1} でさえ、とても大きな平衡定数になる。-1000 kJ mol^{-1} なら平衡定数は（298 K で）10^{175} という途方もない数値になる（観測可能な宇宙にある全原子数は約 10^{86} にすぎない）。ΔG のこの数値（あるいは対応する平衡定数の値）から考えると、イソオクタンは酸素があると存在できないことになる。それにもかかわらず、毎日のようにイソオクタンを自動車の燃料タンクに入れることができる。明らかに何かおかしい。

平衡位置が完全に燃焼生成物の側にあるにもかかわらずイソオクタンが酸素雰囲気でも存在できることから導ける唯一の結論は、イソオクタンと酸素の混合物は平衡状態ではないことである。平衡に達するためには、小さくとも爆発的なエネルギーが必要である。自動車エンジンでは点火プラグがこのエネルギーを供給し燃焼が起こる。このような爆発的エネルギーがなければ、ガソリンは安定で燃焼は起こらない（自動車をスタートしようとしてバッテリー上がりで悔しい思いをした経験があるだろう）。

ガソリンと酸素の混合物は、速度論的には安定であるが、反応の生成物（CO_2 と H_2O）と比べて熱力学的には不安定であるといえる。同じエネルギーを生成物の CO_2 と H_2O

に供給しても，ガソリンと酸素には戻らないことから，この混合物が熱力学的に不安定であることは確かである．

"速度論的に安定"であるということは，その混合物がもっと安定な生成物に変換されてもよいのに，エネルギー障壁によって生成物から切り離されているので変換されないことを意味している．イソオクタンの燃焼のような反応のエネルギー断面図を下に示す．生成物は出発物よりも安定である（エネルギーが低い）が，生成物になるためには出発物は反応の障壁を越える必要がある．この障壁を**活性化エネルギー**（activation energy）といい，ふつう E_a あるいは $\Delta G^\ddagger$ の記号で表す．

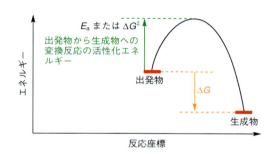

E_a と $\Delta G^\ddagger$ の違いはここでは問題にしない．詳しくは物理化学の教科書を参照．

出発物が活性化エネルギー障壁を越えるのに十分なエネルギーをもたない限り反応が進まないなら，障壁が低いほど反応が進みやすいことは明白である．同じように，温度で表される熱エネルギーが大きいほど，出発物は十分エネルギーをもって衝突し活性化エネルギー障壁を越えるだろう．平衡はどちらの向きにでも変化しうるが，反応速度は常に温度が高いほど速くなる．

しかし注意すべきことがある．加熱は化学者にとってよいことばかりではない．目的の反応を加速するだけでなく，他の副反応まで加速したり，生成物を分解してしまうこともある．これらをどうやれば避けられるか考える前に，反応速度を決定している因子をもっとよくみてみよう．

出発物から生成物までの道すじ：遷移状態

速度論的に安定な燃料の燃焼は，非常に複雑な機構によって大量のエネルギーを放出する．反応の進行にエネルギーがどうかかわっているか理解するためには，もっと単純で一般的な機構を取上げる必要がある．水素化ホウ素ナトリウムによるケトンのアルコールへの還元がよいだろう．この反応は5章と6章で出てきたので，もう十分見慣れていると思う．一例を欄外に示す．この例では，カルボニル基が隣の t-ブチル基による立体障害を受けており，反応を進めるには加熱が必要である．すなわち，明らかに乗り越えるべき活性化障壁がある．

この障壁の正体を考えてみよう．最終生成物はアルコールであるが，次ページの機構に示すように，第一段階はホウ素からカルボニル基への水素原子の移動である．エネルギー図に示すように，この段階の生成物は出発物よりも安定（ΔG が負）である．しかし，最終生成物まで進むためには反応は活性化エネルギー障壁 $\Delta G^\ddagger$ を通過しなければならない．この障壁，すなわちエネルギー図の最高エネルギー点は何らかの構造に対応しているはずであり，（[ ]内に示すように）水素原子はBからCへ部分的に移動しているにすぎず，カルボニル基は部分的に切断しているにすぎない．この構造は，出発物から生成物に至る過程で分子が通らなければならない最高エネルギーの形であり，これを**遷移状態**（transition state: TS）とよぶ．遷移状態は通常［ ］の中に書き，（活性化エネルギーの記号 $\Delta G^\ddagger$ に合わせて）上つきの $\ddagger$ で示すことが多い．

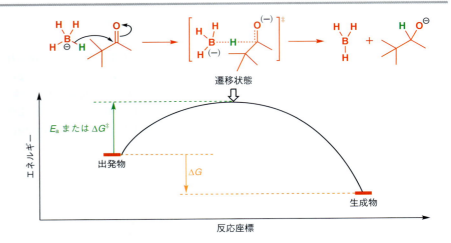

遷移状態を表す構造は簡単に書ける．まず反応に関係のない結合をすべて書き，次に反応によって切れる結合と生成する結合を点線で書く．適当な原子に分散した電荷を，(+) または (−) の部分電荷で表す．

(　) 内の電荷は相当量の部分電荷，通常約 1/2 の電荷を表すのに対し，δ+ やδ− はもっと少ない電荷(せいぜい 1/10〜1/5)を表す．

遷移状態は出発物と生成物それぞれの性質をいくらかもっている．B−H 結合は部分的に切れているので点線で表し，新しい H−C 結合は部分的に生成しているので，これも点線で表す．切れていく C=O 結合も同様である．負電荷は最初 B にあり，生成物では酸素原子にあるが，括弧の中に示した遷移構造では二つの原子にあり，負電荷が両者の間で共有されていることを示している．H が B から切れて炭素に移動する間，特別に安定化がないので遷移状態ではエネルギーが増大する．しかし，遷移状態を越えると安定な C−H 結合が生成し，電荷が電気陰性な酸素に移動していくので，安定性が取戻される．

遷移状態は常に不安定であり，単離することはできない．反応がほんの少しでも前に進むか後ろに戻ると反応系のエネルギーは低くなる．

遷移状態

遷移状態は，出発物から生成物に至る過程におけるエネルギー極大を表す構造である．これは現実の分子ではなく，部分的に生成しかけたり切断しかけたりしている結合をもち，中心原子が原子価結合法で許されるよりも多くの原子や基をもっていてもよい．エネルギー極大にあるために構造が少しでも変化すればより安定な形になるので，遷移状態は単離することができない．遷移状態は [ ] の中に書き，上つきの ‡ で示すことが多い．

反応によっては低温で実施する理由

本章でこれまで述べたように，加熱すると反応の平衡位置が変化することもあるが，加熱のおもな理由は活性化障壁を越えるのに十分なエネルギーを出発物に与えて反応を促進することにある．しかし，本章の初めに述べたように，実験室では低温で実施する反応も多い．なぜ化学者は"反応を減速"させたいのか．

分子はしばしばいくつかの違った反応経路をとる．優れた反応は，他の可能な反応に比べて活性化エネルギーが低い．しかし，分子がエネルギーを過剰にもっていると，目的の反応のほかに思いがけない別の反応がしばしば競争するようになる．理想的には，目的の反応を進めるに十分だが，ほかのどんな反応にも足りない程度のエネルギーを出発物に与えることである．そこで反応を低温で行うことになる．

低温で行わねばならない反応としてよく知られている例は，アニリンをジアゾ化して

ジアゾニウム塩をつくる反応である．この反応は，アミンを（NaNO₂ と HCl から生成した）亜硝酸 HONO と反応させて進める．ここでは反応機構については考えない（22章で考える）．要は，生成物はかなり不安定だが非常に有用なジアゾニウム塩になることである．ジアゾ化は室温で容易に起こるが，残念ながらこの生成物は分解してフェノールになってしまう．温度を下げると，供給するエネルギーはフェノールの生成には不十分だが，ジアゾ化には十分である．

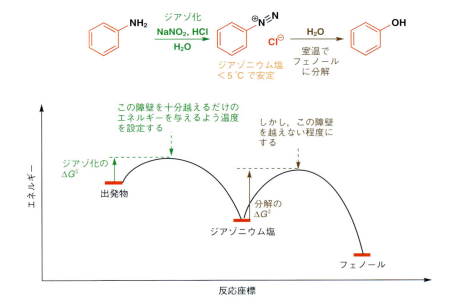

有機リチウム化合物（9章に出てきた）の反応は，低温（多くの場合 −78 ℃）で行うのがふつうである．この反応剤は非常に反応性が高く，付加や脱プロトン反応の活性化エネルギーが十分低いのでこのような低温でも進行する．しかし，THF などのような有機リチウムのよい溶媒とも反応する傾向がある．反応を高温で行おうとすると，s-BuLi は THF とも反応して思いがけない副生物を生じる（31章参照）．

> −78 ℃ はアセトン浴にゆっくり気化する固体 CO₂（ドライアイス）の小片を入れてできる便利な温度である．

反応中間体

水素化ホウ素によるケトンの還元の反応機構を次に示すが，もちろんこれで完結ではない．第二の反応段階は，溶媒エタノールによるアルコキシドのプロトン化である．この段階をエネルギー図につけ加えると次ページ上のようになる．

第一段階の生成物は第二段階の出発物であり，ただちに反応する．第二段階のプロトン移動の活性化エネルギーが第一段階よりも小さいからである．アルコキシドを含む中間の一組の構造を**中間体**（intermediate）とよんでいることに注目してほしい．中間体は反応経路の中間経由地といえる．中間体は（短いとしても）一定時間は安定である．遷移状態と違ってエネルギー図上で極大点ではなく極小点に相当するので，一定の寿命をもつ．中間体は原理的に単離可能であり，事実多くの中間体が（特に低温で）単離されている．

> 上のジアゾニウム塩はフェノールに至る過程の中間体として単離できると考えてよい．この反応過程のエネルギー変化がここに示すエネルギー図でどう説明できるか考えてみよう．

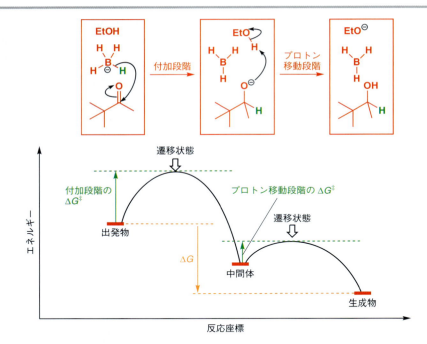

中間体と遷移状態

- **遷移状態**はエネルギーの極大点に相当する．少しでも構造変化するともっと安定な生成物になるので，単離することはできない
- **中間体**は局所的なエネルギー極小点に相当する分子またはイオンである．中間体がもっと安定なものになるには，エネルギー障壁を越える必要がある．中間体は（実際には高エネルギーであるためにむずかしいが）原理的には単離できる

触媒作用

すでに何度か解説してきたことだが，触媒は反応の速度を高める．したがって，上述したように，触媒は反応の活性化エネルギーを低下させる．このエネルギー低下には，次の二つのうち，一つまたは両方が影響している．図に示すように遷移状態のエネルギーを下げるか，出発物のエネルギーを上げるかである．

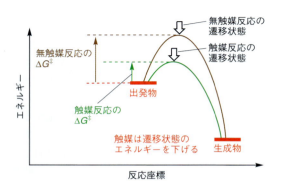

触媒は反応の活性化エネルギーを下げる．

12・5 反応速度論入門：どうやって反応を速くきれいに進めるか

簡単な例を一つ取上げて要点を示そう．触媒がないとうまく進まない反応としてブテンの異性化がある．§4・6で述べたように，cis-2-ブテンはtrans-2-ブテンよりも約2 kJ mol^{-1}だけエネルギーが高い．この小さなエネルギー差は2.2：1 (70：30)のトランス／シス比に相当するが，平衡状態にあるという条件つきである．しかし，この条件はむずかしい．一方の異性体から他方に変換するために必要な活性化エネルギーは260 kJ mol^{-1} 程度であり，実際には達成不可能である．ちょっと計算してみると，この反応の半減期は室温でおよそ10^{25} 年になり，宇宙年齢の何乗倍にも相当する時間である．それでも，500°Cにすれば半減期はもっと現実的な4時間になる．しかし，残念ながらこの温度まで加熱すると，ほとんどのアルケンは別の不要な副反応を起こしてしまう．

シスとトランス異性体の相互変換を進めるためにはほかの戦略を使わなければならない．それが触媒である．27章でいくつかの触媒について説明するが，ここでは一つだけ酸触媒を使う場合について考える．5章で述べたように，アルケンは求核剤として働き，2-ブテンの両異性体はどちらも酸のH$^+$と反応して，不安定な化学種カルボカチオンを生じる．このカルボカチオン生成反応の活性化エネルギーはC=C結合まわりの回転のエネルギーよりもずっと小さい．生成したカルボカチオンは容易にプロトンを失ってcis- またはtrans-2-ブテンを再生する．同時に触媒も再生し，2-ブテン異性体の相互変換が可能になる．全体として，活性化エネルギーは無触媒反応よりもずっと小さい．触媒作用の他の例についてもあとで取上げる．

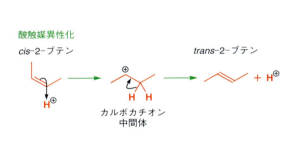

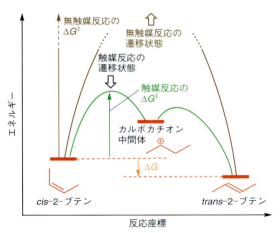

溶　媒

反応に用いる溶媒の性質が，反応の進み方に大きく影響することがよくある．ときには，溶媒が反応剤になる場合は溶媒の選択は簡単である．エステルの加水分解を水中で行い，エステルの合成を適当なアルコール中で行うのは理にかなっている．溶媒は反応基質と比べると高濃度であり，§10・5で説明したように，生成物が生じるほうに反応を推進する．同じように，溶媒が触媒作用をもつこともある．酸塩化物とアルコールからエステルをつくる反応では，ピリジンが塩基触媒になるのでピリジンを溶媒にして行うことが多い（201ページ）．

場合によっては，出発物や生成物の溶解性や反応性のような単純な性質によって，溶媒の選択が制約を受けることもある．わかりやすい例に，無機塩を反応剤として用いる場合がある．イオン化合物はほとんどの有機溶媒に溶けにくい．たとえば，臭化ナトリウムは，水にはよく溶け，メタノールにもかなりよく溶けるが，エタノールにはほとんど溶けず，他のほとんどの有機溶媒には事実上全く溶けない．

THF（またはジエチルエーテル）が有機リチウム化合物の反応の溶媒として用いられる例を本章でも紹介したし，9章で多くの例を取上げた．エーテルはLiに配位してこの有機金属化合物を溶解する．アルコールは有機リチウム塩基によって脱プロトンされるので，溶媒として使えない．

臭化ナトリウムの溶解度

プロトン性溶媒	溶解度 (g／溶媒100 g)
H$_2$O	90
MeOH	16
EtOH	6

有機溶媒に溶けない塩を，平衡を目的の方向に偏らせるために使うことができる．たとえば，臭化アルキルをヨウ化ナトリウムと反応させてヨウ化アルキルを合成する際にアセトンを溶媒として用いる．なぜかといえば，NaBr は NaI に比べてアセトンに溶けにくいので，NaBr が平衡から取除かれると平衡定数を保つために出発物が生成物により多く変換されるからである．この反応についてはさらに 15 章で説明する．

水はカチオンもアニオンも溶媒和するので，臭化ナトリウムをよく溶かす．水の酸素原子はδ− をもつので静電相互作用によって正電荷をもつナトリウムイオンを安定化し，δ+ をもつ水素原子への引力が負電荷をもつ臭化物イオンを安定化する．このように極性結合をもつ溶媒を **極性溶媒**（polar solvent）という．水やアルコールは，アニオンと相互作用しやすいδ+ の水素原子をもっているので，**プロトン性溶媒**（protic solvent）という．

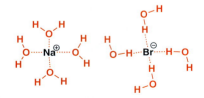

水はカチオンとアニオンを溶媒和する

DMSO（非プロトン性極性溶媒）はカチオンだけを溶媒和する

もう 1 種類の極性溶媒はδ+ の水素原子がないので，**非プロトン性極性溶媒**（polar aprotic solvent）といわれている．DMSO や DMF などがその例である．これらの溶媒は酸素にδ− をもちカチオンを溶媒和できるが，δ+ 領域には置換基があるためアニオンを溶媒和することはできない．10 章（215 ページ）でアミドの加水分解を助ける t-BuOK と DMSO の特異的な組合わせについて述べた．DMSO を使った理由は，K^+ を溶媒和し，t-BuO$^-$ を溶媒和しないで安定化させないでおくところにある．DMSO 中の金属アルコキシドはきわめて塩基性が強い．塩化ナトリウムでさえ DMSO に溶かせば，通常は反応性の低い塩化物イオンが強力な求核剤になる．

クロロホルムやベンゼンは発がん性をもつと疑われているので，可能ならば別の溶媒を用いるほうがよい．

第三の溶媒群は全く極性をもたないが，有機分子はよく溶かす．**無極性溶媒**（non-polar solvent）にはアルカン，塩素化溶媒（クロロホルム）や芳香族溶媒（トルエン，ベンゼン）がある．

表 12・2 に代表的な溶媒を分類し，その極性もあわせて示す．極性には種々の尺度があるが，ここでは "誘電率" を示す．これらの数値を覚える必要はないが，極性の尺度のなかである溶媒がどの位置を占めるか，その傾向を知っておくことには，時間をかける意味がある．

表 12・2　一般的な溶媒の極性（誘電率）

	プロトン性極性溶媒		非プロトン性極性溶媒		無極性溶媒	
大	水	80	DMSO	47	クロロホルム（CHCl$_3$）	4.8
↑	メタノール	33	DMF	38	ジエチルエーテル	4.3
極性	エタノール	25	アセトニトリル	38	トルエン	2.4
↓	酢 酸	6	アセトン	21	ベンゼン	2.3
小			ジクロロメタン	9.1	シクロヘキサン	2.0
			テトラヒドロフラン（THF）	7.5	ヘキサン	1.9
			酢酸エチル	6.0	ペンタン	1.8

溶媒は，電荷をもつ化学種を溶媒和できるか否かによって，遷移状態や中間体を安定化したり不安定化し，反応の経路に影響を与える．ここで，本章の最初にでてきたアミドの C−N 結合まわりの回転に対する溶媒効果を紹介しよう．次ページの欄外の表は，いくつかの溶媒中におけるジメチルアセトアミド（DMA）の C−N 結合回転の活性化エネルギー $\Delta G^\ddagger$ を示す．すぐにわかるように，最も極性の低い溶媒のシクロヘキサン中で

は回転障壁が低く，回転が最も速い．どうしてそうなるのだろうか．

反応速度を理解するためには，活性化エネルギー，いいかえれば出発物と遷移状態のエネルギー差について考える必要がある．知っているように，アミドはその基底状態（最も低いエネルギー状態）で窒素の非共有電子対とカルボニル基が共役して非局在化している．この結果，電荷分離がある程度起こり，アミドは分極する．しかし，C−N 結合が回転するとともに共役が弱まり，遷移状態では N の非共有電子対とカルボニル基の π 電子系が直交し，共役できなくなる．したがって，遷移状態は基底状態よりも極性が低くなる．

ここで，この回転に対する無極性溶媒と極性溶媒の効果を比べると，次のようになる．極性の高い基底状態は極性溶媒で安定化されるので，下の右側の図のように，エネルギーは低くなる．しかし，極性の低い遷移状態のエネルギーは，溶媒の極性には関係なくほぼ一定であろう．したがって，極性溶媒中では，基底状態から遷移状態になるために必要なエネルギー量（これが活性化エネルギー E_a または $\Delta G^{\ddagger}$ である）が無極性溶媒中におけるよりも大きくなり，結合回転は遅くなる．

ジメチルアセトアミドの C−N 結合回転の $\Delta G^{\ddagger}$

溶媒	$\Delta G^{\ddagger}$, kJ mol^{-1}
水	80.1
DMSO	76.5
アセトン	74.5
シクロヘキサン	70.0

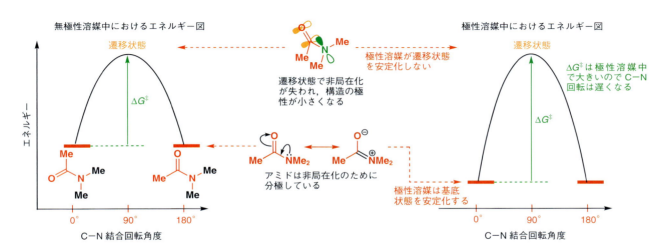

遷移状態の極性が大きく異なる二つの反応機構の例を 15 章でさらに述べる．もう読者は，そのような反応が起こるときには，大きな溶媒効果がみられると予想できるだろう．

> **溶媒が反応速度に影響するのは次の理由による**
> - 反応剤として関与する
> - 触媒として働く
> - 反応物を溶かす
> - 出発物と遷移状態に対する安定化効果が異なる

12・6 反応速度式

高温では出発物のエネルギーが大きくなるので反応が速くなると指摘した．しかし，温度だけが反応を制御するわけではない．2 分子が十分なエネルギーをもって衝突することは多くても，実際に反応できる 2 分子でなければ，そのエネルギーは熱として失われるだけである．256 ページの還元反応（次ページ欄外に示す）にもう一度戻ると，ケ

➡ 5 章の初めに 2 分子間で反応が起こるために必要なことを説明した．ここでは，その簡単な考え方をさらに展開する．

> もちろん，反応の活性化エネルギーとその速度には関係があり，その関係式は Arrhenius 式とよばれており，反応速度定数 k は次式で表せる.
>
> $$k = Ae^{-E_a/RT}$$
>
> ここで，R は気体定数，T は温度（Kelvin 単位），A は前指数因子とよばれている量である．指数項のマイナス符号のために，活性化エネルギー E_a が大きいほど反応は遅く，温度が高いほど反応は速い．この式を提案したスウェーデンの化学者 Svante Arrhenius（1859〜1927）は 1903 年にノーベル賞を受賞した.

トン（A）と水素化ホウ素（B）の衝突だけが反応するのはわかりきったことであり，ほかにも反応に至らない A と A あるいは B と B の衝突がたくさん起こっている．A と B の衝突が起こる可能性は，それぞれの分子の数が多いほど大きいに決まっている．事実，反応がうまく起こる可能性は A の濃度と B の濃度の積に比例する．これは簡単な**速度式**（rate equation）で表すことができる．

$$反応速度 = k \times [A] \times [B]$$

ここで k は反応の**速度定数**（rate constant）である．k の値は反応によって異なり，温度にも依存する．k の大きさは，分子がどのくらい正しい配向で衝突するかという情報も含んでいる．反応の速度に影響する因子を解析する学問を**反応速度論**（kinetics）という．

258 ページで述べたように，水素化ホウ素とケトンの反応でアルコキシドを生成する段階はこの反応の第一段階にすぎない．第二段階が起こるためにはエタノールが生じたアルコキシドと同じように衝突しなければならないので，アルコール生成物の生成速度がなぜ [EtOH] にも依存しないのかと疑問に思ったとしてももっともである．すなわち，速度式はなぜ

$$反応速度 = k \times [ケトン] \times [水素化ホウ素] \times [EtOH]$$

とならないのか．

答は，258 ページに示したエネルギー図にヒントがある．プロトン移動段階の活性化エネルギーは付加段階よりも低いので，この反応は速く進む．実際，エタノールの濃度によらず速く進むので，エタノールは速度式に現れない．どんな反応でも，全体としての反応速度は反応段階のなかで最も遅い段階によって決まる．この段階を**律速段階**（rate-determining step または rate-limiting step）という．この現象は段階的に起こる事象に一般的にみられるものである．

> 炭素原子が関係するプロトン移動は遅いことが多い．

6 章と 9〜11 章で紹介したいくつかの反応では "プロトン移動の詳細は気にしなくてよい" と述べたが，ここでその理由がわかったと思う．N と O の間のプロトン移動は速いので，ほとんどの場合他の段階が律速である．電気的に陰性な原子間のプロトン移動がどのように起こるかは事実上問題にならない．実際，プロトンはあらゆるところで行き交っており，合理的な経路ならどれも同じく正しいといってよい．

> プロトン移動，特に O と N の間のプロトン移動はいつも速く，律速になることはないといってよい．

速度論は反応機構に見通しをつける

10 章と 11 章で，中間体を経て段階的に進む反応例をほかにも紹介したが，ここでは，一例としてアルコキシド RO^- が酸塩化物と反応してエステルを生成する反応を取上げよう．エステルの生成速度が酸塩化物とアルコキシドの濃度とともにどう変化するか測定すると，次の速度式が明らかになる．

$$反応速度 = k[\mathrm{MeCOCl}][\mathrm{RO}^-]$$

したがって，酸塩化物とアルコキシドの両方が律速段階に含まれているにちがいない．この段階は，10 章で述べたように，四面体中間体の生成だろう．この中間体は出発物よりも不安定なので，反応エネルギー図は次ページに示すような形になり，最もエネルギーの高い遷移状態は付加段階に対応する．

12・6 反応速度式

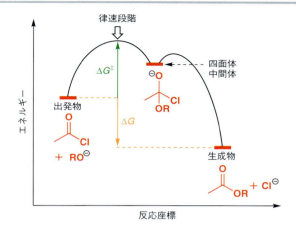

速度式に二つの化学種が含まれるので，この反応は**二次反応**（second-order reaction）である．このような反応は**二分子反応**（bimolecular reaction，律速段階に2分子が含まれる）であることが多い．

速度論による研究が数多く行われ，10章で説明したように，四面体中間体を経るこの機構がカルボニル基での置換反応に共通する経路であることが確かめられている．218ページに示したすべての反応に対して，同様の反応経路と同様のエネルギー図が書ける．ただ，出発物，生成物と中間体のエネルギーを適宜調節する必要があるが，すべて二次反応でカルボニル基への攻撃が律速である．

しかし，時には例外がある．それらは，置換反応機構を書くときに考慮する必要があるほど重要ではないが，速度論が機構の重要な証拠になることを示す例になる．たとえば，塩基を加えないで酸塩化物をアルコールとともに加熱するとエステルが生成する．しかし，この条件では速度式は**一次**（first order）である．すなわち，アルコールの量に関係なく，反応速度は酸塩化物の濃度だけに依存する．

$$\text{反応速度} = k[\text{R}^1\text{COCl}]$$

速度式から明らかなように，この反応が進むには酸塩化物とアルコールが衝突する必要はない．律速段階は**単分子反応**（unimolecular reaction）であるにちがいない．実際に起こっているのは，酸塩化物が自ら分解し，よい脱離基であるCl^-が外れて，反応性の高いカチオンを生成する機構である．

これはエステル合成のよい方法ではない．塩基を加えたほうが反応はずっときれいに進む．この場合，通常の付加–脱離機構で進む．

エステル生成の特別な単分子反応機構

反応の第三段階は脱プロトンにすぎず，あまり重要でない．以上の3段階のうち，エネルギー障壁は酸塩化物だけが関与する第一段階が最も高い．カチオンは（短寿命ではあるが）実際に存在する中間体であり，これはただちに反応するので反応の速度には関係ない．これらはエネルギー図で示すと詳細までよくわかる（次ページ上）．ここでも生成物は出発物よりも低エネルギーであり，遷移状態が三つあるにもかかわらず最もエネルギーの高い遷移状態（ここでは最初のもの）だけが反応速度を決定することに注意しよう．反応は二つの中間体（局所的極小点）を経て進む．反応に中間体が含まれるとき

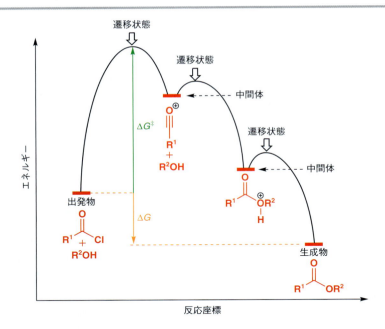

には，多くの場合，高エネルギー遷移状態は高エネルギー中間体の生成に関与している．

三次反応速度式は何を意味するのか

この例外的な置換反応の一次反応速度式は，速度論の有用性を示すために取上げたが，カルボン酸誘導体のほとんどの求核置換反応（10章）は四面体中間体生成が律速になる二分子反応である事実を忘れてはいけない．

しかし，アミドの反応になるとまた違ったことが起こる．窒素の非共有電子対がカルボニル基に非局在化しているために，カルボニル基への求核攻撃が非常にむずかしくなっている．しかも，脱離基（NH_2^-，共役酸 NH_3 の pK_a は 33）は全く外れそうもないものである．

その結果は，アミドの加水分解では第二段階（四面体中間体の分解）が律速になる．そして，この段階に塩基触媒が作用する可能性が出てくる．第二の水酸化物イオンが四面体中間体からプロトンを取ってジアニオンになる．この中間体からは NH_2 が外れやすくなり，安定なカルボン酸イオンが直接生成する．

> この2番目の脱プロトンを利用したアミド加水分解の方法を10章215ページで紹介した.

第一の機構では水酸化物イオンが一つだけ含まれていたが, この機構には二つ含まれている. 一つ目は生成物を生じるときに消費されるが, 二つ目は生成物の NH_2^- が水と反応する際に再生される. いいかえれば, 二つ目の水酸化物イオンは触媒である. アミド加水分解の反応速度式は, 水酸化物イオンが二つ含まれることを反映して, 反応速度は $[HO^-]$ の二乗に依存し, **三次** (third order) になる. このことを強調して速度定数を k_3 とする.

$$速度 = k_3[MeCONH_2] \times [HO^-]^2$$

しかし, 実際には遷移状態に水酸化物イオンが二つも含まれているわけではないので, この三次反応速度式が何に由来するのかと疑問に思うかもしれない. 事実, 三次反応速度式が観測されたからといって, 3分子が同時に衝突することを意味することはまずない. このようなことはほとんどありえないことである. この反応の律速段階はジアニオンの分解であり, 実際には単分子反応である. したがって, 次のように書ける.

$$速度 = k[ジアニオン]$$

ジアニオンの濃度はわからないが, モノアニオンと平衡になっていることはわかっている. その平衡定数を K_2 とすると

$$K_2 = [ジアニオン]/[モノアニオン][HO^-]$$

であるから, $[ジアニオン] = K_2[モノアニオン][HO^-]$ となる. この関係は助けになるが, [モノアニオン] も平衡になっていること以外はわからない. 今度はアミドとの平衡であり, 平衡定数を K_1 とすると

$$K_1 = [モノアニオン]/[アミド][HO^-]$$

であるから, $[モノアニオン] = K_1[アミド][HO^-]$ となる.

これらの関係を使うと, 単純な速度式 速度 $= k[ジアニオン]$ は

$$速度 = kK_1K_2[アミド][HO^-]^2$$

となる.

三次反応速度式はアミドから始まり二つの水酸化物イオンを含む二つの平衡とそれに続く単分子的な律速段階の結果として得られ, "三次速度定数" k_3 は実際には二つの平衡定数と一次速度定数の積である.

$$k_3 = k \times K_1 \times K_2$$

このような結果は, 律速段階が反応の後半にある場合によくみられる. 速度定数は律速段階 (この段階だけに限らず) より前の段階に含まれる化学種の濃度にも依存するが, 律速段階よりあとの段階にかかわる化学種に依存することはない.

提案した機構から実験データにあう速度式が得られるだけで, それが正しい機構であるとは必ずしもいえない. それが意味するものは, これまでに得られた実験事実と矛盾しないだけであり, 実験にあう機構がほかにもあるかもしれない. 他の可能性を除外するための実験を巧妙に計画することは実験する者の腕しだいである. 本書全般にわたって反応機構が出てくる. 読者は, やがてある形式の反応について機構が予想できるようになるだろう. しかしこれは, 過去の実験化学者が速度論やほかの方法による研究で反

> このような実験をどう計画するか39章でもっと詳しく説明する. その前に15章で, 一次反応と二次反応の組合わせからなる別の反応機構が出てくる. その例から, 反応に含まれる分子の反応性について多くのことを学ぶことになるだろう.

応機構を明らかにしてきたおかげである.

12・7 カルボニル置換反応における触媒作用

前節の最後に述べたアミドの加水分解は,塩基(この場合水酸化物イオン)が中間体を脱プロトンにより活性化するので,塩基性条件でずっと速くなる.他の塩基触媒反応でも多くは同様である.脱プロトンでアニオンを生成して活性化されるのは,求核剤であることが多い.たとえば,エステル加水分解は高 pH で速くなる.pH が高いほど求核剤として働く水酸化物イオンが多くなるからである.

これは速度対 pH のグラフにプロットできる.

エステル加水分解速度の pH による変化

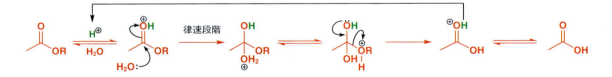

容易に予想できるが,高 pH における速度式は二次であり,水酸化物イオンの濃度とエステルの濃度に依存する.しかし,pH 7 以下で速度は再び H^+ の濃度とともに増え始める.これは,10 章で述べたようにエステル加水分解が酸によっても触媒されるからである.酸性 pH では新しい機構がとって代わり,カルボニル基がプロトン化されて求核性の弱い水の攻撃が加速されるようになる.

プロトン(緑)が繰返し働くので,酸は真の触媒である.

速度定数はほかの記号でも表記できるが,これは好みの問題である.一般的には,k_1 を一次反応速度定数に,k_2 を二次反応速度定数に,k_3 を三次反応速度定数にあてることが多い.

ここでも反応は二分子的であるが,速度定数は異なる.これら二つの反応は別べつの速度式で表すことができる.酸を表す a と塩基を表す b を添字にして速度定数をそれぞれ k_a と k_b として区別すると,次のように表せる.

酸性(pH < 7)溶液中におけるエステル加水分解速度 = $k_a[\mathrm{MeCO_2R}][\mathrm{H_3O^+}]$
塩基性(pH > 7)溶液中におけるエステル加水分解速度 = $k_b[\mathrm{MeCO_2R}][\mathrm{HO^-}]$

これは典型的な酸塩基触媒反応であり,触媒になる特異的な酸と塩基が H^+(すなわち H_3O^+)と OH^- であることから,**特異酸塩基触媒作用**(specific acid–base catalysis)という.反応速度の pH 依存性の形から二つの機構が pH によって選択的に起こっていることがわかる.実際に観測されるものはより速い機構である.

12・7 カルボニル置換反応における触媒作用

反応速度のpH依存性が非常に異なる反応例としてイミン生成反応を11章で紹介した．ここに反応機構をもう一度示す．11章で指摘したように，この反応は水の脱離を助けるために酸が必要なので，酸触媒反応である．しかし，酸を加えすぎると出発物のアミンをプロトン化して反応を減速するので問題が生じる．

➡ この機構については，234ページで説明した．

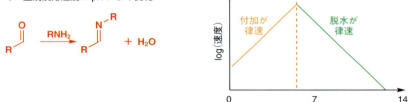

これらの理由によって，pH–速度関係は次に示すようになる．pH 6付近に速度の極大点があり，そのpHの両側で反応は遅くなる．

この反応の機構が異なるのは，低pHでは律速段階が脱水段階（酸濃度が高くなると非常に速くなる）から付加段階（アミンのプロトン化で遅くなる）に変化するからである．反応は常に可能な機構のうち最も速い機構で進むだろうが，反応はまたその機構の

弱塩基による触媒作用

弱塩基であるにもかかわらずピリジンがカルボニル置換反応の触媒としてよく用いられている（10章）．ピリジンによる触媒作用には機構が二つあるが，それらについては201ページで説明した．酢酸イオンも弱塩基であるが，酸無水物からエステルが生成する反応の触媒になる．問題は，酢酸イオンがアルコール（pK_a 15）を脱プロトンするには塩基としてあまりにも弱すぎる（酢酸のpK_a 5）ことであり，（たとえば，HO^-と同じようには）アルコキシドを生成できない．しかし，反応が進むにつれてアルコールからプロトンをとることができるようになる．

この種の触媒作用は，強い塩基だけでなく，どんな塩基でも可能であり，**一般塩基触媒作用**（general base catalysis）とよばれており，39章でもっと詳しく説明する．反応をあまり大きく加速するわけではないが，電荷をもたないアルコールが付加するときに生じる正電荷を中和することによって，四面体中間体生成過程の遷移状態のエネルギーを下げている．一般塩基触媒作用の不利な点は，（264ページで述べたアミド加水分解の場合と違って）最初の律速段階が実際に三分子反応になることである．3分子が同時に衝突することなど，もともと起こりそうもない．しかし，ROHが溶媒であればいつでも近くにあるので衝突はいつでも起こり，三分子反応でもなんとか可能になる．

多段階反応の速度
多段階反応の全速度は次の二つで決まる．
- 可能な機構のうち最も速い機構
- 可能な段階のうち最も遅い律速段階

12・8 速度支配と熱力学支配の生成物

本章は熱力学，すなわち平衡を支配する因子の話から始めた．そして，速度の話に進み，反応が進む速さを決めている因子について説明した．反応によって，平衡と速度のどちらかがより重要になる．一般的に次のようにいえる．

- **熱力学支配**（thermodynamic control）の条件における反応の結果は，**平衡の位置**，すなわち可能な生成物の相対的安定性に依存する
- **速度支配**（kinetic control）の条件における反応の結果は，反応の速度，すなわちそれぞれの生成物が生じる過程の**遷移状態の相対的エネルギー**に依存する

➡ 19 章と 22 章で，速度支配と熱力学支配の対照的な例を多く取上げる．

塩化水素は気体であるが，アルミナ表面上に吸収されるので取扱いやすくなる．

本章を終わる前に，熱力学支配と速度支配によって異なる結果になる反応の例を一つ取上げよう．すなわち，この反応では，最も速い反応の生成物が最も安定なものではない．

その反応は，初めて出てくる反応だが，とても単純なもので，特別な機構に従うわけでもない．それは，アルミナ Al_2O_3 存在下におけるアルキンと塩化水素の反応である．生成物はクロロアルケンの立体異性体である．アルキンはアルケンと同じように求核剤なので，まず第一に HCl がアルキンを攻撃し，ついで生成したビニルカチオンと塩化物イオンが結合する．

ここで中間体カチオンの構造についてちょっと考えてみよう．カチオン炭素は sp 混成（直線状）で二重結合の p 軌道に直交した空の p 軌道（これはアルキンの二つ目の π 結合に使われていた p 軌道である）をもっている．

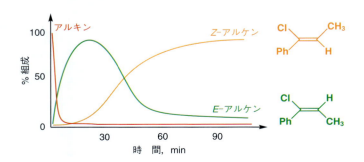

二つのアルケンは立体（E または Z）異性体であり，約 2 時間後には Z-アルケンが主生成物になる．しかし，反応の初期はそうでない．次に示すグラフが，反応時間とともに出発物と二つの生成物の割合がどう変化するかを示している．

12・8 速度支配と熱力学支配の生成物

グラフからわかるおもな点:
- アルキンの濃度がほぼ0になる点(10分)では，生成したアルケンは E 体だけである
- 時間が経つにつれて，E-アルケンの量が減り，Z-アルケンの量が増える
- 最終的には E-アルケンと Z-アルケンの比は一定になる

平衡では Z-アルケンが主成分になるので，このほうが E-アルケンよりもエネルギー的に低いはずである．平衡における生成物比がわかっているので，二つの異性体のエネルギー差が計算できる．

$$平衡における E\text{-アルケン}:Z\text{-アルケン} = 1:35$$

$$K_{eq} = \frac{[Z]}{[E]} = 35$$

$$\Delta G = -RT\ln K = -8.314 \times 298 \times \ln 35 = -8.8 \text{ kJ mol}^{-1}$$

すなわち，Z-アルケンは E-アルケンよりも 8.8 kJ mol^{-1} だけ低エネルギーである．

Z-アルケンのほうが安定であるにもかかわらず，この条件では E-アルケンのほうがより速く生成するので，シス付加（E-アルケンの生成経路）はトランス付加よりも活性化エネルギーが小さいことになる．この結果は理解しやすい．中間体カチオンは，カチオン性炭素が sp 混成で直線状になっているので，二重結合のシス–トランス異性関係をもっていない．塩化物イオンが攻撃するときには，（大きい）メチル基側よりも水素原子の側から起こりやすい．

> ふつうなら E-アルケンのほうが Z-アルケンよりも安定であると考えてもよい．ここではたまたま Cl が Ph よりも優先性が高いので，Z-アルケンが二つの大きいほうの基(Ph と Me)をトランス位にもっている（命名法規則については 17 章を参照）．

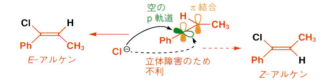

次に，生成した E-アルケンがより安定な Z-アルケンにすばやく変換される反応機構があるはずである．反応条件は酸性だから，最も可能性のあるのは本章の初めのほうで述べた酸触媒によるアルケンの異性化であろう．この関係は，エネルギー図にまとめることができる．

最初にアルキンが直線状のカチオン中間体を経て E-アルケンになる．この段階の活性化エネルギーを $\Delta G_1^{\ddagger}$ とする．E-アルケンは中間体を経て活性化エネルギー $\Delta G_2^{\ddagger}$ で Z-アルケンに変換される．$\Delta G_1^{\ddagger}$ は $\Delta G_2^{\ddagger}$ よりも小さいので，E-アルケンは異性化するよりも速く生成する．そして，すべてのアルキンが速やかに E-アルケンに変換されていく．しかし，反応が経過すると E-アルケンはゆっくりとより安定な Z-アルケンに異性化する．Z-アルケンはどうして E 体よりも速く生成しないのだろうか．それは，上で述べたように，直線状のカチオンからの Z 体生成の遷移状態が，E 体生成の遷移状態よりも立体障

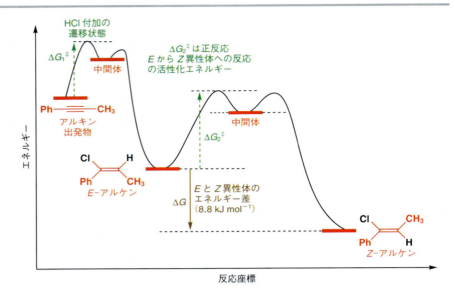

害のために高エネルギーだからであろう．

> **速度支配と熱力学支配の生成物**
> - E-アルケンはより速く生成する．これは，**速度支配生成物**（kinetic product）とよばれている
> - Z-アルケンはより安定であり，**熱力学支配生成物**（thermodynamic product）とよばれている

　速度支配生成物である E-アルケンを得たいのならば，低温で平衡状態になるほど長くおかないようにして反応すればよい．一方，熱力学支配生成物の Z-アルケンを得るには，最も安定な生成物を与える高いエネルギー障壁を越えるのに十分なだけ，高温で長時間反応させればよい．

12・9　6〜12章の反応機構のまとめ

　5章で，基本的な矢印の書き方を説明した．そのあと多くのことを学んだので，ここで一度整理しておこう．次の3点を指摘しておく．

1. 2分子が反応するとき，一方は**求電子剤**，他方は**求核剤**になる
2. 電子は電子豊富な点から電子不足の点へ流れる
3. 反応の各段階で電荷は保存されている

この3点を考えると，初めての反応でも，機構を書くときに大きな助けになる．

矢印の種類

1. 単純な反応矢印は，反応が左から右へ，あるいは右から左へ進むことを示す．

2. 平衡矢印は平衡の程度と方向を示す.

3. 非局在化矢印あるいは共役矢印（共鳴矢印）は，同一分子を二つ以上の式で表すときに使う．それぞれの構造式（共鳴寄与式，共鳴構造式，または極限構造式ともいう）では，電子の位置だけが異なる．

巻矢印の使い方

1. 巻矢印は，2電子がどこから出てどこへ向かうかを明瞭に示す.

2. π結合またはσ結合に求電子攻撃してその結合が切れるときには，矢印はどちらの原子が求電子剤と結合するか明瞭に示す.

3. カルボニル基の反応はほとんどの場合π結合が切断して起こる．カルボニル化合物の見慣れない反応ではまずこの巻矢印を書くと合理的な機構を見つけやすい．

反応機構を書くときの省略法

1. 最も重要なのは，カルボニル基における双頭の巻矢印であり，置換反応を書くときに使う．

2. ±H⁺ の記号は同じ段階におけるプロトンの出入り（ふつう N, O, S が関係し，通常非常に速く起こる）を示す．

問 題

1. 酸塩化物あるいは酸無水物のカルボニル置換でエステルを生成する反応の最後の中間体の安定性を比べて，一方が優先的に生成すると述べた（§10・3）．二つのうち一方が安定になる理由を説明せよ．エステルを酸と反応させたとき生成するのはどちらか．

より安定な中間体　　　　　　　　　　　　より不安定な中間体

2. 次の反応は三次反応で，速度式は，速度 $= k[$ケトン$][\mathrm{HO}^-]^2$ となる．この結果を説明する機構を示せ．

3. 次の反応のエネルギー図を示せ．いうまでもなく，まず反応機構を書くことが必要である．機構のどの段階が遅いと思うか．また，どんな速度式が予想できるか述べよ．

4. 次の各反応における溶媒効果を予想せよ．無極性溶媒から極性溶媒に代えたとき，反応は速くなるかあるいは遅くなるか．

5. 次の平衡に対する酸あるいは塩基の効果について述べよ．

プロトン NMR　　13

関連事項

必要な基礎知識
- X線結晶構造解析，質量分析法，^{13}C NMR，赤外分光法 3章

本章の課題
- ^{1}H NMR
- ^{1}H NMR と ^{13}C NMR との比較：積分
- ^{1}H NMR におけるスピン結合と分子構造

今後の展開
- ^{1}H NMR と他の分光法との組合わせによる迅速な構造解析 18章
- ^{1}H NMR による分子の立体化学の決定 31章
- ^{1}H NMR は構造決定の最も有力な手段であるため，ほとんどの章に登場する．本章をよく理解しておこう

13・1　^{1}H NMR と ^{13}C NMR の違い

　3章では有機化合物の構造決定に用いる三つの主要な方法のひとつとして，NMR スペクトルを取上げた．質量分析法は分子の重さについて，赤外スペクトルは官能基について，そして ^{13}C NMR および ^{1}H NMR は炭化水素骨格についての情報を提供する．^{13}C NMR のほうが単純なので3章ではおもに ^{13}C NMR を説明した．分光法のなかで最も重要な ^{1}H NMR（プロトン NMR）は，^{13}C NMR よりも多少込み入っているので，これまであまり詳しく説明してこなかった．本章では ^{1}H NMR について詳しく説明する．^{1}H NMR は構造決定のための最も強力な武器であり，実際に使ってみると，これがいかに素晴らしいものであるかわかるはずである．多少複雑だと思ってもしっかり習得すれば，有機化学にますます興味がわいてくるだろう．

　本書では全章を通して，構造決定の証拠を得るために ^{1}H および ^{13}C NMR を用いている．本書をさらに読み進めるためには本章の説明を十分理解し習得することが重要である．

　^{1}H NMR と ^{13}C NMR との相違点を次にあげる．

- ^{1}H は水素の主同位体である（天然存在比 99.985%）が，^{13}C の存在比は小さい（1.1%）
- ^{1}H NMR は定量性があり，シグナル面積から水素原子数がわかる．しかし，^{13}C NMR では同じ炭素数でもシグナル強度に大小の差がある
- 隣接する H 間の磁気的相互作用（スピン結合）からそれらが結合する炭素骨格の構造がわかる．^{13}C NMR では ^{13}C 核が隣り合って存在する確率がきわめて小さいので，スピン結合はほとんどみられない
- ^{1}H NMR の化学シフトは，^{13}C NMR の化学シフトと比べると，分子内の化学的環境に関するより確実な情報を与える

本章では ^{1}H NMR に関するこれら重要な点を一つひとつ詳しく説明するので，理解を深めてもらいたい．

　^{1}H NMR も ^{13}C NMR と同様の原理に基づく．共鳴するラジオ波の周波数が磁場における核のエネルギー準位の差に対応している点は同じであるが，対象とする核が ^{13}C 核でなく ^{1}H 核である．水素原子核を外部磁場に置くと，エネルギー準位が二つに分かれ

^{1}H NMR とプロトン NMR は同じ意味で用いる．もちろんすべての原子核に陽子（プロトン）は含まれているが，化学者はしばしばプロトンという用語を水素原子核に用いる．その水素原子核が分子を構成する一部として存在する状態でも，水素イオン H^+ として遊離した状態でも同じプロトンという用語を用いる．どちらも一つのプロトンそのもののことである．本章では特に前者の意味で用いることが多い．

➡3章では核の向きを磁場に置いた方位磁針に例えて説明した．

る．^{1}H 核は外部磁場と同じ向きと逆向きである．

すべての核にはIで表される核スピンがあり，核によって核スピンの値は決まっている．核スピンIをもつ核がとりうるエネルギー準位の数は$2I+1$である．^{1}H と ^{13}C はどちらも $I = 1/2$ である．

^{1}H NMR の 10 ppm の目盛は ^{13}C NMR の 200 ppm の一部分ではなく，全く別の周波数領域に対応する．

酢酸の ^{1}H NMR は 3 章に出てきた．3 章で述べたように，7.25 ppm の茶のシグナルは無視してかまわない．これは 276 ページでも述べるように，溶媒 CDCl$_3$ に含まれている CHCl$_3$ 由来のピークである．

^{1}H NMR と ^{13}C NMR スペクトルには共通点が多い．目盛は右端を 0 として左に向かってだんだん大きくなる．^{1}H NMR の 0 ppm の基準となる標準試料として ^{13}C NMR の場合と同じくテトラメチルシラン Me$_4$Si を用いる．^{1}H NMR の 0 ppm はテトラメチルシランの水素原子核の共鳴周波数に相当する．^{13}C NMR の場合，目盛が約 200 ppm まであったのに対して，^{1}H NMR ではおよそ 10 ppm までしかないことにすぐ気がつくだろう．これは水素原子核のまわりに存在する電子によってもたらされる核の遮蔽化の大きさの違いはせいぜいその程度しかないことを意味している．炭素原子核のまわりには結合に関与する 8 電子が分布しているのに対し，分子の中の水素原子核には 2 電子しか関与しないためである．次に酢酸の ^{1}H NMR スペクトルを示す．

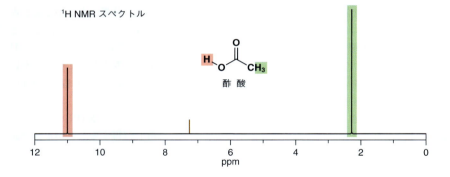

13・2　シグナル強度の積分値から水素原子数がわかる

3 章で述べたように，NMR シグナルの位置からその核のまわりの環境に関する情報が得られる．酢酸ではメチル基は電子求引性のカルボニル基の隣にあるため非遮蔽化され

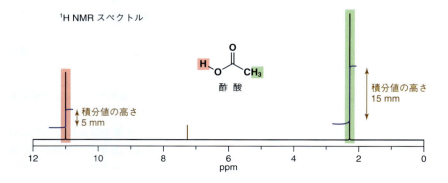

て約 2 ppm に現れる．一方，カルボキシ基の酸性水素は酸素に直接結合しており，強く非遮蔽化されるため 11.2 ppm に現れる．O−H 結合の極性（電子密度）が酸素側に大きく偏っているため，水素の酸性度が高くなっているが，同じ理由でその水素は非遮蔽化を受けて低磁場側で共鳴する．ここまでは，^{13}C NMR と ^1H NMR で特に大きな違いはない．しかし次に述べることから違いが出てくる．^1H NMR スペクトルではシグナルの大きさも重要である．すなわち，シグナル下側の面積は水素原子数に正確に比例する．^1H NMR スペクトルでは通常積分も記録する．すなわちシグナル面積を積分して計算し，前ページ下の図に示すように，面積に対応して積分を表す階段状の線（積分曲線）として表記する．

階段状の積分曲線の高さを測るだけで各シグナルの水素数の相対比がわかる．また，質量分析から分子式が明らかであれば，どんな種類の水素がいくつあるかがわかる．たとえば，前ページ下のスペクトルでは積分値が 5 mm と 15 mm と表記されているので，その比は 1：3 である．この化合物の分子式が $C_2H_4O_2$ であることがわかれば，各シグナルは水素原子四つのうち水素原子一つと三つに相当することがわかる．

1,4-ジメトキシベンゼンのスペクトルでは，観測されるシグナルは二つだけであり，その積分比は 3：2 である．この化合物の分子式は $C_8H_{10}O_2$ であるから，本当の水素原子数の比は 6：4 である．二つのシグナルの位置は 3 章で述べた NMR スペクトルの領域から予想されるとおりである．4H 分の芳香環水素はスペクトル左側の 5 から 10 ppm の間にあり，これは sp^2 炭素にある水素の領域に相当する．一方，6H 分のシグナルはスペクトル右側の sp^3 炭素上に結合した水素の領域に観測されている．

> 単純にシグナルの相対的高さを測定するだけでは十分ではない．ある種のスペクトルでは，あるシグナルが他のシグナルより幅広く観測されることもある．したがってシグナル面積を測定する必要がある．

> 最近のスペクトルではこの積分値を自動的に測定して，数値を記録することも多い．

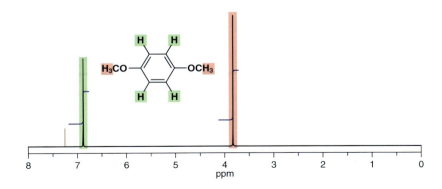

➡ ^1H NMR スペクトルの化学シフト領域については，すでに 3 章の 58 ページで一度述べているが，このあとすぐにさらに詳しく説明する．

次の例では，積分値から容易にシグナルを帰属できる．等価なメチル基（CMe_2）が二つあり，ここに 6H ある．このほかに 3H のメチル基が一つ，ヒドロキシ基の水素（1H），ヒドロキシ基に隣接したメチレン基（2H），および環を形成し酸素原子間に挟まれた

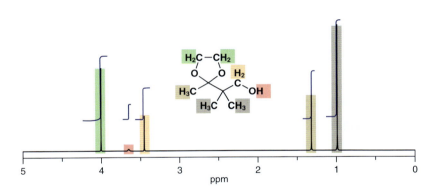

CH$_2$CH$_2$ 基（4H）がある．

　先に進む前に，これらのスペクトル中の溶媒シグナル（茶）をもう一度確認しておこう．^{1}H NMR スペクトルは通常重クロロホルム溶液中で測定する．重クロロホルム CDCl$_3$ はクロロホルム CHCl$_3$ の水素 ^{1}H が重水素 ^{2}H に置き換わったものである．^{1}H NMR におけるシグナルの大きさは ^{1}H の数に比例するため，もし CHCl$_3$ 溶液で ^{1}H NMR を測定したら，溶媒のシグナルが大きくなりすぎてしまう．CDCl$_3$ を用いることにより余分な溶媒のピークを除くことができる．^{2}H 原子の核としての性質は ^{1}H とは異なるので，^{1}H NMR には現れない．しかし，CDCl$_3$ 中にはどうしても CHCl$_3$ が微量混入しているため，7.25 ppm に弱いシグナルが必ず現れる．他の重水素化溶媒として重水 D$_2$O，重メタノール CD$_3$OD，重ベンゼン C$_6$D$_6$ などがあり，これらもよく用いる．

13・3　^{1}H NMR スペクトルの領域

　前節の最後の例では，OH 以外のすべての水素原子が sp^3 炭素に結合しているため，これらは 0〜5 ppm に現れる．酸素原子に近い水素はこの範囲で低磁場（δ 値が大きい領域）側に現れる（前ページ下のスペクトルでは 3.4 と 4.0 ppm）．このような化学シフトに関するデータを集めて次のような ^{1}H NMR の領域図をつくることができる．

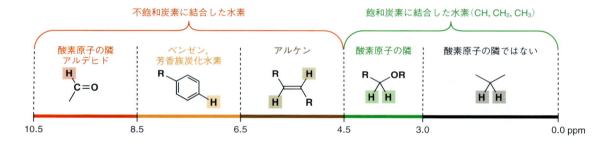

　この図は炭素に結合した水素について示しており，酸素や窒素に結合した水素はスペクトルのどんな位置にでも現れるといってよい．炭素に結合した水素についても，上図は基本的な概略を示しているだけであり，領域の境目は明確でなく重なることも多い．領域図は単に基本的な目安として用い，これらの領域が示す意味を考えるとよい．さらに，水素の化学シフトを決定する要因についても十分理解する必要がある．そのために各領域の水素について細かく例をみながら，なぜそのような化学シフトになるのか理由をつかんでおくことが大事である．

　本章では，化学シフトや化学シフト差など多くの数値が出てくるが，これらの数値は ^{1}H NMR の概念を理解するために必要なだけで，各数値をいちいち記憶する必要はない．18 章の最後に一覧表を載せているが，それも問題を解くための参考であって，数値を覚える必要はない．

➡ これらの表は 431〜433 ページにある．

13・4　飽和炭素原子に結合している水素

化学シフトは置換基の電気陰性度に依存する

　まず飽和炭素原子と結合している水素からみてみよう．次ページの図の上半分には，メチル基に結合している原子の電気陰性度が大きいほどメチル基の化学シフトが大きくなることを示している．

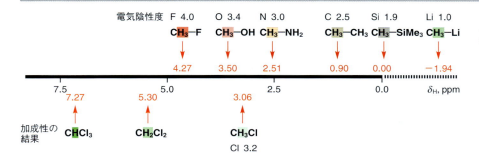

同じ原子が置換基として複数結合している場合，置換基効果として比較的単純な加成性が成立する．電気陰性度の高い塩素原子が炭素原子に結合する例を考えると，塩素が一つ結合するごとに炭素原子の電子密度は小さくなり，炭素原子核およびそれに結合する水素原子核は大きく非遮蔽化される．これは上図の下半分からわかるだろう．ジクロロメタン CH_2Cl_2 やクロロホルム $CHCl_3$ は溶媒としてよく用いるので，これらの化学シフトは多くのスペクトルで見慣れたものになるだろう．

化学シフトから水素の化学的性質がわかる

化学シフトと電気陰性度は完璧に相関しているわけではない．化学シフトを決定するのは置換基全体としての電子求引効果の大きさであり，置換基のない場合と比較して考えるべきである．たとえば，同じ窒素原子に結合したメチル基でも，アミノ基に結合しているかニトロ基に結合しているかによって化学シフトは大きく異なる（CH_3-NH_2 のメチル基は $δ_H$ 2.41 であり，CH_3-NO_2 のメチル基は $δ_H$ 4.33 である）．ニトロ基はアミノ基より電子求引効果がきわめて大きい．

大まかにいえば，電子求引基が結合していないときのメチル基の化学シフトは約 1 ppm であり，ここに電子求引効果がそれほど大きくない置換基が結合すると約 2 ppm へ低磁場シフトし，非常に大きな電子求引効果をもつ置換基が結合すると約 3 ppm まで低磁場シフトする．これは覚えておく価値がある．

* 訳注：CH_3Li の水素は TMS の水素よりさらに大きく（−1.94）遮蔽されている．

化学シフトは $δ$ を用いて表すが，^{13}C NMR と ^1H NMR のいずれにも用いるので，それを区別する必要がある．そこで ^1H NMR の化学シフトを $δ_H$，^{13}C NMR の化学シフトを $δ_C$ で表すことがある．

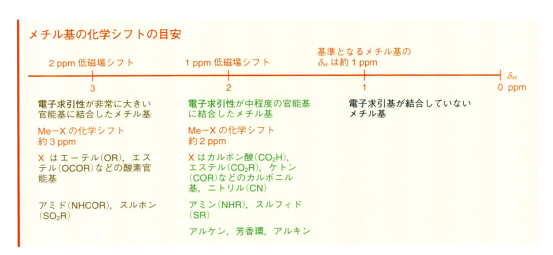

これらの化学シフトの値を電気陰性度のような原子の性質で統一的に説明しようとするよりは，むしろ逆に，これら化学シフトの値を置換基の電子求引性の強さの尺度として用いるほうが有用である．このように，NMR スペクトルから化合物の化学的性質が

推測できる．メチル基の化学シフトのうち最も低磁場に観測されるのは，おそらくニトロメタンであろう（4.33 ppm）．ニトロ基が隣のメチル基を低磁場へシフトさせる効果は少なくともカルボニル基の2倍である．この事実からニトロ基一つでカルボニル基二つ分の電子求引性をもつことがわかる．すでに8章で電子求引基と酸性度との関係について説明した．後の章で，カルボニル基，ニトロ基，スルホニル基などのアニオン安定化効果と ^{1}H NMR との関係について述べる．

メチル基から分子の構造に関する情報が得られる

メチル基は単純すぎて，そのシグナルからは分子構造の重要な情報はあまり得られないと思うかもしれないが，実はそうではない．次に単純な化合物四つの NMR スペクトルを示すが，ここではメチル基だけに注目する．

最初の化合物は欄外に示した酸塩化物であり，$δ_H$ 1.10 にメチル基のシグナルが一つだけ 9H 分の強度で観測できる．このデータからわかることは次の2点である．各メチル基のすべての水素は等価である．t-ブチル基 Me$_3$C– のメチル基三つも等価である．これは C–C 結合まわりの回転が，CH$_3$–C 結合でも (CH$_3$)$_3$C–C 結合でも非常に速いためである．ある瞬間においては一つのメチル基の三つの水素，あるいは t-ブチル基の三つのメチル基は等価ではないかもしれない．しかし，平均すればそれらは等価である．σ結合を軸とする回転が十分速いため時間平均されるのである．

欄外の二つ目の化合物では，二つのメチル基のシグナルがそれぞれ 3H 分の強度で 1.99 と 2.17 ppm にみられる．C–C 結合と違って，C=C 結合まわりの回転は全く起こらないため，メチル基二つは等価でない．一方のメチル基は二重結合を隔てて COCl 基と同じ側（シス）にあり，他方は反対側（トランス）にある．

下に示す化合物は二つとも CHO 基をもっている．左側は単純なアルデヒドで，右側はギ酸のアミド，ジメチルホルムアミド（DMF）である．左側の化合物にはメチル基が2種類あり，3H 分の SMe のシグナル（$δ_H$ 1.81）と 6H 分の CMe$_2$ のシグナル（$δ_H$ 1.35）がある．6H 分のシグナルにおいてメチル基二つは等価であるが，これもまた C–C σ結合まわりの回転が十分速いためである．DMF でも二つのメチル基のシグナルが 2.89 と 2.98 ppm に，それぞれ 3H 分の強度で現れる．これらはどちらも窒素原子に結合したメチル基であるが，N–CO 結合まわりの回転が遅いため別べつに観測されている．7章153ページで N–CO アミド結合は共役のために二重結合性をもつことを述べた．窒素の非共有電子対がカルボニル基に非局在化しているためである．

> 単結合のまわりの回転は一般に非常に速い（ただし，この後すぐ出てくるような例外もある）．一方，二重結合まわりの回転は一般にきわめて遅い（起こらないと考えてよい）．これについてはすでに 12 章で述べた．

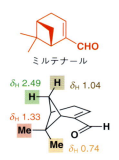

ミルテナール

二重結合と同様に，かご形構造をもつ分子は結合回転が阻害され，CH$_2$ の二つの水素原子が非等価になることがある．ハーブに含まれる香料成分（テルペノイド）にはこのようなかご形構造をもつ化合物が多い．欄外に示すミルテナール（myrtenal）はギンバイカの成分で，6員環に CH$_2$ が架橋して4員環をつくったような構造をもっている．もう一つの架橋炭素にあるメチル基二つは一方はアルケン側，他方は CH$_2$ 架橋側に向いているため，非等価である．かご形構造の結合は回転できないので，これらのメチル基の化学シフトは違ってくる（0.74 と 1.33 ppm）．メチレン架橋にある水素原子二つも同じ

理由で非等価である.

メチレン基やメチン基の化学シフトはメチル基より大きい

電気的陰性な置換基が化学シフトに及ぼす効果はメチレン基 CH_2 やメチン基 CH の水素に対してもほぼ同じである. ただ CH_2 の場合は置換基が二つ, CH の場合は置換基が三つ結合している点が異なる. CH_2 の基本的な化学シフトは 1.3 ppm であり, 基本的な CH_3 の化学シフト (0.9 ppm) から 0.4 ppm 低磁場に観測される. 一方, CH の基本的な化学シフトはさらに 0.4 ppm 低磁場にシフトして 1.7 ppm である. CH_3 の水素を一つ炭素で置き換えると低磁場シフトが起こる. これは炭素の電気陰性度が水素の電気陰性度より若干大きいので (C 2.5, H 2.2), 炭素に置き換わることにより遮蔽効果が少し弱まるためである.

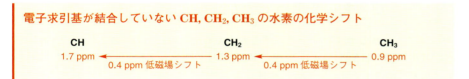
電子求引基が結合していない CH, CH_2, CH_3 の水素の化学シフト

ベンジル基 $PhCH_2$ は有機化学において重要である. 天然にはアミノ酸の一つであるフェニルアラニンにベンジル基が含まれている (2 章参照). フェニルアラニンの CH_2 シグナルは 3.0 ppm にみられ, 1.3 ppm から大きく低磁場シフトしているが, これはおもにベンゼン環の効果によるものである.

アミノ酸の保護基として Cbz (ベンジルオキシカルボニル) 基をよく用いる. この保護基は酸塩化物とアミノ基との間の反応によって導入する (このことについては 23 章で詳しく説明する). その反応例と生成物の NMR スペクトルを下に示す. ここでは CH_2 がさらに大きく低磁場シフトして 5.1 ppm にみられるが, これはこの CH_2 がフェニル基と酸素原子の両方に隣接しているためである.

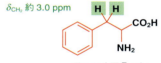
フェニルアラニン

➡ このようなアミド生成反応は 10 章で述べた. ここでのアミドは実際はカルボニル基が酸素と窒素に挟まれているので, カルバミン酸エステル (carbamate) である.

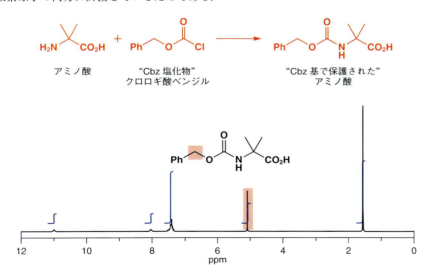

メチン基の化学シフト

炭素骨格のなかで電子求引基が近くにないメチン基 CH の化学シフトは約 1.7 ppm で

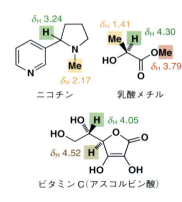

ニコチン

乳酸メチル

ビタミンC（アスコルビン酸）

> D_2O，NaOD，および DCl はそれぞれ H_2O，NaOH，HCl の代わりに用いられている．H_2O シグナルでスペクトルが覆われてしまうのを避けるためである．またこの場合，同時に化合物中の酸性水素が D で置き換えられることにも注意しよう．この点については後述する．

あり，CH_2 より 0.4 ppm 低磁場側に現れる．CH は置換基三つと結合しているため，置換基効果による低磁場シフトが CH_3 や CH_2 の場合よりもさらに大きくなる．例として三つの天然物，ニコチン，乳酸メチル，ビタミンC（アスコルビン酸）をみてみよう．ニコチンはたばこに含まれ，たばこ依存症の原因となる化合物である（ニコチンによって死に至ることはないが，代わりにたばこの煙に含まれる一酸化炭素やタールによって死亡する場合がある）．ニコチンには第三級アミンと芳香環の両方と結合したメチン基があり，その化学シフトは 3.24 ppm である．乳酸メチルの CH プロトンは 4.30 ppm に現れる．この化学シフトは 277 ページと 279 ページの黄囲みを使って求めた計算値とほぼ一致する．すなわち，1.7(CH)＋1.0(C＝O の効果)＋2.0(OH の効果) で 4.7 ppm となる．ビタミンC には CH が二つある．一つは OH の隣にあり，4.05 ppm に現れているが，計算では 1.7＋2.0(OH の効果) ＝ 3.7 ppm となる．もう一つは二重結合と酸素の両方に隣接しており 4.52 ppm にみえる．計算値は 1.7＋1.0(二重結合の効果)＋2.0(OH の効果) ＝ 4.7 ppm であり，比較的よく一致する．

興味深い例として，メチレン基の項でも出てきたフェニルアラニンがある．この化合物にはアミノ基とカルボキシ基に挟まれた CH がある．^1H NMR を D_2O 中，塩基性（NaOD）あるいは酸性（DCl）で測定すると CH の化学シフトが大きく変わる．すなわち，塩基性溶液中では 3.60 ppm，酸性溶液中では 4.35 ppm になる．CO_2H と NH_3^+ はそれぞれ CO_2^- と NH_2 より電子求引性が大きいため，酸性溶液中では，両置換基の効果が重なって CH の化学シフトが低磁場へ移動するのである．

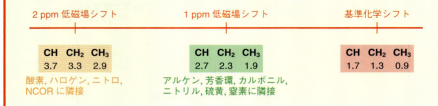

フェニルアラニン

> ### 化学シフトの簡便なめやす
> 化学シフトを学ぶには，初歩的なところから始めて順を追って次の段階へ進むのがよい．CH_3，CH_2，CH の基本となる化学シフトはそれぞれ 0.9，1.3，および 1.7 ppm である．これを基準にして酸素やハロゲン原子が置換すると約 2 ppm，それ以外の置換基は約 1 ppm 低磁場シフトする．以上の点を図にまとめておく．
>
> | 2 ppm 低磁場シフト | 1 ppm 低磁場シフト | 基準化学シフト |
> |---|---|---|
> | CH CH₂ CH₃ | CH CH₂ CH₃ | CH CH₂ CH₃ |
> | 3.7 3.3 2.9 | 2.7 2.3 1.9 | 1.7 1.3 0.9 |
> | 酸素，ハロゲン，ニトロ，NCOR に隣接 | アルケン，芳香環，カルボニル，ニトリル，硫黄，窒素に隣接 | |

これは大まかなめやすにすぎないが，簡便で覚えやすい．もう少し精度を求めるときのために，小分類を加えた概略図を次ページ黄囲みに示す．この図では，ニトロ基，エステル基，フッ素原子のような最も強い電子求引基は 3 ppm 低磁場シフトするグループとして分類している．この化学シフト概略図も大いに役立つだろう．もしさらに詳細な化学シフトの情報が必要なら 18 章の表を参考にするとよい．また巻末の参考書にもっと詳しい総合的な化学シフト表が載っている専門書を紹介する．

この概略図から得られる情報の精度は完全でないにしろ，正解から大きくは外れていない．また，これらの化学シフトには加成性が成り立つことも忘れないようにしよう．

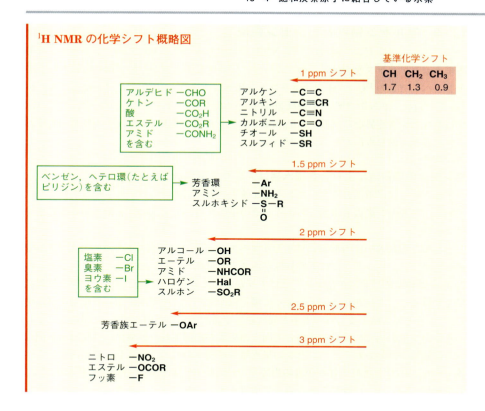

次の単純なケトエステルの例をみてみよう．このスペクトルにはシグナルが三つしかないが，積分値から CH_3 二つと CH_2 一つに区別できる．メチル基の一つは基準シフト値の 0.9 ppm から約 1 ppm，もう一つは約 2 ppm 以上低磁場へシフトしている．前者はカルボニル基の隣，後者は酸素の隣と考えられる．正確には前者は 2.14 ppm であり，CH_3 の基準値 0.9 ppm より 1.24 ppm シフトしている．これはメチルケトンの予想シフト値と考えてよい．一方，後者は 3.73 ppm であり，基準値から 2.83 ppm もシフトしている．これは酸素原子を通してエステルに結合している CH_3 の予想シフト値 3 ppm に近い．この化合物の CH_2 はエステルとケトンのカルボニル基二つに隣接しているが，計算値は加成性により $1.3 + 1.0 + 1.0 = 3.3$ ppm になる．この値は実測値とちょうど一致する．このような方法で，未知化合物のスペクトルを見るときには上の概略図を用いるとよい．

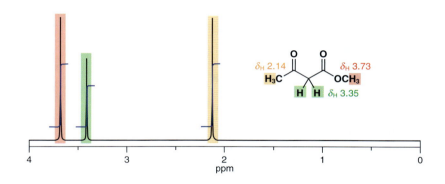

13・5 アルケン領域とベンゼン領域

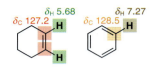

アルケンとベンゼンの領域は，^{13}C NMR では同じところにあったが，^{1}H NMR では芳香環水素とアルケン水素は二つのグループに区別される．例として，欄外のシクロヘキセンとベンゼンの ^{13}C と ^{1}H の化学シフトを比べてみよう．^{13}C 化学シフトはほぼ等しい（差は 1.3 ppm であり，^{13}C の全領域 200 ppm 中では 1%以下である）のに対し，^{1}H NMR ではかなり大きく異なる（差は 1.6 ppm であり，^{1}H の全領域 10 ppm の 16%にあたる）．これには根本的な理由があるにちがいない．

ベンゼンの環電流により芳香環水素は大きく低磁場シフトする

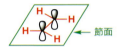

アルケンでは二重結合平面がちょうど π 軌道の節面にあたるため電子密度が低くなっている．アルケン炭素も水素もちょうどその平面にのっているので π 電子の遮蔽効果を受けない．

ベンゼン環においても同様に環平面がすべての π 軌道の節面にあたる．ただ，7 章で述べたように，ベンゼンには芳香族性がある点で単純アルケンとは異なる．ベンゼンの 6π 電子は環全体に非局在化することにより安定化に寄与している．ベンゼン環に外部磁場をかけると，非局在化 π 電子によって環電流が生じ，この環電流が局所磁場を誘起する．ちょうど原子核のまわりの電子が局所磁場を誘起するのと同じである．環電流によってベンゼン環の内側には外部磁場と逆向きの磁場が誘起され，外側には外部磁場と同じ向きの磁場が誘起される．ベンゼンの炭素原子は環そのものを形成し，環の内側でも外側でもないので，誘起された磁場の影響を受けないが，水素原子は環の外側にあって，外部磁場と同じ向きに誘起された磁場に位置する．これは，外部磁場の強度が強められたことに相当し，非遮蔽効果を受けることになり，化学シフトは大きな値になる．

> 環電流によって誘起される磁場を利用しているものは身のまわりに多い．たとえば電磁石やソレノイドがそうである．

シクロファンとアンヌレン

通常ベンゼン環の内側には水素は存在しない．ベンゼン環内側の誘起磁場についてふれたが，これは無駄な議論に思えるかもしれない．しかし実際にはシクロファン (cyclophane) のような化合物の例もある．これは一つのベンゼン環に飽和炭化水素鎖の架橋が結合した構造をもつ．[7]パラシクロファンの構造を下に示す．この化合物はベンゼン環のパラ位に七つのメチレン炭素からなる架橋が結合している．ベンゼン環の四つの水素は一つのシグナルとして 7.07 ppm に現れる．この化学シフトは環電流により非遮蔽化されたベンゼン環の水素として典型的な値である．ベンゼン環につながる二つのメチレン基 (C1) は環電流により非遮蔽効果を受け，2.64 ppm に現れる．次のメチレン基 (C2 および C3) は遮蔽化も非遮蔽化も受けず通常の化学シフト 1.0 ppm を示す．ところが中央のメチレン基 (C4) はベンゼン環の真上でかつ π 電子による環電流の中心に位置する．そのため環電流により大きく遮蔽効果を受けるので化学シフトは －0.6 ppm になる．

環が十分大きければ芳香族化合物でも環の内側に水素がくることもある．非局在化した $4n+2$ 電子をもつ化合物は芳香族性をもつ．二重結合が九つの 18π 電子系はその例である．環の外側に位置する水素は 9.28 ppm とかなり低磁場に観測されるが，環の内側に位置する水素は驚くべきことに －2.9 ppm に現れる．これは環電流により大きな遮蔽効果を受けていることを示している．このように $(CH)_n$ の分子式をもつ環状炭化水素をアンヌレン (annulene) といい，すでに 7 章で出てきた．

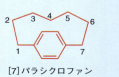

[7]パラシクロファン

[18]アンヌレン
環の外側の水素 δ_H +9.28
環の内側の水素 δ_H －2.9

芳香環における電子の不均一な分布

欄外の芳香族アミンの ^{1}H NMR スペクトルでは強度比 1：2：2 のシグナル三つがみられる．この強度比は 3H：6H：6H に相当する．6.38 ppm のシグナルは明らかにベンゼン環水素である．しかし，通常のベンゼン環のシフト 7.2 ppm よりやや高磁場の 6.38 ppm に出ているのはなぜだろう．2.28 ppm と 2.89 ppm に現れている 2 種類のメチル基のシグナルも区別しなければならない．281 ページの黄囲みからは芳香環およびアミンと結合するメチル基はどちらも約 2.4 ppm に現れると予想できる．2.28 ppm はこれに近いが，2.89 ppm は予想からかなり離れている．この違いは芳香環における電子の分布状態に基づいている．窒素原子はベンゼン環の π 電子系へ電子を押出す性質があり，芳香環の電子密度が高くなるため芳香環水素はそれだけ遮蔽化される．このように窒素原子は正電荷をもつようになるので，N-メチル基は逆に非遮蔽化される．したがって，2.89 ppm のシグナルは NMe$_2$ 基に帰属できる．

> 芳香環のまわりの電子密度が大きければ環電流のどんな変化も十分補うことができる．

> 一置換ベンゼンではなぜシグナルが 3 種類観測されると予想されるだろうか．

他の置換基，たとえば単純なアルキル基は芳香環の電子密度にほとんど影響しない．一置換ベンゼンではシグナルが 3 種類見えてもよいはずだが，アルキルベンゼンではベンゼン環の五つの水素が一つのシグナルとして観測されることが多い．279 ページに Cbz 基で保護したアミノ酸が出てきたが，その芳香環水素も同様であった．下のスペクトルもみてみよう．この化合物には芳香環以外の水素も含まれている．

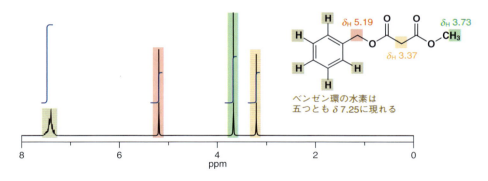

ベンゼン環の水素は五つとも δ 7.25 に現れる

ベンゼン環の水素五つはここでも化学シフトが同じである．残りのシグナルを帰属してみよう．OCH$_3$（緑）は典型的なメチルエステルであり，281 ページの黄囲みでは化学シフト 3.9 ppm と予想されている．一つの CH$_2$（黄）はカルボニル基二つに挟まれており，これは 281 ページの例（δ 3.35）と同じである．もう一つの CH$_2$（赤）はエステル酸素とベンゼン環に挟まれている．計算からは 1.3 + 1.5 + 3.0 = 5.8 ppm と予想できるが，これは実測値 5.19 ppm に十分近い．フェニル基と酸素原子による低磁場シフト効果が加成的に働くことにより，この sp^3 炭素に結合した水素はおよそアルケン水素の予想領域に現れる．276 ページで示した化学シフト領域は単なるめやすにすぎない．

電子求引基や電子供与基が化学シフトに及ぼす影響

置換基の電子分布と化学シフトに及ぼす影響を一連の 1,4-二置換ベンゼンを例にみ

➡ 共役は 7 章で述べたように，π 結合を介して起こる．一方，誘起効果は σ 結合の分極によって生じる電子求引あるいは電子供与の効果である．

てみよう．これらの置換ベンゼンでは環上の水素四つはすべて等価とみなせる．化合物の例を化学シフトが大きいもの（低磁場側，非遮蔽化されたもの）から順に並べて，次に示す．共役の効果は巻矢印で示し，誘起効果はオレンジのまっすぐな矢印で表している．ここでは水素一つと巻矢印一組だけを示している．

電子求引基の効果
共役効果   誘起効果

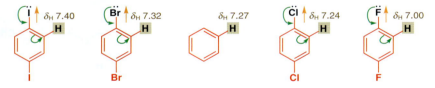

最大のシフトは共役による電子求引基によって生じる．なかでもニトロ基は最も強力である．ニトロ基の効果については非芳香族化合物の ^{13}C NMR および ^1H NMR においてすでに述べた．次に強力なものはカルボニル基とシアノ基であり，それに続くのが誘起効果のみの置換基である．その代表例は CF_3 基である．これはフッ素原子三つの効果が加成的に働いて強力な効果を示す．

序列の中ほどにくるのはハロゲン置換体であり，ベンゼンの 7.27 ppm に近い領域になる．ハロゲンは誘起効果による電子求引性と非共有電子対による電子供与性の二つの効果をあわせもっており，両方の効果がほぼ均衡している．

➡ ここで述べた置換基の電子効果は置換ベンゼンの反応性に非常に大きく関係している．ベンゼンの反応については 21 章参照．

誘起効果による電子求引性と非共有電子対の共役による電子供与性．この二つの効果が拮抗している

アルキル基は弱い誘起効果による電子供与性をもつ．最も強力な遮蔽効果を示す置換基は，驚くかもしれないが，電気陰性度の高い酸素原子や窒素原子を含む置換基である．誘起効果は電子求引的である（すなわち，C-O と C-N σ 結合は C に正電荷が偏るほうに分極している）が，非共有電子対とベンゼン環の共役（前ページ）もあり，両者は拮抗するものの正味の置換基効果は電子供与となる．そのためこれらの置換基によるベンゼン環水素における遮蔽効果は大きくなる．アミノ基が最も強力な電子供与基である．アミノ基とニトロ基はどちらも窒素原子を一つ含む官能基であるが，ニトロ NO_2 基は最

も強い電子求引基であり，アミノ NH_2 基は最も強い電子供与基である．

　非共有電子対が関与する電子供与基（ハロゲンと O, N）に関しては，非共有電子対の広がりと元素の電気陰性度の二つが重要である．前ページに示したハロゲン原子四つについてみると，非共有電子対はフッ素では 2p，塩素では 3p，臭素では 4p，ヨウ素では 5p 軌道にある．どの場合にもベンゼン環の電子は炭素の 2p 軌道にある．したがってフッ素の非共有電子対の軌道は適切な大きさでありベンゼン環と相互作用しやすいが，他のハロゲンでは大きすぎる．フッ素の電気陰性度は最も大きいが，それでも電子供与基としての効果のほうが勝っている．他のハロゲンはベンゼン環の電子をひきつける効果はそれほど大きくないが，電子を押し戻す効果もそれほど大きくない．

　ここで，第 2 周期の 3 元素を比較してみよう．F, OH, および NH_2 ではいずれも非共有電子対が 2p 軌道にあるので，違いは電気陰性度だけである．実際，予想どおり電気陰性度最大のフッ素は電子供与性が最も小さい*．

* 訳注：前ページに示したように，1,4-二置換ベンゼンのベンゼン環水素の化学シフトは，置換基が F の場合 7.00 ppm，OH では 6.59 ppm，NH_2 では 6.35 ppm であり，遮蔽効果はフッ素が一番弱い．

電子豊富なアルケンと電子不足のアルケン

　アルケンにおいても同様のことが起こる．ベンゼンと比較するためにシクロヘキセンを例として考えよう．ベンゼン環の六つの水素の化学シフトは 7.27 ppm であり，シクロヘキセンの二つのアルケン水素の化学シフトは 5.68 ppm である．ケトンのような電子求引基が結合すると，予想どおり，二重結合から置換基側へ電子がひきつけられる（その効果は二重結合の二つの炭素で異なる）．カルボニル基に近い水素はシクロヘキセンからわずかに低磁場へ移動するだけだが，遠いアルケン水素は約 1 ppm も低磁場へシフトする．巻矢印で電子の分布状態を示しているが，これは NMR 化学シフトからわかる．

　共役による電子供与基としての酸素の効果はもっと劇的である．酸素はすぐ隣のアルケン水素を誘起効果によって低磁場に移動させるが，酸素から遠いほうのアルケン水素を電子供与効果により高磁場側に 1 ppm も移動させ，二つの水素の化学シフトは 2 ppm 近くも開く．

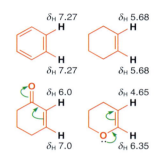

　どちらの種類の置換基でも，化学シフトの変化は遠いほうの水素（β 位）で顕著である．この化学シフトが本当に電子の分布状態を反映するならば，次の三つの化合物の化学的性質を予想することができる．まずニトロアルケンでは求核剤が攻撃する電子不足炭素を予想できる．また，エノールシリルエーテルやエナミンが求電子剤と反応する際の反応位置，すなわち電子豊富な位置も予想できる．後の章において詳しく述べるが，どちらも重要な反応で，予想どおりに反応する．ここでは化学シフトの大きな差に注目しよう．ニトロ化合物とエナミンでは β 水素の化学シフトが約 3 ppm も違う．

アルケン領域から得られる構造情報

　アルケン炭素二つが等価でない場合，各炭素の水素は ^{1}H NMR において別のシグナルとして現れる．この例はいま述べたばかりである．アルケン水素二つが同じ炭素に結合していても別シグナルとして観測されることがある．それは二重結合のもう一方の炭素に結合する二つの置換基が異なる場合で，次に示すエノールシリルエーテルや不飽和エステルがその例である．これら二つの例において，二重結合に結合した水素は，二つと

もシスの位置にある置換基が異なるため，別シグナルとして観測されることになる．どちらがどちらの水素であるかを帰属することはすぐにはできないが，違いがあることはわかる．3番目に示したクロロイミンの例も興味深い．この化合物では環の水素二つが非等価に観測されている．したがって，N–Cl 結合は C=N 結合に対してある角度で曲がっていることがわかる．もし直線上にあるならこれら二つの水素は等価になるはずである．C=N 結合の Cl 原子が結合していない側には非共有電子対があり，この窒素原子は sp^2 混成で平面三方形になっている．

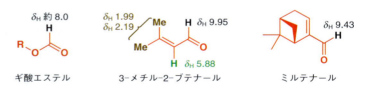

エノールシリルエーテル　　不飽和エステル　　クロロイミン

13・6　アルデヒド領域：酸素と結合した不飽和炭素

アルデヒド水素は ^{1}H NMR で特徴的である．これは直接カルボニル炭素に結合している．カルボニル基は最も強力な電子求引基の一つである．したがってアルデヒド水素は大きく非遮蔽化を受け，CH のなかでは最も低磁場領域である 9～10 ppm に現れる．左の例はいずれもこれまでに出てきた化合物である．うち二つは通常のアルデヒドで，一つは芳香族，もう一つは脂肪族化合物である．三つ目は溶媒に用いる DMF である．この CHO の水素は他の二つに比べると非遮蔽化の度合が弱い．アミド結合によって窒素からカルボニル基へ電子が押出されて非局在化しているので，若干余分の遮蔽化を受けるためである．

脂肪族（aliphatic）とは芳香族以外の有機化合物に対する総称である

酸素の非共有電子対が共役してもほぼ同様の遮蔽効果が生じる．たとえば，ギ酸エステルは約 8 ppm の化学シフトをもつ．しかし，π 結合との共役ではそのような遮蔽化は受けない．芳香族アルデヒドや，下の共役アルデヒドおよびミルテナールのアルデヒド水素の化学シフトはいずれも通常の範囲（9～10 ppm）におさまる．

ギ酸エステル　　3-メチル-2-ブテナール　　ミルテナール

アルデヒド以外でアルデヒド領域に化学シフトを示すもの：ピリジン

アルデヒド水素に近い化学シフト（9～10 ppm）を示すものがほかに 2 種類ある．ある種の芳香環水素と OH や NH のようなヘテロ原子に直結した水素である．後者の OH や NH については次節で説明する．ここではまず前者，すなわち電子不足の芳香環水素がきわめて低磁場に観測されることについて考えよう．

二重結合炭素に結合した水素は，たとえそれがニトロアルケンのようにきわめて電子密度が低い二重結合であっても，アルデヒド領域には現れない．しかし，強力な電子求引基が結合したベンゼン環の水素は，アルデヒド水素にかなり近いところまで低磁場シフトする．これは環電流に基づく非遮蔽効果が上乗せされるためであり，ニトロベンゼンのシグナルは 8～9 ppm の領域に現れる．

➡ ニトロ基の電子求引性については §8・7 を参照せよ．

この領域にシグナルが現れる分子でさらに重要なものが芳香族ヘテロ環化合物である．ピリジンがその代表例であり，これは塩基として8章と10章にすでに出てきた．ピリジンに芳香族性があることは ^{1}H NMR の化学シフトからも明らかである．ピリジンの水素の一つはベンゼンとほぼ同じ7.1 ppm にあるが，他の水素はもっと低磁場にあり，C2の水素はアルデヒド領域に現れる．これは窒素の電気陰性度が炭素より大きいためであり，決してピリジンがベンゼンより芳香族性が大きいわけではない．C2の水素は，アルデヒドと同様に，ヘテロ原子に結合した sp^2 炭素の水素である．一方，C4 は下に示すような共役により電子不足になっている（電気的に陰性な窒素原子は電子求引効果を示す）．イソキノリンはピリジンとベンゼンとが縮合した化合物であり，ピリジンよりさらに低磁場シフトした水素（9.1 ppm）がある．これはイミン水素であり，ベンゼン環の環電流による非遮蔽効果の影響を受けている．

> ピリジンにおける下の共役は正しくない．右側の構造のように6員環内において二重結合が二つ隣接することはありえない．8章で述べたように，窒素原子の非共有電子対は環炭素の p 軌道と直交する sp^2 軌道にある．どんな場合でも直交する軌道どうしが相互作用をもつことはない．

13・7 ヘテロ原子と結合した水素の化学シフトは炭素原子と結合した水素より変わりやすい

酸素，窒素，硫黄などのヘテロ原子に直接結合した水素も，NMR スペクトルにシグナルをもつ．これらのシグナルはプロトン交換の影響によりシグナルの位置が定まらないことが多いので，これまで避けてきた．

2章で抗酸化剤の BHT が出てきたが，その ^{1}H NMR は比較的単純でシグナルが四つ積分比 2：1：3：18 で現れる．t-ブチル基（茶），ベンゼン環メチル基（オレンジ）およびベンゼン環水素（緑）二つの化学シフトは予想どおりの値である．帰属できていないシグナルが一つ 5.0 ppm（ピンク）にあるが，これは OH である．

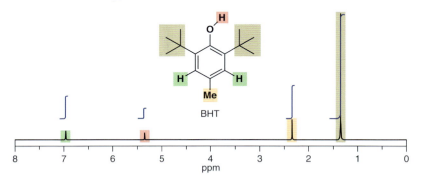

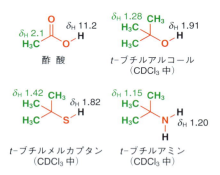

本章の初めに酢酸のスペクトルを示したが，そのとき OH は 11.2 ppm に現れていた．一方，t-ブチルアルコールのような単純アルコールの OH は CDCl$_3$ 中で約 2 ppm に現れる．このような大きな違いはなぜ生じるのだろうか．

これは酸性度の問題である．酸性度の高い水素は，H$^+$ となって離れやすい（これは 8 章で述べた酸性度の定義である）．OH 結合は分極が大きく酸素原子側に電子が偏っているが，この分極が大きいほど，OH の H は遊離の H$^+$ に近づき，遮蔽効果を示す電子が少なくなるので，低磁場シフトする．OH の化学シフトと酸性度との関係は大まかに表

	pK_a	δ$_H$(OH)
アルコール ROH	16	2.0
フェノール ArOH	10	5.0
カルボン酸 RCO$_2$H	5	>10

のようになる.

　チオール RSH はアルコールと性質が似ているが，一般にそれほど低磁場には現れない．これは硫黄の電気陰性度が酸素より小さいためである（フェノールの OH が約 5.0 ppm に現れるのに対して，PhSH は 3.41 ppm である）．脂肪族チオールは約 2 ppm，芳香族チオールは約 4 ppm にシグナルがみられる．アミンとアミドでも下に示すように化学シフトは大きく異なる．これは官能基の化学的性質の違いから予想できる．8 章で述べたように，やや酸性度が高いのでアミド水素はかなり低磁場に現れる．ピロールは特殊な例であり，環の芳香族性により NH の酸性度が高くなり 10 ppm にみられる．

NH 水素の化学シフト

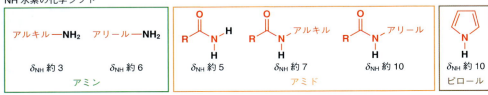

酸性水素の交換は ^{1}H NMR によって観測できる

　極性の高い官能基を含む化合物はたいてい水溶性が高い．有機化合物の NMR スペクトルは CDCl$_3$ 中で測定することが多いが，重水 D$_2$O もまた NMR 溶媒として優れている．D$_2$O 溶媒中でのスペクトルの例をいくつか示す．

　グリシンは双性イオンとして存在すると考えられる（167 ページ）が，どちらの形でも官能基二つに挟まれた CH$_2$ に由来する 2H 分のシグナル（緑）が観測できる．一方，4.90 ppm にある 3H 分のシグナル（オレンジ）は NH$_3^+$ のシグナルだろうか．その結論を出す前に次の二つの例もみておこう．

　アミノチオール塩では，CMe$_2$ と CH$_2$ は予想される位置にシグナルが観測されている（茶と緑）．しかし SH と NH$_3^+$ の水素は一緒になって 4H 分の一つのシグナルとして現れている．三つ目の EDTA の二アンモニウム塩のスペクトルにも興味深い特徴がいくつかある．中央の二つの CH$_2$（緑）は問題ないが，他の四つの CH$_2$（茶）はすべて等価に

EDTA とはエチレンジアミン四酢酸（ethylenediaminetetraacetic acid）のことであり，金属と錯体を形成する重要なキレート剤である．ここでは EDTA 1 分子とアンモニア 2 分子が塩を形成する．

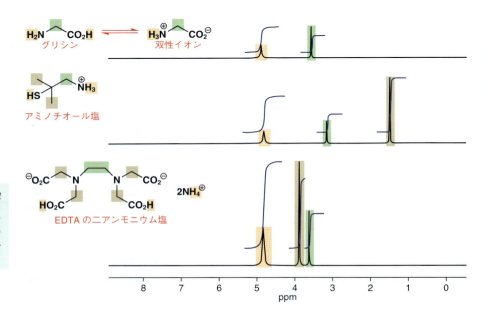

なっている．また同様に CO_2H と NH_4^+ の両方の水素も等価に観測されている．これはどうしてだろうか．

この疑問を解く手掛かりは，これらの化合物の OH, NH, および SH の水素の化学シフトが不思議なほどよく一致している点にある．すなわち，グリシンでは 4.90 ppm，アミノチオールでは 4.80 ppm，EDTA では 4.84 ppm であり，これらは測定誤差範囲内で同じである．実はこれらはすべて同じ物質に由来する．それは水素が一つ重水素に置き換わった水 HOD である．XH 基 ($X = O, N, S$) におけるプロトン交換はきわめて速く，溶媒 D_2O はその交換に必要な重水素を大過剰に供給しているので，D_2O はすべての OH, NH, および SH の H と交換して，HOD を生成する．^1H NMR ではもちろん D のシグナルは観測できない．NMR に重水素溶媒を用いるのはまさにそのためである．

重水素核のスペクトルを観測することも可能であるが，^1H とは全く異なる周波数領域になる．

CDCl$_3$ 中でも同様のプロトン交換が，OH や NH どうし，あるいは試料に含まれている痕跡量の水との間で起こる．そのため，CDCl$_3$ 中で OH や NH のシグナルを観測すると，CH シグナルよりもやや幅広くなる．

まだ疑問が二つ残っている．一つは，グリシンは水溶液中で双性イオン形と中性形のいずれなのか，あるいは両者間の平衡にあるのか，という疑問である．その点は ^1H NMR からは明言しがたいが，別の理由から水溶液中では双性イオン形であることがわかっている．二つ目の疑問は，EDTA の四つの CH_2CO はなぜ等価になるのかである．これについてはここで答えておこう．CO_2H が溶媒との間でプロトン交換が起こるように CO_2D と CO_2^- の間でもすばやい平衡があり，互いに交換している．したがって EDTA の四つの"腕"にあたる CH_2CO は平均として等価にみえるのである．

本節で学んだ平衡と速い交換は化学における重要な原則である．しっかり覚えておこう．

> **ヘテロ原子間のプロトン交換は速い**
> O, N, S などのヘテロ原子に直接結合した水素の交換速度は他の化学反応に比べるときわめて速く，^1H NMR では平均化されたシグナルを観測することになる．

→ この事実についてはカルボニル基への付加反応の機構の項ですでに述べた（6章）．その反応機構における意義は本書全体を通して何度も出てくる．

13・8 ^1H NMR におけるスピン結合

近接する水素は互いに影響してシグナルの分裂を起こす

ここまでのところ，^1H NMR と ^{13}C NMR にそれほど大きな違いはなかった．しかし，^1H NMR が本当に威力を発揮するのはこれから述べる事項である．化学シフト以上に重要なのは，単に個々の原子に関する情報だけでなく水素原子のつながりに関する情報が得られることである．これは隣り合う水素原子核間の相互作用の結果もたらされる情報

で，**スピン結合**（spin coupling）とよばれている．

次の例は核酸塩基のシトシンである．この化合物にはプロトン交換する NH$_2$ と NH があり，HOD のシグナルが 4.5 ppm に現れている．他のシグナル二つはどうしてこうなるのだろうか．きっととまどうと思われるので，これまでこのような例を取上げなかった．各水素のシグナルは 1 本線でなく 2 本に分裂している．後で詳述するが，この 2 本線を**二重線**（doublet）とよぶ．このようなシグナルの分裂がどうして起こるのか，またどのような情報がこれから得られるのかを理解するために，これからスピン結合について説明しよう．

> シトシンは 4 種類の核酸塩基のうちのひとつである．核酸塩基はデオキシリボースとリン酸とともに DNA を構成する．シトシンはピリミジンというヘテロ環化合物の一つである．DNA の化学については 42 章で述べる．

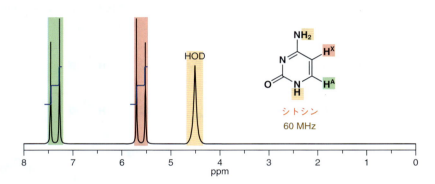

ヘテロ環化合物の ^{1}H NMR としては次の 4,6-ジアミノピリミジンのような例もある．この化合物もシトシンと同様にピリミジンの一種であるが，プロトン交換できる NH$_2$ とヘテロ環の水素二つがある．ヘテロ環の水素二つはシトシンのように分裂はせず，それぞれ 1 本線として現れており，シグナルの帰属は容易である．緑の水素 H^A はアルデヒド基に近い性質をもつ C=N に結合しているので最も低磁場側に現れている．一方，赤の水素 H^X は電子供与性のアミノ基二つに挟まれた位置にあり，芳香環水素としては高磁場に現れている（276 ページ）．これらの水素二つは五つの結合を隔てているので互いに影響しないが，シトシンの環水素二つは三つの結合を隔てているだけである．

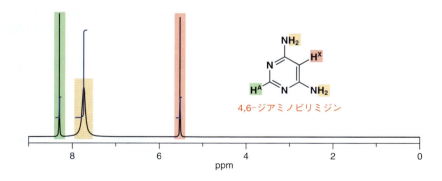

この現象を理解することは大変重要なので，以下に 3 通りの異なる方法で説明する．どれでもわかりやすいものを選んで理解すればよい．それぞれは別の視点からスピン結合を説明するものである．

上のジアミノピリミジンのスペクトルには H^A と H^X に由来する 1 本線のシグナルが二つある（1 本線のシグナルをこのあとは**単一線** singlet とよぶ，一重線ともいう）．一方，シトシンでは様子が異なる．一方の水素（たとえば H^A）は外部磁場の影響を受けるだけでなく，もう一つの水素（H^X）がつくる小さい磁場の影響も受ける．次の図に示すとお

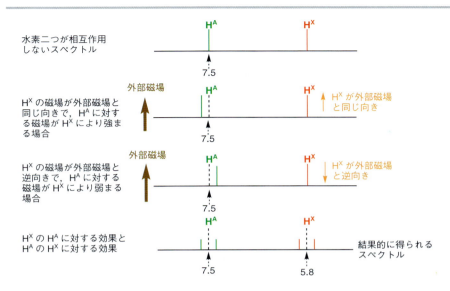

りである．もし，各水素が外部磁場の影響だけ受けるなら，各水素は単一線として観察されるだろう．しかし，H^Aの水素はほんのわずかに大きさの異なる二つの磁場の影響を受けている．一つは（外部磁場）＋（H^Xによる磁場）であり，もう一方は（外部磁場）－（H^Xによる磁場）である．H^XはH^Aが受ける磁場を強めるか弱めるかどちらかに働く．シグナルが観測される周波数の位置（すなわち化学シフト）は，各水素が受けている磁場強度によって決まる．そのため強度がわずかに異なる磁場を受けて周波数がわずかに異なるシグナルが**二重線**として現れる．H^Aで起こることは全く同様にH^Xでも起こる．その結果スペクトルには，それぞれの水素に相当する二重線が二組現れる．各水素は互いに影響し合うわけである．水素によって生じる磁場の強度は，外部磁場の強度に比較すればきわめて小さいので，二重線のシグナルの分裂幅はきわめて小さい．この分裂幅の大きさについては後で述べる．

　スピン結合についての第二の説明は，原子核のエネルギー準位から考える．4章の化学結合の項で，隣接する原子の電子のエネルギー準位は，互いに相互作用して新たな二つのエネルギー準位に分裂することを述べた．このうち，一つはもとのものよりも高くもう一つは低くなる．水素原子核の場合も同様で，分子内の近くに水素原子がもう一つあると相互作用して新たなエネルギー準位に分裂する．ある水素原子核を外部磁場に置くと本章の274ページに図示したように，外部磁場と同じ向きと逆向きの二つのエネルギー準位に分裂する．このときエネルギーの励起はただ1種類のみ可能であり，共鳴が起こるのはただ一つの周波数においてのみである．この現象はこれまでに何度も出てきているが，次にもう一度概略を示しておく．

　前ページのジアミノピリミジンのスペクトルはまさにこの例に当てはまる．水素二つが分子中で離れて存在するため，互いに影響することなく孤立している．各水素はそれぞれ二つのエネルギー準位をもち，単一線として観測されるので，スペクトル全体とし

てはシグナルが二つ見えるだけである．しかし，シトシン（290 ページのスペクトル）は状況が異なる．二つの水素原子は互いに隣接しているので，四つのエネルギー準位が存在する．水素 H^A と H^X はそれぞれ外部磁場と同じ向きと逆向きの配向をとる．最も低いエネルギー準位は H^A と H^X が両方とも外部磁場と同じ向きの配向であり，最も高いエネルギー準位は H^A と H^X が両方とも外部磁場と逆向きの配向である．その中間に二つの異なるエネルギー準位が存在するが，それらは一つの核が外部磁場と同じ向き，もう一つが逆向きの配向をもつ．H^A において外部磁場と同じ向きから逆向きへの励起には，エネルギー差がわずかに異なる 2 種類がある．それらを励起エネルギー A_1 と A_2 としている．その結果，非常に接近した 2 種類の共鳴をスペクトル上に観測することになる．

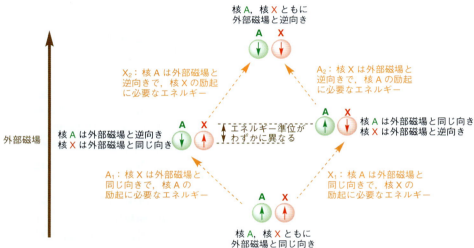

Hz 単位での結合定数の測定

結合定数を測定する場合，NMR 装置の性能を MHz 単位で知っておく必要がある．そのため，^{1}H NMR スペクトルでは常に，たとえば "これは 400 MHz のスペクトルである" と毎回断っているはずである．結合定数は装置が自動的に読んでくれる場合もあるが，そうでない場合は，分裂したシグナルの間隔を定規やコンパスで測り，横軸の目盛りからまず ppm 単位で差を出し，次にそれを Hz 単位に換算すればよい．ppm から Hz への変換は容易であり，メガヘルツのメガを除けばよい．たとえば，300 MHz 装置での 1 ppm は 300 Hz である．500 MHz 装置では，10 Hz の結合定数は 0.02 ppm の分裂幅である．

よく用いる NMR 装置は 200〜500 MHz の共鳴周波数に相当する磁場の強さのものである．

注意してほしいのは，H^A と H^X を切り離して考えられないことである．H^A を励起させるエネルギー差が 2 種類あれば，H^X を励起させるエネルギー差も 2 種類ある．励起エネルギー A_1, A_2, X_1, X_2 は異なる値をもつが，A_1 と A_2 の差はちょうど X_1 と X_2 の差に等しい．^{1}H NMR スペクトルにおいて各水素のシグナルは二重線として観測されるが，その二重線の分裂幅はちょうど等しくなる．この現象を**スピン結合**という．"H^A と H^X はスピン結合している"，または "H^A は H^X とスピン結合する（あるいは逆に，H^X は H^A とスピン結合する）" などの表現をするので，今後，本書でもこのようにスピン結合という言葉を用いる．

ここでまた，本節の最初に出てきたシトシンの ^{1}H NMR スペクトルを見直そう．このスペクトルには二重線が二つある．それぞれが芳香環の水素のシグナルであり，各シグナルの分裂幅は等しい（定規を用いて測ってみればわかる）．この幅は**結合定数**（coupling constant, スピン結合定数ともいう）とよばれ，J で表す．この場合には $J = 4$ Hz である．J の値は ppm ではなく，Hz を用いる．これはなぜだろう．3 章（52 ページ）で述べたように，化学シフトは装置の磁場の大きさ（共鳴周波数で代用し通常 MHz 単位で表す）によって変わらないように ppm 単位を用いた．同様に結合定数 J 値も装置によって変わらないように Hz 単位を用いる．

次のスペクトルは同じ化合物を異なる磁場強度をもつ NMR 装置で測定したものである．一つは 90 MHz，もう一つは 300 MHz の装置である（300 MHz の装置は NMR 装置の磁場強度としては一般的で日常的に用いるが，90 MHz はほぼ最小である）．各シグナ

13・8 ¹H NMR におけるスピン結合

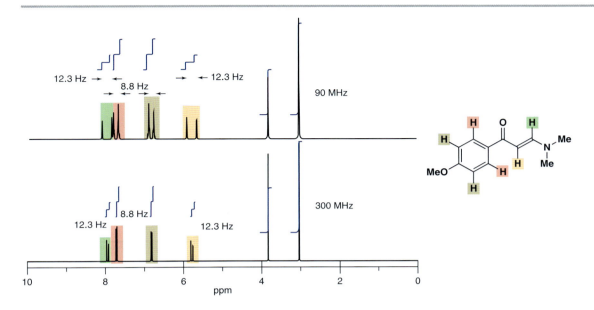

ルの位置は化学シフトの目盛は同じであるが，各シグナルの分裂幅は異なる．これは上のスペクトルでは 1 ppm が 90 Hz であるのに対して，下のスペクトルでは 1 ppm が 300 Hz であるためである．

> **異なる装置によるスペクトル**
> 同じ試料を磁場の異なる測定装置で測定する場合，たとえば 200 MHz と 500 MHz の装置で測定しても，化学シフト δ は ppm 単位で表せば同じである．また結合定数 J も Hz 単位で表せば同じである．

次にスピン結合を説明する第三の方法について述べよう．もう一度 H^A と H^X が互いに影響しない場合を考えよう．このとき各水素のシグナルは欄外に示すように単一線として現れるのでそれぞれの化学シフトは明白である．

しかし，二つの水素が互いにスピン結合しているとき，各シグナルは真の化学シフトの位置を中心に両側に等間隔に分裂する．実際のスペクトルでは，二重線が二つ観測されるが，各二重線の分裂幅は等しい．真の化学シフトの位置には何もシグナルは見えないが，二重線の中心位置を読むことにより化学シフトを求めることができる．

このスペクトルは δ_H 7.5（1H, d, J 4 Hz, H^A）および δ_H 5.8（1H, d, J 4 Hz, H^X）と記録すればよい．最初の数字は化学シフトを ppm 単位で示したものであり，括弧内は積分値に基づく水素原子数，シグナルの形（d は二重線を表す），結合定数（Hz 単位），およびシグナルの帰属を意味する．二重線の積分値はピーク 2 本の面積を合わせたものである．もし二重線が正確に対称なら，各ピークの面積はちょうど半分になる．スピン結合したシグナルはどんなに複雑であっても，積分値を合わせると水素の正しい数に対応する．

これまで二つの水素を H^A と H^X と表してきた．同様な形の二重線の組を **AX スペクトル** とよぶ．H^A は最も注目している核をさし，H^X は化学シフトが大きく離れている核をさす．アルファベットにより化学シフトの遠近を示す．つまり，化学シフトが近い水素（構造中で近接しているとは限らない）はAに対してBやCとよび，化学シフトが離れていればXやYとよぶ．その理由はすぐに説明する．

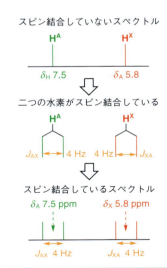

➡ ¹H NMR における積分は 274〜275 ページに出てきた．

水素原子が三つ以上かかわる系でも，やはりシグナルの分裂が起こる．次に有名な香水の原料となる化合物の NMR スペクトルを示す．それは"ライラックの新緑の葉"の香りをもつといわれている．この化合物はアセタールであり，通常のベンゼンに近い化学シフト（7.2〜7.3 ppm）をもつ芳香環水素 5H 分と等価な二つのメトキシ基に由来する 6H 分のシグナルがある．

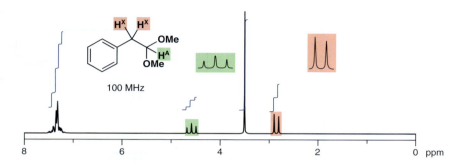

このほかにまだ帰属していない水素が三つ残っている．これらは 2.9 ppm に 2H 分の二重線，そして 4.6 ppm に 1H 分の三重線として観測されている．NMR で**三重線**（triplet）とは等間隔に並んだ強度比が 1：2：1 の 3 本線である．三重線は，隣接する CH_2 の二つの等価な水素がとりうる三つの状態に由来している．

もし H^A が二つの H^X と相互作用しているとすると，H^A に影響を及ぼす H^X の状態は

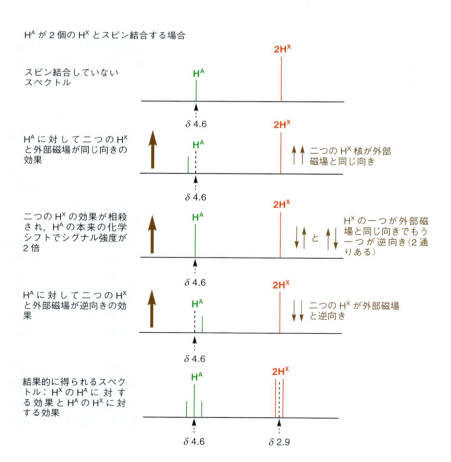

三つある．まず，H^X が二つとも外部磁場と同じ向きの場合と，逆向きの場合がある．この二つの場合は前述の例と同様に外部磁場を強める効果と弱める効果を示す．しかし，もし二つの H^X のうち一つが同じ向きで一つが逆向きであったならば，その効果は相殺されて H^A に与える正味の効果はなくなる．またこのようになる配列は 2 通りある（下の図に示す）．したがって，H^A のシグナルは，正しい化学シフトの位置に 2 倍の強度をもつピーク 1 本と，それより高磁場側と低磁場側に 1 本ずつ現れる．いいかえると，これが強度比 1：2：1 の三重線のシグナルとなる．

この結果をまた別の視点から見直してみよう．二つの H^X が両方とも外部磁場と同じ向きをもつ場合あるいは逆向きをもつ場合，それぞれ 1 通りしかないが，一つが同じ向きで他が逆向きの場合は 2 通りある．H^A はこれらそれぞれの場合と相互作用するので，その結果 1：2：1 の三重線となる．

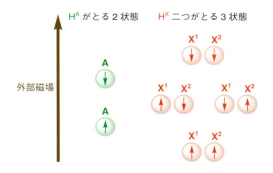

第三の説明法で考えると，次のように三重線のシグナルの分裂の仕方を段階的に考えることができる．

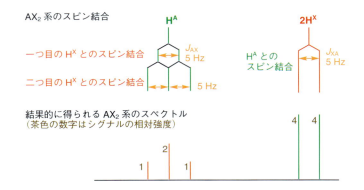

水素が三つ以上関与すると，さらに複雑なスペクトルになる．しかし，シグナル強度は基本的にパスカルの三角形から予想できる．パスカルの三角形とは二項式を展開したときの係数で表されるものであり，次ページに示すとおりになる．

この三角形から水素一つが等価な隣接水素 n 個とスピン結合するとき，どのようなシグナルが観測されるか予想できる．そのシグナルは $(n+1)$ に分裂し各ピーク強度はパスカルの三角形から予想できる．すでに述べたように，水素一つとスピン結合すると 1：1 の二重線（パスカルの三角形の第 2 行），水素二つとスピン結合すると 1：2：1 の三重線（三角形の第 3 行）となる．有機化学によく出てくるエチル基 CH_3CH_2X では，メチレン基は三つの等価な水素とスピン結合しているので 1：3：3：1 の四重線として観測され，メチル基は 1：2：1 の三重線として現れる．またイソプロピル基 $(CH_3)_2CHX$ で

パスカルの三角形の組立て方
まず一番上に1を置き，次の行ではそのすぐ上の行の両側にある数字を足していく．上の行の片側に数字がないときは0とみなす．そうすると各行の両端は必ず1となる．

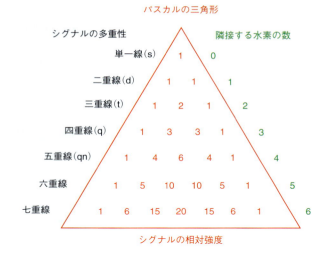

は，メチル基が6H分の二重線，CHが七重線として現れる．

次に簡単な例として4員環エーテル（オキセタン）をみてみよう．NMRスペクトルでは酸素に結合した等価な二つのCH_2のシグナルが4H分の三重線として，中央のCH_2のシグナルが2H分の五重線として観測されている．二つのH^Xはそれぞれ隣の四つの等価なH^Aによって分裂し，1：4：6：4：1の強度比をもつ五重線になっている．一方，四つのH^Aはそれぞれ隣の二つのH^Xによって分裂して1：2：1の強度比をもつ三重線として現れている．これらの多重線の積分値の総和は五重線は2H，三重線は4Hである．

等価な水素とはスピン結合しない
スピン結合は隣接水素のみを相手として起こる．隣に水素がいくつあるかが問題であり（H^Xの隣に4, H^Aの隣に2），そのシグナル自身の水素の数（H^Xは2, H^Aは4）とは関係ない．それぞれのCH_2の水素二つは等価であり，これらは互いにスピン結合しない．自分自身の数ではなく，周辺にいくつあるかが重要である．

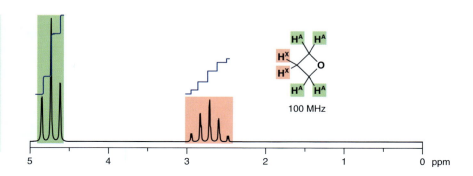

次のジエチルアセタールのスペクトルはもう少し複雑である．まず単純なAX型二重線の対がある．これは基本骨格炭素の二つの水素（赤と緑）である．また典型的なエチル

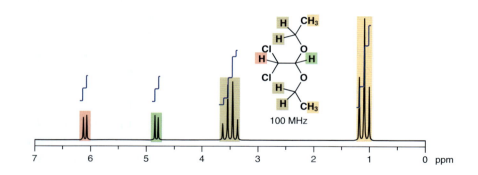

基のシグナル（2H の四重線と 3H の三重線）もある．エチル基が何に結合しているかは，エチル基の CH_2 の化学シフトから予測できる．この例では 3.76 ppm なので OCH_2CH_3 以外に考えられない．もちろん，この化合物には等価な OCH_2CH_3 が二つある．

これまでの例では，ある水素が複数の水素と隣接していても，隣の水素は等価であった．したがってそれら隣り合う水素とのスピン結合定数はすべて同じであった．しかし，これが同じでない場合もある．次の例は除虫菊（pyrethrum）の殺虫成分ピレスロイドの共通構造となる菊酸（chrysanthemic acid）である．この化合物では一つの水素が 2 種の異なる水素と隣り合っている．

菊酸は，3 員環にカルボン酸，アルケン，およびメチル基二つが結合した構造をもつ．H^A には H^X と H^M が隣接する．H^X との結合定数は 8 Hz，H^M との結合定数は 5.5 Hz であり，欄外に示すような分裂パターンになる．

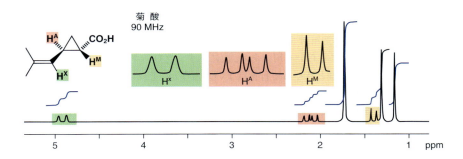

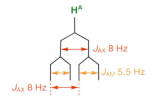

その結果，強度の等しい 4 本線が観測される．これを**二重の二重線**（double doublet または doublet of doublet）といい，dd と省略する．二重の二重線のシグナルには結合定数が二つあり，小さいほうの結合定数は 1 本目と 2 本目のピーク間隔，あるいは 3 本目と 4 本目のピーク間隔から読取る．一方，大きいほうの結合定数は 1 本目と 3 本目のピーク間隔，あるいは 2 本目と 4 本目のピーク間隔から求める．中央の 2 本のピーク，すなわち 2 本目と 3 本目のピーク間隔は結合定数ではない．二つの結合定数の差があまり大きくないときは，2 本目と 3 本目のピークが重なり合ってくるので，結果的には三重線に近いシグナルになる．完全な三重線も二重の二重線のシグナルの特別な場合と考えることもできる．すなわち二つのスピン結合定数が完全に等しい場合，中央の 2 本のピークは重なるので，二重の二重線は三重線となる．

シグナルの形状に関する短縮形

短縮形	意味	備考
s	単一線	
d	二重線	シグナル強度は等しい
t	三重線	強度比は 1：2：1
q	四重線	強度比は 1：3：3：1
dt	二重の三重線	他の組合わせも可能．例：dd, dq, tt
m	多重線	複雑なシグナルの表記に用いる[†]

[†] スピン結合様式が複雑なときや，別のシグナルと重なるときなど．

スピン結合は化学結合を介する効果である

隣接する原子核との相互作用は空間を介するのだろうか，それとも結合電子を介するのだろうか．スピン結合に関しては化学結合を介して起こることがわかっている．結合定数の大きさは分子の構造によって変わるからである．二重結合の両側に水素がある例

は最も重要である．水素二つがシス配置のとき結合定数 J はおよそ 10 Hz であり，トランス配置のときはそれより大きく約 15〜18 Hz である．次の二つのクロロアクリル酸がよい例である．

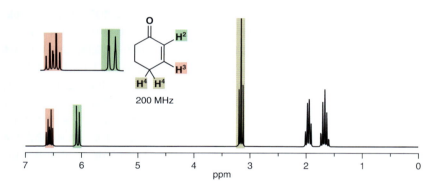

もしスピン結合が空間的距離に依存するなら，距離が近いシス配置のほうが大きい J 値をもつはずである．しかし実際にはスピン結合は化学結合を介するため，トランス配置のように結合がほぼ完全に平行に並んだほうが相互作用が大きくなり，J 値が大きくなる．

NMR スペクトルで構造解析するとき，スピン結合から得られる情報は，化学シフトから得られる情報と同じくらい有用である．次に示すシクロヘキセノンの場合（285 ページ），化学シフトの帰属はどうやって行えばよいだろうか．それはスピン結合を読めばできる．カルボニル基の隣の水素（図中の H^2）については，その隣に水素が一つ（H^3）しかないので，二重線として観測される．そのスピン結合定数 J は 11 Hz であり，ちょうどシス配置の二重結合に相当する．次に H^3 のシグナルは二重の三重線として現れる．三重線としての分裂幅は 4 Hz，二重線としての分裂幅は 11 Hz である．

H^3 のスピン結合はこのようにやや複雑であるが，次のように図示して考えるとこれまでに出てきた例と同様に説明できる．

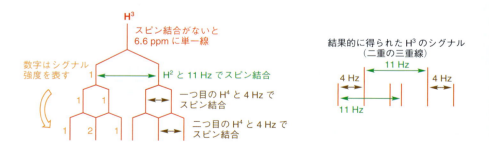

スピン結合による分裂様式がさらに複雑になるとその解釈がむずかしくなる場合もある．しかし何が知りたいかに焦点を当てて考えれば，問題は容易に解決できる．ここで

例として 2-ヘプタノンを考えてみよう．カルボニル基に隣接した C3 の水素（緑）は 2H 分の三重線 J 7 Hz で二つの赤の水素とスピン結合している．C4 の水素（赤）は水素四つに隣接している．これらの四つの水素は等価ではないが結合定数はほぼ等しく，C4 の CH_2 は 2H の五重線（J 7 Hz）として現れている．茶のシグナルはさらに複雑である．このようなシグナルは "4H 多重線" というよび方をする．実際にはこの茶のシグナルは C5 と C6 の四つの水素に帰属でき，2H の五重線（C5 の CH_2）と 2H の六重線（C6 の CH_2）が重なったものである．C6 の水素と末端メチル基との結合定数は，メチル基（オレンジ）の 3H の三重線から J 7 Hz と読取ることができる．

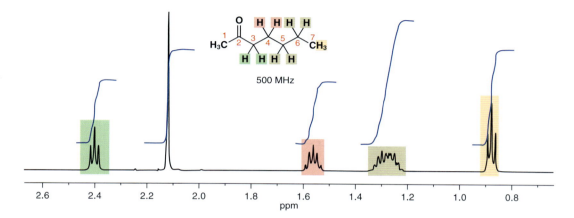

結合定数を決める要因は三つある

シクロヘキセノンでは結合定数の大きさにはかなり違いがあったが，ヘプタノンの場合には，すべてほぼ同じ大きさ（約 7 Hz）であった．なぜだろうか．

> **結合定数を決める要因**
> - 水素原子間の化学結合を介した距離
> - 二つの C−H 結合間の角度
> - 置換基の電気陰性度

これまでに出てきた結合定数はすべて，隣の炭素原子に結合した水素原子との間のものであった．いいかえると，結合三つ（H−C−C−H）を介したスピン結合であり，$^3J_{HH}$ と表記する．ヘプタノンのように自由回転が可能な鎖状化合物においてはこの $^3J_{HH}$ の値はふつう約 7 Hz である．C−H 結合距離にはそれほど大きな違いはないが，シクロヘキセノンに含まれる C=C 二重結合は C−C 単結合よりかなり短い．二重結合を挟んだ水素間の結合定数 $^3J_{HH}$ は通常 7 Hz より大きく，シクロヘキセノンでは 11 Hz である．$^3J_{HH}$ のスピン結合は，隣接炭素に結合した水素に関するものであり，**ビシナルスピン結合**（vicinal coupling）とよばれている．

そのほかの $^3J_{HH}$ には次のような例がある．鎖状化合物ではすべての回転配座の時間平均を観測している（これについては次の章で述べる）．これに対して，二重結合は回転せず，同一平面にあり，二つの C−H 結合は互いに 60°（シスのとき）か 180°（トランスのとき）の角度に固定されている．ベンゼンにおける結合定数はシス形のアルケンより少し小さい．これはベンゼン環の C−C 結合が通常のアルケンとは異なり，単結合と二重結合の中間とみなせるためである．

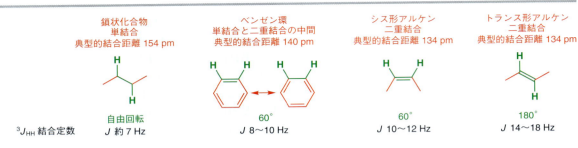

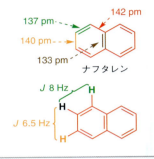

→ ナフタレンの共役については7章160ページで述べた.

ナフタレンにおいては，炭素−炭素結合の距離がすべて等しいわけではない．両環が共有する結合が最も短く，他の結合は欄外に示したとおりである．短い結合間の水素の結合定数（8 Hz）は長い結合間の水素の結合定数（6.5 Hz）より大きい．

結合定数を決める第三の要因は置換基の電気陰性度である．このことは通常のアルケンとアルコキシ基をもつアルケン，エノールエーテルを比較するとすぐわかる．次にシスまたはトランス二重結合をもつ化合物の例を二組あげる．一組目では二重結合にフェニル基が置換しており，二組目ではOPhが結合している．予想どおり，各組においてトランスのほうがシスより結合定数が大きい．しかし，アルケンとエノールエーテルの結合定数を比べるとエノールエーテルのほうがアルケンよりはるかに小さいことがわかる．トランス配置のエノールエーテルの結合定数はシス配置のアルケンの結合定数よりごくわずかに大きいだけである．エノールエーテルでは電気陰性度の大きい酸素原子がC−H結合から電子を求引するので，結合を介した相互作用が弱められ，結合定数が小さくなる．

遠隔スピン結合

結合を介する距離が3結合より長くなるとスピン結合は通常観測されなくなる．いいかえると，4結合を介するスピン結合，すなわち $^4J_{HH}$ は通常0である．しかし，例外がある．最も重要なのは芳香環におけるメタスピン結合とアルケンにおけるアリルスピン結合である．どちらの場合も二つの水素原子間の軌道がジグザグ形に配列して，相互作用が最大になっている．この配置はW字に似ているので，**W形スピン結合**（W-coupling）ともよばれている．それでも $^4J_{HH}$ は通常小さく，せいぜい1〜3 Hzである．

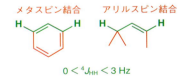

メタスピン結合はオルトスピン結合が現れるときにはたいてい現れる．しかし，次ページに，直接隣り合う水素がないためにメタスピン結合のみでオルトスピン結合のない化合物の例を示す．二つの H^A は等価であり，それぞれメタ位に水素が一つあるため，そのシグナルは2H分の二重線として現れる．一方，H^X はMeO二つに挟まれており，メタ位に等価な水素が二つ存在する．したがってそのシグナルは1H分の三重線として現れる．結合定数は約2.5 Hzと小さい．

アリルスピン結合をもつ化合物はすでに出てきている．シクロヘキセノンの H^3 が二重の三重線として観測されることはすでに詳しく述べたが，H^2 のシグナルもよく見ると二重の三重線になっている．しかし，明瞭に三重線に分裂しているわけではない．それ

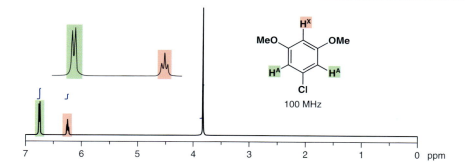

はC4のCH$_2$とのアリルスピン結合 $^4J_{HH}$ がわずか2Hzにすぎないためである．次にH^{2}のスピン結合の様子を示す．298ページのシクロヘキセノンのスペクトルの説明に加えて考えてみよう．

類似水素間のスピン結合

　等価な水素どうしはスピン結合しない．CH$_3$の三つの水素はこれ以外の水素とスピン結合することはあっても，決して互いにスピン結合しない．これはA$_3$系である．隣接する等価な水素どうしもスピン結合しない．275ページに出てきた1,4-ジメトキシベンゼンでは，ベンゼン環の水素四つは隣に水素を一つもつが，いずれも隣の水素と等価であ

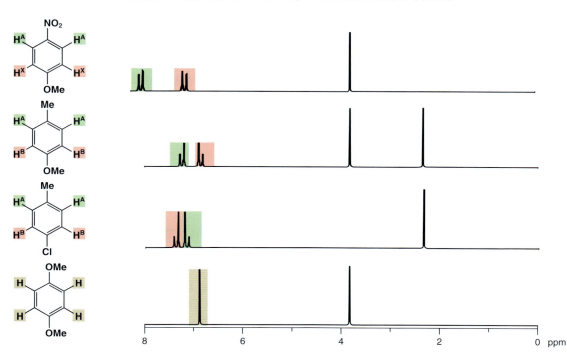

るため単一線として現れる．

　すでに述べたように，異なる水素二つがAX系をつくるときには，二重線が二つ離れた位置に現れる．水素の環境の違いが小さくなったらどうなるだろうか．二つのシグナルがだんだん近づくと，二つの二重線（AX系）から突然一つの単一線（A_2系）になるのだろうか．答はもちろんそうではなく，この間の変化は少しずつ起こる．前ページに示したのはいずれもパラ二置換ベンゼンであり，1位と4位に異なる置換基がある．

　最初の例のように二重線が二つ大きく離れていると，通常の二重線として現れている．しかし，これらがだんだん近づいてくると，二重線の形が変形していき，最後に置換基が二つ同一になって単一線が4H分観測されるようになる．

 H^AとH^Xが非等価なとき（$R^1 \neq R^2$），スピン結合がみられ，二重線が二つ現れる
2H分の二重線が二つ

 H^AとH^Bが類似しているとき，スピン結合はみられるが，二重線二つは強度が違ってくる
強度の違う2H分の二重線が二つ

 隣接水素が等価なときスピン結合はみられない
4H分の単一線が一つ

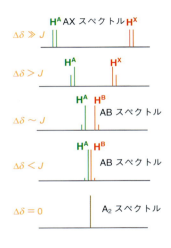

　ピークが変形する要因として重要なことは，二つの水素間の化学シフトの差$\Delta\delta$と結合定数Jの大きさとの関係である．これは使用した装置の磁場強度の大きさにもかかわってくる．もし$\Delta\delta$がJより十分大きい場合にはシグナルの変形はほとんどない．たとえば，500 MHzの装置で$\Delta\delta$が2 ppm（すなわち1000 Hz），Jが7 Hzであったとしよう．この場合シグナルどうしは十分離れており，典型的なAX系としてほぼ1：1の強度比の二重線が二つ現れる．$\Delta\delta$がだんだん小さくなってJに近づくと二つの二重線が変形して，内側のシグナル強度が大きくなり，外側のシグナル強度が小さくなる．最終的に$\Delta\delta$が0となると外側のシグナルは消えて見えなくなり，内側の二つのシグナルが重なってA_2系の単一線となる．欄外に示すとおりである．

　シグナルの変形が大きいが，二つの水素がまだ非等価である最終段階についてみてよう．このような系は，H^AをH^Bと切り離して考えることはできないので，**ABスペクトル**とよばれている．二つの内側のシグナルの間隔が狭くなり二重線の間隔に近くなって，4本がほとんど等間隔になる場合もある．図にはABスペクトルとして例を二つ示しているが，このほかにもさまざまなシグナルの現れ方がある．

　変形二重線では，ふつう背が高いほうのシグナルの先にスピン結合相手のシグナルがある．これはスピン結合の相手を探すときに有効である．

> ここに示したABスペクトルのような分裂様式をたまにAB四重線という人がいる．しかしこれは厳密には四重線でない．四重線ならば，等価な水素三つとスピン結合して，正確に等間隔のシグナルが四つ1：3：3：1の強度比で現れる．このような呼び方は誤解を招くので避けるべきである．

　またいいかえると，AB系では外側が低く中央が高い"屋根"形になっているとみることもできる．変形した二重線や他のスピン結合したシグナルを見るときにはこのようなことにも注意しよう．

　本項をパラ二置換ベンゼンの例で締めくくろう．次のスペクトルには屋根形の二重線の対のほかに，ABX系とイソプロピル基も含まれている．芳香環水素は2H分の変形二重線の対になっている．このことからパラ二置換ベンゼンであることがわかる．次にABX系シグナルのAB部がアルケン領域にある．これらは互いにJ 16 Hzもの大きな結

合定数でスピン結合しているのでトランス配置である．また，これらのうちの一つは化学シフトが離れた別の水素とスピン結合していて二重の二重線になっている．この AB 部シグナルのうち，大きな結合定数で分裂している左側の二重線は屋根形に変形している．一方，右側の二重の二重線では小さい J 値で分裂した部分の高さはほぼ等しい．化学シフトが離れた H^X はイソプロピル基の一部であり，アルケン水素の一つ H^B と等価なメチル基の水素（6H 分）の両方とスピン結合している．その両方の J 値がほぼ同じなので，H^X は水素七つによって八重線に分裂している．一見，六重線に見えるが，八重線のシグナルの強度比がパスカルの三角形に基づき 1 : 7 : 21 : 35 : 35 : 21 : 7 : 1 であるため，一番外側のシグナルはほとんど見えていない．

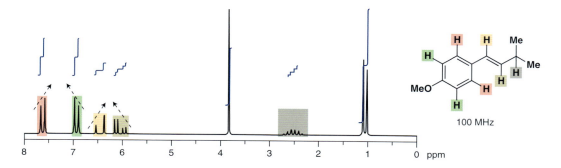

同じ炭素に結合する水素核どうしもスピン結合する

同じ炭素に結合した水素でも等価でない場合がある．末端二重結合がその例である．これらの水素が等価でない場合は互いにスピン結合する（化学シフトは互いに近い）．しかし，その結合定数は通常非常に小さい．次の例は 286 ページで一度出てきた化合物である．

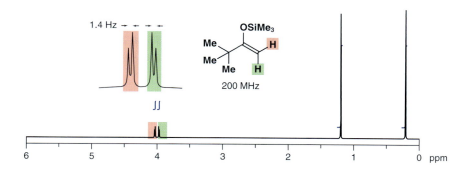

ここで観測されている結合定数 1.4 Hz は同じ炭素に結合した二つの水素間のスピン結合 $^2J_{HH}$ である．二重結合が回転できないためこの二つの水素は等価でない．$^2J_{HH}$ は**ジェミナルスピン結合**（geminal coupling）とよばれている．

このことから，一置換アルケン（ビニル基）における二重結合水素三つは特徴的なシグナルを示す．例としてアクリル酸エチル（プロペン酸エチル，アクリル樹脂の原料となるモノマー）を考えよう．このスペクトルは一見複雑だが，結合定数を使って読んでいけば容易に解釈できる．

最も大きな結合定数 16 Hz は明らかにオレンジと緑の水素間（トランススピン結合）のものである．次に大きい 10 Hz の結合定数はオレンジと赤の水素間（シススピン結合）であり，小さな 4 Hz のスピン結合は赤と緑の水素間（ジェミナルスピン結合）である．

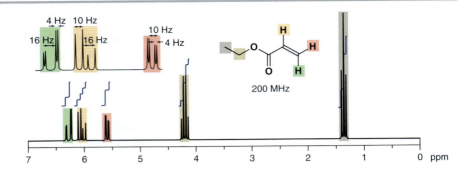

以上のことから，三つの水素が帰属できる．すなわち，赤は 5.60 ppm, 緑は 6.40 ppm, オレンジは 6.11 ppm である．結合定数に基づくシグナルの帰属は，化学シフトのみからの帰属より信頼性が高い．

ビニル基の結合定数

$^3J_{HH}$ シススピン結合 大きい 10〜12 Hz

$^3J_{HH}$ トランススピン結合 非常に大きい 14〜18 Hz

$^2J_{HH}$ ジェミナルスピン結合 非常に小さい 0〜3 Hz

エチルビニルエーテルはアルコールを保護する際に使う反応剤である．この化合物では結合定数がどれも通常のアルケンの値より小さい．これは二重結合に直接結合した酸素原子の電気陰性度が大きいためである．しかし，ビニル基の水素の帰属は容易である．なぜなら結合定数 13, 7, および 2 Hz はそれぞれトランス，シス，およびジェミナルのスピン結合に対応するからである．さらに酸素が結合した炭素にあるオレンジの水素は低磁場に現れている．一方，赤と緑の水素は酸素の非共有電子対との共役によって遮蔽されている（285 ページ）．

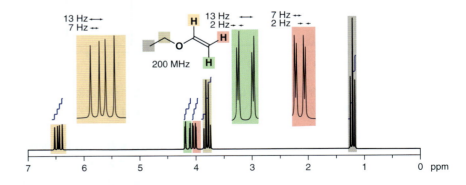

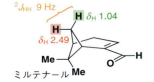

飽和炭素でのジェミナルスピン結合は，CH$_2$ の二つの水素が非等価なときにのみ観測できる．278 ページに出てきたミルテナールに含まれる CH$_2$ 架橋はその例である．架橋メチレンの水素間の結合定数 J_{AB} は 9 Hz である．飽和型 CH$_2$ のジェミナルスピン結合は，典型的な例では 10〜16 Hz であり，不飽和型 CH$_2$ の $^2J_{HH}$ よりかなり大きい．

典型的なスピン結合定数

ジェミナルスピン結合 $^2J_{HH}$		ビシナルスピン結合 $^3J_{HH}$				遠隔スピン結合 $^4J_{HH}$	
飽和型	不飽和型	飽和型	不飽和型 トランス	不飽和型 シス	不飽和型 芳香環	メタ位	アリル位
10〜16 Hz	0〜3 Hz	6〜8 Hz	14〜18 Hz	10〜12 Hz	8〜10 Hz	1〜3 Hz	1〜2 Hz

13・9 終わりに

3章と本章において，有機化合物の構造決定に最も重要な分光法のすべてを紹介した．これらのうち ^1H NMR が最も有力な方法であることを理解してもらえただろう．このあとの章でも，構造決定の問題が生じたときには本章に戻って読返せば，きっと解決の糸口が見つかるだろう．本章では ^1H NMR に関して多くを説明したが，18 章でさらに詳しく述べる．そこでは ^1H NMR だけでなく，あらゆるスペクトル解析法を組合わせて構造決定する方法を解説する．そして 31 章では NMR から分子の形（立体化学）についてどのような情報が得られるか説明する．

問 題

1. 次の化合物は ^1H NMR スペクトルで何本のシグナルが現れるか．また各シグナルの化学シフトを予想せよ．

2. 次の四つの化合物は，環状酸無水物と臭化メチルマグネシウムとの反応によって生成する可能性がある．これらの化合物を赤外スペクトルおよび ^{13}C NMR スペクトルによって区別する方法を示せ．また，もし ^1H NMR を使ってよいなら，その区別はどれくらい容易になるかを説明せよ．

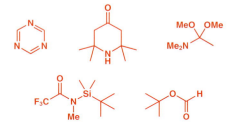

3. ジメトキシ安息香酸の一つの異性体の ^1H NMR は，3.85 (6H, s)，6.63 (1H, t, J 2 Hz)，7.17 (2H, d, J 2 Hz) のシグナルを示した．またクマリン酸のある異性体の ^1H NMR は 6.41 (1H, d, J 10 Hz)，7.82 (1H, dd, J 2, 10 Hz)，8.51 (1H, d, J 2 Hz) のシグナルを示した．それぞれどのような異性体か構造式を示せ．環の中央に結合している置換基の位置はどの炭素上でもよいことを表す．

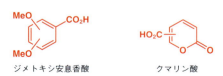

ジメトキシ安息香酸　　　　クマリン酸

4. 次の化合物の ^1H と ^{13}C NMR スペクトルを帰属し，その理由を説明せよ（帰属とは，どのシグナルがどの原子に対応するかを示すことである．スペクトル図は次ページに示す）．

5. 次の各化合物の ^1H NMR スペクトルを帰属し，各シグナルの多重度（分裂様式）を説明せよ．

δ 0.97 (3H, t, J 7 Hz)
δ 1.42 (2H, 六重線, J 7 Hz)
δ 2.00 (2H, 五重線, J 7 Hz)
δ 4.40 (2H, t, J 7 Hz)

δ 1.08 (6H, d, J 7 Hz)
δ 2.45 (4H, t, J 5 Hz)
δ 2.80 (4H, t, J 5 Hz)
δ 2.93 (1H, 六重線, J 7 Hz)

δ 1.00 (3H, t, J 7 Hz)
δ 1.75 (2H, 六重線, J 7 Hz)
δ 2.91 (2H, t, J 7 Hz)
δ 7.4〜7.9 (5H, m)

6. 次の反応では化合物 **A** が生成すると予想した．確かにその生成物は質量分析から予想どおりの分子式をもっていた．しかし生成物の ^{1}H NMR スペクトルは次のとおりであった．δ_H 1.27 (6H, s), 1.70 (4H, m), 2.88 (2H, m), 5.4〜6.1 (2H, 幅広 s, 重水と交換可), 7.0〜7.5 (3H, m). これ以上の詳細なデータは不明であるが，この生成物は予想したものではない．なぜか，その理由を記せ．

7. 次のエンインオン (enynone) 化合物の ^{1}H NMR スペクトル (400 MHz, 右段に示す) を可能な限り帰属せよ．そのさい，化学シフトと分裂様式の両方を説明せよ．

8. 次のピリジン化合物をニトロ化したところ，ニトロ基が一つ分子中のいずれかの位置に導入された生成物 $C_8H_{11}N_3O_2$ が得られた．右段に示すスペクトルからニトロ基の位置を推定せよ．またスペクトルを詳細に解析し説明せよ．

9. 右段に示す ^{1}H NMR スペクトルを解釈せよ．

10. 次の反応における生成物の構造を示せ．またそれぞれのスペクトルを解釈せよ．これらの反応の多くは本章まででは説明していない．したがって，どんな反応が起こっているかを考えるのでなく，スペクトルデータに基づいて構造を決定しよう．

A, $C_{10}H_{14}O$
ν_{max} (cm^{-1})　C−H および指紋領域のみ
δ_C　153, 141, 127, 115, 59, 33, 24
δ_H　1.21 (6H, d, J 7 Hz), 2.83 (1H, 七重線, J 7 Hz), 3.72 (3H, s), 6.74 (2H, d, J 9 Hz), 7.18 (2H, d, J 9 Hz)

B, $C_8H_{14}O_3$
ν_{max} (cm^{-1})　1745, 1730
δ_C　202, 176, 62, 48, 34, 22, 15
δ_H　1.21 (6H, s), 1.8 (2H, t, J 7 Hz), 2.24 (2H, t, J 7 Hz), 4.3 (3H, s), 10.01 (1H, s)

C, $C_{11}H_{15}NO_2$
ν_{max} (cm^{-1})　1730
δ_C　191, 164, 132, 130, 115, 64, 41, 29
δ_H　2.32 (6H, s), 3.05 (2H, t, J 6 Hz), 4.20 (2H, t, J 6 Hz), 6.97 (2H, d, J 7 Hz), 7.82 (2H, d, J 7 Hz), 9.97 (1H, s)

問題 4 スペクトル図
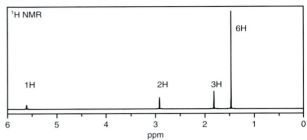

問題 7 スペクトル図
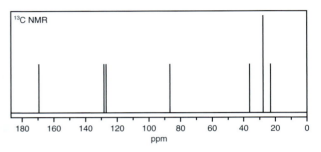

問題 8 スペクトル図
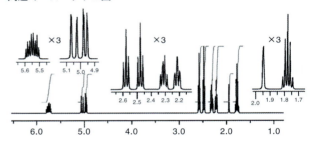

問題 9 スペクトル図
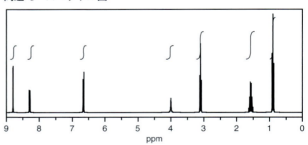

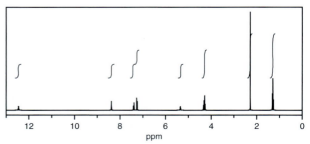

立 体 化 学

14

関連事項

必要な基礎知識
- 有機化合物の表記法 2章
- 有機化合物の構造 4章
- カルボニル基への求核付加 6章
- カルボニル基での求核置換 10章, 11章

本章の課題
- 分子の三次元構造
- エナンチオマーのある分子
- 対称性のある分子
- エナンチオマーの分離法
- ジアステレオマー
- 分子の形と生物活性
- 立体化学の表記法

今後の展開
- 飽和炭素での求核置換 15章
- 立体配座 16章
- 脱 離 18章
- アルケンの立体化学制御 27章
- 環状化合物での立体化学制御 32章
- ジアステレオ選択性 33章
- 不斉合成 41章
- 生命の化学 42章

14・1 エナンチオマーのある化合物

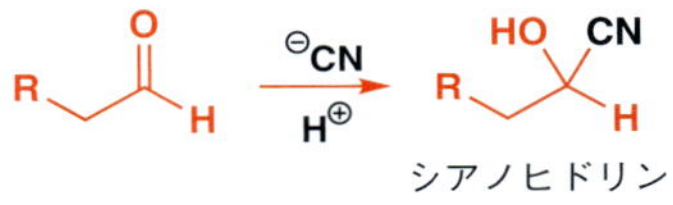

　アルデヒドにシアン化物イオンが付加する反応を6章で取上げた．生成物はプロトン化を経たシアノヒドリンで，シアノ基とヒドロキシ基をもつ．

　この反応では生成物が何種類得られるだろうか．単純に答えるならば1種類である．アルデヒド一つとシアン化物イオン一つが合理的に反応する方法はただ一つしかない．しかし，この答は完全に正しいとはいえない．前にこの反応を説明したときには無視したが，アルデヒドのカルボニル基は二つの面をもっている．シアン化物イオンはカルボニル基の手前と後方のどちら側からも攻撃でき，それぞれ異なった生成物を生じる．

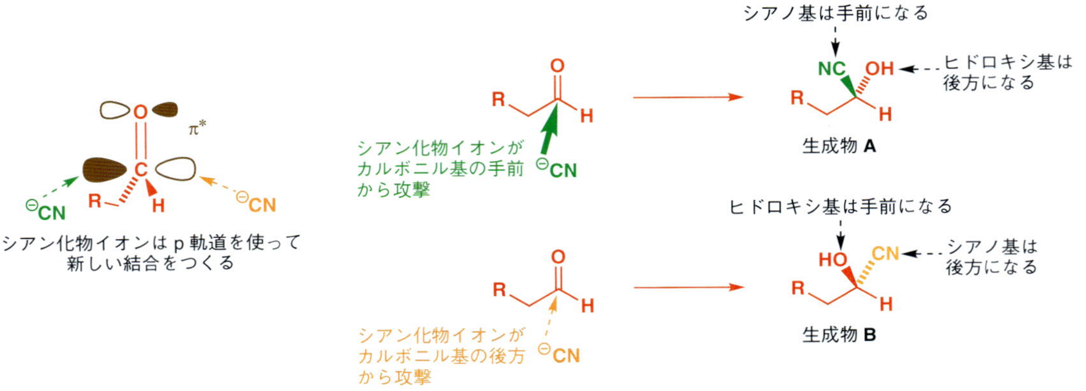

　6章で説明したように，シアン化物イオンは，炭素のp軌道を用いて新しい結合をつくるために，アルデヒドの平面に対してほぼ垂直の方向からそのπ^*軌道を攻撃する．いいかえると，図中の紙面の"表面"と"裏面"の関係である．上図の左の図と右の反応式とを比べると，このことがわかる．

　二つの生成物は別のものなのだろうか．二つを並べて重ね合わせようとしてもできないことに気づくだろう．このことは分子模型をつくって確かめることができる．重ね合わせることができないので，これらは同一ではない．実際，互いに鏡像の関係にあり，構造 **A** を鏡に映すと，鏡の中には構造 **B** が見えるだろう．

太線のくさび形は紙面から手前に向かう結合を表し，点線は紙面から後方に向かう結合を表す．

本章を読むのに，三次元の形を頭の中で操作しなくてはならないことが多い．紙面ではこれらの形を二次元でしか表記できないので，分子模型を使って，これから述べる分子の立体模型をつくることをすすめる．少し練習すれば，このページの分子を三次元で想像することができるようになるだろう．

※ 訳注：キラルな性質のことをキラリティー（chirality）という．

これら二つのように，同一でなく互いに鏡像の関係にある構造をもつ異性体を**エナンチオマー**（enantiomer，鏡像異性体，鏡像体ともいう）という．自身の鏡像と重なり合わず，1対のエナンチオマーとして存在する構造は**キラル**（chiral）であるという*．この反応では，シアン化物イオンはアルデヒドの手前からも後方からも同じ割合で攻撃するので，二つのエナンチオマーが 50：50 の混合物として得られる．

エナンチオマーとキラリティー
- **エナンチオマー**とは，互いに**鏡像**の関係にある同一ではない構造の異性体である
- 自身の鏡像と重ね合わせることができない構造は**キラル**である（あるいは**キラリティー**をもつ）という

次に類似反応を考えよう．それはシアン化物イオンのアセトンへの付加反応である．この場合も付加物（シアノヒドリン）が生成する．ここでもアセトン分子の手前と後方からの攻撃によって，それぞれ構造 C と D が得られる．

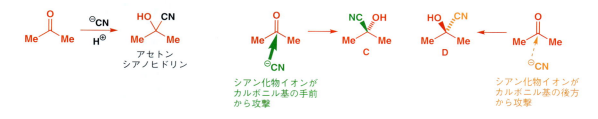

ところが，この場合は，一方の生成物を回転させて他方と重ねると一致する．つまり，これらは同一であることがわかる．

ここで次のことを整理しておこう．C と D は，同一分子であるが，A と B は互いの鏡像である．鏡に映しても C と D には違いがない．すなわち，これらは自身の鏡像と重ね

ることができるので，エナンチオマーは存在しない．自身の鏡像と重ね合わすことのできる構造を，**アキラル**（achiral）であるという．

> アキラルな構造は自身の鏡像と重なり合う．

キラルな分子は対称面をもたない

自身の鏡像と重なり合う化合物と重なり合わない化合物との本質的な違いは何だろうか．答は**対称性**（symmetry）である．アセトンシアノヒドリンには，分子を貫く対称面がある．この面は，中心の炭素と OH 基と CN 基を半分に切り，左右にメチル基を一つずつもつ．ここで取上げている簡単なアルデヒドのような平面分子はすべて，分子の平面が対称面となるので，キラルではない．環状分子は，下のシクロヘキサノンのように，環上の二つの原子を通る対称面をもつ．その対称面は，カルボニル基の二つの原子を貫き，同じ炭素に結合しているメチル基と水素原子（表示していない）を二分する．二環性アセタールは複雑にみえるが，対称面は酸素原子二つの間と縮合炭素二つの間を通り，メチル基二つを二分する．これらの分子はいずれも，キラルではない．

中心炭素と OH, CN を通る面が対称面である

対称面をもつ分子

   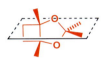

アセトン　　　平面分子一般　　4-メチルシクロヘキサノン　　ビシクロアセタール化合物
シアノヒドリン　紙面が対称面　　対称面は紙面と直交　　　　　対称面は紙面と直交

一方，アルデヒドのシアノヒドリンには対称面がない．この紙面に対して手前あるいは後方に OH 基あるいは CN 基があり，紙面に直角の面については，一方に H があって，反対側に RCH_2 がある．この化合物は対称面をもたず（非対称で），エナンチオマーが二つある．

   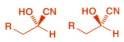

アルデヒド　　　紙面は対称面でない　OH と CN を通る面は　よって，この分子はキラルであり，
シアノヒドリン　　　　　　　　　　対称面でない　　　　　エナンチオマーが二つある

> **対称面とキラリティー**
> - 対称面をもたない構造はキラルであり，エナンチオマーが二つ存在する
> - 対称面をもつ構造はキラルではなく，エナンチオマーが存在しない

ここでいう"構造"とは，分子の構造に限らない．同じ法則が日用品にもあてはまる．身近なものを例にとって，この概念を整理しよう．まわりを見渡し，キラルなものを探してみると，はさみ，ねじ（ねじまわしではない），時計，このページのように字の書いてあるものが見つかるだろう．次に，対称面をもつアキラルなものを探してみよう．模様のないマグカップ，なべ，いす，何も書いていない人工物の多くが，アキラルである．身近で最も重要なキラルな物体は，字を書くときに使っている手である．

本章の後半で，キラリティーに関係するがあまり重要でない別の対称性について述べる．それは対称心であり，もし分子に存在すると対称面がなくてもキラルでなくなる．

手袋，手，靴下

たいていの手袋は，同一でない鏡像が対になっている．左手用の手袋は左手に，右手用の手袋は右手にしか合わない．手袋や手のこのような特性から，"手"という意味のギリシャ語 cheir をもとに，**キラル**（chiral）という単語が生まれた．手と手袋はキラルであり，対称面をもっていない．左手用の手袋は，その鏡像体である右手の手袋と重なり合わない．足と靴もまたキラルである．しかし，靴下はふつうキラルではない．揃った一組の靴下を見つけるのには苦労するが，見つけてしまえば，靴下はキラルではないので，どちらの足にどちらの靴下が合うかなどと考える必要はない．靴下の一組は対称面をもつ同一物としてつくられている．

古代エジプト人は，手のキラリティーにあまり注意しなかった．彼らの絵画には，しばしば，二つとも左手か右手の人物が描かれており，ファラオでさえその例外でない．彼らは，ただ気づいていなかったようである．

テニスラケットとゴルフクラブ

もし，左利きの人がゴルフをしたいと思ったら，右利きの人がするようにゴルフをするか，左利き用のゴルフクラブ一式を揃えなくてはならない．ゴルフクラブは明らかにキラルであり，二つの鏡像体のどちらかである．クラブをたった1本見るだけで，このことがわかる．ゴルフクラブは，対称面をもっていないのでキラルである．しかし，左利きのテニス選手は，右利きの選手が使っているラケットと同じものを使ってもなんら問題ない．さらに最近のテニス選手は，利き腕がどちらでも，ときどき手から手へラケットを持ちかえる．テニスラケットを見ると，ラケットは（ふつう，二つの）対称面をもっているので，アキラルである．テニスラケットは，二つの鏡像体として存在することはない．

この記述は，完璧に正確ではないが，ほとんどの場合に適用できる．ほかに対称心が問題になる（326ページ）．

> **要　約**
> - 対称面をもつ構造はアキラルであり，自身の鏡像に重ね合わすことができる．そして，エナンチオマーは存在しない
> - 対称面をもたない構造はキラルであり，自身の鏡像に重ね合わすことができない．そして，二つのエナンチオマーが存在する

キラル中心

化学に戻ろう．これまで述べてきたように，シアン化水素とアルデヒドとの反応生成物はキラルであり，エナンチオマーが二つ存在する．エナンチオマーどうしは明らかに異性体の関係にあり，同じ部品からできているが，結合の仕方が異なる．特に，エナンチオマーは**立体異性体**（stereoisomer）とよばれる異性体の一つであるが，原子の結合様式が違うのではなく，分子全体の形が違っているだけである．

立体異性体と構造異性体

異性体とは，分子式が同じで結合の仕方の異なる化合物である．原子の結合順の違う異性体を**構造異性体**（constitutional isomer）という．もし，二つの異性体で結合順が同じならば，これらは**立体異性体**（stereoisomer）である．エナンチオマーは立体異性体の一つであり，二重結合の E 形と Z 形も立体異性体である．このあとに，さらに別の種類の立体異性体についても説明する．

構造異性体
原子の結合順が異なる

エナンチオマー　立体異性体
原子の結合順は同じであるが，空間的配置が異なる

E/Z 異性体
（シス–トランス異性体）

ここで，16 章で詳細に説明する**立体配置**（configuration）と**立体配座**（conformation）という二つの概念を簡単に紹介しておく．立体異性体の関係にある分子は異なるものであり，どこかで結合を切らないと相互変換できない．そこで，これらは異なる立体配置をもつという．しかし，どんな分子でも多くの立体配座をとることができる．二つの立体配座の違いは，分子が一時的に形を変えただけのことであり，結合まわりの回転によって簡単に相互に変換できる．人間は，みな同じ立体配置をもっている．2 本の腕は両肩についている．そして，違った立体配座をとる．たとえば，腕を曲げたり，上げたり，伸ばしたり，振ったりなど．

立体配置と立体配座

- 分子の**立体配置**を変えるには，必ず結合を切らなくてはならない
- 立体配置が異なるものは，異なる分子である
- 分子の**立体配座**を変えるには，結合まわりで回転させればよく，結合を切る必要はない
- 分子の立体配座は容易に相互変換できるので，すべて同じ分子である

二つの立体配置：一方のエナンチオマーを他方にするためには結合を切断しなければならない

同じエナンチオマーの三つの立体配置：一つの配座を他のものにするためには結合を回転させるだけでよい．これら三つはすべて同じ分子である

アルデヒドのシアノヒドリンには対称面がないので，キラルである．実際に，この化合物には対称面がない．なぜなら，OH, CN, RCH$_2$, H という四つの異なる基が結合した四面体炭素原子があるからである．このような炭素原子は，**キラル中心**（chiral center, chirality center）または**立体中心**（stereogenic center, ステレオジェン中心ともいう）

アルデヒドシアノヒドリン　　異なる四つの置換基をもつ　　アセトンシアノヒドリン

という．シアン化水素とアセトンとの反応生成物はキラルではない．この化合物には，中心の炭素原子についた基が二つ同じであるため対称面があり，キラル中心はない．

> もし，分子に異なる四つの基と結合する炭素原子があれば，その分子には対称面がなく，キラルになるはずである．異なる基が四つ結合する炭素原子は，**キラル中心**になる．

複数のキラル中心をもつ分子が必ずしもキラルではないことをすぐ後で述べる．

アルデヒドのカルボニル基に対してシアン化物イオンが2方向から攻撃することによって，アルデヒドのシアノヒドリンのエナンチオマーが二つ生じる様子を説明してきた．反応の一方が他方より有利になることはないので，エナンチオマーは等量生じるはずである．二つのエナンチオマーの等量混合物を**ラセミ体**（recemate，ラセミ混合物 racemic mixture ともいう）という*．

* 訳注：ラセミ体(racemate)は，ラセミ混合物(racemic mixture)といわれることもあるが，前者を用いることをすすめる．エナンチオマーがそれぞれ別に結晶をつくることがあり，その結晶の等量混合物(conglomerate)を限定的にラセミ混合物という場合があるからである．

二つのエナンチオマーが正確に等量生成する．生成物はラセミ体である

> **ラセミ体**は，二つのエナンチオマーの等量混合物のことである．この原則はとても重要である．もし，反応の出発物と反応剤がアキラルで生成物がキラルならば，生成物はラセミ体となる．

ここで，いままで解説したなかから，アキラルな出発物からキラルな生成物ができる反応をいくつか取上げよう．それぞれの反応で，エナンチオマーが等量生成する（ラセミ体）という原則は守られている．

分子の三次元構造を示す際，太線や点線で結合を表さないときは，その分子の両エナンチオマーについて述べていることを意味する．別の方法として，波線で結合を書くことがある．この表記法は実はややあいまいであり，両方のエナンチオマーを意味することもあるし，立体配置のわかっていない立体異性体の一方を意味することもある．

自然界では，キラルな分子が単一エナンチオマーとして存在することが多い

単純だがキラルな分子である天然のアミノ酸に目を向けよう．すべてのアミノ酸には，アミノ基，カルボキシ基，水素原子と，アミノ酸の種類によっていろいろな R 基が結合している炭素原子がある．したがって，R が H であるグリシン以外，アミノ酸にはキラル中心があって対称面はない．

アミノ酸はキラルである

例外はグリシン．ここでは C, N, COOH を通る紙面が対称面になる

アミノ酸は実験室で簡単につくることができる．たとえば，次に示すアラニンの合成では，11章で述べた Strecker 合成を利用している．

アセトアルデヒドからアラニンのラセミ体の合成法

植物から得られるアラニンは
この単一エナンチオマーである

アラニンのエナンチオマー
自然界では，細菌が細胞壁をくつる際など，アラニンのもう一方のエナンチオマーが用いられることがある．バンコマイシン (vancomycin) のような抗生物質が細菌にだけ作用するのは，これらの"非天然型"アラニン成分を認識しており，これらを含む細胞壁を破壊することによる．

出発物と反応剤すべてがアキラルなので，この方法で合成したアラニンはラセミ体になるはずである．しかし，天然物たとえば植物性タンパク質を加水分解してアラニンを単離すると，ラセミ体にはならない．天然のアラニンは，欄外に示すエナンチオマー1種類である．キラル化合物のエナンチオマーを1種類だけ含む試料は，**鏡像異性的に純粋**（enantiomerically pure）であるという．"天然"のアラニンは，X線結晶構造解析からこのエナンチオマーだけ含むことがわかっている．

キラルであることと鏡像異性的に純粋であること

話を先に進める前に，しばしば混乱する点に言及しておく．どんな化合物でも対称面をもたない分子構造はキラルである．単一エナンチオマー分子だけを含む試料は，鏡像異性的に純粋である．アラニン分子はすべてキラルである（対称面をもたない構造をしている）．実験室で合成したアラニンは，ラセミ体である（50：50のエナンチオマー混合物である）が，天然物から単離したアラニンは鏡像異性的に純粋である．

> "キラル"とは"鏡像異性的に純粋"であることを意味しない．

自然界にみられる分子はほとんどキラルである．複雑な分子ほど，対称面のない可能性がずっと大きい．生体系において，これらのキラルな分子はほとんどすべて，ラセミ体でなく単一エナンチオマーとして存在している．この事実は，たとえば医薬品の設計などにおいて深い意味をもってくる．このことについては，後でまたふれる．

キラル中心の立体配置を表現するには R と S を使う

キラル分子の単一エナンチオマーについてさらに説明を進める前に，エナンチオマーを区別して記述する方法を説明しておく必要がある．もちろん，どの基が紙面の後方に向いて，どの基が紙面の手前に向いているのか図示することはできる．これは，複雑な分子に対しては最善の方法である．そのほかに，分子のキラル中心の立体配置を R あるいは S の文字で表示する方法がある．その規則を以下に示す．ここでも天然のアラニンのエナンチオマーを使って説明する．

注意：立体配置とは，原子のまわりの結合の配置に関するものであり，立体配置を変えるには結合を切らなければならない．

天然型アラニン

1. キラル中心についている各置換基に優先順位（1〜4）をつける．原子番号の大きい原子に，高い優先順位をつける．
アラニンのキラル中心には，N（原子番号 7）一つ，C（原子番号 6）二つ，H（原子番号 1）一つがついている．ここで，N の原子番号が一番大きいので，NH_2 に優先順位 1 番をつける．2 番と 3 番は CO_2H と CH_3 につき，4 番は H になる．しかし，CO_2H と CH_3 のどちらの優先順位が上かを決める方法が必要である．そこで，キラル中心についている二つ（または，それ以上）の原子が同じなら，それらの原子にさらについている原子によって優先順位をつける．この場合，一方の炭素原子には O（原子番号 8）がついていて，他方には H（原子番号 1）しかついていない．したがって，CO_2H は CH_3 より優先順位が高い．すなわち，CO_2H が 2 番で，CH_3 が 3 番になる．

これらの順位則は，アルケンの E と Z の分類にも使う．考案者にちなんで，Cahn-Ingold-Prelog（CIP）の規則とよぶこともある．優先順位には，同位体の場合，原子量の大きいほうを優先する（D は H よりも優先順位が上である）．しかし，Te と I をもつキラル中心のようなまれな場合は原子量の規則は成立しない（なぜかは，本書の裏表紙内側の周期表で確認しておくように）．

2. 最も順位の低い置換基が自分から遠ざかって見えるように，分子の向きを変える．天

然のアラニンの例では，Hが4番であるので，図示するように，Hが紙面の後方に向くように分子を見る必要がある．

3. 置換基の優先順位1番から2番，3番へたどるとき，これが時計回りならば，キラル中心の絶対配置を R とする．逆に，反時計回りならば，キラル中心を S とする．

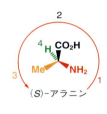

(S)-アラニン

これを目でわかるようにするには，番号方向に車のハンドルを回すことを想像するとよい．もし，車が右に曲がるなら R であり，左に曲がるなら S である．天然のアラニンでは，NH_2(1) から CO_2H(2)，CH_3(3) へと数えると，反時計回りになる（左に曲がる）．したがって，このエナンチオマーは (S)-アラニンとよぶ．

逆の手順，つまり立体配置から構造を導き出すこともできる．乳酸を例にとってみよう．乳酸は，ミルクの発酵で生じる．また，激しい運動を行ったときのように，十分な酸素の供給がない状態で筋肉を動かしたときに，筋肉中で生成する．発酵によって生じる乳酸は，ラセミ体の場合が多いが，ある種の細菌は (R)-乳酸だけを生成する．一方，筋肉の嫌気呼吸によって生成した乳酸は，S の立体配置をもっている．

乳 酸

簡単な練習として，(R)-乳酸の三次元構造を書いてみよう．まず両エナンチオマーを図示し，それからそれぞれが R か S かを判定すると，ずっと簡単にできてしまう．次のように書けただろうか．

（図：(R)-乳酸 または (R)-乳酸）

実験室で単純なアキラルな出発物から乳酸を合成したら，(R)-乳酸と (S)-乳酸の混合物すなわちラセミ体が得られる．生体内の反応では，アミノ酸の一方のエナンチオマーだけでできている酵素を触媒として使うので，一方のエナンチオマーが純粋に生成する．

2章（19ページ）でキラル中心（このときは，こうよんではいなかった）についている水素原子をどう省略したか思い出そう．水素原子は，四面体のキラル中心についている4番目の基である．また以下のこともキラル中心の書き方のもう一つの重要な点である．まず，紙面に横たわるように炭素骨格を置く．すなわち，

のように書く．両方とも正しいが，右のほうがキラル中心がいくつもある分子について述べるときにわかりやすい．

* 注：長い答はより複雑である．他のキラルあるいはプロキラルな化合物との相互作用においては"違いがある"．41章で詳しく述べる．

二つのエナンチオマーの間に化学的な違いはあるのか

短く答えるなら"違いはない"*．(S)-アラニン（すなわち，植物から抽出したアラニン）と (R)-アラニン（細菌の細胞壁のなかにみられるエナンチオマー）を例にとってみよう．これらは，以下に述べる唯一の重要な性質を除いて，全く同じNMRスペクトル，IRスペクトル，物理的性質をもっている．ところが，(S)-アラニンの溶液に**面偏光**（plane-polarized light）を通過させると，面偏光が右に回転する．(R)-アラニンの溶液は面偏光を左に同じだけ回転させる．一方，ラセミ体のアラニンは，面偏光を全く回転させない．

面偏光が回転することを光学活性という

面偏光の回転の測定は，**旋光分析**（polarimetry）として知られている．これは，試料がラセミ体であるか，あるいはエナンチオマーの一方が他方より多く含まれているか，簡単に調べる方法であり，測定は旋光計で行う．旋光計は，面偏光フィルターをもつ単一波長の（単色の）光源，測定物質の溶液を入れるセルを置くセルホルダーと，どれだけ光が回転したかを数値化する検出器からなっている．右へ回転すると正の値で示し，

左へ回転すると負の値で示す．

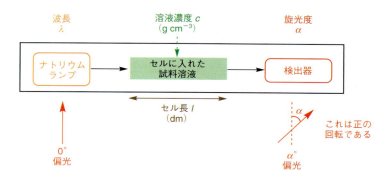

ある化合物の試料（通常は溶液）が面偏光を回転させる角度（旋光度）はいくつかの因子によって決まる．最も重要なものは，光路長（光が溶液中をどれだけの距離通過したか），濃度，温度，溶媒と波長である．一般には，旋光度は 20 ℃ において，たとえばエタノールやクロロホルムなどの溶媒中，波長 589 nm のナトリウムランプの光を使って回転角度を測定し，これを α で表す．この値を光路長 l（dm）と濃度 c（g cm^{-3}）の積で割ることによって，その化合物特有の値 $[\alpha]$ が得られる．$[\alpha]$ を**比旋光度**（specific rotation）という*．単位が特殊で任意的だが，すでに広く使われているのでこれと付き合わねばならない．

$$[\alpha] = \frac{\alpha}{cl}$$

たいていの $[\alpha]$ 値は，$[\alpha]_D$〔D はナトリウムランプの D 線（波長 589 nm）を示す〕または $[\alpha]_D^{20}$（20 は測定温度 20 ℃ を示す）として表す．こうしてすべての変数を決める．

一例をあげよう．マンデル酸という簡単な酸は，一方のエナンチオマーだけがアーモンドから得られる．エタノール 1 cm^3 に試料 28 mg を溶かし，長さ 10 cm のセルに入れて，20 ℃，波長 589 nm で測定すると，旋光度（測定した回転角）α が $-4.35°$（左へ 4.35°）であった．この酸の比旋光度はいくらになるだろうか．

濃度は 0.028 g cm^{-3} であり，10 cm の光路長は 1 dm であるから

$$[\alpha]_D^{20} = \frac{\alpha}{cl} = \frac{-4.35}{0.028 \times 1} = -155.4$$

となる．

エナンチオマーは（+）と（−）で表す

ある化合物の立体配置がわからなくても，エナンチオマーを区別するには，各エナンチオマーが面偏光を逆方向へ同じ角度だけ回転させる事実が使える．面偏光を右に回転させる（正の回転をする）エナンチオマーを（+）体〔(+)-enantiomer, または右旋性異性体 dextrorotatory enantiomer〕，面偏光を左へ回転させる（負の回転をする）エナンチオマーを（−）体〔(−)-enantiomer, または左旋性異性体 levorotatory enantiomer〕とよぶ．偏光を回転させる方向は，キラル中心が S であるか R であるかとは無関係であるが，もし R 体が（+）なら，その S 体は（−）のはずである．たとえば，さきに述べたマンデル酸は比旋光度が負であるから，(R)-(−)-マンデル酸であり，(S)-アラニンは (S)-(+)-アラニンである．X 線結晶構造解析が使われる以前，分子の真の立体配置がわからず，エナンチオマーを比旋光度の符号だけでしか区別できなかったころは，（+）と（−）で分類することの意義は，現在よりも大きかった．

面偏光は，光波の振動が平行に揃った光線である．偏光フィルターに光を通してつくる．

* 訳注：一般に，比旋光度に付記する濃度 c は溶液 100 cm^3 中に含まれる試料の質量（g）で表している．そのため，その数値 c を用いた場合の比旋光度 $[\alpha]$ は下記の式で表されることに注意．ただし，濃度以外の数値は本文のものと同じになる．

$$[\alpha] = 100\frac{\alpha}{cl}$$

比旋光度を記載するときには，たとえば測定溶媒がメタノールの場合，上記の濃度 c を用いて
$[\alpha]_\lambda^t$ 比旋光度（$c =$ 濃度, メタノール）
のように表す．t は測定温度（摂氏），λ は光源の波長でナトリウムの D 線なら単に D と書く．

(R)-マンデル酸

旋光度の測定値 α の単位は度（°）であるが，慣例では比旋光度 $[\alpha]$ は単位なしで表すことに注意せよ．

$[\alpha]_D$ の値は，試料のエナンチオマー純度，いいかえればそれぞれのエナンチオマーがどれだけ含まれているかの指標になる．これについては，41 章で述べる．

D-(−)-乳酸と D-(+)-グリセルアルデヒドの相関関係

例として，D-(−)-乳酸が D-(+)-グリセルアルデヒドと同じ立体配置をもつことを決定するために使われた方法を示す．ここで使われている反応は初めて目にするものだろう．下の反応式において，中間体三つがすべて"同じ"立体化学をもつのに，一つは S で，あとの二つが R であることに注意せよ．これは，単に原子の優先順位の結果である．R は，D にも L にも (+) にも (−) にもなりうる．

エナンチオマーは D と L を使っても表せる

X線結晶構造解析が登場する以前は，分子構造の詳細や立体化学を決定するには複雑な一連の分解反応によらなければならなかった．対象分子をその構成物に徐々に分解し，各生成物から対象分子全体の構造を推定していた．立体化学に関する限り，化合物の比旋光度を測ることはできたが，絶対配置を決めることはできなかった．しかし，一連の分解反応を行うことによって，ある2種の化合物が同一の立体配置をもつか反対の立体配置をもつか，決めることはできた．

グリセルアルデヒドは天然に存在する非常に簡単な構造のキラル化合物である．このために，新しい化合物の立体配置を比べる標準として用いられていた．グリセルアルデヒドのエナンチオマーは D と L と命名された．D 体は (+) なので，右 (dextro) に由来して D と命名され，L 体は (−) なので，左 (levo) に由来して L と命名された．一連の分解反応と変換反応によって，D-(+)-グリセルアルデヒドに関係づけられる光学活性化合物は D と命名し，L-(−)-グリセルアルデヒドに関係づけられると L と命名した．これらの変換は時間がかかり骨の折れるものであり，今日では，もはや全く使われていない．（上の青囲みに，(−)-乳酸が D-(−)-乳酸であることを決定した方法を示している．）現在，D と L は限られた天然物，たとえば，L-アミノ酸や D 糖のように伝統的に使われてきた化合物だけに使われている．

D と L を表記するときは，大文字を使って小さく書く．

> R/S, +/−, D/L などの命名法は，すべて別べつの現象に基づいているため，たとえば R の立体配置をもっていても，旋光度の符号が + か − か，D か L か判定する何の手掛かりにもならない．このことに注意しよう．分子構造だけから，単純に D/L や +/− を帰属しようと思ってはいけない．同様に，比旋光度から分子構造を予想しようと思ってはいけない．

14・2　ジアステレオマーはエナンチオマー以外の立体異性体のことである

二つのエナンチオマーは互いの鏡像であって化学的に同一である．しかし，他の立体異性体は化学的に（そして物理的にも）全く異なっていてもよい．たとえば，下記の二つのアルケンは，**シス-トランス異性体** (cis-trans isomer, 幾何異性体 geometrical isomer ともいう*) である．両者は形が全く異なっているから，予想どおり物理的・化

* 訳注：幾何異性体の用語は IUPAC では推奨されていないが，慣用としてよく用いられている．

ブテン二酸

フマル酸 (*trans*-ブテン二酸)　　　マレイン酸 (*cis*-ブテン二酸)
mp 299〜300 ℃　　　　　　　　mp 140〜142 ℃

学的性質は違う．

同様の立体異性は，環状化合物にも存在する．4-*t*-ブチルシクロヘキサノールの立体異性体は置換基が二つとも環の同じ側にあるものと反対側にあるものの2種類がある．この2種類の化合物の化学的・物理的性質は異なる．

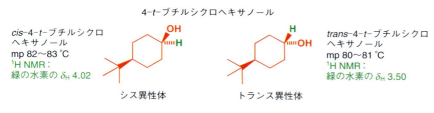

互いに鏡像でない立体異性体を**ジアステレオマー**（diastereomer，ジアステレオ異性体 diastereoisomer ともいう）とよぶ．上記の2種類の異性体は，いずれもこの範疇に入る．ジアステレオマー間の物理的・化学的性質がいかに違うか比べてみよう．

> エナンチオマーの物理的・化学的性質は，同一である．ジアステレオマーの物理的・化学的性質は異なる．ジアステレオマーを，ジアステレオ異性体とよぶこともある．

ジアステレオマーにはキラルなものもアキラルなものもある

右のエポキシドは，ぜんそく治療薬の開発研究中に，米国の研究グループが合成した．明らかに，これらもジアステレオマーであり，性質が異なる．右に示すトランス体のエポキシドだけが必要であったが，合成に使った反応では両ジアステレオマーが生成してしまった．しかし，この二つのジアステレオマーの極性の差を利用して，クロマトグラフィーでシス体とトランス体を分離することができた．

次に示すジアステレオマーは前例より少し複雑である．これらのジアステレオマーはアキラルである．それぞれが分子を貫く対称面をもっている．

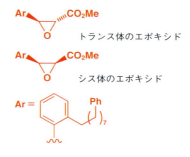

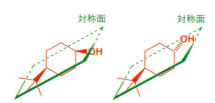

一方，例示した一組のエポキシドのジアステレオマーはいずれもキラルである．対称面をもっていないことからもわかるが，それぞれの鏡像を書いてみるとわかりやすい．これらの鏡像は，もとの構造と重なり合わない．

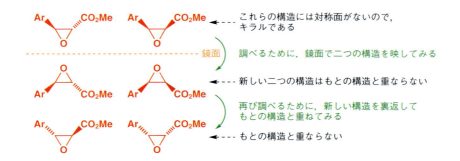

もしある化合物がキラルなら，エナンチオマーが二つ存在する．前述のエポキシドのジアステレオマーそれぞれに，エナンチオマーを書くと，これら四つの構造には，ジアステレオマー（鏡像関係にない立体異性体）が二組ある．すなわち，これらはシス体とトランス体のエポキシドという異なった化合物であり，性質が違う．シス体とトランス体は，それぞれ，旋光度でしか区別できない1対のエナンチオマーとして存在する．したがって二組のジアステレオマーと2対のエナンチオマーが存在する．化合物の立体化学を考える場合，常にまずジアステレオマーを区別して，それから，もしキラルならば，それぞれをエナンチオマーに分けるとよい．

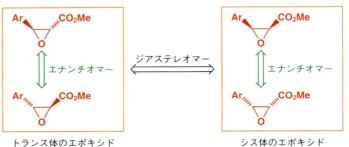

トランス体のエポキシド　　　　シス体のエポキシド

➡ 一方のエナンチオマーを純粋に調製するにはどうしたらよいかについて，本章の後半でふれ，さらに41章で述べる．

実際にこの化合物を研究していた化学者にとっては，上図の左上のトランス体のエポキシドの片方のエナンチオマーだけが必要であった．前述のように，シス体のエポキシドとトランス体のエポキシドはジアステレオマーであるからクロマトグラフィーで分離できたが，これらは，実験室でアキラルな出発物からつくったため，両ジアステレオマーともにラセミ体であった．エナンチオマーの性質は，物理的にも化学的にも同じであるから，図のトランス体のエポキシドのエナンチオマーの分離は困難をきわめた．目的のエナンチオマーだけを得るために，天然物由来の一方のエナンチオマーを使って全く異なる合成経路を開発しなければならなかった．

絶対配置と相対配置

キラルなジアステレオマー二つを表記する場合，それぞれのジアステレオマーについてエナンチオマーの一方を書くしかない．なぜなら，ラセミ体について述べるとしても，二つのジアステレオマーを区別するには，立体化学の情報が必要だからである．混同しないよう構造式の下に明確に区別できる記号を書くのがよい．たとえば，"あるジアステレオマーの片方のエナンチオマー"ではなく"あるジアステレオマー"だけを表したいなら，構造式の下に"±"（ラセミ体を意味する）と書けばよい．そして，前述の場合は，化学者たちは次の二つのジアステレオマーを分離することができた．しかし，必要だったのはトランス体のジアステレオマーの片方のエナンチオマーだけであり，残念ながらこれは物理的方法では分離できなかった．

ジアステレオマーのシス体およびトランス体は容易に分離できたが，
トランス体のエポキシドのうち，図に示したエナンチオマーがほしい

分子について書いた立体化学が"あるジアステレオマー"だけを意味するとき，**相対配置**（relative configuration, 相対立体化学 relative stereochemistry ともいう）を表し

ているといい，"あるジアステレオマーの一方のエナンチオマー"を意味するときは，**絶対配置**（absolute configuration，**絶対立体化学** absolute stereochemistry ともいう）を表しているという．相対配置は，分子内のキラル中心間の相対関係を表すだけである．

> **エナンチオマーとジアステレオマー**
> - **エナンチオマー**とは，鏡像の関係にある立体異性体である．エナンチオマーどうしは，互いに同じ化合物の鏡像であり，**絶対配置**が反対になる
> - **ジアステレオマー**とは，鏡像の関係にない立体異性体である．ジアステレオマーどうしは，別の化合物であり，異なる**相対配置**をもつ
> - ジアステレオマーには，アキラルなもの（対称面をもつもの）もキラルなもの（対称面をもたないもの）もある

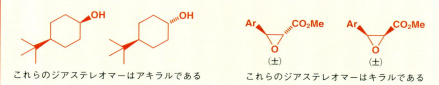

キラル中心が二つ以上ある構造はジアステレオマーになりうる

前ページのエポキシドの四つの立体異性体をもう少し詳しく分析しよう．これらの異性体すべてに，それぞれキラル中心が二つあることがわかる．次の構造式を見る前に，前ページにある四つの構造式の図に戻ってキラル中心が R か S か判定してみよう．次のようになるはずである．

➡ R と S を命名する規則をよく理解し使えるようにしておく必要がある．これは 313 ページで説明した．もし，まちがえたら，その理由を自分で納得しておこう．

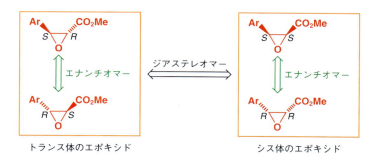

トランス体のエポキシド　　　シス体のエポキシド

> **エナンチオマーとジアステレオマーの変換**
> - あるエナンチオマーをもう一方のエナンチオマーに変えるには，キラル中心を両方とも逆にする
> - ジアステレオマーを別のジアステレオマーにするためには，二つのキラル中心のうち一つだけ逆にする

これまで述べてきた化合物は，ジアステレオマーが視覚化しやすいように，すべて環状化合物にしてあった．なぜなら，置換基が環の同じ側（シス）か，反対側（トランス）のどちらについているかによって，二つのジアステレオマーを識別しやすいからである．しかし，非環状化合物にもジアステレオマーが存在する．次の二つの化合物を例に説明しよう．エフェドリン（ephedrine）とプソイドエフェドリン（pseudoephedrine）は神

試験で，立体化学の要点をいくつか説明するように求められたら，環状化合物を例に選ぶとよい．ずっと簡単になるから．

エフェドリンとプソイドエフェドリン

エフェドリンは、マオウ（*Ephedra*）属の植物から抽出された漢方薬麻黄の成分である。鼻粘膜の充血除去薬（鼻詰まり薬）として点鼻スプレーに使われている。プソイドエフェドリンは、風邪薬の有効成分である。

アドレナリン（adrenaline、別名エピネフリン epinephrine）は、キラルな構造をもっている。自然界には、単一のエナンチオマーとして存在しているが、キラル中心が一つしかないので、別のジアステレオマーは存在しない。

エフェドリン　　プソイドエフェドリン　　アドレナリン

経刺激物質のアンフェタミン類に属しており、アドレナリンと同様の生物活性がある。

エフェドリンとプソイドエフェドリンは、立体異性体であるが、互いに鏡像関係にないことは明らかである。エフェドリンのキラル中心二つのうち一つだけが、プソイドエフェドリンでは逆になっている。だから、この化合物二つは互いにジアステレオマーの関係にある。キラル中心に注目するとよくわかる。というのも、これらの化合物にはキラル中心が二つあってジアステレオマーが二つ存在できるように、どんな化合物でもキラル中心が二つ以上あると、ジアステレオマーが二つ以上存在するからである。

両化合物とも植物が一方のエナンチオマーだけ産生している。前述の合成ぜんそく治療薬の中間体とは違って、この場合は単一のジアステレオマーの単一のエナンチオマーについての話である。

これら二つの天然物のエナンチオマーは、絶対配置を明記しなければ、それぞれ（−）-エフェドリンと（＋）-プソイドエフェドリンだが、明記すると（1*R*,2*S*）-（−）-エフェドリンと（1*S*,2*S*）-（＋）-プソイドエフェドリンである。これらの名称から、対応する構造がわかる。（1*R*,2*S*）-（−）-エフェドリンと（1*S*,2*S*）-（＋）-プソイドエフェドリン、それにそれぞれの非天然型エナンチオマーのデータを表に示す。

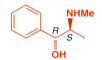

（1*R*,2*S*）-（−）-エフェドリン

（1*S*,2*S*）-（＋）-プソイドエフェドリン

エナンチオマー	mp, ℃	$[\alpha]_D^{20}$
エフェドリン		
（1*R*,2*S*）-（−）	40〜40.5	−6.3
（1*S*,2*R*）-（＋）	40〜40.5	＋6.3
プソイドエフェドリン		
（1*S*,2*S*）-（＋）	117〜118	＋52
（1*R*,2*R*）-（−）	117〜118	−52

（＋）と（−）は比旋光度の符号を表しており、*R*と*S*は化合物の構造に基づくものであって、両者は全く関係がない。

> ジアステレオマーどうしは名称も物性も異なる別の化合物である。一方、エナンチオマーどうしは、面偏光を回転させる方向だけが逆で、その他の性質は同じ化合物である。

誰かと握手するとき、どうなるか考えてみると、ある化合物にキラル中心が二つある際の組合わせを図式化できる。握手は、二人とも同じ手を使う場合だけうまくいく。ふつう右手を使うが、左手どうしでも可能である。右手どうしや左手どうしの相互作用は、全体としてみると同じである。右手の握手と左手の握手は互いにエナンチオマーであり、鏡像であるという点だけ違う。しかし、もし誤って右手で相手の左手と握手しようとすると、手を組んでしまうことになる。組み手は、左手と右手で成り立っている。組み手の1対は、握手の1対とは全く別の相互作用をしている。組み手は、握手のジアステレオマーといえる。2本の手があるときや*R*か*S*のキラル中心が二つあるとき、各関係は次のように要約できる。

握手　　RR　　⇔ジアステレオマー⇔　　RS　　組み手
　　　エナンチオマー　　　　　　　エナンチオマー
握手　　SS　　　　　　　　　　　　SR　　組み手

キラル中心が三つ以上ある化合物はどうだろうか。この例は糖質に多い。リボースはキラル中心が三つある五炭糖である。次ページ欄外に示すエナンチオマーは、すべての

14・2 ジアステレオマーはエナンチオマー以外の立体異性体のことである

糖の構造

糖は，$C_nH_{2n}O_n$ の分子式をもっており，炭素の一つはカルボニル基であり，残りの炭素それぞれに OH 基がついている鎖状化合物である．もし，カルボニル基が炭素鎖の末端についているものを（すなわち，アルデヒドなら），アルドース(aldose)，カルボニル基が末端にないものをケトース(ketose)とよぶ．42 章でこれについて詳しく述べる．炭素数 n は，3〜8 である．アルドースにはキラル中心が $(n-2)$ 個あり，ケトースには $(n-3)$ 個ある．実際には，糖はたいてい右の鎖状構造と環状のヘミアセタール異性体(6 章)との平衡混合物として存在する．

生物の物質代謝で使われている．慣例として D-リボースとよぶ．D-リボースの三つのキラル中心は，すべて R 配置である．便宜上，鎖状構造で考えるが，実際には右下に書いてある環状ヘミアセタール構造である．

理論的には R と S の並べ方が $8\,(2^3)$ 種類あるので，キラル中心が三つある化合物に立体異性体がいくつあるかの答はすぐわかる．

RRR   RRS   RSR   RSS
SSS   SSR   SRS   SRR

しかし，これではジアステレオマーとエナンチオマーの重要な関係がわかりにくい．それぞれ，上下の関係はエナンチオマーであり（キラル中心三つすべてが逆である），横に並んだ四組の関係が，ジアステレオマーである．キラル中心が三つだからジアステレオマーが四組あり，それぞれに 1 対のエナンチオマーがある．炭素 5 個のアルドースの例に戻ろう．各ジアステレオマーは異なる糖になる．図では，各ジアステレオマーを枠の中に入れてあり，枠内の上段はエナンチオマーの一方（D）を，下段は他方のエナンチオマー（L）を示す．

> これらの糖の名前を覚える必要はない．

すでに気づいていると思うが，ある構造がもつキラル中心の数と立体異性体の数との間には，単純な数学的関係が成立する．通常，キラル中心が n 個ある構造には，2^n 個の立体異性体が存在しうる．これらの立体異性体には，それぞれエナンチオマー 1 対からなる 2^{n-1} 組のジアステレオマーがある．

> この関係は単純化しすぎているので注意が必要である．ジアステレオマーすべてがキラルであるときにだけ成立し，これから述べる対称分子の場合には成立しない．

キラル中心が二つ以上あってもアキラルな化合物

分子の対称性のために，立体異性体がいくつか重複することがあるので，立体異性体が単純計算した数だけ存在しないことがある．酒石酸を例にあげよう．次に示す酒石酸の立体異性体はブドウから発見されたもので，このモノカリウム塩である酒石酸水素カリウムはワインの瓶の底に結晶として沈殿する．これにはキラル中心が二つあるので，

Fischer 投影式

糖の立体化学は，かつては一般的に Fischer 投影式で表していた．この方法では炭素骨格を垂直線上に並べ，横に出ている結合が手前に向いているように表す．Fischer 投影式は分子の実際の形とあまりにも違うので，使わないほうがよい．でも，古い本にはこの投影式が載っているかもしれないので，その見方は知っておくほうがよい．中央の幹から横に出ている枝は，実際には実線のクサビである（手前に出ている）．一方，中央の幹は，紙面に沿って置かれている．頭の中で一般的なジグザグ形に炭素骨格を曲げて，糖の分子構造をうまく表現できるようにしよう．

立体異性体は $2^2 = 4$ 個，つまりジアステレオマー二つにそれぞれエナンチオマーが 1 対予想できる．

左側の一組は確かにエナンチオマーであるが，右の一組をよく見ると，この二つがエナンチオマーではなく，同一であることに気づくだろう．これを証明するには，上段の構造を紙面上で 180° 回転させればよい．

$(1R,2S)$-酒石酸と $(1S,2R)$-酒石酸はエナンチオマーではなく同じである．この分子にはキラル中心が二つあるにもかかわらず，アキラルだからである．中心の炭素－炭素結合のまわりに 180° 回転させた $(1R,2S)$-酒石酸の構造を書くと，この分子が鏡面（対称面）をもつこと，つまりアキラルであることが，容易に理解できる．この分子は対称面をもち，キラル中心 R はキラル中心 S の鏡像にあたるため，R,S ジアステレオマーはキラルにはなりえない．

右の二つの構造は，同一分子を別の立体配座で書いたものである．中央の結合まわりに分子の半分を回すだけで，一方を他方にすることができる．

キラル中心が複数あってもアキラルな化合物を**メソ化合物**（meso compound）とよぶ．これは，一方が R の立体配置，他方が S の立体配置で対称面があることを意味する．

したがって，酒石酸は二組のジアステレオマーとして存在するが，一方には，エナンチオマーが1対あり，他方はアキラル（メソ化合物）である．キラル中心が n 個ある化合物にはジアステレオマーが 2^{n-1} 組あるという公式は成立するが，立体異性体が 2^n 個あるという公式は必ずしも成立しない．一般的には，最初から全立体異性体を数えるよりも，まずジアステレオマーがいくつあるかを数えたほうが安全である．つづいて，それぞれがキラルであるかを決めれば，エナンチオマーが存在するかどうかがわかる．

ジアステレオマー	mp, ℃	$[\alpha]_D^{20}$
キラル		
（＋）-酒石酸	168〜170	＋12
（－）-酒石酸	168〜170	－12
アキラル		
meso-酒石酸	146〜148	0

イノシトールのメソジアステレオマー

分子全体として対称性をもつ化合物におけるメソジアステレオマーに注目しよう．イノシトールにはキラル中心が六つあり，ジアステレオマーの一つは重要な成長因子である．ジアステレオマーがいくつ存在するか考えることは，よい練習となる．実際には，一つ以外はすべてメソ形である．

メソ形の握手

握手とジアステレオマーの類似性はメソ化合物にもみられる．握手をしている一卵性双生児2人を想像しよう．握手には左手どうしと右手どうしの二通りがある．左手と右手が違うことがわかっていると，"エナンチオマーになるので，この握手二つは違う"といえる．しかし，もし，この双子が組み手をしたら，左手と右手を組むものと，右手と左手を組むものは区別できない．双子の一人ひとりが区別できないためである．これこそメソ形組み手である．

化合物の立体化学の研究

ある化合物の立体化学を記述するときは，まず，ジアステレオマーを洗い出し，それぞれがキラルかどうか考えるとよいといってきた．ただ単純に立体異性体がいくつあるかを数えてはいけない．

ここで簡単な例として，直鎖のトリオールである2,3,4-トリヒドロキシペンタン（ペンタン-2,3,4-トリオール）を取上げて，どのように立体化学を考えていくかを練習しよう．その手順を以下に述べる．

1. 化合物が紙面に横方向に伸びたように炭素骨格をジグザグに書く．
2. キラル中心がどこにあるか調べる．
3. それぞれのキラル中心に置換基を紙面の手前か後方に置いて，ジアステレオマーがいくつあるか決める．各ジアステレオマーを"区別するために"名前をつけるとよい．この場合は，ジアステレオマーが三つある．つまり，OH 基三つがすべて同じ側にあるか，末端もしくは中心の OH 基の一つが他と反対側にある場合である．1番目のものは，2組の隣り合うキラル中心（1,2位と2,3位）の OH 基がそれぞれ分子の同じ側（シン）にあるので，シン-シンとよぶ．

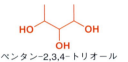

ペンタン-2,3,4-トリオール

シンとアンチ：置換基が炭素鎖あるいは環の同じ側（シン syn）にあるか反対側（アンチ anti）にあるかを示す．これらは，構造式に説明を加える場合に限って用いるべきである．

すべて手前向き
シン-シン

外側の一つが後方に向き，
他は手前向き
アンチ-シン

内側の一つが後方に向き
他は手前向き
アンチ-アンチ

4. 対称面の有無を検討し，どのジアステレオマーがキラルか否か調べる．この場合は，中心を通る面だけが対称面になる．

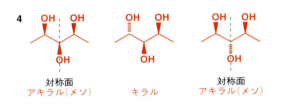

対称面
アキラル（メソ）

キラル

対称面
アキラル（メソ）

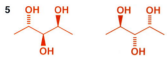

アンチ-シンのジアステレオマーの両エナンチオマー

5. キラルなジアステレオマーについて，キラル中心をすべて逆にしてエナンチオマーを書く．これは，紙面を鏡のように使って，分子を反映させると簡単である．"手前向き"だった置換基は"後方向き"になり，逆も同様である．
6. 結論を出す．"立体異性体"が四つあると答えることはできただろう．しかし，シン–シン，シン–アンチ，アンチ–アンチの3種類のジアステレオマーがあって，シン–シンとアンチ–アンチのジアステレオマーはアキラル（メソ体）になり，シン–アンチのジアステレオマーはキラルで，エナンチオマーが二つある，というほうがずっとよくわかる．

14・3　キラル中心のないキラルな化合物

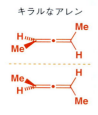

キラルなアレン

キラル中心がなくてもキラルになる化合物が，少数だが存在する．その例の一つアレン（allene）の分子模型をつくってみよう．この化合物はキラル中心をもたないが，その鏡像とは重なり合わないので，キラルである．左に示した構造は二つのエナンチオマーである．同様に，重要なビスホスフィン化合物であるBINAPのようなビアリール化合物は，別べつの二つのエナンチオマーとして存在する．なぜならば，緑の結合の回転が制限されているからである．緑の結合に沿ってビアリール分子をまっすぐ見下ろすと，二つの平らな環は互いに直角になっているため，この分子はアレン分子が90°ねじれているのとよく似たねじれ構造をしている．単結合の回転が制限されることによって生じるキラルな化合物を**アトロプ異性体**（atropisomer，"回転できない"のギリシャ語に由来する）という．

→ BINAPについては，41章でまた取上げる．

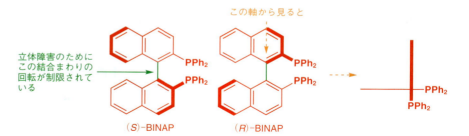

上記の2例はπ電子系が剛直であることに基づくものであるが，次の単純な飽和化合物もキラルである．中央の炭素原子が四面体形なので，二つの環は直交している．この化合物も，キラル中心をもたず，対称面がない．このように一つの炭素原子で二つの環が結合している環状化合物を**スピロ化合物**（spiro compound）という．スピロ化合物は，一見対称にみえてもしばしばキラルであるので，これらの化合物の立体化学を考える場合には，注意深く対称面を探す必要がある．

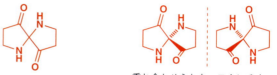

重ね合わせられないエナンチオマー

14・4　回転軸と対称心

ここで紹介した三つの化合物が（次ページの囲みのFeist酸（ファイスト）とともに）キラルである

Feist 酸の謎

分光分析法のなかった時代の構造決定がいかに困難であったか，今日理解するのはむずかしい．有名な例だが，1893 年に F. Feist がいとも簡単に合成した "Feist 酸" を取上げよう．分光分析法のない初期の研究では，予想できる構造が二つ提案されていた．両方とも 3 員環を基本骨格にしており，当時，不飽和の 3 員環化合物はまれであったため，注目を集めた．多くの化学者が支持した構造は，シクロプロペン形であった．

この構造に関する論争は NMR 分光法が初めて登場する 1950 年代までずっと続いた．赤外スペクトルはシクロプロペン構造を支持するようにみえたが，Feist 酸の構造問題は初期の 40 MHz NMR 装置によって解決した．この化合物には，メチル基のシグナルがなく，二重結合の炭素についている水素原子が二つあった．したがって，エキソメチレン形異性体であると結論づけられた．この構造にはキラル中心が二つあるために，ジアステレオマーが二つ存在する．どちらであるか判定するにはどうすればよいか．答は簡単であり，Feist 酸の立体化学はトランスのはずである．なぜならば，Feist 酸がキラルだからである．この化合物は二つのエナンチオマーに光学分割できる（本章の後半を参照）．シス形のジカルボン酸は対称面をもっているためアキラルであり，メソ体である．一方，トランス形のジカルボン酸は，キラルである．もしわかりにくいなら，鏡像をもとの化合物に重ねてみるとよい．重ならないことがわかるだろう．実際には，Feist 酸は回転軸をもっているが，回転軸があってもキラルであることについては，すぐ後で述べる．

NMR 分光法が登場してからは，構造を簡単に推定できるようになった．測定に必要な DMSO 溶媒中では CO_2H のプロトンは速く交換するので観測できず，プロトンのシグナルは 2 種類しか観測できない．二重結合上の二つの H は等価であり(5.60 ppm)，高磁場(2.67 ppm)に現れる 3 員環の H 二つも同様に等価である．他方，炭素のシグナルは四つ存在する．C=O が 170 ppm，C=C シグナル一組が 100～150 ppm の範囲にあり，3 員環の等価な炭素二つは 25.45 ppm に現れる．

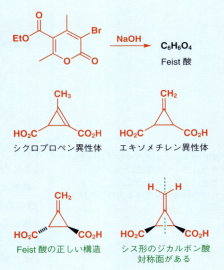

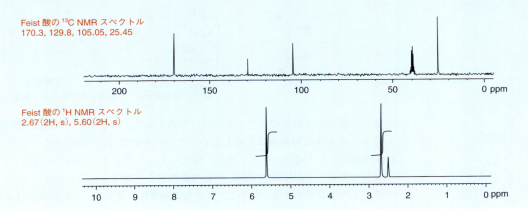

Feist 酸の ^{13}C NMR スペクトル
170.3, 129.8, 105.05, 25.45

Feist 酸の ^1H NMR スペクトル
2.67(2H, s), 5.60(2H, s)

ことには，これらが一見きわめて対称的に見えるので，驚いたかもしれない．実際に，これらはすべてキラリティーと矛盾することはない対称要素をもっている．これを**回転軸**（axis of rotation，対称軸 axis of symmetry ともいう）という．もし，分子をある軸について 180°回転させるともとの構造に重なり合うならば，その分子は **2 回回転対称性**，あるいは **C_2 対称性**をもつという．回転軸をもつ化合物でも，対称面がないのならば，いぜんキラルである．

C_2 対称性は，前節の分子だけでなくどこにでもあって一般的である．二つのジアステレオマーをもつ化合物の例を次に示す．一つは，シス異性体であり，二つのフェニル基が同じ側にある．キラル中心をもっているにもかかわらず対称面があり，アキラルなので，メソ異性体であるといえる．もう一つは対称であるが，軸対称なので，キラルである．C_2 軸は，オレンジで示してある．180°回転すると，もとの構造と重なり合うが，鏡面で鏡映すると重なり合わない鏡像（茶）となる（次ページ）．

ここまで，対称面をアキラル分子の特徴として使ってきた．対称面がない分子は，キラルであると何度もいってきた．ここでは，キラリティーと矛盾する第二の対称性を紹

下付き文字 2 は，2 回回転軸を示す．化学物質全般においては他の回転軸（C_3, C_4 など）もあるが，通常の有機化合物にはまれである．

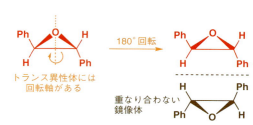

309ページや318ページで対称面とキラリティーの関係について述べたときに予告したように、ここでもう一つの対称要素である対称心を加える。

介しよう．もし，分子が**対称心**（center of symmetry）をもつならば，それはキラルではなくなる．まず，対称心を見つける方法を説明しよう．

欄外のジアミド骨格は，紙面に一つと紙面と直交して二つの飽和炭素原子を貫く面（緑の点線で示してある）にもう一つの対称面をもつ．もし，この構造に置換基 R を二つ加えると，二つのジアステレオマーが得られる．一つは二つの R 基が平らな環の同じ側（シス）にあるもの，もう一つは反対側（トランス）にあるものである．これらにおいては，紙面はもはや対称面ではなくなってしまったが，置換基を二分する別の面が対称面となっているために，いずれもキラルではない．ここまでの話に新しいことはない．

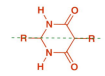

両方に対称面があり，両方ともアキラルである

次に，左に示す類似のジアミドについて考えよう．ここでも，紙面は対称面となっているが，直交する対称面は存在しない．このヘテロ環は，"ジケトピペラジン（diketopiperazine）" とよばれ，アミノ酸の二量化によって生じる．この化合物は，グリシンの二量体である．下記において，R ≠ H の置換アミノ酸ではシスとトランスの二つのジアステレオマーが存在する．しかし，これらの対称性は異なる．シス異性体はキラルだが，トランス異性体はキラルではない．

シス異性体は対称面をもたないが，環の中央を貫く C_2 軸が見つかるだろう．回転軸はキラリティーと共存することができる．この化合物のキラル中心は二つとも S であり，そのエナンチオマーでは二つとも R である．

トランス異性体には，対称面も回転軸もないが，対称心がある．この対称心は，分子の中心に示した黒点である．この点からある方向にあるものは，逆の方向（たとえば，R 基では緑の矢印）にも同じものが必ずあることを意味している．同じことが，茶の矢印についてもいえるし，もちろん，環についても当てはまる．シス異性体には対称心はなく，緑と茶の矢印それぞれの一方の先には R 基があり，他方に H 原子がある．トランス異性体はその鏡像と重なり合うので，アキラルである．

トランス異性体は対称心をもつ

> **対称面，対称心，回転軸からみたキラリティー**
> - 対称面や対称心のある分子はアキラルである
> - 対称面も対称心もない分子は，回転軸があってもキラルである．回転軸は，キラリティーと共存できるただ一つの対称要素である

14・5 エナンチオマーの分離を光学分割とよぶ

本章の初めで，自然界のほとんどの分子はキラルであり，通常，自然は一方のエナンチオマーだけで成り立っていると述べた．アミノ酸，糖，エフェドリン，プソイドエフェドリン，酒石酸，これらはすべて天然から単一エナンチオマーとして単離されている．一方，実験室でアキラルな出発物からキラルな化合物をつくると，ラセミ体しか得られない．では，化学者は天然物から抽出する以外に，いったいどうやって化合物を単一エナンチオマーとして得ることができるのか．この疑問には，41 章で詳しく答えるが，ここでは簡単な方法にふれておこう．化合物のラセミ体を二つのエナンチオマーに分けるために，自然界にある一方のエナンチオマーだけの化合物を使う．この操作を，**光学分割**（optical resolution，単に分割 resolution ともいう）とよぶ．

キラルアルコールのラセミ体と，キラルカルボン酸のラセミ体からふつうの酸触媒エステル化反応（10 章参照）でエステルをつくると仮定しよう．

生成物には，キラル中心が二つあるので，ジアステレオマーが二組あり，それぞれがラセミ体として得られる．ジアステレオマーの物性は違うので，たとえばクロマトグラフィーで簡単に分離できる．

> **自然界のキラリティー**
>
> なぜ自然界では，ほとんどの重要な生体物質は一方のエナンチオマーしかないのかという疑問には，簡単に答えることができる．なぜなら，たとえばアミノ酸のラセミ体からタンパク質ができたとすると，おそらく膨大な数のジアステレオマーができるため，複雑になるからである．他方，自然界にこの非対称性がどのようにして出現したか，また，なぜ L-アミノ酸と D-糖が優先的なエナンチオマーなのかという疑問に対する答はむずかしい．生命は，単一のキラルな水晶の表面で生まれたとの説がある．水晶表面の不斉環境によって，生体分子の一方のエナンチオマーが純粋に合成されたと考えられている．また，γ 線として放出された電子のスピンには非対称性があり，これが分子の非対称性の源として働いたという説もある．一方のエナンチオマーだけからなる生体系は，ラセミ体の生体系より単純だとしても，L-アミノ酸と D-糖が勝ち残ったのは，単なる偶然の結果にすぎないのだろう．

（±）はラセミ体を示す．構造式は相対配置だけを示していて絶対配置を意味しない．

エステル化の逆反応も可能である．ジアステレオマーのどちらか一方を加水分解して，再びアルコールのラセミ体と酸のラセミ体に戻すこともできる（次ページ上）．もしここで，一方のエナンチオマーだけの酸（たとえば，315 ページで述べた (R)-マンデル

酸の誘導体）を使ってこの反応を行えば，やはりジアステレオマー生成物が二つ得られるが，今回はそれぞれ単一エナンチオマーのはずである．ここで示している立体化学は絶対配置であることに注意しよう．

各ジアステレオマーを別べつに加水分解すると，注目すべき結果になる．出発物のアルコールの二つのエナンチオマーを分離したことになる．

二つのエナンチオマーを分離することを光学分割とよぶ．一方のエナンチオマーだけの化合物を利用しさえすれば，光学分割できる．自然界にはこのような化合物があってたいへん便利である．光学分割には，ほとんどの場合天然物由来の化合物を用いる．

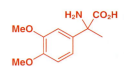

実例をあげよう．脳機能におけるアミノ酸の役割を研究していた化学者たちは，欄外のアミノ酸の両エナンチオマーをそれぞれ得る必要があった．彼らは，次ページに示すように 11 章で述べたアミノ酸の Strecker 合成によってラセミ体の試料をつくった．アミノ酸のラセミ体を，無水酢酸と反応させて混合酸無水物にしたのち，天然物由来で一方のエナンチオマーだけからなるアルコールであるメントールのナトリウム塩との反応によって，エステルの二つのジアステレオマーを得た．

ジアステレオマーの一方は，他方よりも結晶性が高い（つまり，融点が高い）ことがわかったので，この混合物を溶液から結晶化させて，一方のジアステレオマーの純粋な試料を得た．溶液（"母液"）に残ったジアステレオマーを濃縮し，結晶化させることによって，結晶性の低いほうのジアステレオマーも得られた．

次に，両エステルを KOH 水溶液中で加熱還流して，加水分解することにより得られた 2 種類の酸は，ほとんど等しい逆の比旋光度をもち，融点がほぼ同じになり，エナンチオマーであることがわかった．最後に，激しい条件（20%NaOH 水溶液中 40 時間還流）でアミドの加水分解を行い，生物活性研究に必要な光学活性アミノ酸を得た（次ページの図の最終段階）．

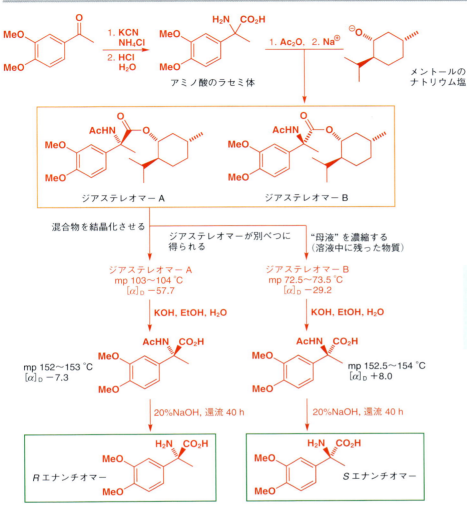

二つの純粋なジアステレオマーの比旋光度は同じでも逆でもないことに注意せよ．これらの化合物は異なった化合物の単一のエナンチオマーにすぎず，これらが同じ比旋光度をもつ理由はない．

ジアステレオマー塩を使う光学分割

　光学分割の鍵となる点は，キラル中心二つを，互いに相互作用ができるように導入することにある．エナンチオマーでは分離不可能だが，ジアステレオマーにして分離可能にするわけである．先ほどの2例では，キラル中心をエステルという共有結合の化合物に導入した．しかし，イオン結合性の化合物でも同様にできるはずである．実際，光学分割した後もとに戻しやすいため，イオン結合性化合物のほうをよく用いる．

　重要な例として，ナプロキセン（naproxen）の光学分割をあげる．ナプロキセンは，非ステロイド系抗炎症薬（NSAIDs）として知られている 2-アリールプロピオン酸のひとつである．同じ種類の医薬には，市販されている鎮痛薬のイブプロフェン（ibuprofen）もある．

　ナプロキセンとイブプロフェンは，両者ともキラルである．しかし，イブプロフェンは両エナンチオマーとも効果的な消炎鎮痛薬なので，ラセミ体（生体内でラセミ化される）として販売されているのに対して，ナプロキセンは，S体のエナンチオマーに消炎効果が大きい．米国の製薬会社が初めてこの薬を販売したとき，実験室で合成したラセミ体のナプロキセンを光学分割する必要があった．

330　　　　　　　　　　　14. 立体化学

アミンとの塩を用いるナプロキセンの光学分割

ナプロキセンはカルボン酸なので，単一エナンチオマーのアミンと塩をつくらせる方法を用いた．そのアミンとして下のグルコース誘導体を用いる方法が最も効果的であった．得られた結晶は，このアミンと(S)-ナプロキセンとの塩である．一方，このアミンと(R)-ナプロキセンとの塩（結晶した塩のジアステレオマー）は溶解性がよいため，溶液中に残った．結晶を沪過して分離したのち塩基処理して，アミンを遊離させ（このアミンは，回収し再使用できる），(S)-ナプロキセンのナトリウム塩の結晶を得た．単純なアミンのほうが望ましいが，この分割剤は見慣れない構造をしている．しかし，よい分割剤を見つけるためには，多くの反応剤を試さないといけないことは知っておこう．

> シリカ SiO_2 はケイ素原子と酸素原子が規則正しく配列した高分子化合物である．その表面は遊離の OH 基で覆われており，これを使って不斉修飾剤を結合させることができる．

光学分割はキラルな固定相を使ってクロマトグラフィーで行える

イオン結合よりもっと弱い相互作用もエナンチオマーの分離に使える．クロマトグラフィーによる分離は，固定相（通常シリカゲル）や移動相（固定相を移動する溶媒で展開液ともいう）との間の水素結合や van der Waals 相互作用などによる親和性の違いに

キラルな医薬品

先に，エナンチオマーの性質は同じであると述べた．この点からすれば，ナプロキセンを単一エナンチオマーとして販売する必要があったことは，奇妙と感じるかもしれない．ナプロキセンの二つのエナンチオマーは確かに実験室では性質が同じだが，いったん生体に入ると，ナプロキセンでも他のどんなキラル分子でも，生体系で出会うキラル分子との相互作用によって，区別が生じる．このことは手袋の例に似ている．手袋の左右は重さも素材も色も同じである．これらの点では，1 対の手袋は同じだが，不斉な環境（たとえば，手）との相互作用によって，これらは異なってくる．片方しかそれぞれの手にぴったりと合わないのでわかる．

医薬品と受容体の相互作用も，この手と手袋の関係によく似ている．手と手袋のようにぴったり結合する医薬品の受容体は，通常はタンパク質分子である．そのタンパク質は L-アミノ酸だけからできていて，一方のエナンチオマーは，他方よりずっとうまく相互作用する．すなわち，キラルな医薬品の二つのエナンチオマーは，全く違った相互作用をもつので，全く別の薬理効果をもつ場合が多い．ナプロキセンの場合，S 体のエナンチオマーは R 体より 28 倍も効果的である．一方，イブプロフェ

ンは現在でもラセミ体として販売されているのは，血流内でラセミ化するからである．

医薬品のエナンチオマーは，全く異なった治療効果を示すことがときどきある．一例が，鎮痛薬ダルボン(Darvon)である．このエナンチオマーは，ノブラド(Novrad)という鎮咳薬である．この二つの医薬品のエナンチオマーの関係が，化学的な構造以外のことと関連していることに注目しよう．41 章では，エナンチオマー二つが，全く別の生物活性を示す他の例を紹介する．

ダルボン　　　　　ノブラド

14・5 エナンチオマーの分離を光学分割とよぶ

基づくものである．もし，固定相に単一エナンチオマーの化合物（アミノ酸やセルロースの誘導体）を結合させてキラルにしたら，クロマトグラフィーをエナンチオマーの分離に使うことができる．

通常の光学分割に必要な誘導体（ふつう，エステルか塩）に変換できるような官能基がない分子を分割するときには，キラルな固定相を使ってクロマトグラフィーを行うことが特に重要性を増す．たとえば，精神安定薬であるジアゼパム（diazepam，商品名ヴァリウム Valium）の類縁体の二つのエナンチオマーは，それぞれが全く異なる生物活性をもつことがわかった．

これらの化合物をさらに研究するために，単一のエナンチオマーとして得る必要があった．アミノ酸由来のキラル固定相を結合させたシリカゲルカラムにこのラセミ体の溶液を通すことによって，純粋なエナンチオマーを得た．(R)-(−)-エナンチオマーは固定相との親和性が低いため，これがまずカラムから溶出し，つづいて (S)-(+)-エナン

> キラルクロマトグラフィーは次のように考えるとよい．たとえば，不幸にも事故で左足を失って年金生活をしている友人を援助しようという状況を想像してみよう．彼の足の大きさがたまたま自分と同じとする．近所の靴屋が，左右揃っていない余った靴の寄付してくれたので，左右の靴の仕分けを始めたとき，突然電気が切れて真っ暗になったらどうしたらよいか．そう，全部の靴を右足で履いてみるとよい．足に合ったらとっておき，合わないものは左用だから捨てればよい．
>
> これがまさに，キラル固定相を用いるクロマトグラフィーで起こっていることを示している．固定相は，たくさんの突き出した"右足"（修飾したキラルな分子の一方のエナンチオマー）をもっている．"靴"のエナンチオマーの混合物が流れると"右の靴"は足に合うので履ける．しかし，"左の靴"はそうならずカラムを流れていき，これがまず溶出する．

チオマーが溶出して，各エナンチオマーが得られた．

　ある分子の二つのエナンチオマーは同じ性質であるとしても，ある限られた環境では明らかに別のものになる．たとえば，二つのエナンチオマーは生体系と別の相互作用をする．各エナンチオマーが別のキラル化合物の単一エナンチオマーと反応して生じる塩や化合物は性質が異なる．要するに，エナンチオマーは全く同じようにふるまうのが常だが，キラルな環境に置かれるとそうでなくなる．41章では，キラルな化合物の一方のエナンチオマーだけをつくるために，この事実をどのように利用したらよいか説明する．しかしその前に，置換反応，脱離反応，付加反応の3種類の反応に話題を移そう．これらの反応では立体化学が重要になる．

問　題

1. 次の化合物がキラルかどうか，図を書いて説明せよ．

2. ある化合物の溶液の比旋光度が +12 を示すとき，この値が －348 や +372 でなく，本当に +12 であることをどのようにしたら示せるかを説明せよ．

3. シンデレラのガラスの靴はまちがいなくキラルである．しかし，それは面偏光を回転させることができただろうか．

4. 次の化合物の立体化学を説明せよ．［ヒント］ジアステレオマーがいくつ存在するか述べ，それぞれを明確に図示し，キラルか否か述べよ．

5. 次の反応の生成物がキラルであるか示し，また一方のエナンチオマーが生じるか否か説明せよ．

6. 次の化合物は塩基により簡単にラセミ化する．なぜか．

7. 次の化合物の立体配置を R または S で示せ．

8. イノシトールにはジアステレオマーがいくつあるのか考えてみよ．また，そのうちメソ化合物はいくつあるか．

イノシトール

飽和炭素での求核置換反応 15

関連事項

必要な基礎知識
- カルボニル基への求核剤の攻撃 6章, 9章
- カルボニル基での置換反応 10章
- カルボニル基の酸素原子の置換反応 11章
- 反応機構 12章
- ^{1}H NMR 13章
- 立体化学 14章

本章の課題
- 飽和炭素への求核攻撃と置換反応
- 飽和炭素での置換はC=Oにおける置換とどう違うか
- 求核置換反応の二つの機構
- 置換反応における中間体と遷移状態
- 置換反応の立体化学
- どのような求核剤がどのような脱離基を置換するか
- 置換反応で得られる分子の種類とその出発物

今後の展開
- 脱離反応 17章
- 芳香族化合物が求核剤となる置換反応 21章
- エノラートイオンが求核剤となる置換反応 25章
- 逆合成解析 28章
- 隣接基関与,転位,開裂反応 36章

15・1 求核置換反応の機構

置換とは,ある基を別の基で置き換える反応である.欄外に示すようなカルボニル基における求核置換反応を10章で述べた.この反応ではClがNH$_2$と置き換わっているので置換である.アンモニア分子NH$_3$を**求核剤**(nucleophile),塩化物イオンを**脱離基**(leaving group)という.10章で述べた反応は,すべてカルボニル基の**平面三方形**(trigonal, sp^2)炭素原子で置換するものであった.

本章では,欄外の2番目の反応を取上げる.ClがPhSと置き換わるので,これも置換反応である.しかし,反応中心となるCH$_2$基は**四面体**(tetrahedral, sp^3)の飽和炭素原子であり,C=Oでない.この反応と初めの反応は一見して似ているが,反応機構はおおいに異なる.使える反応剤は,カルボニル基での置換反応と飽和炭素での置換反応では異なる.求核剤をNH$_3$からPhS$^-$にかえたのは,NH$_3$では飽和炭素での置換生成物PhCH$_2$NH$_2$の収率がよくないからである.

では,なぜこれらの置換反応の機構が異なるのか調べてみよう.まず,最初の置換反応の機構をまとめると次のようになる.

カルボニル基における求核置換反応の機構

第一段階では,求核剤がC=Oπ結合へ付加する.この反応が,飽和炭素で起こりえないことはすぐにわかる.CH$_2$は完全飽和でπ結合がないので,電子対を受け入れることができない.脱離基が外れる前に求核剤が付加すると,5価の炭素原子になってしまうので,不可能である.

そこで,新しい別の機構が二つ可能になる.一つは,脱離基がまず外れて求核剤が後からくる機構であり,もう一つはこれらが同時に起こる機構である.最初の機構を**S$_N$1機構**(S$_N$1 mechanism)という.第二の機構は**S$_N$2機構**(S$_N$2 mechanism)といい,ここでは炭素原子が電子を受け入れると同時に電子を失う.いずれの機構も可能であるこ

置換反応の二つの機構を理解することがなぜ重要か

ある化合物がどちらの機構で反応するかわかれば、置換でよい収率を得るにはどんな反応条件を用いればよいか判断できる。たとえば、よく使う求核置換で OH を Br で置き換える反応についてみると、アルコールの構造によって非常に異なる二つの反応条件を用いることに気がつく。第三級アルコールは HBr と速やかに反応して臭化第三級アルキルを生成する。一方、第一級アルコールは HBr とは非常にゆっくりとしか反応しないので、ふつう PBr_3 と反応させて臭化第一級アルキルに変換する。その理由は、最初の例が S_N1 反応であるのに対して、2番目は S_N2 反応であることにある。本章が終わるまでには、どちらの機構で反応するかをどう予想し、適切な反応条件をどう選んだらよいか、はっきりとした展望をもつことができるようになるだろう。

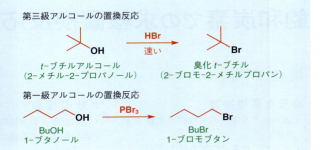

とを、塩化ベンジルを用いて順次説明していこう。

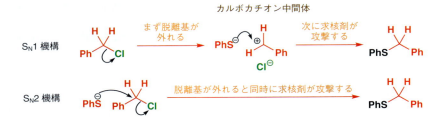

S_N1 と S_N2 機構に対する速度論的証拠

二つの機構の違いをもう少し詳しく検討しておこう。そうすれば、置換反応の種々の側面が明白になり、予想すらできるようになる。飽和炭素での置換反応に二つの異なる機構があることを示す説得力のある証拠は、速度論である。これは反応速度の関係であり、欄外に示す臭化物の水酸化物イオンによる置換反応の結果がその一例である。

1930 年代に主として Hughes と Ingold が、置換反応には一次反応(すなわち、速度がハロゲン化アルキルの濃度だけに依存し、求核剤濃度には依存しない)と二次反応(速度がハロゲン化アルキルと求核剤の両方の濃度に依存する)があることを見つけた。この結果は、どう説明したらよいのだろうか。上の"S_N2 機構"反応は1段階で進む。臭化ブチルの水酸化物イオンによる一段階 S_N2 機構を次に示す。

1段階しかないので、この段階が**律速段階**(rate-determining step)である。全反応の速度は、この段階の速度だけに依存し、反応速度論からわかるように、速度は反応に関与しているものの濃度に比例する。

$$\text{反応速度} = k[\text{BuBr}][\text{HO}^-]$$

この機構が正しければ、この反応の速度は [BuBr] と [HO$^-$] の両方に対して単純な比例関係があるはずであり、事実そうである。Ingold はこの種の反応の速度が、反応するものそれぞれの濃度に比例すること、すなわち二次反応であることを見つけ、この反応が二分子反応であることから、**二分子求核置換反応**(bimolecular nucleophilic substitution, substitution と nucleophilic の頭文字と二分子反応の2をあわせて S_N2 と略す)とよんだ。速度式は、ふつう二次速度定数を k_2 として、次のように書ける。

$$\text{反応速度} = k_2[\text{BuBr}][\text{HO}^-]$$

$$\begin{aligned} & \text{HO}^\ominus && \text{Br}^\ominus \\ & + && + \\ & \text{R–Br} &\longrightarrow& \text{R–OH} \end{aligned}$$

の反応は二次であり、速度は [R–Br] と [HO$^-$] に依存する

Br の反応は一次であり、速度は [R–Br] だけに依存し、[HO$^-$] には依存しない

1930 年代に Edward David Hughes (1906~1963) と Christopher Kelk Ingold (1893~1970) はロンドンのユニバーシティカレッジで研究していた。彼らは現在常識になっている反応機構の考え方の多くを初めて考えついた。

反応速度と反応機構の関係については、12章で詳しく説明した。[ ] は濃度を表し、比例定数 k を速度定数とよぶ。

S_N2 の書き方に注意しよう。SとNはともに大文字であり、Nは下つきの添字である。

S_N2 速度式の意味

この速度式は次の二つの理由により有用である．まず，S_N2 機構の根拠になる．別の例で説明しよう．MeSNa（イオン性固体で MeS^- が求核剤として働く）と MeI が反応するとジメチルスルフィド Me_2S になる．

速度式を決めるために，まず，[MeSNa] を一定に保って，[MeI] を変えて速度がどう変わるか一連の実験を行う．次に，[MeI] を一定に保って，[MeSNa] を変えて速度がどう変化するか調べる．実際の反応が S_N2 であれば，いずれの場合にも直線関係が得られるはずである．欄外のグラフに典型的な実験結果を示す．

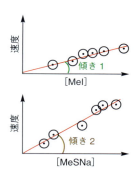

上のグラフは，反応速度が [MeI] に比例すること，すなわち，速度 $= k_a[\text{MeI}]$ となることを示し，下のグラフは，反応速度が [MeSNa] に比例すること，すなわち，速度 $= k_b[\text{MeSNa}]$ となることを示す．しかし，なぜ傾きが違うのだろうか．この反応の速度式をみると，反応物の一方の濃度を一定値として速度定数に含めていることがわかる．正しい速度式は次のようになる．

$$\text{反応速度} = k_2[\text{MeSNa}][\text{MeI}]$$

[MeSNa] が一定であれば，この式は $k_a = k_2[\text{MeSNa}]$ として

$$\text{反応速度} = k_a[\text{MeI}]$$

となり，[MeI] が一定であれば，この式は $k_b = k_2[\text{MeI}]$ として

$$\text{反応速度} = k_b[\text{MeSNa}]$$

となる．グラフを見ると，傾き1 $= k_a = k_2[\text{MeSNa}]$ であるが，傾き2 $= k_b = k_2[\text{MeI}]$ であるために，傾きが異なることがわかる．

最初の実験では [MeSNa] の値がわかっているし，2 番目の実験では [MeI] の値がわかっているので，これらの傾きから容易に真の速度定数 k_2 を求めることができる．両方の実験から求めた k_2 は等しくなければならない．この反応機構は実際に S_N2 であり，求核剤 MeS^- が攻撃すると同時に脱離基 I^- が外れていく．

S_N2 速度式が有用であることの第二の理由は，S_N2 反応の進行が求核剤と炭素求電子剤いずれにも依存することを明確に示していることにある．どちらを増やしても，反応をより速く進めることができる．MeI の I^- を酸素求核剤で置換したいと思えば，右の表にまとめたもののなかから選べばよい．

水酸化物イオンは，塩基性は強いが同時に，よい求核剤である（アニオンとして不安定で反応性が高い）．塩基性は水素に対する求核性とみなすことができるので，炭素に対する求核性と相関があっても不思議はない．したがって，反応を速く進めたいならば，求核剤になるものとして，たとえば Na_2SO_4 よりは，NaOH のほうがよい．HO^- を求核剤とする場合の速度定数 k_2 は，SO_4^{2-} を求核剤とする場合よりもずっと大きく，同じ濃度ではずっと速い．

しかし，選択の余地はほかにもある．炭素求電子剤の反応性，したがってその構造も関係する．メチル基を反応させたいのならば炭素骨格を変えることはできないが，脱離基は変えられる．次ページ欄外の表は，NaOH との反応において種々のハロゲン化メチルを用いた場合の結果を示す．一見してわかるように，メタノールをつくる場合，最も速い（k_2 が最も大きい）のは，MeI と NaOH の反応である．

S_N2 反応における酸素求核剤

酸素求核剤	共役酸の pK_a	反応速度
HO^-	15.7 (H_2O)	速い
RCO_2^-	約 5 (RCO_2H)	中間
H_2O	-1.7 (H_3O^+)	遅い
RSO_2O^-	-2 (RSO_2OH)	遅い

➡ pK_a については 8 章参照．

10 章で，カルボニル基に対する求核性が塩基性とよく相関していることを説明した．飽和炭素に対する求核攻撃はそれほど単純ではないが，一定の相関関係はみられる．

求核性と脱離能については，後でもっと詳しく考える．

S_N2 反応におけるハロゲン化物脱離基		
MeX の X	共役酸の pK_a	NaOH との反応速度
F	+3	非常に遅い
Cl	−7	中間
Br	−9	速い
I	−10	非常に速い

反応速度 = k_2[NaOH][MeI]

S_N2 反応の速度は，温度や溶媒のほかに，次の因子に依存する．
・求核剤　・炭素骨格　・脱離基

S_N1 速度式の意味

臭化ブチルの代わりに臭化 t-ブチルを用いると，欄外に示す反応になる．この反応は，速度論的には一次反応である．反応速度は t-BuBr の濃度だけに依存し，水酸化物イオンの濃度とは関係ない．速度式は単に次のようになる．

$$\text{速度} = k_1[t\text{-BuBr}]$$

その理由は，この反応が2段階で起こるからである．まず臭化物イオンが外れてカルボカチオンを生成する．それから初めて水酸化物イオンが攻撃し，アルコールを生成する．

S_N1 機構：t-BuBr と HO$^-$ の反応

第一段階：カルボカチオンの生成　　　　第二段階：求核剤によるカルボカチオンの捕捉

S_N1 反応では，このカルボカチオンの生成が律速段階になる．これは合理的である．カルボカチオンは不安定な化学種なので，安定な中性の有機分子からゆっくりと生成するが，いったん生成すると，反応性が非常に高くどんな求核剤ともただちに反応する．したがって，t-BuBr の減少速度は，遅い第一段階の速度と等しくなるだけである．水酸化物求核剤はこの段階に含まれていないので，速度式には現れず，速度には影響しない．

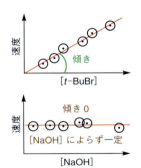

ここでも，この速度式から反応が S_N1 か S_N2 か決めることができるので，速度測定は有用である．前と同じようにグラフにプロットすることができる．反応が S_N2 であれば，前と同じようになるはずである．しかし S_N1 ならば，[NaOH]を一定に保って[t-BuBr]を変化させるか，[t-BuBr]を一定に保って[NaOH]を変化させると，欄外に示すようになる．

上のグラフの傾きは，速度 = k_1[t-BuBr]における一次速度定数になるが，下のグラフの傾きは0である．律速段階には NaOH が含まれないので，その量を増やしても反応は速くならない．この反応は一次速度則に従う（速度が一つの反応成分の濃度だけに比例する）．すなわち，この置換反応は単分子反応であることから，**単分子求核置換反応**（unimolecular nucleophilic substitution，単分子反応は一分子反応ともいうので，この反応も S_N2 の場合と同じように $\mathbf{S_N1}$ と略す）とよぶ．

この実験事実には大きな意味がある．速度式に求核剤が現れないということは，その濃度が関係しないだけでなく，その反応性も関係しないということを意味する．フラスコを開けてこの反応に NaOH を添加しても無駄である．水も十分同じ働きをするからである．前ページの表にあげた酸素求核剤は，MeBr とは非常に異なる速度で反応するが，t-BuBr とすべて同じ速度で反応する．実際には，S_N1 置換反応は，競争的に起こる脱離反応（17章参照）を避けるために，反応性の低い，すなわち塩基性の弱い求核剤を用いると一般によい結果が得られる．

S_N1 反応の速度は，温度や溶媒のほかに，次の因子に依存し，**求核剤には依存しない**．
- 炭素骨格
- 脱離基

15・2 S_N1 か S_N2 か反応機構を決める因子

飽和炭素における置換反応は求核剤の性質に対して非常に異なる依存性を示し，二つの機構のどちらかで進むことがわかった．重要なことは，どの反応に，どちらの反応機構が当てはまるか予想できることである．それを決めるために速度実験を行わなくても，どのような場合にどの機構をとるか予測できる簡単な指標がいくつかある．反応の機構に影響する因子を考えれば，なぜその機構で進むのか説明することもできる．

最も重要な因子は**炭素骨格**（carbon skeleton）の構造である．一般的には，比較的安定なカルボカチオンを生成できる化合物はふつうカチオンを生成して S_N1 機構で反応するが，そうでないものは S_N2 機構で反応せざるをえない．次に述べるように，最も安定なカルボカチオンは置換基が最も多いものなので，反応中心の炭素置換基が多いものほど，S_N1 機構で反応しやすい．

実際，カチオンを安定化する構造因子は，ふつう S_N2 反応を減速する要因にもなる．置換が多いほど，S_N1 反応にはよいが，S_N2 反応には不都合である．なぜならば，求核剤は置換基の間をすり抜けて反応中心に到達する必要があるからである．反応中心に水素原子だけがあると，S_N2 反応には好都合である．したがって S_N2 機構ではメチル基が最も速く反応する．簡単な構造変化の効果を表 15・1 にまとめる（ここで R はメチル基とかエチル基のような単純なアルキル基である）．

S_N1 か S_N2 か？

表 15・1 単純な基質の構造と S_N1/S_N2 機構との関係

構造	Me—X	R,H,H	R,H,R	R,R,R
アルキル基	メチル	第一級	第二級	第三級
S_N1 反応	不可	不可	中間	大変良好
S_N2 反応	良好	良好	中間	不可

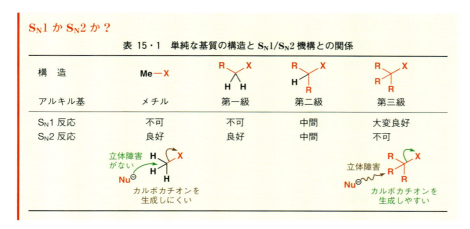

困るのは，第二級アルキル化合物の場合である．どちらの機構でも反応可能だが，どちらが速いかは簡単にいえない．初めての求核置換反応に出会ったら，第一に"炭素求電子剤はメチルか，第一級か，第二級か，あるいは第三級か"を調べると判定できる．これが重要なので，構造について 2 章で説明したのである．

本章ではさらに二つの機構の違いやそれぞれの機構に有利な構造などについてもっと詳しく述べるが，すべて表 15・1 のまとめから発展している．

15・3 S_N1 反応の詳細

前ページの S_N1 反応の説明のなかで，臭化 *t*-ブチルから臭化物イオンが外れて *t*-ブチ

ルカチオンが合理的な中間体として生成すると述べた．ここで，カルボカチオンが実際に存在する証拠，そして t-ブチルカチオンが，たとえば，ブチルカチオンよりもずっと安定である理由を説明する必要がある．

12章で，エネルギー断面図を用いて，出発物から遷移状態（と中間体）を経て生成物まで，反応の進行を理解する方法を説明した．臭化 t-ブチルの水中における S_N1 反応のエネルギー断面図は次のようになる．

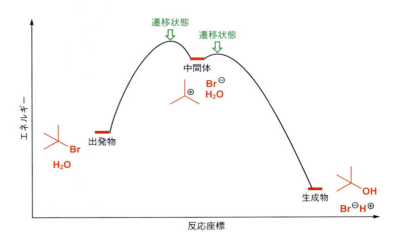

図はカルボカチオンが中間体になることを示している．この中間体は短いにしても一定の寿命をもつ化学種である．その理由はすぐに説明する．反応の第一段階，すなわちカルボカチオンの生成が律速になるので，その遷移状態がエネルギー的に最も高いはずである．この遷移状態のエネルギーが全反応の速度を決めているが，これはカルボカチオン中間体の安定性と密接に関係している．その結果として，S_N1 反応の効率を決めている最も重要な因子は中間体となるカルボカチオンの安定性（あるいは不安定性）であるといえる．

カルボカチオンの形と安定性

メチルカチオンは平面形をとることを4章で述べた．t-ブチルカチオンも同様の構造をしており，電子不足の中心炭素には6電子しかない．これらは σ 結合三つに使われているので，空の p 軌道が残っている．どんなカルボカチオンでも，空の p 軌道をもつ平面形の炭素原子からなる．これは次のように考えるとよい．分子のエネルギーに寄与するのは電子の詰まった軌道だけなので，詰まった軌道をできるだけ低く保つために空軌道を高エネルギーにするのが最善策である．p 軌道は s 軌道（あるいは sp, sp^2, sp^3 混成軌道）よりもエネルギーが高いので，カルボカチオンは常に p 軌道を空にしている．

> **カルボカチオンの安定性**
>
> t-ブチルカチオンは，カルボカチオンとしては比較的安定である．しかし，薬品棚の瓶の中に保存することはできない．カルボカチオンの安定性の大小は，S_N1 反応を理解するためには重要であるが，これはすべて相対的なものであることをよく認識することも重要である．"安定な"カルボカチオンでさえ，高反応性の電子不足化学種である．

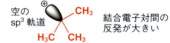

t-ブチルカチオンは十分観測できるほど安定であることが，G. Olah によって明らかにされた．カルボカチオンは非常に反応性の高い求電子剤なので，Olah は求核剤を全く含まない溶液をつくる戦略をとった．どんなカチオンでも，電荷を中和するためのアニ

求核性のないアニオン

オンを伴う．負電荷をもつ原子がハロゲン原子との強い結合で囲まれた形のアニオンを見つけたことが大きな進歩につながった．そのようなアニオンとしては，BF_4^-，PF_6^-，SbF_6^- などがあり，非常に安定で求核性を示さない．BF_4^- は小さな正四面体であり，他の二つはより大きな八面体である．

これらのアニオンでは，負電荷が非共有電子対に相当しない（この点では BH_4^- に似ている）ので，求核剤として作用する高エネルギーの軌道をもっていない．Olah は，低温で求核性をもたない溶媒（液体 SO_2）とこれらの対アニオンを用いることによって，アルコールをカルボカチオンに変換することを可能にした．t-ブチルアルコールを液体 SO_2 中で SbF_5 と HF で処理すると，酸はヒドロキシ基をプロトン化して水として脱離させ，SbF_5 が F^- を取込んで求核剤として反応するのを妨げるので，カルボカチオンは高エネルギーのまま孤立して生き残る*．

> Olah（1994 年ノーベル化学賞受賞）の研究によって t-ブチルカチオンが NMR でどのようにみえるかわかったので，NMR を使って置換反応の中間体を検出できないだろうか．NMR 測定管の中で t-BuBr と NaOH を混ぜて反応させ測定しても，カチオンに相当するシグナルは観測されない．しかし，これはカチオンが生じない証拠にならない．反応性の高い中間体が観測できるほどの濃度で生成するとは期待できない．その理由は簡単である．カチオン中間体はまわりにあるどんな求核剤とでもただちに反応して，溶液中に少しもたまってくることはない．その生成速度は分解速度よりもずっと遅いのである．

Olah による液体 SO_2 中における t-ブチルカチオンの観測

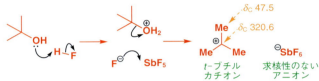

このカチオンのプロトン NMR は，C–Me としては非常に低磁場の 4.15 ppm にシグナルをただ 1 本だけ示す．^{13}C NMR スペクトルでも 47.5 ppm の低磁場にメチル基があったが，カチオンが生成していることを示す決定的な証拠は中心炭素原子の化学シフトである．驚くべきことにそれまで観測されたこともない低磁場の 320.6 ppm に現れた．非常に低磁場であり，正に荷電してきわめて電子不足になっていることがわかる．

* 訳注：最近，t-ブチルカチオンのカルボラン塩が結晶として単離された (C. A. Reed, 2000)．

アルキル置換基はカルボカチオンを安定化する

Olah は t-ブチルカチオンのスペクトル測定には成功したが，メチルカチオンを溶液中で観測することはできなかった．置換基がついているとなぜカチオン中心が安定化されるのだろうか．

電荷をもつ有機中間体は何であれ，その電荷ゆえに本来不安定になっている．カルボカチオンは，いくらか余分に安定化される場合にのみ生成可能である．平面構造のカルボカチオンに対する余分の安定化は，弱いながらも σ 結合の電子が空の p 軌道に供与されて可能になる．t-ブチルカチオンでは，このような電子供与が常に三方向から起こっている．C–H 結合はどこを向いていてもかまわない．それぞれのメチル基の C–H 結合のうち一つはいつでも空の p 軌道と平行になっている．次の図の一番左の構造では軌道の重なりが一つあることを示しており，2 番目と 3 番目では 3 本の点線で軌道の重なりを示している．

安定で観測可能

非常に不安定

空の p 軌道
C–H の被占 σ 軌道

余分の安定化：平面形カルボカチオンの空の p 軌道へ C–H σ 供与

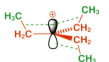
余分の安定化：平面形カルボカチオンの空の p 軌道へ C–C σ 供与

電子供与不可能：C–H σ 軌道と空の p 軌道が直交

C–H 結合が空軌道に電子を供与することは何も特別なことではない．C–C 結合も同じように電子供与性であり，結合のなかにはさらに供与性の高いものもある（たとえば

C–Si).しかし,何か結合がなければならない.水素原子だけでは,非共有電子対もないし σ 結合もないので,カチオンを安定化することはできない.

カルボカチオンの構造にとって平面性は非常に重要なので,第三級カルボカチオンであっても平面になれない場合には生成しない.古典的な例として,欄外に示すかご形の構造がある.これは求核剤と S_N1 でも S_N2 でも反応しない.カチオンが平面になれないので S_N1 反応はできないし,求核剤が後ろから炭素原子に近づけないので S_N2 反応もできない.

しかし一般に,単純な第三級アルキル化合物は S_N1 反応を効率よく行う.ハロゲンのようなよい脱離基になる基があると,置換反応は中性条件で起こる.アルコールやエーテルのように脱離が起こりにくい脱離基の場合には,酸触媒が必要になる.次に示す四つの反応例から S_N1 反応がどういうものかわかるだろう.

カルボカチオンが四面体にならざるをえない

隣接 C=C π 電子系はカルボカチオンを安定化する:
アリル型カチオンとベンジル型カチオン

第三級カルボカチオンは第一級カチオンより安定ではあるが,空の p 軌道が隣の π 電子系や非共有電子対と直接共役できるともっと強く安定化を受ける.アリルカチオンは,2 電子が 3 原子すべてに非局在化する結合性軌道に入っており,末端原子だけに係数をもつ非結合性軌道が重要な空軌道になっている.求核剤の攻撃を受けるのは空軌道なので,末端炭素で反応する.巻矢印で書いても同じ結果になる.

➡ アリルカチオンの共役については 7 章で述べた.

アリル型求電子剤は,アリル型カチオンが生じると,これが比較的安定なので,S_N1 機構で反応しやすい.次の反応例は,これまで紹介してきたほとんどの例とは逆方向の反応になっている.つまり,アルコールから出発して臭化物が生成する.シクロヘキセノールを HBr と反応させると対応するアリル型臭化物が得られる.

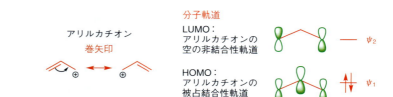

この場合には，アリル型カチオンのどちらの末端で反応しても同じ生成物になるので，生成物は1種類だけである．しかし，アリル型カチオンが非対称な場合には，やっかいなことに生成物は混合物になる．次のブテノール二つのどちらも，HBrと反応すると同じ非局在化したアリル型カチオンになる．

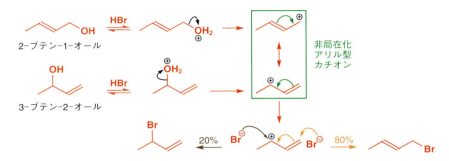

このカチオンがBr⁻と反応すると，約80%が一方の末端に，約20%がもう一方の末端と結合して臭化ブテニルの混合物になる．この**位置選択性**（regioselectivity, 求核剤がどの位置で反応するか）は立体障害で決まる．アリル系の立体障害の小さい末端炭素を攻撃するほうが速い．

ときにはこのことが有用になる．第三級アリル型アルコールである 2-メチル-3-ブテン-2-オールは容易に合成でき，第三級でしかもアリル型なので S_N1 機構でよく反応する．このアリル型カチオンは非対称になるので，置換基の少ない末端で反応して"臭化プレニル（prenyl bromide）"だけ生成する．

ベンジルカチオンはアリルカチオンとほぼ同様の安定性を示すが，反応位置の問題は生じない．正電荷はベンゼン環（特に3箇所）に非局在化するが，芳香族性を保つように，ベンジルカチオンは常に側鎖で反応する．

ベンゼン環三つがともに一つの正電荷を安定化できるのでトリフェニルメチルカチオン（triphenylmethyl cation, 縮めてトリチルカチオン trityl cation）は，特に安定なカチオンである．塩化トリチルは S_N1 反応によって第一級アルコールのエーテルをつくるのに使う．この反応には，ピリジンを溶媒として使う．ピリジン（弱塩基，共役酸の pK_a 5.5，8章参照）は，第一級アルコール（pK_a 約16）からプロトンを引抜くほど強くはない．S_N1 反応の求核剤は電気的に中性のアルコールでも十分求核性があるので，RCH₂O⁻をつくるほど強い塩基を用いなくてよい．ピリジンは塩基として作用するのではなく，まずTrClがトリチルカチオンにイオン化し，これが中性の第一級アルコールと反応し，最

→ 位置選択性については24章でもっと詳しく説明する．

略号 Tr は Ph₃C 基を表す．

表15・2に、種々のアリル型塩化物の50%水性エタノール中における加溶媒分解(溶媒を求核剤とする反応)の速度を、単純な塩化アルキルと比べて示す。このデータから種々の化合物の置換反応における相対的反応性がどんなものかわかるだろう。これらの反応のほとんどはS_N1であるが、第一級化合物にはS_N2反応の寄与もいくらかある。

表 15・2　アリル型塩化物の加溶媒分解の速度†

化合物	相対速度	説明
プロピル-Cl	0.07	第一級塩化物：ほとんどS_N2
イソプロピル-Cl	0.12	第二級塩化物：S_N1も可能、しかし反応性小
tert-ブチル-Cl	2100	第三級塩化物：S_N1反応性大
アリル-Cl	1.0	第一級のアリル型：S_N1も進行
クロチル-Cl	91	一端が第二級のアリル型カチオン
プレニル-Cl	130,000	一端が第三級のアリル型カチオン：単純な第三級に比べて約60倍
シンナミル-Cl	7700	第一級のアリル型でベンジル型カチオン

† 44.6℃、50%水性エタノール中.

後に生じたオキソニウムイオンからピリジンがプロトンを取去る。ピリジンは反応を触媒するのではなく、生成したHClを除去することによって酸性が強くなることを防ぐだけである。ピリジンは便利な極性有機溶媒としてイオン反応に用いることが多い。

* 訳注：それにもかかわらず、メトキシメチル化合物はS_N2機構で反応する証拠(求核剤濃度に依存する)がある。第一級アルキル化合物のように立体障害が小さく、溶液中での$MeOCH_2^+$の寿命が短いからである。

カルボカチオンは隣接する非共有電子対によって安定化を受ける

クロロメチルメチルエーテル$MeOCH_2Cl$のような塩化アルキルはアルコールと円滑に反応してエーテルを生成する。塩化第一級アルキルなので、その反応はS_N2機構で進むと考えてもよい。しかし、実際にはS_N1機構の特徴を示す*。その理由は、安定なカルボカチオンを生成するからである。隣接の非共有電子対の電子押出しによって塩化物イオンが外れ、生成したカチオンはオキソニウムイオンとしてもカルボカチオンとしても書ける非局在化した構造をとる。

11章で述べたことを思い出すとわかるように、アセタールの加水分解の第一段階もよ

く似た反応である．アルコキシ基の一つが水で置換されて，ヘミアセタールになる．この反応の機構は 11 章で説明したが，そのときは第一段階については注意を払わなかった．実際には S_N1 置換反応であり，プロトン化されたアセタールがオキソニウムイオンに分解する．この段階を，いま述べたクロロエーテルの反応と比べると，非常によく似た機構であることがわかる．

メトキシメチルカチオン

Olah は，339 ページで述べた方法を使って，メトキシメチルカチオンを溶液中につくった．このカチオンは，オキソニウムイオンとして書いても第一級カルボカチオンとして書いてもよいが，オキソニウムイオン構造のほうが実際に近い．このカチオンの ^1H NMR スペクトルはイソプロピルカチオン（13.0 ppm）と比べて，CH_2 の水素は 9.9 ppm に現れる．

（反応式：$MeO-CH_2-Cl \xrightarrow{HF/SbF_5}$ オキソニウムイオン δ_H 5.6, δ_H 9.9, SbF_6^-）

オキソニウムイオン

（イソプロピルカチオン δ_H 4.5 Me, δ_H 13.0, SbF_6^-）

イソプロピルカチオン
（真のカルボカチオン）

（反応機構図：$MeO-OMe-R^1R^2 \xrightleftharpoons{H^+}$ オキソニウムイオン中間体 $\xrightleftharpoons{}$ $MeO^+=CR^1R^2$ $\xrightleftharpoons{H_2O}$ $H_2O-OMe-R^1R^2 \xrightleftharpoons{-H^+} HO-OMe-R^1R^2$）

MeOH の H_2O による S_N1 置換

炭素原子に結合した電気的に陰性な基一つを求核剤で置換する反応で，同じ炭素に電気陰性基がもう一つついていると，S_N1 反応が一般に起こりやすくなる．O, N, S, Cl, Br のようなヘテロ原子が二つ同じ炭素原子に結合している場合には，いつも S_N1 反応の可能性を考えるべきである．ハロゲンのようなよい脱離基は酸触媒を必要としないが，あまり脱離能のよくない N や O, S のときには，ふつう酸が必要である．

（図：一般式 $X, Y \to X^+ + Nu^- \to Nu, X$; X = OR, SR, NR_2; Y = Cl, Br, OH_2, OHR）

→ イミニウムイオンの生成と反応については，11 章の他の例も参照．

次に，S_N2 よりも S_N1 機構で反応しやすい化合物の構造をまとめておく．

S_N1 反応の中間体となる安定なカルボカチオン

カチオンの型	例 1	例 2
単純アルキル	第三級（安定） t-ブチルカチオン $Me_3C^+ = Me_3C^+$（Me, Me, Me）	第二級（やや不安定） イソプロピルカチオン $Me_2CH^+ = $ （H, Me, Me）$^+$
共　役	アリル型 （アリルカチオン共鳴構造）	ベンジル型 （ベンジルカチオン構造）
ヘテロ原子安定化	酸素安定化 （オキソニウムイオン） $MeO-CH=CH_2 \leftrightarrow MeO^+=CH-CH_3$ 型	窒素安定化 （イミニウムイオン） $Me_2N-CH=CH_2 \leftrightarrow Me_2N^+=CH-CH_3$ 型

よくあるまちがい

最初のメタノール分子の置換を S_N2 と書いてしまいがちなので注意を要する．S_N2 機構は込み合った炭素原子では起こりにくい．しかし，S_N2 機構が起こらないおもな理由は隣接する MeO のために S_N1 機構が非常に効率よく起こるからであり，S_N2 機構の出番はない．

（反応式：$MeO-OMe-R^1R^2 \xrightarrow{H^+}$ プロトン化中間体（H_2O 攻撃） $\rightleftharpoons H_2O-OMe-R^1R^2 \xrightarrow{-H^+} HO-OMe-R^1R^2$）

まちがった S_N2 機構

15・4 S_N2 反応の詳細

単純なアルキル化合物のうち，メチルと第一級アルキル化合物はいつも S_N2 機構で反応し，決して S_N1 機構で反応することはない．これはひとつにはカチオンが不安定だからであり，また求核剤がたやすく水素原子の間をすり抜けて攻撃できるからでもある．

エーテルをつくる一般的な方法では，ハロゲン化アルキルとアルコキシドイオンを反応させる．なかでもハロゲン化メチルであれば，これは S_N2 機構で反応するといってまちがいない．アルコールは弱酸（pK_a 約 16）なので，アルコキシドイオンを生成するためには強塩基（ここでは NaH）が必要である．ヨウ化メチルが適当な求電子剤となる．

> 単純なアルキル基でも，第一級アリル型，ベンジル型，および RO や R_2N が置換した第一級誘導体なら，もちろん S_N1 で反応する可能性がある．

メチル化合物（R = H）と第一級アルキル化合物（R = アルキル）が S_N2 反応するときの求核剤の障害のない接近

もっと酸性の強いフェノール（pK_a 約 10）の場合には，NaOH で十分であり，硫酸ジメチル（硫酸のジメチルエステル）を求電子剤としてよく使う．いずれにせよ，アルコールをよい求核剤にするには強塩基を使うのがよい．なぜなら，S_N2 反応の速度式（335ページ）からわかるように求核剤の強さと濃度が反応速度に影響するからである．

S_N2 反応の遷移状態

いいかえると，求核剤，メチル基，および脱離基のすべてが反応の遷移状態に含まれることになる．遷移状態は反応経路のエネルギーが最も高い点である．S_N2 反応の場合には，求核剤との新しい結合が部分的に生成し，脱離基との古い結合がまだ完全には切れていない状態に相当し，次の図に示すような構造になる．

> → 12 章で遷移状態と中間体の用語を初めて使った．

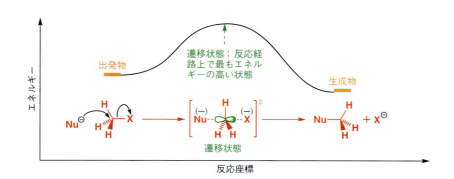

遷移状態における破線は部分結合（C–Nu 結合が生成しつつあり，C–X 結合は切れつつある）を表し，（　）内の電荷は部分電荷（この場合にはそれぞれおよそ 1/2 の電荷）を示す．遷移状態は通常 [　] 内に書き，‡記号で表すことが多い．

軌道を考えて別の見方でも考察できる．求核剤は非共有電子対を必ずもっていて，これが C–X 結合の σ^* 軌道と相互作用する．

> 記号‡はダブルダガーという．

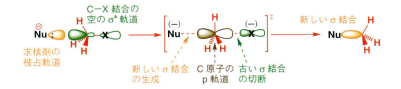

遷移状態では，真ん中に炭素原子がありp軌道をもっている．この軌道がもとの結合と新しい結合の間で2電子を共有している．どちらの表記法でも，S_N2反応の遷移状態ではほぼ平面状の炭素原子を真ん中にして求核剤と脱離基が互いに直線状に配置していることを示している．この見方で，S_N2反応に関する重要な実験事実二つが説明できる．一つは効率よく反応する化合物の構造であり，もう一つは反応の立体化学である．

隣接 C=C や C=O π 電子系は S_N2 反応を起こしやすくする

メチル化合物と第一級アルキル化合物はS_N2機構でよく反応するとすでに述べたが，第二級アルキル化合物はS_N2機構でも反応できるが反応性は低くなる．S_N2反応を促進する重要な構造的特徴がほかにもある．アリル化合物とベンジル化合物の二つはS_N1機構だけでなくS_N2機構も促進する．

臭化アリルはアルコキシドイオンとよく反応してエーテルを生成する．次に示すのはこの反応のS_N2機構であり，遷移状態も示している．二重結合のπ電子系が共役によって遷移状態を安定化できるので，アリル化合物はS_N2機構で速やかに反応する．反応中心のp軌道（茶で示したが，上の図の茶の軌道に対応する）は，2電子で二つの部分結合をつくらなければならない．すなわち，電子不足になるので，隣接π電子系から電子密度を受け入れて遷移状態を安定化し，反応を加速する．

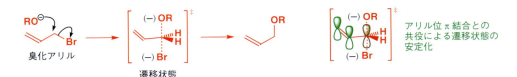

S_N2 反応における構造効果の定量化

ここで実際のデータを見るとわかりやすいだろう．アセトン中，50°CにおけるKIと塩化アルキルとの反応の相対速度は§15・4で解析したS_N2の反応性変化の例になっている．典型的なハロゲン化第一級アルキルとしてBuClを基準にした相対速度を示してある．あまり細かい数値にこだわる必要はない．むしろ変化の傾向に注目しよう．0.02から100,000までの全範囲は8桁に及び，変化は非常に大きい．

塩化アルキルとヨウ化物イオンの S_N2 反応における相対速度

塩化アルキル	相対速度	説明
Me—Cl	200	立体障害が最も小さい
(イソプロピル)Cl	0.02	塩化第二級アルキル：立体障害のために遅い
(アリル)Cl	79	塩化アリル：遷移状態におけるπ共役により加速される
(ベンジル)Cl	200	塩化ベンジル：アリルよりもやや反応性大，ベンゼン環のπ共役は二重結合一つよりやや大きい
MeO—CH₂Cl	920	酸素の非共有電子対との共役による加速
PhCO—CH₂Cl	100,000	カルボニル基との共役は単純なアルケンやベンゼン環よりもずっと有効．このようなα位にカルボニル基をもつハロゲン化物の反応性が最も高い

ベンジル基も，ほとんど同じように，ベンゼン環のπ電子系が遷移状態において p 軌道と共役できる．臭化ベンジルはアルコキシドと非常によく反応し，ベンジルエーテルを生成する．

すべての S_N2 反応で最も速く反応するもののなかに，脱離基がカルボニル基の隣にある化合物がある．α-ブロモカルボニル化合物には，隣り合わせの炭素原子二つがともに強力な求電子中心になっている．それぞれの炭素は低エネルギーの空軌道，すなわち C=O の π* 軌道と C−Br の σ* 軌道（これが求電子性の原因になっている）があるので，これらが相互作用してさらにエネルギーの低い LUMO（π*＋σ*）を形成する．求核攻撃は，この新しい軌道の係数の最も大きいところで容易に起こる．これを図にオレンジで示す．

この二つの反結合性軌道の相互作用の結果，それぞれの基がもう一方の存在によっていずれも求電子性を増す．すなわち，C=O 基は C−Br 結合の反応性を高め，Br は C=O 結合の反応性を高めている．実際，求核剤がカルボニル基を攻撃することがあってもこの反応は可逆である．一方，臭化物の置換は不可逆である．

このような形式の反応の例はたくさんある．アミンとの反応はうまく進み，アミノケトン生成物は医薬の合成にも広く使われている．

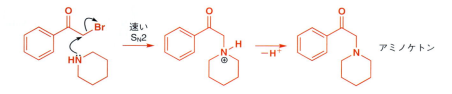

第三級アルキル化合物は立体障害があまりにも大きいので，S_N2 機構では反応しないとよくいわれる．実際，第三級アルキル化合物の S_N1 反応は非常に速いので，仮にその S_N2 機構がメチル化合物と同じくらい速く進んだとしてもその出番はないだろう．表 15・2 の数値がこのことを示している．第三級アルキル化合物でも，たとえば電子求引性の隣接カルボニル基によって S_N1 反応が阻害されれば，S_N2 機構でゆっくりと反応することもあるだろう．

同様に，立体障害があれば，第一級アルキル化合物は S_N1（第一級であるため）でも S_N2（立体障害のため）でも反応しないだろう．そのような例としてよく知られているのは "塩化ネオペンチル" の低い反応性である．

塩化ネオペンチル
S_N1 で反応しない
S_N2 は立体障害のため遅い

第三級で C=O の隣
S_N1 は非常に遅い
S_N2 でゆっくり反応

15・5 S_N1 と S_N2 の比較

置換反応の二つの重要な機構について，そのおもな特徴を説明した．反応速度，中間体の性質と遷移状態，そして S_N1 と S_N2 反応における反応性を支配している立体効果と電子効果について概略がつかめたと思う．ここで，二つの機構で違う結果になったり反応性が変わるような対照的な点についてさらに詳しく述べよう．

立体効果

すでに指摘したように，反応中心にアルキル置換基が多いほど S_N2 よりも S_N1 になりやすいが，それは二つの理由による．第一に，カルボカチオンを安定化するので S_N1 に有利になる．第二に，求核剤が反応中心に近づくのを妨げるので S_N2 を不利にする．二つの機構の律速段階の遷移状態をもっと詳しくみて，それぞれに立体障害がどのような影響をもつか調べてみよう．

S_N2 反応では，遷移状態に近づくとともに攻撃を受ける炭素原子は置換基がもう一

つ増えて（一時的に）5配位になる．置換基間の結合角は，四面体角から 90° に減少する．

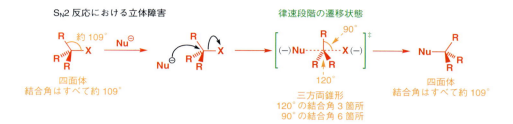

もともと出発物には約 109° の結合角が 4 箇所あったが，遷移状態（例によって，[ ] で囲み ‡ 記号で示している）には 120° の結合角が 3 箇所と 90° の結合角が 6 箇所あり，込み合いがかなり増大する．置換基 R が大きいほど，この込み合いは深刻になり，遷移状態のエネルギー上昇もそれだけ大きくなる．次の 3 種類の構造様式を比べてみると，立体障害の効果がよくわかるだろう．

- メチル CH_3-X：S_N2 反応は非常に速い
- 第一級アルキル RCH_2-X：S_N2 反応は速い
- 第二級アルキル R_2CH-X：S_N2 反応は遅い

S_N1 反応では全く逆になる．律速段階は脱離基が単に外れるところであり，この段階の遷移状態の構造は下に示すものになろう．出発物に比べて C–X 結合は伸びて弱くなり極性が増している．出発物はこの場合も四面体（約 109° の結合角が 4 箇所）であるが，中間体カチオンには 120° の結合角が 3 箇所あるだけであり，ここまで立体相互作用はしだいに小さくなり，最小になる．遷移状態はカチオンに向かっていく途中にあり，R 基は互いに離れていくので，出発物と比べた遷移状態の相対的なエネルギーは R 基が大きいとむしろ小さくなる．したがって，アルキル置換基は，カチオンを安定化するだけでなく，立体的理由からも S_N1 反応を加速する．

S_N1 反応の遷移状態の構造は事実カルボカチオンに非常に近く，エネルギー断面図（338 ページ）のなかでその位置も非常に近いことがわかる．S_N1 反応の速度がカルボカチオンの安定化によって増大するとき，実際に意味することは，もちろん，カルボカチオン生成の遷移状態が安定化されることによって速度が増大することである．しかし，両者の構造がよく似ているので，カルボカチオンの生成に対する立体効果と電子効果はカルボカチオンそのものに対する効果と非常によく似ていると考えてよい．

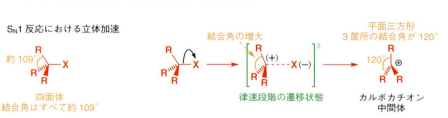

立体化学

344 ページに示した S_N2 反応の式を見直してみよう．求核剤は脱離基の反対側から炭素原子を攻撃する．その炭素原子を注意深くみると，反応が進むにつれてその置換基がひっくり返って，ちょうど雨傘が強風にあおられたときのように，反転している．攻撃を受ける炭素原子がキラル中心（14 章）になっていれば，立体配置の反転になる．S_N1 反応では事情が非常に異なる．簡単な反応で違いを比べてみよう．

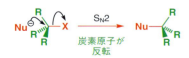

光学活性な第二級アルコールである s-ブチルアルコール（2-ブタノール，第二級であることを示すために s-ブチルという）から出発して，338〜339 ページに述べた方法によって第二級カルボカチオンをつくることができる．このカチオンを水で分解すると，アルコールを再生するが，完全に光学活性を失う．水は，平面状のカチオンの二つの面から正確に同じ確率で攻撃するからである．生成物は正確に s-ブチルアルコールの S 体と R 体の 50：50 混合物である．すなわち，**ラセミ体**になる．

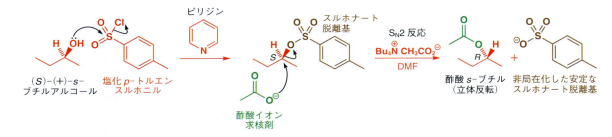

一方，ヒドロキシ基をまずよい脱離基に変換しておくと，S_N2 反応を行うことができる．そのためにスルホン酸エステルに変換する．このエステルについてはすぐに説明するが，ここではピリジン溶液中でアルコールの OH 基が塩化スルホニルを求核攻撃して，茶で示したスルホン酸エステルを生じるとだけ述べておく．キラル中心の結合は切断も生成もしないので依然として S 配置のままである．

このスルホン酸エステルは酢酸イオンと S_N2 反応を起こす．溶媒 DMF 中テトラアルキルアンモニウム塩を用いると，酢酸イオンが溶媒和を受けることなく強力な求核剤として，S_N2 反応がきれいに進む．これが重要な反応段階であり，結果を疑う余地はない．スルホナート（スルホン酸イオン）は負電荷が酸素原子三つに非局在化するので，優れた脱離基である．

➡ 旋光度については 315 ページ参照．

生成物の酢酸 s-ブチルは光学活性であり，旋光度を測定できるが，これだけでは立体化学は何もわからない．純粋な酢酸 s-ブチルの正しい比旋光度がわかっていなければ，それが光学的に純粋であるのか，本当に反転しているのかさえわからない．R 配置になっていると予想できるが，これは簡単に確かめることができる．エステルを加水分解してもとのアルコールにすればよい．このアルコールの正しい比旋光度は出発物だからわかっているし，エステルの加水分解の機構も既知である（10 章）．エステル加水分解では求核攻撃がカルボニル基に起こり，キラル中心では反応が起こらないので立体配置には影響しない．

ようやく状況がみえてきた．この s-ブチルアルコールの新しい試料は，もとの試料と同じ旋光度をもっているが，その符号は逆である．すなわち，これは (R)-$(-)$-s-ブチルアルコールであり，光学的に純粋で，立体配置が反転している．この一連の反応のどこかで反転したわけである．それはアルコールのトシル化でもなく，酢酸エステルの加水分解でもない．これらの段階ではキラル中心における結合生成も結合切断も起こっていないのだから，反転が起こったのは，S_N2 反応そのものにまちがいない．

> S_N2 反応は攻撃を受ける炭素原子の立体配置の反転で進み，S_N1 反応は一般にラセミ化で進む．

溶媒効果

前項で取上げた S_N2 反応では，なぜ DMF を溶媒に用いたのだろうか．S_N2 反応には，一般に非プロトン性溶媒（極性の比較的小さい溶媒を使うことも多い）を使い，S_N1 反応には極性の大きいプロトン性溶媒を使うことが多い．S_N2 反応によく使う溶媒はアセトン（イオン性の反応剤を溶かすに十分なだけの極性があればよい）であり，S_N1 反応によく使う溶媒（たとえばギ酸）ほど極性が大きくなくてもよい．

➡ 種々の溶媒が 12 章に出てきた．

S_N1 反応に極性溶媒が必要である理由は，かなりはっきりしている．律速段階でイオン（ふつう負電荷をもつ脱離基と正電荷をもつカルボカチオン）が生成するので，この反応の速度はイオンを溶媒和できる極性溶媒によって大きくなる．もっと明確にいえば，遷移状態の極性が出発物よりも大きく，極性溶媒によって安定化されるからである．したがって，水やカルボン酸 RCO_2H のような溶媒が理想的である．

S_N2 反応に極性の小さい溶媒のほうがいい理由は，あまり明らかではない．もっとも一般的な S_N2 反応には求核剤としてアニオンを用い，遷移状態ではその電荷が 2 原子間に分散され，出発物の局在化したアニオンよりも極性が小さくなる．一例は，臭化アルキルからのヨウ化アルキルの生成である．ヨウ化物イオンはアセトンではあまり溶媒和されていないので，活性である．遷移状態は溶媒和をあまり必要としないので全体として反応は速くなる．

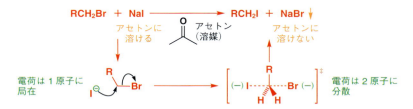

DMF と DMSO は 12 章（260 ページ）で述べたように非プロトン性極性溶媒であり，S_N2 反応のよい溶媒になる．これらの溶媒はイオン性化合物を溶かすが，アニオンは溶媒和できないのでアニオン求核剤の反応性が高くなる．前ページの反応に対イオンとして Bu_4N^+（配位できない大きなカチオン）を選択したのも同じ考えからである．

アセトンはヨウ化ナトリウムを溶かすが臭化ナトリウムは溶かさないので，溶液から沈殿が生じ，臭化物イオンが競争的な求核剤とはならない．したがって，この反応は進みやすい．

電子効果

これまでに述べたように，π電子系が隣にあると遷移状態が安定化し，S_N2 反応の速度が増大し，同様にカルボカチオンを安定化することによって S_N1 反応の速度も増大する．S_N2 反応に対する効果は，電子豊富な C=C と電子不足の C=O 両方のπ電子系に当てはまるが，S_N1 反応の速度を増大するのは C=C π電子系だけである．カルボニル基

> 置換あるいは無置換塩化ベンジルの反応速度を測定すると，結果は一目瞭然である．メタノールを溶媒に用いるとS_N1反応が起こる（メタノールは弱い求核性をもつ極性溶媒であり，S_N2反応には不利である）．塩化ベンジルの置換反応速度と比べると，4-MeO 体は無置換体より約 2500 倍速く反応し，4-NO_2 体の反応は約 3000 倍遅くなる．

の電子求引効果はカルボカチオンを大きく不安定にするので，隣接 C=O 基は S_N1 反応に対するハロゲン化アルキルの反応性を下げる．

電子求引基あるいは電子供与基は，二つの反応機構間の微妙な釣合をくつがえすこともある．たとえば，ベンジル型化合物は S_N1 でも S_N2 でもよく反応する．しかし，溶媒を変えると反応機構が変わることもある．また，電子供与基が適切な位置にあればカチオンを安定化し，S_N1 機構が有利になる．この理由から，塩化 4-メトキシベンジルは S_N1 で反応する．次式にメトキシ基が塩化物の脱離を助け，カチオン中間体を安定化する様子を示す．

電子供与基は S_N1 機構を起こしやすくする

一方，塩化ベンジルにニトロ基のような電子求引基が置換していると，S_N1 反応の速度を低下させ，S_N2 機構が取って代わる．

電子求引基は S_N1 機構を起こしにくくする

電子求引性のニトロ基がカチオン中間体を不安定化する

同じ塩化ベンジルは S_N2 機構で反応する

遷移状態は隣接の電子不足共役系で安定化される

基質の構造と S_N1 および S_N2 反応の速度

この数ページで述べてきた二つの反応機構に対する構造と反応性について，ここでまとめておこう．それぞれの反応について，基質の構造的特徴と反応速度の関係を，定性的に表にまとめる．

求電子性基質	Me–X	$R\!-\!X$ with H,H	$R\!-\!X$ with H,R	$R\!-\!X$ with R,R	ネオペンチル型
	メチル	第一級	第二級	第三級	
S_N1 機構	不可	不可	可	良好	不可
S_N2 機構	大変良好	良好	可	不可	不可

求電子性基質	アリル型	ベンジル型	α-アルコキシ（隣接非共有電子対）	α-カルボニル	α-カルボニルで第三級
S_N1 機構	良好	良好	良好	不可	不可
S_N2 機構	良好	良好	良好	大変良好	可

S_N1 と S_N2 反応の速度の定量的な比較

図表のデータは S_N1 と S_N2 反応の速度に対する構造効果を示している．グラフの緑の曲線は，S_N1 反応の k_1 の対数を示している．k_1 はギ酸中における臭化アルキルのギ酸アルキルエステルへの変換反応の 100 ℃ での擬一次速度定数である．ギ酸は極性が高く求核性がないので，S_N1 反応の完璧な溶媒となる．赤の曲線は，アセトン中，25 ℃ における放射性 $^{82}Br^-$ による Br^- の交換反応の速度を示している．アセトン溶媒とよい求核剤の Br^- は S_N2 反応に適している．二次速度定数 k_2 は同じグラフに収めるために 10^5 倍している．

分子が望む反応以外起こさないようにすることは不可能であることも考慮しておかねばならない．S_N1 反応条件における MeBr と MeCH$_2$Br の反応速度は，実際は弱い求核剤の HCO$_2$H による S_N2 置換の遅い速度に相当する．一方，S_N2 反応条件における t-BuBr の速度は，アセトン中における非常に遅いイオン化の速度を示している可能性がある．

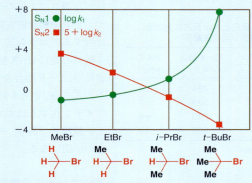

$$R-Br \xrightarrow[\text{HCO}_2\text{H}]{S_N1} R-O-CHO + HBr$$

$$^{82}Br^- \curvearrowright R-Br \xrightarrow[\text{アセトン}]{S_N2} {}^{82}Br-R + Br^\ominus$$

両曲線とも縦軸は速度定数の対数をとっている．横軸には実際的な意味はなく，ただ 4 種の基質 MeBr, MeCH$_2$Br, Me$_2$CHBr, Me$_3$CBr の順序を示しているだけである．数値は表にもまとめてあり，i-PrBr を基準にした相対速度も載せている．

反応条件は，一方ではできるだけ S_N1 反応が起こるように選び，もう一方ではできるだけ S_N2 反応が起こるように選んだが，もちろん，

単純な臭化アルキルの S_N1 と S_N2 反応の速度

単純な臭化アルキルの S_N1 反応と S_N2 反応の速度

臭化アルキル	種 類	k_1, s^{-1}	$10^5 k_2{}^\dagger$	相対速度 k_1	相対速度 k_2
CH$_3$Br	メチル	0.6	13,000	2×10^{-2}	6×10^3
CH$_3$CH$_2$Br	第一級	1.0	170	4×10^{-2}	30
(CH$_3$)$_2$CHBr	第二級	26	6	1	1
(CH$_3$)$_3$CBr	第三級	10^8	0.0003	4×10^6	5×10^{-5}

† mol^{-1} dm^3 s^{-1}.

これまでに，基本的な炭素骨格と溶媒が S_N1 と S_N2 反応の進行に大きな影響を及ぼすことを説明してきたが，ここで，もう二つの構造因子である求核剤と脱離基について述べよう．脱離基は S_N1 と S_N2 反応の両方で重要な役割を果たしているので，これを先に解決しよう．

15・6 S_N1 と S_N2 反応における脱離基

脱離基は，その切断が S_N1 と S_N2 機構の両方の律速段階に含まれているので，どちらの反応でも重要である．

S_N1 反応における脱離基

S_N2 反応における脱離基

これまで脱離基として，おもにハロゲン化物イオンと（プロトン化されたアルコールからの）水の例を述べてきた．ハロゲン化物と酸素原子を含む脱離基は他と比べて桁違いに重要であるといえるが，ここで脱離基の良し悪しを決める原理を明らかにする必要がある．基質として用いる化合物があまりにも不安定では扱いにくくて困るので，脱離基は少しは安定に結合していたほうがよい．しかし，いつまでも結合したままでもよく

脱離基としてのハロゲン化物

ハロゲン化物脱離基には，主要な因子が二つ働いている．C–X 結合の強さとハロゲン化物イオンの安定性である．C–X 結合の強さは簡単に測定できるが，アニオンの安定性はどう測ればよいのか．一つは 8 章で述べた酸 HX の pK_a である．pK_a は共役酸に対するアニオンの相対的安定性を定量化したものである．ここでは H ではなく C に結合した X に対するアニオン X^- の相対的安定性について知りたいのだが，pK_a はその指標になる．

欄外の表に C–X 結合の強さと pK_a をまとめる．明らかに，C–I 結合を切るのが最も容易で，C–F 結合を切るのが最もむずかしい．ヨウ化物イオンが最良の脱離基のようにみえる．pK_a からも同じ答になる．HI が最も強い酸であり，したがって容易に H^+ と I^- にイオン化するはずである．この結論はまちがいなく正しい．ヨウ化物イオンは非常によい脱離基であり，フッ化物イオンは脱離基としては非常に悪い．他のハロゲン化物はその中間になる．

S_N1 反応と S_N2 反応におけるハロゲン化物脱離基

ハロゲン X	C–X 結合の強さ[†]	HX の pK_a
F	494	+3
Cl	339	−7
Br	280	−9
I	226	−10

[†] $kJ\ mol^{-1}$.

> カルボニル基における置換反応について 10 章で同じことを述べた．水酸化物イオンが脱離基となることはない．この規則について例外が一つある．それは 17 章で出てくる E1cB 反応であるが，ここでは無視してもよいほどまれな例である．

アルコールの求核置換反応：いかにして OH 基を脱離させるか

では，炭素と酸素で結合している脱離基はどうだろうか．いろいろな種類があるが，最も重要なのは，OH そのものとカルボキシラートおよびスルホナートである．まず一つ明記しておく必要がある．どう考えてもアルコールは求核剤とは反応しない．つまり，HO^- そのものが脱離基になることはない．なぜか．第一に，水酸化物イオンは非常に塩基性が高く，HO^- を置換できるほどの強い求核剤があれば，塩基としても強いので，むしろアルコールからプロトンを引抜いてしまうからである．

しかし，アルコールは（たとえば 9 章にでてきた反応で）容易につくることができるので，置換反応にアルコールを使いたい場合がよくある．その簡単な解決策は，強酸で OH をプロトン化すればよい．これは求核剤が強酸中でも反応できるときだけに有効であるが，そのような求核剤は少なくない．濃塩酸と振るだけで t-BuOH から t-BuCl を合成できるのが，よい例である．これは明らかに t-ブチルカチオンを中間体とする S_N1 反応である．

同様の方法を使って，HBr だけで臭化第二級アルキルをつくることができるし，HBr と H_2SO_4 の混合物を用いると臭化第一級アルキルも合成できる．

前ページ下の右側の反応は，プロトン化されたヒドロキシ基が臭化物によって置換されるS$_N$2機構で進んでいるはずである．

もう一つの方法は，酸素と非常に強い結合をつくる元素を使って，OHをもっと脱離しやすい基に変換することである．最もよく使うのはリンと硫黄である．PBr$_3$を使って臭化第一級アルキルをつくる反応はふつう円滑に進む．

まずOHがこのリン反応剤を攻撃し，リンでのS$_N$2反応を起こす．そして，リンと結合した酸素のアニオンが外れて求核剤と置き換わる反応は，リンによるアニオン安定化によって容易に起こる．

アルコールのスルホン酸エステル：トシラートとメシラート

ヒドロキシ基をよい脱離基に変換する方法で最もよく用いるのは，スルホン酸エステルである．第一級と第二級アルコールは，塩基存在下に塩化スルホニルと反応させることによって容易にスルホン酸エステルに変換できる．このエステルは結晶になることが多く，非常によく使われるので俗称があるものもある．p-トルエンスルホン酸エステルは**トシラート**（tosylate），そしてメタンスルホン酸エステルは**メシラート**（mesylate）とよばれ，その官能基はそれぞれTsおよびMsの略号で表す．

トシラートは，ピリジンとともにアルコールを塩化p-トルエンスルホニル（TsCl）と反応させてつくる．メシラートも同じように（17章で説明するように機構は異なる），塩化メタンスルホニル（MsCl）との反応で得る．

スルホン酸RSO$_3$Hは強酸*（pK_a約 -2）なので，スルホン酸イオンRSO$_3^-$はどれもよい脱離基になる．トシラートとメシラートはたいていの求核剤によっても置換できる．8章で紹介したように，アルキンのリチウム誘導体は強塩基であるブチルリチウムで脱プロトンすることによってつくる．次の例では，第一級アルコールのトシラートがアルキニルリチウムとS$_N$2機構で反応している．トシラートが脱離するとTs$^-$ではなくTsO$^-$となるので注意しよう．

* 訳注：HF以外のハロゲン化水素（pK_a -7～-10）ほど強酸ではないが，脱離能はハロゲン化物より大きい．

15. 飽和炭素での求核置換反応

[反応スキーム: プロパルギルエーテル + BuLi → Li体（カルボアニオンで表してもよい）; プレノール型アルコール + TsCl/ピリジン → トシラート; カルボアニオンによる S_N2 反応 → アルキン生成物 + $^-$OTs（トシラート脱離基）]

トシラートの酢酸イオンによる S_N2 反応を348ページ（単にスルホン酸エステルといったが）で紹介した．酢酸イオンはあまりよい求核剤ではない．通常は S_N2 反応を起こさないような酢酸イオンとでも反応できることから，スルホン酸エステルの反応性の高さがよくわかる．

➡ スルホン酸エステルの生成機構については17章でもっと詳しく述べる．

光延反応によるアルコールの置換

OH 基をまずスルホン酸エステルに変換してから置換する2段階の方法よりも，アルコールを反応混合物に加えるだけの一度の操作で S_N2 生成物を得る方法がある．それは**光延反応**である．アルコールが求電子剤に変換されると，ふつうは弱い求核剤（たとえば，カルボン酸イオン）でも反応する．ほかに反応剤がもう二つ必要である．

光延旺洋（1934〜2003）は青山学院大学教授であった．

[DEAD構造式] アゾジカルボン酸ジエチル diethyl azodicarboxylate DEAD

$$\text{光延反応} \quad R\text{—OH} + H\text{Nu} \xrightarrow[\text{DEAD}]{\text{Ph}_3\text{P}} R\text{—Nu}$$

その一つの Ph_3P（トリフェニルホスフィン）は，単純なホスフィンであり，11章にでてきた．ホスフィンはよい求核剤であるが，アミンほど塩基性が強くない．もう一つの反応剤，アゾジカルボン酸ジエチル（略してDEAD）は詳しく説明する必要がある．

アゾ化合物

DEAD の名称の"アゾ"は，窒素原子二つが二重結合でつながった $-N=N-$ を表しており，アゾベンゼンのような化合物がよく知られている．多くの染料がアゾ基をもっており，1章にその例が出てきた．ジアゾメタンのようなジアゾ化合物（38章参照）を二つもっているが，その一つだけが炭素と結合している．

[アゾベンゼン構造式] アゾベンゼン

[ジアゾメタン構造式 $H_2C=\overset{+}{N}=\overset{-}{N}$] ジアゾメタン

光延反応はどのように進むのだろうか．長い反応機構だが，くじけないでみていこう．各段階は合理的であり，最後までゆっくりと説明していく．第一段階は基質のアルコールも求核剤 HNu も関係せず，ホスフィンが DEAD の弱い $N=N$ π 結合に付加してエステル基の一つで安定化されたアニオンを生じる．

光延反応の第一段階　　　　　　エステル基による窒素アニオンの安定化

[反応機構: Ph_3P が DEAD に付加 → ホスホニウム-アジド中間体（共鳴構造）]

求核剤は，カルボン酸（たとえば安息香酸）イオンだが，その共役酸 HNu の形で使っていることに注意しよう．先の第一段階で生じたアニオンは塩基性が強いので，この共役酸からプロトンをとり，反応に関与する Nu^- を生成する．

光延反応の第二段階

[反応機構: 中間体がH–Nuからプロトンを奪う → プロトン化体 + Nu^-（真の求核剤）]

その例は，PBr_3 によるアルコールの臭化物への変換（353ページ）や Wittig反応（11章241〜242ページ）で述べた．

酸素とリンは強い親和力をもっているのでアルコールが正電荷をもつリン原子を攻撃し，もう一つの窒素がアニオンとして外れる．これはリンにおける S_N2 反応である．ここで生じた窒素アニオンはエステル基との共役によって安定化されているが，アルコー

ルから速やかにプロトンを取って，求電子剤 R−O−PPh$_3^+$ と副生物（DEAD の還元形）を生成する．

光延反応の第三段階

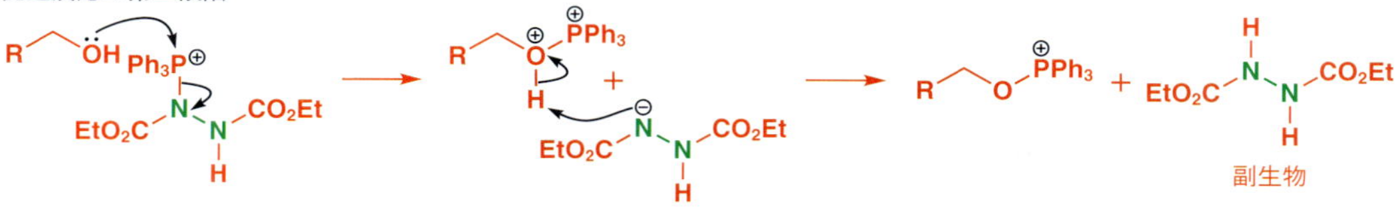

最後に，求核剤のアニオンがこのアルコールのリン誘導体の炭素を攻撃し，ホスフィンオキシドが脱離する．これはふつうの S$_N$2 反応である．これで生成物に到達できた．

光延反応の第四段階

全反応が一度の操作で起こる．4 種類の反応剤をすべて一つのフラスコに入れると，生成物としてホスフィンオキシド，N=N 二重結合が NH 結合二つに変わったアゾジエステルの還元体，それにアルコールの S$_N$2 反応生成物が得られる．この反応を別の視点からみると，アルコールから OH，求核剤から H が取除かれ，水 1 分子が形式的に失われたことになる．これらの原子は非常に安定な分子の一部になっている．N=N は弱い結合なのに，P=O と N−H 結合は非常に強いので，アルコールの強い C−O 結合を切断するエネルギーの損失を埋め合わせている．

もしこれらがすべて正しいならば，重要な S$_N$2 反応の段階は，S$_N$2 反応の常として反転でなければならない．これが光延反応の大きな長所の一つであり，OH を立体配置反転で求核剤と置換させる信頼性の高い方法になる．最も劇的な例は，第二級アルコールから立体配置の反転を伴ってエステルを生成するものである．ふつうのエステル生成が，アルコールの C−O 切断を伴わないので，立体配置保持で進むのと好対照である．次の二つの反応を比べて，緑と黒の酸素（と水素）原子の行方を調べてみよう．

光延反応による立体配置反転を伴う第二級アルコールのエステル生成

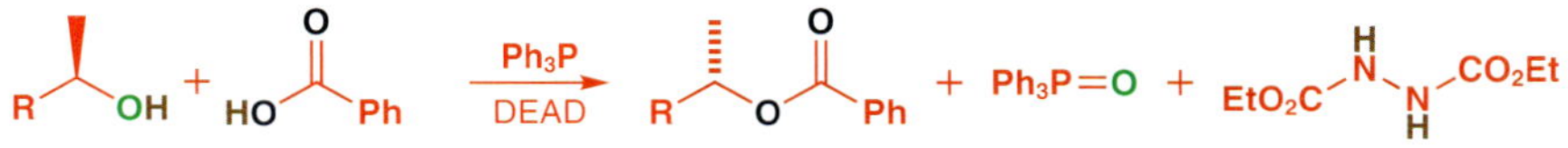

立体配置保持による第二級アルコールのエステル生成

求電子性基質としてのエーテル

エーテルは安定な分子であり，そのままでは求核剤と反応しない．THF や Et$_2$O を広く溶媒に用いるのはこの理由による．反応させるためには，電子対を受け入れやすくするために酸素を正に荷電させる必要があり，また，非常によい求核剤を使う必要がある．この両方の要請を同時にみたすのは，HI や HBr との反応である．これらは，酸素をプロトン化し，ヨウ化物や臭化物イオンが S$_N$2 反応の優れた求核剤になる（後述）．その場合，求核攻撃は通常立体障害の少ない炭素，すなわち S$_N$2 反応を受けやすい炭素原子で

優先的に起こる. アルキルアリールエーテルではアルキル基側 C–O だけが開裂する. ベンゼン環には求核攻撃が起こらない.

➡ Lewis 酸については 8 章 180 ページで出てきた.

これまでは酸素原子の脱離を助けるためにプロトン酸だけを用いたが, Lewis 酸（非共有電子対を受け入れることのできる空軌道をもつ反応剤）も使える. アルキルアリールエーテルを BBr_3 で切断する反応が好例である. 3 配位のホウ素化合物は空の p 軌道をもっているので, 求電子性が非常に高く, 酸素との親和性も高い. 生じたオキソニウムイオンは, Br^- によって S_N2 反応をする.

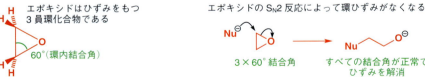

求電子性基質としてのエポキシド

➡ アルケンからエポキシドをつくる方法については 19 章参照.

エーテルのなかには, 酸や Lewis 酸がなくても求核置換を受けるものがある. それは, エポキシド (epoxide, あるいはオキシラン oxirane) とよばれる 3 員環エーテルである. 脱離基は正真正銘のアルコキシドイオン RO^- である. このような反応が起こるためには, このエーテルを不安定化する特別な要因が何か働いているにちがいない. それは環ひずみであり, 理想的な四面体角の 109.5° からずれて, 60° にならざるをえない 3 員環の結合角に由来する. この角度の差をとって, 各炭素原子に "49° のひずみ" があり, 分子全体では約 150° のひずみになるともいえる. これはずいぶん大きい. 開環してすべての原子に理想的な四面体角を取戻してひずみを解消すれば, この分子はずっと安定になるだろう. これは求核攻撃が一度起これば達成できる.

➡ 環ひずみについては, さらに 16 章で述べる.

エポキシドはひずみをもつ
3 員環化合物である

60°（環内結合角）

エポキシドの S_N2 反応によって環ひずみがなくなる

3 × 60° 結合角

すべての結合角が正常でひずみを解消

エポキシドはアミンと円滑に反応して, アミノアルコールを生成する. これまでアミンを求核剤として扱ってこなかったのは, ハロゲン化アルキルとは反応しすぎて問題が多いためである（§15·8 参照）. しかし, エポキシドとの反応はうまく進む.

エポキシドが非対称に置換されていると, 求核攻撃に選択性が出てくる. この選択性を決める因子については 24 章で述べる.

R_2NH → S_N2 → R_2N^+H → 速いプロトン移動 → R_2N−CH$_2$CH$_2$−OH

別の環に縮環したエポキシドを用いれば，これらの S_N2 反応で反転が起こっていることが簡単にわかる．5員環に縮環したエポキシドでは，反転を伴う求核攻撃によってトランス生成物が生じる．ここではエポキシド酸素が上を向いているので，求核攻撃は下から起こらなければならない．したがって，新しい C−N 結合は下向きであり，反転が起こっている．

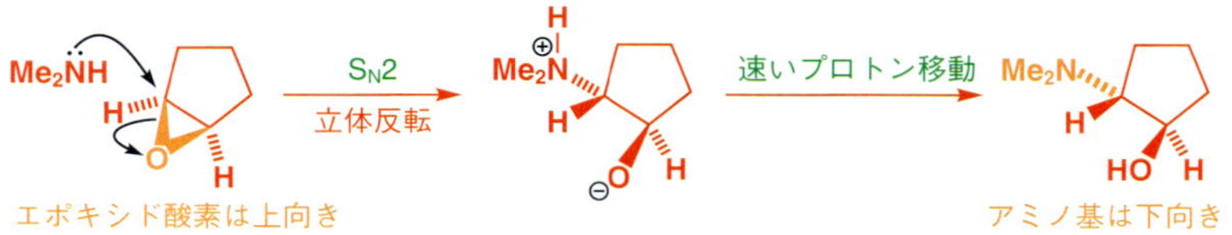

15・7 S_N1 反応における求核剤

S_N1 反応では，求核剤は速度に関する限り重要ではないことを明らかにした．この反応の律速段階は脱離基が外れるところであり，求核剤は反応性に関係せず生成物に取込まれる．求核剤を脱プロトンして反応性を上げる必要がない（水も水酸化物も同じように反応して生成物になる）ので，S_N1 反応は脱離基が外れるのを助けるために酸性条件で行うことが多い．

たとえば，メチルエーテルと t-ブチルエーテルを合成するときに使う典型的な反応条件を比べてみよう．メチルエーテルは，§15・4 で述べたように，S_N2 反応でヨウ化メチルを用いて合成する．よい求核剤が必要なので，アルコールを脱プロトンしてアルコキシドに変換する（§15・5 で述べたように S_N2 反応のよい溶媒である DMF 中で NaH を用いる）．一方，t-ブチルエーテルを合成するには，単に反応相手のアルコールと t-ブチルアルコールを少量の酸とともにかき混ぜるだけでよい．塩基は必要なく，反応は速やかに進行して t-ブチルエーテルが得られる．

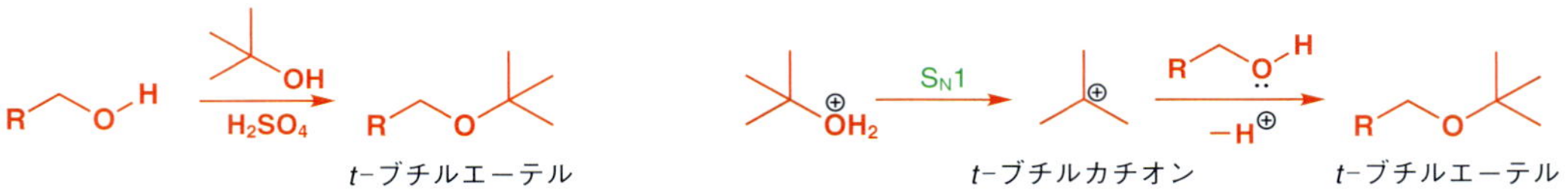

S_N1 反応は反応性の非常に低い求核剤とでもよく進む: Ritter 反応

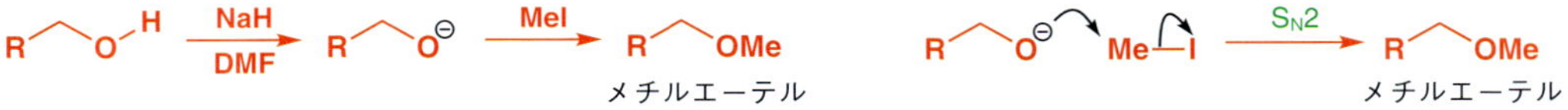

S_N1 反応の速度（そして，その有用性）に対して求核剤が重要でないことから，興味深いことに，反応性の非常に低い求核剤でも反応性の高い求核剤がほかになければ反応できるようになる．ニトリルは窒素の非共有電子対が低エネルギーの sp 軌道にあるために，塩基性も求核性も非常に低い．しかし，t-ブチルアルコールを溶媒のニトリルに溶かして強酸を加えると，実際に反応が起こる．酸はニトリルではなくアルコールをプロ

ニトリルは塩基としても求核剤としても非常に弱い

sp 軌道の非共有電子対

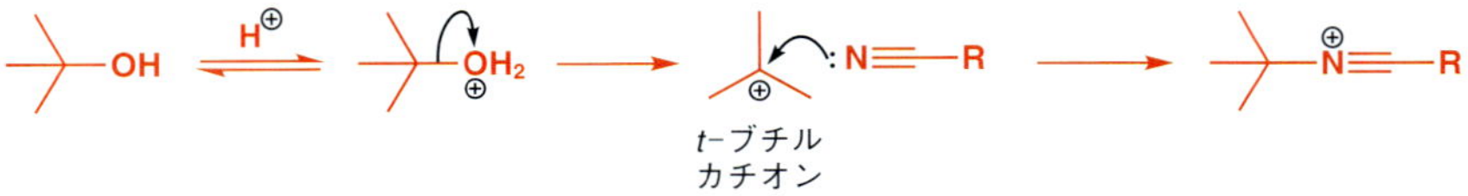

トン化し，通常の S_N1 反応の第一段階として t-ブチルカチオンを生成する．このカチオンは反応性が十分高いので，ニトリルのような反応性の低い求核剤とでも結合する．

生成したカチオンが第一段階で放出された水分子と反応し，プロトン交換して第二級アミドになる．反応の全過程は **Ritter 反応**（リッター）とよばれ，第三級炭素で C−N 結合をつくる数少ない確実な方法の一つである．

15・8　S_N2 反応における求核剤

S_N2 反応では，よい求核剤が非常に重要である．本章の最後に，S_N2 反応で sp^3 炭素との新しい結合を生成するための効率的な方法を概観し，求核性を決める因子について説明する．

窒素求核剤：問題点と解決策

アミンはよい求核剤であり，アンモニアとハロゲン化アルキルとの反応で，単一生成物がきれいに得られることはめったにない．問題は，置換生成物が，少なくとも出発物と同じ程度の求核性をもつので，競争的にさらにハロゲン化アルキルと反応してしまうからである．

しかもこれだけにとどまらない．アルキル化を続けると反応はさらに進み，第二級アミンも第三級アミンも生成し，求核性のない第四級アルキルアンモニウムイオン R_4N^+ が生成してはじめて終わる．問題は，アルキル基が N の電子密度を高めるので，アルキル化が進むほど生成物の求核性が増すことである．ハロゲン化アルキル RX を大過剰に使えば第四級アンモニウム塩のみが生じるだろうが，第一級，第二級，第三級アミンの合成には，もっと別の制御可能な方法が必要である．

第一級アミン合成の問題を解決するには，アンモニアの代わりにアジドイオン N_3^- を使えばよい．アジドは直線状の三原子分子であり，両端に求核性があり，電子が小さな棒に分布しているようなもので，ほとんどどんな求電子性反応中心にもすべり込める．水溶性のナトリウム塩 NaN_3 として入手できる．

> これらのアルキル化がうまくいく場合もあるが，これはふつうアルキル化剤かアミンの立体障害が非常に大きい場合やアルキル化剤に電子求引基がついている場合である．電子求引基としてはエポキシドの開環で得られる OH 基でもよい．エポキシドはアミンのよいアルキル化剤である．いずれにしても，アミンのアルキル化については最悪の結果になる場合を念頭においておかねばならない．

15・8 S_N2 反応における求核剤

アジドイオンは，ハロゲン化アルキルと一度だけ反応する．生成物のアルキルアジドには求核性がないからである．得られたアルキルアジドは，そのままでは用途が少ないので，ふつう接触水素化（H_2/Pd 触媒, 23章），$LiAlH_4$，あるいはトリフェニルホスフィンによって，第一級アミンに還元する．

> アジドイオンは二酸化炭素と等電子構造をもち，ともに直線状である．

$$RX + NaN_3 \longrightarrow RN_3 \xrightarrow[\text{または} H_2/Pd]{LiAlH_4} RNH_2$$

アジドイオンはエポキシドとも反応する．次に示すエポキシドは，ジアステレオマーの一つ（トランス）であるが，ラセミ体であり，構造式の下の（±）記号がそれを示している（14章）．アジドイオンは3員環炭素の一方（どちらでも同じ）を攻撃して，ヒドロキシアジドを生成する．反応は水と有機溶媒の混合溶媒中，中間体にプロトンを供給するために緩衝剤として塩化アンモニウムを用いる．生成物から第一級アミンへの還元には，水中でトリフェニルホスフィンを使う．

> **アジドについての注意**
> アジドは熱によって，あるいは時には強い衝撃だけで，突然窒素ガスに分解する．いいかえれば，アジドには爆発性があり，特に無機の（すなわち，イオン性の）アジドと共有結合性の有機アジドのうち低分子量のものは危険である．

> ➡ Ph_3P によるアジドの還元反応の機構は43章参照．

硫黄求核剤は酸素求核剤よりも S_N2 反応性が高い

チオラートイオンは，ハロゲン化アルキルの S_N2 反応において非常に優れた求核剤になる．チオールと水酸化ナトリウムをハロゲン化アルキルと混ぜるだけで，スルフィドが好収率で得られる．

$$\underset{\text{チオール}}{PhSH} + NaOH + BuBr \longrightarrow \underset{\text{スルフィド}}{PhSBu} + NaBr$$

チオールは水よりも酸性度が高く，硫黄から酸素へプロトン移動が速やかに起こってチオラートイオンが生成し，S_N2 反応の求核剤になる．

> RSH の pK_a は 9〜10，PhSH の pK_a は 6.4，H_2O の pK_a は 15.7 である．

しかし，まず第一にチオールはどうしてつくればよいだろうか．脂肪族のチオールをつくる定番の方法は，NaSH でハロゲン化アルキルを S_N2 反応させるものである．

この反応は円滑に起こるが，残念ながら反応生成物も簡単にチオラートイオンになるので，さらに反応して生成物は対称なスルフィドになってしまうことが多い．これは，

アミンの場合に起こることと同じである．

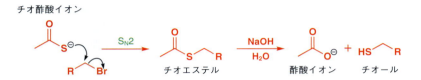

この問題の解決には，チオ酢酸のカリウム塩（チオアセタート）を用いればよい．これは求核性の高い硫黄原子でみごとに反応する．得られたチオールエステルをアルカリ加水分解すると，チオールが得られる．

S_N2 反応における求核剤の反応性

10章で述べたように，塩基性はプロトンに対する求核性に相当するが，カルボニル基に対する求核性も塩基性と非常によい相関関係をもつ．したがって，カルボニル基での求核置換反応の効率を示す指標として pK_a を使うことができる．

本章を読んで，飽和炭素に対する求核性はあまり単純ではないという印象をもったかもしれない．ここでこの問題を掘り下げ，考え方をまとめておこう．

C=O への求核攻撃
HNu の pK_a が反応速度のよい指針になる

飽和炭素での求核置換
反応速度を決める因子は単純ではない

1. 一連の求核剤において新たに炭素と結合する原子が同じであれば（たとえば，それが酸素なら求核剤として HO^-, PhO^-, AcO^-, TsO^-），求核性は塩基性と平行関係にある．最も弱い酸のアニオンが最もよい（一番反応性の高い）求核剤である．いま例にあげた求核剤の反応性は $HO^- > PhO^- > AcO^- > TsO^-$ の順になる．水の反応速度を基準にして EtOH 中における MeBr に対する種々の求核剤の反応速度の実験値を表に示す．

2. 新しく炭素と結合する原子が同じでない場合には，別の因子を考える必要がある．すぐ上の例では，RS^- が飽和炭素に対して非常に優れた求核剤になることを強調した．すなわち，RS^- は RO^- よりも塩基性が低いにもかかわらず，飽和炭素に対してはよりよい求核剤である（左の表の PhS^- と PhO^-）．

エタノール中における MeBr との反応の相対速度

求核剤 X	共役酸の pK_a	相対速度
HO^-	15.7	1.2×10^4
PhO^-	10.0	2.0×10^3
PhS^-	6.4	5.0×10^7
AcO^-	4.8	9×10^2
H_2O	−1.7	1.0
ClO_4^-	−10	0

飽和炭素に対しては，硫黄は明らかに酸素よりもよい求核剤となる．なぜか．5章で述べたように，二分子反応を制御しているおもな因子は二つある．1) 静電引力（単純な正負電荷の引力）と 2) 求核剤の HOMO と求電子剤の LUMO との間の結合性相互作用である．

プロトンはもちろん正電荷をもっているので，H^+ に対する求核性，すなわち pK_a においては静電引力がより重要な因子になる．カルボニル基も，C=O π 結合の電子が不均等に分布しているために，炭素原子に強い正電荷があるので，静電引力に強く影響され，HOMO−LUMO 相互作用の役割は小さい．

電気陰性度
C 2.55, I 2.66, Br 2.96, O 3.44

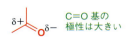

C=O 基の極性は大きい

C−Br 結合の極性は小さい

脱離基をもつ飽和炭素原子になると，C−X 結合の極性はずっと小さく重要性は低い．もちろん，C とたとえば Br との結合もいくらか分極しているが，C と Br の電気陰性度の差は C と O の差の 1/2 よりも小さい．S_N2 反応の最もよい求電子性基質の一つであるヨウ化アルキルには，事実上ほとんど双極子モーメントがない．電気陰性度は，C 2.55 であり，I 2.66 である．

15・8 S$_N$2 反応における求核剤

S$_N$2 反応では静電引力は重要でないことが多い．

重要なのは HOMO−LUMO 相互作用の強さである．カルボニル基に対する求核攻撃では，求核剤の電子は低エネルギーの π* 軌道に入っていく．飽和炭素原子に対する攻撃では，求核剤は C−X 結合の σ* 軌道に電子を供与しなければならない．その様子を臭化アルキルが求核剤の非結合性の非共有電子対と反応する場合について欄外に示す．

反結合性軌道 σ* のエネルギーは，もちろん，非結合電子対のエネルギーよりも高いので，求核剤の非結合電子対のエネルギーが高いほど重なりは大きくなる．硫黄の高エネルギーの主量子数 3 の sp^3 非共有電子対は，酸素の低エネルギーの主量子数 2 の sp^3 非共有電子対に比べ，高エネルギーの C−X 結合の σ* 軌道と大きく重なることができる．それは硫黄の高エネルギー電子のほうが C−X σ* 軌道とエネルギー的に近いからである．結論として，S$_N$2 反応では，周期表の下のほうの元素に由来する求核剤のほうが，上のほうの元素のものより効果的である．

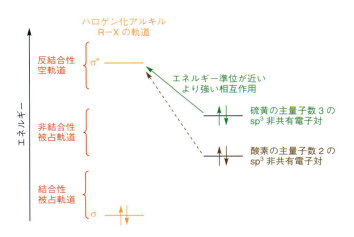

代表的な例を示すと，飽和炭素に対する求核性は，次のような順になる．
$$I^- > Br^- > Cl^- > F^- \qquad RSe^- > RS^- > RO^- \qquad R_3P: > R_3N:$$

置換反応における求核剤の反応性

エタノール中における MeBr と求核剤の反応の相対速度

求核剤	相対速度
F$^-$	0.0
H$_2$O	1.0
Cl$^-$	1100
Et$_3$N	1400
Br$^-$	5000
PhO$^-$	2.0×10^3
EtO$^-$	6×10^4
I$^-$	1.2×10^5
PhS$^-$	5.0×10^7

硬い求核剤と軟らかい求核剤

R$_3$P: や RS$^-$ のような求核剤は高エネルギーの非共有電子対をもっているので飽和炭素原子と非常に速く反応するが，電荷をもっていないか負電荷が大きい軌道に広がっているので C=O 基との反応は遅い．これらの求核剤は，C=O 基とすばやく反応する HO$^-$ のような強塩基性の求核剤とは，様相が異なる．飽和炭素と反応しやすい求核剤を**軟らかい**（soft）求核剤といい，カルボニル基と反応しやすい求核剤を**硬い**（hard）求核剤という．これらは示唆に富む有用な用語である．軟らかい求核剤は実際に高エネルギー電子が大きく広がっていて束縛がゆるく，硬い求核剤は小さくて緊密に保持された電子をもち電荷密度も高い．

硬い求核剤（あるいは求電子剤）というとき，その反応が静電引力によって支配されているような化学種を表しており，軟らかい求核剤（あるいは求電子剤）というとき，その反応が HOMO−LUMO 相互作用で支配されているような化学種を表す．

復習：静電引力支配の反応も，電子を HOMO から LUMO へ渡していて，これが必要ではあるが，HOMO−LUMO 相互作用支配の反応は静電引力の寄与を全く受ける必要がない．

> **2種類の求核剤の特徴のまとめ**
>
> | 硬い求核剤 X | 軟らかい求核剤 Y |
> |---|---|
> | 小さい | 大きい |
> | 電荷がある | 電荷をもたない |
> | 塩基性（HX は弱酸） | 塩基性でない（HY は強酸） |
> | 低エネルギーの HOMO | 高エネルギーの HOMO |
> | C=O を攻撃しやすい | 飽和炭素を攻撃しやすい |
> | RO^-, NH_2^-, MeLi など | RS^-, I^-, R_3P など |

15・9　求核剤と脱離基の比較

10 章で説明したように，カルボニル基への求核攻撃においては，よい求核剤は脱離基としては劣るし，その逆も正しい．次の反応がどちらの方向に進むか予想してみよう．

エステル ⇄ アミド （NH_3 / MeOH）

NH_3 は MeOH よりもよい求核剤であり，NH_2^- は MeO^- よりも脱離基としてよくないので，反応はエステルからアミドのほうに進み，逆は起こらない．このことはこれまでに十分理解していることである．

S_N2 反応は事情が違う．よい求核剤のなかにはよい脱離基になるものもある．その最も重要な例は臭化物とヨウ化物である．前ページの青枠みに示したように，ヨウ化物イオンは飽和炭素に対して最も反応性の高い求核剤のひとつである．これは，ヨウ素が周期表の一番下にあり，その非共有電子対のエネルギーが非常に高いためである．ヨウ化アルキルは塩化物やトシラートをヨウ化物イオンで置換してつくることができる．例を二つあげる．最初の反応では，NaCl が沈殿することによって反応が進む．すなわち，溶媒のアセトンが反応の進行を助けている．

> ヨウ化物イオンがなぜよい脱離基になるのか 352 ページで説明した．C–I 結合は特に弱い．C と I の原子軌道の重なりが小さいことは σ^* 軌道のエネルギーが低いことを意味し，求核剤の HOMO との相互作用が大きくなる．

PhCOCH₂Cl + NaI (アセトン) → PhCOCH₂I + NaCl

次の例は，テルペンの合成に使うホスホニウム塩の調製からとっている．不飽和の第一級アルコールをまずトシラートにし，トシラートをヨウ化物，さらにホスホニウム塩に変換している．

R–OH →(TsCl, ピリジン) R–OTs →(NaI, アセトン) R–I →(Ph_3P, ベンゼン) R–PPh_3^+ I^-（ホスホニウム塩）

しかし，なぜこのようにヨウ化物を経由して回り道するのか．その答は，ヨウ化物イ

オンが非常によい求核剤であると同時に，非常によい脱離基でもあるからである．したがって，ヨウ化アルキルを中間体として使い，他の求核剤との反応を促進させることをよく行う．アルキルトシラートや塩化物と直接反応させるよりも，ヨウ化アルキルをつくって反応させたほうが，収率が高くなることが多い．しかし，ヨウ素は高価なので，経済性を考えるとヨウ化物イオンを触媒量用いるほうがよい．次のホスホニウム塩は臭化ベンジルからはゆっくりとしか生成しないが，LiI を少量加えると反応はかなり速くなる．

ヨウ化物イオンは Ph₃P よりもよい求核剤であるうえ，Br⁻ よりもよい脱離基になる．ヨウ化物イオンは**求核触媒**（nucleophilic catalyst）として何回も関与する．

> 溶媒に使うキシレン（xylene）について少し説明しておこう．キシレンはジメチルベンゼンの慣用名であり，異性体が三つある．キシレン混合物は石油から安価に得られ，比較的高沸点の溶媒（bp 約 140 ℃）として，高温で行う反応によく用いる．左に示す反応では出発物はキシレンに溶けているが，生成物は塩になって，反応中に沈殿として析出してくるので便利である．非極性のキシレンは S_N2 反応のよい溶媒になる（349 ページ参照）．
>
> *o*-キシレン
> 1,2-ジメチルベンゼン
>
> *m*-キシレン
> 1,3-ジメチルベンゼン
>
> *p*-キシレン
> 1,4-ジメチルベンゼン

15・10 次の課題：脱離反応と転位反応

飽和炭素原子における単純な求核置換は，有機化学を学習するときには必ず出てくる基本的な反応である．この反応は，工業的に大規模に用いられているし，重要な医薬をつくる目的で製薬会社でも使われている．その重要性と有用性のために研究に値する．

この単純な反応には別の側面がある．この反応は 1930 年代に C. K. Ingold によって徹底的に研究された初期の反応のひとつであり，それ以来おそらく他のどの反応よりもよく研究されてきた．有機反応機構に関する理解はすべて S_N1 と S_N2 反応から始まっているので，これらの基本的な機構を正しく理解しておくことが必要である．

本章で出てきたカルボカチオンは，S_N1 反応だけでなく他の反応にも含まれる高反応性中間体である．その生成に関する最も説得力のある証拠は，単に求核剤と結合するだけでなく他の反応も起こすことにある．たとえば，カチオンの炭素骨格が転位することもある．転位反応（rearrangement）については 36 章で説明する．

> 求核触媒は，よい求核剤としてさらによい脱離基として働き，反応を加速する．ピリジンが酸無水物の C=O 基における反応において，同様の働きをすることを 10 章で述べた．

カチオンに共通の反応としては，望みの S_N1 や S_N2 反応のほかにもう一つ起こるものがある．それは**脱離反応**（elimination）である．この反応では求核剤が塩基として働き，

分子に結合せず，代わりに HX を取去ってアルケンを生成する．

脱離反応(E1)

脱離反応は，立体化学についてもう少し学んでから 17 章で説明する．

問　題

1. 次の反応は S_N1 あるいは S_N2 どちらの機構で進むか，理由をつけて答えよ．

2. 次の化合物を，求核剤のアジ化ナトリウムに対する反応性の順に並べよ．また，その反応性序列に影響するおもな因子を各化合物について簡単に説明せよ．

3. 次の反応の機構を示し，それぞれの生成物が得られる理由を説明せよ．

4. 次の変換反応をどのように行ったらよいか説明せよ．

5. 次の反応の機構を示し，生成物の立体化学を示せ．

6. 次の反応の機構を示せ．まず，反応物と生成物の構造を正確に書くことから始めるとよい．

$t\text{-BuNMe}_2 + (\text{MeCO})_2\text{O} \longrightarrow \text{Me}_2\text{NCOMe} + t\text{-BuO}_2\text{CMe}$

7. 次の反応生成物の立体化学を予想せよ．単一ジアステレオマーか，純粋なエナンチオマーか，ラセミ体か，あるいはそれ以外のものか．

8. 次の反応の機構を示し，1段階目の $ZnCl_2$ と 2段階目の NaI の役割をそれぞれ説明せよ．

9. 次の二つの反応の生成物の立体化学を示せ．

10. 次の反応が S_N1 か S_N2 か，理由をつけて答えよ．

11. Pfizer 社の抗うつ薬レボキセチン (reboxetine) は次の反応工程によってつくられている．各工程に必要な反応剤を示し，立体化学や反応性について簡単に述べよ．

立体配座解析 16

関連事項

必要な基礎知識
- 分子構造の決定法 3章, 13章
- 分子に立体異性体が存在するわけ 14章

本章の課題
- 分子の形すなわち三次元構造（立体配座）
- 分子の形と反応性の関係
- 単結合は自由回転できるが，安定な立体配座は限られている
- 環状化合物は平面ではなく，折れ曲がっている
- 6員環は折れ曲がっていす形配座をとる
- 6員環の正しい書き方
- 6員環の立体配座で反応を予測し説明する

今後の展開
- 立体配座と原子配列が，脱離反応にどう影響するか 17章
- 本章の記述にはNMR分光法の裏づけがある 31章
- 分子の立体配座と反応制御．たとえば，反応剤が分子を攻撃する方向 32章, 33章
- 結合配列が置換基移動（転位反応）やC-C結合切断（開裂反応）に及ぼす影響 36章
- 軌道の配列が反応性をどう支配するか（立体電子効果）31章
- 環状遷移状態を正確に書くことが必要である 32章, 34章, 35章

16・1　結合回転により原子鎖の立体配座が無数にできる

　本書の数章で，分子構造の決定法を説明してきた．すでに述べたように，結晶中の原子の位置を正確に決定するにはX線結晶構造解析法，分子の結合について情報を得るには赤外分光法，また原子そのものの情報とそれらの結合様式を得るにはNMR分光法が有効である．これまでは，おもにどの原子がどの原子と結合しているかを決めたり，部分的な小さな原子団の形を対象としてきた．たとえば，メチル基には炭素原子一つに水素原子が三つ結合していて，この炭素についている原子は四面体の頂点にある．ケトンには他の炭素二つと結合すると同時に酸素と二重に結合する炭素原子があって，これらはすべて同一平面にある，などである．

　しかし少し大きな尺度でみると，分子の形はいつも明確に決められるとは限らない．単結合はこれを軸として回転できるので，部分的な原子配列は同じでも（各飽和炭素原子が常に四面体構造であっても），分子全体としては異なる形をいくつもとれる．次に示す一連の分子構造はエンドウシンクイ（pea moth，ガの一種）が仲間を誘引するために使うフェロモンのものである．それぞれの形は全く異なるように見えるが，これらは単

エンドウシンクイのフェロモン

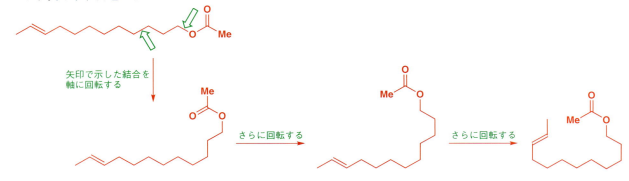

に単結合を軸とする回転によって生じただけである．全体の形は異なるが，四面体形のsp³炭素や平面三方形のsp²炭素でできた部分構造すべて同じである．あとで取上げるが，もう一つ注意すべき点は，二重結合は回転できないので，その形は常に同じであることである．

室温の溶液中では，分子の単結合はすべて，常に回転している．ある瞬間に，たまたま二つの分子が全く同じ形をとる可能性はきわめて少ない．しかし，ある瞬間に分子二つが全く同じ形をしていなくても，これらは全く同じ化合物である．これらは，同じ原子がすべて同じように結合している．同じ化合物でも形が異なると，**立体配座**（conformation）が異なるという．

> このことは，4章と12章でも述べている．

16・2　立体配座と立体配置

ある立体配座を別のものに変えるには，単結合を軸にして任意に回転させればよい．ただし，結合を切ってはいけない．したがって，二重結合は回転できない．二重結合を回転させるためにはπ結合を一度切る必要があるからである．単結合を軸として回転することによって相互変換することができる構造をいくつか対にして示す．これらはそれぞれ同じ分子の違う立体配座である．

> **分子模型をつくろう**
> 結合の回転のようすを理解するのがむずかしいなら，分子模型のセットを入手して，まず最初の化合物を組立てるとよい．組立てた分子模型の結合を切らず回転させるだけで，簡単に次の化合物に変換できるだろう．本章全般にいえることだが，二次元表記法では限界があるために，図だけで理解することがむずかしいと感じたときは分子模型を使うことをすすめる．

三つの化合物をそれぞれ二つの立体配座で示す

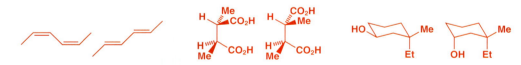

次の分子群は全く別ものどうしである．これら対をなしている構造間の相互変換は，結合を切らなければできない．このとき，**立体配置**（configuration）が違うという．いいかえると，立体配置は結合の切断を経てはじめて相互変換できる．異なる立体配置をもつ化合物を**立体異性体**（stereoisomer）とよぶ（14章参照）．

3組の立体異性体．それぞれ対になった化合物では立体配置が異なる

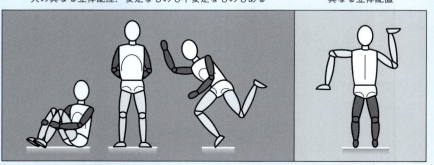

立体配座と立体配置
人の異なる立体配座．安定なものも不安定なものもある　　　異なる立体配置

> **結合の回転か切断か**
> - 単結合を軸とする回転によって簡単に相互変換できる構造のことを，同じ分子の**立体配座**という
> - 結合を切ることによってのみ相互変換できる構造は，**立体配置**が違うといい，互いに立体異性体の関係となる

16・3 回転障壁

7章で述べたように，アミドのC-N結合を軸とする回転は，室温ではかなり遅い．たとえばDMFのNMRでは，メチル基のシグナルが明らかに2本観測できる（154ページ）．12章で，化学変化の速度はエネルギー障壁（これは，反応にも単純な結合回転にも適用できる）に関係すると述べた．障壁が高いほど，速度は遅い．単結合の回転は室温では速いが，それでもたとえばエタン（**A**）の場合約 $12~\mathrm{kJ~mol^{-1}}$ の回転障壁がある．ブタジエン（**B**）の単結合まわりの回転のエネルギー障壁は，二重結合間の弱い共役のために少し大きいが，2-ブテン（**D**）の二重結合まわりの回転障壁ははるかに高く，回転することはない．DMF（**C**）のようなアミドのC-N結合の回転のエネルギー障壁は，通常約 $80~\mathrm{kJ~mol^{-1}}$ であり，速度に換算すると $20\,^\circ\mathrm{C}$ で $0.1~\mathrm{s^{-1}}$ である．アミドでは強い共役が起こっており，C-N結合は二重結合性をかなりもつ．

速度と障壁

エネルギー障壁と回転速度の関係について，たとえば次に示すような簡単な指針を覚えておくと便利である（12章参照）．

- 障壁 $73~\mathrm{kJ~mol^{-1}}$ は，$25\,^\circ\mathrm{C}$ において毎秒1回の頻度の回転（つまり，速度は $1~\mathrm{s^{-1}}$）に相当する
- 室温での速度は $6~\mathrm{kJ~mol^{-1}}$ ごとに約10倍変化する

異なる二つの立体配座をNMRスペクトルのシグナルで観測するためには，これらの立体配座の相互変換が，粗く見積もって $1000~\mathrm{s^{-1}}$ 以下の速さでなければならない．相当する障壁は $25\,^\circ\mathrm{C}$ で約 $55~\mathrm{kJ~mol^{-1}}$ である．このために，NMRスペクトルにおいてDMFにはメチル基のシグナルが2本見られるのに，ブタジエンのシグナルは一組しか観測できない．詳細は380ページ参照．
配座の相互変化が十分遅くて配座の異なる化合物（配座異性体）として存在できるために必要な障壁は $100~\mathrm{kJ~mol^{-1}}$ 以上でなければならない．C=C結合のまわりの回転障壁は $260~\mathrm{kJ~mol^{-1}}$ なので，E 体と Z 体は分離できる．

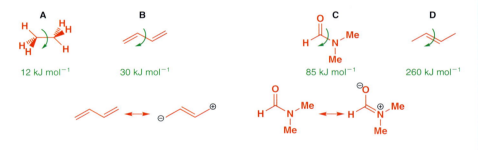

16・4 エタンの立体配座

単結合を軸とする回転にエネルギー障壁があるのはなぜだろうか．この質問に答えるために，最も単純なC-C結合であるエタンの結合から始めよう．エタンには，**ねじれ形配座**（staggered conformation）と**重なり形配座**（eclipsed conformation）という両極端の立体配座が二つある．これらを異なる3方向から見た図を次ページに示す．図のうち，末端方向から見た正面図を見ると，二つの立体配座がこう名づけられた理由がわかるだろう．重なり形の場合，手前のC-H結合は後方の結合と完全に重なっている．まるで日食（eclipse）のとき地球から月が太陽を遮っているように見えるのと同じである．ねじれ形の場合には，後方のC-H結合が手前のC-H結合の間の隙間から見えている．つまり，結合がねじれている．

これらの立体配座二つを手早く書けるよう，2種類の書き方が一般に使われていて，それぞれに特徴がある．最初の方法は，次ページの欄外に示すように単に分子の側面図を書き，（14章で解説したように）紙面前後方向の結合を示すためにクサビ形と太点線を使う．どの結合が紙面上にあって，どの結合が紙面前後を向いているか，特に注意を払うことが必要である．

エタンのねじれ形配座

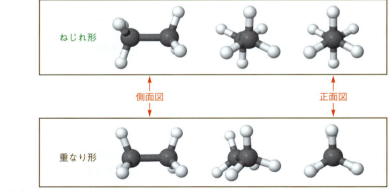

エタンのねじれ形と重なり形配座をそれぞれ三つの異なる方向から見たもの

ねじれ形

側面図　正面図

重なり形

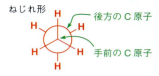

エタンの重なり形配座

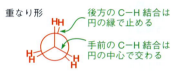

エタンの Newman 投影式

ねじれ形
後方のC原子
手前のC原子

重なり形
後方のC-H結合は円の縁で止める
手前のC-H結合は円の中心で交わる

二面角を図示するのは厄介だが，一つの方法は二つのC-H結合がそれぞれ本の見開きの2ページに書いてある状態を想像することである．このとき，二面角はページ間の角度であり，本の背に対して垂直な面で測る（31章参照）．

　第二の方法では，C-C 結合方向から見た正面図を書く．これは **Newman 投影式**として知られていて，約束がいくつかある．

- 手前の炭素が，前面の結合三つの交点にある
- 後方の炭素（手前の炭素と重なっているので，実際には見えない）を，大きい円で表現する．これは遠近法に反するが，気にしない
- 後方の炭素の結合は，円から外側を向くだけで中心までは書かない
- 重なり形では，結合を明確にするために少しだけ回転したようにずらして書く

　エタンのねじれ形と重なり形配座とでは，エネルギーが同じではない．重なり形配座は，ねじれ形よりも $12\,\mathrm{kJ\,mol^{-1}}$ だけエネルギーが高く，これがエタンの回転障壁になる．もちろん，これら両極端の間には，中間のエネルギーをもつ他の立体配座もあり，C-C 結合の回転によるエネルギー変化をグラフに示すことができる．手前のC-H結合と後方のC-H結合の間の角度を**二面角**（dihedral angle, θ, ねじれ角 torsion angle ともいう）と定義する．ねじれ形配座では θ は $60°$ であり，重なり形では θ は $0°$ である．

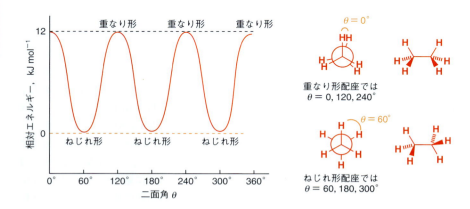

重なり形配座では
$\theta = 0, 120, 240°$

ねじれ形配座では
$\theta = 60, 180, 300°$

　このエネルギー図から，ねじれ形配座はポテンシャルエネルギーが極小であり，重なり形はエネルギーが極大になることがわかる．これは，重なり形配座が安定な配座でないことを意味しており，どんなわずかな回転でも低エネルギーの配座のほうに移る．分子は，実際にはほとんどねじれ形か，それに近い形をしていて，他のねじれ形配座に変化する途中で，重なり形配座をごく短時間に通り過ぎる．

しかし，なぜ重なり形配座は，ねじれ形配座よりエネルギーが高いのか．その答は二つある．そのひとつは，結合電子が互いに反発し，この反発作用が重なり形配座のとき最大になるというものである．第二の理由としては，一方の炭素のC–Hσ結合性軌道と他方の炭素のC–Hσ*反結合性軌道の間に安定化相互作用があり，その相互作用は両軌道が完全に平行になったときに最大になるからである．これはねじれ形配座だけに起こる．ここで説明した被占軌道の反発（立体障害については，127ページ参照）と反結合性軌道への電子供与による安定化の二つの効果によって，すべての回転する結合に関する安定配座が決まる．

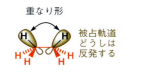

16·5 プロパンの立体配座

プロパンはエタンの次に簡単な炭化水素である．プロパンにはどんな立体配座が可能かを考える前に，まずこの化合物の構造特性を調べよう．C–C–C結合角は理想値109.5°（四面体の角度については2章，4章を参照）ではなくて，112.4°である．その結果，中央炭素のH–C–H結合角は理想の角度の109.5°より小さく，106.1°しかない．このことは，必ずしも中央炭素についているメチル基二つがぶつかっているわけではなく，C–C結合二つはC–H結合二つよりも互いに強く反発していることを意味している．

エタンの場合のように，プロパンにも両極端な立体配座が二つ可能である．一方は，C–H結合とC–C結合がねじれ形であり，他方は重なり形である．

回転障壁はエタンの12 kJ mol^{-1} より少し高く，14 kJ mol^{-1} である．これも立体相互作用よりも，むしろ重なり形配座における同一平面に重なった結合電子どうしの大きい反発作用を反映している．プロパンの結合回転に伴うエネルギー図は，障壁が14 kJ mol^{-1} であるほかは，エタンと全く同じといってよい．

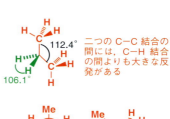

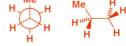

プロパンのねじれ形配座

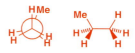

プロパンの重なり形配座

16·6 ブタンの立体配座

ブタンの場合は少し複雑になる．まず，エタンの水素原子二つを大きいメチル基に置き換えよう．メチル基どうしは互いにぶつかり合い，回転のエネルギー障壁における立体反発は無視できなくなる．しかし，複雑になる要因の第一は，中央のC–C結合を回転させて生じるねじれ形配座も重なり形配座もそれぞれ，すべて同じとはいえなくなる点である．中央のC–C結合が60°間隔で回転するごとに，ブタンがとる六つの立体配座を次ページに示す．緑のメチル基と茶の水素原子が回転し，もう一つの炭素原子の置換基は動かない．

これらの異なる立体配座をよくみてみよう．二面角が60°と300°の立体配座は，互いに鏡像になる．120°と240°の立体配座も同様である．このことから，中央のC–C結合を回転させたとき，エネルギーの極大点と極小点は4種類だけになることがわかる．エネルギー図で極大値を示す重なり形配座が2種類と，極小値を示すねじれ形配座が2種類ある．これらの立体配座には，図の下に示すような名称がついている．**シンペリプラナー**（syn-periplanar）と**アンチペリプラナー**（anti-periplanar）配座は，C–Me結合が二つとも同じ面内にあるものである．**シンクリナル**（synclinal，**ゴーシュ** gauche とも

> 重なり形配座を書くとき，置換基がはっきりと見えるように，手前と後方の結合をわずかにずらしていることに注意しよう．実際は，後方の置換基は手前のものの真うしろにある．

ブタンの立体配座

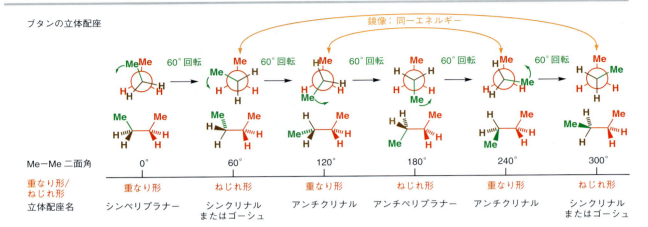

いう）と**アンチクリナル**（anticlinal）配座では，それぞれ二つの C–Me 結合が互いに同じ方向に（シン）交わるか，互いに遠ざかるように（アンチ）交わる．

　エネルギー図を見る前に，どんな形になるか予想してみよう．それぞれの重なり形配座ではエネルギーは極大であるが，シンペリプラナー配座（$\theta = 0°$）では，二つのアンチクリナル配座（$\theta = 120°$ と $240°$）よりエネルギーが高いだろう．シンペリプラナー配座では二つのメチル基が互いに重なるのに対して，アンチクリナル配座では各メチル基は水素原子とだけ重なる．ねじれ形配座はエネルギー極小にあるが，アンチペリプラナー配座では，二つのメチル基が互いに最も離れているので，二つのシンクリナル（ゴーシュ）配座よりやや低い極小点になるだろう．

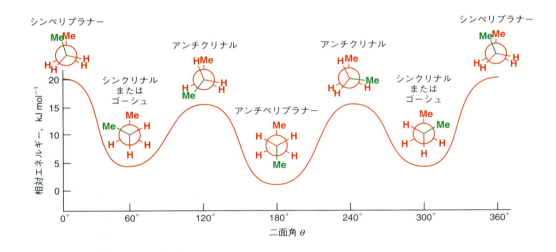

　エタンと同じように，重なり形配座は安定でなく，安定配座をとるよう回転する．それに対して各ねじれ形配座は，エネルギーのくぼみに位置するので安定である．メチル基二つが互いに反対側に位置するアンチペリプラナー配座は，最も安定である．よって，ブタン分子は，重なり形配座を素早く通過してアンチペリプラナーとシンクリナル配座の間を迅速に相互変換していると考えられる．重なり形配座はエネルギー極大点であるために，配座間の相互変換の遷移状態を表している．

　もし，ブタンの立体配座の速い相互変換を極低温に冷やしたりして遅くさせられるなら，アンチペリプラナーと二つのシンクリナルの安定な立体配座，合わせて3種類を単

> 回転は実際はとても速い．20 kJ mol^{-1} の障壁は，室温で 2×10^9 s^{-1} の速度に対応する．これは速すぎるので NMR では配座異性体の違いは観測できない（369 ページ参照）．ブタンの NMR スペクトルでは，すべての立体配座の平均値を表すシグナルが一組だけ検出できる．

離することができるだろう．これらのブタンの安定な立体配座は一種の異性体である．これらを**配座異性体**（conformational isomer），またはコンホマー（conformer）とよぶ．

> **立体配座と配座異性体**
> ブタンには，**立体配座**が無数にある（最も重要なもの六つだけを選んで示した）．しかし，**配座異性体**（エネルギーの極小点）は，シンクリナル（ゴーシュ）配座異性体二つとアンチペリプラナー配座異性体一つの計3種しか存在しない．

2章ではじめて分子を実際の形で書く方法を示したときに，炭素鎖がジグザグ構造になっていると述べたが，ここでその理由を詳しく説明した．これは，すべてのC−C結合がアンチペリプラナー配座になった形であり，どの直鎖アルカンにおいても最も安定な立体配座である．

> なぜこのような鎖状化合物の詳しい立体配座解析が必要かは17章でわかる．そこでは，反応物と遷移状態の立体配座を用いて，化合物の脱離反応を説明する．しかし，まずこの概念を環状化合物の立体配座という別の課題に用いる．

16・7 環のひずみ

これまで環状分子の構造をまるで平面であるかのように書いて，正確に示してこなかった．しかし，これは適切ではない．ここでは環状分子の正確な書き方を示し，環状分子がとる異なった立体配座の特性を説明する．

飽和炭素環状分子のそれぞれの炭素がsp^3混成ならば，それぞれの結合角は理想的には109.5°である．しかし環が平面なら，炭素原子は結合角を勝手に変えることはできず，内角は環の原子数で決まる．この角度が理想の109.5°からずれてくると，分子にひずみが生じる．このことは，原子を無理に平らにした下図でよくわかる．分子のひずみが大きいほど，結合は大きく曲がる．ひずみのない分子では，結合はまっすぐである．

> 環のひずみは，環状分子の反応性の説明に何度も使ってきた（356ページ）．

内角はすべて109.5°

小さな環では結合が外側に曲がり，大きい環では結合が内側に曲がっている様子に注意しよう．平面正多角形の内角の大きさと，理想的な四面体角109.5°との差による炭素原子当たりのひずみの指標を欄外の表にまとめる．

これらの数値をグラフで表すとよくわかる．大きさが17までの平らな環の炭素原子当たりの環のひずみを，次ページのグラフに示す．結合が内側にひずんでいるか，外側にひずんでいるかは重要でないので，ひずみの大きさだけを示した．

次ページのグラフからわかることを，次にまとめる．

- これらは，仮想的な平面正多角形についての計算値であり，実際の環のものとはかなり異なることがすぐにわかる．
- 環ひずみの計算値は3員環で最大であり，4員環を経て5員環まで急速に減少して最小になる
- 5員環で最小となったのち，環が大きくなるにつれて環ひずみの計算値は（徐々に）増加し続ける

環員数	平面上の環の内角	109.5°と内角の差[†]
3	60°	49.5°
4	90°	19.5°
5	108°	1.5°
6	120°	−10.5°
7	128.5°	−19°
8	135°	−25.5°

[†] 炭素1個当たりのひずみ尺度．

しかし，平面炭素環の理論的角度のひずみと実際の化合物のひずみを比べるには，計算値だけではなく，実際のひずみの大きさを知る必要がある．環状化合物の実際のひずみは，燃焼熱によって求める．次の表にまとめた直鎖アルカンの燃焼熱をみると，注目

すべきことに，炭素数が一つだけ異なるどんな直鎖アルカンの一組をとっても，差はほぼ一定で，約 660 kJ mol^{-1} である．

> ベンゼンが芳香族性によって安定になっていることを証明するために，7章でも燃焼熱を使った．

直鎖アルカンの燃焼熱

直鎖アルカン	CH_2 基の数[†1]	$-\Delta H_C$[†2], kJ mol^{-1}	差, kJ mol^{-1}
エタン	0	1560	
プロパン	1	2220	660
ブタン	2	2877	657
ペンタン	3	3536	659
ヘキサン	4	4194	658
ヘプタン	5	4853	659
オクタン	6	5511	658
ノナン	7	6171	660
デカン	8	6829	658
ウンデカン	9	7487	658
ドデカン	10	8148	661

[†1] $CH_3(CH_2)_nCH_3$ の n 数.
[†2] 燃焼熱.

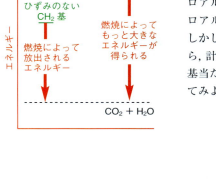

もし，直鎖アルカンにひずみがないと仮定すると（これは合理的である），メチレン基 CH_2 が一つ増加するごとにアルカンの燃焼熱は平均 658.7 kJ mol^{-1} ずつ増加する．シクロアルカン $(CH_2)_n$ は，単純にメチレン基が n 個結合したものである．もし，そのシクロアルカンにひずみがなければ，その燃焼熱は $n \times 658.7$ kJ mol^{-1} になるはずである．しかし，もし環を不安定にする（つまり，エネルギーを上げる）ひずみが生じているなら，計算値よりも多くのエネルギーが燃焼熱として放出される．以上を総合して，a) CH_2 基当たりの角ひずみと，b) CH_2 基当たりの燃焼熱を，環の大きさに対してグラフで表してみよう．

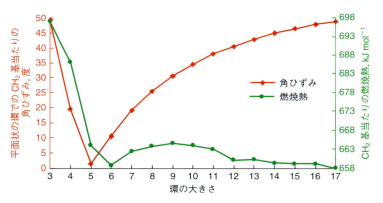

上のグラフで注目すべき点は以下のようになる．

- 3員環のシクロプロパン（$n = 3$）でひずみが最大で，とび抜けて大きい
- ひずみは環が大きくなるとともに急速に減少し，角度の計算から予想したシクロペンタンではなく，シクロヘキサンで最小に達する
- その後，ひずみはやや増加するが，角度の計算から予想したほど急激ではない．ひずみは $n =$ 約9で最大に達し，その後再び減少する
- ひずみは，環が大きくなるとともに増え続けるのではなく，$n =$ 約12以上ではほぼ一定になる

- シクロヘキサン（$n = 6$）と大環状アルカン（$n \geq 12$）では，CH_2 基一つにつき約 $658\ kJ\ mol^{-1}$ の燃焼熱があり，この値は直鎖アルカンの CH_2 基一つの燃焼熱と同じである．つまり，これらの環には本質的にひずみがない

ここで，次の疑問を考えてみよう．

なぜ，6員環と大員環にはひずみがほとんどないのか
なぜ，5員環では平面構造の角度がほぼ 109.5° であるにもかかわらず，ひずみが少しあるのか

すでに見当がついていると思うが，これらの疑問の解答は，単に環が平面であるという仮定が正しくないことによる．大員環も鎖状化合物のように多くのいろいろな立体配座をとれることは簡単に理解できる．しかし，6員環で何が起こっているかは，この段階ではっきりと予想することはできない．

> 環を大きさによって，小，普通，中，大に分類する．
> ・小員環 $n = 3, 4$
> ・普通環 $n = 5, 6, 7$
> ・中員環 $n = 8 〜$ 約 12
> ・大員環 $n >$ 約 12
>
> こう分けるわけは，環の大きさによって特性も合成経路も異なるからである．この分類は，グラフから一目瞭然である．

6 員 環

分子模型で四面体炭素六つをつないだとしたら，結局は次のような形になるだろう．

いす形配座

炭素原子はすべてが同じ平面にあるわけではなく，結合角はすべて 109.5° になるのでひずみがない．もし，分子模型を机に押しつけて原子を同一平面に並べようとしても，手を離した瞬間に跳ねてこの形に戻るだろう．分子模型を上の2番目の図のように見ると，四つの炭素は同一平面にあり，その上側に第五の炭素が，下側に第六の炭素が位置していることがわかる（しかし，六つの炭素はすべて等価であることを忘れてはならない．これは分子模型を回転させるとすぐわかる）．この立体配座は，形から連想していす**形配座**（chair conformation）と名づけられている．

シクロヘキサンには別の立体配座もあり，すでに右のような分子模型をつくったかもしれない．この立体配座は，**舟形配座**（boat conformation）として知られている．この立体配座においても炭素原子四つは同じ平面にあるが，他の二つはいずれもこの面の上に位置する．ここでは，すべての炭素原子が等価ではない．同一平面にある四つの炭素と他の二つは異なる．この配座には結合角のひずみがない（角度はすべて 109.5° である）にもかかわらず，シクロヘキサンの安定配座ではない．これを理解するために，少し戻って次の疑問に答えよう．平面配座のシクロペンタンには角度ひずみがほとんどないにもかかわらず，なぜ実際のシクロペンタンにはひずみがあるのだろうか．

> これら異なった形を最も容易に理解するには，分子模型を組むことである．これを強くすすめる．

舟形配座

6 員環よりも小さい環（3, 4, 5 員環）

シクロプロパンの三つの炭素原子は，同じ平面に位置するはずである．なぜならば，どんな 3 点でも，これらを通る平面は一つしか書けないからである．C−C 結合の長さはすべて等しいので，炭素原子が正三角形の頂点に位置することになる．メチレン一つ当たりの燃焼熱が大きいことから，この分子には大きいひずみがあることがわかる．ひずみのほとんどは，理想の四面体角 109.5° から大きく外れた結合角に起因する．しかし，これがすべてではないことに注意しよう．C−C 結合の一つに沿って眺めると，ひずみ

のもう一つの原因，つまり C–H 結合がすべて重なっていることがわかる．

シクロプロパンを側面から見たもの　　C–C 結合に沿って見ると C–H 結合のすべてが重なり形だとわかる　　Newman 投影式

　エタンの重なり形配座はエネルギー極大点であり，より安定な立体配座になるよう回転するが，シクロプロパンではどの C–C 結合も回転できないから，すべての C–H 結合は隣と重なるように強いられている．実際に，どんな平面配座でも，C–H 結合は隣と重なるだろう．シクロブタンにおいてはこの重なり相互作用を小さくするために，角ひずみが増加するにもかかわらず，結合角をやや小さくして，環の平面配座をゆがめている．シクロブタンは，**折れ曲がり形**（puckered）もしくは，**翼形**（wing-shaped）とよばれている配座をとる．

平面形シクロブタン（実際の立体配座とは異なる）　　平面形シクロブタンを側面から見ると C–H 結合が重なっていることがわかる　　シクロブタン折れ曲がり形配座　　C–H 結合はもはや完全には重なっていない

　C–H 結合の重なりが，シクロペンタンの平面配座におけるひずみの原因を説明する．燃焼熱のデータは，角ひずみだけでなく，分子全体のひずみを示している．平面シクロペンタンには，C–C–C 結合角がほぼ 109.5° であるにもかかわらず，隣接する C–H 結合の重なりによるひずみが存在する．シクロブタンのように環は重なり相互作用を減少させるためにひずむと，今度は角ひずみを増大させる．どんな立体配座をとろうとしても，ひずみが多少とも存在するので，分子の極小エネルギーの立体配座は，この二つの逆の効果の釣合のうえに成り立っている．シクロペンタンは炭素原子が四つ平面になり，残りの一つがその上か下に位置する**封筒形**（envelope）をとっている．環の原子は，迅速に代わるがわる平面からずれた位置にくるので，シクロペンタンではシクロヘキサンのような明確な立体配座の特徴がない．では，シクロヘキサンに戻ろう．

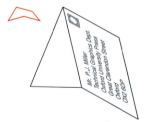

シクロペンタンの"封筒形"配座

32 章でシクロペンタンの立体配座と反応を取上げる．

16・8　シクロヘキサンの詳細

　燃焼熱データ（374 ページ）からわかるように，シクロヘキサンにはひずみがほとんどない．したがって，シクロヘキサンには角ひずみも重なり相互作用ひずみもないことがわかる．水素原子すべてを含むシクロヘキサンのいす形配座の分子模型は次のように見える．

シクロヘキサンのいす形配座側面から見たもの　　二つの C–C 結合に沿って見たシクロヘキサン　　Newman 投影式

平行な二つのC−C結合の方向から見ると，シクロヘキサンのいす形配座には重なり合うC−H結合がないことは明らかである．実際に，C−C結合はすべて完全なねじれ形配座をとっており，最低エネルギーになっている．これが，シクロヘキサンにひずみがない理由である．対照的に舟形配座では四組のC−H結合が重なり合って，さらに"旗竿" C−H結合間に著しい反発が生じる．

> エネルギー極小 (local energy minimum) とは，ポテンシャルエネルギーのくぼみの底をさす．しかし，このくぼみが最も深いもの，つまりエネルギー最小 (global energy minimum) とは限らない．エネルギー極小付近では立体配座がわずかに変化しただけではエネルギーは増加するが，大きく変わるとエネルギーがさらに減少することがある．たとえば，ブタンのシンクリナル (ゴーシュ) 配座はエネルギー極小であり，アンチペリプラナー配座は最小である．

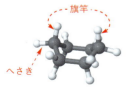
シクロヘキサンの舟形配座 側面から見たもの

二つのC−C結合に沿って見た舟形配座

Newman 投影式

このために，舟形配座はいす形配座に比べてずっと不利である．どちらの立体配座にも角ひずみがないにもかかわらず，重なり相互作用のために，舟形配座のエネルギーがいす形配座よりも約 $25\ \text{kJ mol}^{-1}$ 高くなっている．実際には，シクロヘキサンのエネルギーは後で示すように，いす形配座で最小になるのに対し，舟形配座では極大である．シクロブタンとシクロペンタンでは，環を平面から曲げることによって重なり相互作用を減少させていると上で述べた．シクロヘキサンの舟形配座でも同じことが当てはまる．重なり相互作用は，舟べりにあたるC−C結合二つが互いにねじれると少し解消する．

炭素二つを矢印の方向に押すと

重なり相互作用が軽減して少し異なった立体配座となるねじれ舟形配座

ねじれ舟形配座を正面から見ると重なり相互作用が軽減していることがわかる

このねじれによって，**ねじれ舟形配座** (twist-boat conformation) という立体配座が生じる．この配座はいす形ほどエネルギーは低くないが，舟形よりは低く ($4\ \text{kJ mol}^{-1}$)，後述するようにエネルギー極小である．シクロヘキサンには，いす形とねじれ舟形の安定な配座異性体が二つある．いす形は，ねじれ舟形よりも約 $21\ \text{kJ mol}^{-1}$ 安定である．

アキシアルとエクアトリアル

375 ページのいす形配座をもう一度見てみると，炭素原子六つはすべて等価だが，水素原子は下の図に示すように2種類ある．一方は垂直に上下を向いており，これらを**アキシアル** (axial) 水素という．他方は，横に飛び出すように向いていて，**エクアトリアル** (equatorial) 水素という．環を1周してみると，各 CH_2 基の水素原子が一つは上を向き，もう一つが下を向いていることがわかる．しかし，すべての"上向き"水素もすべ

> 地球の赤道 (equator) と地軸 (axis) の関係と比べてみよ．エクアトリアル結合は分子の赤道に沿っているように見えるだろう．つづりに注意せよ．

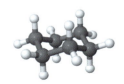

これらの水素は同じ炭素につくほかの水素原子と比べるといずれも"上向き"である

これらの水素は同じ炭素につくほかの水素原子と比べるといずれも"下向き"である

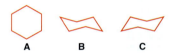

ての"下向き"水素も, アキシアル方向とエクアトリアル方向を交互に向いている.

先へ進む前にシクロヘキサンの正しい書き方を説明しておこう. CとHを含む構造をまちがいなく書くには, シクロヘキサンを欄外の **A, B, C** 三つの構造の一つで表すのがよい. これまで, シクロヘキサンは六角形 **A** を使って表してきた. これは, 情報が少ないが, 便利で役に立つ. しかし, より正確な構造 **B** と **C** (これは, 同じ分子を違う方向から見たものである) を, 正確に書くためには少し練習がいる. わかりやすいシクロヘキサン環が書けるようにならなくてはいけないので, 以下のシクロヘキサンの書き方を練習しよう.

シクロヘキサンの正しい書き方
炭素骨格

一筆でシクロヘキサンのいす形配座を書こうとすると, しばしばひどい形になってしまう. 簡単な方法は, まず一方の端から始めることである (1). 次に, 同じ長さで平行線を2本書く (2). この段階で新しく書き加えた上の線の右端は, 最初に書いた2本線の上端を同じくらいの高さにするとよい (3). 最後に残りの2本の線を書き加える. これらは, 図示するようにそれぞれ最初の2本の線と平行にし, 下端も同じ高さになるように揃える (4).

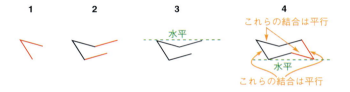

水素原子を書き加える

ここが最も混乱するところである. 各炭素原子を四面体に見えるようにすることを考えればよい (ふつう, くさび形実線や太点線は使わない. さもないと, 混乱してしまう). アキシアルの結合は, 比較的簡単で, すべて垂直に書き, 交互に環の上下を向くように1周する (5).

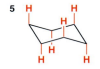

エクアトリアルの結合を書くためには, もう少し注意が必要である. それぞれのエクアトリアルの結合は, 一つ隣にある二つのC–C結合と平行でなければならない (6). このことを忘れてはいけない.

すべての水素を書き加えると次の図のように完成する (7). ほとんどの場合, すべてのHを書込むことはないだろうが, 必要な場合に備えてどういう向きになっているかを知っておくことは必要である.

よくやる失敗

上記の指針にすべて従えば，正しい立体配座の図がすぐに書けるはずだ．しかし，やってはいけないことを示すために，よくやる失敗例を二，三あげる．

シクロヘキサンのまちがった書き方

いす形の真ん中の結合が水平に書かれているため，いす形の上端が同じ高さに揃っていない．これにアキシアル水素を垂直に書くと結合角が広がりすぎる

アキシアル水素の上下が，まちがった炭素に書かれている．この構造はありえない．どの炭素も四面体構造にならないからである

赤い水素原子が，まちがった角度で書かれている．平行線の組を探し"W"や"M"の形になるように書くこと

シクロヘキサン環の反転

このいす形配座異性体がシクロヘキサンの優先する立体配座ならば，どのような ^{13}C NMR スペクトルが予想できるだろうか．炭素原子六つはすべて等価だから，シグナルが 1 本だけ現れるはずである（実際に 25.2 ppm にある）．しかし，^{1}H NMR スペクトルはどうだろう．異なる 2 種類の水素原子（アキシアルとエクアトリアル）は，別べつの周波数で共鳴するはずで，シグナルが二つ見えるだろう（それぞれ隣接水素原子とスピン結合している）．しかし，実際には水素のシグナルは 1.40 ppm にたった 1 本だけしかない．一置換シクロヘキサンについては，検出可能な異性体が二つ存在するはずである．アキシアル置換基をもつものとエクアトリアル位に置換基をもつものである．しかし室温においては，この場合にもシグナルは一組しか検出されない．

NMR スペクトルを低温で測定するとスペクトルは変わってくる．この場合は異性体が二つ観測できるが，このことから何が起こっているのかという疑問に対する有力な手掛かりが得られる．二つの異性体は相互に変換できる配座異性体であり，室温では迅速に相互変換しているが，低温では遅くなる．迅速に相互変換するブタンの安定な三つの配座異性体（シンクリナル二つとアンチペリプラナー一つ）を NMR は区別できず，平均化したものしか観測できないことを思い出そう．シクロヘキサンでも C–C 結合を回転させるだけで，つまりどの結合も切らずに，同じことが起こっていて，環が反転している．これは裏返っている（flip）ともいえる．**環の反転**（ring inversion）が起こると，アキシアル結合はすべてエクアトリアルになり，エクアトリアル結合はすべてアキシアルになる．

反転の全過程を細かく分けると，次に示すような立体配座を考えることになる．緑の矢印は，個々の炭素原子が次の立体配座になるために動く方向を示す．

この環反転に関するエネルギー図では，いす形 **A** からねじれ舟形へ移る途中に**半いす形配座**（half-chair conformation）があり，これがエネルギー最大になることがわかる．二つのねじれ舟形配座異性体は鏡像の関係にあり，これらが相互変化する途中に舟形配

他のシクロヘキサンの立体配座の書き方

シクロヘキサンの半いす形配座において，隣接する炭素原子四つは同じ平面にあり，5 番目の炭素はその面の上に，6 番目は下側にくる．後で再びこの立体配座にふれる．たとえば，下の配座はシクロヘキセンのエネルギー極小のものである．

半いす形の最も簡単な書き方

1 から 4 の炭素はすべて同じ平面にある

ねじれ舟形にもいくつかの書き方があるが，一番簡単な書き方は次のものである．

ねじれ舟形の最も簡単な書き方

一置換シクロヘキサンの反転
水素原子がアキシアルからエクアトリアルに変化している

シクロヘキサンの分子模型をつくり，実際に環を反転させてみよう．

座があってエネルギー極大になっている．次のねじれ舟形は，別の半いす形を経由して別のいす形配座異性体 **B** に変化する．

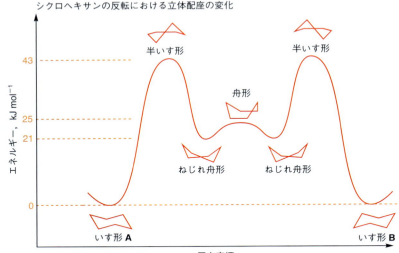

図から明らかなように，シクロヘキサンの反転障壁は $43\,\text{kJ\,mol}^{-1}$ であり，$25\,°\text{C}$ での速度は約 $2\times 10^5\,\text{s}^{-1}$ である．環の反転によりアキシアル水素とエクアトリアル水素は相互変換するため，$25\,°\text{C}$ においてこの相互変換の速度も $2\times 10^5\,\text{s}^{-1}$ である．この変換は速すぎて NMR では両者を識別できないため，これらの水素原子は平均化された 1 本のシグナルとして現れる．

16・9　置換シクロヘキサン

一置換シクロヘキサンでは，いす形立体配座が 2 種類存在する．一方は置換基がアキシアル位にくるもので，他方はエクアトリアル位のものである．これら 2 種類のいす形立体配座は（上記の反転によって）速い平衡にあるが，両者のエネルギーは等しくない．ほとんどすべての場合に，"アキシアル位に置換基をもつ配座異性体のほうがエネルギーは高い"．これは平衡においてこの形のものが少ないことを意味する．

この配座のほうが低エネルギー

たとえば，メチルシクロヘキサン（$X = CH_3$）では，メチル基がアキシアルの配座異性体は，エクアトリアルの配座異性体よりもエネルギーが $7.3\,\text{kJ\,mol}^{-1}$ 高い．このエネルギー差は，$25\,°\text{C}$ においてエクアトリアル：アキシアル異性体比が 20：1 に相当する．

アキシアル異性体が，エクアトリアル異性体よりエネルギーが高い理由は二つある．まず第一に，アキシアル異性体はアキシアル基 X と環の同じ側にある二つのアキシアル水素原子間に反発があり不安定になっている．この相互作用を **1,3-ジアキシアル相互作用**（1,3-diaxial interaction）という．置換基 X が大きくなるにつれてこの相互作用は大

ここで，12 章を復習するとよい． エネルギー図をみると，一つのいす形から二つのねじれ舟形中間体（エネルギー極小点）を経由して，他のいす形になる様子がわかる．エネルギー極小点の中間にエネルギー極大点があって，これがその反応過程の遷移状態になる．環の反応の進行を，任意の**反応座標**（reaction coordinate）に沿って表している．

速度と分光法

NMR 装置は，シャッタースピードが約 $1/1000\,\text{s}$ のカメラのように働くと考えてよい．これより速く変化するものはピンボケ写真になり，ゆっくり変化するものは明確な写真になる．実際，NMR 装置の"シャッタースピード"（本当のシャッタースピードでなく，比喩的な表現）の正確な値は次式で与えられている．

$$k = \pi \Delta\nu / \sqrt{2} = 2.22 \times \Delta\nu$$

ここで，k はシグナルが別べつに観測できる最も速い交換速度であり，$\Delta\nu$ は測定した NMR スペクトルにおけるこれらのシグナルの分離の度合いを Hz 単位で表す．たとえば，$200\,\text{MHz}$ の NMR 装置において，$0.5\,\text{ppm}$ 離れた二つのシグナルは $100\,\text{Hz}$ 離れているので，$222\,\text{s}^{-1}$ より遅い速度で交換する場合は別べつのシグナルとして現れる．もし，$222\,\text{s}^{-1}$ より速い速度で交換すると，平均のシグナルしか検出できない．

観測されたシグナルまたはピーク差をヘルツ単位で表せば，この式は，どんなスペクトル測定法に対しても有効である．たとえば，二つの赤外吸収間の $100\,\text{cm}^{-1}$ の差は，波長 $0.01\,\text{cm}$（$1\times 10^{-4}\,\text{m}$）すなわち周波数 $3\times 10^{12}\,\text{s}^{-1}$（Hz）と表すことができる．IR は，"シャッタースピード"が 1 秒間に $1/10^{12}$ のオーダーであり，NMR よりもずっと速い変化を検出できる．

➡ 12 章で，エネルギー差と平衡定数の関係を述べた．

1,3-ジアキシアル相互作用

きくなり，アキシアル異性体はしだいに存在できなくなる．第二の理由として，エクアトリアル異性体において C–X 結合は C–C 結合二つに対してアンチペリプラナーであるのに対して，アキシアル異性体では C–X 結合は C–C 結合二つに対してシンクリナル（ゴーシュ）になるためである．

一置換シクロヘキサンでは，エクアトリアル異性体もアキシアル異性体もそれぞれ 1 種類しか存在しない．次の図は，異なった視点からみているが，全く同じエクアトリアル配座であることを確認しよう．

エクアトリアル置換シクロヘキサン

黒の結合はアンチペリプラナー
（わかりやすくするために 1 組だけを示す）

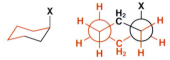

アキシアル置換シクロヘキサン

黒の結合はシンクリナル（ゴーシュ）
（わかりやすくするために 1 組だけを示す）

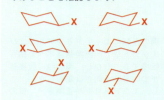

次の表には，一置換シクロヘキサンにおけるアキシアル異性体に対するエクアトリアル異性体の 25 ℃ における優先度を示す．

$$K = \frac{\text{エクアトリアル異性体の濃度}}{\text{アキシアル異性体の濃度}}$$

X	平衡定数 K	エネルギー差[†1] kJ mol^{-1}	エクアトリアル[†2] %
H	1	0	50
OMe	2.7	2.5	73
Me	19	7.3	95
Et	20	7.5	95
i-Pr	42	9.3	98
t-Bu	>3000	>20	>99.9
Ph	110	11.7	99

[†1] アキシアルとエクアトリアルの異性体間のエネルギー差．
[†2] 置換基がエクアトリアルになる割合．

次の点に注目しよう（12 章参照）．

- この表は，同じ情報を三通りの方法で表現している．しかし，メチル，エチル，イソプロピル，t-ブチル，フェニルシクロヘキサンのエクアトリアル異性体の割合がすべて 95% 以上であるため，パーセント表示を見ただけでは，どのエクアトリアル異性体が他より多く存在するのかその差はよくわからない．しかし，平衡定数をみると一目瞭然である．
- エクアトリアル異性体の存在比は Me < Et < i-Pr < t-Bu の順で増加するが，おそらく予測ほどではない．エチル基はメチル基よりも物理的に大きいにちがいないが，平衡定数にはほとんど差はない．Et から i-Pr になってもエクアトリアル異性体の割合の増加はたかだか 2 倍であるが，t-ブチルシクロヘキサンについてはエクアトリアル異性体がアキシアル異性体の約 3000 倍になると推定できる．
- 同じような意外な結果がメトキシ基でもみられる．メチル基がアキシアルになる割合より，メトキシ基がアキシアルになる割合のほうがずっと大きい．この結果は，メトキシ基がメチル基よりも嵩高いという事実に反する．
- この平衡定数は，置換基の実際の大きさには関係なく，むしろ近くのアキシアル水素との相互作用によって決まる．メチルシクロヘキサンのアキシアル異性体では，メチル基とアキシアル水素との間に直接的な相互作用がある（**A**）．
- メトキシ基の場合，酸素は連結原子として働き，むしろメチル基を環から遠ざけて相互作用を減少させている（**B**）．
- Me, Et, i-Pr, t-Bu 基は，アキシアル水素の方向に原子を何か一つ向けざるをえない．Me, Et と i-Pr 基の場合は，H がこの原子になることができる（**C**）．

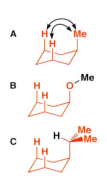

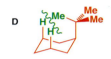

- *t*-Bu の場合だけ，メチル基がアキシアル水素のほうに向くので，*t*-Bu 基は他のアルキル基に比べてエクアトリアル優先性が非常に大きくなる．アキシアル *t*-Bu 基とアキシアル水素間の相互作用はきわめて大きいので，*t*-Bu 基は実質的には常にエクアトリアルの位置にある．後述するように，これは配座固定に大変役立つ（**D**）．

環に置換基が二つ以上あるとどうなるか

シクロヘキサン環に置換基が二つ以上あるときには，立体異性体が生じる．たとえば，1,4-シクロヘキサンジオールには異性体が二つ存在する．一つ（シス異性体）は，置換基が両方ともシクロヘキサン環の上側か下側のどちらか同じ側に向いているもので，もう一つ（トランス異性体）は，ヒドロキシ基の一つが環の上側を向き，他の一つは下側を向く．同じ置換基をもつ cis-1,4-二置換シクロヘキサンは，環が反転しても同じ立体配座のものに変わるだけだが，トランス体は，置換基が両方ともアキシアルになる立体配座と両方ともエクアトリアルになる立体配座がある．

> 環の反転によってアキシアルおよびエクアトリアル置換基はすべて相互転換する．しかし，環の面に置換基がついている向きは変わらない．もし，エクアトリアル置換基が，環の上向き（つまり，同じ炭素原子についている他の基に対して相対的に "上"）なら，その置換基はアキシアルになっても環の上側を向く．アキシアルとエクアトリアルは立体配座の用語であり，環のどちら側に置換基が向くかは化合物の立体配置によって決まる．

> シス体とかトランス体は，ジアステレオマーの一種である．したがって，これらは化学的および物理的性質が異なり，結合の回転だけでは相互変換できない．

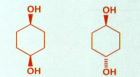

mp 113〜114 ℃ 　 mp 143〜144 ℃

> しかし，trans-1,4-ジメトキシシクロヘキサンの二つの配座異性体（ジアキシアルまたはジエクアトリアル）は，室温で結合を切ることなく迅速に相互変換している．

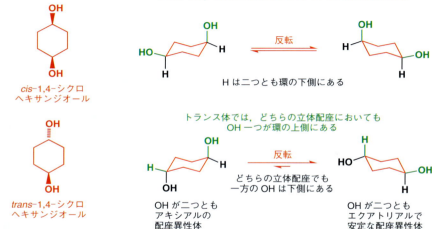

いす形構造の図は，いままで使ってきた単純な "六角形" の図よりもずっと多くの情報を含んでいる．いす形構造ではどちらの立体異性体（シス体かトランス体）か，また（トランス体については）どちらの立体配座か（ジアキシアルか，より安定なジエクアトリアルか）など，立体配置と立体配座の両方を一度に表せるからである．一方，単なる六角形の図では，どんな立体配置の異性体かという情報だけで，立体配座の情報は表せない．これは，ある意味では便利である．なぜなら，立体配座を特定しないである立体配置をもつ化合物について記述できるからである．生成物の立体配置を予想するために立体配座の図を使う必要のある問題を解くときでも，いつも立体配置を表す図形（六角形）から始めてこれで終わるとよい．

cis-1,4-二置換シクロヘキサンのいす形配座異性体には，エクアトリアル置換基が一つとアキシアル置換基が一つある．しかし，同じことが他の置換様式のシクロヘキサンにも当てはまるとは限らない．たとえば，cis-1,3-二置換シクロヘキサンのいす形配座異性体では，置換基は両方ともアキシアルになるかエクアトリアルになるかのどちらかである．cis（シス）と trans（トランス）の接頭語は，単に両方の置換基がシクロヘキサン環の同じ "側" にあるかどうかを示すにすぎない．置換基が両方ともアキシアルであるかエクアトリアルであるか，または一つがアキシアルで他方がエクアトリアルである

16・9 置換シクロヘキサン

かは置換様式によって決まる．新しい分子に出会ってどの結合がアキシアルでどれがエクアトリアルであるか知りたいときは，いつでも立体配座の図形を書いたり分子模型をつくるとよい*．

> *訳注：最近は，パーソナルコンピューターレベルで分子力場計算による立体配座解析が容易に行えるようになっているので，利用するとよい．

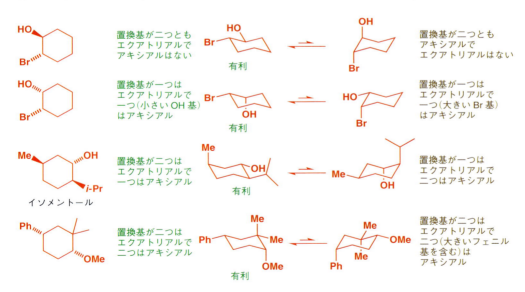

エクアトリアル置換基が，"上向き"か"下向き"か判別するのは容易でないことが多い．こういうときは，同じ炭素原子についているアキシアル置換基を調べるとよい．アキシアル置換基は常に，はっきりと上か下を向いている．もし，そのアキシアル置換基が上向きなら，問題のエクアトリアル置換基は下向きでなければならない．逆も同様である．

もし，環の置換基二つが異なっているとどうなるだろうか．上記の cis-1,3-二置換の例では，なんら問題ない．なぜなら，両者が異なっていても二つともエクアトリアルにくる立体配座が優先するからである．しかし，置換基の一つがアキシアルで他がエクアトリアル（たとえば，上のトランス体）ならば，優先する立体配座はこれら置換基の種類によって変わるだろう．一般的に，一つでも多くの置換基がエクアトリアルになる立体配座が優先する．もし，二つの立体配座でエクアトリアル置換基が同数なら，大きい

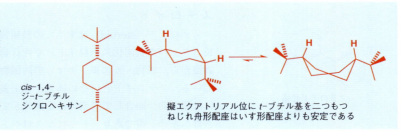

cis-1,4-ジ-t-ブチルシクロヘキサン

アキシアル t-ブチル基は非常に不利である．cis-1,4-ジ-t-ブチルシクロヘキサンがいす形立体配座をとるならば，t-ブチル基の一つはアキシアルとなる．これを避けるために，大きい置換基が二つともエクアトリアルの位置になるようにシクロヘキサン環はねじれて，ねじれ舟形となる（この場合は，いす形ではないから**擬エクアトリアル pseudoequatorial** とよぶ）．

cis-1,4-ジ-t-ブチルシクロヘキサン

擬エクアトリアル位に t-ブチル基を二つもつねじれ舟形配座はいす形配座よりも安定である

置換基がエクアトリアルになる配座が優先し，小さい置換基はアキシアルになるだろう．いろいろな可能性が前ページの例に含まれている．

これは，単なる目安であって，確実にいえないことも多い．このような明確でないことよりも，どの配座異性体が優先するかはっきりとわかっている置換シクロヘキサンについて考えよう．

配座を固定する置換基と骨格：*t*-ブチル基，デカリン，ステロイド

t-ブチル基がどれほど優先的にエクアトリアル位を占めるかは381ページで述べたので，次の二つの化合物がどの立体配座をとるか簡単に決めることができる．

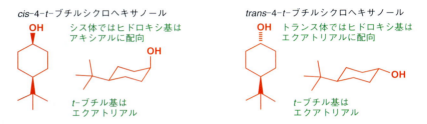

デカリン

シクロヘキサン環に他の環を縮合させることによって，立体配座を固定することも可能である．**デカリン**（decalin）は，共通のC–C結合で縮合したシクロヘキサン環二つからできている．縮合部の水素原子がシスかトランスかによって，ジアステレオマーが2種類できる．*cis*-デカリンでは，一つの環がもう一方の環に対して，一つの縮合炭素ではアキシアル，もう一方ではエクアトリアルになるように縮合している．*trans*-デカリンにおいては，両縮合炭素でエクアトリアルになるよう両環が縮合している．

デカリン

シクロヘキサン環が反転するとき，エクアトリアルであった置換基はアキシアルになり，逆も同じことが起こる．環の反転は，アキシアル-エクアトリアル縮合炭素をもっている*cis*-デカリンでは可能である．しかし，*trans*-デカリンは環が反転できない．*trans*-デカリンが反転するためには，縮合炭素でのC–C結合がアキシアル-アキシアルにならなければならないが，6員環を形成するためにはアキシアルどうしで縮合することはできない．実際，*cis*-デカリンでは簡単に環の反転が起こる．

ステロイド

ステロイド（steroid）はすべての動植物に存在する重要な化合物群の一つであり，成長（タンパク質同化ステロイド）や性行動（性ホルモンはすべてステロイドである）の調節から，植物，カエル，ナマコの防御物質としての作用まで，多くの重要な働きをしている．ステロイドとはその構造から定義されたもので，すべてのステロイドは基本的には環が四つ縮合して炭素骨格を構成している．欄外に示すように，そのうち三つはシクロヘキサン環であり，一つはシクロペンタン環である．

ステロイド骨格

cis-デカリンの環反転：一度わかってしまえば，そんなにむずかしくない

　cis-デカリンの環の反転を図示することがむずかしいと感じたとしても，それはあたりまえだ．これを考えるには，最後まで第二の環を無視しておくのがよい．第一の環（下の図では黒）と縮合炭素の水素原子と第二の環をつなぐ"手"（オレンジ）になる結合がどうなるかよく見ておけばよい．まず，黒の環を反転させる．そうすると，"手"と水素原子はアキシアルからエクアトリアルに，あるいはその逆に入れ替わる．その結果を書いてみる．しかしまだ第二の環は書込まない．書くなら，通常（図Aのように）平面六角形にしておくとよい．次に，いす形の（黒の）環を垂直な軸のまわりに60°回転させると，オレンジの"手"二つで第二環がいす形らしく見えてくるので，今度はうまく書込める（図B）．六角形でなくいす形にするためには，図Aではなく図Bのオレンジの結合のように，"手"が2本近づくように向けなければならない．

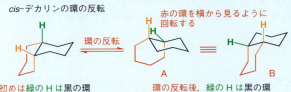

　デカリン骨格と同じように，それぞれの環の縮合部にはシスとトランスがありうる．A環と，B環の縮合部がシスになっているものは一部にすぎず，ほとんどのステロイドはすべてトランス縮合している．例として，コレスタノール（cholestanol，すべてトランス）とコプロスタノール（coprostanol，A, B環はシス縮合）がある．

　ステロイド（シスA, B環縮合であっても）は，本質的に *trans*-デカリンであるから環は反転できない．したがって，たとえばコレスタノールのA環にあるヒドロキシ基はエクアトリアルになるが，コプロスタノールのA環のヒドロキシ基はアキシアルに固定されていることになる．ステロイド骨格は非常に安定であり，15億年前の堆積物の試料から，同じ立体化学の縮合環をもったステロイドが見つかっている．

> D. H. R. Barton（1918〜1998）はステロイドの反応性について研究し，1940年代と1950年代に本章で述べた立体配座解析の原理を発見した．この研究成果によって1969年にノーベル化学賞を受賞した．

置換基がアキシアルにある環とエクアトリアルにある環は反応性が違う

　本書でこれから扱う環構造では，立体配座がさまざまな形で化学反応性に影響することがわかる．6員環の多くの反応において，官能基がアキシアルかエクアトリアルかが反応の結果を左右する．ここでは，*t*-ブチル基や *trans*-デカリンのような縮合環を用いて環の配座を固定することにより，官能基をアキシアルかエクアトリアルに固定した例を二つ紹介する．

　前章でS_N1とS_N2の二つの反応機構について述べた．特にS_N2反応では，炭素中心が反転することを説明した．攻撃してくる求核剤は，C–X結合のσ^*軌道を攻撃することを思い出そう．つまり，求核剤は脱離基の背後からまっすぐに近づかなければならず，これによって立体配置の反転が起こる．

> *t*-ブチル基はアキシアルにならないし（381ページ），*trans*-デカリンは環反転しないので（384ページ），配座を固定する目的に使える．

飽和炭素での求核置換反応における反転

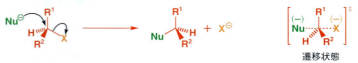

シクロヘキサン誘導体で S_N2 反応が起こるときにはどうなるだろうか。立体配座を固定できる置換基がある場合には，反転を伴う S_N2 反応において脱離基がアキシアルならば攻撃してくる求核剤はエクアトリアルになるだろう。逆もまた同様である。

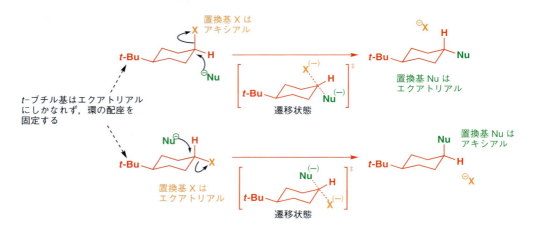

置換反応は，置換シクロヘキサンでは必ずしも一般的ではない。シクロヘキサン環では第二級炭素で置換反応が起こる。第二級の反応中心は，S_N1 機構でも S_N2 機構でも速やかには反応しないことを前章で述べた（350 ページ）。S_N2 機構を起こりやすくするためには，求核性の高い求核剤と脱離能の大きい脱離基が必要である。そのような例は，次に示す PhS^- によるトシラートの置換反応である。

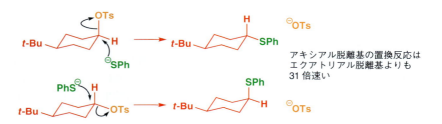

アキシアル置換基は，エクアトリアル置換基より速く反応することが知られている。この速度の相違にはいくつかの要因があるが，おそらく最も重要なのは求核剤の接近方向である。求核剤は脱離基の σ^* を攻撃しなければならない。つまり C–X 結合の背面を直接攻撃する。脱離基 X がエクアトリアルの場合，攻撃方向には（緑の）アキシアル水素があり，これが妨害する。つまり，求核剤は水素原子が占めている空間をまっすぐ通

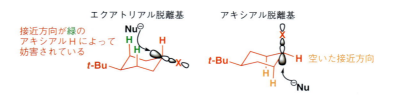

り抜けなければならない．アキシアル脱離基の場合，攻撃の方向は脱離基のアンチペリプラナー位にある（オレンジの）アキシアル水素と平行になり，接近に対する障害はずっと小さい．

このことは単純なシクロヘキサン類でも有効であり，たとえばブロモシクロヘキサンの置換反応は平衡が不利なアキシアル配座異性体で起こるはずである．このために反応速度が遅くなる．なぜならば，反応する前に多く存在するエクアトリアル配座異性体が，いったんアキシアル配座に反転しなければならないからである．

脱離基がアキシアル配座に反転できない場合は，反応は起こらないだろう．このことは，*trans*-デカリンで確認できる．*trans*-デカリンの一置換体にはジアステレオマーが二つある．一つは脱離基 X がエクアトリアルであり，もう一つはアキシアルである（X は Br，OTs など）．

アキシアル脱離基をもつ化合物に対する求核剤の攻撃は，わかりやすい．求核剤は C−X 結合の軸に沿って攻撃し，立体反転を伴いながら通常の S_N2 反応が起こる．一方，エクアトリアル脱離基の場合には，分子の内側から攻撃することが必要であり，置換反応は起こらず，全く別の反応が起こる．これは，転位反応であるが，36 章で紹介する．

16・10 終わりに

他の大きさの環をほとんど無視して，なぜ本章の大部分のページを 6 員環に割いたのかと不思議に思うかもしれない．有機化学において 6 員環が最も広く存在する環であるという事実は別としても，6 員環の反応は容易に説明できるし，理解しやすいのである．6 員環について概略した立体配座の原則（ひずみの緩和，重なり形よりねじれ形を優先，アキシアルよりエクアトリアルを優先，攻撃の方向など）は，少し修正するだけで他の大きさの環状化合物にも適用できる．ところが，他の環状化合物には，シクロヘキサンほどひずみのない明確な立体配座がないので，6 員環ほどはっきりとした原則がない．これでしばらく環の立体化学を離れるが，31 章と 32 章では，これらのむずかしい環状化合物に話を戻し，環状化合物の立体化学を制御する方法について解説する．

問 題

1. 次の六つの構造の 6 員環はいす形であるか舟形であるかを示せ．また，なぜその構造をとるのか述べよ．

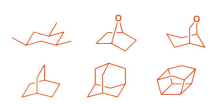

2. 次の分子の立体配座が明らかになるように構造式を書け．また置換基がアキシアルであるかエクアトリアルであるか示せ．

3. 次の分子の置換基は，アキシアルであるかエクアトリアルで

あるか，または両者が混ざっているか．

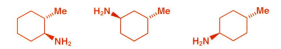

4. 塩基で処理するとエポキシドが得られるのはどちらの化合物か．

5. 次の二つの反応式のうち，上式のアセタールは下式のものより生成しにくい．なぜか．

6. 次の三環性ブロモ化合物を加水分解するとアルコールが得られる．ブロモ化合物の立体配座を説明し，アルコールの立体化学はどうなるか予想せよ．

7. 次のトリオールを酸性溶液中でベンズアルデヒドと反応させると一方のアセタールのみが単一立体異性体として得られ，他のアセタールは得られない．なぜ，このアセタールが優先的に得られるのか．生成したアセタールで立体配置を示していない炭素の立体化学を示せ．［ヒント］アセタール生成物の立体化学を制御するものは何か．

8. 次の化合物は鎮痛薬のトラマドール（tramadol）である．飽和6員環部の予想される立体配座を書け．

脱離反応 17

関連事項

必要な基礎知識
- 立体化学 14 章
- 飽和炭素での求核置換反応の機構 15 章
- 立体配座 16 章

本章の課題
- 脱離反応
- 置換より脱離を優先する因子
- 脱離反応の重要な三つの機構
- 脱離反応における立体配座の重要性
- 脱離反応を使うアルケン（アルキン）の合成

今後の展開
- アルケンへの求電子付加（本章での反応の逆反応）19 章
- 二重結合の立体化学を制御する方法 27 章

17・1 置換と脱離

ハロゲン化 t-ブチルの置換は 15 章で述べたように，常に S_N1 機構で進行する．いいかえれば，それらの置換反応の律速段階は単分子反応であり，ハロゲン化アルキルだけが関係する．このことは，求核剤が何であれ，同じ速度で反応が進むことを意味する．たとえば，水の代わりに水酸化物イオンを使っても，あるいはその濃度を増やしても，この S_N1 反応を速めることはできない．それは時間の無駄である（15 章参照）．

t-BuBr の求核置換

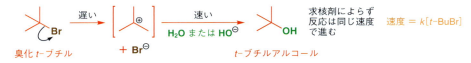

実際，そんなことをすると，ハロゲン化アルキルも無駄にしてしまう．置換反応を高濃度の水酸化ナトリウムで試みると次のようになってしまう．

t-BuBr と濃 NaOH 溶液との反応

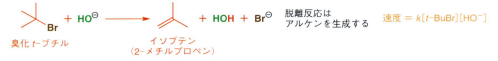

この反応では置換生成物の代わりにアルケンが生成する．全体として，臭化アルキルから HBr がとれているので，この反応を**脱離**（elimination）とよぶ．

本章では，脱離反応の機構について説明する．置換反応と同様に，脱離には複数の機構がある．脱離を置換と比較していくが，どちらの反応も，ほとんど同じ出発物から起こる．そしてどちらが起こりやすいか予測する方法を説明する．機構に関する説明の多くは 15 章と密接に関連しており，本章にとりかかる前に，15 章の要点をすべて理解しているか，確認することをすすめる．本章ではまた，脱離反応の応用についても述べる．11 章で少しふれた Wittig 反応は別として，これが単純なアルケンの合成法として初めてのものである．

求核剤が炭素ではなく水素を攻撃すると脱離が起こる

臭化 t-ブチルの脱離反応は，求核剤が塩基性であるために起こる．10章で述べたように，塩基性と求核性にはある程度関係がある．強塩基は，ふつうよい求核剤でもある．しかし，よい求核剤であっても，水酸化物イオンは置換反応の一次反応速度式に現れないので，置換反応には関与しない．一方，よい塩基なら，水酸化物イオンは脱離反応の律速段階に関与し，速度式に現れる．すなわち脱離反応を促進する．次にその反応機構を示す．

> 塩基性と求核性の相関は C=O への攻撃に最もよくあてはまる．15章で飽和炭素での置換にはよいが強塩基ではない（I^-，Br^-，PhS^- のような）求核剤の例が出てきた．

E2 脱離

速度 = $k[t\text{-BuBr}][HO^-]$

HO$^\ominus$ H─C─Br ⟶ HOH + （アルケン） + Br$^\ominus$

律速段階に2分子が関与

置換反応では水酸化物イオンが炭素原子ではなく，水素原子を攻撃するので塩基として働くことになる．この水素はもともと酸性ではないが，臭化物イオンがよい脱離基なので，プロトンとして引抜くことができるようになる．水酸化物イオンが β 水素を攻撃すると，臭素原子は負電荷とともに押し出される．この反応の律速段階には，臭化 t-ブチルと水酸化物イオンの2分子が関与している．このことは，両方の濃度が速度式に現れている（二次反応）ことからもわかる．したがって，二次分子反応である．この反応を**二分子脱離反応**（bimolecular elimination reaction）といい，**E2** と略す．

> 注：下つきでも上つきでもなく，E2 と記す．E は elimination（脱離），2 は二分子反応を意味する．

$$反応速度 = k_2[t\text{-BuBr}][HO^-]$$

脱離反応をもう1種類みてみよう．今度もまた S_N1 反応を念頭に話を進める．本章冒頭で述べた反応の逆反応で，アルコールがハロゲン化アルキルに変換される反応である．

t-BuOH の HBr による求核置換

求核剤である臭化物イオンは律速段階に関与していないので，反応速度は Br^- の濃度に無関係であることがわかっている．実際最初のカチオンが生成する段階は，臭化物イオンが存在しなくても同じ速さで起こる．ではこのような求核剤が存在しない反応では，カルボカチオンはどうなるのだろうか．これを知るためには，対イオンの求核性が低くカルボカチオンの正電荷をもった炭素原子を攻撃しないような酸を用いて反応を行う必要がある．一例を示す．t-BuOH は，硫酸中では置換ではなく脱離反応を起こす．

t-BuOH の E1 脱離（H_2SO_4 中）

$H_2SO_4 \rightleftharpoons H^\oplus +$ HO─S(=O)(=O)─O$^\ominus$

t-ブチルアルコール ─OH $\xrightarrow{H^\oplus}$ ─OH$_2^\oplus$ $\xrightarrow{遅い}$ カルボカチオン $\xrightarrow{速い}$ イソブテン（2-メチルプロペン）

HSO_4^- は律速段階であるカルボカチオン生成には関与しておらず，また非常に求核性の低い求核剤である．そのためこれはカルボカチオンの炭素を攻撃しない．また，塩基性も低いが反応機構からわかるようにこれは塩基として働く（すなわちプロトンを取去

カルボニル化学における脱離

アルケン生成に関する詳しい説明を本章まで残してきたが，10章と11章では四面体中間体から脱離基が脱離する反応について述べた．たとえば，次に示す酸触媒エステル加水分解の最終段階では，ROH が E1 脱離して二重結合を生じる．ここでは，C=C ではなく，C=O 二重結合が生成している．

11章で，エナミンを生成する脱離反応について説明した．その反応は，下に示すように E1 脱離の例である．

る）．これは単に HSO_4^- が求核剤として反応性がさらに低いためである．速度式に HSO_4^- の濃度は入らず，律速段階は S_N1 反応の場合と同じである．つまり，プロトン化された t-BuOH から，水が単分子的に脱離する反応である．したがって，この脱離機構を**単分子脱離**（unimolecular elimination）といい，**E1** と略す．

またすぐに，脱離反応のこれら二つの機構と第三の機構に戻るが，E1 反応と E2 反応のどちらが起こるかを決定するのは，S_N1 反応と S_N2 反応のどちらが起こるかを決定するのとは異なる要因によることに注意しよう．E1 反応，E2 反応いずれも S_N1 反応しか起こさない基質から進行する例を述べた．二つの反応の違いは塩基の強さである．したがってまず，求核剤はどういう場合に塩基として作用するようになるのかという問いに答える必要がある．

17・2 求核剤は脱離と置換にどうかかわるか

塩 基 性

脱離基をもった分子が異なる求電子部位2箇所で反応すると上で述べた．その部位とは，脱離基のついた炭素とその隣の炭素にある水素である．炭素を攻撃すると置換が起こり，水素を攻撃すると脱離が起こる．強塩基は一般に水素を攻撃するので，求核剤の塩基性が強くなるほど，ハロゲン化アルキルの主反応として，脱離が置換よりも起こりやすくなる．

次に実際の例をあげる．弱塩基（EtOH）では置換反応が，強塩基（エトキシドイオン）では脱離反応が起こる．

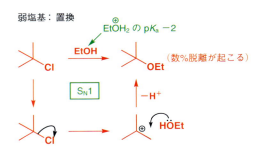

大 き さ

炭素原子を攻撃するには，求核剤は置換基の立体障害を乗り越えて反応中心に近づかなければならない．立体障害の小さいハロゲン化第一級アルキルでさえも，アルキル基が一つついている．これが，立体障害のあるハロゲン化アルキルの S_N2 反応が非常に遅い理由の一つである．求核剤が，反応中心に到達しにくくなるためである．脱離反応において，もっと外側にある水素原子に到達するほうがずっと容易なので，塩基性が大きくしかも嵩高い求核剤を使えば，ハロゲン化第一級アルキルでさえも，置換よりも脱離が優先して起こるようになる．置換をおさえて，脱離を促進する塩基として，最もよいものの一つはカリウム t-ブトキシドである．この第三級アルキル基が大きいために，負電荷をもった酸素が炭素を攻撃して置換反応を起こすのはむずかしいが，水素を攻撃するには問題ない．

> **脱離，置換，そして硬さ**
> 置換と脱離，すなわち C 攻撃と H 攻撃の選択性は，硬い求電子剤と軟らかい求電子剤（15 章）の考えによっても合理的に説明できる．S_N2 置換においては，中心炭素はほとんど電荷をもたないので，軟らかい求電子剤である．そしてハロゲン化物のような脱離基が置換していると，その C–X 結合の σ* 軌道のエネルギーは比較的低くなる．したがって，このような LUMO と相互作用できる HOMO をもつ求核剤（いいかえれば，軟らかい求核剤）は，置換を優先して起こす．対照的に，H 原子は電気陰性度が小さいので，C–H σ* 軌道はエネルギー的に高い．このことと水素原子が小さいことのために，C–H 結合は硬い求電子部位となっており，その結果硬い求核剤は脱離を優先する．

温　度

温度は，反応が脱離になるか置換になるかを左右するうえで重要な役割を担っている．脱離は 2 分子が 3 分子になる反応であり，置換反応では 2 分子から新しく 2 分子できる．したがってこれら二つの反応では，エントロピー変化が異なる．すなわち，ΔS は置換より脱離のほうが大きい．12 章で次の式が出てきた．

$$\Delta G = \Delta H - T\Delta S$$

この式は，ΔS が正の反応は ΔG が高温でより小さくなることを示している．したがって，高温では脱離が優先する．本書に出てくるほとんどの脱離反応は，実際に室温かそれ以上の高温で行われている．

> どちらの反応が起こるかは，生成物の安定性でなく反応速度が重要なので，この説明は単純化されている．詳細な議論は本書の範囲を越えるが，説明の大枠としては正しい．

> ➡ 関連する例については 12 章 251 ページ参照．

> **脱離か置換か**
> - 強塩基性の求核剤は置換より脱離を優先する
> - 立体障害の大きな求核剤（または塩基）は置換より脱離を優先する
> - 高温では置換より脱離が優先する

17・3　E1 機構と E2 機構

すでに脱離反応の例をいくつかみてきたので，ここで脱離反応の二つの機構に戻って

考えよう。これまでに述べてきたことをまとめておく。

- E1 反応は，律速段階が単分子（1）で起こり，塩基が関与しない脱離（E）反応である。脱離基がこの律速段階で外れ，ついでプロトンが第二段階で引抜かれる
- E2 反応は，律速段階に 2 分子（2）が関与する脱離（E）反応であり，2 分子の一つは塩基である。脱離基が外れるのと，塩基によるプロトンの引抜きは同時に起こる

> E2 脱離では，脱離基が外れるのとプロトンの引抜きとは協奏的である。

E1 脱離の一般的な機構

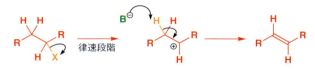

E2 脱離の一般的な機構

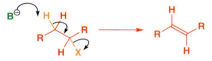

脱離が E1 機構で進むか E2 機構で進むか，これを左右する因子は多い。一つは速度式からただちにわかる。E2 だけが塩基濃度に影響されるので，高濃度の塩基では E2 が有利になる。E1 反応の速度は，塩基の種類にも左右されない。したがって，E1 は弱塩基でも強塩基と全く同様に進むが，E2 は弱塩基よりも強塩基のほうが速く進む。どのような濃度であっても，強塩基では E2 のほうが E1 より有利である。もし，脱離に強塩基が必要ならば，その反応はまちがいなく E2 反応である。本章の最初の脱離がその一例になる。

臭化 t-ブチルと濃水酸化物イオンとの反応

立体障害の小さいハロゲン化アルキルに対しては，水酸化物イオンは脱離反応の塩基としてはあまり適していない。これは，かなり小さく，S_N2 置換にも適しているからである（水酸化物イオンは低濃度なら，ハロゲン化第三級アルキルでさえ脱離より置換のほうが優先する）。これに代わるよい反応剤は何だろうか。

すでに述べたように，t-ブトキシドが，嵩高いと同時に強塩基（t-BuOH の pK_a 18）でもあるので，E2 には理想的である。次に，この反応剤を使って連続して 2 回 E2 脱離を起こさせてジブロモ化合物をジエンに変換する例を示す。ジブロモ化合物は，アルケンから合成できる（19 章でそれについて説明する）ので，これはアルケンからジエンを 2 段階で合成する有用な方法である。

E2 脱離 2 回を経るジエンの合成

➡ ケテンについては次章で簡単にふれる.

次の反応の生成物は，ケテンアセタールである．通常のアセタールとは違い，このアセタールはケテンから直接合成できない（ケテン $CH_2=C=O$ は非常に不安定である）．代わりに，ブロモアセトアルデヒドから通常の方法でアセタールをつくり，t-BuOK を用いて HBr を脱離する.

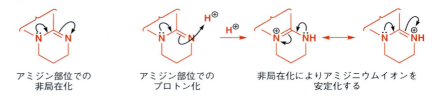

DBU
1,8-ジアザビシクロ
[5.4.0]-7-ウンデセン

➡ DBU については 175 ページ参照.

ハロゲン化アルキルをアルケンに変換する際，最もよく使う塩基の一つに DBU がある（8 章）．DBU はアミジンであり，一方の窒素原子の非共有電子対が他方に非局在化し，プロトン化されたアミジニウムイオンを安定化するので，その塩基性が強くなる．プロトン化されたアミジンの pK_a はおよそ 12.5 である．この嵩高い縮環系は，立体的に込み合った炭素に近づきにくいので，置換反応で炭素を攻撃するよりも，容易に近づける水素を引抜く.

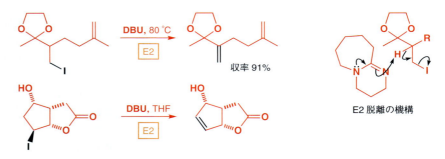

DBU は，一般にハロゲン化アルキルから HX を脱離させて，アルケンを生成する．次の 2 例の生成物は天然物合成の中間体である.

高温では脱離反応が起こりやすくなることに注意してほしい．

17・4　E1 反応を起こしやすい基質

本章の最初の脱離反応（t-BuBr + HO⁻）は，非常に重要なことを示している．出発物がハロゲン化第三級アルキルなので，**置換**は S_N1 でしか起こらないが，**脱離**は E2（強塩基とともに）でも E1（弱塩基とともに）でも起こりうる．反応中心の立体障害が S_N2 を起こりにくくする立体的要因は，脱離反応にはない．それにもかかわらず，E1 脱離は，たとえばハロゲン化アルキルでも第三級やアリル型，ベンジル型のものなど，イオン化して比較的安定なカルボカチオンを生じる基質でのみ起こる．ハロゲン化第二級アルキルは E1 で脱離することもあるが，ハロゲン化第一級アルキルは E1 に必要な第一級カルボカチオンが不安定で生じないので，E2 でのみ脱離する．E1 で進む種々の基質を次ページの図にまとめておく．しかし，これらの基質のどれも，適当な条件下では（た

17・4 E1反応を起こしやすい基質

とえば，強塩基が共存すれば）E2 も起こることを忘れてはいけない．完璧を期すために，図には，脱離基の隣の炭素原子に失われるべき水素がないため，いずれの機構でも脱離しないハロゲン化アルキル 3 種も入れてある．

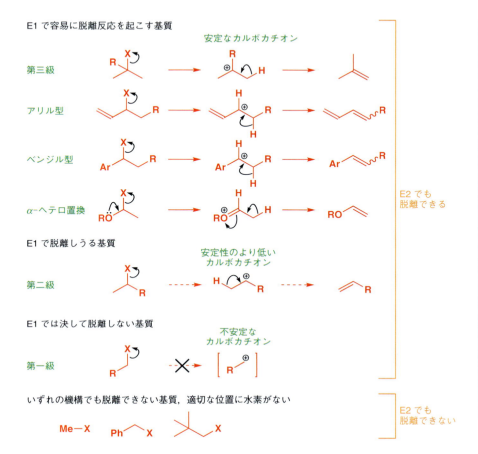

プロトンは塩基がなくてもカチオンから脱離できるか

E1 機構で，脱離基がいったん外れると，ほとんどどのようなものでもカルボカチオン中間体から水素をプロトンとして引抜く塩基として働ける．たとえば，弱塩基性の溶媒（水やアルコール）で十分である．反応機構のなかで，単にプロトンが外れるという式がよく出てくる．これは反応系中にはプロトンを捕捉する何らかの弱塩基が存在すると考えているためである．左の図に，このようなプロトンの脱離の例を示す．

非常にまれであるが，15 章で述べた超強酸溶液のように，BF_4^- や SbF_6^- などの対イオンが求核性も塩基性ももたないためにプロトンさえも受取らず，カチオンが安定に存在することがある．E1 反応の機構をふつうこのように書くが，この事実は E1 反応であっても何らかの弱い塩基が必要であることを示している．

極性溶媒もカルボカチオン中間体を安定化するので，E1 反応を有利にする．水やアルコール溶媒中でアルコールが E1 脱離する反応は，特に一般的で非常に有用である．酸触媒は脱水を促進し，希硫酸またはリン酸，希塩酸中でよい求核剤が共存しなければ，置換が競争することはない．たとえばリン酸を用いた場合，第二級アルコールのシクロヘキサノールは，シクロヘキセンになる．

しかし，E1 脱離を最も起こしやすいのは第三級アルコールである．第三級アルコールは，9 章の方法でつくることができる．すなわち，カルボニル化合物への有機金属反応

剤の求核付加である．求核付加に続くE1脱離は，たとえば，次の置換シクロヘキセンをつくる優れた方法である．第一段階で必要なプロトンは，最後に再生することに注目しよう．つまり，酸は触媒量だけでよい．

セドロール（cedrol）は香料産業で重要であり，スギの木の香りの主成分である．E. J. Coreyによる合成は，この反応を使っている．ここでは酸（トルエンスルホン酸，230ページ参照）はE1脱離とアセタールの加水分解の両方の触媒として作用している．

前章最後に二環性化合物が出てきたが，これらは脱離反応で問題を生じることがある．たとえば，次の化合物は，E1でもE2でも脱離反応を起こさない．

E2における問題点は少し後で述べるが，E1で越すべきハードルは，平面カルボカチオンの生成である．二環性化合物は橋頭位炭素が平面になることを妨げるので，カチオンは第三級であってもエネルギー的に高く，したがって生成しない．空のp軌道の代わりに，空のsp^3軌道をもった非平面構造のカチオンになればよいと思うかもしれないが，4章で述べたように，できるだけエネルギーの高い軌道を空にしておいたほうがよいのである．

17・5 脱離基の役割

これまでは，脱離反応における脱離基の種類にあまりこだわってこなかった．これまで述べてきたのは，ハロゲン化アルキルのE2とプロトン化されたアルコールのE1だけであった．これは，意識的にそうしたのである．この2種類の脱離反応では，ほとんどこれらの出発物のうちの一つが使われているからである．しかし，脱離基は，E1とE2のどちらの反応でも律速段階に関与しているので，一般によい脱離基は，機構によらず脱離を速める．たとえば，第四級アンモニウム塩の脱離では，アミンが脱離基となる．

➡ 340ページで，同様に平面構造をとれないカチオンのS_N1反応は起こらないと述べた．

Bredt則

橋頭位炭素が平面になれないことは，二環性化合物では，橋頭位炭素が二重結合になれないことを意味している．この原理はBredt則として知られている．しかし，すべての規則と同様に，重要なことは，名称を知っていることよりも，その理由を知っていることである．Bredt則は，橋頭位炭素が平面構造をとろうとすると誘起されるひずみに由来する．

17・5 脱離基の役割

この2例では一見しただけではE1もE2も可能だが、これまでに述べたことから、E1かE2か容易に推定できる。最初の例では、安定なカチオンが生じない（E1は不可能）ので、強塩基を用いてはじめてE2が起こる。2番目の例では、安定な第三級カチオンが生成できる（E1もE2も可能）が、強塩基がないのでE1である。

ヒドロキシ基は酸によってよい脱離基になることを述べたが、これはE1脱離によって反応できる基質に限り有効である。ヒドロキシ基は、塩基性溶液で行うE2脱離では決して脱離基にはならない。代わりに強塩基はOH基からプロトンを引抜く。

> HO^- はE2反応の脱離基にはならない。

第一級および第二級アルコールでは、ヒドロキシ基は、塩化 p-トルエンスルホニル（TsCl）や塩化メタンスルホニル（MsCl）によってスルホン化すると、よい脱離基に変換できる。

→ 353ページでスルホン酸エステル（トシラートとメシラート）について述べた。

トルエンスルホン酸エステル（トシラート）は、アルコールにTsClとピリジンを作用させてつくる。トシラートは、塩基性のない求核剤でも置換反応を起こすよい求電子剤であり、すでに15章で紹介した。t-BuOK, NaOEt, DBUのような強塩基を用いると、脱離反応が非常に効率よく進む。次に例を二つ示す。

メタンスルホン酸エステル（メシラート、15章参照）は、DBUでも脱離できるが、Et_3Nを用いると、MsClを用いてメシル化と脱離の2段階を一挙に行ってアルコールをアルケンに変換できる。次に、生物学的に重要な分子を合成する例を二つ示す。下の例では、メシラートを単離し、DBUによる脱離で、RNA中に存在するヌクレオチド塩基の一つウラシルの合成類縁体を得ている。次ページ上の例では、Et_3Nを用いてメシラートを1段階で生成・脱離させて、糖類縁体の前駆体を得ている。

→ RNA塩基と糖については42章で詳しく説明する。

この 2 番目の例は，結果的には第三級アルコールの脱離反応であるが，なぜ酸触媒 E1 反応を使わなかったのだろうか．ここでの問題はこの分子が酸に敏感なアセタール官能基を含むからであるが，これはメシラートを使ってうまく解決されている．酸触媒を使う反応では，もう一つの第三級炭素からメタノールが脱離する危険性もあった．

17・6　E1 反応は立体選択的でありうる

脱離反応によっては，可能な生成物が一つしかない場合もあるが，アルケンの二重結合の位置や立体化学が異なる生成物が二つ（あるいはそれ以上）得られる反応もある．アルケンの立体化学（シス-トランス異性）と位置（どこに二重結合ができるか）を制御する因子について，まず E1 反応から説明しよう．

E- および Z-アルケン

4 章および 7 章で，アルケンにはシスとトランスの立体異性体が存在することを述べた．14 章ではもっと正確に定義する方法を説明した．シスおよびトランスというのは（シンおよびアンチと同様に）ややあいまいに定義されているが，大変有用である．しかし立体配置を正しく定めるためには，E および Z の立体表記を用いる．二置換アルケンについては，E はトランスに対応し，Z はシスに対応している．三置換あるいは四置換アルケンで，E か Z かを帰属するためには，14 章で R と S について示したのと同じ規則に従って，アルケンの両端にある基に優先順位をつける．もし，各炭素の優先順位の高い基二つがシスにあるときにはそのアルケンは Z であり，トランスならば E である．もちろん，分子がこのような規則を知っているわけではないので，ときには E-アルケンが Z-アルケンよりも不安定な場合（次の 2 番目の例のような場合）もある．

置換基が互いに離れている立体的理由により，E-アルケン（およびそれに至る遷移状態）のエネルギーは，ふつう Z-アルケン（およびそれに至る遷移状態）のものより低い．そのため，反応でいずれもが生成可能な場合，E-アルケンの生成が優先しやすい．E1 反応でアルケンが生成するとき，まさにこれが起こり，より立体障害の少ない E-アルケンが生成する．次にその例を示す．

生成物の立体化学は，カルボカチオン中間体からプロトンが失われるときに決まる．

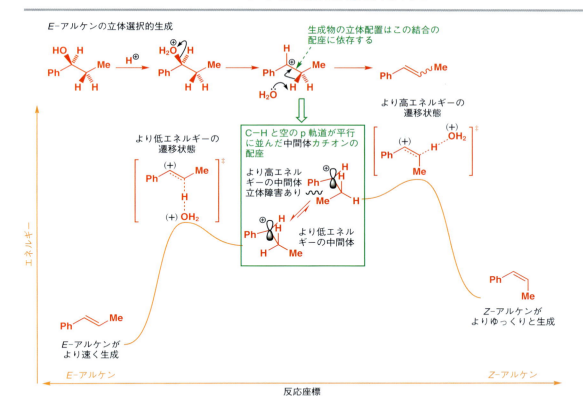

カルボカチオンの空のp軌道と開裂するC–H結合が平行に並んだ場合にのみ，新しいπ結合が生成する．上の例に示すように，カルボカチオンには平行配列可能な立体配座が二つあるが，一方が他方より立体障害が小さいのでより安定である．同じことが，アルケンの生成経路上の遷移状態にもあてはまる．E-アルケンに至る遷移状態のほうがエネルギー的に低く，Z-アルケンよりE-アルケンのほうが多く生成する．可能な立体異性体が二つ生成するが，一方を優先的に生成するので，この過程は立体選択的である．

> ➡ 39章で，カルボカチオンのような高エネルギー中間体の分解反応の遷移状態が，なぜカルボカチオンの構造自体に類似しているかについて述べる．

E1反応は位置選択的に起こりうる

同様の考え方は，アルケンの位置異性体を二つ以上生じるE1脱離にも適用できる．欄

> ➡ 27章で二重結合の立体配置を制御する最も有用な方法について述べる．

タモキシフェン

タモキシフェン(tamoxifen)は，乳がんに有効な抗がん剤である．それは，女性ホルモンのエストロゲンの作用を妨げるように働く．四置換アルケンはE1脱離で導入されている．二つの立体異性体がほぼ等量できるが，二重結合ができる位置ははっきりしている．タモキシフェンはZ異性体である．

外に例を示す．可能な生成物二つのうち，置換基が多いほうのアルケンがより安定なので，それが主生成物となる．

> 置換基が多いアルケンのほうがより安定である．

これはきわめて一般的な原則である．しかし，どうしてそうなるのだろうか．それは，カルボカチオンの置換基が多いほうがより安定であることと関係がある．カルボカチオンの空のp軌道が平行なC–H結合やC–C結合の被占軌道と相互作用すると，カルボカチオンが安定化されると15章で述べた．二重結合のπ電子系についても同じことがいえる．すなわち，空の反結合性π*軌道が，平行なC–H結合やC–C結合の被占軌道と相互作用すると安定化を受ける．そのようなC–C結合やC–H結合が多いほど，アルケンは安定になる．

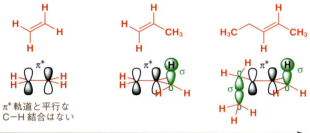

E1反応における立体選択性および位置選択性の説明は，いずれも，どちらのアルケンがより速くできるかという，速度論的考察に基づいている．しかし，E1反応のなかには可逆的なものもある．次章で述べるように，酸中ではアルケンがプロトン化され，カルボカチオンを再生する．この再プロトン化によって，より熱力学的に安定な生成物を選択的に生じる場合もある．それぞれの場合に，どちらが支配的か明確にはいえない．しかし，E2反応は速度支配だけで制御されている．E2反応は決して可逆にはならない．

アルケンの置換基が多いほうが安定になるが，なぜそれがより速く生成するのだろうか．これを理解するためには，アルケンに至る遷移状態を二つ調べる必要がある．両方

とも同じカルボカチオンから生じるが，どちらが得られるかは，どの水素が失われるかに依存する．右側から水素がプロトンとして外れる（茶の矢印）と部分的に一置換二重結合が生成する遷移状態に至る．左側からプロトンがとれる（オレンジの矢印）と，三置換二重結合が生じる．こちらの遷移状態のほうがエネルギー的に低くより安定なので，置換基の多いアルケンのほうが速く生成する．

17・7　E2 反応はアンチペリプラナー遷移状態を経る

　E1 反応にはある程度の立体選択性と位置選択性が認められるが，E2 脱離の遷移状態はもっと厳しく限定されているので，選択性は E2 脱離のほうがずっと高い．E2 脱離では，C–H σ 軌道と C–X 反結合性 σ* 軌道との重なりによって，新しい π 結合ができる．両軌道が最もよく重なるためには，同じ平面にあることが必要である．このことが二つの立体配座で可能である．一つは，H と X がアンチペリプラナーにあり，もう一つは，シンペリプラナーにある．アンチペリプラナーの配座はねじれ形なので，シンペリプラナーの配座（重なり形）より安定であるが，もっと重要なことは，アンチペリプラナーの配座だけが，完全に平行な結合（したがって軌道）になっていることである．

➡ C–C 単結合の立体配座の形と名称については，371 ページを参照．

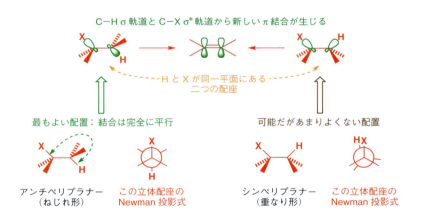

➡ Newman 投影式は結合に沿ってみたときの分子の立体配座を表している．これをどのように書きどのように解釈するかについては，370 ページを参照．

　したがって，E2 脱離はアンチペリプラナー配座から選択的に起こる．すぐ後で実際にこのように反応していることがなぜわかるかについて述べるが，まず，可能な立体異性体二つのうちの一つをおもに生じるような E2 脱離を考える．2-ブロモブタンは，H と Br がアンチペリプラナーになる配座が二つあるが，立体障害のより小さいほうが生成物

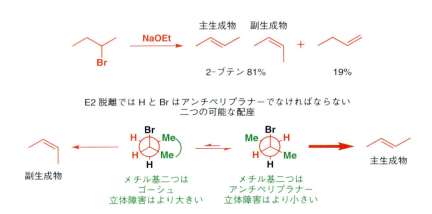

をより多く生じる．すなわち，E-アルケンがおもに得られる．

　脱離可能な水素が二つあるので，反応が起こるときに，どちらの水素が脱離基とアンチペリプラナーになるかによって生成物の立体化学が決まり，その結果，反応は立体選択的になる．

E2反応は立体特異的になる

　次の例では，脱離する水素は一つだけである．ここでは，アンチペリプラナーの遷移状態に選択の余地はない．すなわち，このE2反応は，ただ一つの経路しかないので，生成物がEかZかは決まっている．そして，どのジアステレオマーが出発物として使われるかによってその結果が決まる．反応するように水素と臭素をアンチペリプラナーにして紙面上に書くと，シン体では二つのフェニル基のうち一つは紙面の手前に向き，もう一つは後方を向く．水酸化物イオンがC－H結合を攻撃し，Br^-が脱離する間，この配列は保持されているので，二つのフェニル基はトランス（生成するアルケンはE）になる．同じ配座をNewman投影式でみたほうがわかりやすい．

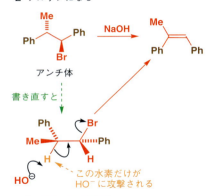

　アンチ体からは，同じ理由によりZ-アルケンが生成する．二つのフェニル基は，今度はH－C－C－Br面の同じ側になり，アンチペリプラナーの配座（これもNewman投影式でみると明らかである）を経て，シス生成物になる．それぞれのジアステレオマーは，別の立体異性体を異なる反応速度で生じる．このアンチペリプラナーの配座からのみE2反応が進行するが，特にアンチ体の場合，必ずしもこれが最安定な配座ではないので，シン体の反応がアンチ体の反応より約10倍速い．アンチ体の反応のNewman投影式から，フェニル基二つが互いにシンクリナル（ゴーシュ）になっていることがわかる．これら大きい基どうしの立体障害によって，脱離に必要な配座をとるのは比較的少数の分子に限られるために，その反応は遅くなる．

　生成物の立体化学が，出発物の立体化学によって一義的に決まる反応を**立体特異的反応**（stereospecific reaction）とよぶ．

立体選択的か立体特異的か

- **立体選択的反応**とは，可能性のあるいくつかの反応経路から，おもな生成物が一つ生じるものである．このとき，より低い活性化エネルギーの経路をとった生成物が得られることもあり（速度支配），より熱力学的に安定な生成物が有利になることもある（熱力学支配）．
- **立体特異的反応**とは，出発物の立体化学と反応機構とが相まって，単一の立体異性体を生じるものである．選択の余地はない．立体特異的反応では出発物の立体異性体のそれぞれに対応して異なる立体異性体の生成物が生じる

> 立体特異的反応は立体選択性の非常に高い反応とは異なる．この二つの用語は反応機構的に異なる意味をもち，同じことの程度の違いを示すものではない．

シクロヘキサン誘導体の E2 反応

上で述べた反応の立体特異性は，E2 反応がアンチペリプラナーの遷移状態を通って進むことを示す非常によい証拠になっている．どのジアステレオマーから出発するとどのアルケンが得られるかわかっているので，反応経路に疑問の余地はない．

置換シクロヘキサンの反応においても，その証拠が見つかっている．16 章で述べたように，シクロヘキサンの二つの置換基は両方ともアキシアルにあるときにだけ互いに平行になる．エクアトリアル C–X 結合は，C–C 結合とだけアンチペリプラナーになっていて，脱離には関与できない．ほかに置換基をもたないハロゲン化シクロヘキシルを塩基で処理する場合には，より不安定なアキシアル配座異性体も相当量存在する（381 ページの表参照）ので，問題なく，脱離はこの配座異性体から進む．

> 次の章で，アキシアル結合どうしの組合わせにより軌道が重なり，これにより ^{1}H NMR の結合定数が非常に大きくなることを述べる．

エクアトリアル X は C–C 結合とだけアンチペリプラナーであり，E2 機構では脱離が不可能

アキシアル X は C–H 結合とアンチペリプラナーになり，E2 脱離が可能

> シクロヘキサン誘導体の E2 脱離が起こるためには，C–H と C–X はどちらもアキシアル位になければならない．

メントールに由来するクロロシクロヘキサンの二つのジアステレオマーは，ナトリウムエトキシドを塩基として用いる同じ反応条件において反応性が非常に異なる．両方とも HCl を脱離するが，ジアステレオマー A の反応は速く，生成物は混合物になる．一方，ジアステレオマー B（塩素が結合する炭素の立体配置だけが異なる）は，単一のアルケンを生成するが，反応は非常に遅い．E1 機構では，両ジアステレオマーから同じカチオンが生成し，生成物比はどちらも同じになる（速度については必ずしもあてはまら

> これはシクロヘキサンのいす形配座をまちがいなく書くことができるかどうかを確認するよい機会であろう．詳細は378ページを参照のこと．

ないが）と考えられるので，E1機構は問題なく除外できる．

このような反応を説明するとき，分子の立体配座を書いてみるとよい．いずれもいす形配座をとり，一般に，最も大きな置換基（あるいは最も多くの置換基）がエクアトリアル位になるいす形配座のほうが安定である．この例では，イソプロピル基の影響が最も大きい．イソプロピル基は枝分かれしており，アキシアル位にくると，非常に大きな1,3-ジアキシアル相互作用が生じる．両ジアステレオマーでイソプロピル基がエクアトリアル位にあると，メチル基もエクアトリアル位になり，唯一の違いは塩素の向きだけである．

ジアステレオマーAでは，出発物の相対的配置が決まっているので，優勢な配座異性体の塩素はアキシアル位にならざるをえない．それは，エクアトリアル塩素より不安定であるが，E2脱離には理想的であり，アンチペリプラナー水素が二つあって塩基で引抜きが可能である．この水素それぞれを除去するとアルケンが2種生じるが，置換の多いほうのアルケンが3：1の比で優先的に得られる．

ジアステレオマーBでは，最もエネルギーの低い配座では，塩素がエクアトリアル位にある．このエクアトリアル脱離基は，アンチペリプラナー水素がないのでE2脱離を起こさない．このことから，ジアステレオマー二つの間の反応速度の相違が説明できる．Aの有利な配座では，塩素がアキシアル位にあってE2脱離できるが，Bでは脱離基がアキシアル位にくる分子はごくわずかにすぎない．この場合置換基三つがいずれもアキシアルになってしまうので，この配座異性体のエネルギーはずっと高いが，この異性体のみHClが脱離できる．この反応性分子の濃度は低いので，反応速度も小さくなる．アンチペリプラナーの水素は一つしかないので，脱離生成物は単一のアルケンになる．

ジアステレオマー A の配座

C–Cl 結合に対してアンチペリプラナーのC–H 結合がない．脱離は起こらない

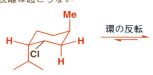

不利な配座
アキシアル i-Pr

環の反転 ⇌

アンチペリプラナーのC–H結合が二つあり，いずれも脱離でき，2種類のアルケンを生成

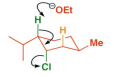

有利な配座
エクアトリアル i-Pr

ジアステレオマー B の配座

C–Cl 結合に対してアンチペリプラナーのC–H 結合がない．脱離は起こらない

有利な配座
エクアトリアル i-Pr

環の反転 ⇌

アンチペリプラナーのC–H 結合は一つだけ．単一のアルケンが生成

不利な配座
アキシアル i-Pr

ハロアルケンのE2反応：アルキンの合成法

C–BrとC–Hのアンチペリプラナーになる配列は，BrとHが互いにトランスであれば，ブロモアルケンでも可能である．下のようなブロモアルケンのZ異性体のE2脱離はE異性体の脱離よりもかなり速く，アルキンを生成する．E異性体ではC–H結合とC–Br結合がシンペリプラナーになっているからである．

> この反応によく用いられるLDA（リチウムジイソプロピルアミド，i-Pr₂NLi）はBuLi（174ページ参照）によるi-Pr₂NHの脱プロトンでつくる．LDAは非常に強い塩基である（i-Pr₂NHのpK_a約35）が，立体障害により求核性は低い．したがって，E2脱離を行うには理想的である．

Z体
C–HとC–Brはアンチペリプラナー
速いE2脱離

E体
C–HとC–Brはシンペリプラナー
遅い反応

ブロモアルケンそれ自身は，1,2-ジブロモアルカンの脱離反応でつくることができる．1,2-ジブロモプロパンを R_2NLi 3当量で処理すると，何が起こるかみてみよう．まず E2 脱離が起こり，ブロモプロペンが生じる．ついでブロモプロペンの脱離反応でアルキンが得られる．末端アルキンは十分酸性なので，さらに R_2NLi で脱プロトンを受ける．これが塩基の3当量目の役割である．全体として，この反応によって完全に飽和の出発物から，さらにアルキル化反応などに利用可能なリチオアルキンが得られる．これは，三重結合のない出発物からアルキンをつくる反応として初めての例である．

1,2-ジブロモプロパンからのアルキンの合成

17・8　E2反応の位置選択性

欄外に示すように，一見よく似た脱離反応が二つある．脱離基が異なるし，反応条件も非常に違うが，全体をみるといずれも HX が脱離して，可能なアルケン二つのうち一つだけ生成している．

最初の例では，第三級アルコールが酸触媒で脱水を起こし三置換アルケンが生成する．対応する塩化第三級アルキルに立体障害の非常に大きいアルコキシド塩基（エチル基が互いに離れようとするので t-BuOK よりも立体障害が大きい）を作用させて HCl を脱離させると，もっぱらより不安定な二置換アルケンが生成する．

この二つの反応の位置選択性が異なるのは，反応機構が違うためである．すでに述べたように，第三級アルコールの酸触媒脱水反応は，通常 E1 であり，置換基の多いアルケンが優先して生成する（400ページ参照）．立体障害の大きい強塩基を使う第二の脱離は E2 反応である．しかし，なぜ E2 が置換基の少ない生成物を優先するのだろう．ここでは，脱離基とアンチペリプラナーになる C—H 結合にこと欠かない．Cl がアキシアルの配座では，脱離可能で等価な環水素が二つあり，いずれが脱離しても三置換アルケンが生じる．さらに，等価なメチル水素三つはいずれも，Cl がアキシアルであろうとエクアトリアルであろうと，E2 脱離で二置換アルケンを生成する位置にある．しかも立体障害の大きい塩基で引抜ける水素はメチル水素だけである．次式に，これら二つの可能性についてまとめる．

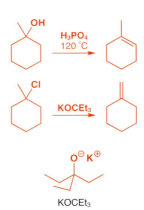

KOCEt₃

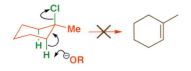

Cl に対してアンチペリプラナーにある二つの環水素　　環水素は立体障害が大きく，反応は起こらない

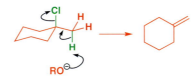

Cl に対してアンチペリプラナーにあるメチル水素　　メチル水素のほうが立体障害が小さくこの生成物が得られる

Saytsev 則と Hofmann 則

この二つの相反する（置換基の多いアルケンか，少ないアルケンか）選択性は，習慣的にそれぞれ Saytsev 則および Hofmann 則とよばれてきた．これらのよび方が使われているのをみることがあるかもしれない（Saytzeff，Zaitsev など他のスペルを見かけることがあるかもしれない．Saytsev の名前はロシア語から移されたものでまだ仕方がないが，この Hofmann は f 一つで n 二つであるのをまちがえてはいけない）が，これらのどちらがどちらか（あるいはどのようにつづるか）というようなことはあまり意味がなく，二つのアルケンのどちらが生成しやすいのか，その理由を理解しておくほうがずっと大切である．

塩基は立体障害が小さいほうのメチル水素を攻撃する．それらは第一級炭素原子に結合しており，他のアキシアル水素からは十分に離れている．立体障害のある塩基が E2 脱離する際，最も置換基の少ない部位での脱プロトンが最も速いので，置換基の少ない二重結合を優先して生成するのが一般的である．置換基の少ない炭素に結合した水素のほうが酸性度も大きい．共役塩基について考えてみると，メチルアニオンよりも t-ブチルアニオンのほうが塩基性が強い（電子供与性のアルキル基三つによってアニオンが不安定になっている）．したがって，対応するアルカンの酸性度は小さい．次に示す E2 反応の例では，塩基をエトキシドから t-ブトキシドにかえると，主生成物が置換基の多いアルケンから置換基の少ないものに変わっており，立体的要因の影響は明らかである．

28%　　73%　　←t-BuOK　　Br　　NaOEt→　　69%　　31%

脱離反応の位置選択性
- E1 反応では置換基の多いアルケンが生じる
- E2 反応では置換基の多いアルケンが生じる場合もあるが，立体障害の大きい塩基を使うと，位置選択的に置換基の少ないアルケンが優先する

17・9　アニオン安定化基は第三の機構を可能にする（E1cB 機構）

本章を終える前に，これまでに述べてきたことに一見反する反応について考えよう．それは，強塩基（KOH）触媒による脱離であり，E2 のようにもみえる．しかし，脱離基はヒドロキシ基であり，E2 脱離をしないと 397 ページで述べたことである．

何が起こっているか解く鍵は，カルボニル基にある．負電荷がカルボニル基と共役すると安定化を受けると 8 章で述べたし，176 ページにはカルボニル基に隣接する水素がいかに酸性であるかを示した．この脱離反応で引抜かれる水素は，カルボニル基に隣接しており，したがって相当に酸性（pK_a 約 20）である．すなわち，同時に離れる脱離基がなくても，塩基によって引抜かれうることを意味している．生成したアニオンは，カルボニル基にまで非局在化できるので，安定に存在できる．

> この非局在化したアニオンをエノラート（enolate）とよぶ．詳しくは 20 章以降で述べる．

隣接カルボニル基により緑の水素は酸性（pK_a 約 20）　　酸素に非局在化している C=O の隣接アニオン　最もよい表し方　　この式の寄与は小さい　左式の寄与がとても大きい

このアニオンはカルボニル基で安定化されてはいるが，それでもまだ脱離基を失ってアルケンになりやすい．これが次の段階である．

17・9 アニオン安定化基は第三の機構を可能にする（E1cB 機構） 407

E1cB 機構による脱離反応

この段階は脱離の律速段階でもある．すなわち，脱離は単分子で起こるので，E1 反応に分類できる．脱離基は出発物分子から直接外れるのではなく，その**共役塩基**から失われていくので，脱プロトンから始まるこの種の脱離の機構は，**E1cB**（cB は共役塩基 conjugate base の略）とよばれている．カルボニル化合物での全機構を一般式で示す．

"E1cB" には上つき，下つきがなく，c は小文字で B は大文字で書く．

E1cB 機構

HO⁻ は，E2 反応では決して脱離基にならないが，E1cB 反応では脱離基になりうる点が重要である．HO⁻ を脱離する中間体アニオンは，すでにアルコキシドイオンになっているので，新しく酸素アニオンをつくる必要はない．生成物には共役系が存在することも HO⁻ の脱離を促進する．上式は，他の脱離基でも可能であることを示している．次に，メタンスルホナートを脱離基とする例を二つ示す．

E:Z アルケンの 2:1 混合物 収率 90％

収率 100％

最初の例は，安定化カチオンを経る E1 のようにみえるし，第二の例は E2 のようにみえるが，実は両方とも E1cB 反応である．E1cB 脱離を見分けるには，生成物にカルボニル基と共役したアルケンがあるかどうか調べるのが最もよい．もしそうなら，その機構はたぶん E1cB だろう．

β-ハロカルボニル化合物は，ふつうかなり不安定である．よい脱離基も酸性水素もあるので，E1cB 反応がきわめて容易に起こるからである．ジアステレオマー混合物をまず酸でラクトン化させ，次にトリエチルアミンで E1cB 脱離させると，ブテノリド（butenolide）とよばれている生成物が生じる（次ページ）．ブテノリドは，広く天然物にみられる構造である．

β-ハロカルボニル化合物

このいくつかの機構中で，脱プロトンの段階を平衡で表示していたことに気づいているだろう．これらの平衡は，実際には左側に偏っている．それは，トリエチルアミン（Et_3NH^+ の pK_a 約 10）も HO⁻（H_2O の pK_a 15.7）も，カルボニル基の隣の水素（pK_a > 20）を完全に取去るにはあまり塩基性が強くないからである．しかし，脱離基が外れるのは事実上不可逆なので，反応を進めるためには，脱プロトンされたカルボニル化合

物が少量でもあればよい．E1cB を起こす基質としては，プロトンとして引抜かれる水素に，アニオンを安定化できる何らかの基が隣接していることが重要である．それは，アニオンを必ずしも非常によく安定化する必要はないが，水素を酸性にするものなら，E1cB 機構になる可能性がある．次に示すのは，アニオンを安定化するフェニル基を二つもち，脱離基がカルバミン酸アニオン（$R_2N-CO_2^-$）になっている重要な例である．

共役塩基が芳香族性をもつシクロペンタジエニルアニオン（7 章参照）になるので，プロトンとして引抜かれる水素の pK_a は約 25 である．E1cB 脱離は，第二級あるいは第三級アミンを塩基として用いるだけで起こる．脱離基が外れると，自然に CO_2 も失われてアミンになる．この種の化合物は，23 章でもまた出てくるが，そこでは Fmoc 保護基について説明する．

E1cB 脱離の位置づけ

E1cB 脱離とこれまでに述べてきた他の脱離反応とは，プロトン引抜きと脱離基の切断の相対的なタイミングを考えると比較できる．E1 反応は，一方の極端な場合であり，まず脱離基が離れ，次の段階で脱プロトンが起こる．E2 反応では，この二つが同時に起こる．すなわち，プロトンが引抜かれると同時に脱離基が離れる．E1cB では，脱離基

が離れる前にプロトン引抜きが起こる．

　E1 と E2 反応に関連して，位置選択性と立体選択性について述べてきた．E1cB の位置選択性は簡単である．二重結合の位置は，酸性水素の位置と脱離基の位置によって決まる．

　E1cB 反応は立体選択的であることが多い．たとえば，上の例では，*E*-アルケンがおもに生じる（*E*/*Z* 比は 2：1）．アニオン中間体は平面であるため，出発物の立体化学とは無関係に，立体障害のより少ない生成物（通常 *E*）が有利になる．たとえば，次の例では E1cB 脱離が 2 回起こり，*E*,*E* 生成物だけが生じる．

　本章の最後に，思いがけないところで出てくる二つの E1cB 脱離について述べておく．ここまで述べてこなかったのは，その脱離基が，実際にはアニオン安定化基そのものの一部になっている特殊性のためである．まず，ペニシリン V の最初の全合成の 1 段階を例に，E1cB 脱離がどこで起こっているか考えてみよう．

E1cB 反応の速度式

　E1cB 反応の律速段階が単分子的であるので，一次反応式になると考えるかもしれない．実際には速度は塩基の濃度にも依存する．これは，この単分子脱離がアニオン中間体から起こるためであり，その濃度は平衡にある塩基濃度によって決まるからである．次式のような一般的 E1cB 反応式において，アニオン中間体の濃度は (1) 式のように表せる．

　速度は，アニオン濃度に比例するので，その濃度に対して (2) 式のようになる．水の濃度は一定なので，さらに簡略化できる．この速度式に塩基 HO^- が現れているといっても，それが律速段階に関与しているとはいえない．塩基濃度が増大すると，脱離を起こすアニオンの量が増えて，反応が速くなるのである．（この考えは三次反応速度式と関連して 12 章で述べた．）

$$K = \frac{[\text{エノラート}][H_2O]}{[\text{ケトール}][HO^-]} \quad \text{したがって} \quad [\text{エノラート}] = \frac{K}{[H_2O]}[\text{ケトール}][HO^-] \tag{1}$$

$$\text{速度} = k\frac{K}{[H_2O]}[\text{ケトール}][HO^-] = \text{定数} \times [\text{ケトール}][HO^-] \tag{2}$$

反応は一見非常に単純で，塩基存在下でのアミド生成のようにみえる．そして，10章で述べたような置換反応機構に従っていると考えるだろう．しかし，実は，この酸塩化物は E1cB 脱離を受けやすい構造をしている．カルボニル基の隣に酸性を示す水素がある酸塩化物をトリエチルアミンなどの塩基とともに使うときは，いつでもこの可能性を考えなければならない．

➡ $CH_2=C=O$ は 18 章にもでてくる．

脱離生成物は置換ケテンである．非常に反応性の高い化学種で，その基本構造は $CH_2=C=O$ である．アミンと反応してアミドを生成するのは，このケテンである．

"隠された" E1cB 脱離のもう一つの例はメタンスルホン酸エステル（メシラート）の生成機構に含まれている．15 章でスルホン酸エステルについて紹介し，本章 397 ページで再度言及した際に，これらが塩化メタンスルホニルから生成する機構について説明するのを避けてきた．これは理由があってのことである．すなわち，TsCl とアルコールとの反応は予想どおりの機構で進行するが，MsCl との反応では脱離の段階が含まれている．

アルコールからアルキルトシラートが生成する反応機構を次に示す．アルコールは求電子剤である塩化 p-トルエンスルホニルに求核攻撃し，ピリジンがプロトンを引抜きエステルを生じる．

一方，塩化メタンスルホニル MsCl は塩基により脱プロトンできる酸性度の高い水素をもつという上の酸塩化物と同様の特徴をもっている．この脱プロトン，ひき続いての

塩化物イオンの脱離がメシラートエステル生成の第一段階である．これはE1cB脱離であり，生成物はスルフェン（sulfene）とよばれる．

スルフェンは少し変わった求電子剤である．アルコールが硫黄原子に対する求核剤として働き，カルボアニオンを生じ，これはプロトン移動を起こしてメシラートになる．27章で述べるように硫黄に隣接するカルボアニオンの生成はめずらしいことではない．全体の反応機構が前ページのケテンを経由するアシル化反応の機構とよく似ていることに注意してほしい．

17・10 終わりに

本章で述べた三つの重要な事項について簡単にまとめておく．

脱離と置換

次表は，種々の構造のハロゲン化アルキル（あるいはトシラートやメシラート）が代表的求核剤（塩基としても作用しうる）と反応するときの一般的な傾向をまとめたものである．表に関するいくつかの要点をまとめると次のようになる．

- ハロゲン化メチルは，適当な水素がないので脱離反応を起こさない
- 枝分かれが多いほど置換よりも脱離が起こりやすくなり，強塩基で立体障害の大きい求核剤は，特別なことがない限り常に脱離を優先する
- 基質が第三級でなくかつカチオン中間体が E1 脱離や S_N1 置換を受ける場合を除いて，よい求核剤は S_N2 置換を行う
- 高温では，反応の自由エネルギー（$\Delta G = \Delta H - T\Delta S$）におけるエントロピー項の重要性が増すために，脱離が優先する．これは，S_N1 を抑えて E1 を起こさせるよい方法である

R	ハロゲン化アルキル R-X	弱い求核剤[†1]	弱塩基性求核剤[†2]	強塩基性で立体障害のない求核剤[†3]	強塩基性で立体障害のある求核剤[†4]
メチル	H_3C-X	反応は起こらない	S_N2	S_N2	S_N2
第一級（立体障害なし）		反応は起こらない	S_N2	S_N2	E2
第一級（立体障害あり）		反応は起こらない	S_N2	E2	E2
第二級		S_N1, E1（遅い）	S_N2	E2	E2
第三級		E1 または S_N1	S_N1, E1	E2	E2
アニオン安定化基の β 位に脱離基 X		E1cB	E1cB	E1cB	E1cB

[†1] 例 H_2O, ROH. [†2] 例 I^-, RS^-. [†3] 例 RO^-. [†4] 例 DBU, $t\text{-BuO}^-$.

アルケンの種類による安定性のまとめ

アルケンは以下の要因によって安定になる.

- **共役**：カルボニル基，シアノ基，ベンゼン環，RO や RNH 基，C=C 結合など，アルケンと共役することのできるものは，どのようなものであれアルケンを安定化する．これがアルケンに対し最も強力な安定化効果を有し，支配的に働く
- **置換**：アルキル基は σ 共役によってアルケンを弱いながらも安定化する．したがってアルキル基が多いほど安定化するが，次の点に注意が必要である
- **立体障害がないこと**：アルケンは平面なので，シンに位置する大きな，特に分枝した置換基はアルケンを不安定にする．そのため四置換アルケンは通常三置換アルケンよりも不安定である．アルケンが安定な環内にある場合は，環の置換基はシンでなければならないのでこれはあてはまらない

アルケンの立体化学：用語のまとめ

E,Z はアルケンにのみ用いられ，三次元的な立体化学には用いられない．

アルケンの立体配置を明示する正式な方法は *E,Z* である．*Z* はドイツ語の "zusammen（同じ）" に由来し，（14 章で *R* と *S* について述べたのと同じきまりにより）優先順位のより高いものがアルケンの同じ側に存在することを示す．*Z* という文字はトランス–アルケンのように見えるのでこれは実に不運な選択である．*E* はドイツ語の "entgegen（反対）" に由来し，優先順位のより高いものがアルケンの反対側に存在することを意味する．（そして *E* という文字はシス–アルケンのようにみえる．）下の構造中の緑の数字は，アルケンのそれぞれの炭素にある二つの置換基の優先順位と，それに基づいて決定された立体配置を示している．

同様の用語に，14 章ででてきた三次元的相対立体化学を示すのに用いられるシン(syn)とアンチ(anti)がある．正式な定義はなく，明確にするためには図が必要である．

しかし，おそらくアルケンの立体配置を示す最も一般的な方法はシスおよびトランスであろう．これらは二つの置換基がアルケンの同じ側にあるか（シス），反対側にあるか（トランス）を示すものなので図が必要である．明確な優先順位はなく，構造的に，あるいは注目している反応に重要な置換基を選ぶことができるため，アルケンについて述べるときにこの方法はより柔軟で有用である．最も重要な特徴を示すために上のアルケンにシスおよびトランスを割り当ててある．しかしこの場合あいまいな点が生じることがあることに注意してほしい．

問　題

1. 次の脱離反応の機構を示せ.

2. 乳がんに対する抗がん剤であるタモキシフェンを生成する脱離反応の機構を示せ．またおよそ 50：50 の立体異性体（E 体と Z 体のアルケン）の混合物となることを説明せよ．

3. 次の脱離反応の機構を示せ．第一の反応の生成物が混合物になるのに対し，第二の反応で単一生成物が生じるのはなぜか．

4. 次の反応の生成物における二重結合の位置について説明せよ．出発物は純粋なエナンチオマーである．生成物も純粋なエナンチオマーになるかどうか説明せよ．

5. 次の反応の生成物における二重結合の立体化学について説明せよ．

6. 次の反応の機構を示し，なぜ生成物が安定なのか説明せよ．

7. 次の脱離反応で生成するアルケンの位置選択性について説明せよ．

8. ブロモシクロヘキサンが E2 反応を起こしにくい（不可能ではないが）のはなぜか．この反応が進行するためにはどのような立体配座の変化が必要か．

9. 次のブロモ化合物の一方だけが脱離を起こしアルケン A を生じるのはなぜか．またどちらのブロモ化合物もアルケン B を生じないのはなぜか．

10. 次の二つの反応の対照的な結果について説明せよ．

分光法のまとめ 18

関連事項

必要な基礎知識
- 質量分析法 3章
- 赤外分光法 3章
- ^{13}C NMR 3章
- ^{1}H NMR 13章
- 立体化学 14章
- 立体配座 16章
- 脱 離 17章
- カルボニルの化学 10章, 11章

本章の課題
- カルボニル基の反応性を分光法で説明する
- 共役 C=C および C=O 結合の反応性と反応生成物を分光法で予測する
- 環状化合物の環の大きさを分光法で決定する
- 未知化合物の構造を分光法で決定する
- 未知化合物の構造決定のための指針

今後の展開
- 分子の立体化学の決定法まで含めた分光法の総まとめ 31章
- 分光法は必須であり,本書の全章にわたって出てくる

本書では分光法のまとめを二つの章において行う.本章はその最初の章である.31章では,14章と17章で紹介した立体化学まで含めて有機化合物の完全な構造決定に取組む.本章では,これまでに述べた分光法と反応機構に関する考え方を振返り,その関係についても解説する.

18・1 本章の三つの目標

1. 3章と13章の構造決定法を復習し,少し掘り下げるとともに,それぞれの構造決定法の関係について考える
2. 異なる方法をどう組合わせて未知化合物の構造を決定するかを学ぶ
3. 構造決定に役立つデータの表を示す

構造決定の問題を解くときに見やすいように,主要なデータは本章の最後に載せてある.これらのデータ表は本章を読み進めるとき,本文中の表とともに参考にしてほしい.

本章では上記の項目1と2を同時に取扱う.まずカルボニル化合物の化学(10章と11章で述べた)とスペクトルとの相互関係を示し,構造決定の問題をいくつか考える.次に,たとえば,同じ化合物に含まれる複数の核種のNMRについて説明し,さらに多くの問題を解いていく.本章の各節で学ぶことは構造決定法の全体像を理解するのに役立つだろう.まず最初の節では,各種のカルボニル化合物の帰属について述べよう.

18・2 分光法とカルボニル基の化学

10章と11章でカルボニル基の化学について総合的に説明した.ここでは官能基のなかで最も重要なカルボニル基の化学と分光法とのかかわりをまとめよう.

カルボニル化合物は大きく次の二つのグループに分類できる.

1. アルデヒド RCHO とケトン R^1COR^2
2. カルボン酸 RCO_2H とその誘導体(反応性の順に示す)
   酸塩化物 RCOCl, 酸無水物 RCO_2COR, エステル $R^1CO_2R^2$, アミド $RCONH_2$, R^1CONMe_2 など

どんな分光法を用いるとこれらを正しく区別できるだろうか．アルデヒドとケトンを区別するにはどの方法がよいか．種々の酸誘導体の区別はどうしたらよいか．カルボニル基の化学的性質を示す最も信頼できる方法は何か．本節ではこのような問いに対する答を出していこう．

アルデヒドとケトンを酸誘導体から区別する方法

最も信頼性の高い方法は ^{13}C NMR である．カルボニル基の ^{13}C 化学シフトはほぼ一定の領域内にあり，そのカルボニル化合物が環状であっても，不飽和型であっても，あるいは芳香族置換基をもっていてもあまり差はない．これから取上げるカルボニル化合物の例を次ページに示す．まず，各構造式に矢印で示したカルボニル基の ^{13}C 化学シフトをよくみてみよう．すべてのアルデヒドとケトンはその構造に関係なく，化学シフトは 191〜208 ppm の範囲内にある．一方，酸誘導体のカルボニル基の化学シフトは（その構造は実にさまざまであるが）すべて 164〜180 ppm の範囲内にある．二つの領域に重複はなく，両者は容易に区別できる．たとえば，欄外のケト酸の二つのカルボニル基の帰属も容易である．

飽和ケト酸

^{13}C NMR でアルデヒドやケトンは酸誘導体と区別できる

アルデヒドとケトンのカルボニル炭素は例外なく 200 ppm 付近に現れるが，酸誘導体のカルボニル炭素は通常 175 ppm 付近に現れる．

カルボニル基の ^{13}C NMR 化学シフト

カルボニル基	δ_C, ppm	カルボニル基	δ_C, ppm
アルデヒド	195〜205	酸無水物	165〜170
ケトン	195〜215	エステル	165〜175
カルボン酸	170〜185	アミド	165〜175
酸塩化物	165〜170		

これら二つの基を区別することは，構造決定の問題を考えるときに大変重要である．次に示す対称なアルキンジオールは Hg(II) 触媒存在下で酸処理すると環化するが，その生成物は ^{1}H NMR から次のような部分構造をもつと推定できる．生成物は非対称化合物であり，CMe$_2$ 基二つは非等価になっている．さらに CH$_2$ の化学シフトから考えると，これは酸素の隣ではなくカルボニル基の隣にある．これらの結果から二つの構造が考えられる．一つはエステルで，もう一つはケトンである．カルボニル基の ^{13}C 化学シフトが 218.8 ppm であることから，この生成物はまちがいなく後者のケトンであると決定できる．

> ここではこの反応がどう進むかを気にする必要はない．ここで重要なのは，どう反応が進んだかではなく，何が起こったかを知るのには分光法が役立つことを理解しておくことである．ただ，この反応においては，2番目の構造の炭素骨格が出発物と同じであるため，化学的に理にかなっていることは確かである．

未知生成物を与える反応

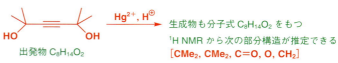

生成物も分子式 C$_8$H$_{14}$O$_2$ をもつ
^{1}H NMR から次の部分構造が推定できる
[CMe$_2$, CMe$_2$, C=O, O, CH$_2$]

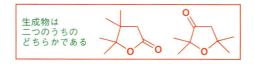

生成物は
二つのうちの
どちらかである

18・2 分光法とカルボニル基の化学

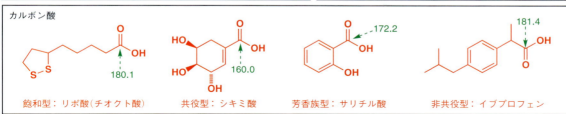

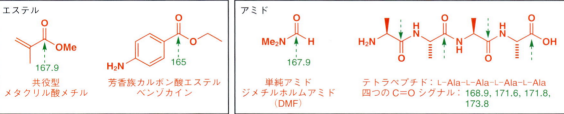

上記のカルボニル化合物について

アルデヒドとケトン

最初のアルデヒドの例はバニリン (vanillin) である．これはアイスクリームなどに用いられるバニラの香りのもとである．バニラは南米産のラン科植物であり，バニリンはその実に含まれている．市販のバニラエッセンスは合成バニリンであり，天然のバニラとは若干風味が違う．それは天然品にはバニリン以外にも微量の香気成分が含まれているためである．二つ目のアルデヒドはレチナールである．ものを見るとき，目に届いた光の働きによりこのレチナールのシス-トランス異性化が網膜で起こり，視神経に刺激として伝わる (27 章参照).

二つのケトンはどちらも香料成分で，最初の (−)-カルボンはスペアミント油の主成分 (70%) である．興味深いことにカルボンにはエナンチオマーが存在する．(+)-カルボンはディル精油の主成分 (35%) である．ヒトの舌でこれらは区別できる．しかし NMR ではこれらは区別できず，カルボンの両エナンチオマーの NMR スペクトルは完全に同じになる．このことについては 14 章でもっと詳しく述べている．二つ目のケトンは "ラズベリーケトン" とよばれているもので，ラズベリーの香りの主成分である．いろいろなラズベリー食品の香りもこのケトンに由来する．OH 基が結合した芳香族炭素のシグナルは 154.3 ppm に現れる (酸素に結合した不飽和炭素であるため 100〜150 ppm の領域となる). これを 208.8 ppm のケトンのシグナルと誤ることはないだろう．これら二つのケトンの C=O 化学シフトは約 200 ppm

であるが，^{1}H NMR では 8 ppm 以上にはシグナルはない．

カルボン酸誘導体

リポ酸は S−S 結合によって酸化還元反応に関係する (42 章). 一方，シキミ酸は生体内でフェニルアラニンのようなベンゼン環を含む天然物が生成するときの中間体である (42 章). サリチル酸の酢酸エステルはアスピリンであり，イブプロフェンと同様に鎮痛薬である．

酸塩化物の最初の例は酢酸エステルの合成によく用いられる反応剤であり，すでに 10 章で出てきた．酸無水物の例は三つとも環状であり，いずれも 34 章で学ぶ重要な反応 (Diels-Alder 反応) に関係する．

エステルの最初の例のメタクリル酸メチルは工業製品の原料であり，そのポリマーは堅くて透明なプラスチックで，窓や水槽に有機ガラスとして使われる．二つ目のエステルは小手術に用いられる重要な局所麻酔薬である．

アミドの例の一つはお馴染みの DMF であり，もう一つはテトラペプチドである．テトラペプチドには片方の末端にカルボン酸があり，アミド基が三つある．このペプチドを構成するアミノ酸は四つともすべて同一 (アラニン，略号 Ala) であるが，^{13}C NMR では四つの C=O 基が異なるシグナルとして忠実に現れる．これらの C=O は分子末端からの距離が違うので等価でない．

アルデヒドとケトンの区別は ^{1}H NMR で簡単にできる

まず最初の二つのグループ，アルデヒドとケトンをみてみよう．二つのアルデヒドのカルボニル基の ^{13}C 化学シフトは右の二つのケトンよりもやや小さいが，これらの値は非常に近いので ^{13}C 化学シフトから両者をはっきり区別することはできない．アルデヒドを明確に区別するには ^{1}H NMR において 9～10 ppm に現れる CHO の特徴的なシグナルがあるかどうかを見るのがよい．したがって，^{13}C NMR の C=O 化学シフトからアルデヒドまたはケトンの存在を知ることができ，次に ^{1}H NMR によってその二つのうちのどちらかを決定できる．

> **^{1}H NMR においてアルデヒド水素は特徴的である**
> 9～10 ppm のシグナルはアルデヒド CHO を示す．

酸誘導体を ^{13}C NMR で区別するのはむずかしい

次にカルボニル化合物の例の続きをみよう．カルボン酸四つはいずれも生物学的あるいは医薬品化学に重要なものである．これらの C=O 化学シフトは互いに大きく異なっていて，アルデヒドやケトンの化学シフトからも大きく離れている．

その次の五つの化合物（酸塩化物二つと酸無水物三つ）はすべて反応性の高い酸誘導体である．その下のエステルとアミドはすべて反応性の低い酸誘導体である．しかし，これら九つの化合物の C=O 化学シフトはすべて同じ領域にある．したがって，C=O 化学シフトから化学反応性を考えることは適当ではない．

^{13}C NMR によってこれらの酸誘導体の種類を区別することはむずかしい．上記カルボン酸四つの化学シフトには大きな変動があり，その違いは種類の異なる酸誘導体間での相違よりも大きい．たとえば，欄外に示すような分子中に酸誘導体構造を 2 種類含む化合物を考えてみるとよくわかるだろう．二つのカルボニル基を区別して帰属できるだろうか．

これはどの例でもまず不可能であろう．いずれの例でもカルボニル炭素の化学シフトは数 ppm しかちがわない．酸塩化物はエステルやアミドに比べて反応性が著しく高いにもかかわらず，NMR の非遮蔽効果からみたカルボニル炭素の電子密度は反応性の違いと一致しない．^{13}C NMR によってカルボン酸誘導体をケトンやアルデヒドから区別することは確かにできるが，カルボン酸誘導体のなかでは反応性の非常に高いもの（たとえば，酸塩化物）と非常に低いもの（たとえば，アミド）を区別することはできない．では酸誘導体はどうすれば区別できるのだろうか．

➡ カルボン酸誘導体の相対反応性については 10 章で述べた．

アミノ酸: アスパラギン
177.1, 176.1

エステル/酸塩化物
156.1, 160.9

酸/エステル
アスピリン
165.6, 158.9

➡ 置換基の共役効果と誘起効果の違いについては 8 章 176 ページを見直そう．

18・3 酸誘導体の区別には赤外分光法が最も有効である

カルボン酸誘導体を区別するには，赤外（IR）スペクトルにおける C=O の伸縮振動数の違いを用いるのが最もよい．すでに 10 章で述べたように，OCOR, OR, あるいは NH_2 の非共有電子対との共役による C=O への電子供与効果と，同じ置換基の電気陰性度による C=O からの電子求引効果が競合関係にある．共役により π^* 軌道へ電子が供与され，その結果 π 結合が伸び，結合が弱まる．C=O 結合は単結合に近くなり伸縮振動は単結合領域側，すなわち低波数側へシフトする．一方，誘起効果によって電子は π 軌道から取去られ，その結果 π 結合は短く強くなる．すなわち，C=O 結合は完全な二重結合により近くなり，伸縮振動は高波数側へシフトする．

これら二つの効果のどちらが大きいかは置換基によって異なる．塩素の場合は非共有

共役により
C=O 結合が
長く弱くなる

誘起効果により
C=O 結合が
短く強くなる

その結果 → 弱くなった π 結合
C=O の振動数は小さくなる

その結果 → C=O 結合は完全な二重結合に近くなる
C=O の振動数は大きくなる

電子対からの電子供与性は小さい．塩素の非共有電子対は大きな 3p 軌道にあり，炭素の 2p 軌道とはうまく重ならないが，電子求引性は強い．したがって，酸塩化物の吸収は，ほとんど三重結合の領域に近い高波数領域にみられる．酸無水物にはカルボニル基二つに挟まれた酸素原子がある．この場合，誘起効果による電子求引性はやはり大きいが，酸素の非共有電子対が両側のカルボニル基に引っ張られるため共役効果は小さい．エステルでは両効果の均衡がとれているが，全体としては，後者の誘起効果による電子求引性のほうがやや勝っている．最後にアミドの場合は共役のほうが大きく勝っている．窒素は，酸素より電気陰性度が小さいので，酸素に比べるとはるかに電子供与性が強い．

酸塩化物	酸無水物	エステル	アミド
誘起効果が支配的	非共有電子対の綱引きで誘起効果が強い ピーク二つ	誘起効果のほうがやや強い	共役が支配的
1815 cm^{-1}	約 1790, 1810 cm^{-1}	1745 cm^{-1}	約 1650 cm^{-1}

酸無水物の 2 本のピークは C=O 基二つの対称振動と非対称振動である．68 ページ参照．

π 電子や非共有電子対との共役が C=O 伸縮振動に影響を及ぼす

非共有電子対だけでなく，π 結合との共役がどのような効果をもつかみておく必要がある．π 結合との共役は酸誘導体だけでなくアルデヒドやケトンにもあてはまるので，より一般的な概念となる．不飽和カルボニル化合物が共役しているか否かは，どうやって見分けられるだろうか．まずは不飽和アルデヒド二つを比べてみよう．

2-ペンテナール（共役型）
IR スペクトル: 1620 cm^{-1} 強い, 1690 cm^{-1} 強い
^{13}C NMR スペクトル: 127, 152, 192
^{1}H NMR スペクトル: 6.13 (dd), 6.92 (dt), 9.52 (d)

4-ペンテナール（非共役型）
IR スペクトル: 1640 cm^{-1} 弱い, 1730 cm^{-1} 強い
^{13}C NMR スペクトル: 115, 137, 206
^{1}H NMR スペクトル: 5.00 (dd), 5.04 (dd), 5.84 (ddt), 9.75 (t)

カルボニル基が二重結合と共役しているか否かで赤外吸収の様子は大きく異なる．C=O 伸縮振動は共役により 40 cm^{-1} 低波数側にシフトし，C=C 伸縮振動の吸収強度もカルボニルとの共役により増大する．^{13}C NMR スペクトルでは共役アルデヒドの C3 のシグナルは大きく低磁場へシフトし，アルケン領域をはみ出してほとんどカルボニル領域に近いところに現れる．このことから，この C3 炭素がいかに電子不足になっている

かわかる．¹H NMR スペクトルにおいてもいくつか違いがあるが，やはり共役アルデヒドの C3 の水素が大きく低磁場にシフトすることが最も特徴的である．

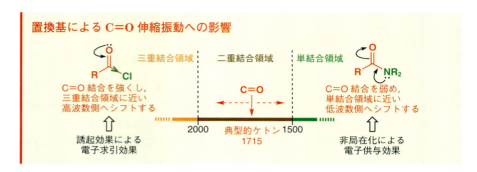

このように赤外スペクトルにおけるカルボニル基の吸収は予想どおりに変化するので，三つの因子を考えるだけで簡単な相関表をつくることができる．そのうちの二つはすでに述べた共役効果（低波数シフト）と誘起効果（高波数シフト）である．第三の因子は環が小さくなることによる効果であり，これについてはより広い見地から考える必要があり，次に述べる．

18・4　小さな環状化合物は環内にひずみを生じ，環外結合の s 性を大きくする

環状ケトンのカルボニル基が隣り合う原子と理想的な結合角 120° で結合できるのは 6 員環かそれより大きい環の場合のみである．それより環が小さい場合には，軌道の重なりが理想より小さい角度で起こらなければならないので"ひずみ"が生じる．

4 員環では，実際の結合角は 90° になるので，カルボニル基に 120° − 90° = 30° のひずみがかかってくる．5 員環，4 員環，3 員環ケトンのひずみの効果は次のようになる．

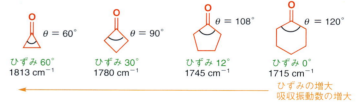

3 員環はもちろん平面状であるが，他の環はそうではない．4 員環でも少し折れ曲がっている．5 員環や特に 6 員環ではもっとはっきりと折れ曲がり構造をとる．環の平面性やひずみについては 16 章で述べた．

ラクタム環の C=O 伸縮振動

他のよい例として，環状アミド，すなわちラクタム（lactam）における C=O 伸縮振動の変化もみておこう．ペニシリン系抗生物質はすべて β-ラクタムとよばれている 4 員環アミドを含む．これらのカルボニル基の赤外吸収は，ひずみのない 6 員環ラクタムの吸収（1680 cm⁻¹）よりはるかに高波数側にある．

しかし，なぜひずみがかかるとカルボニル基の吸収が高波数側にシフトするのだろうか．単結合領域に近い低波数側でなく，三重結合領域に近い高波数側にシフトするということは，明らかに C=O 結合が短く強くなることを意味している．6 員環では，軌道の角度と結合角が等しいので，カルボニル炭素の sp² 軌道は両側の炭素原子の sp³ 軌道と完全に重なり合って，その骨格をつくることができる．しかし 4 員環では，カルボニル炭素の sp² 軌道は環の外へ突き出してしまい，結合は曲げられ，重なりは小さくなっている．

理想的には軌道の角度が実際の結合角と同じ 90° であればよい．sp² 混成軌道でなく純粋な p 軌道を用いれば理論上はこの 90° の結合角を達成できる．次ページ欄外にその仮想的な状態を示す．もしそうなると，純粋な s 軌道が使われずに残り，酸素との σ 結合に使われることになる．しかしこの極端な状態は不可能であり，実際は中間の状態にある．すなわち，4 員環ケトンの環の結合は p 性を少し余分に帯びることにより（おそらく，$s^{0.8}p^{3.2}$ 混成に相当する）90° に近い角度になる．一方，逆に残った余分の s 性を酸

素とのσ結合に使うことになる．s軌道はp軌道よりはるかに小さいので，s性が大きくなればなるほどその結合は短くなる．

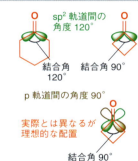

18・5　赤外スペクトルにおける C=O 伸縮振動数の簡便な計算法

カルボニル基の伸縮振動数（波数）は，飽和ケトンの値（1715 cm^{-1}）と常に比較して考えるのが一番よい．これまで述べたことをまとめると表 18・1 のようになる（より詳細な値が必要なら専門書を参照すること）．この簡単な表から，30 cm^{-1} の違いはかなり大きいことがわかる．たとえば，アルケンや芳香環との共役により -30 cm^{-1} シフトする．また小員環化合物においては環の大きさが一つ小さくなるごとに $+35$ cm^{-1} 変化する（30 から 65 cm^{-1}，さらに 65 から 100 cm^{-1}）．Cl と NH$_2$ ではその効果は極端であり，それぞれ $+85$ cm^{-1} と -85 cm^{-1} の変化を示す．これらの効果には加成性が成り立つ．ある構造の C=O 伸縮振動数を予想するには，基準値である 1715 cm^{-1} にすべてのシフトを加えたり，差し引いたりするだけで，合理的な計算値が得られる．

表 18・1　カルボニル基の赤外吸収に対する置換基の効果

効　果	置換基	C=O 伸縮, cm^{-1}	波数の差[†], cm^{-1}
誘起効果	Cl	1800	+85
	OCOR	1765, 1815	+50, +100
	OR	1745	+30
	H	1730	+15
共　役	C=C	1685	-30
	アリール	1685	-30
	NH$_2$	1630	-85
環ひずみ	5 員環	1745	+30
	4 員環	1780	+65
	3 員環	1815	+100

[†] 典型的な飽和ケトンの伸縮振動（1715 cm^{-1}）との差．

欄外に示した 5 員環不飽和（共役）ラクトン（環状エステル）の計算値を求めてみよう．エステル（OR 置換）なので 30 cm^{-1} を加え，二重結合があるので 30 cm^{-1} を引く．そして 5 員環だからまた 30 cm^{-1} を加える．最初の二つは相殺するため，結果的に計算値は $1715 + 30 = 1745$ cm^{-1} となる．実測値は 1740〜1760 cm^{-1} なので，よく一致している．

18・6　小員環化合物やアルキンの NMR スペクトル

小員環化合物において環結合は p 性，環外結合は s 性を帯びているという考え方によって，^{1}H NMR の化学シフトも説明できる．小員環，特に 3 員環の水素の化学シフト

3 員環化合物とアルキン

8 章でアルキンや HCN のような化合物に含まれる三重結合の水素が異常に高い酸性度をもつことを述べた．3 章では三重結合の C−H 伸縮振動についても説明した．アルキンと同様に 3 員環化合物も塩基により非常に脱プロトンされやすい．下の例は，3 員環が閉じているか開いているかの違いで脱プロトンの位置が異なることを示している．左の例はオルトリチオ化とよばれているもので，24 章に出てくる．

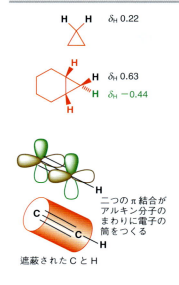

➡ 13章300ページにおいて，W字形に配列した結合では小さい $^4J_{HH}$ スピン結合がみられることを述べた．

は異常なほど高磁場に現れる．通常の CH_2 の化学シフトが約 1.3 ppm であるのに対し，シクロプロパンの水素は 0〜1 ppm にあり，ときには負の δ 値をとることもある．小員環の骨格を形成する結合の p 性が大きいことは，環外の C–H 結合の s 性が大きいことも意味する．そのため，C–H 結合が短くなるので，その H は大きく遮蔽されて，δ 値は小さくなる．

次にアルキンの NMR スペクトルについて考えてみよう．同じように考えると，アルキン炭素原子は sp 混成軌道によって水素と σ 結合を形成するため結合の s 性は 50% である．したがってアルキン水素はかなり高磁場に観測されるはずである．典型的なアルケン水素は $δ_H$ 5.5 であるが，アルキン水素は $δ_H$ 2〜2.5 に現れる．これは飽和炭素に結合した水素の化学シフト領域内にある．この高磁場シフトは s 性が大きいという理由だけでは大きすぎる．おそらく三重結合からの遮蔽効果を受けているためであろう．直線状のアルキン分子は節面をもたない π 結合により筒状に囲まれている．

このことから，アルキンの炭素原子も同様に非常に高磁場に観測され，アルケン領域よりはるかに高磁場の $δ_C$ 60〜80 に現れる．このように軌道の s 性の考え方は重要である．一方，遮蔽効果は赤外スペクトルの伸縮振動には影響しないが，C≡C–H 伸縮振動は約 3300 cm^{-1} に強く現れ，C–H 結合が強い（s 性が大きい）ことと一致している．

簡単な例として 3-メトキシ-1-プロピンを考えてみよう．シグナルの帰属は積分値からだけでも可能である．最も高磁場の 2.42 ppm の 1H 分のシグナルは明らかにアルキン水素である．このシグナルが三重線であり，OCH_2 の水素が二重線であることに注意しよう．これは小さな遠隔スピン結合 $^4J_{HH}$（約 2 Hz）に由来する．結合の並び方は W 字形ではないが，このようなスピン結合はアルキン分子でよくみられるものである．

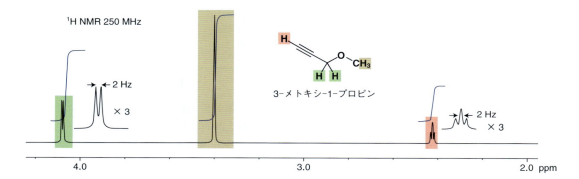

さらに興味深い例として，1,3-ブタジイン（ジアセチレン）に対するメタノールの塩基触媒付加反応を考えよう．生成物には二重結合が一つと三重結合が一つ含まれており，^{13}C NMR スペクトルを見ると，二重結合が大きな非遮蔽効果を受けていることが明らかである．生成物の二重結合をシス（Z）配置で示したが，これが正しいことは ^1H NMR でアルケン水素間のスピン結合定数が 6.5 Hz であることからわかる（トランスのスピン結合にしては小さすぎる，300 ページ参照）．また，アルキン水素は前の例で述べたよう

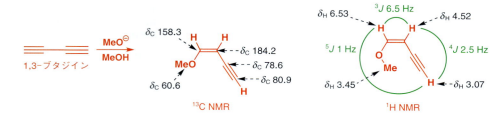

な遠隔スピン結合（$^4J_{HH}$ 2.5 Hz）が観測されているだけでなく、さらに遠いほうの末端アルケン水素との間にも小さい遠隔スピン結合（$^5J_{HH}$ 1 Hz）がある。

18・7 ^{1}H NMR によりシクロヘキサンのアキシアル水素とエクアトリアル水素を区別できる

スピン結合は結合を介した現象である。シス形およびトランス形アルケンのスピン結合からもわかるように、トランス-アルケンは軌道が完全に平行であるため、シス-アルケンより大きなスピン結合定数をもつ。もう一つ軌道が完全に平行となる例として、シクロヘキサンのトランス形のジアキシアル水素がある。トランス形のジアキシアル水素間のスピン結合定数は典型的な場合 10〜12 Hz である。これに対して、アキシアル/エクアトリアル間およびエクアトリアル/エクアトルアル間のスピン結合定数ははるかに小さく 2〜5 Hz である。

▶ アルケン水素間のスピン結合については 13 章で、シクロヘキサンの立体配座については 16 章で説明した。シクロヘキサンにおけるスピン結合定数は、31 章で述べる Karplus の式により、比較的正確に予測できる。

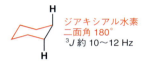
ジアキシアル水素
二面角 180°
^3J 約 10〜12 Hz

アキシアル/エクアトリアル水素
二面角 60°
^3J 約 3〜5 Hz

エクアトリアル/エクアトリアル水素
二面角 60°
^3J 約 2〜3 Hz

このことから 6 員環の立体配座を容易に推定することができる。欄外の上の簡単な 6 員環エステルでは、黒の水素は三重の三重線（triple triplet）で現れる。大きい結合定数（8.8 Hz）は緑のアキシアル水素との間、小さい結合定数（3.8 Hz）は茶のエクアトリアル水素との間のスピン結合である。このような関係は黒の水素がアキシアルのときだけ成り立つ。このときエステル基はエクアトリアルになる。下のアセタールエステルではスピン結合がかなり異なっている。黒の水素は単純な三重線として現れている。その結合定数は 3.2 Hz とかなり小さいので、これはアキシアル/アキシアル水素間のスピン結合ではない。黒の水素はエクアトリアルとしか考えられない。隣のエクアトリアル水素およびアキシアル水素とそれぞれ同じ 3.2 Hz でスピン結合しているため、三重線として現れている。これより、この化合物のエステル基はアキシアルになっているはずだとわかる。

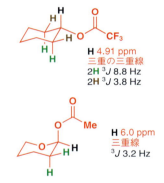

H 4.91 ppm
三重の三重線
2H ^3J 8.8 Hz
2H ^3J 3.8 Hz

H 6.0 ppm
三重線
^3J 3.2 Hz

▶ 下のアセタールエステルでエステル基がなぜアキシアル位をとるかについては 31 章で説明する。

18・8 異核種とのスピン結合により大きな結合定数が観測されることがある

これまで水素原子どうしのスピン結合をみてきたが、NMR 活性な異核種とのスピン結合は考えなくてよいだろうか。^{13}C はなぜ同様のスピン結合を起こさないのだろうか。本節では、^{1}H–^{1}H 間のような同じ核間のスピン結合（**同核種スピン結合** homonuclear coupling）だけでなく、^{1}H と ^{19}F あるいは ^{13}C と ^{31}P のような異なる核間のスピン結合（**異核種スピン結合** heteronuclear coupling）についても考えよう。

^{19}F と ^{31}P の二つは特に重要である。これらの元素は多くの有機化合物に含まれていて、両者とも核スピン $I = 1/2$ であって天然存在比がほとんど 100% だからである。まずこれらの核を 1 種類だけ含む有機化合物について、その ^{1}H NMR と ^{13}C NMR スペクトルがどうなるかみてみよう。分子に ^{19}F や ^{31}P が含まれる場合、これらの核は近くのすべての ^{1}H および ^{13}C とスピン結合するので、その位置を見つけるのは容易である。これらの核は炭素や水素に直接結合することもできるので、$^2J_{CF}$ や $^3J_{PH}$ のような通常のスピン結合のほかに、^1J（たとえば $^1J_{CF}$ や $^1J_{PH}$）スピン結合が観測されることもある。これ

> 異核種スピン結合を含むスペクトルでは ^{1}H NMR 中に二重線が一つしか観測されない場合もある．通常は二重線が一つあればそれとスピン結合している相手のシグナルが必ずもう一つ存在するはずであり，すべてのスピン結合は対になって現れる（AがBとスピン結合すれば，BもAとスピン結合している）．もし別の元素（ここではリン）とスピン結合していれば，そのスピン結合はおのおのの核のスペクトルに一度だけ現れる．下のWittig反応剤は A$_3$P(CH$_3$=P) 系をもつため，水素Aは二重線として現れるが，リン原子は全く周波数の異なるリンのNMRスペクトルにおいて四重線として現れる．しかしそれらの間の結合定数（Hz単位）は同じである．

らの ^1J 結合定数の値はきわだって大きい．

最初に，簡単なリン化合物の例として亜リン酸 H$_3$PO$_3$ のジメチルエステルを考えよう．この酸とエステルの構造は，いずれも明確ではない．すなわち，リン原子に非共有電子対をもつ P(III) 化合物あるいは P=O 二重結合をもつ P(V) 化合物のいずれかのかたちで存在できる．

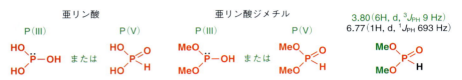

実際，亜リン酸ジメチルの ^{1}H NMR では 693 Hz という驚くほど大きな結合定数をもつ二重線が 1H 分現れる．この二重線は 250 MHz の装置で測定した場合 2 ppm 以上離れた 2 本のシグナルになるため，これらが同じ二重線の片方ずつであることを見落としやすい．この巨大な結合定数は $^1J_{PH}$ 以外には考えられないので，この化合物は P–H 結合をもっているはずであり，P(V) 構造が正しいことがわかる．メチル基水素とのスピン結合の J 値ははるかに小さいが，それでも 3 結合を介した結合定数としては大きいほうである（$^3J_{PH}$ 9 Hz）．

欄外の例はホスホニウム塩である．これについてはアルデヒドやケトンをアルケンに変換する Wittig 反応の反応剤として，11 章の最後で述べた．この化合物には 18 Hz の $^2J_{PH}$ があり，左の構造にまちがいない．これはリンとのスピン結合の一例であり，^{13}C NMR においてもリンとのスピン結合は存在する．この化合物のメチル基は，δ_C 10.6 に 57 Hz のスピン結合 $^1J_{PC}$ をもつシグナルとして現れる．この $^1J_{PC}$ は典型的な $^1J_{PH}$ よりも少し小さい．これまで ^{13}C とのスピン結合についてはあまり述べなかったが，次にそれについて考えよう．

Ph$_3$P$^⊕$—CH$_3$ Br$^⊖$
臭化メチルトリフェニルホスホニウム
δ_H 3.25 (3H, d, $^2J_{PH}$ 18 Hz)

^{13}C NMR スペクトルにおけるスピン結合

本項ではフッ素原子とのスピン結合を考える．フルオロベンゼンが好例である．この化合物にはフッ素とスピン結合している炭素原子がいくつかある．

フッ素と直接結合した炭素（イプソ炭素）は，約 250 Hz という非常に大きな $^1J_{CF}$ 結合定数をもつ．もっと遠隔のスピン結合もはっきり観測できる．PhF ではベンゼン環のすべての炭素がフッ素とスピン結合しており，遠く離れるほど結合定数は小さくなる．

> イプソ (ipso) は置換基があるベンゼン環の位置を表す用語で，オルト，メタ，パラとともによく用いる．イプソ炭素は置換基が直接結合した炭素のことである．

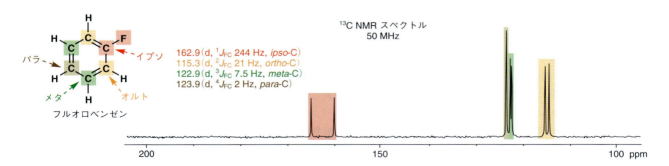

トリフルオロ酢酸は重要な強酸であり（8章），^{1}H NMR の溶媒としても用いられている．CF$_3$ 基の炭素原子は，等価なフッ素原子三つとスピン結合しているために四重線として現れる．その大きな $^1J_{CF}$ 値（283 Hz）は PhF の値とほぼ等しい．カルボニル炭素も四重線になるが，その結合定数ははるかに小さい（$^2J_{CF}$ 43 Hz）．ここで CF$_3$ 炭素の化学

シフトがきわめて低磁場にある点も注目に値する．

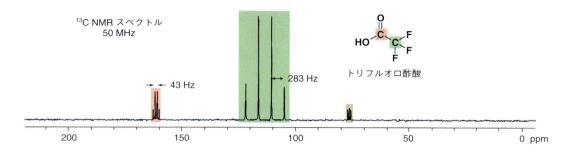

¹H と ¹³C の間のスピン結合

フッ素やリンとのスピン結合があるのならば，どうしてこれまで ¹H や ¹³C NMR において ¹H と ¹³C の間のスピン結合ははっきりと現れなかったのだろうか．¹H NMR では答は簡単である．¹³C の天然存在比が小さいため（1.1%），¹³C とのスピン結合が見えないだけである．大部分の水素は ¹²C に結合し，わずかに 1.1% の水素だけが ¹³C に結合している．ベースラインが平らな ¹H NMR スペクトルを注意深くみると，大きなシグナルの両側にそれぞれ約 0.5% の強度で小さなピークが現れていることに気づくだろう．これは ¹³C に結合した ¹H の ¹³C "サテライト" シグナルである．

例として，299 ページに出てきた 2-ヘプタノンの 500 MHz ¹H NMR スペクトルをもう一度よく見てみよう．このスペクトルのベースラインを縦方向に拡大してみると，¹³C サテライトシグナルが見えてくる．CH₃ に帰属できる単一線は，実際約 1% 存在する ¹³C に結合した ¹H に由来する小さな二重線の中央に位置している．同様に，スペクトル中の三重線二つはそれぞれ二つの小さな三重線の間に挟まれている．スペクトルの両端にあるこの小さな 2 組の三重線は，正確には二重の三重線と帰属すべきものである．すなわち，これらはいずれも ¹³C と大きな結合定数 ¹J（約 130 Hz）でスピン結合し，等価な二つの ¹H と小さな結合定数 ³J でスピン結合している．

¹³C サテライトシグナルは，ふつうはスペクトルのノイズの中に消えてしまうのでほとんど気にとめる必要はない．しかし，¹³C で標識して ¹³C の存在比を 100% 近くまで高

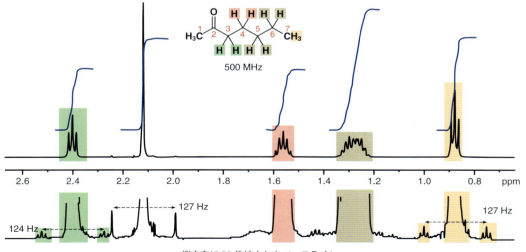

Ph₃P⁺—¹³CH₃ Br⁻
¹³C で標識したホスホニウム塩
δ_H 3.25 (3H, dd, $^1J_{CH}$ 135, $^2J_{PH}$ 18 Hz)

めた化合物の ¹H NMR では，この ¹³C とのスピン結合がはっきりと観測できる．424 ページに出てきた Wittig 反応剤では，メチル基を純粋な ¹³C で標識すると 3H 分の二重の二重線が現れる．典型的な $^1J_{CH}$ 結合定数は非常に大きい（135 Hz）．

ただここで一つ疑問が生じる．¹³C NMR では 135 Hz のスピン結合はどこに現れるのだろうか．確かに ¹³C NMR においても水素核とのスピン結合が観測されるはずではないだろうか．

通常の ¹³C NMR で ¹H とのスピン結合がないのはなぜか

通常の ¹³C NMR の測定方法では，各炭素のシグナルは単一線として現れる．$^1J_{CH}$ は大変大きな値であるため，すべてのスピン結合を残して ¹³C スペクトルを記録すると，シグナルの重なりが激しい複雑なスペクトルになってしまう．同じ NMR 測定装置では ¹³C は ¹H の約 1/4 の周波数で共鳴する．したがって，200 MHz の NMR 装置では（以前述べたように NMR 装置の磁場強度は一般に ¹H の共鳴周波数の大きさで表される），¹³C スペクトルの共鳴周波数は約 50 MHz である．100〜250 Hz の $^1J_{CH}$ 結合定数は 2〜5 ppm に相当し，$^1J_{CH}$ が 125 Hz のメチル基の ¹³C シグナルはほぼ 8 ppm にまたがる四重線として観測されることになる（下図参照）．

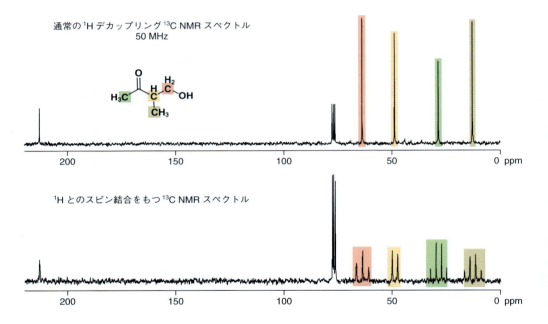

¹H とスピン結合した ¹³C のスペクトルでは簡単に CH₃, CH₂, CH, 第四級炭素の区別ができるので，この方法があまり用いられないのは不思議に思われるかもしれない．上の ¹H とスピン結合した ¹³C スペクトルは，条件を非常に注意深く設定して測定したものである．しかし残念ながらこれは典型的な例ではない．通常は，シグナルが重なるためにスペクトルはきわめて複雑になり解析が困難である．したがって，¹³C NMR スペクトルは，¹H の全 10 ppm 領域を第二のラジオ周波数発振器で照射しながら測定する．この照射（¹H デカップリング）により ¹H のエネルギー準位がすべて等しくなり，¹H とのスピン結合がすべて消失する．その結果見慣れているように ¹³C シグナルがすべて単一線として観測できるようになる．

本章の残りの部分では，これ以上新しい理論や概念を紹介せず，これまで学んだこと

18・9 スペクトル解析による反応生成物の同定
不確かな反応生成物

3章でX線結晶構造解析を使ったにもかかわらず，OとNを取違えたために構造決定を誤まった例を紹介した．もう一つ，OとNを含む構造が決めにくい化合物として簡単な共役ケトンとヒドロキシルアミン NH_2OH との反応の生成物がよく知られている．この縮合生成物の分子式は $C_6H_{11}NO$ である．どんな構造が考えられるだろう．そのために，どんな反応が起こったかをまず考える人が多いことだろう．構造を決めるためにはそれは必ずしも必要ではないが，役には立つ．窒素は酸素より求核性が高いので，まず窒素が付加すると考えられる．しかし，窒素はカルボニル基へ直接付加するだろうか，それとも22章で述べる共役付加が起こるだろうか．いずれの場合にも中間体が生成し，これが環化する．

→ ジアゾナミドAの例(3章)のことである．

ここでは反応機構の詳細は考えない．11章で出てきた $\pm H^+$ という省略した書き方を用い，水が脱離してオキシムが生成する機構も省略している．イミンやオキシムの詳しい生成機構は233ページに示した．本章では特に生成物の構造だけに注目する．

生成物として異性体が二つ考えられるが，このどちらであるかについて長い間論争の的であった．しかし，この問題は赤外スペクトルと $^1H\,NMR$ スペクトルが測定できるようになってただちに解決した．赤外スペクトルではNH伸縮振動が観測されなかった．また $^1H\,NMR$ ではアルケン水素のシグナルは観測されず，CH_2 のシグナルが2.63 ppmに観測された．このことから，直接付加の構造と結論された．

以下ではいろいろな種類の問題をいくつか選んで解いていこう．それにより種々の分光法を組合わせて用いることが構造決定にいかに有効であるかわかるだろう．

スペクトルによって不安定な反応中間体を検出できる

反応機構から仮定した反応中間体があまり確かでないとき，その仮定した中間体を単離し構造決定できれば安心である．さらにその中間体を実際に合成することができれば確信がもてる．もちろん，合成できたからといってその中間体が反応途中に実際に生成していることの証拠にはならない．一方，逆に中間体が単離できなかったからといってその中間体が反応に関与していないとはいえない．ケテンの例を考えてみよう．

ケテンの構造はかなり変わっている．$CH_2=C=O$ という構造をもち，二つの π 結合（C=CとC=O）が同じ炭素原子に結合している．二つの π 結合の軌道は直交しているはずである．なぜなら中央の炭素は sp 混成であり，直線状の σ 結合二つを形成し，σ 結合に直角でかつ互いに直交した二つの p 軌道があり，これらが π 結合を形成しているか

カルボカチオンが S_N1 反応の中間体として提案されたのはスペクトルによって観測される前のことだった．しかし，NMRによる適切な測定条件が考案されて観測可能となったので，これが確かめられた．

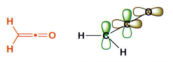

ケテン　ケテンの直交する π 結合

ケテン(ketene)の構造は7章144ページに出てきたアレンに似ている．ケテンはCO_2やアジドN_3^-と等電子構造をもつ．

らである．このような分子は果たして存在しうるのだろうか．アセトンの蒸気を700〜750℃という高温に加熱すると，メタンが遊離してケテンが生成すると考えられている．実際に単離される生成物はケテン二量体$C_4H_4O_2$であるが，このケテン二量体の構造でさえ明確ではなく，合理的な構造が二つ考えられる．

ジケテンのスペクトルはエステル構造を示唆し，対称なジケトン構造を全く支持しない．^1H NMRではシグナルが3種類観測され，二重結合の水素一つと環のCH_2水素との間にアリル型スピン結合がみられる（シクロブタン-1,3-ジオンならば水素は1種類しかない）．カルボニル炭素はカルボン酸誘導体の化学シフト（185 ppm）をもち（ケトンなら約200 ppm），炭素四つはすべて非等価である．

^{1}H NMR スペクトル
4.85 (1H, 幅狭 t, J 約 1)
4.51 (1H, s)
3.90 (2H, d, J 約 1)

^{13}C NMR スペクトル
185.1, 147.7, 67.0, 42.4

オゾン分解(ozonolysis)とはオゾンO_3によりアルケンを切断する反応である．この反応と機構については19章と34章で説明する．ここではオゾンが強力な酸化剤であり，アルケンを酸化してカルボニル化合物を二つ生じるとだけいっておく．本章では生成物の構造に注目し，それをどう決めるかについてのみ考える．

ケテン二量体をオゾン分解すると，低温（-78℃以下）でのみ検出可能なきわめて不安定な化合物が生成する．この生成物は赤外スペクトルにおいてカルボニル吸収帯を二つ示し，またアミンと反応してアミドを生じる．したがってこの生成物は酸無水物（10章）と考えられる．そうするとこれはこれまで知られていなかったマロン酸の環状無水物なのだろうか．

カルボニル吸収帯が二つかなり高波数側に認められるが，これは4員環化合物に予想されるものであり，表18・1を用いて計算すると，1715 + 50（酸無水物）+ 65（4員環化合物）= 1830 cm^{-1} となる．^{1}H および ^{13}C NMR はともにきわめて単純である．^{1}H NMR では2H分の単一線が4.12 ppmに現れるが，これはCH_2がカルボニル基二つに挟まれて低磁場シフトしたものと考えられる．一方，^{13}C NMRでは，カルボニル炭素が160 ppmに観測されており，酸誘導体の化学シフトの範囲内にある．もう一つの飽和炭素はかなり低磁場にシフトしているが，CH_2O 基ほどではない．

マロン酸無水物をマロン酸から直接つくることはできない．マロン酸の脱水を試みると二酸化三炭素C_3O_2というめずらしい化合物が生成する．

マロン酸
$-2H_2O$
$O=C=C=C=O$
二酸化三炭素 C_3O_2

ケテン二量体 $\xrightarrow{O_3, -78℃}$ マロン酸無水物 IR 1820, 1830 cm^{-1} δ_H 4.12 (2H, s) δ_C 160.3, 45.4

$\xrightarrow{PhNH_2}$ PhNH-CO-CH_2-COOH

$\xrightarrow{-30℃}$ CO_2 + H_2C=C=O IR 2140 cm^{-1} δ_H 2.24 (2H, s) δ_C 193.6, 2.5

これらのスペクトルデータから生成物の構造は十分明らかであるが，さらに次の実験によっても確かめられている．すなわち，この酸無水物を-30℃まで昇温すると，CO_2が遊離し（124.5 ppmの^{13}Cシグナルによって検出された），もう一つの不安定な化合物が得られる．この生成物は赤外スペクトルにおいて2140 cm^{-1} というあまり見かけない波数の吸収を示す．これはケテンの単量体だろうか．少なくともこれはケテン二量体の

妥当な構造として考えた二つのどちらでもない．それらのスペクトルはすでにわかっており，全く違うものである．^{1}H NMR では 2.24 ppm に 2H 分の単一線が見られるのみであり，^{13}C NMR では 194.0 と（きわめて高磁場の）2.5 ppm に 2 本のシグナルがある．これはまちがいなくケテン単量体である．

正方形と立方体：めずらしい構造をもつ分子

分子構造のなかには，化学結合の基礎に関する知見が得られるという理由から化学者の興味をひくものや，合成困難とみなされるものをあえて合成しようとする化学者の挑戦の対象となるものがある．共役4員環であるシクロブタジエンや，正四面体や立方体のような完全に対称な正多面体の炭化水素としてテトラヘドランやキュバンなどを合成対象として考えてみよう．見込みはあるだろうか．

シクロブタジエン（cyclobutadiene）は4電子の反芳香族性（antiaromaticity）を示す．すなわち電子数が $4n+2$ ではなく $4n$ である．7章で述べたように，$4n$ 電子をもつ環状共役系（たとえばシクロオクタテトラエン）は折れ曲がった桶形構造をとるため，実際には共役していない．シクロブタジエンではそのように曲がった構造はとれずほぼ平面であるため，きわめて不安定であると予想できる．テトラヘドラン（tetrahedrane）では3員環が四つ縮環している．分子の形は正四面体であるが，一つひとつの炭素原子は結合角三つが60°であり，四面体からはほど遠い．キュバン（cubane）には4員環が六つ縮環しており，やはり高度にひずんでいる．

実際には，キュバンは合成が達成された．またシクロブタジエンは非常に短寿命ではあるが，鉄との錯体として安定に単離された．テトラヘドランについては置換基をもつものがいくつか合成されている．これらの化合物の構造に関する最も明確な証拠はスペクトルがきわめて単純であることである．すべて $(CH)_n$ と表すことができ，水素が1種類，炭素1種類だけからなる．

キュバンは分子式 C_8H_8 であり，質量スペクトルにおいて正しい分子イオンピークを 104 に示す．赤外スペクトルでは 3000 cm^{-1} の CH 伸縮振動のみがみられ，^{1}H NMR では 4.0 ppm に単一線，^{13}C NMR では 47.3 ppm にピークが1本観測されるのみである．きわめて対称性の高い分子であり，4員環のみからなるにもかかわらず安定な分子である．

シクロブタジエンとテトラヘドランの基本骨格を含む安定な化合物として，水素がすべて t-ブチル基に置換わった化合物が合成されている．立体障害の大きな置換基が分子の周囲に存在し，互いに反発しながら，分子の中央部をしっかりと結合させて安定化させている．ここで新たに，生成した化合物の構造を区別することがむずかしいという問題が生じる．両方とも等価な炭素原子四つを中心にもち，等価な t-ブチル基が四つ置換基として周囲に結合している．これら二つの分子が合成されたとき，出発物には下に示す三環性ケトンが用いられた．このケトンの構造は，ひずみをもつ C=O 伸縮振動および部分的に対称な NMR スペクトルによって確認できる．このケトンに UV 光を照射すると（式では $h\nu$ と表している），一酸化炭素が外れ，対称性の高い化合物（t-BuC）$_4$ が生成した．しかし，この化合物は下の二つの生成物のうちのどちらだろうか．

→ キュバンの合成については36章で詳述する．そこではキュバンの合成に用いられた転位反応について説明する．

IR 1762(C=O) cm^{-1}
δ_H 1.37(18H, s), 1.27(18H, s)
δ_C 188.7(C=O), 60.6, 33.2, 33.3, 31.0, 30.2, 29.3

テトラ-t-ブチル
テトラヘドラン

テトラ-t-ブチル
シクロブタジエン

さらにややこしいことに（あとでわかれば何でもないが），ここで得られた化合物を加熱すると，よく似た別の化合物に変化することがわかった．$(t\text{-BuC})_4$ として考えられるものは前ページに示した二つだけである．したがって，加熱により変化する前後の化合物のうち，一方がテトラヘドランで，もう一方がシクロブタジエンのはずである．この事実から問題はより簡単になった．2組のスペクトルデータを比較して二つの可能性を区別するほうが容易である．両方とも質量スペクトルにおいて同じ分子イオンピークが観測され，赤外スペクトルではどちらも特徴的な吸収は見られなかった．^{1}H NMR で等価な t-ブチル基のシグナルを四つ示すのみでどちらとも帰属できなかった．^{13}C NMR では等価な t-ブチル基四つのピークはもちろん観測されたが，それに加えて基本骨格の炭素が観測できた．最初の生成物には飽和炭素のピークしかなかったのに対して，第二の生成物では 152.7 ppm に不飽和炭素のシグナルが観測された．したがって，三環性ケトンを UV 照射して最初に得られたのはテトラヘドランであり，その後加熱により異性化して生成したのがシクロブタジエンである．

天然物の構造決定

次に取上げるのは，自然界から見つけられた化合物，すなわち天然物の構造決定である．天然物は生物活性をもつものが多く，有用な医薬品が多数天然物から発見されている．例として中米のチョウ *Lycorea ceres ceres* の性フェロモンを取上げよう．雄のチョウは微量の揮発性物質を放出することにより求愛行動を始める．この種の化合物は微量しか得られないためにきわめて同定が困難であるが，この化合物は結晶として単離され，質量スペクトルと赤外スペクトルが測定できた．質量スペクトルでは 135 に最高質量数のピークが観測された．これが奇数であったため窒素原子が一つ含まれていると考えられ，分子式は C_8H_9ON と予想された．赤外スペクトルでは 1680 cm^{-1} にカルボニル基の吸収が認められた．以上の限られた情報から，最初に欄外のピリジンアルデヒドの構造が提案された．

チョウ *Lycorea* の性フェロモンとして提案された構造

のちにもう少し多くの化合物（約 6 mg）が得られたので，^{1}H NMR の測定が可能になり，ただちに最初の推定構造は誤りであることがわかった．アルデヒド水素は観測されず，またメチル基も一つだけであった．さらに有用な情報として，互いにスピン結合をもつ三重線が二つ観測され，二つの電子求引基（N と C=O か？）に挟まれた部分構造 CH_2CH_2 があると推定された．また隣接する芳香環水素と考えられる二重線二つが観測された．ただこれらはベンゼン環水素と比較すると化学シフトもスピン結合定数も小さかった．

以上のスペクトルデータを総合すると，炭素原子四つが CH_3，$C=O$，および CH_2CH_2 の部分構造に使われるので，芳香環に残るのは炭素原子四つだけになる．また窒素もここに加わるので，これらの条件をみたす芳香環としては唯一ピロール環が考えられる．したがって，この化合物は次の四つの部分構造からなると考えられる（黒い破線は他の部分構造と結合していることを表す）．四つの部分構造をあわせると分子式のすべての原子を含んでいるので，これらをつなぎ合わせると次のような構造が考えられる．

➡ ピロールは 160 ページに出てきた．

次に，この化合物の化学シフトや結合定数を既知のこの種の化合物の値と比較してみる必要がある．N–Me は一般に 2.2 ppm よりも大きい化学シフトを示すので，メチル基はピロール環のいずれかの炭素原子に結合していると考えられる．ピロール環水素の典型的な化学シフトとスピン結合定数は欄外に示すとおりである．これらの値はもちろん覚えなくてもよい．表を見ればよい．化合物の実際の化学シフトは 6.09 と 6.69 ppm，結合定数は 2.5 Hz であった．これらの値から明らかに水素原子はピロール環の 2 位と 3 位にあると考えられる．したがって，性フェロモンの構造は下に示すものである．この構造は化学合成によって確かめられ，いまでは正しい構造として受け入れられている．

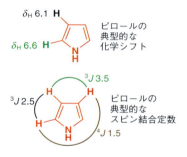

18·10　NMR データ表

最後に NMR データ表をいくつか示す．いずれも問題を解くときに大いに役立つだろう．13 章でも化学シフトの表を二，三示したが，それは記憶の助けとなるように基本パターンとして掲げたものである．ここまでは細かい数値を一つひとつ出すことは控えてきたが，以下にそれをまとめて示す．ただしこの表の数値を記憶する必要はない．表の説明もいくつか加えているが，この表は必要なとき参照すればよいのであって，寝る前に読むものではない．表 18·2 から表 18·5 にはいろいろな有機化合物の化学シフトに関する細かい数値を示すが，表 18·6 はそれらを簡単に要約したものである．この最後の表は特に役に立つだろう．

電気陰性度の効果

表 18·2 は，メチル基に直接結合した原子の電気陰性度が CH_3 の ^1H と ^{13}C の化学シフト（δ_H と δ_C）にどう影響するかを示している．

表 18·2　種々の原子に結合したメチル基の化学シフト δ（ppm）

元素	電気陰性度	化合物	δ_H	δ_C	元素	電気陰性度	化合物	δ_H	δ_C
Li	1.0	CH_3–Li	−1.94	−14.0	N	3.1	CH_3–NH_2	2.41	26.9
Si	1.9	CH_3–$SiMe_3$	0.0	0.0	Cl	3.2	CH_3–Cl	3.06	24.9
I	2.7	CH_3–I	2.15	−23.2	O	3.4	CH_3–OH	3.50	50.3
S	2.6	CH_3–SMe	2.13	18.1	F	4.0	CH_3–F	4.27	75.2

官能基の効果

置換基は単一原子よりも複雑な構造をしているので，化学シフトに影響を与える因子は電気陰性度だけではない．一般的な置換基すべてについて，それらが分子の CH 骨格の化学シフトにどの程度影響するかを調べておく必要がある．基準となる化学シフトは，水素では 0.9 ppm，炭素では 8.4 ppm である．これらはエタン H_3C–CH_3 の化学シフトである．ここでは，基準値が Me_4Si の化学シフト（0 ppm）でないことに注意しよう．表 18·3 はそのような値の一覧を示す．化学シフトそのもの（Me_4Si からのシフト値）には加成性はないが，エタンを基準とした化学シフトの変化（0.9 あるいは 8.4 ppm からの変化）には加成性がある．

表 18・3 各官能基に結合したメチル基の化学シフト δ (ppm)

	官能基	化合物	δ_H	$\delta_H - 0.9$	δ_C	$\delta_C - 8.4$		官能基	化合物	δ_H	$\delta_H - 0.9$	δ_C	$\delta_C - 8.4$
1	シラン	Me₄Si	0.0	−0.9	0.0	−8.4	13	スルホキシド	Me₂S=O	2.71	1.81	41.0	32.6
2	アルカン	Me−Me	0.86	0.0	8.4	0.0	14	スルホン	Me₂SO₂	3.14	2.24	44.4	36.0
3	アルケン	Me₂C=CMe₂	1.74	0.84	20.4	12.0	15	アミン	Me−NH₂	2.41	1.51	26.9	18.5
4	ベンゼン	Me−Ph	2.32	1.32	21.4	13.0	16	アミド	MeCONH−Me	2.79	1.89	26.3	17.9
5	アルキン	Me−C≡C−R†	1.86	0.96			17	ニトロ	Me−NO₂	4.33	3.43	62.5	53.1
6	ニトリル	Me−CN	2.04	1.14	1.8	−6.6	18	アンモニウム塩	Me₄N⁺Cl⁻	3.20	2.10	58.0	49.6
7	カルボン酸	Me−CO₂H	2.10	1.20	20.9	11.5	19	アルコール	Me−OH	3.50	2.60	50.3	44.3
8	エステル	Me−CO₂Me	2.08	1.18	20.6	11.2	20	エーテル	Me−OBu	3.32	2.42	58.5	50.1
9	アミド	Me−CONHMe	2.00	1.10	22.3	13.9	21	エノールエーテル	Me−OPh	3.78	2.88	55.1	46.7
10	ケトン	Me₂C=O	2.20	1.30	30.8	21.4	22	エステル	Me−CO₂Me	3.78	2.88	51.5	47.1
11	アルデヒド	Me−CHO	2.22	1.32	30.9	21.5	23	ホスホニウム塩	Ph₃P⁺−Me	3.22	2.32	11.0	2.2
12	スルフィド	Me₂S	2.13	1.23	18.1	9.7							

† R=CH₂OH, 2-ブチン-1-オール.

表 18・3 の番号 2 から 11 は,炭素官能基(メチル基が別の炭素原子に結合しているもの)である.シアノ基とカルボニル基をもつ電子求引基の効果はほぼ同じである(1.1~1.3 ppm の低磁場シフト).窒素官能基(Me−N 結合をもつもの)では,アミン,アミド,アンモニウム塩,およびニトロ化合物(番号 15~18)の順に変化が大きくなる.最後に,酸素官能基(Me−O 結合をもつもの)はすべて化学シフトが大きく変化する(番号 19~22).

メチレン基に結合した置換基の効果

メチレン(CH_2)基には置換基が二つあるので,その正しい化学シフト表をつくるのはメチル基の場合よりむずかしい.表 18・4 では,フェニル基が置換した化合物のデータを集めやすいという理由で CH_2 の置換基の一つをフェニル基 Ph に固定している.化学シフトの基準を $PhCH_2CH_3$ の CH_2 基として(水素は 2.64 ppm,炭素は 28.9 ppm),置換基による化学シフトの変化を一覧にした.

表 18・3 と表 18・4 を比べると,CH_3 に対しても CH_2 に対しても,同じ置換基による化学シフトの変化はだいたい等しいことがわかる.

表 18・4 フェニル基と各官能基に結合したメチレン基の化学シフト δ (ppm)

	官能基	化合物	δ_H	$\delta_H - 2.64$	δ_C	$\delta_C - 28.9$		官能基	化合物	δ_H	$\delta_H - 2.64$	δ_C	$\delta_C - 28.9$
1	シラン	PhCH₂−SiMe₃			27.5	−1.4	14	スルホン	(PhCH₂)₂SO₂	4.11	1.47	57.9	29.0
2	水素	PhCH₂−H	2.32	−0.32	21.4	−7.5	15	アミン	PhCH₂−NH₂	3.82	1.18	46.5	17.6
3	アルカン	PhCH₂−CH₃	2.64	0.00	28.9	0.0	16	アミド	HCONH−CH₂Ph	4.40	1.76	42.0	13.1
4	ベンゼン	PhCH₂−Ph	3.95	1.31	41.9	13.0	17	ニトロ	PhCH₂−NO₂	5.20	2.56	81.0	52.1
5	アルケン	PhCH₂−CH=CH₂	3.38	0.74	41.2	12.3	18	アンモニウム塩	PhCH₂−NMe₃⁺	4.5/4.9		55.1	26.2
6	ニトリル	PhCH₂−CN	3.70	1.06	23.5	−5.4	19	アルコール	PhCH₂−OH	4.54	1.80	65.3	36.4
7	カルボン酸	PhCH₂−CO₂H	3.71	1.07	41.1	12.2	20	エーテル	(PhCH₂)₂O	4.52	1.78	72.1	43.2
8	エステル	PhCH₂−CO₂Me	3.73	1.09	41.1	12.2	21	エノールエーテル	PhCH₂−OAr†	5.02	2.38	69.9	41.0
9	アミド	PhCH₂−CONEt₂	3.70	1.06			22	エステル	MeCO₂−CH₂Ph	5.10	2.46	68.2	39.3
10	ケトン	(PhCH₂)₂C=O	3.70	1.06	49.1	20.2	23	ホスホニウム塩	Ph₃P⁺−CH₂Ph	5.39	2.75	30.6	1.7
11	チオール	PhCH₂−SH	3.69	1.05	28.9	0.0	24	塩化物	PhCH₂−Cl	4.53	1.79	46.2	17.3
12	スルフィド	(PhCH₂)₂S	3.58	0.94	35.5	6.6	25	臭化物	PhCH₂−Br	4.45	1.81	33.5	4.6
13	スルホキシド	(PhCH₂)₂S=O	3.88	1.24	57.2	28.3							

† (4-クロロメチルフェニルオキシメチル)ベンゼン.

メチン基の化学シフト

メチン（CH）基についても同じことができる．表 18・5 の左半分は，イソプロピル基をもつ一連の化合物について，そのメチン基の化学シフトを 2-メチルプロパンの中央の水素 $CHMe_3$ および炭素 $CHMe_3$ の化学シフトを基準にして，そのシフト変化を示したものである．三つの置換基のうちの二つをメチル基で固定し，三つ目の置換基だけ変えたものだ．メチン基の場合も，同じ置換基による化学シフトの変化は，メチル基やメチレン基の場合とほぼ同じである．

表 18・5　Me_2CHX の α 位と β 位の ^1H および ^{13}C NMR 化学シフトに対する置換基の効果[†]

X	$C_α(Me_2CH-X)$ への効果, ppm				$C_β(Me_2CH-X)$ への効果, ppm			
	$δ_H$	$δ_H - 1.68$	$δ_C$	$δ_C - 25.0$	$δ_H$	$δ_H - 0.9$	$δ_C$	$δ_C - 8.4$
Li			10.2	−14.8			23.7	15.3
H	1.33	−0.35	15.9	−9.1	0.91	0.0	16.3	7.9
Me	1.68	0.00	25.0	0.0	0.89	0.0	24.6	16.2
$CH=CH_2$	2.28	0.60	32.0	7.0	0.99	0.09	22.0	13.6
Ph	2.90	1.22	34.1	9.1	1.24	0.34	24.0	15.6
CHO	2.42	0.74	41.0	16.0	1.12	0.22	15.5	7.1
COMe	2.58	0.90	41.7	16.7	1.11	0.21	27.4	19.0
CO_2H	2.58	0.90	34.0	9.0	1.20	0.30	18.8	10.4
CO_2Me	2.55	0.87	33.9	8.9	1.18	0.28	19.1	10.7
$CONH_2$	2.40	0.72	34.0	9.0	1.08	0.18	19.5	11.1
CN	2.71	1.03	20.0	−5.0	1.33	0.43	19.8	11.4
NH_2	3.11	1.43	42.8	17.8	1.08	0.18	26.2	17.8
NO_2	4.68	3.00	78.7	53.7	1.56	0.66	20.8	12.4
SH	3.13	1.45	30.6	5.6	1.33	0.43	27.6	19.2
Si-Pr	3.00	1.32	33.5	8.5	1.27	0.37	23.7	15.3
OH	4.01	2.33	64.2	39.2	1.20	0.30	25.3	16.9
Oi-Pr	3.65	1.97	68.4	43.4	1.12	0.22	22.9	14.5
O_2CMe	5.00	3.32	67.6	42.6	1.22	0.32	21.8	13.4
Cl	4.19	2.51	53.9	28.9	1.52	0.62	27.3	18.9
Br	4.29	2.61	45.4	20.4	1.71	0.81	28.5	20.1
I	4.32	2.36	31.2	6.2	1.90	1.00	21.4	13.0

[†] ^1H NMR では CH 基と Me_2 基の間にスピン結合がある．

18・11　^1H 化学シフトは ^{13}C 化学シフトより計算しやすく情報量も多い

最後の表（表 18・6）はこれまで避けてきた問題の説明に役立つ．^1H 化学シフトと置

表 18・6　官能基 X による ^1H NMR 化学シフトの変化値（ppm）

番号	官能基 X	変化値[†]	番号	官能基 X	変化値[†]	番号	官能基 X	変化値[†]
1	アルケン C=C	1.0	9	アミド $CONH_2$	1.0	17	アルコール OH	2.0
2	アルキン C≡C	1.0	10	アミン NH_2	1.5	18	エーテル OR	2.0
3	フェニル Ph	1.3	11	アミド NHCOR	2.0	19	芳香族エーテル OAr	2.5
4	ニトリル C≡N	1.0	12	ニトロ NO_2	3.0	20	エステル O_2CR	3.0
5	アルデヒド CHO	1.0	13	チオール SH	1.0	21	フッ化物 F	3.0
6	ケトン COR	1.0	14	スルフィド SR	1.0	22	塩化物 Cl	2.0
7	カルボン酸 CO_2H	1.0	15	スルホキシド SOR	1.5	23	臭化物 Br	2.0
8	エステル CO_2R	1.0	16	スルホン SO_2R	2.0	24	ヨウ化物 I	2.0

[†] 加成則の基準値: メチル基 CH_3X では 0.9 ppm．メチレン基 CH_2X では 1.3 ppm．メチン基 CHX では 1.7 ppm．

換基との間には非常によい相関関係が成り立つ．しかし，^{13}C 化学シフトではあまりよい相関関係は成立せず，もっと複雑な計算式が必要となる．もっと顕著なことは，^{1}H 化学シフトは多くの場合，化合物の化学的性質とよく一致する．これには理由が二つある．

まず第一に，炭素原子のほうが水素よりも置換基にずっと近い．表 18・3 の化合物では，メチル炭素は直接置換基に結合しているが，水素の場合はその間にメチル基の炭素原子が介在する．ある官能基が，たとえば硫黄原子のように大きな電子求引性の原子である場合，誘起効果により水素から電子を求引し，その水素の化学シフトはそれに応じて低磁場シフトする．炭素原子の場合は硫黄原子との距離が近すぎて，大きい $3sp^3$ 軌道にある非共有電子対からの遮蔽効果も受ける．ジメチルスルフィド Me_2S の S によって生じるメチル水素の化学シフト変化（1.23 ppm）は，強力な電子求引基であるシアノ基（1.14 ppm）やエステル基（1.18 ppm）によって生じるシフト変化とほぼ同じである．メチル炭素の化学シフト変化（9.7 ppm）は，エステルによるシフト変化（11.2 ppm）より小さいが，シアノ基によるシフト変化よりはるかに大きい．実際にはシアノ基は，置換基がメチル基のときと比較すると，^{13}C 化学シフトを高磁場にシフトさせる（−6.6 ppm）．

第二の理由は，^{13}C 化学シフトは直接結合した置換基（α 位）だけでなく，さらにもう一つ隣の置換基（β 位）からも強く影響を受けることである．表 18・5 の右半分は，メチル基の化学シフトに対して隣の炭素に結合した置換基（β 位）が及ぼす効果を示している．^{1}H 化学シフトは β 位の置換基からほとんど影響を受けない．すべての値は，表 18・3 に示した同じ置換基によるメチル基の化学シフトよりもはるかに小さい．たとえば，カルボニル基がメチル基に直接結合すると約 1.2 ppm 低磁場シフトするが，1 原子離れると 0.2 ppm 低磁場シフトするだけである．これに対して，これら二つの表を比較すると，^{13}C 化学シフトに対する α 位，β 位の置換基の影響はほぼ等しいことがわかる．むしろ β 位の効果のほうが α 位より大きい場合もある．たとえば，シアノ基の場合，直接結合するとメチル炭素を高磁場にシフトさせる（−6.6 ppm）が，1 原子離れると 11.4 ppm も低磁場にシフトさせる．これは極端な例である．この炭素の化学シフトの変化から，シアノ基は α 位に対しては電子供与効果，β 位に対しては電子求引効果を示すと考えてはならない．^{13}C 化学シフトはしばしば合理的に説明できない場合がある．一方，^{1}H 化学シフトから得られる情報は有用であり，^{1}H 化学シフトから化合物の構造決定だけでなく，化学的性質についても考えることができる．

表 18・6 を用いて，たとえば，^{1}H 化学シフトが 4.0 ppm のメチル基のシグナルを帰属することは問題なくできる．メチル基に結合できる置換基は一つだけであり，置換基によるシフト変化値を一つだけ用いればよい．この例の場合はたとえばメチルエステルと考えることができる．しかしこれに対して，^{1}H 化学シフト 4.5 ppm のメチレン基を帰属したい場合はどうであろう．このときは 3.2 ppm の低磁場シフトを説明しなければならないが，次のような注意が必要である．メチレン基には置換基が二つ結合している．したがって，この場合約 3 ppm のシフト変化値をもつ置換基（たとえば，またエステル基）が一つついているかもしれないし，あるいは 1.5 ppm のシフト変化値をもつ置換基が二つついているかもしれない．ここではシフト変化値に加成則が成立する．

問　題

1. 分子式 C_6H_5FO をもつ化合物がある．この化合物は赤外スペクトルにおいて 3100〜3400 cm^{-1} に幅広い吸収を示す．また ^{13}C NMR では次のようなシグナルが見られた（プロトンデカップリングスペクトル）．この化合物の構造を決定し，スペクトルデータ

を解釈せよ．δ_C 157.38(d, J 229 Hz)，151.24(s)，116.32(d, J 7.5 Hz)，116.02(d, J 23.2 Hz)．

2. ブラテノン (bullatenone) は 1950 年代にニュージーランド産のギンバイカから単離された天然物であり，構造式は **A** と決定された．後に構造式 **A** をもつ化合物が合成されたが，合成品は天然物のブラテノンとは一致しなかった．構造式 **A** に対して期待される ^{1}H NMR を予想せよ．1950 年代には得られなかった下記のスペクトルデータを見て，なぜ構造式 **A** が誤りであるかを説明し，ブラテノンの正しい構造を推定せよ．

A
当初誤まって提出された
ブラテノンの構造

単離されたブラテノンのスペクトルデータ
MS：m/z 188(10%)（高分解能質量分析より分子式 $C_{12}H_{12}O_2$ が得られた），105(20%)，102(100%)，77(20%)
IR：1604, 1705 cm^{-1}
^{1}H NMR：δ_H 1.43(6H, s)，5.82(1H, s)，7.35(3H, m)，7.68(2H, m)

3. 次の反応における生成物の構造を決定し，スペクトルデータを解釈せよ．反応機構の説明は求めていない．ここではどういう反応が起こるかの説明はしなくてもよい．次の反応ではいずれも予想とは異なる生成物が得られている．

A, $C_6H_{12}O_2$
ν_{max}(cm^{-1}) 1745
δ_C 179, 52, 39, 27
δ_H 1.20(9H, s)，3.67(3H, s)

B, $C_6H_{10}O_3$
ν_{max}(cm^{-1}) 1745, 1710
δ_C 203, 170, 62, 39, 22, 15
δ_H 1.28(3H, t, J 7 Hz)，2.21(3H, s)，3.24(2H, s)，4.2(2H, q, J 7 Hz)

C, m/z 118
ν_{max}(cm^{-1}) 1730
δ_C 202, 45, 22, 15
δ_H 1.12(6H, s)，2.28(3H, s)，9.8(1H, s)

4. 次の反応における生成物の構造を決定せよ．

化合物 **A**：$C_7H_{12}O_2$，IR 1725 cm^{-1}
δ_H 1.02(6H, s)，1.66(2H, t, J 7 Hz)，2.51(2H, t, J 7 Hz)，4.6(2H, s)

化合物 **B**：m/z 149/151(M^+, 強度比 3：1)，IR 2250 cm^{-1}
δ_H 2.0(2H, 五重線, J 7 Hz)，2.5(2H, t, J 7 Hz)，2.9(2H, t, J 7 Hz)，4.6(2H, s)

5. 次の反応における予想される生成物の構造が二つずつあげてある．実際の生成物の構造を決定するには，どうしたらよいか，それぞれについて示せ．証拠は一つだけでなく複数あることが必要である．また，一般的な説明だけでなく，予想される具体的な数値を示して説明せよ．

6. フルオロピルビン酸ナトリウムの重水中での NMR データを示す．このデータは次に示す構造式と矛盾しないか．もし矛盾するとしたら，この化合物はこの溶液中でどのような状態で存在していると考えられるか．

δ_H 4.43(2H, d, J 47 Hz)
δ_C 83.5(d, J 22 Hz)，86.1(d, J 171 Hz)，176.1(d, J 2 Hz)

7. ある微生物から単離した抗生物質が水溶液中から結晶化した．また酸性あるいは塩基性溶液からは異なる結晶性の塩が得られた．この塩のスペクトルデータは次のとおりであった．もとの抗生物質の構造を決定せよ．
質量スペクトル 182(M^+, 9%)，137(87%)，109(100%)，74(15%)
δ_H(D_2O, pH < 1) 3.67(2H, d, J 7)，4.57(1H, t, J 7)，8.02(2H, m)，8.37(1H, m)
δ_C(D_2O, pH < 1) 33.5, 52.8, 130.1, 130.6, 134.9, 141.3, 155.9, 170.2

8. 次の反応の生成物 **A**，**B** の構造を決定せよ．

化合物 **A**：m/z 170(M^+, 1%)，84(77%)，66(100%)
IR 1773, 1754 cm^{-1}
δ_H(CDCl$_3$) 1.82(6H, s)，1.97(4H, s)
δ_C(CDCl$_3$) 22, 23, 28, 105, 169

化合物 **B**：m/z 205(M^+, 40%)，161(50%)，160(35%)，105(100%)，77(42%)
IR 1670, 1720 cm^{-1}
δ_H(CDCl$_3$) 2.55(2H, m)，3.71(1H, t, J 6 Hz)，3.92(2H, m)，7.21(2H, d, J 8 Hz)，7.35(1H, t, J 8 Hz)，7.62(2H, d, J 8 Hz)
δ_C(CDCl$_3$) 21, 47, 48, 121, 127, 130, 138, 170, 172

9. エポキシケトンをトシルヒドラジンと反応させて得られた生成物は，次のスペクトルデータを示した．この生成物の構造を決定せよ．

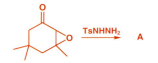

m/z 138(M$^+$, 12%), 109(56%), 95(100%), 81(83%), 82(64%), 79(74%)
IR 3290, 2115, 1710 cm^{-1}
δ_H(CDCl$_3$) 1.12(6H, s), 2.02(1H, t, J 3 Hz), 2.15(3H, s), 2.28(2H, d, J 3 Hz), 2.50(2H, s)
δ_C(CDCl$_3$) 26, 31, 32, 33, 52, 71, 82, 208

10. 次のエポキシアルコールをトルエン中 LiBr と反応させたところ, 収率92%で化合物 A が得られた. この化合物 A の構造を決定せよ.

質量スペクトルより C$_8$H$_{12}$O
IR 1685, 1618 cm^{-1}
δ_H 1.26(6H, s), 1.83(2H, t, J 7 Hz), 2.50(2H, dt, J 2.6, 7 Hz), 6.78(1H, t, J 2.6 Hz), 9.82(1H, s)
δ_C 189.2, 153.4, 152.7, 43.6, 40.8, 30.3, 25.9

11. ワタミゾウムシ（ワタの害虫）の雌は異性体の関係にある二つの化合物をつくることにより雄をよび寄せる. そのような活性をもつ二つの異性体〔グランジソールと (Z)-オクトデノール〕数 mg が 450 万匹のワタミゾウムシから単離された. 次のスペクトルデータからこれらの化合物の構造を決定せよ. ＊印のシグナルは重水と交換する.

グランジソール
m/z 154(C$_{10}$H$_{18}$O) 139, 136, 121, 109, 68 (100%)
IR 3340, 1642 cm^{-1}
δ_H 1.15(3H, s), 1.42(1H, dddd, J 1.2, 6.2, 9.4, 13.4 Hz), 1.35〜1.45(1H, m), 1.55〜1.67(2H, m), 1.65(3H, s), 1.70〜1.81(2H, m), 1.91〜1.99(1H, m), 2.52*(1H, 幅広 t, J 9.0 Hz), 3.63(1H, ddd, J 5.6, 9.4, 10.2 Hz), 3.66(1H, ddd, J 6.2, 9.4, 10.2 Hz), 4.62(1H, 幅広 s), 4.81(1H, 幅広 s)
δ_C 19.1, 23.1, 28.3, 29.2, 36.8, 41.2, 52.4, 59.8, 109.6, 145.1

(Z)-オクトデノール
m/z 154(C$_{10}$H$_{18}$O) 139, 136, 121, 107, 69 (100%)
IR 3350, 1660 cm^{-1}
δ_H 0.89(6H, s), 1.35〜1.70(4H, 幅広 m), 1.41*(1H, s), 1.96(2H, s), 2.06(2H, t, J 6 Hz), 4.11(2H, d, J 7 Hz), 5.48(1H, t, J 7 Hz)

12. 次の各反応の生成物の構造を決定せよ.

化合物 A：C$_{10}$H$_{13}$OP, IR 1610, 1235 cm^{-1}
  δ_H 6.5〜7.5(5H, m), 6.42(1H, t, J 17 Hz), 7.47(1H, dd, J 17, 23 Hz), 2.43(6H, d, J 25 Hz)
化合物 B：C$_{12}$H$_{16}$O$_2$, IR CH および指紋領域のみ
  δ_H 7.25(5H, s), 4.28(1H, d, J 4.8 Hz), 3.91(1H, d, J 4.8 Hz), 2.96(3H, s), 1.26(3H, s), 0.76(3H, s)

13. 次の反応によって得られる化合物の構造を決定せよ.〔注意！出発物から構造を考えるのではなく, スペクトルデータに基づいて考えよ. これらは比較的小さい分子なので ^{1}H NMR だけでも十分構造を導くことができる.〕

化合物 A：C$_4$H$_6$, δ_H 5.35(2H, s), 1.00(4H, s)
化合物 B：C$_4$H$_6$O, δ_H 3.00(2H, s), 0.90(2H, d, J 3 Hz), 0.80(2H, d, J 3 Hz)
化合物 C：C$_4$H$_6$O, δ_H 3.02(4H, d, J 5 Hz), 1.00(2H, 五重線, J 5 Hz)

14. 1975 年に, あるカビの代謝産物として黄色結晶状抗生物質フラスツロシン（frustulosin）が単離され, その構造は次に示す A と B の平衡混合物と推定された. しかし, NMR スペクトルでは二つの平衡混合物ではなく, 一つの化合物であることが明瞭に示された. この推定された構造（A と B）が正しいとは言えない理由を述べよ. そして, この化合物の正しい構造を導け. ＊印のシグナルは重水と交換する.

フラスツロシン
m/z 202(100%), 187(20%), 174(20%)
IR 3279, 1645, 1613, 1522 cm^{-1}
δ_H 2.06(3H, dd, J 1.0, 1.6 Hz), 5.44(1H, dq, J 2.0, 1.6 Hz), 5.52(1H, dq, J 2.0, 1.0 Hz), 4.5*(1H, 幅広 s), 7.16(1H, d, J 9.0 Hz), 6.88(1H, dd, J 9.0, 0.4 Hz), 10.31(1H, d, J 0.4 Hz), 11.22*(1H, 幅広 s)
δ_C 22.8, 80.8, 100.6, 110.6, 118.4, 118.7, 112.6, 125.2, 129.1, 151.8, 154.5, 196.6

〔注意！これは難問である. 最初にこの研究を行った人たちも当初誤った構造を提案した.〕
〔ヒント〕 二つ目の環がないとすると, 不飽和度はどうすれば満足させられるか.

19 アルケンへの求電子付加反応

関連事項

必要な基礎知識
- アルケンを生成する脱離反応 17章
- カルボカチオンの安定性と S_N1 反応 15章

本章の課題
- 単純な非共役アルケンと求電子剤との反応
- 求電子付加により C=C 二重結合を別の官能基に導く
- 非対称アルケンのどちらの端が求電子剤と反応するか予測する
- アルケンの立体選択的および立体特異的反応と位置選択的反応
- 求電子付加でハロゲン化アルキル，エポキシド，アルコール，およびエーテルを合成する
- アルケンを切断して二つのカルボニル化合物を得る

今後の展開
- 酸素置換基をもつアルケン（エノールとエノラート）への求電子付加 20章
- 芳香環への求電子付加 21章
- 電子不足アルケンへの求核付加 22章
- アルケンのペリ環状反応 34章
- 転位反応 36章

19・1 アルケンは臭素と反応する

アルケンの存在を確認する古典的方法の一つは，臭素 Br_2 の褐色水溶液を作用させ，これが無色になることを調べる方法である．アルケンが臭素と反応して臭素水を脱色し，ジブロモアルカンになる．最も簡単なアルケンであるエチレン（エテン）の反応を右に示す．

この反応や本章で述べる他の類似の反応を理解するためには，5章に戻って求核剤と求電子剤の観点からみた反応の考え方を復習する必要がある．新しい反応に出会ったらまず，"どの反応剤が求核的で，どの反応剤が求電子的か"考えるべきである．アルケンにも臭素にも電荷はないが，臭素は低エネルギーの空軌道（Br–Br σ^*）をもっているため求電子剤である．Br–Br 結合はきわめて弱く，臭素はさまざまな求核剤と欄外に示すように反応する．

エチレンとの反応では，アルケンが求核剤であり，そのHOMOは C=C π 軌道である．他の単純なアルケンは同様に電子豊富であり，通常**求核剤**（nucleophile）として働き**求電子剤**（electrophile）を攻撃する．

> 単純な非共役アルケンは求核剤として働き，求電子剤と反応する．

アルケンの被占 π 軌道（HOMO）は，Br_2 と反応するときに，臭素の空の σ^* 軌道と相互作用して生成物になる．しかし，その生成物はどのようなものだろうか．関与する軌道をみてみよう．

π 軌道の最も電子密度の高いところは炭素二つの間ちょうど真ん中なので，臭素はここを攻撃すると予想してよい．この π 軌道（HOMO）が σ^* 軌道（LUMO）と結合性相互作用する唯一の方法は，Br_2 が末端から攻撃することであり，これにより生成物ができる．この対称的な 3 員環生成物を，**ブロモニウムイオン**（bromonium ion）とよぶ．

それでは，巻矢印を用いて，ブロモニウムイオンの生成をどう書けばよいだろうか．

安定なブロモニウムイオン

非常に込み合ったアルケンから生成するブロモニウムイオンは求核攻撃を受けない．ここに示した非常に込み合ったブロモニウムイオンは十分に安定で，X線結晶構造解析を行うことができる．

方法は一つではない．最も単純には，軌道で起こると考えられることを反映して，π結合の中間がBr—Brを攻撃するように示せばよい．

しかし，この表現では，電子が１対だけ移動しており，新しいC—Br結合二つの生成を書くことができない．この場合には，C—Br結合を部分的な結合として表すべきであろう．しかし，ブロモニウムイオンは，正常なC—Br結合を二つもった実在する中間体である（左上欄外の囲みにこの証拠を示す）．そこで，この反応を表す矢印のもう一つの書き方として，臭素の非共有電子対を関与させる方法がある．上の書き方は，関係するおもな軌道相互作用をより正確に表していると考えられるのでこれを使うが，次のように書いてもかまわない．

クロラミン

異なる種類の洗浄剤を混ぜるとよくないという常識（製造者の表示にもある）について不思議に思ったことはないだろうか．その危険性は塩素に対する求核攻撃が原因となっている．ある洗浄剤は塩素を含み（ふつうは，浴室の漂白とカビや微生物を殺すため），他のものはアンモニアを含んでいる（ふつうは，台所の油汚れを落とすため）．アンモニアは求核的で，塩素は求電子的であって，反応すると非常に有毒で爆発性のあるクロラミン(chloramine) NH_2Cl, $NHCl_2$, NCl_3 を生じる．

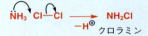

もちろん，この反応の最終生成物はブロモニウムイオンではない．反応の第二段階がただちに起こる．ブロモニウムイオンは求電子剤として働くので，第一段階で臭素から外れた臭化物イオンと反応する．これにより全反応の機構を正しく書くことができる．臭素 Br_2 が求電子剤なので，二重結合への**求電子付加**（electrophilic addition）とよぶ．全体として臭素分子は，アルケンの二重結合の炭素にそれぞれ結合する．

➡ 第二段階を15章359ページのエポキシドへの求核剤の攻撃と比べてみよ．

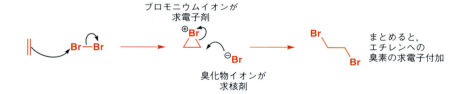

ブロモニウムイオンについての別の考え方

ブロモニウムイオンを，隣接する炭素に結合した臭素原子と相互作用して安定化を受けているカルボカチオンと考えることもできる．酸素についても同様な効果をみてきた．たとえば，"オキソニウムイオン"は，塩化メトキシメチル（塩化MOM）の S_N1 反応の中間体であった（15章参照）．

この臭素は，1原子分離しているが，臭素原子は周期表で酸素より下にあり，広がりのより大きい非共有電子対をもっているので，3員

環の環ひずみがあるとしても，同様な安定化効果をもたらす．

ここでオキソニウムイオンは二つとも同じ分子構造で表しているので問題はないが，ブロモニウムイオンとカルボカチオンは，違う形の別分子である．27章で述べるように，非共有電子対を少なくとも一組もつヘテロ原子が3員環を形成して隣接カチオン中心を安定化することは，臭素や他のハロゲンに限らず，酸素，硫黄，あるいはセレンを含む化合物の重要な特性の一つである．

ブロモニウムイオンへの Br⁻ の攻撃は，通常の S_N2 置換である．関与している重要な軌道は，臭化物イオンの HOMO と，ひずんだ 3 員環の C-Br 結合の σ* 軌道である．すべての S_N2 反応と同様に，求核剤は脱離基の反対側から近づいて，σ* 軌道との重なりを最大に保ちながら炭素を攻撃し，炭素の立体配置を反転させる．より複雑な構造のアルケンを用いて反応させたときの立体化学（後述）は，この全反応機構の重要な証拠になっている．

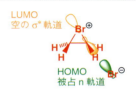

臭化物イオンが正電荷をもった臭素原子ではなくブロモニウムイオンの炭素原子を攻撃するのはなぜだろうか．実際には臭素原子も攻撃するが，この場合臭素とアルケンが再生するだけである．反応の第一段階は可逆である．

19・2 アルケンの酸化によるエポキシドの生成

アルケンへ臭素が求電子付加する反応は酸化反応である．出発物のアルケンはアルコールと同じ酸化度をもっているが，臭素付加生成物では，アルコールの酸化度の炭素が二つになっている．17 章で述べたように，ジブロモ化合物の脱離反応によりアルキンが得られることを考えれば，これも納得できるだろう．ほかにも求電子性を示す酸素原子を含む多くの酸化剤があり，それらは求核性を示すアルケンと反応してエポキシドを生成する．エポキシドは，ブロモニウムイオンの酸素類縁体とみなすことができるが，ブロモニウムイオンと違ってエポキシドは非常に安定である．

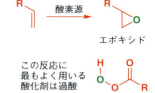

最も簡単なエポキシドであるエチレンオキシド（オキシラン）は，高温，銀触媒で，酸素によるエチレンの直接酸化によって，トン単位で製造されている．このような条件は，ふつうの研究室で使うには適当でない．エポキシ化剤として最もよく使われているのは，過酸である．**過酸** (peracid, peroxy acid, ペルオキシカルボン酸 peroxycarboxylic acid ともいう）は，カルボニル基と酸性水素との間に酸素原子を余分にもっており，過酸化水素 H_2O_2 のモノエステルとみなすこともできる．過酸は，共役塩基がカルボニル基との共役による安定化を受けないので，カルボン酸より弱酸である．しかし，緑で示した酸素原子を求核剤が攻撃するとよい脱離基であるカルボン酸イオンが脱離するので，この酸素原子は求電子性を示す．ペルオキシカルボン酸の LUMO は，弱い O-O 結合の σ* 軌道である．

分子内置換反応によるエポキシドの生成反応もあるが，エポキシド合成法としてはアルケンの酸化がずっと重要である．エポキシドの別名，オキシラン (oxirane) は，環の系統的命名法によっている．ox は酸素原子を，ir は 3 員環を，ane は完全に飽和であることを示している．オキセタン (oxetane) についてはすでに述べた（11 章の Wittig 反応のところでオキサホスフェタンが出てきた）．THF（テトラヒドロフラン）をオキソラン (oxolane) とよぶことはほとんどないが，ジオキソラン (dioxolane) は 5 員環アセタールの別名である．

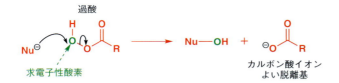

最もよく使われている過酸は，MCPBA(m-クロロ過安息香酸 m-chloroperoxybenzoic acid) である．MCPBA は安定な結晶性固体である．シクロヘキセンとの反応により，エポキシドを収率 95% で合成する例を次ページに示す．

過酸をつくる

過酸は，対応する酸無水物と，濃度の高い過酸化水素から合成する．一般に，カルボン酸イオンがより優れた脱離基となるので，母体の酸が強いほど強力な酸化剤になる．最も強力な酸化力をもつ過酸の一つは，ペルオキシトリフルオロ酢酸である．非常に高濃度 (>80%) の過酸化水素は，爆発性であり，輸送がむずかしい．

予想どおり，求核性をもつアルケンはπ軌道（HOMO）の中央から過酸を攻撃する．まず反応にかかわる軌道をみてみよう．

次に，巻矢印によって機構を考えよう．この反応の本質は，結合エネルギーの小さい分極した求電子的な O–O 結合へのアルケンのπ軌道による攻撃であり，最も簡単に表せば，左に示すようになる．しかし実際には，H（左の機構図では茶で示す）がエポキシド酸素から副生物のカルボン酸に移っている．注意して矢印を書けば，すべてを1段階で表すことができる．まず，求核剤として作用するπ結合から酸素に電子を送り，O–O 結合を切って新しいカルボニル結合をつくる．ついで，もとのカルボニル電子でプロトンをとり，もとの O–H 結合の電子を使って2番目の新しい C–O 結合をつくる．矢印が絡み合っているがまどわされないようにしよう．反応機構を考えると，矢印の一つひとつはとても論理的なものである．この反応の遷移状態をみると，結合生成と開裂の過程がよりはっきりとわかる．

エポキシ化は立体特異的である

アルケンのπ結合の同じ側から新しい C–O 結合が二つ生成するので，アルケンの立体配置がエポキシドの立体化学に反映される．したがって，反応は立体特異的である．これを表す例を二つ示す．シス形アルケンはシス形エポキシドになり，トランス形アルケンはトランス形エポキシドになる．

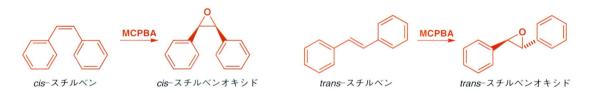

置換の多いアルケンほどエポキシ化は速い

過酸はどんな置換様式のアルケンでも（電子求引基が共役したものには別の反応剤を

使うので除く，22章参照）エポキシドに変換するが，反応速度は欄外に示すように二重結合の置換基の数によって変わる．

二重結合は，置換の多いほど安定である（17章参照）だけでなく，求核性が高まる．アルキル基はカルボカチオンを安定化するので，電子供与基であると15章で述べた．この同じ電子供与効果により，二重結合のHOMOのエネルギーが上昇し，二重結合の求核性が増大する．これは，次のように考えるとよい．下のエネルギー準位図に示すように，アルケンのπ軌道と相互作用できるσ軌道をもつすべてのC−C結合やC−H結合は，アルケンのHOMOを少しずつ上昇させる．したがって，アルケンの置換基が多くなるほど，HOMOのエネルギーが上昇する．

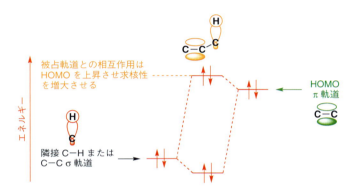

酸化剤の量を制限すると，置換様式の異なるアルケン間の反応性の違いによって，反応性の高いアルケンだけエポキシドにすることができる．次ページ上の左の例では，四置換アルケンは，シス二置換のものに優先して反応する．右のジエンの二重結合は同じように置換しているが，その一方がエポキシ化されると，残りの二重結合の求核性が減少する（新しく入った酸素原子は電子求引性である．また，一般にジエンはアルケンよ

ジメチルジオキシランと発がん性エポキシド

ある種のカビ，特に湿った穀物に生育する *Aspergillus* 属は，ヒトにとって最も発がん性の強い物質の一種であるアフラトキシン類を産生する．この毒素の一つ（もちろん完全な天然物）は，ヒトの体内で代謝されて，発がん性のエポキシドになる．ある化学者たちは，このエポキシドとDNAとの反応でがんがどう発生するか解明しようとして，その合成を始めた．このエポキシドは，あまりにも反応性が高すぎたため（副生する酸のために），過酸では合成できなかったので，ジメチルジオキシラン (dimethyldioxirane) とよばれる反応剤を使った．

ジメチルジオキシランは，アセトンを $KHSO_5$ で酸化して得られるが，溶液中で短期間しか保存できない．右の機構に示すように，エポキシ化の段階で酸素が移動した後には，無害なアセトンが残るだけである．

肝臓にはさまざまな酵素があり酸化を行っている．その酸化によって，水に不溶の望ましくない分子をヒドロキシル化して，水溶性にする．不運なことに，その酸化過程の中間体には，非常に反応性の高いエポキシドがいくつかあり，それがDNAを傷つけてしまう．それによって，たとえば，ベンゼンや他の芳香族炭化水素は発がん性化合物になる．ベンゼンを（生物学的方法でなく）化学的方法でエポキシ化することは非常に困難であることを指摘しておこう．

り求核性が高い)．シクロペンタジエンのモノエポキシドは有用な中間体であり，緩衝剤共存下にジエンの直接エポキシ化で合成できる．

p-ニトロ過安息香酸は爆発性が高く危険であるが，反応性が高いので次に示す興味深い高ひずみ化合物，スピロエポキシド(オキサスピロペンタン oxaspiropentane)の合成に用いることができる．この化合物は求核剤との反応を研究するためにつくられた．

> ここで加えている炭酸ナトリウムと酢酸ナトリウムは緩衝剤である．カルボン酸がエポキシ化の副生物なので，反応混合物が強い酸性になるのを防ぐために用いられる．このあと簡単に説明するが，ある種のエポキシドは酸に不安定である．

> スピロ化合物(spiro compound)は二つの環が一つの炭素を共有している．隣接した二つの炭素で結びついた縮合環(fused ring)と隣接していない二つの炭素で結びついた架橋環(bridged ring)を比較しよう(26章 679ページ参照)．

19・3 非対称アルケンへの求電子付加は位置選択的である

　エポキシ化や臭素の求電子付加では，アルケンの両炭素に同じ種類の原子(BrかO)が結合する．しかし，他の求電子剤，たとえばH−Brの付加反応では可能性が二つある．すなわち，どちらの炭素にHが付加し，どちらにBrが付加するのだろうか．非対称アルケンとHBrの反応結果を予測したり，説明できるようになる必要があるが，まずは対称アルケン(シクロヘキセン)の反応から説明しよう．この反応では次のようなことが起こる．H−Brが求電子剤として作用する場合，Hが攻撃を受けてBr⁻が脱離する．臭素原子と違って非共有電子対をもっていないので，水素原子は3員環カチオンを生成できない．したがって，プロトンのアルケンへの求電子付加(ここで起こっている反応)の生成物は，カルボカチオンで表すのが最も適当である．このカルボカチオンは，生成した臭化物イオンとただちに反応する．全体としてH−Brがアルケンに付加するので，単純な臭化アルキルを合成する有用な方法になる．

　次に臭化アルキルの合成をもう2例示すが，ここではアルケンが非対称なので(それぞれの炭素に異なる置換基が結合している)どちらがどちらの炭素を攻撃しているか調べる必要がある．まず結果を次に示す．

　いずれの場合にも，臭素原子は，置換基のより多い炭素に結合する．その理由は，反応機構を考えると説明できる．スチレンがHBrでプロトン化されるとき可能性は二つあ

るが，たとえその反応結果を知らなくても，どちらが優先するか，ただちにわかるようでなければならない．末端炭素のプロトン化によりベンジル型カチオンが生成する．これは正電荷がベンゼン環に非局在化することにより安定化されている．もう一方の炭素でのプロトン化は，非常に不安定な第一級カチオンを生成するため，起こらない．

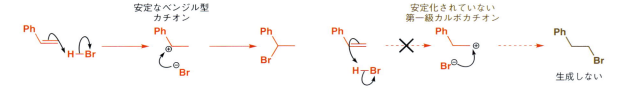

イソブテン（2-メチルプロペン）についても同様である．より安定な第三級カチオンから生成物が生じ，もう一方の第一級カチオンは生成しない．

> **Markovnikov 則**
>
> H–X がアルケンへ求電子付加する際には，古くから知られている Markovnikov 則がある．それは，"水素が二重結合に付加するとき，もともと水素をより多くもっていた炭素に結合する" というものである．そのように習ったとしても，この規則をいちいち覚えることはすすめない．すべての規則と同様に，その理由を理解することのほうがはるかに重要である．たとえば，次の反応の生成物は，読者は予測できるだろうが，Markovnikov は予想できなかっただろう．
>
> Ph＼＝／Br
> ↓ HBr
> Ph－CHBr－CH₂－Br

アルケンのプロトン化により，カルボカチオンが生成する反応はかなり一般的である．カルボカチオンは，上の例のように求核剤と反応するか，あるいは単にプロトンを脱離してアルケンに戻る．これは，プロトン化が可逆であるというのと同じだが，失われるのが同じ水素である必要はない．別の水素を失ってより安定なアルケンが生成してもよい．すなわち，酸触媒によってアルケンが（ZとEの立体異性体間および位置異性体間で）異性化することになる．

E1 脱離と異性化

アルケンが酸で異性化することは，酸中でのE1脱離によって一般にE-アルケンが得られることのおもな理由になっている．速度支配でE-アルケンが得られる様子を17章で説明した．反応条件によりE-とZ-アルケン間の相互変換が起こると，熱力学支配生成物が優先する．これは12章でも述べた．

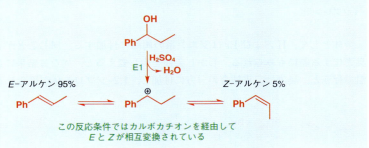

他の求核剤もカチオンと反応することができる．たとえば，アルケンを HCl と反応させると塩化アルキルが生じ，HI ではヨウ化アルキル，H_2S ではチオールが生成する．

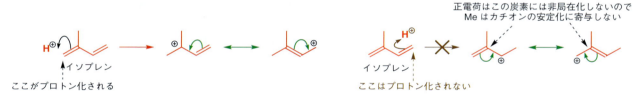

19・4　ジエンへの求電子付加

§19・2 で，ジエンのエポキシ化によりモノエポキシドが得られることを述べた．そこでは二重結合の一方だけが反応した．これはよくみられることである．共役ジエンは，単純アルケンよりも求核性が高い．これについては7章で述べたが，アルケンとジエンの相対的な HOMO エネルギー準位を調べると，容易に説明できる．そのため，ジエンは酸によって容易にプロトン化されてカチオンになる．2-メチル-1,3-ブタジエン（イソプレン）を酸で処理すると，これが実際に起こる．プロトン化によって，非局在化した安定なアリル型カチオンになる．

なぜ一方の二重結合がプロトン化されて，もう一方がされないのだろうか．もう一方がプロトン化されてもアリル型カチオンが生じるが，その正電荷はメチル基をもつ炭素に非局在化しないので，メチル基による余分の安定化効果を受けないからである．

もし，酸が HBr ならば，対アニオン Br^- がカチオンを求核攻撃する．そのさい Br^- はカチオンの立体障害の小さいほうを攻撃して，重要な化合物である臭化プレニルを生成する．これはまさに 15 章で述べた反応であり，アリル型化合物に対する S_N1 置換反応の後半部分に相当する．

全体として，H および Br はジエン系の両端に付加する．同じことがジエンを Br_2 で臭素化する際にもみられる．しかし条件を少し変えると，異なる結果になる．反応を低温で行うと，臭素は二重結合の一方に付加し，1,2-ジブロモ体が得られる．

この化合物は，臭素化反応の速度支配生成物であることがわかる．1,4-ジブロモ体は，加熱してはじめて生成するので，熱力学支配の生成物である．その反応機構は，ジエンへ臭素分子が求電子攻撃してブロモニウムイオンを生じ，それが臭化物イオンで開環してジブロモ化合物になるというものである．ここで，臭化物イオンがブロモニウムイオンで置換の多いほうの末端を攻撃すると述べたが，(どちらの末端を攻撃しても同じ生成物となるため) これを確かめることはできない．いずれにせよ，これが非対称ブロモニウムイオンの一般的反応過程である．その証拠を，次節で述べる．

この 1,2-ジブロモ体は，求核置換によってさらに反応する可能性がある．臭化物イオンは，よい求核剤であるとともによい脱離基でもあるので，このようなアリル系では求核剤と脱離基がいずれも臭素である S_N1 反応が起こる．中間体はアリル型カチオンであるが，臭素の非共有電子対が正電荷を安定化できるので，そのカチオンはブロモニウムイオンのかたちになる．臭化物イオンがもとの位置を攻撃して出発物に戻ることもあるが，アリル系の離れた末端を攻撃して 1,4-ジブロモ体を生成することもできる．これらの段階は高温ではすべて可逆であり，このような条件下で 1,4-ジブロモ体ができることから，これが 1,2-ジブロモ体より安定であることがわかる．この理由はむずかしくない．置換基のより多いアルケンが生じているし，大きな臭素原子二つが遠く離れているからである．

➡ 速度支配および熱力学支配について復習が必要な場合は 12 章参照．

19・5　非対称ブロモニウムイオンは位置選択的に開環する

アルケンの臭素化において，アルケンの対称性はこれまで考慮しなかった．それは，非対称アルケンであっても，ブロモニウムイオンに対する臭化物イオンの攻撃方向によらず，同じ 1,2-ジブロモ化合物が生じるからである．

どちらの末端が攻撃されても同じ生成物となる

しかし，臭素化を，たとえば水やメタノールのような求核性溶媒中で行うと，溶媒分子が臭化物イオンと競争してブロモニウムイオンと反応する．アルコールは臭化物イオンより求核剤としてはずっと反応性が低いが，溶媒分子の濃度がはるかに高い (水中の水分子の濃度は，ほぼ 55 mol dm^{-3} である) ので，ほとんどの場合溶媒がブロモニウムイオンを攻撃する．これが，メタノール中でイソブテンと臭素とを反応させた場合に起こる．メタノールがブロモニウムイオンの置換のより多い末端のみを攻撃して，エーテルを生成する．ある官能基が複数の位置で反応することが可能な場合，どの位置で反応するかはその反応の**位置選択性** (regioselectivity) とよぶ．位置選択性の概念について

➡ この数字は 8 章で求めた．

は 24 章で再び取上げる.

メタノールはブロモニウムイオンの置換基の多い末端を攻撃

メタノールは，最も立体障害の大きい部位でブロモニウムイオンを攻撃している．そこでは立体障害を越えて強力に働く効果があるにちがいない．そこで，ブロモニウムイオンの開環が S_N2 反応であるとした仮定を考え直してみよう．実際この例は一見して S_N2 とは思えない．第三級炭素なので，下に示すようなカチオンを経由する S_N1 反応を予想するのが自然である．しかしすでに述べたように，このようなカチオンは 3 員環ブロモニウムイオンの生成によって安定化されている．もしこれが起こるならば，結局は出発点に戻り，やはりブロモニウムイオンへの攻撃が必要となって，S_N2 機構になってしまう．

ブロモニウムイオンが求核攻撃を受ける対照的な二つの機構

この難問の答は，置換反応が必ずしも純粋な S_N1 や S_N2 機構で進むわけではないことによる．実際の機構は，場合によって二つの機構の中間的なものとなることがある．おそらく脱離基が離れ始め，部分的な正電荷が炭素に生じ，これが求核剤によって捕捉されるのだろう．こう考えると，ここで起こることをよく説明できる．臭素が離れ始めると，炭素に部分的な正電荷ができてくる．生成してくる正電荷を置換基が安定化するので，臭素が離れるにつれて第一級炭素に比べて第三級炭素のほうが電荷の安定化効果を受けて，より脱離が進んだ状態になりやすい．このブロモニウムイオンをより実際に近い形で表したものを欄外に示す．このブロモニウムイオンは一方の C–Br が他方より長く，より分極した構造で表すほうが正確である．

こうして求核剤が攻撃する位置に選択肢が生じる．ブロモニウムイオンの立体障害の小さい第一級の末端を攻撃するのか，あるいは C–Br 結合が弱く，大きい電荷をもつ第三級の末端を攻撃するのか．ここでは，明らかに後者のほうがより速い．遷移状態では，炭素にかなりの正電荷があり，これはゆるい S_N2 遷移状態（loose S_N2 transition state）として知られている．

水中で臭素化反応を行うと，生成物はブロモヒドリン（bromohydrin）になる．これを塩基処理すると，アルコールが脱プロトンされ，つづいて速い分子内 S_N2 反応が起こ

アルケンの臭素化速度

過酸によるエポキシ化のところで述べた反応性の序列（置換の多いアルケンのほうがより速く反応する）は，臭素化反応にも当てはまる．ブロモニウムイオンは反応性の高い中間体なので，臭素化反応の律速段階は，臭素の攻撃段階である．下に，メタノール中における臭素との反応で，アルキル置換基がないエチレンから四つまで置換基数が増加した場合の，反応速度の変化を示す．アルケンにアルキル基が増えるに従って，速度は急激に増大する．置換基の枝分かれの程度（Me と Bu と t-Bu）の効果はずっと小さく，（立体効果に基づく）負の効果を示し，立体配置（E と Z）や置換様式（1,1-二置換と 1,2-二置換）の効果も小さい．

アルケンのメタノール中での臭素化の相対速度

$H_2C=CH_2$	t-Bu	n-Bu	Me/Me	Me/Me (Z)	Me₂C=CHMe	Me₂C=CMe₂ (trisub)	Me₂C=CMe₂
1	27	100	1750	2700	5700	13,000	1,900,000

遅い ─────────────────────────────────────→ 速い

り，臭化物イオンが脱離してエポキシドが生成する．これは，過酸を使わないエポキシドの有用な別途合成法である．

エポキシド開環の位置選択性は反応条件に依存する

エポキシドは，ブロモニウムイオンのように3員環で環ひずみをもっているが，これを反応させるには酸触媒か強力な求核剤が必要である．1,1,2-三置換エポキシドについての次の二つの反応を比較しよう．これらは，15章に出てきた反応と関連する求核置換であるが，そこでは，非対称エポキシドの説明を意識的に避けた．この例では，反応条件によって位置選択性が逆になるが，これはなぜだろうか．

> S_N2 反応ではアルコキシドイオンは脱離基にはならない．エポキシドの反応性が高いのはひずみのためである．

塩基性条件下エポキシドとメトキシドとの反応　　　酸触媒存在下エポキシドとメタノールとの反応

HO─OMe　←── MeO⁻ Na⁺ ──[エポキシド]── MeOH, HCl ──→ MeO─OH

置換の少ない末端を攻撃　　　　　　　　　　　置換の多い末端を攻撃

直前に説明した例（置換のより多い末端で開環するという）に似ているので，まず酸触媒反応のほうを説明しよう．酸がエポキシドをプロトン化すると，正に荷電した中間体を生じる．これは対応するブロモニウムイオンとよく似ている．エポキシドがプロトン化されるとアルキル基二つが第三級炭素での正電荷生成を促進し，ブロモニウムイオンの場合と同様に，そこをメタノールが攻撃する．プロトン化された脱離基が，ふつう反応性の低いメタノールを反応中心へ"引き寄せる（pulling）"と考えることができる．

アルキル基による正電荷の安定化

[反応機構: エポキシド + H⁺ → プロトン化エポキシド → MeOH攻撃 → ゆるい S_N2 遷移状態 → 生成物 OMe/OH]

ゆるい S_N2 遷移状態

塩基性条件では，エポキシドのプロトン化は起こらず，正電荷は生じない．エポキシ

前ページの例は，例外的に違いが明快に表れたものである．しかし，多くのエポキシドでは，酸触媒を用いた場合でも第一級炭素での S_N2 置換が非常に速いので，位置選択性はこれほど簡単ではない．たとえば，酸中で Br^- は，次のエポキシドの置換が少ないほうの末端をおもに攻撃し，"カチオンが安定化された" 経路からの生成物はわずか24%にすぎない．一端が無置換のエポキシドでは，この末端での反応を無視して選択性を考えることはきわめて困難である．

したがって，大部分のエポキシドの置換反応においては，エポキシドが置換のより少ない末端で開環しやすく，特に塩基性条件で強い求核剤を用いればその傾向が強まるので，位置選択性をずっと高めることができる．

主生成物は置換基の少ない側からの S_N2 により得られる

> S_N1 はよい脱離基の場合にのみ速いことを思い出そう（15章）．

ド酸素は，プロトン化されなければよい脱離基にならないので，この場合は強い求核剤によって押し出されて（pushing）初めて脱離する．反応は純粋な S_N2 反応となる．このさい，立体障害が支配的な因子となり，メトキシドイオンはエポキシドの第一級末端だけを攻撃する．

求核剤が空いている端から接近

S_N2 遷移状態

19・6 アルケンへの求電子付加の立体選択性

> エポキシドの立体化学によって生成物の立体化学が決まるので，この開環反応は，立体特異的である．S_N2 反応は反転するしかない．立体特異性と立体選択性の用語については403ページで説明した．

実際には15章の求核置換反応の範疇に属するにもかかわらず，ここでエポキシドの開環反応の例をいくつか紹介したのは，ブロモニウムイオンの反応と多くの共通点をもっているからである．次にエポキシドの反応を参考にしながら，ブロモニウムイオンの反応の立体化学，さらにはアルケンへの求電子付加の立体選択性を調べていこう．最初に，15章で述べたエポキシドの次の反応をもう一度みてみよう．

> 生成物の下の（±）に注意してほしい．生成物は単一のジアステレオマーであるが，14章で述べたように，必然的にラセミ体になっている．これは次のように理解できる．Me_2NH は，エポキシドの等価な二つの末端を正確に同じ確率で攻撃する．どちらでも同じアンチのジアステレオマーが得られるが，それらは互いにエナンチオマーである．この両エナンチオマーは，正確に同じ量だけ生じる．
>
>

このエポキシドの開環は立体特異的である．すなわち，S_N2 反応であり反転を伴う．エポキシドの酸素は環の手前に向いているので，アミノ基は面の後方から結合する．いいかえれば，これら二つの基は，環に対してアンチ（あるいはトランス）になる．いまやこのエポキシドをどう合成するか，よくわかっているはずだ．まずシクロペンテンとMCPBAを使い，2段階の反応でOH基と Me_2N 基を二重結合にアンチ付加させることができる．

それでは，次にアルケンへの求電子付加の立体化学をみてみよう．

アルケンへの求電子付加は立体異性体を生じる

四塩化炭素中シクロヘキセンを臭素で処理すると，*trans*-1,2-ジブロモシクロヘキサンのラセミ体が選択的に得られる．

> 生成しないほうの異性体はアキラルなので（±）を書く必要はない．これは対称面をもつメソ化合物である（322 ページ参照）．

この結果は，最初にブロモニウムイオンが生成し，それが S_N2 反応で立体配置の反転を伴って開環すると考えれば，あたりまえのことである．

出発物アルケンの立体配置によって，どのジアステレオマー生成物が得られるかが決まるので，アルケンの臭素化は立体特異的である．6 員環では Z（シス）二重結合だけが可能なために，シクロヘキセンではこれを証明できなかった．しかし，酢酸中で (*Z*)- および (*E*)-2-ブテンを臭素化あるいは塩素化すると，いずれの場合にも単一ジアステレオマーが得られ，それらは互いに別ものである．いずれの場合にもアンチ付加が起こっており，これもブロモニウムイオンが中間体であることを示す証拠である．

生成物の立体化学はその構造を書き直すと少しわかりやすくなる．次ページの図にはそれぞれの反応の生成物が二つの方法で書いてある．第一の方法では，生成物を回転させ炭素鎖が紙面上に存在するように表している．この立体配座から，*E* 体の二重結合に対しアンチ付加していることが明確にわかる．第二の方法では，中央の炭素－炭素結合を 180°回転させ，実際にはほとんど存在しない，重なり形の立体配座を示している．この配座を示すのは二つの理由がある．まず *Z* 体の二重結合に対してもアンチ付加していることが明確にわかる．また，(*E*)-2-ブテンの臭素化生成物がアキラルである（つまりメソ体である）ことも，きわめてはっきり示している．この配座だと対称面がどこにあるかよくわかり，これが *E*-アルケンからの生成物に（±）を書かなかった理由である．

それぞれの生成物の構造を三つの表記法で示しているが，それらがすべて同じ立体異性体を表していることに注意しよう．立体配置には変化がなく，何が起こっているのか

わかりやすくするように立体配座だけ変えたのである．これら"書き直し"のいずれかが理解できない場合には，分子模型を組んでみるとよい．練習によって，頭の中で模型をすぐに操作できるようになり，結合が回転したときに置換基がどうなるかわかる．最も重要なのは，このような微妙な立体化学的考察にとらわれて，肝心の要点を見失わないようにすることである．

> 臭素はアルケンにアンチ付加する．

立体選択的合成におけるブロモニウムイオン中間体

§19・5で述べたブロモニウムイオンを捕捉する別の求核剤，すなわち水やアルコールも，同様に立体特異的に反応しても不思議ではない．次の反応は大規模に行われていて，水がブロモニウムイオンを反転させて開くので，単一ジアステレオマー生成物が（もちろんラセミ体で）生じる．

N-ブロモスクシンイミド

ここでブロモニウムイオンを生成するのに用いた反応剤は N-ブロモスクシンイミド（N-bromosuccinimide），略号で **NBS** と表されるものである．有害な褐色液体の臭素と違って取扱い容易な結晶性固体である．Br^- によるブロモニウムイオンの開環を避けてアルケンへ臭素を求電子付加させる理想的なものである．これは，溶液中で Br_2 を常に低濃度で供給するように作用する．少量の HBr が反応を促進し，付加反応が進むたびに HBr ができて，それが NBS からさらに Br_2 を生成する．NBS はまさに Br^+ の発生源である．NBS を用いた反応と低濃度で臭素を用いた反応の結果は同じことから，NBS は Br_2 源として働くことが明らかとなっている．

NBS は Br₂ を低濃度で生成するので，たとえ溶媒として使わなくてもアルコールが共存すると，Br⁻ と十分競合してブロモニウムイオンを開環できる．次の例では，アルコールはプロパルギルアルコール（2-プロピン-1-オール）である．この反応で，シクロヘキセンと NBS とから予想どおりトランス二置換生成物が得られる．

1-メチルシクロヘキセンを出発物として使うと，位置選択性の問題が生じる．このアルコールは，ブロモニウムイオンの立体障害のより大きい末端，すなわち，"ゆるい S_N2 遷移状態"で部分正電荷が最も安定化されているほうを攻撃する（447 ページ）．すなわち，S_N1 と S_N2 の中間の機構で進む反応の実例である．すなわち，S_N2 反応にみられる立体配置の反転が，S_N1 反応で予想できる第三級炭素で起こっている．

臭素は最も電子豊富な三置換アルケンとのみ反応し，二置換アルケンやアルキンとは反応しないことに注意してほしい．

19・7　ジヒドロキシル化: ヒドロキシ基を二つ付加する

重要な化合物のなかには，たとえば炭水化物などのように，ヒドロキシ基が隣接する炭素原子に一つずつ置換しているものが多くある．これらの化合物を 1,2-ジオールという．1,2-ジオールを合成するには，二重結合にヒドロキシ基を二つ付加させればよい．これには方法が二つあり，それぞれ異なるジアステレオマーを生成する．

一つ目の方法は，すでにでてきた反応を利用する．求核剤がエポキシドを攻撃するとアルコールが得られる．水を求核剤として用いると生成物はジオールになる．S_N2 反応でエポキシドを開環すると立体化学が反転する．したがってこの例では二つのヒドロキシ基は 6 員環の逆側を向く．すなわち生成物はトランス-ジオールである．エポキシドの開環反応は酸性条件でも塩基性条件でも行うことができる．

シス-ジオールを得るためには，四酸化オスミウム OsO_4 を用いる全く異なる方法が利用できる．OsO_4 はアルケンと反応して，1 段階でヒドロキシ基を二重結合のそれぞれの炭素に一つずつ導入する．二つのヒドロキシ基は同時に導入されるので，必ず互いにシスの関係をとる．OsO_4 を用いて二重結合のシン-ジヒドロキシル化反応を行うことができる．

この反応の機構は，これまで説明してきたものとは異なり，次のように進行する．オスミウム Os は四面体形の Os(Ⅷ) から出発し，Os(Ⅵ) となる．反応の中間体はオスミウム酸エステルであるが，水存在下で反応させるので加水分解が速やかに進行しジオールが生成する．

> 巻矢印が環状に回り，出発点に戻るこの反応機構は，ペリ環状反応 (pericyclic reaction) とよばれ，34 章で詳しく説明する．

まず Os(Ⅵ) が生成するが，これが酸化されて Os(Ⅷ) が再生するので，この反応の最も効率的な手法は，Os(Ⅷ) を触媒量用いて再酸化剤たとえば NMO (N-メチルモルホリン N-オキシド) を化学量論量用いる方法である．次に示す例では，新たに生じるキラル中心は一つしかないので，ジアステレオマーが生成する可能性はない．

OsO_4 はヒドロキシ基を二つアルケンにシン付加*させるので，生成物の立体化学は出発物のアルケンの立体配置に依存する．すなわち反応は立体特異的である．この点でこの反応は臭素化と同様である (449 ページ)．ただし臭素化はアンチ付加である点が異なる．次の二つの例から，異なるアルケンから異なる二つのジアステレオマーがどのように生成するか理解できるだろう．いずれのジヒドロキシル化もシン付加であるが，Z-アルケンから得られる生成物を炭素鎖を伸ばして書き直すとアンチの立体化学をもつ生成物となる．

> * 訳注: シン付加，アンチ付加は，それぞれシス付加，トランス付加ともいう．

> アルケンと付加生成物の立体配置の関係については臭素化に関連して 449 ページで詳しく説明した．これら二つの生成物のキラリティーについて考えるのは有益である．一つ目の化合物はキラルで対称面をもたない．(±) という記号は，便宜上一方のエナンチオマーしか書かないが，実際にはラセミ体であることを示す．二つ目の化合物は，図の左側に示した立体配座は対称面を，また右側に示した立体配座は対称中心をもつのでアキラルである．この点について十分理解できない場合は，14 章を復習せよ．

19・8 二重結合の切断: 過ヨウ素酸開裂とオゾン分解

ときには二重結合を完全に切断する，いいかえると臭素化や OsO_4 の反応で述べたように π 結合を酸化するだけでなく，欄外に示すように σ 結合も酸化することが必要となる場合がある．これは OsO_4 と一緒に過ヨウ素酸ナトリウム $NaIO_4$ を用いて 2 段階で行うことができる．中間体のジオールが過ヨウ素酸エステルを生成し，OsO_4 の反応と類似した環状機構によって分解し，アルデヒドが 2 分子生成する．$NaIO_4$ は Os(Ⅵ) を Os

(Ⅷ) に再酸化することもできるので，Os を触媒量用いるだけでよい．

反応は 2 種の反応剤（一緒に加えてもよいし，2 段階に分けて加えてもよい．OsO_4 を用いて合成したかどうかにかかわらずジオールを開裂するのに $NaIO_4$ を用いる）を用いた連続する二つの酸化反応（まず π 結合の，ついで σ 結合の）により進行する．しかし，1 段階でこの二つの酸化ができる反応剤がある．それはオゾンである．

オゾンは折れ曲がった対称分子で，正電荷をもった中央の酸素原子と負電荷を分け合う両端の酸素原子からなる．オゾンは不安定で使用直前にオゾン発生装置を用いて酸素からつくり，反応容器に導入する．OsO_4 と同様，アルケンに環状機構で付加する．生成物は酸素原子を三つもった 5 員環化合物である．これは非常に不安定で，弱い O−O 結合と C−C σ 結合を切断して二つに分離するが，この過程で強い C=O 結合が二つ生成する．

直接の生成物は左の単純なアルデヒドと，右の**カルボニルオキシド**（carbonyl oxide）とよばれているやや不安定な化合物である．しかしこの混合物をジメチルスルフィド Me_2S やトリフェニルホスフィン Ph_3P などの非常に弱い還元剤と反応させると，余分な酸素原子が除去されアルデヒドが二つ生成する．

このオゾンによるアルケンの開裂反応は重要な反応で**オゾン分解**（ozonolysis）とよばれている．オゾン分解はアルデヒドだけでなく，他の官能基の生成にも利用できる．反応停止を H_2O_2 などの酸化剤を用いて行うと，カルボン酸が得られ，$NaBH_4$ などのより強力な還元剤を用いるとアルコールが得られる．次にこれらの反応をまとめて示す．

シクロヘキセンをオゾン分解すると，他の方法では合成が困難な 1,6-カルボニル化合物が生成するので，特に有用である．最も単純な場合には，ナイロン製造用モノマーであるヘキサン二酸（アジピン酸）が合成できる．

19・9 ヒドロキシ基の付加：二重結合への水の付加

17 章で，酸触媒によるアルコールの E1 脱離（脱水反応）によりアルケンが生成することを述べた．本節で答えようとしている疑問は，どうしたらこの脱離を逆にできるか，いいかえれば，どうしたら二重結合を水和できるか，である．

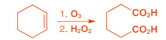

ただ単に酸水溶液を使うだけでこれが可能な場合もある．この反応は，アルケンのプロトン化により安定な第三級カチオンが生成する場合にだけうまく進行する．最後に水溶媒がカチオンを捕捉する．

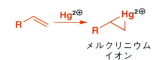
メルクリニウムイオン

しかし，酸水溶液がアルケンを水和するか，アルコールを脱水するか，これを予測するのは一般にむずかしい．次に述べるのはずっと信頼のおける方法である．その鍵は遷移金属を使うことにある．アルケンは軟らかい求核剤として働くので（10 章参照），遷移金属カチオンのような軟らかい求電子剤と強く相互作用する．一例として，アルケンと水銀(II) カチオンから生成する錯体を欄外に示す．

この錯体から，ブロモニウムイオンを思い起こすことだろう．反応はかなり似ているので，そのとおりといってよい．水やアルコールのような比較的弱い求核剤でも，溶媒として使うことにより，"メルクリニウムイオン (mercurinium ion)" を開環して，アルコールやエーテルを生成する．次式では酢酸水銀(II) $Hg(OAc)_2$ を用いており，ここで $Hg(OAc)_2$ は Hg–O 共有結合二つで表している．正電荷をもつメルクリニウムイオンの置換のより多い末端を水が攻撃している．

> 脱水銀の段階はラジカル反応であり，詳しくは 37 章で述べる．有機金属化合物やその反応については 40 章で詳しく述べる．

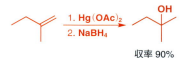
収率 90%

アルケンに OH と Hg(II) が付加するこの反応は，**オキシ水銀化** (oxymercuration) とよばれている．しかし，まだ問題が一つ残っている．付加中間体からどのようにして水銀が除去されるかである．C–Hg 結合は非常に弱いので，還元剤で Hg を H に簡単に置き換えられる．それには $NaBH_4$ が有効である．欄外に，オキシ水銀化–脱水銀の一例を示すが，通常有機水銀中間体は単離しない．

アルキンの水和

オキシ水銀化反応は，アルキンに対して特に有効である．アルケンの水和反応から類推すると次式の右端の化合物が生成するはずである．

しかし，アルキンのオキシ水銀化で実際に単離できるものはケトンである．上の最初の生成物の酸素からプロトンを炭素に移す（最初に C のプロトン化，つづいて O の脱プ

抗がん剤

アントラサイクリン系の抗がん剤(ダウノルビシンやアドリアマイシン)は,水銀(II)を用いるアルキンの水和によって合成されている.金属アセチリドのケトンへの付加によるアルキン合成については9章で述べた.デオキシダウノルビシン(deoxydaunorubicin)合成の最終段階を示す.希硫酸中でアルキンが Hg^{2+} を用いて水和を受け,最終生成物が得られる.

ロトン)とそれが理解できよう.C=O 結合は C=C 結合より強いので,この単純な反応は非常に速い.

エノール

ヒドロキシ基を有するこのようなアルケンはエノール(enol, ene + ol)とよばれていて,化学において最も重要な中間体の一つである.たまたまこの反応に含まれていて,ここで紹介したが,次章以降にも出てくるように,エノールおよびその共役塩基であるエノラートは有機化学ではきわめて重要な化学種である.

ケトンは得られたがまだ水銀が残っている.下式のように,カルボニル基が隣接している場合には,どんな弱い求核剤でも酸存在下に水銀を取除くことができるので,これは問題ではない.最後に,(再び O から C へ) もう一度プロトンが移動することによって,実際の生成物 (ケトン) が得られる.

末端アルキンが金属アセチリドとハロゲン化アルキルとの反応 (9章) によって合成できるので,これはメチルケトン類を合成するきわめて有用な方法である.

ヒドロホウ素化

二重結合や三重結合に水を付加させる反応はカチオン中間体を経由し,常に正電荷を最も安定化できる位置にヒドロキシ基が新しく導入される (§19・3参照).それでは水を逆の位置選択性で付加させるにはどうすればよいだろうか.たとえば欄外の反応はどのようにして行うことができるだろうか.

答は"他の元素,ホウ素を利用する"である.ボランは BH_3 そのものに加え,一つないし二つのアルキル基をもつ類縁体 HBR_2(重要な例を欄外に示す)も含め,アルケンに付加し,新しい C−H 結合と C−B 結合を次のような反応機構で生成する.アルケンは電子をホウ素の空の p 軌道に押込み,水素は C=C に移動する.

9-ボラビシクロノナン
9-BBN

重要なこととして，アルケンが非対称な場合，ホウ素は置換基の少ない炭素と結合する傾向がある．この反応は通常 BH 結合が残っていると繰返し起こり，たとえばアルケンと BH_3 との反応では，ふつうトリアルキルボランが生成する．

なぜホウ素は置換基の少ない炭素に結合するのだろうか．一つは電子的な要因による．反応はアルケンの π 電子がホウ素原子の空の p 軌道に供与されることによって進行し，正電荷がアルケンの（より置換基の多い）他端に生じる．そしてもう一つは立体的な理由であり，BR_2 は水素よりも大きいので，ホウ素は立体障害の少ない位置に付加する．9-BBN を用いる理由の一つは，ホウ素原子が二環性骨格により非常に嵩高くなっているためである．

ボランを合成したい場合はこれでよいが，本節では水を二重結合に付加させる反応について述べている．ここでホウ素化合物の特徴が役に立つ．生じた C–B 結合は NaOH と H_2O_2 の混合物を用いて C–O 結合に酸化できる．この混合物はヒドロペルオキシドイオン $HO–O^-$ を生成し，これはホウ素の空の p 軌道に付加する．生成物は次に示すように負電荷をもつ構造である．

これは不安定で分解するが，その反応機構は注意して見る必要がある．これはなじみのある機構ではないが，よく考えれば理解できる．この O–O 結合は弱いので，切れて HO^- を失う．それとともにホウ素に結合したアルキル基の一つが B から O に移動して，ホウ素原子の負電荷を失って次に示すホウ酸エステルの構造になる．

➡ この C–B 結合が他の C–X 結合に変換される反応の機構は，ホウ素化合物に典型的なものである．これは Baeyer–Villiger 酸化の機構とも類似点がある．36 章参照．

これにより必要な位置に C–O 結合が生じる．そして最後に必要なのは，水酸化物イオンがもう一度反応してアルコール生成物から B を除去するだけである．生成物がプロトン化されるとアルコールになる．望みの R が移動することはどのようにして確かめることができるだろうか．BH_3 を用いた場合，トリアルキルボランが生成し，ホウ素に結合した基は三つとも同じで，この C–B 結合が次つぎにすべて酸化される．HBR_2 型の反応剤である 9-BBN を用いると，ヒドロホウ素化により生じる非環状の置換基のみが移動し，必要とする生成物のみが選択的に生じる．

19・10 終わりに：求電子付加反応のまとめ

二重結合へ Br_2, Hg^{2+} あるいは過酸が求電子付加すると，3 員環化合物を生じる（過酸の場合には 3 員環は安定であり，エポキシドとよばれている）．これら 3 種類の 3 員環はいずれも求核剤との反応で，位置選択性と立体選択性を制御しつつ，1,2 位に官能基をもつ生成物を生じる．二重結合がプロトン化を受けるとカチオンが生成し，ついで求核

剤と反応する．この反応は，ハロゲン化アルキルの合成に用いられている．本章の方法で合成可能な化合物をいくつか示す．

問　題

1. 次のアルケンに対する HCl の付加の配向性を予想せよ．

2. 次の反応の機構と生成物を示せ．

3. 次のアルケンに対する臭素水の付加生成物は何か．

4. 過酸 1 当量を緩衝液中で低温で作用させると，シクロペンタジエンのモノエポキシドが合成できる．なぜこのような注意が必要か．また，さらにエポキシ化が起こらないのはなぜか．

5. ある精神安定薬の合成には次の反応が使われている．この反応の機構を示せ．

6. 次の結果を説明せよ．

7. 次ページに示す反応の機構を示せ．生成物の立体化学と立体配座も示せ．なお，生成物は ^{1}H NMR で次のシグナルを示す．δ_H 3.9 (1H, ddq, J 12, 4, 7) および δ_H 4.3 (1H, dd, J 11, 3)．

8. 次の二つのアルケンはそれぞれ位置異性体二つあるいはジアステレオマー二つに変換することができる．これらの変換に必要な反応剤を示せ．アンチ形のジオール（右下）を合成するのに，ほかにどのような出発物を用いることができるか．

20

エノールおよびエノラートの生成と反応

関連事項

必要な基礎知識
- カルボニル基の化学 6章, 9〜11章
- アルケンへの求電子付加 19章

本章の課題
- カルボニル化合物のエノール異性体との平衡
- エノール化における酸と塩基の触媒作用
- エノールとエノラートの求核性
- カルボニル基の隣接位への官能基導入
- 安定なエノール等価体としてのエノールシリルエーテルおよびリチウムエノラート

今後の展開
- 求核剤としての芳香族化合物 21章
- エノラートを用いる炭素−炭素結合生成 25章, 26章
- 有機合成におけるエノラートの大きな役割 28章

　これまでカルボニル基の化学に多くのページを割いてきた．6章で述べた本書の最初の反応にもカルボニル化合物がでていた．9〜11章では求電子性のカルボニル化合物に対するさまざまな求核剤の反応を述べてきた．しかし，カルボニル化合物にはこれと相反する性質もある．すなわち，カルボニル化合物は求核剤として働くこともできる．アルデヒド，ケトン，カルボン酸誘導体と求電子剤との反応もまた重要な反応である．どのようにして同じ化合物が求核剤にも求電子剤にもなるのだろうか．この矛盾に対して答えることが本章の目的である．多くのカルボニル化合物が，あるときは求電子剤となり，またあるときは求核剤になる．求電子的な形はカルボニル化合物そのものであり，求核的な形は**エノール**（enol）とよばれている．

20・1　混合物であっても純粋な物質と認めてよいだろうか

　ジメドン（dimedone，5,5-ジメチルシクロヘキサン-1,3-ジオン）は市販されている化合物である．どんな化合物でも購入したときには NMR を測定してみたほうがよいの

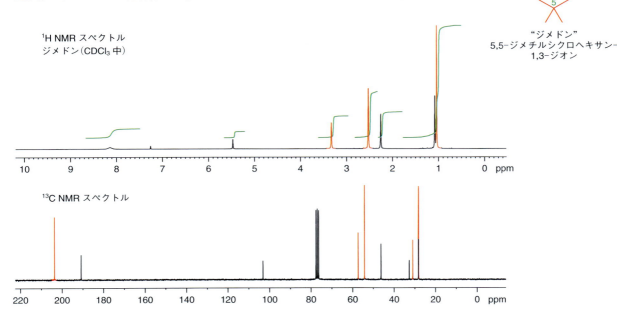

だが，もしジメドンの純度をチェックしようとNMRを測定してみたら，これを返品したくなるだろう．CDCl$_3$溶液中では明らかに2種類の化合物が混ざっている．前ページに示した^{1}H NMRと^{13}C NMRは赤で示したジケトンのシグナルを含む混合物のスペクトルである．

実際，おもに存在するものは5,5-ジメチルシクロヘキサン-1,3-ジオンである．ほかは何だろうか．もう一方の化合物も似たようなスペクトルを示すので，明らかに類似の化合物である．CMe$_2$基に相当する6H分の単一線と2種類の環上のCH$_2$基のシグナルが存在する．^{13}C NMRでも5本のシグナルが観測できる．しかし，この混合物ではδ_H 8.15にOH基のような幅広いシグナルがあり，二重結合領域のδ_H 5.5に鋭い重要なシグナルがある．また，^{13}C NMRで異なるsp^{2}炭素が2種類観測できる．これらは次のエノール構造によくあう．

> δ_H 7.25とδ_C 77のCDCl$_3$溶媒ピークは無視することを思い出そう．

→ 異なる種類のプロトンに対応する^{1}H NMRの化学シフトについては13章を参照．

20・2 互変異性：プロトン移動によるエノールの生成

エノールはまさに名前のとおり，エン（ene）とオール（ol）からなり，C=C結合とOH基が直接結合した構造をもつ．ジメドンの場合には，ケト形の中央のCH$_2$から水素がプロトンとして酸素原子の一つに移ることによって，エノールが生成する．この反応を**エノール化**（enolization）という．

> **互変異性**
> 分子内プロトン移動だけで生じる構造異性体を**互変異性体**（tautomer）といい，その構造的特性を**互変異性**（tautomerism）という．ここに別の例を二つ示す．
>
> カルボン酸の互変異性
>
> イミダゾールの互変異性
>
> この種の化学は8章で述べた．特にそこでは原子の酸性度と塩基性度について解説した．最初の例では二つの互変異性体が同一であり，平衡定数は正確に1（組成比が正確に50：50）である．2番目の例（イミダゾール環を含む化合物は§8・9に出てきた）の平衡はRの種類によって一方に偏りが生じるだろう．

ここでpHには変化がないことに注意したい．つまり，プロトンが炭素から酸素に移動しているだけである．変化といえばプロトンの授受と二重結合の移動だけという，何も起こっていないと同然の奇妙な反応である．このような反応を**互変異性化**（tautomerization）とよぶ．

20・3 単純なアルデヒドやケトンはなぜエノール形で存在しないのか

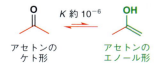

カルボニル化合物のIRやNMRを13章と18章で解説したが，そこにはエノール由来のシグナルは認められなかった．カルボニル基の隣に水素をもつカルボニル化合物はエノール化する可能性があるものの，シクロヘキサノンやアセトンのような単純なカルボニル化合物では通常の条件においてエノール形が極々微量存在するのみであり，ジメドンは例外なのである（その理由は後で述べる）．平衡はケト形に大きく偏っている（アセトンのエノール化平衡定数Kは約10^{-6}）．

これはC=C二重結合とO-H単結合の組合わせのほうが，C=O二重結合とC-H単結合の組合わせよりも（わずかに）不安定であるからである．エネルギー差はごくわず

かである．エノール形の O–H 結合はケト形の C–H 結合より強いものの，ケト形の C=O 結合はエノール形の C=C 結合よりもかなり強い．欄外の表にこれらの結合の標準的な結合エネルギーを示す．

通常のケトンの場合，溶液中でのエノール形の割合は通常わずか 10^5 分の 1 にすぎない．それなのになぜこれが重要なのだろうか．エノール化は単なるプロトン移動にすぎないので，微量のエノール形が観測できないとしても，常に起こっているからである．その証拠を次にあげよう．

ケト形とエノール形の典型的な結合エネルギー($kJ\ mol^{-1}$)

	H との結合	π結合	合計
ケト形	C–H 440	C=O 720	1160
エノール形	O–H 500	C=C 620	1120

20・4 ケト形とエノール形間の平衡の証拠

単純なカルボニル化合物（たとえば，1-フェニル-1-プロパノン，慣用名プロピオフェノン）を重水 D_2O に溶かし $^1H\ NMR$ で経時変化を観測すると，カルボニル基の隣の水素原子核のシグナルは非常にゆっくりと消失する．そのあとで溶液から化合物を単離して質量スペクトルを測定すると，それらの水素が重水素に置換されていることがわかる．すなわち，M^+ のピークの代わりに $(M+1)^+$ や $(M+2)^+$ のピークが現れる．

エノール化とは，通常 H が C から O に移ることを意味する．D_2O 中では水が解離して生じる H^+ はすべて $D^+(^2H^+)$ になっており，OD 基をもったエノールが最初に生じる．しかし，エノール形がケト形に戻るときには O から D が外れるので，このことはたいした問題にはならない．重要なのは C が H ではなく D を取込むことである．

注意したいのは，1-フェニル-1-プロパノンのエノール形は E 体も Z 体もとりうることだ．ここでは Z 体を示しているが，実際は，おそらく両方の混合物である．E, Z どちらであってもここで示す反応には関係ない．本章ではエノール形の立体化学にはふれないが，後の章ではこれが重要になる反応がある．この種の課題があることを記憶にとどめておく必要がある．

この反応を繰返すと次は D か H のいずれかが外れるが，溶媒には H に比べて D が大過剰存在するので，最終的にはカルボニル基の隣の H は二つとも D に置き換わる．

NMR スペクトルを観測すると，カルボニル基の隣の炭素にある水素が二つともゆっくりと消失するのがわかる．もちろんこの分子にはほかにも水素原子が八つあるが，これらは影響を受けない．

$^1H\ NMR$ では別の現象も観測できる．もとのケトンではメチル基のシグナルが三重線であったのに対し，水素二つが重水素に置換されると単一線になる．$^{13}C\ NMR$ では重水素とのスピン結合（$CDCl_3$ のピークの形を思い出そう，18 章）が現れる．

20・5 エノール化には酸と塩基が触媒になる

実際，エノール化は中性条件では，D_2O 中でもきわめて遅い反応で（上で述べた過程は室温で数時間から数日の単位で進行する），速やかに反応させるためには酸か塩基を触媒に用いる必要がある．酸触媒反応では，まずカルボニル酸素がプロトン化されて，つづいて炭素からプロトンが脱離する．ここでは別の例としてアルデヒドもエノールを生成することを示すが，他のカルボニル化合物のエノール化でも同じように酸や塩基が触媒する．

酸触媒によるアルデヒドのエノール化

この機構は，炭素から水素をプロトンとして引抜くためには何か必要であること（ここでは水分子）を示している点で，これまでのエノール化機構よりも詳細なものである．この反応は触媒なしの反応よりも速いが，平衡に変わりはないので，やはりエノール形をスペクトルで検出することはできない．

塩基触媒反応では，C–H の H はまず水酸化物イオンなどの塩基によってプロトンとして引抜かれ，ついで酸素原子がプロトンを受取る．この機構もまた，塩基による炭素からのプロトン引抜き，水分子（塩基性溶液では当然のことながらプロトンは存在しない）から酸素へのプロトン供与を含み，みごとな機構である．

> 17章で，プロトンが単に外れるように示した機構は塩基性溶媒分子がプロトンを引抜く機構を簡略化して表したもので，溶媒分子を示してあっても省略してあっても同じであると述べた．本章以降も文脈に応じて両方を用いる．これらは全く同じ意味である．

塩基触媒によるアルデヒドのエノール化

これらの反応は基本的に触媒反応であることに注意しよう．酸触媒反応では最後にプロトンが H_3O^+ の形で再生する．また，塩基触媒反応では最終的に水酸化物イオンが再生する．

20・6　塩基触媒反応の中間体はエノラートイオンである

塩基触媒反応についてもう少し詳しく説明しておこう．中間体のアニオンを**エノラートイオン**（enolate ion）という．これはエノールの共役塩基であり，カルボニル化合物の CH から直接プロトンを引抜いたりエノールの OH からプロトンを引抜いて生成する．

エノラートイオンは 7 章で示したように，アリルアニオンと同じような三中心四電子構造をとっている．負電荷は主として最も電気的に陰性な酸素原子に局在する．このことを最も単純な MeCHO のエノラートを使って巻矢印で示す．

> 右の式の共役と互変異性を区別することが重要である．互変異性はカルボニル化合物のケト形とエノール形の変換のように二つの別の構造間の平衡であり，平衡の矢印を用いて表す．

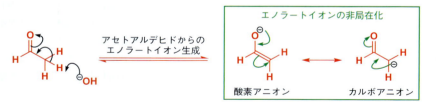

エノラートイオンでは負電荷が炭素と酸素の両方に非局在化していて，酸素アニオン構造とカルボアニオン構造は同じものを別べつの形で表しているにすぎないので，これらの構造を双頭矢印でつないで書く．酸素アニオン構造のほうがより真実に近いので，通常こちらで表す．

同じことが軌道の考察からもいえる．

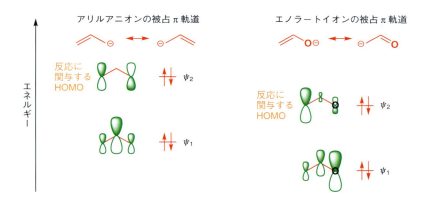

➡ これらの軌道がどのように形成されるかは必要なら7章参照．

左側にはアリルアニオンの被占軌道，右側には対応するエノラートイオンの被占軌道を示す．もちろん，アリルアニオンは対称であるが，炭素一つを酸素に置き換えると，違いが二つ生じる．酸素は炭素より電気的に陰性なので，エノラートイオンはアリルアニオンに比較して両軌道ともエネルギーが低くなる．さらにエノラートの軌道は非対称になる．電気的により陰性でエネルギー準位が低い酸素の原子軌道が，エネルギーの低い分子軌道（ψ_1）により大きく寄与し，逆にψ_2への寄与は小さくなる．電荷の分布は二つの被占軌道の電荷分布の和なので，負電荷は原子三つすべてに分布するが，両端の原子で特に大きくなる．反応に重要な軌道はHOMO（ψ_2）であり，これは末端炭素に他より大きな軌道の広がりがある．

エノラートイオンでは，酸素原子により大きな負電荷が存在するが，HOMOの係数は炭素のほうが大きい．このことから，電荷と静電相互作用に支配される反応は酸素で起こり，軌道相互作用に支配される反応は炭素で起こると予想できる．実際，酸塩化物は酸素で反応してエノールエステルを生成するのに対し，ハロゲン化アルキルは炭素で反応する傾向が強い．

いいかえれば，酸素は硬い求核中心であり，炭素は軟らかい求核中心である．これに関連する説明は15章参照．

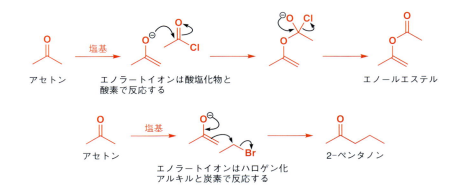

この反応機構の矢印を書くにあたって，炭素に負電荷がある構造を書く必要のないことに注意せよ．より現実に近いエノラートの構造として酸素アニオンを用いて反応機構を書くべきである．

これらの反応は25章で詳しく取上げる．本章の以下の部分では，エノール化によって起こる簡単な反応とエノラートとヘテロ原子求電子剤との反応について紹介する．

20・7　さまざまなエノールとエノラート：まとめ

カルボニル化合物から生成するさまざまな種類のエノールとエノラートについてまとめよう．すでに**ケトン**（ketone）と**アルデヒド**（aldehyde）がエノール化することは述べた．非対称なケトンからは複数のエノラートイオンが生成する可能性がある．

アルデヒドもエノール化しうるが，カルボニル基の隣に水素原子がないカルボニル化合物は当然エノール化できない．

> アルデヒドの水素（CHO，ここでは茶で示す）自体は決してエノール化しないことに注目しよう．巻矢印を書いてみると，エノール化できないことがわかるだろう．

カルボン酸誘導体も対応するエノールを生成する．**エステル**（ester）のエノールとエノラートは特に重要であり，容易に調製できる．エステルは水があると酸や塩基によって加水分解されるので，無水の条件が必要だ．そのためには，エステルと同じアルコキシド（メチルエステルの場合は MeO^-，エチルエステルの場合は EtO^- など）を用いるとよい．

こうすれば，もしアルコキシドが求核剤として働いたとしても，同じエステルが再生するのみで副生物は生じない．

> エステルのエノール化にアルコキシドを用いたように，塩化物イオンを塩基として用いようとしても，これはできない．塩化物イオンの塩基性がきわめて低いからである．

カルボニル基は，エノール化のときにも求核攻撃を受けるときにも電子を受け入れる役目をしているので，最も求電子的な化合物が最もエノール化しやすい．したがって，**酸塩化物**（acyl chloride）は非常にエノール化しやすい．この場合には求核攻撃を避けるために第三級アミンのような求核性のないアミンを用いなければならない．生じたエノラートは不安定であり，よい脱離基である塩化物イオンが外れてケテンを生じる．こ

20・7 さまざまなエノールとエノラート：まとめ

のような反応のうち，塩化ジクロロアセチルからジクロロケテンを生じる反応は，α水素の酸性度が非常に高いため容易に引抜かれるので，特にうまく進む．

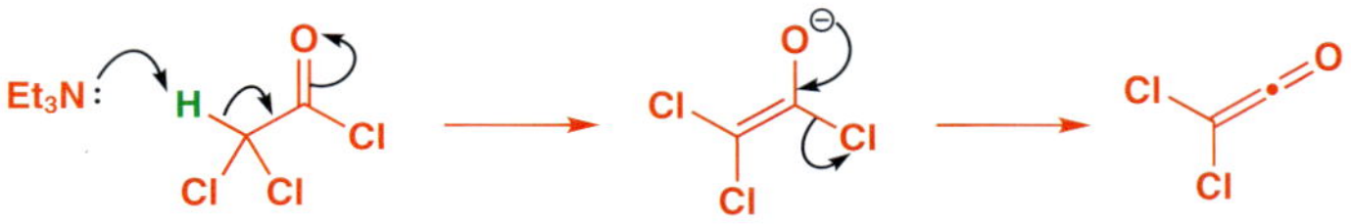

不安定なエノラート　　ジクロロケテン

➡ ケテンのCはOともう一つのCにそれぞれ二重結合で結合している．この反応はE1cB脱離であり，17章で述べた．

カルボン酸（carboxylic acid）からは，塩基により最初にOHの酸性水素が引抜かれるため，エノラートイオンは生成しにくい．同じ理由でカルボン酸は求核剤の攻撃を受けにくい．しかし酸性溶液中ではこのような問題はなく，"エンジオール（ene-diol）"が生成する．

安定なカルボン酸イオン

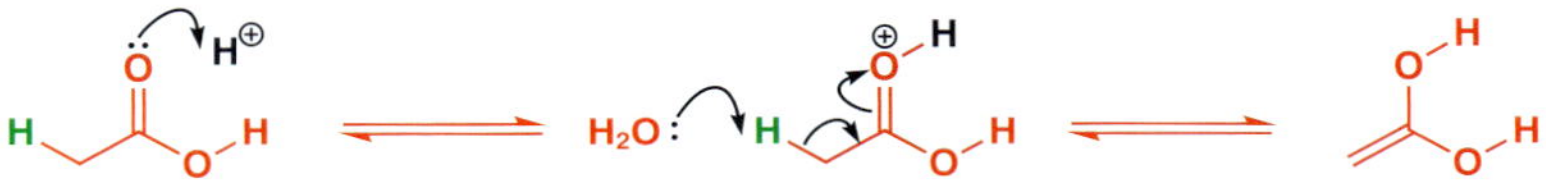

対称なエンジオール

第三級以外の**アミド**（amide）にも，カルボン酸ほどの酸性度ではないものの，酸性水素がある．塩基でエノラートイオンを生成しようとするとCHよりもNHの水素が引抜かれる．アミドはまたカルボン酸誘導体のうち塩基との反応性が最も低く最もエノール化しにくいこともあって，アミドのエノールやエノラートが反応に使われることはめったにない．

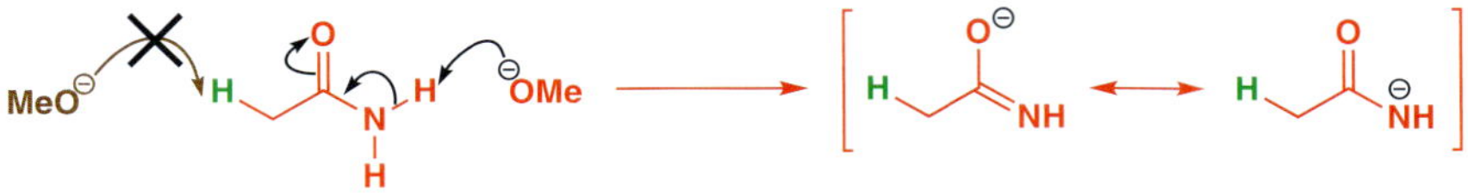

カルボニル基以外の官能基でもエノール化のような反応を起こしうる．イミンやエナミンでも同様の互変異性の平衡がある．第一級アミン（ここではPhNH$_2$）では十分に安定なイミンが生成するが，第二級アミン（ここでは単純な環状アミン）はイミンを生成できず，イミニウム塩がまず生成する．しかし，これは電荷をもっているのでエナミンよりも不安定である．

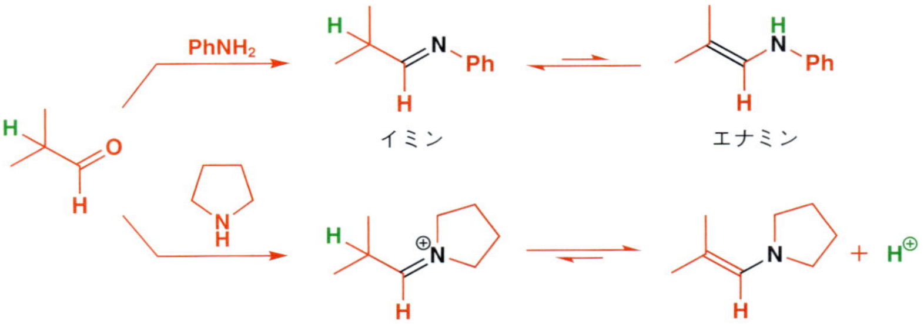

イミン　　エナミン

イミニウムイオン　　エナミン

これらの反応機構が書けることを確認しておこう．イミンとエナミンについては12章で述べた．

➡ エナミンとアザエノラートの反応は 25 章と 26 章に出てくる．ニトロアルカンの脱プロトンについては 8 章で述べた．

エナミンがエノールの窒素類縁体であるように，**アザエノラート**（aza-enolate）はエノラートの窒素類縁体である．アザエノラートは，エナミンから強塩基でプロトンを引抜くと生成する．ニトロアルカンはずっと酸性度が高いので，比較的弱い塩基によってエノラートに似たアニオンを生成する．

アザエノラートの生成

ニトロメタンのアニオンの生成

ニトリルもまたアニオンを生成するが，負電荷は窒素原子一つにしか非局在化できないため，強塩基を必要とする．生じたアニオンはケテン，アレン，二酸化炭素のような直線形である．

エノール化に必要な条件
飽和炭素に少なくとも水素が一つあり，これに π 結合を含む電子求引基が少なくとも一つ結合した有機化合物は，どのようなものでも，中性あるいは酸性溶液中エノールを生成できる．これらの多くは塩基性溶液中ではエノラートイオンを生成する（カルボン酸と第一級，第二級アミドは例外）．

エノールは溶液中ではおそらく観測できない（ほとんどの化合物は $10^4 \sim 10^6$ 分の 1 しかエノール形をとれない）．ところが，安定なエノールを生成する化合物もあるので，エノールやエノラートの反応に戻る前にこれらについてみておこう．

20・8 安定なエノール

エノール形は一般にケト形より不安定であると述べた．それに対し，エノールを熱力学的に安定化させるような基を同じ分子につけ加えることによって，安定なエノールを生成できないだろうか．あるいは，少なくともケト形にゆっくりとしか戻らないような，つまり速度論的に安定なエノールをつくれないだろうか．

速度論的に安定なエノール

エノールの生成には酸や塩基が触媒になる．したがって，逆反応，つまりエノールからケトンの生成もまた同じ酸や塩基が触媒になるはずである．酸や塩基が全く存在しない条件で単純なエノールを合成できるならば，このエノールは十分長い寿命をもつ．有名な例は，最も単純なエノールであるビニルアルコールの合成である．1,2-エタンジオールを減圧下高温（900 ℃）で加熱すると，脱水が起こりアセトアルデヒドのエノールが生成する．このエノールは ^{1}H NMR 測定に十分な寿命をもつが，徐々にアセトアルデヒドに変わる．

1,2-エタンジオール（別名エチレングリコール，グリコール）は不凍液に用いられる．

20・8 安定なエノール

NMRスペクトルには二重結合に結合した酸素の電子効果が顕著に現れている．ヒドロキシ基の隣のアルケン水素（緑で示す）は非遮蔽化され，もう一方の炭素のアルケン水素（オレンジ）二つはヒドロキシ基から二重結合に電子が供給されるために遮蔽されている．二重結合を隔ててのスピン結合定数も予想どおりである．トランスの結合定数は大きく（14.0 Hz），シスの結合定数は小さい（6.5 Hz）．ジェミナル結合定数は非常に小さく，これは二重結合のメチレン基ではよくあることである．

→ アルケンのスピン結合定数については§13・8を参照．

もう一つの例は，炭素がきわめてプロトン化されにくいために生じる安定エノールである．右にあげた例では，プロトン化される炭素が置換ベンゼン環二つによってきわめて込み入った状況にあり，プロトン化剤が近づきにくくなっている．ベンゼン環が二重結合平面からねじれて上下に張り出しているため，プロトンの求電子攻撃から遮蔽されている．

熱力学的に安定なエノール：1,3-ジカルボニル化合物

本章の初めに，溶液中ではジメドンはかなりの割合（約33%）でエノール形になっていると述べた（右に示す）．これは1,3-ジカルボニル化合物（β-ジカルボニル化合物ともいう）の一例である．この種の化合物はすべてエノール形をかなりの量含んでおり，極性溶媒中では完全にエノール化しているものもある．

なぜこれらのエノール形がそれほど安定なのか，ここで考えてみよう．最大の理由は二つのカルボニル基が1,3位に配置した特有の構造であり，生成したエノールが共役安定化する．その安定化はカルボン酸の共役に似ている．

ジメドンのNMRスペクトルを見たときに（459ページ），環の二つのCH₂（aとb）は非等価になり，しかもここで述べた非局在化によっても等価になることはないのに，シグナルが同じ位置に現れていることに気づいただろう．これはエノール形がもう一方の同じエノール形と速い平衡にあることを示している．これは非局在化ではなく，プロトンが移動している**互変異性**（tautomerism）である（次ページ上）．

ここで再びカルボン酸と同様の状況がみられる．二つのエノール形は重クロロホルムCDCl₃中で互いに速い平衡関係（互変異性）にあるために，NMRで"平均化された"ス

→ NMRにおける"平均化"については16章380ページを参照．

ここでまた，**互変異性**(tautomerism)と**非局在化**(delocalization)との違いに注意しよう．互変異性は分子内でのプロトンの移動を表しており，構造式間に"平衡の矢印"を用いる一方，非局在化(共役)は電子の位置を表しているだけだが(もちろん電子が移動しているわけではない)，同じものを異なる二通りの構造で表すために，構造式間には"双頭矢印"を用いる．

ジメドンのエノール形の互変異性

カルボン酸の互変異性

ペクトルとして観測される．ところが，一般にケト形とエノール形の間の平衡は十分遅いので，通常はケト形とエノール形を別べつのシグナルとして観測することが多い．

他の1,3-ジカルボニル化合物でもエノール形の存在比率が大きい．分子内水素結合という別の安定化要因が働く例もある．アセチルアセトン（2,4-ペンタンジオン）は共役により安定化された対称エノール構造をとっている．エノール形は，非常に有利な6員環分子内水素結合によってさらに安定化を受ける．

分子内水素結合により安定化されたアセチルアセトンのエノール形

アセチルアセトン

共役により安定化されたアセチルアセトンのエノール形

安定エノールの他の例

抗炎症薬ピロキシカム(piroxicam, 関節炎の治療薬)は，1,3-ジカルボニル化合物の安定なエノールである．アミド基とスルホンアミド基をもつが，エノール部分があるのがわかるだろう．

自然界にもエノールは存在する．ブラシノキ *Callistemon citrinus* が生存競争に生き残るために産生する物質であるレプトスペルモン(leptospermone)は，除草剤としてトウモロコシ畑を雑草から守るため用いられている．この化合物はテトラケトンであるが，互変異性体であるエノール形の混合物として存在する．オレンジで示したカルボニル基にはα水素がないのでエノール化できないことに注意せよ．

ビタミン C はカルボニル基を二つもつ5員環構造をしていて，通常は共役系の大きいエンジオール構造で存在する．非局在化を示すことによって，ビタミン C がアスコルビン酸ともよばれている理由がわかる．緑で示したエノール水素が解離してアニオンになると，1,3-ジカルボニル系に非局在化するため酸性を示すからである．

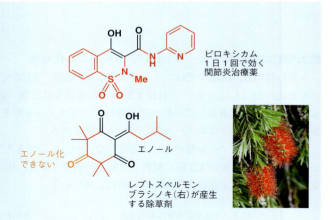

ピロキシカム
1日1回で効く関節炎治療薬

エノール化できない
エノール

レプトスペルモン
ブラシノキ(右)が産生する除草剤

不安定なケト形

ビタミン C の安定なエンジオール形

もう一つの不安定なケト形

ビタミン C (アスコルビン酸)のエノール形における非局在化

非局在化した安定なアスコルビン酸イオン

分子内で水素結合したエノール構造は非対称にみえるが，実際はジメドンのときのように二つの同じエノール構造間でプロトン授受を介した速い相互変換，すなわち互変異性化を起こしている．

1,3-ジカルボニル化合物は対称である必要はなく，その場合二つの異なるエノール形がプロトン授受により相互変換することになる．次に示す環状ケトアルデヒドは速い平衡関係にある2種類のエノールとして存在する．これら3種の異性体の組成比をNMRで測定すると，ケトアルデヒドは1%未満，第一のエノールは76%，第二のエノールは24%である．

> ジメドンでは分子内水素結合は不可能．

> アセチルアセトンのエノール形の互変異性

究極の安定エノールはフェノール（phenol = phenyl + enol），つまり芳香族アルコールであり，これはC=OとC=Cの結合エネルギーのわずかな差に比べて芳香族性による安定化がきわめて大きい結果である．芳香族アルコールは完全にフェノール形をとっている．

> フェノールもアスコルビン酸と同様酸性であり（pK_a 10），かつては石炭酸（carbolic acid）とよばれていた．

> フェノールのケト形は不安定だが，21章ではフェノールのベンゼン環への反応によって"ケト"構造をもつ中間体が生じることを述べる．

20・9 エノール化によって起こる現象
不飽和カルボニル化合物は共役を好む

$β,γ$-不飽和カルボニル化合物は，微量の酸や塩基により二重結合が移動してカルボニル基と共役するようになりやすいので保存しにくい．もちろんこの異性化の中間体は酸性溶液中においてはエノールであり，塩基性溶液においてはエノラートイオンである．

エノラートイオンのプロトン化が$α$位で起これば，もとの共役していないケトンに戻るが，$γ$位で起これば，より安定な共役異性体が生成する．これらの反応はすべて平衡であり，最後には共役異性体になる．

> $α, β, γ$ のようなギリシャ文字を用いてカルボニル基（あるいはその他の官能基）の隣の原子から始めて炭素鎖の位置を表す．

> カルボニル化合物の炭素の表示法

> 非対称アルキルケトンのようにエノール化の起こりうる位置が2種類あっても，エノール化が起こる位置は常に$α$位である．$α, β, γ$を使った命名は，数字で位置を示すIUPAC規則（上に緑で示す）とは別のものである．同様の命名法をアミノ酸やケトエステルなどでも使う．

> $α$-アミノ酸　$β$-ケトエステル

ラセミ化

カルボニル基の隣のキラル中心は，常にエノール化によりラセミ化する危険性がある．キラル中心がカルボニル基二つに挟まれた光学活性β-ケトエステルを合成しようとしても意味がない．ケトエステルはキラルであっても，エノールでは平面になり，キラルになりようがない．両者は速い平衡にあるために光学活性は速やかに失われてしまう．

S体のケトエステル ⇌ アキラルな平面状エノール ⇌ R体のケトエステル

キラル中心の隣にカルボニル基が一つしかない化合物はつくることができるが，この場合にも注意が必要である．この種の化合物に属するものの一つが，タンパク質の構成要素のα-アミノ酸である．α-アミノ酸はきわめて安定であり，酸性でも塩基性でも水溶液中でラセミ化することはない．塩基性溶液中ではカルボン酸塩になっているため，エノール化することはない．また酸性溶液中では，エノール化のために必要なカルボニル基のプロトン化を NH_3^+ 基が阻害しているために，やはりエノール化は起こらない．

アミノ酸は無水酢酸により N-アセチル誘導体に変換できる．この N-アセチル体は熱酢酸から再結晶する過程においてラセミ化する可能性がある．それはまちがいなくエノール化を経るはずである．アセチルアミノ基は塩基性を失っていて酸性条件でもプロトン化されないので，カルボニル基がプロトン化され，エノール化が可能になる．

無水酢酸 → N-アセチルアミノ酸 → 熱酢酸 → 平面状エノール

分割(resolution)とは，光学活性な分割剤を用いてジアステレオマーを形成し，エナンチオマーを分離することである．14章参照．

故意にアミノ酸をラセミ化させるのは，無意味なことだろうか．ラセミ体から純粋な(S)-アミノ酸を分割によって得る工程を考えてみよう．半分は必要のない R 体であるが，これを捨てるのはばかげている．もしこれをラセミ化できれば，もう一度分割することによってその半分を(S)-アミノ酸に変えることができる．そしてまた残りをラセミ

生体内でのラセミ化

ヒトの体内でラセミ化する化合物もある．細菌の細胞壁は部分的に"非天然型"(R)-アミノ酸から構成されており，ヒトはこれを分解することができない．その代わりに(R)-アミノ酸をラセミ化させる酵素をもっている．

イブプロフェン(ibuprofen)のような α-アリールプロピオン酸構造をもつ重要な鎮痛薬がある．実際に鎮痛作用が著効なのはイブプロフェンの S 体だが，ラセミ体が投与されている．体内でエノール化を経由してラセミ化するためである．

イブプロフェンの活性のないエナンチオマー ⇌ アキラルな平面状エノール ⇌ イブプロフェンの活性なエナンチオマー

化させて S 体に変換することを繰返せばよい．

20・10　エノールやエノラートを中間体とする反応

　水素－重水素交換，共役系への二重結合の移動，ラセミ化などがエノールやエノラートを中間体として進行することを示した．これらも確かに反応の一種にちがいないが，ここではカルボニル化合物の構造が大きく変化する反応を考えよう．

ハロゲン化

　酸性あるいは塩基性溶液中でカルボニル化合物にハロゲン（たとえば臭素 Br_2 など）を作用させると，α 位でハロゲン化できる．最初に，比較的単純な酸触媒の反応を調べてみよう．ケトンは通常，酢酸を溶媒に用いて，高収率で臭素化できる．

$$\text{アセトン} \xrightarrow[\text{HOAc}]{Br_2} \text{ブロモアセトン}$$

　第一段階は酸触媒によるエノール化であり，次に求電子的な臭素分子がエノールの求核性炭素を攻撃する．なぜこの炭素が攻撃されるか，矢印で示す．

　反応の最終段階で酸触媒が再生することに注目しよう．ケトンの臭素化反応は酸性溶媒中で行ったり，プロトン酸を添加する必要は全くない．Lewis 酸を使えば，これがよい触媒になる．次に示すのは，非対称ケトンがエーテル溶媒中，塩化アルミニウムの触媒により収率 100% でブロモケトンに変換されている例である．

➡ Lewis 酸は反応性の高い空軌道をもつ．これについては 8 章 180 ページで述べた．

$$\xrightarrow[0.75 \text{ mol\% AlCl}_3, \text{Et}_2\text{O}]{Br_2}$$

収率 100%

　臭素化はケトンの α 位以外，たとえば，ベンゼン環（次章で述べるように，この反応条件で容易に起こりうる反応である）や脂肪族側鎖の他の炭素では全く起こらない．これは α 位のみがエノールになる炭素であり，エノールが芳香環よりも臭素に対する反応性が高いことがわかる．

左の反応式では，やや異なる方法を使って反応機構を表す．以前は酸素の非共有電子対が臭素への攻撃を助け，ついで酸触媒が解離する機構を示していた．ここでは Br_2 を攻撃すると同時に $AlCl_3$ が解離する機構を示す．これらの違いは重要でなく，どちらも使うことにする．もちろん 2 番目のほうが段階数を減らすことができる．

　この機構をみて，アルケンの臭素化の機構（§19・1）を思い出すだろう．ここでは酸素の非共有電子対が臭素への攻撃を助けている．エノールは単純なアルケンよりも求核

性が高い．つまり HOMO の準位が酸素の非共有電子対との相互作用により上昇しており，463 ページで述べたようなエノラートイオンの HOMO と似かよった形をしている．中間体は，ブロモニウムイオンがさらに反応するのとは異なり，プロトン（あるいは Lewis 酸）を失ってケトンを生じる．

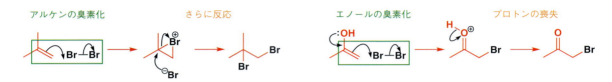

　カルボン酸誘導体の臭素化はふつう直接にはできない．まず臭化アシルや塩化アシルに変換したのち，これを単離することなく臭素と反応させると，エノールを経由してハロゲン化 α-ブロモアシルが生成する．従来はこれらを赤リンと臭素を用いて 1 工程で行っていたが，現在は 2 工程で行う方法が好まれている．一連の操作により中間体を単離することなく α-ブロモエステルを直接合成できる．全工程は次のようにまとめることができる．

メタノールは，塩化ブロモアセチルのカルボニル炭素を攻撃する．これは酸素が"硬い"（電荷支配の）求核中心であるためである．もし α 位の臭素を置換したければ，"軟らかい"（軌道支配の）求核剤を用いればよい．たとえばトリフェニルホスフィン Ph₃P である．これは特に重要な求核剤であり，反応によって生じるホスホニウム塩は Wittig 反応に用いられる（11 章，27 章参照）．置換反応における硬い求核剤と軟らかい求核剤については，15 章で述べた．

　カルボン酸と SOCl₂ によって酸塩化物を合成し，これを臭素化して塩化 α-ブロモアセチルを得る．さらに 10 章で述べたメタノールによるカルボニル炭素での求核置換によってブロモエステルに変換する．2 番目の工程は，容易にエノール化を起こす酸塩化物の臭素化であり，これは典型的なエノール経由の臭素化である．

塩基が促進するハロゲン化

　臭素化を塩基性条件で行うと，通常ハロゲンが一つ入った段階で止めることができないため，もっと複雑になる．アセトンの臭素化を例にとって考える．最初の段階はエノールの生成ではなく，塩基触媒によるエノラートイオンの生成である．生じたエノラートイオンは，エノールの臭素への攻撃と同様な機構で臭素分子を攻撃する．もちろん，エノラートイオンはエノールよりさらに反応性が高い（負電荷が存在するため）．

この反応では水酸化物イオンが再生されていないことに注目せよ．臭化物イオンは塩基ではなく，水と反応して水酸化物イオンを再生することもない（8 章）．したがって水酸化物イオンを当量用いる必要がある．

　問題はこの段階で反応が止まらないことである．最初の段階は脱プロトンであり，生成物のブロモアセトンは臭素の電子求引性のために出発物のアセトンよりも酸性度が高くなっている．したがってブロモアセトンはアセトンよりもエノラートイオンを生成しやすい．

20・10 エノールやエノラートを中間体とする反応

このような理由からジブロモアセトンがただちに生成する．さらにここでは，カルボニル基と臭素原子二つの間に水素がもう一つ残っていて，この水素の酸性度がさらに高まっているので，さらに速くジブロモエノラートが生成し，臭素化を受ける．したがって，得られる生成物はトリブロモアセトンになる．

しかし，話はここで終わらない．そのわけは，少し後戻りすればわかる．すでに"水酸化物イオンは求核剤なのになぜカルボニル基を攻撃しないのか"と疑問に思った読者

なぜ酸触媒でハロゲン化がうまくいくのか

塩基性条件でハロゲン化すると，すべての水素原子が置換されるまで反応する理由は明白である．ハロゲン置換基が導入されるたびに残った水素原子の酸性度が上昇し，次のエノール化が容易になるためである．それに対して酸触媒のハロゲン化では，ハロゲンが一つ導入された時点で終結するのはなぜだろうか．"ハロゲンを1当量用いると，ハロゲンが一つ導入されたところで消費されてしまい，終結せざるをえない"といったほうが，正解である．ハロゲンがもっとあれば，酸触媒条件でもハロゲン化が続いて起こりうる．

しかし，第二のハロゲン化は，可能ならカルボニル基の反対側で起こる．同じ炭素での第二のハロゲン化は，最初に比べて明らかに遅い．その理由は，反応中間体の多くが正電荷をもっており，ハロゲンが置換することによって，これらが不安定化されるためである．また，ブロモケトンはアセトンよりも塩基性が低下しているので，プロトン化されるケトンの割合が減っている．これらの理由から，2番目以降の求電子攻撃が遅くなる．

2番目の段階が律速段階であり，α位に臭素原子があるとこの速度がさらに遅くなる．一方，脱プロトンが臭素の結合していない側のα位で起こる場合には，この原因による速度低下はない．脱プロトンの遷移状態をみると，なぜ臭素がこの段階の反応速度を低下させるのか，説明できる．臭素近傍にすでに正電荷が存在するためである．

この説明をより説得力のあるものとするもう一つの例を示そう．非対称ジアルキルケトンのハロゲン化は，酸を用いるか塩基を用いるかによって異なる結果になる．塩基触媒によるハロゲン化は置換基の少ない側，すなわちメチル基で優先して起こりやすい．それに対して酸性溶液中では最初（で最後）のハロゲン化はより置換基の多い側で起こる．アルキル基は臭素原子と逆の効果，すなわち，正電荷を安定化する効果をもっているので，エノールの反応は正電荷をもった遷移状態を経由するために，より置換基の多いほうで反応が起こりやすい．逆に，エノラートは負電荷をもった遷移状態を経由するために，置換基の少ない炭素原子で反応が起こりやすくなる．

もいるかもしれない．これは塩基触媒のエノール化反応の際に，常に起こりうる疑問である．答は"まさに起こっている"である．欄外の反応機構のように，四面体中間体が生成する．

次に何が起こるか．四面体中間体からは，最もよい脱離基が脱離することによりカルボニル化合物に戻る．メチルアニオン Me⁻ は脱離基とはなりえない．脱離できる唯一の基は水酸化物イオン（水の pK_a は 15.7）だが，この場合はもとのケトンに戻るだけである．

それではトリブロモアセトンの場合はどうだろうか．カルボアニオンが三つの臭素原子によって安定化されているために，CBr_3^- が脱離基になる．実際，次の反応が起こる．これらの生成物間でプロトン交換が起こり，最終生成物としてカルボン酸イオンとトリブロモメタン $CHBr_3$ が得られる．

ヨウ素を用いても同じことが起こる．メチル基をもつカルボニル化合物の一般式を用いてヨウ素との反応の全工程をまとめた．カルボアニオンを脱離基とするためにはハロゲンが三つ必要であることから，このような反応が起こるためにはメチル基でなければならない．この反応は**ヨードホルム反応**（iodoform reaction）とよばれている．いまでもトリクロロメタンのことをクロロホルムとよぶが，ヨードホルム CHI_3 はトリヨードメタンの慣用名である．この反応は，カルボニル基での求核置換反応が C–C 結合の開裂で終わるまれな例のひとつである．

ハロゲン化には酸触媒が最適である
カルボニル化合物のハロゲン化は酸性溶液中で行うべきである．塩基性溶液中では，ハロゲン化が何度も起こり，C–C 結合が開裂するようになる．

エノールのニトロソ化
ここでは窒素が求電子中心となる反応を取上げ，エノールの反応性について述べるとともに互変異性がカルボニル基以外の官能基でも起こることを説明しよう．カルボニル基の隣にもう一つカルボニル基を導入する方法を考えよう．たとえば次のような方法がある．

最初の段階は，亜硝酸ナトリウムと強酸の HCl とから，弱酸である亜硝酸（HNO_2 またはもっとわかりやすく HONO）をつくる段階である．亜硝酸がプロトン化を受け，水

が脱離することによって活性な求電子剤である NO$^+$ が生成する.

> この二原子カチオン NO$^+$ は一酸化炭素 CO と等電子構造をもっている.

NO$^+$ は窒素が求電子的であり，N でケトンのエノールと反応して不安定なニトロソ化合物を生じる.

このニトロソ化合物の不安定性は，プロトンが簡単に炭素からニトロソ基の酸素に移動して互変異性化することがおもな理由である．この過程は C=O の代わりに N=O が関与するエノール化とみなせる．こうして安定な"エノール"に相当するオキシムが生成する．オキシムの O–H はケトンのカルボニル基と分子内水素結合を形成する．オキシムを加水分解するとジケトンが得られる.

> ➡ ニトロソ基 –N=O は初めて出てきたかもしれないがオキシムは 11 章で述べた．イミンやオキシムの加水分解は 11 章で述べた.

もしケトンが非対称であれば，反応はより置換基の多いほうの炭素で起こる．これも，酸触媒によるエノールの臭素化によって，より置換基の多い α-ブロモカルボニル化合物が生成するのと同じ要因による（473 ページ参照）.

次に進む前に，エノールやエノラートの Br$_2$ や NO$^+$ との反応から，次のことが結論できる．よく覚えておこう.

エノールとエノラートは一般に炭素で求電子剤と反応する.

ニトロソ基

ニトロ基とニトロソ基との違いは酸化状態と共役の程度である．格段に安定なニトロ基の窒素も平面三方形であり，非共有電子対をもたず，N=O 結合は非局在化している．ニトロソ基の窒素も平面三方形で，非共有電子対はこの平面内にあるために非局在化できない．両者とも"エノール"形をとることはできるものの，平衡の偏りは逆である.

20・11 安定なエノラートの等価体
リチウムエノラート

水酸化物やアルコキシドのようにかなり強力な塩基を用いても，多くのカルボニル化合物ではエノラートはごくわずかな割合でしか生成しない．カルボニル化合物のα水素の典型的なpK_aは20～25であり，メトキシドのpK_aは約16であることから，エノラートの存在比はケトンの10^4分の1でしかない．より強い塩基を用いると状況は一変して，カルボニル化合物からエノラートを定量的に合成できるようになる．これは非常に重要なことであり，25章と26章で主題に取上げる．通常用いる塩基はLDA（リチウムジイソプロピルアミド lithium diisopropylamide）であり，次式のように作用する．

> 17章でLDAが脱離反応を促進すると述べた．しかし，何にも増して最も重要な用途はリチウムエノラートの調製である．

LDAは嵩高いためにカルボニル基を求核攻撃することはなく，塩基性が十分に高い（ジイソプロピルアミンのpK_{aH}約35）ために，あらゆるカルボニル基のα水素を脱プロトンすることができる．リチウムエノラートは低温（－78 ℃）で安定であり，かつ十分な反応性をもっている．リチウムエノラートは最も一般的に用いられている安定エノラートである．

> カルボニル化合物からプロトンを引抜く目的に，通常BuLiは使えない．BuLiはほぼまちがいなく求核剤としてカルボニル基に付加するからである．

エノールシリルエーテル

エノールシリルエーテルはリチウムエノラートの次に有用な反応剤である．ケイ素はリチウムほど電気的に陽性でなく，したがってエノールシリルエーテルはリチウムエノラートよりも安定であり反応性が低い．エノールシリルエーテルは，エノラートをケイ素の求電子剤で処理することにより調製できる．ケイ素求電子剤は，第一にケイ素が硬いため（361, 477ページ参照），第二にSi-O結合が非常に強いため，必ずエノラートの酸素と反応する．最も一般的なケイ素求電子剤はクロロトリメチルシラン Me$_3$SiCl で，これは工業的に大量合成されている反応剤であり，NMRの標準物質であるテトラメチルシラン Me$_4$Si を合成するためにも用いられている．

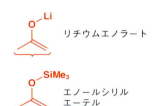

ケイ素－酸素結合は非常に強い結合であるために，ケイ素は強塩基が共存しなくてもカルボニル化合物の酸素と反応してエノールシリルエーテルを生成する．この反応は，中性溶液中でも微量存在するエノールを経由して進行すると考えられ，生成物から脱プロトンを起こすための弱塩基Et$_3$Nがありさえすればよい．また，ケイ素が最初に酸素と反応して，塩基がオキソニウムイオンをエノールシリルエーテルに変換すると考えることもできる．両方の機構を次に示す．どちらが正しいかはわからない．この方法は，エノール化可能なカルボニル化合物から安定エノール誘導体を合成するための二つの最

良の方法のうちのひとつである.

エノールシリルエーテルは, リチウムエノラートをクロロトリメチルシランで処理することによっても合成できる.

→ このあまり意味のなさそうな反応がなぜ重要であるかは 25 章でわかるだろう.

この逆反応であるが, ときにはエノールシリルエーテルからリチウムエノラートを生成する反応が有用なこともある. これはメチルリチウムがケイ素で求核置換することによって起こり, リチウムエノラートとテトラメチルシランが生成する.

エノールシリルエーテルとリチウムエノラートについては後の章でも扱う. ここではこれらが安定でカルボニル化合物から定量的に調製することができ, さらに次の反応に使えるエノール誘導体であると理解しておくだけでよい.

20·12 エノールとエノラートの酸素での反応: エノールエーテルの合成

エノールシリルエーテルが容易に合成できることを述べてきた. エノラートイオンの負電荷がほとんど酸素に分布しているのならば, 通常のエノールエーテルをエノラートイオンから合成することができるはずである. 確かにできるが, 特殊な条件が必要になる. 25 章で述べるように, エノールやエノラートイオンはふつうアルキル求電子剤と炭素で反応しやすい. エノラート酸素を溶媒和しないような非プロトン性極性溶媒 (たとえばジメチルスルホキシド: DMSO) 中でカリウムを対カチオンとする塩基を用いてエノラートイオンを調製し, 硫酸ジメチルやトリメチルオキソニウムイオン (これらは負電荷をもつ原子と最もよく反応する強力なメチル化剤である) と反応させると, 少なくともいくつかのエノールエーテルが合成できる. Me_3O^+ は安定な (しかし反応性の高い) テトラフルオロホウ酸トリメチルオキソニウム (Meerwein 反応剤) $Me_3O^+BF_4^-$ として得られる. テトラフルオロホウ酸トリメチルオキソニウムや硫酸ジメチル Me_2SO_4 の C-O 結合は強く分極していて硬い求電子剤であり, したがって軟らかい炭素よりも硬い酸素で反応する.

エノラートの典型的な反応は炭素で起こる

エノラートと硬い求電子剤 ($Me_3SiCl, Me_3O^+, AcCl$) の反応は酸素で起こる

→ 硬い反応剤と軟らかい反応剤については 15 章で述べた.

この反応におけるエノールエーテルの収率は約 60〜70%で，他はおもに C-アルキル化体である．エノールエーテルを合成するためのもっと信頼性の高い反応は，厳密に無水にした条件のもとで酸触媒によってアセタールを分解する反応である．

> アセタール合成については 11 章で述べた．右の反応式の 2 番目の工程で水が存在すると加水分解により出発物のアルデヒドに戻る．

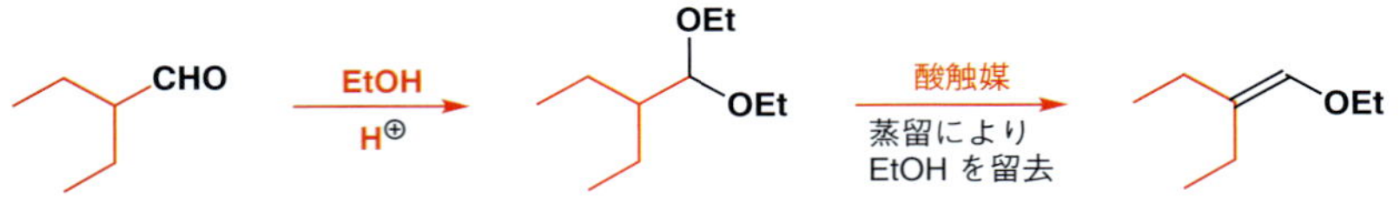

アルデヒド → アセタール → エノールエーテル

反応の開始はアセタールの加水分解と同様だが，加水分解を進行させるための水が共存しないため，代わりに中間体のオキソニウムイオンから脱プロトンが起こる．いいかえると，S_N1 反応を起こすための適当な求核剤がないと E1 脱離が起こる．

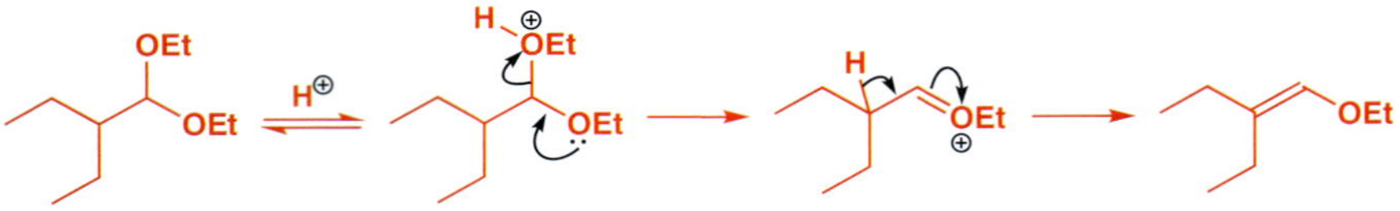

これらのエノールエーテルは，特に酸触媒による加水分解に対してかなり不安定であり（次節で述べる），しかもエノールシリルエーテルほど有用ではない．両方のエノールエーテルのエノールと類似の反応について次に述べる．

20・13 エノールエーテルの反応

エノールエーテルの加水分解

エノールはヒドロキシ基をもつので，アルコールの一種である．ふつうのアルコールは安定なエーテルを形成する．逆にこれらをアルコールに戻すことは困難であり，そのためには HI や BBr_3 のような強力な反応剤が必要である．これらの反応は 15 章で述べた．メチルエーテルと HI との反応はプロトン化されたエーテルのメチル基にヨウ化物イオンが S_N2 攻撃して起こる．それゆえ，飽和炭素に相性のよい求核剤であるヨウ化物イオンや臭化物イオンが必要なわけである．それに対してエノールエーテルは比較的不安定な化合物であり，たとえば希塩酸や希硫酸のような酸性水溶液によって加水分解され，カルボニル化合物に容易に戻すことができる．

> ➡ "通常の"エーテルの低反応性については§15・6 を参照．

HI による通常のエーテルからアルコールへの変換

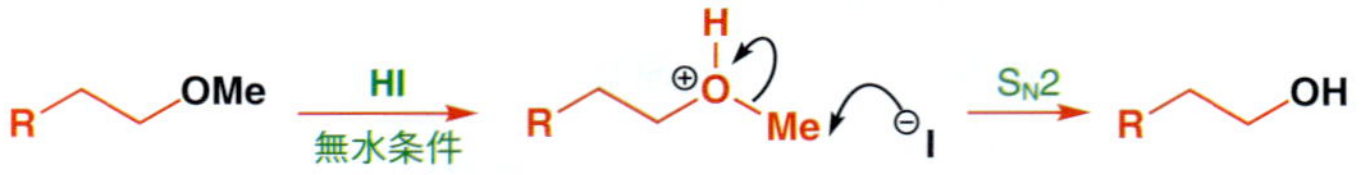

酸性水溶液中でのエノールエーテルの加水分解

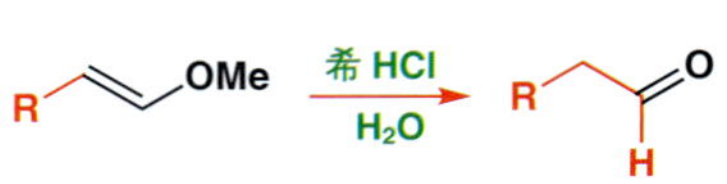

この大きな違いはどうして生じるのだろうか．それは，エノールエーテルでは，酸素の非共有電子対の非局在化が炭素でのプロトン化を助け，反応性の高いオキソニウムイオンが生じるためである．

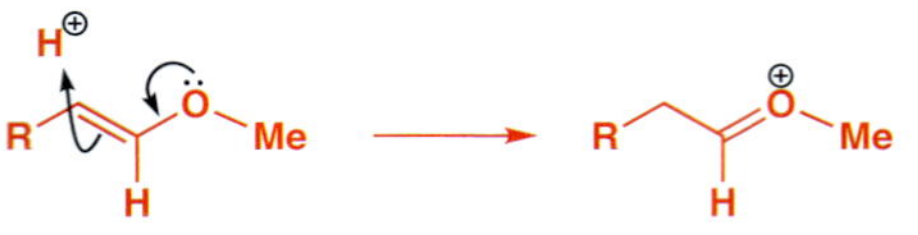

エノールエーテル → オキソニウムイオン

20·13 エノールエーテルの反応

このオキソニウムイオンは，通常のエーテルの場合と同様，メチル基に求核攻撃を受けることも可能である．

しかしこの機構では，エノールエーテルの加水分解がふつうのエーテルの加水分解に比較して非常に速いことを説明できない．もっとよい機構がほかに存在するはずである．それはσ結合よりも，π結合への攻撃である．

> 動きやすいπ電子がCとOとの電気陰性度の差によってより大きく分極しているために，σ結合よりもπ結合への求核攻撃は本質的に速い．

酸性水溶液中では水自身が求核剤 X⁻ になる．こうなるとアセタールの加水分解と同じになることがわかる（230 ページ）．オキソニウムイオンは両反応機構に共通の中間体である．

エノールエーテルが，無水の酸性溶液中でアルコールと反応するときにも同様な反応が起こるが，このときはアセタール加水分解機構の途中から始まって，逆向きの経路でアセタールに至る．実際の例として，エノールエーテル構造のジヒドロピランからアルコールの THP（テトラヒドロピラニル）誘導体を合成する反応をあげる．アルコールの THP 誘導体が "保護基" になることを 23 章で述べる．

➡ この反応の機構については §23·9 の THP 保護基の説明を参照．それを見ないでも反応機構を書けるだろう．

エノールシリルエーテルの加水分解はやや異なる機構で起こる．最初の段階は同じで，酸素の非共有電子対が炭素へのプロトン化を容易にしている．すでに述べたように，特に酸素やハロゲンのような求核性の大きい原子はケイ素を容易に攻撃するので，水がケイ素を攻撃する次の段階がたやすく起こる．

こうしてアルデヒドが瞬時に生成する．もう一方の生成物は，2 分子が結合してジシ

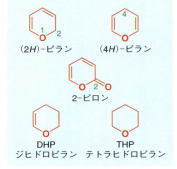

ピラン

ピラン（pyran）は酸素を含む 6 員環に二重結合を二つもつヘテロ環の総称である．ピロン（pyrone）には芳香族性があるがピランにはない．二重結合が一つだけのものはジヒドロピラン（dihydropyran: DHP），飽和のものはテトラヒドロピラン（tetrahydropyran: THP）という．

(2H)-ピラン　(4H)-ピラン

2-ピロン

DHP　　　THP
ジヒドロピラン　テトラヒドロピラン

リルエーテル，すなわちジシロキサン（disiloxane）になる．これはケイ素での求核置換がいかに起こりやすいかを示す好例である．

エノールシリルエーテルとハロゲンや硫黄求電子剤との反応

ふつうのエーテルと比較すると，エノールエーテルは一般にかなり不安定である．酸素原子の非共有電子対があるために，アルケンとしても通常のものよりは反応性が高い．これらは臭素や塩素などの求電子剤と，アルケンというよりもエノール誘導体として，もとのカルボニル基の α 炭素で反応する．

エノールシリルエーテルでは求電子攻撃が同じように起こり，ハロゲン化物イオンが脱離した後にこれがケイ素原子を攻撃し，カルボニル生成物と Me₃SiX が生じる．Me₃SiX は後処理の段階で加水分解される．

この方法では，先に述べたアルデヒドやケトンを直接ハロゲン化した際の問題がない．たとえば，カルボニル基に対して置換基の少ない側にハロゲン化が起こった場合と同じハロケトンを合成することができる．

➡ §25・9 で述べるが，LDA が立体障害の小さいプロトンを引抜く過程はもっと複雑である．

LDA は立体障害が最も小さい水素をプロトンとして引抜く

同様に，軟らかい求電子剤である PhSCl を用いることによって，カルボニル基の隣（α位）にスルフェニル化を起こすことができる．

反応機構は，ハロゲン化と同じく求電子的な硫黄原子がエノールシリルエーテルの炭素と反応し，脱離した塩化物イオンが中間体の Me₃Si 基を攻撃して生成物になると考えてよい．

20・14 終わりに

本章では，エノールやエノラートと水素（重水素），炭素，ハロゲン，ケイ素，硫黄，窒素をもつ求電子剤との反応形式について述べた．このあとの25章，26章では，求電子剤としてハロゲン化アルキルやカルボニル化合物を用いる炭素−炭素結合生成反応を説明する．しかしその前に，芳香族化合物と求電子剤との反応を述べたい．これらも，エノールと類似した反応性を示すことがわかるだろう．

問　題

1. 次のカルボニル化合物のとりうるエノール構造をすべてあげ，これらのエノールの安定性を説明せよ．

2. 次の二つのケトンの純粋な状態でのエノールの割合を示した．なぜ，これほどの違いがあるのか．

3. 次に示す左のジメチルエーテルのNMRは，二つのメトキシ基を含めたすべての水素が非等価であり複雑なスペクトルになる．それに対して右のジフェノールのNMRスペクトルは単純で，2種類のプロトン（H^{a}とH^b）しか観測されない．なぜか．

4. 次の反応の機構を示せ．

5. 次の反応の機構を示し，なぜこれらの生成物が生じるのかを説明せよ．

6. **A**のような 1,3-ジカルボニル化合物は，通常大部分がエノール化している．なぜか．化合物 **B**〜**E** から得られるエノールを示し，なぜ **B** は 100%エノールとして存在するのに対し，**C, D, E** は 100%ケトンとして存在するのか，説明せよ．

7. 次のカルボン酸をニトロソ化すると，CO$_2$ が外れてオキシムができる．なぜか．

8. 次の分子は強い花の香りをもつ香料であるが，塩基性で素速く異性化し，においのないジアステレオマーになる．なぜか．

芳香族求電子置換反応

21

関連事項

必要な基礎知識
- 分子の構造 4章
- 共　役 7章
- 反応機構と触媒作用 12章
- アルケンへの求電子付加 19章
- エノールとエノラート 20章

本章の課題
- フェノールは芳香族エノールである
- ベンゼンとアルケンの違い：芳香族化合物は何が特別か
- ベンゼンへの求電子攻撃
- ベンゼン環の活性化と不活性化
- 置換位置
- 置換基効果の競合と協同
- 芳香族置換反応の問題点と解決法

今後の展開
- 芳香族求核置換反応 22章
- 酸化と還元 23章
- 位置選択性とオルトリチオ化 24章
- 逆合成解析 28章
- 芳香族ヘテロ環 29章, 30章
- 転　位 36章
- 遷移金属触媒による芳香族化合物のカップリング 40章

21・1　はじめに：エノールとフェノール

ケトンには求核的な"分身"であるエノール互変異性体があるものが多いと20章で述べた．エノールの生成には，酸や塩基が触媒となり，ケトンとエノールは平衡状態にあるので，D_2O 存在下にエノール化するとケトンの α 水素が重水素に置き換わる．酸性 D_2O 中では，3-ペンタノンは次のように反応する．エノール化と重水素化は繰返し起こりうるので，最終的には α 水素がすべて重水素に置き換わる．

> 20章を読んでいなければ461ページに戻って，どのようにこの反応が進むのかを確認しよう．

ケト–エノール平衡はケト形に大きく偏っているが，ケトンが重水素化される事実は，エノール形が存在している証拠である．本章では，完全にエノール形で存在する化合物で起こる反応について述べる．フェノールは非常に安定なエノール形で，この安定性はベンゼン環の芳香族性に起因する．

フェノールの ^1H NMR スペクトルを次ページに示す．先に読み進める前に，上のスペクトルの帰属を確認しておこう．下のスペクトルはフェノールを酸性 D_2O と振り混ぜた後の ^1H NMR スペクトルである．H が D で置換されてピークがほとんど消失している．一つだけ同じ大きさで残っているが，上のスペクトルに見られる隣接水素とのスピン結合が消失し，シグナルが単純になっている．

残っているシグナルは芳香環の3位と5位のプロトン2H分であり，生成物は欄外に示したものである．なぜこうなるかは，上で述べたケトンの重水素化と同じ機構で説明できる．フェノールも他のエノールと同じように重水素化されるが，生成物はケトンに戻らないで非常に安定な芳香族エノール（フェノール）のままである点が異なる．（OH

フェノール

➡ この平衡は469ページで述べた．

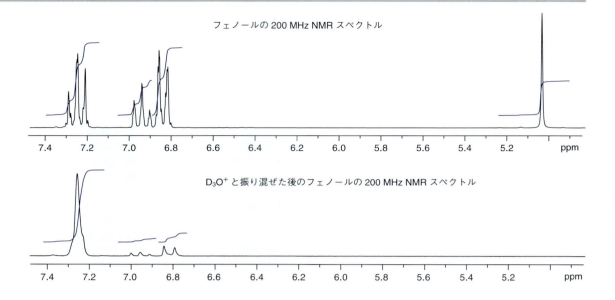

フェノールの 200 MHz NMR スペクトル

D_3O^+ と振り混ぜた後のフェノールの 200 MHz NMR スペクトル

が OD に変わった後に）最初に D_3O^+ がエノールに付加する.

次に，このカチオンが酸素から重水素 D を失ってケトンになる（下の茶の矢印）か，炭素から H を失ってフェノールになる（下のオレンジの矢印）か，あるいは前ページの平衡で示すように D を失って出発物のフェノールに戻るかのいずれかが起こる.

不安定なケト形　　　　　　　　　　　　　　安定なフェノール形

芳香環の置換基
ある置換基からみたベンゼン環の位置の名称を思い出すこと（2 章, 18 章参照）.

オルト, メタ, パラは o, m, p と略記する.

NMR スペクトルから，2, 4, 6 位の 3 箇所で H が D に置き換わったことがわかる．2 位と 6 位での置換は容易に理解できるが，4 位が D になるのはどうしてか．フェノールは共役したエノールであり，次のように巻矢印をもう 1 段階進めればよい．

フェノールを D_3O^+ と振り混ぜたときに得られる最終生成物は，2, 4, 6 位（すなわちオルト位とパラ位）が D に置換されたものである．この反応は D_3O^+ が求電子剤として働いているので，**求電子置換反応**（electrophilic substitution）とよばれている．この反応はフェノールに特有なものではなく，他の芳香族化合物でも進行する．本章ではこの反応について説明する．

この芳香族求電子置換機構を S_EAr (substitution, electrophilic, aromatic) と略す.

芳香族化合物が求電子剤と反応して一般的に起こる置換反応を**芳香族求電子置換反応**（electrophilic aromatic substitution）という．

21・2 ベンゼンの求電子置換反応

最も単純な芳香族化合物であるベンゼンから始めよう．ベンゼンは平面三方形 (trigonal, sp^2) 炭素六つからなる平面正六角形構造をとっており，各炭素が環平面内に水素原子を一つずつもっている．炭素－炭素結合距離はいずれも 139 pm（C－C の 147 pm，C＝C の 133 pm と比較せよ）であり，^{13}C NMR の化学シフトはすべて同じである（δ_C 128.5）．

> 芳香族性 (aromaticity) の概念が本章では非常に重要である．7 章で述べた芳香族化合物の説明をこれから頻繁に用いる．

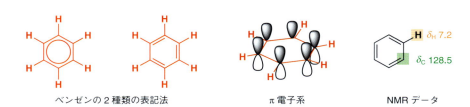

ベンゼンの2種類の表記法　　　　π電子系　　　　NMR データ

ベンゼンの特別な安定性（芳香族性）は，六つの炭素原子の p 軌道が重なってできた三つの分子軌道に 6π 電子が収まっていることに起因する．これらの軌道のエネルギー準位からこの分子の特別な安定性が説明でき（共役した二重結合を三つもつ分子と比較しておよそ 140 kJ mol^{-1} の安定化），NMR スペクトルで六つの水素が等しく単一線として低磁場（δ_H 7.2）に現れることから，非局在化したπ電子系に環電流が存在することがわかる．

> ➡ ベンゼンの軌道については 7 章で述べた．

ベンゼンとシクロヘキセンへの求電子攻撃

シクロヘキセンのような単純なアルケンは，臭素や過酸などの求電子剤と迅速に反応する（19 章）．臭素はアンチ付加体を生じ，過酸はシン付加してエポキシドを生じる．同じ条件では，ベンゼンはいずれの反応剤とも反応しない．

ベンゼン環の表記法

ベンゼンは対称な分子なので，中央に円を書いた構造がこれを最もよく表現している．しかし，この方法では反応機構を書くことができないので，ふつうは二重結合を三つ書く Kekulé 構造を使う．これを使うのは二重結合が局在していることを示すのではなく，単に巻矢印を書くために好都合だからである．どちらの Kekulé 構造を書いても問題なく反応機構が書ける．

円による書き方が非局在化した 6π 電子を最もよく表している

これらの Kekulé 構造は巻矢印を書くのに適している．両者は等価である

たとえばフェノールのようなベンゼン以外の分子の場合には，結合距離は完全には同じではない．それでも，目的に応じてどちらの表記法を用いてもよい．ナフタレンのような芳香族化合物においては，結合に若干の差があり，書き方にも注意が必要である．最初の Kekulé 構造のみが，中央の結合が最も強くかつ短いことと C1－C2 結合が C2－C3 結合に比較して短いことを示している．環内の円が 6 電子をさすのであれば，円を二つ書いた構造には 12 電子あることになる．ナフタレンには 10 電子しかないので，この表記法も正確ではない．

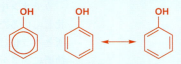

フェノールの三通りの表記法
二つの Kekulé 構造は等価である

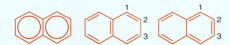

ナフタレン．中央の表記法が最も正確である．左の構造では電子が多すぎるし，右の構造では左のベンゼン環がオルトキノジメタン構造を示すうえ，中央の結合が短いことを明確に示していない

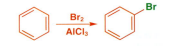

➡ Lewis 酸については180ページで述べた．

しかし，AlCl₃ のような Lewis 酸を加えるとベンゼンも臭素と反応するようになる．生成物は臭素を含むがシス付加体でもトランス付加体でもない．臭素原子が水素原子と置き換わったものになるので，置換反応が起こっている．反応剤（臭素）が求電子的であり，ベンゼンは芳香族であるので，この反応を**芳香族求電子置換**とよぶ．これが本章の主題である．

次にシクロヘキセンとベンゼンの臭素化の比較を示す．

中間体は両方ともカチオンであるが，シクロヘキセンの反応ではこれがアニオンと反応するのに対し，ベンゼンの反応では脱プロトンが起こって芳香族性が回復する．アルケンは電荷をもたない臭素と反応するのに対し，ベンゼンはカチオン性の AlCl₃ 錯体が必要であることに注目しよう．臭素そのものは非常に反応性の高い求電子剤である．実際，臭素は危険物で，十分注意して扱う必要があるが，それだけではベンゼンと反応しない．どんな反応剤もベンゼンと反応するのは困難である．

> **ベンゼンはきわめて反応性に乏しい**
> ・反応性がきわめて高い（通常はカチオン性の）求電子剤とだけ反応する
> ・置換反応が起こり，付加生成物は得られない

芳香族求電子置換の中間体は非局在化したカチオンである

本章を通じて，さまざまな形で芳香族求電子置換反応が繰返し現れる．一般的にこの反応の機構は2段階からなる．求電子剤による攻撃で中間体カチオンを生成する段階と，このカチオン中間体からプロトンを失って芳香族性を取戻す段階である．

カチオン中間体は，もちろん出発物や生成物より不安定であるが，カチオンが非局在化しているために，ある程度安定である．下に矢印で示すように，電荷はオルト位2箇所とパラ位に非局在化しており，この非局在化の構造を点線の結合とオルト・パラの3箇所に約3分の1ずつ存在する正電荷（＋）として表すこともできる．

非局在化したこのカチオンが非芳香族性であることを強調するために茶で示したHを書き入れてある

このカチオンは，非局在化しているものの芳香族性がないことに注意しよう．環内に

21・2 ベンゼンの求電子置換反応　487

カチオン中間体が存在することはどうすればわかるか

強酸中ではプロトンが求電子剤であり，このカチオン中間体を実際に観測することができる．ヘキサフルオロアンチモナート SbF_6^- のような求核性も塩基性もない対イオンを用いることが鍵である．この八面体アニオンでは，中心のアンチモン原子はフッ素原子に囲まれており，負電荷が6フッ素原子すべてに分散している．FSO_3H と SbF_5 を併用すると，プロトン化は $-120\ ℃$ で起こる．15章で S_N1 機構の中間体として単純なカルボカチオンが存在することを示す目的で，同じ手法を説明した．

このような条件では，カチオンを ^1H NMR や ^{13}C NMR で観測することができる．化学シフトから，正電荷が環全体に分布していることがわかるが，特にオルト位とパラ位に最も大きな正電荷がある（電子密度が最小である）．^1H NMR や ^{13}C NMR の化学シフト（δ_H と δ_C）から電荷分布が計算でき，これは巻矢印から予測したものと矛盾しない．

位置	δ_H	δ_C
1	5.6	52.2
2, 6	9.7	186.6
3, 5	8.6	136.9
4	9.3	178.1
ベンゼン（比較用）	7.33	129.7

sp^3 混成の四面体炭素原子を一つ含むため，p軌道は環状の配列を完結できない．置換が起こる炭素が四面体であることを強調するため，水素原子を書き入れた．芳香族性を回復するときにこの水素がプロトンとして外れる．芳香族置換反応の機構を書くときには同じようにすることを勧める．芳香族性が失われることを考えると，カチオン中間体の形成が芳香族求電子置換反応の律速段階であることは驚くに値しない．

ベンゼンのニトロ化

これまで芳香族求電子置換反応の一般則を説明した．次にもう少し議論を深めて，実際のベンゼンの反応について考えよう．すべての例において，反応性の乏しいベンゼンを求核剤として用いるためには，強力なカチオン性の求電子剤が必要である．

ニトロ基 NO_2 を導入する反応，すなわち**ニトロ化**（nitration）から始める．ニトロ化には非常に強力な反応剤を使う必要があり，最もよく用いるのは濃硝酸と濃硫酸の混合物である．

> ニトロ基の非局在化構造については7章で述べた．

硫酸は硝酸より強い酸であるため，硝酸をプロトン化する．これから水分子が脱離して，きわめて強力な求電子剤である NO_2^+ を生成する．

ニトロニウムイオン（nitronium ion）NO_2^+ は中央にsp混成の窒素をもち，直線状で CO_2 と等電子構造である．ベンゼンが反応するのはこの窒素であり，5価窒素にならないように一つの $N=O$ の π 結合が開裂しながら反応する．

> 確認：置換の起こる炭素の水素を表記すると，芳香族求電子置換反応の機構がわかりやすくなる．

HNO₃ と H₂SO₄ から生じる NO_2^+ により芳香族化合物 ArH にニトロ化が起こり、ニトロアレーン ArNO₂ が生成する。

ベンゼンのスルホン化

ベンゼンは硫酸とゆっくりと反応して、ベンゼンスルホン酸になる。硫酸 1 分子が別の硫酸によってプロトン化され、水 1 分子が脱離する。これは前ページで述べたニトロ化の第一段階とよく似ている。

生じたカチオン SO_3H^+ は反応性が非常に高く、すでに述べた臭素化やニトロ化と同じ機構でベンゼンと反応する。すなわち、芳香族 π 電子系への付加がゆっくり起こり、ついで速やかにプロトンが外れて芳香族性を取戻す。

生成物はスルホ基（SO₂OH 基）をもち、スルホン酸になる。スルホン酸は硫酸と同じくらい強い酸である。反応液に NaCl を過剰に加えるとナトリウム塩の結晶が単離できる。NaCl と反応する化合物はそれほど多くない。

H₂SO₄ あるいは SO₃ の H₂SO₄ 溶液による芳香族化合物 ArH のスルホン化により、芳香族スルホン酸 ArSO₂OH が生成する。求電子剤は SO₃ か SO_3H^+ である。

同じカチオン性中間体は三酸化硫黄 SO₃ をプロトン化しても生成するので、スルホン化の別法では SO₃ を添加した濃硫酸を用いる。この溶液を工業的には**発煙硫酸**(oleum)とよぶ。これらの反応におけるスルホン化剤は、プロトン化された SO₃ でなく SO₃ そのものである可能性もある。

➡ 15 章で同様のスルホン酸イオンとして、優れた脱離基となるトシラートが出てきた。

アルキル基とアシル基は Friedel–Crafts 反応によってベンゼンに導入できる

これまでは臭素、窒素、硫黄などのヘテロ原子を導入する反応について述べてきた。反応性の低い芳香族求核剤に炭素置換基を導入するには反応性の高い炭素求電子剤、すなわちカルボカチオンが必要になる。S_N1 反応では、反応性が低い求核剤でもカルボカチオンと反応すると 15 章で述べたが、ベンゼンも同様である。典型的な S_N1 求電子剤として、酸性条件下で t-ブチルアルコールから生成する t-ブチルカチオンがある。

21・2 ベンゼンの求電子置換反応

実際，これが芳香環に炭素求電子剤を導入するふつうの方法である．**Friedel-Crafts アルキル化**（Friedel-Crafts alkylation）とよばれている次の反応では，ベンゼンを塩化第三級アルキルと Lewis 酸 $AlCl_3$ と反応させる．臭素との反応と同様に，$AlCl_3$ が t-BuCl から塩素原子を引抜いて，アルキル化反応のための t-ブチルカチオンを発生させる．

> フランス人化学者 Charles Friedel（1832～1899）と米国人化学者 James Crafts（1839～1917）は，パリの C. A. Wurtz のもとで共同研究を行い，1877 年に Friedel-Crafts 反応を発見した．

カチオン中間体からプロトンを引抜く塩基については，これまで注意を払ってこなかった．ここでは塩化物イオンが塩基として働いて HCl を副生する．つまり非常に弱い塩基で十分なのである．水，塩化物イオン，あるいは他の強酸の対イオンなど，どんなものでもここでは塩基として働くので，実際に何が働いているか，通常は考える必要がない．

もっと重要な反応は，酸塩化物と $AlCl_3$ による **Friedel-Crafts アシル化**（Friedel-Crafts acylation）である．塩化アルキルのときと同様に $AlCl_3$ は酸塩化物と反応し，塩化物イオンを引抜いてカチオンを生じる．この場合に生じるカチオンは直線状のアシリウムイオン（acylium ion）であり，カルボカチオンが隣接する酸素の非共有電子対により安定化されている．アシリウムイオンがベンゼン環に求電子攻撃して芳香族ケトンを生成する．ベンゼン環がアシル化されるのである．

アシル化においては酸塩化物の構造に特に制限がないので（R はほとんど何でもよい），アシル化のほうがアルキル化よりも優れている．アルキル化では，アルキル基がカチオンを生成できることが必須であり，カチオンが生成しなければ反応はあまりうまく進行しない．これに加えて以下に説明する理由により，アルキル化ではしばしばアルキル基が複数導入されたものが混ざってしまうのに対し，アシル化ではアシル基が一つ導入されるとそれ以上反応が進行しない．

> ➡ なぜこうなるのかとどうすればきれいに反応するかについては 505 ページで再び述べる．

Friedel-Crafts 反応

塩化第三級アルキルと Lewis 酸（通常は $AlCl_3$）による Friedel-Crafts アルキル化により，t-アルキルベンゼンが生成する．酸塩化物と Lewis 酸（一般には $AlCl_3$）による Friedel-Crafts アシル化はアルキル化より信頼性が高く，芳香族ケトンが生成物である．

ベンゼンの求電子置換反応のまとめ

一連の芳香族求電子置換のなかで最も重要なものの概説をひとまずここで終える．これからはベンゼン環そのものに注目して，環のさまざまな置換基がこれらの反応に及ぼす影響について説明する．その過程でこれらの主要な各反応に戻って，より詳しく説明しよう．ここでは，エネルギー断面図を用いて典型的な置換反応を解説し，序論の最後としよう．

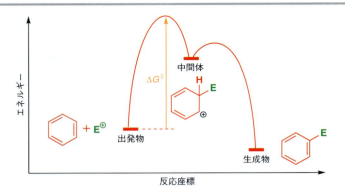

> この説明は **Hammond** の仮説に基づくものである．この仮説は，エネルギー的に近くて直接相互変換される反応種どうしは構造も似ている，というものである．より詳細には 37 章参照．

第一段階で一時的に芳香族 π 電子系が失われる．これが律速段階になるので，この段階の遷移状態が最も高エネルギーになる．中間体は不安定で，出発物や生成物よりもずっと高エネルギーで，遷移状態に近いエネルギー状態にある．二つの遷移状態は構造がこの中間体に似ており，したがってこの中間体を重要な第一段階の遷移状態のモデルと考える．

ベンゼンに対するおもな求電子置換のまとめ

反応	反応剤	求電子剤	生成物
臭素化	Br_2 と Lewis 酸 ($AlCl_3$, $FeBr_3$, 鉄粉)		Ph–Br
ニトロ化	$HNO_3 + H_2SO_4$		Ph–NO_2
スルホン化	濃 H_2SO_4 または $H_2SO_4 + SO_3$ (発煙硫酸)		Ph–SO_2OH
Friedel-Crafts アルキル化	RX + Lewis 酸 (一般的には $AlCl_3$)	$R^\oplus$	Ph–R
Friedel-Crafts アシル化	$RCOCl$ + Lewis 酸 (一般的には $AlCl_3$)		Ph–C(=O)R

21・3　フェノールの求電子置換反応

フェノールとエノールの比較から本章を始めたが，再びフェノールに戻って求電子置換反応を詳しくみよう．フェノールはエノールなので，上述の臭素化，ニトロ化，スルホン化，Friedel-Crafts 反応は単純なベンゼンよりも容易に起こってもおかしくない．新たに問題になるのは，フェノール芳香環の位置はもはや等価でなくなるため，どの位置に置換反応が起こるかである．

フェノールは臭素と速やかに反応する

ベンゼンは Lewis 酸触媒がないと臭素と反応しない．ところがフェノールでは全く事

情が異なり，Lewis 酸が共存しなくても反応は非常に速く，生成物の特定の位置に臭素が三つも導入されてしまう．フェノールのエタノール溶液に臭素を滴下するだけで反応が起こる．初めは臭素の黄色が速やかに消えていくが，黄色が残るようになった段階で水を加えると，2,4,6-トリブロモフェノールが白色結晶として沈殿してくる．

あるときは 2,4-ジブロモフェノールというように番号を用い，あるときはオルト(o-)とかパラ(p-)という用語(記号)を用いるのはなぜか．番号は化合物を厳密に命名するときに用いるし，オルトやパラは置換基どうしの相対的位置関係を表すのに用いる．フェノールは両オルト位で臭素化が進行する．フェノールではオルト位は 2 位と 6 位になるが，OH 基が 1 位にならない他の分子では違う番号になる．それでも，OH 基からみるとオルト位である．状況に応じてこれらの命名法を使い分けるのがよい．

臭素化はパラ位と 2 箇所のオルト位で起こる．ベンゼンとは大違いで，フェノールは触媒がなくても室温で臭素が 3 回反応して三置換体を生成する．臭素はベンゼンとは 1 回しか反応しないし，触媒がなければこの反応は全く進行しない．この違いはもちろんフェノールのエノールとしての性質に起因する．酸素の非共有電子対の寄与によって HOMO のエネルギーがベンゼン環の結合性電子のエネルギーよりもずっと高くなっている．反応機構にはこの事実が反映されていなければならない．パラ位の反応から始めると，次のように書ける．矢印を OH 基の非共有電子対から始めて，ベンゼン環を通りパラ位で臭素分子を攻撃するように書く．ベンゼン環は導電体のように働き，電子が OH 基から臭素分子へと流れる．

この機構から 20 章で述べたエノールの臭素化を思い出すことだろう．

反応は繰返して，等価な 2 箇所のオルト位の一方で起こる．再び OH 基の非共有電子対がベンゼン環を通ってオルト位に現れる．三度目の臭素化がもう一つのオルト位でも起こり（練習のため反応機構を書いてみよ），最終生成物の 2,4,6-トリブロモフェノールになる．

同じ反応を塩素で行うと，よく知られた防腐剤 TCP (2,4,6-トリクロロフェノール) が合成できる．TCP には他の多くのフェノール類と同様特有のにおいがある．

2,4,6-トリクロロフェノール (TCP)

フェノールに臭素を一つだけ導入する場合には，低温（＜5 ℃）で正確に臭素を 1 当量加えなければならない．最良の溶媒は，引火性で危険な二硫化炭素 CS_2（CO_2 の硫黄類縁体）である．この反応条件では 4-ブロモフェノール (p-ブロモフェノール) が主生成物として高収率で得られるので，フェノールのパラ位臭素化から話を始めたわけである．副生成物は 2-ブロモフェノール (o-ブロモフェノール) である．

4-ブロモフェノール
収率 85%

OH基は求電子攻撃に対して**オルト-パラ配向性**（ortho, para-directing）であるという．メタ位には置換が起こらない．この結果は巻矢印で示す反応機構からも，分子軌道からも理解できる．20章（463ページ）でエノラートのπ電子系の形を考えたときに，電子密度が主として末端の酸素と炭素に分布することを説明した．フェノールにおいて電子豊富になるのはオルト位とパラ位である（もちろん酸素も）．巻矢印を用いてこれを示すと次のようになる．

実際，巻矢印を使えば分子のHOMOにおける電子分布を予想できる．アリルアニオンが両端に大きな係数を有し中央の炭素には小さい係数しかない（7章参照）のと同じように，HOMOが1原子おきに大きな係数をもつからである．

NMRからも電子分布の情報が得られる

フェノールの^{1}H NMR化学シフトからもπ電子系の電子分布の情報が得られる．核のまわりの電子密度が高いほど強く遮蔽されるために，化学シフトは小さくなる（13章参照）．フェノールの環水素の^{1}H化学シフトはすべてベンゼン（7.26 ppm）よりも小さい．これは全体的にベンゼン環と比べ電子密度が高いことを意味する．オルト位とパラ位の水素に化学シフトの差があまりなく，これらの位置の電子密度が最大であることがわかる．それゆえに求電子攻撃の位置になる．メタ位水素の化学シフトはベンゼンとあまり変わらず，電子密度は最小である．

フェノールとベンゼンの
^{1}H NMR化学シフト

> **フェノールへの求電子攻撃**
> - ベンゼン環のOH基はオルト-パラ配向性で活性化基である
> - OH基の非共有電子対から矢印を書き始めると，正しい生成物に導ける

酸素置換基によりベンゼン環が活性化される

フェノールを臭素化するには臭素とフェノールを混合するだけでよいが，同じことをベンゼンでやっても何も起こらない．したがって，ベンゼンと比較して，フェノールのOH基は求電子攻撃に対して芳香環を"活性化"しているといえる．OH基は活性化基であり，オルト-パラ配向性である．他の電子供与基もまた活性化するし，オルト-パラ配向性でもある．アニソール（メトキシベンゼン）はフェノールの"エノールエーテル"等価体である．アニソールも，ベンゼンより速やかに求電子剤と反応する．

アニソール

2,4-D

酸素置換芳香族化合物の一つであるフェノキシ酢酸を多重塩素化すると，有用な化合物が得られる．フェノキシ酢酸を2当量の塩素と反応させると，除草剤2,4-D，すなわち2,4-ジクロロフェノキシ酢酸が生成する．ここでも酸素置換基によりベンゼン環が活性化されていて，塩素化はオルト位とパラ位で進行する．

フェノキシ酢酸 → (Cl$_2$) → Cl → (Cl$_2$) → 2,4-D 2,4-ジクロロフェノキシ酢酸

フェノールのニトロ化も非常に速く進行する．濃硝酸がフェノールを酸化するので，通常のニトロ化条件（濃硝酸と濃硫酸）ではあまりうまくいかない．これを解決するためには，希硝酸を用いればよい．NO_2^+の濃度は低いが，このことは反応性の高いベンゼン環では問題にならない．生成物はo-ニトロフェノールとp-ニトロフェノールの混合物になるが，これからオルト体のみを水蒸気蒸留で分離できる．オルト体は強い分子内水素結合を形成するためにOH基が分子間で水素結合を形成できず，沸点が低くなることを利用する．

フェノールからパラセタモールの合成

残ったp-ニトロフェノールは，鎮痛薬パラセタモール（paracetamol, アセトアミノフェンともよばれる）の製造に用いられている．

フェノキシドイオンは求電子反応に対してフェノールよりさらに反応性が高く，弱い求電子剤である二酸化炭素とも反応する．この反応は **Kolbe–Schmitt反応**（コルベ‐シュミット）とよばれていて，アスピリン合成の前駆体であるサリチル酸（2-ヒドロキシ安息香酸）の工業的製造に使われている．

置換基O^-はオルト–パラ配向性であるが，CO_2による求電子置換はほとんどオルト位で起こる．ナトリウムイオンにフェノキシドとCO_2の酸素原子が配位して，求電子剤が効率的にオルト位に近づくためと考えられる．

サリチル酸（salicylic acid）は2-ヒドロキシ安息香酸のことで，最初に単離されたヤナギの木（Salix 属）にちなんで命名された．

21・4 窒素の非共有電子対は芳香環をもっと強く活性化する

アニリン（aniline，フェニルアミン）は，フェノールやフェニルエーテルよりも，求電子剤に対する反応性がさらに高い．窒素は酸素ほど電気陰性でないために，非共有電子対のエネルギー準位が高く，酸素の非共有電子対よりもπ電子系と相互作用を起こし

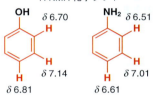

フェノールとアニリンの
¹H NMR 化学シフト

やすい．アニリンは臭素と瞬時に激しく反応し，2,4,6-トリブロモアニリンを生じる．反応機構はフェノールの臭素化と非常によく似ているので，オルト置換の機構のみを示す．

アニリンの ¹H NMR をみると，π電子系の電子密度が増加していることがわかる．すなわち，アニリンの芳香環水素の化学シフトはフェノールの水素よりもさらに高磁場になっている．

窒素からπ電子系への電子供与性は，ベンゼンやメトキシベンゼン（アニソール）と N,N-ジメチルアニリンの臭素化の相対速度を比較すると明らかである．

化合物	R	臭素化の相対速度
ベンゼン	H	1
メトキシベンゼン（アニソール）	OMe	10^9
N,N-ジメチルアニリン	NMe₂	10^{14}

アニリンの反応性を弱める

実際には，アニリンの高い反応性が問題になる場合もある．芳香環に臭素を一つだけ導入したいとしよう．フェノールではこれが可能であり（491 ページ参照），反応温度を 5 ℃ 以下に保ち二硫化炭素中で臭素を 1 当量だけゆっくり加えれば，主生成物 p-ブロモフェノールが得られる．しかし，アニリンはこれでは制御できず，主生成物は三臭素化体になってしまう．

ではどうすれば反応の行き過ぎを抑えることができるだろうか．窒素の非共有電子対が芳香環のπ電子系と強く相互作用するのを抑制し，アニリンの反応性を下げる方法を考えればよい．幸い，これは簡単にできる．アミド窒素はカルボニル基と共役しているために，通常のアミンと比較してはるかに塩基性が低下していることを 175 ページで述べた．ここでもこの方法を用いてアミンをアシル化してアミドにすればよい．アミド窒素の非共有電子対はカルボニル基と共役していて，ベンゼン環への非局在化はアミンに比べて小さい．アミド窒素には非共有電子対があるが，これはベンゼン環への電子供与能が低いので，芳香族求電子置換反応の制御が容易になる．反応はオルト位とパラ位で起こる（おもにはパラ）が，一臭素化で止められる．

> アニリンをアシル化して生じるアミドを"アニリド (anilide)"とよぶことがある．アセチル化されたものであれば，"アセトアニリド (acetanilide)"とよぶ．本書ではこれらの名称は使わないが，別の本で見ることがあるかもしれない．

反応後，アミドを加水分解して（ここでは酸水溶液を用いる）アミンに戻せばよい．

アニリンは求電子剤と容易に反応し，多置換体を生成する．アミド誘導体にすると制御が容易になり，パラ置換体が選択的に生成する．

オルト位とパラ位の選択性

フェノールやアニリンがオルト位とパラ位で反応するのは電子効果による．これが，ベンゼン環の位置選択性を決定する最も重要な因子である．オルト位とパラ位の位置選択性については，立体効果も考える必要がある．すでにオルト選択的反応の例（フェノールからのサリチル酸合成）と，いま述べたアミドの臭素化のようなパラ選択的反応を数例示した．

もし反応が単に統計的に起こるだけならば，オルト位は 2 箇所あるので，パラ生成物よりもオルト生成物が 2 倍多くできてよいはずである．しかし，オルト位で反応するとすでにある置換基の隣に新しい置換基が入るので，立体障害が大きくなることも考える必要がある．アミドのように置換基の大きい化合物では，立体障害のためにパラ生成物が増えてもおかしくない．

オルト置換を減少させるもう一つの要因は，電気的に陰性な基に誘起された電子求引効果である．すでに述べたように，酸素や窒素は電気的に陰性であるが，非共有電子対が π 電子密度を大きくするためにベンゼン環の反応性が高くなる．同時に C–O や C–N の σ 結合は，酸素や窒素に負電荷がくるように分極している．すなわち，酸素や窒素は π 電子系の電子密度を大きくするが，σ 電子系の電子密度を小さくする．これが誘起による電子求引効果で，酸素や窒素に近い位置ほどこの影響を受けるために，オルト位での反応が起こりにくくなる．

➡ 誘起効果については 132 ページで述べた．

21・5　アルキルベンゼンもオルト位とパラ位で反応する

トルエン（メチルベンゼン）が臭素と反応すると次のようになる．

トルエンはベンゼンよりも 4000 倍速く反応し（これはかなり速いと思えるが，N,N-ジメチルアニリンの速度定数はベンゼンの 10^{14} 倍である），求電子剤はおもにオルト位とパラ位を攻撃する．これら二つの事実は，メチル基がベンゼン環の π 電子密度を増大させ，その効果が特にオルト位とパラ位で大きいことを示している．ちょうど，弱い OR 基と同じ働きとみなすことができる．トルエンの ^{1}H NMR 化学シフト（欄外参照）によれば，パラ位はメタ位よりわずかながら電子密度が大きいと考えられる．トルエンの芳香環水素の化学シフトは，すべてベンゼンよりも少しだけ小さいが，差はそれほど顕著ではなく，フェノールやアニリンほどではない．

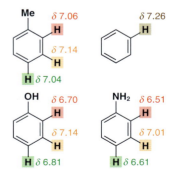

メチル基は共役により弱いながらも電子を供与している．フェノールでは酸素の非共有電子対が π 電子系と共役している．一方でトルエンには非共有電子対はないが，メチル基の C–H σ 結合の軌道一つが π 電子系と同じように相互作用できる．この相互作用は **σ 共役**（σ conjugation）とよばれている．酸素の非共有電子対の共役によりオルト位

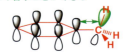

C–H σ 結合の軌道が芳香環 π 電子系と重なり合うことができる

超強酸によるトルエンのプロトン化

超強酸がベンゼンをプロトン化して生じる求電子置換反応のカチオン性中間体の NMR について 487 ページで述べた。ベンゼンから生じるカチオンは対称である。トルエンで同じ実験をすると、パラ位でプロトン化されたカチオンの観測が可能である。

メチル基のオルト位炭素の化学シフトは 139.5 ppm で、ベンゼン（129.7 ppm）と比較して 10 ppm しか変わらないが、イプソ位とメタ位の炭素ではカチオンに相当する大きな化学シフト変化が観測できる。大きくシフトするこれら三つの炭素のうち、イプソ位の変化が最も大きい。

とパラ位の電子密度が増大するのと同様に、ずっと弱いながらも σ 共役によってこれらの位置の電子密度が増大する。

σ 共役によりトルエンの π 電子（HOMO）はベンゼンに比較して少しエネルギーが高くなる。アルキルベンゼンは、反応性が少しだけ高いベンゼンと考えるのが妥当である。反応機構は、π 電子が求核的に働くので次のように書けばよい。

アルキルベンゼンへの求電子攻撃は、アルキル基が結合した炭素に正電荷が生じるように起こる。この炭素は第三級であり、そのカチオンは比較的安定である。トルエンへの攻撃がオルト位で起こる場合（上で述べた）とパラ位で起こる場合にこのような安定化がみられる。いずれの場合にも同じ三つの炭素に正電荷が非局在化する。

> カチオンがより安定である（15 章）ことや、置換基の多いアルケンがより安定である（17 章）ことはよく理解していることだろう。ここで説明している効果も同じである。

もし求電子攻撃がメタ位で起こった場合には、正電荷が非局在化する炭素は三つとも第三級でないため、アルキル基による安定化を受けない。それでもベンゼンより悪くないが、オルト位とパラ位ではベンゼンより約 10^3 倍速く反応すると考えると、結局オルト位とパラ位が優勢になる。しかし、フェノールとは異なり、トルエンではメタ置換体もごくわずかではあるが生成する。

トルエンのスルホン化

トルエンを直接濃硫酸でスルホン化すると、o-スルホン酸と p-スルホン酸の混合物と

21・5 アルキルベンゼンもオルト位とパラ位で反応する

なり，これらのうち約 40% を *p*-トルエンスルホン酸のナトリウム塩として単離することができる．

[反応式：トルエン + 濃 H_2SO_4 → o-体 + p-体（SO_2OH），NaCl により p-体が $SO_3^- Na^+$ 塩として単離]

約 40% のパラ体がナトリウム塩として単離できる

> **p-トルエンスルホン酸**
> 生成物 *p*-トルエンスルホン酸は強酸触媒として利用価値の高い重要な固体酸である．油状で腐食性の硫酸やシロップ状のリン酸よりも取扱い容易なので，アセタール化（11章）やアルコールの E1 機構による脱離（17章）などに有用である．トシル酸ともよばれ，TsOH あるいは PTSA と略称する．その酸塩化物は塩化トシル（TsCl, 15章）である．
>
> *p*-トルエンスルホン酸
> ＝トシル酸＝TsOH
> ＝PTSA

求電子剤として SO_3 を用い，メチル基による安定化を示すためにイプソ位炭素に正電荷をもつ形で中間体を書いてみよう．

[反応機構図：トルエンと SO_3 からパラ体 SO_2OH への中間体の流れ]

p-トルエンスルホナート（OTs, トシラート）は，アルコールを S_N2 反応（15 章 353 ページ）で変換する際の脱離基として重要であり，それを合成するための酸塩化物（塩化トシル，TsCl）は酸と PCl_5 から通常の方法（217 ページ）で合成できる．塩化トシルは，トルエンを直接クロロ硫酸 $ClSO_2OH$ でスルホン化しても合成できる．この反応では塩化 *o*-トルエンスルホニルが主生成物であり，蒸留によって単離できる．

[反応式：トルエン + $ClSO_2OH$ → o-体（約 40%）+ p-体（約 15%）]

約 40% のオルト体が蒸留によって単離できる　　約 15% のパラ体が再結晶によって単離できる

クロロ硫酸は非常に強い酸であり，それ自体をプロトン化して求電子剤 SO_2Cl を生成するために，他の酸を加える必要はない．したがって Cl が脱離基になってスルホン化するのではなく，OH が脱離基になってクロロスルホン化が起こる．

[平衡式：$2\ HOSO_2Cl \rightleftharpoons {}^-OSO_2Cl + H_2O^+SO_2Cl \rightarrow {}^+OSO_2Cl$ 様式の機構]

ここでもまた，正電荷が第三級のイプソ位に生じるように反応機構を書く．主生成物（オルト体）は蒸留で単離できるので，この反応では NaCl を加える必要はない．

[反応機構図：トルエンと SO_2Cl^+ からオルト体 SO_2Cl への中間体]

> トルエンのスルホン化ではパラ生成物が優先的に得られるのに対し，クロロスルホン化ではオルト生成物が得られることは，スルホン化が可逆であることの第一の手掛かりであり，この点は 24 章で述べる．

> 次節で述べるように，安息香酸誘導体はトルエンとは異なる置換反応の位置選択性を示す．

トルエンのクロロスルホン化においてオルト体が主生成物になることは，最初に開発されたノンカロリー甘味料であるサッカリンの合成にとって好都合である．スルホンアミドの生成は通常のアミドの場合と同じであるが，過マンガン酸カリウムによるメチル基の酸化は初めて出てきた．これはかなり激しい反応であるが，トルエン誘導体を安息香酸誘導体に変換する有用な方法である．

（反応式：o-トルエンスルホニルクロリド → (NH$_4$)$_2$CO$_3$ → o-トルエンスルホンアミド（収率89%）→ KMnO$_4$ → [2-カルボキシベンゼンスルホンアミド]（単離しない）→ HCl → サッカリン（収率58%））

> アルキルベンゼンはベンゼンよりも求電子剤と容易に反応し，オルト置換体とパラ置換体の混合物が得られる．

21・6　電子求引基はメタ置換体を生成する

　これまでベンゼン環の電子密度を増大させる置換基の効果を考えてきた．すなわち，酸素や窒素は電気的に陰性であるが，ベンゼン環のπ電子系と共役できる非共有電子対がある．また，効果は弱いものの，メチル基はσ共役により同様に電子を供与する．これらの置換基からは二つの結果が明らかになった．ベンゼンよりも反応性が高くなることと，オルト位とパラ位で置換が起こることである．

　ベンゼン環の電子密度を低下させる置換基ではどうなるか．トリメチルアンモニオ基がその一例である．トリメチルアンモニウムの窒素は，電気的に陰性であるうえアニリンの窒素と異なり電子を供与できない．トリメチルアンモニウムの窒素は四面体で，供与できる非共有電子対がないからである．フェニルトリメチルアンモニウムイオンをニトロ化すると，メタ置換体が主生成物になる．さらにこのニトロ化は非常に遅く，ベンゼンのおよそ10^7分の1の速度である．

（反応式：PhNMe$_3^+$ → 濃HNO$_3$／濃H$_2$SO$_4$ → m-ニトロ体（メタ置換体90%）＋ p-ニトロ体（パラ置換体10%））

　トリフルオロメチル基（CF$_3$基）も同様で，強い電気陰性のフッ素原子がC−F結合を分極させるうえ，これが三つ結合しているために，結果的にAr−C結合を大きく分極させる．実際，トリフルオロメチルベンゼンをニトロ化すると，ほぼ定量的にm-ニトロ体が得られる．反応機構を書けば，なぜメタ配向性なのかがわかる．

（反応式：F$_3$C-C$_6$H$_5$ → 濃HNO$_3$／濃H$_2$SO$_4$ → m-ニトロトリフルオロメチルベンゼン（収率96%））

（反応機構：F$_3$C-ベンゼン + NO$_2^+$ → メタ位を攻撃 → アレニウムイオン中間体 → m-ニトロ体）

ここでも中間体のカチオンは三つの炭素に非局在化しているが，次のいずれも正電荷がCF₃基の隣にない．

一方で，もし求電子剤がオルト位かパラ位を攻撃すると（CF₃基に対してパラ位で起こると仮定した反応を次に示す），CF₃基の隣の炭素に正電荷が生じる．このカチオンはCF₃基の電子求引性のためにきわめて不安定であり，高エネルギー中間体となる．

電子不足のベンゼン環は求電子剤と反応しにくい（反応が遅い）が，求電子剤が非常に活性ならば，中間体で生じる正電荷が電子求引基から離れた位置にくるように反応し，メタ置換体を生成する．

共役によって電子を求引する置換基もある

芳香族ニトロ化は，芳香環に窒素置換基を導入する簡便な方法であり，ニトロ基が一つ導入されると反応がきれいに止まるので重要な反応である．二重ニトロ化も可能ではあるが，ふつうの濃硝酸の代わりに発煙硝酸を使って約100℃で還流する激しい条件を用いなければならない．二つ目のニトロ基は最初のニトロ基のメタ位に入る．つまり，ニトロ基は不活性化基であり，メタ配向性である．

ニトロ基は芳香族のπ電子系と共役して，特異的にオルト位とパラ位から電子を求引する．巻矢印を用いてこれを示すことができる．

ニトロ基は芳香環のπ電子系から電子密度を求引することにより，求電子剤に対する芳香環の反応性を低下させる．オルト位とパラ位の電子密度を大きく低下させるため，電子不足の程度が最も小さいのはメタ位である．したがって，ニトロ基はメタ配向性である．ベンゼンのニトロ化では，2回目のニトロ化は1回目に比べてはるかに困難であり，厳しい条件で行って初めてメタ位にニトロ基が導入できる．

他の反応も同様に進行する．たとえば，ニトロベンゼンの臭素化により m-ブロモニトロベンゼンが好収率で得られる．臭素と鉄粉から必要なLewis酸FeBr₃が生じるうえ，ニトロベンゼンの沸点が200℃以上なので反応を進めるための高温も容易に達成できる．

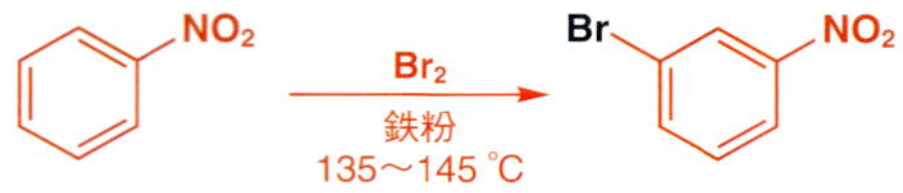

21. 芳香族求電子置換反応

反応機構を書くときに，中間体においてニトロ基が置換した炭素原子に正電荷が非局在化することのないよう特に注意すべきである．

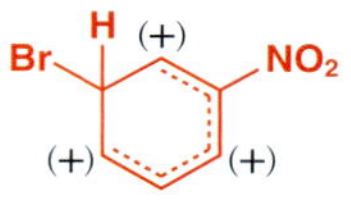

中間体カチオンの非局在化

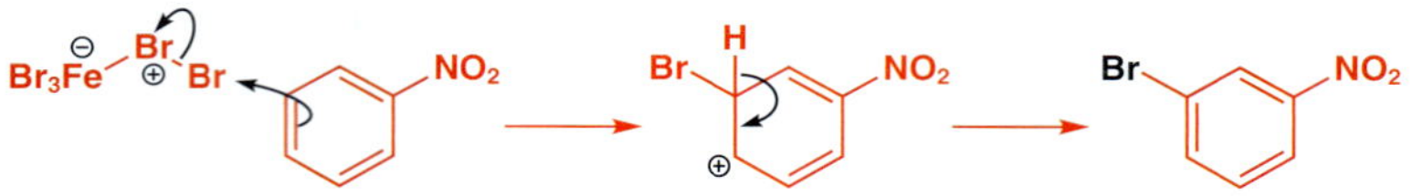

ニトロ基は共役によって電子を求引し，求電子剤に対する芳香族の反応性を低下させてメタ配向性を発現する多くの置換基の一つにすぎない．この種の置換基にはカルボニル基（アルデヒド，ケトン，エステルなど），シアノ基，スルホン酸エステルなどがあり，^{1}H NMR 化学シフトによって，これらの置換基がオルト位とパラ位から電子を求引していることが確認できる．

^{1}H NMR 化学シフト

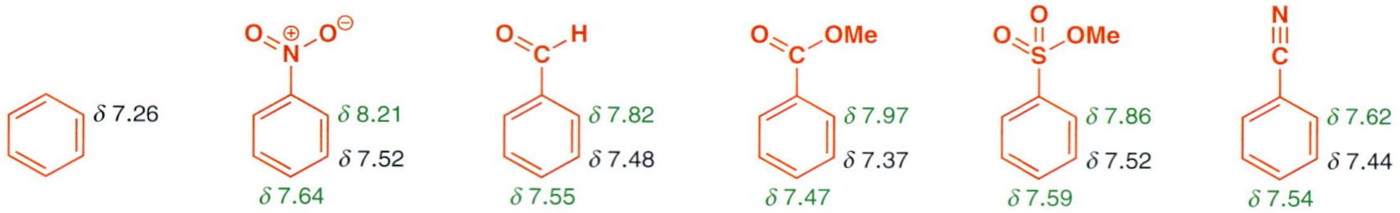

ベンゼン δ 7.26
ニトロベンゼン δ 8.21, δ 7.52, δ 7.64
ベンズアルデヒド δ 7.82, δ 7.48, δ 7.55
安息香酸メチル δ 7.97, δ 7.37, δ 7.47
ベンゼンスルホン酸メチル δ 7.86, δ 7.52, δ 7.59
ベンゾニトリル δ 7.62, δ 7.44, δ 7.54

電子求引基のまとめ
- これらの化合物は Ph–X=Y の構造を有する．ここで，Y は酸素のような電気陰性の元素である
- 炭素の電子密度が低いために，これらの化合物の芳香環水素のシグナルはベンゼンよりも低磁場にある
- メタ位の水素の ^{1}H 化学シフトが最も小さく，電子密度が最も高い

これらの置換基のなかでニトロ基が最も強い電子求引基であり，その他の置換基をもつ化合物には（もちろんメタ位が）ベンゼンと同程度の反応性を示すものもある．たとえば，安息香酸メチルのニトロ化は容易に進行し，生じた m-ニトロエステルを加水分解すると容易に m-ニトロ安息香酸になる．

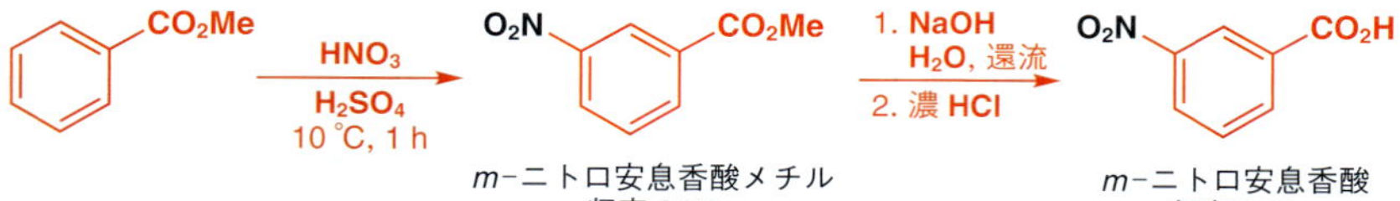

> 電子求引基により芳香環の求電子置換反応は起こりにくくなる．反応が起こる場合には，メタ位で反応する．

もう一つ説明すべき一群の置換基が残っている．これらは少し奇妙で，**オルト-パラ配向性**であるのに不活性化基でもある．それはハロゲンである．

21・7 ハロゲンは電子を求引し供与する

ここまでハロゲン置換ベンゼン（ハロベンゼン）の反応を避けてきた．この反応を説明する前に，フッ素，塩素，臭素，ヨウ素置換ベンゼンとベンゼンのニトロ化反応の速度と選択性の違いを示す表をみてみよう．

化合物	生成物(%)			ニトロ化速度[†]
	オルト	メタ	パラ	
PhF	13	0.6	86	0.18
PhCl	35	0.9	64	0.064
PhBr	43	0.9	56	0.060
PhI	45	1.3	54	0.12

[†] ベンゼンとの相対比．

次ページ以降何回かこの表に戻るが，初めに注意しておくべきことは，**ハロベンゼンはすべてベンゼンよりも反応が遅い**点である．電気的に陰性なハロゲンが電子を求引するために，ベンゼン環の反応性を低下させていることは明らかである．しかし驚くべきことに，いままでみてきた不活性化基とは異なり，**ハロゲンはオルト−パラ配向**で，ニトロ化しても m−ニトロ体はほとんど生成しない．

これは，共役による電子供与性と誘起効果による電子求引性という相反する二つの効果を考えると説明できる．ハロゲンには非共有電子対が3組あり，そのうちの1組がフェノールやアニリンのように芳香環と共役できる．しかし，次の二つのうちのいずれかの理由から，共役がフェノールやアニリンほど大きくない．Cl，Br，あるいはIが置換基の場合には，軌道の大きさが炭素と一致しておらず，炭素の2p軌道とハロゲンのp軌道（Clは3p，Brは4p，Iは5p）の重なりは小さい．この軌道の大きさの不一致はアニリンとクロロベンゼンの反応を比較すると明らかである．塩素と窒素の電気陰性度はほぼ同じだが，炭素と窒素の2p軌道の重なりのほうが有利であるために，アニリンのほうがクロロベンゼンよりも反応性はずっと高い．フッ素の2p軌道は炭素の2p軌道と重なり合いやすい大きさであるが，フッ素が非常に電気陰性であるため，その軌道は炭素の軌道に比べてエネルギー的にずっと低い．

それゆえ，4種のハロゲンはすべてOHやNH$_2$に比べて電子供与能が低い．しかし，ハロベンゼンはフェノールやアニリンよりも反応性が低いばかりでなく，ベンゼンよりも反応性が低い．アニリンやフェノールの場合は，窒素や酸素が電気陰性であるにもかかわらず，誘起効果による電子求引効果を考える必要はなかった．窒素や酸素の非共有電子対の電子供与のほうが明らかにより重要である．しかし，ハロベンゼンでは共役が弱いため，誘起効果による電子求引効果のほうが支配的になり，反応性を低下させる．

このように考えると，フルオロベンゼンの反応性はどう予想できるだろうか．誘起効果によって電子密度が小さくなるのは，オルト，メタ，パラの順になる．フッ素の非共有電子対がπ電子系と共役することにより電子密度が上昇するのはオルト位とパラ位である．両方の効果からパラ位が最も反応性が高いと予想できるし，実際ほとんどの置換反応はパラ位で起こる．フルオロベンゼンはベンゼンと比較して反応性が高いのか，それとも低いのか．これはむずかしい質問で，ある反応ではフルオロベンゼンのパラ位はベンゼンよりも反応性が高く（たとえば後述するように，プロトン交換やアセチル化において），他の反応では（たとえば上の欄外の表に示したニトロ化において）反応性が低いという答が妥当なところであろう．すべての反応において，フルオロベンゼンは他のハロベンゼンよりもかなり反応性が高い．これは少々予想外の結論であるが，実験事実はこれを支持している．たとえば，フルオロベンゼンは鉄触媒の存在下に（フェノールほど反応性が高くないため触媒が必要）臭素と−20℃でも反応し，パラ置換体を生成

収率95%

する.

前ページの表をもう少し詳しくみてみよう. ここまで得られた結果から特徴を二つ追加することができる.

→ 誘起効果がオルト位とパラ位の選択性を決めることを 495 ページで述べた.

- オルト生成物の割合は, フルオロベンゼンよりヨードベンゼンのほうが高い. ハロゲンの大きさが大きくなればオルト位の立体障害が大きくなるために, オルト生成物の割合が小さくなると予想はできるが, 事実はそうでない. この傾向は, 電気陰性度の大きい原子 (F や Cl) の強力な誘起効果によっておもにオルト位の電子密度がそれだけ低下しているためであると説明できる.
- 反応速度は 2 組に分類でき, U 字形の傾向を示す. フルオロベンゼンのニトロ化が最も速く, 次に僅差でヨードベンゼンが速い. クロロベンゼンとブロモベンゼンのニトロ化の速度はこれらのおよそ 1/2 である. 後者の二つが遅いのは, 塩素と臭素の電気陰性度が大きく, かつそれらの非共有電子対と π 電子系との重なりが小さいためである. フッ素では重なりが大きい. ヨウ素では電気陰性度がずっと小さい.

実際には, 通常ハロベンゼンの求電子置換反応ではパラ置換体を高収率で得ることが可能である. ブロモベンゼンのニトロ化でもスルホン化でも合成的に有用な収率でパラ置換生成物を得ることができる. 合成においてはさまざまな副生成物が混じることが常に問題になるが, 芳香族求電子置換はふつうは簡単で大量規模でも容易に実施可能であり, 通常の方法 (理想的には再結晶) で主生成物を精製できる. たとえば, *p*-ブロモベンゼンスルホン酸ナトリウムは水から再結晶して収率 68% で合成できるし, *p*-ブロモニトロベンゼンはエタノールから再結晶することにより収率 70% でオルト異性体から分離・精製できる.

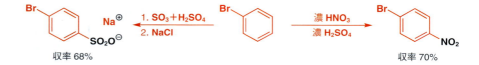

配向性と活性化効果のまとめ

ここで, 活性化と配向性に関してまとめておく.

電子効果	例	活性化	配向性
共役による供与	$-NR_2$, $-OR$	強力に活性化	オルト, パラのみ
誘起効果による供与	アルキル	活性化	ほとんどオルト, パラ, ただし一部メタ
共役による供与と誘起効果による求引	$-F$, $-Cl$, $-Br$, $-I$	不活性化	オルトと (大部分) パラ
誘起効果による求引	$-CF_3$, $-NR_3^+$	不活性化	メタのみ
共役による求引	$-NO_2$, $-CN$, $-COR$, $-SO_3R$	強力に不活性化	メタのみ

21・8 二つ以上の置換基は協同的か競争的か

置換基が二つ以上あるとその配向性は協同的あるいは競争的に作用する. ブロモキシニル (bromoxynil) やアイオキシニル (ioxynil) はいずれも *p*-ヒドロキシベンズアルデヒドのハロゲン化によって合成されている. アルデヒドはメタ配向性であり, OH 基はオルト配向性であるため, 両置換基が協同的に同じ位置での臭素化やヨウ素化を促進する.

ブロモキシニルやアイオキシニルは他の除草剤に耐性ができた雑草からイネ科穀物を守るために用いられる除草剤.

21・8 二つ以上の置換基は協同的か競争的か

[反応スキーム: 4-ヒドロキシベンズアルデヒドから X₂ でハロゲン化 → NH₂OH でオキシム化 → P₂O₅ 加熱 (−H₂O) でニトリル化]

ブロモキシニル (X = Br)
アイオキシニル (X = I)

> アルデヒドとヒドロキシルアミン NH₂OH からオキシムを生成する反応は 11 章で述べた. P₂O₅ の反応は脱水で, オキシムから脱水してニトリルをつくるのに使う.

また, 別の例では置換基が異なる位置に配向させるように競争する. たとえば食品保存料である BHT は 4-メチルフェノール (*p*-クレゾール) から Friedel-Crafts アルキル化によって合成されている. 通常はメチル基も OH 基もオルト-パラ配向性である. どちらからみてもパラ位にはすでに置換基があるが, オルト位は異なる. OH 基はメチル基よりもずっと強力な配向能があるので, OH 基が "勝って" 求電子剤 (*t*-ブチルカチオン) は OH 基のオルト位に導入される.

[反応機構図: イソブテンと H-OSO₃H から *t*-ブチルカチオンが生成し, *p*-クレゾールのオルト位に攻撃して BHT を生成する一連の段階]

BHT
ブチル化された
ヒドロキシトルエン

t-ブチルカチオンはアルケンとプロトン酸を反応させたり, *t*-ブチルアルコールとプロトン酸, あるいは塩化 *t*-ブチルと AlCl₃ を反応させることによって生成できる.

アミド基 NHCOMe のような非共有電子対の供与が弱い活性化基でも, 不活性化基はいうまでもなくアルキル基のような活性化基にも "勝つ". 次のアミドの臭素化は, NHCOMe 基のオルト位, すなわちメチル基のメタ位で起こる.

[反応図: 4-メチルアセトアニリドの Br₂ による臭素化]

> もし, あなたが飲み屋で喧嘩をふっかけられても, 隅にいる弱い人は見ないふりをするだろう. 活性の強い NR₂ や OR は別の位置にある弱い Br やカルボニル基にあまり影響を受けない.

配向が競争的な化合物に出会ったときには, 電子効果を第一に考え, 次に立体効果を考えるとよい. 電子効果では, 一般に活性化効果が不活性化効果よりも重要である. たとえば次に示すアルデヒドは, オルト-パラ配向性のメトキシ基二つとメタ配向性のホルミル基一つの計三つの置換基を有する.

[構造式: 3,4-ジメトキシベンズアルデヒド (位置番号 1-6 付き)]

緑の OMe 基はここに配向 → 2
緑の OMe 基はここに配向 → 6
カルボニル基は不活性化し, ここに配向 → 5
赤の OMe 基はここに配向 → 5

3,4-ジメトキシ
ベンズアルデヒド

[構造式: ニトロ化の主生成物 (C6 に NO₂)]

ニトロ化の主生成物

ホルミル基は 2 位と 6 位の電子密度を低下させるが, ニトロ化は C6 で起こる. 活性化基であるメトキシ基が電子的に決定権をもっており, C2, C5, C6 の間の選択になる.

ここで立体効果を考えると，C2やC5での反応では隣接置換基が三つになるため，置換は6位で起こることになる．

21・9　いくつかの問題とその解決法

臭素化やニトロ化に代表される，信頼性が高くかつ広く用いられる芳香族求電子置換反応をいろいろとみてきた．しかしいくつかの問題が残っている．

- Friedel-Craftsアルキル化は，中間体カチオンが安定な場合にのみうまく進行する．第一級アルキル基を芳香環に導入するにはどうすればよいか
- 酸素求電子剤を芳香環に導入するよい方法がない．Ar−O結合をつくるにはどうすればよいか
- 電子供与基は常にオルトーパラ配向性だが，たとえばアミノ基のメタ位に置換基を導入するにはどうすればよいか

次にこれらの問題に対する答を考えてみよう．

21・10　Friedel-Crafts反応の問題点

ニトロ化やスルホン化によって強力な不活性化基を導入することになるので，強力な活性化基がない場合には，通常1回の置換で反応がきれいに止まる．強力な活性化基があったとしても，1回の置換で止めることが可能である．一方で，ハロゲンのような弱い電子求引基を導入する場合でも1回で反応を止められるが，出発物のアレーンにOHやNH$_2$などの強力な活性化基がある場合には，通常は置換が複数回起こる．

Friedel-Craftsアルキル化を使わない二つの理由

電子供与基を導入する場合，多重置換が常に問題となる．その典型例が，Friedel-Craftsアルキル化である．たとえば，ベンゼンと塩化ベンジルからジフェニルメタンを合成する反応は有用であるが，生成物にはベンゼンより反応性の高いベンゼン環が二つある．最高でも50%で目的物を得るのが精一杯のところで，しかも反応性の高い電子豊富な生成物に競り勝つためにベンゼンを大過剰使うことが必要である．

多重置換はFriedel-Craftsアルキル化の落とし穴の一つにすぎない．もう一つ知っておくべき問題は，**Friedel-Craftsアルキル化は安定カチオンでしかうまくいかない**点である．塩化プロピルでFriedel-Crafts反応をやろうとすると，この問題に突き当たる．

15章で述べたように第一級ハロゲン化物がカチオンを生成しにくいので，塩化プロピルを用いる Friedel-Crafts 反応は S_N2 機構で進行するはずである．

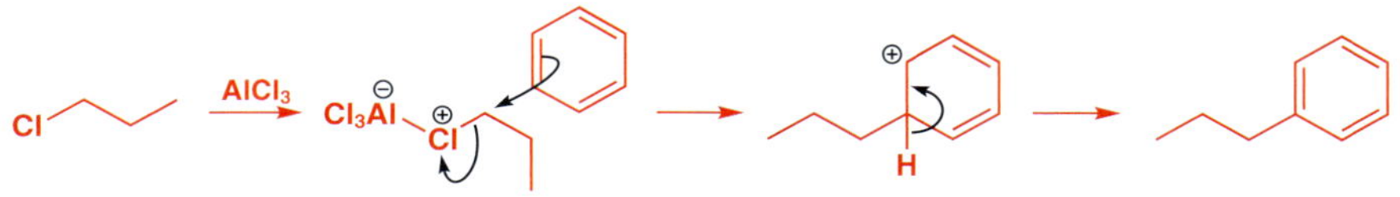

では，上の主生成物はどうやってできるのか．炭素三つがプロピル基としてではなくイソプロピル基として結合しているので，転位が起こっているはずである．反応機構は次のとおりである．緑の水素が移動して第一級から第二級アルキルカチオンが生成し，イソプロピルベンゼンができる．したがって，"どうすれば第一級アルキル基をベンゼンに導入できるか" という問題が残る．

➡ 転位については36章でより詳しく説明する．

緑の H が移動するためイソプロピルベンゼンが生成する

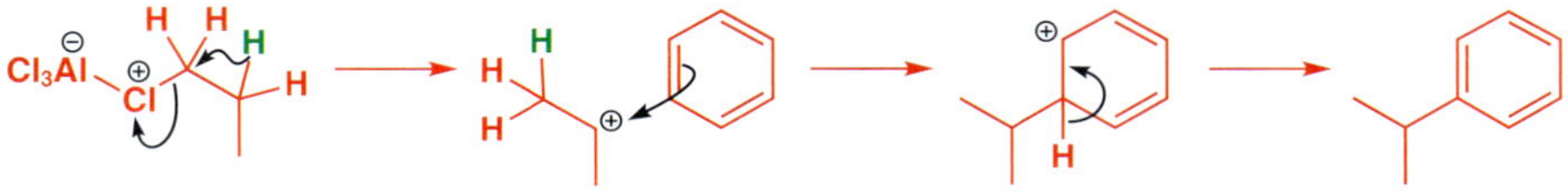

解決法：アルキル化の代わりに Friedel-Crafts アシル化を用いる

アシル化を用いれば，Friedel-Crafts アルキル化で一般的にみられる上記の二つの問題点を一石二鳥で解決できる．ベンゼン環に電子求引性のカルボニル基が導入されるために最初の生成物のケトンは，不活性化されることになる．生成物が出発物よりも不活性なので，アシル化が1回で止まる．ベンゼンが塩化プロピオニルと反応すると次のようになる．

➡ Friedel-Crafts アシル化については489ページで述べた．

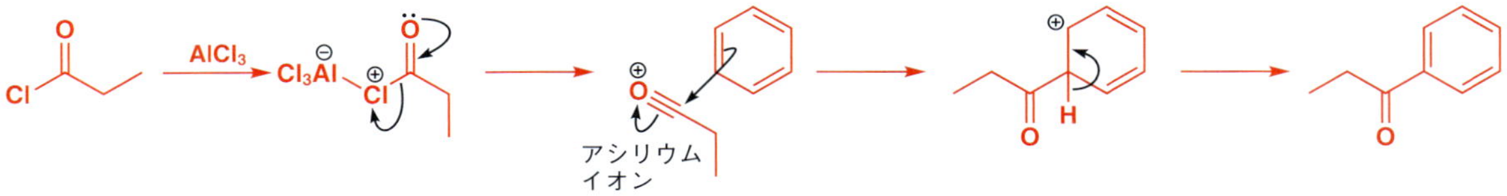

ケトンがほしいならばこれでよいが，還元すれば簡単にアルキル化体になる．このケトン（プロピオフェノン）をたとえば塩酸中で亜鉛アマルガムで還元すれば，プロピルベンゼンになる．

➡ カルボニル基を完全に除去するこのような還元については23章で説明する．

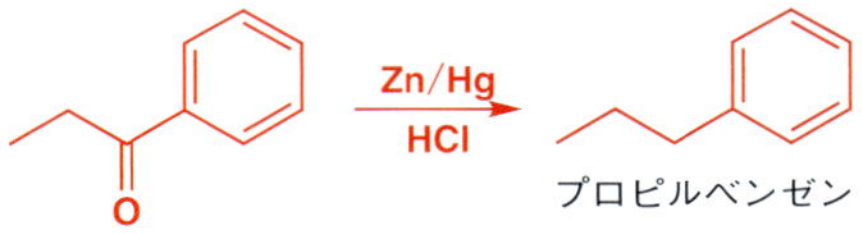

アセトフェノンやベンゾフェノンといった慣用名も聞いたことがあるかもしれない．

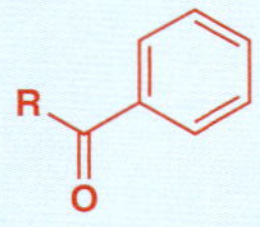

アセトフェノン R = Me
ベンゾフェノン R = Ph

Friedel-Crafts アシル化体を還元すれば，Friedel-Crafts アルキル化でつくれなかった第一級アルキルベンゼンを簡単に合成できる．酸塩化物の代わりに酸無水物を用いても，アシリウムイオンを経由して，同様に Friedel-Crafts アシル化が進行する．

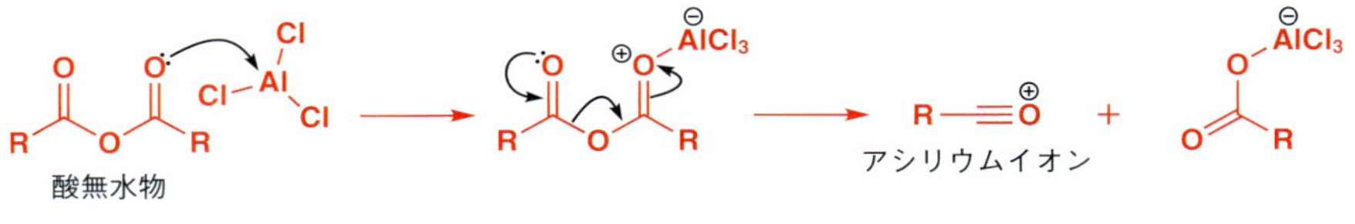

酸無水物　　　　　　　　　　　　　　　　　　　　　アシリウムイオン

環状酸無水物を用いれば，ケト酸が合成できる．

コハク酸無水物 + ベンゼン → (AlCl₃, 2.2 当量) → 3-ベンゾイルプロパン酸
（ブタン二酸すなわち
コハク酸の酸無水物）

> AlCl₃ の必要量に注意しよう．塩化アルキルによる Friedel–Crafts アルキル化では Lewis 酸は触媒量でよい．一方アシル化では，Lewis 酸がたとえば生成物のカルボニル基の酸素原子の配位を受ける．その結果，アシル化では一つのカルボニル基に対して Lewis 酸が 1 当量以上必要である．

ケトンを還元すれば単純な構造のフェニル置換カルボン酸が得られるが，ここではもう一歩進んで，もう一度アシル化することを考える．これは分子内反応になるので，強い酸（リン酸）を用いるだけでよい．強酸により OH がよい脱離基（水）となり，アシリウムイオンを経由して反応が進行する．

> 右の反応がどのように進むかを確認せよ．

PhCO-CH₂CH₂-COOH → (Zn/Hg, HCl) → Ph-CH₂CH₂CH₂-COOH (4-フェニルブタン酸) → (H₃PO₄) → α-テトラロン

アシル化の利点：アルキル化との比較

アシル化により Friedel–Crafts アルキル化の問題点を二つ解決することができる．
- 生成物のアシル基が電子求引性なため，多重置換が起こりにくくなる．ベンゼン環が不活性ならば，そもそも Friedel–Crafts アシル化は不可能である．ニトロベンゼンの Friedel–Crafts アシル化は進行しないので，ニトロベンゼンをアシル化の溶媒に用いることができる
- 求電子剤であるアシリウムイオンが比較的安定であるため，転位も起こらない
- 生成物のアシル基を還元すれば，Friedel–Crafts アルキル化でうまく導入できない第一級アルキル基になる

21・11 ニトロ基の化学

多くの点でニトロ基は非常に有用である．

- ニトロ化反応で容易に導入できる（§21・2）
- 通常の窒素や酸素官能基と異なり，メタ配向性である（§21・6）
- 還元すればアミノ基になる
- さらにジアゾ基に変換すれば他の官能基を導入できる

このうちの最初の二つはすでに述べたが，残りの二つは初めて聞くことかもしれない．芳香族ニトロ基は容易にアミノ基になる．この還元はさまざまな条件で進行するが，希塩酸中でスズと反応させるか，炭素に担持したパラジウム触媒（Pd/C と書く）を用いる水素化が最も一般的である．

> ➡ 23 章でこの変換を行う選択的還元剤についてより詳しく説明する．

PhNO₂ → (H₂, Pd/C または Sn, 希 HCl) → PhNH₂

この簡単な反応は，メタ配向性のニトロ基をオルト-パラ配向性のアミノ基に変換できるので，きわめて重要である（ただ，494ページで述べたように，アミノ基の反応性をうまく使うためにはこれを"飼いならす"必要がある）．ニトロ化に続いて還元することにより，有用なNH_2^+等価体を芳香族分子に導入することができ，他の方法では合成困難なメタ置換アニリンが合成できる．

ニトロ基をアミノ基へ還元したのち，ジアゾ基に変換することによって，窒素置換基を他の基に完全に置き換えることも可能となる．アミンを亜硝酸と反応させて不安定なジアゾニウム塩にする反応機構は，次章で述べる．ジアゾニウム塩が容易に窒素ガスを放出することは驚くに値せず，求核剤によるN_2の置換を経ればニトロベンゼン誘導体から多様な化合物に誘導できる．これは芳香環での求核置換反応を含んでいるので，次章で説明する．

→ ジアゾニウム塩については§22・9で取上げる．40章では芳香環で結合生成を行う遷移金属反応について解説する．24章では位置選択性（オルト，メタ，パラ選択性）の制御についてもう一度説明する．

21・12 ま と め

芳香族求電子置換反応の生成物

生成物	反 応	反応剤	生成物	反 応	反応剤
Br	臭素化	Br_2 と $AlCl_3$, $FeBr_3$, 鉄粉などの Lewis 酸	SO_2Cl	クロロスルホン化	$ClSO_3H$
NO_2	ニトロ化	$HNO_3 + H_2SO_4$	R	Friedel-Crafts アルキル化	RX + Lewis 酸，一般的には $AlCl_3$
NH_2	ニトロ化合物の還元	$ArNO_2$ から．Sn, HCl または H_2, Pd/C	COR	Friedel-Crafts アシル化	RCOCl + Lewis 酸，一般的には $AlCl_3$
X (X = OH, CN, Br, I···)	ジアゾニウム塩の置換	$ArNH_2$ から．1. $NaNO_2$, HCl, 2. X^-	R (CH$_2$R)	Friedel-Crafts アシル化と還元	ArCOR から，Zn/Hg, HCl
SO_3H	スルホン化	濃 H_2SO_4 または $H_2SO_4 + SO_3$（発煙硫酸）			

本章で述べた芳香族化合物の反応

出発物	例	活性化/不活性化	配向性	出発物	例	活性化/不活性化	配向性
ベンゼン PhH	(Ph)	—	—	トルエンやアルキルベンゼン	R-Ph	活性化	オルト, パラ
フェノール PhOH	PhOH	活性化	オルト, パラ	ニトロベンゼン† $PhNO_2$	$PhNO_2$	不活性化	メタ
アニソール PhOMe	PhOMe	活性化	オルト, パラ	アシルベンゼン PhCOR(アセトフェノン, ベンゾフェノン)	PhCOR	不活性化	メタ
アニリン $PhNH_2$	$PhNH_2$	活性化	オルト, パラ	ベンゾニトリル PhCN	PhCN	不活性化	メタ
アニリド PhNHCOR	PhNHCOR	活性化	オルト, パラ	ハロベンゼン PhX	PhBr	不活性化	オルト, パラ

† ニトロ基を還元,ジアゾ化,置換により変換する方法については,22 章,24 章参照.

問 題

1. 次の化合物の芳香環はどれか.これは,一見してわかるほど簡単ではないものもあるので,選んだものが芳香環である理由も示せ.

チロキシン（ヒトのホルモン）甲状腺におけるヨウ素の担体

アクラビノン アントラサイクリン系抗生物質

コルヒチン イヌサフランから単離された痛風治療薬

メトキサチン メタン雰囲気下で生息する細菌の補酵素

カリステフィン 天然の赤い花の色素

2. 復習のために,次の反応の詳細な機構を示せ.

$HNO_3 + H_2SO_4 \longrightarrow {}^{\oplus}NO_2$

$Ph + {}^{\oplus}NO_2 \longrightarrow PhNO_2$

$HNO_3 + H_2SO_4$ を用いる通常のニトロ化において,次の化合物からは一置換体しか得られない.その構造を示し,反応機構の必要な部分を示すことによりその構造ができる根拠を示せ.

3. トルエンのオルト,メタ,パラ位はどのくらい反応性が違うのだろうか.トルエンのニトロ化により,可能な三つの化合物が下に示した割合で生成する.もしすべての位置が同じ反応性をもつのならば,どういう割合になるであろうか.3 種類の炭素の実際の相対的反応性はどの程度なのだろうか.($x:y:1$ あるいは $a+b+c=100$ になる $a:b:c$ で示すこと).

収率 59%   収率 4%   収率 37%

21. 芳香族求電子置換反応

4. 次の反応の機構を示し，置換の起こる位置について説明せよ．

5. 次の化合物のニトロ化生成物の ^{1}H NMR を示す．NMR から生成物の構造を推定し，置換の起こる位置について説明せよ．[注意：構造を単純に配向性の規則に従って決めてはいけない．反応は予想どおりに起こるとは限らない．証拠に基づいて構造を推定せよ．]

δ_H 7.77 (4H, d, J 10)
8.26 (4H, d, J 10)

δ_H 7.6 (1H, d, J 10)
8.1 (1H, dd, J 10, 2)
8.3 (1H, d, J 2)

δ_H 7.15 (2H, dd, J 7, 8)
8.19 (2H, dd, J 6, 8)

6. ベンゼンを t-BuCOCl で Friedel–Crafts アシル化をしようとすると，期待したケトン **A** は副生成物としてしか得られず，t-ブチルベンゼン **B** も得られるが，おもに得られるのは置換ケトン **C** である．これらの化合物がどのようにして得られるのか説明し，化合物 **C** が生成する際の二つの置換基の導入順を示せ．

7. 次の化合物を HNO_3-H_2SO_4 でニトロ化して得られる生成物は次の ^{1}H NMR スペクトルを示す．ヘテロ環化合物についてはまだ説明していないが，生成物の構造は推定できるだろう．その構造を示し，なぜこれが生成するのか説明せよ．

→ $C_8H_8N_2O_2$

δ_H
3.04 (2H, t, J 7 Hz)
3.68 (2H, t, J 7 Hz)
6.45 (1H, d, J 8 Hz)
7.28 (1H, 幅広 s)
7.81 (1H, d, J 1 Hz)
7.90 (1H, dd, J 8, 1 Hz)

8. 次の反応によって二つの異性体が生じる．それぞれの構造を示し，どちらが主生成物になるか予想せよ．また，各異性体の臭素化生成物の構造式を書け．

分子式はいずれも $C_{12}H_{16}O$

9. §21・3 で，水溶液中におけるフェノールの臭素化により 2,4,6-トリブロモフェノールが生成することを説明した．オルト位とパラ位が臭素化されているので，さらに反応が進むようにはみえないが，有機溶媒中で Br_2 と反応させればさらに反応が起こる．次の反応でテトラブロモ化合物が生成する機構を示せ．

この生成物は扱いにくい Br_2 に代わる臭素化剤として有用である．次の臭素化の反応機構を示し，位置選択性を説明せよ．

収率 90%

10. ベンゼンから次の化合物を合成する方法を示せ．

22 共役付加と芳香族求核置換反応

関連事項

必要な基礎知識
- カルボニル基と飽和炭素での求核置換反応 10章, 15章
- アルケンへの求電子付加反応 19章
- 芳香環での求電子置換反応 21章

本章の課題
- 共役付加：電子求引基と共役したアルケンは求電子的になり求核攻撃を受ける
- 共役置換：脱離基をもつ求電子性アルケンはC=Oと同じようにC=Cで置換反応を受ける
- 芳香族求核置換：電子不足の芳香環では求電子剤でなく求核剤による置換反応が可能になる
- 特別な脱離基と求核剤によって電子豊富な芳香環でも求核置換が可能になる

今後の展開
- 位置選択性 24章
- エノラートの共役付加 26章
- 芳香族ヘテロ環化合物の反応 29章, 30章

本章で基本的な有機素反応の学習を完結することになる．このあとまとめの二つの章で，選択性の問題を総合的に解説する．そのあとでエノラートの化学や有機合成について述べる．

22・1 カルボニル基と共役したアルケン

本書で出てきた最初の反応の一つであるカルボニル基への求核剤の付加反応に戻る．二つの反応例における生成物はいずれも予想どおりだろう．生成物の赤外吸収から，カルボニル基がないこととアルケンがあることがわかる．

赤外吸収を復習するには3章をみよ．C=Oの吸収は1700 cm^{-1}付近だが，ここでは消失している．その代わり，O−Hの吸収が3600 cm^{-1}にある．C≡Nの吸収は2250 cm^{-1}で，C=Cは1650 cm^{-1}である．

反応条件を少し変えて，最初の反応をより高い温度で行い，2番目の反応には少量の銅塩を加えると，生成物は別のものになる．

生成物 **A** と **B** はともにカルボニル基（1710〜1715 cm^{-1}の赤外吸収）をもつものの，C=C結合は消失している．それにもかかわらず，少なくとも **A** では2250 cm^{-1}のCN吸収があるので，付加は起こっている．

A

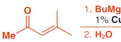
B

A と **B** は右に示す化合物である．両方とも付加体だが，カルボニル基でなくC=C結

合に付加した生成物である。前ページ下にシアノ化の機構を二つ示した。一つは C=O への直接付加であるのに対し，もう一つは C=C への付加である。

求核剤が C=C 二重結合に付加するこの形式の反応は**共役付加**（conjugate addition），または **1,4 付加**とよばれていて，本章ではこのような反応を起こすアルケン（およびアレーン）について述べる。反応温度や CuCl の添加など反応条件の微妙な差が，いかに反応様式を完全に変えてしまうかについても説明する。

まずは共役付加が起こる条件を述べる。19 章で述べたように，アルケンには元来求核的性質がある。置換基がどのようなものでも，アルケンは臭素のような求電子剤と反応して，アルケンの π 結合が σ 結合二つに置き換わった付加体を生成する。

→ このような反応を 19 章で説明した。

前ページに出てきたような電子求引基と共役したアルケンに対しても，ゆっくりではあるが臭素は反応する。ここでもアルケンは求核剤として働く。

しかし，先ほど述べたようにこのアルケンはシアン化物や Grignard 反応剤，あるいは以下で述べるようなさまざまな求核剤とも反応する。なぜだろうか。

22・2 共役アルケンは求電子剤としても反応しうる

C=C 二重結合が C=O のすぐ隣にあるときのみ共役付加が起こり，共役していない C=C には起こらない（例として次ページ下の青囲みを参照）。

C=O 基に隣接して C=C 結合をもつ化合物を，**α,β-不飽和カルボニル化合物**（α,β-unsaturated carbonyl compound）とよぶ。多くの α,β-不飽和カルボニル化合物には慣用名（下の図の〈　〉内に慣用名を示す）がある。α,β-不飽和カルボニル化合物のなかには，"エン（ene，二重結合を表す）"と"オン（one，ケトンを表す）"を合わせた"エノン（enone）"の名前がつくものもある。

α,β-不飽和アルデヒド　　α,β-不飽和ケトン　　α,β-不飽和カルボン酸　　α,β-不飽和エステル
〈エナール〉　　　　　　　〈エノン〉

プロペナール　　　　　　ブタ-3-エン-2-オン　　　プロペン酸　　　　　　プロペン酸エチル
propenal　　　　　　　　but-3-en-2-one　　　　propenoic acid　　　　ethyl propenoate
〈アクロレイン〉　　　　〈メチルビニルケトン〉　〈アクリル酸〉　　　　〈アクリル酸エチル〉
〈acrolein〉　　　　　　〈methyl vinyl ketone〉 〈acrylic acid〉　　　〈ethyl acrylate〉

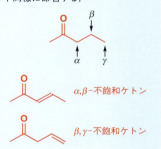

α や β はカルボニル基からの二重結合の位置を表す。α 炭素はカルボニル基のすぐ隣の炭素（カルボニル炭素ではない）を表し，β 炭素はカルボニル基から二つ目の炭素を表す。以下同様に命名する。

さまざまな求核剤が α,β-不飽和カルボニル化合物に共役付加する（例を七つ示す）。これらの求核剤の多くは単純なカルボニル基には付加しないことに注意しよう。なぜ付加しないかはすぐ後で述べる。共役付加は **Michael 付加**ともよばれていて，ここに示す α,β-不飽和カルボニル化合物は **Michael 反応受容体**ともよばれている。

22・2 共役アルケンは求電子剤としても反応しうる

共役付加をする求核剤の種類

シアン化物	KCN	+ アクリル酸メチル	→	NC-CH₂CH₂-CO-OMe
アミン	Et₂NH	+ メタクリル酸エチル	100℃ →	Et₂N-CH₂-CH(CH₃)-CO-OEt
アルコール	MeOH	+ クロトンアルデヒド	Ca(OH)₂ →	MeO-CH(CH₃)-CH₂-CHO
チオール	MeSH	+ アクロレイン	NaOH →	MeS-CH₂CH₂-CHO
臭化物	HBr	+ メタクリル酸	→	Br-CH₂-CH(CH₃)-COOH
塩化物	HCl	+ メチルビニルケトン	→	Cl-CH₂CH₂-CO-CH₃
ベンゼン	C₆H₆	+ 3,3-ジメチルアクリル酸	AlCl₃ →	Ph-C(CH₃)₂-CH₂-COOH

α,β-不飽和カルボニル化合物が特徴的な反応性を示す原因は共役にある．共役については 7 章で述べた．そこでは，二つの π 電子系（たとえば二つの C=C 結合どうし，あるいは C=C 結合と C=O 結合）が隣接すると，安定化相互作用が働くことを紹介した．この作用により二つの π 結合がそれぞれ独立ではなく，一つの共役系となるために，反応性にも変化が起こる．

共役によりアルケンが求電子的になる

- C=C 二重結合は元来求核的性質をもつ
- カルボニル基に共役した C=C 二重結合は求電子的になりうる

カルボニル基と共役したアルケンは分極している

カルボニル基に共役したアルケンがなぜ共役していないアルケンと反応性が違うのかを示すために，共役系の 4 原子に π 電子が非局在化している様子を巻矢印で表す．二つ

シロアリの自己防衛とアルケンの反応性

Schedorhinotermes lamanianus という種のシロアリの兵隊アリは，図に示すエノン (化合物 1) を分泌して巣を守っている．この化合物にはチオール RSH がきわめて効率よく共役付加する．多くの重要な生体物質は SH 基をもつため (520 ページ青囲み参照)，この反応性ゆえに化合物 1 は毒性が高い．同種のうち巣をつくる働きアリは，この化合物の攻撃から身を守るために，化合物 1 を化合物 2 に還元する酵素をもっている．化合物 2 にも二重結合があるが，これはカルボニル基と共役していないため求核剤と全く反応しない．そのために，働きアリは無事なのである．

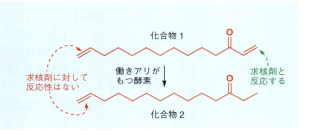

> 次のように，電子を逆に動かす非局在化の矢印はなぜ書けないのだろうか．
>
>
>
> 電気陰性度を考えるとよい．O は C に比べ電気的に陰性である．よって酸素は電子を受け入れやすいにもかかわらず，この矢印では酸素が電子を放出して 6 電子になってしまう．したがって，この構造はこの共役系の電子分布を正しく表していない．

^{13}C NMR 化学シフト
共役アルケン　　非共役アルケン

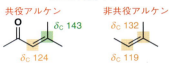

の構造式は両極端（共鳴構造式）であり，実際の構造は両者の中間のどこかにある．分極した構造式から，カルボニル基と共役した C=C 結合がなぜ求電子的であり，求核剤がなぜ β 炭素を攻撃するのかがわかる．

分極はスペクトルで観測できる

C=O 結合に共役した C=C 結合が分極していることは赤外スペクトルにより観測できる．共役していないケトンの C=O は 1715 cm^{-1} に吸収をもち，共役していないアルケンの C=C は（通常はきわめて弱いが）1650 cm^{-1} 付近に吸収をもつ．これらの官能基二つが共役して α,β-不飽和カルボニル化合物になると，それぞれ 1675 cm^{-1} と 1615 cm^{-1} にきわめて強い吸収が現れる．吸収が低波数側へシフトするのは C=O と C=C の π 結合が弱くなることに対応している（分極した共鳴構造式では C=O と C=C の結合が単結合になることに注意）．C=C の吸収強度が強くなることは，C=O との共役により分極することに対応している．共役した C=C 結合は単独に存在する C=C 結合に比較して，双極子モーメントが大きく増大している．

C=C 結合の分極は ^{13}C NMR でも観測できる．C=O から離れたほうの sp^2 炭素は，単独で存在するアルケンの sp^2 炭素に比べて低磁場シフトして 140 ppm 付近にピークが現れるのに対し，二重結合のもう一つの炭素は 120 ppm 付近にとどまる．

共役付加は分子軌道が制御する

共役した C=C 結合が分極している分光学的な根拠があって，これを巻矢印で説明することができるが，実際の結合生成の過程では求核剤の HOMO から不飽和カルボニル化合物の LUMO への電子対の動きがあるはずである．ここではメトキシドが求核剤としてアクロレイン（プロペナール）に付加する例を示す（0 ℃ でも進行するほど反応しやすい）．

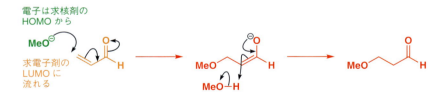

では，この LUMO はどのような形だろうか．これは単純なカルボニル基の π* LUMO よりも複雑である．これまでに述べた（7 章参照）なかで最も近いものはブタジエンの軌道（C=C が C=C に共役したもの）であり，これを α,β-不飽和アルデヒドであるアクロレイン（C=C が C=O に共役したもの）と比較してみる．ブタジエンとアクロレインの π 電子系の軌道を次ページの図に示す．これらの違いはアクロレインの軌道が酸素原子によって摂動を受ける（ゆがめられる）ことに起因する（4 章参照）．ここではどうしたら軌道の大きさが正確に求まるのかを考えずに，求核剤が攻撃するときに電子を受取る LUMO の形に注目しよう．

α,β-不飽和カルボニルの π 電子系で，LUMO の最大係数は * 印をつけた β 炭素にある．したがって，求核剤が攻撃するのはこの炭素である．いま述べた反応では HOMO

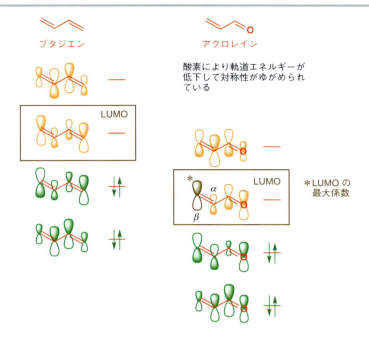

はメトキシド酸素の非共有電子対になるので，β炭素と酸素との相互作用が新しい結合生成の鍵となる軌道相互作用である．

2番目に大きな係数はカルボニル炭素にあることから，求核剤のなかにはカルボニル炭素を攻撃するものがあっても驚きではない．本章の最初で述べたように，シアン化物は反応条件によって C=C にも C=O にも攻撃する．求核剤がどこを攻撃するか考える前に，もう一度アルコールとアミンの共役付加をみておこう．

> アクロレインの HOMO は，実はここに示す被占 π 軌道ではなく，酸素の非共有電子対である．ここではそれも重要ではない．アクロレインはここでは求電子剤であって LUMO だけが重要だからである．

共役付加ではエノラートやエノールが中間体になる

付加の段階を詳しくみてきたが，付加直後の生成物は反応の最終生成物ではなくエノラートである．20章ではカルボニル化合物が塩基と反応するとエノラートが生成すると述べた．エノラートを生成するもう一つの方法が共役付加であり，エノラートをプロトン化するとカルボニル化合物になる．プロトンをどこからかもってこなければならないので，共役付加反応は通常アルコールや水のようなプロトン性溶媒を使って実施する．次にアルコールを求核剤とする別の例を示す．

⇒ エノールやエノラートについては 20 章で説明した．

アルカリ性水溶液で生成する少量のアルコキシドが（アルコールの pK_a は水よりも少し大きい）C=C 二重結合に共役付加する．生成するエノラートが水でプロトン化され

ると，最終生成物であるアルデヒドになるとともに水酸化物イオンを再生する．したがってこの反応に必要な塩基は触媒量で十分である．

アミンは共役付加反応のよい求核剤となる．次の反応では，アミンが蒸発してしまうのを防ぐためにジメチルアミンの水溶液を密封容器中で用いる（ジメチルアミンは室温でも気体である）．

アミンは電気的に中性の求核剤だが，アミン自身がエノラートにプロトンを供給する．

513ページの共役付加の例をみたら，いくつかの反応は酸性条件でも起こることに気づくだろう．たとえば α,β-不飽和ケトンを HCl と反応させるとクロロケトンが生じる．最初の段階はカルボニル基のプロトン化で，これによりエノンに正電荷が生じて求電子性が強くなる．塩化物イオンが β 炭素を攻撃してエノール（enol）となる．

> 互変異性の定義については20章で述べた．

最後に起こるのは，プロトンの O から C への移動によるエノール形からケト形への互変異性化である．

共役付加とカルボニル基への直接付加との選択

すでにさまざまな求核剤と α,β-不飽和カルボニル化合物の共役付加の例を示したが，重要なことが一つ残っている．求核剤はどんな場合に共役付加（いわゆる1,4付加）をして，どんな場合にカルボニル基へ直接付加（1,2付加）をするのだろうか．要因をいくつかまとめ，次項以下で順に解説していこう．

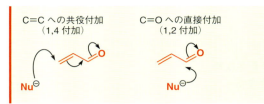

反応条件

本章で最初に示した共役付加は反応条件に依存するものであった．エノンを低温で酸触媒とともにシアン化物と反応させると，C=O に直接反応したシアノヒドリンが生じる．一方，反応混合物を加熱すると共役付加になる．何が起こっているのだろうか．

最初に低温での反応を考えよう．6 章で述べたように，低温条件でシアン化物がケトンと反応してシアノヒドリンを生じるのはごくあたりまえである．しかし，シアノヒドリン生成は可逆反応であることもわかっている（6 章参照）．シアノヒドリン生成の平衡が生成物のほうに大きく偏っていても，平衡条件下では出発物のエノンが常に少量存在する．エノンはほとんどの場合シアノヒドリンを生成するように反応するが，同時にシアノヒドリンは一部エノンとシアン化物に分解する．これが動的平衡の本質である．しかし，反応速度は遅いながらもシアン化物が基質のエノンに共役付加することもある．

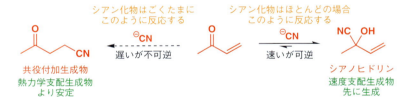

ここで状況が一変する．すなわち，共役付加は基本的に**不可逆反応**（irreversible reaction）であり，共役付加が起こってしまえば生成物はもはや変化できない．つまり，エノンに再び戻ることはない．それゆえ共役付加生成物が時間経過とともにゆっくりと蓄積してくる．エノン－シアノヒドリン間の平衡を保つために，共役付加により失われたエノンの分だけシアノヒドリンが分解してエノンとシアン化物に戻らなければならない．そこで，室温においても徐々にシアノヒドリンが共役付加生成物に変換されていくと予想できる．室温ではこの変換はゆっくりだが，温度を上げれば速くなり，80 ℃ では数時間ですべてのシアノヒドリンが共役付加生成物に変わってしまう．

これら二つの生成物の差は，シアノヒドリンが共役付加体に比べて速やかに生成する**速度支配生成物**（kinetic product）であるのに対し，共役付加体はシアノヒドリンに比べてもっと安定で**熱力学支配生成物**（thermodynamic product）である点にある．一般に**速度支配**（kinetic control）になるのは最も速い反応が優先して起こる条件であり，低温で短時間が典型的な反応条件である．それに対し，**熱力学支配**（thermodynamic control）は遅い反応でも起こるように，高温で長時間の反応条件でしばしば起こり，す

➡ 速度支配と熱力学支配については 12 章で説明した．

べて最安定生成物になる．

> **速度支配と熱力学支配**
> - より速く生成する生成物を**速度支配生成物**とよぶ
> - より安定な生成物を**熱力学支配生成物**とよぶ
>
> 同様に
> - 速度支配生成物を生じる反応条件を**速度支配**の条件とよぶ
> - 熱力学支配生成物を生じる反応条件を**熱力学支配**の条件とよぶ

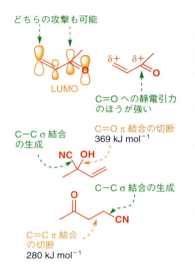

なぜカルボニル基への直接付加が共役付加よりも速いのだろうか．それはβ炭素が正電荷を少ししかもっていないのに対し，カルボニル炭素は正電荷をより多くもっており，負電荷を有する求核剤は静電相互作用により共役付加よりもカルボニル基に直接攻撃しやすいからである．

それではなぜ共役付加体のほうが安定なのだろうか．共役付加体ではC=C π結合が一つ切断されてC-C σ結合が生成するが，C=O π結合は保ったままである．カルボニル基への直接付加ではC-C σ結合は生成するが，C=O π結合が切断されてC=C π結合は保持したままである．C=O π結合がC=C π結合よりも強いため，共役付加体のほうが安定になる．

実際に共役付加を起こすためには，反応にエネルギーをたくさん投入して最安定生成物にいきつくよう時間をかければよい．ここでは熱力学支配による共役付加反応をもう一例あげておく．反応温度に注目しよう．

構造因子

ここまで α,β-不飽和アルデヒドや α,β-不飽和ケトンに対する共役付加を中心に説明してきたが，不飽和カルボン酸やエステル，アミド，ニトリルなどのあらゆるカルボン酸誘導体で共役付加反応が起こると聞いても，もはや驚くことはないだろう．アミドとエステルの二つの例を次に示す．これらの反応の選択性が不飽和化合物の構造にどう依存するのか注意を要する．ブチルリチウムが α,β-不飽和アルデヒドと α,β-不飽和アミドに付加する様式を比較してみよう．両反応とも不可逆であり，ブチルリチウムはアルデヒドの反応性の高いカルボニル基を攻撃するが，反応性のより低いアミドに対しては共役付加を起こす．同様にアンモニアが酸塩化物と反応すると，カルボニル基への直接付加を経由してアミドが生成するのに対し，エステルに対しては共役付加を起こしてアミンを生じる．

このような場合は求核攻撃の起こる位置は反応性によって簡単に決まる．すなわち，カルボニル基の反応性が高くなれば，直接付加の割合が増える．10章で述べたように，最も反応性の高いカルボニル基は酸塩化物やアルデヒドであり，エステルやアミドのように酸素や窒素と共役しているものではない．カルボニル基への直接付加の割合は一般に欄外に示した反応性の序列に従う．

すでに述べたように，水素化ホウ素ナトリウム $NaBH_4$ は単純アルデヒドやケトンをアルコールに還元する求核剤であるが，共役付加反応も起こす．実際にどちらの反応が起こるかは C=O 基の反応性に依存する．通常 $NaBH_4$ は α,β-不飽和アルデヒドのカルボニル基に直接付加してアルコールを生じる．一方，ケトンに対しては下右に示す反応がよく起こる．

α,β-不飽和酸塩化物

エナール

エノン

α,β-不飽和エステル

α,β-不飽和アミド

（大きい←カルボニル基への直接付加の割合→小さい）

水素化ホウ素ナトリウムはカルボニル基を還元するだけでなく，C=C 結合をも還元する．実際，C=C 結合がまず共役付加によって還元されてから，次にカルボニル基が還元されている．

Luche 還元
反応溶液に $CeCl_3$ を加えると $NaBH_4$ で C=O のみを還元できるようになる．この方法は発見者の名にちなんで Luche 還元として知られている．

$NaBH_4$ はエステルやアミドを還元しないので，エステルや反応性の低いカルボニル化合物では共役付加のみ起こる．

求核剤の性質：硬さと軟らかさ

共役付加を起こす最も優れた求核剤はアルコールの硫黄類縁体である**チオール**（thiol）である．ここで示す例では，**チオフェノール**（thiophenol，フェノールの O が S に置き換わったもの）が求核剤になっている．この反応で特筆すべきことは，アルコールの付加に必要な酸触媒も塩基触媒も必要ないことであり，きわめて穏和な反応条件で生成物が収率94%で得られる．

なぜチオールがこれほど特別なのだろうか．すでに述べたように，求核剤と求電子剤との相互作用には，負電荷と正電荷の静電相互作用と求核剤の HOMO と求電子剤の LUMO との軌道相互作用の二つがあり，反応が進行するのはこの二つの相互作用の結果である．しかし，この二つのうちのどちらが強いかは時によって異なる．反応が静電支配であるか軌道支配であるかは，求核剤と求電子剤の種類によって決まる．立体的に小さくて電気的に陰性な原子（O や Cl）を含む求核剤は**硬い求核剤**（hard nucleophile）とよばれていて静電支配で反応するのに対し，**軟らかい求核剤**（soft nucleophile）とよばれている大きな原子（チオールの S だけでなく，P, I, Se など）の求核剤は軌道支配で反

求核剤における"硬い(hard)"と"軟らかい(soft)"という用語については15章362ページで説明した．

硬い求核剤と軟らかい求核剤	
硬い	F⁻, **OH⁻**, **RO⁻**, SO₄²⁻, Cl⁻, **H₂O**, **ROH**, ROR′, RCOR′, **NH₃**, **RMgBr**, **RLi**
中間	N₃⁻, **CN⁻**, **RNH₂**, R¹R²NH, Br⁻
軟らかい	I⁻, **RS⁻**, RSe⁻, S²⁻, **RSH**, RSR′, R₃P, アルケン, 芳香環

応しやすい.

欄外の表に求核剤を硬いものと軟らかいもの(あるいはその中間)に分類して示す.これを丸暗記するよりは,どの求核剤がどこに位置するかをよく理解するようにしてほしい.これらの求核剤のほとんどはまだ実際に取上げていないが,この段階で最も重要なものを太字で示しておく.

求核剤だけでなく,求電子剤も硬いものと軟らかいものに分類できる.たとえばH⁺は立体的に小さくて電荷をもっているのできわめて硬いのに対し,Br₂は軌道が広がっているうえに電荷がないので軟らかい求電子剤である.本章の初めにBr₂とアルケンとの反応を示したが,この反応では電荷が関与せず完全に軌道相互作用によって起こることを5章で説明した.

> **硬い反応剤と軟らかい反応剤の反応性**
> - 硬い反応剤の反応は電荷と静電相互作用が支配する
> - 軟らかい反応剤の反応は軌道相互作用が支配する
> - 硬い求核剤は硬い求電子剤と反応しやすい
> - 軟らかい求核剤は軟らかい求電子剤と反応しやすい

以上のことは,チオールの共役付加とどう関係するだろうか.α,β-不飽和カルボニル化合物には求電子性反応位置が二つあり,一方は硬く他方は軟らかい.カルボニル基は

チオールの共役付加によって作用する抗がん剤

抗がん剤は生物化学的経路のいくつかに作用するが,一般的にはがん細胞が急速に増殖する過程に作用する.新しく生じる細胞に分配されるDNAを複製する酵素であるDNAポリメラーゼを標的にする化合物がある.ヘレナリン(helenalin)とベルノレピン(vernolepin)はそのような薬物であり,構造をよく見るとα,β-不飽和カルボニル基があることがわかる.生物有機化学は,細胞という非常に小さな反応容器内での化学であり,DNAポリメラーゼとこれらの薬物との反応は,単にチオール(酵素のシステイン残基のSH基)のα,β-不飽和カルボニル基への共役付加である.この反応は不可逆であり,酵素機能を完全に遮断する.

が標的となる.幸い,われわれはほとんどの組織に存在する重要な化合物によってある程度守られている.この化合物はグルタチオンというトリペプチドで,これはアミノ酸三つからできている.ペプチドについては42章で詳しく説明するが,ここではグルタチオンが二つのアミド結合によって三つの部位に分けられるとだけ述べておこう.

そのため,共役付加の基質となる化合物は基本的にどのようなものでも生物に対して毒になりうる.アクリル酸エチルのような単純な化合物でも"発がん物質"というラベルが貼ってある.酵素のチオールやアミノ基がこれらの化合物と反応し,酵素の機能を失活させる.特に細胞分裂に重要な働きをするDNAポリメラーゼをはじめとする酵素

グルタチオンの活性部位はチオール基SHで,共役付加によって発がん物質を無毒化する.例として高反応性のMichael反応受容体である"エキソメチレンラクトン"を用い,グルタチオンをRCH₂SHと表せば,この反応は上のように書ける.通常は豊富に存在するグルタチオンが酸化などによって失活して毒物と反応できなくなると,生物は危険にさらされる.抗酸化剤であるビタミンCが非常に体によい理由は,体内に入ってきた酸化剤を取除き,グルタチオンの供給を確保するからである.果物や野菜をよく食べよう.

カルボニル炭素に大きな部分正電荷が存在するので，求核中心に大きな部分負電荷のある有機リチウム反応剤やGrignard反応剤のような硬い求核剤と反応する傾向がある．それに対し，α,β-不飽和カルボニル化合物のβ炭素は正電荷をあまりもっていないが，LUMOの係数は最も大きい．したがって，β炭素は軟らかい求電子中心となり，チオールのような軟らかい求核剤と反応しやすくなる．

> **硬さと軟らかさの概念で直接付加か共役付加が説明できる**
> - 硬い求核剤はエノンのカルボニル炭素（硬い）と反応しやすい
> - 軟らかい求核剤はエノンのβ炭素（軟らかい）と反応して共役付加を起こしやすい

銅(I)塩で共役付加を加速する

Grignard反応剤は，α,β-不飽和アルデヒドやケトンのカルボニル基に直接付加してアリル型アルコールを生成する．この反応例はすでにいくつか紹介したので，硬いGrignard反応剤が軟らかい求電子性C=C結合よりもより硬いC=O結合に反応しやすいのだと説明できるだろう．ここでもう少し別の例を示そう．MeMgBrを環状エノンへ付加させると，アリル型アルコールとそれから脱水が起こったジエンが生成する．この例の次に，塩化銅(I)を極微量（0.01当量，すなわち1%）この反応に加えたときの結果を示す．銅の効果は劇的であり，Grignard反応剤が共役付加して，ジエンは微量しか得られない．

有機銅化合物は共役付加する

銅はGrignard反応剤と**金属交換反応**（transmetalation）を起こして，有機銅化合物になる．簡単にいえば，マグネシウムが銅と交換する．有機銅化合物はGrignard反応剤より軟らかいので，C=Oよりも軟らかいC=C結合に共役付加をする．付加ののち，銅塩は再びGrignard反応剤と金属交換するために，銅は触媒量で十分である．

> 銅はマグネシウムほど電気的に陽性ではないので，C–Cu結合はC–Mg結合ほど分極しておらず，炭素の部分負電荷はより小さい．したがって，有機銅化合物のほうがGrignard反応剤よりも軟らかい．電気陰性度はMgが1.3，Cuが1.9である．

> 他の多くの有機金属化合物と同様，有機銅化合物の正確な構造はここで示した構造よりもっと複雑である．これらはおそらく四量体（R_2CuLi 4分子が相互に結合しているもの）であろうが，簡単のため単量体として表す．有機金属（金属－炭素結合をもつ化合物）については独立した章を設けている（40章）．

有機銅化合物の正確な構造はわかっていないので，ここでは "Me–Cu" と表す．ほかにも共役付加する有機銅化合物があり，もっとよく研究されている．最も簡単に得られるものは，CuBr のような銅(I)塩にエーテルや THF 中低温で有機リチウムを 2 当量反応させてつくるリチウムクプラート R_2CuLi であり，これは不安定なので調製してただちに使う必要がある．

リチウムクプラートの α,β-不飽和カルボニル化合物への付加は，クロロトリメチルシランを添加するともっと円滑に進行する．この塩化物が何をしているかは次に説明するが，ここではリチウムクプラートの反応例を二つあげる．

ケイ素は負電荷をもった共役付加中間体と反応し，20 章で述べたエノールシリルエーテルを生じる．Me_3SiCl 共存下の Bu_2CuLi と α,β-不飽和カルボニル化合物との反応において考えられている機構を示す．反応終了後，エノールシリルエーテルを加水分解するとアルデヒドが生じる．

22・3 まとめ: 共役付加を制御する因子

α,β-不飽和カルボニル化合物に対する付加反応の 2 様式を制御する因子をまとめる．

共役付加（1,4 付加あるいは Michael 付加）と直接付加（1,2 付加）の比較

	共役付加	C=O への直接付加
反応条件(可逆反応の場合)	・熱力学支配: 高温, 長時間	・速度支配: 低温, 短時間
α,β-不飽和化合物の構造	・反応性の低い C=O（アミドやエステル） ・立体障害の小さい β 炭素	・反応性の高い C=O（アルデヒドや酸塩化物） ・立体障害の大きい β 炭素
求核剤の種類	・軟らかい求核剤	・硬い求核剤
有機金属	・有機銅化合物や触媒量の銅(I)	・有機リチウム化合物や Grignard 反応剤

22・4 他の電子不足アルケンの反応への拡張

求核剤と反応する求電子性アルケンは，カルボニル基と共役したものだけではない．他の電子求引基が置換していても同様の働きをする．ここではシアノ基とニトロ基の二つの例をあげる．これらの置換基は 21 章の芳香族置換反応で環の電子密度を低下させると述べた．ここでも同じことが起こる．

不飽和ニトリルと不飽和ニトロ化合物

最も単純な共役ニトリルはアクリロニトリルである．この化合物にはアミンが容易に

付加する．シアノ基の炭素は求電子中心としては反応性が低いので，特別な条件を使わなくても C≡N でなく C=C が反応する．

> ➡ 反応性の高い求核剤が −C≡N を攻撃するのは，それ以外に反応する部位がないからである．222 ページと 235 ページを参照せよ．

$$\text{CH}_2=\text{CHCN} \xrightarrow[50\,°C]{\text{Et}_2\text{NH}} \text{Et}_2\text{N-CH}_2\text{CH}_2\text{CN}$$

アクリロニトリル　　アミノニトリル　収率 86%

典型的な共役付加において，アミンはまずアルケンを攻撃してシアノ基の隣で安定化されたアニオンを生じる．生成したアニオンは電荷を炭素と窒素のどちらに書いてもよいが，エノラートイオンのように非局在化している．この"エノラート"に相当する構造が見慣れないからといってとまどうことはない．二つの二重結合の間の点・は，ここに直線状の sp 炭素があることをはっきりさせるためである．

(機構図：Et₂NH がアクリロニトリルに付加し，安定な非局在化アニオンを生じる)

炭素がプロトン化されてシアノ基が再生され，生成物のアミノニトリルが生じる．全反応はアミンに 2-シアノエチル基がついた形になり，工業的には**シアノエチル化反応**（cyanoethylation）として知られている．

(機構図：プロトン化により Et₂N-CH₂CH₂CN が生成)

第一級アミンの場合には，反応は必ずしもここで終わらない．生成物にはまだ求核性があり，2 回目の付加を起こして窒素に結合している二つ目の水素を 2-シアノエチル基で置き換えることができる．

$$\text{MeNH}_2 \xrightarrow{\text{CH}_2=\text{CHCN}} [\text{MeHN-CH}_2\text{CH}_2\text{CN}] \xrightarrow{\text{CH}_2=\text{CHCN}} \text{Me-N(CH}_2\text{CH}_2\text{CN})_2$$

O や S, P など他の元素も付加する．フェニルホスフィンは上の例と同じように二度付加できるが，アルコールは一度だけである．第 2 周期の元素（たとえば N, O）と第 3 周期の元素（たとえば S, P）の反応性を比べると，519 ページで述べた理由から，ふつう第 3 周期の元素のほうが大きい．

$$\text{CH}_2=\text{CHCN} \xrightarrow{\text{EtOH}} \text{EtO-CH}_2\text{CH}_2\text{CN}$$
$$\text{CH}_2=\text{CHCN} \xrightarrow{\text{HOCH}_2\text{CH}_2\text{SH}} \text{HO-CH}_2\text{CH}_2\text{-S-CH}_2\text{CH}_2\text{CN}$$

> 本章では，分子内脱プロトンを書いた機構がいくつか出てくる．こう書くとエノラートへのプロトン化と（ここでは）N からの脱プロトンを 2 段階で書くところをまとめて書ける．しかし，実際にはこのようにプロトン移動が起こっている可能性は低い．プロトンはどれでもよく，塩基は何でもよい．プロトンは常に動き回っているので，どんなプロトンの場合でも同様であるが，ここでは矢印を文字どおりにとってはいけない．プロトン移動の機構の書き方については 12 章 271 ページで説明した．

ニトロ基 NO₂ は非常に強力な電子求引基である．カルボニル基の 2 倍くらい電子求引性が大きく，また求電子中心としては反応しないので，ニトロアルケンへの共役付加は非常に信頼性の高い反応となる．ここでは水素化ホウ素ナトリウムが C=C 結合に共役付加し，N=C 二重結合と共役した酸素アニオンをもつエノラートイオンと類似の中間体が生じる過程を示す．この中間体もエノラートと同じような反応性を示し，炭素にプロトン化を受けてニトロ基を再生し，安定な生成物となる．

22・5 共役置換反応

カルボニル炭素に脱離基があるとき，C=O 結合へ直接付加（6 章）が起こると，つづいて C=O 基での置換反応が起こる（10 章）のと全く同じように，β 炭素に Cl のような脱離基があれば，共役付加は**共役置換**（conjugate substitution）で終わる．次に一例を示す．酸塩化物の反応の場合と同じように，Cl が OMe で置き換わる．

C=O 基での置換反応と同じように，見かけ上簡単なこの置換反応も脱離基が 1 段階で直接置換されたのではない．反応機構は共役付加の場合と全く同じように始まり，まずエノール中間体を生じる．

次に脱離基がエノールの OH によって追い出され，この脱離反応で二重結合はもとの位置に戻る．この一連の反応を**付加-脱離反応**（addition-elimination reaction）とよぶ．新しくできる二重結合は，より安定な E 配置になる．次の例では，共役置換が二度続けて起こって 1,1-ジアミンを生成している．

一見するとこの生成物は，水や微量の酸に対して反応しやすく，不安定であるようにみえる．しかし実際には，どちらの条件でも非常に反応しにくい．その理由は共役にある．窒素原子の非共有電子対はあたかもアミドのようにカルボニル基に非局在化しており，この化合物は事実上アミン（あるいはジアミン）とはいえない．この結果，塩基性が低くなるとともに，カルボニル基の求電子性も低くなっている．

窒素の非共有電子対の非局在化　　　　　　　　　　アミドの非局在化

ビニル類縁体の性質

右の生成物のような化合物はアミドのビニル類縁体（vinylogous amide）とよばれている．共役二重結合は，カルボニル基とハロゲンや他のヘテロ原子とを電子的につなぐ結合手として働く．その結果，官能基全体としての性質は，化学的にも分光学的にも，単純なものとよく似ている．本節最初に塩化アシルのビニル類縁体として出てきた β-クロロエノンを思い出すとよい．これはメタノールと反応して，エステルのビニル類縁体を生じる．

左の化合物は右の化合物のビニル類縁体であり，同じように反応する

共役置換と抗胃潰瘍薬の合成

共役付加を起こすのにシアノ基やニトロ基を使ったのと全く同じように、これらを共役置換にも用いることができる。共役置換反応が重要な役割を担っている例として、現在の医薬化学の発展に重要な貢献をしてきた二つの医薬、抗胃潰瘍薬のシメチジン(cimetidine, 商品名タガメット)とラニチジン(ranitidine, 商品名ザンタック)の合成をあげる。これらの医薬の構造はすでに8章で出てきており、ヒスタミンに類似したオレンジの部分とグアニジンに類似した黒の部分をもっている。ここではこれらの合成に共役付加がどのように用いられているかをみる。

左の簡単なシアノイミンは容易に得られ、脱離基となるSMe基が二つあるので、アミンと反応して2段階でグアニジンになる。各反応は共役置換である。反応は第一級アミンの一般式 RNH_2 で表したほうがわかりやすいだろう。第一段階はすでに述べたアクリロニトリルの場合と全く同じ共役付加で、第二段階では最も脱離しやすい基が追い出される。チオールは酸性化合物であり、MeS^- のほうが RNH^- よりも脱離しやすい。

反応はこの点できれいに止まり、二つ目の MeS^- を置換するにはずっと激しい反応条件を必要とする。導入したアミノ基は電子供与性でシアノ基と共役できるので、第一段階の生成物が出発物よりも反応性が低いからである(左)。しかし、反応条件をより強くすれば別のアミンを導入して二つ目のMeS基と置換できる。シメチジンの合成では、2番目のアミンとして $MeNH_2$ を使い、これで合成が完結する。

ラニチジンの右側部分は不飽和ニトロ化合物から同様な方法で合成できる。この場合にはメチルアミンでの置換を最初に行い、その後で分子の残りの部分をつなげる。

22・6 求核的エポキシ化

これまで述べてきた共役置換は、脱離基をもつ出発物で起こった。本節では、脱離基が不飽和カルボニル化合物ではなく求核剤にあるとどうなるかみてみよう。この種の化合物、すなわち脱離基をもつ求核剤については38章で詳しく述べるが、当面最も重要なものはヒドロペルオキシド、すなわち過酸化水素のアニオンである。

ヒドロペルオキシドイオンはα効果(α effect)のために求核性が高い。隣接する酸素原子二つにある非共有電子対どうしの反発によってアニオンのHOMOが高くなり、そのために水酸化物よりも反応性が高く軟らかい求核剤になる。ヒドロペルオキシドイオンは、隣の酸素原子が電子求引の誘起効果をもつために水酸化物よりも塩基性が低い。塩基性と求核性はふつう同じように変化するが、ここではそうではない。このことから、過酸化水素を水酸化ナトリウム水溶液で処理するだけでヒドロペルオキシドイオンの生

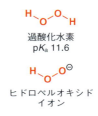

過酸化水素
pK_a 11.6

ヒドロペルオキシドイオン

同じα効果により、ヒドロキシルアミンやヒドラジンがアンモニアよりも求核性が高い理由が説明できる(236ページ)。

成が可能になる.

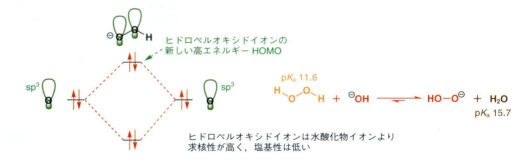

次に示すのは,この混合物をエノンに加えたときに起こる反応である.まず共役付加が起こる.しかし,ここで生じたエノラートは,そのまま安定には存在しない.求核剤であった酸素原子から水酸化物イオンが脱離できるからである.水酸化物イオンはここでは十分よい脱離基である.結局のところ,エノラートから水酸化物イオンが外れるが,ここで開裂するのは O–O 結合が弱いからであり,エポキシドが生成する.

19 章で紹介した MCPBA のような求電子的なエポキシ化剤は求核性アルケンに対してのみうまく働き,α,β-不飽和カルボニル化合物などの電子不足のアルケンには,過酸化水素のような求核的なエポキシ化剤が代わりによく用いられている.

次の二つの反応で対照的に示すように,過酸化水素と MCPBA との間にはもう一つ大きな違いがある.

➡ "立体特異的" の意味について忘れていたら 402 ページ参照.

MCPBA によるエポキシ化は,反応が 1 段階で起こるので立体特異的である.しかし,過酸化水素による**求核的エポキシ化**(nucleophilic epoxidation)は二段階反応であり,アニオン中間体で示した結合が自由回転できるので,出発物アルケンの立体化学にかかわらず,安定性の高いトランス形のエポキシドが生じる.

22・7 芳香族求核置換

本節では,共役置換と関連した反応で二重結合が芳香環の一部になっている場合につ

いて考える．21 章では芳香環が求核的であることを説明した．芳香環に求電子剤が攻撃すると，通常は求電子置換反応を起こす．

芳香族ハロゲン化物の求核置換，たとえばブロモベンゼンの臭素を水酸化物イオンで置換するような反応は一般的には起こらない．"なぜ起こらないのか"と思うだろう．この反応は起こってもよいようにみえる．環が飽和系なら，実際この反応は起こる．

これは S_N2 反応であり，攻撃は C−Br 結合の反対側の σ^* 軌道の大きいローブがあるほうから起こることはすでに述べた（15 章）．確かに飽和炭素環の場合には，炭素原子が四面体構造で C−Br 結合は環の面にはないので全く問題ない．エクアトリアル位の臭素の置換は次のように進む．

反応は起こらない

反応が起こる

攻撃の方向は環の面外

しかし，芳香族化合物では炭素原子が 3 配位なので，C−Br 結合は環平面内にあり，背面から攻撃するには，求核剤はベンゼン環の内側から出現して，炭素原子が反転して実在できない形にならなければならないことになる．もちろんこのような反応は不可能である．一般則として次のようにいえる．

S_N2 は不可能

S_N2 反応は sp^2 炭素では起こらない．

S_N2 が無理なら S_N1 はどうだろうか．これは不可能ではないが，きわめて優れた脱離基でなければ（例として下を参照）起こりにくい．もし起こるとしたら，脱離基が自発的に外れてアリールカチオンが生成しなければならない．S_N1 反応の中間体としてみてきたカチオンはすべて空の p 軌道をもち平面構造であった（15 章）．アリールカチオンは平面状ではあるが p 軌道はすべて芳香環を構成する π 結合に使われている．空の軌道は sp^2 軌道で環の外に向くことになる．

S_N1 は起こらない

空の sp^2 軌道をもつ不安定なフェニルカチオン

それでも求核置換を起こす芳香族化合物もある．ふつうは求核性のアルケンでも電子求引基がついていると共役置換が起こるように，適切な置換基があれば通常は求核性の芳香環も求電子性になる．芳香族求核置換反応の機構は，いままで述べてきた共役置換反応の機構と類似している．

22・8 付加-脱離機構

環状 β-フルオロエノンが第二級アミンと共役置換で反応する場合を考えよう．通常のように付加してエノラートを生じ，ついで負電荷が戻ってフッ化物イオンを追い出し，生成物になる．

次に，環に二重結合がもう二つある場合に，同じ反応がどうなるか考えてみよう．この二つの二重結合はここでは何もしていない．脂肪族の環を芳香族に変えただけで，共役置換は**芳香族求核置換**（nucleophilic aromatic substitution）になる．

この芳香族求核置換機構を S_NAr (substitution, nucleophilic, aromatic) と略す．

この機構は求核剤の**付加**とそれに続く脱離基の**脱離**からなる．**付加-脱離機構** (addition-elimination mechanism) である．カルボニル基がある必要はない．どんな電子求引基でもよい．必要条件は，電子が環からアニオン安定化基のほうに流れ出ればそれでよい．次に，p-ニトロ基の例をあげる．

この例では，求核剤 HO^- も，脱離基 Cl^- も，アニオン安定化基 NO_2 も，そしてその位置（パラ）も，何もかも異なるが，それでも反応は起こる．求核剤は高反応性であり，負電荷はニトロ基の酸素原子に非局在化でき，Cl^- は HO^- よりもよい脱離基である．

> **典型的な芳香族求核置換反応の条件**
> - 求核剤が酸素，窒素，あるいはシアン化物イオン
> - 脱離基がハロゲン化物イオン
> - 脱離基のオルト位かパラ位にカルボニル基，ニトロ基，またはシアノ基がある

ニトロ基はふつう芳香族求電子置換によって導入できる（21章）し，ハロゲン基はニトロ化においてオルト-パラ配向性なので，一般にハロベンゼンのニトロ化に続いて求核置換を行う．

上式最終生成物を得るためにニトロ基をシアノベンゼンに直接導入しようとするとニトロ化は目的物とは違う位置に起こるので，この反応順は有用である．シアノ基はメタ配向性であり，アルキル基 R はオルト-パラ配向性である．

電子求引性の活性化基が二つあると一つのときよりも反応しやすい．クロロベンゼンのジニトロ化によって求電子性の非常に高い芳香族ハロゲン化物ができる．ヒドラジンとの反応で有用な反応剤ができる．

> メタ位にアニオン安定化基をもっている場合に，同じ反応をさせようとしても起こらない．結合を通して酸素原子まで電子を押込む矢印を書くことはできない．自分で試してみよう．

> この反応により非常に毒性の高い化合物が生成する．2,4-ジニトロフェニルヒドラジンは発がん性であるが，カルボニル化合物と反応し黄からオレンジ色の結晶性のイミン（ヒドラゾン）を生じる．分光法が発達する以前には，アルデヒドやケトンを同定するためにこの化合物を用いた（235 ページ）．

付加-脱離機構における中間体

本節に出ている中間体の証拠はあるのだろうか．最後の例のような反応では，反応混合物に紫の色が現れ，そして消えていくことがよくある．場合によっては色が持続する

こともある．これは中間体に由来すると考えられている．次の例はジニトロアニリンに RO^- が攻撃するものである．この中間体の寿命が長いのは，脱離できる NR_2 と OR のいずれもよい脱離基でないためである．

この中間体の性質はどんなものだろうか．基本的には，6員環の sp^2 炭素五つに非局在化したアニオンである（6番目の炭素は求核剤が攻撃した箇所で，これは sp^3 混成になっている）．この中間体の単純な類縁体として，シクロヘキサジエンからプロトンを引抜いたアニオンを考えればよい．アニオンが非局在化しているので次に示す三つの構造が書ける．

電荷の分布をみるには ^{13}C NMR が役に立つことをすでに述べた．このアニオンの ^{13}C NMR スペクトルを，ベンゼンとベンゼンのプロトン化で生じるカチオン（21章で述べたようにこれは芳香族求電子置換の中間体に相当する）と比較して次に示す．

この結果は明白である．いずれのイオンにおいてもメタ位の炭素の化学シフトはベンゼンとあまり違わない（約 130 ppm）．一方でアニオンのオルト位とパラ位の炭素は高磁場側に大きくシフトしていて，電子密度が高くなっていることがわかる．反対にカチオンのオルト位とパラ位の炭素は低磁場側に大きくシフトしている．その差は非常に大きく，カチオンとアニオン間で約 100 ppm もある．これらのスペクトルから明らかなことは，イオンの電荷がいずれの場合にもほとんど完全にオルト位とパラ位の炭素に非局在化していることである．この非局在化を欄外に示す別の構造式で表すこともできる．

このことは，安定化基（アニオンの場合にはニトロ基やカルボニル基）が有効に働くには，求核攻撃を受ける炭素のオルト位かパラ位の炭素についている必要があることを示している．実際に次の反応では，塩素二つのうち一方だけが選択的に置換され，上の予想を示すよい例になっている．置換されるのはオルト位の塩素だけであり，メタ位の

復習：大きい化学シフトは電子的遮蔽が小さく，小さい化学シフトは電子的遮蔽が大きいことを意味する．

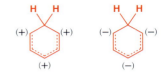

復習：（ ）内の電荷はある程度大きな割合（ここでは約 1/3）の電荷を表すのに対し，δをつけた電荷はもっと小さな分極を表す．

塩素は残る．

　ニトロ基のオルト位の塩素置換炭素をチオラートイオンが求核攻撃すると，負電荷がニトロ基に押込まれ，反応がうまく進む．もう一つの塩素がついている炭素を攻撃したら，こうはうまくいかない．確かめておこう．これは実用的な反応であり，精神安定薬の製造に用いられている．

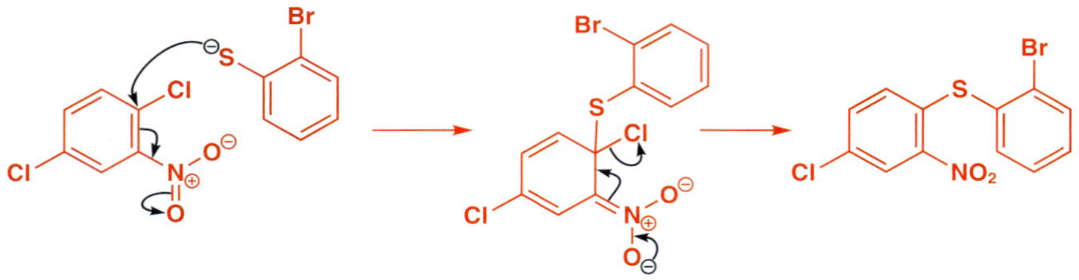

脱離基と反応機構

　最初に示した芳香族求核置換では，フッ化物イオンを脱離基として用いた．この求核置換ではフッ化物は大変反応性が高いので，2-フルオロ-1-ニトロベンゼンのような単純な化合物でも，次の例のようにいろいろな求核剤と円滑に反応する．

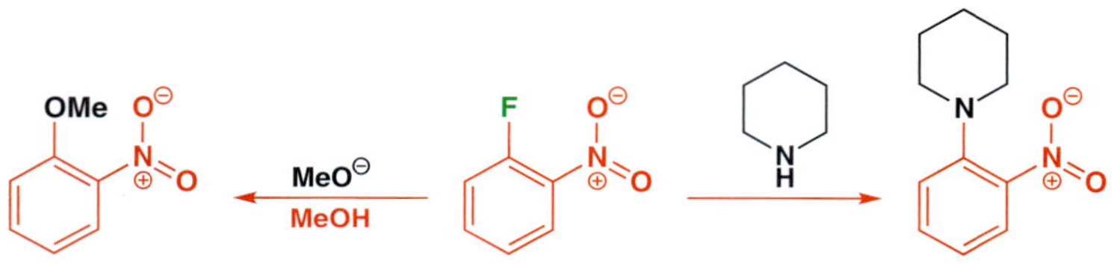

2-ハロ-1-ニトロベンゼンの芳香族求核置換の反応性

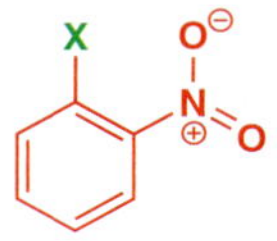

$F \gg Cl \sim Br \gg I$

　同じ反応は，その他の 2-ハロ-1-ニトロベンゼンでも起こるが，それほど円滑ではない．フルオロ体は，クロロ体あるいはブロモ体よりも $10^2 \sim 10^3$ 倍速く反応する．ヨード体の反応はさらに遅くなる．

　この事実は，意外に思うだろう．カルボニル基や飽和炭素における置換など他の求核置換では，フッ化物を脱離基に用いたことは一度もなかった．C–F 結合は非常に強く，炭素との単結合のなかで最も強いので，切断しにくい．したがって，次のような反応はうまく進行しない．

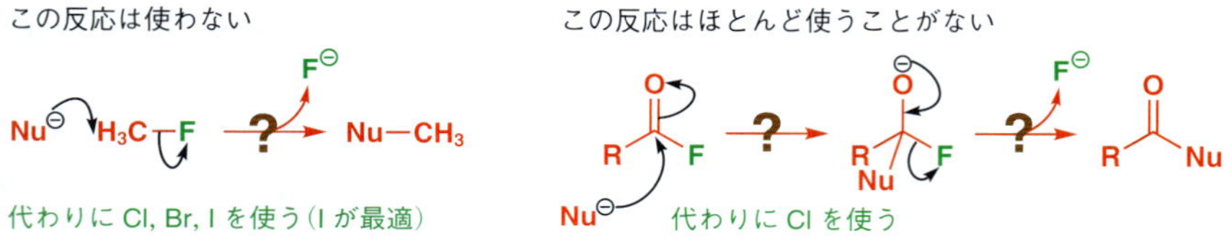

この反応は使わない　　　　　　この反応はほとんど使うことがない

代わりに Cl, Br, I を使う（I が最適）　　代わりに Cl を使う

　それでは，他の反応とは逆に，フッ化物が芳香族求核置換反応でよく反応するのはなぜだろう．気づいているかもしれないが，芳香族求核置換においてフッ化物がよい脱離基であるとはいっていない．事実，よい脱離基ではない．理由はこの反応の機構をよく理解するとわかる．求核剤としてアジドイオンを用いる反応をみてみよう．この求核剤はよく研究されていて，求核性が最も高いものの一つである．

➡ アジドイオンについては 15 章 358 ページで述べた．

　機構はこれまでのものと全く同じであり，付加-脱離の 2 段階で進む．二段階反応では，遅い段階が律速となり，他の段階は速度の点からは重要ではない．芳香族求核置換では，芳香族性を壊すので第一段階が遅いだろうと推定できる．第二段階は芳香族性を

回復するのだから速いだろう．フッ素だけでなくどんな脱離基でも，その効果はこの第一段階にだけ有効である．脱離基のよしあしは関係ない．フッ化物が脱離する第二段階の速度は，全反応速度には影響を及ぼさない．

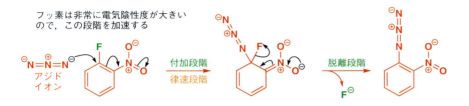

> 誘起効果に基づくことに注目しよう．フッ素が電子をひきつけるような巻矢印を書くことはできない．電子求引の原因はC−F結合の分極だけである．主として共役によって作用するニトロ基の電子求引効果とは対照的である．

フッ素は誘起効果によって第一段階を加速する．フッ素は全元素中で最も電気陰性度の大きい元素であり，ベンゼン環が電子を受け入れるのを助けてアニオン中間体を安定化する．

アニオン安定化置換基による活性化

これまでよくニトロ基を用いてきた．これはアニオン中間体を最も効果的に安定化できるからである．同じ働きをする置換基としては，カルボニル基，シアノ基，そしてスルホキシドやスルホンのような硫黄官能基がある．臭素を第二級アミンのピペリジンで置換する反応を促進するZ基の効果を比較して，欄外に相対反応速度定数 k_{rel} で示す．

すべての化合物の反応がニトロ化合物よりも遅いことがわかる．すでに8章と21章で述べたように，ニトロ基の電子求引性は非常に大きい．これはそれを表す新しい尺度になる．スルホンは18倍遅く，ニトリルは32倍遅く，ケトンは80倍遅く反応する．

ニトロ基は最も強力な活性化基だが，それ以外のものも，特に脱離基として臭素でなくフッ素と組合わせると，すべてが活性化基として円滑に働く．次に合成反応として使える反応例を二つ示す．トリフルオロメチル基は，強力な誘起効果だけで十分アニオン安定化基になっていることを指摘しておく．

> **まとめ**
> 脱離基のオルト位またはパラ位にアニオン安定化（電子求引）基があれば芳香族求核置換反応が可能になる．

芳香族求核置換は別の反応機構でも進行しうる．これらについて説明しておこう．

共役置換反応と芳香族求核置換反応を用いた抗生物質の合成

共役置換反応と芳香族求核置換反応が有用であり，複雑な分子でも同じように反応することをわかってもらいたいので，抗生物質オフロキサシン（ofloxacin）の合成の一部を紹介しよう．この合成反応は，フッ素原子を四つもつ芳香族化合物から始める．三つを異なる求核剤と順次置換し，残り一つを最終抗生物質に残す．

最初の反応は，オレンジで示したエトキシ基の共役置換である．アミノアルコールを求核剤として用いるが，二重結合に付加するのは，ヒドロキシ基ではなく求核性の高いアミノ基である〔(1)式〕．次の段階は最初の芳香族求核置換である．分子内のアミノ基がカルボニル基のオルト位を攻撃してエノラート中間体が生成する．脱離の段階で一つ目のフッ素が追い出されることになる．

塩基（NaHでよい）で処理するとOHがアルコキシドイオンになり，ついで，次の芳香族求核置換を起こす〔(2)式〕．この反応ではケトンのメタ位が攻撃されるので，負電荷はカルボニル基とは共役できない．残っているフッ素三つが，誘起効果で負電荷を安定化する．

フッ素が二つ残るが，そのうちの一つは外部求核剤アミンによって置換される．アミンが攻撃する位置は中間体がエノラートとして安定化されるかどうかで決まる．

最後に残っているのはエステルを塩基性水溶液でカルボン酸に加水分解(10章)するだけである〔(3)式〕．このかなり込みいった合成反応経路の各単位反応は，本書ですでに出てきたものであり，化学者が単純な反応機構を使って命を救う重要な化合物を合成することができることを示すよい例である．

22・9 芳香族求核置換における S_N1 機構：ジアゾニウム化合物

芳香族求核置換をより一般的に進行させるためには，最も優れた脱離基である窒素ガスを使うのがよい．実際，次ページ上に示すジアゾニウム化合物は芳香族置換の反応性が非常に高いので活性化基は必要ない．加熱するだけで窒素分子が脱離してカチオンが生じ，求核剤（この場合は水）で捕捉される．この反応機構は S_N1 反応を思い出させるものである．

22・9 芳香族求核置換における S_N1 機構：ジアゾニウム化合物

この芳香族 S_N1 反応をより詳しくみる前に，ジアゾニウム塩をどうやって合成するかを考えよう．必要な反応剤は，反応性の高い窒素求電子剤の NO^+ である．NO^+ は20章で出てきたが，亜硝酸塩（ふつうは亜硝酸ナトリウム）を $0{}^\circ C$ 付近で酸と反応させると生じることを思い出しておこう．亜硝酸アニオンのプロトン化で亜硝酸 HONO が生じ，これがさらにプロトン化され（カチオンを経由して）水が脱離すると NO^+ が生じる．亜硝酸ブチル（あるいは他の亜硝酸アルキル）も NO^+ 源として使える．

NO^+ がアミンと反応すると，ジアゾニウム塩が生成する．アミンの非共有電子対が NO^+ を攻撃し，水が脱離する．機構は実に簡単で，プロトン移動が何度も起こるだけである．もちろん窒素カチオンには対アニオンが存在するが，これは NO^+ を発生させる際に使った酸の共役塩基（ふつう Cl^-）である．この反応を**ジアゾ化**（diazotization）という．

> 第二級アミンでは水が脱離できず，ニトロソアミン（nitrosamine）が生じる．
>
> ニトロソアミン

アルキルアミンの場合には，ジアゾニウム塩は非常に不安定であり，ただちに窒素ガスを発生して平面状のカルボカチオンを生成する．これはふつう S_N1 反応（15章）で求核剤と反応するか，E1 反応（17章）でプロトンを失うか，転位（36章）を起こす．たとえば，水と反応してアルコールになる．

アリールアミンの場合には，本節の最初にみた反応が起こってフェノールができる．ふつうの求電子置換反応では HO^+ として働くよい反応剤がなく，ベンゼン環に酸素原子を導入するのがむずかしいので，この反応は有用である．窒素原子はニトロ化によって容易に導入できるので，還元とジアゾ化でニトロ基をヒドロキシ基に置き換えることができる．

➡ この一連の反応については21章の最後で簡単にふれた．

医薬合成における置換反応

このフェノール合成反応が実際にどのように使われているかをチモキサミン(thymoxamine)という医薬の合成を例に説明する.

この化合物はジヒドロキシベンゼンのアルキル化とアシル化によって簡単に合成できるようにみえる.しかし,目的のフェノールをどうアシル化しアルキル化したらよいだろう.フランスの薬学者が天才的な答を見つけた.一つだけ OH をもつ化合物から始めて,これをアルキル化し,それから二つ目の OH をジアゾニウム塩を経て導入する.彼らは単純なフェノールを用いて,ニトロ基 NO_2 ではなくニトロソ基 NO として窒素を導入した.ジアゾ化に用いるのと同じ反応剤を使うことになる.

NO 基の還元は NO_2 基の還元よりも容易であり,H_2S で十分達成できる.ついでアミンをアミドに変換して求核性を下げてフェノールのアルキル化がきれいに起こるようにする.一種の保護である(23 章参照).最後にアミドを加水分解して,アミノ基のジアゾ化と加水分解で OH 基に変換し,こうして生じたフェノールをアセチル化する.

しかし,アリールカチオンの空の軌道は p 軌道でなく sp^2 軌道なので,アルキルカチオンと比較するとずっと不安定である.そのため窒素の脱離が遅い.ジアゾ化を 0 ℃付近(昔は 5 ℃といわれていた)で行えばジアゾニウム塩は安定で,水以外のさまざまな求核剤とも反応させることができる.

他の求核剤

ヨウ素はベンゼン環を攻撃できるほど反応性が高くないので,ヨウ化アリールは塩化物や臭化物のように求電子置換によって簡単にはつくれない.しかしジアゾニウム塩にヨウ化カリウムを反応させれば,求核置換によってヨウ化アリールが合成できる.

> ヨウ化アリールは 40 章で述べるように,Pd や他の遷移金属を触媒とするカップリング反応に広く用いられる.

塩化物,臭化物,シアン化物のような他の求核剤は,銅(I) 塩を添加するのがよい.芳香族アミンはふつうニトロ化合物の還元でつくるので,一般に反応は次のように進む.

芳香族の化学でよくあることだが，この一連の合成がうまくいくのはニトロ基の汎用性のおかげである．ニトロ基は求電子置換反応で簡単に導入でき，容易に還元でき，ジアゾニウム塩に誘導すれば容易に求核置換することができる．

22・10 ベンザイン機構

芳香族求核置換の機構がもう一つある．この機構はとうていありそうもない中間体を経由するので，とんでもない反応だと思っても不思議はない．しかし，この機構が単に可能だというだけでなく，とても有用であることを理解してもらいたい．

本章 527 ページで，"ブロモベンゼンの臭素を求核剤で置換する反応は起こらない"と述べた．しかし本当は，ブロモベンゼンを NaOH と高温で一緒に融解する非常に過激な条件で反応させると，ブロモベンゼンの置換反応が進行する．同じような反応は，非常に強力な反応剤 NaNH$_2$（NH$_2^-$ が働く）を用いれば低温でも可能になる．

これらの反応は，その機構がわかる以前から知られていた．以前に説明したように，この反応は S$_N$2 機構ではない．中間体の負電荷を安定化できないので，付加-脱離機構も起こりえない．正しい機構への第一の手掛かりは，この反応を起こす求核剤はすべて非常に強塩基性であることにある．そこで，この反応は脱離基のオルト位にあるプロトンを引抜くことから始まる．

生じたカルボアニオンは環平面内にある sp^2 軌道に電子対をもつ．この点はジアゾニウム塩の S$_N$1 機構におけるアリールカチオン中間体の構造と対をなす．カチオンでは sp^2 軌道に電子が入っていなかったが，カルボアニオンには 2 電子入っている．ほかではなくこのプロトンが引抜かれるのはなぜだろうか．臭素原子は電気陰性度が大きく，C-Br 結合が sp^2 軌道と同じ平面にあるので電子を取込む．しかし安定化は弱いので，強塩基だけがこの反応を起こす．

次の段階で，臭化物イオンが外れて脱離反応が完結する．これは不可能ともみえる中間体を生成する段階であり，実際に起こるとは信じがたい．軌道も脱離には都合がよくない．アンチペリプラナーでなくシンペリプラナーの関係にあるにもかかわらず起こる．

生じるものは，三重結合がベンゼン環の中にあるアルキン（alkyne）なので，**ベンザイン**（benzyne）とよばれている．しかし，この三重結合は何を意味するのだろうか．ふつうのアルキンは直線状なので，これは明らかに正常ではない．事実π結合の一つは正常であり，まさに芳香族系の一部を形成している．もう一つの新しいπ結合は異常であり，環の外にあるsp^2軌道二つが重なってできている．この外部π結合は非常に弱いので，ベンザインは非常に不安定な中間体である．実際，この構造が初めて提案されたときには，ほとんどの化学者は信じなかった．皆が同意するまでには何か確実な証拠が必要だった．この問題にはすぐ後で戻るが，まず機構を最後までみておこう．通常のアルキンと違って，ベンザインは求電子的である．弱い第三の結合が求核剤の攻撃を受けるからである．

ブロモベンゼンからアニリンが生成する全機構は，脱離によるベンザイン生成と，それに続くベンザインの三重結合への求核剤の付加からなる．いろいろな意味で，この機構は芳香族求核置換の通常の付加–脱離機構の逆であり，**脱離–付加機構**（elimination-addition mechanism）ともいう．

オルト位水素を取去るのに十分な塩基性をもつ求核剤ならこの反応を起こす．知られている例には，酸素アニオン，アミドイオン R_2N^- やカルボアニオンなどがある．塩基性の強いアルコキシドの t-ブトキシドは，その反応性を最大にするように非プロトン性極性溶媒のDMSO中でカリウム t-ブトキシドとして用いると，ブロモベンゼンとこの

> DMSO（260ページ参照）は K^+ を溶媒和するが，RO^- は溶媒和しない．

中間体としてのベンザインの別の証拠

予想できるように，ベンザイン生成はこの反応の遅い段階であり，反応混合物からベンザインを単離したり，スペクトルで検出することさえ望めそうもない．しかし，できたものと反応するような求核剤が共存しない条件下に，たとえばジアゾ化反応のような別の反応でつくることは可能である．

このジアゾ化は，ジアゾニウム塩をヨウ化物イオンで捕捉すると 2-ヨード安息香酸が定量的にできることからわかるように，特に効率よく進む．しかし，このジアゾニウム塩をNaOHで中和すると，ジアゾニオ基の正電荷と釣合を保つようにカルボキシラートに負電荷をもつ双性イオンが生じる．塩化物や水などの求核剤が生成したジアゾニウム塩と反応するのを避けるために，有機溶媒中で亜硝酸アルキルを使ってジアゾ化を行い，この双性イオンを加熱すると，エントロピー的に有利な反応として，二酸化炭素，窒素，ベンザインに分解する．

ベンザイン2分子が反応して4員環がベンゼン環二つに挟まれた構造をもつ二量体を生成してしまうため，このベンザインを単離することはできない．双性イオンを質量分析計にかけると，二量体に相当する152のピークとベンザインそのものの強いピークが76にみられる．質量分析計におけるイオン種の寿命は約 $2×10^{-8}$ 秒なので，ベンザインは気相では少なくともこの時間は存在している．

ベンザイン
m/z 76

ベンザイン二量体
m/z 152

22・10 ベンザイン機構

反応を起こす.

ベンザイン機構には非常に顕著な特徴が一つあり，この特徴からベンザイン機構が正しいと考えられている．すなわち，三重結合は基本的にどちらの末端でも求核剤の攻撃を受ける可能性がある．ブロモベンゼンの反応では生成物は同じになるので，結果は何も得られないが，三重結合の末端が同じにならないようにすることは可能なので，こうすると何かおもしろいことがわかるはずである．o-クロロアリールエーテルはエーテルの塩素化で容易に合成できる（21 章参照）．この化合物を液体アンモニア中で $NaNH_2$ と反応するとアミンが 1 種類だけ好収率で得られる.

塩素がメトキシ基のオルト位にあったにもかかわらず，アミノ基はメタ位に導入される．この結果をベンザイン機構以外で説明することは非常にむずかしい．しかし，脱離-付加の順で書けば反応機構は次のようになる.

これはメタ生成物がどのようにして生じるかを示しているが，なぜメタ体になるのだろうか．攻撃はオルト位にも起こりうるのに，なぜオルト生成物がないのだろうか．理由は二つある．電子的理由と立体的理由である．電子的に有利なのは，アニオンが電気陰性な酸素の隣にあるほうである．酸素が誘起的に電子求引性であるためである．ベンザイン生成においては，同じ理由から Cl の隣で脱プロトンが起こりやすくなっている．立体的には，アミドアニオンの攻撃は OMe 基の側よりも離れたほうが有利である．ベンザインへの求核攻撃は，軌道が存在するベンゼン環平面内で起こらなければならない．求核剤が置換基と同じ平面内から攻撃しなければならないので，この反応は立体障害の影響を非常に受けやすい．アミノ基もメトキシ基もオルト-パラ配向性であり，メタ化合物を求電子置換ではつくることができないので，この反応はメタ関係にあるアミノエーテルをつくる有用な方法になる.

> 立体障害は，付加-脱離機構による求電子置換においても求核置換においても，あまり重要ではない．どちらの反応においても，反応剤は環に対して適切な方向から p 軌道を攻撃するので，オルト置換基から少し離れている.

> 酸素はここでは電子求引基である．アニオンはベンゼン環の面内に生じるので，ベンゼンの π 軌道とは相互作用できない.

パラ置換のハロゲン化物からは，ベンザインは 1 種類だけ生じるが，たいていの場合生成物は混合物になる．パラ位の単純なアルキル置換基は三重結合から遠く離れているのであまり立体効果を示さない．もし置換基がアニオンであると，電子反発のため，反応によって生成するアニオンは置換基のアニオンからできるだけ離れたほうがいいので，メタ生成物だけができてくる．これもまた，二つのオルト-パラ配向基がメタ関係にある生成物をつくり出すので有用である.

22・11 終わりに

通常アルケンやアレーンは求核剤として働く．本章では求核剤ではなく求電子剤として働く場合を述べた．しかし，基本的にはアルケンやアレーンが求核性を示すことを忘れないようにしよう．

本章で出てきた反応と本書の他の部分で出てくる類似の反応を以下の表にまとめる．

	アルケンの種類	例	反 応
§22・2	不飽和カルボニル化合物		共役付加
§22・4	不飽和ニトリルとニトロアルケン		共役付加
§22・5	β位に脱離基があるエノンなど		共役置換
§22・6	不飽和カルボニル		求核的エポキシ化
§22・8	オルトまたはパラに電子求引基をもつ塩化アリール，フッ化アリールやアリールエーテル		芳香族求核置換：付加-脱離機構
§22・9	アリールカチオン（ジアゾニウム塩から）		芳香族求核置換：S_N1 機構
§22・10	ベンザイン		芳香族求核置換：脱離-付加機構
26 章	エノールやエノラート等価体が求核剤		共役付加

問題

1. 次の反応の機構を示せ．なぜ塩基が不要なのか説明せよ．

   PhPH₂ + CH₂=CH-CN (過剰) → Ph-P(CH₂CH₂CN)₂

2. 次に示す反応経路二つのうち，どちらが目的物を生じるか．

   メチルビニルケトン → 1. EtMgBr, 2. HCl / 1. HCl, 2. EtMgBr → 3-メチル-5-クロロ-3-ペンタノール ?

3. 次の各反応で異なる結果になる理由を反応機構に基づいて説明せよ．

   メシチルオキシド + Et₃N, Me₃SiCl → シリルエノールエーテル
   + LiAlH₄ → アリルアルコール
   + R₂NH, RCO₂H → β-アミノケトン

4. 次の反応の機構を示せ．

   ベンゼン + メシチルオキシド → AlCl₃, 水による後処理 → 4-フェニル-4-メチル-2-ペンタノン

5. 次の反応の生成物の構造と機構を示せ．構造を答えるにあたり，次のスペクトルを参考にせよ．

   4-フルオロベンズアルデヒド + Me₂N-CH₂CH₂-OH, NaH → C₁₁H₁₅NO₂
   ν_{max} 1730 cm^{-1}
   δ_C 191, 164, 132, 130, 115, 64, 41, 29
   δ_H 2.32 (6H, s), 3.05 (2H, t, J 6 Hz), 4.20 (2H, t, J 6 Hz), 6.97 (2H, d, J 7 Hz), 7.82 (2H, d, J 7 Hz), 9.97 (1H, s)

6. 次の反応の機構を選択性を含めて説明せよ．

   ペンタフルオロフェニル-CO-CH₂-CO₂Et + N-メチルピペラジン → 置換生成物

7. ピリジンはベンゼンと同様に芳香族6電子系をもつ化合物である．ピリジンの反応についてはまだ説明していないが (29 章ででてくる), 2-クロロピリジンと 4-クロロピリジンは求核剤と反応するのに対し, 3-クロロピリジンは反応しない理由を考えてみよ．

   2-クロロピリジン + RNH₂ → 2-アミノピリジン
   4-クロロピリジン + RNH₂ → 4-アミノピリジン
   3-クロロピリジン + RNH₂ → 反応しない

8. 次の芳香族化合物を，示した二つの誘導体に変換するには，どうしたらよいか．

   4-メトキシトルエン → ? → 2-アミノ-5-メトキシトルエン
   4-メトキシトルエン → ? → 2-シアノ-4-メトキシトルエン

9. 次の二つの反応の機構を示せ．なぜそのように考えたかも述べよ．

   2-クロロアニソール + CH₃CH₂CH₂CH₂CN, NaNH₂ → 3-メトキシフェニル酪酸ニトリル
   2-ブロモ-4-ニトロ-5-メチルアニリン + NaCN → 2-シアノ-4-ニトロ-5-メチルアニリン

10. シクロペンテノンからシクロペンタノールへの還元を説明したとき，次式のように水素化ホウ素の共役付加がカルボニル基への直接付加よりも先に起こっているはずと述べた．他の可能性を示し，なぜこれが正しいか説明せよ．

    シクロペンテノン →NaBH₄→ [シクロペンタノン] →NaBH₄→ シクロペンタノール

11. 次の反応の機構を示せ．なぜそのように考えたのかも述べよ．

    CH₃C(O)SH + CH₂=CH-CHO →アセトン→ C₅H₈O₂S
    δ_H 2.28 (3H, s), 3.58 (2H, d, J 8), 4.35 (1H, td, J 8, 6), 6.44 (1H, t, J 6), 7.67 (1H, d, J 6)
    δ_C 23.5, 31.0, 99.3, 144.2, 196.5

23 官能基選択性と保護基

関連事項

必要な基礎知識
- カルボニル基への付加と置換 6章, 10章, 11章
- アルコールの酸化 9章
- 反応機構と触媒作用 12章
- アルケンへの求電子付加 19章

本章の課題
- 官能基選択性, 位置選択性, および立体選択性
- アルケンとカルボニル化合物の還元剤
- 官能基の除去
- ベンゼン環の還元
- アルコールの酸化剤
- アルケンの酸化剤
- アルデヒド, ケトン, アルコール, およびアミンの保護
- ペプチド合成

今後の展開
- 位置選択性 24章
- エノラートの反応 25章, 26章
- 有機硫黄化学 27章
- 逆合成解析 28章
- 付加環化 34章

23・1 選 択 性

大多数の有機分子には官能基が複数あり, たいていの官能基はいろいろな様式で反応できる. そのため, どの官能基が, どの位置で, どのように反応するか, しばしば予測しなくてはならなくなる. これらの問題を**選択性**(selectivity)とよぶ.

選択性には, 官能基選択性, 位置選択性, および立体選択性の3種類がある. **官能基選択性**(chemoselectivity)とはどの官能基が反応するか, **位置選択性**(regioselectivity)とはどの位置で反応するか, そして**立体選択性**(stereoselectivity)とは生成物の立体化学に関してどのように反応するかを問題にする.

> **選 択 性**
> 選択性にはおもに3種類がある.
> - 官能基選択性: **どの官能基**が反応するか (本章)
> - 位置選択性: 官能基の**どの位置**で反応するか (24章)
> - 立体選択性: 官能基が生成物の立体化学に関して**どのように**反応するか (32章, 33章, 41章)

位置選択性については21章と22章でその用語を使わずに説明してきた. 21章では芳香族求電子置換反応の生成物を予測したり説明する方法を述べたが, この場合の官能基は芳香環であり, 芳香環のどの位置で反応するかを問題にした. 22章で説明した不飽和ケトンへの求核付加は1,2付加(直接付加)でも1,4付加(共役付加)でも起こりうるが, どちらが起こるか (いいかえると, 不飽和ケトンがどの位置で反応するか) が位置

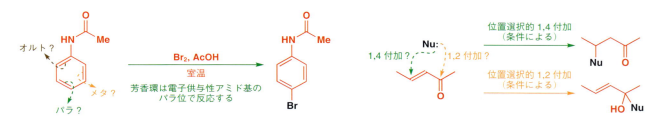

選択性の問題である．位置選択性については24章で詳しく述べる．

本章では官能基を二つ以上もつ化合物において，どの官能基が反応するかという**官能基選択性**について述べる．簡単な例としてパラセタモール（paracetamol）の合成から始めよう．4-アミノフェノールは窒素と酸素原子の両方で無水酢酸と反応して，アミドとエステル官能基をもつ化合物が生成する．この反応はトルエン中で過剰の無水酢酸と加熱すれば進行する．

> ➡ アミンがアルコールよりも求核性が高い理由とエステルがアミドよりも反応性が高い理由については10章で述べた．

しかし，塩基（ピリジン）存在下無水酢酸を正確に1当量用いると，NH_2のみがアシル化されてパラセタモールが得られる．これが官能基選択性である．この選択性は，NH_2がOHよりも求核性が高いことを考えると予測できる．パラセタモールはまた，ジアセチル体を水酸化ナトリウム水溶液で加水分解しても得られる．エステルはアミドよりも反応性が高いので，加水分解を受けやすい．これもまた官能基選択的な反応である．

> ➡ 10章では有機金属化合物との反応でケトンが得られる例をいくつか示した（220ページ参照）．

ケトンはGrignard反応剤や有機リチウム化合物に対してエステルよりも反応性が高い．そのため，エステルとこれらの反応剤との反応では中間に生じるケトンを単離することはできない．Pfizer社の研究者は精神安定薬であるオブリボン（oblivon）に構造が類似した抗けいれん薬の開発過程でこの選択性を利用し，エステル存在下ケトンへのリチウムアセチリドの官能基選択的付加反応により第三級アルコールを得ることに成功した．

これらの二つの反応の選択性は，出発物にカルボニル基が二つあっても，一方が他方よりも求電子性が高く，求核剤（最初の例ではHO^-，2番目の例ではリチウムアセチリド）に対する反応性がより高いために生じる．カルボニル化合物を求核剤に対する反応性の高い順に左から並べると次のようになる．一般に左側のカルボニル化合物は右側のカルボニル化合物が共存しても，選択的に求核剤と反応できる．

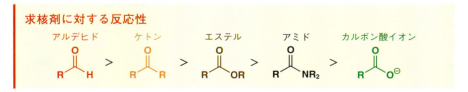

10章でカルボン酸誘導体の反応性の序列について述べた．エステル＞アミド＞カルボン酸イオンの順になる理由を理解しているか確認しておこう．ここでは，アルデヒド

（立体的要因により最も反応性が高い）とケトン（カルボニル基が非共有電子対と共役して安定化を受けることがないのでエステルよりも反応性が高い）が加わっている．

23・2 還元剤

Glaxo 社の研究者は抗ぜんそく薬サルメファモール（salmefamol）の合成で，このカルボニル化合物の反応性の差を活用している．一連の変換反応で三つの還元剤，すなわち水素化ホウ素ナトリウム $NaBH_4$，パラジウム触媒と水素ガス H_2 および水素化アルミニウムリチウム $LiAlH_4$ を用いた．

> サルメファモールは最もよく売れているサルブタモール（後出）の姉妹品．

この合成は還元反応の官能基選択性を考えるための基礎となる．第一段階で $NaBH_4$ は，エステルのカルボニル基とは反応せずケトン（オレンジ）を還元する．最終段階で，$LiAlH_4$ はエステル（黒）を還元する．これらの官能基選択性は最も広く使われている二つの還元剤の特徴を示している．すなわち，$NaBH_4$ は通常エステル共存下にアルデヒドやケトンを選択的に還元できるのに対し，$LiAlH_4$ はほとんどすべてのカルボニル基を還元してしまう．

> **なぜいつも $LiAlH_4$ を使わないのか**
>
> 一般にどのような反応にも，できる限り穏和な条件を用いるのがよい．副反応が起こる可能性が減るからである．$NaBH_4$ は $LiAlH_4$ よりも取扱いがずっと容易である．たとえば，$NaBH_4$ は水に単に溶解するだけだが，$LiAlH_4$ は水にふれると発火する．したがって，たとえ $LiAlH_4$ が同じように働くとしても，通常，アルデヒドやケトンの還元には $NaBH_4$ を用いる．

23・3 カルボニル基の還元

カルボニル化合物の還元を詳細に述べるとともに，特殊な還元剤を二，三紹介し，サルメファモールの合成における第三の還元法（接触水素化）に戻る．

> カルボニル基の還元にここで用いる反応剤がすべてホウ素とアルミニウムの水素化物であることに注目しよう．

アルデヒドとケトンをアルコールに還元する方法

繰返し述べるまでもなく，6 章で紹介した $NaBH_4$ はこの変換の優れた還元剤であり，$NaBH_4$ はプロトン性溶媒（通常エタノールあるいはメタノール）中でのみ反応する．非プロトン性溶媒を用いる場合には，Na^+ を Li^+ や Mg^{2+} のような求電子性金属カチオンにかえる必要がある（たとえば $LiBH_4$ は THF 中で使用できる）．反応は次式に示すよう

な機構に従うと推測されている.

　反応の本質はホウ素原子から炭素原子への水素原子核と2電子の移動（遊離のヒドリドイオンは関与していないが，**ヒドリド移動** hydride transfer とよぶ）である．このヒドリド移動では酸素原子に負電荷が生じ，それをアルコールがプロトン化する．生成したアルコキシドは還元の途中あるいは還元後すぐにホウ素原子に結合する．副生した水素化アルコキシホウ素アニオンはそれ自身も還元剤として働き，すべてのヒドリドを順次カルボニル基に移動させてカルボニル化合物をさらに3分子還元できる.

エステルをアルコールに還元する方法

$$R^1-C(=O)-OR^2 \longrightarrow R^1-CH(H)-OH + R^2OH$$

エステル　　　　　第一級アルコール

> LiAlH$_4$ は不注意な取扱いにより数知れない火災事故を起こしてきた.

　LiAlH$_4$ が多くの場合最もよい反応剤であり，10章で述べた機構でアルコールを生じる．LiAlH$_4$ に代わる穏和な還元剤として水素化ホウ素リチウム LiBH$_4$ はアルコール溶液中でエステルを還元する．実際，この還元剤はカルボン酸やアミドが共存してもエステルを選択的に還元するので，LiAlH$_4$ にはない有用性がある．NaBH$_4$ はほとんどのエステルをきわめてゆっくりと還元するだけである.

> 自分が理解しているかどうか確かめるには，219ページに戻る前にこの還元の機構を書いてみてはどうだろう．このあとすぐに，少し複雑な機構を示し，LiやAl種がどうなるか説明する.

$$\text{MeO}_2\text{C}-\text{CH(CH}_3\text{)-CH}_2\text{-CO}_2\text{H} \xrightarrow[\text{EtOH}]{\text{LiBH}_4} \text{HO-CH}_2\text{-CH(CH}_3\text{)-CH}_2\text{-CO}_2\text{H}$$

アミドをアミンに還元する方法

$$R^1-C(=O)-NR^2_2 \longrightarrow R^1-CH(H)-NR^2_2$$

アミド　　　　アミン

　この場合も LiAlH$_4$ が適切な反応剤である．反応機構はエステルの還元に似ているが，下に詳しく示したそれぞれの機構においてオレンジ枠と緑枠で囲んだ段階に重要な違いがある．オレンジ枠内の四面体中間体はアルコキシドを失ってアルデヒドを生成し，これがさらに還元される．アミドでは窒素の脱離は起こらず，代わりにアルミニウムが酸素に配位することによってアニオン性の酸素が失われてイミニウムイオンを生成する.

> このエステル還元機構は，10章で示した単純化した機構よりも詳しくなっている.

エステルの LiAlH$_4$ 還元

（四面体中間体が分解してアルデヒドを生成）→ H$^+$ で反応停止

アミドの LiAlH$_4$ 還元

（四面体中間体が分解してイミニウムイオンを生成）

アミドの還元において LiAlH₄ に代わるよい反応剤としてボランがある．ボランについては次項で述べる．

カルボン酸をアルコールに還元する方法

この変換に最適な反応剤はボラン BH_3 である．ボランは実際には B_2H_6 の構造をもつ気体であるが，エーテル Et_2O，THF，あるいは DMS（ジメチルスルフィド Me_2S）と錯形成することにより液体として取扱うことができる．

ボランは見かけは水素化ホウ素化合物に似ているが，電荷をもたないためその反応性は大きく異なる．水素化ホウ素化合物が多くの求電子的なカルボニル基と円滑に反応するのに対し，ボランの反応性は，その空の p 軌道へ電子対を受け入れる程度によって変わる．すなわち，カルボニル基の還元では，ボランは電子豊富なカルボニル基を最も速く還元する．酸塩化物やエステルのカルボニル基は相対的に電子不足なため（Cl や OR は電気的に陰性である），ボランは酸塩化物とは反応しないし，またエステルならゆっくりと還元するだけである．しかし，カルボン酸やアミドはきわめて効率よく還元できる．

ボランはまずはじめにカルボン酸と反応し，水素ガスの発生を伴いホウ酸トリアシルを生成する．エステルではふつうカルボニル基と sp³ 混成の酸素原子の非共有電子対との間に共役があり一般にケトンよりも求電子性が弱いが，このホウ酸トリアシルではホウ素原子の隣の酸素原子がその非共有電子対をカルボニル基とホウ素原子の空の p 軌道の両方で共有しなければならない．そのため，このホウ酸トリアシルは通常のエステルよりもかなり反応性が高い．

> これらの錯体は Lewis 酸である BH_3 が Lewis 塩基であるエーテルやスルフィドから非共有電子対を受取ることで生成する．Lewis 酸と Lewis 塩基については 180 ページで述べた．

> 二つの共役する官能基が非共有電子対を"分け合って"いることは，酸無水物がエステルよりも反応性が高い理由でもある（208 ページ参照）．

ボランはほかに還元可能な官能基があっても，カルボン酸に対して高い官能基選択性を示す．エステルは還元しないしケトンですら還元しない．

ボランと水素化ホウ素リチウムは，選択性が正反対だが，どちらも最も有用な還元剤である．日本の化学者は酵素を用いて次に示すジカルボン酸モノエステルの単一エナンチオマーを合成し，還元剤として水素化ホウ素リチウムあるいはボランを選択すること

により，エステルかカルボン酸のいずれか一方を選択的に還元した．黒枠で囲んだラクトン（環状エステル）が互いにエナンチオマーであることを確認しよう．

ボランは電子豊富なカルボニル基とよく反応するので，アミドの還元では LiAlH$_4$ の代わりに使える反応剤である．下の例ではボランはエステルが共存してもアミドだけを還元していることがわかる．

アミドのカルボニル基は窒素の非共有電子対が非局在化しているため電子豊富であり，空のp軌道をもつ Lewis 酸のボランと錯形成する．つづいて，アニオン性ホウ素から求電子性炭素原子へヒドリド移動が起こる．生じた四面体中間体が分解しイミニウムイオンを生成する．これはボランによりさらに還元されてアミンになる．

エステルとアミドをアルデヒドに還元する方法

544 ページのエステル還元の反応式において，オレンジ枠で囲んだ段階はアルデヒドを生じている．アルデヒドはエステルよりも容易に還元されるので，還元はそこでは止まらずアルコールにまで達する．ではエステルを還元してアルデヒドにするにはどうしたらよいだろうか．これは大問題である．たとえば，次に示すエステルは 25 章で述べる方法で容易に合成できるが，抗生物質モネンシン（monensin）の合成で必要なのはアルデヒドである．

この場合は，仕方なくまず LiAlH$_4$ でアルコールに還元し，9 章で述べた Cr(VI) 反応剤でアルコールを酸化してアルデヒドに戻した．しかし，必ずしも一般性はないが，この変換を 1 段階で行う反応剤がある．その反応剤は DIBAL（または DIBALH とも表記する，水素化ジイソブチルアルミニウム diisobutylaluminium hydride, i-Bu$_2$AlH）である．

ラクトンからラクトールへの変換

ラクトンの還元では安定な四面体中間体が生じる．これは環状ヘミアセタールが非環状ヘミアセタールよりも安定であるのと同じ理由による．E. J. Corey によるプロスタグランジンの合成にみられるように，DIBAL はラクトンを環状ヘミアセタール（ラクトールとよばれる）に還元する最も信頼できる反応剤である．

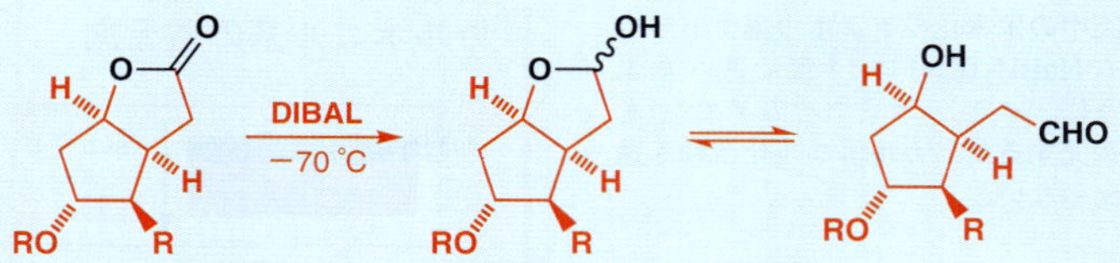

ラクトン　　ラクトール

DIBAL は欄外に示す構造をもつアラン（alane，水素化アルミニウム）であり，その反応性は多くの点でボランに似ている．DIBAL は架橋二量体として存在し，Lewis 酸-塩基錯体を形成したときだけ還元剤となる．したがって，DIBAL もボランと同様に電子豊富なカルボニル基を素早く還元する．DIBAL は −70 ℃ でもエステルを還元することができ，この温度ではアルミニウム原子から炭素原子へのヒドリド移動によって生成した四面体中間体（下図）が安定に存在すると考えられている．ここで水処理すると，この中間体が分解してアルデヒドになる．このとき過剰に用いた DIBAL も分解されるため，さらに還元が進むことはない．

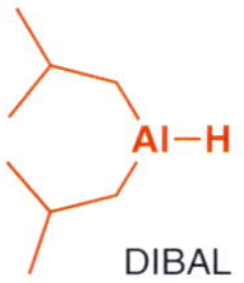

DIBAL

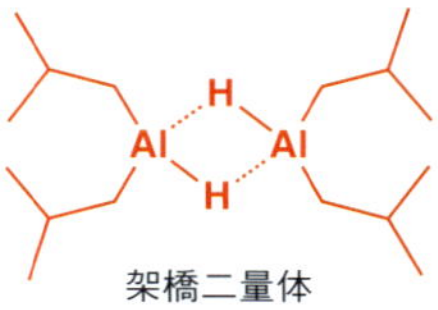

架橋二量体

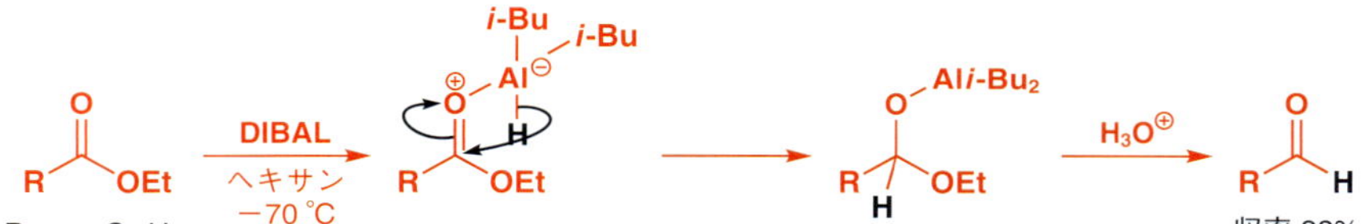

R = n-$C_{11}H_{23}$

−70 ℃ で安定な四面体中間体

収率 88%

546 ページのアミドの還元の反応式において，緑枠で囲んだ段階でイミニウムイオンを生成する．この四面体中間体は分解してアルデヒドを生じるのでイミニウムイオンを生成する前に反応を止めればアミドからアルデヒドを合成できる．これらの四面体中間体はエステルの還元で得られる中間体よりもかなり安定なので，多くの場合アルデヒドへ変換するには，0 ℃ でアミドを還元し同温度で反応を停止させるだけでよい．

四面体中間体が分解してイミニウムイオンを生成するには 0 ℃ より高い温度が必要である．

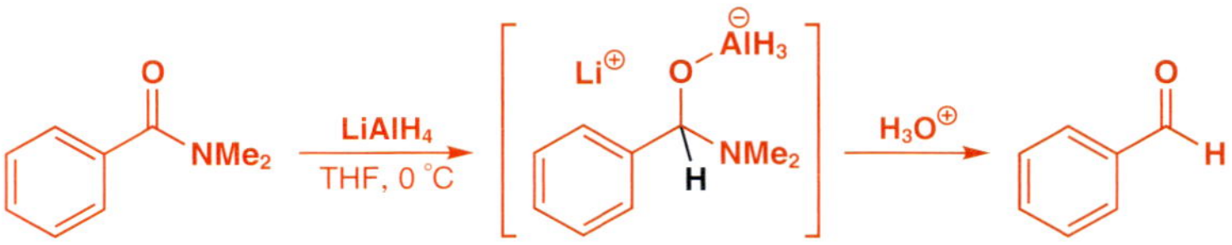

0 ℃ で安定な四面体中間体　　収率 80%

DIBAL はニトリルをアルデヒドに還元するのにも適している．実際，次の反応とラクトンからラクトールへの還元（上の青囲み参照）は，DIBAL の特徴を最もよく示す反応である．

Rosenmund 還元を用いると，カルボン酸を酸塩化物を経てアルデヒドに還元できる（551 ページ）．

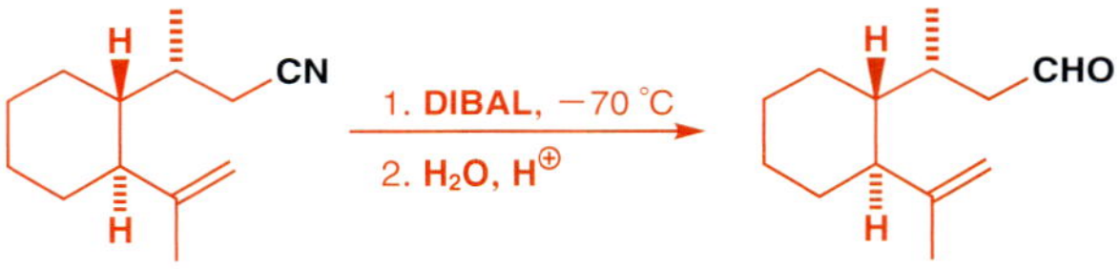

収率 96%

次ページの黄囲みにヒドリド還元剤が示す官能基選択性をまとめておこう．

図中の水素化シアノホウ素ナトリウム NaBH₃(CN) は 11 章で述べたように，イミン（イミニウムイオン）を還元するが，カルボニル化合物を還元しない．

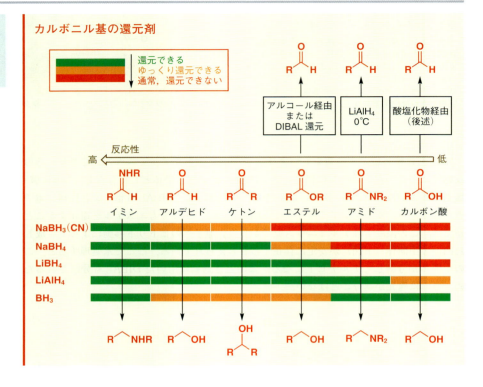

23・4　還元剤としての水素：接触水素化

→ いくつかの例外については 41 章で述べる．

最も単純な還元剤は水素ガス H₂ である．水素ガスは求核性が低いため一般にカルボニル化合物を還元しないが，C=C, C=N, C≡C, および C≡N のようなより弱い二重結合や三重結合の還元剤になる．反応には金属触媒が必須であり，この反応は**接触水素化**（catalytic hydrogenation）とよばれている．水素ガスはシリンダーや風船を通して供給するか，あるいは電気分解によって水から生成した水素をポンプによって送り込んで用いる．次の例ではアルケンは還元されるが，アルデヒドは還元されない．

パラジウム炭素

Pd/C は通常重量比で Pd 5〜10% と C 90〜95% を含む．PdCl₂ 溶液に活性炭粉末を懸濁させ，通常水素ガスを用いて PdCl₂ を金属 Pd に還元して調製する．ホルムアルデヒド HCHO（これは酸化されてギ酸 HCO₂H となる）は還元剤としても使える．活性炭に沈着した金属パラジウムを沪取し，乾燥後反応に用いる．この Pd 微粒子では触媒反応に好都合な表面積が最大になっている．Pd は高価な金属であるが，Pd/C は不溶性で単に沪過するだけで回収でき再利用可能である．

→ 40 章で遷移金属とアルケンとの錯体形成について詳しく述べる．

水素ガスを二重結合と反応させるために用いる触媒は遷移金属である．上の例にもあるパラジウムや白金を最もよく使うが，ニッケル，ロジウム，あるいはルテニウムもよく用いる．本節ではこれらの遷移金属触媒を用いる還元反応について説明する．それらの反応の機構はどれも似ているが，カルボニル基の還元の機構とは全く異なる．

接触水素化は金属表面で起こる．したがって，金属は非常に細かな微粒子の状態にしておかなければならない．多くの場合これを担体の表面に分散させる．たとえば Pd/C はパラジウムの微粒子を活性炭に担持したものである．反応の第一段階は水素ガスの金属表面への吸着であり，この過程で H−H 結合が開裂して水素原子と基質の反応が可能になる．次にアルケンが金属に配位し，最終段階で水素原子が金属からアルケンに移動する．

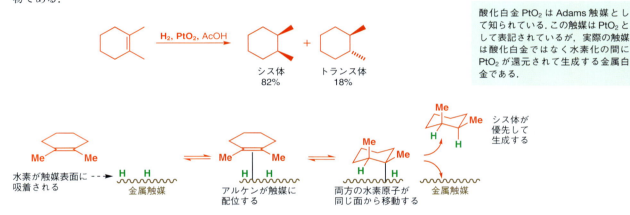

アルケンをアルカンに還元する方法

パラジウムや白金を触媒とする接触水素化はアルケンの還元に最もよく用いる方法である．次に反応機構を示すが，説明が不十分なことに気がつくかもしれない．この反応を巻矢印で説明するのは困難である．しかし，水素化がこのように進行しているという多くの実験的証拠がある．たとえば，アルケンは両方の水素原子が同じ面から付加したものを主生成物として生じる．これは反応が触媒表面で進行した場合に予想される生成物である．

酸化白金 PtO_2 は Adams 触媒として知られている．この触媒は PtO_2 として表記されているが，実際の触媒は酸化白金ではなく水素化の間に PtO_2 が還元されて生成する金属白金である．

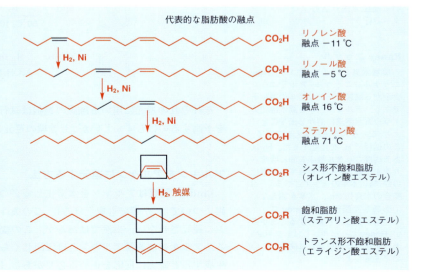

水素化された植物油

ダイズ，ナタネ，綿実やヒマワリなどは食用植物油の原料として有用だが，植物油は融点が低いためバターの代替品には適さない．動物脂肪に比べて融点が低いおもな理由は，シス二重結合があるので固体状態におけるアルキル鎖の配列が妨げられることによる．粗植物油を金属触媒を用いて水素化してこれらの二重結合のいくつかを取除くと，飽和脂肪の比率が増加して融点が上昇し，マーガリンをつくるのに適するようになる．

もちろんすべての二重結合が水素化されるわけではなく，マーガリン製造業者は不飽和脂肪酸がまだ多いと嘆いている．また，冠状動脈性心臓病の発症とトランス脂肪酸の摂取の関連が取り沙汰されているため，トランス不飽和脂肪酸の割合が低いことを宣伝している．

トランス二重結合はどうして生成するのだろうか．おそらく接触水素化の過程で二重結合の異性化が起こり，位置異性体だけでなくシス－トランス異性体も生成すると考えられる．

α,β-不飽和カルボニル化合物の還元法

C=C 結合は C=O 結合よりも容易に接触水素化されるので，α,β-不飽和カルボニル化合物の C=C 結合だけを位置選択的に還元するには接触水素化が一番よいという事実は驚くべきことではない．"ラズベリーケトン"という香料はこの方法でつくられている．

> ➡ α,β-不飽和カルボニル化合物の反応性については 22 章で詳しく述べた．

ラズベリーケトン

では，C=C 結合ではなく C=O 結合を選択的に還元するにはどうしたらよいだろうか．おそらくすぐに $NaBH_4$ を用いることを考えるだろう．しかし 22 章で共役付加を取上げたときに，ヒドリド還元剤はふつう不飽和カルボニル化合物の C=O 結合の選択的還元には適さないと述べた．ヒドリド還元剤は C=C 結合にも付加しやすく，まず飽和カルボニル化合物を生じ，これがさらに還元されてアルコールになるからである．直接 C=O 基を位置選択的に還元する方法として，$CeCl_3$ のような硬い Lewis 酸金属塩を加える方法が開発されている．この反応剤の組合わせは **Luche 還元**（ルーシェ）とよばれている．

収率 97%　　　　　　　　　　　　　　　　　　　収率 100%

ベンゼンをシクロヘキサンに還元する方法

芳香環でさえもカルボニル基に優先して水素化される．次の例ではフェニル基がシクロヘキシル基に還元されているが，エステルとカルボン酸は還元を受けない．

> 水素化には高圧水素ガスを用いることがある．右に示した反応は 100 気圧で行われる．これらの反応は Parr 接触還元装置として知られている高圧反応容器，あるいは水の電気分解によって生成した H_2 をポンプを用いて高圧で送り込むフローリアクターで行う．

それぞれの還元に用いる触媒の選択は試行錯誤を余儀なくされる．どの金属が最適かを予測するのはむずかしいが，芳香環の還元には一般に Pt，Rh，または Ni が用いられる．

> **Raney ニッケル**
> 接触水素化によく用いる Raney ニッケルはニッケル-アルミニウム合金から調製したニッケルの微粒子である．アルミニウムを濃水酸化ナトリウム水溶液に溶かし出すことにより，ニッケルが微粉末として残る．この過程で H_2 を発生するが，H_2 はある程度ニッケル触媒表面に吸着されたまま残る．したがって，水素化の際，特に本章の後半で述べる C-S 結合の水素化では，水素を加えなくても新しく調製した Raney ニッケルを用いるだけで進行することが多い．Raney ニッケルはしばしば RaNi と略すが，ラジウムとは関係がないので注意しよう．

アルキンをアルケンに還元する方法

Lindlar 触媒（リンドラー）はアルキンを水素化して Z-アルケンを生成するのに用いる（Lindlar 触媒については 27 章でも取上げる）．この条件では，アルケンはそれほど容易にはアルカンに還元されない．当然ではあるが，この変換では微妙な官能基選択性が要求されている．アルケンは通常アルキンとほぼ同じくらい速く水素化されるため，一度アルケンが生成すると確実に反応を止める必要がある．Lindlar 触媒は鉛を用いて意図的に不活性化

したパラジウム触媒 Pd/CaCO$_3$ である．たいていのパラジウム触媒はアルキンをアルカンにまで還元するが，鉛はパラジウム触媒の活性を低下させ，生じたアルケンをさらに還元するのを遅らせる．最も優れた選択性は反応液にキノリンを添加したときに得られる．アルキンをアルケンへ還元するには Pd/BaSO$_4$ とキノリンの組合わせだけでもうまくいく．それでも，アルケンを選択的に得るためには還元がいき過ぎないようしばしば注意深く反応を追跡する必要がある．

酸塩化物をアルデヒドに還元する方法

接触水素化を有用な還元法としてしばしば利用するのはカルボニル基よりも C=C 結合に官能基選択性を示すからである．カルボニル化合物に関する最も重要な水素化は，実際には C=O 結合の還元ではない．酸塩化物の水素化は **Rosenmund 還元** (ローゼンムント) として知られている反応でアルデヒドを生じるが，実際は C−Cl 結合の水素化分解である．

この反応はカルボン酸と同じ酸化度の化合物をアルデヒドに還元するよい方法であるため，548 ページのカルボニル基の還元の表（黄囲み）に載せてある．キノリンは反応で生成する HCl を中和したり，触媒活性を弱めて過度の還元を阻止するのに必要である．

触媒の担体が異なることに注目しよう．この場合には，Pd/C ではなく Pd/BaSO$_4$ を用いる．BaSO$_4$ や CaCO$_3$ は生成物を触媒から速やかに離して過度の還元を阻止するため，還元されやすい基質の場合に担体としてよく用いる．

キノリン

接触水素化を用いた還元的アミノ化

カルボニル基は接触水素化で還元されにくいため，NaBH$_3$(CN) と同様，接触水素化はアミンとカルボニル化合物を用いる還元的アミノ化に利用できる．たとえば，543 ページで紹介したサルメファモールの合成では酸性条件下でのアミンとケトンからのイミン生成と，水素ガスとパラジウム触媒を用いる還元を 1 工程で行っている．ケトン（およ

➡ NaBH$_3$(CN) を用いる還元的アミノ化については 11 章 238 ページで述べた．

び芳香環）は還元を受けないが，イミンは（プロトン化されたイミニウム塩として）水素化されてアミンを生成する．

ニトロ基をアミンに還元する方法

21章と22章で芳香環のニトロ化と続く還元が芳香族アミン合成法としていかに有用であるかを述べた．ニトロ基の還元はSn/HClの条件で行えるが，接触水素化はもっと簡便である．反応は通常PdやPtを用いてエタノール中で行うが，生成したアミンが触媒毒とならないように弱酸を添加する場合もある．この反応がSn/HCl法よりも優れている実質的な利点は後処理にある．Sn/HCl法では多量かつ有毒なスズ化合物を分離後処分しなければならないが，この反応では濾過して触媒を除去後濃縮し，残渣を結晶化させたり蒸留するだけでアミンが得られる．

➡ ニトロ基を利用する芳香族化合物の合成については§21・11と§22・9を参照．

通常収率 約100%

水素化分解：C-O結合とC-N結合の開裂

上述した還元的アミノ化のところではふれなかったが，サルメファモール合成（543ページ参照）の出発物となるアミンはベンジル基を二つもつ前駆体から合成されている．これらのベンジル基は接触水素化の条件で除去できる．

→ イミン生成に続く

これは**水素化分解**（hydrogenolysis，加水素分解ともいう）とよばれる反応であり，ヘテロ原子（特に酸素原子や窒素原子）がベンゼン環に隣接する炭素に結合している場合，たとえばベンジルアルコール，ベンジルエーテルあるいはベンジルアミンの誘導体を基質にすると，接触水素化の条件でベンジル基を除去できる．

ベンジル基とアリル基

ここでベンジル基やアリル基とフェニル基やビニル基の違いをまとめて思い出しておこう．ベンジル基とアリル基ではsp³炭素原子を介してヘテロ原子が結合しているのに対し，フェニル基とビニル基ではヘテロ原子が直接sp²炭素原子に結合している．これらの置換基名については2章で最初に紹介した．

ベンジルエーテル BnOR
フェニルエーテル PhOR
アリルエーテル
ビニルエーテル

ベンジル位 C-O 結合
トルエン

ベンジル位 C-N 結合
トルエン

水素化分解はアルケンの水素化とよく似た条件で進行するが，C=Cπ結合の還元ではなくC-Oσ結合やC-Nσ結合の開裂が起こる．この反応は本章の後半で述べるベンジル保護基を除去するのに特に重要である．

接触水素化に対する反応性

カルボニル化合物のヒドリド還元のように，接触水素化に対しても官能基の反応性に序列をつけることができる．正確には，用いる触媒によって変化するが，いくつかの触媒はある種の化合物に対して特に選択的である．たとえば，Pt，Rh，Ru はベンジル位の C−O 結合があっても芳香環を選択的に還元するのに対し，Pd 触媒はベンジル位の C−O 結合をより速やかに水素化分解する．

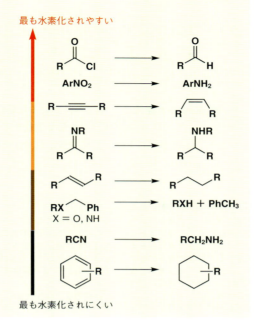

23・5 官能基の除去

官能基は分子どうしを連結させる際には有用であるが，最終生成物には必要でなくなることもある．そのような場合には，官能基を除去しなければならない．前述のアルケンの水素化はそのような方法の一つである．アルキンの接触水素化はアルカンの合成に特に有用である．アルキンをアルキル化することによって炭素鎖を伸長することができ，それから接触水素化を行えば，アルキンから合成した痕跡はどこにもなくなる．

> アルカンの合成を目的としているので，もちろん接触水素化には Lindlar 触媒ではなく Pd/C を用いる．

アルコールのヒドロキシ基は，脱離と水素化でも除けるが，トシル化したあと水素化ホウ素化合物を用いてヒドリドで置換しても除去できる．

> ここでは S_N2 反応に特に優れた還元剤として水素化トリエチルホウ素リチウムが用いられているが，他の強力なヒドリド還元剤も利用可能である．

カルボニル基の除去は比較的困難であるが，その方法がいくつか知られている．C−O 結合は強いが C−S 結合はずっと弱く，しばしば Raney ニッケルにより容易に還元できる．アルデヒドやケトンのカルボニル基は，アセタールの硫黄類縁体である**チオアセタール** (thioacetal) に変換すれば除去可能である．チオアセタールの合成にはアセタール合成 (11 章参照) と同様，ジチオールと Lewis 酸触媒を用いる．新しく調製した Raney ニッケル (550 ページ参照) は H_2 を十分量保持し，水素を加えなくてもチオアセタール

を還元できる.

Wolff-Kishner 還元として知られている反応では，少し過激な反応条件が必要である．ヒドラゾンから窒素ガスが脱離して進行する．熱濃水酸化ナトリウム水溶液中ヒドラゾンから水素がプロトンとして引抜かれ，N_2 の脱離に伴いアルキルアニオンが生成す

ムスカルア（イエバエのフェロモン）の二つの合成経路

多くの昆虫はフェロモンという揮発性物質を放出して異性をひきつける．フェロモンは種に特有であり，害虫を巧妙に駆除する方法として利用されている．たとえば，雄のフェロモンをしみ込ませた綿をトラップの中に置いておけば，雌が捕獲されて，次の世代が産まれなくなる．ほとんどのフェロモンは数ミリグラム入手するために莫大な数の昆虫をつぶさなければならない．昆虫駆除がフェロモン供給に依存するなら，合成によってそれを供給する必要がある．

どこにでもいる昆虫であるイエバエの非常に単純なフェロモンの合成を 2 種類説明しよう．上述した還元法（Wolff-Kishner 還元とアルキンの接触水素化）二つを活用した好例である．ムスカルア（muscalure）とよばれているフェロモンは Z-アルケンである．

ムスカルア，イエバエのフェロモン

1) 米国の化学者が 1970 年代初頭に発表した方法は，非常に簡単である．彼らはムスカルアとエルカ酸（erucic acid）というナタネ油に大量に存在する脂肪酸の構造類似性に着目し，ムスカルアをエルカ酸から合成することにした．まずエルカ酸をメチルリチウム 2 当量と反応させる．このとき，1 当量目は酸からプロトンを引抜いてカルボン酸リチウム塩とし，2 当量目はこれと反応してケトンを生成する（221 ページ参照）．

次はカルボニル基を除去する段階である．ここでは Wolff-Kishner 還元（上参照）を用いた．ヒドラゾンを生成させて塩基存在下に加熱するとムスカルアが生成する．

2) 1977 年にはロシアの化学者がこの化合物を別経路で合成した．彼らは，Lindlar 触媒（550 ページ参照）を用いる水素化で Z-アルケンを合成している．必要なアルキンを合成するために，1-デシンを $LiNH_2$ で処理して末端の酸性水素を脱プロトンし，生じたアニオンを臭化アルキルと反応させる．

このアルキンを水素雰囲気下 Lindlar 触媒を用いて還元し，ムスカルアを合成した．

1) エルカ酸：ナタネ油から抽出して得られる脂肪酸

るが，水によって速やかにプロトン化される．

第三の方法は **Clemmensen 還元** である．これは操作は最も簡便だが，機構は最も複雑である．この方法もかなり過激な反応条件を必要とするが，官能基が一つだけしかない場合に限ればとても有用である．この方法では金属亜鉛を濃塩酸中に溶解させながら用いる．金属が溶解すると 2 電子を放出し，ほかに何もないとこれらの電子は塩酸の H^+ を H_2 に還元して $ZnCl_2$ と H_2 を生じる．しかし，カルボニル化合物があると電子は C=O 結合を還元する．

> Clemmensen 還元については，21 章で Friedel-Crafts アシル化によって簡単に合成できる芳香族アシル化体を，Friedel-Crafts アルキル化では合成がむずかしいアルキル化体に変換する有用な方法として紹介した．

収率 88%
R = $C_{17}H_{35}$

Clemmensen 還元は，これから述べる **溶解金属還元** として知られている種類の還元の一つである．その反応機構は多くの点で共通している．溶解金属還元は，金属水素化物や接触水素化とは異なる第三の形の重要な還元反応である．

23・6 溶解金属還元

さまざまな金属を酸と反応させると，欄外に示したように塩とともに水素ガスを発生することはよく知られている．金属は電子を失ってカチオン（欄外の例では Mg^{2+}）となり，このとき放出された電子によって H^+ が二つ還元されて水素ガス H_2 を生じる．

金属の反応性が（たとえばナトリウムやカリウムのように）十分高ければ，非常に弱い酸（水，アルコール，あるいは液体アンモニア）の中でさえ同様の反応が起こる．この反応が二つの段階を含んでいることに気づいただろうか．まずナトリウムが電子を放出する．つづいてアンモニアが放出された電子を捕捉し，生じた H が H_2 になる．ナトリウムエトキシド NaOEt やナトリウムアミド $NaNH_2$（170 ページ参照）はそれぞれナトリウムをエタノールあるいは液体アンモニアに溶解させて調製する．

このようにして放出される電子が単に溶媒を還元して水素ガスを発生する代わりに，もっと還元されやすい化合物と反応するようにしたらどうなるだろうか．その答が **溶解金属還元**（dissolving metal reduction）である．金属から放出された電子は反応基質に捕捉されるか，さもなければ溶媒を還元して水素ガスを発生する．つまり金属は反応の進行に伴って溶解していく．そのために溶解（dissolving）金属還元とよばれている．

反応性の高い金属がカチオンになって溶けるとともに放出された電子は，有用な還元反応に用いることができる．電子は最も単純な還元剤であり，カルボニル化合物やアルキン，芳香環など電子を受け入れる低エネルギーの π^* 軌道をもつ官能基なら何でも還元する．

> $Mg + 2HCl(aq) \longrightarrow MgCl_2 + H_2$
>
> $Na + NH_3 \longrightarrow NaNH_2 + 1/2\,H_2$
>
> $Na \longrightarrow Na^+ + e^-$
>
> $NH_3 + e^- \longrightarrow NH_2^- + H$
>
> $\downarrow$
>
> $1/2\,H_2$

> 実際にはすでにいくつかの溶解金属還元を取上げてきた．たとえば，Sn と HCl を用いるニトロ基の還元（506 ページ参照）や上で述べた Clemmensen 還元がそうである．

芳香環の Birch 還元

Birch 還元 とよばれている芳香環の溶解金属還元から始めよう．次ページ欄外に液体アンモニア中のリチウムとベンゼンとの反応を示した．この反応では芳香環が非共役ジ

エンになるので，一見全く起こりそうにない反応のようにみえる．この反応でこの位置のジエンがなぜできるか，また反応がどうしてそこで止まるのか，いいかえれば，どうして溶解リチウムがアルケンよりも芳香環をより容易に還元するのかを説明する機構が提唱されている．

まず初めに特筆すべきは，リチウムやナトリウムがアンモニアに溶解すると非常に濃い青色溶液を生じる点である．青は溶媒和電子の色である．これらの1族金属はイオン化してLi^+やNa^+，および$e^-(NH_3)_n$を生じる．時間の経過とともに，電子はアンモニアをNH_2^-とH_2に還元するので青色は消失する．

Birch還元は溶媒和電子を含む青色溶液を還元剤として用いている．NH_3をNH_2^-とH_2へ還元する反応は大変ゆっくりであるため，よりよい電子受容体が優先的に還元を受ける．ベンゼンとの反応では，電子は最もエネルギーの低い反結合性軌道（ベンゼンのLUMOにあたる）に入る．生成する化学種にはいくつかの書き方があるが，それらはすべてラジカルアニオン（不対電子を一つ余分にもつ分子）である．ラジカルアニオンは塩基性が大変強く，反応液にあらかじめ加えてあるエタノールからプロトンを引抜く．

生成する分子はもはやアニオンではないが，まだラジカルである．もう1電子を奪ってラジカルの不対電子と対になってアニオンになる．最後に再びエタノールからプロトンを引抜き，反応は停止する．全体として2電子とプロトン二つが次つぎに付加し，水素原子二つが付加した生成物が得られる．

芳香環に置換基があると，さらに位置選択性の問題が生じる．例を二つあげる．

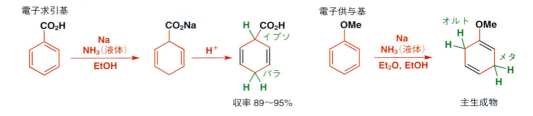

これらの例は，以下の一般則に従っている．

- 電子求引基はイプソ位やパラ位でのBirch還元を促進する
- 電子供与基はオルト位やメタ位でのBirch還元を促進する

この原則は中間体ラジカルアニオンの電子密度の分布により説明できる．電子求引基の場合には，イプソ位とパラ位でラジカルアニオンの電子密度が高く，プロトン化はより電子密度の高いパラ位で起こる．一方，電子供与基の場合には，ラジカルアニオンの電子密度はオルト位とメタ位で高くなる．

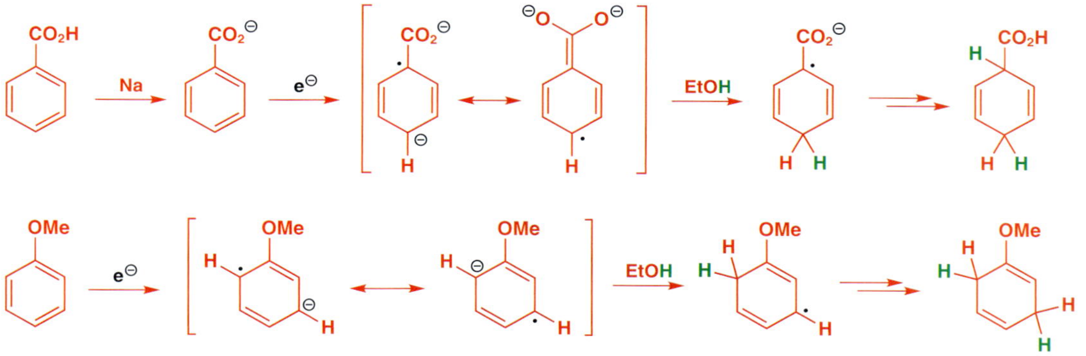

生成物として共役ジエンが必要な場合には，単に酸触媒を用いて異性化を行えばよい．実際には，上に示したアニソールの反応ではどうしても少量（約 20%）の共役ジエンが生成する．アニリンを用いた場合，反応中に起こる異性化を止めるのは不可能であり，Birch 還元では常に共役エナミンが生じる．

> この異性化の機構が書けるか確かめておくこと．[ヒント] エノールエーテルあるいはエナミンの炭素をプロトン化するところから始めよ．この種の異性化は 20 章で説明した．

アルキンの Birch 還元

Birch 還元はアルキンにも適用でき，アルキンを還元して E-アルケンを生成する．

収率 80〜90%

> この還元の立体選択性は Lindlar 触媒を用いる接触水素化とは異なることに注目しよう．

反応機構は芳香環の還元によく似ているが，ビニルアニオンにアンモニアからプロトンを引抜けるだけの塩基性があるので，原則としてプロトン源を必要としない．ビニルラジカルでは立体配置が容易に変わるが，ビニルアニオンでは E 配置が優先する．下記の緑で示した水素原子二つが，2 電子とプロトン二つに由来することをもう一度確認しておこう．

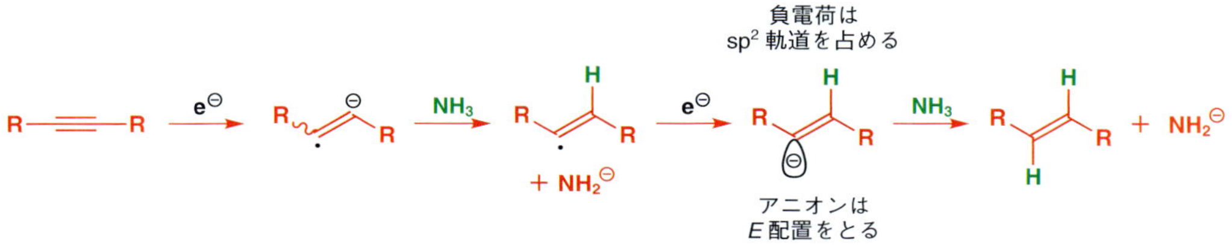

負電荷は sp^2 軌道を占める

アニオンは E 配置をとる

23・7 酸化反応における選択性

9章ではクロム(VI)反応剤を酸化剤として第一級または第二級アルコールをそれぞれアルデヒドやケトンに酸化する方法を説明したが，アルデヒドが生成物である場合にはさらに酸化が進んでカルボン酸になる可能性があることを述べた．もちろん，この問題は第二級アルコールをケトンに酸化するときには起こらない．

> ⇒ この反応が思い出せなければ9章に戻って確認しよう．

> [O] は特に限定せずに酸化剤を表す．

$$\underset{\text{第一級アルコール}}{\overset{H\;H}{\underset{R\;\;\;OH}{|\;\;|}}} \xrightarrow{[O]} \underset{\text{アルデヒド}}{\overset{O}{\underset{R\;\;\;H}{\|}}} \xrightarrow{[O]} \underset{\text{カルボン酸}}{\overset{O}{\underset{R\;\;\;OH}{\|}}} \qquad \underset{\text{第二級アルコール}}{\overset{OH}{\underset{R^1\;\;\;R^2}{|}}} \xrightarrow{[O]} \underset{\text{ケトン}}{\overset{O}{\underset{R^1\;\;\;R^2}{\|}}}$$

それ以降，特に19章でいくつか他の酸化剤を紹介した．

- 過酸はC=C結合を酸化してエポキシドを生成する（§19・2）
- 四酸化オスミウム OsO_4 によってアルケンからジオールが生成する（§19・7）
- オゾン O_3 を用いるとアルケンが開裂（オゾン分解）し，カルボニル化合物が生成する（§19・8）

クロム(VI)とは異なり，これらの酸化剤はいずれもヒドロキシ基を酸化しないので，C=C結合に対する官能基選択的な酸化剤である．反対にクロム(VI)はアルコールを酸化するがアルケンは酸化しない．

酸化剤

C=C結合に対し選択的に反応	アルコールやC=Oに対し選択的に反応
過酸 RCO_3H（19章）	Cr(VI) 化合物
四酸化オスミウム OsO_4（19章，34章）	Mn(VII) 化合物
オゾン O_3（19章，34章）	高酸化状態のハロゲン，窒素，硫黄化合物

本節ではアルコールやカルボニル化合物を酸化する酸化剤についてだけ紹介する．特に第一級アルコールの酸化をアルデヒドの段階で止める方法およびカルボン酸にまで酸化する方法について詳しく述べる．

アルコールの酸化に最もよく用いる方法では，高酸化状態の金属を使う．特にクロム(VI)（9章参照）やマンガン(VII)をよく用いるが，いずれも反応機構がきわめてよく似ていて，まずヒドロキシ基と金属との間にエステル結合が生成する．高酸化状態のハロゲンや硫黄，窒素を用いる別の種類の酸化については簡単な紹介にとどめる．

第二級アルコールをケトンに酸化する方法

この場合にはCr(VI)としてCrO_3を用いればよいことを9章で述べた．欄外に示した **Jones酸化**（ジョーンズ）がよく用いられる．反応機構は，溶液中の二クロム酸イオンから$HCrO_4^-$，すなわちCr(VI)が生成して始まる．酸性溶液中で，このCr(VI)はアルコールとクロム酸エステルを形成する．このクロム酸エステルはCr(IV)の脱離により分解してケトンを生成する．脱離したCr(IV)は続いてCr(VI)と反応してCr(V)を2分子生じる．これらCr(V)も同様にアルコールを酸化することができ，自らは還元されてCr(III)（最終的な金属含有副生物）になる．Cr(VI)はオレンジ，Cr(III)は緑の色を示すので，反応の進行は色の変化によって容易に追跡できる．

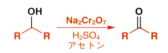

⇒ このアルコールの酸化反応の機構は9章で述べた．

23・7 酸化反応における選択性

訳注：9章195ページの訳注にも記したように，アルコールのクロム酸化はアルコールからのヒドリド移動で起こっていると考えられている．

Jones酸化は酸に不安定なアルコールを酸化する場合には避けたほうがよい．これに代わる酸化剤として **PCC**（クロロクロム酸ピリジニウム pyridinium chlorochromate）がある．PCC はジクロロメタン中で使用できる．

PCC
クロロクロム酸ピリジニウム

第一級アルコールをアルデヒドに酸化する方法

この目的には，Jones 酸化のように水を用いる方法はよくない．生成するアルデヒドが水和物を経てさらにカルボン酸にまで酸化されてしまうからである．酸化剤は水和物にもアルコールとして作用しカルボン酸に酸化する．

重要なのは水を除くことである．その意味で，ジクロロメタン中で行う PCC 酸化は満足のいく結果になる．また，関連する反応剤である **PDC**（二クロム酸ピリジニウム pyridinium dichromate）はアルデヒドへの酸化に特に優れている．

PDC
二クロム酸ピリジニウム

特に不安定なアルデヒドの合成には，もっと穏和な酸化剤が広く利用されている．そのうちの一つとして **TPAP**（"ティーパップ"と読む，過ルテニウム酸テトラプロピルアンモニウム tetrapropylammonium perruthenate）が知られている．TPAP は触媒として使用できるので，クロム化合物による酸化で生じる大量の有毒な重金属副生物の問題を避けることができる．この反応で化学量論量使う酸化剤は N-メチルモルホリン N-オキシド（N-methylmorpholine N-oxide, 略称 NMO）で，これはルテニウムを再酸化して Ru(Ⅶ) に戻し，自らは還元されてアミンになる．

TPAP
過ルテニウム酸テトラプロピルアンモニウム

収率 97%

NMO
N-メチルモルホリン
N-オキシド

N-メチルモルホリン

もう一つ重要で穏和な酸化剤は，**Dess-Martin 酸化剤**として知られている高原子価のヨウ素化合物で，2-ヨード安息香酸から調製する．

→ THP や TBDMS といった略号については本章の後半で説明する．

注意！
乾燥すると爆発する

Dess-Martin 酸化剤

ヨウ素(Ⅴ)

Dess–Martin 酸化剤は，非常に不安定なアルコールでもカルボニル化合物に酸化する．たとえば，欄外のシス形アリルアルコールをトランス体へ異性化させたり他の副生物を生じることなく，シス形 α,β-不飽和アルデヒドに変換する．この変換は，他の酸化剤では困難である．

合成上重要な方法をもう一つ紹介しよう．それは **Swern 酸化**（スワーン）である．反応機構に有機硫黄化学が入ってくるためここでは詳細な解説は省くが（27 章参照），Swern 酸化はスルホキシド S(Ⅳ) を酸化剤とする方法である．スルホキシドは自らスルフィドに還元される一方，アルコールをアルデヒドに酸化する．

第一級アルコールまたはアルデヒドをカルボン酸に酸化する方法

これはアルコールをアルデヒドに酸化するときに避けようとしていた過度の酸化である．Cr(Ⅵ) や Mn(Ⅶ) の水溶液が最もよい．酸性または塩基性過マンガン酸カリウム水溶液をよく用いる．酸性溶液中でのアルコールの酸化機構は，クロム酸酸化の機構と同じように進む．また，アルデヒドからの機構もよく似ている．

> 過マンガン酸カリウムは強力な酸化剤であり，トルエン誘導体などのベンジル位のメチル基をカルボン酸に酸化する．この酸化反応はサッカリン合成の一工程として 498 ページで紹介した．

Mn(Ⅶ) によるアルデヒドの酸化

23・8 競合する反応の制御：一方の官能基を選択的に反応させる

これまで重要な還元法と酸化法を解説してきてわかったと思うが，反応剤を適切に選択すれば望みの官能基を反応させることができることが多い．これら官能基選択性は速度支配的なもので，一方の官能基が単にもう一方の官能基よりも速く反応することに由来する．

ここで，酸性条件における塩化ベンゾイルによるアミノアルコールのアシル化をみてみよう．ヒドロキシ基はアシル化されてエステルを生成する．しかし，塩基性条件では選択性は全く異なり，アミドが生じる．

> アミノアルコールのアシル化は鎮痛薬イソブカイン (isobucaine) の合成に実際に用いられている．

どうして選択性が逆転するのか考える手掛かりを次式に示す．実際，単に酸あるいは塩基で処理することにより，エステルとアミドを相互変換できる．

23・8 競合する反応の制御:一方の官能基を選択的に反応させる

これらの反応にみられる選択性は,熱力学支配の官能基選択性である.エステルとアミドが平衡にある条件では,得られる生成物はより安定なほうであり,必ずしも速く生成するほうではない.塩基性条件ではより安定なアミドの生成が優先し,酸性条件ではアミンがプロトン化されて求核剤としての働きが抑制されてしまい,平衡から除外されるためにエステルが得られる.

> 速度支配および熱力学支配の反応例は 12 章 268 ページ,19 章 443 ページおよび 22 章 517 ページで取上げた.

反応性の低い官能基のほうを反応させる (1):
両方を反応させてから"もとに戻す"

上の例では,熱力学支配の条件で反応させることにより,アルコールとアミンの相対的な反応性を逆転させることが可能であった.速度支配の反応において,1 対の官能基(たとえばカルボニルを基盤とする官能基)のうち反応性の高いほうを選択的に反応させるのは簡単である.しかし,もし反応性の低いほうを反応させたい場合はどうしたらよいだろうか.一般によく使う解決法が二つある.その一つを,エポキシ化反応を研究していた英国の化学者がつくろうとした化合物の合成例で説明しよう.彼らは次のジオールを合成できたが,立体的に込み合った第二級アルコール部位だけをアセチル化する必要があった.

第一級アルコール部位の反応性がより高いため,アセチル化剤 1 当量で処理してもよい結果にならない.その代わりに,まず両ヒドロキシ基をアセチル化したのち,穏和な塩基性のメタノール (K_2CO_3, MeOH, 20 ℃) を用いて立体障害の小さいほうの酢酸エス

テルだけを加水分解すると，目的物が収率 65% で得られる．

いいかえると，まず二つの官能基を両方とも反応させ，その後もとに戻す．戻す反応は立体的な込み合いの少ないほうで起こるため，結局は反応性の低い官能基だけ反応させた結果になる．立体障害は目的の反応を不利にするが，戻す反応も不利にすることを利用している．

ジアニオンの反応における官能基選択性

上の例とは逆に，生成する際の反応性の低いほうの官能基が優先的に反応する例がいくつか知られている．たとえば，ジアニオンの反応でみられる官能基選択性がその例で，大変有用である．2-プロピン-1-オールは強塩基により脱プロトンが二度起こる．まずヒドロキシ基（OH 基の pK_a 約 16）が反応してアルコキシドアニオンを生成し，次にアルキン（pK_a 25）が反応しジアニオンを生成する．求電子剤との反応において，このジアニオンはアルコキシド部位ではなく，常にアルキニルアニオン部位で反応する．

右の反応は香料の cis-ジャスモン（cis-jasmone）の合成で重要である．得られたアルキンは cis-ジャスモンのアルケン側鎖の前駆体である．

ジアニオンの反応性
最後に生成するアニオンが最初に反応する．

K. P. C. Vollhardt は 1977 年にこの種の選択性を女性ホルモンであるエストロンの合成に利用した．ここでは，ジインのアニオンとエチレンオキシドとの反応を経て得られるヨウ化アルキルが必要だった．

アルキンに隣接するアニオンは多くの場合直接プロトンを引抜くことによって生じるが，この分子には緑で示した水素のほかに酸性度のより高い水素（黒）が二つあり，これらがまず塩基で引抜かれる．しかし，ブチルリチウムを 3 当量用いると水素三つがすべて引抜かれる．生じたトリアニオンのうち，最後に生じたアニオン中心がエチレンオキシドと反応して望みの化合物を生成する．

反応性の低い官能基のほうを反応させる（2）：保護基

反応に関与できる官能基が同じ分子に二つある場合，反応性の低いほうの官能基を反

応させるために，通常は**保護基**（protecting group）を用いる．たとえば，次の第三級アルコールは，もし臭化フェニルマグネシウムをケトンではなくエステルと反応させることができるなら，ケトエステルから合成できるだろう．

しかし，単にアセト酢酸エチルに臭化フェニルマグネシウムを加えただけでは，予想どおり，おもに求電子性の高いケトンのほうに付加してしまう．

目的のアルコールをつくるには，ケトンを求核剤の攻撃を受けないように保護するのが一般的である．この場合には黒で示すアセタール保護基をよく用いる．

第一段階では求電子性の高いケトンのカルボニル基を保護し，これが求核付加を受けないようにする．第二段階で Grignard 反応剤をエステルに付加させ，最後の"脱保護"段階でアセタールの酸触媒加水分解を行ってケトンに戻す．アセタール保護基は塩基（この場合は Grignard 反応剤）に対して安定であるが酸で容易に開裂するため，ここでは理想的である．

このような5員環アセタールを，1,3-ジオキソランという．アセタールの生成および加水分解については 11 章で述べた．

23・9 保 護 基

上述したように，ジオキソラン（アセタール）は求核性と塩基性の強い求核剤からアルデヒドやケトンを保護するのに用いることができる．ジオキソランについてもう少し説明してから，数ページにわたって他の重要な保護基を紹介していこう．

保護基	構 造	保護する基	保護の対象	保護法	脱保護法
アセタール（ジオキソラン）	O◇O R R	ケトン，アルデヒド（C=O）	求核剤，塩基	HO　OH H⊕ 触媒	H_2O, H^+

ケトンのような反応性の高い官能基を保護して初めて調製できるようになる反応剤もある．天然物ポランテリン（porantherine）の合成では，欄外に示す化合物が必要であった．この化合物は対称な第二級アルコールなので，ギ酸エチルに Grignard 反応剤を二度付加させれば合成できると考えられる（218 ページ参照）．しかし，もちろんケトンを含む Grignard 反応剤は自己分解するので調製不可能である．

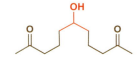

そこでアセタール保護した化合物が用いられた．緑で示した二つのジオキソランを酸触媒で加水分解するとジケトンが得られる．

Grignard 反応剤や有機リチウム化合物のような求核性の高い反応剤は強塩基でもあり，求電子性のカルボニル基だけでなく酸性水素も保護する必要がある．なかでも最もやっかいなのはヒドロキシ基の水素である．ある米国の化学者は抗ウイルス薬ブレフェルジン A (brefeldin A) の合成過程で，欄外に示す単純なアルキノールが必要になった．

合成は上と同じブロモケトンから出発した．還元によりアルコールが得られるが，このブロモアルコールをアルキニルアニオンでアルキル化しようとしても，アニオンがヒドロキシ基からプロトンを引抜くため不可能である．

解決策はヒドロキシ基を強塩基に耐える官能基に変換して保護することである．ここで選んだものは**シリルエーテル**（silyl ether）であった．シリルエーテルは，弱塩基存在下アルコールと塩化トリアルキルシリル（ここでは塩化 *t*-ブチルジメチルシリル，略称 TBDMSCl）との反応で得られる．通常，弱塩基としては求核触媒としても働くイミダゾールを用いる．

イミダゾール
（弱塩基）

➡ イミダゾールについては 178 ページを見よ．

ケイ素が電気的に陰性な元素，特に O, F, および Cl に対して強い親和力をもつため，トリアルキルシリルエーテルは水酸化物イオン，水，あるいはフッ化物イオンによる求核攻撃を受けるが，炭素や窒素の塩基あるいは求核剤には安定である．除去するには通常，酸性水溶液やフッ化物塩，特に有機溶媒に溶解する $Bu_4N^+F^-$ 〔フッ化テトラブチルアンモニウム tetrabutylammonium fluoride, 略称 TBAF（"ティーバフ"と読む）〕を使

23・9 保護基

う．TBDMS 基は数多いトリアルキルシリル保護基の一つである．実際には，各種求核剤に対する相対的安定性はケイ素の三つのアルキル基によって決まる．最も不安定なトリメチルシリル（TMS）基はメタノールで処理するだけで容易に除けるが，最も安定なシリル基にはフッ化水素酸が必要である．

ここでは重要でないが，Si での置換反応は単純な S_N2 反応(15章)ではない．求核剤は最初にケイ素に付加して5配位のアニオンを形成し，アルコールの脱離を伴って分解する．

保護基	構 造	保護する基	保護の対象	保護法	脱保護法
トリアルキルシリル (R_3Si，たとえば TBDMS)	$RO-SiMe_3$ $RO-SiMe_2t$-Bu	アルコール (ROH)	求核剤，C または N 塩基	R_3SiCl，塩基	H^+, H_2O, または F^-

単純なアルキルエーテル（たとえばメチルエーテル）はヒドロキシ基の保護にどうして利用できないのだろうか．確かにエーテル調製に問題はないし，生じたエーテルはたいていの反応に耐える．しかし，脱保護が問題となる．これこそ保護基の化学において必ず考えなければならない点である．行おうとするどんな反応条件（これまでの例では，強い塩基や求核剤）にも安定であり，かつ不安定な標的分子が全く分解することのない穏和な条件で除去可能な保護基が望ましい．そこで必要なのが"アキレス腱"，すなわちある特殊な反応剤や条件なら攻撃されて除けるエーテルである．そのような保護基の一つにテトラヒドロピラニル（THP）基がある．THP エーテルは塩基性条件で安定である．しかし，これはアセタールであるため，もう一方の酸素原子が"アキレス腱"となり，THP 保護基を酸性条件で加水分解されるようにしている．この酸素原子の非共有電子対は，酸が共存するときだけ働く"安全装置"とみなすことができる．

THP エーテルはアセタールである

➡ エノールエーテルの化学については20章で述べた．

THP エーテルを調製するには，通常のカルボニル化合物1分子とアルコール2分子からアセタールを生成する方法がとれないので（理由を考えよう），若干変わった方法で行う．下式に示すように，アルコールをエノールエーテルであるジヒドロピランと酸触媒下に反応させて保護する．オキソニウム中間体（12章参照）に注目してほしい．このオキソニウム中間体は，通常のアセタール生成反応と同じ中間体でもある．この例ではTHP 基はヒドロキシ基がエステル還元を妨害しないように働いている．

もう少し注意深く見ると，THP 基は OH 基が $LiAlH_4$ 還元を妨害しないようにしているだけでなく，この化合物のキラリティーを保持するうえでも重要であることがわかる．くさび形の太線で示した結合は出発物が単一エナンチオマーであることを示している．還元後の生成物でヒドロキシ基の一つが保護されていなければ，分子は同じヒドロキシ基を二つもつことになり，もはやキラルではなくなる．THP 基はまた余分なキラル中心を導入しているため状況を複雑にしていることがわかる．ここでは無視しているが，生成物はジアステレオマー二組の混合物である．

保護基	構造	保護する基	保護の対象	保護法	脱保護法
テトラヒドロピラニル（THP）		アルコール（ROH）	強塩基	ジヒドロピランと酸	H^+, H_2O

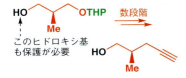

このヒドロキシ基も保護が必要

このTHP基で保護した化合物は，駆虫剤ミルベマイシン（milbemycin）の合成の中間体である．これは欄外に示したアルキンに変換しなければならないが，そのときにはもう一方のヒドロキシ基を保護しておく必要がある．この場合の保護基は，THP基を除去する際に必要な酸性条件に耐えなければならないので，TBDMS基は不適である．さらにここでの保護基は，ミルベマイシンの合成の最終段階で用いる酸性条件に耐える必要がある．ヒドロキシ保護基の第三の種類としてベンジルエーテルを用いるのが正解である．ベンジル（Bn）保護基は強塩基（通常，水素化ナトリウム）と臭化ベンジルを用いて導入でき，酸と塩基の両方に安定である．

→ S_N2 反応によるエーテルの合成については15章で述べた．

ベンジル基とベンゾイル基
ベンジルエーテル $ROCH_2Ph$ は ROBn と略す．これに対し，ベンゾイルエステル $ROCOPh$ は ROBz と略す．

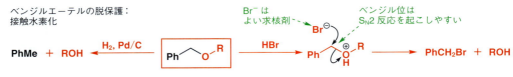

ここではパラジウム触媒を用いなければならない．白金触媒では芳香環が水素化されてしまう．

ベンジルエーテルの"アキレス腱"は芳香環である．本章の前半を読んでいるなら，この除去法を答えられるはずである．パラジウム触媒を用いる水素化（水素化分解）を行えば，ベンジル位のC−O結合が開裂する．

ベンジルエーテルの脱保護：接触水素化

PhMe + ROH ← H_2, Pd/C ← PhCH₂OR → HBr → Ph–CH(OH⁺)–R → $PhCH_2Br$ + ROH

Br⁻ はよい求核剤
ベンジル位は S_N2 反応を起こしやすい

別法によるベンジルエーテルの脱保護：求核性の強い対イオン（共役塩基）をもつ酸

ベンジルエーテルのBn基は，求核性の共役塩基をもつ酸でも除去できる．たとえば，HBrはBr⁻の求核性が反応活性なベンジル位炭素でのみROHを置換できるので，選択的にBn基を除去できる．

保護基	構造	保護する基	保護の対象	保護法	脱保護法
ベンジルエーテル（OBn）	ROBn	アルコール（ROH）	ほとんどすべての反応剤	NaH, BnBr	H_2, Pd/C, または HBr
メチルエーテル（ArOMe）	MeO–Ar–R	フェノール（ArOH）	塩基	NaH, MeI または $(MeO)_2SO_2$	BBr_3, HBr, HI, Me_3SiI

単純なメチルエーテルは脱保護の条件が過酷なため，メチル基はOHの保護基として

適当でないと先に述べた．確かにそうだが，フェノール性 OH は例外である．ArOH が ROH よりもよい脱離基であるため，HBr はアリールメチルエーテルからもメチル基を除去することができる．

> HBr に代わる反応剤として使われるものに BBr$_3$, HI, Me$_3$SiI がある．

アリールメチルエーテルの脱保護

ArOMe →[HBr] [Me-O(+)(Ph)(H) ... Br$^-$] → ArOH + MeBr

保護基は確かに有用であるが，時間（その導入と除去の 2 段階が余計に入る）と物質収支（これらの段階が収率 100% で進行することはない）の両面から無駄ともいえる．ここで保護基を利用しないですむ方法を一つあげる．抗ぜんそく薬サルブタモール（salbutamol）の開発研究で，下に示すトリオールも開発候補となった．すでに大量のサルブタモールがあったので，サルブタモールから得られるエステルに臭化フェニルマグネシウムを付加させてトリオールを合成するのが最も簡単だと考えられた．しかし残念なことに，このエステルには酸性水素が三つあり，したがって，ヒドロキシ基二つとアミノ基のすべてを保護する必要があると考えられたが，実際には，Grignard 反応剤を酸性水素除去とエステル付加に十分な量加えるだけで，目的の反応が可能であった．

サルブタモール

サルブタモールから得られるエステル →[PhMgBr（少なくとも 5 当量）] トリオール

この戦略は容易に試みることができる．Grignard 反応剤が高価でなければ（PhMgBr は瓶で購入可能）保護基の導入と除去を行うよりも経済的である．しかし，常にうまくいくとは限らない．実際のところ，その成否は実験室で反応を試すまでわからない．たとえばこれによく似た反応で，フェノール性 OH（アルコールの OH はそのまま）とアミン NH をそれぞれベンジルエーテルおよびベンジルアミンとして保護する必要があることを確認している．両方の Bn 保護基は水素化分解で一度に除去できる．

→[MeMgBr（過剰）] →[H$_2$ Pd/C]

Bn 基は第二級アミンを脱プロトンする強塩基に対して保護する一つの方法である．しかし，一般に官能基選択性が問題となるのは，NH 基の酸性度よりもむしろアミンの求核性である．最も重要な生体分子の一つであるペプチドの合成において，これが非常に深刻な問題となる．

23・10　ペプチド合成

ペプチド合成は，優れた保護基の開発により有機合成化学の分野において最も信頼性が高く，そして予見可能な分野の一つとなっている．このため，ペプチドは多種多様な

ほとんどのペプチドおよびタンパク質を構成する天然アミノ酸の名称,構造,略号の一覧を 570 ページに示す.

ラセミ化や二量化によってジケトピペラジンという副生物が生成するために,実際にペプチド合成で酸塩化物を用いることはない.

ジケトピペラジン
ペプチド合成における副生物

構造をもつ複雑な有機化合物のなかでも自動合成装置(欄外の写真)でつくることができる数少ない化合物群の一つである.自動合成装置を用いればこれから述べる合成の多くを実際に手を動かすことなく行うことができる.

　生体内では約 20 種類のアミノ酸を選択的に結合させることでペプチドやタンパク質を合成しているが,研究室で同じように合成するにはいくつもの課題を克服しなくてはならない.まず初めに,ロイシンとグリシンを例に,二つのアミノ酸を反応させてジペプチドを合成する方法を考えてみよう.ロイシンの CO_2H とグリシンの NH_2 を反応させようとしたら,最初にカルボン酸を RCOX で表される酸塩化物や活性エステルに変換して求核置換が起こるように活性化しなければならない.

　しかし,ここで重大な問題は,もう一つ別の遊離 CO_2H があるので COX と反応して酸無水物を生成する可能性があることと,異なる遊離アミンが二つあるためにどちらが反応するかによって Leu-Leu (目的でないもの) と Leu-Gly (目的物) の両方とも生成してしまうことである.

　以上の理由からロイシンの NH_2 とグリシンの CO_2H の両方を保護する必要がある.どんな保護基がよいのだろうか.保護基は目的を果たしたら簡単に除去できなければならず,したがってアミン保護にアミドは使えない.なぜなら,生成したアミド結合が共存したまま保護基のアミドのみ加水分解することはきわめてむずかしいからである.穏和な条件で脱保護でき,しかも NH_2 と CO_2H の二つの保護基がそれぞれ異なる条件で除去できるものを選びたい.こうすると,合成したジペプチドの両端を思いどおりに変換できる.

　二つの異なる脱保護条件としてよいのは,たとえば酸と塩基である.NH_2 には塩基で

Cbz 保護基：オキシトシン

$$H_2N-Cys-Tyr-Ile-Gln-Asn-Cys-Pro-Leu-Gly-CONH_2$$
オキシトシン

ここでジペプチド Leu-Gly を例としてあげたのは，これがペプチドホルモンであるオキシトシン（oxytocin）の末端部位を形成するからである．オキシトシン合成の最初の段階はグリシン（のアミノ基）とロイシンとの縮合であった．以下に述べるのは V. du Vigneaud と M. Bodanszky が行った方法である．まずグリシンのカルボン酸をエチルエステルとして保護する．エステル化することにより CO_2H が酸や求核剤として反応を阻害しないようにしておく．しかし，単純なメチルエステルやエチルエステルではアミンのような求核剤とも反応する可能性があるので，問題になるかもしれない．アミノ酸のエチルエステルはその NH_2 が保護されている場合にのみ安定である．実際，グリシンエチルエステルは，NH_2 が NH_3^+ として"保護"された状態になる塩酸塩として保存しなければならない．

> オキシトシンは女性の陣痛開始を制御したり続く母乳放出の制御に関与するホルモンで，ペプチド合成の功績により 1955 年にノーベル賞を受賞した du Vigneaud によって，1953 年に合成された最初のペプチドホルモンである．シントシノン（Syntocinon）とよばれているその合成ホルモンは（ヒト胎盤から単離された"天然の"ホルモンともちろん同一であり，生物由来の不純物が混入する危険もない），現在産婦人科で予定日を過ぎた妊婦の分娩を促す薬として常用されている．

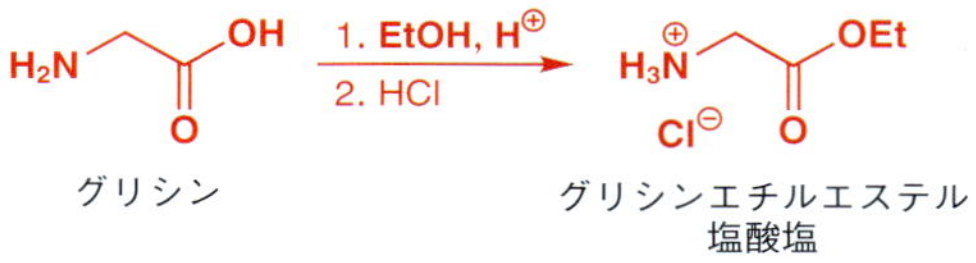

求核剤の攻撃に対してもっと安定なカルボン酸の保護基としては，通常 *t*-ブチルエステルをよく用いる．*t*-ブチルエステルは硫酸中イソブテンから生成したカチオンとカルボン酸を反応させて合成する．

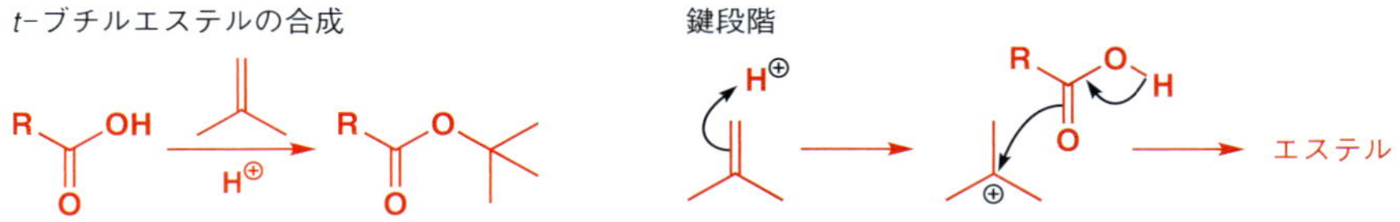

> 酸塩化物とアルコールからエステルを合成する通常の方法では立体障害のために *t*-ブチルアルコールの反応がきわめて遅くなるので（10 章参照），酸性条件でイソブテンと反応させる方法が優れている．

立体障害のために *t*-ブチルエステルはカルボニル基への求核攻撃を受けにくく，したがって塩基性条件での加水分解（HO^- の求核攻撃）も起こりにくい．しかし，酸性条件では加水分解の機構が全く異なるために容易に加水分解が起こる．この反応はカルボニル基への求核攻撃ではなく，*t*-ブチル基に特有な反応を経由するものである．*t*-ブチルエステルから遊離した安定なカルボカチオンは，S_N1 反応で溶媒に捕捉されるか，あるいは $E1$ 反応でプロトンを失いイソブテンを生じる．

> ➡ *t*-ブチル基の S_N1 反応と $E1$ 反応については 15 章 336 ページと 17 章 390 ページで述べた．

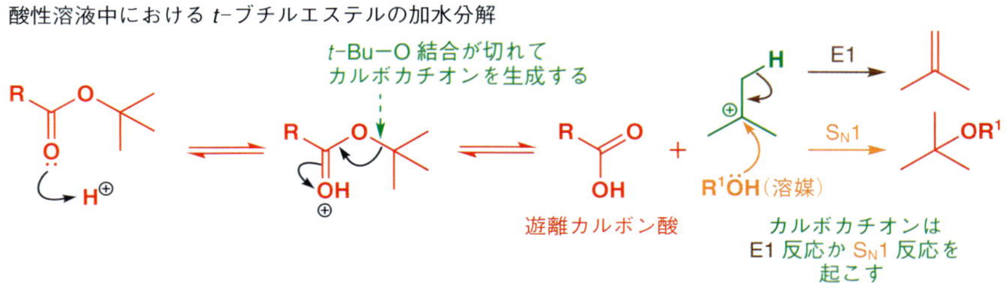

酸性溶液中における *t*-ブチルエステルの加水分解

アミノ酸

参考までに，以下にペプチドのおもな構成成分であるアミノ酸の一覧を2種類の略号（三文字略号，一文字略号）とともに示す．側鎖は黒，側鎖の官能基を緑で表している．アミノ酸については42章でもっと詳しく述べる．

生体内のL-アミノ酸

名称	三文字略号	一文字略号	構造
グリシン(glycine)	Gly	G	
アルキル基または芳香環をもつアミノ酸			
アラニン(alanine)	Ala	A	
バリン(valine)	Val	V	
ロイシン(leucine)	Leu	L	
イソロイシン(isoleucine)	Ile	I	
フェニルアラニン(phenylalanine)	Phe	F	
トリプトファン(tryptophan)	Trp	W	
プロリン(proline)	Pro	P	
ヒドロキシ基をもつアミノ酸			
セリン(serine)	Ser	S	
トレオニン(threonine)	Thr	T	
チロシン(tyrosine)	Tyr	Y	

名称	三文字略号	一文字略号	構造
硫黄を含むアミノ酸			
システイン(cysteine)	Cys	C	
メチオニン(methionine)	Met	M	
側鎖に窒素塩基をもつアミノ酸			
ヒスチジン(histidine)	His	H	
リシン(lysine)	Lys	K	
アルギニン(arginine)	Arg	R	
側鎖にカルボン酸またはアミド基をもつアミノ酸			
アスパラギン酸(aspartic acid)	Asp	D	
アスパラギン(asparagine)	Asn	N	
グルタミン酸(glutamic acid)	Glu	E	
グルタミン(glutamine)	Gln	Q	

保護基	構造	保護する基	保護の対象	保護法	脱保護法
t-ブチルエステル (CO_2t-Bu)	(構造式)	カルボン酸 (RCO_2H)	求核剤	イソブテン, H^+	H^+(強酸)

この末端カルボン酸は最終的にオキシトシンでは第一級アミドにしなければならないので、保護基はあとでアンモニアと反応できるものがよい。さらに穏和な酸性条件では安定である必要があるため、エチルエステルが選ばれた。

ロイシン残基に関しては、塩基でグリシン塩酸塩を遊離 NH_2 にしたいため、塩基に安定な保護基で NH_2 を保護しておかなければならない。採用された保護基は、窒素保護基のうちで最も重要なものの一つである Cbz 基(ベンジルオキシカルボニル基)であった。Cbz 基はクロロギ酸ベンジル BnOCOCl と弱塩基を作用させて導入できる。

> Cbz は単に Z と略されることもある。

(反応式: ロイシン Leu + クロロギ酸ベンジル BnOCOCl → Cbz–Leu または Z–Leu)

Cbz 基で保護されたアミンはカルバミン酸エステルであり、アミドと同様、窒素の非共有電子対がカルボニル基と共役しているために求核性はなくなっている。Cbz 基は酸性水溶液や塩基性水溶液中では安定であるが、前に出てきたのと同様に、アキレス腱としてベンジル基をもっている。ベンジルエーテルを除去するのと同じ二つの異なる条件(566 ページ参照)で、安全装置であるベンジル基が除去されて Cbz 基を脱保護できる。

> カルバミン酸エステルはエステルとアミドの両方の構造をもつが、化学的性質はアミドによく似ている。
>
> (構造式: カルバミン酸エステル)

HBr/AcOH による Cbz(Z) の除去

(反応機構図)

水素化分解による Cbz(Z) の除去

(反応機構図)

ベンジル位 C–O 結合

保護基	構造	保護する基	保護の対象	保護法	脱保護法
Cbz(Z) (BnOCO)	(構造式)	アミン	求電子剤	BnOCOCl, 塩基	HBr, AcOH または H_2, Pd

次に Cbz 基で保護したロイシンの CO_2H を、グリシンと反応するように活性化しなければならない。酸塩化物は不安定なために使えないが、ペプチドの化学ではそれにかわる活性化の方法として、p-ニトロフェニルエステルや 2,4,6-トリクロロフェニルエステルを用いる。特に電子求引基をもつフェノキシドはよい脱離基となる。Cbz-ロイシンの p-ニトロフェニルエステルはグリシンエチルエステル塩酸塩と弱塩基(トリエチルアミン、グリシンの NH_2 を遊離させるために用いる)共存下で反応する。

> フェノールはアルコールに比べて pK_a が小さいので、フェノキシドはアルコキシドよりもよい脱離基であり、それが電子不足なフェノキシドであればなおさらである(172 ページ参照)。

右の反応の官能基選択性に注目しよう．グリシンの NH_2 は 3 種のカルボニル基と反応する可能性があるが，求電子性が最も高くかつ最も優れた脱離基をもつカルボニル基と選択的に反応する．

ジペプチドの縮合に成功したが，この段階ではまだ保護されている．さらに次の反応を進めるために，脱保護（HBr/AcOH）して Leu-Gly エチルエステルの HBr 塩を得た．残りのペプチドも，対応するアミノ酸を Cbz 基で保護した p-ニトロフェニルエステルとして反応させ，つづいて次の縮合のために脱保護するというほぼ同じ方法を繰返すことによって，オキシトシンのアミノ酸 9 個すべてを導入することができた．

Boc 保護基：ガストリンとアスパルテーム

H_2N-Tyr-Met-Asp-Phe-$CONH_2$

ガストリンの C 末端テトラペプチド

C 末端とは末端 CO_2H 基をもつペプチド端をさす．NH_2 基をもつもう一方の端は N 末端という．慣例に従って，N 末端を左に，C 末端を右に書く．

ガストリン（gastrin）は胃から放出されるホルモンで消化を制御する．このホルモンに関する初期の研究により，このペプチドの C 末端アミノ酸の四つ（C 末端テトラペプチド）だけが生理活性に必要であることがわかっていた．

合成はアスパラギン酸とフェニルアラニンの二つを縮合させることから始まる．予想どおり，フェニルアラニンのカルボン酸はメチルエステルとして保護しておき，アスパラギン酸の NH_2 を Cbz 基で保護しておく．アスパラギン酸にはカルボン酸が二つあるので，一方は保護しておかなければならない．ここに示す方法では，まず NH_2 を Cbz 基で保護し，次に両カルボン酸をベンジルエステルとして保護する．そののち，ベンジルエステルの一方だけを加水分解する．この位置選択的な加水分解が可能であることは驚きかもしれないが，これは実際に実験してみなければ予測はむずかしいだろう．

こうして一方だけ保護したカルボン酸は 2,4,6-トリクロロフェニルエステルとして活性化し，フェニルアラニンメチルエステルと塩基性条件で縮合させる．ここで，アスパラギン酸の側鎖カルボン酸を保護するためにベンジルエステルを用いた理由がわかるだろう．Cbz 基を除去するために水素化分解を用いるが，このとき同時にベンジルエステルも除去できる．

23・10 ペプチド合成

アスパルテームの発見

製薬会社の研究所でテトラペプチドを合成しているときに、ジペプチドの段階で重要な発見がなされた。偶然にも Asp-Phe メチルエステルは甘いことがわかったのである。実際これは非常に甘く、スクロース（ショ糖）よりも約 200 倍甘い。Asp-Phe-OMe は現在ではアスパルテーム（aspartame）とよばれて売られている。いうまでもないが、こうした驚くべき発見があるとしても、研究室で何かを口に入れるべきではない。いかなる状況であれ、それは大変愚かで不用心かつ危険な行為である。

ガストリン合成における次のアミノ酸はメチオニンであり、もちろんアミノ基の保護とカルボン酸の活性化が必要である。ここで用いる N-保護基はカルバミン酸エステルではあるが Cbz 基ではなく Boc 基である。Boc は t-ブトキシカルボニルの略号で"ボック"と読む。Boc 基（t-BuOCO）は Boc 無水物（t-BuOCO)$_2$O を用いて導入する。

Cbz 基の導入にはクロロギ酸エステル BnOCOCl を用いるが、Boc 基に対応するクロロギ酸エステル t-BuOCOCl は不安定なため Boc$_2$O を用いる。反応機構を書いて理由を考えてみよう。

Cbz 基と同様に Boc 基もカルバミン酸エステル系保護基である。しかし、Cbz 基とは異なり希酸水溶液で簡単に除去できる。すなわち、プロトン化、t-ブチルカチオンの脱離、ついで脱炭酸が起こり、3 M HCl 程度で加水分解できる。それに対して塩基では Boc 基を切断することはできない。カルボニル基が立体的に込み合っているために HO$^-$ でさえ攻撃することができないからである。そのため、Boc 基は塩基性加水分解には十分な耐性がある。

酸性溶液中における Boc 基の除去

この加水分解の機構は酸触媒による Cbz 基の切断と似ているが、ここで t-Bu 基は S_N1 機構で脱離することを思い出そう。Cbz 基では S_N2 機構が介在しているためにその切断にはよい求核剤である Br$^-$ が必要である。これに対し Boc 基はどんな酸を使っても除去できる。

保護基	構造	保護する基	保護の対象	保護法	脱保護法
Boc (t-BuOCO)	R-NH-CO-O-t-Bu	アミン	求電子剤	(t-BuOCO)$_2$O, 塩基	H$^+$, H$_2$O

では，テトラペプチド合成に戻ろう．Bocで保護したメチオニン（Met）を2,4,6-トリクロロフェニルエステル（下式ではArと略す）として活性化し，脱保護したAsp-Phe－OMeとカップリングさせる．酸性水溶液中でペプチド結合やエステル結合を加水分解せずにBoc基を除去し，この反応操作をBoc-トリプトファントリクロロフェニルエステル（BocHN－Trp－OAr）に対して繰返し，さらにアンモニアと反応させて第一級アミドとすることにより最終的にテトラペプチドが得られる．

Fmoc 保護基

> → 15章でS_N1反応とS_N2反応の速度に及ぼす基質の構造的特徴を述べた．

本章で最後に紹介する保護基はBoc基とは逆の性質をもっている．Fmoc（"エフモック"と読む）とよばれているこの保護基は9-フルオレニルメトキシカルボニル基のことである．円で囲んだ炭素は第一級だが立体的に込み合っているので，S_N1反応もS_N2反応も起こらない．したがって，Cbz基やBoc基のように置換反応では除去できない．

> → シクロペンタジエニルアニオンの芳香族性については17章408ページで述べた．

どこに安全装置があるのだろう．Fmoc基のアキレス腱は緑で示した酸性度の比較的高い水素（pK_a約25）である．この水素の酸性度が高いのはプロトンが引抜かれて生じるアニオンが芳香族性をもつからである．この芳香族アニオンはごく低濃度でしか生成しないが，一度生成すれば速やかに脱離反応が進行する．そのためFmoc基で保護されたアミンは塩基で処理すると容易に脱保護される．

保護基の表は本章を通じて増えてきたが，ここで完成する．これからは，以下に示す各種保護基の構造を書けるようにしよう．また，それぞれの保護基について導入と除去を行うのに適切な条件を覚えておこう．

23. 官能基選択性と保護基

保護基	構造	保護する基	保護の対象	保護法	脱保護法
アセタール（ジオキソラン）	[構造式]	ケトン, アルデヒド（C=O）	求核剤, 塩基	HO-OH, H⁺触媒	H^+, H_2O
トリアルキルシリルエーテル（R_3Si, たとえば TBDMS）	RO-SiMe₃ RO-SiMe₂t-Bu	アルコール（ROH）	求核剤, C または N 塩基	R_3SiCl, 塩基	H^+, H_2O, または F^-
テトラヒドロピラニルエーテル（THP）	[構造式]	アルコール（ROH）	強塩基	ジヒドロピランと酸	H^+, H_2O
ベンジルエーテル（OBn）	ROBn	アルコール（ROH）	ほとんどすべての反応剤	NaH, BnBr	H_2, Pd/C, または HBr
メチルエーテル（ArOMe）	[構造式]	フェノール（ArOH）	塩基	NaH, MeI, または $(MeO)_2SO_2$	BBr_3, HBr, HI, Me_3SiI
t-ブチルエステル（CO_2t-Bu）	[構造式]	カルボン酸（RCO_2H）	求核剤	イソブテン, H^+	H^+（強酸）
Cbz(Z)（BnOCO）	[構造式]	アミン	求電子剤	BnOCOCl, 塩基	HBr, AcOH または H_2, Pd
Boc（t-BuOCO）	[構造式]	アミン	求電子剤	$(t$-$BuOCO)_2O$, 塩基	H^+, H_2O
Fmoc フルオレニルメトキシカルボニル	本章参照	アミン	求電子剤	Fmoc-Cl	塩基（たとえばアミン）

　官能基選択的な酸化や還元，あるいは官能基選択性の問題を解決するのに有用な保護基については本書のいたるところで述べられており，またペプチドとその生体内での機能については 42 章であらためて述べる．次章では位置選択性という第二の選択性を取上げ，その後 32 章，33 章および 41 章では第三の選択性として立体選択性について詳しく述べる．

問　題

1. 次のブロモアルデヒドを官能基選択的に二つの生成物に変換する方法を示せ．

2. 次のラクトンをヒドロキシ酸あるいはヒドロキシ基のない酸に選択的に変換する方法を示せ．

3. 次の芳香族化合物を Birch 還元して得られる生成物は何か．

4. 次の段階的な変換はどのように行えばよいか. 適切な反応剤を示せ. それぞれの変換に2段階以上必要な場合もある.

5. 次のニトロ化合物を二つの生成物に変換する方法を示せ. 特に還元段階の順序について説明せよ.

6. 還元的アミノ化で次のアミンが生成するのはなぜか. 反応機構を示せ.

7. 最初の反応の官能基選択性および第二の反応の立体選択性を説明せよ. 立体選択性の説明では, 中間体の立体配座を書く必要がある. [ヒント] デカリンの立体配座については16章384ページで述べた. エノン部位は平面構造をとるので, この分子は少し折れ曲がっている. 折れ曲がった分子における立体化学制御については32章で説明する.

8. 次のジアミンを二つの保護された誘導体に選択的に変換する方法を示せ.

位置選択性

24

関連事項

必要な基礎知識
- 官能基選択性 23章
- 芳香族求電子置換反応 21章
- アルケンへの付加 19章
- 飽和炭素での置換反応 15章
- 求電子的なアルケンと芳香族求核置換反応 22章

本章の課題
- 反応機構によって決まる新しい種類の選択性
- 反応剤と基質がともに重要である
- 芳香族置換基の位置の制御法
- オルト選択性の実現：オルトリチオ化とスルホン化
- ラジカル反応とイオン反応
- アリル化合物の反応
- 共役付加の復習

今後の展開
- 立体選択性 32章, 33章
- エノールおよびエノラートの反応 25章, 26章
- ヘテロ環化合物の反応と合成 29章, 30章
- ラジカル反応 37章

24・1 はじめに

前の章では，官能基選択性，つまりどの官能基が反応するかについて説明した．**官能基選択性**（chemoselectivity）とは，ある化合物が独立した複数の官能基をもつとき，反応剤がそのうちのどれと選択的に反応するかを問題にする．一方，**位置選択性**（regioselectivity）とは，ある化合物が二つの位置で反応できる場合に，反応剤がどの位置で反応するかを問題にする．HX のアルケンへの付加（19章）やアルケンから誘導できるエポキシドへの求核付加（15章）がその例である．

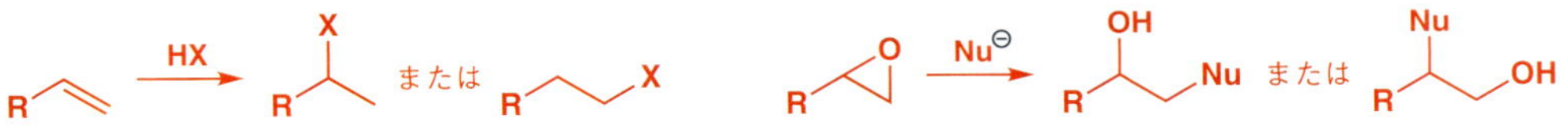

官能基が二つ結合して一つの共役系となり，これが複数の位置で反応できる場合もある．たとえば，ジエン（共役した二つの C=C 二重結合）への臭素の付加や，共役カルボニル化合物（C=C 二重結合と共役したカルボニル基）への求核付加などがある．

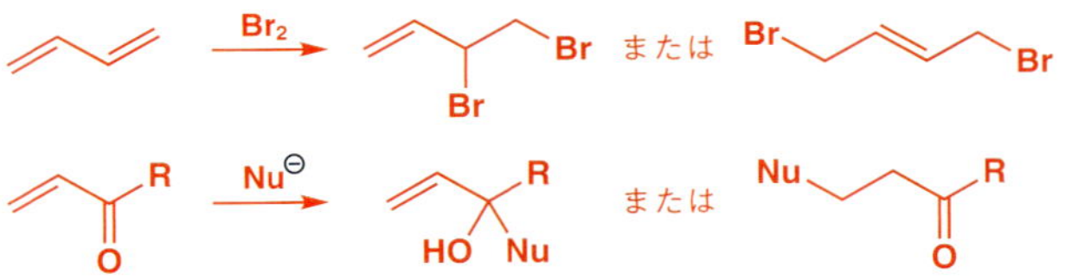

求電子剤がベンゼン環（21章）を攻撃するときにみられるオルト-パラ置換体あるいはメタ置換体の選択性も，位置選択性の問題である．本章では，これらの例についてさらに詳しく説明し，他の反応にもこの考え方を応用していく．

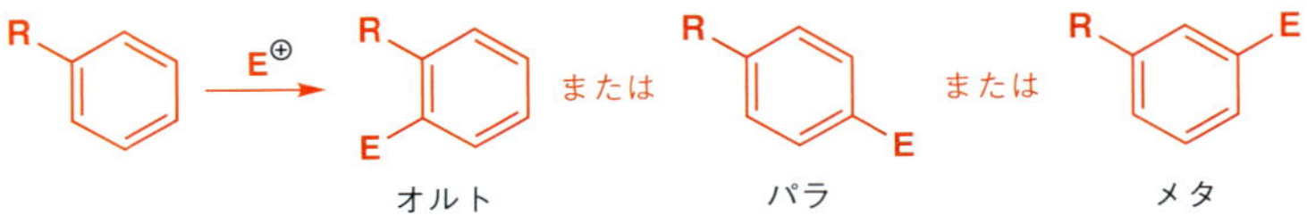

24・2 芳香族求電子置換反応の位置選択性

まず，芳香族求電子置換反応から説明しよう．21章で，電子供与基によりオルト-パラ置換が優先し，電子求引基によりメタ置換が優先することをすでに説明した．メタ置換は一般的にオルト-パラ置換よりも反応が遅いが（電子求引基がベンゼン環を不活性化するため），通常メタ置換体のみが生成する．

電子供与基をもつベンゼン環の反応では，ほとんどの場合，オルト置換体とパラ置換体が混合物として生成する．さらに，置換基の電子供与性が非常に強い場合には，オルト置換とパラ置換が両方同時に起こることもある．このような場合には，置換基の反応性を低下させ，置換基を立体的に大きくすることによって，パラ置換体が優先的に得られる．

パラ位をふさいで反応を阻害すると，オルト置換のみが可能となる．反応位置をふさぐ手法については，あとでさらに説明する．一方，メタル化によって活性化する方法を利用すると，オルト位へ求電子剤を選択的に導入することができる．

芳香環の脱プロトンによる有機金属化合物の生成：オルトリチオ化

次の反応に注目しよう．ブチルリチウムによって，sp^2 混成の炭素で脱プロトンが起こり，アリールリチウムが生成する．この反応が起こるのは，sp^2 炭素に結合した水素が，sp^3 炭素に結合した水素よりも酸性度が高いためである（アルキンの水素ほど酸性ではないが）．

しかし，最も混み合っているにもかかわらずオルト位だけで反応が起こる理由があるはずである．その理由は，酸素（あるいは窒素）を含む官能基が，脱プロトンが起こる水素の隣にあるからである．この官能基がブチルリチウムを誘導し，ブチルリチウムが隣の水素を攻撃する．エーテル溶媒が Lewis 酸性の金属イオンに配位することによって Grignard 反応剤が溶解するのと同じように，Lewis 酸性のリチウムと錯体を形成して脱プロトンを起こす．この反応機構から，官能基のオルト位の水素だけが脱プロトンできることがわかる．この反応を**オルトリチオ化**（ortholithiation）という．

24・2 芳香族求電子置換反応の位置選択性

次の例は,第三級アミンの窒素原子によって活性化されたオルトリチオ化の例であり,炭素–炭素結合生成に利用されている.ここでも,ブチルリチウムによる脱プロトンを誘導しているのはリチウムへ配位する窒素原子である.

収率 73%

オルトリチオ化は,出発物としてハロゲン化物を用いる必要がないので,反応性の高い有機リチウム化合物を合成する有力な方法である.しかし,有機リチウム化合物を合成する方法としては他の方法ほど一般性があるわけではない.オルトリチオ化に必要な芳香環の官能基について制約が大きいためである.オルトリチオ化に最も適した置換基は,リチウムに供与する非共有電子対をもち,ベンゼン環から電子を求引することによりオルト位に生成したアニオンを安定化する置換基である.

> 9章で Grignard 反応剤や有機リチウム化合物の調製法を説明したが,そこでは,ハロゲン化アルキルやハロゲン化アリールを還元して有機金属化合物を生成させる反応を用いている.オルトリチオ化をこれらの方法と比較しよう.

スルホン化によってリチオ化を経ずにオルト選択性が実現できる

21章でスルホン化について簡単に紹介した.しかし,詳細な説明を本章にとっておいたのは,スルホン化にはちょっとみただけではわからないおもしろい特徴があるためである.スルホン化とそれ以外の芳香族求電子置換反応の違いは,スルホン化が**可逆**であることにある.つまり,芳香族スルホン酸を加熱すると分解して,気体の SO_3 を生成する.

次の例では,リチオ化に頼らずスルホン化によって位置選択性を制御する方法を示す.第一段階では,フェノールにジスルホン化が起こる.まず OH のパラ位がスルホン化さ

> **スルホン化剤**
> スルホン化反応の求電子剤の厳密な構造は水の量によって変わる可能性がある.発煙硫酸(SO_3 を含む濃硫酸)や有機溶媒中で三酸化硫黄を用いた場合には,求電子剤は SO_3 自身である.しかし,水が共存すると,$H_3SO_4^+$ や $H_2S_2O_7$ が反応している可能性もある.

フレデリカマイシン

フレデリカマイシン(fredericamycin)は,1981年に土中の細菌 *Streptomyces griseus* から抽出された興味深い芳香族化合物である.右に示す構造の強力な抗生物質で抗がん剤である.1988年,米国の化学者によって初めて合成されたが,その合成は,リチオ化を3回続けることから出発している.そのうち2回はオルトリチオ化で,もう1回は少し異なるリチオ化である.反応させる反応剤よりも,リチオ化反応そのものに注目しよう.それぞれのリチオ化では,酸素原子(緑で示す)一つまたは二つが強塩基を誘導し,近くの水素(黒で示す)を脱プロトンする.ここでは,BuLi ではなく,より強力な s-BuLi や t-BuLi(187ページの表を参照)を用いている.3回目のリチオ化では,アミン(pK_a 約35)の脱プロトンによって調製した LDA に類似した塩基を用いている.このリチオ化で脱プロトンされる黒の水素は,芳香環の隣にあるため酸性度が高くなっている.

れる．スルホン酸基の電子求引性のために，2回目のスルホン化は起こりにくいが，OHのオルト位がスルホン化されてジスルホン酸が得られる．

第二段階の臭素化では，OHがオルト-パラ配向性を示すため，臭素は空いているオルト位のみを攻撃する．スルホン酸基の電子求引性を弱めるために，水酸化ナトリウムで解離させておく必要がある．スルホン化は可逆なので，沸点の低い2-ブロモフェノールを高温で蒸留すると，反応は生成物のほうに進む．このとき，SO_3が脱離すると同時に芳香環にH^+が付加する．

フェノール自身を直接臭素化すると，低温ではp-ブロモフェノールがおもに生成し，高温では2,4,6-トリブロモフェノールが生成する．しかし，上のようにすれば，2-ブロモフェノールを合成することができる．このように，スルホン酸基は着脱可能な有用な保護基として，反応位置をふさいで配向性を制御するために使われる．

芳香族アミンのパラ位がスルホン化できるので，同じ方法をアニリン類に適用することもできる．硫酸中では，アミンはすべてプロトン化されてしまうと思えるので，これは意外かもしれない．生成したアンモニウムイオンはNH_3^+基がメタ配向性になるので，メタ配向のように思える．しかし，実際にはp-アミノベンゼンスルホン酸（スルファニル酸）が生成する．反応が起こる高温では，メタ置換生成物は出発物に逆戻りするのに対して，p-アミノベンゼンスルホン酸は立体的にも込み合いがなく非局在化によって安定化されているので，これが蓄積してくることになる．

エントロピーと温度の関係（253ページ）から，なぜスルホン化が高温で可逆なのか考えてみよう．

トルエンをH_2SO_4でスルホン化した際のパラ体の収率が，$ClSO_2OH$（497ページ）を用いたときよりも高くなる理由は，硫酸を用いるスルホン化が可逆であることによって説明できる．

サルファ剤

生成物のスルファニル酸は重要な化合物で，それから誘導されたアミド（スルファニルアミド）は史上初の抗生物質であるサルファ剤である．

スルファニルアミド

スルファピリジン
（サルファ剤の一種）

ナフタレンの中央の結合が他よりも短いことを7章で示した．このため，ナフタレンではこの位置に二重結合を書くほうがよい．そのほうが，反応機構をより現実的に説明できるからである．

ナフタレンには2種類の番号づけがある

スルファニル酸
収率 50～60%

ナフタレンの位置選択的反応

7章でナフタレンの10π電子芳香系について説明した．予想できるように，21章で取上げた反応剤によって，ナフタレンの芳香族求電子置換反応が進行する．しかし，その位置選択性は，これまでベンゼンについて解説したオルト，メタ，パラ選択性とは異なる．ナフタレンは10炭素からなるが，そのうち二つは環の連結部にあり，その位置では反応しない．他の八つの炭素は，α（連結部の隣，1位）とβ（2位）の2種だけである．

ナフタレンに対する芳香族求電子置換反応は通常はα位で起こる．これは，HOMOの軌道係数がこの炭素で最大になっているためである．生成したカチオンが広い範囲で

非局在化することからも，この結果は合理的に説明できる．広がった共役のため，ナフタレンの求核性はベンゼンより高い．このため，臭素化は Lewis 酸なしでも α 位で収率よく進行する．

> ベンゼンのように活性化されていない環では，臭素との反応に Lewis 酸が必要である（486 ページ参照）．

β 位での反応は，中間体のカチオンが交互共役になるため起こりにくい．カチオンは両方の環に非局在化できるが，非局在化は効果的でない（巻矢印を続けて書くことができない）．

> 中間体の二つの非局在化したカチオンの違いは，α 位への付加によって生じるカチオンがもう一つの芳香環を壊さずに非局在化できるのに対し，β 位への付加によって得られるカチオンは，非局在化すると芳香環を壊してしまうことからも説明できる．

反応が不可逆である場合には，通常 α 置換体が生成する．しかし，スルホン化のような可逆反応の場合には，置換基の位置が温度によって変わる．低温におけるスルホン化では，速度支配により α 体が生成するが，高温では，熱力学支配により β 体が生成する．β 体の生成速度は遅いが，α 体よりも安定であるために，スルホン化が可逆になる条件では，最終的には β 体が生成物になる．α 体はかさ高いスルホン酸基ともう一方の環にあるオレンジの水素との立体反発のために不安定である．

反応経路の選び方による位置制御

芳香族化合物の特定の異性体だけを得るには合成経路を適切に選ぶことが重要である．ブロモニトロベンゼンの異性体の合成を例に考えよう．臭素はオルト−パラ配向性を示し，ニトロ基はメタ配向性を示すので，求電子置換反応の位置選択性を活用して，すべての異性体を合成することができる．ブロモベンゼンをニトロ化するとオルトとパラ体が生成し，ニトロベンゼンの臭素化ではメタ体が生成する．このとき，前者の反応選択性はよくない．臭素は小さいので立体障害は小さく，たいして電気陰性でないため，オルト位は不活性化されない．さらに，オルト位は二つあるが，パラ位は一つしかない．その結果，オルト体約 37%，メタ体 1%，パラ体 62% の結果になる．これらの化合物はこのニトロ化によって生産され，工業製品となる．

ニトロベンゼンの芳香族求電子置換反応に対する反応性が低いので，臭素化は非常に選択的に進む．鉄粉と臭素を用いて 140 ℃ で反応させると，メタ体が 74% で得られる．

この反応は次の反応でも必要になる．

（ニトロベンゼン → 鉄粉, Br₂, 135〜145 ℃ → 3-ブロモニトロベンゼン　収率74%　メタ体のみが生成）

次に進む前に，この選択性はどう利用できるか考えておこう．オルト-パラ配向基一つとメタ配向基一つをもつ場合には，3種すべての異性体を合成することができる．しかし，たとえばアミノ基とブロモ基のように二つのオルト-パラ配向基をメタ位にもつものを合成したい場合，どうしたらよいだろうか．

（ブロモベンゼン → ? → 3-ブロモアニリン ← ? ← アニリン）

このような場合は，ニトロ基（メタ配向基）を還元によってアミノ基（オルト-パラ配向基）に変換する方法を利用すれば解決できる．

（ニトロベンゼン → 鉄粉, Br₂, 135〜145 ℃ → 3-ブロモニトロベンゼン → Sn, HCl → 3-ブロモアニリン）

アミノ基はジアゾ化（533ページ）によって他の官能基に置換できるので，ニトロ化合物を中間体としてさまざまな位置選択性の問題が解決できる．たとえば，上の生成物を用いて，他の方法では合成のむずかしい3-ブロモヨードベンゼンが合成できる．

> ➡ ジアゾニウム塩とその芳香族化合物の合成への利用については，507ページと532ページで説明した．

（3-ブロモアニリン → NaNO₂, HCl, 0℃ → ジアゾニウム塩 → CuI → 3-ブロモヨードベンゼン）

芳香族求核置換反応の位置選択性

21章と22章で述べたように，ジアゾニウム塩の芳香族求核置換反応は活性化を必要としない．また，他の脱離基の場合には，ニトロ基が活性化基として作用する．3種類のフルオロニトロベンゼンはいずれも市販されているが，オルト体とパラ体だけが芳香族求核置換反応を起こす．これは，ニトロ基が負電荷を受け入れることによって，付加中間体を安定化できるからである．

> ➡ 芳香族求核置換反応を行うためのさまざまな方法については，§22・7〜§22・11で説明した．

求電子置換反応と求核置換反応をうまく組合わせると，予想どおりの位置に置換基をもつ芳香族化合物を合成できる．o-ジクロロベンゼンをニトロ化すると，すべての位置

が反応しうるが，実際にはオルト位の立体障害のため，ニトロ基は一方の塩素のパラ位に入る．塩素は小さいが，隣り合った二つの塩素は，つっかい効果（buttressing effect）により，互いに反対側へ押し合っている．このため，ベンゼン環に置換基を三つ隣り合わせに導入するのはむずかしい．次に求核置換反応を行うと，ニトロ基のパラ位にある塩素のみが置換される．ニトロ基を対応するアミンに還元することもできる．

芳香族求核置換反応のもう一つの方法は，ベンザイン中間体の利用である．537ページで述べたように，m-アミノアニソールを合成するのにベンザインの化学が次のように活用されている．

> この反応の位置選択性は22章で説明した．

アミノ基が導入できたら，ジアゾニウム塩を経由してアミノ基を望みの求核剤（たとえばシアン化銅）で置換できる．

分子内反応の位置選択性

ふつうでは実現できない位置選択性を達成する巧妙な方法は，分子内反応である．テトラロン（tetralone）という環状ケトンをベンゼンから合成しようとすると，ベンゼン環のオルト位だけで反応させないといけないので困難にみえる．しかし，分子内 Friedel-Crafts アシル化によって最後に環化すれば，全く問題ない．アルキル基はオルト–パラ配向基であるが，アシル基はパラ位には届かない．

最初の Friedel-Crafts アシル化で環状無水物を使っていることに注目しよう．どの位置でアシル化が起こるかは重要ではない．生じたケトンによって環が不活性化されるうえ，生成したカルボン酸は無水物よりも求電子性が低いので，反応はモノアシル化の段階で止まる．その後ケトンを Clemmensen 還元（23章参照）によって CH_2 に還元し，ポリリン酸によって分子内アシル化を行う．

> 通常はもっと強力な触媒（$AlCl_3$）が必要であるが，分子内アシル化はそれがなくても十分速く進行する．

より巧妙な方法は，"つなぎ（tether）"の利用である．"つなぎ"とは，二つの反応部位を結びつけておくための鎖としての構造で，反応後に切断可能なものである．例とし

てハロラクトン化を示す．考え方は単純である．臭素のようなハロゲンがアルケンを攻撃し，生じたブロモニウムイオン中間体が分子内のカルボン酸イオンによって捕捉される．このため，カルボン酸を解離させるのに十分な弱塩基である NaHCO₃ が必要になる．カルボン酸イオンはブロモニウムイオンの置換基が多く近いほうの炭素を攻撃し，5 員環を生成する．

➡ ブロモニウムイオンの反応については 19 章で説明した．

ブロモラクトン化

この反応に用いるハロゲンは何でもよいが，ヨウ素が最もよく使われており，その反応は一般的に**ヨードラクトン化**（iodolactonization）とよばれている．この反応の "つなぎ" はラクトンの O–CO 結合であり，アルコキシドによって切断することができる．

次のメトキシドとの反応には少し説明が必要である．カルボニル基への攻撃により，ラクトンが開環してアルコキシドが生成し，さらに隣の炭素で環化してエポキシドとなる．別のメトキシド分子が，立体障害の少ないほうからエポキシドを攻撃して開環する．これは，アニオン的な反応で予想どおりの選択性である（19 章）．

➡ 立体化学の制御のためのヨードラクトン化の利用については 32 章で説明する．

ヨードニウムイオンの遠い側の炭素で反応が起こる場合もある．次に示す例では，第三級炭素への攻撃が立体的にむずかしく，仮に起こっても不安定な 4 員環化合物を生成する．このため 4 員環の生成は起こらない．生成したラクトンはカルボニル基の β 位にヨウ素をもち，塩基（ピリジン）によって E1cB 機構で脱離し（17 章参照），不飽和ラクトンを生成する．ヨードニウムイオンの開環が反転を伴って起こるため，ヨードラクトンの相対的立体化学は制御されるが，ここでは脱離の段階でヨウ素が消失するので関係ない．

脱離反応の位置選択性

この問題については，すでに 17 章でも説明したので，いま一度立ち返ってもっと複雑な場合を考えよう．上の反応では最後の段階の位置選択性によって，生成物のアルケン

の位置が決まる．このとき，ヨウ素の隣の水素のうち，黒で示したHだけが脱離する．

オレンジのHはE2脱離では外れない．E2脱離は，トランス（つまりアンチペリプラナー）の配置で起こりやすいが，このHはヨウ素に対してシスになっているためである．緑のHは黒のHよりも酸性度が低いので脱離しない．実際は，E2脱離で起こるのではなく，黒のHが引抜かれてエノラートとなり，E1cB機構で進む．

しかし，そうすると位置選択性についての別の疑問が出てくる．脱離がカルボニル基の側に起こりやすいとすれば，カルボキシ基と共役しないアルケンをもつヨードラクトン化の出発物をどう合成すればよいのか．それには，望みのものとは異なる位置選択性でエステルを合成すればよい．これには，ホスホン酸エステルを用いるHorner-Wadsworth-Emmons反応を使う．このWittig型反応については27章で説明する．

次の反応の位置選択性はとても興味深い．通常どおり，NaOH水溶液でエステルを加水分解し，pH 3の酸性にすると，二重結合が環内に移動した酸が遊離してくる．

アルケンはカルボニル基と共役しやすいが，6員環の環外よりも環内にあるほうが熱力学的には望ましい．アルケンが環外にある場合には，エステル基が環のCH_2とぶつかってしまうためと考えられる．上で示したラクトンの例のように，エステルとの共役により，アルケンはまず6員環の環外に生成する．しかし，カルボニル基がカルボン酸イオンになると，共役が非常に弱くなり，二重結合は環内に移動する．

24・3　アルケンへの求電子攻撃

アルケンへの求電子攻撃については19章で説明したが，もう一度簡単にその位置選択性を振返ってみよう．非対称アルケンにHBrが攻撃すると，可能性のあるカチオン二つ

のうち，より安定なほうが生成する．R がアルキル基やアリール基であれば，多置換カルボカチオンが生成する．

ヘテロ原子が末端に置換するもう一方の位置異性体を得たければ，ヒドロホウ素化（19 章参照）や次節で説明するラジカル反応を利用する．ここで，少しヒドロホウ素化を復習しておこう．B–H 結合を少なくとも一つもつボランとアルケンの反応により，ボランのすべての水素がアルキル基に置き換わったアルキルボランが生成する．これを酸化すると末端アルコールが生成する．

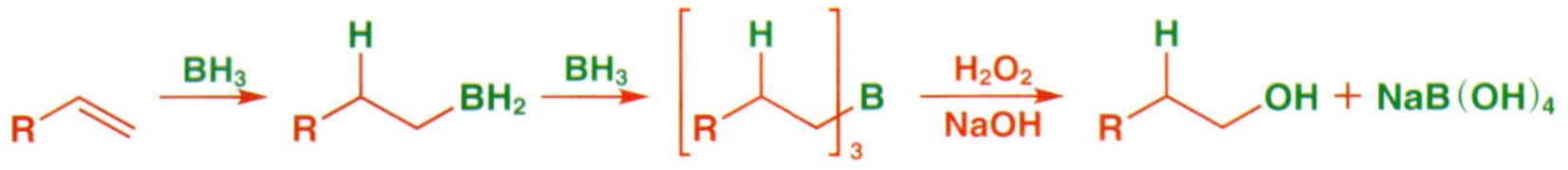

この位置選択性は最初の段階で決まる．ホウ素の空の p 軌道がアルケンのより求核的な末端炭素に結合し，ヒドリドが内側炭素に移動してボランが生成する．H_2O_2 のアルカリ性水溶液との反応によって，アルキル基がホウ素から酸素へ転位し，最終的にアルコールとなる．

この構造式では，X は R または H である．

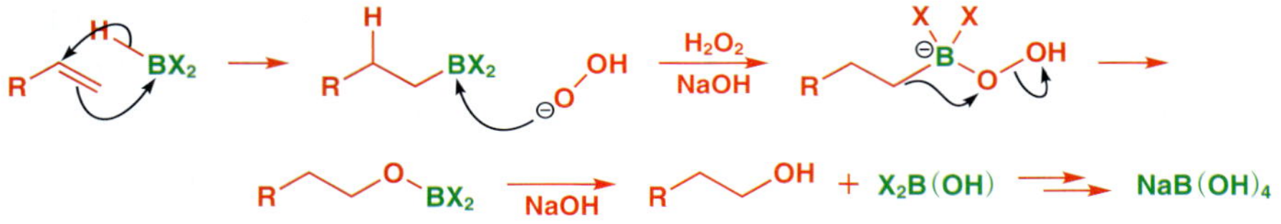

ボランは不安定であるが $NaBH_4$ と BF_3 から容易に調製できる．次の 1-ヘキセンからの 1-ヘキサノールの合成では，形式上アルケンに水分子が付加することになるが，位置選択性は酸触媒による H_2O との反応や HBr との反応の場合とは逆になる．

24・4　ラジカル反応の位置選択性

➡ ラジカルについては 37 章でさらに詳しく説明する．

これまで説明してきたほとんどの反応はイオン反応であった．しかし，ここで他の種類の反応であるラジカル反応についてふれておく必要がある．HBr が非対称アルケンに付加する場合，次のように巻矢印によって 2 電子の動きを表すと，電荷をもつ中間体が 2 種類生成する．これらが，2 段階目で結合して電荷をもたない生成物となる．強い H–Br 結合が切れて臭化物イオンと安定なアルキルカチオンが生成する．この H–Br 結合は，ヘテロリシスによって非対称に開裂する．アルケンの結合も同様である．この場合，最も安定なアニオンとカチオン（この場合は，第三級アルキルカチオンと臭化物イオン）が中間体として生成すると考えると，反応の位置選択性が予想できる．

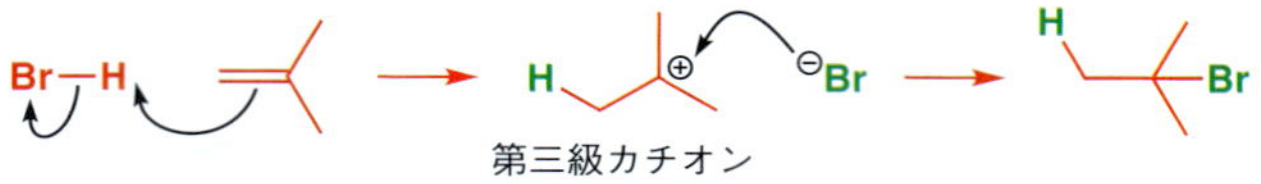

ラジカル付加

欄外の反応の位置選択性は逆になっている．ラジカルが関与する反応機構の場合には，ハロゲン化第一級アルキルが生成する．

ラジカル反応では，結合はホモリシス（均等開裂）で切断され，1電子は一方の原子に，もう1電子は結合をつくっている他の原子に動く．生成したラジカルは電子数が奇数なので，不対電子が存在する．このため，ラジカルは非常に反応性が高く，通常は単離できない．強い結合でも分極していればイオンに解離するが，ラジカルを生成するには，O-O，Br-Br，I-I などの弱い結合が必要である．反応開始剤になる過酸化ベンゾイル $Ph(CO_2)_2$ は容易にこのようなホモリシスを起こす．1電子の動きは，"釣り針"のような片羽矢印で表し，不対電子を1個の点で表す．

過酸化ベンゾイル　$\Delta G^{\ddagger} = 139 \text{ kJ mol}^{-1}$　60～80 ℃

こうしてできたラジカルを使って，次式に示すように強い HBr の結合をホモリシスで切断することができる．新しく非常に強い OH 結合が生成するからである．不対電子をもったラジカル中間体から出発するので，反応が終わっても不対電子をもつ別のラジカルが存在するはずである．この場合には，臭素ラジカルである．

アルケンを共存させてこの反応を行うと，臭素ラジカルはアルケンに付加する．このとき，付加の仕方には二通りの可能性がある．ラジカルは電荷をもたないが，電子不足である（つまり炭素原子は1電子不足している）ので，カチオンのように置換基が多いほど安定である．そのため，第三級ラジカルは第一級ラジカルよりも安定であり，臭素は置換基の少ない位置に優先的に結合する．

第三級　　　第一級

この段階でも生成物はラジカルなので，反応は終わっていない．どうやって，電子対を形成して生成物になるのか．答は簡単である．ラジカルは HBr もう1分子と反応して，水素を受取り，さらに臭素ラジカルを生成する．ここで，すべてのラジカル反応に共通する重要な点に気づいてほしい．生成物ができるごとにラジカルが生成するので，わずかなラジカルがあればよいということになる．全体の反応は**ラジカル連鎖反応**（radical chain reaction）とよばれている．

このラジカルが再び反応する

このため，過酸化ベンゾイルはごく少量あればよい．ラジカル開始剤である過酸化ベ

ンゾイルは，他の多くのラジカル開始剤と同じように爆発の可能性がある．この反応でブロモカルボン酸を合成している反応例を示す．

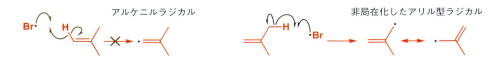

ラジカル引抜反応

　上の反応には，こっそりと新しい反応が入っていた．アシルオキシルラジカルによるHBrからの水素原子（プロトンではないことに注意）の脱離は，**引抜反応**（abstraction reaction）とよばれているものである．臭素ラジカルも水素原子を引抜く．たとえば，上で用いたアルケンの水素原子を引抜き，欄外に示すような異なる反応を起こす．

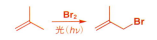

　臭素に光を照射すると，弱いBr−Br結合が切断され，臭素ラジカルが二つ生成する．熱によっても同じことが起こるが，臭素は茶色で可視光のほとんどの波長の光を吸収するので，光のほうがきれいに反応する．

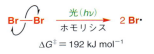

$\Delta G^\ddagger = 192$ kJ mol^{-1}

　ラジカルは非常に不安定で反応性が高い．臭素ラジカルは，単に再結合する以外は他の分子と反応する．臭化物イオンはS_N2反応において優れた求核剤であるが，臭素ラジカルは，引抜きと付加という二つの非常に異なった反応を起こす．臭素ラジカルが，アルケンのアリル位から水素原子を引抜く，あるいは，π結合に付加する．どちらの反応においても，炭素ラジカルが新しく生成する（前者ではHBrも生成する）ことに注目しよう．Br−Br結合は弱いが，H−Br結合はずっと強い（366 kJ mol^{-1}）．イオン反応とは異なり，ラジカル反応は結合の強さによって決まる．

> Br−Br結合は過酸化物のO−O結合よりも強いことに注意しよう．

　前者の反応では，また別の重要な位置選択性の問題が生じる．なぜ，臭素ラジカルはアルケンの水素ではなく，アリル位水素を引抜くのだろうか．

　アルケンの水素が引抜かれると，sp^{2}炭素原子に局在化した炭素ラジカルが生成するが，メチル基から水素が引抜かれると，ずっと安定な非局在化したアリル型ラジカルが生成する．さらに，アルケンの水素は二つしかないのに，メチル基の水素は六つもある．

　もちろん，この反応はラジカルを生成したこの段階で終わることはなく，安定とはいえ，このアリル型ラジカルは臭素分子から臭素を引抜く．この段階で，アリル型ラジカルは臭素ラジカルと反応するのではないことに注意しよう．ラジカルは非常に不安定で，濃度はいつも低く，ラジカルどうしが出会うことはほとんどない．

この段階で，新しい臭素ラジカルが生成し，それによって新しい反応サイクルが始まる．先ほどの HBr の付加のように，この反応もラジカル連鎖反応であり，反応が進むためには，わずかな量の Br_2 が Br· に解離するだけでよい．アルケンと臭素の反応では，イオン的な反応機構により付加反応が進行することを考慮すると，この点は重要である．Br_2 を多く入れすぎると，臭素分子が直接二重結合を攻撃し，水素の引抜きは起こらない．

ジブロモ化合物を合成したい場合には，臭素をたくさん用いて付加反応を起こせばよいが，ラジカル反応によってアリル型臭化物を合成したい場合には，ラジカルの高い反応性を活用し，臭素の濃度を低く保つ必要がある．このために，便利なのが，19章でも説明した NBS（N-ブロモスクシンイミド）である．NBS は一種の回転ドアのように作用し，ラジカル臭素化の副生物である HBr が 1 分子生成すると，Br_2 を 1 分子生成する．

Br_2 は反応の進行とともに少しずつ放出されるので，その濃度はジブロモ化合物を生成するほどまでには高くならない．欄外の例では，過酸化ベンゾイルが開始剤となり，アリル位臭素化によって有用な 3-ブロモシクロヘキセンが得られる．

このようなラジカル反応については，37章でより詳しく説明する．ここでは，同じ反応剤を用いてもイオン反応とラジカル反応で位置選択性が大きく異なることを理解しておこう．

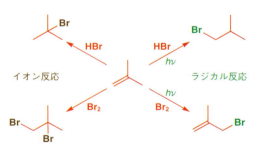

24・5　アリル型化合物への求核攻撃

上のラジカル反応によって生成するアリル型臭化物には，興味深い位置選択性が認められる．15章で述べた置換反応を考えよう．臭化アリルの S_N2 反応での反応性は，臭化プロピルや他の飽和ハロゲン化アルキルの約 100 倍にもなると述べた．これは，攻撃される炭素の p 軌道と二重結合が共役して S_N2 反応の遷移状態を安定化するからである．遷移状態において，この完全な p 軌道（次の図ではオレンジで示す）は，求核剤と脱離

基のどちらとも部分的に結合している．遷移状態の安定化によってエネルギー障壁は低くなり，反応が加速される．

この反応には，飽和炭素原子の代わりに二重結合への求核攻撃が関与するもう一つの反応機構がある．この機構でも同じ生成物が生成するが，**S$_N$2′ 反応**とよばれることが多い．

反応に関与するフロンティア軌道をみると，これら二つの機構を統一的に説明することができる．求核剤は空軌道である LUMO を攻撃する．単純に考えると，LUMO は S$_N$2 反応の場合は，C–Br 結合の σ* 軌道であると予想できる．しかし，これは二重結合を無視している．π*(C=C) と隣接する σ*(C–Br) の相互作用により，低エネルギーと高エネルギーの二つの軌道ができ，低エネルギーの π*+σ* 軌道が新しい LUMO になる．この軌道を形成するためには，すべての分子軌道が平行で，π* 軌道と σ* 軌道が結合性相互作用をもたなければならない．

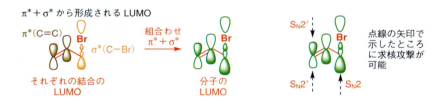

非対称なアリル型ハロゲン化物の場合には，位置選択性の問題が生じる．つまり，S$_N$2 反応と S$_N$2′ 反応による生成物が異なる．このとき，どちらの反応であっても，通常はアリル系の立体障害が少ない位置で反応することが多い．このため，重要なアリル型化合物である臭化プレニルでは，通常は完全に S$_N$2 反応が起こる．

このアリル系の両端は立体的には対照的である．直接攻撃（S$_N$2 反応）は第一級炭素で起こり，S$_N$2′ 反応は第三級炭素で起こることになる．このため，立体障害によって S$_N$2 反応が有利になる．さらに，生成したアルケンの置換基の数からも S$_N$2 生成物が常に優先することがわかる．つまり，S$_N$2 反応では三置換アルケンが生成し，S$_N$2′ 反応では，より安定性が低い一置換アルケンが生成するからである．

重要な例として，フェノールと臭化プレニルとの反応を示す．フェノールは酸性度が

> これまで，このような化合物を示すのに "アリル(allyl)" という用語を用いてきた．厳密には "アリル" は水素以外に置換基をもたない CH$_2$=CH–CH$_2$X だけを表すものである．しかし，"アリル" はアルケンの隣接位に官能基をもつ化合物を広く示す用語としてしばしば使われている．本書では，このような場合には，今後，"アリル型(allylic)" を使い，"アリル" は置換基のないものに限定する．

24・5 アリル型化合物への求核攻撃

高く（pK_a 約 10），炭酸イオンでも十分解離するので，この反応は，アセトン中 K_2CO_3 と反応させるだけでよい．ほとんど S_N2 反応の生成物だけが生成し，この生成物は Claisen 転位に使える（35 章）．

アリル系の両端がもっと似ている場合，たとえば，片方が第一級で他方が第二級であれば，両者の反応性は近くなる．塩化ブテニルの二つの異性体について考えてみよう．

第一級炭素での攻撃がより速いと予想できるが，すべての反応が合理的にみえる．右の囲みよりも，左の囲みの反応が優先すると思えるが，一般に S_N2 反応が S_N2' 反応よりも優先することはなく，逆もまたしかりであり，どちらが優先するかは場合による．第二級の塩化ブテニルとアミンを反応させると，S_N2' 反応のみが起こる．

第一級の塩化ブテニルでは，第一級炭素に求核攻撃が起こる．この場合には，S_N2 反応によって，より多置換でより安定なアルケンが得られる．次に，少し複雑な例を示す．

これらの反応は出発物がアリル型塩化物であることに注意しよう．そもそも塩化物イオンの脱離能は中程度でしかなく，通常は臭化アルキルやヨウ化アルキルを用いることからわかるように，S_N2 反応において塩化アルキルの反応性は特に高いわけではない．しかし，アリル型塩化物は二重結合のためにずっと反応性が高い．反応が転位を伴わない単純な S_N2 反応で進行する場合にも，二重結合によって塩化アリルの求電子性が高められているからである．

ここで，もう一つ疑問が生じる．それは，この反応が安定なアリル型カチオンを経由する S_N1 反応ではなくて，S_N2 または S_N2' 反応で進行していると考える根拠は何かである．この臭化プレニルの場合，特に根拠はない．実際，臭化プレニルとその異性体は溶液中，室温で速やかな平衡状態にあるので，カチオン中間体が存在していると考えられ

➡ 隣接する C=C 結合が S_N2 反応を促進する理由については，345 ページで説明した．

るからである．

その平衡は，より多置換な二重結合をもつ臭化プレニルの側に完全に偏っている．第三級のアリル型化合物の反応はおそらく S_N1 反応である．生じるカチオンは第三級でアリル型になるので安定であり，平衡によって実際存在していることがわかるからである．仮に，二分子反応であったとしても，第三級の臭化物は，S_N2 反応がむずかしいので，S_N2 反応や S_N2' 反応よりも速やかに第一級の臭化物に異性化する．

　第二級のアリル型臭化物も，脱離基が臭化物イオンなので速い平衡にあると考えてよい．この場合には，両方のアリル型臭化物が存在し，第一級アリル型異性体（臭化クロチル）は E/Z 異性体の混合物である．この臭化物は，HBr との反応でどちらのアルコールからも合成できるうえ，生成する異性体の比率は同じになる．このことから，二つの反応は共通の中間体を経ると考えられる．15 章の初めに，HBr との反応は S_N1 反応で反応するアルコールに限定されることを説明した．

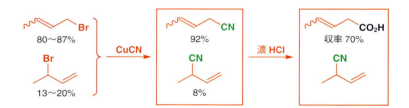

　銅(I) 塩を反応剤として用いて，上の反応で生成した臭化物をシアン化物イオンで置換すると，ニトリルの混合物が生成し，より安定な第一級のアリル型ニトリルが主生成物になる．これらは，巧妙な方法によって分離することができる．主生成物の第一級ニトリルは，濃塩酸中で加水分解されるが，より混み合った第二級ニトリルは加水分解されない．異なった官能基をもつ化合物の分離は簡単である．この場合には，カルボン酸は塩基性水溶液で抽出することができ，中性のニトリルは有機層に残る．

　繰返すが，反応基質が反応条件で異性化するため，シアン化物イオンによる置換反応が S_N1 反応か S_N2' 反応のどちらで進行しているかはわからない．しっかりと構造が定まった単一の出発物を用いて明確な結果を得るには，異性化を起こさない塩化物を用いるのがよい．しかし，すでに説明したように，アリル型化合物での求核置換反応の位置選択性は，立体障害，反応速度，生成物の安定性に依存して変わる．

アリル型塩化物の位置特異的合成

特定の位置に二重結合と脱離基をもつアリル型化合物を合成する場合，アリル型アルコールはよい出発物である．アリル型アルコールはエナールやエノンへの Grignard 反応剤や有機リチウム化合物の付加（9 章）によって容易に合成できる．あるいは，エナールやエノンの還元（23 章）でもよい．もっと重要なことは，強酸性の溶液中でなければ，アリル型アルコールは異性化しないので，どのアリル型異性体が得られるかを予想できることである．

アリル型塩化物は平衡状態にはない

"立体特異的（stereospecific）"と同様に，"位置特異的（regiospecific）"という用語を定義する．つまり，位置特異的とは，生成物の位置関係（つまり官能基の位置）が出発物の位置関係によって決まる反応を表す．

アルコールを塩化物へ変換するのは，第二級アルコールよりも第一級の場合のほうが容易である．OH 基を脱離基に変え，求核剤になる塩化物イオン源を加える必要がある．これを行う方法の一つが，塩化メタンスルホニル $MeSO_2Cl$ と LiCl を用いる反応である．

この反応は，説明するまでもないと思うが，念のため平衡や S_N1 反応が起こっていないか考えておこう．この反応機構はまちがいなく S_N2 反応である．なぜなら，Z 体のアリル型アルコールのアルケンの配置が保持されるからである．E および Z 体のアリル型カチオンの立体配置は安定ではないので，もし，何らかの平衡があれば，Z 体のアルケンは E 体のアルケンに異性化するはずである．

E および Z 体のカルボカチオンは速い平衡状態にあることから，アリル型カチオン中間体は反応に関与していないことがわかる

残念ながら，第二級のアリル型アルコールの場合には，その構造を保持できず，アリル型塩化物の混合物が生成する．

約 3 : 1

第二級アリル型アルコールで信頼性よくきれいに S_N2 反応ができるのは，光延反応のみである．次に，Z-アルケンを用いてきれいに進む反応例を示す．この反応では，DEADとカルボン酸の代わりにヘキサクロロアセトンが使われている．

➡ 光延反応については，15 章（354 ページ）で説明した．この反応では，リン原子を OH 基除去のために用いている．これは，PBr_3 がアルコールを臭化アルキルに変換するときと同じである．

99.5%   0.5%

まずはじめに，リンの非共有電子対がクロロケトンの塩素一つを攻撃する．この塩素での S_N2 反応では，エノラートが脱離基となっている．エノラートは塩基としてアリル型アルコールの OH からプロトンを引抜く．

> リンは C–Cl 結合のまちがった方向（塩素側）から置換しているのではないかと思うかもしれない．しかし，リンは"軟らかい"塩基なので，結合の分極にかかわらず，C–Cl 結合の σ^* のエネルギーが問題となる．リンが結合のどちらの端を攻撃しても，このエネルギーは同じなので，立体障害の小さい塩素を攻撃する．同じような反応性は，PPh_3 と CBr_4 や CCl_4 との反応でも認められ，すべて安定なカルボアニオンが生成する．

次に，生成したアルコキシドイオンが正電荷をもつリン原子を攻撃する．この反応では，電荷が中和され，非常に強い P–O 結合が生成する．

次の段階は，厳密な意味で炭素での S_N2 反応であり，きわめて優れた脱離基が置換される．すでに強固な P–O 単結合が，さらに強固な P=O 二重結合になる．これによって，強い C–O 単結合の切断を埋合わせている．この置換反応では，S_N1 反応は全く起こらない（もし，S_N1 反応が起こるなら，Z-アルケンが一部 E-アルケンに異性化するはずである）．また，転位生成物が 0.5% しか得られないので，S_N2' 反応も起こっていない．このような $Ph_3P=O$ を脱離基とする置換は，S_N2 反応のなかでも最も"緊密な（S_N1 でない）"S_N2 反応であるといえる．

> これとは逆の場合について 19 章 446 ページで説明した．つまり，ブロモニウムイオンやプロトン化されたエポキシドの反応では，S_N1 性をかなりもつ"ゆるい (loose)"S_N2 遷移状態となる．

本当に素晴らしいのは次例である．出発物のアルコールが第二級で，転位生成物が熱力学的により安定な場合でも，転位はほとんど起こらず，ほぼ S_N2 反応のみがきれいに進行する．

S_N2 が S_N2' に優先する

異性体の第一級アリル型アルコールと比べると，転位生成物が少し多く生成するが，それは想定内のことである．直接 S_N2 反応の割合が非常に高いことから，この置換反応では，S_N2 反応が S_N2' 反応に優先することがわかる．

これまで，第一級でも第二級でも一定の構造をもつアリル型塩化物を合成する方法を述べてきた．次に必要な反応は，予想できるほど信頼性のある位置選択性で塩素を別の求核剤で置換する方法である．これまで，シアン化物イオン以外の炭素求核剤についてほとんど説明していなかったので，単純な炭素求核剤を用いたアリル型塩化物の S_N2' 反応について焦点を絞って説明する．

アリル型塩化物に対する炭素求核剤の S_N2' 反応

シアン化物イオンや Grignard 反応剤，有機リチウム化合物などの通常の炭素求核剤の反応は，これまで述べてきた反応様式に従う．これらは，ふつう出発物の構造に依存して S_N2 または S_N2' 反応によって，より安定な生成物を生じる．しかし銅化合物を用いると，明らかに S_N2' 反応が優先する傾向がある．銅(I) はエノンへの共役付加（22 章）を

行う際に用いる金属であり，S_N2' 反応を起こしやすいことと関係がある．単純なアルキル銅反応剤（RCu, Gilman 反応剤とよぶ）を用いると，S_N2' 反応が優先するが，BF_3 と錯体化した RCu を用いるともっとうまくいく．

> ➡ 金属-アルケン錯体の性質については 40 章で説明する．

まず銅がアルケンと錯体をつくってから，銅が塩化物イオンを受取りつつ，アルキル基が S_N2' 位に移動する．有機金属化合物の反応の正確な機構を示すのはむずかしいことが多いが，この反応の機構はこのように考えられている．

第二級アリル型異性体を用いても，ほぼ完璧に転位生成物が生成する．主生成物がより安定な異性体なので，このことはそれほど驚くことではない．単に，適切な異性体を出発物に用いればどちらの異性体でも高収率で合成できる．つまり，反応は**位置特異的**（regiospecific）である．

最も顕著な結果は，塩化プレニルでも収率よく転位生成物が得られることである．これは，第一級炭素への S_N2 反応も可能であるのに，S_N2' 反応によって第三級炭素への攻撃だけを起こさせるおそらく唯一の方法である．

24・6 共役ジエンへの求電子攻撃

アリル型塩化物はジエンと HCl との反応によっても合成できる．共役ジエンに対する求電子攻撃は，非共役アルケンに比べて起こりやすい．19 章で少し説明したが，末端炭素のほうがより求核的であり，最初の攻撃によってアリル型カチオンが生成することが重要な点である．簡単な例としてシクロペンタジエンに対する HCl の付加を示す．

初めに起こるプロトン化の位置選択性が問題になるが，生じるアリル型カチオンは対称であるため，塩化物イオンがどちらから攻撃しても生成物は同じになる．しかし，求

電子剤として HCl や HBr の代わりにハロゲンを用いると，カチオン中間体が対称でなくなるので，位置選択的に反応が進む．反応は次のように起こる．

> "臭化物移動 (bromide shift)" とは，592 ページで示したようなアリル型臭化物の可逆的な異性化を表す．

もう一つの可能性はブロモニウムイオン中間体への直接攻撃である．これは，アリル位への攻撃（黒の矢印）で起こり，もう一方への攻撃（緑の矢印）で起こるのではないと考えられる．この 1,2-ジブロモ体は観測されないが，これは臭化物移動によって 1,4-ジブロモ体に転位できるので，この反応が起こっている可能性も残されている．

実際には，この反応の最終生成物はシス体またはトランス体のどちらかであったはずである．クロロホルム中 −20 °C での臭素化では，液体のシス体が主として生成するが，炭化水素溶媒中では，結晶性のトランス体が生成する．シス体は，放置しておくと，徐々にトランス体に異性化する．

このことは，シス体が速度支配の生成物であり，より安定なトランス体は熱力学支配の生成物であることを示唆している．この異性化は，臭化物イオンの脱離とブロモニウムイオンの再生が可逆的に起こることによるものである．

ジブロモ化合物の求核置換反応においても同じ問題が生じる．ジブロモ化合物のシス体およびトランス体のどちらもジメチルアミンと反応すると，トランス体のジアミンを生成する．しかし，位置選択性に関しては，予想したジアミンではない．これを説明できるのは，アミンの一つが S_N2 置換し，もう一つが S_N2' 置換反応する反応経路だけである．

この位置異性体は生成しない

では，立体化学はどうだろうか．シス体から出発した場合には，立体配置の反転を伴った S_N2 置換反応の後に，分子内 S_N2' 置換反応が起こり，最後に，もう一度アリル位で立体配置の反転を伴った S_N2 置換反応が起こっている可能性がある．

トランス体からの反応もほぼ同様である．両方の反応で，同じ3員環が中間体として生成するので，生成物も同じになる．

求核剤が求電子剤と異なる場合には，反応機構の情報がより多く得られる．ブタジエンをメタノール溶媒中で臭素と反応させると，少量のジブロモ化合物とともに付加体二つが15：1の比率で生成する．メタノールは弱い求核剤であり，主としてアリル位（黒の矢印）でブロモニウムイオンに付加する．アリル系の離れたほうの末端への攻撃は少ししか起こらない．また，ブロモニウムイオンの反対側の炭素への付加（緑の矢印）は全く起こらないことに注意しよう．

24・7 共役付加

22章では，多くのページをさいて共役付加について解説し，α,β-不飽和カルボニル化合物のカルボニル基に対して直接付加や，共役付加が起こる理由を説明した．ここでは，この反応を位置選択性の観点から見直してみよう．

直接付加（1,2付加）では，求核剤がカルボニル基を直接攻撃する．次に，付加体のプロトン化によってアルコールが生成するが，Xが脱離基であればX⁻が脱離する．

α,β-不飽和カルボニル化合物

R = アルキル，アリール
X = H, R, Cl, OH, OR, NR₂

一方，共役付加（1,4付加）では，求核剤がカルボニル基から一番遠いアルケン末端を攻撃する．電子対がカルボニル基へ流れ込んでエノラートイオンが生成し，これが通常はプロトン化されてケトンが生成する．

これら二つの反応経路の第一の違いは，直接付加ではカルボニル基がなくなりアルケンが残るのに対して，共役付加ではアルケンがなくなりカルボニル基が残る点である．

C=O π結合はC=C π結合より強いので，**共役付加**によって**熱力学支配生成物**が得られる．しかし，カルボニル基は，アルケンの末端炭素よりも求電子性が高いので，硬い求核剤（特に電荷をもった求核剤）を用いた場合には，**直接付加**によって**速度支配生成物**が得られる．したがって，1,2付加が可逆であれば，直接付加は低温・短時間の反応で起こりやすく，共役付加は高温・長時間の反応で起こりやすい．

第二の違いは，α,β-不飽和カルボニル化合物の求電子性にある．アルデヒドや酸塩化物のように求電子性が高ければ直接付加が優勢になり，ケトンやエステルのように求電子性が低ければ共役付加が優勢になる．

同様のことは求核剤についてもいえる．MeLiやGrignard反応剤のように求核性が高い場合，特に反応が不可逆である場合には，直接付加が優勢になる．一方，アミンやチオールのように求核性が低い場合には，共役付加が優勢になる．このような求核剤では，C=O基に対する付加が可逆的であり，直接付加生成物が出発物に戻って再度反応することが起こりうる．

24・8 実際の位置選択性

最後に，次の二つの章の主題を紹介しつつ官能基選択性について例をあげて説明する．サッカリンは史上初の合成甘味料であるが，BASFで開発された新しい化合物であるチオフェンサッカリンはもっと需要がある．そのナトリウム塩が甘味料として作用するが，電荷のない化合物はより単純なチオフェン中間体から合成しなければならない．

> チオフェンは硫黄を含む芳香族化合物である．チオフェンについては29章で説明する．
>
> チオフェン

サッカリン　チオフェンサッカリン塩　チオフェンサッカリン　チオフェン中間体

この合成の最初の段階は，不飽和エステルに対するチオールの共役付加である．チオールは求核剤であり，カルボニル基への攻撃ではなく共役付加を位置選択的に起こす．

> このエステルをもつチオールは分子内のエステルカルボニル基を攻撃して重合する可能性があるが，実際には重合は起こらない．

収率85%

次の段階で，ジエステルに塩基を作用させると，26章で説明するカルボニル化合物の縮合反応が進行する．このとき，位置選択性の問題が生じる．つまり，エノラートは一方のカルボニル基の隣（オレンジの円で囲んである）で生成し，これが求核剤としてもう一方のエステルを攻撃する．これら二つの選択肢で，どちらが有利か，差はほとんどない．前者の生成物が望みの化合物であるが，実験条件を注意深く選択しても，収率50%でしか得られない．しかし，あらゆる方法のなかで最も実際的な精製法である再結晶で生成物を分離できるので，大量に反応させる場合には，この収率は許容範囲である．

このあとの二つの章では，この反応のような炭素求電子剤に対するエノラートの攻撃を取上げ，その詳しい反応機構について解説する．

問題

1. 次のアミノアルコールを合成する方法として二つの方法を考えた．どちらの方法がうまくいく理由とともに答えよ．

2. 次の反応の生成物を予想せよ．

3. 次に示す1,2-ジメチルベンゼンの二つの臭素化反応の異なる位置選択性を説明せよ．

4. 次のニトロ化合物は制吐薬の合成に必要とされたものであり，図に示す炭化水素のニトロ化による合成経路が提案された．この反応がうまくいくか予想せよ．

5. 次の二つの反応の位置選択性と官能基選択性について説明せよ．

6. 次の反応の中間体 **A** および **B** を示し，選択性について説明せよ．

7. 次に示す反応は強力な抗がん剤の合成に必要な化合物の合成経路である．反応の位置選択性を説明せよ．また，2段階目でなぜ2当量のブチルリチウムが必要になるのか．

8. 次の反応の位置選択性と官能基選択性を説明せよ.

9. 医薬タノマスタット（tanomastat）の合成の際の位置選択性を説明せよ.

10. 次の化合物は医薬エタロシブ（etalocib）の合成前駆体である．合成経路を提案せよ．［ヒント］芳香族求核置換反応を用いよ．

エノラートのアルキル化 25

関連事項

必要な基礎知識
- エノールとエノラート 20章
- アルケンへの求電子付加 19章
- 求核置換反応 15章
- 共役付加 22章

本章の課題
- カルボニル化合物を求核剤とするC–C結合生成法
- カルボニル化合物の自己縮合を阻止する方法

今後の展開
- エノラートとカルボニル化合物を反応させてC–C結合をつくる 26章
- 逆合成解析 28章

25・1 カルボニル基は多様な反応性を示す

これまでの章でカルボニル化合物が示す2種類の反応性について説明した．まず6章で，カルボニル炭素への**求核攻撃**（nucleophilic attack）による反応について述べた．そして9章では，これがC–C結合を新しく生成する最良の方法の一つであることを説明した．本章で再び新しいC–C結合生成法を取上げるが，今度はカルボニル化合物への**求電子攻撃**（electrophilic attack）を利用する．いいかえると，ここではカルボニル化合物が求核剤として働く．20章でカルボニル化合物が求核性をもつ構造，すなわちエノールとエノラートを紹介した．そこではエノールおよびエノラートとヘテロ原子求電子剤との反応を取上げたが，反応を選べば炭素求電子剤とも反応させることができる．本章では，どのように"反応相手を選ぶか"に焦点を当てる．

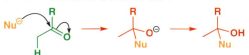

カルボニル化合物に目的の反応を確実に起こさせるためには工夫が必要である．特にカルボニル化合物を求核剤として使う場合には，これが求電子剤として反応しないように工夫する必要がある．さもないと，目的の求電子剤と反応せずにカルボニル化合物自身と反応して，二量体あるいは多量体までもが生成してしまう可能性がある．本章ではこれを避ける方法について説明する．

幸いなことにこの40年余り，エノラートと炭素求電子剤との反応を制御する課題に対して膨大な研究が実施されてきて，現在では多くの優れた解決法がある．本章のねらいは，有効な合成計画を立てるために，どんなときにどんな解決法が使えるかを理解できるようにすることにある．

次章ではアルドール反応として知られているこの二量化を促進し，同時に制御する方法について述べる．

25・2 すべてのアルキル化にかかわる重要な問題点

カルボニル化合物のアルキル化反応は2段階からなる．第一段階は塩基を用いて脱プロトンし，安定化を受けたアニオン（例外もあるが通常はエノラート）を生成する．第二段階は置換反応であり，求核性のアニオンが求電子性のハロゲン化アルキルを攻撃する．15章で詳しく説明したS$_N$1とS$_N$2反応を制御する因子がここでもすべて適用できる．

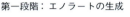
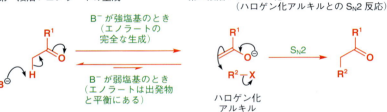

まず塩基を選択しなければならないが，次の二つの方法のうちどちらかを利用する．

- 強塩基（共役酸の pK_a がカルボニル化合物の pK_a よりも大きい）は出発物を完全に脱プロトンするために用いる．出発物をすべてアニオンに変換し，次の段階で求電子剤を添加する
- 一方，弱塩基（共役酸の pK_a がカルボニル化合物の pK_a よりも小さい）は求電子剤存在下に用いる．弱塩基では出発物を完全には脱プロトンできない．この場合，アニオンがほんの少量生成し，これが求電子剤と反応する．アルキル化でアニオンが消費されるに応じて，平衡がずれてアニオンがさらに生成する

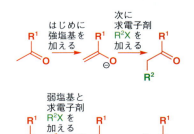

弱塩基を用いる第二の方法は，出発物，塩基，および求電子剤を単に混合するだけなので反応操作は簡便だが，塩基と求電子剤とが反応しない場合にのみ有効である．強塩基を用いる第一の方法では，反応操作がより煩雑になるが，塩基と求電子剤が共存しないため，そのような問題はない．ここではまず，競争的に起こるアルドール反応が完全に避けられる化合物についてアルキル化反応を紹介する．これらの化合物は通常求電子性が低いため，生成した求核性のアニオンと反応することはない．

25・3　ニトリルとニトロアルカンのアルキル化

カルボニル基の求電子性に由来する問題は，隣接するアニオンを安定化するが，C=O よりもっと求電子性の低い官能基を使うと回避することができる．20 章で述べたニトリルおよびニトロアルカンのアニオンについて考えてみよう．

➡ ニトリルの加水分解とニトリルへの付加反応については，たとえば 10 章で述べた．

ニトリルのアルキル化

多くの反応でカルボニル基とよく似た挙動を示すシアノ基は，N が O よりも電気陰性度が小さいために求核剤の攻撃を受けにくい．ニトリルを強塩基で脱プロトンして生成させたアニオンは，他のニトリル分子と反応することなく，ハロゲン化アルキルと非常に効率よく反応する．直線状の構造のため，このアニオンは S_N2 反応では優れた求核剤として機能する．

アセトニトリル MeCN の pK_a は 25 である．

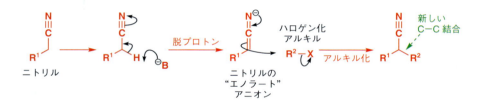

アルキル化のためにニトリルを完全に脱プロトンする必要はない．たとえば水酸化ナトリウムを用いるとアニオンはほんの少量しか生成しないが，次に示すように臭化プロ

25・3 ニトリルとニトロアルカンのアルキル化

ピルと反応して 2-フェニルペンタンニトリルが収率よく得られる.

$$Ph-CH_2-CN \xrightarrow[\text{35 °C}]{\text{n-PrBr, NaOH, BnEt}_3\text{N}^+\text{Cl}^-} Ph-CH(CN)-CH_2CH_2CH_3 \quad \text{収率 84\%}$$

シアノ基により安定化されたアニオンは求核性が非常に強いので,立体的に大変込み合った四置換炭素を形成する場合でも,ハロゲン化アルキルとうまく反応する.次に示す例では,枝分かれをもつニトリルを完全に脱プロトンするために強塩基として水素化ナトリウムを用い,塩化ベンジルを求電子剤に使っている.いうまでもなく,塩化ベンジルでは,ベンジル型求電子剤特有の高反応性が塩化物イオンの乏しい脱離能を補っている.また,DMF中ではNa$^+$だけが選択的に溶媒和されるため(260ページ参照),溶媒和されていないニトリルのアニオンの反応性が特に高まっている.

水素化ナトリウムと求電子剤が共存可能であることから,塩基を2当量用いるとアルキル化を一挙に2回行うことができる.次に示すジメチル置換カルボン酸は,医薬品として期待されたある化合物の合成に必要であったが,これはニトリルから2段階で合成された.

過剰のヨウ化メチル存在下,NaHを2当量用いてメチル化を2回行うとジメチル化されたニトリルが得られ,それを加水分解することにより目的のカルボン酸が得られた.この反応ではモノメチル体は単離されていない.モノメチル体はただちに脱プロトンされ,もう1分子のMeIと反応するからである.

次に示すように,同じ炭素にシアノ基が二つ結合していると,アニオンが非局在化して非常に安定になるため,トリエチルアミンのような電荷のない弱塩基でも出発物を脱プロトンできる.この場合にも二重アルキル化反応が起こり,第四級炭素(ほかの炭素原子四つと結合している炭素原子)をもつ生成物が収率100%で得られる.S$_N$2反応に適した求電子剤を用い,"エノラート"イオンを溶媒和することができない非プロトン性極

相間移動触媒を用いる反応

この反応は二相系(水/有機溶媒)で行うが,こうすると水酸化物イオンと臭化プロピルが直接 S$_N$2 反応を起こしてプロパノールが生成するのを避けられる.水酸化物イオンは水相にとどまり,他の反応剤は有機相に残る.ニトリルを脱プロトンする水酸化物イオンを十分量有機相に運搬する相間移動触媒(phase transfer catalyst)として,第四級アンモニウム塩(塩化ベンジルトリエチルアンモニウム BnEt$_3$N$^+$Cl$^-$)が必要である.

6章でヒドリドイオン H$^-$ が求核性をもたないことを説明したが覚えているだろうか.ここでは,求電子剤があっても H$^-$ が塩基として働いている.塩基と求電子剤が互いに反応しないため,この反応を2段階で行う必要はない.

ニトリルから生成したアニオンの構造にある "•" は直線上の sp 炭素を示している.• がないとこの炭素を見落としてしまう可能性があるため,このように表記している.

多重アルキル化

多重アルキル化はいつも望ましい反応とは限らない.アルキル化を1回だけ起こさせたい場合には,二重アルキル化が厄介な副反応となる.こうした反応が起こるのは,最初のアルキル化生成物がまだ酸性水素をもち,脱プロトンによりアニオンが生成する場合である.この問題は塩基を過剰量用いた場合に当然起こりやすくなる.通常は,求電子剤を1当量だけ用いればこうした副反応を抑えることができる.

性溶媒（DMFやDMSO）中で反応を行っていることに注目しよう．

もし求電子性炭素とシアノ基が同じ分子内にあって適当な距離にあれば，分子内アルキル化により環化して3～6員環が生成する．次に示すシクロプロパン生成反応では，塩基として水酸化ナトリウム，脱離基として塩化物イオンを利用している．分子内アルキル化では塩基と求電子剤が共存することになるが，環化が非常に速いのでHO⁻による競争的なS_N2反応は問題にならない．

ニトロアルカンのアルキル化

ニトロ基は非常に強力な電子求引基なので，かなり弱い塩基を用いてもニトロアルカンの脱プロトンが可能である．MeNO$_2$のpK_aはフェノールと同程度の10である．実際，ニトロ基の隣のCHは酸性度がカルボニル基が二つ隣接したCHと同程度であり，ニトロ基はカルボニル基二つ分に相当する電子求引効果をもつと考えることができる．ニトロ基により安定化されたアニオン（"ニトロナート"イオン）は炭素求電子剤と反応し，さまざまなニトロ化合物を生み出す．もちろん，このアニオンはエノラートではないが，NをCに置き換えてみると，後で述べるエノラートのアルキル化とこのアルキル化がよく似ていることがわかる．

ニトロ基により安定化されたアニオン
エノラートと比較するとよい

意外にも，単純な構造のニトロアルカンでも市販されているものはほんのわずかである．しかし，ニトロメタン，ニトロエタン，あるいは2-ニトロプロパンから調製したアニオンをアルキル化すれば，複雑な構造をもつニトロアルカンが容易に合成できる．たとえば，1-ニトロプロパンをBuLiで脱プロトンし，つづいてヨウ化ブチルを添加すると，3-ニトロヘプタンが好収率で得られる．なお，BuLiはハロゲン化アルキルと共存できないため，この反応は2段階で行う必要がある．

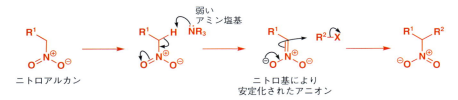

塩基として水酸化物を用いると，ニトロアルカンを1段階でアルキル化できる．相間移動触媒を用いる反応条件（前ページ参照）では，HO⁻と求電子剤がそれぞれ水相と有機相に分かれているので，アルコールの副生が妨げられる．次の左に示す反応は，四置換炭素が生成するにもかかわらず，円滑に進行する．環状ニトロアルカンは，環の大きさが適当（3～7員環）であれば，右の分子内アルキル化により合成できる．なお，ここでは反応条件に選択の余地がない．つまり，塩基と求電子剤が反応混合物中で共存せざるをえないため，炭酸カリウムのような弱塩基を用いなくてはならない．この場合，水酸化物やアミンはハロゲン化アルキルと置換反応を起こすので適切な選択ではない．

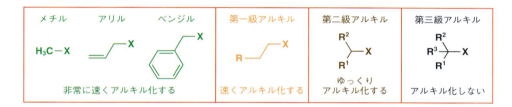

25・4 アルキル化における求電子剤の選択

エノラートのアルキル化は S_N2 反応（極性溶媒と負に荷電した求核剤が有利）であるので、アルキル化をうまく進行させるためには S_N2 に適した求電子剤を用いる必要がある。すなわち、ハロゲン化第一級アルキルやハロゲン化ベンジルが最良のアルキル化剤であり、反応部位での枝分かれが増えるにつれ、ハロゲン化アルキルは望まない E2 脱離（17 章）を優先して起こすようになる。エノラートそのものがかなりの塩基性をもつからである。したがって、ハロゲン化第三級アルキルはエノラートのアルキル化には用いることができない。この問題の解決策については後で述べる。

➡ 求核置換反応および脱離反応に影響を及ぼす因子については、それぞれ 15 章と 17 章で述べた。

メチル	アリル	ベンジル	第一級アルキル	第二級アルキル	第三級アルキル
H_3C-X	(アリル)–X	(ベンジル)–X	$R-CH_2-X$	R^1R^2CH-X	$R^1R^2R^3C-X$
非常に速くアルキル化する			速くアルキル化する	ゆっくりアルキル化する	アルキル化しない

25・5 カルボニル化合物のリチウムエノラート

塩基性条件でカルボニル化合物が自己縮合する（エノラートがもとのカルボニル基を攻撃する反応）問題は、エノラートに変換されていないカルボニル化合物が全く共存していなければ生じないはずである。これを実現するには、十分に強い塩基（共役酸の pK_a がカルボニル化合物の pK_a よりも少なくとも 3〜4 は大きい）を用いて出発物であるカルボニル化合物を完全にエノラートに変換してしまえばよい。この方法は、生じたエノラートがアルキル化の完結まで十分安定に存在する場合にのみうまくいく。20 章で述べたように、リチウムエノラートは安定で、アルキル化に使えるエノラートのなかでは最も優れている。

リチウムエノラートをつくる最も優れた塩基は通常 LDA であり、これはジイソプロピルアミン i-Pr_2NH と BuLi から調製する。LDA は低温（約 −78 ℃）でも、ほとんどすべてのケトンやエステルから迅速かつ完全に不可逆的に酸性の α 水素を引抜き、対応するリチウムエノラートを生じる。なお、この低温条件は、反応活性種であるリチウムエノラートを十分安定に存在させるためにも必要である。

➡ LDA については 174 ページで述べた。

覚えておこう：LDA の調製法

ジイソプロピルアミン →(BuLi, THF, 0 ℃)→ LDA + BuH (ブタン)

ケトンやエステルからの脱プロトンは、次に示すように環状遷移状態を経て進行する。塩基性窒素アニオンによるプロトン引抜きと同時にリチウムイオンが生成した酸素アニオンへ移動する。

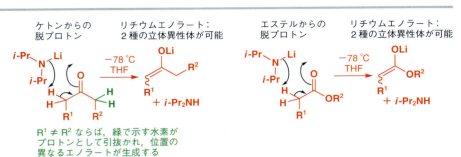

エノラートはアルケンの一種で、立体異性体が2種類存在する。エノラートの立体異性の重要性は33章で説明するので、ここでは言及しない。もっと重要な問題は、非対称ケトンを脱プロトンする際の位置選択性である。これについては本章の後半で説明する。

25・6 リチウムエノラートのアルキル化

リチウムエノラートとハロゲン化アルキルとの反応は、有機合成化学において最も重要なC–C結合生成反応の一つである。リチウムエノラートのアルキル化は、非環状ケトンや環状ケトンのみならず非環状エステルや環状エステル（ラクトン）の場合にもうまく進行する。反応機構を次に示す。

速度支配のエノラートの反応の典型的な実験条件では、THF中低温（−78 ℃）でエノラートを生成させる。カルボニル化合物の自己縮合を避けるために強塩基のLDAを用いる。しかし、エノラートが生成すると常に自己縮合が起こる可能性がある。反応温度が低いほど自己縮合の速度は遅くなり、副反応を抑制できる。エノラート生成が完了したら求電子剤を加える（リチウムエノラートは昇温すると不安定なので−78 ℃を維持する）。通常はその後、S_N2アルキル化の速度を速めるために反応溶液を放置して室温まで昇温させる。

ケトンのアルキル化

まさにこの手順で、塩基としてLDA、つづいて求電子剤としてヨウ化メチルを用いて次に示すケトンのメチル化が行われた。

低温における安定性の理由から一般にリチウムエノラートをよく使うが、ナトリウムエノラートやカリウムエノラートもまた強塩基でプロトンを引抜いて生成させることができる。アルカリ金属が大きくなるにつれて金属カチオンはエノラートからしだいに離れるので、エノラートの反応性は増大するが、より不安定になる。非常に強いNaおよびK塩基の代表的なものには、水素化物（NaH, KH）や金属アミド（$NaNH_2$, KNH_2）、ヘキサメチルジシラザンの共役塩基（NaHMDS, KHMDS）がある。これらのエノラートは不安定なので、一般にエノラート調製と次のアルキル化を1段階で行う必要がある。したがって、塩基と求電子剤をあらかじめ共存させておく。次にシクロヘキサノンのア

LDAの仲間

LDAを一般に使用するようになったのは1970年代である。その後開発された代表的な類似の強塩基には、BuLiと2,2,6,6-テトラメチルピペリジンから調製するリチウムテトラメチルピペリジド（LTMP, LiTMP）やヘキサメチルジシラザンから調製するリチウムヘキサメチルジシラジド（LHMDS, LiHMDS）がある。これらはLDAよりもさらに嵩高く、そのため求核性がずっと低い。

ルキル化の例を二つ示す．水素化カリウムとヨウ化メチルを過剰量用いる効率的なテトラメチル化は，カリウムエノラートの高い反応性をよく示している．

エステルのアルキル化

エステルの自己縮合反応である Claisen 縮合については 26 章で述べるが，エステルのリチウムエノラートをアルキル化する場合には，この反応は当然ながらやっかいな副反応となる．しかし，この場合でも Claisen 縮合の反応速度が遅くなる条件でエステルを完全にエノラートに変換しさえすれば，この副反応を避けることができる．この副反応を阻止するには，LDA の溶液にエステル（エステルに LDA ではなく）を加え，エノラートと反応できるエステルが決して過剰に共存しないようにすればよい．アルキル化を成功させるには，エステルのアルコキシ部のアルキル基 R をできるだけ嵩高くし，カルボニル基への攻撃を妨げる方法も使える．t-ブチルエステルがこの点で特に有用なのは，合成が容易であるうえ，t-ブチル基が非常に嵩高いにもかかわらず，酸によって穏やかに加水分解できるからである（569 ページ参照）．次に示す例では，酢酸 t-ブチルを LDA により脱プロトンし，生成したリチウムエノラートにヨウ化ブチルを加えて，反応溶液を室温に昇温させつつ反応させる．

エステルの Claisen 縮合を避ける

カルボン酸のアルキル化

カルボン酸のリチウムエノラートは，塩基を 2 当量用いれば生成できる．1 当量はカルボン酸イオン生成に，もう 1 当量がエノラート生成に働く．カルボン酸は酸性度が高いので，最初のプロトン引抜きに強塩基を使う必要はない．しかし，二度目の脱プロトンには LDA のような強塩基が必要になるので，ふつう初めから LDA を 2 当量用いてジアニオンを生成させるのが便利である．カルボン酸の場合には，カルボン酸リチウム中間体の求電子性がアルデヒドやケトンに比べてずっと低くなっているので，場合によっては塩基として BuLi を用いることさえある．

10 章で述べたように BuLi がカルボン酸塩を攻撃してケトンを生成することがないのはなぜだろう．おそらくこの場合には，芳香環がベンジル位水素の酸性度を増大し，脱プロトンを起こしやすくしているのだろう．なお，カルボン酸の場合でも，一般に最初に選択すべき塩基は LDA である．

次に取上げるのは，アミノ基を Boc（t-BuOCO）基で保護したグリシンのアルキル化である．23 章で述べたように，カルバミン酸エステル保護基は塩基性条件で安定である．三つの酸性水素を LDA で引抜くが，アルキル化は最後に脱プロトンした炭素で起こる．アルキル化により負電荷が一つ中和されるが，もしも分子に選択権があると考えれば，

➡ このようなジアニオンの反応性は，23章で述べた．最後に生成する（最も生成しにくい）アニオンの反応性が最も高い．

この分子は最も不安定なアニオンをまず中和し，より安定なアニオンが二つ残るようにアルキル化を選択するといえる．ジアニオンを用いる代わりに，エステルやニトリルをアルキル化したのちカルボン酸に加水分解するのもよい方法である．

エノラートトリアニオン

> ケトン，エステル，およびカルボン酸のアルキル化にはリチウムエノラートを用いるのが最善である．

アルデヒドのアルキル化：LDA の使用は避けよ

アルデヒドは求電子性がきわめて高いので，たとえ $-78\,^\circ\mathrm{C}$ という低温で LDA 処理をしても，生成したエノラートとまだ脱プロトンされていないアルデヒドとの反応のほうが脱プロトンよりも速い．また，塩基がアルデヒドの求電子性カルボニル基に直接付加することも問題になる．

アルデヒドからのエノラートの生成と競争する反応

リチウムエノラート

> アルデヒドのリチウムエノラートを使うことは避けよ．

エノラートのアルキル化が炭素で起こるのはなぜか

エノラートには求核性部位が二つ，すなわち炭素原子と酸素原子がある．463ページで次のことを述べた．

- 炭素は HOMO の軌道係数がより大きく，より軟らかい求核性部位になっている．
- 酸素は負電荷密度がより大きく，より硬い求核性部位になっている．硬い求電子剤は酸素で優先して反応することを20章で述べた．したがってたとえばエノールシリルエーテルの生成が可能なのである．非常に優れた脱離基をもつ炭素求電子剤も酸素で反応する傾向がある．しかし，ハロゲン化アルキルのような軟らかい求電子剤は炭素で反応する．本章に登場するのはすべてこの種の求電子剤である．

一般に次のことがいえる．

- 硬い求電子剤，特に硫酸アルキルやスルホン酸アルキル（メシラート，トシラート）は酸素で反応する傾向がある．
- 軟らかい求電子剤，特にハロゲン化アルキル（RI > RBr > RCl）は炭素で反応する．
- 非プロトン性極性溶媒（DMSO, DMF）は，エノラートアニオンどうしの会合を妨げたり，あるいはエノラートアニオンから対イオンを引き離し（この結果，結合の極性が増大し酸素原子の負電荷密度が増大する），O-アルキル化を促進する．一方，エーテル系溶媒（THF, DME）は C-アルキル化を促進する．
- アルカリ金属が大きくなるにつれて（Cs > K > Na > Li），イオン対間の分離が増大し（結合の極性が増大する），より硬くなった酸素で反応が起こりやすくなる．

硬い求電子剤は酸素で反応する

$X = \mathrm{OMs, OSO_2OMe, {}^+OMe_2}$

軟らかい求電子剤は炭素で反応する

$X = \mathrm{I, Br, Cl}$

25・7 エノールやエノラートの等価体を利用する アルデヒドとケトンのアルキル化

前ページで述べたようにアルドール反応を伴うので，一般にアルデヒドのエノラートはアルキル化の中間体として有用ではない．その代わり，アルデヒドのエノールやエノラートの等価体を用いる方法が数多く知られている．これらの方法では，アルデヒドはエノール生成時でもアルキル化の段階でも保護された形になっている．これらのなかで最も重要なのは次の三つである．

- エナミン
- エノールシリルエーテル
- イミン由来のアザエノラート

これら三つの等価体については 20 章で少しふれたが，ここではこれらをアルデヒドのアルキル化にどう利用するか簡単に述べる．また，三つの等価体はいずれもアルデヒドだけでなくケトンにも使えるので，これらのカルボニル化合物に対するそれぞれの利用法を例示しながら紹介する．

エナミンは反応性の高い求電子剤でアルキル化できる

エナミンはアルデヒドまたはケトンを第二級アミンと反応させてつくる．その反応機構は 11 章で述べた．次の機構は，エナミンがアルキル化剤とどのように反応して新しい C—C 結合を生成するかを示している．ここで用いるエナミンは，シクロヘキサノンとピロリジンからつくったものである．最初の生成物はカルボニル化合物ではなく，イミニウムイオンまたはエナミン（脱プロトンが可能ならエナミンになる）である．穏和な酸性条件で加水分解することにより，これらは対応するカルボニル化合物のアルキル化生成物になる．

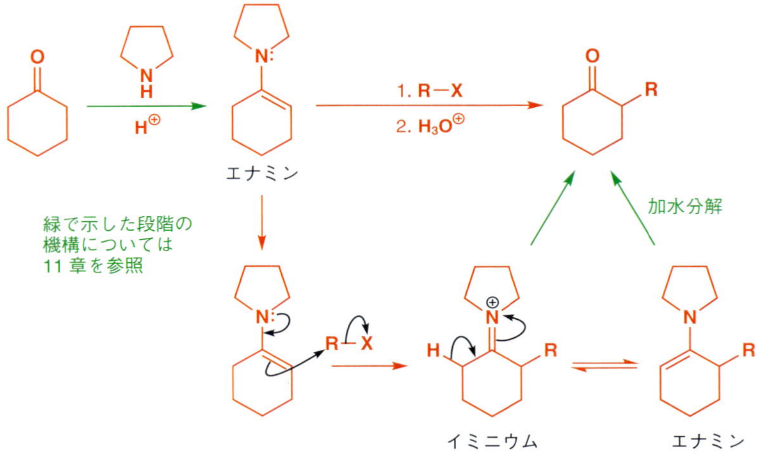

カルボニル化合物から新しいカルボニル化合物に至るこれら全過程の結果，エノラートをアルキル化したことになるが，強塩基もエノラートも関係しないので自己縮合の危険はない．次にエナミンを用いるシクロヘキサノンのアルキル化の具体例を二つ示す．反応温度が比較的高いことと反応時間が長いことに注目しよう．エナミンは電荷のない炭素求核剤のなかでは最も反応性が高いが，エノラートに比べるとその求核性はずっと低い．

エナミンを生成する際の第二級アミンの選択には，たとえアミンが最終アルキル化生成物に含まれないとしてもある程度制約がある．単純なジアルキルアミンを用いてもよいが，ピロリジン，ピペリジン，モルホリンのような環状アミンをよく用いる．それは環構造が出発物であるアミンおよび生成するエナミンの求核性を増大させるからである（アルキル基が環化して固定されているため，求核攻撃の邪魔をしない）．また，これらのアミンは沸点が高いため，加熱条件でエナミンをつくることもできる．

α-ブロモカルボニル化合物はカルボニル基が反応速度を増大させる効果をもつので S_N2 反応の優れた求電子剤である（15 章）．ハロゲン原子とカルボニル基に挟まれた CH_2 の水素は，単なるカルボニル基の隣接水素に比べかなり酸性度が高いために，エノラート求核剤によって脱プロトンされる重大な危険がある．その点エナミンは，塩基性が非常に弱いにもかかわらず，求核剤として α-ブロモカルボニル化合物と円滑に反応するので，この反応の優れた選択肢になる．

> エノールでは置換基の多いほうが優先して生成するのに対して，エナミンでは置換基の少ないほうが優先することに注目しよう．

ここで用いたケトンは非対称なので，エナミンが2種類生成する可能性がある．しかし，置換基の少ないほうのエナミンだけが生成するのが一般的である．この結果は熱力学支配であり，次のように説明することができる．すなわち，エナミンの生成は可逆的なため，立体障害の小さいエナミンがより安定で優先的に生成する．置換基の多いほうのエナミンは，立体障害のためエナミンの平面性が失われて不安定になるが，置換基の少ないほうのエナミンは比較的安定である．

しかし，エナミンにも重大な問題がある．窒素原子での反応である．反応性の低いアルキル化剤，たとえばヨウ化メチルのような単純なハロゲン化アルキルはエナミンの C でなく N でかなりの割合で反応する．生成物は第四級アンモニウム塩になり，加水分解により出発物に戻る．当然ではあるが，反応の収率を下げる．

25・7 エノールやエノラートの等価体を利用するアルデヒドとケトンのアルキル化

エナミンは次のような反応性の高いアルキル化剤に対してだけ利用できる
- ハロゲン化アリル
- ハロゲン化ベンジル
- α-ハロカルボニル化合物

そうはいっても、エナミンはアルデヒドのエノラートが抱える問題に優れた解決法を提供する。エナミンはアルデヒドからきわめて容易に調製できる。これは求電子性に富むアルデヒドの利点の一つである。またエナミンは求核剤による攻撃を受けない。特に重要なのは、エナミン自身の攻撃がない点にある。次にアルデヒドのアルキル化の例を二つ示す。いずれの場合にも、S_N2 反応性がきわめて高い求電子剤を用いている。繰返すが、求電子剤に制約があることはエナミン法の最大の欠点である。

アザエノラートは S_N2 反応をするさまざまな求電子剤と反応する

エナミンはエノールの窒素類縁体であり、求電子剤の反応性が高ければ、アルデヒドエノラートが抱える問題に対する解決法の一つとなった。イミンはアルデヒドやケトンの窒素類縁体である。同様に考えれば、エノラートの窒素等価体、すなわちアザエノラートに有用な反応性を期待できる。アザエノラートは、イミンを LDA または他の強塩基で処理すると生じる。

塩基性または中性の溶液中では、イミンはアルデヒドよりも求電子性が低い。イミンは有機リチウムとは反応するが、もっと弱い求核剤とは反応しない(もちろん、酸性条件でプロトン化されると求電子性が増大する)。したがって、アザエノラートをつくると

注意：アザエノラートはイミンから生成させるが、イミンは第一級アミンからしか合成できない。エナミンは、アルデヒドまたはケトンと第二級アミンから調製する。

きには自己縮合の危険は全くない．

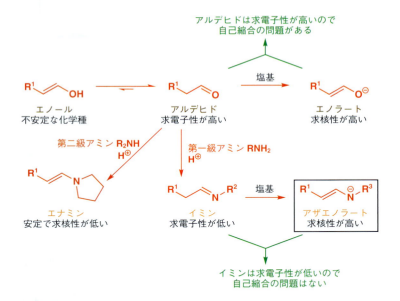

次に示す一連の反応では，アルキル化するアルデヒドをイミンに変換する際，イミン炭素への求核攻撃をさらに妨げるために，アミンとして一般に t-ブチルアミンやシクロヘキシルアミンのような嵩高い第一級アミンを用いている．通常，このイミンを単離することなく，直接 LDA または Grignard 反応剤（イミンに付加せず，脱プロトンによりマグネシウムアザエノラートを生成する）で脱プロトンする．

生成したアザエノラートに，ケトンのエノラートと同様に S_N2 反応性の高いアルキル化剤（ここでは塩化ベンジル）を反応させ，新しい C–C 結合を生成するとともにイミンを再生する．アルキル化されたイミンは，一般に穏和な酸性条件の後処理で加水分解されて，アルキル化されたアルデヒドになる．

次ページ上の例では，アザエノラートをつくるのにリチウム塩基（リチウムジエチルアミド）を用いる．酸によるイミンの開裂が容易なので，アルキル化によって導入したアセタールを分解することなく選択的に加水分解させてアルデヒドが得られる．ジアルデヒドの一方だけを保護した生成物を別の方法で合成するのは困難である．

アザエノラートのアルキル化は非常によい反応であり，アルデヒドからケトンのアル

キル化にまで適用できる．これはアルデヒドのアルキル化のただ一つの一般法である．ケトンをアルキル化する方法はほかにもあるが，この方法は有力な選択肢の一つである．シクロヘキサノンおよびその誘導体は，単純なケトンのなかでも最も求電子性が高く，そのために望ましくない副反応を伴うことがある．シクロヘキサノンとシクロヘキシルアミンから合成したイミンを，LDAで脱プロトンすると，リチウムアザエノラートが生じる．次に示す例ではヨードメチルスタンナンをアルキル化剤として使い，アルキル化ののち加水分解でスズを含むケトンを得ている．

アルデヒドのアルキル化

アザエノラートはほとんどの求電子剤と反応するので，この手法はアルデヒドをアルキル化する最も優れた一般的解決法になる．S_N2 反応性の非常に高いアルキル化剤の場合にはエナミンが使えるが，S_N1 反応性の高いアルキル化剤の場合にはエノールシリルエーテルを用いるとよい（次項参照）．

エノールシリルエーテルは Lewis 酸存在下 S_N1 反応性の高い求電子剤でアルキル化できる

上で述べたように，アザエノラートは非常に強力な炭素求核剤であり，さまざまな求電子剤と反応するが，リチウムエノラートのように塩基性も強いので，ハロゲン化第三級アルキルのような S_N1 の反応性が高い求電子剤を用いることはできない．この問題の解決策にはエノールのシリルエーテルを用いる．エノールシリルエーテルは反応性が低いため，反応を開始させるにはもっと強力な求電子剤を必要とする．まさにカルボカチオンがこれにあてはまる．カルボカチオンは Lewis 酸により反応系内で飽和炭素中心からハロゲン化物イオンあるいは他の脱離基を引抜いて生成させることができる．

➡ エノールシリルエーテルについては20章476ページで述べた．

ここでは $TiCl_4$ は塩素原子の非共有電子対を受取る Lewis 酸として働いている（Lewis 酸の詳細については8章参照）．この方法によりカルボカチオンが定量的に生成することは15章で述べた．

したがって，エノールシリルエーテルに対する最適なアルキル化剤は，$TiCl_4$ または $SnCl_4$ のような Lewis 酸存在下に安定なカルボカチオンを生成するハロゲン化第三級ア

ルキルになる．好都合なことに，ハロゲン化第三級アルキルは，リチウムエノラートやエナミンとの反応には適さない．アルキル化よりもむしろ脱離が優先するからである．これは選択性が相補的になる好例である．次に2-クロロ-2-メチルブタンを用いるシクロペンタノンのアルキル化の例を示す．シクロペンタノンはトリエチルアミンとクロロトリメチルシランを用いてエノールトリメチルシリルエーテルに変換しておく（この反応については20章477ページで述べた）．無水ジクロロメタン中，四塩化チタンがアルキル化を促進する．

> **まとめ：アルデヒドやケトンのアルキル化に用いるエノールやエノラートの等価体**
> - リチウムエノラートはS_N2反応性の高い求電子剤との反応に用いることができるが，アルデヒドからはつくることができない
> - アザエノラートは，同じくS_N2反応性の高い求電子剤との反応に用いることができるが，アルデヒドからも調製できる
> - アルデヒドやケトンのエナミンは，アリル型やベンジル型ハロゲン化アルキル，およびα-ハロカルボニル化合物との反応に用いることができる
> - アルデヒドやケトンのエノールシリルエーテルは，Lewis酸とともにS_N1反応性の高い第三級，アリル型，およびベンジル型のハロゲン化アルキルとの反応に用いることができる

25・8　1,3-ジカルボニル化合物のアルキル化

　一つの炭素に電子求引基が二つさらには三つつくとその炭素と結合する水素の酸性はかなり強くなる（pK_a 10〜15）．したがって弱塩基を用いてもエノラートを完全に生成させることができる．アルコキシド程度の塩基（ROHのpK_aは約16）はカルボニル基一つだけに隣接した水素（pK_aは20〜25である）を完全に脱プロトンすることはできないが，二つ以上の電子求引基で安定化されたアニオンは容易に生成する．この種のエノラートのなかで最も重要なものは1,3-ジカルボニル化合物（β-ジカルボニル化合物）のエノラートである．

　生成したアニオンは非常に効率よくアルキル化できる．たとえば，次に示すようにアセチルアセトンは弱塩基の炭酸カリウムでもエノラートに変換でき，ヨウ化メチルとの反応で収率よくメチル化体を生じる．炭酸塩は求核性が低いので，求電子剤とともに一度に加えてもよい．

1,3-ジカルボニル化合物（β-ジカルボニル化合物）のアルキル化

25・8 1,3-ジカルボニル化合物のアルキル化

1,3-ジカルボニル化合物のなかでも，マロン酸ジエチル（あるいはジメチル）とアセト酢酸エチルの二つはとりわけ重要である．これらの構造と慣用名をよく覚えておこう．

マロン酸
（プロパン二酸）

マロン酸ジエチル

アセト酢酸
（3-オキソブタン酸）

アセト酢酸エチル

➡ これらの化合物とその安定なエノールについては，20章で述べた．

これら二つのエステルのアルキル化では，塩基の選択が重要である．エステルのカルボニル基に対する求核付加により，アルコキシドを用いるとエステル交換が起こるし，水酸化物イオンを用いると加水分解，またアミドアニオンを用いるとアミドの生成が起こる．最善の選択は一般にエステルのアルコキシド部分と同じアルコキシド塩基を用いることである（つまり，マロン酸ジエチルではエトキシドを，マロン酸ジメチルではメトキシドを使う）．アルコキシドはカルボニル基二つの間の CH_2 からプロトンを引抜くのに十分な塩基性をもつが，たとえ C=O で求核置換が起こっても，これは反応全体には影響しない．

望まない求核置換反応では出発物が再生する

目的の反応

具体例を二つ示す．マロン酸ジエチルのアルキル化では，求電子剤としてアリル型の 3-クロロシクロペンテンを使い，塩基としてナトリウムエトキシドのエタノール溶液を用いている．この塩基はナトリウム1当量を無水エタノールに加えてきわめて簡便につくることができる．また，この塩基は2番目の例のアセト酢酸エチルを臭化ブチルでアルキル化するのにも使える．

マロン酸ジエチル → NaOEt, EtOH → 収率 61%

アセト酢酸エチル → NaOEt, EtOH / BuBr → 収率 61%

さまざまな電子求引基の組合わせが可能であり，ほどの組合わせでもよい結果が得られる．次の例では，エステルとニトリルが一緒になってアニオンを安定化している．ニトリルはカルボニル基に比べてアニオンを安定化する能力が低いため，エノラートを生成するには非プロトン性極性溶媒（DMF）中でもっと強い塩基（水素化ナトリウム）を用いる必要がある．ここでは，求電子剤として第一級アルコールのトシラートを用いている．

➡ 脱離基トシラートを思いだせないときは，353ページに戻って確認しよう．

+ TsO～ → NaH / DMF, ペンタン →

このように二重に安定化されたアニオンはきわめて効率よくアルキル化できるので，二つのカルボニル基の間の炭素をアルキル化したのち，一方のカルボニル基を除去する変換法が広く利用されている．たとえば，β-カルボニル基をもつカルボン酸が加熱に

よって**脱炭酸**（decarboxylation，二酸化炭素を失う）を起こすことを利用する．次に反応例と機構を示す．ジカルボニル化合物をアルキル化した後，まず不要なエステルを塩基性条件で加水分解する．酸で中和し加熱すると，6員環遷移状態を経由して脱炭酸が起こる．少し説明を加えると，カルボン酸の水素がカルボニル基に移動すると同時に炭素－炭素結合の開裂が起こり，二酸化炭素を遊離する．最初の生成物であるカルボニル化合物はエノール形であるが，これは速やかに互変異性化により安定なケト形となる．このようにしてカルボニル基を一つもつ化合物が生成する．この手法を用いると，β-ケトエステルからはケトンが得られ，マロン酸エステルからはモノカルボン酸が得られる（両方のエステルが加水分解を受けるが，脱炭酸により一方のカルボキシ基だけがなくなる）．カルボン酸のβ位にもう一つカルボニル基がある場合にだけ脱炭酸が起こるのは，脱炭酸生成物がエノールになるからである．

アセト酢酸エステル誘導体の脱炭酸によりケトンが得られる

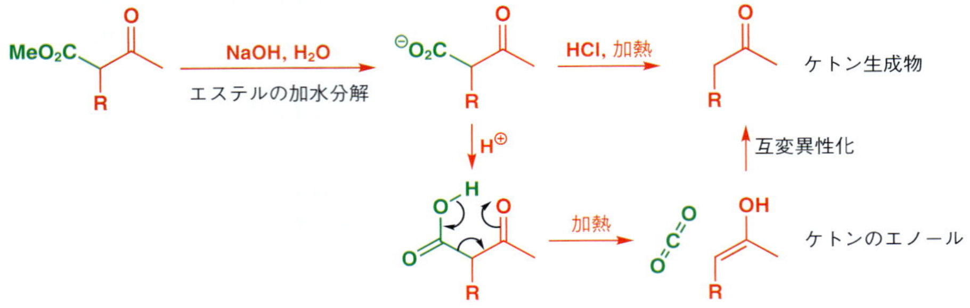

マロン酸エステル誘導体の脱炭酸によりカルボン酸が得られる

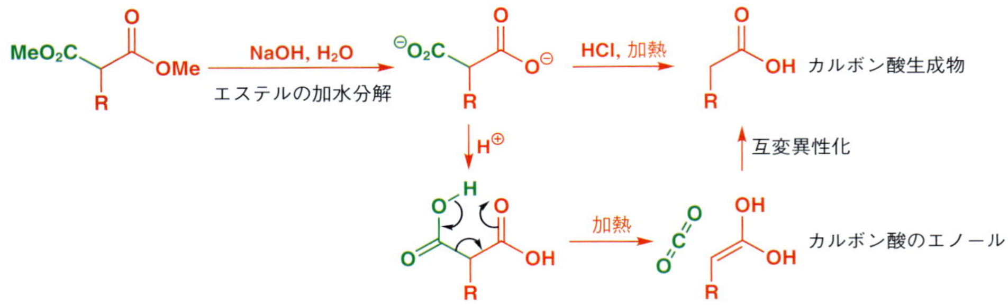

➡ 反応の駆動力としての反応温度の役割については12章で述べた．

前ページに示したアセト酢酸エチルの臭化ブチルによるアルキル化体は脱炭酸により2-ヘプタノンになる．次に脱炭酸反応の条件を示す．加熱により，活性化エネルギーのエントロピー項$\Delta S^{\ddagger}$が増大する（1分子から2分子が生成する）ようにCO_2を放出する．

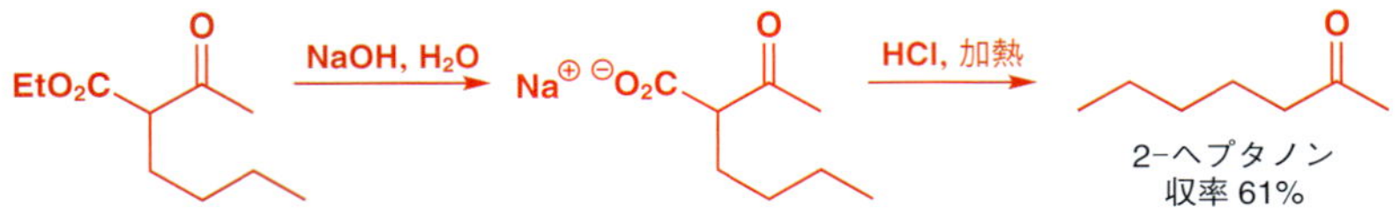

2-ヘプタノン
収率61%

一般にエステルはカルボン酸よりも取扱いが容易である．マロン酸エステルを加水分解しなくてもエステル基の一方を除去できる有用な方法が開発されている．マロン酸エステルを NaCl と少量の水存在下，非プロトン性極性溶媒（通常は DMSO）中で加熱する方法である．酸や塩基は必要でなく，高温であること以外は穏やかな条件である．次

25・8 1,3-ジカルボニル化合物のアルキル化

にマロン酸ジメチルのアルキル化（ジメチルエステルなので NaOMe が使われていることに注目）とメチルエステルの除去を示す．

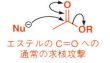

このエステルの開裂反応は，少し変わった機構で起こる．この反応では MeO-CO 結合ではなく O-アルキル結合が開裂する．S_N2 機構により，Cl^- がカルボン酸イオンを置換する．

> 23 章で述べたように，t-ブチルエステルも O-アルキル結合の開裂により加水分解される．この場合の反応機構はもちろん S_N1 である．

エステル開裂の異なる三つの反応機構

エステルの C=O への通常の求核攻撃

酸触媒による t-ブチルエステルの開裂：S_N1

置換マロン酸ジメチルへの Cl^- の攻撃：S_N2

塩化物イオンの求核性は低いが，DMSO 中では溶媒和されないため反応性が増大する．エステルが置換を受けてカルボン酸イオンになると加熱による非可逆的な脱炭酸がただちに起こる（この場合もエントロピー増大）．副生物の MeCl もまた気体として失われる．この"脱炭酸"（実際には，CO_2 だけでなく CO_2Me 基そのものを除去している）は **Krapcho 脱炭酸**として知られている．S_N2 反応なので，マロン酸のメチルエステルの場合に最もうまくいく．

これまではジカルボニル化合物を一度だけアルキル化する反応を述べてきた．しかし，二つのカルボニル基の間に CH_2 があれば，通常，第二のアルキル化を起こすことも可能である．塩基とハロゲン化アルキルを過剰に用いると，1 段階でアルキル化を二度行うことができる．さらに有用なことに，第一段階で塩基とアルキル化剤をちょうど 1 当量用いれば，異なるアルキル基を次に導入できる．

ジハロアルカンを用いると，アルキル化を二度連続させて環を形成することもできる．これはシクロアルカンカルボン酸をつくる重要な合成法である．一般に合成困難な 4 員

25・9 ケトンのアルキル化には位置選択性の問題がある

ケトンは，カルボニル基の両側にエノラート生成を可能にする水素をもつことができるのが特徴的である．対称ケトンや片側にエノール化できる水素がないもの以外では，エノラートの位置異性体が2種類生じる可能性がある．アルキル化はどちらでも起こりうるので，生成物は2種類の位置異性体混合物になってしまう．したがって，ケトンのアルキル化を使えるようにするには，まずエノラート生成の位置選択性を制御できることが必要である．

熱力学支配でのエノラート生成

もしケトンの2種類の水素の酸性度が著しく異なる場合には，位置選択的にエノラートを生成させることは容易である．これまで述べてきたアセト酢酸エチルの場合がこれにあてはまる．アセト酢酸エチルはケトンの一種であるが，弱塩基（共役酸のpK_a < 18）を使うと，電子求引性のエステル基によって酸性度が増大した水素のある側でのみエノラートになる．新しいアルキル基を二つ導入するときには，これまで述べてきたように，必ず二つとも同じ炭素原子に結合する．これは，熱力学支配の例であり，考えられる二つのエノラートのうち安定なほうのエノラートだけが生成する．

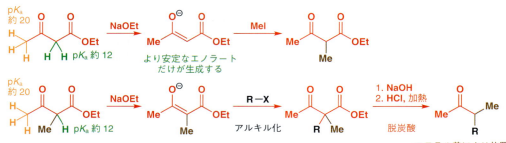

➡ アルケンの安定性に及ぼす置換基効果については400ページで述べた．

この原則は，アセト酢酸エチルの場合に比べるとエノラートの安定性に大きな違いがないケトンにも拡張できる．エノールやエノラートはアルケンであるため，置換基の数が多くなるほど安定性が増大する．したがって，原則として，アルキル置換基でも，熱力学支配条件下の位置選択的エノラート生成を制御できる．より安定なエノラートを生成させるためには，2種類のエノラートの間に平衡が成り立つ機構が必要である．この平衡はプロトン移動である．もしプロトン源（ケトンがほんの少し過剰にあればよい）があれば，2種類のエノラートの平衡混合物が生成する．平衡混合物の割合はケトンの

構造に大きく依存するが,次に示す2-フェニルシクロヘキサノンでは共役により単一エノラートが生成する.ここで用いた塩基は水素化カリウムである.これは強塩基であるが立体障害が小さく(そのため,立体的により込み合った水素を難なく脱プロトンできる),エノラート間の平衡を可能にする条件でも使うことができる.

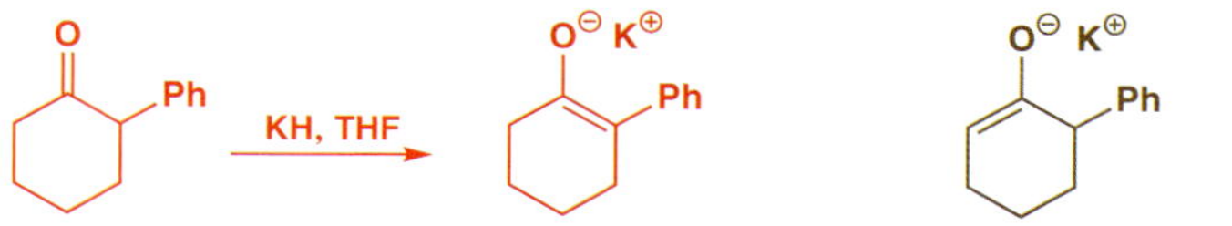

共役エノラートが生成　　ほとんど生成しない

平衡反応の機構は単にプロトン源となるケトン分子がエノラート分子により脱プロトンされるものである.

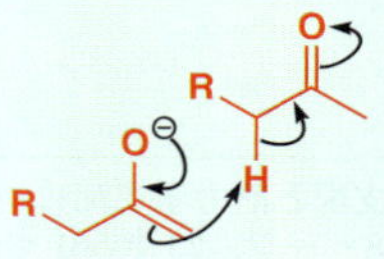

置換基のより多いリチウムエノラートは,20章で述べたように,ケイ素での置換反応により置換基の多いほうのエノールシリルエーテルからつくることができる.この反応の合成的価値はいまや明白である.エノールシリルエーテルの一般的な合成法(Me_3SiCl, Et_3N)では,非対称ケトンから生成可能な2種類のエノールエーテルのうち,置換基のより多いほうが優先して生じるからである.また,エノラートそのものとは異なりエノールシリルエーテルは精製することができるので,この方法を用いればエノラートの一方の位置異性体のみをつくることができる.

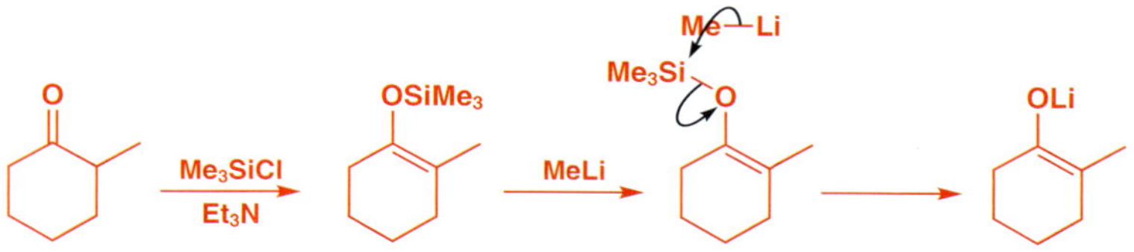

置換基の多いほうの
エノールシリルエーテル　　　熱力学支配の
　　　　　　　　　　　　　　　エノラート

エノールシリルエーテルをつくる際の熱力学支配に基づく位置選択性は,471ページで述べた酸によるケトンの臭素化反応の位置選択性と同様に説明できる.トリエチルアミンは非常に弱い塩基(Et_3NH^+のpK_aはおよそ10)であるため,出発物のカルボニル化合物(pK_a約20)から直接脱プロトンできない.したがって反応の第一段階はおそらく酸素ーケイ素の相互作用だろう.カチオン性遷移状態を経て水素がプロトンとして失われるが,失われる水素がメチル基に隣接しているので,そうでない場合より遷移状態をかなり安定化する.メチル基がカチオンを安定化するのと同様に部分的正電荷をも安定化するからである.

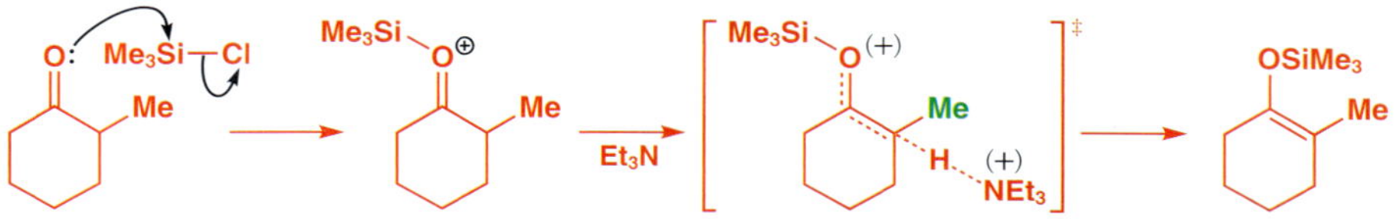

メチル基によるカチオン性
遷移状態の安定化

もう一つ可能な説明は,反応がエノールを経由して起こるとするものである.Si-O結合は非常に強いので,電荷をもたないエノールでさえもMe_3SiClと酸素で反応する.置換基の多いほうのエノール生成が優先する結果,置換基の多いエノールシリルエーテルが得られる.

より不安定なエノール
置換基がより少ない

より安定なエノール
置換基がより多い

速度支配でのエノラート生成

LDA は非常に嵩高いので C=O を攻撃できず,その代わりに C–H 結合を攻撃する.C–H 結合の選択性が問題となるときには,できるだけ立体障害の小さい C–H 結合を攻撃する.また,LDA は酸性度のより高い C–H 結合を優先して攻撃するが,置換基の少ない炭素の C–H 結合は,多いものに比べ実際に酸性が強い.さらに,統計的にも,置換基の少ない炭素原子には引抜かれるべき水素の数が多いので,たとえ反応速度が同じでも置換基の少ないエノラートのほうが優先して生成するだろう.

➡ 速度支配と熱力学支配については,12 章 268 ページ,23 章 561 ページ,および 24 章 598 ページで述べた.

置換基の少ない炭素原子がより酸性の強い C–H 結合をもつことを理解するために,塩基の強さを考えてみよう.MeLi は t-BuLi よりも弱い塩基である.したがって,その共役酸はより強い酸となる.

反応液中ではケトンは決して塩基よりも多く存在してはいけない.さもなければ,ケトンとエノラートの間でプロトン交換が起こり,平衡反応を起こしてしまう.LDA を用いて速度支配のエノラートを生成させるときには,反応中常に LDA が過剰量存在するように,ケトンを LDA に加えなければならない.

置換基が多くてより安定なエノラートに偏る平衡を阻止することができるなら,これらの要因の相乗効果により,置換基の少ないほうのエノラートだけを生成させることができる.すなわち,反応温度を低く(通常は $-78\,°C$)保ち,反応時間を短くし,強塩基を過剰に用いて不可逆的にプロトン引抜きを行い,プロトン源となるケトンが全く残らないようにする.こうして得られるエノラートは最初に生成するいわゆる速度支配のエノラートであり,必ずしも熱力学的に安定なエノラートとは限らない.

一般にこの方法は速度支配の条件といい,メチルとアルキルの区別がある場合に,これで十分位置選択的にメチルケトンから脱プロトンできる.

この方法は,2 位に置換基のあるシクロヘキサノンにも適用でき,置換基の少ないほうのエノラートが生成する.すでに述べたように,共役エノラート生成が熱力学的に大変有利な 2-フェニルシクロヘキサノンでさえ,置換基の少ないほうのエノラートを生じる.

この方法を使うと,LDA と臭化ベンジルを用いて 2-メチルシクロヘキサノンを位置

選択的にアルキル化できる.

> **ケトンからのエノラート生成における位置選択性**
>
> 熱力支配のエノラートは
> - 置換基が多い
> - 安定性が高い
> - ケトンが過剰にあり,高温,長時間の反応で生成しやすい
>
> 速度支配のエノラートは
> - 置換基が少ない
> - 安定性が低い
> - 嵩高い強塩基 (たとえば LDA),低温,短時間の反応で生成しやすい

アセト酢酸メチルのアルキル化においてジアニオンは独特の位置選択性を示す

ジアニオンやトリアニオンでは,最後に生成したアニオンが最も反応性が高いということを 23 章で説明した.アセト酢酸メチルでは,中央の炭素原子に最も安定なエノラートが生成するため,ふつうはそこでアルキル化が起こる.しかし,このエノラートに強力な塩基 (通常は BuLi) を作用させてもう一つプロトンを引抜くと,生じたアセト酢酸メチルのジアニオンはより不安定なアニオン,すなわち末端メチル基側に生じたアニオンがまずアルキル化を受ける.次により安定なアニオンがプロトン化されて生成物が得られる.アニオン性のエノラート中間体にはもはや求電子性がないため,ここでは塩基として BuLi を用いることができる.

➡ ジアニオンについては 562 ページで述べた.

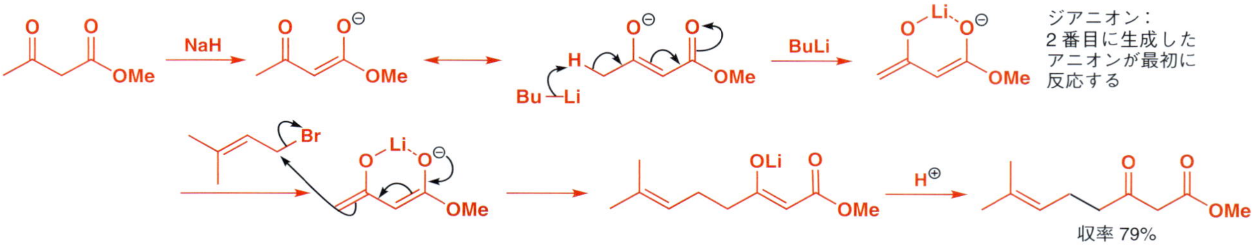

25・10 エノラートの位置選択性の問題はエノンで解決できる

エノラートは,たとえばエノールシリルエーテルやエノールの酢酸エステルをアルキルリチウムで処理することにより位置選択的につくることができる.これらはどちらも R–Li を求核剤とする置換反応であり,エノラートが脱離基となる.一方は Si での求核置換であり,他方は C=O での反応である.もしプロトン源が共存しないと,エノラートは安定な前駆体と同じ位置異性体として生成する.

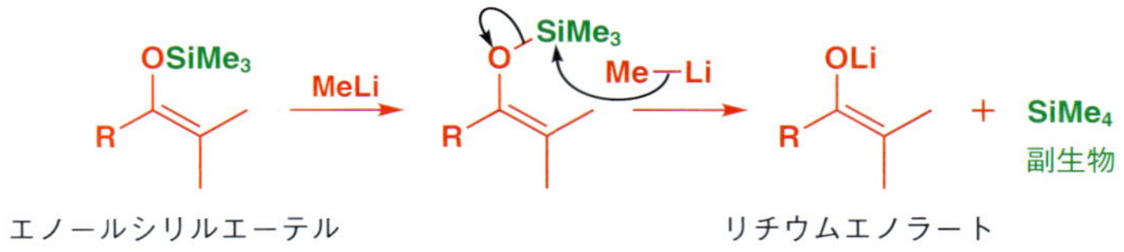

しかし，エノールシリルエーテルやエノールエステルをつくるには，エノラートを位置選択的に生成させる必要がある．これが問題である．それでも次の二つの場合にはこの方法が有用である．他の方法では選択的につくるのが困難な置換基の多いほうのリチウムエノラートが必要な場合や，脱プロトンを伴わない方法でエノールシリルエーテルを調製できる場合である．これらの方法について考えてみよう．

エノンの溶解金属還元は位置選択的にエノラートを生成する

Birch還元について23章で述べた．Birch還元は，溶解金属（たとえば，液体アンモニア中のK, Na, またはLi）を利用して芳香環やアルキンを還元する方法である．Birch還元と同じように液体アンモニア中，金属リチウムによってエノンを溶解金属還元すると，C=O結合に影響を与えることなくエノンのC=C結合を還元できる．プロトン源としてアルコールが必要である．全体として2電子とプロトン二つが段階的に付加し，最終的には水素分子が二重結合に付加したことになる．

反応機構は557ページに示したものと同じである．一電子移動により生じたラジカルアニオンは，アルコールによりプロトン化されてラジカルになる．さらに2回目の一電子移動により，エノラートへ異性化が可能なアニオンが生成する．

エノラートになると，もはや還元されず，後処理でプロトン化されてケトンになる．一方，ハロゲン化アルキルと反応させると，位置選択的なアルキル化が可能となる．エノラートはエノンの二重結合があった側にしか生成しないため，これは有用である．

2-メチルシクロヘキサノンから生じるエノラートの平衡混合物の位置異性体の比率はせいぜい4:1程度であるが，対応するエノンをBirch還元の条件でエノラートに変換する方法を用いてメチル化すると，不要な位置異性体はわずか2％しか生成しない．

電子移動は立体障害の影響を受けにくいため，置換基の多いエノンでも問題は生じない．次の例では，エノラートと臭化アリルが反応して単一のジアステレオマーが生じている．臭化アリルはメチル基とは反対側の面から攻撃する．もちろんこの場合も単一の位置異性体が得られる．

> ➡ 単一ジアステレオマーの選択的合成については32章と33章で詳しく述べる．

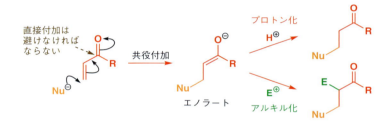

エノンへの共役付加は位置選択的にエノラートを生成する

22章では詳しく述べなかったが，エノンへの共役付加でまずエノラートが生成し，通常は後処理によりプロトン化が起こることを思い出そう．ここでも反応条件を適切に設定すると，エノラートをもっと有効に活用することができる．

Nu が H のときは最も単純な生成物が得られるが，求核攻撃の段階で位置選択性の問題が生じる．ここでは，エノンに対して選択的に共役付加する求核性ヒドリド等価体が必要である．通常，この問題は LiBH(s-C₄H₉)₃ や KBH(s-C₄H₉)₃ （L-Selectride, K-Selectride の名で知られている）のようなきわめて嵩高い還元剤を用いると解決できる．次の例では，K-Selectride がエノンを還元してエノラートを生成させ，つづいてヨウ化メチルでアルキル化して単一位置異性体を得ている．

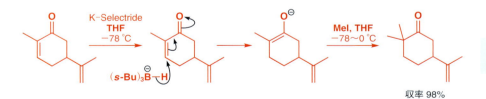

> この反応は共役二重結合と孤立二重結合の反応性の違いも示している．

有機銅化合物を用いる共役付加によってアルキル基を β 位に導入できる．生成したエノラートをさらにアルキル化すれば，1段階で C-C 結合を二つつくることができる．有機銅化合物の共役付加反応は，Me₃SiCl 存在下に行うのが最もよいことを22章で説明した．この反応の生成物はエノールシリルエーテルである．エノールの二重結合は常にエノンの二重結合があった側に生成するので，エノールシリルエーテルは位置選択的に得られる．

同一フラスコ内での結合生成（通常はC-C結合生成）を二つ以上順次起こさせる連続型反応をタンデム反応（tandem reaction）とよぶこともある．[訳注：この連続型反応をドミノ反応（domino reaction）とよぶこともある．狭義には，この連続反応は，途中で反応剤や触媒を加えなくても，終始同一反応条件下に，結合生成を2回以上次から次に起こす反応を意味する．ここに示す反応では，途中でアルキル化剤を加えるので，連続型反応（consecutive reaction）とよぶほうが適切である．]

エノールシリルエーテルはハロゲン化アルキルによる直接的なアルキル化に対しては不活性であるが，リチウムエノラートに変換すればほとんどのアルキル化が可能になる．この種の反応が，天然物であるα-カミグレン（α-chamigrene）合成の鍵段階で利用されている．Me₂CuLiの共役付加によって生成したエノラートをMe₃SiClを用いて捕捉する．得られたエノールシリルエーテルは，メチルリチウムによるSiでの求核置換反応を経てリチウムエノラートに変換できる．α-カミグレンはこのエノラート炭素にスピロ結合した6員環があるが，これはジブロモ化合物を用いる二重アルキル化（618ページ参照）により構築できる．最初の置換反応は，反応性の高いアリル位で起こる．環をつくるには再びエノラートを生成させる必要があるが，ケトンの反対側で反応して望まない

プロスタグランジン E₂ の合成

この連続型結合生成反応の威力が最大限に発揮された実践例の一つは，野依良治によって達成された生理活性物質プロスタグランジンE₂の短段階合成である．有機銅反応剤とアルキル化剤には標的化合物の側鎖に必要なすべての官能基が保護された形で組込まれている．この合成で不可欠なトランスの立体化学が鍵段階で構築されて，あとはシリルエーテルとエステル保護基の除去だけを必要とする生成物が収率78%で得られる．有機金属求核剤は，ハロゲン-金属交換反応（9章）によりヨウ化ビニルから調製する．ビニルリチウムはヨウ化銅存在下，シクロペンテノンに共役付加し，エノラート中間体を生じる．この場合，出発物のエノンにはすでにキラル中心があるため，この反応も立体選択的であり，エノンの立体障害の小さい面（シリルオキシ基とは反対側）を攻撃してトランスの立体配置をもつエノラートを生じる．生成したエノラートを末端にエステル基をもつヨウ化アリルを用いてアルキル化するが，ここでもトランス生成物が得られる．この反応ではエノラートの平衡が起こらないようにすることが特に重要である．さもないと，位置の異なるリチウムエノラートからE1cB機構によりシリルオキシ基が速やかに脱離してしまう．HF/ピリジンによりシリル基を除去した後，酵素を用いて加水分解することにより，プロスタグランジンE₂の合成が達成された．

8員環を形成するよりも，目的の6員環を形成するほうが十分速いため，この反応は平衡条件で行える．

> 環の大きさと環形成反応の相対速度については31章で述べる．

共役付加とアルキル化をもとにした連続型結合生成反応のなかで最も重要なものは，シクロペンテノンを基質とする連続反応である．共役付加で生成したエノラートの立体障害の小さい面からアルキル化剤が接近するため，シクロペンテノンそのものからは通常，トランスのジアステレオマーが得られる．

次に示す例から，この立体選択性の発現機構は明白である．一見して複雑な反応系であるが，実際にはナフチル銅反応剤の共役付加に続いて，ヨード酢酸エステルによるアルキル化が起こっただけである．アルキル化が嵩高いナフチル基の反対側から起こり，第四級不斉炭素が構築されている点に注目しよう．

25・11 Michael 反応受容体を求電子剤とする共役付加

上で述べたように，α,β-不飽和カルボニル化合物は位置の定まったエノラート等価体の前駆体となる．一方で，α,β-不飽和カルボニル化合物はエノラートとの反応における非常に優れた求電子剤でもある．ここではアルキル化と同様に有力なC–C結合生成反応として，エノラートの共役付加を取上げる．

> 22章で α,β-不飽和カルボニル化合物や不飽和ニトリルなどの Michael 反応受容体が共役付加の基質になることを述べた．多くの Michael 反応受容体は毒性や発がん性をもっており，取扱いには注意を要する．
>
> おもな Michael 反応受容体
> ケイ皮酸メチル　アクリロニトリル
> エチルビニルケトン

一般に共役付加では，求核剤（ここではエノラート）がC=O基を直接攻撃しないように反応条件を選択することが重要である．22章で述べた同じ因子が反応の成否を決める．すなわち，熱力学支配では共役付加（1,4付加）が主となり，速度支配では直接付加（1,2付加）が優先する．したがって，共役付加をうまく起こすには，エノラートのカルボニル基への直接付加が可逆になるようにすればよい．つまり，共役付加が直接付加と競争になっても，C=C π結合よりも強い C=O π結合が残るために共役付加生成物

> エノラートの C=O 基への直接付加（アルドール反応）については次章で述べる．

のほうが安定なので，結局はこれが単独生成物になる．

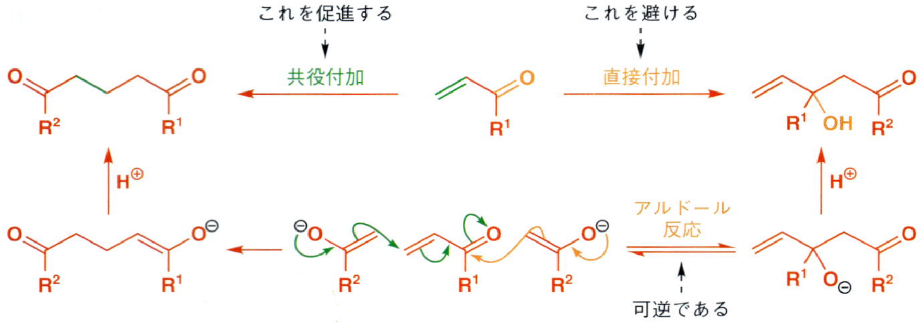

エノラートのカルボニル基への直接付加を可逆にする最も効果的な方法の一つは，用いるエノラートを安定化することである．これは，カルボニル基への直接付加生成物から安定なエノラートの脱離が起こりやすくなるからである．また，CO_2Et のような電子求引基を導入する利点はもう一つある．この基は，エノラートを安定化するだけでなく，共役付加生成物と比べて直接付加生成物の立体障害を大きくする．そのため，安定な共役付加生成物のほうに平衡がずれていく．

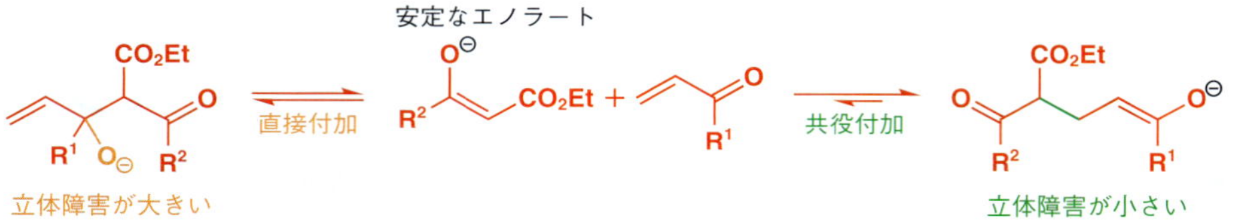

α,β-不飽和求電子剤におけるカルボニル基の性質も重要である．カルボニル基自体の求電子性が強ければ直接付加が起こりやすくなり，求電子性が低下すると（たとえばエステルやアミド）共役付加が起こりやすくなる．アルデヒドやケトンは，エノラート等価体を注意深く選ぶことによって共役付加を起こすことができる．一方，エステルやアミドはカルボニル炭素の求電子性が低いので，共役付加に適した基質である．

> 共役付加は熱力学支配であり，直接付加は速度支配である
> 安定なエノラートは次の場合に共役付加しやすい．
> ・直接付加（アルドール反応）の可逆性が大きい
> ・共役付加生成物と比べて直接付加（アルドール）生成物の立体障害が大きい
> 反応性の低い Michael 反応受容体は以下の理由により共役付加が起こりやすい．
> ・直接付加（アルドール反応）の可逆性が大きい
> ・カルボニル基の求電子性が低い

1,3-ジカルボニル化合物を使うと共役付加が起こりやすくなる

β-ジエステル，すなわちマロン酸エステルとその置換体（615 ページ参照）は，共役付加に適した特徴を三つもっている．

・安定なエノラートを生成し，円滑に共役付加する

25・11 Michael 反応受容体を求電子剤とする共役付加

- 必要に応じて，エステル基二つのうち一方は，加水分解と脱炭酸により除くことができる
- 残っているカルボン酸あるいはエステルは，他の官能基へ容易に変換できる

➡ 加水分解と脱炭酸および塩基の選択については 616 ページで説明した．

マロン酸ジエチル ＋ フマル酸ジエチル　→（NaOEt, EtOH, 還流 1 h）　収率 93%

マロン酸ジエチルは，無水エタノール中ナトリウムエトキシドによってフマル酸ジエチルに共役付加し，テトラエステルを生成する．フマル酸ジエチルは，エステル基が二つアルケン部位から電子を求引しているので，非常によい Michael 反応受容体である．反応は，マロン酸エステルからの脱プロトン，共役付加，生成したエノラートの溶媒（エタノール）によるプロトン化からなる機構で進行している．この反応ではエステル基二つがエノラートを安定化し，さらにもう二つが共役付加を促進している．

（Michael 反応受容体 → 安定なエノラート → 生成物 テトラエステル）

マロン酸エステルの合成的価値を環状酸無水物の合成で示す．これは，クロトン酸エチルへの共役付加，加水分解，脱炭酸，さらに無水酢酸による脱水を経て進行する．この反応経路には一般性があり，不飽和エステルをかえるだけで，さまざまな置換基をもつ酸無水物を合成できる．

（NaOEt, EtOH 還流 1 h → HCl, H₂O 還流 8 h → Ac₂O, 100 ℃ 1 h　収率 76%）

もし，求核剤が反応条件で十分にエノール形になっていれば，エノールそのものが不飽和カルボニル化合物と反応する．エノールは電荷がないので軟らかい求核剤であり，共役付加に適している．たとえば，1,3-ジケトンの相当部分はエノール形になっているので（20 章参照），塩基が全くない酸性条件でも共役付加は円滑に進行する．次の例では，メチルビニルケトン（3-ブテン-2-オン）は酢酸触媒により環状 β-ジケトンと反応して，第四級炭素を形成する．

➡ このトリケトン生成物は 26 章 664 ページで述べるようにステロイド合成の重要中間体である．

＋ メチルビニルケトン　→（AcOH, H₂O, 1 h, 75 ℃）

反応機構を次に示す．環状 β-ジケトンのケト形が酸触媒でエノール形になり，プロトン化によって活性化されたエノンを攻撃する．詳細はエノラートの反応とほぼ同じであるが，唯一違う点は両反応物がプロトン化によって活性化されている点である．生成物はトリケトンのエノール形だが，これは安定なケト形にすぐに互変異性化する．

熱力学支配による共役付加の反応条件は，求電子性の強いエナールに対しても適用できる．次の例では，次章で述べるアルドール反応（カルボニル基への直接付加）が同時に起こっているものの可逆的であるので，結局 1,4 付加体が生成してくる．アクロレインは 5 員環ジケトンと非常に穏和な条件で反応して，1,4 付加体を定量的に生じる．

アルカリ金属（特に Na, K）エノラートは共役付加を可能にする

共役付加を効率よく起こすには，アニオン安定化基を二つもつ求核剤を用いればよいが，これは必須というわけではない．単純なリチウムエノラートは，リチウムが酸素に強く結合しアルドール生成物を安定化する傾向にあるので，熱力学支配共役付加には理想的な求核剤とはいえない．一方，ナトリウムやカリウムエノラートを用いた場合には，アルドール生成物からの逆反応を起こしやすいので比較的よい結果になることが多い．このような場合，カリウム t-ブトキシドは，立体的に嵩高く Michael 反応受容体のエステル基を直接攻撃せずに，ケトンをある程度脱プロトンできる塩基性をもつので理想的である．

ケトンから生じるエノラートは 2 種類可能であるが，平衡条件では，より安定な多置換エノラートが共役付加して第四級炭素をもつ生成物を生じる．

エノラートに脱離基があれば，共役付加により生じたエノラートの分子内アルキル化が進行するのでシクロプロパンを合成できる．

エナミンは共役付加に使える簡便で安定なエノール等価体である

第二のアニオン安定化基をもたないカルボニル化合物を共役付加させたいときには，安定で反応性の高すぎないエノール等価体が必要になる．609ページで，特に環状第二級アミン由来のエナミンがケトンのアルキル化に有用であることを述べた．エナミンは電荷のない軟らかい求核剤であり，エノールよりも反応性に富み，かつ反応前にあらかじめ定量的に合成できるエノール等価体であるため共役付加にも最適である．エナミンの共役付加における反応性は良好で，ときには無溶媒で反応相手とともに加熱するだけでよい．酸を触媒に用いると，低温で反応を行うことができる．

反応機構はエノールの共役付加とほぼ同じである．違う点は，エナミンは窒素原子のために求核性がより高く，生成物が再びエナミンになる点である．エナミンは穏和な酸加水分解によりカルボニル化合物に変換できる．酸加水分解は，後処理の操作として行うもので，特に余計な操作ではない．ここで副生するアミンは塩酸塩として水層に溶けるので，生成物の単離は簡単である．共役付加の後，生成したエノラート-イミニウム双性イオンはプロトン移動によって安定なカルボニルエナミン体になる．このプロトン移動を分子内反応として示しているが，分子間反応として書いてもかまわない．生じたエナミンは酸水溶液を加えるまで安定に存在する．加水分解はイミニウムイオンを経て起こり，カルボニル基を生じるとともに第二級アミンを生成する．

シクロヘキサノンから得られるピロリジンとモルホリンのエナミンは，どちらも，メチルチオ基やフェニルスルホニル基が第二のアニオン安定化基として置換している α,β-不飽和カルボニル化合物に収率よく共役付加する．

➡ 41章では，(S)-プロリンを不斉触媒とするキラルなエナミン経由の関連反応について述べる．

エノールシリルエーテルの共役付加によって新しいエノールシリルエーテルが生成する

エナミンと同じく共役付加において重要なエノール等価体は，アルデヒド，ケトン，

> エノールシリルエーテルについては20章で，Lewis酸を用いるエノールシリルエーテルのアルキル化については613ページで説明した．また，ハロゲン化アルキルを求電子剤として用いる類似の反応については624ページで述べた．

およびカルボン酸誘導体のエノールシリルエーテルである．これらの安定で電荷のない求核剤は，$TiCl_4$のようなLewis酸触媒を用いると，低温でもMichael反応受容体と円滑に反応する．もし，1,5-ジカルボニル化合物が必要ならば，酸あるいは塩基とともに水で処理して生成物のシリル基を除去すればよい．

たとえば，アセトフェノン PhCOMe 由来のエノールシリルエーテルを四塩化チタン共存下二置換エノンと反応させると，共役付加は第四級炭素が生じるにもかかわらず，速やかに進み，収率よくジケトンが生成する．エノールシリルエーテルが共役付加の求核剤として大変優れていることがよくわかる．

エノールシリルエーテルを用いると，第四級炭素どうしの結合をつくることもできる．ケテンシリルアセタール（エステルのエノールシリルエーテル）は通常のエノールシリルエーテルよりも求核性が高い．次の例では，よく使用されるLewis酸触媒 $TiCl_4$ 共存下，ケテンシリルアセタールが不飽和ケトンに共役付加している．

これらの反応では，まず求電子剤であるエノンがLewis酸である$TiCl_4$に配位し，活性化されたエノンにシリル化合物が求核剤として反応する．どの段階で，トリメチルシリル基がもとの位置から動くのか，また分子内反応か分子間反応かを決定するのはむずかしい．おそらく，Lewis酸から遊離したアニオン（Cl^-，RO^-，Br^-）がケイ素原子を求核攻撃して，Me_3SiXになり，これがチタンエノラートと反応して，最終生成物のトリメチルシリルエーテルを生じていると考えるのが妥当であろう．

ケテンアセタール

エステルのエノールエーテルは，炭素–炭素二重結合の同じ炭素にOR基が二つ結合しているので，ケテンアセタール（ketene acetal）とよばれている．ここの例は，特にケテンシリルアセタール（ketene silyl acetal）とよぶ．ちょうどアルデヒドからアセタールをつくる反応を思い浮かべながら，ケテンのカルボニル基がアセタール炭素になる仮想の反応を考えればこの名称の由来がわかるだろう．もっとも，この方法ではケテンアセタールをつくることはできない．

種々の求電子性アルケンがエノールやエノラート求核剤と反応する

最も簡単で効率のよいMichael反応受容体は，エキソメチレンケトン，エキソメチレンラクトンやビニルケトンのように β 炭素が無置換の α,β-不飽和カルボニル化合物である．しかし，これらは反応性がきわめて高く，簡単に重合してしまうため取扱いが容

易ではない．次章（645ページ）ではこれらの化合物を生成させると同時に，同じフラスコ中で求核剤と反応させることでこの問題を回避する方法を述べる．

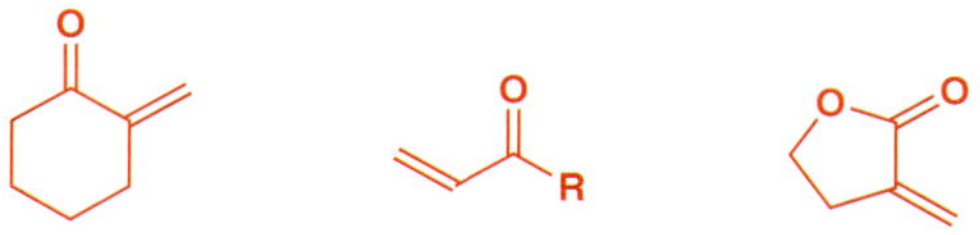

エキソメチレン
ケトン

ビニルケトン

エキソメチレン
ラクトン

共役付加よりも直接付加しやすいもっと求核性の高いエノラートに対しては，Michael 反応受容体の α 位にアニオン安定化基を追加するとよい．このような例を欄外に示す．どの例においても，追加した余分の置換基（CO_2R, SPh, SOPh, SO_2Ph, $SiMe_3$, Br）は共役付加後，取除くことができる．

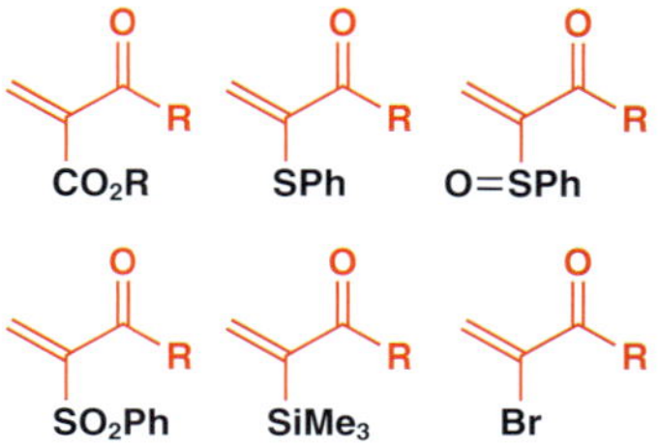

不飽和**エステル**は，カルボニル基の求電子性があまり高くないので，よい Michael 反応受容体である．また，不飽和**アミド**のカルボニル基はさらに求電子性が低く，酸性のNH のない第三級アミドを用いた場合には，リチウムエノラートとの反応でも共役付加体を生じる．

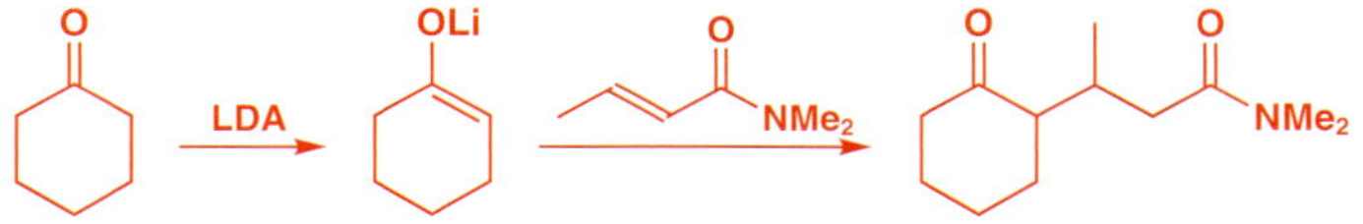

収率 60%

シアノ基はカルボニル基ほど求核剤の直接攻撃に対する反応性がない．しかし，カルボニル基の場合と同じように α 位の負電荷を安定化する．したがって，α,β-不飽和ニトリルは，その活性化基への直接付加を危惧する必要がなく，共役付加に理想的である．

➡ シアノ基により安定化されたアニオンのアルキル化については，602 ページで述べた．

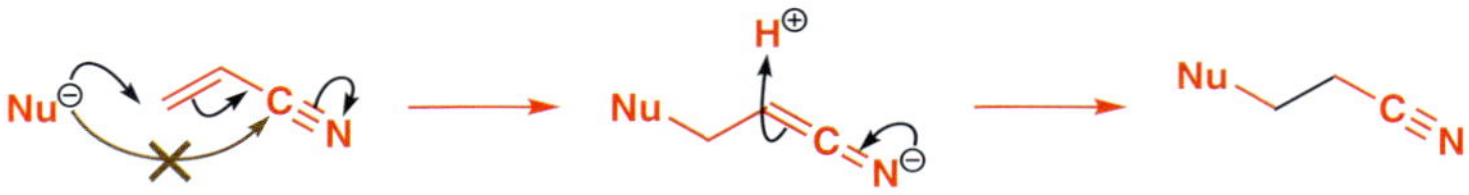

メチルベンジルケトンに塩基を作用させると，安定なほうのエノラートが生成する．このエノラートは円滑にアクリロニトリルに共役付加する．β 位に置換基をもたないアクリロニトリルは，エノラートに対して最も優れた Michael 反応受容体の一つである．

アクリロニトリル

塩基
30 min, 90 ℃

収率 80%

シアノ基は求核剤におけるアニオン安定化基としても働く．エステル基と併用すると，エノール化する水素は酸性が高くなり，水酸化カリウムでさえ塩基として用いることができるようになる．

KOH, *t*-BuOH
2 h, 45 ℃

収率 83%

最も簡単なアミノ酸であるグリシンは，他のアミノ酸を合成するための格好の出発物のはずだが，エノールやエノラートは簡単には生成しない．グリシンから数工程を経て合成したグリシンメチルエステルのベンズアルデヒドイミンは，アニオン安定化基を二つもち，安定なエノラートを生成してアクリロニトリルへ共役付加できるようになる．次の例では，塩基として固体の炭酸カリウムを相間移動触媒（塩化第四級アンモニウム）とともに用いている．アルキル化生成物を加水分解するだけで置換基を伸ばしたアミノ酸が得られる．

627 ページでフマル酸ジエステルのエステル基二つがどれほど共役付加を加速するかを述べたが，もし種類の異なる電子求引基が二つ Michael 反応受容体の両端についたらどうだろうか．どちらのほうが電子求引性が強いか決めなければならない．明解な一例がある．**ニトロ基**はカルボニル基二つ分の電子求引性があるので（604 ページ参照），この反応ではニトロ基の β 位に共役付加が起こる．

ニトロアルカンは共役付加に最適である

これまで述べてきたように，β-ジカルボニル化合物からのエノラートのように非常に安定化されたアニオンは，共役付加においてきわめて優れた求核剤となる．アニオンが安定化されているために不要なカルボニル基への直接付加（アルドール反応）の逆反応が起こりやすくなるうえ，生成物へのプロトン移動も容易になるので，塩基を触媒量ですませることも可能になるからである．一方，ニトロ基は非常に強い電子求引基であり，pK_a から判断するとカルボニル基二つ分に相当する（604 ページ参照）．もし，β-ジカルボニル化合物の共役付加における有用性を pK_a から判断するとしたら，ニトロアルカンも同様に共役付加に使えると期待してよいだろう．幸い，実際そのとおり，しかもとてもうまく反応する．第一段階は，やはり塩基触媒による共役付加である．

ニトロ基が関与する反応機構を書くときは，必ずこのようにニトロ基を正しく書こう．

中間生成物のエノラートイオンはニトロ化合物のアニオンより塩基性が強いので，ニトロ化合物から水素を引抜いて，アニオンをもう 1 分子つくり，次つぎと反応していく．

ニトロ基の酸性化効果は非常に大きいので，きわめて弱い塩基でもこの反応を触媒することができる．このため，ニトロ基に隣接する炭素に結合した水素が選択的にプロトンとして引抜かれるので，カルボニル化合物のアルドール反応などの副反応を防ぐことにもなる．よく使われる塩基は，アミン，水酸化第四級アンモニウム，フッ化物である．きわめて反応性の低い粉体の塩基性アルミナでさえも，室温で定量的にベンジル型ニトロアルカンをシクロヘキセノンへ付加させるに十分である．

ニトロ化合物のアニオンは，α,β-不飽和モノエステルやジエステルに共役付加して四置換炭素を容易に生成することができる．この場合，ニトロ基に隣接した CH と共役付加生成物のエステル基に隣接した CH の酸性度との間に十分な差があり，弱い塩基性条件が用いられているので，望まない Claisen 縮合（26 章参照）など副反応は起こらない．

> 26 章で述べるが，エノール化できるエステル，ケトン，およびアルデヒドは強塩基の存在下に自己縮合を起こしやい．

ニトロ化合物の共役付加はきわめて効率がよいので，この反応に別の反応を組合わせるといくつかの結合を一挙につくることができる．次の例は，共役付加に続いて分子内求核置換反応により 6 員環を形成するものである．両反応に用いた塩基は Cs_2CO_3 である．イオン半径の大きなセシウムイオンは完全にイオン性の化合物をつくるので，炭酸イオンは塩基としてきわめて有効に働く．共役付加生成物のニトロ基の隣から脱プロトンが起こり，生じたアニオンがヨウ化物を分子内で S_N2 置換して 6 員環をつくる．

> セシウムの電気陰性度は 0.79 であり，容易に入手できる金属のなかでは最も電気的に陽性である．

ニトロ基は，共役付加のあとで有用な別の官能基に変換することができる．還元すると第一級アミンになるし，加水分解するとケトンになる．この加水分解は，**Nef 反応**とよばれている．この方法は，水酸化ナトリウムのような塩基を用いてニトロ基で安定化されたアニオンを生成し，硫酸で加水分解を行うものである．この反応条件は，多くの基質にも生成物にも過酷すぎるので，もっと穏和な条件が検討されてきた．なかでも，生成物のニトロ"エノラート"を酸処理せずに，低温でオゾン分解する方法がよい．塩基

➡ オゾン分解については19章で述べた.

触媒によるニトロプロパンのメチルビニルケトンへの共役付加は円滑に起こり，ニトロケトンを生じる．これにナトリウムメトキシドを作用させて下に示す塩をつくり，C=N 結合をオゾンにより酸化的に開裂する．生じるものは1,4-ジケトンであるが，この方法ではアルドール反応のような副反応を起こすことなく単離できる．

この方法は他の方法ではつくるのがむずかしい1,4-ジケトンを合成する大変有用な一般法である．出発物のエノンに置換基があっても，共役付加は問題なく進行する．

脳化学で注目される薬の合成

ドーパミン拮抗薬といわれている医薬品ビバラン（vivalan）の簡単な工業的合成で本章を締めくくる．この合成ではすでに述べた反応を四つ用いる．すなわち，エノラートのアクリロニトリルへの共役付加，CN 基の第一級アミンへの還元，アミドのアルキル化および還元である．実際にはもう一つアミドを形成する環化反応が含まれているが，これは何もしなくてもすぐに起こる．

この共役付加では，塩基として水酸化物イオンを有機溶媒に可溶にする相間移動触媒としてトリトンB（Triton B）という商品名で市販されている水酸化ベンジルトリメチルアンモニウム $PhCH_2NMe_3{}^+OH^-$ が用いられている．

25・12 終わりに

本章ではエノラートやエノールの等価体とハロゲン化アルキルおよび求電子性アルケンとの反応について説明した．次章では，これまで起こらないよう慎重に対策を講じてきたこれらの等価体とカルボニル化合物との反応について解説する．

25. エノラートのアルキル化

アルキル化のまとめ

エノラートおよびエノールの等価体	備考
エステルのアルキル化	
・LDA でリチウムエノラートに変換して利用	
・マロン酸ジエチル(またはマロン酸ジメチル)と続く脱炭酸の利用	NaOH, HCl ではカルボン酸が生成, NaCl, DMSO ではエステルが生成
アルデヒドのアルキル化	
・エナミンの利用	反応性の高いアルキル化剤
・エノールシリルエーテルの利用	S_N1 反応性の高いアルキル化剤
・アザエノラートの利用	S_N2 反応性の高いアルキル化剤
対称ケトンのアルキル化	
・LDA でリチウムエノラートに変換して利用	
・アセト酢酸エステルと続く脱炭酸の利用	アセトンのアルキル化と等価
・エナミンの利用	反応性の高いアルキル化剤
・エノールシリルエーテルの利用	S_N1 反応性の高いアルキル化剤
・アザエノラートの利用	S_N2 反応性の高いアルキル化剤
非対称ケトンのアルキル化(置換基の数が多い側でアルキル化)	
・Me_3SiCl, Et_3N でエノールシリルエーテルに変換して利用	S_N1 反応性の高いアルキル化剤
・Me_3SiCl, Et_3N でエノールシリルエーテルにし,さらに MeLi によるリチウムエノラート生成	S_N2 反応性の高いアルキル化剤
・アセト酢酸エステルを二度アルキル化して脱炭酸	アセト酢酸エチルの二度のアルキル化
・エノンへの共役付加または共役還元による位置選択的リチウムエノラートやエノールシリルエーテルの生成	
非対称ケトンのアルキル化(置換基の数が少ない側でアルキル化)	
・LDA で速度支配のリチウムエノラートに変換して利用	S_N2 反応性の高いアルキル化剤
・LDA 処理後 Me_3SiCl でエノールシリルエーテルに変換して利用	S_N1 反応性の高いアルキル化剤
・アセト酢酸エステルのジアニオンのアルキル化と続く脱炭酸の利用	メチル基側で生成したより不安定なアニオンのアルキル化
・エナミンの利用	反応性の高いアルキル化剤

問題

1. エノールあるいはエノラートのアルキル化により次の化合物を合成する方法を示せ.

2. エノールあるいはエノラートのアルキル化を1段階に用いて,次の化合物を合成する方法を示せ.

3. エノラートやその等価体のアルキル化を利用して,次のアミンを合成する方法を示せ.

4. 次のようにエノラートのアルキル化を試みたが,目的生成物は得られない.どうしてうまくいかないのかその理由を述べ,この反応で得られる生成物を示せ.また,アセトアルデヒドからこの化合物を合成する方法を示せ.

5. 次に示すエナミン生成,ハロゲン化アルキルとの反応,および加水分解の機構を示せ.

6. 矢印の位置に，エノールあるいはエノラートを生成させる方法を示せ（必ずしも下に示したカルボニル化合物を出発物にする必要はない）．

7. 問題6で得た化合物は，(a) Br_2 や (b) RCH_2Br とどう反応するか．

8. シクロヘキシルアミンと次のアルデヒドからイミンが生成する反応の機構を示せ．

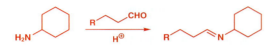

9. 問題8で得たイミンに対しLDAとつづいてBuBrを反応させるとどうなるか．LDAとの反応，その生成物とBuBrとの反応，および後処理，それぞれの段階について反応機構を示せ．

10. 問題8と問題9の反応を次のように短段階で行おうとするとどうなるか．

11. 次の反応の機構を示せ．

12. シクロプロピルケトンの合成法を次に示す．すべての反応について反応機構を示せ．

13. 次に示す一連の反応で得られる中間体と各反応の機構を示せ．

26 エノラートとカルボニル化合物との反応：アルドール反応と Claisen 縮合

関 連 事 項

必要な基礎知識
- カルボニル化合物と求核剤（CN⁻, BH₄⁻, HSO₃⁻）との反応 6章
- カルボニル化合物と求核性有機金属化合物との反応 9章
- カルボニル化合物の求核置換 10章, 11章
- エノールおよびエノラートとヘテロ原子求電子剤（Br₂, NO⁺）との反応 20章
- エノラートおよびその等価体とアルキル化剤との反応 25章

本章の課題
- カルボニル化合物は求核剤としても求電子剤としても反応する
- ヒドロキシ置換カルボニル化合物やエノンをアルドール反応によって合成する
- アルドール反応の制御により生成物を選択的に得るにはどうするか
- アルデヒド，ケトン，エステルのエノラートのアルドール反応の別法
- ホルムアルデヒドを求電子剤として用いる方法
- 分子内アルドール反応による環化生成物の予測
- エステルとエノラートとの反応：Claisen 縮合
- エステルやケトンのエノラートのアシル化反応
- O-アシル化ではなく，C-アシル化を行う方法
- 分子内アシル化による環状ケトンの合成
- エナミンを用いるアシル化反応
- 性質に基づくアシル化の分類

今後の展開
- 逆合成 28章
- 芳香族ヘテロ環の合成 29章, 30章
- 不斉合成 41章
- 生物有機化学 42章

26・1 はじめに

25章では，エノールやエノラートのアルキル化，すなわちハロゲン化アルキルや α,β-不飽和カルボニル化合物などのアルキル化剤との反応を説明した．そのさい，カルボニル基への求核攻撃が起こらないようにすることが重要であると強調した．

エノラートのアルキル化

本章では，アルデヒドやケトンのカルボニル基やアシル化剤に対するエノールやエノラートの求核攻撃について解説する．

26・2 アルドール反応

エノール形をとりうる一番簡単なアルデヒドはアセトアルデヒド（エタナール）CH₃CHO である．もしそこに，NaOH のような塩基をほんの少し加えたら，どうなるだろうか．アルデヒドの一部はエノラートになるだろう．

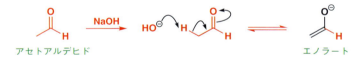

25章ですでに説明したように，水酸化物イオンは塩基性があまり大きくないので，求

H₂O の pK_a 15.7, MeCHO の pK_a 約20

核性をもつエノラートはほんのわずかしか生じない．つまり，このエノラートはエノール化していない多数のアセトアルデヒド分子に取囲まれている．エノール化していないアセトアルデヒドは求電子性のカルボニル基をもっている．その結果，エノラートは，アルデヒドを攻撃し，アルコキシドイオンを生成する．これが，エノラート生成のときに生じた水分子によってプロトン化される．

生成物は，アルコール（-ol）部位（ヒドロキシ基）をもつアルデヒド（aldehyde）なので**アルドール**（aldol）という慣用名でよばれている．**アルドール反応**（aldol reaction）という名称は，生成物がヒドロキシアルデヒドでない場合でも，エノラート（あるいはエノール）とカルボニル化合物との反応の総称として使われている．この反応では用いた塩基（水酸化物イオン）が最後には再生するので，真の触媒として働いていることに注目しよう．

アルドール反応は，求核的なエノラートが求電子的なアルデヒドと反応することによって炭素－炭素結合が生成するので非常に重要である．この鍵となる段階で生じた結合は，次式に黒い太線で示してある．

アルドール反応はケトンが基質である場合にも同様に起こる．よい例はアセトンの反応である．アセトンのアルドール生成物は，工業製品の中間体としても重要である．また，アセトンは対称なケトンであり，エノラートが生成する際の位置選択性を考える必要がないので，最初の例として適当である．反応はアセトアルデヒドの場合と全く同じ段階を経て，ここでもヒドロキシカルボニル化合物，より正確にはヒドロキシケトンが生じる．

アセトアルデヒドのアルドール反応は，希薄な水酸化ナトリウム溶液を1滴加えるだけでも進行するが，アセトンの場合には水に不溶な水酸化バリウム $Ba(OH)_2$ を用いるのが最適である．いずれの反応も塩基濃度を低くしなければならない．これを怠るとアルドール生成物は得られなくなる．塩基が過剰に存在すると，アルドールの脱水反応が比

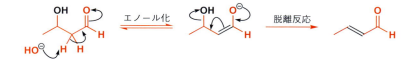

較的容易に起こり，安定な共役不飽和カルボニル化合物が生じてしまうからである．

これらは，すでに17章で説明した脱離反応である．水酸化物イオンは脱離能が低いので，一般的なアルコールは塩基性溶液中では脱水しない．しかし，ここではカルボニル基が存在するために脱離が起こる．この脱離は，もう一度エノール化が起こってHO⁻が脱離するというE1cB反応である．

E1cB機構については17章参照．

以下の例にもあるとおり，塩基触媒によるアルドール反応では，アルドールが生成する場合もあり，脱離生成物である不飽和カルボニル化合物が生成する場合もある．どちらが生じるかは条件しだいであり，一般に過酷な条件（強塩基，高い反応温度，長い反応時間）では，脱離反応が起こりやすい．また，カルボニル化合物の構造にもよる．

もちろん個々の結果をいちいち覚える必要はない．もし，アルドール反応を実際に行う必要が生じたら，*Organic Reactions*（1968）の総説を参照するとよい．

この脱離反応は酸性条件のほうが起こりやすい．実際，酸触媒アルドール反応では，ふつうアルドールよりも不飽和化合物が生じる．次に示す対称な環状ケトンの例では，酸触媒，塩基触媒いずれを作用させてもエノンが好収率で得られる．酸触媒反応の反応機構をみてみよう．反応は，酸触媒によるエノール化から始まる（20章参照）．

次にアルドール反応が起こる．エノールの求核性はエノラートより低いが，酸性条件では求電子性のカルボニル基がプロトン化を受けて活性化されているので反応が進行する．つまり，付加の段階でも酸触媒が有効に働き，酸触媒アルドール反応が起こる．

この反応で生成するアルドールは第三級アルコールであり，カルボニル基がなくても酸によりE1機構を経て脱離しやすい．しかし，カルボニル基によって脱離の位置選択性が制御されて，安定な共役エノンだけが生じる．注目したいのは，脱水反応も酸触媒で起こり，最後に酸触媒が再生することである．

アルドール縮合

縮合 (condensation) という用語をこのような反応によく用いる。縮合とは、2分子が小分子 (水であることが多い) を放出しながら結合する反応のことである。下の例では、ケトン2分子が水1分子を失って結合を生成する。この反応を**アルドール縮合** (aldol condensation) とよぶ。化学者は"シクロペンタノン2分子が縮合して共役エノンになった"というように表現する。

シクロペンタノンの縮合

酸触媒脱水反応 (E1 脱離)

実際にはこれらの中間体が確認され、単離されるわけではない。単にケトンに酸を作用させるだけで直接エノンが高収率で生成する。塩基触媒を用いても、アルドール–E1cB 反応により同じ生成物が得られる。

塩基触媒による脱水反応 (E1cB 脱離)

- 塩基触媒によるアルドール反応では、アルドール生成物が得られる場合と、E1cB 機構によってエノンやエナールが得られる場合がある
- 酸触媒によるアルドール反応では、アルドール生成物が生じることもあるが、通常は E1 機構によってエノンやエナールが得られる

非対称ケトンのアルドール反応

ケトンの片側がエノール化できないような場合、すなわちその側に水素がないと、アルドール反応の経路は一つに限られる。このようなケトンには、第三級アルキル基やアリール基が片側にある。たとえば、t-ブチルメチルケトン (3,3-ジメチル-2-ブタノン) は、種々の塩基により収率 60〜70% で 1 種類のアルドール生成物を生じる。エノール化は t-ブチル基側では起こりえず、メチル基側でのみ起こるからである。

一方でのみエノール化できるケトン

- t-アルキル基は α 水素がないのでエノール化できない
- アリールケトンも α 水素がない
- アリール基の sp^2 炭素には水素がない

アルドール生成物
収率 60〜70%

片側がエノール化できないカルボニル化合物のうち、環状エステルすなわちラクトンは特に興味深い。鎖状エステルはアルドール生成物を生じないで、本章の後半で示すよ

26・2 アルドール反応

うな別の反応を起こす．しかし，ラクトンはケトンと似ていて（赤外吸収での C=O 伸縮振動の位置が似ていたり，エステルと異なり NaBH$_4$ と反応する），塩基触媒によって不飽和カルボニル化合物を生じる．このさい，カルボニル基の片側はエステル酸素になっているため，エノラートは 1 種類しか生成しない．

ラクトンからのエノラート生成

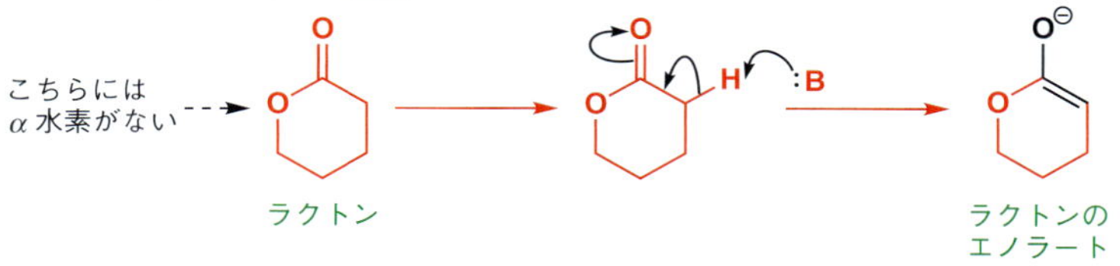

こちらには α 水素がない → ラクトン → ラクトンのエノラート

> 反応式中の B は塩基(base)を意味する．

ケトンやアルデヒドの場合と同様に，ラクトンから生じたエノラートはエノール化していないラクトンのカルボニル基を攻撃する．

ラクトンのアルドール反応

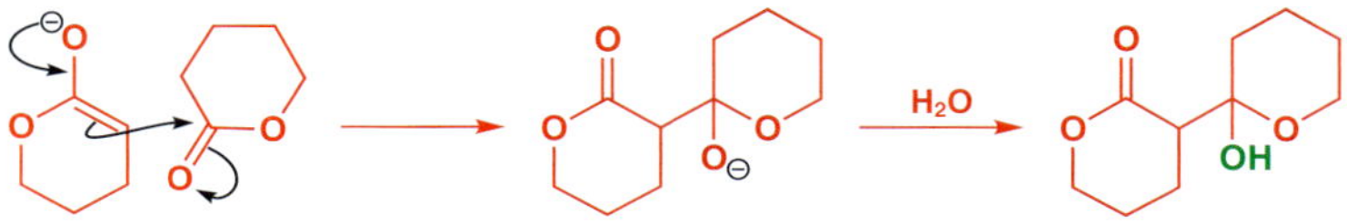

最後の段階は，すでに述べた脱水反応である．塩基条件での反応であるため，アルドール生成物のエノラートを経由する E1cB 反応と考えられる．

脱水反応

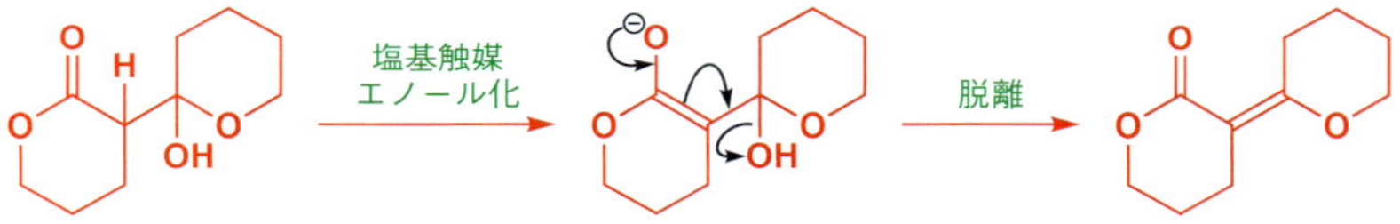

塩基触媒エノール化 → 脱離

アルドール反応の中間体が次式のように開環しないことは意外かもしれない．確かにこれはカルボニル基での置換反応（10 章参照）における四面体中間体とみなせる．これはなぜ開環しないのだろうか．

ラクトンアルドール反応で四面体中間体が開環分解する可能性

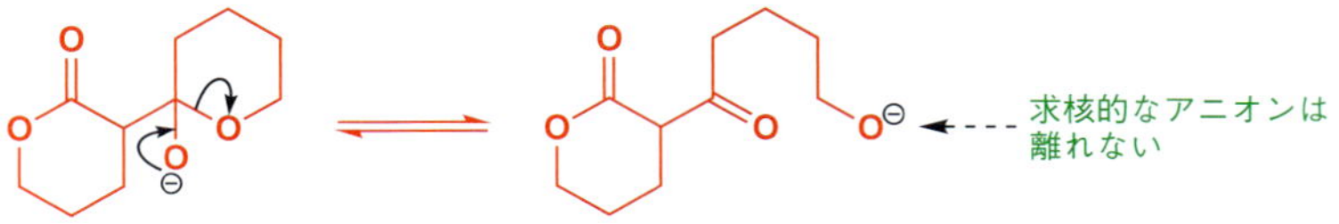

求核的なアニオンは離れない

> 左の平衡式は最終生成物に影響しない．生成物を生じる経路から中間体の一部を引抜いているだけである．この種の平衡は**寄生平衡**(parasitic equilibrium)とよばれる．この平衡自体は，生成物には無関係で，ちょうど寄生虫が反応という宿主から血を吸っているようなものである．

中間体から一番脱離しやすいのはアルコキシドであり，その脱離による生成物が得られてもおかしくはない．しかし，実際はもう一度閉環反応が起こり，もとの化合物に戻ると考えるのが唯一合理的な経路である．ラクトンは環状構造なので，脱離基は完全に離れてしまうことができず，もとの分子につながっている．したがってこの開環・閉環は可逆である．しかし，脱水によって生じる共役化合物は安定であるため，脱水反応は不可逆になる．一方，一般の非環状エステルではこのような反応は起こらない．その脱離基であるアルコキシ基は，脱離して異なる反応を起こす．この反応については，本章の後半で説明する．

26・3 交差アルドール縮合反応

これまで**自己縮合**（self-condensation，すなわち1種類のカルボニル化合物の二量化）に限定して述べてきた．これは，広く用いられているアルドール反応のほんの一部である．異なる2種類のカルボニル化合物間で起こる反応，つまり一方がエノールまたはエノラート形で求核剤として働き，他方が求電子剤になる付加反応は，**交差縮合**（cross-condensation）とよばれている．これは，自己縮合より用途がはるかに広いので，何が起こるのかよく考えよう．まず，うまく反応する例を述べよう．次の例ではアセトフェノンが水-エタノール中で NaOH を触媒として 4-ニトロベンズアルデヒドと反応し，定量的にエノンを生成する．

アセトフェノン　　4-ニトロベンズアルデヒド　　　　　　　　　　　　　収率 99%

最初の段階では，NaOH が塩基としてカルボニル化合物に作用し，エノラートを生成する．両カルボニル化合物とも非対称であるが，カルボニル基の α 水素はケトンのメチル基の1箇所しかなく，アルデヒド側には全く α 水素がない．

得られた生成物は，エノラートがアルデヒドを攻撃してアルドールとなり，これが E1cB 機構によって脱水して生じたのである．

ここで，可能性がもう一つあることに注意しよう．つまり，エノラートがエノール化していないケトンと反応して自己縮合する可能性である．しかし，実際にはケトンはアルデヒドより求核攻撃を受けにくいので自己縮合は起こらない（6章参照）．上の例では，アルデヒドは電子求引性ニトロ基によって，求電子性が特に強くなっている．したがって，エノラートは，反応性の高い求電子剤，つまりアルデヒドと選択的に反応する．

場合によっては，自己縮合が優先することもある．次に示すアセトアルデヒドとベンゾフェノン（ジフェニルケトン）$Ph_2C=O$ との交差アルドール反応は円滑に進むと考え

るかもしれない．エノラートは，アルデヒドのみから生じ，そのエノラートはケトンを攻撃するはずである．

しかし，実際はそうはいかない．一般にケトンはアルデヒドに比べ求電子性が劣るうえ，特にこのケトンは立体障害が大きく，共役系が広がっているので，ふつうのケトンよりも反応性が低い．エノラートはこのケトンとエノール化していないアセトアルデヒドのどちらと反応するかを考えてみれば，必ずアルデヒドを選ぶだろう．したがって本章の最初で取上げた反応が起こり，ケトンのほうは反応に何ら関与しない．

> **交差アルドール反応成功の秘訣**
> 交差アルドール反応をうまく行うには次の二つの条件が必要である．
> - 用いる2種類のカルボニル化合物のうち片方だけがエノール化できる
> - 他方のカルボニル化合物はエノール化せず，しかも，エノール化するカルボニル化合物よりも求電子性が高い
>
> この一つ目の条件は覚えていても，二つ目を忘れている人が多い．

Mannich 反応

ホルムアルデヒド（メタナール，$CH_2=O$）は，一見交差アルドール反応の求電子剤としてきわめて優れているように思える．まず，エノール化が起こらない（エノール化はカルボニル基の α 水素を引抜いて起こるが，ホルムアルデヒドには α 炭素さえない）．いわばアルデヒドのなかのアルデヒドといえる．アルデヒドはケトンのアルキル基が水素に置換されているので，ケトンよりも，求核剤に対する反応性が高い．そのうえホルムアルデヒドでは両置換基とも水素である．

しかし，ホルムアルデヒドには反応性が高すぎるという問題がある．何度も反応してしまい，望まない反応が起こりやすい．たとえば，アセトアルデヒドとホルムアルデヒドの交差アルドール反応を塩基性条件で行うと，アセトアルデヒドだけがエノラートになり，求電子性の高いホルムアルデヒドを選択的に攻撃するはずだから，反応は簡単に起こると思えるだろう．

確かに，このアルドールは生成する．しかし，ホルムアルデヒドの求電子性がきわめて大きいので，ここで終わらない．最初のアルドール反応の後すぐに第二，第三のアル

> **ホルムアルデヒド**
> ホルムアルデヒドは，純粋にすると簡単に三量体や四量体を形成するので，純粋な単量体では入手できない．ホルムアルデヒドの水溶液である"ホルマリン"は簡単に手に入り，生物標本の保存に用いられている．通常37％の濃度で，水溶液中ではほとんど水和物 $CH_2(OH)_2$ になっている（6章参照）．また，純粋な無水の重合体である"パラホルムアルデヒド"も簡単に入手できる．このことは9章で述べた．これらはいずれもアルドール反応にはあまり有効ではない．ホルマリンは，次に述べるようにMannich反応に用いることはできる．単量体は寿命が短いとはいえ遊離させてリチウムエノラートで捕捉することもできるが，実験的には簡単ではない．

ドール反応が起こる.

→ Cannizzaro 反応のより詳しい機構については 39 章参照.

これでもまだ反応は終わらない. 4 分子目のホルムアルデヒドと水酸化物イオンが反応して, 3 番目のアルドールを還元する. この反応は, 下の青囲みに示す **Cannizzaro 反応** とよばれているものである. 最終生成物は CH_2OH 基が四つ sp^3 炭素に置換したきわめて対称性の高い分子ペンタエリトリトール (pentaerythritol) $C(CH_2OH)_4$ である. 全体でホルムアルデヒド 4 分子が反応するが, 反応は高収率で進行する (NaOH を用いると収率 80%, MgO を用いると収率 90% にもなる).

Mannich 反応

アルドール反応でホルムアルデヒドを使う一般的解決法として, **Mannich 反応** がある. 実例を欄外に示す. 反応に用いるのは, エノール化できるアルデヒドかケトン (この例ではシクロヘキサノン), 第二級アミン (この例ではジメチルアミン), ホルムアルデヒド水溶液 (ホルマリン), そして触媒としての塩酸である. 生成物は, アミンとホルムアルデヒドが 1 分子ずつシクロヘキサノン 1 分子に反応したアミノケトンである.

この反応では, まず, アミンとホルムアルデヒドからイミニウム塩が生成する. この

Cannizzaro 反応

よく知られているように, アルデヒドは一般に水中で少なくとも一部は水和されている. この水和は塩基触媒が促進する. 塩基中で水和を受けると次式に示すようにアニオンが生じるが, アルデヒドがエノール化できなければ, 塩基が十分強いか高濃度であるときには, 少なくとも一部はジアニオンになる.

このジアニオンは非常に不安定なので, ちょうどカルボニル基での置換反応の四面体中間体のように, 脱離基を放出して C=O 結合をつくろうとする. 何が脱離するだろうか. O^{2-}, R^-, H^- のうち H^- が何と

か脱離できる. しかし, そのまま溶液中に放出されるのではなく, アルデヒドの水素化ホウ素還元のように, 求電子剤 (もう 1 分子のアルデヒド) に移動する.

アミンには求核性があるので，共存する 2 種類の求電子性カルボニル化合物のうち反応性の高いほうのホルムアルデヒドに付加する．この段階では酸触媒は不要だが，つづいて酸触媒による脱水反応が起こり，イミニウム塩が生成する．Mannich 反応では，このイミニウム塩が中間体となる．また，安定なヨウ化物塩が"Eschenmoser 塩"として市販されているので，この塩を Mannich 反応に使ってもよい．

この求電子性に富むイミニウム塩は酸触媒によって生成したケトンのエノールと反応する．生成したアミンは **Mannich 塩基** とよばれることもある．

この反応によって，ホルムアルデヒド 1 分子だけをカルボニル化合物に結合させることができる．この Mannich 反応生成物はアルドールでないというかもしれない．確かに，アルドールがほしいなら，この反応はあまり有用とはいえない．しかし，それでもなおこの反応は非常に重要である．第一に，アミノケトンの最も簡単な合成法であり，多くの医薬品がこの構造をもっている．

第二には，Mannich 反応生成物はエノンに変換できる．エノンの最も確実な合成法は，Mannich 反応のアミン生成物をヨウ化メチルでアルキル化してアンモニウム塩に変え，これに塩基を作用させて脱離反応を行うものである．アルドールの脱水のようにエノラートが生成し，E1cB 機構でアミンが脱離する．脱水よりもアンモニウム塩から中性アミンが脱離するほうが容易である．

このような二重結合の末端に二つの水素をもつエノンは，**エキソメチレン化合物**（exomethylene compound）とよばれている．反応性が非常に高いので，合成や保存がむずかしい．すでに述べたようにホルムアルデヒドを直接用いるアルドール反応では得られない．その解決法としては，Mannich 反応生成物を保存しておき，エノンが必要なときにアルキル化し，脱離反応を行えばよい．このようなエキソメチレンをもつケトンが Michael 反応で有用なことは 25 章で説明した．

エノンがほしいときには，生成物とアミンが反応しないように第二級アミンを用いる．ピロリジンやピペリジン，そしてより揮発性が低くてにおいの少ない環状アミン（モルホリンなど）がよく用いられる．こうして一置換エチレンの構造で非常に求電子性の高いエノンでも容易に合成できる．

ピロリジン

ピペリジン

ピロリジンを用いる Mannich 反応

エノール化できない求電子性カルボニル化合物

交差アルドール反応をうまく行うには，求核剤として作用するエノール化できるカルボニル化合物と求電子剤として作用するエノール化できないカルボニル化合物が必要である．エノール化せず求電子剤としてのみ働くカルボニル化合物の置換基を表に示す．エノラートの求核攻撃に対する反応性の高いものから順に並べてある．もちろん，カルボニル化合物のエノール化を防ぐためには，これらの置換基が二つ必要である．典型的な化合物の例も並記してある．最後の二つの例，つまりエステルとアミドは一般にはアルドール反応を起こさないが，エノラートのアシル化剤として作用する．その反応については，本章の後半で述べる．

カルボニル化合物でエノール化できない置換基

求電子性	置換基	代表例	備　考
最も高い	H	H-CHO	特別な方法が必要（Mannich 反応を参照）
↑	CF_3, CCl_3	Cl_3C-CO-CCl_3	エノールのハロゲン化によって得られる（20 章）
	t-アルキル	t-Bu-CHO	他の t-アルキル基も同様
	アルケニル	Ph-CH=CH-CHO	アルケン部への求核付加も可能（25 章）
	アリール	Ph-CHO	ヘテロ環など他の芳香環も同様
	OR	H-CO-OR, RO-CO-OR	ギ酸エステルおよび炭酸エステル
最も低い	NR_2	Me_2N-CHO	DMF．他のアミドは反応しない

エノール化できるが求電子性のない化合物

上で述べた反応性とは逆の場合について補足しよう．エノール化できるが求電子剤として作用しない化合物は存在するだろうか．カルボニル化合物にこの役割は期待できないが，25 章（602 ページ）ではカルボニル基がなくて"エノール化"できる化合物を取上げた．なかでも一番注目したいのは，ニトロアルカンである．ニトロアルカンの脱プロトンは，エノール化ではないし，生成物もエノラートイオンではない．しかし，全体としてはエノール化によく似ており，同じように考えてもよい．生成したアニオンはニトロナート（nitronate）とよばれることもあるが，25 章で述べたように，Michael 反応受容体と反応するだけでなく，アルデヒドやケトンともうまく反応する．

シロアリの防御物質としてのニトロアルケン

シロアリは社会性昆虫であり，兵隊アリがいて巣を守っている．*Prorhinotermes simplex* という種の兵隊アリは大きな頭をもち，敵に対し毒性のニトロアルケンを振りかける．

シロアリの兵隊アリの防御物質ニトロアルケン

R = ドデシル

この物質は他の昆虫のみならずシロアリの他種までも死に至らしめるが，同じ仲間の働きアリには全く無害である．その理由を解明するために，アルドール反応を利用して放射性同位元素を含む試料を合成した．まず，ニトロアルカンと反応するアルデヒドを，トシラートの放射性(^{14}C)シアン化物イオンによる置換反応，つづいて DIBAL 還元（23 章）により合成した．^{14}C を黒丸で表している．

DIBAL = *i*-Bu$_2$AlH

これにニトロメタンとナトリウムメトキシドを作用させてニトロアルドール反応を行い，さらに無水酢酸をピリジン中で作用させることにより，防御物質〔(*E*)-1-ニトロペンタデカ-1-エン〕を 4 工程，収率 37% で得た．

働きアリはこのニトロアルケンをかけられても，酵素によってニトロアルカンに還元して無害化することがわかった．標識されたニトロアルカンがこの働きアリからのみ単離された．他の昆虫はこの酵素をもっていないことがわかった．

ニトロアルケン（有毒） → 働きアリによる酵素分解 → ニトロアルカン（無毒）

ここにあげている例は，メタノール中で NaOH を塩基として作用させてニトロメタンから"エノラート"を生成し，シクロヘキサノンとの反応で"アルドール"を収率よく合成するものである．この組合わせでも別の可能性がある．すなわち，どちらの化合物もエノール化する可能性があり，実際，シクロヘキサノンは同条件で自己縮合もする．

収率 70%

ニトロメタンが共存しなければ，シクロヘキサノンは塩基によってエノラートを生じるが，ニトロメタンが共存すると，こちらのほうが選択的に脱プロトンを受ける．それは pK_a の違いを考えればすぐに理解できる．ケトンの平均的 pK_a は 20 であり，ニトロメタンは 10 である．ニトロメタンの脱プロトンには NaOH（H$_2$O の pK_a は 15.7）のような強い塩基を使う必要はない．アミン（R$_2$NH$_2^+$ の pK_a は約 10）で十分である．実際，第二級アミンをよく用いる．

ニトロ化合物でも脱離反応が容易に起こる．特に芳香族アルデヒドとの反応では脱離反応を防ぐのがむずかしい．Michael 反応の基質として有用なニトロアルケン（22 章参照）はこの方法で合成できる．

収率 85%

交差アルドール反応は次の条件が揃えばうまくいく．

- 1成分だけがエノール化できる
- エノール化できる水素は1種類だけである
- エノール化しない求電子性カルボニル化合物の反応性が，エノール化する化合物の反応性より高い

しかし，ほとんどのアルドール反応はこのような状況にない．エノール化できる水素が数種類あるケトンやアルデヒドが交差アルドール反応する場合，どのように組合わせても，一見して絶望的になるような複雑な反応混合物を生じることが多い．上記3条件の一つでもみたさない場合には，エノール等価体を用いる必要がある．つまり，一成分をエノール等価体に定量的に変換すれば，別の工程で求電子性化合物と反応できる．これを次の節で述べる．これら等価体の多くは25章のエノラートのアルキル化で登場したものと同じである．

26・4　エノール等価体を用いるアルドール反応の制御

エノラートのアルキル化は，カルボニル化合物からエノール等価体を調製することにより簡単に制御できることを25章で説明した．アルドール反応を制御するためにも，同じ方法が最も有効である．表に汎用性の高いエノール等価体とエノラートをもう一度あげておく．

重要なエノール等価体

	エノール	カルボニル化合物	エノラート
酸素誘導体	エノールシリルエーテル		リチウムエノラート
窒素誘導体	エナミン		アザエノラート
1,3-ジカルボニル	エノール	1,3-ジカルボニル化合物	エノラート

これらのエノール等価体は，エノールやエノラートと同様の反応性をもちながら，十分に安定で，もとのカルボニル化合物から収率よく合成できる中間体である．すべて25章で述べたとおりである．アルドール反応を学んだのでわかると思うが，これらを合成する際，エノール化していない出発物カルボニル化合物とのアルドール反応，つまり自己アルドール縮合が起こらないよう十分注意しなくてはならない．

> エノール等価体は，エノールやエノラートと同じ反応性をもちながら，十分安定でカルボニル化合物からアルドール反応を起こさずに収率よく合成できる中間体である．

エノール等価体の違いを考慮のうえ選択すれば，どんなアルドール反応もうまく行える．前ページの表のうち，エノールシリルエーテルとリチウムエノラートは特に応用範囲が広いので，まずこれらを説明する．エノールシリルエーテルはエノールに近く，塩基性がなく反応性も低い．一方，リチウムエノラートは，エノラートイオンと同等とみてよい．したがって塩基性が強く反応性も高い．これらはそれぞれ状況により使い分けられている．

リチウムエノラートによるアルドール反応

リチウムエノラートは，ふつう THF 中，低温で嵩高いリチウムアミド（よく用いるのは LDA）を作用させて調製する．強い O−Li 結合をもつので，この調製条件では十分に安定である．まずリチウムが酸素に配位し，塩基性窒素がプロトンを引抜いてリチウムエノラートが生成する．

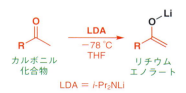

→ リチウムエノラートの生成については 25 章ですでに述べた．

このエノラート生成反応は非常に速いので，生じた一部のリチウムエノラートがエノール化していないカルボニル化合物を攻撃することなく，反応が完結する．

アルデヒドは例外である．*i*-PrCHO のようなアルデヒドからは対応するリチウムエノラートをつくることができるが，ふつうはリチウムエノラートの調製中に自己縮合が起こってしまう．したがってアルデヒドの場合は他のエノラート等価体を用いる必要がある．後出．

このリチウムエノラートに，別のカルボニル化合物を加えると，これも同じリチウムに配位する．こうしてリチウムの配位子圏内で，環状機構によってアルドール反応が進行する．アルドール付加の段階は，6 員環遷移状態をとる分子内反応になるので，非常に容易に進行する．生成物はアルドールのリチウムアルコキシドとなるが，後処理によってアルドールになる．

リチウムエノラートによるアルドール反応

リチウムには配位座が四つある．ここでは配位している溶媒分子は示していない．アルドール反応の前に溶媒分子の一つが求電子剤になるカルボニル化合物と置き換わる．

この反応は，求電子剤として加えるカルボニル化合物がエノール化しやすいアルデヒドであっても，効率よく進む．次の例は，片側が芳香環でエノール化しない非対称ケトンを非常にエノール化しやすいアルデヒドと反応させるものであるが，交差アルドールがきわめて高い収率で得られる．注目すべきは，このアルドール反応では，まずケトンをリチウムエノラートに変換し，そこへ求電子剤を加える二段階反応である点であり，本節の最初に示した，エノール化できるカルボニル化合物と求電子剤，塩基を全部一挙に混ぜる交差アルドール反応とはかなり異なる．

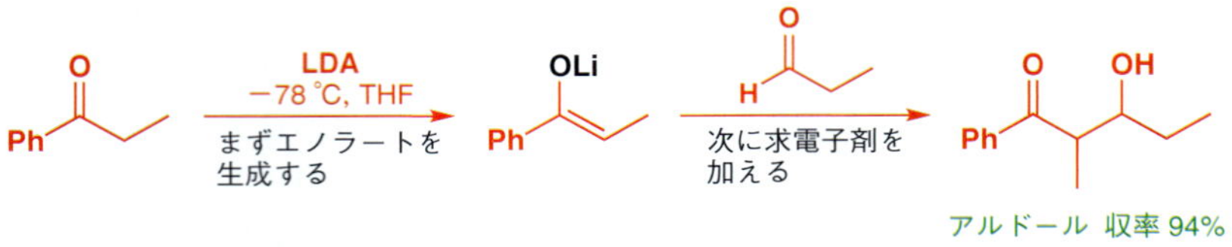
O
Ph
LDA
−78 °C, THF
まずエノラートを
生成する
OLi
Ph
O
H
次に求電子剤を
加える
O OH
Ph
アルドール 収率 94%

次に示す例は，特に印象的である．エノラートを生じるのは立体障害の大きい対称ケトンで α 水素はどちら側にも一つしかない．求電子剤として働く共役エナールは，エノール化はできないが，共役付加の可能性がある．これらの問題が予想されるが，アルドール反応が良好な収率で進行する．

リチウムエノラートは6員環遷移状態を経て反応するので，ふつう共役付加を起こさない．共役付加をするエノール等価体については 25 章参照．

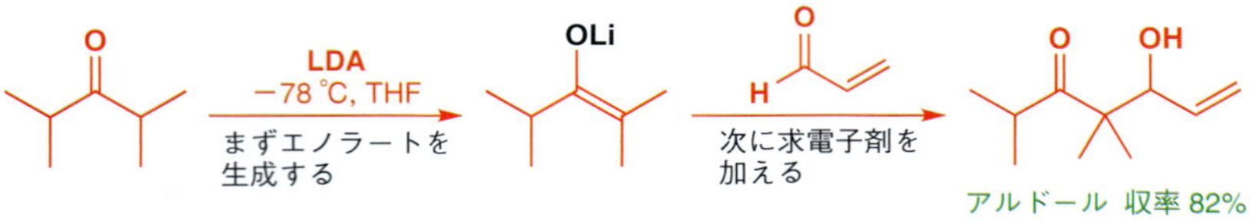
O
LDA
−78 °C, THF
まずエノラートを
生成する
OLi
O
H
次に求電子剤を
加える
O OH
アルドール 収率 82%

二つ前の例において，アルドール生成物の立体化学を説明しなかったのはなぜかと思うかもしれない．キラル中心が二つ生じているので生成物は2種のジアステレオマーの混合物になる可能性がある．しかし，これらの例では生成物を酸化して得られる 1,3-ジケトンが目的物だったので，立体化学は問題にしていない．アルドール反応がジケトンの合成にも使えることがわかる．

式中に [O] と記したが，これは“特定されていない酸化剤”の意味である．英国の化学者 Owen Bracketts の表記法である．ここでは Swern 酸化が最適だろう（23 章参照）．

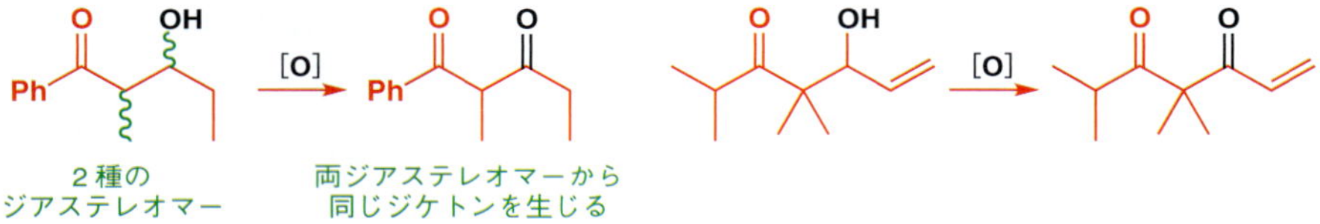
O OH
Ph
[O]
O O
Ph
2種の
ジアステレオマー
両ジアステレオマーから
同じジケトンを生じる
O OH
[O]
O O

エノールシリルエーテルによるアルドール反応

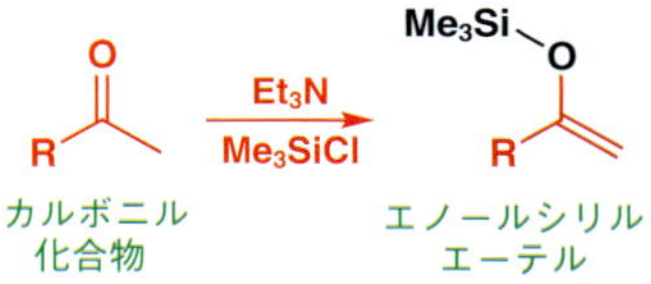
O
R
Et3N
Me3SiCl
Me3Si
O
R
カルボニル
化合物
エノールシリル
エーテル

エノールシリルエーテルは，カルボニル化合物を出発物として，弱塩基である第三級アミンと Me_3SiCl を作用させて得られる．酸素に対し強い親和性をもつ Me_3SiCl が，弱い塩基によってわずかに生じたエノラートと反応するからである．エノールシリルエーテルは十分安定で単離もできるが，ふつう保存しないですぐに用いる．

エノールシリルエーテルは，高反応性アルケンとみなせ，水素や臭素とは容易に反応するが（20 章参照），アルデヒドやケトンとは触媒がなければ反応しない．リチウムエノラートと比べると反応性は格段に低い．アルキル化の場合と同様に（613 および 630 ページ参照），アルドール反応を起こさせるには Lewis 酸触媒が必要である．$TiCl_4$ のような Ti(Ⅳ) 化合物をよく用いる．

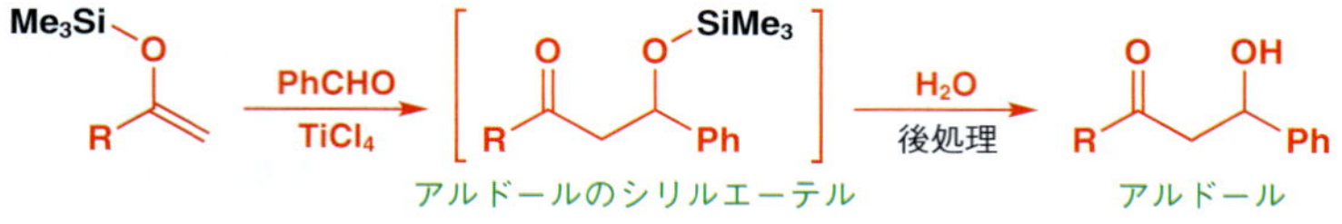
Me3Si
O
R
PhCHO
TiCl4
O
O
SiMe3
R
Ph
アルドールのシリルエーテル
H2O
後処理
O OH
R
Ph
アルドール

アルドールのシリルエーテルがまず生じるが，これは後処理によって容易に加水分解され，アルドールが収率よく単離できる．Lewis 酸は求電子剤になるカルボニル酸素に

26・4　エノール等価体を用いるアルドール反応の制御

配位し活性化すると考えられる.

　こうしてアルドール反応が起こる. チタンの配位により, アルデヒドのカルボニル酸素に正電荷が誘起され, 求電子性が十分に高くなるので, 求核性が十分でないエノールシリルエーテルすら攻撃できることになる. 塩化物イオンがシリル基を攻撃し, ついでチタンアルコキシドと反応して, シリルエーテルを生じる. このシリルエーテルの生成段階は, めずらしい反応でもない. 一般的に金属アルコキシド（たとえば MeOLi）は Me_3SiCl とただちに反応してシリルエーテルになる.

　この反応機構は複雑にみえるし, 実際そうである. 実は, ここに書いている機構自体正しいのかどうかはっきりしていない. チタンは, 反応中でも両方の酸素原子に配位しているかもしれないし, ここに書いた反応も同時に起こっているかもしれない. しかし, 機構は, 次の二つの重要な点に矛盾しないものでなければならない.

- エノールシリルエーテルが反応するためには Lewis 酸が必要である
- 鍵となる段階は, Lewis 酸に配位した求電子剤へエノールシリルエーテルが攻撃するところである

　エノールシリルエーテルによるアルドール反応をマニコン（manicone）の合成に利用した例を示す. マニコンはアリが食物への道に残していく共役エノンである. これは 3-ペンタノン（エノール成分として使用）と 2-メチルブタナール（求電子剤）とのアルドール反応を利用して合成できる. どちらのカルボニル化合物もエノール化する可能性があるので, ケトンのほうをあらかじめエノール等価体に変換しておく. このエノールシリルエーテルは実際円滑に反応する. アルドール生成物はジアステレオマーの混合物になるが, 脱離反応によって単一化合物になる.

　エノールシリルエーテルを単離せずに直接アルデヒドと反応させると, アルドールが高収率で得られる. これをトルエンスルホン酸 TsOH によって脱水すると, 目的のエノンが得られる. この反応では, ケトンもアルデヒドも自己縮合はほとんど起こさず, 目的のアルドール反応を選択的に高収率で行えることがわかる.

エノール等価体としての共役 Wittig 反応剤

　Wittig 反応を 11 章で説明した際には, 単にアルケン合成法として述べた. ここで, α-ハロカルボニル化合物から得られる Wittig 反応剤に注目してみると, これはカルボニル化合物と反応して不飽和カルボニル化合物を生じるので, エノール等価体と考えること

ができる.

ここではエノラート誘導体であることを強調するために，イリドをエノラート形で書いているが，もちろんこれは C=P ホスホラン構造で書くこともできる．イリドを調製する段階を注意深くみると，エノラートの生成とよく似ている．事実エノラートイオンが生成している．このエノラートは Ph_3P^+ 基によっても安定化されているので，弱い塩基を作用させるだけで十分に生成する．

→ イリドと Wittig 反応の機構については 27 章で詳しく説明する．

この Wittig 反応の第一段階では，アルドール反応と全く同じようにエノラートが求電子性のカルボニル化合物を攻撃するが，"アルドール" は，ただちに脱離反応により不飽和カルボニル化合物となる．

最後の脱離反応は 11 章で説明した Wittig 反応の機構に従う．この脱離は，ホスフィンオキシドと不飽和カルボニル化合物のいずれも安定な化合物が生成するので，アルドール付加体の脱水に相当する反応が起こりやすくなっていると解釈できる．

アルデヒド，ケトンやエステルから得られる共役イリドは非常に安定で，安定イリドとして市販されており，容易に入手できる数少ないエノラート等価体の一つである．アセトアルデヒドのエノラートに相当するイリドは固体でエノール化しやすいアルデヒドとも反応する．

R_3P^+ の代わりに $(RO)_2P=O$ を用いるアルケン生成反応は Horner–Wadsworth–Emmons 反応として知られている．この反応で合成できるのは共役アルケンだけである．

ホスホニウムにより安定化されたエノラートは，アルデヒドとよく反応するが，ケトンとは反応しないことが多い．このような場合はホスホン酸エステルで安定化されたエノラートを用いるとよい．分子全体として電荷をもたないイリドと異なり，アニオンになっているので，このエノラートは安定イリドより反応性が高い．エステル由来のエノラート等価体を調製するときは，エステルのアルコキシ基と同じアルコキシドを塩基として作用させるのが一番よい．ケトン由来のエノラート等価体の場合は水素化ナトリウムかアルコキシドを用いる．

26・4 エノール等価体を用いるアルドール反応の制御

> 大きなかっこ { は省略記号として "R" などと同じ使い方をする．注目部分のみ記し，そのほかは何でもよい場合にこのような書き方をする．

これらの反応剤では，アニオンが隣接する C=O 基と P=O 基の両方で安定化されている．電子求引基二つにより安定化されたエノラートは多数ある．なかでも次項で説明する 1,3-ジカルボニル化合物のエノラートが最も重要である．

1,3-ジカルボニル化合物から得られるエノール等価体

1,3-ジカルボニル化合物のエノールは，一番古くから知られているエノール等価体であるが，低温や完全な無水溶媒などの特別な条件が必要ないので，いまだに広く用いられている．マロン酸エステルとアセト酢酸エステルの二つがよく使われる．

アセト酢酸エチルは，通常の条件でも一部分エノール化している．エノール化しているなら，どうしてただちに自己アルドール縮合をしないのかという疑問がわくだろう．理由は二つある．まず，エノールがきわめて安定であること（20 章に詳述），もう一つは，エノール化していない成分のカルボニル基がともに求電子性の低いケトンとエステルである点である．エノール体にある二つ目のカルボニル基も共役のために求電子性をもたない．ふつうのカルボニル化合物は，触媒量の酸または塩基で処理すると，ほんの一部分が反応性に富むエノールまたはエノラートになり，エノール化していないカルボニル化合物が大量にあるので，アルドール反応（自己縮合）が起こる．1,3-ジカルボニル化合物では逆に，大量の安定な（反応性の低い）エノールとともにエノール化していないあまり反応性の高くない化合物が少量存在する．この場合，反応は起こらない．

> 電子がカルボニル基に流れ込み，求電子性が低下する

1,3-ジカルボニル化合物との**交差アルドール反応**（crossed aldol reaction）を行うときには，アルデヒドのような求電子性カルボニル化合物を弱い酸か塩基とともに加えればよい．触媒には第二級アミンとカルボン酸の混合物をよく使う．

収率 92%

> このような 1,3-ジカルボニル化合物のアルドール縮合は発見者にちなんで **Knoevenagel 反応**という．

アミンによって生成したエノラートが反応するのはまちがいないが，カルボン酸は緩衝剤の役割を果たし，生成物を中和し，アルデヒドがエノラートになるのを防いでいる．アミン（$R_2NH_2^+$ の pK_a 約 10）は 1,3-ジカルボニル化合物（pK_a 約 13）からエノラート

> **互変異性体**(tautomer)とは互変異性によって生じる異性体のことである.20章460ページ参照.

を必要な濃度生成するのに十分な塩基性をもっているが,アルデヒド(pK_a 約20)からエノラートを生成できるほどではない.エノラートの生成は,マロン酸エステルの互変異性体のどちらからでも書くことができる.

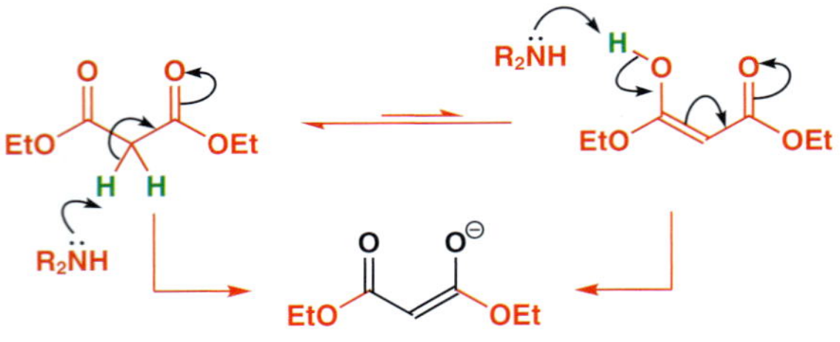

マロン酸ジエチルのエノラート

このようにして生じたエノラートはアルデヒドに求核付加し,生成した付加体のアルコキシドは反応混合物中で酸の緩衝作用によってプロトンを受取り,アルドールになる.

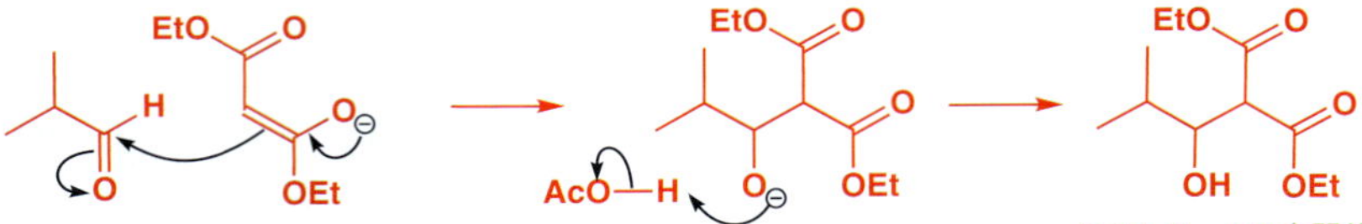

"アルドール"中間体

生成物の二つのカルボニル基の間には水素がもう一つ残っているので,再び容易にエノラートが生じる.これが脱水反応をして不飽和生成物になる.

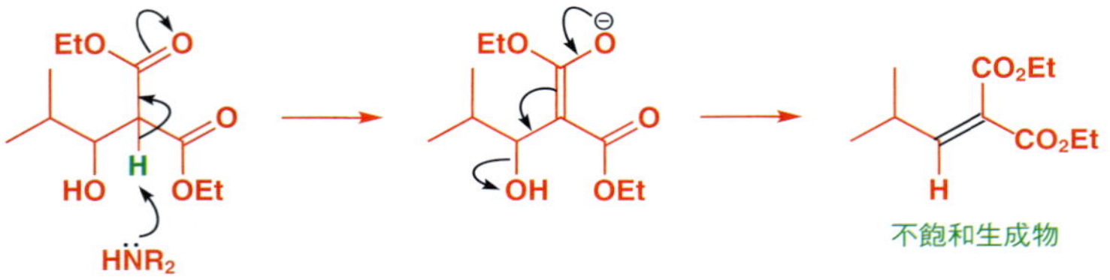

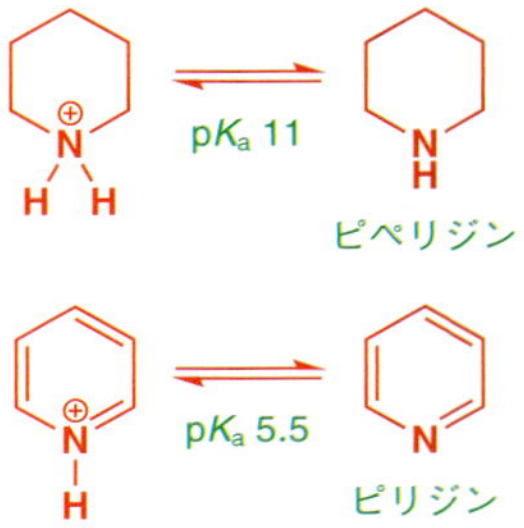

不飽和生成物

pK_a 11 ピペリジン

pK_a 5.5 ピリジン

もし生成物にエステル基が二つもいらないなら,25章で述べたように,1,3-ジエステルの一方を加水分解と脱炭酸によって除くことができる.こうすれば結果的には単なるアルドール反応を行ったことになる.もし,マロン酸エステルでなくマロン酸そのものを使うと,反応中に脱炭酸が起こる.もっとも,このときにはもっと塩基性の強いピペリジンとピリジンの混合物を使うことが多い.

マロン酸 → (ピペリジン,ピリジン,RCHO) → 生成物

活性種はマロン酸のモノカルボキシラートのエノラートと考えられている.これはジアニオンで一見不安定にみえるが,大きな非局在化と分子内水素結合により,十分安定

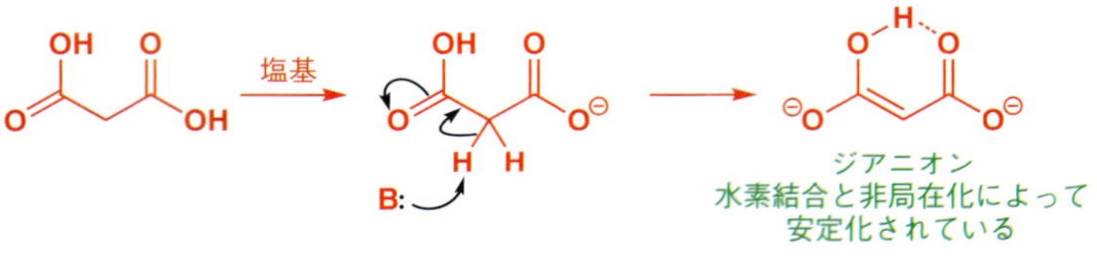

塩基

ジアニオン
水素結合と非局在化によって安定化されている

化を受けている.

次は求核付加である. ジアニオンはアルデヒド炭素を攻撃し, プロトン化を受けてアルドール生成物になるが, まだ塩基性溶液中でモノカルボキシラートのままである.

最後に脱炭酸が起こる. 反応は環状遷移状態（25章参照）を経る. 二つのカルボキシ基のうち, どちらが脱炭酸により脱離するかによって, 生成するアルケンの E, Z が決まるが, 遷移状態はより安定な E 体が得られるほうがエネルギー的に有利で, いつも E 体が生成する.

本章の前半では, 交差アルドール反応を制御する一般的な方法について説明した. 次に, エノール化可能なさまざまなカルボニル化合物を用いる際の個々の解決法について詳しく説明する.

26・5 エステルのアルドール反応を制御する方法

エステルのエノラートが, カルボン酸誘導体のエノラートのなかでは一番よく用いられている. しかし, エステルエノラートはアルデヒドとの交差アルドール反応には使えない. アルデヒドのほうがエノラートに変換されやすく, 求電子性も高いので, エステルとは無関係に自己縮合が起こるだけである. ケトンでも同じである. エステルエノラートを用いる交差アルドール反応をうまく行うためには, エステルのエノール等価体が必要である. これは古典的問題であり, 幸いにも解決策が多い. リチウムエノラートやエノールシリルエーテルを用いればよい. エノールシリルエーテルは一般にリチウムエノラートを経由して合成する.

マロン酸エステルとホスホノ酢酸エステルの例はすでに述べた. ここで, エステルエノラートについてもっと一般的に考える必要がある.

エノールシリルエーテルを用いる場合は Lewis 酸が必要である.

エノールシリルエーテルを用いる場合は Lewis 酸が必要

よい例は, 天然物ヒマルチェン（himalchene）合成の最初の工程である. 用いるエス

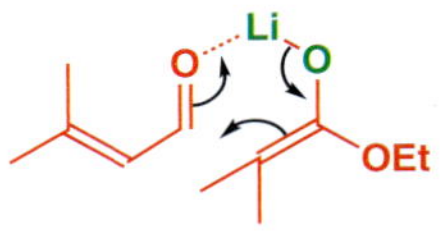

エステルのアルドール反応における6員環機構

テルもアルデヒドも置換基で込み合っているが，エステルのリチウムエノラートは全く問題なくアルドール付加する．6員環遷移状態を経て反応するので，エノラートはα,β-不飽和アルデヒドとの反応でも共役（Michael）付加せず，カルボニル基に直接付加する．

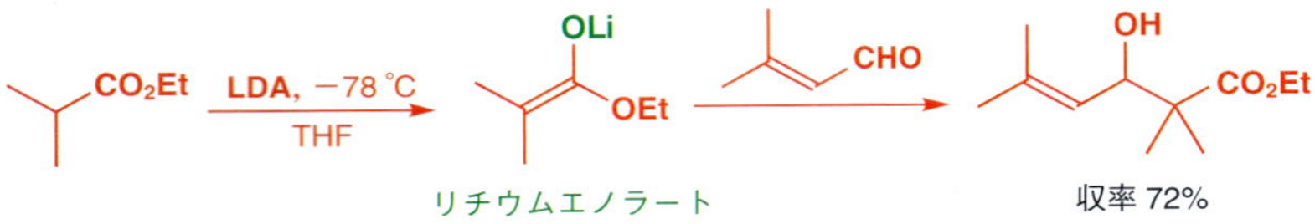

α-ブロモエステルから調製できる亜鉛エノラートは，エステルのリチウムエノラートの代用として使える．亜鉛エノラートの生成機構は Grignard 反応剤の生成と似ている．

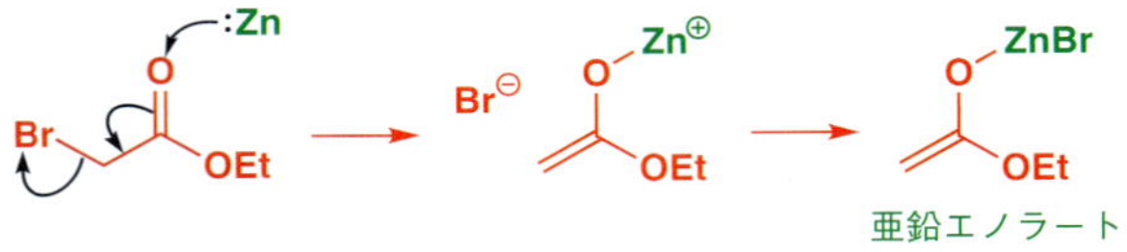

> α-ブロモエステルから合成した亜鉛エノラートのアルドール反応を Reformatsky 反応という．

> 亜鉛エノラートから得られた付加体の脱水反応により生成する不飽和エステルは，Wittig 反応で直接つくるほうがいい．反応に必要なイリドは同じ α-ブロモエステルから合成される．

亜鉛エノラートはエステルとは反応しないので，自己縮合の心配はない．しかし，アルデヒドやケトンとは円滑に反応し，後処理によってアルドールが得られる．ところがこのエノラート調製法は α-ブロモアルデヒドや α-ブロモケトンには適用できない．自己縮合してしまうからである．したがって，亜鉛エノラートはエステルに特有であることがわかる．

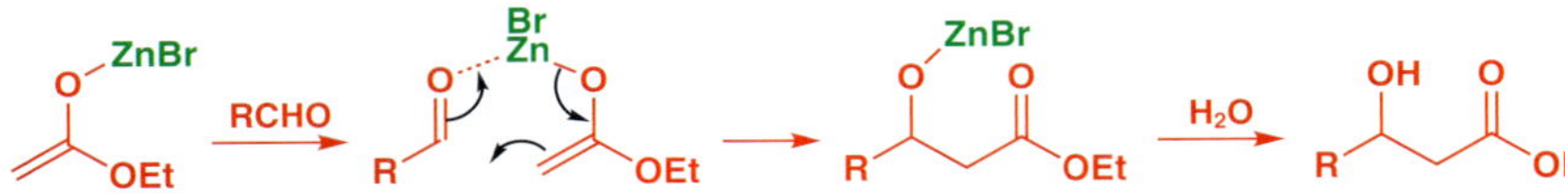

エステルエノラートおよび等価体

エステルエノラートを用いるアルドール反応には，次のものが使える．

- リチウムエノラート
- エノールシリルエーテル
- 亜鉛エノラート

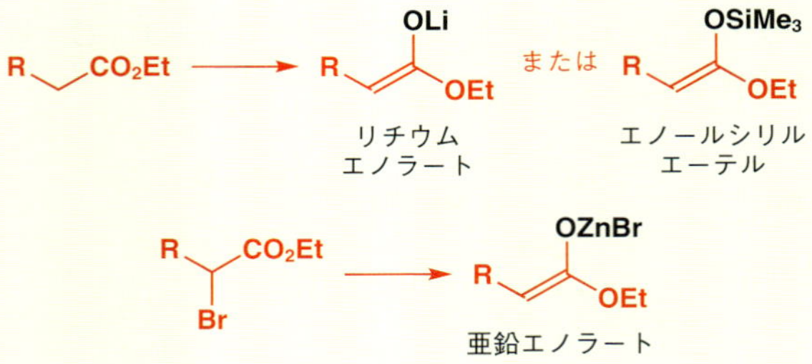

26・6　アルデヒドのアルドール反応を制御する方法

アルデヒドは簡単にエノール化するが，同時に自己縮合も起こす．そのため，アルデヒドのリチウムエノラートをきれいにつくるのはむずかしい．-78 ℃ でも LDA による

エノラート生成と同じような速さで自己縮合が起こる．アルデヒドのエノール等価体としてはエノールシリルエーテルがはるかによい．リチウムエノラートを経て合成できないので，アミンを塩基として用いる．平衡的にエノラートが生じると，同時にシリル化剤で効果的に捕捉できる．

弱い塩基とアルデヒド　　　低濃度のエノラート　　　シリル化剤と酸素との高い親和性を利用した効率的捕捉

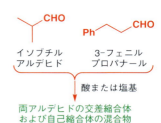

このようにして合成したエノールシリルエーテルは，別のアルデヒドと交差アルドール反応を行うのに最適である．イソブチルアルデヒドと3-フェニルプロパナールとの交差アルドール反応を例にあげる．イソブチルアルデヒドはあまりエノール化しないのに対し，3-フェニルプロパナールはきわめてエノール化しやすい．この両者に塩基触媒を混ぜても，自己縮合や交差縮合生成物が混じって生じるだけだろう．

あらかじめ，他のアルデヒドを共存させないで一方のアルデヒドをエノールシリルエーテルに変換しておくとこの問題を回避できる．Me₃SiCl は自己縮合より速くエノラートを捕捉してくれる．ここでは，イソブチルアルデヒドをエノールシリルエーテルに変換する．相手のアルデヒドを TiCl₄ とともに加えると，651 ページの説明にある機構を経て反応が起こり，後処理すると 95% の高収率でアルドールが得られる．副反応は 5% 以下である．

安定な　　　　　　　　　　アルドール
エノールシリルエーテル　　単離収率 95%

アルデヒドとケトンの有用なエノール等価体としては，ほかには 25 章でアルキル化に用いたエナミンやアザエノラートがある．アザエノラートはアルデヒドから誘導されるイミンのリチウムエノラートであり，これもアルドール反応に有用である．シクロヘキシルアミンは，アセトアルデヒドからでも比較的安定で単離可能なイミンを生成する．これに LDA を作用させると，アザエノラートが得られる．この機構は，リチウムエノラートの生成とよく似ている．リチウムエノラートでリチウムが酸素に結合しているように，リチウムがアザエノラートの窒素に結合している．

アルデヒド　第一級アミン　　　　　　イミン　　　　　　　　アザエノラート

イミンは加水分解を受けやすいので，保存せずに一度に使い切るのがよい．これらの反応をよく理解するには，イミンの生成と加水分解の機構を十分知っておく必要がある（11 章参照）．

アザエノラートはアルデヒドやケトンときれいに反応してアルドール生成物を生じる．最もむずかしい交差アルドール反応である類似の構造をもつエノール化しやすい別

のアルデヒドへの付加反応も好収率で進む.

求電子性でエノール化　　　　イミンとリチウムアルコキシドを含む
できるアルデヒド　　　　　　初期生成物

反応によってまず生じるのは新しいイミンであるが，これは酸性水溶液による後処理で加水分解される．同時に，アルコキシドの O–Li 結合もプロトン化されてアルドールになり，さらに脱水されてエナールになる．

リチウムアザエノラート　　　ヒドロキシイミン　　　　　　交差アルドール生成物　　　　最終生成物 エナール
　　　　　　　　　　　　　　　　　　　　　　　イミンの　　　　　　　　　　　　　　脱水　　　　　　　収率 65%
　　　　　　　　　　　　　　　　　　　　　　　加水分解

アザエノラートの反応を円滑に進行させるには，アザエノラート前駆体となるイミンをアルデヒドから調製する際に塩基性が比較的低い第一級アミンを用いるのがよい．この条件ならばイミン生成が自己アルドール縮合より速い．さらに，アルデヒドがすべてイミンに変換されたのを確認したのちに LDA を加えると，自己縮合を完全に防ぐことができる．

特別な場合を除いて（その例は 41 章に出てくる），エナミンはアルドール反応にあまり用いない．反応性が低いうえ，アルデヒドとの平衡によって，もとのカルボニル化合物に戻ることが大きな理由である．この平衡によって自己アルドール縮合や逆の組合わせの交差反応が起こってしまうからである．エノールを酸塩化物でアシル化するときにこそ，エナミンが主役になることを後で述べる．

> **アルデヒドのエノール等価体**
> アルデヒドをエノール成分として用いる交差アルドール反応には，次のものが使える．
> - エノールシリルエーテル
> - アザエノラート
>
> エノールシリルエーテル　　　　　　　　　　アザエノラート
>
> 後述するように，アルデヒドエノールのアシル化には，エノールシリルエーテルやエナミンを用いる．

26・7　ケトンのアルドール反応を制御する方法

ケトンのエノール化では，ケトンが対称でない限り，位置選択性の問題が生じる．自己アルドール縮合は，アルデヒドの場合ほど問題にならないが，それを防ぐ必要はある．

それに加えて，エノール化がケトンのカルボニル基のどちら側に起こるかも制御しなければならない．ここでは，エノールあるいはエノラートが2種類可能な非対称ケトンのアルドール反応を説明する．

置換基の少ないエノラートをつくる：速度支配エノラート

メチルケトンにLDAを作用させてリチウムエノラートをつくろうとすると，通常メチル基側でプロトンが引抜かれ，リチウムエノラートが1種類選択的に得られる．このエノラートは，**速度支配エノラート**（kinetic enolate）とよばれていて，他方のエノラートより速く生成する．その理由は次のとおりである．

➡ 速度支配エノラートと熱力学支配エノラートについては25章で述べた．

- メチル基の水素の酸性度が高い
- メチル基には水素が三つあり，他方には二つしかない
- LDAの攻撃に対して，メチル基側のほうが立体障害が小さい

最初の例はGilbert Storkらが1974年に報告したもので，2-ペンタノンとブタナールとの交差アルドール反応によってアルドールを合成し，その酸触媒を用いた脱水によってエノンを得ている．現在の視点でみると収率は高くないが，このような非対称ケトンからエノラートを1種類だけ生成させ，エノール化しうるアルデヒドに対し，交差アルドール反応を行って生成物をそれなりの収率で単離した最初の例であった．

Gilbert Storkはベルギーで生まれ，1948年に米国ハーバード大学の助教授になった．1953年からコロンビア大学教授．1950年代からエノラートやエナミンを含む新しい合成法を開発してきた．

これらの速度支配リチウムエノラートは，短時間ならTHF中，$-78\,°C$で安定であるが，エノールシリルエーテルに変換すれば室温で保存できる．

ケトンのアルドール反応を制御しないとどうなるか

エノール等価体が開発される以前にはブタノンとブタナールの混合物に触媒量の塩基を加えてアルドール反応をしていた．その結果，2種類の生成物が低収率で得られた．

トンにより生じるエノラートとアルデヒドが反応したものであり，生成物Bは，アルデヒドの自己縮合体である．

生成物Aは，ケトンのより置換された側（メチレンの部分）の脱プロ

アルドール反応は，リチウムエノラートでもエノールシリルエーテルでもどちらもうまくいく．ショウガの香気成分の合成例をみよう．ショウガの刺激性風味は，その刺激成分であるギンゲロール（gingerol）からきている．ギンゲロールは 3-ヒドロキシケトンの構造をもつので，アルドール反応で合成できる．非対称ケトンのメチル基側にエノール（またはエノラート）をつくり，アルデヒド（この場合はヘキサナール）を作用させる．ヘキサナールもエノール化する可能性があるので，そうならないよう注意を払う．式にその要点を書いておく．

リチウムエノラートやエノールシリルエーテルを使えばよいことはすぐわかる．どちらにせよ速度支配エノラート（置換基の少ない側のエノラート）が必要なので，まずリチウムエノラートをつくり，それをエノールシリルエーテルに変換する．しかし，この基質にはフェノールのヒドロキシ基があるので問題である．これをシリルエーテル（これはエノールシリルエーテルではない）として保護する必要がある．

リチウムヘキサメチルジシラジド

リチウムヘキサメチルジシラジド（lithium hexamethyldisilazide, 略称 LHMDS, LiHMDS）は，LDA より嵩高く，塩基性がやや低い．ヘキサメチルジシラザンに BuLi を作用させて調製する．

さて，速度支配エノラートを合成するわけだが，位置選択性をよくするために，嵩高いリチウムアミドを用いる．実際に用いられたのは，Me₃Si 基が二つ窒素に置換したリチウムアミドであり LDA よりずっと嵩高い．

こうして調製したリチウムエノラートにヘキサナールを加えるとアルドール反応は円滑に起こり，保護に用いたトリメチルシリル基は，反応後の加水分解で除去されてギンゲロールが生成する．しかし，収率は 57% 程度である．一方，エノールシリルエーテルを TiCl₄ 触媒の存在下ヘキサナールに作用させると，収率は 92% まではねあがる．この形式の反応は発明者の名前をとって**向山反応**とよばれているものの一つである．

向山光昭：東京工業大学名誉教授，東京大学名誉教授，東京理科大学名誉教授．日本における化学のリーダーの一人であり，アルドール反応やその他多くの有機合成反応の開発，また複雑な構造の天然有機化合物の全合成など有機合成分野での貢献が大きい．

[ギンゲロール合成スキーム]

ギンゲロール 収率92%

置換基の多いエノラートをつくる：熱力学支配エノラート

エノールもエノラートもアルケンの一種であり，多置換体のほうが安定である．熱力学的に安定な多置換エノラートをつくるには，もう一方のエノラートと相互変換できる条件をつくればよい．そうすると平衡が偏り，やがて安定なエノラートのみが生成してくるだろう．25章（619ページ）で述べたようにケトンを弱塩基と Me₃SiCl とで処理すると，置換基の多いほうのエノールシリルエーテルが得られる．しかし，これらの熱力学支配エノールシリルエーテルはアルドール反応にはあまり使われていない．成功例を一つあげる．1-フェニル-2-プロパノンの熱力学支配エノールシリルエーテルは共役のために圧倒的に有利であり，これを2-ケトアルデヒドと反応させると，アルドール反応は反応性の高いアルデヒド部分で起こる．

[反応スキーム]

1-フェニル-2-プロパノン　　熱力学支配エノールシリルエーテル　　収率83%

以上でアルドール反応を概観した．本章の後半では，同じ反応剤を炭素のアシル化に用いる例がたくさん出てくる．その前に，簡単に説明できる反応を取上げる．

26・8　分子内アルドール反応

アルドール反応により 5 員環や 6 員環が生成する場合には，もうエノール生成の位置選択性などに悩む必要は全くない．これらの環化反応は分子内アルドール反応であり分子間反応よりもずっと速いので，弱い酸か塩基を用いて平衡条件下でアルドール反応が行えるからである．一連のジケトンの環化反応の例を，簡単なものから順にみていこう．最初の例はエノール化できる等価な位置が 4 箇所もあるシクロデカ-1,6-ジオンの反応である．

この基質では，どこでエノール化しても同じエノールが生じるので位置選択性は問題にならない．エノールが生じると次に起こるのは一つしかない．カルボニル基を攻撃すると，安定な 5 員環を形成する．同時に比較的安定な 7 員環も生成するが，これはついでのことにすぎない．弱い酸か塩基の条件では，ごく一部だけがエノール化するので，同一分子内で二つ同時にエノール化する可能性はほとんどない．分子間アルドール反応

シクロデカ-1,6-ジオン
エノール化できる等価な位置が 4 箇所ある（--→で示す）

➡ 環状化合物の環の大きさと安定性については 16 章で述べた．

はみられず，ほぼ定量的に二環性化合物が得られる（Na$_2$CO$_3$を用いて収率96%）．

酸または塩基で
収率ほぼ100%

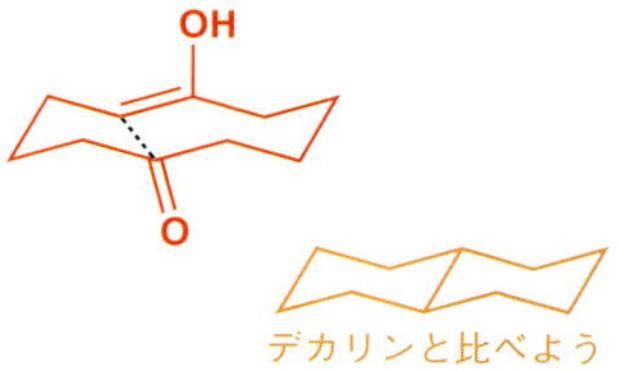

デカリンと比べよう

➡ 環の大きさの重要性については31章で再度説明する．

10員環内で，生成したエノールがもう一つのカルボニル基に近づくのは，遠く離れすぎているようにみえるかもしれないが，欄外に示した分子の立体配座をみると，この2箇所が都合よく近いことがわかる．この立体配座をデカリンの配座（16章参照）と比較してみるとよい．

分子内アルドール反応については，次の要点を記憶しておこう．

> 5員環や6員環を生成する分子内アルドール反応は，3員環や4員環のようなひずんだ小員環や中員環（8〜13員環）の生成よりも優先して起こる．

対称ジケトンであるノナ-2,8-ジオンは酸触媒環化反応において2種類のエノールを生じる可能性がある．

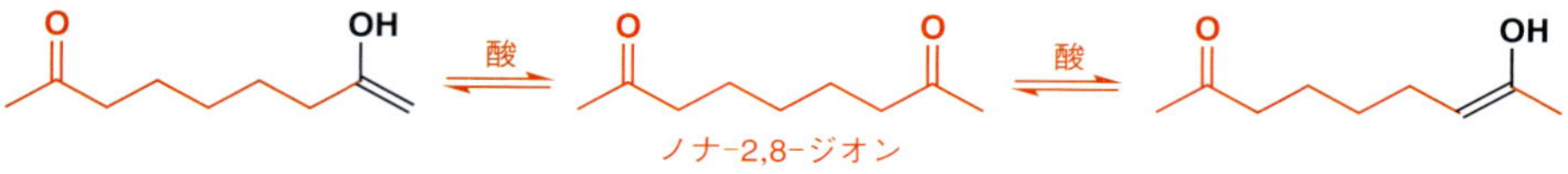

ノナ-2,8-ジオン

エノールの一つは8員環遷移状態を経て，もう一方は6員環遷移状態を経て環化する可能性がある．どちらの反応においてもまずアルドールを生じ，脱水によって遷移状態と同じ員数の環状エノンになる．実際には，ひずみの少ない6員環だけが生じ，エノンが収率85%で単離できる．

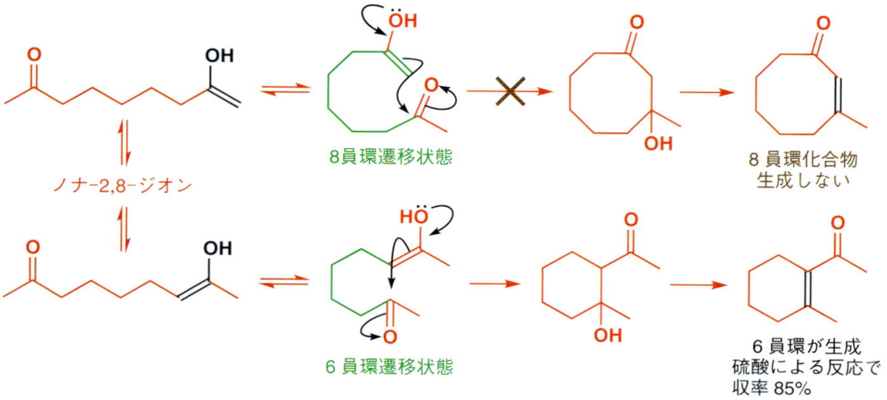

ノナ-2,8-ジオン

8員環遷移状態

8員環化合物
生成しない

6員環遷移状態

6員環が生成
硫酸による反応で
収率85%

しかし，ジケトンに対称性がない場合が多い．次のジケトンをKOHで処理すると何が起こるか考えてみよう．エノール化できる位置は4箇所あり，それぞれ異なるので，4種類のエノラートが生成する可能性がある．また求電子性カルボニル基は二つあり，同じでないので，分子内，分子間反応まで考えるとどんなに複雑な反応になるのかと思う

だろう．しかし，実際生成するのはただ1種類であり，しかも収率90%に達する．

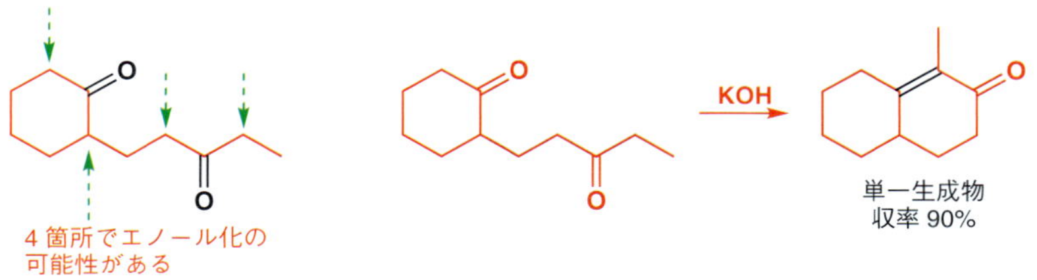

4箇所でエノール化の可能性がある

単一生成物
収率90%

この生成物から逆に反応機構を考えてみよう．二重結合はアルドールの脱水で生成したものであり，このアルドールから，どのようなエノラートが生成し，どちらのケトンが求電子剤として作用したのか判断できる．

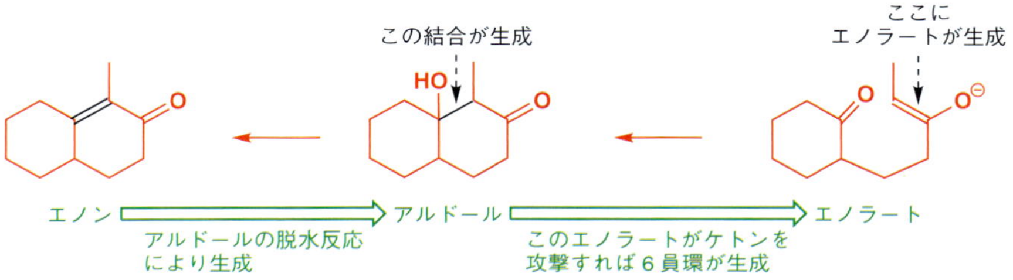

この結合が生成
ここにエノラートが生成

エノン　アルドールの脱水反応により生成　アルドール　このエノラートがケトンを攻撃すれば6員環が生成　エノラート

では，このエノラートが可能な4種のエノラートのなかで一番生成しやすいと結論してよいだろうか．とんでもない．これらの4種のエノラートの安定性に大きな差はない．特に三つは，CH_2 基から生じるので，ほとんど差がない．ただ，安定な6員環エノンを生じるアルドール反応はこれだけである．反応機構を次に示す．プロトン化，脱水が連続して起こるのはこれまでどおりである．

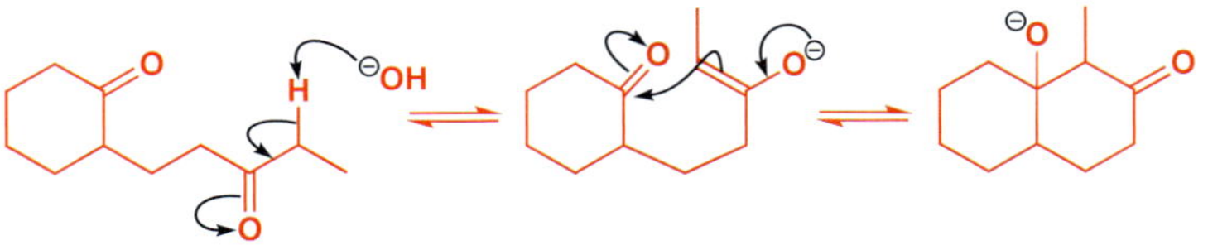

ここで，上式中のエノラートではなく，同じカルボニル基の反対側にエノラートが生じたとしよう．このように反応すると，不安定な4員環または架橋二環性化合物を生じることになるので，もとのエノラートに戻ってしまう．反応を平衡条件で行う限り，仮にこのような反応が起こっても逆アルドール反応によりジケトンに戻り，結果的には実際起こったように6員環形成だけが起こる．架橋二環性化合物で脱水反応が起こらない理由を欄外に示す．橋頭位炭素は平面になれないので橋頭位炭素ではエノラートが生成できず（17章396ページ参照），同じ理由によりエノンも存在しえない．もし，生成したならば欄外の茶の構造になるが，ここで黒丸で示す炭素が二重結合とすべて同一平面になくてはならない．アルドール生成物の立体配座は全く問題ないが，脱水は不可能である．不可逆な脱水反応が起こらない限り，アルドール生成物は出発物と平衡にあり，やがてジケトンに戻って，すべて有利な経路，すなわち6員環エノン生成に収束することになる．

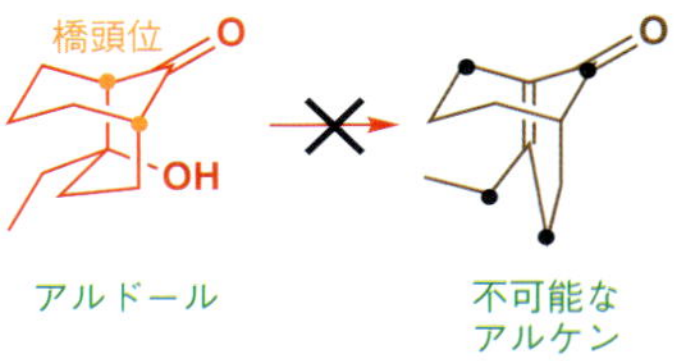

橋頭位

アルドール　不可能なアルケン

Robinson 環化反応

分子内アルドール反応の重要な応用例は環形成反応（環化 annulation）であり，エノー

環化 annulation はかつては annelation と書いた．

> Robert Robinson（1886〜1975）は英国の化学者で，アルカロイドの合成により 1947 年にノーベル賞を受賞した．

> ステロイドについては 42 章参照．

ル中間体が関与する二つの段階を経て起こる．この最初の例として Robinson によって合成された化合物は環状ジケトンであり，ステロイドの A 環および B 環の基本骨格をもっている．この 2 段階で新しく生成した結合を矢印で示す．

1,3-ジケトンに弱塩基を作用させるだけで，安定なエノラートが生成し，エノンに共役付加する（25 章参照）．中間体のトリケトンは多くの場合は単離できない．

次の段階は，分子内アルドール反応によって起こる．6 員環ではなく 4 員環や架橋二環性化合物が生成する可能性にも注意してほしい．ヒドロキシケトンのシス体が単離されることもあるが，E1cB 機構によって脱水し，アルドール反応が完結する．

この反応を行うもう一つの方法は第二級アミンを弱塩基として用いるものである．この方法では，ヒドロキシケトンが高収率で生成し，酸によってエノンへ変換できる．

> ➡ 41 章で述べるように，天然のアミノ酸であるプロリンをアミンとして用いると一方のエナンチオマーが優先的に生成する．

この反応では，もとの環の隣に新しい環が形成するが，もとの環は必ずしも必要ではない．容易にエノール化する化合物とエノンを反応させれば，Robinson 環化生成物が得られる．次の例では，エノール化しないエノンとアセト酢酸エチルを反応させると，シクロヘキセノンが高収率で生成する．これらの化合物は安定なので，強塩基も使用できる．

Darzens 反応

最初のエノラートの反応のあと再度生成するエノラートを用いるタンデム反応によって3員環をつくることができる．たとえば，共役付加に続く C-アルキル化によってシクロプロパンが（25章604ページ参照），アルドール反応に続く O-アルキル化によってエポキシドが合成できる．このエポキシドは，医薬品ダルセンタン（darusentan）の合成に用いられている．

このようなエポキシド合成法は，C–C 結合生成を含んでいるため，アルケンの MCPBA によるエポキシ化と相補的である．α-ハロゲン化カルボニル化合物からのエポキシド生成反応は **Darzens 反応**（ダルツェン）といわれている．

26・9 炭素アシル化

はじめに：アルドール反応と Claisen 縮合の比較

本章では，最初にアセトアルデヒドと塩基との反応を取上げた．まずエノラートが生じることによりアルドール反応が起こった．本節は，酢酸エチルに塩基を作用させる話から始めよう．反応開始は，両者にはほとんど差がないといってよい．水酸化物イオンはエステルの加水分解を起こすので，ここではエトキシドを塩基として用いる．塩基の違いを除けば，最初の段階はよく似ている．次に左右に並べて比較する．

次の段階はどちらもエノラートによるエノール化していないカルボニル化合物への求核攻撃である．エノラートの濃度は低く，エノール化していないアルデヒドやエステル分子に取囲まれているので，この反応は予想どおりである．この段階をアルデヒドとエステル両方について示す．

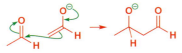
アセトアルデヒドのアルドール付加　　酢酸エチルの"アルドール"付加

しかし，このあと両反応は異なる経路をたどる．アルデヒド二量体は溶媒からプロトンをとって，アルドール生成物を生じるだけである．エステルから生成した"アルドール型付加体"には水素の代わりに EtO⁻ 脱離基がある．つまり，カルボニル基での置換反応の四面体中間体の形をしている．両者の違いを比べてみよう．

アセトアルデヒドのアルドール反応の終点　　　　　酢酸エチルの Claisen 縮合

3-ヒドロキシブタナール　　　　　　　　　　　　　アセト酢酸エチル
（アルドール）　　　　　　　　　　　　　　　　　（3-オキソブタン酸エチル）

最終段階が違っても，両生成物には共通点が多い．両生成物とも，炭素二つからなる基質の二量体であり，カルボニル基が炭素鎖の末端にあって，そこから3番目の炭素に酸素置換基がある．これら二つの反応は，同形式の反応ではあるが，違う名称がついている．エステルを用いる反応は，**Claisen 縮合**あるいは **Claisen エステル縮合**とよばれる．反応の名称は覚えなくてよいから，反応の形式と機構を理解してほしい．

　この反応は塩基がエステル全部をエノラートに変換できるほど強くなくても進行する．エノラートが平衡で一部生成すると，求電子性のエステルと反応する．生じる副生物はエトキシドイオンなので，一見して触媒が再生したようにみえる．確かにアルドール反応は塩基触媒反応である．しかし，Claisen 縮合はそうではない．反応の第二段階も実際平衡であるが，副生したエトキシドイオンが，生成物から不可逆的にプロトンを引抜くことによって反応が進行し，エトキシドイオンは消費されていく．覚えているだろうが，アルドール反応は，脱水反応が付加反応に続いて起こり，安定なエノンを生成することが推進力となってうまくいくことが多い．Claisen 縮合の場合も，生成物がエトキシドイオンと反応して安定なエノラートを生成するので，同様にうまく進行する．

反応性の高い　　　　　　　　　　　　　　　　　　　　　安定なエノラート
エノラート

　この反応の鍵は，用いた塩基の EtO⁻ の塩基性が，酢酸エチル（pK_a は約 25）のプロトンを完全に引抜いてエノラートにするには弱すぎる（EtOH の pK_a は約 16）が，生成物のアセト酢酸エチル（pK_a は約 10）からはプロトンを完全に奪えるほどに強いことである．反応条件では，酢酸エチルのエノラートが少量ではあるが反応を起こすのに十分なだけ生成するが，生成物は完全にエノラートになってしまう．電荷をもたない生成物のアセト酢酸エチルは，酸処理によって得られる．

Claisen 縮合の全過程

安定なエノラート　　　　　　アセト酢酸エチル

　最終生成物をみると，エステルエノラートの炭素がアシル化（acylation）されている．この炭素アシル化（*C*-アシル化）が，本章の後半部分の主題である．上の反応では，同

一エステルの別の分子がアシル化剤になっているが,一般的な反応として,エノラート炭素のアシル化について述べる.いろいろなエノール,エノラート,およびエノール等価体に対して,さまざまなアシル化剤が使える.しかし,基本的な考え方としては,一つのカルボニル化合物のエノラートとアシル基(ここではオレンジの R^2CO 基)がエノラートの炭素原子で結合することになる.

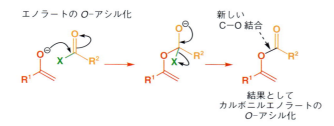

炭素アシル化の問題点

エノラートのアシル化における問題は,アシル化が炭素よりも酸素で起こりやすいことである.

酸素アシル化生成物は**エノールエステル**(enol ester)である.エノラート酸素での反応は,反応性の高いエノラートが反応性の高いアシル化剤と反応するときに起こりやすい.たとえば,リチウムエノラートと酸塩化物との反応はほとんど確実にエノールエステルを生じる.

炭素でアシル化を起こすためには,次の組合わせのいずれかを使えばよい.

- エナミンやエノールシリルエーテルのような反応性の高くないエノール等価体と,酸塩化物のような反応性の高いアシル化剤
- 反応性の高いエノラートと,エステルのような反応性の高くないアシル化剤

本章では,最初に後者の例から述べたが,Claisen 縮合と関連反応についてもっと詳しく説明しよう.

Claisen 縮合と他の自己縮合

酢酸エチルの自己縮合は Claisen 縮合のなかで最も有名な例であり,手軽な反応条件

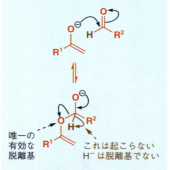

エノラート酸素での反応はすでに述べた.たとえばシリル化剤は酸素で反応してエノールシリルエーテルを生成し,非常に有用な反応剤となる.エノールエステルもリチウムエノラート前駆体として使える(20 章参照).

酸素での反応:アルドール反応では問題にならない

本章の前半で,アルドール反応においては酸素での反応は問題にならないと述べた.エステルの話をしたいまでは,求電子剤のアルデヒドやケトンはエステルと大差ないようにみえるので,意外に思えるかもしれない.しかし,アルデヒドがエノラートの酸素を攻撃するとどうなるか書いてみれば,問題にならないことがわかるだろう.酸素での反応は

この中間体から脱離できるのはエノラート酸素のみなので,逆反応が起こるだけである.

668   26. エノラートとカルボニル化合物との反応：アルドール反応とClaisen縮合

> アセト酢酸エチルの反応についてすでに述べた．その合成法については，ここで理解できるはずだ． 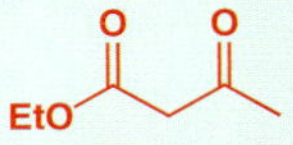
>
> アセト酢酸エチル

下高収率で目的を達成できる．しかし，生成物のアセト酢酸エチルは市販されていて，しかも安価なので，この合成をやろうとは思わないだろう．

もっと一般的で使い道の広い反応は，単純な置換酢酸エステル RCH_2CO_2Et の自己縮合である．この反応も同じ反応条件で（EtOH中 EtO^-）でうまく進む．まずエノラートが低濃度で生じ，エステルと平衡になる．エノラートは，もっと大量にあるエノール化していないエステル分子に求核攻撃をする．

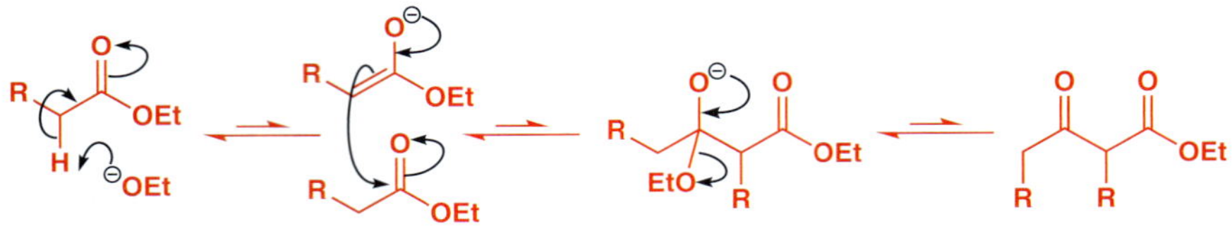

これらの反応はすべて不利な平衡にあるが，ごくわずかながら生成物を形成する．しかし先に述べたように，生成物から生じる安定な非局在化したエノラートが不可逆的に生成するために，平衡がずれて全体の反応がうまく進む．

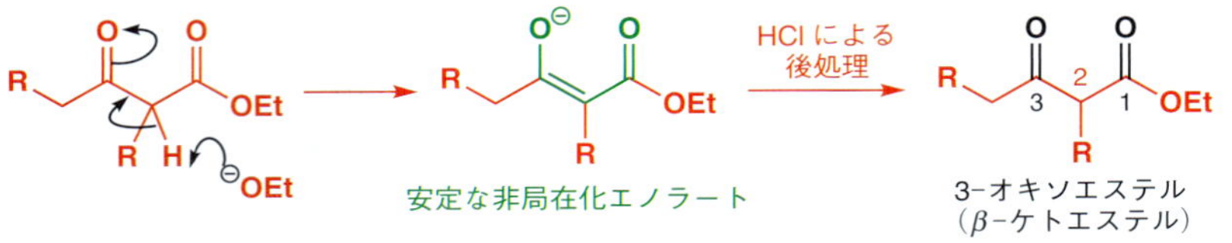

安定な非局在化エノラート

3-オキソエステル（β-ケトエステル）

> ➡ 1,3の関係がどれだけ重要かは28章で説明する．

最後に，酸を用いて中和すると生成物 β-ケトエステルが得られる．Claisen縮合生成物はすべて1,3位に二つのカルボニル基をもっていることに注目しよう．これらの化合物は，20章，25章，および本章で取上げたように，エノール等価体の合成に用いられている．

脱プロトンによる反応の推進

エステルのα位（エステルのC2）に置換基が二つある場合，生成物には引抜く水素が残っていないので，安定なエノラートを生成できない．

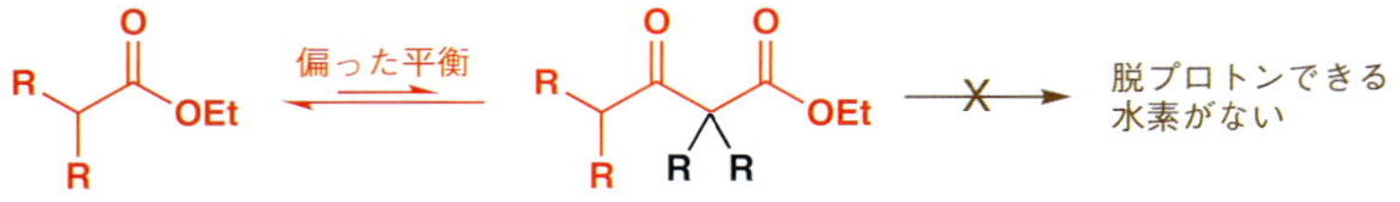

偏った平衡

脱プロトンできる水素がない

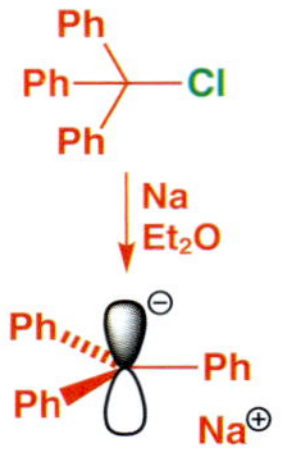

予想どおり，全部の平衡が不利になり，通常の平衡条件（EtOH中 EtO^-）ではうまく反応しない．しかし，もっと強い塩基を使うと相応の収率で目的物が得られる．かつてはトリフェニルメチルナトリウムが用いられていた．これは共役系の大きなカルボアニオンで Ph_3CCl と金属ナトリウムからつくられる．トリフェニルメチルアニオンは十分に強い塩基であり，エステルを全部エノラートに変換できる．このエノラートとエステルは反応して，収率よくケトエステルを生じる．

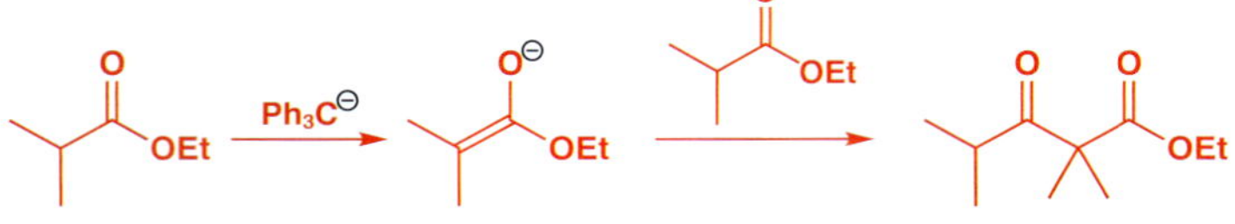

トリフェニルメチルナトリウム

収率74%

26・10 交差エステル縮合

交差アルドール反応と同じことがここでもいえる．すなわち，どちらがエノラートになり，どちらがアシル化剤になるのかよくわかっていないといけない．

エノール化できない反応性の高いエステル

この種のエステルに有用なものがいくつかある．そのうち，最も重要なのが欄外に示す四つである．これらはエノールにはなれない．特に上の三つは，ほとんどのエステルより求電子性が高いので，エノール化可能なエステルよりも速くエステルエノラートをアシル化する．これら四つは，求核剤との反応性の高い順に並べてある．一番上が最も求電子性が高く，下が一番低い．シュウ酸エステルの反応性が高いのは，それぞれのカルボニル基がもう一つのカルボニル基の求電子性を高めているからである．その分子軌道における LUMO は，π* 軌道二つの重ね合わせであり，どちらよりもエネルギー準位は低くなる．

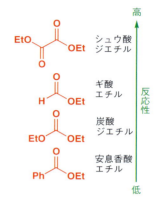

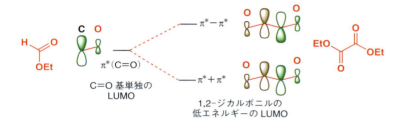

ギ酸エステルは，その構造からアルデヒドの性質も示すようにみえるが，エステルとしての性質が勝っている．しかし，カルボニル炭素と結合する水素は電子供与性でないうえ立体障害が小さいので，ギ酸エステルは他の単純なエステルよりも求電子性が高い．

炭酸エステルは，CO_2R をエノラートに導入できるので特に有用である．カルボン酸エステルと比べてなぜ求電子性が高いのか一見してわかりにくい．通常のエステルは，電気的に陰性な酸素原子による誘起効果を上まわって酸素の非共有電子対がカルボニル基へ電子を供与するため，ケトンより求電子性が若干落ちる．

この二つの大きな効果の微妙な違いが重要である．炭酸エステルでは同じカルボニル基に酸素が二つ結合している．両方とも十分に誘起効果をもたらすが，2 組の非共有電子対は同じ π* 軌道と重なる必要があるので，片方しか共鳴に関与しない．その結果，誘起効果と共鳴効果の釣合に変化が生じ，全体としては誘起効果のほうが強くなる．このため，カルボン酸エステルよりも炭酸エステルは求電子性が高くなる．

最後に芳香族カルボン酸エステルはエノール化できないが，芳香環との共役によってふつうのエステルより，求核剤に対する反応性は落ちる．とはいえ，あとで説明するように有用性に変わりはない．

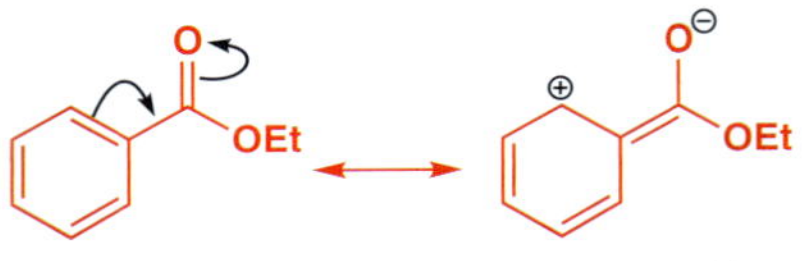

共役により芳香族エステルの求電子性が低下

異なるエステル間での交差 Claisen 縮合

起こりやすい Claisen 反応の例として，前項で述べたエステルと通常のエステルとの交差 Claisen 縮合を二，三あげる．まずは，エトキシドを塩基として平衡条件下に単純な直鎖エステルとシュウ酸ジエチルとの反応である．弱塩基を用いるということは，生成するエノラートの濃度も低いということになる．

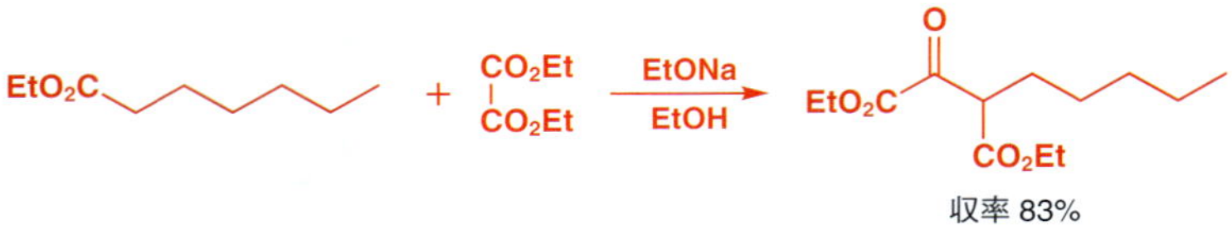

収率 83%

単純エステルのほうだけがエノラートになれるので，このエステルが平衡条件でエノラートを少量だけ生じ，求電子性に優れたシュウ酸ジエチルを求核攻撃し，典型的な *C*-アシル化が起こる．シュウ酸エステルのほうがずっと求電子性が高いため，単純エステルの自己縮合は起こらない．

この化合物は，*Penicillium* 属のカビの代謝物であるマルチコラン酸（multicolanic acid）の合成に用いるためにつくられた．次の構造式をみれば，この天然物のどの原子が出発物に由来するか簡単にわかる（黒で示してある）．

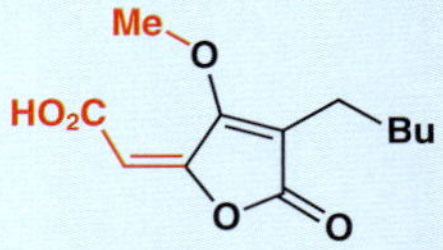

マルチコラン酸

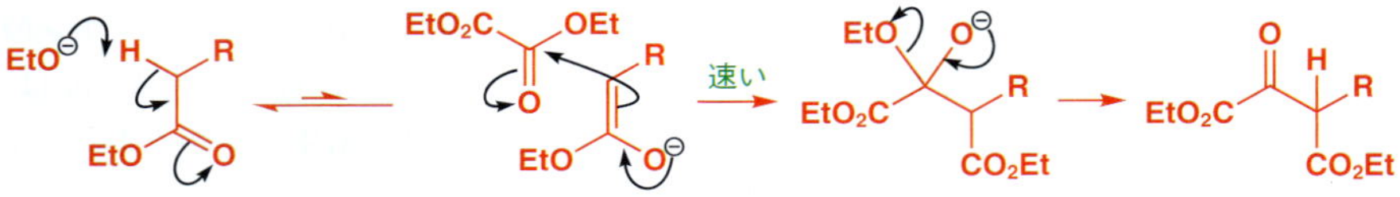

この生成物には酸性水素があるので，ただちに安定なエノラートになる．これは，酸水溶液による後処理によって，トリカルボニル化合物になる．

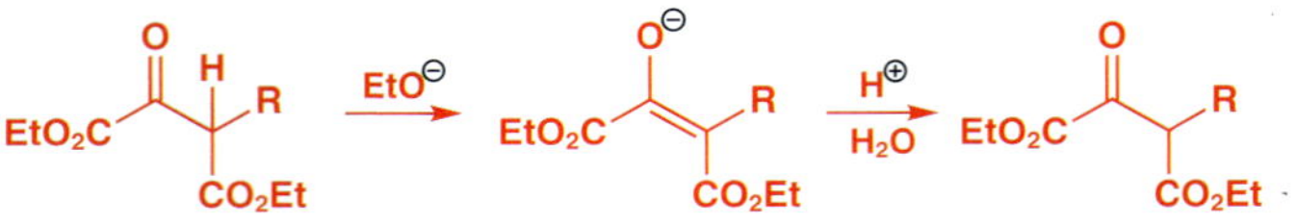

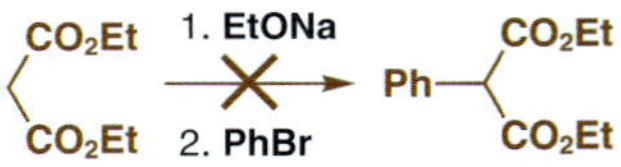

もう一つ重要な例として，フェニルマロン酸ジエチルの合成を示す．この化合物はマロン酸ジエチルの"アルキル化"と同じようには合成できない．ハロゲン化アリールは求核置換しないためである（22 章参照）．そこで，エノール化しやすいフェニル酢酸エチルを求電子性が高くエノール化できない炭酸ジエチルと交差 Claisen 縮合させると，平衡条件下で収率よく反応する．

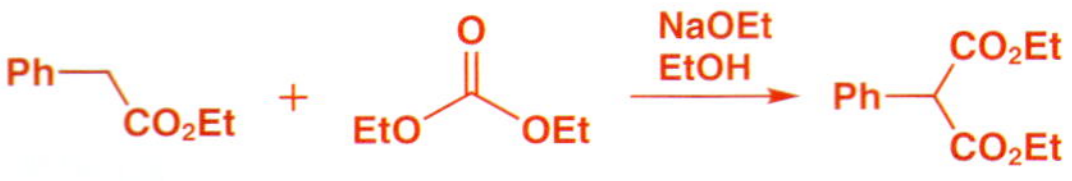

収率 86%

ケトンとエステルとの Claisen 縮合

Claisen 縮合では，常にエステルを求電子剤として用いるが，他のカルボニル化合物，たとえばケトンのエノラートも同じようにエノール成分として反応する．ケトンと炭酸ジエチルとの反応では，ケトンだけがエノール化でき，しかも炭酸ジエチルのほうがケトンより求電子性が高いので，反応はうまく起こる．よい例が次に示すシクロオクタノンの反応である．このケトンは対称なので，エノラートの生成位置を心配しなくてよい．

> ここでは炭酸エステルをエステルの一種としている．これは炭酸のエステルである．

収率 91〜94%

非対称ケトンの場合にも，エノール等価体を使わなくても単一生成物を生じることがよくある．通常，置換基の数が少ない側で反応が起こる．これは，最後のエノール化が不可逆になるからである．次の例では，生成物は 2 種類可能であるが，そのうち一つだけが最終的に安定なエノールになる．平衡条件下ではこのエノラートだけが安定であり，すべてのものは式に示す異性体に収束する．

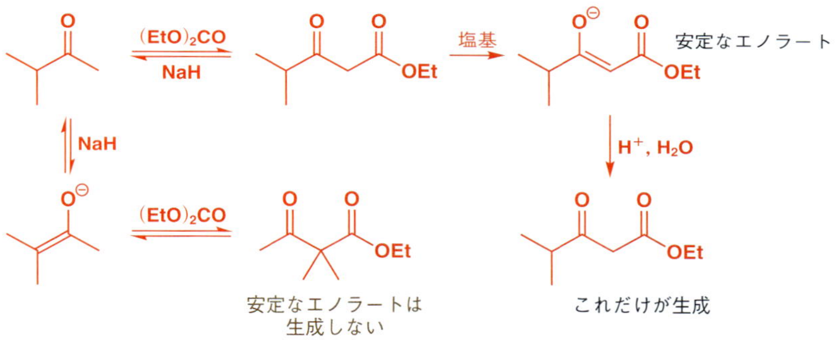

安定なエノラート

安定なエノラートは生成しない

これだけが生成

非対称ケトンでは，一方がメチル基で他方が第一級アルキルのような場合でもうまくいく．次の例では，予想どおり二重結合は反応に影響せず収率は非常に高い．

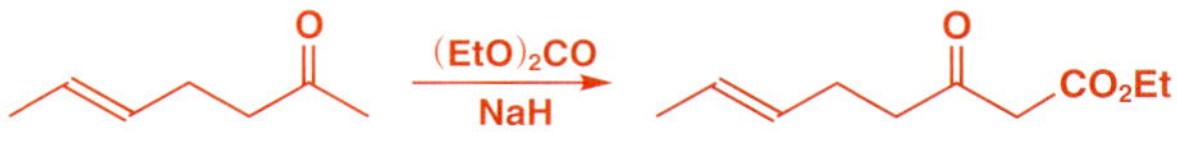

収率 85%

この例の場合は，両方のエノラートが生じても，生成物としては置換基の少ないジカルボニルエノラートが優先して生成する．エノラートの二重結合が四置換だと立体障害が大きくてひずみが生じるからである．

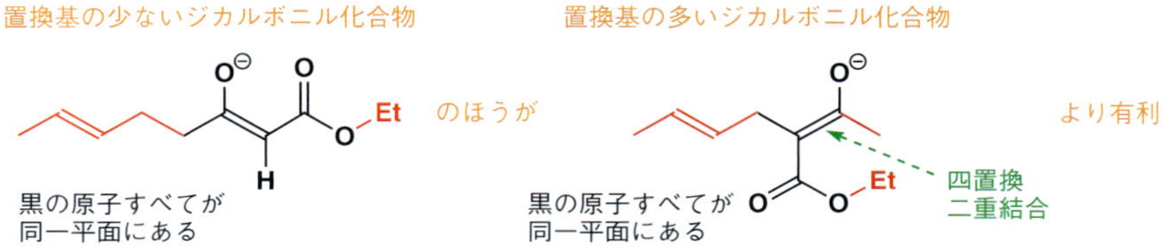

置換基の少ないジカルボニル化合物
黒の原子すべてが同一平面にある
のほうが

置換基の多いジカルボニル化合物
黒の原子すべてが同一平面にある
より有利
四置換二重結合

シュウ酸ジエチルも同じように，ケトンと選択的に効率よく縮合する．例として新薬

の合成を取上げる．心臓病の予防の一つに血液中の"悪玉"リポタンパク質を減らすことがあげられるが，アシフラン（acifran）という薬には，この活性がある．その合成における鍵反応は，シュウ酸ジエチルとメチルケトンとの塩基による縮合反応である．このケトンにあるヒドロキシ基が反応を邪魔しない点に注目しよう．まちがいなく塩基はまずこのヒドロキシ基を脱プロトンする．次にエノラートを生成する（どちらの分子からもエノラートは1種類しかできない）．つづいて，求電子性の高いシュウ酸ジエチルと速やかに縮合する．この生成物に酸を作用させるとアシフランが得られる．

669ページで述べたエノール化できないエステルの残り二つもケトンと交差縮合する．ホルムアルデヒドとは異なり，ギ酸エステルはうまく反応する．ホルムアルデヒドのアルドール反応のときにはMannich反応のような独特な方法が必要であったが，この場合は何も必要ない．次にシクロヘキサノンとの反応で何が起こるか示す．

生成物のアルデヒドは塩基によってただちに安定なエノラートになるので，さらに求核付加する心配はない．後処理によって，生成物は分子内水素結合をもつ安定なエノールになる．

26・11 Claisen縮合によるケトエステル合成のまとめ

ここで小休止して，いままで述べてきたケトエステルを簡便に合成する二つの方法，つまり，

- Claisen縮合
- 炭酸エステルによるケトンのアシル化

についてまとめておこう．

アセト酢酸エチル（3-オキソブタン酸エチル）は，もちろん酢酸エチルの自己縮合で合成できる．このエステル自身は安価で購入もできるが，この方法を用いるといろいろな類縁体がエステルの自己縮合によって，実験室で合成できる．エステルのアルコール部分は対応するアルコキシドが塩基として使える限りなんでもよい（OEt, OMe, など）．

β-ケトエステル

Claisen縮合によって1,3-ジカルボニル化合物が生成することを述べた（668ページ）．ここでの例は，そのうちのβ-ケトエステルである．

β-ケトエステル

下式に示すように C2 に R が一つだけついた化合物はアセト酢酸エチルのアルキル化によって容易に合成できるので，この方法が最善である（25 章 614 ページ参照）．

この化合物を Claisen 縮合で直接合成しようとすると，次の反応のどちらかが必要になる．破線の巻矢印は望む縮合の方向を電子の動きで示している．色づけした結合は反応がうまく起こったときに生成するものである．

残念ながら，どちらの反応もうまくいかない．黒線の経路は，エノール化しうる二つのエステル間の縮合を制御する必要があり，このままでは混合物が生じるだけである．一方，上のアルキル化の方法ではこのような制御は全く必要ない．緑線の経路は非対称ケトンと炭酸ジエチルとの縮合反応である．この交差縮合はきれいに進行するが，目的の生成物はできない．671 ページに示したように，Claisen 縮合は置換基の少ないほう，すなわちメチル基で縮合が起こり，望まないケトエステルが得られる．逆に，こちらの異性体は簡単に合成できる．

> **β-ケトエステルの合成：チェックリスト**
> 自己縮合，炭酸ジエチルとの縮合，そして合成したケトエステルのアルキル化，この3方法を組合わせるとつくりたい β-ケトエステルのほとんどが合成できる．エノラートの化学の一般的問題点に注意すること．
> - 望むカルボニル化合物がエノール化するか
> - それがケトンの場合，望む位置で選択的にエノール化できるか
> - そのエノラートは望むアシル化剤と反応するか
>
> もしこれらのうち一つでも問題があるなら，アルキル化を検討してみよう．

26・12 エノール等価体を用いるアシル化の制御

本章の前半でエノール等価体を用いてアルドール反応を制御する方法を説明した．ここでは，エノラートのアシル化を同様に制御する方法を説明し，カルボン酸誘導体のエノラートについてもさらに説明する．

求電子性の順序
X = Cl > OCOR > OR > NR₂
H > アルキル > アリール

10章でカルボン酸誘導体の求電子性の順序を説明した．よく知っているとおり，酸塩化物が最も反応性が高く，アミドが一番低い．しかし，これらの化合物の（Rとカルボニル基に挟まれたCH_2基での）エノール化の起こりやすさはどうなっているだろうか．これは考えればわかるはずである．原則として，これら二つの反応機構に基づいて考えればよい．

求核攻撃の反応機構　　　　　エノラート生成の反応機構

これらの機構がよく似ていることに注目してほしい．特に，カルボニル基の部分は同じである．つまり，電子はC=O π*軌道に流れ込み，負電荷が酸素上に生じてC=O二重結合がC-O単結合になる．当然ながら，**エノール化しやすさの順序は求核攻撃の反応性の順序と同じである**．アルデヒドはケトンより求電子的であり，エノール化しやすい．ケトンはエステルより求電子的であり，エノール化しやすい．もっとも，アルデヒドやケトンとカルボン酸誘導体を厳密に比較するのは賢明ではない．

20章では，酸塩化物からエノラートは生成するが，分解してケテンが生成することを説明した．困難ではあるがアミドからもエノラートが得られる．しかし，第一級や第二級アミドではNHからのプロトン引抜きが優先する．本節の残りの部分では，カルボン酸，エステル，アルデヒドおよびケトンのエノール等価体の合成について説明する．

高 ← 最もエノール化しやすい
酸塩化物
酸無水物
エステル
アミド
低 ← 最もエノール化しにくい
求電子性

エノラートの位置制御炭素アシル化反応

ここで，直面する問題は，アシル化が炭素よりも酸素で起こりやすいことである．極端な例をあげれば，裸のエノラート（カチオンが全く相互作用していない）は酸無水物や酸塩化物によってきれいに酸素でアシル化される．

"裸"のエノラート　　　　　エノールエステル

しかし，ここまで説明してきたアルドール反応に用いる反応剤（つまり，リチウムまたは亜鉛エノラート）は，酸素よりは炭素でアシル化されやすい．酸塩化物を用いる場合でさえ，マグネシウムエノラート，特に1,3-ジカルボニル化合物のマグネシウムエノラートの場合には，C-アシル化が起こる．マグネシウム原子は，酸素二つと強く結合し，

26・12 エノール等価体を用いるアシル化の制御

酸素の有効負電荷を弱めるからである.

加水分解, 脱炭酸を経て, ケトエステルまたはケト酸に変換することができる. エノラートをつくるのに使うもっと一般的な金属のなかでは, リチウムを使用するとマグネシウムと同じく酸素−金属結合が強いので C-アシル化が起こりやすい. 単純なリチウムエノラートはエノール化可能な酸塩化物を用いても C-アシル化できる.

➡ 脱炭酸については 25 章参照.

この反応が天然物合成の一部に使われた例を二つ示す. 最初の例は海綿動物の代謝物パレセンシン A (pallescensin A) である. この簡単な化合物は, クロロジケトンから合成される. このクロロジケトンは次の対称ケトンのエノラートをアシル化することによって合成できると考えられる.

パレセンシン A   対称ケトン

この合成経路では, 4-*t*-ブチルシクロヘキサノンのリチウムエノラートを適切な酸塩化物と反応させることになる. 実際この反応もその後の反応も容易に進行し, パレセンシン A が初めて合成された. 鍵反応であるリチウムエノラートのアシル化が, アルキル化体を生じることなく選択的に起こったことは興味深い. この基質の酸塩化物の部分は塩化アルキルの部分より求電子性が高いからである (もっとも, この次の段階ではアルキル化が起こる). リチウム原子が反応途中で分子をどのようにつかまえているか注目しよう.

カルボン酸の二リチウム体は, カルボン酸に LDA を 2 当量作用させると得られるが, これも酸塩化物とうまく反応する. この反応では, 強い求核剤と高反応性の求電子剤とが速度支配で反応するので, エノラート生成による生成物の安定化を必要としない.

酸塩化物を用いるアシル化には, エナミンやエノールシリルエーテルをよく使う. エナミンはアルデヒドやケトンとも反応するし, エノールシリルエーテルはさらに反応の

幅が広いので，この方法は一般的である．この方法ではエノール化可能な分子どうし2種類を選択的に結合させることもできる．

エナミンやアザエノラートを経由するケトンのアシル化

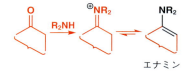
エナミン

エナミンは，アルデヒドやケトンに第二級アミンを作用させ，イミニウム塩を経てつくる．この合成法については11章で述べたし，その反応は20章および25章で説明した．25章では，エナミンと反応性の高いハロゲン化アリルやα-ハロカルボニル化合物とのC-アルキル化が起こるが，単純なハロゲン化アルキルとの反応では望まないN-アルキル化がしばしば競合すると述べた．また，本章の前半では，エナミンの反応性が十分ではないので，アルドール反応にはほとんど用いないことを説明した．

もっと反応性の高い酸塩化物によるアシル化も同じく二つの形式で進行しうるが，大きく異なる点が一つある．N-アシル化生成物は不安定な塩であり，N-アシル化は可逆である．他方，C-アシル化は不可逆である．このため，エナミンのアシル化は確実に炭素で起こる．

スイスの化学者W. Oppolzerは，この反応を用いて天然物であるロンギフォレン (longifolene) の合成を行った．まずシクロペンタジエンから酸塩化物を調製するとともに，シクロペンタノンと第二級アミンであるモルホリンからエナミンを調製した．

モルホリンはエナミン合成によく用いる(610ページ参照)．

この両者を反応させると，みごとに炭素でのアシル化が収率82%で進行した．生じた

収率 82%

ケトンから天然物ロンギフォレンを合成している.

アザエノラートも，酸塩化物と炭素で円滑に反応する．好例がケトンのジメチルヒドラゾンとの反応である．ケトンが非対称なら置換基の少ない側にアザエノラートが生成する．第一級炭素と第二級炭素との区別も確かである．これまでに述べた位置選択的アシル化においては最良の場合でも，メチル基と多置換炭素との区別をしただけであった．

> 11章236ページで述べたように，ヒドラゾンはケトンより求電子性に乏しい．BuLiを作用させてもC=Nを攻撃しないので，塩基として使える．

当然ながら，最初の生成物は分子内水素結合で安定化された互変異性体のアシルエナミンになる．この化合物を穏和な条件で酸処理すると生成物ジケトンになる．この全工程は，ケトンにMe₂NNH₂を作用させ，強塩基を加え，酸塩化物を加え，酸性メタノールを加えて，と非常に複雑に思うかもしれないが，同一反応容器で連続して行えるし，1,3-ジケトンの全収率はこの場合83%と非常によい．

酸性条件におけるケトンのアシル化

ケトンのエノールを酸無水物でアシル化するには，BF₃のようなLewis酸触媒が有効である．この反応で，Friedel-Craftsアシル化（489ページ参照）を思い出すかもしれないが，むしろ，リチウムのような金属が二つの反応剤をしっかり結びつけ6員環を経て起こるアルドール反応のほうに共通点がある．

反応機構的には，Lewis酸触媒によってケトンのエノール（またはホウ素エノラート）が酸無水物を攻撃することは明らかである．おそらくホウ素原子が，アルドール反応におけるリチウムのように（649ページ参照），両反応剤を結びつけているのだろう．

この反応条件では，生成物は安定なホウ素エノラートになっていて，これを分解してジケトンを生成させるには，酢酸ナトリウム水溶液とともに加熱還流する必要がある．

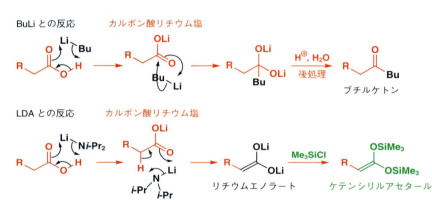

カルボン酸のアシル化

カルボン酸は酸性水素をもつので，エノール誘導体の生成や利用が困難になると思われるかもしれない．しかし実際には，リチウムエノラートやエノールシリルエーテルを使えば解決できる．カルボン酸に BuLi や LDA を加えると，瞬時にプロトンが引抜かれ，カルボン酸のリチウム塩が生成する．BuLi を用いる場合には，次に起こるのはカルボニル基への付加であり，最終的にケトンが生成する（221 ページ参照）．しかし，LDA を用いると，カルボン酸リチウムのエノラートが生成する．

> カルボン酸やエステルのエノールシリルエーテルをケテンシリルアセタールということがある（630 ページ参照）．

このリチウムエノラートは，少し変わっていて，二重結合の同じ炭素上に OLi 基が二つ置換しているが，問題なく対応するエノールシリルエーテルに変換できる．カルボン酸から誘導したリチウムエノラートやエノールシリルエーテルはどちらもアルドール反応に利用できる．

アルドール反応と炭素アシル化に有用なエノラート				
エノラートの種類	アルデヒド	ケトン	エステル	カルボン酸
リチウムエノラート	×	○	○	○
エノールシリルエーテル	○	○	○	○
エナミン	○	○	×	×
アザエノラート	○	○	×	×
亜鉛エノラート	×	×	○	×

以上，エノラートの炭素でのアシル化について説明した．最後に，簡単に説明できる反応を二，三取上げる．

26・13 分子内交差 Claisen 縮合

通常の分子内アルドール縮合と同様，分子内交差 Claisen 縮合では，ある生成物が他より安定なら，エノール化の位置制御をあまり心配する必要はない．たとえば，5員環

や6員環が4員環や8員環よりも生成しやすいが，このようなときは平衡条件で反応すればよい．その意味をいくつかの例で説明する．次の基質では2箇所でエノラートが生成可能であるが，一方は4員環になるので無視してよい．メチル基でのエノール化のみが安定な6員環を生成する．

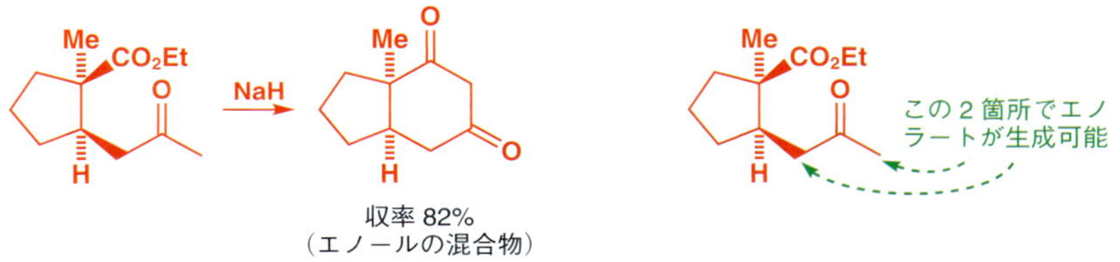

収率82%
（エノールの混合物）

この2箇所でエノラートが生成可能

次の例では，エノラートが2箇所で生成可能であり，どちらも安定な5員環になる．しかし，一方の生成物からは反応条件で安定なエノラートが生成するのに対して，他方は二つのカルボニル基の間に水素原子がないため，安定なエノラートが生成しない．

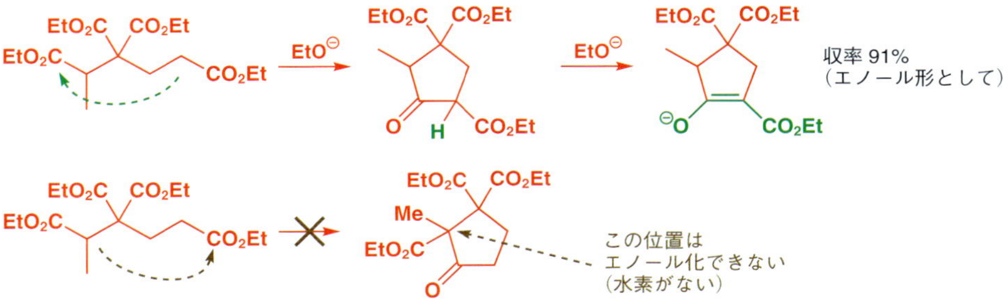

収率91%
（エノール形として）

この位置はエノール化できない（水素がない）

次の例では，エノラートの生成可能な位置が3箇所ある．しかし，生成物は1種類で，収率もよい．3種類のエノラートをそれぞれ考えると，どれが妥当か容易に判断できる．まず，実際起こる反応である．エノラートがケトンから緑で示した位置で生じ，C-アシル化が起こる．生成物は架橋環ではなく縮合環であり，安定なエノラートが容易に生成する．

3箇所でエノラート生成が可能

二環性化合物

縮合環化合物（fused compound, 結合一つを2環で共有），スピロ化合物（spiro compound, 原子一つを2環で共有），架橋環化合物（bridged compound, 隣り合わない原子二つを2環で共有）の区別は32章で説明する．ここに示す3例はいずれも5員環を二つ含むものである．

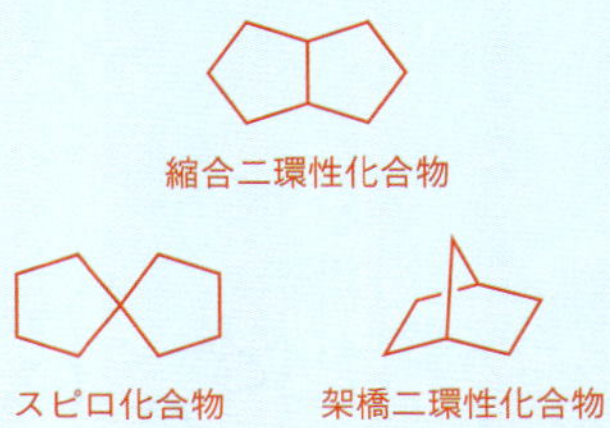

縮合二環性化合物

スピロ化合物　架橋二環性化合物

オレンジで示したケトンの反対側でエノラートが生成し，同じようにエステルを攻撃する可能性もある．もし反応が進むと，生成物は架橋二環性ジケトンになるが，これは生成しない．さらに，茶の位置でエノラートが生成しアルドール反応する可能性もあるが，この生成物も架橋二環性化合物となるので，実際には生成しない．

分子内交差 Claisen 縮合における対称性

環化反応の後で脱炭酸が可能であれば，巧妙な方法が可能である．α-ハロエステルにアミンを作用させて，S_N2 反応を行い，つづいて不飽和エステルに共役付加を行うと，

Claisen エステル環化反応の基質をつくることができる．

　このジエステルは非対称なので，環化反応によって 2 種類の異なるケトエステルが生じる可能性がある．どちらも安定なエノラートを生成できるので，実際両方が生成する．これでは生成物が混合物になるので，不都合のようにみえる．

　しかし巧妙なことに，5 員環でのケトンと窒素の位置関係が両生成物とも同じになる．両者の違うところは，CO_2Et 基の位置だけであるので，異なる二つの生成物を加水分解したのち脱炭酸させると，同じアミノケトンになる．

　エノール化できる異なる分子 2 種類の間であっても平衡条件下で交差縮合できる場合がある．注目すべき例はメチルケトンとラクトン間での塩基触媒反応である．水素化ナトリウムを塩基として使う．これは強い塩基であり，両出発物ともエノラートに変換できる．反応結果は，ケトンが選択的にエノラートとなり，ラクトンに反応した生成物が収率よく得られる．

　メチルケトンのメチル基で速度支配のエノラートが選択的に生成し，ラクトンでアシル化されたことになる．ラクトンは，直鎖状エステルよりも求電子性がやや優れている．とはいえ，これだけきれいに制御されて反応するのは驚きである．初めに生じた生成物の分子内プロトン移動によって安定なエノラートが生成することに注目しよう．

26・14　カルボニル基の化学: 今後の展開

　最後に，カルボニル化合物の反応をまとめておこう．6 章で初めてカルボニル基への付加反応について説明し，つづく各章で多彩な反応を解説してきた．

　9 章: $C=O$ への有機金属の付加反応による $C-C$ 結合生成

26. エノラートとカルボニル化合物との反応：アルドール反応と Claisen 縮合　　　681

10章：C=O での置換反応（カルボン酸誘導体）
11章：カルボニル酸素の脱離による C=O での置換反応（アセタールやイミンなど）
20章：エノールとエノラート
25章：エノラートのアルキル化
26章：C=O へのエノールやエノラートの付加（アルドール反応と Claisen 縮合）

カルボニル基は分子と分子を結合させる"ホック"であり，28章ではカルボニル基の反応性を利用する合成戦略について考える．また，次の章だけでなく，ヘテロ環化合物の合成（30章）やジアステレオ選択的ならびにエナンチオ選択的反応（33章と41章）においても，ここで説明した多くの反応を目にすることになる．

問　題

1. 次のアルデヒドとケトンは NaOH を作用させると，どちらの場合も自己縮合により不飽和カルボニル化合物を生成する．その生成物とそれぞれの生成機構を示せ．

2. 本章で述べたシロアリの防御物質を合成するときのアルドール型反応と脱水反応の機構を詳しく示せ．

3. 次の化合物を合成せよ．

4. 次の交差アルドール反応においてエノールシリルエーテルを用いる方法を示せ．その中間体を使う理由を述べよ．もし，これらのアルデヒドを混ぜて塩基を作用させたら何が生成するだろうか．

5. 次の反応がアルドール反応と似ているところを示せ．同じ化合物をリンのないものを使ってつくるにはどうしたらよいか．どんな塩基を使うとよいかも記せ．

6. 次のアルドール反応を行ったところ予想外の生成物が得られた．この機構を示せ．また目的のアルドール生成物を得るためにはどうすればよいか．

7. 本章では分子内 Claisen 縮合によりヘテロ 6 員環ケトンを合成する方法を述べた．この場合，環化がどのように起こったとしても生成物は同じになるのでかまわないと指摘した．

同様の方法でヘテロ 5 員環ケトンもつくることができる．出発物は対称でないので，環化生成物が 2 種類可能である．これらの生成物の構造を示し，そしてどちらができるかは問題にならない理由を述べよ．

8. 炭素でアシル化しようとしてもうまくいかないことがある．次の二つのアシル化反応で実際に生成するものは何か．また目的物をつくるにはどうすればよいか．

9. フェノール性ケトンのアシル化で化合物 **A** が得られる．これは塩基で異性体 **B** になる．**B** に酸を作用させると環化反応により式に示す生成物が得られる．これらの反応の機構と化合物 **A**, **B** の構造を示せ．

10. エノールまたはエノラートのアシル化により次の化合物を合成するにはどうしたらよいか．

11. 次の二つの反応はどのように行うべきか示せ．適当なエノール等価体を使ってよい．

12. 塩基触媒を使って次の2種類のエステルを縮合させると収率82%で化合物 **A** が得られた．構造を予想せよ．

NMR は生成物が2種類あることを示している．両者とも 3H 分の三重線が δ_H 1 ppm 付近と，2H 分の四重線が 3 ppm 付近にある．一方には，低磁場の 2.1〜2.9 ppm に ABX パターン（J_{AB} 16 Hz, J_{AX} 8 Hz, J_{BX} 4 Hz）のシグナルがある．他方は，2H 分の単一線が 2.28 ppm にあり，2H 分が，5.44 ppm と 8.86 ppm に J 13 Hz が観測されている．これらプロトンの一つは D_2O の D と交換する．この混合物を蒸留またはクロマトグラフィーで分離しようとしても同じ混合物になってしまう．酸性条件下，エタノールを作用させると1種類の化合物 **B** になった．

化合物 **B** のスペクトルデータは次のとおりである．IR 1740 cm^{-1}, δ_H 1.15〜1.25（4種の t，それぞれ 3H 分），2.52（2H, ABX, J_{AB} 16 Hz），3.04（1H, ABX の X でさらに 5 Hz の d），および 4.6（1H, d, J 5 Hz）．

A, **B** の構造を示せ．

略 号 表

Ac	acetyl　アセチル	DMAP	4-dimethylaminopyridine　4-ジメチルアミノピリジン
ADP	adenosine 5′-diphosphate　アデノシン 5′-二リン酸	DME	1,2-dimethoxyethane　1,2-ジメトキシエタン
AIBN	2,2′-azobisisobutyronitrile　2,2′-アゾビスイソブチロニトリル	DMF	N,N-dimethylformamide　N,N-ジメチルホルムアミド
AMP	adenosine 5′-monophosphate　アデノシン 5′-一リン酸	DMPU	1,3-dimethyl-3,4,5,6-tetrahydro-2(1H)-pyrimidinone　1,3-ジメチル-3,4,5,6-テトラヒドロ-2-(1H)-ピリミジノン, N,N'-dimethylpropyleneurea　N,N'-ジメチルプロピレン尿素
AO	atomic orbital　原子軌道		
Ar	aryl　アリール		
ATP	adenosine 5′-triphosphate　アデノシン 5′-三リン酸	DMS	dimethyl sulfide　ジメチルスルフィド
9-BBN	9-borabicyclo[3.3.1]nonane　9-ボラビシクロ[3.3.1]ノナン	DMSO	dimethyl sulfoxide　ジメチルスルホキシド
		DNA	deoxyribonucleic acid　デオキシリボ核酸
BHT	butylated hydroxy toluene　ブチル化ヒドロキシトルエン（2,6-di-t-butyl-4-methylphenol 2,6-ジ-t-ブチル-4-メチルフェノール）	E1	unimolecular elimination　単分子脱離
		E2	bimolecular elimination　二分子脱離
		E_a	activation energy　活性化エネルギー
BINAP	2,2′-bis(diphenylphosphino)-1,1′-binaphthyl　2,2′-ビス（ジフェニルホスフィノ）-1,1′-ビナフチル	E1cB	unimolecular elimination of conjugate base　共役塩基単分子脱離
		EDTA	ethylenediaminetetraacetic acid　エチレンジアミン四酢酸
Bn	benzyl　ベンジル	ee	enantiomeric excess　エナンチオマー過剰率
Boc, BOC	t-butoxycarbonyl　t-ブトキシカルボニル	EI	electron impact　電子衝撃(法)
Bu	butyl　ブチル	ESR	electron spin resonance　電子スピン共鳴
Bz	benzoyl　ベンゾイル	Et	ethyl　エチル
cAMP	cyclic AMP　環状 AMP	FGI	functional group interconversion　官能基相互変換
Cbz	benzyloxycarbonyl　ベンジルオキシカルボニル		
		Fmoc	fluorenylmethyloxycarbonyl　フルオレニルメチルオキシカルボニル
CDI	1,1′-carbonyldiimidazole　1,1′-カルボニルジイミダゾール		
		GAC	general acid catalysis　一般酸触媒作用
CI	chemical ionization　化学イオン化(法)	GBC	general base catalysis　一般塩基触媒作用
CIP	Cahn-Ingold-Prelog（rule）	HIV	human immunodeficiency virus　ヒト免疫不全ウイルス
CoA	coenzyme A　補酵素 A		
COT	cyclooctatetraene　シクロオクタテトラエン	HMPA	hexamethylphosphoramide　ヘキサメチルリン酸トリアミド
Cp	cyclopentadienyl　シクロペンタジエニル		
DABCO	1,4-diazabicyclo[2.2.2]octane　1,4-ジアザビシクロ[2.2.2]オクタン	HMPT	hexamethylphosphorous triamide　ヘキサメチル亜リン酸トリアミド
		HOBt	1-hydroxybenzotriazole　1-ヒドロキシベンゾトリアゾール
DBE	double bond equivalent　不飽和度		
DBN	1,5-diazabicyclo[4.3.0]non-5-ene　1,5-ジアザビシクロ[4.3.0]-5-ノネン	HOMO	highest occupied molecular orbital　最高被占分子軌道
DBU	1,8-diazabicyclo[5.4.0]undec-7-ene　1,8-ジアザビシクロ[5.4.0]-7-ウンデセン	HPLC	high performance liquid chromatography　高速液体クロマトグラフィー
		IR	infrared　赤外(線の)
DCC	N,N'-dicyclohexylcarbodiimide　N,N'-ジシクロヘキシルカルボジイミド	KHMDS	potassium hexamethyldisilazide　カリウムヘキサメチルジシラジド
DDQ	2,3-dichloro-5,6-dicyano-1,4-benzoquinone　2,3-ジクロロ-5,6-ジシアノ-1,4-ベンゾキノン	LCAO	linear combination of atomic orbitals　原子軌道線形結合法
DEAD	diethyl azodicarboxylate　アゾジカルボン酸ジエチル	LDA	lithium diisopropylamide　リチウムジイソプロピルアミド
DIBAL	diisobutylaluminium hydride　水素化ジイソブチルアルミニウム		

LHMDS, LiHMDS	lithium hexamethyldisilazide リチウムヘキサメチルジシラジド		S_EAr	electrophilic aromatic substitution 芳香族求電子置換
LTMP, LiTMP	lithium tetramethylpiperidide リチウムテトラメチルピペリジド		S_N1	unimolecular nucleophilic substitution 単分子求核置換
LUMO	lowest unoccupied molecular orbital 最低空分子軌道		S_N2	bimolecular nucleophilic substitution 二分子求核置換
MCPBA	m-chloroperoxybenzoic acid m-クロロ過安息香酸		S_NAr	nucleophilic aromatic substitution 芳香族求電子置換
Me	methyl メチル		SOMO	singly occupied molecular orbital 半占分子軌道
MO	molecular orbital 分子軌道			
MOM	methoxymethyl メトキシメチル		STM	scanning tunnelling microscopy 走査型トンネル顕微鏡
Ms	methanesulfonyl メタンスルホニル（mesyl メシル）		TBDMS	t-butyldimethylsilyl t-ブチルジメチルシリル
NAD	nicotinamide adenine dinucleotide ニコチンアミドアデニンジヌクレオチド		TBDPS	t-butyldiphenylsilyl t-ブチルジフェニルシリル
NADH	reduced NAD 還元型NAD		Tf	trifluoromethanesulfonyl トリフルオロメタンスルホニル（triflyl トリフリル）
NBS	N-bromosuccinimide N-ブロモスクシンイミド		THF	tetrahydrofuran テトラヒドロフラン
NIS	N-iodosuccinimide N-ヨードスクシンイミド		THP	tetrahydropyran テトラヒドロピラン
NMO	N-methylmorpholine N-oxide N-メチルモルホリン N-オキシド		TIPS	triisopropylsilyl トリイソプロピルシリル
			TMEDA	N,N,N',N'-tetramethyl-1,2-ethylenediamine N,N,N',N'-テトラメチル-1,2-エチレンジアミン
NMR	nuclear magnetic resonance 核磁気共鳴			
NOE	nuclear Overhauser effect 核Overhauser効果			
PCC	pyridinium chlorochromate クロロクロム酸ピリジニウム		TMP	2,2,6,6-tetramethylpiperidine 2,2,6,6-テトラメチルピペリジン
PDC	pyridinium dichromate 二クロム酸ピリジニウム		TMS	trimethylsilyl トリメチルシリル, tetramethylsilane テトラメチルシラン
Ph	phenyl フェニル		TMSOTf	trimethylsilyl triflate トリメチルシリルトリフラート
PPA	polyphosphoric acid ポリリン酸			
Pr	propyl プロピル		TPAP	tetrapropylammonium perruthenate 過ルテニウム酸テトラプロピルアンモニウム
PTC	phase transfer catalyst 相間移動触媒			
PTSA	p-toluenesulfonic acid p-トルエンスルホン酸		Tr	triphenylmethyl トリフェニルメチル（trityl トリチル）
py	pyridine ピリジン			
Red Al	sodium bis(2-methoxyethoxy)aluminium hydride 水素化ビス(2-メトキシエトキシ)アルミニウムナトリウム		TS	transition state 遷移状態
			Ts	p-toluenesulfonyl p-トルエンスルホニル（tosyl トシル）
RNA	ribonucleic acid リボ核酸		UV	ultraviolet 紫外（線の）
SAC	specific acid catalysis 特異酸触媒作用		VSEPRT	valence shell electron pair repulsion theory 原子価殻電子対反発理論
SAM	S-adenosyl methionine S-アデノシルメチオニン			
SBC	specific base catalysis 特異塩基触媒作用		Z	benzyloxycarbonyl ベンジルオキシカルボニル

参 考 書

[分野別参考書]
有機化学全般にかかわる教科書と参考書
1) Oxford Chemistry Primers, Oxford University Press. 化学全般にわたるトピックスを100ページ以下にまとめた入門書のシリーズとして86冊が出版されており，有機化学に関するタイトルも多い．翻訳書が出ているものもある．

有機化学の教科書は米国で出版されたものが数多く翻訳され，1冊はもっているだろう．必要に応じて参考にするとよい．さらに勉強したい人のために，上級者向きの教科書を数冊あげておく．
2) M. Smith, "March's Advanced Organic Chemistry: Reactions, Mechanisms, and Structure", 7th ed., Wiley (2013). [第5版の訳本がある．"マーチ有機化学 上・下"，山本嘉則監訳，丸善出版 (2003).]
3) F. A. Carey, R. J. Sundberg, "Advanced Organic Chemistry, Part A：Structure and Mechanisms, Part B：Reactions and Synthesis", 5th ed., Springer (2007).
4) "Vogel's Textbook of Practical Organic Chemistry", 5th ed., Longman, Harlow (1989). 実験化学的側面を強調した全書的教科書．
5) "大学院講義有機化学"，野依良治，柴﨑正勝，鈴木啓介，玉尾皓平，中筋一弘，奈良坂紘一編，Ⅰ．分子構造と反応・有機金属化学，Ⅱ．有機合成化学・生物有機化学，東京化学同人（Ⅰ 1999, Ⅱ 1998).

スペクトルによる構造解析
スペクトルに関する本を1冊読めば大変役に立つ．スペクトル解析の説明だけでなく，スペクトルデータ集や練習問題も載っている．
6) "Spectroscopic Methods in Organic Chemistry", 6th ed., ed. by D. H. Williams, Ian Fleming, McGraw-Hill, London (2007).
7) R. M. Silverstein, F. X. Webster, D. J. Kiemle, "Spectrometric Identification of Organic Compounds", 7th ed., Wiley (2005). ["有機化合物のスペクトルによる同定法―MS, IR, NMRの併用"，荒木 峻，益子洋一郎，山本 修，鎌田利紘訳，東京化学同人 (2006).]
8) L. D. Field, S. Sternhell, J. R. Kalman, "Organic Structures from Spectra", 3rd ed., Wiley (2003). 問題集．

分子軌道法に関する入門書
9) Ian Fleming, "Molecular Orbitals and Organic Chemical Reactions: Student Edition", Wiley, Chichester (2009).

化学反応の理論的見方，反応機構，物理有機化学
10) J. Keeler, P. Wothers, "Why Chemical Reactions Happen", Oxford University Press, Oxford (2003).
11) P. Sykes, "A Guidebook to Mechanism in Organic Chemistry", 6th ed., Longman, Harlow (1986). [第5版の訳本がある．"有機反応機構"，久保田尚志訳，東京化学同人 (1984).]

12) E. V. Anslyn, D. A. Dougherty, "Modern Physical Organic Chemistry", University Science Books, California (2006). 優れた新しい物理有機化学の教科書．
13) S. Warren, "Chemistry of the Carbonyl Group: A Programmed Approach to Organic Reaction Mechanisms", Wiley, Chichester (1974). カルボニル基の反応に関するコンパクトな反応機構の演習書．
14) P. Atkins, J. de Paula, "Physical Chemistry", 9th ed., OUP, Oxford (2011). [第8版の訳本がある．"アトキンス物理化学 上・下"，千原秀昭，中村亘男訳，東京化学同人 (2009).] 物理化学の教科書．数学的取扱いに詳しい．
15) 奥山 格，"有機反応論"，東京化学同人 (2013).

立体化学と立体配座
立体化学に関しては多くの本があるが，最も統合的なものを1冊あげておく．
16) E. L. Eliel, S. H. Wilen, "Stereochemistry of Organic Compounds", Wiley Interscience, Chichester (1994).

有 機 合 成
17) "Comprehensive Organic Synthesis, vol.1〜9", 2nd ed., ed. by P. Knochel, G. A. Molander, Elsevier (2014). 有機合成に関する全書．
18) P. Wyatt, S. Warren, "Organic Synthesis: Strategy and Control", Wiley, Chichester (2007).
19) S. Warren, P. Wyatt, "Organic Synthesis: the Disconnection Approach", 2nd ed., Wiley, Chichester (2008). ["ウォーレン有機合成―逆合成からのアプローチ"，柴﨑正勝，橋本俊一監訳，東京化学同人 (2014).]
20) L. M. Harwood, C. J. Moody, J. M. Percy, "Experimental Organic Chemistry", 2nd ed., Blackwell, Oxford (1999).
21) G. S. Zweifel, M. H. Nantz, "Modern Organic Synthesis: An Introduction", W. H. Freeman, New York (2007). ["最新有機合成法―設計と戦略"，檜山爲次郎訳，化学同人 (2009).]
22) 檜山爲次郎，大嶌幸一郎編著，"有機合成化学"，東京化学同人 (2012).

保 護 基
23) P. J. Kocienski, "Protecting Groups", 3rd ed., Thieme (2003).
24) P. G. M. Wuts, T. Greene, "Greene's Protecting Groups in Organic Synthesis", Wiley (2007).

[各章の参考書および文献]
1章　次の本はきっとおもしろいと思うので紹介する．
・B. Selinger, "Chemistry in the Marketplace", 5th ed., Harcourt Brace, Sydney (2001).
・"化学ってそういうこと！―夢が広がる分子の世界"，日本化学

会編，化学同人（2003）．

2 章
・パリトキシンについて：E. M. Suh, Y. Kishi, *J. Am. Chem. Soc.*, **116**, 11205 (1994).
・ベンゼンの構造の最初の提案に関しては論争が多いが，次の解説をすすめる：A. Bader, 'Out of the Shadow', *Chemistry and Industry*, 17 May 1993.

6 章
・キャッサバと HCN の問題に関する詳しい解説：D. Siritunga, D. Arias-Garzon, W. White, R. T. Sayre, *Plant Biotechnology Journal*, **2**, 37 (2004).
・亜硫酸水素ナトリウムを用いるシアノヒドリン合成法：分野別参考書 4）p.729.

8 章
・Ross Stewart, "The Proton: Applications to Organic Chemistry", Academic Press, Orlando (1985).
・Cannizzaro 反応の詳細：J. C. Gilbert, S. F. Martin, "Experimental Organic Chemistry", Harcourt, Fort Worth (2002).
・シメチジンの発見：W. Sneader, "Drug Discovery: a History", Wiley, Chichester (2005).

9 章
・Grignard 反応剤の詳細な構造およびアルキンのアルキル化：分野別参考書 17).
・Grignard 反応例に関する文献：T. F. Rutledge, *J. Org. Chem.*, **24**, 840 (1959); D. N. Brattesani, C. H. Heathcock, *Synth. Commun.*, **3**, 245 (1973); R. Giovannini, P. Knochel, *J. Am. Chem. Soc.*, **120**, 11186 (1998); C. E. Tucker, T. N. Majid, P. Knochel, *J. Am. Chem. Soc.*, **114**, 3983 (1992).
・有機亜鉛化合物に関する総説：P. Knochel, J. J. Almena Perea, P. Jones, *Tetrahedron*, **54**, 8275 (1998).
・クロロクロム酸ピリジニウム（PCC）：G. Piancatelli, A. Scettri, M. D'Auria, *Synthesis*, **1982**, 245; H. S. Kasmai, S. G. Mischke, T. J. Blake, *J. Org. Chem.*, **60**, 2267 (1995); E. J. Corey, J. W. Suggs, *Tetrahedron Lett.*, **1975**, 2647.
・酸化実験の詳細：分野別参考書 4）p.587, p.607. J. C. Gilbert, S. F. Martin, "Expermental Organic Chemistry: A Miniscale and Microscale Approach", p.537, Cengage Learning, Boston (2010).
・クロム酸酸化：佐藤一彦，北村雅人，"酸化還元反応（化学の要点シリーズ 1）"，日本化学会編，共立出版（2012）．

12 章
・ヘミアセタール生成の平衡定数：J. P. Guthrie, *Can. J. Chem.*, **53**, 898 (1975).
・アミドの結合回転に対する溶媒効果：T. Drakenberg, K. I. Dahlqvist, S. Forsen, *J. Phys. Chem.*, **76**, 2178 (1972).

14 章
・Feist 酸の正しい構造の最初の報告：M. G. Ettinger, *J. Am. Chem. Soc.*, **74**, 5805 (1952). さらに興味深い続報に NMR が報告されている．W. E. von Doering, H. D. Roth, *Tetrahedron*, **26**, 2825 (1970).

16 章
・アルカンの安定立体配座の要因についての詳細な解析：V. Pophristic, L. Goodman, *J. Phys. Chem.* A, **106**, 1642 (2002).

17 章
・DBU と他の強塩基："Superbases for Organic Synthesis: Guanidines, Amidines and Phosphazenes and Related Organocatalysts", ed. by T. Ishikawa, Wiley, Chichester (2009).

18 章
・ケテンの ^{13}C NMR：J. Firl, W. Runger, *Angew. Chem. Int. Ed.*, **12**, 668 (1973).
・テトラヘドランとシクロブタジエン：G. Maier, *Angew. Chem. Int. Ed.*, **27**, 309 (1988).
・*Lycorea* 性フェロモン：G. Meinwald et al., *Science*, **164**, 1174 (1968).

19 章
・安定なブロモニウムイオン：R. S. Brown et al., *J. Am. Chem. Soc.*, **116**, 2448 (1994).

23 章
・Birch 還元：P. W. Rabideau and Z. Marcinow, *Org. React.*, **42**, 1 (1992).
・Lindlar 還元：H. Lindlar, R. Dubis, *Org. Synth. Coll.*, **5**, 880 (1973).
・ペプチド合成：N. L. Benoiton, "Chemistry of Peptide Synthesis, Taylor and Francis (2005); J. Jones, "Amino Acid and Peptide Synthesis, Oxford Primer", 2nd ed., OUP, Oxford (2002).

24 章
・オルトリチオ化：分野別参考書 18）および J. Clayden, "Organolithiums: Selectivity for Synthesis", Pergamon (2002).
・ニトロ基の還元：L. McMaster, A. C. Magill, *J. Am. Chem. Soc.*, **50**, 3038 (1928).
・ニトロベンゼンの臭素化：分野別参考書 4）p.864.
・ジアゾニウム塩の生成とハロゲン化アリールへの変換：分野別参考書 4）p.933, p.935.
・ヨードラクトン化：分野別参考書 4）p.734.
・Horner-Wadworth-Emmons アルケン合成：W. S. Wadsworth, W. D. Emmons, *Org. Synth. Coll.*, **5**, 547 (1973)および分野別参考書 18．
・非共役化合物の合成：C. W. Whitehead, J. J. Traverso, F. J. Marshall, D. E. Morrison, *J. Org. Chem.*, **26**, 2809 (1961).
・ジエンへの位置選択的求電子攻撃：R. B. Moffett, *Org. Synth. Coll.*, **4**, 238 (1963); K. Nakayama, S. Yamada, H. Takayama, Y. Nawata, Y. Itaka, *J. Org. Chem.*, **49**, 1537 (1984).
・緩衝溶液を用いて転位を伴わないエポキシ化：M. Imuta, H. Ziffer, *J. Org. Chem.*, **44**, 1351 (1979).
・ジエンのモノおよびジエポキシ化：M. A. Hashem, E. Manteuffel, P. Weyerstahl, *Chem. Ber.*, **118**, 1267 (1985).
・ジエンの位置選択的臭素化：A. T. Blomquist, W. G. Mayes, *J. Org. Chem.*, **10**, 134 (1945).
・アリル型臭化物の位置選択的求核置換反応：A. C. Cope, L. L. Estes, J. R. Emery, A. C. Haven, *J. Am. Chem. Soc.*, **73**, 1199

(1951); V. H. Heasley, P. H. Chamberlain, *J. Org. Chem.*, 35, 539 (1970).

25 章
・この分野の先駆的研究者による初期の論文：H. O. House, M. Gall, H. D. Olmstead, *J. Org. Chem.* 36, 2361 (1971).
・エノンからの位置選択的エノラート生成とアルキル化反応の例：D. Caine, S. T. Chao, H. A. Smith, *Org. Synth.* 56, 52 (1977)

および分野別参考書3) Part B.

26 章
・あらゆる種類のアルドール反応の情報源：A. T. Nielsen and W. J. Houlihan, *Organic Reactions*, 16, 1968 (全巻).
・Claisen 型縮合反応：J. P. Schaefer and J. J. Bloomfield (Dieckmann 縮合), G. Jones, (Knoevenagel 縮合), *Organic Reactions*, 15, 1967 (全巻).

掲載図出典

- p.3 スカンクの写真：ⓒ Tom Friedel, licensed under Creative Commons: http://creativecommons.org/licenses/by/3.0/deed.en
- p.4 マイマイガの写真：ⓒ Olaf Leillinger, licensed under Creative Commons: http://creativecommons.org/licenses/by-sa/2.5/deed.en
- p.6 精油所の写真：ⓒ Peter Facey, licensed under Creative Commons: http://creativecommons.org/licenses/by-sa/2.0/deed.en
- p.6 サトウキビの写真：ⓒ Rufino Uribe, licensed under Creative Commons: http://creativecommons.org/licenses/by-sa/2.0/deed.en
- p.16 モナリザの漫画：Bridgeman Art Library. Jeremy Dennis による.
- p.22 ジオデシックドームの写真：ⓒ iStock/Daniel Loiselle
- p.42 X線回折装置の写真：Edward E. Mayer 提供.
- p.44 質量分析計の写真：The U.S. Department of Energy's EMSL 提供.
- p.50 MRI 装置の写真：The Institute of Psychiatry, King's College London 提供.
- p.50 NMR 装置の写真：The U.S. Department of Energy's EMSL 提供.
- p.77 DNA 構造：ⓒ Jonathan Crowe
- p.77 ダイヤモンドの指輪の写真：ⓒ Alice Mumford
- p.78 ペンタセンの画像：L. Gross (2009). *The Chemical Structure of a Molecule Resolved by Atomic Force Microscopy*. Volume 325, Science. American Association for the Advancement of Science の Copyright Clearance Center の許可を得て転載.
- p.78 街灯の写真：ⓒ Alice Mumford
- p.142 ベンゼンの電子回折像：*Chemistry: a European journal* GESELLSCHAFT DEUTSCHER CHEMIKER による．WILEY-VCH VERLAG GMBH & CO. KGAA の Copyright Clearance Center の許可を得て転載．
- p.147 スペクトル画像："Chemistry 3: Introducing inorganic, organic and physical chemistry", by Burrows et al (2009) より Oxford University Press の許可を得て転載．
- p.163 可溶性アスピリンの写真：ⓒ Alice Mumford
- p.310 手の写真：ⓒ Alice Mumford
- p.310 足の写真：ⓒ iStock/Valua Vitaly
- p.310 手袋と靴下の写真：ⓒ Alice Mumford
- p.310 古代エジプト王妃ネフェルティティ（壁画）：ⓒ Sandro Vannini/Corbis
- p.310 テニスラケットの写真：ⓒ iStock/Skip Odonnell
- p.310 ゴルフクラブの写真：ⓒ iStock/Okea
- p.320 握手の写真：ⓒ iStock/kokouu
- p.320 組み手の写真：ⓒ iStock/eucyln
- p.375 デッキチェアの写真：ⓒ Alice Mumford
- p.375 ボートの写真：ⓒ Alice Mumford
- p.468 ブラシノキ *Callistemon citrinus* の写真：ⓒ J. J. Harrison, licensed under Creative Commons: http://creativecommons.org/licenses/by-sa/3.0/deed.en
- p.568 ペプチドの自動合成装置：Activotec Ltd., Cambridge 提供.

索　引

あ行

IR 分光法 → 赤外分光法
アイオキシニル(ioxynil)　502
IUPAC　31
亜鉛アマルガム　505
亜鉛エノラート　656
　——のアルドール反応　656
赤　潮　27
アキシアル(axial)　377
アキシアル水素(^{1}H NMR)　423
アキラル(achiral)　309
アクラビノン(aklavinone)　161, 508
アクリル酸(acrylic acid) → プロペン酸
アクリル酸エチル(ethyl acrylate) → プロペン酸エチル
アクリロニトリル(acrylonitrile)　625, 631
アクロレイン(acrolein) → プロペナール
アゴニスト(agonist)　178
アザエノラート(aza-enolate)　466, 611, 648, 657, 658, 676
　——のアルキル化　612
アジド(azide)　359
アジドイオン　358
アジピン酸(adipic acid) → ヘキサン二酸
アシフラン(Acifran)　672
亜硝酸　474, 533
アシリウムイオン(acylium ion)　181, 489, 505
アシル化(acylation)　665～667
　エノール等価体を用いる——　673
　カルボン酸の——　678
　ケトンの——　676, 677
　酸塩化物を用いる——　675
　酸素——　667
　炭素——　665, 667
C-アシル化 → 炭素アシル化
O-アシル化 → 酸素アシル化
アスコルビン酸(ascorbic acid) → ビタミン C
アスパラギン(asparagine)　570
アスパラギン酸(aspartic acid)　570
アスパルテーム(aspartame)　8, 28, 573
アスピリン(aspirin)　163, 493
アセタール(acetal)　29, 133, 225, 228, 229, 563, 575
　——の加水分解　230
　——の生成　225, 228, 229

　——保護基　563
　環状——　230, 252
アセチルアセトン　468
アセチル基(acetyl group)　34, 39
アセチレン(acetylene) → エチン
アセトアニリド(acetanilide)　494
アセトアミノフェン(acetaminophen) → パラセタモール
アセトアルデヒド　27, 637
　——とホルムアルデヒドの交差アルドール反応　643
アセト酢酸エステル　653
　——の脱炭酸　616
アセト酢酸エチル　653, 668, 672
　——のアルキル化　615
アセトフェノン　505
アセトン(acetone)　638
　——のアルドール生成物　638
　——のエノラート　638
アゾ化合物　354
アゾジカルボン酸ジエチル(diethyl azodicarboxylate)　36, 354
アゾベンゼン(azobenzene)　354
Adams 触媒(Adams' catalyst)　549
後処理(work-up)　130
アドリアマイシン(adriamycin)　455
アトルバスタチン(atorvastatin)　8, 9
アドレナリン(adrenaline)　320
アトロプ異性体(atropisomer)　324
アニソール(anisole)　492
アニリド(anilide)　494
アニリン(aniline)　173, 177, 493
　——の NMR 化学シフト　494
　——の pK_a　174
アフラトキシン(aflatoxin)　441
アミグダリン(amygdalin) → レトリル
アミジン(amidine)　394
　——の pK_a　175
アミド(amide)　28
　——のアミンへの還元　544
　——のアルデヒドへの還元　547
　——のエノール化　465
　——の回転　246
　——の化学シフト　288
　——の加水分解　214, 215
　——の加水分解の反応速度　264
　——の還元　547
　——の Schotten-Baumann 合成　206
　——の LiAlH$_4$ 還元　544
　——の生成　205
　——の pK_a　175

アミド基(amide group)　152
　——の非局在化　153
アミド結合(amide bond)　28, 154
アミノアルコール
　——のアシル化　560
アミノ化(amination)
　還元的——　164, 238, 240, 551
アミノ基(amino group)　14, 26
アミノケトン　346
アミノ酸(amino acid)　312, 570
　——の合成　239
アミン(amine)　26, 232, 513
　——の pK_a　173
アメルフォリド(amelfolide)　224
アモキシシリン(amoxycillin)　8, 39
アラキドン酸(arachidonic acid)　143
アラニン(alanine)　14, 314, 570
　——のエナンチオマー　313
アラビノース(arabinose)　321
アラン(alane)　547
アリシン(allicin)　35
亜硫酸水素塩付加(化合)物(bisulfite addition compound)　136
亜硫酸水素ナトリウム　136
アリルアニオン(allyl anion)　148
アリル型塩化物
　——の位置特異的合成　593
　——の加溶媒分解の速度　342
アリル型カチオン(allylic cation)　340, 444
アリル型臭化物
　——の位置選択性　589
アリル型ラジカル　588
アリルカチオン(allyl cation)　150, 340
アリル基(allyl group)　34, 39, 552, 590
アリール基(aryl group)　21, 39
アリル系　148
アリルスピン結合　300
2-アリールプロピオン酸　329
亜リン酸ジメチル　424
R/S 表示法　313, 314
アルカリ金属エノラート　628
アルカン(alkane)　25
アルキニル金属化合物　187
アルギニン(arginine)　570
アルキルアリールエーテル　356
アルキル化(alkylation)　635
　アザエノラートの——　612
　アルデヒドの——　608, 613, 635
　エステルの——　607, 635
　エナミンの——　609
　エノラートの——　608

アルキル化(つづき)
　カルボン酸の―― 607
　ケトンの―― 606, 609, 618, 635
　1,3-ジカルボニル化合物の―― 614
　多重―― 603
　ニトリルの―― 602
　ニトロアルカンの―― 604
　リチウムエノラートの―― 606
アルキル基(alkyl group) 39
アルキル銅反応剤 → Gilman 反応剤
アルキルトシラート
　――のアルコールからの生成 410
アルキルピラジン(alkylpyrazine) 7, 8
アルキルベンゼン(alkylbenzene)
　――の反応 495
　――への求電子攻撃 496
アルキルボラン 455
アルキン(alkyne) 26
　――のアルケンへの還元 550
　――の NMR スペクトル 422
　――のオキシ水銀化 454
　――の合成 404, 405
　――の水和 454
　――の脱プロトン 190
　――の Birch 還元 557
アルケニルラジカル 588
アルケン(alkene) 26, 101
　――の安定性 412
　――の異性化 269
　――の異性体 102
　――の位置選択的生成 400
　――の NMR 化学シフト 285
　――のオゾン分解 453
　――の還元 549
　――の臭素化 445, 449, 472
　――の臭素化速度 447
　――の水和反応 453
　――の赤外吸収 68
　――の立体化学 398, 412
　――の立体選択的生成 399
　――への求電子付加 448〜450, 486
　――への求電子付加の位置選択性 585
　E/Z―― 398
アルコキシ基(alkoxy group) 26
アルコール(alcohol) 5, 25, 26, 513
　――からアルキルトシラートの生成 410
　――からエステルの合成 211
　――のアルデヒドへの酸化 559
　――のカルボン酸への酸化 560
　――の求核置換反応 352
　――のケトンへの酸化 558
　――の合成 191, 192, 219
　――の酸化 194, 558
　――の水素結合 65
アルデヒド(aldehyde) 27, 125
　――と有機金属化合物との反応 192
　――のアルキル化 608, 613, 635
　――のアルコールへの還元 543
　――のアルドール反応 656
　――のエノール化 464
　――のエノール等価体 658
　――のカルボン酸への酸化 560
　――の合成 222
　――の水和反応 248
　――の ^{13}C NMR 417

アルデヒド領域(^1H NMR の) 286
アルドース(aldose) 321
アルドール(aldol) 638
アルドール縮合(aldol condensation) 640
アルドール反応(aldol reaction) 601, 638
　――と Claisen 縮合 665
　亜鉛エノラートの―― 656
　アルデヒドの―― 656
　エステルの―― 655
　エノールシリルエーテルによる―― 650
　塩基触媒による―― 639
　ケトンの―― 658
　交差―― 642, 653
　酸触媒による―― 639
　非対称ケトンの―― 640
　分子内―― 661, 662
　ラクトンの―― 641
　リチウムエノラートによる―― 649
α 効果(α effect) 525
Arrhenius, Svante 262
Arrhenius 式(Arrhenius equation) 262
アレン(allene) 144, 324
アレーン(arene) 67
　――の赤外吸収 68
安息香酸(benzoic acid) 165
アンタゴニスト(antagonist) 178
アンチ(anti) 323
アンチクリナル(anticlinal) 372
アンチ付加 449, 485
アンチペリプラナー(anti-periplanar) 371, 401
安定性(stability, 化合物の) 246
アンヌレン(annulene) 159, 282
アンフェタミン(amphetamine) 26
アンモニア(ammonia) 78, 100

EI → 電子衝撃法
E1cB 反応 407〜410, 639
　――の速度式 409
E1 反応 391, 392
　――と異性化 443
　――の位置選択性 399
　――と E2 反応 393
　――の基質 395
　――の立体選択性 398
　エステル加水分解における―― 391
　エナミン生成における―― 391
ES → エレクトロスプレー法
ESR → 電子スピン共鳴
硫黄求核剤 359
イオン化定数(ionization constant) 168
　水の―― 168
イオン積(ionic product) → イオン化定数
異核種スピン結合(heteronuclear coupling) 423
いす形配座(chair conformation) 375
　シクロヘキサンの―― 376
異性化(isomerization)
　――と E1 脱離 443
異性体(isomer) 24
　アルケンの―― 102
　E/Z―― 311
位 相
　軌道の―― 83
イソオクタン(isooctane) 3, 254

イソキノリン(isoquinoline) 287
イソブカイン(isobucaine) 560
イソブチル基(isobutyl group, i-Bu) 24, 39
イソプレン 444
イソプロピル基(isopropyl group) 23, 39
イソロイシン(isoleucine) 570
一次反応(first-order reaction) 263
一重線 → 単一線
位置制御炭素アシル化 674
位置選択性(regioselectivity) 341, 445, 541, 577
　脱離反応の―― 406
位置特異的反応(regiospecific reaction) 593, 595
　アリル型塩化物の―― 593
一酸化窒素 92
一般塩基触媒作用(general base catalysis) 267
EDTA → エチレンジアミン四酢酸
E2 反応 390, 393
　――の位置選択性 405
　――の遷移状態 401
　――の立体特異性 402
　シクロヘキサン誘導体の―― 403
　ハロアルケンの―― 404
イノシトール(inositol) 323
イプソ(ipso) 484
イプソ炭素 424
イブプロフェン(ibuprofen) 24, 329, 470
イプロニアジド(iproniazid) 23
イマチニブ(imatinib) 8, 9
イミダゾール(imidazole) 178, 564
　――の互変異性 460
イミニウムイオン 236, 238, 343, 544
イミン(imine) 233, 238, 611, 657
　――の加水分解 235
　――の互変異性 465
　――の生成 225, 234
イリド(ylide) 241, 652
Ingold, Christopher Kelk 245, 334
インジゴ(indigo) 7, 148

ヴァリウム(Valium) → ジアゼパム
Wittig, Georg 241
Wittig 反応(Wittig reaction) 241, 652
Wittig 反応剤(Wittig reagent) 651
Wolff-Kishner 還元(Wolff-Kishner reduction) 554
右旋性異性体(dextrorotatory enantiomer) → (+)体

Ar → アリール基
AX スペクトル 293, 302
AFM → 原子間力顕微鏡
AO → 原子軌道
エキソメチレン化合物(exomethylene compound) 645
エキソメチレンケトン 630
エキソメチレンラクトン 630
エクアトリアル(equatorial) 377
エクアトリアル水素(^1H NMR) 423
エクスタシー(ecstasy) → MDMA
Ac → アセチル基
S/R 表示法 313, 314
S_EAr → 芳香族求電子置換反応

索　引

S_N1 機構（S_N1 mechanism）　333, 538
S_N1 反応　336
　　——における求核剤　337, 357
　　——のエネルギー断面図　338
　　——の遷移状態　338, 347
　　——の速度式　336
　　——の脱離基　337
　　——の立体効果　347
S_NAr　→　芳香族求核置換反応
S_N2 機構（S_N2 mechanism）　333
S_N2 遷移状態
　　ゆるい——　446
S_N2 反応　334
　　——における求核剤　358
　　——における構造効果　345
　　——における相対速度　345
　　——の遷移状態　344, 446
　　——の速度式　335
　　——のハロゲン化物脱離基　336
　　——の立体効果　347
S_N2' 反応　590
s 軌道（s orbital）　80〜82
エステル（ester）　28
　　——とケトンとの Claisen 縮合　671
　　——のアルキル化　607, 635
　　——のアルコールへの還元　544
　　——のアルデヒドへの還元　546
　　——のアルドール反応　655
　　——のエノール化　464
　　——の還元　546
　　——の合成　200, 250
　　——の $LiAlH_4$ 還元　544
　　反応性の高い——　669
エステルエノラート　655
エステルエノラート等価体　656
エステル加水分解　211, 250, 266
エステル交換反応（transesterification）　211, 212
エステル生成反応　201, 211
　　酸触媒を用いる——　210
エストロン（estrone）　188, 562
エソメプラゾール（esomeprazole）　8, 9
エタナール（ethanal）　→　アセトアルデヒド
エタノール（ethanol）　25
エタロシブ（etalocib）　600
エタン（ethane）　20, 31, 97, 102
　　——の重なり形配座　370
　　——の Newman 投影式　370
　　——のねじれ形配座　370
　　——の分子軌道　97
　　——の立体配座　369〜371
1,2-エタンジオール　→　エチレングリコール
エチニルエストラジオール（ethynylestradiol）　188
エチル基（ethyl group）　20, 39
エチルビニルエーテル
　　——の ^1H NMR 結合定数　304
エチルビニルケトン　625
エチレン（ethylene）　97, 139（→ エテン）
エチレンオキシド　→　オキシラン
エチレングリコール　212, 466
エチレンジアミン四酢酸　288
エチン（ethyne）　98
X 線結晶構造解析　15, 42
Eschenmoser 塩（Eschenmoser salt）　645

^1H NMR　→　プロトン NMR
HOMO　→　最高被占（分子）軌道
エーテル（ether）　26, 355
エテン（ethene）　97, 102, 139
　　——の分子軌道　98
エナミン（enamine）　237, 238, 609〜611, 629, 648, 676
　　——の共役付加　629
　　——の互変異性　465
　　——を用いるアルキル化　609
エナール（enal）　512, 652, 658
エナンチオマー（enantiomer）　308, 311, 319
　　——とキラリティー　308
　　——とジアステレオマーの変換　319
NSAIDs　→　非ステロイド系抗炎症薬
$NaBH_4$　→　水素化ホウ素ナトリウム
NMR 化学シフト　→　化学シフト
NMR 装置　50, 57
NMR データ表　431〜433
NMR 分光法（NMR spectroscopy）　41, 49, 57, 273
　　——と非局在化　150
　　^{13}C——　54, 55, 273, 416
　　^1H——　57, 273, 418, 423
NMO　→　N-メチルモルホリン N-オキシド
NBS　→　N-ブロモスクシンイミド
エネルギー極小（local energy minimum）　377
エネルギー最小（global energy minimum）　377
エネルギー準位　79
エネルギー断面図（energy profile diagram）　247
　　S_N1 反応の——　338
エノラート（enolate）　176, 406, 462, 601, 606, 648
　　——とアルドール反応　678
　　——のアルキル化　608
　　——の位置異性体　464
　　——の共役付加　625
　　——の共役付加による生成　515
　　——の酸素での反応　477
　　——の非局在化　462
　　——のプロトン化　469
　　アセトンの——　638
　　アルデヒドの——　608
　　1,3-ジカルボニル化合物の——　614
　　速度支配——　621, 659
　　熱力学支配——　621, 659
エノラートイオン（enolate ion）　→　エノラート
エノラート生成
　　——の位置選択性　618, 621
　　アルデヒドからの——　462, 464
　　速度支配での——　620
　　熱力学支配での——　618
　　ラクトンからの——　641
エノラート等価体（enolate equivalent）　→　エノール等価体
エノール（enol）　455, 460, 516, 648
　　——の位置異性体　464
　　——の酸素での反応　477
　　——の臭素化　472
　　——のニトロソ化　474
エノールエステル（enol ester）　463, 622, 667

エノールエーテル（enol ether）
　　——の加水分解　478
　　——の合成　477
エノール化（enolization）　237, 460, 483
　　——できないカルボニル化合物　646
　　——の順序　674
　　アルデヒドの——　462
　　エステルの——　464
　　カルボニル化合物の——　464
エノール形　460
エノールシリルエーテル（enol silyl ether）　476, 613, 619, 630, 648, 650, 656, 658
　　——によるアルドール反応　650
　　——の加水分解　479
　　——の共役付加　629
　　アセト酢酸エステルの——　621
エノール等価体（enol equivalent）　609, 635, 648
　　——としての共役 Wittig 反応剤　651
　　——を用いるアシル化　673
　　アルデヒドの——　658
　　1,3-ジカルボニル化合物から得られる——　653
エノン（enone）　512, 621, 659, 664
　　——の溶解金属還元　622
　　——への共役付加　623
ABX スペクトル　302
AB スペクトル　302
エピネフリン（epinephrine）　→　アドレナリン
エフェドリン（ephedrine）　319, 320
Fmoc　→　9-フルオレニルメトキシカルボニル
エポキシ化（epoxidation）　440
　　MCPBA による——　526
　　ジエンの——　444
エポキシド（epoxide）　356, 439
　　——の開環　447, 448
　　——のシス-トランス体　317
　　発がん性——　441
MRI　→　磁気共鳴画像法
MS　→　質量分析法
MsCl　→　塩化メタンスルホニル
MO　→　分子軌道
MCPBA　→　m-クロロ過安息香酸
MDMA　5
エリスロノリド A（erythronolide A）　187
L　316
$LiAlH_4$　→　水素化アルミニウムリチウム
LiHMDS　→　リチウムヘキサメチルジシラジド
LiTMP　→　リチウムテトラメチルピペリジド
$LiBH_4$　→　水素化ホウ素リチウム
LHMDS　→　リチウムヘキサメチルジシラジド
エルカ酸（erucic acid）　554
LCAO　→　原子軌道線形結合
LDA　→　リチウムジイソプロピルアミド
LTMP　→　リチウムテトラメチルピペリジド
LUMO　→　最低空（分子）軌道
エレクトロスプレー法（electrospray）　46
エン（ene）　460
エンインオン（enynone）　306
塩化アシル（acyl chloride）　→　酸塩化物

塩化アルキル(alkyl chloride)
　　──の加溶媒分解の速度　342
遠隔スピン結合　300, 305
塩化チオニル(thionyl chloride)　216
塩化トシル(tosyl chloride)　→　塩化 *p*-トル
　　　　　　　　　　　　　　エンスルホニル
塩化 *p*-トルエンスルホニル(*p*-toluenesulfo-
　　　　　　　　　　　　nyl chloride)　353, 397
塩化ネオペンチル　346
塩化 *t*-ブチル
　　t-ブチルアルコールからの──の生成
　　　　　　　　　　　　　　　　　352
塩化 *t*-ブチルジメチルシリル　564
塩化物　513
塩化ブテニル　591
塩化ブロモアセチル　472
塩化ベンゾイル　560
塩化メシル(mesyl chloride)　→　塩化メタン
　　　　　　　　　　　　　　　スルホニル
塩化メタンスルホニル(methanesulfonyl
　　　　　　　　　　　chloride)　353, 397
塩基(base)　135, 165
塩基触媒　212
　　──によるアルデヒドのエノール化　462
塩基触媒アルドール反応　639
塩基性
　　──と求核性　390
　　──と脱離反応　391
塩基性度(basicity)　165
　　溶媒の──　170
エンジオール(ene-diol)　465
エンタルピー(enthalpy, 反応の)　251
エンドウシンクイ(pea moth)　367
エントロピー(entropy, 反応の)　250, 251
　　──と平衡定数　250

オキサスピロペンタン(oxaspiropentane)
　　　　　　　　　　　　　　　　　442
オキサホスフェタン(oxaphosphetane)　242
オキシ水銀化(oxymercuration)　454
オキシトシン(oxytocin)　569
オキシム(oxime)　233, 236, 475
オキシラン(oxirane)　356, 439
オキセタン(oxetane)　439
　　──の ^{1}H NMR スペクトル　296
3-オキソエステル　→　β-ケトエステル
オキソニウムイオン(oxonium ion)　111,
　　　119, 165, 228, 229, 236, 343, 478, 479
3-オキソブタン酸エチル　→　アセト酢酸エ
　　　　　　　　　　　　　　　　　チル
2-オキソプロパン酸　→　ピルビン酸
オキソラン(oxolane)　439
オクタデカン酸　→　ステアリン酸
cis-9-オクタデセン酸アミド　5
オクタン(octane)　20, 31
オクチル基(octyl group)　20
桶形配座(bath tub form)　155
オセルタミビル(oseltamivir)　8, 39
オゾン(ozone)　453, 558
オゾン分解(ozonolysis)　428, 453
　　アルケンの──　453
オブリボン(oblivon)　542
オフロキサシン(ofloxacin)　532
親イオン　45
Olah, George　338

オルト(*ortho*)　33, 484
オルトエステル(orthoester)　252
オルトギ酸トリメチル　252
オルト-パラ選択性　495
オルト-パラ置換体　577
オルト-パラ配向性(ortho, para-directing)
　　　　　　　　　　　　　　　　　492
オルトリチオ化(ortholithiation)　578, 579
オレアン(olean)　5
オレフィン(olefin)　→　アルケン
折れ曲がり形配座(puckered conformation)
　　　　　　　　　　　　　　　　　376
温　度
　　──と平衡定数　253

か　行

回転軸(axis of rotation)　325
回転障壁(rotational barrier)　369
回転対称性
　　2 回──　325
過塩素酸(perchloric acid)　171
化学イオン化法(chemical ionization)　46
化学シフト(chemical shift)　52, 277, 416,
　　　　　　　　　　　　　　431〜433
化学シフト(^{1}H NMR)　58, 276, 280, 281
　　──と電気陰性度　276, 277
　　──に対する電子求引基の効果　284
　　──に対する電子供与基の効果　284
　　──の変化値(^{1}H NMR)　433
　　アミド水素の──　288
　　シクロヘキセンの──　285
　　脂肪族アルデヒドの──　286
　　ピロールの──　288
　　ベンゼンの──　285
　　芳香族アルデヒドの──　286
　　メチル基の──　277, 278, 431, 432
　　メチレン基の──　279, 432
　　メチン基の──　279, 433
化学シフト(^{13}C NMR)　54, 416
　　カルボカチオンの──　339
　　カルボニル基の──　416〜418
化学反応　107
可逆性(reversibility, 反応の)　245
架橋環(bridged ring)　442
架橋環化合物(bridged compound)　679
殻(shell)　83
核磁気共鳴　49, 51
核磁気共鳴分光法(nuclear magnetic reso-
　　nance spectroscopy)　→　NMR 分光法
核スピン　→　スピン
重なり形配座(eclipsed conformation)　369
　　エタンの──　370
　　プロパンの──　371
過酸(peracid, peroxy acid)　439, 558
過酸化水素　525
　　──によるエポキシ化　526
過酸化ベンゾイル(benzoyl peroxide)　587
加水素分解　→　水素化分解
加水分解(hydrolysis)　211
　　アミドの──　214, 215
　　ニトリルの──　215
ガストリン(gastrin)　572

加成性　280, 421
硬い求核剤(hard nucleophile)　361, 519,
　　　　　　　　　　　　　　　　　608
片羽矢印　115, 587
カチオン中間体　486, 487
活性化エネルギー(activation energy)　106,
　　　　　　　　　　　　　　　107, 255
Cannizzaro 反応(Cannizzaro reaction)　164,
　　　　　　　　　　　　　　　　　644
Karplus の式　423
過マンガン酸カリウム　560
α-カミグレン(α-chamigrene)　624
過ヨウ素酸開裂　452
過ヨウ素酸ナトリウム　452
加溶媒分解(solvolysis)　342
カリステフィン(callistephin)　508
カリチェアミシン(calicheamicin)　26
過ルテニウム酸テトラプロピルアンモニウム
　　(tetrapropylammonium perruthenate)
　　　　　　　　　　　　　　　　　559
カルバミン酸エステル(carbamate)　279,
　　　　　　　　　　　　　　　　　571
カルベオール(carveol)　195
カルボアニオン(carbanion)　185, 188
カルボカチオン(carbocation)　395, 613
　　──の安定性　338, 342, 343
カルボキシ基(carboxy group)　14, 28
カルボニルオキシド(carbonyl oxide)　453
カルボニル化合物(carbonyl compound)　417
　　──のエノール化　464
　　──の求核剤に対する反応性　542
　　──の求電子性　208
　　──の非局在化　208
　　──への求核攻撃　601
　　──への求電子攻撃　601
　　エノール化できない──　646
カルボニル基(carbonyl group)　27, 100, 123
　　──の還元　543
　　──の還元剤　548
　　──の軌道　101
　　──の除去　553
　　──の伸縮振動　419〜421
　　──の赤外吸収に対する置換基の効果
　　　　　　　　　　　　　　　　　421
　　──の赤外スペクトル　418
　　──の ^{13}C NMR 化学シフト　416
　　──の反応性　210
　　──への求核付加　123, 136
　　──への直接付加　519
カルボニル置換反応
　　──の触媒作用　266
カルボン(carvone)　195
カルボン酸(carboxylic acid)　28, 190
　　──のアシル化　678
　　──のアルキル化　607
　　──のアルコールへの還元　545
　　──の互変異性　460, 468
　　──の水素結合　65
　　──の有機金属化合物と二酸化炭素からの
　　　　　　　　　　　　　　　生成　190
カルボン酸イオン　151
カルボン酸誘導体　200
　　──の相互変換　200
　　──の ^{13}C NMR　417
　　──の反応性　208

β-カロテン (β-carotene) 23, 143
環 15
Cahn-Ingold-Prelog の規則 313
環員数
　——とひずみ 373
環化 (annulation) 663
還元 (reduction)
　アミドの—— 544, 547
　アルキンの—— 550
　アルケンの—— 549
　アルデヒドの—— 543
　エステルの—— 544, 546
　カルボニル基の—— 543
　カルボン酸の—— 545
　ケトンの—— 543
　ニトリルの—— 547
　ニトロ基の—— 552
　α,β-不飽和カルボニル化合物の—— 550
　ベンゼンの—— 550
　ラクトンの—— 547
還元剤 543
　カルボニル基の—— 548
還元的アミノ化 (reductive amination) 164, 238, 240, 551
換算質量 (reduced mass) 62
環状アセタール 230, 252
環状ケトン
　——のひずみ 420
環状ヘミアセタール 133, 134, 547
環電流
　ベンゼンの—— 282
カンドキサトリル (candoxatril) 39
官能基 (functional group) 14, 25, 39
　——と酸化度 30
官能基選択性 (chemoselectivity) 541, 542, 577
　ジアニオンの反応における—— 562
　速度支配の—— 560
　熱力学支配の—— 561
環反転 (ring inversion)
　シクロヘキサンの—— 379
　cis-デカリンの—— 385
環ひずみ (ring strain) 356, 373
慣用名 (trivial name) 31, 34
擬エクアトリアル (pseudoequatorial) 383
幾何異性体 (geometrical isomer) → シス-トランス異性体
菊酸 (chrysanthemic acid)
　——の NMR スペクトル 297
ギ酸エステル 286, 669
キシレン (xylene) 363
キシロース (xylose) 321
寄生平衡 (parasitic equilibrium) 641
気体定数 (gas constant) 248
軌道
　——の位相 83
　——の重なり 108
軌道相互作用 (orbital interaction) 106, 107
キニーネ (quinine) 2
キノリン (quinoline) 551
Gibbs, J. W. 247
Gibbs エネルギー (Gibbs energy, 反応の) 247
　——と平衡定数 248, 249

逆位相 (out-phase) 84
キャッサバ 126
求核攻撃 (nucleophilic attack) 601
　シアン化物イオンの—— 125
　ヒドリドの—— 127
求核剤 (nucleophile) 107, 110, 111, 333, 437, 519
　——とハロゲン化アルキルの反応 411
　——に対する反応性 542
　——の反応性 (S_N2 反応の) 360
　——の分類 520
　S_N1 反応の—— 357
　S_N2 反応の—— 358
　共役付加をする—— 513
　酸素—— 335
　σ 結合—— 111
　C=C 結合—— 111
　非共有電子対をもつ—— 110
　負電荷をもつ—— 110
求核種 → 求核剤
求核触媒 (nucleophilic catalyst) 201, 363
求核性 (nucleophilicity) 360
　——と塩基性 390
　——と pK_a 207
求核置換反応 (nucleophilic substitution reaction)
　——における基質の構造 350
　——の脱離基 351
　——の反応速度 351
　アルコールの—— 352
　カルボニル基での—— 199
求核的エポキシ化 (nucleophilic epoxidation) 525, 526, 538
求核付加反応 (nucleophilic addition reaction)
　カルボニル基への—— 123, 136
求電子攻撃 (electrophilic attack) 601
求電子剤 (electrophile) 107, 110, 111, 437
　空の原子軌道をもつ—— 111
　極性結合をもつ—— 112, 113
求電子種 → 求電子剤
求電子性 (electrophilicity) 674
求電子置換反応 (electrophilic substitution reaction) 484
　ベンゼンの—— 486, 490
求電子付加反応 (electrophilic addition reaction) 438
　アルケンへの—— 448〜450, 486
　H–Br の—— 442
吸熱反応 (endothermic reaction) 251
キュバン (cubane) 429
鏡像異性体 → エナンチオマー
鏡像異性的に純粋 (enantiomerically pure) 313
鏡像体 → エナンチオマー
橋頭位炭素 663
共沸混合物 (azeotrope) 232
共鳴 (resonance) → 核磁気共鳴
共鳴 (resonance) 141, 142 (→ 非局在化)
　——の矢印 172, 271
共鳴効果 → 共役効果
共鳴周波数 (核の) 51
共役 (conjugation) 139, 142〜144, 176, 513
　——とカルボニル基の伸縮振動 419
共役塩基 (conjugate base) 167, 407
　——と酸 169

共役系 (conjugated system) 143
共役効果 (conjugative effect) 132
共役酸 (conjugate acid) 167
共役ジエン (conjugated diene) 444
　——への求電子攻撃 595
共役置換反応 (conjugate substitution reaction) 524, 538
共役付加 (conjugate addition) 512, 515, 517, 538, 541, 597, 626
　——と直接付加の比較 522
　——と熱力学支配生成物 598
　——と分子軌道 514
　——をする求核剤 513
　——を制御する因子 522
　エナミンの—— 629
　エノラートの—— 625
　エノールシリルエーテルの—— 629
　エノンへの—— 623
　1,3-ジカルボニル化合物の—— 626
　炭素–炭素二重結合への—— 511
　ニトロ化合物の—— 633
共役リノール酸 (conjugated linoleic acid) 5, 6
極限構造 → 局在化した構造
局在化した構造 141
局所磁場 52
極性溶媒 (polar solvent) 260
キラリティー (chirality) 308
　——と対称面 309
キラル (chiral) 308
キラルクロマトグラフィー 331
キラル中心 (chiral center, chirality center) 308, 311, 312
　——のないキラルな化合物 324
　——の立体配置 313
Gilman 反応剤 (Gilman reagent) 595
キレート (chelate) 222
キレート化 (chelation) 222
ギンゲロール (gingerol) 660
金属交換反応 (transmetalation, transmetallation) 188, 189, 521
均等開裂 → ホモリシス
グアニジニウムイオン
　——の pK_a 179
グアニジン (guanidine) 175, 525
Knoevenagel 反応 (Knoevenagel reaction) 653
Claisen エステル縮合 (Claisen ester condensation) 666
Claisen 縮合 (Claisen condensation) 607, 666
　——とアルドール反応 665
　ケトンとエステルとの—— 671
　交差—— 670
　分子内交差—— 678, 679
Claisen 転位 (Claisen rearrangement) 591
グラファイト (graphite) 77
Krapcho 脱炭酸 (Krapcho decarboxylation) 617
Crafts, James 489
グランジソール (grandisol) 23
グリコール → エチレングリコール
グリシン (glycine) 14, 570
グリセリン 15

グリセルアルデヒド　316
Grignard, Victor　131, 184
Grignard 反応剤(Grignard reagent)　130, 185, 218
　　——の調製　186
グリベック(Glivec) → イマチニブ
グルコシド(glucoside)　126
グルコース(glucose)　134, 231
グルタチオン(glutathione)　520
グルタミン(glutamine)　570
グルタミン酸(glutamic acid)　570
Clemmensen 還元(Clemmensen reduction)　555
クロム　194
クロム酸(chromic acid)　194, 558
クロラミン(chloramine)　438
クロラール(chloral) → トリクロロアセトアルデヒド
m-クロロ過安息香酸(m-chloroperoxybenzoic acid)　439, 440, 526
クロロクロム酸ピリジニウム(pyridinium chlorochromate)　36, 194, 559
クロロシクロヘキサン　403
クロロスルホン化　497
クロロトリメチルシラン　476, 614
クロロフィル(chlorophyll)　147
クロロベンゼン(chlorobenzene)
　　——のジニトロ化　528
クロロメチルメチルエーテル　342
クロロ硫酸　497

係数(coefficient, 軌道の)　145
系統的命名法(systematic nomenclature)　31
系統名　31
ケイ皮酸メチル(methyl cinnamate)　625
Kekulé, August　21, 140
Kekulé 構造(Kekulé structure)
　ベンゼンの——　140, 485
結合
　　——と pK_a　171
　　——の強さと反応性　208
結合回転
　かご形構造の——　278
　ジメチルアセトアミドの——　260
結合次数(bond order)　88
結合性 σ(分子)軌道(bonding σ orbital)　89
結合性 π(分子)軌道(bonding π orbital)　90, 124, 140
　求核剤の——　111
結合性(分子)軌道〔bonding (molecular) orbital〕　85, 140
結合定数(coupling constant)　292
　　——を決める要因　299
　ビニル基の——　304
ケテン(ketene)　410, 427, 428, 464
ケテンアセタール(ketene acetal)　394, 630
ケテンシリルアセタール(ketene silyl acetal)　630, 655, 678
β-ケトエステル　668, 672
　　——の合成　673
ケト形　460
ケトース(ketose)　321

ケトン(ketone)　27, 125
　　——とエステルとの Claisen 縮合　671
　　——と有機金属化合物との反応　192
　　——のアシル化　676, 677
　　——のアルキル化　606, 618, 635
　　——のアルコールへの還元　543
　　——のアルドール反応　658
　　——の NMR スペクトル　417
　　——のエノール化　464
　　——の合成　218
　　——の重水素化　483
　　——の臭素化　471
　　環状——のひずみ　420
けん(鹸)化(saponification)　213
原子間力顕微鏡(atomic force microscope)　78
原子軌道(atomic orbital)　80, 84
　求電子剤の空の——　112
原子軌道線形結合(linear combination of atomic orbitals)　84
原子吸光分析法(atomic absorption spectroscopy)　81
原子指定の巻矢印(atom-specific curly arrow)　116
原子発光スペクトル　78

光学分割(optical resolution) → 分割
交差アルドール縮合反応　642
交差アルドール反応(crossed aldol reaction)　643, 653
　アセトアルデヒドとホルムアルデヒドの——　643
交差エステル縮合　669
交差 Claisen 縮合　670
交差縮合(cross-condensation)　642
構造(structure)　105
構造異性体(constitutional isomer)　311
高度不飽和脂肪　28
高分解能質量分析(high-resolution mass spectrometry)　49
五塩化リン　216, 217
コカイン(cocain)　5
国際純正・応用化学連合(International Union of Pure and Applied Chemistry) → IUPAC
ゴーシュ(gauche) → シンクリナル
コデイン(codeine)　163
コプロスタノール(coprostanol)　385
互変異性(tautomerism)　460, 467, 468
互変異性体(tautomer)　460, 654
Corey, E. J.　396
孤立電子対(lone pair, lone pair of electrons) → 非共有電子対
Collins 反応剤(Collins' reagent)　194
コルヒチン(colchicine)　161, 508
Kolbe-Schmitt 反応(Kolbe-Schmitt process)　493
コレスタノール(cholestanol)　385
混合酸無水物　205
混成(hybridization)　96
混成軌道(hybrid orbital)　96
　sp——　98
　sp^2——　97
　sp^3——　96
コンホマー(conformer) → 配座異性体

さ　行

最高被占(分子)軌道(highest occupied molecular orbital)　109
Saytsev 則(Saytsev's rule)　406
最低空(分子)軌道(lowest unoccupied molecular orbital)　109
酢酸(acetic acid)　166, 167
　　——の NMR スペクトル　57, 274
酢酸イオン　167
酢酸エチル
　　——の自己縮合　667
酢酸水銀(Ⅱ)　454
左旋性異性体(levoratatory enantiomer) → (－)体
サッカリン(saccharin)　8, 498, 560, 598
サリチル酸(salicylic acid)　493
サルファ剤(sulfa drug)　580
サルブタモール(salbutamol)　567
サルメファモール(salmefamol)　543, 552
酸(acid)　135, 165
　　——と共役塩基　169
　　——の強さ　171
酸塩化物(acyl chloride, acid chloride)　28, 200
　　——とアルコールの反応　200
　　——のアルデヒドへの還元　551
　　——のエノール化　464
　　——の合成　216
　　——の反応速度　262
　　——を用いるアシル化　675
酸塩基抽出　164
酸化(oxidation)
　アルコールの——　194, 558〜560
　アルデヒドの——　560
酸化クロム　194
酸化剤　195, 558
酸化状態(oxidation state)　29
酸化的挿入(oxidative insertion)　185, 190
酸化的付加(oxidative addition)　185
酸化度(oxidation level)　29, 192
　　——と官能基　30
三次反応(third-order reaction)　265
三重結合(triple bond)　188
　　——の安定性と酸性度　188
三重線(triplet)　294
三重の三重線　423
酸触媒　210, 228
　　——によるアルデヒドのエノール化　462
　　——によるヘミアセタールからのアセタール生成　228
　　——を用いるエステル生成反応　210
酸触媒アルドール反応　639
酸性度　165
　三重結合の安定性と——　188
　溶媒の——　170
酸素アシル化　667
酸素求核剤
　S_N2 反応の——　335
酸素酸　177
ザンタック → ラニチジン
三中心四電子構造　462

索引

酸無水物
　　——とアルコールの反応　200

di-(ジ)　33
CI → 化学イオン化法
CIP の規則 → Cahn-Ingold-Prelog の規則
1,3-ジアキシアル相互作用(1,3-diaxial interaction)　380
1,8-ジアザビシクロ[5.4.0]-7-ウンデセン　175, 394
ジアステレオ異性体(diastereoisomer) → ジアステレオマー
ジアステレオマー(diastereomer)　317, 319
　　——塩を使う光学分割　329
　　——とエナンチオマーの変換　319
ジアセチレン → 1,3-ブタジイン
ジアゼパム(diazepam)　331
ジアゾ化(diazotization)　257, 533〜536
ジアゾ基(diazo group)　507
ジアゾナミド A(diazonamide A)　43
ジアゾニウム塩(diazonium salt)　532〜535, 582
ジアゾニウム化合物　532
ジアゾメタン(diazomethane)　354
ジアニオン　621, 644, 654
　　——の反応性　562, 608
シアノエチル化反応(cyanoethylation)　523
シアノ基(cyano group)　28
シアノヒドリン(cyanohydrin)　125, 126, 136, 137, 216
　　——の生成　126, 517
4,6-ジアミノピリミジン
　　——の ^{1}H NMR　290
ジアリルジスルフィド　35
シアン化物　28, 513 (→ ニトリル)
シアン化物イオン　123, 124
　　——の軌道　126
　　——の求核攻撃　125
　　脱離基としての——　126
ジエチルアセタール
　　——の ^{1}H NMR スペクトル　296
ジエチルエーテル　26, 185, 259
四エチル鉛 → テトラエチル鉛
^{13}C NMR → ^{13}C(たんそ 13)NMR
CFC-113　29
ジェミナルスピン結合(geminal coupling)　303, 305
CLA → 共役リノール酸
ジエン(diene)
　　——のエポキシ化　444
　　——の合成　393
　　——の臭素化　444
ジオキサン(dioxane)　185
ジオキソラン(dioxolane)　231, 439, 563
ジオール(diol)　451
紫外-可視スペクトル　146
1,3-ジカルボニル化合物　467, 614, 648, 653
　　——のアルキル化　614
　　——のエノラート　614
　　——の共役付加　626
　　——の交差アルドール反応　653
β-ジカルボニル化合物 → 1,3-ジカルボニル化合物
磁気共鳴画像法(magnetic resonance imaging)　50

σ 軌道(σ orbital)　89
σ* 軌道(σ* orbital)　89
　　求電子剤の——　113
σ 共役(σ conjugation)　495
σ 結合(σ bond)　89, 140
　　求核剤としての——　117
　　求核剤の——　111
シクロアルカン　22
シクロオクタテトラエン(cyclooctatetraene)　155
　　——のジカチオンとジアニオン　156
　　——の水素化熱　155
シクロオクタン(cyclooctane)　31
シクロデカ-1,6-ジオン　661
シクロデカン(cyclodecane)　31
シクロテン(cyclotene)　7, 8
シクロノナン(cyclononane)　31
シクロファン(cyclophane)　282
ジクロフェナク(diclofenac)　46
シクロブタジエン(cyclobutadiene)　429
シクロブタン(cyclobutane)　31
　　——の立体配座　376
シクロプロパノン(cyclopropanone)　133
シクロプロパン(cyclopropane)　31
シクロヘキサン(cyclohexane)　31, 376
　　——のいす形配座　376
　　——の NMR スペクトル　58
　　——の書き方　378
　　——の舟形配座　377
　　——誘導体の E2 反応　403
　　置換——　380
シクロヘキサン環の反転　379
1,4-シクロヘキサンジオール　382
シクロヘキセノン(cyclohexenone)
　　——の ^{1}H NMR スペクトル　298
シクロヘキセン(cyclohexene)
　　——の化学シフト　285
　　——の臭素化　486
　　——への求電子攻撃　485
シクロヘプタン(cycloheptane)　31
シクロペンタジエニドイオン → シクロペンタジエニルアニオン
シクロペンタジエニルアニオン　160, 408
シクロペンタジエン(cyclopentadiene)
　　——の二量化　253
　　——への HCl の付加　595
シクロペンタノン(cyclopentanone)
　　——の縮合　640
シクロペンタン(cyclopentane)　31
　　——の立体配座　376
シクロペンテノン(cyclopentenone)　625
ジクロロケテン　465
2,4-ジクロロフェノキシ酢酸(2,4-dichlorophenoxyacetic acid)　492
ジケテン　428
ジケトピペラジン(diketopiperazine)　326, 568
ジケトン
　　——の環化反応　661
　　——の合成　634
自己縮合(self-condensation)　642
四酸化オスミウム　451, 558
ジシロキサン(disiloxane)　480
シス(cis)　102
システイン(cysteine)　570

シス-トランス
　　——アルケン　398
シス-トランス異性体(cis-trans isomer)　311, 316
ジスパルア(disparlure)　4
シス付加 → シン付加
ジチオアセタール(dithioacetal)　230
Schiff 塩基(Schiff base)　239
質量分析法(mass spectrometry)　41, 44
シトシン(cytosine)
　　——の ^{1}H NMR スペクトル　290
ジニトロ化
　　クロロベンゼンの——　528
2,4-ジニトロフェニルヒドラジン　528
1,4-ジニトロベンゼン　286
Cbz → ベンジルオキシカルボニル
ジヒドロキシル化(dihydroxylation)　451
ジヒドロピラン(dihydropyran)　479, 565
cis-1,4-ジ-t-ブチルシクロヘキサン　383
ジブロモ化合物
　　——の求核置換反応　596
　　——の合成　589
シペルメトリン(cypermethrin)　15, 125
脂肪酸(fatty acid)　15, 549
脂肪族(aliphatic)　286
シメチジン(cimetidine)　178, 180, 525
ジメチルアセトアミド(dimethylacetamide)
　　——の結合回転　260
ジメチルジオキシラン(dimethyldioxirane)　441
5,5-ジメチルシクロヘキサン-1,3-ジオン → ジメドン
ジメチルスルホキシド(dimethylsulfoxide)　36, 55, 477, 536
3,3-ジメチル-2-ブタノン　640
ジメチルホルムアミド(dimethylformamide)　36, 153, 222
ジメトキシエタン　185
1,4-ジメトキシシクロヘキサン　382
ジメドン(dimedone)　459
　　——のエノール形の互変異性　468
　　——の ^{1}H NMR スペクトル　459
四面体炭素(tetrahedral carbon)　333
四面体中間体(tetrahedral intermediate)　202, 203, 225
　　——の安定性　221
　　——の生成　210
　　——の分解　210
指紋領域(fingerprint region)　64
cis-ジャスモン(cis-jasmone)　2, 562
遮蔽化(shielding)　52
ジャポニルア(japonilure)　4
自由エネルギー(free energy, 反応の) → Gibbs エネルギー
臭化アリル　150, 345
臭化アルキル
　　——の合成　442
臭化 t-ブチル
　　——の脱離反応　390
臭化物　513
臭化物移動(bromide shift)　596
臭化プレニル(prenyl bromide)　341, 444, 590, 591
臭化メチルトリフェニルホスホニウム　424
シュウ酸エステル　669

重　水　288
重水素化(deuteration)　483
重水素化溶媒　276
臭素化(bromination)　437, 490
　アルケンの——　445, 447, 449, 472
　エノールの——　472
　ケトンの——　471
　ジエンの——　444
　シクロヘキセンの——　486
　トルエンの——　495
　フェノールの——　490
　ベンゼンの——　486
　メタノール中でのアルケンの——　445
臭素ラジカル　587, 588
縮合(condensation)　640
縮合環(fused ring)　442
縮合環化合物(fused compound)　679
縮重　→　縮退
縮退(degeneracy)　90, 157
酒石酸(tartaric acid)　321
小員環化合物
　——の ^{1}H NMR の化学シフト　421
触媒(catalyst)　258
触媒作用(catalysis)
　カルボニル置換反応の——　266
Schotten-Baumann 合成(Schotten-Baumann synthesis)
　アミドの——　206
Jones 酸化(Jones oxidation)　558
シリカ　330
シリルエーテル(silyl ether)　564
シン(syn)　323
シンクリナル(synclinal)　371
シン-ジヒドロキシル化　451
伸縮振動(stretching vibration)　61, 63
　カルボニル基の——　420
振動数(frequency)　62
シントシノン(Syntocinon)　569
シン付加　452, 485
シンペリプラナー(syn-periplanar)　371, 401

水酸化物イオン(hydroxide ion)　167
水酸化ベンジルトリメチルアンモニウム　634
水素化(hydrogenation)　155
　ブテンの——　246
水素化アルミニウム　→　アラン
水素化アルミニウムリチウム(lithium aluminium hydride)　129, 219, 240, 543, 544
水素化シアノホウ素ナトリウム(sodium cyanoborohydride)　238, 548
水素化ジイソブチルアルミニウム(diiso-butylaluminium hydride)　24, 36, 546, 547
水素化トリアセトキシホウ素ナトリウム　238
水素化トリエチルホウ素リチウム　553
水素化ナトリウム　127
水素化熱(heat of hydrogenation)　155
水素化物イオン　→　ヒドリド
水素化分解(hydrogenolysis)　552
水素化ホウ素カリウム　553
水素化ホウ素ナトリウム　128, 519, 543
水素化ホウ素リチウム　544

水素結合(hydrogen bond)　65
水和(hydration)　131
　アルキンの——　454
　アルケンの——　453
　アルデヒドの——　131, 248
　ケトンの——　131
水和物　131
鈴木　章　189
スタチン(statin)　9
スチルベン(stilbene)　440
スチルベンオキシド(stilbene oxide)　440
ステアリン酸(stearic acid)　213
ステレオジェン中心　→　キラル中心
ステロイド(steroid)　384
　——骨格　664
Stork, Gilbert　659
ストリキニーネ(strychnine)　22, 35
Strecker 合成　241, 312
スピロエポキシド　→　オキサスピロペンタン
スピロ化合物(spiro compound)　324, 442, 679
スピン(spin)　50
スピン結合(spin coupling)　290, 423〜425
　遠隔——　300, 305
　ジェミナル——　303, 305
　W 形——　300
　メタ——　300
スピン結合定数　→　結合定数
スペクトル解析法　→　分光法
スルファニルアミド　580
スルファピリジン(sulfapyridine)　580
スルフェニル化(sulfenylation)　480
スルフェン(sulfene)　411
スルホ基　488
スルホキシド(sulfoxide)　560
スルホン化(sulfonation)　490, 579
　トルエンの——　496
　ベンゼンの——　488
スルホン化剤　579
スルホン酸(sulfonic acid)　488
　——イオン　348
　——エステル　348, 353
　—— の pK_a　172
Swern 酸化(Swern oxidation)　560

静電引力　106
静電相互作用(electrostatic interaction)　107
精密質量　48
　元素の——　49
赤外吸収
　——とひずみ　420
赤外スペクトル　61
　——の三重結合領域　67
　——の単結合領域　67
　——の二重結合領域　67
　——の波数領域　63
　カルボニル基の——　418
赤外分光法(infrared spectroscopy)　41, 61, 418
石炭酸(carbolic acid)　→　フェノール
積分(値)
　シグナル強度の——　274
節(node)　79
接触水素化(catalytic hydrogenation)　548
　——に対する反応性　553

——を用いる還元的アミノ化　551
絶対配置(absolute configuration)　319
絶対立体化学(absolute stereochemistry)　→
　　　　　　　　　　　　　　　絶対配置
Z　→　ベンジルオキシカルボニル
セドロール(cedrol)　396
セプタマイシン(septamycin)　220
セミカルバゾン(semicarbazone)　235, 236
セリコルニン(serricornin)　4
セリン(serine)　570
K-Selectride　623
L-Selectride　623
遷移状態(transition state)　255, 256, 258, 344
　S_N2 反応の——　344
旋光度　315
旋光分析(polarimetry)　314
選択性(selectivity)　541

相間移動触媒(phase transfer catalyst)　603
双極子(dipole)　106
双極子モーメント(dipole moment)　69
双性イオン(zwitterion)　167
相対的安定性(relative stability, 化合物の)　245
相対配置(relative configuration)　318
相対立体化学(relative stereochemistry)　→
　　　　　　　　　　　　　　　相対配置
速度式(rate equation)　262
速度支配(kinetic control)　268, 517
　——でのエノラート生成　620
速度支配エノラート(kinetic enolate)　621, 659
速度支配生成物(kinetic product)　270, 517
　——と直接付加　598
速度定数(rate constant)　262, 266
速度論(kinetics)　254

た　行

対称軸(axis of symmetry)　→　回転軸
対称心(center of symmetry)　326
対称伸縮　65
対称性(symmetry)　309
C_2 対称性　→　回転対称性
対称面　309
　——とキラリティー　309
DIBAL　→　水素化ジイソブチルアルミニウム
DIBALH　→　水素化ジイソブチルアルミニウム
ダイヤモンド　77
ダウノルビシン(daunorubicin)　455
タガメット(Tagamet)　→　シメチジン
多重アルキル化　603
多段階反応機構　119
多置換アルケン
　——の位置選択的生成　400
脱炭酸(decarboxylation)　616
　アセト酢酸エステルの——　616
Krapcho　617
　マロン酸エステルの——　616
脱離(elimination)　389
　——と置換　392, 411

脱離基（leaving group） 126, 199, 200, 210, 333, 396
　　——の立体配座　385
　　求核置換反応の——　351
　　芳香族求核置換反応の——　530
脱離能（leaving group ability）　202
　　——と pK_a　204, 207
脱離反応（elimination reaction）
　　——と塩基性　391
　　——の位置選択性　406, 584
　　臭化 t-ブチルの——　390
脱離-付加機構（elimination-addition mechanism）　536, 538
タノマスタット（tanomastat）　600
ダプソン（dapsone）　137, 243
W 形スピン結合（W-coupling）　300
ダマセノン（damascenone）　4
タミフル（Tamiflu）→ オセルタミビル
タモキシフェン（tamoxifen）　399
Darzens 反応（Darzens reaction）　665
ダルボン（Darvon）　330
単一線（singlet）　290
炭化水素骨格（hydrocarbon framework）　15
　　——の名称　31
炭酸エステル　669
炭水化物 → 糖質
炭素アシル化　665, 667
　　位置制御——　674
^{13}C NMR　54, 55, 416
　　——の化学シフト　54, 416
　　——のスピン結合　424
炭素環　21
炭素求核剤　594
炭素骨格（carbon skeleton）　337
炭素鎖
　　——の名称　20
炭素酸（carbon acid）　177
タンデム反応（tandem reaction）　624
単分子求核置換反応（unimolecular nucleophilic substitution reaction）→ S_N1 反応
単分子反応（unimolecular reaction）　263

チオアセタール（thioacetal）　553
チオフェノール（thiophenol）　519
チオフェン（thiophene）　598
チオラートイオン（thiolate ion）　359
チオール（thiol）　3, 513, 519, 520
　　——の共役付加　520
力の定数（force constant）　62
置換基（substituent）
　　——の化学シフトへの影響　283
　　——の pK_a への影響　175
　　芳香族求電子置換における——の効果　491〜504
置換シクロヘキサン　380
置換反応（substitution reaction）　200
　　——と脱離　392, 411
　　——における求核剤の反応性　361
　　カルボン酸の——　209, 210
窒素求核剤　358
窒素酸　177
窒素則（nitrogen rule）　49
チモキサミン（thymoxamine）　534
中間体（intermediate）　257, 258

カチオン——　486, 487
超強酸（superacid）　150, 496
直接付加（direct addition）　512, 517, 541, 597, 626
　　——と共役付加　521
　　——と速度支配生成物　598
　　カルボニル基への——　511, 519
チロキシン（thyroxine）　508
チロシン（tyrosine）　570
つっかい効果（buttressing effect）　583
つなぎ（tether）　583
翼形配座（wing-shaped conformation）→ 折れ曲がり形配座
釣り針矢印 → 片羽矢印

D　316
2,4-D → 2,4-ジクロロフェノキシ酢酸
DIBAL → 水素化ジイソブチルアルミニウム
DEAD → アゾジカルボン酸ジエチル
TS → 遷移状態
TsOH → p-トルエンスルホン酸
TsCl → 塩化 p-トルエンスルホニル
THF → テトラヒドロフラン
DHP → ジヒドロピラン
THP → テトラヒドロピラン, テトラヒドロピラニル
THP エーテル　565
DNA ポリメラーゼ　520
TNT → 2,4,6-トリニトロトルエン
TFA → トリフルオロ酢酸
DME → ジメトキシエタン
DMA → ジメチルアセトアミド
TMS → テトラメチルシラン, トリメチルシリル
DMSO → ジメチルスルホキシド
DMF → ジメチルホルムアミド
D/L 表示法　316
低温バス　130
TCP → 2,4,6-トリクロロフェノール
TPAP → 過ルテニウム酸テトラプロピルアンモニウム
TBAF → フッ化テトラブチルアンモニウム
DBE → 不飽和度
TBAF → フッ化テトラブチルアンモニウム
TPAP → 過ルテニウム酸テトラプロピルアンモニウム
TBME → t-ブチルメチルエーテル
TBDMS → t-ブチルジメチルシリル
TBDMSCl → 塩化 t-ブチルジメチルシリル
DBU → 1,8-ジアザビシクロ[5.4.0]-7-ウンデセン
Dean-Stark 装置　232, 250
デオキシダウノルビシン（deoxydaunorubicin）　455
^{1}H デカップリング　426
デカメトリン（decamethrin）　9
デカリン（decalin）　384
　　——の環反転　385, 387
デカン（decane）　20, 31
デシル基（decyl group）　20
Dess-Martin 酸化剤（Dess-Martin periodinane）　559
tetra-（テトラ）　33
テトラエチル鉛　21

テトラキストリフェニルホスフィンパラジウム　10
テトラデカン酸 → ミリスチン酸
テトラヒドロピラニル　479, 565, 566, 575
テトラヒドロピラン（tetrahydropyran）　480
テトラヒドロフラン（tetrahydrofuran）　26, 36, 185, 259
テトラフルオロホウ酸トリメチルオキソニウム → Meerwein 反応剤
テトラヘドラン（tetrahedrane）　429
テトラメチルシラン（tetramethylsilane）　53
テトラリン（tetralin）　160
テトラロン（tetralone）　583
Dewar ベンゼン（Dewar benzene）　140
ΔG → Gibbs エネルギー（反応の）
$\Delta G^{\ddagger}$ → 活性化エネルギー
テレフタル酸（terephthalic acid）　212
電気陰性度（electronegativity）　92, 112
　　——と化学シフト　276, 277
　　——と pK_a　171
　　Pauling の——　184
電子　79
電子求引基
　　——と Birch 還元　556
　　——の化学シフトへの影響　284
　　芳香族求核置換反応の——　531
　　芳香族求電子置換反応の——　498, 500
電子供与基
　　——と Birch 還元　556
　　——の化学シフトへの影響　284
電子効果（electronic effect）　132
　　芳香族求電子置換反応の——　502
電子衝撃法（electron impact）　44
電子スピン共鳴（electron spin resonance）　81
電子密度（軌道の）　83
天然物（natural product）
　　——の構造決定　430
デンプン（starch）　231
同位相（in-phase）　84
同位体　46
同核種スピン結合（homonuclear coupling）　423
糖質　26
等電子的（isoelectronic）　99, 152
特異酸塩基触媒作用（specific acid-base catalysis）　266
トシラート（tosylate）→ トルエンスルホン酸エステル
トシル基（tosyl group）　353
トシル酸 → p-トルエンスルホン酸
トパノール 354（topanol 354）
　　——の ^{1}H NMR スペクトル　59
ドーパミン拮抗薬　634
ドミノ反応（domino reaction）　624
トラマドール（tramadol）　388
トランス（trans）　102
トランス二重結合　549
トランス付加 → アンチ付加
tri-（トリ）　33
トリアゾール（triazole）　9
トリアルキルシリル（trialkylsilyl）　565, 575
トリアルキルボラン（trialkylborane）　456
トリクロロアセトアルデヒド　132

2,4,6-トリクロロフェニルエステル 571
2,4,6-トリクロロフェノール(2,4,6-trichlorophenol) 22, 491
トリチオアセトン(trithioacetone) 3
トリチルカチオン(trityl cation) → トリフェニルメチルカチオン
トリトンB(Triton B) → 水酸化ベンジルトリメチルアンモニウム
2,4,6-トリニトロトルエン(2,4,6-trinitrotoluene) 27, 36, 176
2,4,6-トリニトロフェノール(2,4,6-trinitrophenol) → ピクリン酸
2,3,4-トリヒドロキシペンタン → ペンタン-2,3,4-トリオール
トリフェニルホスフィン(triphenylphosphine) 354
トリフェニルホスフィンオキシド(triphenylphosphine oxide) 242
トリフェニルメチルアニオン(triphenylmethyl anion) 668
トリフェニルメチルカチオン(triphenylmethyl cation) 341
トリフェニルメチルナトリウム 668
トリプトファン(tryptophan) 14, 570
トリフルオロ酢酸(trifluoroacetic acid) 176, 424, 439
トリフルオロメチル基 498
トリブロモアセトン 473
2,4,6-トリブロモフェノール(2,4,6-tribromophenol) 491
トリメチルアンモニオ基 498
トリメチルオキソニウムイオン 477
トリメチルシリル(trimethylsilyl) 565
トリヨードメタン → ヨードホルム
トルエン(toluene) 495
——の化学シフト 495
——の臭素化 495
——のスルホン化 496
——のプロトン化 496
p-トルエンスルホン酸(p-toluenesulfonic acid) 230, 497
p-トルエンスルホン酸エステル 353, 397, 497
トレオニン(threonine) 570

な 行

ナトリウムアミド(sodium amide) 556
ナトリウムフェノキシド(sodium phenoxide) 493
ナフタレン(naphthalene) 160, 485, 580
——の位置選択的な反応 580
——の結合定数 300
——の芳香族求電子置換反応 580
ナプロキセン(naproxen) 329
——の光学分割 330
二環性化合物(bicyclic compound) 679
二クロム酸ピリジニウム(pyridinium dichromate) 194, 559
ニコチン(nicotine) 280
二酸化炭素 190
二次反応(second-order reaction) 263, 334

二重線(doublet) 290, 291
二重ニトロ化 499
二重の三重線 300
二重の二重線 297
ニトラゼパム(nitrazepam) 27
ニトリル(nitrile) 28, 522
——のアルキル化 602
——のアルデヒドへの還元 547
——の加水分解 215
ニトロアルカン 475, 632, 646
——のアルキル化 604
——の共役付加 632
ニトロアルケン 286, 647
——への共役付加 523
ニトロ化(nitration) 487, 490
フェノールの—— 493
ベンゼンの—— 487
p-ニトロ過安息香酸 442
ニトロ化合物(nitro compound) 26
——の共役付加 633
ニトロ基(nitro group) 26, 152, 604
——の還元 547
——の赤外吸収 67
4-ニトロシンナムアルデヒド
——の赤外スペクトル 68
ニトロソアミン(nitrosamine) 533
ニトロソアルカン 475
ニトロソ化(nitrosation)
エノールの—— 474
ニトロソ化合物(nitroso compound) 475
ニトロソ基(nitroso group) 475
ニトロソケトン 475
ニトロナート(nitronate) 646
ニトロニウムイオン(nitronium ion) 487
p-ニトロフェニルエステル 571
ニトロフェノール(nitrophenol) 493
ニトロベンゼン(nitrobenzene)
——の共役 499
——の臭素化 499
ニトロメタン(nitromethane) 646, 647
——の pK_a 177
二分子求核置換反応(bimolecular nucleophilic substitution reaction) → S_N2 反応
二分子脱離(bimolecular elimination) → E1 反応
二分子反応(bimolecular reaction) 263
二面角(dihedral angle) 370
乳酸(lactic acid) 211, 314, 316
乳酸メチル(methyl lactate) 280
Newman 投影式(Newman projection) 370
エタンの—— 370
二量化(dimerization)
シクロペンタジエンの—— 253
ニンヒドリン(ninhydrin) 138

ネキシウム(Nexium) → エソメプラゾール
根岸英一 189
ねじれ角(torsion angle) → 二面角
ねじれ形配座(staggered conformation) 369
エタンの—— 370
プロパンの—— 371
ねじれ舟形配座(twist-boat conformation) 377
熱分解(thermolysis) 253

熱力学支配(thermodynamic control) 268, 517
——でのエノラート生成 618
熱力学支配エノラート(thermodynamic enolate) 621, 661
熱力学支配生成物(thermodynamic product) 270, 517
——と共役付加 598
Nef 反応(Nef reaction) 633
ネロリドール(nerolidol) 194
燃焼熱
直鎖アルカンの—— 374

ノナ-2,8-ジオン 662
ノナン(nonane) 20, 31
ノニル(nonyl) 20
ノブラド(Novrad) 330
野依良治 624

は 行

配位結合(dative bond, coordinate bond) 108
π 軌道(π orbital) 90, 140
π^* 軌道(π^* orbital) 90, 140
π 求核剤 111
π 結合(π bond) 90
求核剤としての—— 116
配座異性体(conformational isomer) 373
Heisenberg の不確定性原理(Heisenberg's uncertainty principle) 80
π 電子系 139
BINAP 324, 325
Pauli の排他原理(Pauli exclusion principle) 81
Perkin, William 2
波数(wavenumber) 62
波数領域
赤外スペクトルの—— 63
パスカルの三角形(Pascal's triangle) 295, 296
旗竿位(flagstaff position) 377
Birch 還元(Birch reduction) 555, 556, 622
アルキンの—— 557
発煙硫酸(oleum) 488
バックミンスターフラーレン(Buckminsterfullerene) → フラーレン
発光スペクトル(原子の) 78
発熱反応(exothermic reaction) 251
波動(wave) 79
波動関数(wavefunction) 80
Barton, Derek H. R. 385
バニリン(vanillin) 8, 417
Hammond の仮説(Hammond postulate) 490
パラ($para$) 33, 484
パラジウム炭素 548
パラセタモール(paracetamol) 28, 493, 542
——の水素結合 66
——の赤外吸収 68
——の赤外スペクトル 66
——の ^{13}C NMR スペクトル 56
パラホルムアルデヒド(paraformaldehyde) 132, 643
パリトキシン(palytoxin) 13

バリン(valine) 570
Parr 触媒還元装置(Parr hydrogenator) 550
Balmer, Johann 79
パルミチン酸(palmitic acid) 213
パレセンシン A(pallescensin A) 675
ハロ → ハロゲン
ハロアルケン(haloalkene)
　——の E2 脱離 404
β-ハロカルボニル化合物 407
ハロゲン(halide) 39
ハロゲン化(halogenation) 471
　酸触媒による—— 473
ハロゲン化アルキル(alkyl halide) 27
　——と求核剤の反応 411
ハロゲン化アルキルマグネシウム →
　　　　　　　　　Grignard 反応剤
ハロゲン化物脱離基(求核置換反応の) 352
　S_N2 反応の—— 336
ハロゲン-金属交換(halogen-metal
　　　　　　　　　exchange) 188, 190
2-ハロ-1-ニトロベンゼン
　——の芳香族求核置換 530
ハロベンゼン(halobenzene) 501
ハロモン(halomon) 10
ハロラクトン化(halolactonization) 584
半いす形配座(half-chair conformation) 379
反結合性 σ*軌道 89
反結合性 π*軌道 89, 124, 140
反結合性(分子)軌道〔antibonding (molecular) orbital〕 85, 140
バンコマイシン(vancomycin) 313
反応(reaction) 105
反応機構(reaction mechanism, mechanism
　　　　　　　　　of the reaction) 107
　——の簡便な記述法 219
反応座標(reaction coordinate) 247, 380
反応性(reactivity) 105
反応速度(reaction rate) 246
　——と溶媒 261
反応速度式 → 速度式
反応中間体(reaction intermediate) → 中間体
反応の Gibbs エネルギー 247
反応矢印 270
反芳香族(antiaromatic) 159
反芳香族性(antiaromaticity) 429

BINAP → BINAP(ばいなっぷ)
i-Pr → イソプロピル基
PET → ポリエチレンテレフタラート
Ph → フェニル基
pH 166
BHT 24, 503
　——の赤外スペクトル 66
　——の ^{13}C NMR スペクトル 56
　——の ^1H NMR スペクトル 287
Bn → ベンジル基
p 軌道(p orbital) 82
引抜反応(abstraction reaction) → ラジカル引抜反応
非共有電子対(unshared electron pair) 18, 91, 106, 110
非局在化(delocalization) 139, 141, 142, 468
　——と pK_a 171
　——の双頭の矢印 141

　——の矢印 142, 172, 271
　アミド基の—— 153
ピクリン酸(picric acid) 176
pK_a 165, 168
　——と求核性 207
　——と結合 171
　——と脱離能 207
　——と電気陰性度 171
　——と非局在化 171
　——と誘起効果 176
　アニリンの—— 174
　アミジンの—— 175
　アミドの—— 175
　アミンの—— 173
　グアニジニウムイオンの—— 179
　酸の—— 170
　スルホン酸の—— 172
　ニトロメタンの—— 177
　ピペリジンの—— 175
　ピリジンの—— 175
　フェノールの—— 172
　水の—— 169
pK_{aH} 174
非結合電子対(non-bonding pair of electrons)
　　　　　　　　　→ 非共有電子対
PCC → クロロクロム酸ピリジニウム
ビシナルスピン結合(vicinal coupling) 299, 305
非遮蔽化(deshielding) 52
ヒスタミン(histamine) 178, 525
ヒスチジン(histidine) 570
非ステロイド系抗炎症薬 329
ビスマルクブラウン(Bismarck Brown) 2
ひずみ
　——と赤外吸収 420
　環状ケトンの—— 420
　環の—— 373
比旋光度(specific rotation) 315
非対称伸縮 65
ビタミン C(vitamin C) 6, 280, 468
PTSA → p-トルエンスルホン酸
PDC → 二クロム酸ピリジニウム
ヒドラジン(hydrazine) 528
ヒドラゾン(hydrazone) 235, 236, 528
ヒドリド(hydride)
　——の求核攻撃 127
ヒドリドイオン → ヒドリド
ヒドリド移動(hydride transfer) 128, 544
ヒドロキシアルデヒド(hydroxy aldehyde) 134
2-ヒドロキシ安息香酸 → サリチル酸
ヒドロキシ基(hydroxy group) 26
3-ヒドロキシブタナール → アルドール
ヒドロキシルアミン(hydroxylamine amide) 232, 236
ヒドロキソニウムイオン(hydroxonium ion)
　　　　　　　　　→ オキソニウムイオン
ヒドロニウムイオン(hydronium ion) →
　　　　　　　　　オキソニウムイオン
ヒドロペルオキシド(hydroperoxide) 456, 525
ヒドロホウ素化(hydroboration) 455, 586
ビニルアルコール(vinyl alcohol)
　——の合成 466
ビニル基(vinyl group) 34, 39

　——の結合定数 304
ビニルケトン 630
ビニル類縁体(vinylogous amide) 524
ビバラン(vivalan) 634
9-BBN → 9-ボラビシクロノナン
PVC → ポリ塩化ビニル
非プロトン性極性溶媒(polar aprotic solvent) 260
ピペリジン(piperidine) 610, 645
　——の pK_a 175
ビペリデン(biperiden) 197
ヒマルチェン(himalchene) 655
Hughes, Edward David 334
Hückel 則(Hückel's rule) 159
Bürgi-Dunitz 軌跡(Bürgi-Dunitz trajectory)
　　　　　　　　　→ Bürgi-Dunitz の攻撃角度
Bürgi-Dunitz の攻撃角度(Bürgi-Dunitz angle) 127
ピラン(pyran) 479
ピリジン(pyridine) 160, 201, 286, 287
　——の pK_a 175
ピリドキサミン(pyridoxamine) 239
ピルビン酸(pyruvic acid) 232, 239
ピレトリン(pyrethrin) 9, 22
ピロキシカム(piroxicam) 468
ピロリジン(pyrrolidine) 610, 645
　——のエナミン 629
ピロール(pyrrole) 160, 430
　——の化学シフト 288
ピロン(pyrone) 479

Feist 酸(Feist's acid) 325
ファルネソール(farnesol) 187
不安定中間体(unstable intermediate) 200
　——の検出 427
フィアルリジン(fialuridine) 10
Fischer 投影式(Fischer projection) 322
封筒形配座(envelope conformation) 376
フェナリモル(fenarimol) 191
フェニルアミン → アニリン
フェニルアラニン(phenylalanine) 14, 570
　——の CH_2 シグナル 279
フェニル基(phenyl group) 21, 34, 39
フェニルヒドラジン(phenylhydrazine) 236
1-フェニル-1-プロパノン 461, 505
フェニルマロン酸ジエチル 670
フェノキシドイオン(phenoxide ion) 173, 493
フェノール(phenol) 22, 469, 483
　——のケト形 469
　——の臭素化 490
　——のニトロ化 493
　——の pK_a 172
　——の表記法 485
　——の ^1H NMR 化学シフト 492
　——の ^1H NMR スペクトル 483
　——への求電子攻撃 492
付　加
　1,2—— → 直接付加
　1,4—— → 共役付加
　アンチ—— 449, 485
　シス—— 452, 485
　H-Br の—— 442
　水の—— 131
不可逆反応(irreversible reaction) 517

付加-脱離機構(addition-elimination mechanism) 528, 538
　　——における中間体 528
付加-脱離反応(addition-elimination reaction) 524
プソイドエフェドリン(pseudoephedrine) 319, 320
1,3-ブタジイン(1,3-butadiyne) 422
ブタジエン(butadiene) 144
　　——の異性体 144
　　——の分子軌道 144〜146
ブタン(butane) 20, 31, 102
　　——の立体配座 371〜373
t-ブチルアルコール
　　——からの塩化 t-ブチルの生成 352
t-ブチルエステル 569, 571, 575, 617
t-ブチルカチオン 338, 352
　　——の NMR スペクトル 339
ブチル基(butyl group) 20, 24, 39
　　i—— 24, 39
　　s—— 39
　　t—— 39, 384
4-t-ブチルシクロヘキサノール 317
t-ブチルジメチルシリル 565
t-ブチルメチルエーテル
　　——の ^{1}H NMR スペクトル 59
t-ブチルメチルケトン 640
t-ブチルメルカプタン 287
フッ化テトラブチルアンモニウム(tetrabutylammonium fluoride) 564
Hooke の法則(Hooke's law) 62
フッ素
　　——の NMR スペクトル 423
ブテノリド(butenolide) 407
ブテン(butene) 102
　　——の異性化 259
　　——の水素化 246
3-ブテン-2-オン(but-3-en-2-one) 512, 627
ブテン二酸 316
t-ブトキシカルボニル(t-butoxycarbonyl) 573
プトレッシン(putrescine) 26
舟形配座(boat conformation) 375
不飽和(unsaturated) 25
α,β-不飽和カルボニル化合物(α,β-unsaturated carbonyl compound) 512, 597
　　——の還元 550
不飽和度(double bond equivalent) 71
α,β-不飽和ニトリル 631
フマル酸(fumaric acid) 102, 316
フラグメントイオン 45
(＋)体 315
＋/－ 表示法 315
Black, James 180
ブラテノン(bullatenone) 435
フラーレン(fullerene) 22, 77
プリズマン(prismane) 140
Friedel, Charles 489
Friedel-Crafts アシル化(Friedel-Crafts acylation) 489, 490, 506
Friedel-Crafts アルキル化(Friedel-Crafts alkylation) 489, 490, 506
Friedel-Crafts 反応
　　——の問題点 504

ブリマミド(burimamide) 178
9-フルオレニルメトキシカルボニル(9-fluorenylmethoxycarbonyl) 574, 575
フルオロベンゼン(fluorobenzene) 501
　　——のスピン結合 424
Bredt 則(Bredt's rule) 396
フレデリカマイシン(fredericamycin) 579
ブレフェルジン A(brefeldin A) 564
ブレベトキシン B(brevetoxin B) 27
Brønsted 塩基(Brønsted base) 180
Brønsted 酸(Brønsted acid) 180
プロシクリジン(procyclidine) 197
プロスタグランジン E_2(prostaglandin E_2)
　　——の合成 624
プロトン(proton) 111, 165
プロトン移動 262
プロトン NMR(^{1}H NMR) 54, 57〜61, 273
　　——の化学シフト 276〜281
　　——のスピン結合 290, 423, 425
プロトン性溶媒(protic solvent) 260
フロノール(furonol) 7, 8
フロバトリプタン(frovatriptan) 243
プロパン(propane) 20, 31
　　——の重なり形配座 371
　　——のねじれ形配座 371
　　——の立体配座 371
プロパン二酸ジエチル → マロン酸ジエチル
プロピオフェノン(propiophenone) → 1-フェニル-1-プロパノン
プロピル基(propyl group) 20, 39
N-プロピルグルコサミン 330
プロプラノロール(propranolol) 43
プロペナール(propenal) 143, 512, 514, 628
プロペン酸(propenoic acid) 512
プロペン酸エチル(ethyl propenoate) 512
α-ブロモエステル 472
ブロモキシニル(bromoxynil) 502
N-ブロモスクシンイミド(N-bromosuccinimide) 450, 589
ブロモニウムイオン(bromonium ion) 437〜439, 445
ブロモニウムイオン中間体 596
　　立体選択的合成における—— 450
ブロモニトロベンゼン 581
ブロモヒドリン(bromohydrin) 446
p-ブロモフェノール(p-bromophenol) 491
3-ブロモプロペン → 臭化アリル
1-ブロモ-3-メチル-2-ブテン → 臭化プレニル
ブロモラクトン化(bromolactonization) 584
プロリン(proline) 14, 570
フロンタリン(frontalin) 5
分割(resolution) 327, 470
　　ジアステレオマー塩を使う光学—— 329
分極(polarization) 101, 514
　　有機金属化合物の—— 184
分光法(spectroscopy) 41
　　——から得られる情報 44
分子イオン → 親イオン
分子間反応(intermolecular reaction) 134
分子間ヘミアセタール 252
分子軌道(molecular orbital) 84
　　——と共役付加 514
　　——と芳香族性 158
　　——の対称性(symmetry) 88

　　ベンゼンの—— 157
分子軌道法(molecular orbital theory, MO theory) 86
分枝鎖 15, 23
分子内アルドール反応 661, 662
分子内交差 Claisen 縮合 678, 679
分子内反応(intramolecular reaction) 134
　　——の位置選択性 583
分子内 Friedel-Crafts アシル化 583
Bunsen, Robert 79
Hund 則(Hund's rule) 83
閉殻(closed shell) 83
平衡組成(equilibrium composition) 248
平衡定数(equilibrium constant) 247
　　——とエントロピー 250
　　——と温度 253
　　——と ΔG 248, 249
平衡の矢印 142, 172, 271
平面構造(planar structure) 140
平面三方形炭素(planar trigonal carbon) 333
ヘキサクロロアセトン 593
ヘキサデカン酸 → パルミチン酸
ヘキサトリエン(hexatriene) 142
ヘキサフルオロアンチモナート 487
ヘキサメチルジシラザン(hexamethyldisilazane) 660
ヘキサン(hexane) 20, 31
ヘキサン二酸 55, 453
　　——の赤外吸収 68
ヘキシル基(hexyl group) 20
Heck, R. F. 189
PET → ポリエチレンテレフタラート
ヘテロ原子(heteroatom) 29
pH 166
2-ヘプタノン(2-heptanone) 55
　　——の NMR スペクトル 299
　　——の赤外吸収 68
ヘプタン(heptane) 20, 31
ヘプタン-2-オン → 2-ヘプタノン
ペプチド(peptide) 154
　　——の合成 567, 568
ペプチド結合(peptide bond) → アミド結合
ヘプチル基(heptyl group) 20
ヘミアセタール(hemiacetal) 133, 226
　　——の生成 133, 135
　　環状—— 134, 547
　　分子間—— 252
　　分子内—— 252
ヘミアミナール中間体(hemiaminal intermediate) 234
ヘミケタール(hemiketal) 133
ペリ環状反応(pericyclic reaction) 452
ペルオキシカルボン酸(peroxycarboxylic acid) → 過酸
ペルオキシトリフルオロ酢酸 439
ベルノレピン(vernolepin) 520
ヘレナリン(helenalin) 520
変角振動(deformation frequency, bending frequency) 61, 69
ベンザイン(benzyne) 536, 583
ベンザイン機構 535, 537
ベンジルエーテル 566, 575
ベンジルオキシカルボニル(benzyloxycarbonyl) 279, 571, 575

ベンジル型カチオン(benzylic cation) 443
ベンジルカチオン(benzyl cation) 341
ベンジル基(benzyl group) 34, 39, 552, 566
ベンズアルデヒドイミン 632
ベンゼン(benzene) 21, 140, 155, 485, 513
　——のNMRスペクトル 58
　——の化学シフト 285
　——の還元 550
　——の環電流 282
　——の求電子置換 486, 490
　——のKekulé構造 140
　——の臭素化 486
　——の水素化熱 155
　——のスルホン化 488
　——のニトロ化 487
　——のp軌道 140
　——の分子軌道 157
　——への求電子攻撃 485
ベンゼン環 21
　——の表記法 485
ベンゾイル基(benzoyl group) 566
ベンゾジフラノン 7
ベンゾフェノン(benzophenone) 505
ペンタエリトリトール(pentaerythritol) 644
ペンタン(pentane) 20, 31
ペンタン-2,4-ジオン → アセチルアセトン
ペンタン-2,3,4-トリオール 323
ペンチル基(pentyl group) 20

芳香環
　——の置換基 484
　——のBirch還元 555
　——の¹H NMR 283
芳香族(aromatic) 21, 159
芳香族S_N1反応 533
芳香族エステル 670
芳香族化合物
　——の求電子置換反応 508
芳香族求核置換反応(nucleophilic aromatic substitution reaction) 526, 527, 538
　——の位置選択性 582
　——の条件 528
　——の脱離基 530
芳香族求電子置換反応(electrophilic aromatic substitution reaction) 484, 486
　——の位置選択性 578
　——の生成物 507
　ナフタレンの—— 580
芳香族性(aromaticity) 157, 485
　——と分子軌道 158
芳香族ヘテロ環化合物(aromatic heterocycle) 160
抱水クロラール(chloral hydrate) 132
ホウ素 455
防腐剤 165, 167
飽和(saturated) 25
補酵素(coenzyme) 42
保護基(protecting group) 232, 563
ホスカルネット(foscarnet) 10
ホスフィンオキシド(phosphine oxide) 242
ホスホニウムイリド(phosphonium ylide) 241
ホスホニウム塩(phosphonium salt) 241
ホスホン酸エステル 652
Boc → t-ブトキシカルボニル
Horner-Wadsworth-Emmons反応(Horner-Wadsworth-Emmons reaction) 585, 652
Hofmann則(Hofmann's rule) 406
HOMO → 最高被占(分子)軌道
ホモリシス(homolysis) 587
HOMO-LUMO相互作用 124, 360
9-ボラビシクロノナン(9-borabicyclononane) 455
ボラン(borane) 99, 455, 545, 586
ボランテリン(porantherine) 563
ポリエチレンテレフタラート 212
ポリ塩化ビニル〔poly(vinyl chloride)〕 27, 253
ポリスチレン 23
ホルマリン(formalin) 643
ホルムアルデヒド(formaldehyde) 100, 124, 131, 132, 191, 472, 643
　——とアセトアルデヒドの交差アルドール反応 643
　——と有機金属化合物から第一級アルコールの生成 191
ボンクレキン酸(bongkrekic acid) 193

ま　行

Michael反応受容体(Michael acceptor) 512, 625, 627, 630
Michael付加 512 (→ 共役付加)
(一)体 315
巻矢印(curly arrow) 18, 105, 107, 114
　——で機構を考える 118
　——の使い方 271
　原子指定の—— 116
　非局在化を表す—— 141
マクロライド(macrolide) 221
マニコン(manicone) 651
Markovnikov則(Markovnikov's rule) 443
マルチコラン酸(multicolanic acid) 670
マルトース(maltose) 231
マルトール(maltol) 7, 8
マレイン酸(maleic acid) 102, 316
マロン酸(malonic acid) 654
マロン酸エステル 653
　——の脱炭酸 616
マロン酸ジエチル 627, 653
　——のアルキル化 615
マロン酸無水物 216
マンデル酸(mandelic acid) 216, 315
Mannich塩基(Mannich base) 645
Mannich反応(Mannich reaction) 644
　ピロリジンを用いる—— 646
水 78, 167
　——のイオン化定数 168
　——のpK_a 169
　——の付加反応 131
光延反応(Mitsunobu reaction) 354, 355, 593
ミリスチン酸 213
ミルテナール(myrtenal) 278, 286, 304
ミルベマイシン(milbemycin) 566
向山光昭 660
向山反応(Mukaiyama reaction) 660
無極性溶媒(non-polar solvent) 260
ムスカルア(muscalure) 554
ムスコン(muscone) 22
メシラート(mesylate) → メタンスルホン酸エステル
メシル基(mesyl group) 353
メソ化合物(meso compound) 322
メソジアステレオマー
　イノシトールの—— 323
メソメリー(mesomerism) 142
メタ(meta) 33, 484
メタスピン結合 300
メタ置換体 577
メタナール(methanal) → ホルムアルデヒド
メタノール(methanol) 472
メタ配向性 498
メタン(methane) 20, 31, 78
メタンスルホン酸エステル 353, 397
メチアミド(metiamide) 178
メチオニン(methionine) 14, 570
2-メチルウンデカナール 27
メチルエーテル 566, 575
メチルカチオン 100
メチル基(methyl group) 20, 39
　——の化学シフト 277, 278, 431, 432
メチルシクロヘキサン 380
メチルビニルケトン(methyl vinyl ketone) → 3-ブテン-2-オン
2-メチル-1,3-ブタジエン → イソプレン
3-メチル-2-ブテナール 286
2-メチル-3-ブテン-2-オール 341
メチルベンゼン(methyl benzene) → トルエン
N-メチルモルホリン N-オキシド(N-methylmorpholine N-oxide) 452, 559
メチルリチウム 130, 184
メチレン基(methylene group)
　——の化学シフト 279, 432
メチン基(methyne group)
　——の化学シフト 279, 433
メトキサチン(methoxatin) 42, 508
メトキシベンゼン → アニソール
N-メトキシ-N-メチルアミド → Weinrebアミド
メトキシメチルカチオン 343
Meerwein反応剤(Meerwein reagent) 228, 477
メルクリニウムイオン(mercurinium ion) 454
メントール(menthol) 2, 328
面偏光(plane polarized light) 314
モネンシン(monensin) 546
モーバイン(mauveine) 2
モルホリン(morpholine) 610, 676
　——のエナミン 629
モレキュラーシーブ 230
モンテルカスト(montelukast) 224

や～わ

軟らかい求核剤(soft nucleophile)　361, 519
軟らかい求電子剤(soft electrophile)　608

有機亜鉛化合物　189
有機金属化合物　183, 187
　　──の調製法　190
　　──の付加反応　129
　　──の分極　184
有機元素記号(organic element symbol)　21, 39
誘起効果(inductive effect)　132
　　──と pK_a　176
　　^{1}H NMR における──　284
有機銅化合物　521
有機マグネシウム化合物　130
有機リチウム化合物　130, 184, 186, 218
ゆるい S_N2 遷移状態(loose S_N2 transition state)　446

溶解金属還元(dissolving metal reduction)　555
　　エノンの──　622
幼若ホルモン(juvenile hormone)
　　Cecropia の──　184
溶媒(solvent)　259
　　──と反応速度　261
　　──の極性　260
溶媒和(solvation)　165, 260
ヨードホルム(iodoform)　474
ヨードホルム反応(iodoform reaction)　474
ヨードラクトン化(iodolactonization)　584

ラクタム(lactam)
　　──の C=O 伸縮振動　420
ラクトール(lactol) → 環状ヘミアセタール
ラクトン(lactone)　641
　　──のアルドール反応　641
　　──のエノラート　641
　　──の還元　547
ラジオ波　51
ラジカル(radical)　45, 588
ラジカルアニオン(radical anion)　556, 622

ラジカル開始剤(radical initiator)　587
ラジカルカチオン(radical cation)　45
ラジカル反応
　　──の位置選択性　586
ラジカル引抜反応　588
ラジカル連鎖反応(radical chain reaction)　587
ラズベリーケトン(raspberry ketone)　27, 550
ラセミ化(racemization)　470
ラセミ混合物(racemic mixture) → ラセミ体
ラセミ体(recemate)　312, 348
ラニチジン(ranitidine)　525
Raney ニッケル(Raney nickel)　550, 553
乱雑さ(disorder)　251

リオプロスチル(rioprostil)　197
リキソース(lyxose)　321
リコペン(lycopene)　139
リシン(lysine)　14, 570
リチウムアザエノラート　658
リチウムアミド　649
リチウムエノラート　476, 605, 648, 649, 656
　　──によるアルドール反応　649
　　──のアルキル化　606
リチウムクプラート　522
リチウムジイソプロピルアミド(lithium diisopropylamide)　23, 36, 174, 404, 476, 605, 606, 620, 649
　　──の調製法　605
リチウムテトラメチルピペリジド(lithium tetramethylpiperidide)　606
リチウムヘキサメチルジシラジド(lithium hexamethyldisilazide)　606, 660
律速段階(rate-determining step, rate-limiting step)　262, 334
　　──の遷移状態　346
立体異性体(stereoisomer)　310, 311, 368
立体化学(stereochemistry)　134
　　アルケンの──　412
立体効果(steric effect)　127, 132
　　S_N1 反応の──　347
　　S_N2 反応の──　347
立体障害(steric hindrance)　127
立体選択性(stereoselectivity)　541
立体選択的反応(stereoselective reaction)　403

立体中心(stereogenic center) → キラル中心
立体特異的反応(stereospecific reaction)　402, 403, 593
立体配座(conformation)　102, 134, 311, 368
　　エタンの──　369～371
　　ブタンの──　371～373
　　プロパンの──　371
立体配置(configuration)　311, 368
Ritter 反応(Ritter reaction)　358
リトナビル(ritonavir)　8
リニアマイシン(linearmycin)　20
リノール酸(linoleic acid)　15
リピトール(Lipitor) → アトルバスタチン
リボース(ribose)　134, 321, 322
硫酸ジメチル　477
粒子(particle)　79
量子化(quantization)　50, 79
リン
　　──の NMR スペクトル　423
Lindlar 触媒(Lindlar's catalyst)　550

Lewis, Gilbert　180
Lewis 塩基(Lewis base)　180
Lewis 酸(Lewis acid)　180, 613, 650
Lewis 酸触媒　630
Luche 還元(Luche reduction)　519, 550
Le Châtelier の原理(Le Châtelier's principle)　253

LUMO → 最低空(分子)軌道

励起状態(excited state)　79
レスベラトロール(resveratrole)　6
レトリル(laetrile)　28
Reformatsky 反応　656
レプトスペルモン(leptospermone)　468
レボキセチン(reboxetine)　365
連続型反応(consecutive reaction)　624

ロイシン(leucine)　14, 570
Rosenmund 還元(Rosenmund reduction)　547, 551
Robinson, Robert　664
Robinson 環化反応(Robinson annulation)　663
ロンギフォレン(longifolene)　676

Weinreb アミド(Weinreb amide)　221, 222

野依良治
のよりりょうじ
1938年 兵庫県に生まれる
1961年 京都大学工学部 卒
現 名古屋大学特別教授, 科学技術館 館長,
　科学技術振興機構 研究開発戦略センター長
専門 有機化学
工学博士

奥山 格
おくやまただし
1940年 岡山県に生まれる
1963年 京都大学工学部 卒
兵庫県立大学名誉教授
専門 物理有機化学
工学博士

柴﨑正勝
しばさきまさかつ
1947年 埼玉県に生まれる
1969年 東京大学薬学部 卒
現 公益財団法人微生物化学研究会 理事長
東京大学名誉教授, 北海道大学名誉教授
専門 有機合成化学
薬学博士

檜山爲次郎
ひやまためじろう
1946年 大阪府に生まれる
1969年 京都大学工学部 卒
京都大学名誉教授, 中央大学機構フェロー
専門 有機材料合成化学
工学博士

第1版 第1刷 2003年 2月20日 発行
第2版 第1刷 2015年 3月31日 発行
　　　第5刷 2023年 6月15日 発行

ウォーレン 有機化学 (上) 第2版

Ⓒ 2015

訳者代表　　野 依 良 治
発行者　　　石 田 勝 彦
発　行　　株式会社東京化学同人
　東京都文京区千石3丁目36-7(〒112-0011)
　電話 (03)3946-5311・FAX (03)3946-5317
　URL: https://www.tkd-pbl.com/

印刷　中央印刷株式会社
製本　株式会社松岳社

ISBN978-4-8079-0871-4　Printed in Japan
無断転載および複製物(コピー, 電子データ
など)の無断配布, 配信を禁じます.

周　期　表

	1	2	3	4	5	6	7	8	9
s	3 **Li** RAM: 6.94† P: 0.98 リチウム	4 **Be** RAM: 9.012 P: 1.57 ベリリウム							
3	11 **Na** RAM: 22.99 P: 0.93 ナトリウム	12 **Mg** RAM: 24.31 P: 1.31 マグネシウム							
4	19 **K** RAM: 39.10 P: 0.82 カリウム	20 **Ca** RAM: 40.08 P: 1 カルシウム	**d** 21 **Sc** RAM: 44.96 P: 1.36 スカンジウム	22 **Ti** RAM: 47.87 P: 1.54 チタン	23 **V** RAM: 50.94 P: 1.63 バナジウム	24 **Cr** RAM: 52.00 P: 1.66 クロム	25 **Mn** RAM: 54.94 P: 1.55 マンガン	26 **Fe** RAM: 55.85 P: 1.83 鉄	27 **Co** RAM: 58.93 P: 1.88 コバルト
5	37 **Rb** RAM: 85.47 P: 0.82 ルビジウム	38 **Sr** RAM: 87.62 P: 0.95 ストロンチウム	39 **Y** RAM: 88.91 P: 1.22 イットリウム	40 **Zr** RAM: 91.22 P: 1.33 ジルコニウム	41 **Nb** RAM: 92.91 P: 1.6 ニオブ	42 **Mo** RAM: 95.95 P: 2.16 モリブデン	43 **Tc** RAM: (99) P: 1.9 テクネチウム	44 **Ru** RAM: 101.1 P: 2.2 ルテニウム	45 **Rh** RAM: 102.9 P: 2.28 ロジウム
6	55 **Cs** RAM: 132.9 P: 0.79 セシウム	56 **Ba** RAM: 137.3 P: 0.89 バリウム		72 **Hf** RAM: 178.5 P: 1.3 ハフニウム	73 **Ta** RAM: 180.9 P: 1.5 タンタル	74 **W** RAM: 183.8 P: 2.36 タングステン	75 **Re** RAM: 186.2 P: 1.9 レニウム	76 **Os** RAM: 190.2 P: 2.2 オスミウム	77 **Ir** RAM: 192.2 P: 2.2 イリジウム
7	87 **Fr** RAM: (223) P: 0.7 フランシウム	88 **Ra** RAM: (226) P: 0.9 ラジウム	**f**	104 **Rf** RAM: (267) P: ラザホージウム	105 **Db** RAM: (268) P: ドブニウム	106 **Sg** RAM: (271) P: シーボーギウム	107 **Bh** RAM: (272) P: ボーリウム	108 **Hs** RAM: (277) P: ハッシウム	109 **Mt** RAM: (276) P: マイトネリウム
			57 **La** RAM: 138.9 P: 1.1 ランタン	58 **Ce** RAM: 140.1 P: 1.12 セリウム	59 **Pr** RAM: 140.9 P: 1.13 プラセオジム	60 **Nd** RAM: 144.2 P: 1.14 ネオジム	61 **Pm** RAM: (145) P: 1.13 プロメチウム	62 **Sm** RAM: 150.4 P: 1.17 サマリウム	63 **Eu** RAM: 152.0 P: 1.2 ユウロピウム
			89 **Ac** RAM: (227) P: 1.1 アクチニウム	90 **Th** RAM: 232.0 P: 1.3 トリウム	91 **Pa** RAM: 231.0 P: 1.5 プロトアクチニウム	92 **U** RAM: 238.0 P: 1.38 ウラン	93 **Np** RAM: (237) P: 1.36 ネプツニウム	94 **Pu** RAM: (239) P: 1.28 プルトニウム	95 **Am** RAM: (243) P: 1.3 アメリシウム

凡例

- 元素記号：Xx
- 原子番号：00
- 原子量：RAM: 0.000
- 電気陰性度（Paulingの値）：P: 0.0
- 元素名：名　称

ここに示した原子量は，実用上の便宜を考えて，国際純正・応用化学連合（IUPAC）で承認された最新の原子量に基づき，日本化学会原子量専門委員会が独自に作成した表によるものである．本来，同位体存在度の不確定さは，自然に，あるいは人為的に起こりうる変動や実験誤差のために，元素ごとに異なる．したがって，個々の原子量の値は，正確度が保証された有効数字の桁数が大きく異なる．本表の原子量を引用する際には，このことに注意を喚起することが望ましい．なお，本表の原子量の信頼性はリチウム，亜鉛の場合を除き有効数字の4桁目で±1以内である（両元素については脚注参照）．また，安定同位体がなく，天然で特定の同位体組成を示さない元素については，その元素の放射性同位体の質量数の一例を（　）内に示した．したがって，その値を原子量として扱うことはできない．
† 人為的に⁶Liが抽出され，リチウム同位体比が大きく変動した物質が存在するために，リチウムの原子量は大きな変動幅をもつ．したがって本表では例外的に3桁の値が与えられている．なお，天然の多くの物質中でのリチウムの原子量は6.94に近い．＊亜鉛に関しては原子量の信頼性は有効数字4桁目で±2である．
© 2023 日本化学会　原子量専門委員会